北京高等教育精品教材
BEIJING GAODENG JIAOYU JINGPIN JIAOCAI

张量分析 第3版

TENSOR ANALYSIS (Third Edition)

黄克智 薛明德 陆明万 编著

清华大学出版社
北 京

内容简介

本书是一本系统阐述张量分析的专著，又是易于教学的教材。全书共分 6 章。内容包括：矢量与张量的基本概念与代数运算，二阶张量，张量函数及其导数，曲线坐标张量分析，曲面上的张量分析以及张量场函数对参数的导数。各章附有例题与习题，书后附有习题答案。

本书可作为力学及有关专业本科生、研究生的教材，以及有关专业教师、科研及工程技术人员的参考书。

本书是 2003 年版《张量分析》的修订版，内容有较多的更新与修改，反映了多年来作者教学科研积累的新成果。

图书在版编目(CIP)数据

张量分析/黄克智，薛明德，陆明万编著. —3 版. —北京：清华大学出版社，2020.1(2024.12重印)
ISBN 978-7-302-52157-0

Ⅰ.①张… Ⅱ.①黄… ②薛… ③陆… Ⅲ.①张量分析 Ⅳ.①O183.2

中国版本图书馆 CIP 数据核字(2019)第 013862 号

责任编辑：佟丽霞
封面设计：何凤霞
责任校对：刘玉霞
责任印制：沈 露

出版发行：清华大学出版社
网　　址：https://www.tup.com.cn, https://www.wqxuetang.com
地　　址：北京清华大学学研大厦 A 座　　**邮　　编**：100084
社 总 机：010-83470000　　**邮　　购**：010-62786544
投稿与读者服务：010-62776969，c-service@tup.tsinghua.edu.cn
质量反馈：010-62772015，zhiliang@tup.tsinghua.edu.cn
印 装 者：三河市君旺印务有限公司
经　　销：全国新华书店
开　　本：185mm×260mm　　**印　　张**：20.25　　**字　　数**：489 千字
版　　次：1986 年 1 月第 1 版　2020 年 1 月第 3 版　　**印　　次**：2024 年 12 月第 9次印刷
定　　价：62.00元

产品编号：071792-02

第 3 版序

本书自 2003 年第 2 版发行以来，已历经十多次重印，这期间张量分析得到了更加广泛的应用，而力学与传热学、电磁学、微纳米材料科学等其他学科互相联系时，张量分析成为重要的数学工具。为了适应这些新的发展，作者对第 2 版做了以下的修订与补充：

(1) 对原书的理论叙述进行了修订，使之更加严谨。

(2) 全书共计 68 个实例，其中 18 个应用实例为第 3 版所新增加的(含 3 个放入习题中的例子)，其学科面不仅包含了固体力学、流体力学，还涉及了电磁学、传热学和微纳米力学。特别在第 5 章中增加了 5.6 节“曲面理论的一个应用实例”，由清华大学吴坚博士根据他由连续介质力学导出石墨烯与碳纳米管的本构关系的研究成果，撰写了这一节。

(3) 为便于读者自学，在书后增加了全部习题的解答，某些证明题还附有两种不同的证明方法，以帮助读者深入理解。

作者期望通过修订，使本书具备既有数学理论的严谨性，又有联系张量的力学、物理概念这一特色，并且还有利于各相关领域的读者自学。

第 2 版序

本书自从 1986 年第 1 版发行以来，很快告罄。有些兄弟院校只好用胶印版满足教学急需。台北亚东书局在 1992 年发行了繁体字版本。现作者集近二十年来在清华大学讲授本课程及“非线性连续介质力学”“固体本构关系”等相关课程的教学实践经验，对第 1 版做了以下改进与补充：

(1) 将原书第 1、2 两章合并为第 1 章“矢量与张量”。将原书第 3 章“二阶张量”改为第 2 章。原书第 4、5 两章合并为第 3 章“张量函数及其导数”。第 7、8 两章合并为第 4 章“曲线坐标张量分析”。这些章的部分内容进行了删节、增补与改进。新增第 5 章“曲面上的张量分析”。将原书第 9 章改为第 6 章“张量场函数对参数 t 的导数”。

(2) 全书增加了较多的应用实例与习题，原书第 5 章“力学中的常用张量”不再作为单独的一章，其内容分别列入有关章节作为例子。

(3) 在第 2 章“二阶张量”中增加了“正则与退化的二阶张量”一节，增加了关于任意二阶张量独立不变量个数的讨论。

(4) 在第 4 章“曲线坐标张量分析”中增加 Bianchi 恒等式的内容，增加正交曲线坐标系中单位矢量求导公式及其相关内容。

(5) 新增第 5 章“曲面上的张量分析”中包含了曲面微分几何的基本知识，曲面的基本方程，曲面上张量场函数的导数以及等距曲面等内容。

(6) 第 6 章“张量场函数对参数 t 的导数”补充了连续介质力学的许多基本概念，把本章内容与连续介质力学的基本概念联系起来，还新增了“张量场函数在域上积分的导数”的内容。

第 1 版引言

自从爱因斯坦 1915 年发表广义相对论的著名论文以来，张量分析在理论物理中占有突出重要的地位。以后，张量分析在物理学发展中起了重要作用。同时，反过来，来自物理学(相对论，场论)的概念也促进了张量分析的发展。

近二十多年来连续介质力学的发展又重复着同一个历史。今天，不熟悉张量分析的人阅读连续介质力学的文献是很困难的，有时甚至是不可能的。张量分析与微分几何学一些分支已经渗透到连续介质力学中来。正如 W. Flügge 所说，有了张量分析，连续介质力学就如鱼得水。

本书主要是为学习连续介质力学等做必要的准备，因此主要限于三维欧氏空间的讨论。在写作本书过程中主要参考书见参考书目。

本书曾用作 1981—1983 年清华大学研究生教材。虽曾数易其稿，但可能仍有错误，欢迎读者指正。姚振汉与顾璆琳同志曾参与第一稿的部分章节整理，在此对姚振汉同志表示感谢，对顾璆琳同志表示悼念。

目　录

第 1 章　矢量与张量

1.1　矢量及其代数运算公式

1.1.1　矢量

在三维 Euclidean 空间中，矢量是具有大小与方向且满足一定规则的实体，用黑体字母表示，例如 $\boldsymbol{u}$,$\boldsymbol{v}$,$\boldsymbol{w}$ 等。它们所对应矢量的大小(称为模、值)分别用 $|\boldsymbol{u}|$, $|\boldsymbol{v}|$, $|\boldsymbol{w}|$ 表示。称模为零的矢量为零矢量，用 $\boldsymbol{0}$ 表示。称与矢量 $\boldsymbol{u}$ 模相等而方向相反的矢量为 $\boldsymbol{u}$ 的负矢量，用 $-\boldsymbol{u}$ 表示。矢量满足以下规则：

(1) 相等：两个矢量具有相同的模和方向，则称这两个矢量相等。即，一个矢量做平行于其自身的移动则这个矢量不变。

(2) 矢量和：按照平行四边形法则定义矢量和，同一空间中两个矢量之和仍是该空间的矢量。如图 1.1 所示。

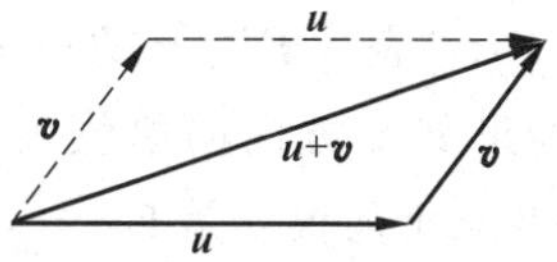

图 1.1　矢量和的平行四边形法则

矢量和满足以下规则：

交换律：

$$\boldsymbol{u}+\boldsymbol{v}=\boldsymbol{v}+\boldsymbol{u} \tag{1.1.1}$$

结合律：

$$(\boldsymbol{u}+\boldsymbol{v})+\boldsymbol{w}=\boldsymbol{u}+(\boldsymbol{v}+\boldsymbol{w}) \tag{1.1.2}$$

由矢量和与负矢量还可以定义矢量差：

$$\boldsymbol{u}-\boldsymbol{v}=\boldsymbol{u}+(-\boldsymbol{v}) \tag{1.1.3}$$

并且有

$$\boldsymbol{u}+(-\boldsymbol{u})=\boldsymbol{0} \tag{1.1.4}$$

(3) 数乘矢量：设 a,b 等为实数，矢量 $\boldsymbol{u}$ 乘实数 a 仍是同一空间的矢量，记作 $\boldsymbol{v}=a\boldsymbol{u}$。其含义是：$\boldsymbol{v}$ 是与 $\boldsymbol{u}$ 共线且模为 $\boldsymbol{u}$ 的 a 倍，当 a 为正值时 $\boldsymbol{v}$ 与 $\boldsymbol{u}$ 同向，a 为负值时 $\boldsymbol{v}$ 与 $\boldsymbol{u}$ 反向，a 为零时 $\boldsymbol{v}$ 为零矢量。数乘矢量满足以下规则：

分配律：

$$(a+b)\boldsymbol{u}=a\boldsymbol{u}+b\boldsymbol{u} \tag{1.1.5a}$$

$$a(\boldsymbol{u}+\boldsymbol{v})=a\boldsymbol{u}+a\boldsymbol{v} \tag{1.1.5b}$$

结合律：

$$a(b\boldsymbol{u})=ab\boldsymbol{u} \tag{1.1.6}$$

由矢量关于求和与数乘两种运算的封闭性可知，属于同一空间的矢量组 $\boldsymbol{u}_i(i=1,2,\cdots,I)$ 的线性组合 $\sum_{i=1}^{I} a_i\boldsymbol{u}_i$ 仍为该空间的矢量，此处 a_i 是实数。**矢量组 $\boldsymbol{u}_1,\boldsymbol{u}_2,\cdots,\boldsymbol{u}_I$ 线性相关**是指存在一组不全为零的实数 $a_1,a_2,\cdots,a_I$，使得

$$\sum_{i=1}^{I} a_i\boldsymbol{u}_i=\boldsymbol{0}$$

线性无关：若有矢量组 $\boldsymbol{u}_1, \boldsymbol{u}_2, \cdots, \boldsymbol{u}_J$，当且仅当 $a_j = 0 (j = 1, 2, \cdots, J)$ 时，才有 $\sum_{j=1}^{J} a_j \boldsymbol{u}_j = \boldsymbol{0}$，则称这组 J 个矢量是**线性无关**的。

维数：一个矢量空间所包含的最大线性无关矢量的数目称为该矢量空间的**维数**。显然，三维空间最多有 3 个线性无关的矢量，平面最多有 2 个线性无关的矢量。在 n 维空间中，可以根据解决物理问题的需要选择 n 个线性无关的基矢量，而任一矢量可用 n 个基矢量的线性组合来表示。

在三维空间的笛卡儿坐标系 x, y, z 中，选择一组正交标准化基 $\boldsymbol{i}, \boldsymbol{j}, \boldsymbol{k}$，分别为沿 x, y, z 轴的单位矢量。任一矢量 $\boldsymbol{v}$ 可以表示为这组正交标准化基的线性组合：

$$\boldsymbol{v} = v_x \boldsymbol{i} + v_y \boldsymbol{j} + v_z \boldsymbol{k} \tag{1.1.7}$$

许多物理量都是矢量，满足前述定义和式(1.1.1)～(1.1.6)的规则。例如速度、加速度、力、电矩、磁感应强度等。

1.1.2 点积

定义两个矢量 $\boldsymbol{F}$ 与 $\boldsymbol{v}$ 的点积(也称为内积)

$$\boldsymbol{F} \cdot \boldsymbol{v} = |\boldsymbol{F}| |\boldsymbol{v}| \cos(\boldsymbol{F}, \boldsymbol{v}) \tag{1.1.8}$$

式中$(\boldsymbol{F}, \boldsymbol{v})$表示 $\boldsymbol{F}$ 与 $\boldsymbol{v}$ 的夹角，如图 1.2 所示。

如果 $\boldsymbol{F}, \boldsymbol{v}$ 方向的单位矢量分别为 $\boldsymbol{e}_f$ 和 $\boldsymbol{e}_v$，则由(1.1.8)式知，$\boldsymbol{F}$ 在 $\boldsymbol{v}$ 上的投影是 $\boldsymbol{F} \cdot \boldsymbol{e}_v$，而$\boldsymbol{v}$ 在 $\boldsymbol{F}$ 上的投影是 $\boldsymbol{v} \cdot \boldsymbol{e}_f$，所以

$$\boldsymbol{F} \cdot \boldsymbol{v} = |\boldsymbol{v}| (\boldsymbol{F} \cdot \boldsymbol{e}_v) = |\boldsymbol{F}| (\boldsymbol{v} \cdot \boldsymbol{e}_f)$$

由(1.1.8)式与基矢量的正交性可知

$$\boldsymbol{F} \cdot \boldsymbol{v} = F_x v_x + F_y v_y + F_z v_z \tag{1.1.9}$$

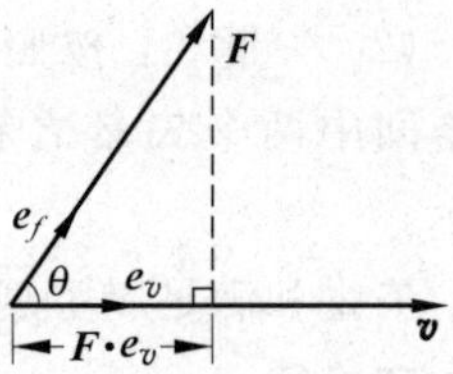

图 1.2 两个矢量的点积

例如，当 $\boldsymbol{F}$ 表示力，$\boldsymbol{v}$ 表示位移(速度)时，$\boldsymbol{F} \cdot \boldsymbol{v}$ 表示功(功率)。

两个矢量的点积服从以下规则：

交换律 $\quad \boldsymbol{u} \cdot \boldsymbol{v} = \boldsymbol{v} \cdot \boldsymbol{u} \quad (1.1.10)$

分配律 $\quad \boldsymbol{F} \cdot (\boldsymbol{v} + \boldsymbol{u}) = \boldsymbol{F} \cdot \boldsymbol{u} + \boldsymbol{F} \cdot \boldsymbol{v} \quad (1.1.11)$

正定性 $\quad \boldsymbol{u} \cdot \boldsymbol{u} \geqslant 0 \quad (1.1.12)$

且 $\quad \boldsymbol{u} \cdot \boldsymbol{u} = 0$ 当且仅当 $\boldsymbol{u} = \boldsymbol{0}$

Schwartz 不等式 $\quad |\boldsymbol{u} \cdot \boldsymbol{v}| \leqslant |\boldsymbol{u}| |\boldsymbol{v}| \quad (1.1.13)$

1.1.3 叉积

两个矢量 $\boldsymbol{u}$ 和 $\boldsymbol{v}$ 的叉积(也称为矢积，外积)是垂直于 $\boldsymbol{u}, \boldsymbol{v}$ 构成的平面的另一个矢量。定义

$$\boldsymbol{w} = \boldsymbol{u} \times \boldsymbol{v} = \begin{vmatrix} \boldsymbol{i} & \boldsymbol{j} & \boldsymbol{k} \\ u_x & u_y & u_z \\ v_x & v_y & v_z \end{vmatrix} \tag{1.1.14}$$

w 为垂直于 u，v 所在平面的矢量，其方向符合右手规则，如图 1.3 所示。

叉积的模为

$$|u\times v| = |u||v|\sin(u,v) \qquad (1.1.15)$$

式中 $\sin(u,v)\geqslant 0$。交换叉积的顺序，则叉积反号

$$u\times v = -v\times u \qquad (1.1.16)$$

叉积也满足分配律

$$F\times(u+v) = F\times u + F\times v \qquad (1.1.17)$$

叉积的几何意义是：其模等于以两个矢量为边构成的平行四边形的面积，其方向垂直于该平行四边形所在平面（见图 1.3）。

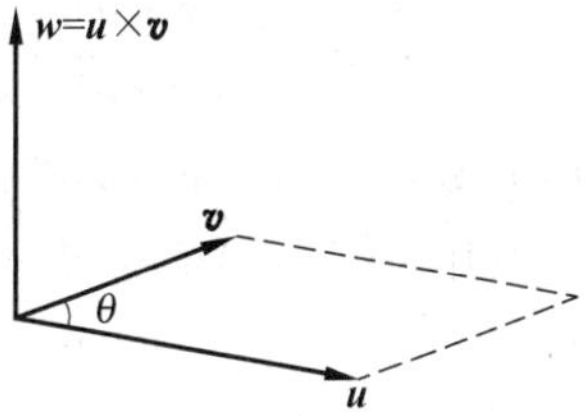

图 1.3　两个矢量的叉积

三个矢量的二重叉积满足以下恒等式

$$u\times(v\times w) = (u\cdot w)v - (u\cdot v)w \qquad (1.1.18)$$
$$(u\times v)\times w = (u\cdot w)v - (w\cdot v)u$$

由式(1.1.18)可证叉积不满足结合律

$$u\times(v\times w) \neq (u\times v)\times w$$

例 1.1　电磁学中的洛伦兹力(Lorentz force)定律　叉积在物理学中的例子是：电荷量为 q（单位：库仑，C）的点电荷（正电荷）以速度 v(m/s)在磁感应强度为 B（定义其正方向自北极指向南极，单位：斯特拉，T=1N·s/(C·m)）的磁场中运动，所受到的磁力称为洛伦兹力 F(N)，满足以下规律：

$$F = qv\times B$$

洛仑兹力的方向按右手规则垂直于速度矢量和磁感应强度矢量所构成的平面。

1.1.4　混合积

定义三个矢量 u，v，w 的混合积是

$$[u\quad v\quad w] = (u\times v)\cdot w = u\cdot(v\times w)$$
$$= \begin{vmatrix} u_x & u_y & u_z \\ v_x & v_y & v_z \\ w_x & w_y & w_z \end{vmatrix} = \begin{vmatrix} u_x & v_x & w_x \\ u_y & v_y & w_y \\ u_z & v_z & w_z \end{vmatrix} \qquad (1.1.19)$$

若更换三个矢量在混合积中的次序，应满足

$$[u\quad v\quad w] = [v\quad w\quad u] = [w\quad u\quad v]$$
$$= -[v\quad u\quad w] = -[u\quad w\quad v] = -[w\quad v\quad u] \qquad (1.1.20)$$

可以证明，混合积的几何意义是以 u，v，w 为三个棱边所围成的平行六面体的体积。(1.1.19)式与(1.1.20)式还决定了当 u，v，w 构成右手系时，该平行六面体的体积为正号。

利用(1.1.9)式与(1.1.19)式还可以证明，由三个矢量的两两点积所构成的行列式等于三个矢量所构成的体积的平方。即

$$\begin{vmatrix} u\cdot u & u\cdot v & u\cdot w \\ v\cdot u & v\cdot v & v\cdot w \\ w\cdot u & w\cdot v & w\cdot w \end{vmatrix} = [u\quad v\quad w]^2 \qquad (1.1.21)$$

用同样方法可以证明

$$\begin{vmatrix} \boldsymbol{u}\cdot\boldsymbol{u}' & \boldsymbol{u}\cdot\boldsymbol{v}' & \boldsymbol{u}\cdot\boldsymbol{w}' \\ \boldsymbol{v}\cdot\boldsymbol{u}' & \boldsymbol{v}\cdot\boldsymbol{v}' & \boldsymbol{v}\cdot\boldsymbol{w}' \\ \boldsymbol{w}\cdot\boldsymbol{u}' & \boldsymbol{w}\cdot\boldsymbol{v}' & \boldsymbol{w}\cdot\boldsymbol{w}' \end{vmatrix} = [\boldsymbol{u}\quad\boldsymbol{v}\quad\boldsymbol{w}][\boldsymbol{u}'\quad\boldsymbol{v}'\quad\boldsymbol{w}'] \tag{1.1.22}$$

式中 $\boldsymbol{u},\boldsymbol{v},\boldsymbol{w}$ 和 $\boldsymbol{u}',\boldsymbol{v}',\boldsymbol{w}'$ 都是任意矢量。

利用(1.1.18)式和(1.1.20)式可证明:

$$(\boldsymbol{u}\times\boldsymbol{v})\times(\boldsymbol{v}\times\boldsymbol{w})\cdot(\boldsymbol{w}\times\boldsymbol{u}) = [\boldsymbol{u}\quad\boldsymbol{v}\quad\boldsymbol{w}]^2 \tag{1.1.23}$$

证明 $(\boldsymbol{u}\times\boldsymbol{v})\times(\boldsymbol{v}\times\boldsymbol{w})=[(\boldsymbol{u}\times\boldsymbol{v})\cdot\boldsymbol{w}]\boldsymbol{v}-[(\boldsymbol{u}\times\boldsymbol{v})\cdot\boldsymbol{v}]\boldsymbol{w}=[(\boldsymbol{u}\times\boldsymbol{v})\cdot\boldsymbol{w}]\boldsymbol{v}$

$$\begin{aligned}(\boldsymbol{u}\times\boldsymbol{v})\times(\boldsymbol{v}\times\boldsymbol{w})\cdot(\boldsymbol{w}\times\boldsymbol{u}) &= [(\boldsymbol{u}\times\boldsymbol{v})\cdot\boldsymbol{w}]\boldsymbol{v}\cdot(\boldsymbol{w}\times\boldsymbol{u}) \\ &= [\boldsymbol{u}\quad\boldsymbol{v}\quad\boldsymbol{w}][\boldsymbol{v}\quad\boldsymbol{w}\quad\boldsymbol{u}] = [\boldsymbol{u}\quad\boldsymbol{v}\quad\boldsymbol{w}]^2\end{aligned}$$

利用(1.1.19)式第一行混合积中符号“×”与“·”可以对换的性质,还可证明

$$(\boldsymbol{a}\times\boldsymbol{b})\cdot(\boldsymbol{c}\times\boldsymbol{d}) = (\boldsymbol{a}\cdot\boldsymbol{c})(\boldsymbol{b}\cdot\boldsymbol{d}) - (\boldsymbol{a}\cdot\boldsymbol{d})(\boldsymbol{b}\cdot\boldsymbol{c}) \tag{1.1.24}$$

另一证明见 1.44 题。

例 1.2 利用矢量方法求证平面几何中的余弦定理

$$c^2 = a^2 + b^2 - 2ab\cos C$$

证明 用矢量 $\boldsymbol{a},\boldsymbol{b},\boldsymbol{c}$ 表示三角形的三条边 BC,CA,BA;A,B,C 表示三角形的三个顶角,如图 1.4 所示。则

$$\begin{aligned}\boldsymbol{c} &= \boldsymbol{a}+\boldsymbol{b} \\ c^2 &= \boldsymbol{c}\cdot\boldsymbol{c} = (\boldsymbol{a}+\boldsymbol{b})\cdot(\boldsymbol{a}+\boldsymbol{b}) \\ &= \boldsymbol{a}\cdot\boldsymbol{a}+\boldsymbol{b}\cdot\boldsymbol{b}+2\boldsymbol{a}\cdot\boldsymbol{b} \\ &= a^2+b^2+2ab\cos(\pi-C) \\ &= a^2+b^2-2ab\cos C\end{aligned}$$

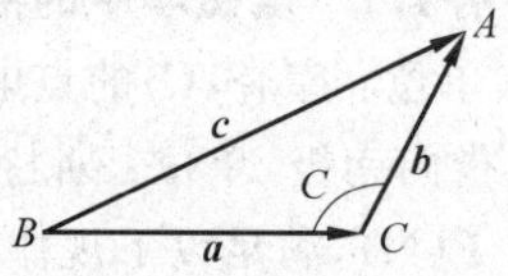

图 1.4 平面几何中的余弦定理

例 1.3 求证球面三角形中的余弦定理:

$$\cos\alpha = \cos\beta\cos\gamma + \sin\beta\sin\gamma\cos A$$

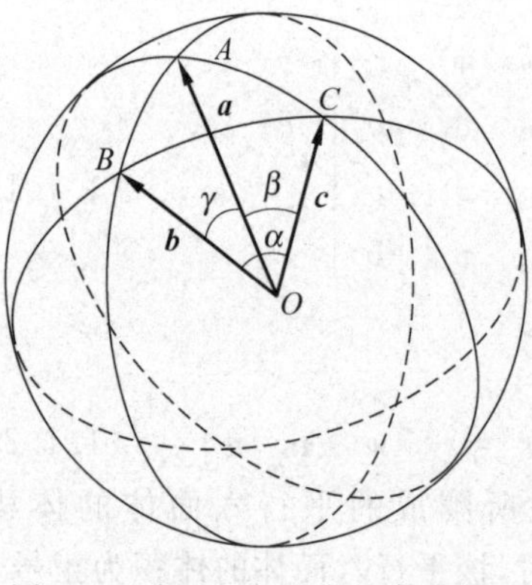

图 1.5 球面三角形中的余弦定理

式中 α,β,γ 分别为大圆弧 $\overset{\frown}{BC},\overset{\frown}{CA},\overset{\frown}{AB}$ 所对应的圆心角,A 为大圆弧 $\overset{\frown}{BA}$ 与 $\overset{\frown}{CA}$ 所在平面的夹角,如图 1.5 所示。

证明 设球心 O 至半径为 1 的球面上 3 点 A,B,C 的矢径为 $\boldsymbol{a},\boldsymbol{b},\boldsymbol{c}$;$\cos\alpha=\boldsymbol{b}\cdot\boldsymbol{c}$, $\cos\beta=\boldsymbol{a}\cdot\boldsymbol{c}$, $\cos\gamma=\boldsymbol{a}\cdot\boldsymbol{b}$,过 AC 大圆所在平面的法向单位矢量为 $(\boldsymbol{a}\times\boldsymbol{c})/\sin\beta$,过 AB 大圆所在平面的法向单位矢量为 $(\boldsymbol{a}\times\boldsymbol{b})/\sin\gamma$,它们之间的夹角等于 A 角。故

$$\cos A = \frac{\boldsymbol{a}\times\boldsymbol{b}}{\sin\gamma}\cdot\frac{\boldsymbol{a}\times\boldsymbol{c}}{\sin\beta}$$

因而

$$(\boldsymbol{a}\times\boldsymbol{b})\cdot(\boldsymbol{a}\times\boldsymbol{c}) = \sin\gamma\sin\beta\cos A$$

又
$$\begin{aligned}(\boldsymbol{a}\times\boldsymbol{b})\cdot(\boldsymbol{a}\times\boldsymbol{c}) &= \boldsymbol{a}\cdot[\boldsymbol{b}\times(\boldsymbol{a}\times\boldsymbol{c})] = \boldsymbol{a}\cdot[(\boldsymbol{b}\cdot\boldsymbol{c})\boldsymbol{a}-(\boldsymbol{b}\cdot\boldsymbol{a})\boldsymbol{c}] \\ &= (\boldsymbol{b}\cdot\boldsymbol{c})(\boldsymbol{a}\cdot\boldsymbol{a})-(\boldsymbol{a}\cdot\boldsymbol{c})(\boldsymbol{b}\cdot\boldsymbol{a}) = \cos\alpha-\cos\beta\cos\gamma\end{aligned}$$

故
$$\sin\beta\sin\gamma\cos A = \cos\alpha-\cos\beta\cos\gamma$$

即
$$\cos\alpha = \cos\beta\cos\gamma+\sin\beta\sin\gamma\cos A$$

例 1.4　以角速度$\boldsymbol{\omega}$绕定轴转动的刚体上每一点都绕着该轴做圆周运动，单位时间内转动的角度为 ω。如图 1.6 所示。求用矢量叉积表示刚体上任一点 P 处的线速度 $\boldsymbol{v}$ 。

解　将坐标原点 O 设在旋转轴上，由 O 点至 P 点的矢径 $\boldsymbol{r}$ 可以描述刚体上任一点 P 的位置。用矢量$\boldsymbol{\omega}$表示角速度，其大小等于 ω，方向沿旋转轴且与旋转方向之间满足右手定则。P 点到定轴的距离为 d。

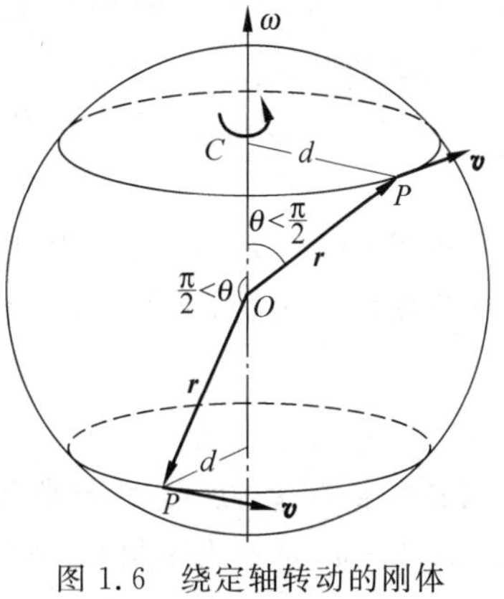

图 1.6　绕定轴转动的刚体

过 P 点作垂直于定轴的平面，与轴交点为 C，则 P 点做该平面内绕 C 的圆周运动，速度 $\boldsymbol{v}$ 的方向为 P 点处沿该圆周的切线方向。即

$$\boldsymbol{v}\cdot\boldsymbol{\omega}=0,\ \boldsymbol{v}\cdot\boldsymbol{r}=0 \qquad (\boldsymbol{v}\perp\boldsymbol{\omega},\boldsymbol{v}\perp\boldsymbol{r})$$

$\boldsymbol{v}$ 的大小为 ωd

$$|\boldsymbol{v}|=\omega r\sin\theta=\omega d$$

因此

$$\boldsymbol{v}=\boldsymbol{\omega}\times\boldsymbol{r}$$

1.2　斜角直线坐标系的基矢量与矢量分量

为便于定量求解某个物理问题，人们常需要选择不同的坐标系描述物理量及其服从的客观规律。除熟悉的笛卡儿坐标系外，还可以选择非正交的或非直线坐标系；我们将介绍更一般的坐标系以及矢量与张量的非笛卡儿分量。本节将先介绍斜角直线坐标系。

1.2.1　平面内的斜角直线坐标系

图 1.7 示出平面内直线坐标系 x^1, x^2，坐标线互不正交，夹角为 $\varphi(\varphi<\pi)$。若选沿 x^1 与 x^2 坐标线的参考矢量 $\boldsymbol{g}_1$ 与 $\boldsymbol{g}_2$（它们可以不是单位矢量），则任意矢量 $\boldsymbol{P}$ 可以用它对 $\boldsymbol{g}_1$ 与 $\boldsymbol{g}_2$ 分解的分矢量 $P^1\boldsymbol{g}_1$ 与 $P^2\boldsymbol{g}_2$ 之和表示：

$$\boldsymbol{P}=P^1\boldsymbol{g}_1+P^2\boldsymbol{g}_2=\sum_{\alpha=1}^{2}P^\alpha\boldsymbol{g}_\alpha=P^\alpha\boldsymbol{g}_\alpha \tag{1.2.1}$$

式中 P^1 与 P^2 称为矢量 $\boldsymbol{P}$ 的分量。上式中最后的表达式省略了求和号，即采用了爱因斯坦(Einstein)求和约定。其中 α 称为**哑指标**，满足以下规则。

哑指标规则：

(1) 在同一项中，以一个上指标与一个下指标成对地出现，表示遍历其取值范围求和。在本书中，规定希文字母指标(如 α,β 等)用于二维问题，取值 1 与 2；而拉丁文字母指标(如 i,j 等)用于三维问题，取值 1,2,3。

(2) 每一对哑指标的字母可以用相同取值范围的另一对字母任意代换，其意义不变。如

$$\boldsymbol{P}=P^\alpha\boldsymbol{g}_\alpha=P^\beta\boldsymbol{g}_\beta \tag{1.2.1a}$$

当选定参考矢量 $\boldsymbol{g}_1$ 与 $\boldsymbol{g}_2$ 后，用初等代数的方法可以确定任意矢量的分量 P^1 与 P^2。设引入沿 x^1 与 x^2 的单位矢量 $\boldsymbol{i}_1$ 与 $\boldsymbol{i}_2$，则有

$$\boldsymbol{i}_1\cdot\boldsymbol{i}_1=\boldsymbol{i}_2\cdot\boldsymbol{i}_2=1,\qquad \boldsymbol{i}_1\cdot\boldsymbol{i}_2=\boldsymbol{i}_2\cdot\boldsymbol{i}_1=\cos\varphi\neq 0 \tag{1.2.2a}$$

$$\boldsymbol{g}_1 = |\boldsymbol{g}_1|\boldsymbol{i}_1, \quad \boldsymbol{g}_2 = |\boldsymbol{g}_2|\boldsymbol{i}_2 \tag{1.2.2b}$$

与笛卡儿坐标系不同,因 $\boldsymbol{g}_1$ 与 $\boldsymbol{g}_2$ 不是单位矢量且不正交,故矢量 $\boldsymbol{P}$ 在 $\boldsymbol{g}_\alpha$($\alpha=1,2$)上的投影不等于它的分量:

$$\begin{aligned}\boldsymbol{P}\cdot\boldsymbol{i}_1 &= P^1|\boldsymbol{g}_1| + P^2|\boldsymbol{g}_2|\cos\varphi \\ \boldsymbol{P}\cdot\boldsymbol{i}_2 &= P^1|\boldsymbol{g}_1|\cos\varphi + P^2|\boldsymbol{g}_2|\end{aligned} \tag{1.2.3}$$

由 $\boldsymbol{P}\cdot\boldsymbol{i}_1$ 与 $\boldsymbol{P}\cdot\boldsymbol{i}_2$ 表述 P^1 与 P^2 的表示式需通过解联立代数方程(1.2.3)式得到,显然是不方便的。为此,引入一对与 $\boldsymbol{g}_\alpha$($\alpha=1,2$)对偶的参考矢量 $\boldsymbol{g}^\alpha$($\alpha=1,2$),满足:

$$\boldsymbol{g}^1\cdot\boldsymbol{g}_2 = \boldsymbol{g}^2\cdot\boldsymbol{g}_1 = 0 \tag{1.2.4a}$$

$$\boldsymbol{g}^1\cdot\boldsymbol{g}_1 = \boldsymbol{g}^2\cdot\boldsymbol{g}_2 = 1 \tag{1.2.4b}$$

上式表示 $\boldsymbol{g}^1$ 与 $\boldsymbol{g}_2$,$\boldsymbol{g}^2$ 与 $\boldsymbol{g}_1$ 分别互相正交。而由图 1.7 知,$\boldsymbol{g}^1$ 与 $\boldsymbol{g}_1$,$\boldsymbol{g}^2$ 与 $\boldsymbol{g}_2$ 的夹角都是锐角,且为 $\pi/2-\varphi$(当 φ 为锐角)或 $\varphi-\pi/2$(当 φ 为钝角),故

$$|\boldsymbol{g}^1| = \frac{1}{|\boldsymbol{g}_1|\sin\varphi}, \quad |\boldsymbol{g}^2| = \frac{1}{|\boldsymbol{g}_2|\sin\varphi} \tag{1.2.5}$$

称参考矢量 $\boldsymbol{g}_\alpha$ 为**协变基矢量**,与其对偶的参考矢量 $\boldsymbol{g}^\beta$($\beta=1,2$)为**逆变基矢量**。它们之间所满足的关系式(1.2.4a,b)可以统一写成**对偶条件**

$$\boldsymbol{g}^\beta\cdot\boldsymbol{g}_\alpha = \delta_\alpha^\beta \quad (\alpha,\beta=1,2) \tag{1.2.4}$$

式中 δ_α^β 称为 Kronecker δ,其值为

$$\delta_\alpha^\beta = \begin{cases}1, & \alpha=\beta \\ 0, & \alpha\neq\beta\end{cases} \tag{1.2.6}$$

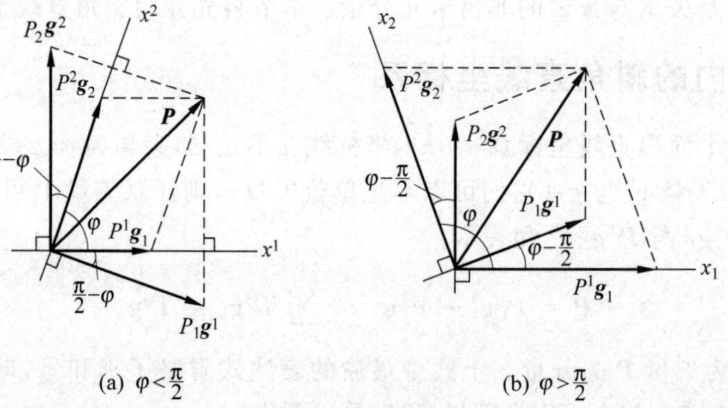

图 1.7 平面内的斜角直线坐标系

由(1.2.4)式可以从协变基矢量唯一地确定逆变基矢量,反之亦然。以后对于每个坐标系都将引入这两组互为对偶的基矢量,并且用下标与上标区别协变与逆变指标。利用它们及对偶关系式(1.2.4)可以方便地求矢量的分量,不再需要求解方程组(1.2.3)。如(1.2.1)式中矢量对协变基矢量 $\boldsymbol{g}_\alpha$ 分解的分量 P^α(称为**矢量 $\boldsymbol{P}$ 的逆变分量**):

$$P^1 = \boldsymbol{P}\cdot\boldsymbol{g}^1, \quad P^2 = \boldsymbol{P}\cdot\boldsymbol{g}^2$$

或统一写成

$$P^\alpha = \boldsymbol{P}\cdot\boldsymbol{g}^\alpha \quad (\alpha=1,2) \tag{1.2.7}$$

矢量 $\boldsymbol{P}$ 还可以对逆变基矢量 $\boldsymbol{g}^\beta$ 分解:

$$\boldsymbol{P} = P_1\boldsymbol{g}^1 + P_2\boldsymbol{g}^2 = P_\beta\boldsymbol{g}^\beta \tag{1.2.8}$$

P_β 称为**矢量 $\boldsymbol{P}$ 的协变分量**。将上式左右点积协变基矢量 $\boldsymbol{g}_\alpha$ ($\alpha=1,2$)，并利用对偶关系(1.2.4)可以方便地求得矢量的协变分量：

$$\boldsymbol{P}\cdot\boldsymbol{g}_\alpha = P_\alpha \qquad (\alpha=1,2) \tag{1.2.9}$$

自由指标　在(1.2.4)式、(1.2.7)式、(1.2.9)式中出现的指标符号满足以下规则，称为**自由指标**：

(1) 一个指标在表达式的各项中都在同一水平上出现并且只出现一次，或者全为上标，或者全为下标。表示该表达式在该自由指标的 n 维取值范围内都成立，即代表了 n 个表达式。

(2) 一个表达式中的某个自由指标可以全体地换用相同取值范围的其他字母，意义不变。

本小节中定义的哑指标、自由指标及指标符号规则同样适用于三维问题，并且贯穿于全书。读者应熟练掌握指标符号表达的公式与不用指标符号表达的公式之间的互换关系。

还应指出的是，在笛卡儿坐标系中，基矢量是正交标准化基，一组协变基矢量 $\boldsymbol{e}_\alpha$ 与对应的逆变基矢量 $\boldsymbol{e}^\alpha$ 完全重合，不需要区分上下指标。此时，并且只有在此时，哑指标可以不分上下。例如在笛卡儿系中可以写成 $\boldsymbol{P}=P_\alpha\boldsymbol{e}_\alpha$，还可以将 δ_α^β 写成 $\delta_{\alpha\beta}$ 等。

1.2.2　三维空间中的斜角直线坐标系

1.2.2.1　斜角直线坐标系

在图 1.8 所示斜角直线坐标系(x^1,x^2,x^3)中，三维空间每一点以 (x^1,x^2,x^3) 表示。x^i 面为给定常数的各点的集合，是互相平行的坐标平面；$i=1,2,3$ 时分别为三族平行的坐标平面，它们互相之间是斜交的。仅仅 x^1 变化，x^2,x^3 分别取一系列确定值的各点的集合是一族互相平行的直线，称为 x^1 坐标线，x^2,x^3 坐标线也以同样的方法定义。三族坐标线是斜交的。

三维空间点的位置可以用坐标原点至该点的矢径 $\boldsymbol{r}$ (x^1,x^2,x^3) 表示。对于直线坐标系，$\boldsymbol{r}$ 与坐标成线性关系：

$$\boldsymbol{r} = x^1\boldsymbol{g}_1 + x^2\boldsymbol{g}_2 + x^3\boldsymbol{g}_3 = x^i\boldsymbol{g}_i \tag{1.2.10}$$

上式中 $\boldsymbol{g}_i$($i=1,2,3$) 分别是沿三个坐标线的参考矢量，在直线坐标系中，它们的大小与方向都不随空间点的位置变化。

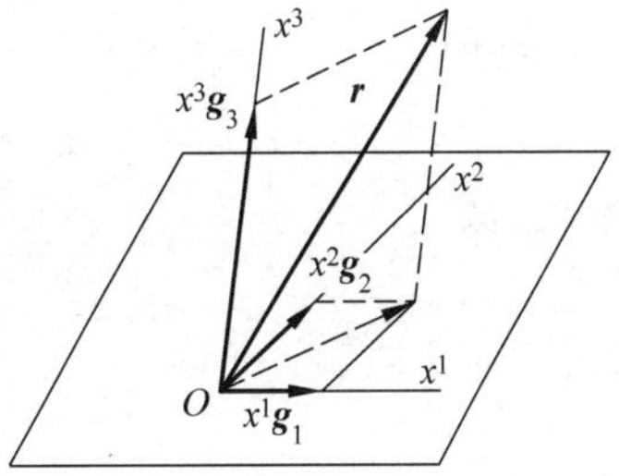

图 1.8　三维空间中的斜角直线坐标系

1.2.2.2　协变基矢量

由(1.2.10)式求矢径对坐标的微分

$$\mathrm{d}\boldsymbol{r} = \frac{\partial\boldsymbol{r}}{\partial x^i}\mathrm{d}x^i = \boldsymbol{g}_i\mathrm{d}x^i \tag{1.2.11}$$

将矢径对坐标的偏导数定义为**协变基矢量 $\boldsymbol{g}_i$**，称为**自然基矢量**。即

$$\boldsymbol{g}_i = \frac{\partial\boldsymbol{r}}{\partial x^i} \tag{1.2.12}$$

协变基矢量的方向沿坐标线正方向，其大小等于当坐标 x^i 有 1 单位增量时两点之间的距离。因三个坐标线非共面，故

$$[\boldsymbol{g}_1 \quad \boldsymbol{g}_2 \quad \boldsymbol{g}_3] = \boldsymbol{g}_1 \cdot (\boldsymbol{g}_2 \times \boldsymbol{g}_3) \neq 0$$

即 $\boldsymbol{g}_1, \boldsymbol{g}_2, \boldsymbol{g}_3$ 线性无关。当 $\boldsymbol{g}_1, \boldsymbol{g}_2, \boldsymbol{g}_3$ 构成右手系时,混合积为正值,记

$$[\boldsymbol{g}_1 \quad \boldsymbol{g}_2 \quad \boldsymbol{g}_3] = \sqrt{g} \tag{1.2.13}$$

式中 g 是一个正实数。

1.2.2.3 逆变基矢量

定义一组3个与协变基矢量 $\boldsymbol{g}_i$ 互为对偶的**逆变基矢量** $\boldsymbol{g}^j$,满足对偶条件:

$$\boldsymbol{g}^j \cdot \boldsymbol{g}_i = \delta_i^j \qquad (i,j = 1,2,3) \tag{1.2.14}$$

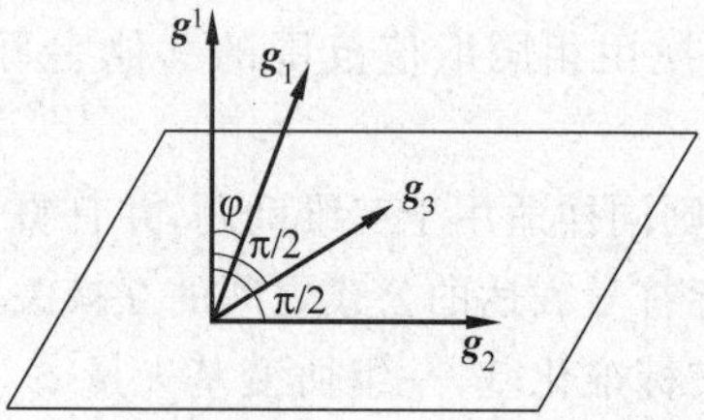

图1.9 逆变基矢量与协变基矢量的几何关系

式中 $\delta_i^j (i,j=1,2,3)$ 为三维的 Kronecker δ,其定义参考(1.2.6)式。δ_i^j 构成 3×3 的单位矩阵。

逆变基矢量 $\boldsymbol{g}^j$ 与协变基矢量的关系如图1.9所示(图中设 $j=1$),其方向垂直于另两个协变基矢量 $\boldsymbol{g}_i (i\neq j)$,并与 $\boldsymbol{g}_j$ 有夹角 $\varphi(\varphi<\pi/2)$,其模为

$$|\boldsymbol{g}^j| = \frac{1}{|\boldsymbol{g}_j|\cos\varphi} \tag{1.2.15}$$

今后可以证明,逆变基矢量 $\boldsymbol{g}^j$ 实际上是垂直于坐标 x^j 的等值面(即坐标面)的梯度。

$$\boldsymbol{g}^j = \mathrm{grad}x^j = \boldsymbol{\nabla} x^j \tag{1.2.16}$$

1.2.2.4 由协变基矢量求逆变基矢量

逆变基矢量根据对偶条件(1.2.14)由协变基矢量唯一地确定。具体计算方法有以下两种:

法1 因 $\boldsymbol{g}^1$ 垂直于 $\boldsymbol{g}_2$ 与 $\boldsymbol{g}_3$,即 $\boldsymbol{g}^1$ 平行于 $\boldsymbol{g}_2\times\boldsymbol{g}_3$,可令 $\boldsymbol{g}^1 = a\boldsymbol{g}_2\times\boldsymbol{g}_3$,利用(1.2.13)式与(1.2.14)式:

$$1 = \boldsymbol{g}^1 \cdot \boldsymbol{g}_1 = a(\boldsymbol{g}_2 \times \boldsymbol{g}_3)\cdot \boldsymbol{g}_1 = a\sqrt{g}$$

可求得 a。故

$$\begin{cases} \boldsymbol{g}^1 = \dfrac{1}{\sqrt{g}}(\boldsymbol{g}_2 \times \boldsymbol{g}_3) \\ \boldsymbol{g}^2 = \dfrac{1}{\sqrt{g}}(\boldsymbol{g}_3 \times \boldsymbol{g}_1) \\ \boldsymbol{g}^3 = \dfrac{1}{\sqrt{g}}(\boldsymbol{g}_1 \times \boldsymbol{g}_2) \end{cases} \tag{1.2.17}$$

法2 将逆变基矢量 $\boldsymbol{g}^i (i=1,2,3)$ 作为矢量对协变基 $\boldsymbol{g}_j$ 分解:

$$\boldsymbol{g}^i = g^{ij}\boldsymbol{g}_j \qquad (i = 1,2,3) \tag{1.2.18}$$

上式中的系数 g^{ij} 构成 3×3 矩阵,由式(1.2.18)和式(1.2.14)知

$$\boldsymbol{g}^i \cdot \boldsymbol{g}^j = g^{ik}\boldsymbol{g}_k \cdot \boldsymbol{g}^j = g^{ik}\delta_k^j = g^{ij} \qquad (i,j = 1,2,3) \tag{1.2.19}$$

同样地,协变基矢量 $\boldsymbol{g}_i$ 也可以对逆变基矢量 $\boldsymbol{g}^j$ 分解:

$$\boldsymbol{g}_i = g_{ij}\boldsymbol{g}^j \qquad (i = 1,2,3) \tag{1.2.20}$$

且有

$$\boldsymbol{g}_i \cdot \boldsymbol{g}_j = g_{ij} \qquad (i,j = 1,2,3) \tag{1.2.21}$$

由(1.2.19)式与(1.2.21)式还可以证明

$$g_{ij}=g_{ji},\qquad g^{ij}=g^{ji}\tag{1.2.22}$$

所以 g_{ij} 与 g^{ij} 各自构成 3×3 的对称矩阵。由对偶条件易证 g_{ij} 与 g^{ij} 的矩阵互逆，只有 6 个独立分量：

$$\delta_i^j=\boldsymbol{g}_i\cdot\boldsymbol{g}^j=g_{ik}\boldsymbol{g}^k\cdot\boldsymbol{g}^j=g_{ik}g^{kj}\qquad(i,j=1,2,3)\tag{1.2.23a}$$

上式写成矩阵形式为

$$[g^{ij}]=[g_{ij}]^{-1}\tag{1.2.23b}$$

此处，本书中以[ ]表示矩阵，矩阵元素的前指标表示行号，后指标表示列号。

已知坐标系后，可由(1.2.12)式求协变基矢量 $\boldsymbol{g}_j$，再由(1.2.21)式求 g_{ij}，由(1.2.23b)式求 g^{ij}，最后由(1.2.18)式求逆变基矢量 $\boldsymbol{g}^i$。称 g_{ij} 为**度量张量的协变分量**，g^{ij} 为**度量张量的逆变分量**。其名称的由来见下节。

g_{ij} 的行列式值可由(1.1.21)式求得：

$$\det(g_{ij})=\begin{vmatrix}\boldsymbol{g}_1\cdot\boldsymbol{g}_1 & \boldsymbol{g}_1\cdot\boldsymbol{g}_2 & \boldsymbol{g}_1\cdot\boldsymbol{g}_3\\ \boldsymbol{g}_2\cdot\boldsymbol{g}_1 & \boldsymbol{g}_2\cdot\boldsymbol{g}_2 & \boldsymbol{g}_2\cdot\boldsymbol{g}_3\\ \boldsymbol{g}_3\cdot\boldsymbol{g}_1 & \boldsymbol{g}_3\cdot\boldsymbol{g}_2 & \boldsymbol{g}_3\cdot\boldsymbol{g}_3\end{vmatrix}=[\boldsymbol{g}_1\quad\boldsymbol{g}_2\quad\boldsymbol{g}_3]^2=g\tag{1.2.24}$$

由(1.1.22)式与对偶关系(1.2.14)式知

$$1=\det(\boldsymbol{g}_i\cdot\boldsymbol{g}^j)=[\boldsymbol{g}_1\quad\boldsymbol{g}_2\quad\boldsymbol{g}_3][\boldsymbol{g}^1\quad\boldsymbol{g}^2\quad\boldsymbol{g}^3]$$

如果协变基矢量构成右手系，$[\boldsymbol{g}_1\quad\boldsymbol{g}_2\quad\boldsymbol{g}_3]$为正值，则由上式可知

$$[\boldsymbol{g}^1\quad\boldsymbol{g}^2\quad\boldsymbol{g}^3]=\frac{1}{[\boldsymbol{g}_1\quad\boldsymbol{g}_2\quad\boldsymbol{g}_3]}=\frac{1}{\sqrt{g}}\tag{1.2.25}$$

$[\boldsymbol{g}^1\quad\boldsymbol{g}^2\quad\boldsymbol{g}^3]$ 也为正值，故 $\boldsymbol{g}^1,\boldsymbol{g}^2,\boldsymbol{g}^3$ 也构成右手系。

在笛卡儿坐标系中，指标不分上下，有

$$g_{ij}=g^{ij}=\delta_{ij}\qquad(i,j=1,2,3)\tag{1.2.26}$$

利用(1.2.25)式与对偶关系(1.2.14)式，与证明(1.2.17)式相类似地可得

$$\begin{cases}\boldsymbol{g}_1=\sqrt{g}(\boldsymbol{g}^2\times\boldsymbol{g}^3)\\ \boldsymbol{g}_2=\sqrt{g}(\boldsymbol{g}^3\times\boldsymbol{g}^1)\\ \boldsymbol{g}_3=\sqrt{g}(\boldsymbol{g}^1\times\boldsymbol{g}^2)\end{cases}\tag{1.2.27}$$

1.2.2.5　指标升降关系

与二维问题相同，矢量 $\boldsymbol{P}$ 既可对协变基、又可对逆变基分解

$$\boldsymbol{P}=P^i\boldsymbol{g}_i=P_j\boldsymbol{g}^j\tag{1.2.28}$$

且有

$$P^i=\boldsymbol{P}\cdot\boldsymbol{g}^i=P_k\boldsymbol{g}^k\cdot\boldsymbol{g}^i=P_kg^{ki}\qquad(i=1,2,3)\tag{1.2.29a}$$

$$P_j=\boldsymbol{P}\cdot\boldsymbol{g}_j=P^k\boldsymbol{g}_k\cdot\boldsymbol{g}_j=P^kg_{kj}\qquad(j=1,2,3)\tag{1.2.29b}$$

(1.2.29)的两式称为矢量分量的**指标升降关系**。回顾(1.2.18)式与(1.2.20)式，可以发现基矢量也有类似的指标升降关系，而起升指标作用的是度量张量的逆变分量 g^{ij}，起降指标作用的是度量张量的协变分量 g_{ij}。

利用指标升降关系可以表示斜角直线坐标系中两个矢量的点积：

$$\boldsymbol{u}\cdot\boldsymbol{v}=u^iv_i=u_iv^i=u_iv_jg^{ij}=u^iv^jg_{ij}\tag{1.2.30}$$

以及

$$|\boldsymbol{u}|^2 = u^i u_i = g_{ij} u^i u^j = g^{ij} u_i u_j \tag{1.2.31}$$

$$\cos(\boldsymbol{u} \cdot \boldsymbol{v}) = \frac{\boldsymbol{u} \cdot \boldsymbol{v}}{|\boldsymbol{u}|\,|\boldsymbol{v}|} = \frac{u^i v_i}{\sqrt{u^j u_j}\,\sqrt{v^k v_k}} \tag{1.2.32}$$

1.3 曲线坐标系

1.3.1 曲线坐标系的定义

许多物理问题的定义域常涉及曲线或曲面边界，为便于求解经常引入曲线坐标系。

三维空间中任意点 P 的位置用固定点 O 至该点的矢径 $\boldsymbol{r}$ 表示，矢径 $\boldsymbol{r}$ 可以由三个独立参量 $x^i(i=1,2,3)$ 确定

$$\boldsymbol{r} = \boldsymbol{r}(x^1, x^2, x^3) \tag{1.3.1}$$

参量 x^i 的选择要求：在 x^1, x^2, x^3 的定义域内，x^i 与空间所有的点能够一一对应，x^i 就称为**曲线坐标**。具体表达时，往往借助于一参考的笛卡儿系 x, y, z 及相应的正交标准化基 $\boldsymbol{i}, \boldsymbol{j}, \boldsymbol{k}$，并设其坐标原点取在 O 点，如图 1.10 所示。此时，(1.3.1)式可写作：

$$\boldsymbol{r} = x(x^1, x^2, x^3)\boldsymbol{i} + y(x^1, x^2, x^3)\boldsymbol{j} + z(x^1, x^2, x^3)\boldsymbol{k} \tag{1.3.2}$$

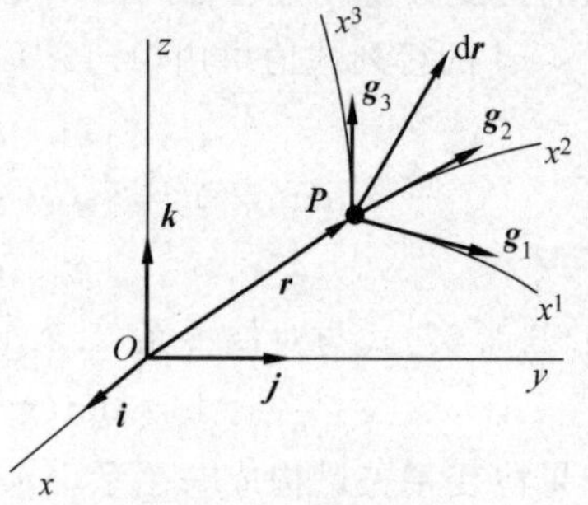

图 1.10 曲线坐标系

上式还可以写成分量形式：

$$x^{k'} = x^{k'}(x^1, x^2, x^3) = x^{k'}(x^i) \qquad (k' = 1,2,3) \tag{1.3.3}$$

式中 $x^{k'}$ 表示笛卡儿坐标 x, y, z；x^i 表示曲线坐标 x^1, x^2, x^3；k' 是自由指标，本书中括号里自变量的指标 i 既非自由指标也非哑指标，只表示在其取值范围内逐一取值。曲线坐标 x^i 与空间点一一对应的条件，即要求函数 $x^{k'}(x^i)$ 在 x^i 的定义域内单值、连续光滑且可逆；换言之，应满足

$$\begin{cases} \det\left(\dfrac{\partial x^{k'}}{\partial x^i}\right) \neq 0 \\ \det\left(\dfrac{\partial x^i}{\partial x^{k'}}\right) \neq 0 \end{cases} \tag{1.3.4}$$

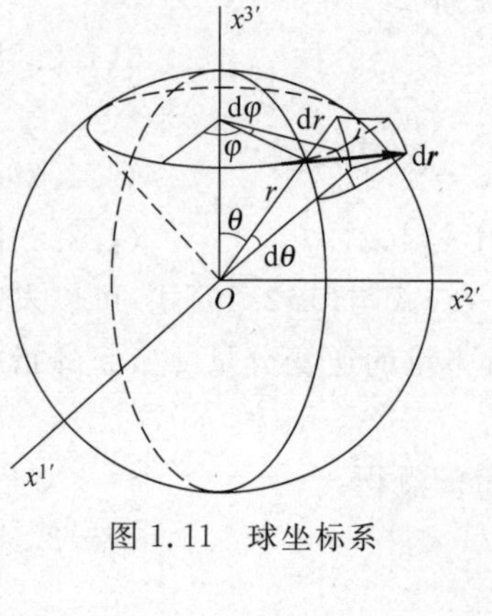

图 1.11 球坐标系

矩阵 $\left[\dfrac{\partial x^{k'}}{\partial x^i}\right]$，$\left[\dfrac{\partial x^i}{\partial x^{k'}}\right]$ 称为 Jacobian 矩阵，其行列式称为 Jacobian 行列式。

在曲线坐标系中，当一个坐标 x^i 保持常数时，空间各点的集合构成的坐标面一般是曲面；只有一个坐标 x^i 变化，另两个坐标不变的空间各点的轨迹形成的坐标线（称为 x^i 线）一般是曲线。通过空间一个点有 3 根坐标线，不同点处坐标线的方向一般是变化的。曲线坐标的选择可以不是长度的量纲，而矢径与坐标之间一般不满足线性关系。

例如，图 1.11 所示球坐标系，$x^1 = r, x^2 = \theta, x^3 = \varphi$，其

中 x^2，x^3 都不是长度的量纲。矢径 $\boldsymbol{r}$ 的表达式为

$$\boldsymbol{r}=x^1\sin x^2\cos x^3\boldsymbol{i}+x^1\sin x^2\sin x^3\boldsymbol{j}+x^1\cos x^2\boldsymbol{k}$$
$$(0<x^1<\infty,0\leqslant x^2\leqslant\pi,0\leqslant x^3\leqslant 2\pi)\tag{1.3.5}$$

x^1 线是通过坐标原点的射线，x^2 线是通过 z 轴的大圆(经线)，x^3 线是平行圆(纬线)。

1.3.2　空间点的局部基矢量

与直线坐标系不同，由于以（1.3.1）式表示的矢径 $\boldsymbol{r}$ 与曲线坐标(x^1，x^2，x^3)之间通常不是线性关系，因此曲线坐标一般不能写成矢径的分量，即此时(1.2.10)式不成立。那么，如何选择曲线坐标系中的基矢量呢？过空间任一点 $P(x^1, x^2, x^3)$ 处有3根非共面的坐标线，研究当坐标有微小的增量时，P 点移至其邻域内的 Q 点，PQ 之间的线元，即矢径 $\boldsymbol{r}$ 的增量 $\mathrm{d}\boldsymbol{r}$ 是一个矢量

$$\mathrm{d}\boldsymbol{r}=\frac{\partial\boldsymbol{r}}{\partial x^i}\mathrm{d}x^i\tag{1.3.6}$$

通常总是这样选取任意点（x^1，x^2，x^3）处的基矢量 $\boldsymbol{g}_i(i=1,2,3)$，使得在该点的局部邻域内，矢径的微分 $\mathrm{d}\boldsymbol{r}$ 与坐标的微分 $\mathrm{d}x^i(i=1,2,3)$ 满足类似于直线坐标系中的关系式(1.2.11)，即

$$\mathrm{d}\boldsymbol{r}=\boldsymbol{g}_i\mathrm{d}x^i\tag{1.3.7}$$

则类似于(1.2.12)式，仍有

$$\boldsymbol{g}_i=\frac{\partial\boldsymbol{r}}{\partial x^i}\qquad(i=1,2,3)\tag{1.3.8}$$

按上式定义的 $\boldsymbol{g}_i$ 称为曲线坐标(x^1，x^2，x^3)点处的**协变基**或**自然局部基矢量**。显然 $\boldsymbol{g}_i(i=1,2,3)$ 沿着 P 点处3根坐标线的切线并指向 x^i 增加的方向，$\boldsymbol{g}_i$ 在空间每一点处构成一组3个非共面的活动标架，称这个标架为空间某点处关于曲线坐标系（x^1，x^2，x^3）的**切标架**。(1.3.8)式表示的自然基矢量是协变基矢量的一种最方便的取法。

与直线坐标系不同，在曲线坐标系中基矢量 $\boldsymbol{g}_i$ 不是常矢量，它们的大小与方向都随空间点的位置变化，是一种与所研究点的坐标线相切的局部基矢量。若已知（1.3.3）式，可给出 $\boldsymbol{g}_i$ 与笛卡儿系中的正交标准基的转换关系：

$$\boldsymbol{g}_i=\frac{\partial x}{\partial x^i}\boldsymbol{i}+\frac{\partial y}{\partial x^i}\boldsymbol{j}+\frac{\partial z}{\partial x^i}\boldsymbol{k}\qquad(i=1,2,3)\tag{1.3.9}$$

仍以球坐标系为例：

$$\begin{cases}\boldsymbol{g}_1=\sin x^2\cos x^3\boldsymbol{i}+\sin x^2\sin x^3\boldsymbol{j}+\cos x^2\boldsymbol{k}, & |\boldsymbol{g}_1|=1\\ \boldsymbol{g}_2=x^1(\cos x^2\cos x^3\boldsymbol{i}+\cos x^2\sin x^3\boldsymbol{j}-\sin x^2\boldsymbol{k}), & |\boldsymbol{g}_2|=x^1\\ \boldsymbol{g}_3=x^1\sin x^2(-\sin x^3\boldsymbol{i}+\cos x^3\boldsymbol{j}), & |\boldsymbol{g}_3|=x^1\sin x^2\end{cases}\tag{1.3.10}$$

从此例可见，3个协变基矢量中仅 $\boldsymbol{g}_1$ 是单位矢量但其方向随点变化；$\boldsymbol{g}_2$ 与 $\boldsymbol{g}_3$ 大小与方向都随点变化，且不是无量纲的，它们具有长度的量纲。

仿照斜角直线坐标系的办法，引入一组与 $\boldsymbol{g}_i$ 满足对偶条件(1.2.14)式的矢量 $\boldsymbol{g}^j(j=1,2,3)$，称为逆变基矢量。此时，斜角直线坐标系中的全部相应公式(1.2.11)～(1.2.25)，(1.2.27)～(1.2.32)式都可适用于曲线坐标系，只需将 $\boldsymbol{g}_i(x^1, x^2, x^3)$ 与 $\boldsymbol{g}^j(x^1, x^2, x^3)$ 都看成空间每一点处的局部标架即可。由（1.3.9）式易证明(1.2.16)式，即逆变基矢量是坐

标面的梯度：

$$\nabla x^j = \mathrm{grad} x^j = \frac{\partial x^j}{\partial x}\boldsymbol{i} + \frac{\partial x^j}{\partial y}\boldsymbol{j} + \frac{\partial x^j}{\partial z}\boldsymbol{k}$$

利用上式及(1.3.9)式，并将笛卡儿坐标表示成

$$[x^{k'}] = (x^{1'}, x^{2'}, x^{3'}) = (x, y, z)$$

$$[\boldsymbol{g}_i \cdot \nabla x^j] = \left[\frac{\partial x^{k'}}{\partial x^i}\right]\left[\frac{\partial x^j}{\partial x^{k'}}\right] = [\mathbf{1}]$$

其中[**1**]表示单位矩阵。即两者满足对偶关系：

$$\boldsymbol{g}_i \cdot \nabla x^j = \delta_i^j \qquad (i, j = 1,2,3)$$

故证得

$$\boldsymbol{g}^j = \nabla x^j \qquad (j=1,2,3)$$

任何作为物理量的矢量 $\boldsymbol{P}$ 总是作用于某点或与某点相联系。在曲线坐标系中，任何矢量的分解都仍采用(1.2.28)式，所不同的只是不存在两组常基矢量，而是对每一个作用点处的两组局部基矢量进行分解。

线元 $\mathrm{d}\boldsymbol{r}$ 也是矢量，也可对逆变基矢量分解：

$$\mathrm{d}\boldsymbol{r} = \mathrm{d}x^j \boldsymbol{g}_j = \mathrm{d}x_i \boldsymbol{g}^i \tag{1.3.7a}$$

注意此处 $\mathrm{d}x_i$ 只表示 $\mathrm{d}\boldsymbol{r}$ 的协变分量，它与坐标的微分 $\mathrm{d}x^j$ 之间满足指标升降关系：

$$\mathrm{d}x_i = g_{ij}\mathrm{d}x^j \tag{1.3.11}$$

上式只有当 $g_{ij}(x^1, x^2, x^3)$ 满足使 $g_{ij}\mathrm{d}x^j$ 成为全微分的条件时，才是可积的。这个条件一般是不能满足的，即函数 $x_i(x^1, x^2, x^3)$ 不存在，因而不能将 $\mathrm{d}x_i$ 误认为是“x_i 的微分”。

(1.3.7a)式和(1.3.11)式就是 $\mathrm{d}x_i$ 的定义。x^i 表示坐标，$\mathrm{d}x^i$ 既表示 x^i 的微分，也表示 $\mathrm{d}\boldsymbol{r}$ 的逆变分量；$\mathrm{d}x_i$ 表示 $\mathrm{d}\boldsymbol{r}$ 的协变分量，但单独的 x_i 无意义。(1.3.8)式表示的自然基矢量只是协变基的一种最方便的取法，但不是唯一的取法(见第4章)。

由(1.3.7)式、(1.2.21)式、(1.2.31)式和(1.2.32)式可知，在任一坐标系中，坐标线的线元 $\mathrm{d}x^i$ 的长度和两坐标线线元 $\mathrm{d}x^i$ 与 $\mathrm{d}x^j$ 的夹角都可由该坐标系的度量张量分量 g_{ij} 求得，见习题1.19和习题1.20。

1.3.3 正交曲线坐标系与 Lamé 常数

x^1, x^2, x^3 坐标线处处正交的坐标系称为正交曲线坐标系。在正交系中

$$g_{ij} = 0,\ g^{ij} = 0 \qquad (\text{当 } i \neq j,\quad i,j = 1,2,3)$$

度量张量 g_{ij} 与 g^{ij} 构成的矩阵为对角阵，$\boldsymbol{g}_i$ 与 $\boldsymbol{g}^i$ 共线。线元 $\mathrm{d}\boldsymbol{r}$ 的长度平方为

$$\mathrm{d}s^2 = \mathrm{d}\boldsymbol{r} \cdot \mathrm{d}\boldsymbol{r} = g_{11}(\mathrm{d}x^1)^2 + g_{22}(\mathrm{d}x^2)^2 + g_{33}(\mathrm{d}x^3)^2 \tag{1.3.12}$$

定义 Lamé 常数 $A_i(i=1,2,3)$：

$$A_1 = \sqrt{g_{11}}, \qquad A_2 = \sqrt{g_{22}}, \qquad A_3 = \sqrt{g_{33}} \tag{1.3.13}$$

A_i 的物理意义是坐标 x^i 有单位增量时弧长的增量。(1.3.12)式可改写为

$$\mathrm{d}s^2 = (A_1 \mathrm{d}x^1)^2 + (A_2 \mathrm{d}x^2)^2 + (A_3 \mathrm{d}x^3)^2 \tag{1.3.12a}$$

上式也可以作为求正交系中度量张量的一种方法，即由几何方法给出矢径的微分与坐标的微分之间的关系式(1.3.12a)，从而确定 A_i，再由 A_i 根据(1.3.13)式确定度量张量的协变分量。如前述球坐标系的例子中 $A_1 = 1, A_2 = x^1, A_3 = x^1 \sin x^2$，读者可以从图1.11中方便地找到几何解释。

Lamé 常数的定义式(1.3.13)在非正交系中也成立，但此时(1.3.12a)式不成立。

1.4　坐标转换

描述同一空间的物理问题，可以根据需要选择各种不同的坐标系，同一个物理量(例如：矢量)在不同坐标系中往往以不同的分量加以定量描述。那么同一个物理量的这些不同分量相互之间有什么关系呢？

设有一组老坐标系 x^i 及一组新坐标系 $x^{j'}$，它们之间的函数关系为 $x^i(x^{j'})$ 或 $x^{j'}(x^i)$，并满足(1.3.4)式所给出的 Jacobian 行列式不为零的条件。以下的叙述中带"$'$"的符号表示属于新坐标系 $x^{j'}$，不带"$'$"的符号表示属于老坐标系 x^i。

1.4.1　基矢量的转换关系

新老坐标系各自有协变基与逆变基矢量，它们各自分别满足对偶条件(1.2.14)式。将新坐标系的基矢量对老坐标系基矢量分解，有

$$\boldsymbol{g}_{i'} = \beta_{i'}^{j}\boldsymbol{g}_j \quad (i' = 1,2,3) \tag{1.4.1}$$

$$\boldsymbol{g}^{i'} = \beta_{j}^{i'}\boldsymbol{g}^j \quad (i' = 1,2,3) \tag{1.4.2}$$

上两式中，$\beta_{i'}^{j}$ 称为**协变转换系数**，$\beta_{j}^{i'}$ 称为**逆变转换系数**，各有 9 个，可各自排列成 3×3 矩阵。协、逆变转换系数 $\beta_{i'}^{j}$ 与 $\beta_{j}^{i'}$ 并不独立，这是由于协变基与逆变基矢量之间必须满足对偶条件：

$$\delta_{i'}^{j'} = \boldsymbol{g}_{i'} \cdot \boldsymbol{g}^{j'} = \beta_{i'}^{k}\boldsymbol{g}_k \cdot \beta_{l}^{j'}\boldsymbol{g}^l = \beta_{i'}^{k}\beta_{l}^{j'}\delta_k^l = \beta_{i'}^{k}\beta_{k}^{j'} \quad (i',j' = 1,2,3) \tag{1.4.3}$$

上式表示协、逆转换系数组成的矩阵互逆，即

$$\begin{bmatrix} \beta_{1'}^{1} & \beta_{1'}^{2} & \beta_{1'}^{3} \\ \beta_{2'}^{1} & \beta_{2'}^{2} & \beta_{2'}^{3} \\ \beta_{3'}^{1} & \beta_{3'}^{2} & \beta_{3'}^{3} \end{bmatrix} \begin{bmatrix} \beta_{1}^{1'} & \beta_{1}^{2'} & \beta_{1}^{3'} \\ \beta_{2}^{1'} & \beta_{2}^{2'} & \beta_{2}^{3'} \\ \beta_{3}^{1'} & \beta_{3}^{2'} & \beta_{3}^{3'} \end{bmatrix} = \begin{bmatrix} 1 & 0 & 0 \\ 0 & 1 & 0 \\ 0 & 0 & 1 \end{bmatrix} \tag{1.4.3a}$$

老坐标系的协变基矢量对新坐标系的协变基矢量分解，也应有 9 个转换系数 $a_j^{i'}$：

$$\boldsymbol{g}_j = a_j^{i'}\boldsymbol{g}_{i'} \quad (j = 1,2,3)$$

将上式左右点积 $\boldsymbol{g}^{i'}$，利用对偶条件：

$$\boldsymbol{g}_j \cdot \boldsymbol{g}^{i'} = a_j^{k'}\boldsymbol{g}_{k'} \cdot \boldsymbol{g}^{i'} = a_j^{k'}\delta_{k'}^{i'} = a_j^{i'} \quad (j,i' = 1,2,3)$$

又将上式左端的 $\boldsymbol{g}^{i'}$ 利用(1.4.2)式代入：

$$\boldsymbol{g}_j \cdot \boldsymbol{g}^{i'} = \boldsymbol{g}_j \cdot \beta_{k}^{i'}\boldsymbol{g}^k = \beta_{k}^{i'}\delta_j^k = \beta_{j}^{i'} \quad (j,i' = 1,2,3)$$

所以，$a_j^{i'} = \beta_j^{i'}$，得到

$$\boldsymbol{g}_j = \beta_{j}^{i'}\boldsymbol{g}_{i'} \quad (j = 1,2,3), \quad \beta_{j}^{i'} = \boldsymbol{g}^{i'} \cdot \boldsymbol{g}_j \quad (i',j = 1,2,3) \tag{1.4.4}$$

同理还可以证得

$$\boldsymbol{g}^j = \beta_{i'}^{j}\boldsymbol{g}^{i'} \quad (j = 1,2,3), \quad \beta_{i'}^{j} = \boldsymbol{g}^j \cdot \boldsymbol{g}_{i'} \quad (i',j = 1,2,3) \tag{1.4.5}$$

且有

$$\delta_i^j = \boldsymbol{g}_i \cdot \boldsymbol{g}^j = \beta_{i}^{k'}\boldsymbol{g}_{k'} \cdot \beta_{l'}^{j}\boldsymbol{g}^{l'} = \beta_{i}^{k'}\beta_{l'}^{j}\delta_{k'}^{l'} = \beta_{i}^{k'}\beta_{k'}^{j} \tag{1.4.6}$$

上式表示协变与逆变转换系数的另一种矩阵互逆关系：

$$\begin{bmatrix} \beta_{1}^{1'} & \beta_{1}^{2'} & \beta_{1}^{3'} \\ \beta_{2}^{1'} & \beta_{2}^{2'} & \beta_{2}^{3'} \\ \beta_{3}^{1'} & \beta_{3}^{2'} & \beta_{3}^{3'} \end{bmatrix} \begin{bmatrix} \beta_{1'}^{1} & \beta_{1'}^{2} & \beta_{1'}^{3} \\ \beta_{2'}^{1} & \beta_{2'}^{2} & \beta_{2'}^{3} \\ \beta_{3'}^{1} & \beta_{3'}^{2} & \beta_{3'}^{3} \end{bmatrix} = \begin{bmatrix} 1 & 0 & 0 \\ 0 & 1 & 0 \\ 0 & 0 & 1 \end{bmatrix} \tag{1.4.6a}$$

(1.4.1)式～(1.4.6)式说明,新老坐标系的协变基与逆变基矢量之间共有18个坐标转换系数 $\beta_{i'}^{j}$ 与 $\beta_{j}^{i'}$,它们相互之间满足矩阵互逆关系,独立的只有9个。

1.4.2 协变与逆变转换系数

由新、老坐标之间的函数关系与自然基矢量的定义式(1.3.8)可以求得协变与逆变转换系数。矢径 $\boldsymbol{r}$ 可以看作复合函数 $\boldsymbol{r}(x^j(x^{i'}))$,利用复合函数求导规则:

$$\boldsymbol{g}_{i'} = \frac{\partial \boldsymbol{r}}{\partial x^{i'}} = \frac{\partial \boldsymbol{r}}{\partial x^j}\frac{\partial x^j}{\partial x^{i'}} = \frac{\partial x^j}{\partial x^{i'}}\boldsymbol{g}_j \qquad (i' = 1,2,3)$$

又因(1.4.1)式给出了协变转换系数 $\beta_{i'}^{j}$ 的定义,故

$$\beta_{i'}^{j} = \frac{\partial x^j}{\partial x^{i'}} \qquad (i',j = 1,2,3) \tag{1.4.7}$$

同理可证

$$\beta_{j}^{i'} = \frac{\partial x^{i'}}{\partial x^j} \qquad (i',j = 1,2,3) \tag{1.4.8}$$

换言之,协变与逆变转换系数排列成 Jacobian 矩阵。由(1.4.2)式

$$\boldsymbol{g}^{i'} = \frac{\partial x^{i'}}{\partial x^j}\boldsymbol{g}^j \qquad (i' = 1,2,3)$$

1.4.3 矢量分量的坐标转换关系

矢量 $\boldsymbol{v}$ 可以在不同的坐标系中对不同的基矢量分解,在新、老坐标系中对逆变基分解,得到同一矢量的不同协变分量;或者对协变基分解,得到同一矢量不同的逆变分量。这些分量虽不相同,但分矢量的矢量和不应随坐标不同而变化。即

$$\boldsymbol{v} = v_{i'}\boldsymbol{g}^{i'} = v_j\boldsymbol{g}^j \tag{1.4.9}$$

或

$$\boldsymbol{v} = v^{i'}\boldsymbol{g}_{i'} = v^j\boldsymbol{g}_j \tag{1.4.10}$$

不同坐标系中矢量分量之间所满足的关系可由基矢量的转换关系确定。将(1.4.5)式代入(1.4.9)式,则

$$v_{i'}\boldsymbol{g}^{i'} = v_j\beta_{i'}^{j}\boldsymbol{g}^{i'}$$

以 $\boldsymbol{g}_{k'}$ 点积上式左右两边得

$$v_{k'} = v_{i'}\boldsymbol{g}^{i'}\cdot\boldsymbol{g}_{k'} = v_j\beta_{i'}^{j}\boldsymbol{g}^{i'}\cdot\boldsymbol{g}_{k'} = \beta_{k'}^{j}v_j \qquad (k' = 1,2,3) \tag{1.4.11}$$

同理,由(1.4.10)式与(1.4.4)式可证

$$v^{i'} = \beta_{j}^{i'}v^j \qquad (i' = 1,2,3) \tag{1.4.12}$$

将(1.4.2)式代入(1.4.9)式左端,或者将(1.4.1)式代入(1.4.10)式左端,还可证得

$$v_j = \beta_{j}^{i'}v_{i'} \tag{1.4.13}$$

$$v^j = \beta_{i'}^{j}v^{i'} \tag{1.4.14}$$

对比(1.4.11)式与(1.4.1)式,可知矢量的协变分量与协变基矢量以同一组协变转换系数 $\beta_{i'}^{j}$ 进行坐标转换,今后将以这种方式转换的量称为**协变量**。又对比(1.4.12)式与(1.4.2)式,可知矢量的逆变分量与逆变基矢量以同一组逆变转换系数 $\beta_{j}^{i'}$ 进行坐标转换,今后将以这种方式转换的量称为**逆变量**。

1.4.4 度量张量分量的坐标转换关系

由度量张量分量 g_{ij} 与 g^{ij} 的定义 (1.2.21) 式与 (1.2.19) 式以及基矢量的转换关系可以方便地给出度量张量分量的坐标转换关系。如

$$g_{i'j'} = \boldsymbol{g}_{i'} \cdot \boldsymbol{g}_{j'} = \beta^k_{i'}\boldsymbol{g}_k \cdot \beta^l_{j'}\boldsymbol{g}_l = \beta^k_{i'}\beta^l_{j'}g_{kl} \qquad (i',j'=1,2,3) \tag{1.4.15}$$

同理还可证得

$$g^{i'j'} = \beta^{i'}_k\beta^{j'}_l g^{kl} \qquad (i',j'=1,2,3) \tag{1.4.16}$$

$$g_{ij} = \beta^{k'}_i\beta^{l'}_j g_{k'l'} \qquad (i,j=1,2,3) \tag{1.4.17}$$

$$g^{ij} = \beta^i_{k'}\beta^j_{l'} g^{k'l'} \qquad (i,j=1,2,3) \tag{1.4.18}$$

通常如果给出任意曲线坐标 x^1，x^2，x^3 与笛卡儿坐标 $x^{1'}=x$，$x^{2'}=y$，$x^{3'}=z$ 的关系 $x^{k'}(x^i)$，就可以方便地得到坐标转换系数 $\beta^{k'}_i=\partial x^{k'}/\partial x^i$。又如式(1.2.26)所示，笛卡儿系的度量张量分量就是 $\delta_{k'l'}$，于是曲线坐标的度量张量分量易于根据(1.4.17)式用坐标转换系数表示：

$$\begin{cases} g_{11} = \left(\dfrac{\partial x}{\partial x^1}\right)^2 + \left(\dfrac{\partial y}{\partial x^1}\right)^2 + \left(\dfrac{\partial z}{\partial x^1}\right)^2 \\ g_{12} = g_{21} = \left(\dfrac{\partial x}{\partial x^1}\right)\left(\dfrac{\partial x}{\partial x^2}\right) + \left(\dfrac{\partial y}{\partial x^1}\right)\left(\dfrac{\partial y}{\partial x^2}\right) + \left(\dfrac{\partial z}{\partial x^1}\right)\left(\dfrac{\partial z}{\partial x^2}\right) \\ g_{13} = g_{31} = \left(\dfrac{\partial x}{\partial x^1}\right)\left(\dfrac{\partial x}{\partial x^3}\right) + \left(\dfrac{\partial y}{\partial x^1}\right)\left(\dfrac{\partial y}{\partial x^3}\right) + \left(\dfrac{\partial z}{\partial x^1}\right)\left(\dfrac{\partial z}{\partial x^3}\right) \\ g_{22} = \left(\dfrac{\partial x}{\partial x^2}\right)^2 + \left(\dfrac{\partial y}{\partial x^2}\right)^2 + \left(\dfrac{\partial z}{\partial x^2}\right)^2 \\ g_{23} = \left(\dfrac{\partial x}{\partial x^2}\right)\left(\dfrac{\partial x}{\partial x^3}\right) + \left(\dfrac{\partial y}{\partial x^2}\right)\left(\dfrac{\partial y}{\partial x^3}\right) + \left(\dfrac{\partial z}{\partial x^2}\right)\left(\dfrac{\partial z}{\partial x^3}\right) \\ g_{33} = \left(\dfrac{\partial x}{\partial x^3}\right)^2 + \left(\dfrac{\partial y}{\partial x^3}\right)^2 + \left(\dfrac{\partial z}{\partial x^3}\right)^2 \end{cases} \tag{1.4.19}$$

1.5 并矢与并矢式

1.5.1 并矢

任意两个矢量 $\boldsymbol{a}$ 和 $\boldsymbol{b}$ 并写在一起，$\boldsymbol{ab}$ 称为**并矢**，也称为两个矢量的**张量积**[①]。为什么要引入并矢这个概念呢？这是因为许多物理与力学问题难以简单地用矢量来表示，现举一例说明。

例 1.5 一变形物体在外力作用下其各部分间有内力相互作用。为研究其内力，将该物体沿某个截面切开，截面的法向单位矢量为 $\boldsymbol{n}$，如图 1.12 所示。在截面上某一点单位面积上作用的力矢量为 $\boldsymbol{f}$。$\boldsymbol{f}$ 不仅与物体的内力状态有关，还与所切截面的方向 $\boldsymbol{n}$ 有关。一般来说 $\boldsymbol{f}$ 与 $\boldsymbol{n}$ 不共线，其夹角是任意的；要描述 $\boldsymbol{f}$ 对截面的拉伸作用，就必须考虑 $\boldsymbol{f}$ 对 $\boldsymbol{n}$ 的投影矢量，用 $\mathrm{Proj}_n\boldsymbol{f}$ 表示：

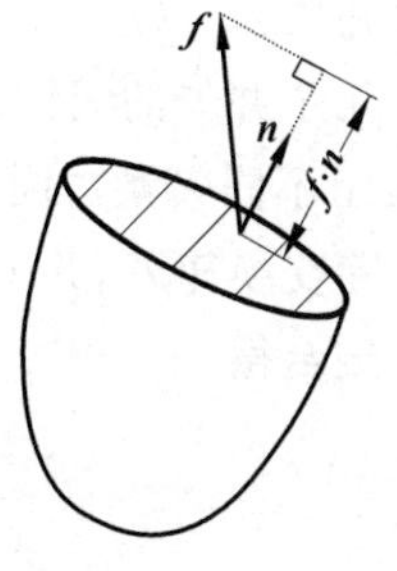

图 1.12　变形体中的应力

① 有的文献用 $\boldsymbol{a}\otimes\boldsymbol{b}$ 表示并矢。本书中“并乘”(或“张量乘”)符号$\otimes$一律省去。

$$\mathrm{Proj}_n \boldsymbol{f} = (\boldsymbol{f} \cdot \boldsymbol{n})\boldsymbol{n} = \boldsymbol{n}(\boldsymbol{n} \cdot \boldsymbol{f})$$

上式在数学上可以解释为：$\boldsymbol{f}$ 在 $\boldsymbol{n}$ 上的投影矢量等于算子 Proj_n 对矢量 $\boldsymbol{f}$ 做了一个变换。如果有另一个力矢量 $\boldsymbol{p}$ 作用在该点，那么

$$\mathrm{Proj}_n \boldsymbol{p} = (\boldsymbol{p} \cdot \boldsymbol{n})\boldsymbol{n} = \boldsymbol{n}(\boldsymbol{n} \cdot \boldsymbol{p})$$

一般地

$$\begin{aligned}\mathrm{Proj}_n(a\boldsymbol{f} + b\boldsymbol{p}) &= \boldsymbol{n}(\boldsymbol{n} \cdot a\boldsymbol{f} + \boldsymbol{n} \cdot b\boldsymbol{p}) \\ &= a\boldsymbol{n}(\boldsymbol{n} \cdot \boldsymbol{f}) + b\boldsymbol{n}(\boldsymbol{n} \cdot \boldsymbol{p}) = a\mathrm{Proj}_n \boldsymbol{f} + b\mathrm{Proj}_n \boldsymbol{p}\end{aligned}$$

所以求投影矢量的算子 Proj_n 是一个线性算子，相当于对所作用的矢量做了某种线性变换。我们给出以下符号，将矢量 $\boldsymbol{n}$ 与 $\boldsymbol{n}$ 并写在一起，记作 $\boldsymbol{n}\boldsymbol{n}$，则

$$\mathrm{Proj}_n \boldsymbol{f} = (\boldsymbol{f} \cdot \boldsymbol{n})\boldsymbol{n} \overset{\text{记作}}{=\!=} \boldsymbol{f} \cdot \boldsymbol{n}\boldsymbol{n} = \boldsymbol{n}(\boldsymbol{n} \cdot \boldsymbol{f}) \overset{\text{记作}}{=\!=} \boldsymbol{n}\boldsymbol{n} \cdot \boldsymbol{f}$$

并且定义并矢对于任一矢量的点积满足以下规则

$$\boldsymbol{f} \cdot \boldsymbol{n}\boldsymbol{n} = (\boldsymbol{f} \cdot \boldsymbol{n})\boldsymbol{n}$$
$$\boldsymbol{n}\boldsymbol{n} \cdot \boldsymbol{f} = \boldsymbol{n}(\boldsymbol{n} \cdot \boldsymbol{f})$$

一般地，定义矢量 $\boldsymbol{a}$ 与 $\boldsymbol{b}$ 的并矢为 $\boldsymbol{a}\boldsymbol{b}$，并与任意矢量 $\boldsymbol{f}$ 之间的点积满足以下规则：

$$\begin{aligned}\boldsymbol{f} \cdot (\boldsymbol{a}\boldsymbol{b}) &= (\boldsymbol{f} \cdot \boldsymbol{a})\boldsymbol{b} \\ (\boldsymbol{a}\boldsymbol{b}) \cdot \boldsymbol{f} &= \boldsymbol{a}(\boldsymbol{b} \cdot \boldsymbol{f})\end{aligned} \tag{1.5.1}$$

可以证明(1.5.1)式所表示的变换也是线性的，即

$$\begin{aligned}(m\boldsymbol{f} + n\boldsymbol{p}) \cdot (\boldsymbol{a}\boldsymbol{b}) &= m\boldsymbol{f} \cdot (\boldsymbol{a}\boldsymbol{b}) + n\boldsymbol{p} \cdot (\boldsymbol{a}\boldsymbol{b}) \\ (\boldsymbol{a}\boldsymbol{b}) \cdot (m\boldsymbol{f} + n\boldsymbol{p}) &= m(\boldsymbol{a}\boldsymbol{b}) \cdot \boldsymbol{f} + n(\boldsymbol{a}\boldsymbol{b}) \cdot \boldsymbol{p}\end{aligned} \tag{1.5.2}$$

所以并矢表示一种进行线性变换的算子。

矢量 $\boldsymbol{a}, \boldsymbol{b}$ 可以用它们的分量表示，各自构成一个 3×1 的矩阵。例如在笛卡儿系中，$[\boldsymbol{a}] = (a_1, a_2, a_3)^{\mathrm{T}}$ 以及 $[\boldsymbol{b}] = (b_1, b_2, b_3)^{\mathrm{T}}$，并矢可以用下列 3×3 的矩阵来表示其分量。即

$$[\boldsymbol{a}\boldsymbol{b}] = \begin{bmatrix} a_1b_1 & a_1b_2 & a_1b_3 \\ a_2b_1 & a_2b_2 & a_2b_3 \\ a_3b_1 & a_3b_2 & a_3b_3 \end{bmatrix} \tag{1.5.3}$$

显然矩阵(1.5.3)式作用于矢量分量所表示的线性变换与(1.5.1)式表示的线性变换是完全等价的。(1.5.3)式所表示的运算称为并乘运算。

此外，还可以定义多于两个矢量的并矢，称为**多并矢**。如 $\boldsymbol{abc}$，$\boldsymbol{abcd}$ 等，分别称为三阶与四阶并矢。

几个并矢的线性组合称为**并矢式**。例如 $T^{11}\boldsymbol{a}_1\boldsymbol{b}_1 + T^{12}\boldsymbol{a}_1\boldsymbol{b}_2 + T^{22}\boldsymbol{a}_2\boldsymbol{b}_2$ 等，式中 $\boldsymbol{a}_1, \boldsymbol{a}_2, \boldsymbol{b}_1, \boldsymbol{b}_2$ 表示不同矢量。同阶多并矢的线性组合称为**多并矢式**。

除交换律外，并矢服从初等代数的运算规律：

结合律

$$\begin{aligned}& m(\boldsymbol{a}\boldsymbol{b}) = (m\boldsymbol{a})\boldsymbol{b} = \boldsymbol{a}(m\boldsymbol{b}) = m\boldsymbol{a}\boldsymbol{b} \\ & (\boldsymbol{a}\boldsymbol{b})\boldsymbol{c} = \boldsymbol{a}(\boldsymbol{b}\boldsymbol{c}) = \boldsymbol{a}\boldsymbol{b}\boldsymbol{c} \\ & (m\boldsymbol{a})(n\boldsymbol{b}) = (mn)(\boldsymbol{a}\boldsymbol{b})\end{aligned} \tag{1.5.4}$$

分配律

$$\begin{aligned}& \boldsymbol{a}(\boldsymbol{b} + \boldsymbol{c}) = \boldsymbol{a}\boldsymbol{b} + \boldsymbol{a}\boldsymbol{c} \\ & (\boldsymbol{a} + \boldsymbol{b})\boldsymbol{c} = \boldsymbol{a}\boldsymbol{c} + \boldsymbol{b}\boldsymbol{c} \\ & m(\boldsymbol{a}\boldsymbol{b} + \boldsymbol{c}\boldsymbol{d}) = m\boldsymbol{a}\boldsymbol{b} + m\boldsymbol{c}\boldsymbol{d}\end{aligned} \tag{1.5.5}$$

$$(\boldsymbol{a}+\boldsymbol{b})(\boldsymbol{c}+\boldsymbol{d})=\boldsymbol{ac}+\boldsymbol{ad}+\boldsymbol{bc}+\boldsymbol{bd}$$

由(1.5.1)式可知，交换律不再适用

$$\boldsymbol{ab} \neq \boldsymbol{ba} \tag{1.5.6a}$$

所以并矢中各矢量的排列顺序不能随意调换。今定义：并矢 $\boldsymbol{ab}$ 的**转置**为 $\boldsymbol{ba}$；反之亦然，即

$$(\boldsymbol{ab})^{\mathrm{T}} = \boldsymbol{ba} \qquad \text{或} \qquad (\boldsymbol{ba})^{\mathrm{T}} = \boldsymbol{ab} \tag{1.5.6b}$$

求和　两个相同的并矢可以求和，而求和时服从交换律。例如：

$$2\boldsymbol{ab} + 3\boldsymbol{ab} = 3\boldsymbol{ab} + 2\boldsymbol{ab} = 5\boldsymbol{ab} \tag{1.5.7}$$

乘 1

$$1(\boldsymbol{ab})=\boldsymbol{ab} \tag{1.5.8}$$

构成并矢的两个矢量可以是同一空间中的矢量，也可以不是同一空间中的矢量。如图 1.13 所示，固结于一个连续体中的一组基矢量 $\boldsymbol{g}_i(i=1,2,3)$，与其对偶的逆变基矢量为 $\boldsymbol{g}^i(i=1,2,3)$在连续体发生变形后，该组基矢量变形成为 $\hat{\boldsymbol{g}}_i(i=1,2,3)$，其对偶矢量为 $\hat{\boldsymbol{g}}^i(i=1,2,3)$，可以将变形后与变形前的两组基矢量进行并矢成为 $\hat{\boldsymbol{g}}_i\boldsymbol{g}^i$，$\hat{\boldsymbol{g}}_i\boldsymbol{g}^i$ 表示了一个线性变换如下：

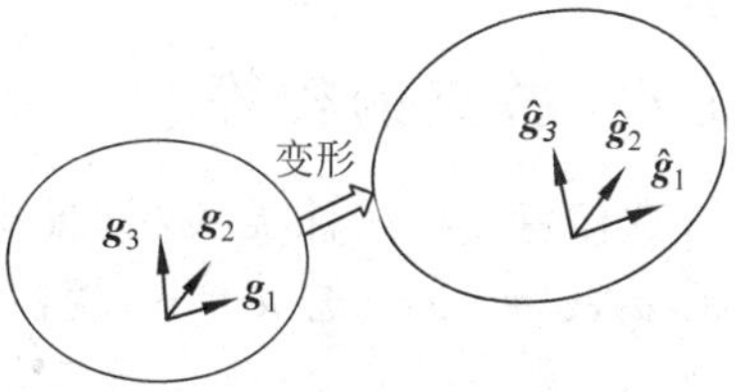

图 1.13　并矢 $\hat{\boldsymbol{g}}_i\boldsymbol{g}^i$ 所做的线性变换

$$(\hat{\boldsymbol{g}}_i\boldsymbol{g}^i)\cdot\boldsymbol{g}_j = \hat{\boldsymbol{g}}_j$$

即 $\hat{\boldsymbol{g}}_i\boldsymbol{g}^i$ 将变形前的基矢量 $\boldsymbol{g}_j$ 线性变换为变形后的矢量 $\hat{\boldsymbol{g}}_j$；或者有

$$(\hat{\boldsymbol{g}}^i\boldsymbol{g}_i)^{\mathrm{T}}\cdot\hat{\boldsymbol{g}}_j = (\boldsymbol{g}_i\hat{\boldsymbol{g}}^i)\cdot\hat{\boldsymbol{g}}_j = \boldsymbol{g}_j$$

上式中上标“T”表示将前后矢量调换顺序，称为**转置**运算。$(\hat{\boldsymbol{g}}^i\boldsymbol{g}_i)^{\mathrm{T}}$ 将变形后的基矢量$\hat{\boldsymbol{g}}_j$ 反过来线性变换为变形前的基矢量 $\boldsymbol{g}_j$。

1.5.2　缩并

在并矢中，若取某两个矢量进行点积，称为缩并。每缩并一次，并矢的阶数降低两阶。例如，四阶并矢 $\boldsymbol{abcd}$ 的缩并可以有

$$\begin{cases}\boldsymbol{a}\cdot\boldsymbol{bcd} = (\boldsymbol{a}\cdot\boldsymbol{b})\boldsymbol{cd}\\ \boldsymbol{ab}\cdot\boldsymbol{cd} = (\boldsymbol{b}\cdot\boldsymbol{c})\boldsymbol{ad}\\ \boldsymbol{abc}\cdot\boldsymbol{d} = (\boldsymbol{c}\cdot\boldsymbol{d})\boldsymbol{ab}\\ \overset{\cdot}{\overline{\boldsymbol{abcd}}} = (\boldsymbol{a}\cdot\boldsymbol{d})\boldsymbol{bc}\end{cases} \tag{1.5.9}$$

等多种形式。以上各式右端括号内的点积是一个数，所以它们降为二阶并矢。二阶并矢缩并后就成为一个数，数可视为零阶并矢。

1.5.3　并矢的点积与双点积

两个并矢的点积是指将它们相邻的两个矢量进行缩并。例如：

$$\begin{cases}\boldsymbol{u}\cdot(\boldsymbol{ab}) = (\boldsymbol{u}\cdot\boldsymbol{a})\boldsymbol{b}\\ (\boldsymbol{ab})\cdot\boldsymbol{u} = (\boldsymbol{b}\cdot\boldsymbol{u})\boldsymbol{a}\\ (\boldsymbol{ab})\cdot(\boldsymbol{cd}) = (\boldsymbol{b}\cdot\boldsymbol{c})\boldsymbol{ad}\\ (\boldsymbol{cd})\cdot(\boldsymbol{ab}) = (\boldsymbol{d}\cdot\boldsymbol{a})\boldsymbol{cb}\end{cases} \tag{1.5.10}$$

由此可见，并矢点积的次序是不可交换的，即

$$(\boldsymbol{ab})\cdot\boldsymbol{u}\neq\boldsymbol{u}\cdot(\boldsymbol{ab})$$

$$(\boldsymbol{cd})\cdot(\boldsymbol{ab})\neq(\boldsymbol{ab})\cdot(\boldsymbol{cd})$$

因为进行缩并的两个相邻矢量改变了。比较(1.5.10)第3式和(1.5.9)第2式可知：

$$(\boldsymbol{ab})\cdot(\boldsymbol{cd})=\boldsymbol{ab}\cdot\boldsymbol{cd}\tag{1.5.11}$$

两个并矢的双点积是指把它们最邻近的4个矢量两两缩并。有两种双点积的形式：

并联式

$$\boldsymbol{ab}:\boldsymbol{cd}=(\boldsymbol{a}\cdot\boldsymbol{c})(\boldsymbol{b}\cdot\boldsymbol{d})\tag{1.5.12}$$

即按(前·前)(后·后)的形式进行两两缩并。

串联式

$$\boldsymbol{ab}\cdot\cdot\,\boldsymbol{cd}=(\boldsymbol{b}\cdot\boldsymbol{c})(\boldsymbol{a}\cdot\boldsymbol{d})\tag{1.5.13}$$

即按(内·内)(外·外)的形式进行两两缩并。两个二阶并矢的双点积为一个数。

1.5.4 并矢的相等

选任意3个线性无关(即非共面)的基矢量 $\boldsymbol{a}_1$，$\boldsymbol{a}_2$ 和 $\boldsymbol{a}_3$。矢量 $\boldsymbol{u}$ 和 $\boldsymbol{v}$ 的分解式为：$\boldsymbol{u}=u^i\boldsymbol{a}_i$，$\boldsymbol{v}=v^i\boldsymbol{a}_i$。若 $\boldsymbol{u}=\boldsymbol{v}$，就有 $u^i\boldsymbol{a}_i=v^i\boldsymbol{a}_i$，由于 $\boldsymbol{a}_i(i=1,2,3)$ 线性无关，必要求

$$u^i=v^i\tag{1.5.14}$$

这就是说，若两个矢量相等，则它们的分量必一一对应相等。

对于二阶并矢量，再引进一组线性无关的基矢量 $\boldsymbol{b}_1$，$\boldsymbol{b}_2$ 和 $\boldsymbol{b}_3$(这组基矢量与前一组基矢量可以是同一组，也可以是在不同空间中的不同的基矢量)。这时，并矢 $\boldsymbol{T}=\boldsymbol{AB}$ 可写成(设 $\boldsymbol{A}=A^i\boldsymbol{a}_i$，$\boldsymbol{B}=B^j\boldsymbol{b}_j$)：

$$\boldsymbol{T}=(A^i\boldsymbol{a}_i)(B^j\boldsymbol{b}_j)=A^iB^j\boldsymbol{a}_i\boldsymbol{b}_j=T^{ij}\boldsymbol{a}_i\boldsymbol{b}_j\tag{1.5.15}$$

其中

$$T^{ij}=A^iB^j\qquad(i,j=1,2,3)\tag{1.5.16}$$

是并矢 $\boldsymbol{T}$ 的9个分量，(1.5.16)式所表示的矢量分量的运算称为**并乘**，而 $\boldsymbol{a}_i\boldsymbol{b}_j$ 是9个线性无关的二阶**并基**。任何并矢式 $\boldsymbol{T}$ 也都可以写成(1.5.15)式最右端的形式。同样另一个并矢(或并矢式)$\boldsymbol{S}$ 可分解：

$$\boldsymbol{S}=S^{ij}\boldsymbol{a}_i\boldsymbol{b}_j\tag{1.5.17}$$

于是，若并矢(或并矢式)$\boldsymbol{T}=\boldsymbol{S}$，就有 $T^{ij}\boldsymbol{a}_i\boldsymbol{b}_j=S^{ij}\boldsymbol{a}_i\boldsymbol{b}_j$。由于9个并基 $\boldsymbol{a}_i\boldsymbol{b}_j$ 线性无关，必要求：

$$T^{ij}=S^{ij}\qquad(i,j=1,2,3)\tag{1.5.18}$$

即若两个二阶并矢(或并矢式)相等，则它们对于同一组并基分解所得到的9个分量必一一对应相等。

依次类推，设矢量 $\boldsymbol{c}_1$，$\boldsymbol{c}_2$，$\boldsymbol{c}_3$ 线性无关，若三阶并矢(或并矢式)$\boldsymbol{T}=\boldsymbol{ABC}=T^{ijk}\boldsymbol{a}_i\boldsymbol{b}_j\boldsymbol{c}_k$ 和 $\boldsymbol{S}=S^{ijk}\boldsymbol{a}_i\boldsymbol{b}_j\boldsymbol{c}_k$ 相等(设 $\boldsymbol{A}=A^i\boldsymbol{a}_i$，$\boldsymbol{B}=B^j\boldsymbol{b}_j$，$\boldsymbol{C}=C^k\boldsymbol{c}_k$)，则其27个分量必一一对应相等，即

$$T^{ijk}=S^{ijk}=A^iB^jC^k\qquad(i,j,k=1,2,3)\tag{1.5.19}$$

T^{ijk} 是矢量 $\boldsymbol{A}$，$\boldsymbol{B}$，$\boldsymbol{C}$ 的分量 A^i，B^j，C^k 并乘的结果，$\boldsymbol{a}_i\boldsymbol{b}_j\boldsymbol{c}_k$ 是27个线性无关的三阶并基。

1.6 张量的基本概念

1.6.1 矢量的分量表示法与实体表示法

在阐明张量的概念之前，作为张量的一个特例，本节先重新阐述一下矢量的定义。在1.1节中，已经给出了矢量 $\boldsymbol{v}$ 作为一个实体的定义，从而得到：在三维空间的每一点处，

$\boldsymbol{v}$ 可以按该点处的基矢量(协变基或逆变基)分解为三个分量(逆变分量 v^i 或协变分量 v_i)，在同一坐标系中，协变分量与逆变分量互不独立，以该坐标系的度量张量分量升降指标(见(1.2.29)式)；如果选择其他坐标系，同一矢量将具有不同的分量，但新老坐标系的矢量分量可以通过坐标转换关系 (1.4.11)式～(1.4.14) 式互导。所以一旦给定一个矢量在某一坐标系中的任何一组分量，这个矢量就完全确定了。由此可见，矢量和它的任一组(3 个)分量是完全等价的。下面用分量的观点定义矢量。

如果在三维空间中任意点处的物理量可以用 3 个有序数 v_i(或另 3 个有序数 v^i)的集合表示，且当坐标转换时，它们在新坐标系中按以下转换关系转换为另一组 3 个有序数的集合：

协变转换关系
$$v_{i'}=\beta_{i'}^{j}v_j=\frac{\partial x^j}{\partial x^{i'}}v_j \tag{1.6.1a}$$

逆变转换关系
$$v^{i'}=\beta_{j}^{i'}v^j=\frac{\partial x^{i'}}{\partial x^{j}}v^j \tag{1.6.1b}$$

则上述 $v_i(i=1,2,3)$ 或 $v^i(i=1,2,3)$ 分别称为矢量的协变分量或逆变分量，该物理量称为矢量，并用黑体字记作 $\boldsymbol{v}$。

(1.6.1a,b)式给出的按分量定义的矢量与前述关于矢量实体的定义是可以互导的。在 1.4 节中，我们已从矢量是一个用其大小与方向描述的实体

$$\boldsymbol{v} = v_{i'}\boldsymbol{g}^{i'} = v_j\boldsymbol{g}^j \tag{1.6.2a}$$

$$\boldsymbol{v} = v^{i'}\boldsymbol{g}_{i'} = v^j\boldsymbol{g}_j \tag{1.6.2b}$$

导得了(1.6.1a,b)式；反之，也可以从矢量分量的定义式(1.6.1a,b)以及基矢量的转换关系(1.4.1)，(1.4.2)导得(1.6.2a,b)式。例如：

$$v_{i'}\boldsymbol{g}^{i'} = \beta_{i'}^{j}v_j\beta_{k}^{i'}\boldsymbol{g}^k = \delta_k^j v_j\boldsymbol{g}^k = v_j\boldsymbol{g}^j$$

在连续介质力学中，位移、速度、力等物理量都是矢量；在传热学中，热流密度是矢量；在电磁学中，电场强度、磁场强度等是矢量。也可以举出不是矢量的数的集合。例如，一组与速度矢量 $\boldsymbol{v}$ 有关的数的集合：

$$u_{(1)} = v^1$$

$$u_{(2)} = |\boldsymbol{v}| = \sqrt{\boldsymbol{v}\cdot\boldsymbol{v}}$$

$$u_{(3)} = \boldsymbol{v}\cdot\frac{\boldsymbol{g}_1}{|\boldsymbol{g}_1|}+\boldsymbol{v}\cdot\frac{\boldsymbol{g}_2}{|\boldsymbol{g}_2|}+\boldsymbol{v}\cdot\frac{\boldsymbol{g}_3}{|\boldsymbol{g}_3|}$$

当坐标转换时，$u_{(2)}$ 不随坐标转换而变化，而 $u_{(1)}$ 与 $u_{(3)}$ 也不按照张量分量的规律随坐标转换而变化，故这组数的集合不是矢量。

矢量的某些基本运算公式可表示如下。

(1) 矢量相等

若两个矢量在同一坐标系中的对应分量两两相等，即

$$u^i = v^i \quad 或 \quad u_i = v_i \qquad (i = 1,2,3) \tag{1.6.3a}$$

则这两个矢量**相等**。或用实体表示法记为

$$\boldsymbol{u} = \boldsymbol{v} \tag{1.6.3b}$$

由于它们在同一坐标系中服从相同的指标升降关系，所以只要协(逆)变分量相等，则逆(协)变分量必相等。此外，由于某个坐标系中两个相等的矢量的分量服从相同的坐标转换关系，

所以转换到任何新坐标系中后,它们仍保持相等。

若一个矢量在某个坐标系中的全部分量都为零,即

$$v^i = 0 \quad 或 \quad v_i = 0 \quad (i = 1,2,3) \tag{1.6.4a}$$

则称为**零矢量**,它在任意其他坐标系中的分量也全部为零。记作

$$\boldsymbol{v} = \boldsymbol{0} \tag{1.6.4b}$$

(2) 矢量相加

若将两个矢量在同一坐标系中的同一种分量,例如 u^i 与 v^i 一一对应相加,则得一组新的矢量分量 w^i

$$u^i + v^i = w^i \quad (i = 1,2,3) \tag{1.6.5a}$$

且上述和式在任意其他坐标系中均成立。用实体表示法记作

$$\boldsymbol{u} + \boldsymbol{v} = \boldsymbol{w} \tag{1.6.5b}$$

(3) 标量乘以矢量

设 $k=k(x^1,x^2,x^3)$ 是一个标量,即它的值可以因点而异,但不随坐标转换而变化。例如,温度、密度、能量、压力等物理量都是标量。将矢量 $\boldsymbol{u}$ 在某一坐标系中的某一种分量,例如 u^i,均乘以 k,则得到一组新的矢量分量 w^i

$$ku^i = w^i \quad (i = 1,2,3) \tag{1.6.6a}$$

且上式在任意其他坐标系中均成立。用实体表示法记作

$$k\boldsymbol{u} = \boldsymbol{w} \tag{1.6.6b}$$

(4) 矢量与矢量的点积

矢量 u^i 与 v_i 的点积 f 是一个标量,它不随坐标转换而改变。即

$$u^i v_i = u^{i'} v_{i'} = f \tag{1.6.7a}$$

利用(1.4.10)式～(1.4.11)式和(1.4.6)式,上式可证明如下:

$$u^{i'} v_{i'} = (\beta^{i'}_{k} u^k)(\beta^{i}_{i'} v_i) = \beta^{i'}_{k} \beta^{i}_{i'} u^k v_i$$
$$= \delta^i_k u^k v_i = u^i v_i$$

升降指标后矢量的点积也可写作另一种形式:

$$u^i v_i = g^{ki} u_k v_i = g_{ik} u^i v^k = u_i v^i \tag{1.6.8}$$

用实体表示法可记为

$$\boldsymbol{u} \cdot \boldsymbol{v} = f \tag{1.6.7b}$$

上述(1.6.3)式～(1.6.7)式的(a,b)两式分别为分量记法与实体记法,它们可以互导,是完全等价的。

1.6.2 张量的定义与两种表示法

与矢量相类似,定义由若干当坐标系改变时满足 1.4 节所述坐标转换关系的有序数组成的集合为**张量**。例如一个由 9 个有序数组成的集合 $T(i,j)(i,j=1,2,3)$,在坐标变换时,这组数按照以下坐标转换关系而变化:

$$T(i',j') = \beta^{i'}_{k} \beta^{j'}_{l} T(k,l) \quad (i',j' = 1,2,3) \tag{1.6.9}$$

则这组有序数的集合就是**张量**。上例中当坐标转换时,新坐标系中 $T(i',j')$ 是由老坐标系中的 $T(k,l)$ 乘两次逆变转换系数得到的,故称 $T(i,j)$ 是二阶张量的逆变分量,记作 T^{ij}。(1.6.9)式中自由指标的个数与所乘坐标转换系数的次数一致,称为**张量的阶数**。例如

T^{ijk}是三阶张量，T^{ij}是二阶张量，矢量是一阶张量而标量是零阶张量。在 n 维空间中，m 阶张量应是 n^m 个数的集合。

今后以指标的上、下分别表示张量分量的逆变或协变性质，若坐标转换时张量分量所乘的都是逆变（或协变）转换系数，则称为张量的**逆变**（或**协变**）**分量**，用上标（或下标）加以标识，记作 T^{ij}（或 T_{ij}）。若改变坐标时张量分量所乘的既有逆变、又有协变转换系数，则按照对应转换系数的逆、协变性质，分别标识分量指标的上或下，称为张量的**混变**（或**混合**）**分量**，如 $T^{i}_{\cdot j}$表示前指标按逆变、后指标按协变方式转换。此处为确切表示指标的前后顺序，在上下指标的空位处用小圆点标识，并应特别注意指标顺序不能任意调换，即一般说来 $T_{i}^{\cdot j}\neq T^{j}_{\cdot i}$。

同一个坐标系内，张量的逆变、协变、混变分量之间应满足(1.2.29)式所示的指标升降关系。m 阶张量可以有 2^m种分量的集合。

显然，(1.5.16)式、(1.5.19)式所示 n 维空间中 m 个矢量分量进行并乘运算所得到 n^m 个数的集合可构成 m 阶张量。例如，$T^{i\cdot k}_{\cdot j\cdot}=u^i v_j w^k\,(i,j,k=1,2,3)$是三维空间中 3 个矢量分量进行并乘运算得到的一组 27 个有序数的集合，当改变坐标系时，它满足张量分量的坐标转换关系：

$$T^{i'\cdot k'}_{\cdot j'\cdot}=\beta^{i'}_{l}u^{l}\beta^{m}_{j'}v_{m}\beta^{k'}_{n}w^{n}=\beta^{i'}_{l}\beta^{m}_{j'}\beta^{k'}_{n}T^{l\cdot n}_{\cdot m\cdot}\qquad (i',j',k'=1,2,3)$$

与矢量相类似，张量也有两种等价的表示方法。

1.6.2.1　张量的分量表示法

在三维空间中存在着若干组数的集合 T^{ij}，T_{ij}，$T^{i}_{\cdot j}$，$T_{i}^{\cdot j}$或者 T^{ijk}，T_{ijk}，$T^{ij}_{\cdot\cdot k}$，$T^{i}_{\cdot jk}$，…（每组数的数值均可因点而异）。在同一坐标系内，在空间每一点处各组数之间均满足升降关系，例如：

$$\begin{aligned}
&T^{ij}=g^{ir}g^{js}T_{rs}=g^{ir}T_{r}^{\cdot j}=g^{js}T^{i}_{\cdot s}\\
&T_{ij}=g_{ir}g_{js}T^{rs}=g_{ir}T^{r}_{\cdot j}=g_{js}T_{i}^{\cdot s}\\
&\vdots\\
&(i,j=1,2,3)
\end{aligned}\tag{1.6.10}$$

或者

$$\begin{aligned}
&T^{ijk}=g^{ir}g^{js}g^{kt}T_{rst}=g^{kt}T^{ij}_{\cdot\cdot t}=g^{js}g^{kt}T^{i}_{\cdot st}=\cdots\\
&T_{ijk}=g_{ir}g_{js}g_{kt}T^{rst}=g_{kt}T_{ij}^{\cdot\cdot t}=g_{js}g_{kt}T_{i}^{\cdot st}=\cdots\\
&\vdots\\
&(i,j,k=1,2,3)
\end{aligned}\tag{1.6.11}$$

由上式可以看出，对于每一个要求下降的指标，需利用度量张量的协变分量 g_{ij} 作一次线性变换；对于每一个要求上升的指标，需利用度量张量的逆变分量 g^{ij} 作一次线性变换。而 T^{ij}，T_{ij}，$T^{i}_{\cdot j}$，$T_{i}^{\cdot j}$只是同一个物理量（张量）的不同类型的分量的集合。

当坐标系变换时，这几组数相应地转换为 $T^{i'j'}$，$T_{i'j'}$，$T^{i'}_{\cdot j'}$，$T_{i'}^{\cdot j'}$或者 $T^{i'j'k'}$，$T_{i'j'k'}$，$T^{i'j'}_{\cdot\cdot k'}$，$T^{i'}_{\cdot j'k'}$，…。

它们之间应满足坐标转换关系：

$$\begin{cases} T^{i'j'} = \beta^{i'}_{r}\beta^{j'}_{s}T^{rs} & \text{(二重逆变)} \\ T_{i'j'} = \beta^{r}_{i'}\beta^{s}_{j'}T_{rs} & \text{(二重协变)} \\ T^{i'}_{\cdot j'} = \beta^{i'}_{r}\beta^{s}_{j'}T^{r}_{\cdot s} & \text{(混变)} \\ T^{\cdot j'}_{i'} = \beta^{r}_{i'}\beta^{j'}_{s}T^{\cdot s}_{r} & \text{(混变)} \\ (i',j' = 1',2',3') \end{cases} \tag{1.6.12}$$

或者

$$\begin{cases} T^{i'j'k'} = \beta^{i'}_{r}\beta^{j'}_{s}\beta^{k'}_{t}T^{rst} & \text{(三重逆变)} \\ T_{i'j'k'} = \beta^{r}_{i'}\beta^{s}_{j'}\beta^{t}_{k'}T_{rst} & \text{(三重协变)} \\ T^{i'j'}_{\cdot\cdot k'} = \beta^{i'}_{r}\beta^{j'}_{s}\beta^{t}_{k'}T^{rs}_{\cdot\cdot t} & \text{(混变)} \\ T^{i'}_{\cdot j'k'} = \beta^{i'}_{r}\beta^{s}_{j'}\beta^{t}_{k'}T^{r}_{\cdot st} & \text{(混变)} \\ \vdots \\ (i',j' = 1',2',3') \end{cases} \tag{1.6.13}$$

满足(1.6.12)式或(1.6.13)式的数的集合称为张量。每个数 T^{ij}(或 T_{ij},或 $T^{i}_{\cdot j}$,…)称为张量的逆变(或协变、混变)分量。

1.6.2.2 张量的实体表示法(并矢表示法)

与矢量相类似,也可以将张量看作一个实体,即将张量表示成各个分量与基矢量的组合。如在同一个坐标系内,二阶张量可以表示为

$$\boldsymbol{T} = T^{ij}\boldsymbol{g}_i\boldsymbol{g}_j = T_{ij}\boldsymbol{g}^i\boldsymbol{g}^j = T^{i}_{\cdot j}\boldsymbol{g}_i\boldsymbol{g}^j = T^{\cdot j}_{i}\boldsymbol{g}^i\boldsymbol{g}_j \tag{1.6.10a}$$

三阶张量可表示为

$$\boldsymbol{T} = T^{ijk}\boldsymbol{g}_i\boldsymbol{g}_j\boldsymbol{g}_k = T_{ijk}\boldsymbol{g}^i\boldsymbol{g}^j\boldsymbol{g}^k = T^{ij}_{\cdot\cdot k}\boldsymbol{g}_i\boldsymbol{g}_j\boldsymbol{g}^k = T^{i}_{\cdot jk}\boldsymbol{g}_i\boldsymbol{g}^j\boldsymbol{g}^k = \cdots \tag{1.6.11a}$$

在上述并矢表示法中假定:基矢量 $\boldsymbol{g}_i$(或 $\boldsymbol{g}^i$)($i=1,2,3$)是线性无关的。从而它们的并矢,又称基张量,例如9个二阶基张量 $\boldsymbol{g}_i\boldsymbol{g}_j$ ($i,j=1,2,3$)(或 $\boldsymbol{g}_i\boldsymbol{g}^j$ 或 $\boldsymbol{g}^i\boldsymbol{g}_j$ 或 $\boldsymbol{g}^i\boldsymbol{g}^j$),也是线性无关的。

由上式可见,在并矢表示法中,无论用逆变分量配协变基,或是用协变分量配逆变基,或是用混合分量配相应的基,都表示着同一个张量实体。换言之,张量分量的指标可以随意地上升或下降,只需将相配的基矢量的指标相应地下降或上升就行。这是因为对任何一个矢量 $\boldsymbol{v}$ 都有类似于线元矢量的关系式(1.3.7a) $\boldsymbol{v}=v^i\boldsymbol{g}_i=v_i\boldsymbol{g}^i$。

(1.6.10)式与(1.6.10a)式是完全等价的。例如,由(1.6.10a)式的第二个等式可以导出(1.6.10)式的第一式。由(1.6.10a)式:

$$T_{ij}\boldsymbol{g}^i\boldsymbol{g}^j = T^{ij}\boldsymbol{g}_i\boldsymbol{g}_j$$

根据基矢量的升降关系(1.2.18)式,并更换哑指标,上式左端:

$$T_{ij}\boldsymbol{g}^i\boldsymbol{g}^j = T_{ij}g^{ir}g^{js}\boldsymbol{g}_r\boldsymbol{g}_s = T_{rs}g^{ri}g^{sj}\boldsymbol{g}_i\boldsymbol{g}_j$$

对比此两式,根据基张量 $\boldsymbol{g}_i\boldsymbol{g}_j$ ($i,j=1,2,3$)的线性无关性质,并考虑到度量张量的对称性得

$$T^{ij} = T_{rs}g^{ri}g^{sj} = g^{ir}g^{js}T_{rs}$$

证毕

如此,(1.6.10)式、(1.6.11)式中各式均可一一得证。反之,可以证明,如果各协变、逆变、混变分量间满足指标升降关系(1.6.10)式、(1.6.11)式,则必能保证(1.6.10a)式、(1.6.11a)式中各种分量与相应基张量的组合构成同一个张量实体。

当坐标转换时，张量实体 $\boldsymbol{T}$ 不因坐标转换而变化。即对于二阶张量

$$\begin{aligned}\boldsymbol{T} &= T^{i'j'}\boldsymbol{g}_{i'}\boldsymbol{g}_{j'} = T_{i'j'}\boldsymbol{g}^{i'}\boldsymbol{g}^{j'} = T^{i'}_{\cdot j'}\boldsymbol{g}_{i'}\boldsymbol{g}^{j'} = T_{i'}^{\cdot j'}\boldsymbol{g}^{i'}\boldsymbol{g}_{j'} \\ &= T^{ij}\boldsymbol{g}_i\boldsymbol{g}_j = T_{ij}\boldsymbol{g}^i\boldsymbol{g}^j = T^{i}_{\cdot j}\boldsymbol{g}_i\boldsymbol{g}^j = T_i^{\cdot j}\boldsymbol{g}^i\boldsymbol{g}_j \end{aligned} \tag{1.6.12a}$$

对于三阶张量

$$\begin{aligned}\boldsymbol{T} &= T^{i'j'k'}\boldsymbol{g}_{i'}\boldsymbol{g}_{j'}\boldsymbol{g}_{k'} = T_{i'j'k'}\boldsymbol{g}^{i'}\boldsymbol{g}^{j'}\boldsymbol{g}^{k'} = T^{i'}_{\cdot j'k'}\boldsymbol{g}_{i'}\boldsymbol{g}^{j'}\boldsymbol{g}^{k'} = T^{i'j'}_{\cdot\cdot k'}\boldsymbol{g}_{i'}\boldsymbol{g}_{j'}\boldsymbol{g}^{k'} = \cdots \\ &= T^{ijk}\boldsymbol{g}_i\boldsymbol{g}_j\boldsymbol{g}_k = T_{ijk}\boldsymbol{g}^i\boldsymbol{g}^j\boldsymbol{g}^k = T^{i}_{\cdot jk}\boldsymbol{g}_i\boldsymbol{g}^j\boldsymbol{g}^k = T^{ij}_{\cdot\cdot k}\boldsymbol{g}_i\boldsymbol{g}_j\boldsymbol{g}^k = \cdots \end{aligned} \tag{1.6.13a}$$

上式与分量形式的坐标转换关系(1.6.12)式、(1.6.13)式是完全等价的，即它们可以互导。例如，由(1.6.12a)式的第一个等式，可以导出(1.6.12)式的第一式。即由

$$T^{ij}\boldsymbol{g}_i\boldsymbol{g}_j = T^{i'j'}\boldsymbol{g}_{i'}\boldsymbol{g}_{j'}$$

根据基矢量的转换关系(1.4.4)式，并更换哑指标

$$T^{ij}\boldsymbol{g}_i\boldsymbol{g}_j = T^{ij}\beta^{r'}_{i}\beta^{s'}_{j}\boldsymbol{g}_{r'}\boldsymbol{g}_{s'} = T^{rs}\beta^{i'}_{r}\beta^{j'}_{s}\boldsymbol{g}_{i'}\boldsymbol{g}_{j'}$$

对比上两式，则由于基张量 $\boldsymbol{g}_{i'}\boldsymbol{g}_{j'}$ $(i',j'=1',2',3')$ 的线性无关性得

$$T^{i'j'} = T^{rs}\beta^{i'}_{r}\beta^{j'}_{s} \qquad (i',j' = 1',2',3')$$

(1.6.12)式、(1.6.13)式中其他诸式均可如此一一证明。当然，也可以由(1.6.12)式、(1.6.13)式导出(1.6.12a)式、(1.6.13a)式。即，如果在两个不同的坐标系中张量的分量均一一对应地满足转换关系(1.6.12)式、(1.6.13)式，则每一坐标系中张量分量与相应基的组合构成一个与坐标系无关的张量实体。在这个意义下，可以称张量具有对坐标的不变性，称张量的并矢记法为不变记法。

应该指出，在上述各张量表达式中，分量指标的排列顺序和相配基矢量的排列顺序是一一对应的，不能随意更换。例如

$$\boldsymbol{T} = T^{ij}\boldsymbol{g}_i\boldsymbol{g}_j = T^{ji}\boldsymbol{g}_j\boldsymbol{g}_i \neq T^{ji}\boldsymbol{g}_i\boldsymbol{g}_j \qquad (\text{或 } T^{ij}\boldsymbol{g}_j\boldsymbol{g}_i)$$

其中第二个等号的两边仅更换了哑指标的字母，因而张量的实体不变。

显然，在张量的实体表达式(1.6.10a)，(1.6.11a)中每项基张量所包含的并基矢量个数，就是张量的阶数。故矢量可看作一阶张量。同理，标量可看作零阶张量，标量的值是不随坐标转换而改变的。

按照以上两种表示方法，有时把实体 $\boldsymbol{T}$，有时也把它的分量集合(T^{ij},…)称为**张量**。下面将主要采用张量的并矢表示法。

1.6.3　度量张量

作为例子，现在来讨论曾在 1.2 节中引进的度量张量。根据在 1.4 节中业已证明的转换关系(1.4.15)式、(1.4.16)式可知，三维空间中的 9 个量

$$g_{ij} = \boldsymbol{g}_i \cdot \boldsymbol{g}_j \qquad (i,j = 1,2,3) \tag{1.6.14a}$$

或

$$g^{ij} = \boldsymbol{g}^i \cdot \boldsymbol{g}^j \qquad (i,j = 1,2,3) \tag{1.6.14b}$$

满足张量分量的转换规律，因而是一个张量，通常称为度量张量。下面将进一步给出它的并矢表达式。

在同一个坐标系中，度量张量可以用不同种类(协变或逆变)的分量表示(相应的基当然不同)

$$\boldsymbol{G} = g^{ij}\boldsymbol{g}_i\boldsymbol{g}_j = g_{ij}\boldsymbol{g}^i\boldsymbol{g}^j$$

根据度量张量的对称性(1.2.22)及基矢量的升降关系(1.2.20)式，并利用度量张量协变、逆变分量的互逆关系(1.2.23a)式，可以很容易地证明上式。

$$\begin{aligned} g^{ij}\boldsymbol{g}_i\boldsymbol{g}_j &= g^{ji}(g_{ir}\boldsymbol{g}^r)(g_{js}\boldsymbol{g}^s) = g^{ji}g_{ir}g_{js}\boldsymbol{g}^r\boldsymbol{g}^s \\ &= \delta^j_r g_{js}\boldsymbol{g}^r\boldsymbol{g}^s = g_{rs}\boldsymbol{g}^r\boldsymbol{g}^s \end{aligned}$$

利用张量分量的指标升降关系(1.6.10)式，可得到度量张量 $\boldsymbol{G}$ 的混变分量就是 Kronecker δ：

$$\left.\begin{aligned} g^{i}_{\cdot j} &= g^{ir}g_{rj} = \delta^i_j \\ g_i^{\cdot j} &= g_{ir}g^{rj} = \delta^j_i \end{aligned}\right\} \quad (i,j = 1,2,3) \tag{1.6.15}$$

由于 Kronecker δ 对于指标 i 及 j 为对称($\delta^i_{\cdot j} = \delta_j^{\cdot i} = \delta^i_j$)，故其指标前后顺序可以互换，不必记作 $\delta^i_{\cdot j}$(或 $\delta_j^{\cdot i}$)，可简记为 δ^i_j。于是度量张量 $\boldsymbol{G}$ 的并矢表达式可以完整地写成

$$\boldsymbol{G} = g^{ij}\boldsymbol{g}_i\boldsymbol{g}_j = g_{ij}\boldsymbol{g}^i\boldsymbol{g}^j = \delta^i_j\boldsymbol{g}_i\boldsymbol{g}^j = \delta^j_i\boldsymbol{g}^i\boldsymbol{g}_j = \boldsymbol{g}_j\boldsymbol{g}^j = \boldsymbol{g}^j\boldsymbol{g}_j \tag{1.6.16}$$

当坐标转换时，根据二阶张量分量的坐标转换关系(1.6.12)式，度量张量 $\boldsymbol{G}$ 将具有对于坐标的不变性，即

$$\begin{aligned} \boldsymbol{G} &= g^{i'j'}\boldsymbol{g}_{i'}\boldsymbol{g}_{j'} = g_{i'j'}\boldsymbol{g}^{i'}\boldsymbol{g}^{j'} = \delta^{i'}_{j'}\boldsymbol{g}_{i'}\boldsymbol{g}^{j'} = \delta^{j'}_{i'}\boldsymbol{g}^{i'}\boldsymbol{g}_{j'} = \boldsymbol{g}_{j'}\boldsymbol{g}^{j'} = \boldsymbol{g}^{j'}\boldsymbol{g}_{j'} \\ &= g^{ij}\boldsymbol{g}_i\boldsymbol{g}_j = g_{ij}\boldsymbol{g}^i\boldsymbol{g}^j = \delta^i_j\boldsymbol{g}_i\boldsymbol{g}^j = \delta^j_i\boldsymbol{g}^i\boldsymbol{g}_j = \boldsymbol{g}_j\boldsymbol{g}^j = \boldsymbol{g}^j\boldsymbol{g}_j \end{aligned}$$

1.7　张量的代数运算

1.7.1　张量的相等

若两个张量 $\boldsymbol{T}$,$\boldsymbol{S}$ 在同一个坐标系中的逆变(或协变，或某一混变)分量一一相等，即

$$T^{ij\cdots} = S^{ij\cdots} \quad (i,j,\cdots = 1,2,3) \tag{1.7.1}$$

则此两个张量的其他一切分量均一一相等：

$$\left.\begin{aligned} T_{ij\cdots} &= S_{ij\cdots} \\ T^{i}_{\cdot j\cdots} &= S^{i}_{\cdot j\cdots} \end{aligned}\right\} \quad (i,j,\cdots = 1,2,3) \tag{1.7.2}$$

且在任意坐标系中的一切分量均一一相等：

$$T^{k'l'\cdots} = S^{k'l'\cdots} \quad (k',l',\cdots = 1',2',3') \tag{1.7.3}$$

与(1.7.1)式等价的写法是

$$\boldsymbol{T} = \boldsymbol{S} \tag{1.7.4}$$

即张量 $\boldsymbol{T}$ 和 $\boldsymbol{S}$ 相等。

1.7.2　张量的相加

若将两个同阶张量 $\boldsymbol{T}$,$\boldsymbol{S}$ 在某一坐标系中的逆变(或协变，或任一种混变)分量一一相加，则得到一组数，它们是新的同阶张量 $\boldsymbol{U}$ 的逆变(或协变，或任一种混变)分量：

$$T^{ij\cdots} + S^{ij\cdots} = U^{ij\cdots} \quad (i,j,\cdots = 1,2,3) \tag{1.7.5}$$

且对于任意坐标系中任意其他分量，此和式均成立。与(1.7.5)式等价的写法是：

$$\boldsymbol{T} + \boldsymbol{S} = \boldsymbol{U} \tag{1.7.6}$$

即张量 $\boldsymbol{U}$ 等于 $\boldsymbol{T}$ 与 $\boldsymbol{S}$ 之和。

1.7.3 标量与张量相乘

若将张量在某一坐标系中的逆变(或协变,或任一种混变)分量乘以标量 k(k 可以因点而异,但不随坐标变化而变化)则得到一组数,也是张量的逆变(或协变,或任一种混变)分量,即

$$kT^{ij\cdots}=U^{ij\cdots}\qquad(i,j,\cdots=1,2,3)\tag{1.7.7}$$

且对于任意坐标系中任意其他分量此等式均成立。与(1.7.7)式等价的写法是:

$$k\boldsymbol{T}=\boldsymbol{U}\tag{1.7.8}$$

即张量 $\boldsymbol{U}$ 等于张量 $\boldsymbol{T}$ 乘以 k。

若把(1.7.6)式中张量 $\boldsymbol{S}$ 乘以 $k=-1$,则为张量相减,即

$$\boldsymbol{T}-\boldsymbol{S}=\boldsymbol{T}+(-1)\boldsymbol{S}\tag{1.7.9}$$

1.7.4 张量与张量并乘

设 T^{ij},$S_k^{\cdot l}$ 分别是张量 $\boldsymbol{T}$,$\boldsymbol{S}$ 的分量(可以是任意形式的分量即逆变、协变或混变分量,$\boldsymbol{T}$,$\boldsymbol{S}$ 可以是任意阶张量,现以二阶张量为例),则 T^{ij} 与 $S_k^{\cdot l}$ 各分量的两两乘积是新张量 $\boldsymbol{U}$ 的一组分量

$$T^{ij}S_k^{\cdot l}=U^{ij\cdot l}_{\cdot\cdot k}\qquad(i,j,k,l=1,2,3)\tag{1.7.10a}$$

利用张量分量的转换规律与指标升降关系,可以证明,对于任意坐标系中任意其他分量此等式均成立。新张量 $\boldsymbol{U}$ 的阶数等于 $\boldsymbol{T}$ 与 $\boldsymbol{S}$ 的阶数之和,新张量 $\boldsymbol{U}$ 的分量指标的前后顺序和上下位置都应与 $\boldsymbol{T}$ 和 $\boldsymbol{S}$ 分量的指标顺序和上下位置相一致。这种运算称为张量与张量的**并乘**,用实体形式表示为①

$$\boldsymbol{TS}=\boldsymbol{U}\tag{1.7.10b}$$

上式与(1.7.10a)式是等价的,其含义是

$$\boldsymbol{TS}=T^{ij}\boldsymbol{g}_i\boldsymbol{g}_jS_k^{\cdot l}\boldsymbol{g}^k\boldsymbol{g}_l=T^{ij}S_k^{\cdot l}\boldsymbol{g}_i\boldsymbol{g}_j\boldsymbol{g}^k\boldsymbol{g}_l=U^{ij\cdot l}_{\cdot\cdot k}\boldsymbol{g}_i\boldsymbol{g}_j\boldsymbol{g}^k\boldsymbol{g}_l=\boldsymbol{U}$$

上式 $\boldsymbol{TS}$ 也可以看作是并张量。和并矢量相同,张量并乘时顺序不能任意调换,即

$$\boldsymbol{TS}\neq\boldsymbol{ST}\tag{1.7.11}$$

1.7.5 张量的缩并

张量缩并时将其基张量中的任意两个基矢量(一般选一个协变基和一个逆变基)进行点积。例如,若将四阶张量 $\boldsymbol{T}=T^{ij}_{\cdot\cdot kl}\boldsymbol{g}_i\boldsymbol{g}_j\boldsymbol{g}^k\boldsymbol{g}^l$ 中的第2、第 4 基矢量进行点积,得

$$\begin{aligned}\boldsymbol{S}=\overset{\cdot}{\boldsymbol{T}}&=T^{ij}_{\cdot\cdot kl}\,\boldsymbol{g}_i\,\boldsymbol{g}_j\cdot\boldsymbol{g}^k\,\boldsymbol{g}^l=T^{ij}_{\cdot\cdot kl}\delta^l_j\boldsymbol{g}_i\boldsymbol{g}^k\\&=T^{ij}_{\cdot\cdot kj}\boldsymbol{g}_i\boldsymbol{g}^k=S^i_{\cdot k}\boldsymbol{g}_i\boldsymbol{g}^k\end{aligned}\tag{1.7.12}$$

其中

$$S^i_{\cdot k}=T^{ij}_{\cdot\cdot kj}\tag{1.7.13}$$

利用 $T^{ij}_{\cdot\cdot kl}$ 满足新老坐标的转换关系,可以证明 $S^i_{\cdot k}$ 是张量的分量。

$$T^{i'j'}_{\cdot\cdot k'l'}=\beta^{i'}_u\beta^{j'}_s\beta^m_{k'}\beta^n_{l'}T^{us}_{\cdot\cdot mn}$$

在新坐标系中,仍保持与(1.7.13)式相同的缩并关系,得到

---

① 有的文献用 $\boldsymbol{a}\otimes\boldsymbol{b}$ 表示并矢。本书中“并乘”(或“张量乘”)符号⊗一律省去。

$$\begin{aligned} S^{i'}_{\cdot k'} &= T^{i'r'}_{\cdot\cdot k'r'} = \beta^{i'}_{u}\beta^{r'}_{s}\beta^{m}_{k'}\beta^{n}_{r'}T^{us}_{\cdot\cdot mn} = \beta^{i'}_{u}\beta^{m}_{k'}\delta^{n}_{s}T^{us}_{\cdot\cdot mn} \\ &= \beta^{i'}_{u}\beta^{m}_{k'}T^{us}_{\cdot\cdot ms} \end{aligned} \tag{1.7.13a}$$

而根据(1.7.13)式

$$S^{u}_{\cdot m} = T^{us}_{\cdot\cdot ms}$$

故

$$S^{i'}_{\cdot k'} = \beta^{i'}_{u}\beta^{m}_{k'}S^{u}_{\cdot m}$$

证得 $S^{i}_{\cdot k}$ 满足坐标转换关系,所以 $\boldsymbol{S}$ 是张量。它称为张量 $\boldsymbol{T}$ 的**缩并**。张量每缩并一次就消去两个基矢量,因而降低两阶。

(1.7.13)式说明,从分量的角度来看,缩并就是令张量的一个上指标和一个下指标缩并。这样把两个自由指标化为一对哑指标,因而按求和约定得到的新张量的阶数要降低两阶。实质上是将原来 m 阶张量的所有 3^m 个分量中该两个指标相同的每三个对应的分量相加,得到一组 3^{m-2} 个分量。

例如,一个二阶张量 $T^{i}_{\cdot j}$ 经缩并后变为零阶张量,即标量:

$$T^{r}_{\cdot r} = f \tag{1.7.14}$$

无论坐标如何变化,f 始终是个不变量,即

$$f = T^{r}_{\cdot r} = T^{1}_{\cdot 1} + T^{2}_{\cdot 2} + T^{3}_{\cdot 3} = T^{1'}_{\cdot 1'} + T^{2'}_{\cdot 2'} + T^{3'}_{\cdot 3'}$$

1.7.6 张量的点积

点积:两个张量 $\boldsymbol{T}$ 与 $\boldsymbol{S}$ 先并乘后缩并的运算称为**点积**(或称**内积**)。和缩并一样,对于点积运算应说明将张量 $\boldsymbol{T}$ 中的哪一个基矢量与张量 $\boldsymbol{S}$ 中的哪一个基矢量相点积。为了方便起见,一般取一个逆变基矢量和一个协变基矢量相点积①。可以证明,两个张量点积后得到一个新的张量 $\boldsymbol{U}$,如果 $\boldsymbol{T}$ 是 m 阶张量,$\boldsymbol{S}$ 是 n 阶张量,则 $\boldsymbol{U}$ 的阶数为$(m+n-2)$。以四阶张量 $\boldsymbol{T}$ 与三阶张量 $\boldsymbol{S}$ 的点积为例:

$$\boldsymbol{T} = T^{ij}_{\cdot\cdot kl}\boldsymbol{g}_i\boldsymbol{g}_j\boldsymbol{g}^k\boldsymbol{g}^l$$

$$\boldsymbol{S} = S^{rs}_{\cdot\cdot t}\boldsymbol{g}_r\boldsymbol{g}_s\boldsymbol{g}^t$$

并乘得一个七阶张量

$$\boldsymbol{TS} = T^{ij}_{\cdot\cdot kl}S^{rs}_{\cdot\cdot t}\boldsymbol{g}_i\boldsymbol{g}_j\boldsymbol{g}^k\boldsymbol{g}^l\boldsymbol{g}_r\boldsymbol{g}_s\boldsymbol{g}^t$$

缩并一次得到五阶张量

$$\begin{aligned} \overset{\frown\cdot\frown}{\boldsymbol{T}\boldsymbol{S}} &= T^{ij}_{\cdot\cdot kl}S^{rs}_{\cdot\cdot t}\boldsymbol{g}_i\boldsymbol{g}_j\,\overbrace{\boldsymbol{g}^k\boldsymbol{g}^l\boldsymbol{g}_r\boldsymbol{g}_s}\boldsymbol{g}^t = T^{ij}_{\cdot\cdot kl}S^{rs}_{\cdot\cdot t}\delta^{k}_{s}\boldsymbol{g}_i\boldsymbol{g}_j\boldsymbol{g}^l\boldsymbol{g}_r\boldsymbol{g}^t \\ &= T^{ij}_{\cdot\cdot kl}S^{rk}_{\cdot\cdot t}\boldsymbol{g}_i\boldsymbol{g}_j\boldsymbol{g}^l\boldsymbol{g}_r\boldsymbol{g}^t = U^{ij\cdot r}_{\cdot\cdot l\cdot t}\boldsymbol{g}_i\boldsymbol{g}_j\boldsymbol{g}^l\boldsymbol{g}_r\boldsymbol{g}^t \end{aligned} \tag{1.7.15a}$$

或表示为

$$\overset{\frown\cdot\frown}{\boldsymbol{T}\boldsymbol{S}} = \boldsymbol{U} \tag{1.7.15b}$$

如果将前张量的最后一个基矢量与后张量的第一个基矢量相点积,这时可以把点积号写在

---

① 这两个相点积的矢量也可以都是逆变基矢量或都是协变基矢量。例如在(1.7.15a)式中若取 $\boldsymbol{S} = S^{r}_{\cdot st}\boldsymbol{g}_r\boldsymbol{g}^s\boldsymbol{g}^t$,则得

$$\overset{\frown\cdot\frown}{\boldsymbol{T}\boldsymbol{S}} = T^{ij}_{\cdot\cdot kl}S^{r}_{\cdot st}\boldsymbol{g}_i\boldsymbol{g}_j\,\overbrace{\boldsymbol{g}^k\boldsymbol{g}^l\boldsymbol{g}_r\boldsymbol{g}^s}\boldsymbol{g}^t = T^{ij}_{\cdot\cdot kl}S^{r}_{\cdot st}g^{ks}\boldsymbol{g}_i\boldsymbol{g}_j\boldsymbol{g}^l\boldsymbol{g}_r\boldsymbol{g}^t$$

此结果和(1.7.15a)式是完全一致的。

两张量之间

$$\boldsymbol{T}\cdot\boldsymbol{S}=(T^{ij}_{\cdot\cdot kl}\boldsymbol{g}_i\boldsymbol{g}_j\boldsymbol{g}^k\boldsymbol{g}^l)\cdot(S^{rs}_{\cdot\cdot t}\boldsymbol{g}_r\boldsymbol{g}_s\boldsymbol{g}^t)=T^{ij}_{\cdot\cdot kl}S^{ls}_{\cdot\cdot t}\boldsymbol{g}_i\boldsymbol{g}_j\boldsymbol{g}^k\boldsymbol{g}_s\boldsymbol{g}^t$$
$$=V^{ij\cdot s}_{\cdot\cdot k\cdot t}\boldsymbol{g}_i\boldsymbol{g}_j\boldsymbol{g}^k\boldsymbol{g}_s\boldsymbol{g}^t=\boldsymbol{V}\tag{1.7.16}$$

双点积：若在两个张量 $\boldsymbol{T}$ 和 $\boldsymbol{S}$ 并乘之后再进行两次缩并，则称为双点积。和(1.5.12)式～(1.5.13)式相似，张量有两种双点积：

并联式

$$\begin{aligned}\boldsymbol{W}=\boldsymbol{T}:\boldsymbol{S}&=T^{ij}_{\cdot\cdot kl}S^{rs}_{\cdot\cdot t}\boldsymbol{g}_i\boldsymbol{g}_j\boldsymbol{g}^k\boldsymbol{g}^l\boldsymbol{g}_r\boldsymbol{g}_s\boldsymbol{g}^t\\&=T^{ij}_{\cdot\cdot kl}S^{kl}_{\cdot\cdot t}\boldsymbol{g}_i\boldsymbol{g}_j\boldsymbol{g}^t=W^{ij}_{\cdot\cdot t}\boldsymbol{g}_i\boldsymbol{g}_j\boldsymbol{g}^t\end{aligned}\tag{1.7.17a}$$

串联式

$$\begin{aligned}\boldsymbol{Z}=\boldsymbol{T}\cdot\cdot\boldsymbol{S}&=T^{ij}_{\cdot\cdot kl}S^{rs}_{\cdot\cdot t}\boldsymbol{g}_i\boldsymbol{g}_j\boldsymbol{g}^k\boldsymbol{g}^l\boldsymbol{g}_r\boldsymbol{g}_s\boldsymbol{g}^t\\&=T^{ij}_{\cdot\cdot kl}S^{lk}_{\cdot\cdot t}\boldsymbol{g}_i\boldsymbol{g}_j\boldsymbol{g}^t=Z^{ij}_{\cdot\cdot t}\boldsymbol{g}_i\boldsymbol{g}_j\boldsymbol{g}^t\end{aligned}\tag{1.7.17b}$$

以上两种双点积的结果 $\boldsymbol{W}$ 和 $\boldsymbol{Z}$ 并不是同一个张量。

1.7.7　转置张量

如果保持基矢量的排列顺序不变，而调换张量分量的指标顺序，则一般说来将得到一个同阶的新张量，称为原张量的**转置张量**。对高阶张量来说，对不同指标的转置结果是不同的，所以应指明是对哪两个指标的转置张量。例如：四阶张量

$$\boldsymbol{T}=T^{ij}_{\cdot\cdot kl}\boldsymbol{g}_i\boldsymbol{g}_j\boldsymbol{g}^k\boldsymbol{g}^l\tag{1.7.18a}$$

对第 1，2 指标的转置张量是

$$\boldsymbol{S}=T^{ji}_{\cdot\cdot kl}\boldsymbol{g}_i\boldsymbol{g}_j\boldsymbol{g}^k\boldsymbol{g}^l\tag{1.7.18b}$$

对第 1，3 指标的转置张量是

$$\boldsymbol{R}=T^{\cdot ji}_{k\cdot\cdot l}\boldsymbol{g}_i\boldsymbol{g}_j\boldsymbol{g}^k\boldsymbol{g}^l\tag{1.7.18c}$$

一般说 $\boldsymbol{T}\neq\boldsymbol{S}\neq\boldsymbol{R}$

可以看到，张量转置仅调换其分量指标的前后顺序，它们的协逆变性质(即指标上下位置)仍保持不变。

在分量表示法中，与分量指标相配的基矢量被省略了，但隐含着如下约定：所讨论的同阶张量都具有相同的基，并且张量指标的正常排列顺序应和基矢量的顺序相同，否则就是转置张量。于是，张量 $\boldsymbol{S}$ 和 $\boldsymbol{R}$ 分量应记为

$$\boldsymbol{S}=S^{ij}_{\cdot\cdot kl}(\boldsymbol{g}_i\boldsymbol{g}_j\boldsymbol{g}^k\boldsymbol{g}^l)\qquad\text{和}\qquad\boldsymbol{R}=R^{ij}_{\cdot\cdot kl}(\boldsymbol{g}_i\boldsymbol{g}_j\boldsymbol{g}^k\boldsymbol{g}^l)$$

括号中是被省略的基。与(1.7.18b)式和(1.7.18c)式相比有

$$S^{ij}_{\cdot\cdot kl}=T^{ji}_{\cdot\cdot kl}\qquad\text{和}\qquad R^{ij}_{\cdot\cdot kl}=T^{\cdot ji}_{k\cdot\cdot l}\tag{1.7.19}$$

显然，它们都是 $T^{ij}_{\cdot\cdot kl}$ 的转置张量。

1.7.8　张量的对称化与反对称化

若调换某两个张量分量指标的顺序而张量保持不变，则称该张量对于这两个指标具有对称性。例如设四阶张量 $\boldsymbol{T}=T^{ij}_{\cdot\cdot kl}\boldsymbol{g}_i\boldsymbol{g}_j\boldsymbol{g}^k\boldsymbol{g}^l$ 满足

$$T^{ij}_{\cdot\cdot kl}=T^{ji}_{\cdot\cdot kl}\tag{1.7.20}$$

则张量 $\boldsymbol{T}$ 对其1,2指标来说是**对称张量**。以 $\boldsymbol{S}$ 表示由(1.7.18b)式所定义的转置张量,则

$$\boldsymbol{S}=\boldsymbol{T} \tag{1.7.21}$$

即对称张量与其对应的转置张量相等。

若调换某两个张量分量指标后所得到的张量分量均与原张量的对应分量差一符号,则称该张量对于这两个指标反对称。例如设四阶张量 $\boldsymbol{T}=T^{ij}_{\cdot\cdot kl}\boldsymbol{g}_i\boldsymbol{g}_j\boldsymbol{g}^k\boldsymbol{g}^l$ 满足

$$T^{ij}_{\cdot\cdot kl}=-T^{ji}_{\cdot\cdot kl} \tag{1.7.22}$$

则张量 $\boldsymbol{T}$ 对其第1,2指标来说是**反对称张量**。反对称张量与其相应的转置张量 $\boldsymbol{S}$ 差一个负号,即

$$\boldsymbol{S}=-\boldsymbol{T} \tag{1.7.23}$$

反对称张量的对角分量(即当与反对称性相关的两个同为协变或同为逆变的指标取相同值时的分量)均为零。例如上述反对称张量 $\boldsymbol{T}$ 中

$$T^{\underline{i}\underline{i}}_{\cdot\cdot kl}=0 \tag{1.7.24}$$

式中在两个重复出现的指标 i 下面加一横,表示不对指标 i 求和。

对称化运算:将任一张量 $\boldsymbol{T}$ 的分量指标中某两个指标顺序互换,得到张量 $\boldsymbol{S}$,并按下式构成新张量

$$\boldsymbol{A}=\frac{1}{2}(\boldsymbol{T}+\boldsymbol{S}) \tag{1.7.25}$$

则 $\boldsymbol{A}$ 对于该两个指标具有对称性。这种运算称为张量 $\boldsymbol{T}$ 的对称化。

反对称化运算:如按下式由张量 $\boldsymbol{T}$ 和 $\boldsymbol{S}$ 构成新张量

$$\boldsymbol{B}=\frac{1}{2}(\boldsymbol{T}-\boldsymbol{S}) \tag{1.7.26}$$

则 $\boldsymbol{B}$ 对于该两个互换的指标具有反对称性。这种运算称为张量 $\boldsymbol{T}$ 的**反对称化**。

1.7.9 张量的商法则

设有一组数的集合 $T(i,j,k,l,m)$,如果它满足对于任意一个 q 阶张量 $\boldsymbol{S}$(例如 $q=2$,任意阶张量分量 S^{lm})的内积均为一个 p 阶张量(例如 $p=3$,三阶张量 U^{ijk}),即在任意坐标系内以下等式均成立

$$T(i,j,k,l,m)S^{lm}=U^{ijk}\qquad(i,j,k=1,2,3) \tag{1.7.27a}$$

(上式等号左侧的 l,m 为哑指标,即左端对指标 $l,m=1,2,3$ 取和),则这组数的集合 $T(i,j,k,l,m)$ 必定是一个 $(p+q)$ 阶张量

$$T(i,j,k,l,m)=T^{ijk}_{\cdots lm} \tag{1.7.27b}$$

上述规则称为张量的**商法则**(quotient rule)。可用证明 $T(i,j,k,l,m)$ 满足坐标转换关系的方法来证明商法则。根据假设,对于新坐标系(1.7.27a)式仍成立(设 l',m' 为哑指标),即

$$T(i',j',k',l',m')S^{l'm'}=U^{i'j'k'}\qquad(i',j',k'=1',2',3') \tag{1.7.28a}$$

因为已知 S^{lm} 和 U^{ijk} 均为张量分量,满足坐标转换关系,所以

$$\begin{aligned}U^{i'j'k'}&=\beta^{i'}_{i}\beta^{j'}_{j}\beta^{k'}_{k}U^{ijk}=\beta^{i'}_{i}\beta^{j'}_{j}\beta^{k'}_{k}T(i,j,k,l,m)S^{lm}\\&=\beta^{i'}_{i}\beta^{j'}_{j}\beta^{k'}_{k}\beta^{l}_{l'}\beta^{m}_{m'}T(i,j,k,l,m)S^{l'm'}\\&\qquad(i',j',k'=1',2',3')\end{aligned} \tag{1.7.28b}$$

将(1.7.28a)、(1.7.28b)两式相减得

$$[T(i',j',k',l',m')-\beta^{i'}_{i}\beta^{j'}_{j}\beta^{k'}_{k}\beta^{l}_{l'}\beta^{m}_{m'}T(i,j,k,l,m)]S^{l'm'}=0$$
$$(i',j',k'=1',2',3') \tag{1.7.29}$$

上式中 i',j',k' 为自由指标，故共包括 $3^3=27$ 个式子；l',m' 为哑指标，即每个式子含有 $3^2=9$ 项取和。由于 $S^{l'm'}$ 是任意张量，欲使(1.7.29)式对于任意的 $S^{1'1'},S^{1'2'},S^{1'3'},S^{2'1'},\cdots,S^{3'3'}$ 均满足，必须使它的 9 个系数均为零。例如，可取 $\boldsymbol{S}$ 是这样的张量，$S^{1'1'}=1$，其余分量均为零。则可证得

$$T(i',j',k',1',1')=\beta^{i'}_{i}\beta^{j'}_{j}\beta^{k'}_{k}\beta^{l}_{1'}\beta^{m}_{1'}T(i,j,k,l,m)$$

依次类推，可证得

$$T(i',j',k',l',m')=\beta^{i'}_{i}\beta^{j'}_{j}\beta^{k'}_{k}\beta^{l}_{l'}\beta^{m}_{m'}T(i,j,k,l,m) \tag{1.7.30}$$

这说明 $T(i,j,k,l,m)$ 这组数的集合满足张量的转换规律，故可以记作

$$T(i,j,k,l,m)=T^{ijk}_{\cdots lm}$$

以上关于商法则的证明可适用于任意阶的张量，如果 $\boldsymbol{S}$ 是 q 阶张量，$\boldsymbol{U}$ 是 p 阶张量，则 $\boldsymbol{T}$ 是 $(p+q)$ 阶张量。

例 1.6　应力张量　在笛卡儿坐标系中，已经利用微元体的平衡条件证明过弹性力学中的 Cauchy 公式。即，已知变形体中一点的应力状态为(图 1.14)

$$\begin{bmatrix}\sigma_{xx} & \sigma_{xy} & \sigma_{xz}\\ \sigma_{yx} & \sigma_{yy} & \sigma_{yz}\\ \sigma_{zx} & \sigma_{zy} & \sigma_{zz}\end{bmatrix}$$

则在物体中该点处任一法向单位矢量 $\boldsymbol{n}=n^i\boldsymbol{e}_i$ 的斜截面上作用的单位面积内力矢量 $\boldsymbol{p}=p^j\boldsymbol{e}_j$ 与该点的应力张量之间存在以下关系：

$$\begin{aligned}p_x&=\sigma_{xx}n_x+\sigma_{xy}n_y+\sigma_{xz}n_z\\ p_y&=\sigma_{yx}n_x+\sigma_{yy}n_y+\sigma_{yz}n_z\\ p_z&=\sigma_{zx}n_x+\sigma_{zy}n_y+\sigma_{zz}n_z\end{aligned} \tag{a}$$

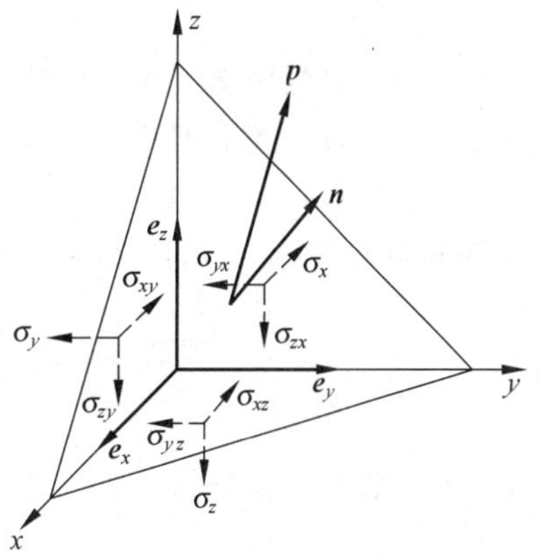

图 1.14　一点的应力状态

证明　利用 Cauchy 公式与商规则证明应力是二阶张量。(a)式可以用指标符号写作：

$$p^i=\sigma(i,j)n^j \tag{b}$$

已知 n^j 为任意矢量的分量，p^i 为矢量分量，根据商法则，应力 $\sigma(i,j)$ 必定是二阶张量分量，(b)式记作

$$p^i=\sigma^i_{\cdot j}n^j=\sigma^{ij}n_j \tag{c}$$

或

$$\boldsymbol{p}=\boldsymbol{\sigma}\cdot\boldsymbol{n} \tag{d}$$

例 1.7　应变张量　弹性体中因变形而储存在变形体中的单位体积势能称为弹性体的应变能密度 W，它是标量。线弹性体的应变能密度为

$$W=\frac{1}{2}\varepsilon(i,j)\sigma^{ij}$$

上式对于任意应力与应变均成立，已证应力 σ^{ij} 为二阶张量，利用商规则可证明应变 $\varepsilon(i,j)$ 也是二阶张量，记作

$$W=\frac{1}{2}\sigma^{ij}\varepsilon_{ij} \tag{a}$$

或

$$W = \frac{1}{2}\boldsymbol{\sigma} : \boldsymbol{\varepsilon} \tag{b}$$

例 1.8 压电模量张量 压电材料是这样一种晶体材料，它在电场作用下能发生变形，或者在机械载荷作用下产生电荷。在压电晶体上作用应力，在其内部将发生极化现象，它的两个相对的表面出现正负相反、距离为 r 的电荷 q，由负电荷指向正电荷的矢径为 $\boldsymbol{r}$，构成电偶极矩(也称电矩)矢量 $q\boldsymbol{r}$，单位体积的电矩矢量用 $\boldsymbol{P}$ 表示(单位：C/mm^2)。若在晶体上作用的应力张量的分量为 σ_{kl}，所测量到单位体积的电矩矢量分量为 P^i，发现对于压电晶体，应力张量的分量 σ_{kl} 与 P^i 之间满足：

$$P^i = d(i,k,l)\sigma_{kl}$$

利用商规则可以证明 $d(i,k,l)$ 是一个三阶张量，称为**压电模量**，它是压电材料本身的属性。上式可写作

$$P^i = d^{ikl}\sigma_{kl} \tag{a}$$

或

$$\boldsymbol{P} = \boldsymbol{d} : \boldsymbol{\sigma} \tag{b}$$

例 1.9 弹性张量 线性弹性材料中任一点有任意应变 ε_{kl}，在材料中将发生相应的应力状态 σ^{ij}，ε_{kl} 与 σ^{ij} 都是对称二阶张量的分量，σ^{ij} 与 ε_{kl} 之间满足线性关系：

$$\sigma^{ij} = D(i,j,k,l)\varepsilon_{kl}$$

由商规则可知，$D(i,j,k,l)$ 是一个四阶张量，称为**弹性张量**。上式可记作

$$\sigma^{ij} = D^{ijkl}\varepsilon_{kl} \tag{a}$$

或

$$\boldsymbol{\sigma} = \boldsymbol{D} : \boldsymbol{\varepsilon} \tag{b}$$

因为$\boldsymbol{\sigma}$ 为二阶对称张量($\sigma^{ij} = \sigma^{ji}$)，故 D^{ijkl} 必对 i 与 j 对称：

$$D^{ijkl} = D^{jikl} \tag{c}$$

因为$\boldsymbol{\varepsilon}$ 为二阶对称张量，故可以对 D^{ijkl} 的 k 与 l 进行对称化，或直接规定 D^{ijkl} 对 k 与 l 对称：

$$D^{ijkl} = D^{ijlk} \tag{d}$$

在弹性力学中根据弹性能量的概念，可证明弹性张量 $\boldsymbol{D}$ 对于第一、二指标与第三、四指标为对称：

$$D^{ijkl} = D^{klij} \tag{e}$$

(c)、(d)、(e)三式称为四阶张量 D^{ijkl} 满足三重对称性，或称 **Voigt 对称性**。

例 1.10 惯性矩张量 物体 B 对坐标原点的**动量矩** $\boldsymbol{L}$ 为

$$\boldsymbol{L} = \int_B \rho\boldsymbol{r} \times \boldsymbol{v}\,\mathrm{d}v \tag{a}$$

其中 $\boldsymbol{r}$ 和$\boldsymbol{v}$ 是物体内某质点的矢径和速度矢量，ρ 是该点处的介质密度，$\mathrm{d}v$ 是微元体积，积分域为整个物体 B。由于两个矢量的矢积为矢量，上式表明动量矩 $\boldsymbol{L}$ 是一个矢量。如果不考虑物体的变形，把它看作是固定于坐标原点 O 处的刚体，则如图 1.15 所示，质点的速度$\boldsymbol{v}$ 和刚体的瞬时角速度矢量 $\boldsymbol{\omega}$ 之间存在关系：

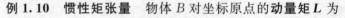

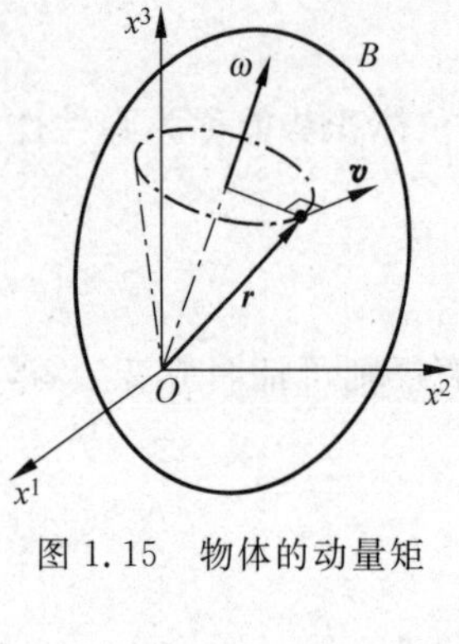

图 1.15 物体的动量矩

$$\boldsymbol{v}=\boldsymbol{\omega}\times\boldsymbol{r} \tag{b}$$

代入(a)式,并利用矢量恒等式(1.1.18),得

$$\boldsymbol{L}=\int_B\rho\boldsymbol{r}\times(\boldsymbol{\omega}\times\boldsymbol{r})\mathrm{d}v=\int_B\rho[\boldsymbol{\omega}(\boldsymbol{r}\cdot\boldsymbol{r})-\boldsymbol{r}(\boldsymbol{r}\cdot\boldsymbol{\omega})]\mathrm{d}v \tag{c}$$

采用直线坐标系,上式在坐标轴 x^i 方向上的分量为

$$L^i=\int_B\rho[\omega^ir^mr_m-r^ir_k\omega^k]\mathrm{d}v$$

其中 r^i 和 r_k 为矢径 $\boldsymbol{r}$ 的逆变和协变分量。注意到 $\omega^i=\delta^i_k\omega^k$,且 $\boldsymbol{\omega}$ 是整个刚体的转动角速度,在物体内处处相同,上式可写成

$$L^i=\omega^k\int_B\rho[\delta^i_kr^mr_m-r^ir_k]\mathrm{d}v=I^i_{\cdot k}\omega^k \tag{d}$$

其中

$$I^i_{\cdot k}=\int_B\rho[\delta^i_kr^mr_m-r^ir_k]\mathrm{d}v \tag{e}$$

由(e)式可以看到,$I^i_{\cdot k}$和任意角速度矢量$\boldsymbol{\omega}$ 点积后,总能得到动量矩矢量 $\boldsymbol{L}$。根据商法则,按(e)式定义的量一定是个二阶张量。(e)式可写成:

$$\boldsymbol{L}=\boldsymbol{I}\cdot\boldsymbol{\omega} \tag{f}$$

为了说明张量 $\boldsymbol{I}$ 的物理意义,下面来写出(e)式在笛卡儿坐标系中的具体形式。这时

$$r^i=r_i=(x,y,z),\quad 且\quad \delta^i_k=1\qquad(当\ i=k\ 时) \tag{g}$$

上、下标的差别已消失。代入(e)式得

$$\begin{aligned}I_{11}&=\int_B\rho[x^2+y^2+z^2-x^2]\mathrm{d}v=\int_B\rho(y^2+z^2)\mathrm{d}v\\&=I_{xx}\end{aligned} \tag{h}$$

同理有

$$\begin{cases}I_{22}=\int_B\rho(z^2+x^2)\mathrm{d}v=I_{yy}\\I_{33}=\int_B\rho(x^2+y^2)\mathrm{d}v=I_{zz}\end{cases} \tag{i}$$

当 $i\neq j$ 时,有

$$\begin{cases}I_{12}=I_{21}=-\int_B\rho xy\,\mathrm{d}v=-I_{xy}\\I_{23}=I_{32}=-\int_B\rho yz\,\mathrm{d}v=-I_{yz}\\I_{31}=I_{13}=-\int_B\rho zx\,\mathrm{d}v=-I_{zx}\end{cases} \tag{j}$$

以上各式表明,张量 $I^i_{\cdot k}$的对角分量就是理论力学中所定义的惯性矩 I_{xx},I_{yy},I_{zz};而非对角分量为惯性积 I_{xy},I_{yz},I_{zx} 的负值。所以通常把 $\boldsymbol{I}$ 称为**惯性矩张量**。由于张量的对称性不随坐标转换而变化,所以由(j)式可知,在任意直线坐标中有

$$I^i_{\cdot k}=I^{\cdot i}_{k} \tag{k}$$

故(e) 式定义的惯性矩张量 $\boldsymbol{I}$ 是对称二阶张量。

1.8 张量的矢积

除并乘、点积外,张量与张量之间还可以进行矢积运算,矢积也称为叉积或外积。

1.8.1 置换符号与行列式的展开式

一具有 3 个指标的符号 b_{ijk},指标 i,j,k 的取值范围为 1,2,3,共有 27 种取法。指标 i,j,k 的原始排列顺序为 123。若将其中的任一对指标互换一次可变为 132,213 或 321,称为指标的一次置换;在此基础上再将任一对指标互换一次称为指标的二次置换,可得到 312,123 或 231;如此可以定义指标的 k 次置换,k 为奇数时称为奇置换,k 为偶数时称为偶置换。由原始顺序轮换得到的 123,231 与 312 三种指标排列称为顺序排列,它们只能由偶置换得到;由原始顺序逆序轮换得到的 321,213 与 132 三种指标排列称为逆序排列,它们只能由奇置换得到。ijk 在其取值范围内的其他 21 种取法均有 2 个或 3 个指标相同,称为非序排列。

定义一个 3 指标的符号 e_{ijk}(或 e^{ijk})按下式取值,称为置换符号(或称 Ricci 符号)

$$e_{ijk} = e^{ijk} = \begin{cases} 1, & i,j,k \text{ 顺序排列} \\ -1, & i,j,k \text{ 逆序排列} \\ 0, & i,j,k \text{ 非序排列} \end{cases} \tag{1.8.1}$$

置换符号是一个 3 指标的指标符号,(1.8.1)式不随坐标改变而变化,所以它不是三阶张量的分量。

(1.8.1)式表明了 e_{ijk}(或 e^{ijk})关于其任意两个指标为反对称,因而任一组关于其任意两个指标反对称的 3 指标的量 $b(i,j,k)$都可以用置换符号表示:

$$b(i,j,k) = be_{ijk} = be^{ijk} \qquad \text{其中} \qquad b = b(1,2,3) \tag{1.8.2}$$

假设$[a^{m}_{\cdot n}]$为一个任意的3×3 矩阵,不妨约定第一指标为行号,第二指标为列号。其对应的行列式可记作 $\det(a^{m}_{\cdot n})$,这里的 m,n 既非哑指标,亦非自由指标,仅以$[a^{m}_{\cdot n}]$及$\det(a^{m}_{\cdot n})$整体作为矩阵及行列式的记号,m,n 在其取值范围内取值,元素为$[a^{m}_{\cdot n}]$的行列式值记为 a。

根据行列式的展开定理,有

$$a = \det(a^{m}_{\cdot n}) = \begin{vmatrix} a^{1}_{\cdot 1} & a^{1}_{\cdot 2} & a^{1}_{\cdot 3} \\ a^{2}_{\cdot 1} & a^{2}_{\cdot 2} & a^{2}_{\cdot 3} \\ a^{3}_{\cdot 1} & a^{3}_{\cdot 2} & a^{3}_{\cdot 3} \end{vmatrix}$$

$$= a^{1}_{\cdot 1}a^{2}_{\cdot 2}a^{3}_{\cdot 3} + a^{2}_{\cdot 1}a^{3}_{\cdot 2}a^{1}_{\cdot 3} + a^{3}_{\cdot 1}a^{1}_{\cdot 2}a^{2}_{\cdot 3} - a^{3}_{\cdot 1}a^{2}_{\cdot 2}a^{1}_{\cdot 3} - a^{2}_{\cdot 1}a^{1}_{\cdot 2}a^{3}_{\cdot 3} - a^{1}_{\cdot 1}a^{3}_{\cdot 2}a^{2}_{\cdot 3}$$

利用置换符号可写成

$$a = \det(a^{m}_{\cdot n}) = a^{i}_{\cdot 1}a^{j}_{\cdot 2}a^{k}_{\cdot 3}e_{ijk} = a^{1}_{\cdot i}a^{2}_{\cdot j}a^{3}_{\cdot k}e^{ijk} \tag{1.8.3}$$

这里根据哑指标应上下配对的约定,置换符号分别采用 e_{ijk} 和 e^{ijk} 两种形式。由 e_{ijk} 的反对称性,可得

$$a = a^{i}_{\cdot 1}a^{j}_{\cdot 2}a^{k}_{\cdot 3}e_{ijk} = -a^{i}_{\cdot 1}a^{j}_{\cdot 2}a^{k}_{\cdot 3}e_{jik}$$

交换前两个系数的位置以及哑指标 i 和 j 的名字可得

$$a = a^{i}_{\cdot 1}a^{j}_{\cdot 2}a^{k}_{\cdot 3}e_{ijk} = -a^{i}_{\cdot 2}a^{j}_{\cdot 1}a^{k}_{\cdot 3}e_{ijk}$$

这表示每交换一次行列式的列,行列式的值就变一次号。这一性质可利用置换符号的反对

称性表示为

$$a^{i}_{\cdot l}a^{j}_{\cdot m}a^{k}_{\cdot n}e_{ijk} = ae_{lmn} = \begin{vmatrix} a^{1}_{\cdot l} & a^{1}_{\cdot m} & a^{1}_{\cdot n} \\ a^{2}_{\cdot l} & a^{2}_{\cdot m} & a^{2}_{\cdot n} \\ a^{3}_{\cdot l} & a^{3}_{\cdot m} & a^{3}_{\cdot n} \end{vmatrix} \quad (l,m,n = 1,2,3) \tag{1.8.4}$$

类似地，行列式在交换两行时表现出来的反对称性可用置换符号表示为

$$a^{l}_{\cdot i}a^{m}_{\cdot j}a^{n}_{\cdot k}e^{ijk} = ae^{lmn} \quad (l,m,n = 1,2,3) \tag{1.8.4a}$$

在上两式中，i,j,k 是行列式展开式(1.8.3)中固有的哑指标，而 l,m,n 则是 3 个自由指标，所以上两式各表示一组 27 个行列式。当两行或两列元素相等时，即指标 l,m,n 中有两个相重时，根据置换符号的反对称性，行列式的值必为零。

由于行列式 $\det(a^{m}_{\cdot\cdot n})$ 中的 m,n 只是代表行号和列号，与所用字母及上下位置都无关，因此同样可以把行列式记作 $\det(b_{pq})$ 或 $\det(c^{pq})$，于是(1.8.3)式可改写成

$$b = \det(b_{pq}) = b_{i1}b_{j2}b_{k3}e^{ijk} = b_{1i}b_{2j}b_{3k}e^{ijk} \tag{1.8.3a}$$

或

$$c = \det(c^{pq}) = c^{i1}c^{j2}c^{k3}e_{ijk} = c^{1i}c^{2j}c^{3k}e_{ijk} \tag{1.8.3b}$$

(1.8.4)式和(1.8.4a)式也可改写成

$$be_{lmn} = b_{il}b_{jm}b_{kn}e^{ijk} = b_{li}b_{mj}b_{nk}e^{ijk} \tag{1.8.4b}$$

$$ce^{lmn} = c^{il}c^{jm}c^{kn}e_{ijk} = c^{li}c^{mj}c^{nk}e_{ijk} \tag{1.8.4c}$$

如果将行列式的行与列都进行交换，则得到一组共有 6 个自由指标的行列式。利用置换符号的反对称性可把它们统一地表示成

$$\begin{vmatrix} a^{i}_{\cdot r} & a^{i}_{\cdot s} & a^{i}_{\cdot t} \\ a^{j}_{\cdot r} & a^{j}_{\cdot s} & a^{j}_{\cdot t} \\ a^{k}_{\cdot r} & a^{k}_{\cdot s} & a^{k}_{\cdot t} \end{vmatrix} = A(i,j,k;r,s,t) = ae^{ijk}e_{rst} \quad (i,j,k,r,s,t = 1,2,3) \tag{1.8.5}$$

其中

$$a = A(1,2,3;1,2,3)$$

1.8.2　置换张量(Eddington 张量)与 $\epsilon\sim\delta$ 等式

置换符号也可以看成 3 个正交标准化基任意排列时的混合积，因为在右手系中

$$[\boldsymbol{e}_1\ \ \boldsymbol{e}_2\ \ \boldsymbol{e}_3] = 1$$

所以当 3 个基矢量任意排列时，其混合积为

$$[\boldsymbol{e}_i\ \ \boldsymbol{e}_j\ \ \boldsymbol{e}_k] = e_{ijk} \quad (i,j,k = 1,2,3) \tag{1.8.6}$$

在任意曲线坐标系中，由(1.2.13)式与(1.2.25)式已给出在右手系中协变基的混合积与逆变基的混合积，所以由(1.8.2)式知，当 3 个基矢量任意排列时，有

$$[\boldsymbol{g}_i\ \ \boldsymbol{g}_j\ \ \boldsymbol{g}_k] = \sqrt{g}e_{ijk}, \qquad [\boldsymbol{g}^i\ \ \boldsymbol{g}^j\ \ \boldsymbol{g}^k] = \frac{1}{\sqrt{g}}e^{ijk} \tag{1.8.7}$$

上式中由(1.2.24)式已知

$$g = \det(g_{ij})$$

g 是与坐标系有关的数，在曲线坐标系中每一空间点位处对应一个值，它因坐标转换而变化，如在新坐标系中它为 g'，与老坐标系中 g 的关系可以由坐标转换关系导出为

$$g' = \det(g_{k'l'}) = \det(\beta^i_{k'} g_{ij} \beta^j_{l'}) = \det(\beta^i_{k'})\det(g_{ij})\det(\beta^j_{l'})$$

设

$$\Delta = \det(\beta^i_{k'}) = \det(\beta^j_{l'}) = \beta^i_{1'}\beta^j_{2'}\beta^k_{3'} e_{ijk} \tag{1.8.8}$$

则

$$g' = g\Delta^2 \tag{1.8.9}$$

$$\sqrt{g'} = \pm \Delta \sqrt{g} \tag{1.8.10}$$

上式右端当新坐标系也是右手系时取正号,新坐标系与老坐标系一为左手系、一为右手系时取负号。Δ 是协变转换系数矩阵的行列式值,只在所考察的空间点处新老坐标系之间变换为刚性转动的特殊情况,才有 $\Delta=1$,只有此时 $\sqrt{g'}=\sqrt{g}$。因此$\sqrt{g}$显然不是一个标量。

但是,可以证明(1.8.7)式给出的基矢量的混合积是三阶张量的分量。当坐标转换时,有

$$\begin{aligned}[\boldsymbol{g}_{i'} \ \ \boldsymbol{g}_{j'} \ \ \boldsymbol{g}_{k'}] &= [\beta^l_{i'}\boldsymbol{g}_l \ \ \beta^m_{j'}\boldsymbol{g}_m \ \ \beta^n_{k'}\boldsymbol{g}_n] \\ &= \beta^l_{i'}\beta^m_{j'}\beta^n_{k'}[\boldsymbol{g}_l \ \ \boldsymbol{g}_m \ \ \boldsymbol{g}_n]\end{aligned} \tag{1.8.11}$$

定义此具有3个指标的有序数的集合为**置换张量**,也称为 **Eddington 张量 $\boldsymbol{\epsilon}$**,其协变与逆变分量为

$$\epsilon_{ijk} = [\boldsymbol{g}_i \ \ \boldsymbol{g}_j \ \ \boldsymbol{g}_k] = \sqrt{g}\, e_{ijk} \tag{1.8.12}$$

$$\epsilon^{ijk} = [\boldsymbol{g}^i \ \ \boldsymbol{g}^j \ \ \boldsymbol{g}^k] = \frac{1}{\sqrt{g}} e^{ijk} \tag{1.8.13}$$

其用并矢量表示的实体形式为

$$\begin{aligned}\boldsymbol{\epsilon} &= \epsilon_{ijk}\boldsymbol{g}^i\boldsymbol{g}^j\boldsymbol{g}^k = \epsilon^{ijk}\boldsymbol{g}_i\boldsymbol{g}_j\boldsymbol{g}_k \\ &= \epsilon_{l'm'n'}\boldsymbol{g}^{l'}\boldsymbol{g}^{m'}\boldsymbol{g}^{n'} = \epsilon^{l'm'n'}\boldsymbol{g}_{l'}\boldsymbol{g}_{m'}\boldsymbol{g}_{n'}\end{aligned} \tag{1.8.14}$$

由置换张量的定义(1.8.12)式、(1.8.13)式易于得到基矢量的矢积为

$$\boldsymbol{g}_i \times \boldsymbol{g}_j \cdot \boldsymbol{g}_k = \epsilon_{ijk} = \epsilon_{ijl}\delta^l_k = \epsilon_{ijl}\boldsymbol{g}^l \cdot \boldsymbol{g}_k$$

如果两个矢量与同一组协变基矢量的点积对应相等,则由(1.2.9)式可知,这两个矢量的协变分量就对应相等,故该两个矢量必定相等,所以

$$\boldsymbol{g}_i \times \boldsymbol{g}_j = \epsilon_{ijl}\boldsymbol{g}^l \qquad (i,j=1,2,3) \tag{1.8.15}$$

与(1.8.15)式类似地可以写出

$$\boldsymbol{g}^i \times \boldsymbol{g}^j = \epsilon^{ijl}\boldsymbol{g}_l \qquad (i,j=1,2,3) \tag{1.8.16}$$

这就是说,基矢量的矢积可以通过其对偶矢量和置换张量来表示。下面将会看到任意矢量的矢积,以及张量与矢量,乃至张量与张量的矢积都可以通过置换张量来表示。

(1.8.15)式与(1.8.16)式还可以写成以下形式:

$$\boldsymbol{g}_i \times \boldsymbol{g}_j = \boldsymbol{g}_i\boldsymbol{g}_j : \boldsymbol{\epsilon} = \boldsymbol{\epsilon} : \boldsymbol{g}_i\boldsymbol{g}_j \qquad (i,j=1,2,3) \tag{1.8.15a}$$

$$\boldsymbol{g}^i \times \boldsymbol{g}^j = \boldsymbol{g}^i\boldsymbol{g}^j : \boldsymbol{\epsilon} = \boldsymbol{\epsilon} : \boldsymbol{g}^i\boldsymbol{g}^j \qquad (i,j=1,2,3) \tag{1.8.16a}$$

置换张量具有以下重要性质,也称 $\boldsymbol{\epsilon}\sim\boldsymbol{\delta}$ 等式。考虑 Kronecker $\boldsymbol{\delta}$ 构成的行列式,由于 $[\delta^i_j]$是一个单位矩阵,显然 $\det(\delta^i_j)=1$。由(1.8.5)式:

$$\begin{vmatrix} \delta^i_r & \delta^i_s & \delta^i_t \\ \delta^j_r & \delta^j_s & \delta^j_t \\ \delta^k_r & \delta^k_s & \delta^k_t \end{vmatrix} = e^{ijk}e_{rst} = \epsilon^{ijk}\epsilon_{rst}$$

$$= \delta_r^i\delta_s^j\delta_t^k + \delta_s^i\delta_t^j\delta_r^k + \delta_t^i\delta_r^j\delta_s^k - \delta_r^i\delta_t^j\delta_s^k - \delta_s^i\delta_r^j\delta_t^k - \delta_t^i\delta_s^j\delta_r^k$$

$$\overset{\text{记作}}{=\!=\!=} \delta_{rst}^{ijk} \qquad (i,j,k,r,s,t = 1,2,3) \tag{1.8.17}$$

由上式定义的 δ_{rst}^{ijk} 称为**广义 Kronecker $\boldsymbol{\delta}$**。显然，其中 i,j,k,r,s,t 是 6 个自由指标，因此广义 Kronecker $\boldsymbol{\delta}$ 是个 6 阶张量。当 i,j,k 和 r,s,t 都是顺序排列或逆序排列时，$\delta_{rst}^{ijk}=1$；当 i,j,k 和 r,s,t 一个是顺序排列而另一个是逆序排列时，$\delta_{rst}^{ijk}=-1$；当两者中任意一个是非序排列时，$\delta_{rst}^{ijk}=0$。(1.8.17)式称为三维 $\boldsymbol{\epsilon}\sim\boldsymbol{\delta}$ 恒等式，或三维的 $\boldsymbol{e}\sim\boldsymbol{\delta}$ 恒等式。

如果将 6 阶张量 δ_{rst}^{ijk} 进行缩并，还可得到如下一系列等式

$$e^{ijk}e_{ist} = \epsilon^{ijk}\epsilon_{ist} = \delta_{ist}^{ijk} = \delta_s^j\delta_t^k - \delta_t^j\delta_s^k \tag{1.8.18}$$

$$e^{ijk}e_{ijt} = \epsilon^{ijk}\epsilon_{ijt} = \delta_j^j\delta_t^k - \delta_t^j\delta_j^k = 3\delta_t^k - \delta_t^k = 2\delta_t^k \tag{1.8.19}$$

$$e^{ijk}e_{ijk} = \epsilon^{ijk}\epsilon_{ijk} = 2\delta_k^k = 6 = 3! \tag{1.8.20}$$

(1.8.18)式右端可记作 δ_{st}^{jk}。这些等式在矢积运算中是非常有用的。对于(1.8.18)式可以这样来记忆：$\epsilon^{ijk}\epsilon_{ist}$ 中除去哑指标 i 外还有 4 个自由指标 $[^{jk}{}_{st}]$，等式右端是两个 Kronecker $\boldsymbol{\delta}$ 之积的差。若把 4 个自由指标 $[^{jk}{}_{st}]$ 按“前前，后后—内内，外外”的规律取出，则就是右端各指标的排列顺序。

此外，上节中利用置换符号列出的公式(1.8.3)～公式(1.8.4)，根据置换符号与置换张量的关系，都可写成与置换张量有关的如下公式。

$$a = \det(a_{\cdot n}^{m}) = a_{\cdot 1}^{i}a_{\cdot 2}^{j}a_{\cdot 3}^{k}\frac{1}{\sqrt{g}}\epsilon_{ijk} = a_{\cdot i}^{1}a_{\cdot j}^{2}a_{\cdot k}^{3}\sqrt{g}\,\epsilon^{ijk} \tag{1.8.21}$$

$$b = \det(b_{pq}) = b_{i1}b_{j2}b_{k3}\sqrt{g}\,\epsilon^{ijk} = b_{1i}b_{2j}b_{3k}\sqrt{g}\,\epsilon^{ijk} \tag{1.8.21a}$$

$$c = \det(c^{pq}) = c^{i1}c^{j2}c^{k3}\frac{1}{\sqrt{g}}\epsilon_{ijk} = c^{1i}c^{2j}c^{3k}\frac{1}{\sqrt{g}}\epsilon_{ijk} \tag{1.8.21b}$$

$$a_{\cdot l}^{i}a_{\cdot m}^{j}a_{\cdot n}^{k}\epsilon_{ijk} = a\epsilon_{lmn} \tag{1.8.22}$$

$$a_{\cdot i}^{l}a_{\cdot j}^{m}a_{\cdot k}^{n}\epsilon^{ijk} = a\epsilon^{lmn} \tag{1.8.22a}$$

$$b_{li}b_{mj}b_{nk}\epsilon^{ijk} = b_{il}b_{jm}b_{kn}\epsilon^{ijk} = \frac{b}{g}\epsilon_{lmn} \tag{1.8.22b}$$

$$c^{li}c^{mj}c^{nk}\epsilon_{ijk} = c^{il}c^{jm}c^{kn}\epsilon_{ijk} = cg\,\epsilon^{lmn} \tag{1.8.22c}$$

由(1.8.21a)及 1.8.21(b)式可证，当 $a_{\cdot n}^{m}$，b_{pq} 与 c^{ij} 表示同一张量的不同协变、逆变分量时，它们的行列式有以下关系：

$$b = ga, \qquad c = \frac{1}{g}a$$

二维置换张量

对于二维问题常常可以把二维空间看作三维空间的一个子空间，除去二维坐标系的基矢量 $\boldsymbol{g}_1$，$\boldsymbol{g}_2$ 之外，再配上一个与 $\boldsymbol{g}_1$，$\boldsymbol{g}_2$ 正交的单位矢量 $\boldsymbol{g}_3=\boldsymbol{i}_3$。这时二维子空间的置换张量可以通过三维空间的置换张量来定义，即

$$\epsilon_{\alpha\beta} = \epsilon_{\alpha\beta 3}, \qquad \epsilon^{\alpha\beta} = \epsilon^{\alpha\beta 3}$$

显然

$$\epsilon_{12} = -\epsilon_{21} = \epsilon_{123} = \sqrt{g}\,e_{123} = \sqrt{g}$$

$$\epsilon_{11} = \epsilon_{22} = 0$$

$$\epsilon^{12} = -\epsilon^{21} = \epsilon^{123} = \frac{1}{\sqrt{g}} e^{123} = \frac{1}{\sqrt{g}}$$

$$\epsilon^{11} = \epsilon^{22} = 0$$

其中 g 为度量张量的行列式值,即

$$g = \begin{vmatrix} g_{11} & g_{12} & 0 \\ g_{21} & g_{22} & 0 \\ 0 & 0 & 1 \end{vmatrix} = \begin{vmatrix} g_{11} & g_{12} \\ g_{21} & g_{22} \end{vmatrix}$$

如果利用并矢量写成不变形式,则二维置换张量还可以表示为

$$\overset{(2)}{\boldsymbol{\epsilon}} = \epsilon_{\alpha\beta}\boldsymbol{g}^{\alpha}\boldsymbol{g}^{\beta} = \epsilon^{\alpha\beta}\boldsymbol{g}_{\alpha}\boldsymbol{g}_{\beta} = \epsilon_{\mu'\nu'}\boldsymbol{g}^{\mu'}\boldsymbol{g}^{\nu'} = \epsilon^{\mu'\nu'}\boldsymbol{g}_{\mu'}\boldsymbol{g}_{\nu'}$$

$\boldsymbol{\epsilon}$上面的记号(2)表示二维。当然,对于二维置换张量也可以写出一些有关的恒等式,由于不存在原则上的困难,这里不再罗列,留给读者自己作为练习。

1.8.3 矢积

1.8.3.1 两个矢量的矢积

假如有两个任意给定的矢量 $\boldsymbol{a}$ 和 $\boldsymbol{b}$,它们在任意的坐标系中表示为

$$\boldsymbol{a} = a^i\boldsymbol{g}_i = a_i\boldsymbol{g}^i, \qquad \boldsymbol{b} = b^j\boldsymbol{g}_j = b_j\boldsymbol{g}^j$$

它们的矢积是一个新矢量 $\boldsymbol{q}$,即

$$\boldsymbol{q} = \boldsymbol{a} \times \boldsymbol{b} = q_k\boldsymbol{g}^k = q^k\boldsymbol{g}_k$$

利用前面已经得到的基矢量矢积公式(1.8.15)、(1.8.16),不难得到 $\boldsymbol{a}$,$\boldsymbol{b}$ 和 $\boldsymbol{q}$ 这3个矢量的分量关系。因为

$$\boldsymbol{q} = q_k\boldsymbol{g}^k = a^i\boldsymbol{g}_i \times b^j\boldsymbol{g}_j = a^ib^j\boldsymbol{g}_i \times \boldsymbol{g}_j = a^ib^j\epsilon_{ijk}\boldsymbol{g}^k \tag{1.8.23}$$

所以

$$q_k = a^ib^j\epsilon_{ijk} \tag{1.8.23a}$$

类似地可以得到

$$q^k = a_ib_j\epsilon^{ijk} \tag{1.8.23b}$$

如果不通过分量来表示,直接写成并矢形式,则为

$$\boldsymbol{q} = \boldsymbol{a} \times \boldsymbol{b} = \boldsymbol{ab} : \boldsymbol{\epsilon} = \boldsymbol{\epsilon} : \boldsymbol{ab} \tag{1.8.23c}$$

上式可以证明如下:

$$\begin{aligned}
\boldsymbol{q} &= q_k\boldsymbol{g}^k = a^ib^j\epsilon_{ijk}\boldsymbol{g}^k \\
\boldsymbol{ab} : \boldsymbol{\epsilon} &= a^lb^m\boldsymbol{g}_l\boldsymbol{g}_m : \epsilon_{ijk}\boldsymbol{g}^i\boldsymbol{g}^j\boldsymbol{g}^k = a^lb^m\epsilon_{ijk}\delta^i_l\delta^j_m\boldsymbol{g}^k \\
&= a^ib^j\epsilon_{ijk}\boldsymbol{g}^k \\
\boldsymbol{\epsilon} : \boldsymbol{ab} &= \epsilon_{ijk}\boldsymbol{g}^i\boldsymbol{g}^j\boldsymbol{g}^k : a^lb^m\boldsymbol{g}_l\boldsymbol{g}_m = a^lb^m\epsilon_{ijk}\delta^j_l\delta^k_m\boldsymbol{g}^i \\
&= a^jb^k\epsilon_{ijk}\boldsymbol{g}^i = a^jb^k\epsilon_{jki}\boldsymbol{g}^i = a^ib^j\epsilon_{ijk}\boldsymbol{g}^k
\end{aligned}$$

这里应该注意到,对于矢量的矢积运算,交换律并不成立,即

$$\boldsymbol{a} \times \boldsymbol{b} \neq \boldsymbol{b} \times \boldsymbol{a}$$

其实

$$\boldsymbol{a} \times \boldsymbol{b} = \boldsymbol{ab} : \boldsymbol{\epsilon} = \boldsymbol{\epsilon} : \boldsymbol{ab} = -\boldsymbol{\epsilon} : \boldsymbol{ba} = -\boldsymbol{ba} : \boldsymbol{\epsilon} = -\boldsymbol{b} \times \boldsymbol{a} \tag{1.8.24}$$

利用

$$\epsilon_{ijk} = \epsilon_{kij} = -\epsilon_{kji} = -\epsilon_{jik}$$

便可证明上式。

两个矢量的矢积 $\boldsymbol{a}\times\boldsymbol{b}=\boldsymbol{q}$ 的几何意义是该两个矢量构成的平行四边形的面积矢量，$\boldsymbol{q}$ 的方向和 $\boldsymbol{a}$，$\boldsymbol{b}$ 两个矢量均正交，且 $\boldsymbol{a}$，$\boldsymbol{b}$，$\boldsymbol{q}$ 3 个矢量构成右手系，而 $\boldsymbol{q}$ 的大小等于该平行四边形的面积(图 1.16)。

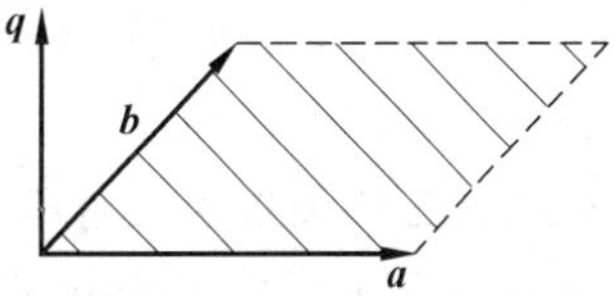

图 1.16　矢积与平行四边形面积矢量

由矢量的矢积(1.8.23)式和(1.3.7)式可得，任一坐标系中由两个线元 $\mathrm{d}^{(1)}x^i\boldsymbol{g}_i$ 和 $\mathrm{d}^{(2)}x^j\boldsymbol{g}_j$ 构成的面元矢量为

$$\mathrm{d}\boldsymbol{a} = \epsilon_{ijk}\mathrm{d}^{(1)}x^i\mathrm{d}^{(2)}x^j\boldsymbol{g}^k$$

1.8.3.2　三个矢量的混合积

在矢量代数中与矢积有关的运算还有三个矢量的混合积和三重积。三个矢量的混合积定义为

$$[\boldsymbol{a}\ \ \boldsymbol{b}\ \ \boldsymbol{c}] = \boldsymbol{a}\times\boldsymbol{b}\cdot\boldsymbol{c} = \boldsymbol{a}\cdot\boldsymbol{b}\times\boldsymbol{c}$$

运算的结果是个标量。根据前述置换张量的定义(1.8.12)式不难导出 3 个矢量的分量与混合积之间的关系为

$$\begin{aligned}[\boldsymbol{a}\ \ \boldsymbol{b}\ \ \boldsymbol{c}] &= [a^i\boldsymbol{g}_i\ \ b^j\boldsymbol{g}_j\ \ c^k\boldsymbol{g}_k] = a^ib^jc^k[\boldsymbol{g}_i\ \ \boldsymbol{g}_j\ \ \boldsymbol{g}_k] \\ &= a^ib^jc^k\,\epsilon_{ijk}\end{aligned} \tag{1.8.25a}$$

类似地还可得到

$$[\boldsymbol{a}\ \ \boldsymbol{b}\ \ \boldsymbol{c}] = a_ib_jc_k\,\epsilon^{ijk} \tag{1.8.25b}$$

与(1.8.24)式相应地还可以表示为并矢形式

$$\begin{aligned}[\boldsymbol{a}\ \ \boldsymbol{b}\ \ \boldsymbol{c}] &= \boldsymbol{abc}\ \vdots\ \boldsymbol{\epsilon} = \boldsymbol{ab}:\boldsymbol{\epsilon}\cdot\boldsymbol{c} = \boldsymbol{a}\cdot\boldsymbol{\epsilon}:\boldsymbol{bc} \\ &= \boldsymbol{\epsilon}\ \vdots\ \boldsymbol{abc}\end{aligned} \tag{1.8.26}$$

根据置换张量的性质可知：三个矢量的混合积 $[\boldsymbol{a}\ \ \boldsymbol{b}\ \ \boldsymbol{c}]$ 当对 $\boldsymbol{a}$，$\boldsymbol{b}$，$\boldsymbol{c}$ 作任意的偶置换时其值不变，而作奇置换时将改变符号。例如

$$[\boldsymbol{a}\ \ \boldsymbol{b}\ \ \boldsymbol{c}] = [\boldsymbol{b}\ \ \boldsymbol{c}\ \ \boldsymbol{a}] = -[\boldsymbol{b}\ \ \boldsymbol{a}\ \ \boldsymbol{c}]$$

三个矢量的混合积$[\boldsymbol{a}\ \ \boldsymbol{b}\ \ \boldsymbol{c}]$的几何意义是它们所构成的平行六面体的体积，当 $\boldsymbol{a}$，$\boldsymbol{b}$，$\boldsymbol{c}$ 构成右手系时取正号，当 $\boldsymbol{a}$，$\boldsymbol{b}$，$\boldsymbol{c}$ 构成左手系时取负号(图 1.17 所示为取正号的情况)。

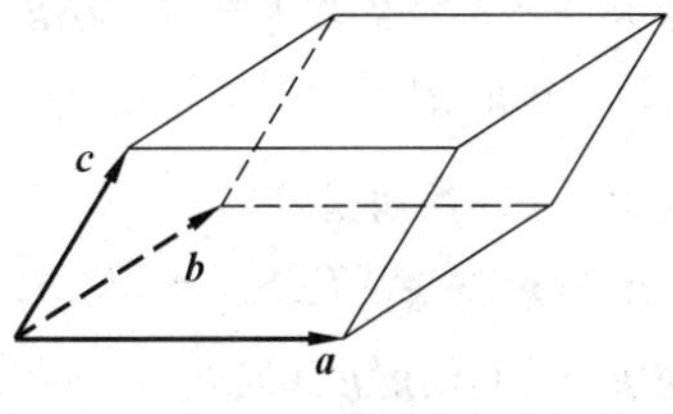

图 1.17　三个矢量的混合积与平行六面体体积

由三个矢量的混合积 (1.8.25)式、(1.3.7)式和(1.8.7)式可得，任一坐标系中由坐标线元 $\mathrm{d}x^i(i=1,2,3)$构成的体元体积为$\sqrt{g}\mathrm{d}x^1\mathrm{d}x^2\mathrm{d}x^3$。

利用(1.8.25)式、(1.8.12)式、(1.8.13)式和(1.8.17)式可证 Gram 行列式：

$$[\boldsymbol{a}\ \ \boldsymbol{b}\ \ \boldsymbol{c}][\boldsymbol{u}\ \ \boldsymbol{v}\ \ \boldsymbol{w}]=\begin{vmatrix}\boldsymbol{a}\cdot\boldsymbol{u} & \boldsymbol{a}\cdot\boldsymbol{v} & \boldsymbol{a}\cdot\boldsymbol{w}\\ \boldsymbol{b}\cdot\boldsymbol{u} & \boldsymbol{b}\cdot\boldsymbol{v} & \boldsymbol{b}\cdot\boldsymbol{w}\\ \boldsymbol{c}\cdot\boldsymbol{u} & \boldsymbol{c}\cdot\boldsymbol{v} & \boldsymbol{c}\cdot\boldsymbol{w}\end{vmatrix}$$

1.8.3.3　三个矢量的三重积

三个矢量 $\boldsymbol{a},\boldsymbol{b},\boldsymbol{c}$ 的三重积又称为双重矢积,它表示要连续进行两次矢积运算,其结果仍是一个矢量,但必须区分$(\boldsymbol{a}\times\boldsymbol{b})\times\boldsymbol{c}$ 和 $\boldsymbol{a}\times(\boldsymbol{b}\times\boldsymbol{c})$。连续利用(1.8.24)式可以得到

$$(\boldsymbol{a}\times\boldsymbol{b})\times\boldsymbol{c}=[(\boldsymbol{ab}:\boldsymbol{\epsilon})\boldsymbol{c}]:\boldsymbol{\epsilon}=[(\boldsymbol{\epsilon}:\boldsymbol{ab})\boldsymbol{c}]:\boldsymbol{\epsilon} \tag{1.8.27a}$$

$$\boldsymbol{a}\times(\boldsymbol{b}\times\boldsymbol{c})=\boldsymbol{\epsilon}:[\boldsymbol{a}(\boldsymbol{bc}:\boldsymbol{\epsilon})]=[\boldsymbol{a}(\boldsymbol{\epsilon}:\boldsymbol{bc})]:\boldsymbol{\epsilon} \tag{1.8.27b}$$

如果在(1.8.27a)式中将矢量与张量写成按基矢量展开形式,则得

$$\begin{aligned}(\boldsymbol{a}\times\boldsymbol{b})\times\boldsymbol{c}&=(a_i\boldsymbol{g}^i b_j\boldsymbol{g}^j:\epsilon^{lmn}\boldsymbol{g}_l\boldsymbol{g}_m\boldsymbol{g}_n)\boldsymbol{c}:\boldsymbol{\epsilon}\\ &=a_ib_j\,\epsilon^{ijn}\boldsymbol{g}_nc^k\boldsymbol{g}_k:\epsilon_{rst}\boldsymbol{g}^r\boldsymbol{g}^s\boldsymbol{g}^t=a_ib_jc^k\,\epsilon^{ijn}\,\epsilon_{nkt}\boldsymbol{g}^t\end{aligned}$$

利用 $\boldsymbol{\epsilon}\sim\boldsymbol{\delta}$ 等式(1.8.18),可进一步写成

$$\begin{aligned}(\boldsymbol{a}\times\boldsymbol{b})\times\boldsymbol{c}&=a_ib_jc^k(\delta^i_k\delta^j_t-\delta^i_t\delta^j_k)\boldsymbol{g}^t\\ &=a_ib_jc^i\boldsymbol{g}^j-a_ib_jc^j\boldsymbol{g}^i\end{aligned}$$

不难看出这就是

$$(\boldsymbol{a}\times\boldsymbol{b})\times\boldsymbol{c}=(\boldsymbol{a}\cdot\boldsymbol{c})\boldsymbol{b}-(\boldsymbol{b}\cdot\boldsymbol{c})\boldsymbol{a} \tag{1.8.28a}$$

而对于 $\boldsymbol{a}\times(\boldsymbol{b}\times\boldsymbol{c})$的相应公式为

$$\boldsymbol{a}\times(\boldsymbol{b}\times\boldsymbol{c})=(\boldsymbol{a}\cdot\boldsymbol{c})\boldsymbol{b}-(\boldsymbol{a}\cdot\boldsymbol{b})\boldsymbol{c} \tag{1.8.28b}$$

有一个便于记忆以上两个公式右端两项正负号规则的口诀——近负远正。

1.8.3.4　张量的矢积

上述矢积运算还可以进一步推广到张量。例如对于矢量 $\boldsymbol{a}$ 和张量 $\boldsymbol{T}$ 可以定义如下两种矢积(为简单起见,不妨设 $\boldsymbol{T}$ 是二阶张量):

$$\boldsymbol{a}\times\boldsymbol{T}=a_i\boldsymbol{g}^i\times\boldsymbol{g}^jT_{jk}\boldsymbol{g}^k=a_iT_{jk}\,\epsilon^{ijl}\,\boldsymbol{g}_l\boldsymbol{g}^k \tag{1.8.29a}$$

$$\boldsymbol{T}\times\boldsymbol{a}=\boldsymbol{g}^jT_{jk}\boldsymbol{g}^k\times a_i\boldsymbol{g}^i=T_{jk}a_i\,\epsilon^{kil}\,\boldsymbol{g}^j\boldsymbol{g}_l \tag{1.8.29b}$$

也就是说,当把张量写成并矢量展开形式后,矢积算符作用于相邻的两个基矢量之间。

同样还可以定义张量与张量的矢积、混合积及双重矢积。例如仍以二阶张量为例,则可定义为

$$\begin{aligned}\boldsymbol{T}\times\boldsymbol{S}&=(T_{ij}\boldsymbol{g}^i\boldsymbol{g}^j)\times(S_{kl}\boldsymbol{g}^k\boldsymbol{g}^l)=T_{ij}S_{kl}\boldsymbol{g}^i(\boldsymbol{g}^j\times\boldsymbol{g}^k)\boldsymbol{g}^l\\ &=T_{ij}S_{kl}\,\epsilon^{jkm}\boldsymbol{g}^i\boldsymbol{g}_m\boldsymbol{g}^l\end{aligned} \tag{1.8.30}$$

$$\begin{aligned}\boldsymbol{T}\overset{\cdot}{\times}\boldsymbol{S}&=(T_{ij}\boldsymbol{g}^i\boldsymbol{g}^j)\overset{\cdot}{\times}(S_{kl}\boldsymbol{g}^k\boldsymbol{g}^l)\\ &=(\boldsymbol{g}^i\cdot\boldsymbol{g}^k)(\boldsymbol{g}^j\times\boldsymbol{g}^l)T_{ij}S_{kl}=T_{ij}S^{i}_{\cdot l}\,\epsilon^{jlm}\boldsymbol{g}_m\end{aligned} \tag{1.8.31}$$

$$\begin{aligned}\boldsymbol{T}\overset{\times}{\times}\boldsymbol{S}&=(T_{ij}\boldsymbol{g}^i\boldsymbol{g}^j)\overset{\times}{\times}(S_{kl}\boldsymbol{g}^k\boldsymbol{g}^l)\\ &=(\boldsymbol{g}^i\times\boldsymbol{g}^k)(\boldsymbol{g}^j\times\boldsymbol{g}^l)T_{ij}S_{kl}\\ &=T_{ij}S_{kl}\,\epsilon^{ikm}\,\epsilon^{jln}\boldsymbol{g}_m\boldsymbol{g}_n\end{aligned} \tag{1.8.32}$$

这里,符号“$\overset{\cdot}{\times}$”和“$\overset{\times}{\times}$”的规定与1.7节中双点积符号的定义(1.7.17a)式相似,是指前一个张量的最后两个基矢量与后一个张量的前两个基矢量依次(按运算符号先上、后下)进行规定的矢积或点积运算。

习　题

1.1　求证：$\boldsymbol{u}\times(\boldsymbol{v}\times\boldsymbol{w})=(\boldsymbol{u}\cdot\boldsymbol{w})\boldsymbol{v}-(\boldsymbol{u}\cdot\boldsymbol{v})\boldsymbol{w}$。

并问：$\boldsymbol{u}\times(\boldsymbol{v}\times\boldsymbol{w})$ 与 $(\boldsymbol{u}\times\boldsymbol{v})\times\boldsymbol{w}$ 是否相等？$\boldsymbol{u},\boldsymbol{v},\boldsymbol{w}$ 为矢量。

1.2　$\boldsymbol{A},\boldsymbol{B},\boldsymbol{C},\boldsymbol{D}$ 为矢量。求证：

$$\begin{aligned}(\boldsymbol{A}\times\boldsymbol{B})\times(\boldsymbol{C}\times\boldsymbol{D}) &= \boldsymbol{B}(\boldsymbol{A}\cdot\boldsymbol{C}\times\boldsymbol{D})-\boldsymbol{A}(\boldsymbol{B}\cdot\boldsymbol{C}\times\boldsymbol{D})\\ &= \boldsymbol{C}(\boldsymbol{A}\cdot\boldsymbol{B}\times\boldsymbol{D})-\boldsymbol{D}(\boldsymbol{A}\cdot\boldsymbol{B}\times\boldsymbol{C})\end{aligned}$$

1.3　求证矢量的非退化性。即：若矢量$\boldsymbol{v}$与它所属的矢量空间中的任意矢量 $\boldsymbol{u}$ 都正交，即 $\boldsymbol{u}\cdot\boldsymbol{v}=0$，则矢量$\boldsymbol{v}=\boldsymbol{0}$。

1.4　已知：矢量 $\boldsymbol{u},\boldsymbol{v}$，求证：$|\boldsymbol{u}\cdot\boldsymbol{v}|\leqslant|\boldsymbol{u}||\boldsymbol{v}|$。

1.5　求证：$\boldsymbol{a}\times\boldsymbol{b}=\boldsymbol{0}\Leftrightarrow\boldsymbol{a},\boldsymbol{b}$ 线性相关。

1.6　求证：$[\boldsymbol{a}\quad\boldsymbol{b}\quad\boldsymbol{c}]=0\Leftrightarrow\boldsymbol{a},\boldsymbol{b},\boldsymbol{c}$ 线性相关。

上两题中，$\boldsymbol{a},\boldsymbol{b},\boldsymbol{c}$ 为属于同一空间的矢量。

1.7　已知：矢量 $\boldsymbol{b}=2\boldsymbol{i}+\boldsymbol{j}-2\boldsymbol{k}$，$\boldsymbol{c}=\boldsymbol{i}+2\boldsymbol{j}+3\boldsymbol{k}$，$\boldsymbol{i},\boldsymbol{j},\boldsymbol{k}$ 为笛卡儿基；若将 $\boldsymbol{c}$ 分解为与 $\boldsymbol{b}$ 平行的矢量及垂直于 $\boldsymbol{b}$ 的矢量 $\boldsymbol{a}$ 之和，即 $\boldsymbol{c}=\boldsymbol{a}+m\boldsymbol{b}$。

求 $\boldsymbol{a}$；m(其中 $\boldsymbol{b}\cdot\boldsymbol{a}=0$)。

1.8　利用 $\mathrm{d}\boldsymbol{r}=\boldsymbol{g}_i\mathrm{d}x^i$，证明 g_{ij} 是对称正定的。

1.9　求证：对于一组非共面的 $\boldsymbol{g}_i$，存在唯一的 $\boldsymbol{g}^j$，$\boldsymbol{g}^j$ 也是非共面的。

1.10　已知：以 $\boldsymbol{i},\boldsymbol{j},\boldsymbol{k}$ 表示三维空间中笛卡儿坐标基矢量，

$$\boldsymbol{g}_1=\boldsymbol{j}+\boldsymbol{k},\qquad \boldsymbol{g}_2=\boldsymbol{i}+\boldsymbol{k},\qquad \boldsymbol{g}_3=\boldsymbol{i}+\boldsymbol{j}$$

(1) 按公式(1.2.17)，求 $\boldsymbol{g}^1,\boldsymbol{g}^2,\boldsymbol{g}^3$ 以 $\boldsymbol{i},\boldsymbol{j},\boldsymbol{k}$ 表示的式子；(2) 求 g_{rs}。

1.11　根据上题结果验算公式：$\boldsymbol{g}_j=g_{ji}\boldsymbol{g}^i$

1.12　已知：$\boldsymbol{u}=2\boldsymbol{g}_1+3\boldsymbol{g}_2-\boldsymbol{g}_3$，$\boldsymbol{v}=\boldsymbol{g}_1-\boldsymbol{g}_2+\boldsymbol{g}_3$，基矢量同上题。运用 1.11 题求得的 g_{rs} 计算：

(1) $\boldsymbol{u}\cdot\boldsymbol{v}$；(2) $\boldsymbol{u},\boldsymbol{v}$ 的协变分量。

1.13　已知：(1) 圆柱坐标系如图 1.18(a)，$r=x^1$，$\theta=x^2$，$z=x^3$。

(2) 球坐标系如图 1.18(b)，$r=x^1$，$\theta=x^2$，$\varphi=x^3$。

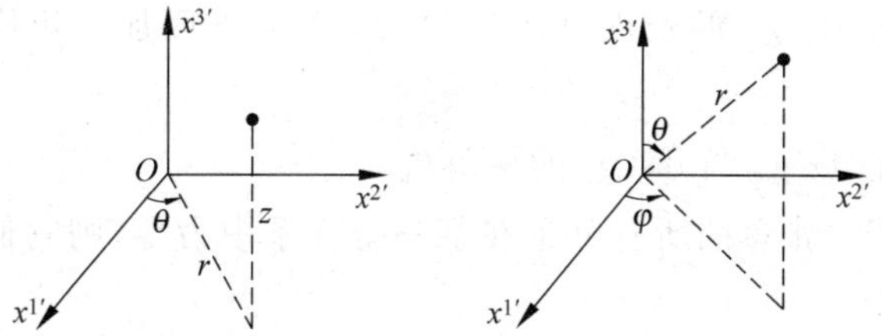

(a) 圆柱坐标系　　(b) 球坐标系

图　1.18

求：两种坐标系中：

(1) $\boldsymbol{g}_i$ 通过笛卡儿基 i,j,k 的表达式，画出简图。

(2) 求 $\boldsymbol{g}^i$，说明 $\boldsymbol{g}^i$ 与 $\boldsymbol{g}_i$ 的大小与方向有何关系。

(3) 由 $\boldsymbol{g}_i$ 求 g_{ij}，g^{ij}，$|\mathrm{d}\boldsymbol{r}|^2$。

(4) 直接由几何图形确定 $|\mathrm{d}\boldsymbol{r}|^2$，求 g_{ij}。

1.14 斜圆锥面上坐标系 $x^1=\theta, x^2=z, R, h, C$ 为已知(见图1.19)。

求：$\boldsymbol{g}_\alpha, g_{\alpha\beta}, \boldsymbol{g}^\beta$ $(\alpha,\beta=1,2)$。

1.15 二维空间为半径为 R 的半球面，见图1.20，$x^1=\theta, x^2=z$。

用两种方法求 $\boldsymbol{g}_\alpha, \boldsymbol{g}^\beta, g_{\alpha\beta}, g^{\alpha\beta}$ $(\alpha,\beta=1,2)$。

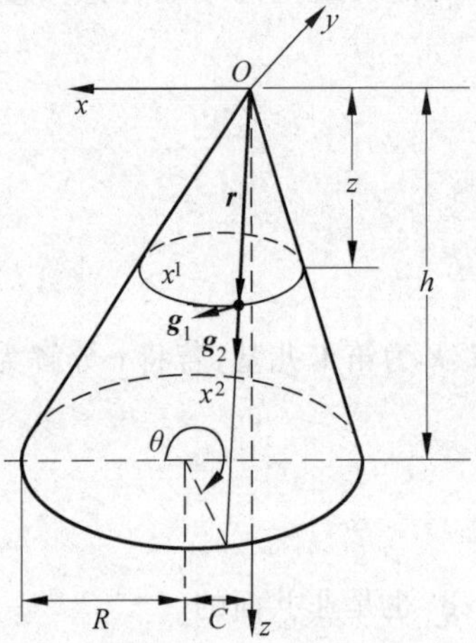

图1.19 斜圆锥面

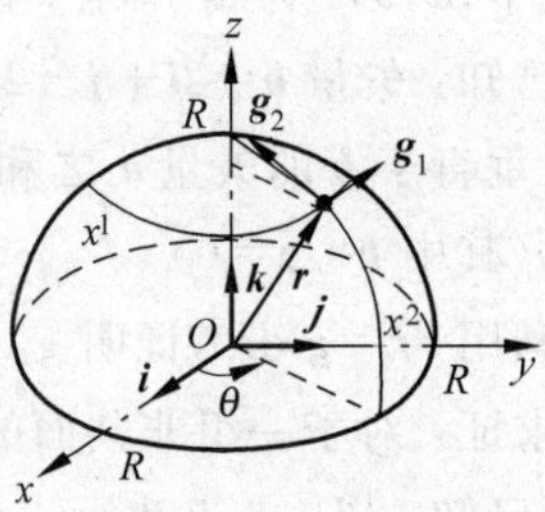

图1.20 半球面

1.16 已知：圆柱坐标系中、球坐标系中矢量的逆变分量 v^i。利用题1.13结果分别求两个坐标系中的协变分量 v_i。

1.17 求：题1.13所示圆柱坐标和球坐标 x^i，与笛卡儿坐标 $x^{j'}$ 的转换系数 $\beta^i_{j'}$ 与 $\beta^{j'}_i$。

1.18 (1) 已知：笛卡儿坐标中 $\boldsymbol{v}$ 的分量为 $v^{1'}, v^{2'}, v^{3'}$；

求：圆柱坐标中 $\boldsymbol{v}$ 的分量 v^1, v^2, v^3。

(2) 已知：笛卡儿坐标中 $\boldsymbol{v}$ 的分量为 $v_{1'}, v_{2'}, v_{3'}$；

求：球坐标系中 $\boldsymbol{v}$ 的分量 v_1, v_2, v_3。

1.19 试求：线元 $\mathrm{d}x^k\boldsymbol{g}_{\underline{k}}$ 的长度 $\mathrm{d}s_k$ $(k=1,2,3)$(k 下面加一短横，表示对 k 不求和，下同)。

1.20 试求：线元 $\mathrm{d}x^k\boldsymbol{g}_{\underline{k}}$ 与 $\mathrm{d}x^l\boldsymbol{g}_{\underline{l}}$ 的夹角 θ_{kl}。

1.21 试证明：若一张量的所有分量在某一坐标系中为零，则它们在任何其他坐标系中亦必为零。

1.22 试证明：张量的对称性与反对称性与坐标系无关。

1.23 试证明：若 $T^{ij\cdots}=\pm T^{ji\cdots}$，则 $T_{ij\cdots}=\pm T_{ji\cdots}$。

1.24 试证明：若 $T^{ij\cdots}=\pm T^{ji\cdots}$，则 $T^{i}_{\cdot j}{}^{\cdots}=\pm T_j^{\cdot i\cdots}$。

1.25 已知：$\boldsymbol{N}$ 为对称二阶张量，$\boldsymbol{\Omega}$ 为反对称二阶张量，$\boldsymbol{u}$ 为任意矢量。

求证：(1) $\boldsymbol{u}\cdot\boldsymbol{N}=\boldsymbol{N}\cdot\boldsymbol{u}$；(2) $\boldsymbol{u}\cdot\boldsymbol{\Omega}=-\boldsymbol{\Omega}\cdot\boldsymbol{u}$。

1.26　已知：矩阵

$$[T^{ij}]=\begin{bmatrix}1&2&3\\2&4&5\\3&5&6\end{bmatrix},\qquad [g_{ij}]=\begin{bmatrix}2&1&0\\1&3&0\\0&0&4\end{bmatrix}$$

试计算矩阵$[T^{i}_{\cdot j}]$与$[T_{i}^{\cdot j}]$，从而说明尽管$[T^{ij}]$为对称，但这两个矩阵互为转置，而不对称。

1.27　已知：任意二阶张量 $\boldsymbol{T},\boldsymbol{S}$。

求证：$T^{ij}S_{ij}=T_{ij}S^{ij}$。

1.28　设一动点轨迹为 $x^i(t)$（$t\geqslant 0$，标量），定义 $v^i=\lim\limits_{t\to 0}\dfrac{x^i(t+\Delta t)-x^i(t)}{\Delta t}=\dfrac{\mathrm{d}x^i}{\mathrm{d}t}$。

求证：v^i 为矢量分量。

1.29　已知：坐标系 x^i 中数组 $S(i,j)$ 与坐标系 $x^{i'}$ 中数组 $S(k',l')$ 恒满足关系：$S(i,j)u^iv^j=S(k',l')u^{k'}v^{l'}$，其中 u^i 与 $u^{k'}$，v^j 与 $v^{l'}$ 为两个任意矢量在相应坐标系中的逆变分量。

求证：$S(i,j)$必为二阶张量的协变分量 S_{ij}。

1.30　已知：在坐标系 x^i 中对称数组 $S(i,j)=S(j,i)$，在坐标系 $x^{i'}$ 中对称数组 $S(k',l')=S(l',k')$，恒满足 $S(i,j)u^iu^j=S(k',l')u^{k'}u^{l'}$，$u^i$ 与 $u^{k'}$ 为任意矢量在相应坐标系中的逆变分量。

求证：$S(i,j)$为二阶对称张量的协变分量 S_{ij}。

1.31　已知：v_k 为一矢量的协变分量。

求证：$\dfrac{\partial v_m}{\partial x^n}-\dfrac{\partial v_n}{\partial x^m}$为一反对称二阶张量的协变分量。

1.32　已知：二阶对称张量 $\boldsymbol{N}$，二阶反对称张量 $\boldsymbol{\Omega}$。

求证：$\boldsymbol{N}:\boldsymbol{\Omega}=0$。

1.33　已知：$\boldsymbol{a},\boldsymbol{b}$ 为任意矢量，$\boldsymbol{N}$ 为二阶对称张量。$\boldsymbol{\Omega}$ 为二阶反对称张量。

求证：(1) $\boldsymbol{N}:\boldsymbol{ab}=\boldsymbol{ba}:\boldsymbol{N}$；

(2) $\boldsymbol{\Omega}:\boldsymbol{ab}=-\boldsymbol{ba}:\boldsymbol{\Omega}$。

1.34　已知：任意矢量 $\boldsymbol{u}$，任意张量 $\boldsymbol{T}$ 和度量张量 $\boldsymbol{G}$。

求证：$\boldsymbol{G}\cdot\boldsymbol{u}=\boldsymbol{u}=\boldsymbol{u}\cdot\boldsymbol{G}$，　$\boldsymbol{G}\cdot\boldsymbol{T}=\boldsymbol{T}=\boldsymbol{T}\cdot\boldsymbol{G}$。

1.35　已知：二阶张量 $\boldsymbol{T},\boldsymbol{S}$，对于任意矢量 $\boldsymbol{u},\boldsymbol{v}$，均成立 $\boldsymbol{u}\cdot\boldsymbol{T}\cdot\boldsymbol{v}=\boldsymbol{u}\cdot\boldsymbol{S}\cdot\boldsymbol{v}$。

求证：$\boldsymbol{T}=\boldsymbol{S}$。

1.36　已知：二阶对称张量 $\boldsymbol{M},\boldsymbol{N}$，对于任意矢量 $\boldsymbol{u}$，均成立 $\boldsymbol{u}\cdot\boldsymbol{M}\cdot\boldsymbol{u}=\boldsymbol{u}\cdot\boldsymbol{N}\cdot\boldsymbol{u}$。

求证：$\boldsymbol{M}=\boldsymbol{N}$。

1.37　质量为 m 的质点绕定点 O 以任一角速度矢量$\boldsymbol{\omega}=\omega_i\boldsymbol{e}^i$ 转动时，其动量矩矢量$\boldsymbol{L}=L_i\boldsymbol{e}^i$ 与质点绕 O 的惯性积 $I(i,\ j)$有关：$L_i=I(i,\ j)\omega_j$，

(1) 运用商规则说明 $I(i,\ j)$是几阶张量的分量；

(2) 在笛卡儿坐标系 z^i 中质点绕定点 O 的惯性积为

$$I^{11}=m[(z^1)^2+(z^2)^2+(z^3)^2-(z^1)^2],\qquad I^{12}=I^{21}=-mz^1z^2$$

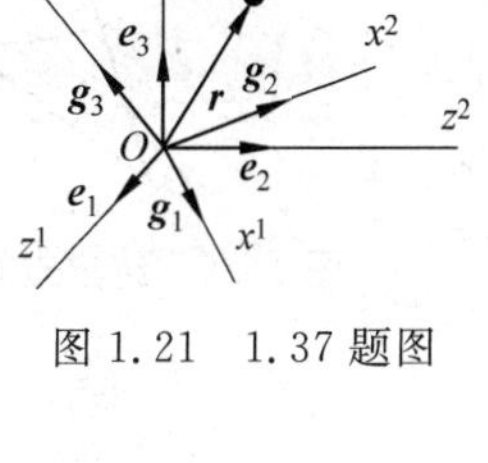

图 1.21　1.37 题图

$$I^{22} = m\left[(z^1)^2 + (z^2)^2 + (z^3)^2 - (z^2)^2\right], \qquad I^{23} = I^{32} = -mz^2z^3$$

$$I^{33} = m\left[(z^1)^2 + (z^2)^2 + (z^3)^2 - (z^3)^2\right], \qquad I^{31} = I^{13} = -mz^1z^3$$

求用指标符号写出 I^{ij} 在笛卡儿坐标系中的表达式。

(3) 进一步写出 I^{ij} 在图1.21所示斜角直线坐标系 x^k 中表达式与 $\boldsymbol{I}$ 的实体表达式。设 $\boldsymbol{r}=r^k\boldsymbol{g}_k=z^i\boldsymbol{e}_i$。

1.38 在笛卡儿坐标系中,各向同性材料的弹性关系为

$$\varepsilon_{11} = \frac{1}{E}[\sigma^{11} - \nu(\sigma^{22} + \sigma^{33})], \qquad \varepsilon_{12} = \frac{1+\nu}{E}\sigma^{12}$$

$$\varepsilon_{22} = \frac{1}{E}[\sigma^{22} - \nu(\sigma^{33} + \sigma^{11})], \qquad \varepsilon_{23} = \frac{1+\nu}{E}\sigma^{23}$$

$$\varepsilon_{33} = \frac{1}{E}[\sigma^{33} - \nu(\sigma^{11} + \sigma^{22})], \qquad \varepsilon_{31} = \frac{1+\nu}{E}\sigma^{31}$$

其中应力与应变都为对称二阶张量,并且已知弹性常数 C_{ijkl} 必须满足 Voigt 对称性,即分量关于指标 i 和 j 对称,k 和 l 对称,关于指标 i,j 和 k,l 对称。

(1) 利用商法则证明此式必定可以表示为一个张量的代数运算等式,写出其实体形式,说明等式中各阶张量的阶数。

(2) 将上式表示为可运用于任意坐标系的张量分量形式。

(3) 写出任意坐标系中的协变分量 C_{ijkl} 用 E,ν 及度量张量分量表达的形式,以及 $\boldsymbol{C}$ 的并矢表达式。

1.39 已知:矩阵$[A]$,$[B]$,$[C]=[A][B]$,$a=\det[A]$,$b=\det[B]$,$c=\det[C]$。利用置换符号证明:$c=ab$。

1.40 已知:矩阵$[a^i_{\cdot j}]$中某两列的元素成比例,例如:$a^i_{\cdot 1}=ka^i_{\cdot 2}$,$k$ 为一个实数。利用置换符号证明:$\det(a^i_{\cdot j})=0$。

1.41 质量为 m、绕定点 O 以角速度 $\boldsymbol{\omega}$ 转动的质点(见图1.22),其动量矩矢量的定义为 $\boldsymbol{L}=m\boldsymbol{r}\times\boldsymbol{v}$,其中,$\boldsymbol{r}$ 为定点 O 至质点的矢径,$\boldsymbol{v}$ 为质点的线速度。

求证:$\boldsymbol{L}=\boldsymbol{I}\cdot\boldsymbol{\omega}$,式中 $\boldsymbol{I}$ 为惯性矩张量,$\boldsymbol{I}=m[(\boldsymbol{r}\cdot\boldsymbol{r})\boldsymbol{G}-\boldsymbol{rr}]$。

1.42 求图1.23所示球坐标系中的面元矢量 $\mathrm{d}\boldsymbol{a}^1$,$\mathrm{d}\boldsymbol{a}^2$,$\mathrm{d}\boldsymbol{a}^3$。

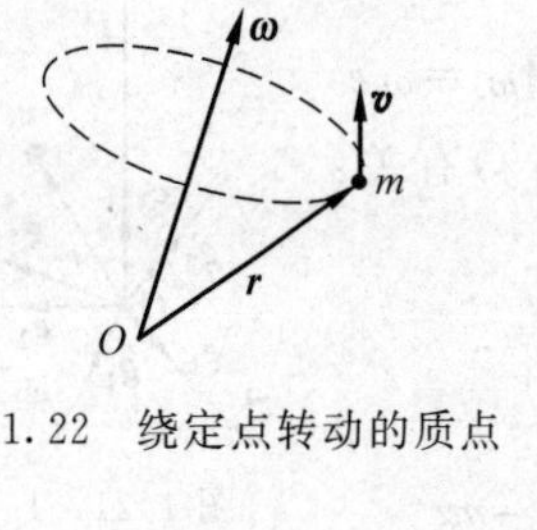

图1.22 绕定点转动的质点

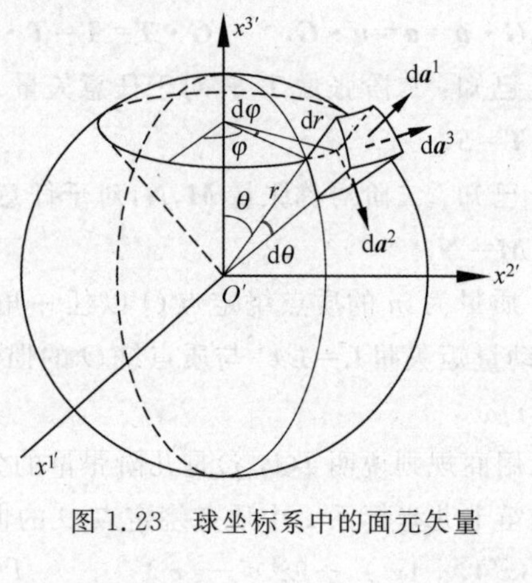

图1.23 球坐标系中的面元矢量

1.43　设在二维空间内 $\boldsymbol{u}$ 为一任意矢量，$\boldsymbol{v}$ 为另一矢量

$$\boldsymbol{v}=\boldsymbol{u}\cdot\overset{(2)}{\boldsymbol{\epsilon}}=-\overset{(2)}{\boldsymbol{\epsilon}}\cdot\boldsymbol{u}$$

求证：

$$\boldsymbol{v}\cdot\boldsymbol{u}=0,\quad |\boldsymbol{v}|=|\boldsymbol{u}|$$

（在三维空间中 $\boldsymbol{v}=\boldsymbol{g}_3\times\boldsymbol{u}$，如图 1.24 所示，$\boldsymbol{g}_3$ 垂直于纸面向外。）

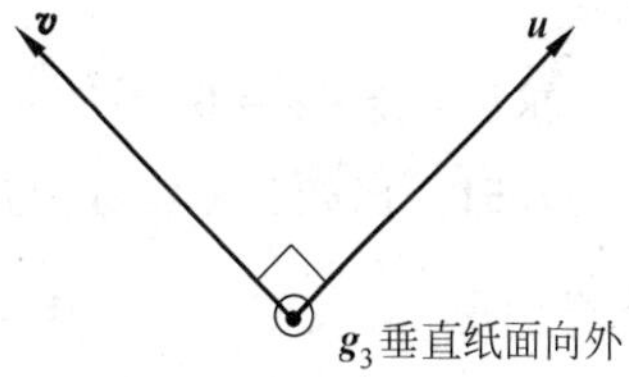

图 1.24　1.43 题图

1.44　$\boldsymbol{A},\boldsymbol{B},\boldsymbol{C},\boldsymbol{D}$ 为矢量。

利用置换张量求证：$(\boldsymbol{A}\times\boldsymbol{B})\cdot(\boldsymbol{C}\times\boldsymbol{D})=(\boldsymbol{A}\cdot\boldsymbol{C})(\boldsymbol{B}\cdot\boldsymbol{D})-(\boldsymbol{A}\cdot\boldsymbol{D})(\boldsymbol{B}\cdot\boldsymbol{C})$。

1.45　定义轮换张量

$$\boldsymbol{S}=\delta_{jq}^{ip}\boldsymbol{g}_i\boldsymbol{g}_p\boldsymbol{g}^j\boldsymbol{g}^q$$

式中

$$\delta_{jq}^{ip}=\delta_j^i\delta_q^p-\delta_q^i\delta_j^p$$

设 $\boldsymbol{C}$ 为任意二阶张量

$$\boldsymbol{C}=C_{rs}\boldsymbol{g}^r\boldsymbol{g}^s$$

求证：$\frac{1}{2}\boldsymbol{S}:\boldsymbol{C}=\frac{1}{2}\boldsymbol{C}:\boldsymbol{S}=\frac{1}{2}(C_{rs}-C_{sr})\boldsymbol{g}^r\boldsymbol{g}^s$，即得到反对称化张量。

1.46　定义轮换张量　$\boldsymbol{V}=\delta_{lmn}^{ijk}\boldsymbol{g}_i\boldsymbol{g}_j\boldsymbol{g}_k\boldsymbol{g}^l\boldsymbol{g}^m\boldsymbol{g}^n$

式中　$\delta_{lmn}^{ijk}=\epsilon^{ijk}\epsilon_{lmn}$

设 $\boldsymbol{T}$ 为任意张量　$\boldsymbol{T}=T_{\cdots pq}^{rst}\boldsymbol{g}_r\boldsymbol{g}_s\boldsymbol{g}_t\boldsymbol{g}^p\boldsymbol{g}^q$

求证：$\frac{1}{6}\boldsymbol{V}\,\vdots\,\boldsymbol{T}=\frac{1}{6}\delta_{lmn}^{ijk}T_{\cdots pq}^{lmn}\boldsymbol{g}_i\boldsymbol{g}_j\boldsymbol{g}_k\boldsymbol{g}^p\boldsymbol{g}^q$ 对上标 i,j,k 的任意两个均为反对称。

1.47　设 $\boldsymbol{T}=T_{ij\cdot q}^{\cdot\cdot p}\boldsymbol{g}^i\boldsymbol{g}^j\boldsymbol{g}_p\boldsymbol{g}^q=T_{\cdot\cdot\cdot q}^{ijp}\boldsymbol{g}_i\boldsymbol{g}_j\boldsymbol{g}_p\boldsymbol{g}^q$ 对于 i,j 为反对称，坐标系为右手系

定义　$$\overset{*}{\boldsymbol{T}}=\overset{*}{T}{}_{\cdot\cdot q}^{kp}\boldsymbol{g}_k\boldsymbol{g}_p\boldsymbol{g}^q=\overset{*}{T}{}_{k\cdot q}^{\cdot p}\boldsymbol{g}^k\boldsymbol{g}_p\boldsymbol{g}^q$$

式中　$$\overset{*}{T}{}_{\cdot\cdot q}^{1p}=\frac{1}{\sqrt{g}}T_{23\cdot q}^{\cdot\cdot p}=-\frac{1}{\sqrt{g}}T_{32\cdot q}^{\cdot\cdot p},\quad \overset{*}{T}{}_{\cdot\cdot q}^{2p}=\frac{1}{\sqrt{g}}T_{31\cdot q}^{\cdot\cdot p}=-\frac{1}{\sqrt{g}}T_{13\cdot q}^{\cdot\cdot p}$$

$$\overset{*}{T}{}_{\cdot\cdot q}^{3p}=\frac{1}{\sqrt{g}}T_{12\cdot q}^{\cdot\cdot p}=-\frac{1}{\sqrt{g}}T_{21\cdot q}^{\cdot\cdot p}$$

求证：$\overset{*}{\boldsymbol{T}}$ 为一张量。且 $\overset{*}{T}{}_{1\cdot q}^{\cdot p}=\sqrt{g}T_{\cdots q}^{23p}=-\sqrt{g}T_{\cdots q}^{32p}$，

$\overset{*}{T}{}_{2\cdot q}^{\cdot p}=\sqrt{g}T_{\cdots q}^{31p}=-\sqrt{g}T_{\cdots q}^{13p}$，　$\overset{*}{T}{}_{3\cdot q}^{\cdot p}=\sqrt{g}T_{\cdots q}^{12p}=-\sqrt{g}T_{\cdots q}^{21p}$。

1.48　已知：$\boldsymbol{\Omega}$ 为二阶反对称张量，矢量 $\boldsymbol{\omega}$ 与 $\boldsymbol{\Omega}$ 互为反偶，即满足 $\boldsymbol{\omega}=-\frac{1}{2}\boldsymbol{\epsilon}:\boldsymbol{\Omega}$。

求证：对于任一矢量 $\boldsymbol{u}$，必满足 $\boldsymbol{\Omega}\cdot\boldsymbol{u}=\boldsymbol{\omega}\times\boldsymbol{u}$。

1.49　已知：矢量 $\boldsymbol{\omega}$ 与二阶反对称张量 $\boldsymbol{\Omega}$ 互为反偶，即满足 $\boldsymbol{\omega}=-\frac{1}{2}\boldsymbol{\epsilon}:\boldsymbol{\Omega}$。

求证：$\boldsymbol{\Omega}=-\boldsymbol{\epsilon}\cdot\boldsymbol{\omega}=-\boldsymbol{\omega}\cdot\boldsymbol{\epsilon}$。

1.50　已知：矢量 $\boldsymbol{\omega}$ 与二阶反对称张量 $\boldsymbol{\Omega}$ 互为反偶，$\boldsymbol{\omega}=-\frac{1}{2}\boldsymbol{\epsilon}:\boldsymbol{\Omega}$，矢量 $\boldsymbol{v}$ 与 $\boldsymbol{\omega}$

平行。

求证：$\boldsymbol{\Omega}\cdot\boldsymbol{v}=\mathbf{0}$。

1.51 已知：矢量 $\boldsymbol{\omega}_{①}$ 与二阶反对称张量 $\boldsymbol{\Omega}_{①}$，矢量 $\boldsymbol{\omega}_{②}$ 与二阶反对称张量 $\boldsymbol{\Omega}_{②}$ 分别互为反偶。

求证：$\boldsymbol{\omega}_{①}\cdot\boldsymbol{\omega}_{②}=\dfrac{1}{2}\boldsymbol{\Omega}_{①}:\boldsymbol{\Omega}_{②}$。

第 2 章　二 阶 张 量

二阶张量是连续介质力学中最常遇到的一类张量，例如应力张量、应变张量、变形梯度张量、度量张量和正交张量等。还可以举出其他许多二阶张量的例子，如刚体力学中的惯性矩张量（见例 1.10），微分几何中曲面的第一与第二基本张量等都是二阶张量。虽然它们各自具有完全不同的物理意义，但却服从二阶张量的共同性质，对此，本章将给予进一步的讨论。

2.1　二阶张量的矩阵

2.1.1　二阶张量的四种分量所对应的矩阵

任一二阶张量 $\boldsymbol{T}$ 总可以写成下列并矢展开式，这是对于坐标具有不变性的形式：

$$\boldsymbol{T} = T_{ij}\boldsymbol{g}^i\boldsymbol{g}^j = T_i^{\cdot j}\boldsymbol{g}^i\boldsymbol{g}_j = T^i_{\cdot j}\boldsymbol{g}_i\boldsymbol{g}^j = T^{ij}\boldsymbol{g}_i\boldsymbol{g}_j \tag{2.1.1}$$

一般情况下分量指标按基矢量出现的先后顺序排，上式中 i 为第一指标，j 为第二指标。

此外，在任一给定坐标系中张量也可用其分量来表示，即协变分量 T_{ij}，逆变分量 T^{ij}，或混合分量 $T_i^{\cdot j}$，$T^i_{\cdot j}$。四种分量均随坐标转换而改变；但是，只要在一个特定坐标系中给定四种分量的任意一种，该坐标系中其他三种分量都可通过指标升降关系而求出，且其他任意坐标系中的四种张量分量也都可通过坐标转换由它确定。可见，任一给定坐标系中的任一种形式的全部张量分量包含有该张量的全部信息。

n 维空间中任一种形式的二阶张量分量均含有 $n\times n$ 个分量，可以按通常表示矩阵的方法列出，一般以第一个指标（即前指标）符号对应于行号，第二个指标（即后指标）符号为列号，成为一个方阵。在三维空间中，可以记为 3×3 的矩阵。一个二阶张量在同一坐标系中四种形式的分量分别对应了四个不同的矩阵，记作 $\boldsymbol{\tau}_1$，$\boldsymbol{\tau}_2$，$\boldsymbol{\tau}_3$ 和 $\boldsymbol{\tau}_4$。

$$\boldsymbol{\tau}_1 = \begin{bmatrix} T_{11} & T_{12} & T_{13} \\ T_{21} & T_{22} & T_{23} \\ T_{31} & T_{32} & T_{33} \end{bmatrix} = [T_{ij}] \tag{2.1.2a}$$

$$\boldsymbol{\tau}_2 = \begin{bmatrix} T_1^{\cdot 1} & T_1^{\cdot 2} & T_1^{\cdot 3} \\ T_2^{\cdot 1} & T_2^{\cdot 2} & T_2^{\cdot 3} \\ T_3^{\cdot 1} & T_3^{\cdot 2} & T_3^{\cdot 3} \end{bmatrix} = [T_i^{\cdot j}] \tag{2.1.2b}$$

$$\boldsymbol{\tau}_3 = \begin{bmatrix} T^1_{\cdot 1} & T^1_{\cdot 2} & T^1_{\cdot 3} \\ T^2_{\cdot 1} & T^2_{\cdot 2} & T^2_{\cdot 3} \\ T^3_{\cdot 1} & T^3_{\cdot 2} & T^3_{\cdot 3} \end{bmatrix} = [T^i_{\cdot j}] \tag{2.1.2c}$$

$$\boldsymbol{\tau}_4 = \begin{bmatrix} T^{11} & T^{12} & T^{13} \\ T^{21} & T^{22} & T^{23} \\ T^{31} & T^{32} & T^{33} \end{bmatrix} = [T^{ij}] \tag{2.1.2d}$$

根据张量分量的指标升降关系，有

$$T_{ij} = T_i^{\cdot l} g_{lj} = g_{il} T^l_{\cdot j} = g_{il} T^{lm} g_{mj} \tag{2.1.3a}$$

因此，二阶张量的上述四个矩阵之间满足以下关系：

$$\boldsymbol{\tau}_1 = \boldsymbol{\tau}_2 \boldsymbol{g}_* = \boldsymbol{g}_* \boldsymbol{\tau}_3 = \boldsymbol{g}_* \boldsymbol{\tau}_4 \boldsymbol{g}_* \tag{2.1.3b}$$

其中 $\boldsymbol{g}_*$ 是度量张量协变分量 g_{ij} 构成的矩阵

$$\boldsymbol{g}_* = \begin{bmatrix} g_{11} & g_{12} & g_{13} \\ g_{21} & g_{22} & g_{23} \\ g_{31} & g_{32} & g_{33} \end{bmatrix} = [g_{ij}] \tag{2.1.4}$$

在一般情况下，二阶张量的四个矩阵各不相等。应特别指出，切不可将 $\boldsymbol{\tau}_2$ 与 $\boldsymbol{\tau}_3$ 混淆：

$$\boldsymbol{\tau}_2 = \boldsymbol{g}_* \boldsymbol{\tau}_3 \boldsymbol{g}_*^{-1} \tag{2.1.5}$$

显然 $\boldsymbol{\tau}_2$ 与 $\boldsymbol{\tau}_3$ 一般并不具有相同的矩阵元素。通常如不加说明，定义 $\boldsymbol{\tau}_3$ 为张量的矩阵：

$$[\boldsymbol{T}] = [T^i_{\cdot j}] = \boldsymbol{\tau}_3 \tag{2.1.6}$$

只有在笛卡儿坐标系中，这四个矩阵才相同。

二阶张量与矩阵虽然有上述对应关系，但它们并非全能一一对应。例如：首先，矩阵并非只包括方阵，而二阶张量只能对应方阵；其次，在一般坐标系中，转置张量与转置矩阵、对称(或反对称)张量与对称(或反对称)矩阵不能一一对应；第三，二阶张量的某些运算不完全能用矩阵的运算与之互相对应。

2.1.2 二阶张量的转置，对称、反对称张量及其所对应的矩阵①

按照1.7.7节对于任意阶转置张量的定义，(2.1.1)式所表示的二阶张量 $\boldsymbol{S}$ 的转置张量 $\boldsymbol{S}^{\mathrm{T}}$ 为

$$\begin{aligned} \boldsymbol{S}^{\mathrm{T}} &= (S^{\mathrm{T}})_{ij} \boldsymbol{g}^i \boldsymbol{g}^j = (S^{\mathrm{T}})_i^{\cdot j} \boldsymbol{g}^i \boldsymbol{g}_j = (S^{\mathrm{T}})^i_{\cdot j} \boldsymbol{g}_i \boldsymbol{g}^j = (S^{\mathrm{T}})^{ij} \boldsymbol{g}_i \boldsymbol{g}_j \\ &= S_{ji} \boldsymbol{g}^i \boldsymbol{g}^j = S^j_{\cdot i} \boldsymbol{g}^i \boldsymbol{g}_j = S_j^{\cdot i} \boldsymbol{g}_i \boldsymbol{g}^j = S^{ji} \boldsymbol{g}_i \boldsymbol{g}_j \end{aligned} \tag{2.1.7a}$$

注意到 $\boldsymbol{S}$ 与 $\boldsymbol{S}^{\mathrm{T}}$ 的分量之间关系为：若基张量不变，分量的第一、二指标互换(即左右互换)，但指标的协、逆变性质不变(即上下不变)，(2.1.7a)式的分量形式为

$$(S^{\mathrm{T}})_{ij} = S_{ji}, \quad (S^{\mathrm{T}})_i^{\cdot j} = S^j_{\cdot i}, \quad (S^{\mathrm{T}})^i_{\cdot j} = S_j^{\cdot i}, \quad (S^{\mathrm{T}})^{ij} = S^{ji} \tag{2.1.7b}$$

上式的矩阵形式为

$$\boldsymbol{\tau}_1^{(S^{\mathrm{T}})} = (\boldsymbol{\tau}_1^{(S)})^{\mathrm{T}}, \quad \boldsymbol{\tau}_2^{(S^{\mathrm{T}})} = (\boldsymbol{\tau}_3^{(S)})^{\mathrm{T}}, \quad \boldsymbol{\tau}_3^{(S^{\mathrm{T}})} = (\boldsymbol{\tau}_2^{(S)})^{\mathrm{T}}, \quad \boldsymbol{\tau}_4^{(S^{\mathrm{T}})} = (\boldsymbol{\tau}_4^{(S)})^{\mathrm{T}} \tag{2.1.7c}$$

上述各式中均以"T"号表示张量或矩阵的转置。注意(2.1.7c)式说明两个互为转置的张量，它们的 $\boldsymbol{\tau}_1$ 或 $\boldsymbol{\tau}_4$ 矩阵亦分别互为转置，而转置张量 $\boldsymbol{S}^{\mathrm{T}}$ 的 $\boldsymbol{\tau}_2$ 矩阵和 $\boldsymbol{S}$ 的 $\boldsymbol{\tau}_3$ 矩阵互为转置，$\boldsymbol{S}^{\mathrm{T}}$ 的 $\boldsymbol{\tau}_3$ 和 $\boldsymbol{S}$ 的 $\boldsymbol{\tau}_2$ 矩阵互为转置。如将(2.1.7a)式更换哑指标，转置张量也可以写作

$$\boldsymbol{S}^{\mathrm{T}} = S_{ij} \boldsymbol{g}^j \boldsymbol{g}^i = S^i_{\cdot j} \boldsymbol{g}^j \boldsymbol{g}_i = S_i^{\cdot j} \boldsymbol{g}_j \boldsymbol{g}^i = S^{ij} \boldsymbol{g}_j \boldsymbol{g}_i \tag{2.1.7d}$$

相当于将张量的并矢式(2.1.1)中分量保持不变，交换基矢量前后顺序的结果。此外，还有

---

① 在2.1.2节与2.1.3节中涉及转置张量时，用 $\boldsymbol{S}$ 表示任一二阶张量；而一般情况下用 $\boldsymbol{T}$ 表示任一二阶张量。

$$(\boldsymbol{S}^{\mathrm{T}})^{\mathrm{T}} = \boldsymbol{S} \tag{2.1.8}$$

若张量为对称二阶张量 $\boldsymbol{N}$,按照定义应有

$$\boldsymbol{N} = \boldsymbol{N}^{\mathrm{T}} \tag{2.1.9a}$$

上式的分量表示式为

$$N_{ij} = N_{ji}, \quad N_i^{\cdot j} = N_{\cdot i}^{j}, \quad N_{\cdot j}^{i} = N_j^{\cdot i}, \quad N^{ij} = N^{ji} \tag{2.1.9b}$$

其矩阵具有以下的性质:

$$\boldsymbol{\tau}_1^{(N)} = \boldsymbol{\tau}_1^{(N^{\mathrm{T}})} = (\boldsymbol{\tau}_1^{(N)})^{\mathrm{T}}, \quad \boldsymbol{\tau}_2^{(N)} = (\boldsymbol{\tau}_3^{(N)})^{\mathrm{T}}, \quad \boldsymbol{\tau}_3^{(N)} = (\boldsymbol{\tau}_2^{(N)})^{\mathrm{T}}, \quad \boldsymbol{\tau}_4^{(N)} = \boldsymbol{\tau}_4^{(N^{\mathrm{T}})} = (\boldsymbol{\tau}_4^{(N)})^{\mathrm{T}} \tag{2.1.9c}$$

由上式可见:对称张量所对应的 $\boldsymbol{\tau}_1$ 和 $\boldsymbol{\tau}_4$ 矩阵是对称矩阵,而 $\boldsymbol{\tau}_2$ 和 $\boldsymbol{\tau}_3$ 矩阵一般不是对称矩阵,$\boldsymbol{\tau}_2^{(N)}$ 和 $\boldsymbol{\tau}_2^{(N^{\mathrm{T}})}$,$\boldsymbol{\tau}_3^{(N)}$ 和 $\boldsymbol{\tau}_3^{(N^{\mathrm{T}})}$ 一般还是不同的矩阵。

同理,若张量为反对称二阶张量 $\boldsymbol{\Omega}$,则

$$\boldsymbol{\Omega} = -\boldsymbol{\Omega}^{\mathrm{T}} \tag{2.1.10a}$$

$$\Omega_{ij} = -\Omega_{ji}, \quad \Omega_i^{\cdot j} = -\Omega_{\cdot i}^{j}, \quad \Omega_{\cdot j}^{i} = -\Omega_j^{\cdot i}, \quad \Omega^{ij} = -\Omega^{ji} \tag{2.1.10b}$$

$$\boldsymbol{\tau}_1^{(\Omega)} = -\boldsymbol{\tau}_1^{(\Omega^{\mathrm{T}})} = -(\boldsymbol{\tau}_1^{(\Omega)})^{\mathrm{T}}, \quad \boldsymbol{\tau}_2^{(\Omega)} = -(\boldsymbol{\tau}_3^{(\Omega)})^{\mathrm{T}}, \quad \boldsymbol{\tau}_3^{(\Omega)} = -(\boldsymbol{\tau}_2^{(\Omega)})^{\mathrm{T}}$$
$$\boldsymbol{\tau}_4^{(\Omega)} = -\boldsymbol{\tau}_4^{(\Omega^{\mathrm{T}})} = -(\boldsymbol{\tau}_4^{(\Omega)})^{\mathrm{T}} \tag{2.1.10c}$$

反对称张量所对应的 $\boldsymbol{\tau}_1$ 和 $\boldsymbol{\tau}_4$ 矩阵是反对称矩阵,而 $\boldsymbol{\tau}_2$ 和 $\boldsymbol{\tau}_3$ 矩阵一般不是反对称矩阵。

只有在笛卡儿坐标系中,指标不需再区分上下,张量的四种分量无区别,对称(或反对称)张量对应的四种矩阵均无区别地对称(或反对称)。

2.1.3　二阶张量的行列式

二阶张量所对应四种不同的矩阵分别具有不同的行列式值。由(2.1.3b)式知

$$\det(\boldsymbol{\tau}_1) = g\det(\boldsymbol{\tau}_2) = g\det(\boldsymbol{\tau}_3) = g^2\det(\boldsymbol{\tau}_4) \tag{2.1.11a}$$

通常,定义 $\boldsymbol{\tau}_3^{(S)}$ 的行列式为张量 $\boldsymbol{S}$ 的行列式

$$\det \boldsymbol{S} = \det(\boldsymbol{\tau}_3^{(S)}) \tag{2.1.11b}$$

由于两个互为转置的矩阵的行列式值相等,所以

$$\det(\boldsymbol{\tau}_1^{(S^{\mathrm{T}})}) = \det(\boldsymbol{\tau}_1^{(S)}), \quad \det(\boldsymbol{\tau}_4^{(S^{\mathrm{T}})}) = \det(\boldsymbol{\tau}_4^{(S)}) \tag{2.1.12a}$$

由(2.1.7c)式和(2.1.5)式还可证得

$$\det(\boldsymbol{\tau}_3^{(S^{\mathrm{T}})}) = \det(\boldsymbol{\tau}_2^{(S)}) = \det(\boldsymbol{\tau}_3^{(S)}) = \det(\boldsymbol{\tau}_2^{(S^{\mathrm{T}})}) \tag{2.1.12b}$$

故两个互为转置的张量的行列式相等,即

$$\det\boldsymbol{S} = \det\boldsymbol{S}^{\mathrm{T}} \tag{2.1.13}$$

2.1.4　二阶张量的代数运算与矩阵的代数运算

(1) 张量的相等、相加、标量与张量相乘等代数运算均与矩阵运算一一对应。

(2) 求二阶张量的迹 $\mathrm{tr}\boldsymbol{T}$:即对二阶张量分量进行缩并运算,对应于求 $\boldsymbol{\tau}_3$(或 $\boldsymbol{\tau}_2$)矩阵的对角线元素之和。

$$\mathrm{tr}\boldsymbol{T} = T_{\cdot i}^{i} = T_{\cdot 1}^{1} + T_{\cdot 2}^{2} + T_{\cdot 3}^{3} = T_i^{\cdot i} \tag{2.1.14}$$

(3) 二阶张量与矢量的点积——线性变换:二阶张量 $\boldsymbol{T}$ 在右边点乘矢量 $\boldsymbol{u}$ 得到另一个矢量 $\boldsymbol{w}$

$$\boldsymbol{w} = \boldsymbol{T} \cdot \boldsymbol{u} \tag{2.1.15a}$$

上式的分量形式为

$$w^i = T^i_{\cdot j} u^j \tag{2.1.15b}$$

上式相当于 $\boldsymbol{T}$ 的 $\boldsymbol{\tau}_3$ 矩阵乘以列阵$[u^j]$得到列阵$[w^i]$的矩阵运算。(2.1.15)式表示的运算具有线性性质:

$$\boldsymbol{T} \cdot (\alpha \boldsymbol{u} + \beta \boldsymbol{v}) = \alpha \boldsymbol{T} \cdot \boldsymbol{u} + \beta \boldsymbol{T} \cdot \boldsymbol{v} \tag{2.1.16}$$

式中 α,β 为任意实数,$\boldsymbol{u},\boldsymbol{v}$ 为任意矢量。所以,与矩阵相同,二阶张量也对应于一个线性变换,称为**映射**。每一个二阶张量都定义了一个将矢量空间的任一矢量 $\boldsymbol{u}$ 映射为另一矢量 $\boldsymbol{w}$ 的线性变换。

与此类似地,二阶张量 $\boldsymbol{T}$ 在左边点乘矢量 $\boldsymbol{u}$ 得到另一个矢量 $\boldsymbol{t}$ 为

$$\boldsymbol{t} = \boldsymbol{u} \cdot \boldsymbol{T} \tag{2.1.17a}$$

$$t^i = u^j T_j^{\cdot i} \tag{2.1.17b}$$

上式相当于行阵$[u^j]$乘以 $\boldsymbol{T}$ 的 $\boldsymbol{\tau}_2$ 矩阵得到行阵$[t^i]$的矩阵运算。应当指出,对应于同一个 $\boldsymbol{u}$,$\boldsymbol{t}$ 与 $\boldsymbol{w}$ 一般并不相等,但实际上左点乘相当于将 $\boldsymbol{T}$ 的转置张量 $\boldsymbol{T}^{\mathrm{T}}$ 进行右点乘。即

$$\boldsymbol{T} \cdot \boldsymbol{u} = \boldsymbol{u} \cdot \boldsymbol{T}^{\mathrm{T}} \tag{2.1.18}$$

通常采用(2.1.15)式所定义的线性变换,故定义 $\boldsymbol{\tau}_3$ 为张量 $\boldsymbol{T}$ 的矩阵。只有当 $\boldsymbol{T}$ 为对称二阶张量时,右点乘式(2.1.15)与左点乘式(2.1.17)才相等。

$$\boldsymbol{N} \cdot \boldsymbol{u} = \boldsymbol{u} \cdot \boldsymbol{N} \quad (\text{当 } \boldsymbol{N} \text{ 为对称}) \tag{2.1.19}$$

以及

$$\boldsymbol{\Omega} \cdot \boldsymbol{u} = -\boldsymbol{\Omega} \cdot \boldsymbol{u} \quad (\text{当 } \boldsymbol{\Omega} \text{ 为反对称}) \tag{2.1.20}$$

一个矩阵对应于一个双线型函数,而一个二阶张量分别左、右点乘任意二个矢量也对应于一个双线型函数,即

$$f(x^i, y^j) = T_{ij} x^i y^j = \boldsymbol{x} \cdot \boldsymbol{T} \cdot \boldsymbol{y} = \boldsymbol{T} : \boldsymbol{x}\boldsymbol{y} \tag{2.1.21a}$$

同时,如同对称矩阵一样,一个对称二阶张量也对应于一个二次型

$$f(x^i, x^j) = N_{ij} x^i x^j = \boldsymbol{x} \cdot \boldsymbol{N} \cdot \boldsymbol{x} \tag{2.1.21b}$$

(4) 二阶张量与二阶张量的点积:二阶张量 $\boldsymbol{A}$ 与二阶张量 $\boldsymbol{B}$ 的点积仍为二阶张量,设为 $\boldsymbol{C}$,即

$$\boldsymbol{C} = \boldsymbol{A} \cdot \boldsymbol{B} \tag{2.1.22a}$$

$$C^i_{\cdot j} = A^i_{\cdot k} B^k_{\cdot j}, \qquad C_i^{\cdot j} = A_i^{\cdot k} B_k^{\cdot j} \tag{2.1.22b}$$

$$\boldsymbol{\tau}_3^{(C)} = \boldsymbol{\tau}_3^{(A)} \boldsymbol{\tau}_3^{(B)}, \qquad \boldsymbol{\tau}_2^{(C)} = \boldsymbol{\tau}_2^{(A)} \boldsymbol{\tau}_2^{(B)} \tag{2.1.22c}$$

以上3式分别对应张量的实体形式、分量形式和矩阵形式。但要指出,矩阵乘法与张量点积的对应关系仅对 $\boldsymbol{\tau}_2$,$\boldsymbol{\tau}_3$ 矩阵成立,对于 $\boldsymbol{\tau}_1$,$\boldsymbol{\tau}_4$ 矩阵则没有这样的对应关系。由于

$$C_{ij} = A_{ik} B^k_{\cdot j}, \qquad C^{ij} = A^{ik} B_k^{\cdot j}$$

所以作为矩阵等式,应有

$$\boldsymbol{\tau}_1^{(C)} = \boldsymbol{\tau}_1^{(A)} \boldsymbol{\tau}_3^{(B)}, \qquad \boldsymbol{\tau}_4^{(C)} = \boldsymbol{\tau}_4^{(A)} \boldsymbol{\tau}_2^{(B)}$$

还应注意到,如同矩阵相乘的次序不能互换一样,二阶张量点积的顺序也是不能交换的。

二阶张量之点积的转置与其转置张量之间,还具有以下关系式:

$$(\boldsymbol{A} \cdot \boldsymbol{B} \cdot \cdots \cdot \boldsymbol{C})^{\mathrm{T}} = \boldsymbol{C}^{\mathrm{T}} \cdot \cdots \cdot \boldsymbol{B}^{\mathrm{T}} \cdot \boldsymbol{A}^{\mathrm{T}} \tag{2.1.23}$$

上式易由转置张量的定义式(2.1.7a)证明。

按照本书对应于二阶张量的矩阵 $\boldsymbol{T}$ 的规定(2.1.6)式和行列式 $\det\boldsymbol{T}$ 的规定(2.1.11b)式，对应于二阶张量的点积(2.1.22a)式，必定有矩阵等式：

$$[\boldsymbol{C}] = [\boldsymbol{A}][\boldsymbol{B}] \tag{2.1.22d}$$

和行列式等式

$$\det\boldsymbol{C} = (\det\boldsymbol{A})(\det\boldsymbol{B}) \tag{2.1.22e}$$

(5) 二阶张量的有些运算没有相应的矩阵运算，例如并乘运算。

总之，虽然矩阵与二阶张量属于两种不同的概念，但一个二阶张量总可以在一定的坐标系下将其某种分量用矩阵表示。于是二阶张量的一些运算就可以表示成对应的矩阵运算，许多关于矩阵代数学的结论就可以推广应用到二阶张量。

2.2 正则与退化的二阶张量

2.2.1 关于映射的几个定理

二阶张量将整个矢量空间中任一矢量映射为矢量，见(2.1.15)式；任意二阶张量将零矢量映射为零矢量。证明如下：

$$\boldsymbol{T}\cdot\boldsymbol{0} = \boldsymbol{T}\cdot(0\boldsymbol{u}) = 0(\boldsymbol{T}\cdot\boldsymbol{u}) = \boldsymbol{0} \tag{2.2.1}$$

由(2.2.1)式及第 1 章中矢量集线性相关的定义易证以下定理。

定理　任意二阶张量将一个线性相关的矢量集映射为线性相关的矢量集。

证明　设矢量集 $\boldsymbol{u}(i)(i=1,2,\cdots,I)$ 线性相关，则存在不全为零的实数 $\alpha(i)$，使得

$$\sum_{i=1}^{I}\alpha(i)\boldsymbol{u}(i) = \boldsymbol{0}$$

$$\boldsymbol{0} = \boldsymbol{T}\cdot\sum_{i=1}^{I}\alpha(i)\boldsymbol{u}(i) = \sum_{i=1}^{I}\alpha(i)(\boldsymbol{T}\cdot\boldsymbol{u}(i)) \tag{2.2.2}$$

至于二阶张量 $\boldsymbol{T}$ 是否将一个线性无关的矢量集映射为线性无关的矢量集，则取决于下一小节所述二阶张量 $\boldsymbol{T}$ 的正则或退化性质。

定理　三维空间中任意二阶张量 $\boldsymbol{T}$ 将任意矢量组 $\boldsymbol{u}, \boldsymbol{v}, \boldsymbol{w}$ 映射为另一矢量组，满足

$$[\boldsymbol{T}\cdot\boldsymbol{u}\quad \boldsymbol{T}\cdot\boldsymbol{v}\quad \boldsymbol{T}\cdot\boldsymbol{w}] = \det\boldsymbol{T}[\boldsymbol{u}\quad \boldsymbol{v}\quad \boldsymbol{w}] \tag{2.2.3}$$

证明　利用(1.8.25a)式与(1.8.22)式可证

$$\begin{aligned}[\boldsymbol{T}\cdot\boldsymbol{u}\quad \boldsymbol{T}\cdot\boldsymbol{v}\quad \boldsymbol{T}\cdot\boldsymbol{w}] &= \epsilon_{ijk}T^{i}_{\cdot l}u^{l}T^{j}_{\cdot m}v^{m}T^{k}_{\cdot n}w^{n} = (\epsilon_{ijk}T^{i}_{\cdot l}T^{j}_{\cdot m}T^{k}_{\cdot n})u^{l}v^{m}w^{n}\\ &= (\det\boldsymbol{T})\,\epsilon_{lmn}u^{l}v^{m}w^{n} = (\det\boldsymbol{T})[\boldsymbol{u}\quad \boldsymbol{v}\quad \boldsymbol{w}]\end{aligned}$$

混合积 $[\boldsymbol{u}\quad \boldsymbol{v}\quad \boldsymbol{w}]$ 代表了 3 个矢量构成的平行六面体体积，所以(2.2.3)式的物理意义是：$\det\boldsymbol{T}$ 等于 $\boldsymbol{T}$ 对矢量组所做映射前后该矢量组所构成的平行六面体的体积比。三维空间中 3 个矢量是否线性相关取决于它们的混合积是否为零。

2.2.2 正则与退化

定义　行列式值不为零 ($\det\boldsymbol{T}\neq 0$) 的二阶张量 $\boldsymbol{T}$ 称为**正则**的二阶张量；否则称为**退化**的二阶张量。

显然，如果二阶张量 $\boldsymbol{T}$ 是正则的，则它的转置张量 $\boldsymbol{T}^{\mathrm{T}}$ 也是正则的。正则的二阶张量具

有以下重要性质。

(1) **定理** 二阶张量 $\boldsymbol{T}$ 是正则的必要且充分条件是将每一组线性无关的矢量组 $\boldsymbol{u}(i)(i=1,2,3)$ 映射为另一组线性无关的矢量组 $\boldsymbol{T}\cdot\boldsymbol{u}(i)(i=1,2,3)$。

根据(2.2.3)式易证此性质。换言之,二阶张量 $\boldsymbol{T}$ 必将线性无关的矢量集映射为线性无关的矢量集,其条件是二阶张量 $\boldsymbol{T}$ 是正则的,而退化的二阶张量则将线性无关的矢量组可能映射为线性相关的矢量组。

此定理的另一种表达方式为:

二阶张量 $\boldsymbol{T}$ 是正则的必要且充分条件是 $\boldsymbol{T}\cdot\boldsymbol{u}=\boldsymbol{0}$,当且仅当 $\boldsymbol{u}=\boldsymbol{0}$;
或者,二阶张量 $\boldsymbol{T}$ 是退化的必要且充分条件是存在 $\boldsymbol{u}\neq\boldsymbol{0}$ 使得 $\boldsymbol{T}\cdot\boldsymbol{u}=\boldsymbol{0}$。

(2) 正则的二阶张量 $\boldsymbol{T}$ 映射的**单射性** 对于任意 2 个不等的矢量 $\boldsymbol{u}\neq\boldsymbol{v}$,被 $\boldsymbol{T}$ 映射以后仍不相等 $\boldsymbol{T}\cdot\boldsymbol{u}\neq\boldsymbol{T}\cdot\boldsymbol{v}$。

(3) 正则的二阶张量 $\boldsymbol{T}$ 映射的**满射性**

定义 对于正则的二阶张量 $\boldsymbol{T}$,必存在唯一的正则二阶张量 $\boldsymbol{T}^{-1}$,使[①]

$$\boldsymbol{T}\cdot\boldsymbol{T}^{-1}=\boldsymbol{T}^{-1}\cdot\boldsymbol{T}=\boldsymbol{G} \tag{2.2.4}$$

$\boldsymbol{T}^{-1}$ 称为正则的二阶张量的**逆**,正则的二阶张量也称为可逆二阶张量。

可证正则二阶张量的逆张量的矩阵等于原张量的逆矩阵[②]

$$[\boldsymbol{T}^{-1}]=[\boldsymbol{T}]^{-1} \tag{2.2.5}$$

显然

$$\det(\boldsymbol{T}^{-1})=\frac{1}{\det\boldsymbol{T}} \tag{2.2.6}$$

$$(\boldsymbol{T}^{-1})^{-1}=\boldsymbol{T} \tag{2.2.7}$$

$$(\boldsymbol{T}^{\mathrm{T}})^{-1}=(\boldsymbol{T}^{-1})^{\mathrm{T}} \tag{2.2.8}$$[③]

满射性 对于正则二阶张量 $\boldsymbol{T}$ 对任意矢量 $\boldsymbol{u}$ 所做的线性变换 $\boldsymbol{T}\cdot\boldsymbol{u}=\boldsymbol{w}$,必存在唯一的逆变换,使 $\boldsymbol{T}^{-1}\cdot\boldsymbol{w}=\boldsymbol{u}$。

退化的二阶张量不存在逆,所对应的线性变换没有单射性与满射性。

2.3 二阶张量的不变量

本节中均采用张量 $\boldsymbol{T}$ 的 $\boldsymbol{\tau}_3$ 矩阵(记作$[\boldsymbol{T}]$)所对应的混合分量 $T^{i}_{\cdot j}$ 进行讨论,限于三维空间。

2.3.1 张量的标量不变量

二阶张量 $\boldsymbol{T}=T^{i}_{\cdot j}\boldsymbol{g}_i\boldsymbol{g}^j$ 的分量与基张量均随坐标转换而变换,从而保证了其实体对于坐标的不变性。但如果对这些随坐标转换而变化的张量分量进行一定的运算(例如:这些运

---

① 我们也可以定义两个不同的逆:$\boldsymbol{T}\cdot(\overset{右}{\boldsymbol{T}})^{-1}=\boldsymbol{G}$ 与 $(\overset{左}{\boldsymbol{T}})^{-1}\cdot\boldsymbol{T}=\boldsymbol{G}$, 利用习题 1.34 可证明

$$(\overset{左}{\boldsymbol{T}})^{-1}=(\overset{左}{\boldsymbol{T}})^{-1}\cdot\boldsymbol{T}\cdot(\overset{右}{\boldsymbol{T}})^{-1}=(\overset{右}{\boldsymbol{T}})^{-1}$$

② 见习题 2.11,读者自证。

③ 见习题 2.12,读者自证。

算可以由几个 $\boldsymbol{T}$ 自身进行，也可由 $\boldsymbol{T}$ 与度量张量 $\boldsymbol{G}$ 或置换张量 $\boldsymbol{\epsilon}$ 进行)，就可以得到一些不随坐标转换而变化的标量，这种标量称为张量 $\boldsymbol{T}$ 的**标量不变量**，简称为张量的**不变量**。例如

$$\boldsymbol{G} : \boldsymbol{T} = \boldsymbol{G} \cdot\cdot \boldsymbol{T} = \delta_i^j T^i_{\cdot j} = T^i_{\cdot i} = \mathrm{tr}\boldsymbol{T} = C_1 \tag{2.3.1}$$

$$\boldsymbol{T} \cdot\cdot \boldsymbol{T} = T^i_{\cdot j} T^j_{\cdot i} = \mathrm{tr}(\boldsymbol{T} \cdot \boldsymbol{T}) = C_2 \tag{2.3.2}$$

$$\epsilon_{ijk}\epsilon^{lmn} T^i_{\cdot l} T^j_{\cdot m} T^k_{\cdot n} = C_3 \tag{2.3.3}$$

此处 C_1, C_2, C_3 都是标量。通常对于一个二阶张量可以写出许多这种标量不变量。

2.3.2　二阶张量的三个主不变量

在二阶张量的各种不变量中，下式所定义的三个不变量称为主不变量

$$\mathscr{J}_1 = \boldsymbol{G} : \boldsymbol{T} = \delta_l^i T^l_{\cdot i} = T^i_{\cdot i} \tag{2.3.4a}$$

$$\mathscr{J}_2 = \frac{1}{2}\delta_{lm}^{ij} T^l_{\cdot i} T^m_{\cdot j} = \frac{1}{2}(T^i_{\cdot i} T^l_{\cdot l} - T^i_{\cdot l} T^l_{\cdot i}) \tag{2.3.4b}$$

$$\mathscr{J}_3 = \frac{1}{3!}\delta_{lmn}^{ijk} T^l_{\cdot i} T^m_{\cdot j} T^n_{\cdot k} = \frac{1}{6}\epsilon^{ijk}\epsilon_{lmn} T^l_{\cdot i} T^m_{\cdot j} T^n_{\cdot k} = \det\boldsymbol{T} \tag{2.3.4c}$$

$\mathscr{J}_1, \mathscr{J}_2, \mathscr{J}_3$ 还可以写成分量展开形式，分别是 $T^i_{\cdot j}$ 的一、二、三阶主子式之和

$$\mathscr{J}_1 = T^1_{\cdot 1} + T^2_{\cdot 2} + T^3_{\cdot 3} \tag{2.3.5a}$$

$$\mathscr{J}_2 = \begin{vmatrix} T^1_{\cdot 1} & T^1_{\cdot 2} \\ T^2_{\cdot 1} & T^2_{\cdot 2} \end{vmatrix} + \begin{vmatrix} T^2_{\cdot 2} & T^2_{\cdot 3} \\ T^3_{\cdot 2} & T^3_{\cdot 3} \end{vmatrix} + \begin{vmatrix} T^3_{\cdot 3} & T^3_{\cdot 1} \\ T^1_{\cdot 3} & T^1_{\cdot 1} \end{vmatrix} \tag{2.3.5b}$$

$$\mathscr{J}_3 = \begin{vmatrix} T^1_{\cdot 1} & T^1_{\cdot 2} & T^1_{\cdot 3} \\ T^2_{\cdot 1} & T^2_{\cdot 2} & T^2_{\cdot 3} \\ T^3_{\cdot 1} & T^3_{\cdot 2} & T^3_{\cdot 3} \end{vmatrix} \tag{2.3.5c}$$

二阶张量 $\boldsymbol{T}$ 对任意线性无关的矢量 $\boldsymbol{u}, \boldsymbol{v}, \boldsymbol{w}$ 进行线性变换满足①

$$[\boldsymbol{T}\cdot\boldsymbol{u} \quad \boldsymbol{v} \quad \boldsymbol{w}] + [\boldsymbol{u} \quad \boldsymbol{T}\cdot\boldsymbol{v} \quad \boldsymbol{w}] + [\boldsymbol{u} \quad \boldsymbol{v} \quad \boldsymbol{T}\cdot\boldsymbol{w}] = \mathscr{J}_1^{(T)}[\boldsymbol{u} \quad \boldsymbol{v} \quad \boldsymbol{w}] \tag{2.3.6a}$$

$$[\boldsymbol{T}\cdot\boldsymbol{u} \quad \boldsymbol{T}\cdot\boldsymbol{v} \quad \boldsymbol{w}] + [\boldsymbol{u} \quad \boldsymbol{T}\cdot\boldsymbol{v} \quad \boldsymbol{T}\cdot\boldsymbol{w}] + [\boldsymbol{T}\cdot\boldsymbol{u} \quad \boldsymbol{v} \quad \boldsymbol{T}\cdot\boldsymbol{w}] = \mathscr{J}_2^{(T)}[\boldsymbol{u} \quad \boldsymbol{v} \quad \boldsymbol{w}] \tag{2.3.6b}$$

$$[\boldsymbol{T}\cdot\boldsymbol{u} \quad \boldsymbol{T}\cdot\boldsymbol{v} \quad \boldsymbol{T}\cdot\boldsymbol{w}] = \mathscr{J}_3^{(T)}[\boldsymbol{u} \quad \boldsymbol{v} \quad \boldsymbol{w}] \tag{2.3.6c}$$

对于正则二阶张量 $\boldsymbol{T}$，还有 Nanson 公式②

$$(\boldsymbol{T}\cdot\boldsymbol{u}) \times (\boldsymbol{T}\cdot\boldsymbol{v}) = \mathscr{J}_3^{(T)}(\boldsymbol{T}^{\mathrm{T}})^{-1}\cdot(\boldsymbol{u}\times\boldsymbol{v}) \tag{2.3.7}$$

此处及今后，在不变量右上角可以加上记号 $^{(T)}$（或其他字母）表示张量 $\boldsymbol{T}$(或其他张量)的不变量。

2.3.3　二阶张量的矩

除 $\mathscr{J}_1, \mathscr{J}_2, \mathscr{J}_3$ 这三个主不变量外，比较重要的二阶张量不变量是**矩**，n 个二阶张量 $\boldsymbol{T}$ 依次点积(仍是二阶张量)再求迹得到 n 阶矩 $\mathscr{J}_n^*$

$$\mathscr{J}_1^* = \mathrm{tr}\boldsymbol{T} = T^i_{\cdot i} \tag{2.3.8a}$$

---

① 其证明见习题 2.4。

② 其证明见习题 2.18。

$$\mathscr{J}_2^* = \mathrm{tr}(\boldsymbol{T}\cdot\boldsymbol{T}) = T^i_{\cdot j}T^j_{\cdot i} \tag{2.3.8b}$$

$$\mathscr{J}_3^* = \mathrm{tr}(\boldsymbol{T}\cdot\boldsymbol{T}\cdot\boldsymbol{T}) = T^i_{\cdot j}T^j_{\cdot k}T^k_{\cdot i} \tag{2.3.8c}$$

二阶张量的矩 $\mathscr{J}_1^*$,$\mathscr{J}_2^*$,$\mathscr{J}_3^*$ 彼此之间是三个互相独立的不变量,但它们与主不变量 $\mathscr{J}_1$,$\mathscr{J}_2$,$\mathscr{J}_3$ 之间是互不独立的。可以证明它们之间满足:

$$\mathscr{J}_1^* = \mathscr{J}_1 \tag{2.3.9a}$$

$$\mathscr{J}_2^* = (\mathscr{J}_1)^2 - 2\mathscr{J}_2 \tag{2.3.9b}$$

$$\mathscr{J}_3^* = (\mathscr{J}_1)^3 - 3\mathscr{J}_1\mathscr{J}_2 + 3\mathscr{J}_3 \tag{2.3.9c}$$

以及

$$\mathscr{J}_1 = \mathscr{J}_1^* \tag{2.3.10a}$$

$$\mathscr{J}_2 = \frac{1}{2}[(\mathscr{J}_1^*)^2 - \mathscr{J}_2^*] \tag{2.3.10b}$$

$$\mathscr{J}_3 = \frac{1}{6}(\mathscr{J}_1^*)^3 - \frac{1}{2}\mathscr{J}_1^*\mathscr{J}_2^* + \frac{1}{3}\mathscr{J}_3^* \tag{2.3.10c}$$

而高于 3 阶的矩(例如,$\mathscr{J}_4^* = \mathrm{tr}(\boldsymbol{T}\cdot\boldsymbol{T}\cdot\boldsymbol{T}\cdot\boldsymbol{T})$)与 $\mathscr{J}_1^*$,$\mathscr{J}_2^*$,$\mathscr{J}_3^*$ 互不独立。①

二阶张量的求迹运算满足以下规则,下式中设 $\boldsymbol{T},\boldsymbol{S},\boldsymbol{U},\boldsymbol{V}$ 等都是二阶张量:

$$\mathrm{tr}(m\boldsymbol{T} + n\boldsymbol{S}) = m\,\mathrm{tr}\boldsymbol{T} + n\,\mathrm{tr}\boldsymbol{S} \tag{2.3.11}$$

$$\begin{gathered}\mathrm{tr}(\boldsymbol{T}\cdot\boldsymbol{S}) = \mathrm{tr}(\boldsymbol{S}\cdot\boldsymbol{T}),\qquad \mathrm{tr}(\boldsymbol{T}\cdot\boldsymbol{S}\cdot\boldsymbol{U}) = \mathrm{tr}(\boldsymbol{S}\cdot\boldsymbol{U}\cdot\boldsymbol{T}) = \mathrm{tr}(\boldsymbol{U}\cdot\boldsymbol{T}\cdot\boldsymbol{S})\\ \mathrm{tr}(\boldsymbol{T}\cdot\boldsymbol{S}\cdot\boldsymbol{U}\cdot\boldsymbol{V}) = \mathrm{tr}(\boldsymbol{S}\cdot\boldsymbol{U}\cdot\boldsymbol{V}\cdot\boldsymbol{T}) = \mathrm{tr}(\boldsymbol{U}\cdot\boldsymbol{V}\cdot\boldsymbol{T}\cdot\boldsymbol{S}) = \mathrm{tr}(\boldsymbol{V}\cdot\boldsymbol{T}\cdot\boldsymbol{S}\cdot\boldsymbol{U})\\ \cdots\end{gathered} \tag{2.3.12}$$

一个二阶张量可以有许多标量不变量。但是,由 2.6.1 节的讨论可知,三维空间中对称二阶张量有 6 个独立分量,只有 3 个独立不变量;非对称二阶张量有 9 个独立分量,只有 6 个独立不变量。

2.4 二阶张量的标准形

三维空间中一个二阶实张量的 9 个分量都是实数,坐标转换时这 9 个分量将发生变化,本节讨论当坐标转换至什么情况下(与初始坐标系的转换关系如何)此二阶张量化为标准形的问题。相当于在矩阵代数学中,通过初等变换将一个矩阵化为标准形与求特征值的问题。求标准形的问题在力学、物理学中有着广泛的应用。例如,对于一个应力(或应变)状态的 9 个应力(或应变)分量通过坐标转换求主应力(或主应变)和主方向;已知在一个坐标系中曲面的曲率和扭率求其主曲率;等等。本节对于对称二阶张量与非对称二阶张量分别予以讨论,实对称二阶张量总可以化为对角型标准形且主方向互相正交;但是非对称二阶张量不一定能化为对角型标准形且主方向不正交。

2.4.1 实对称二阶张量的标准形

2.4.1.1 基本概念

为便于讨论,我们先不加证明地给出一些基本概念,然后在 2.4.1.2 节至 2.4.1.4 节中

① 利用(3.4.8)式可证 $\mathscr{J}_4^* = \mathrm{tr}(\boldsymbol{T}\cdot\boldsymbol{T}\cdot\boldsymbol{T}\cdot\boldsymbol{T}) = \mathscr{J}_1\mathscr{J}_3^* - \mathscr{J}_2\mathscr{J}_2^* + \mathscr{J}_3\mathscr{J}_1^*$。

再予以证明，有些证明将放在习题中由读者完成。

定义 对于一个实对称二阶张量

$$\boldsymbol{N} = N^{i}_{\cdot j}\boldsymbol{g}_i\boldsymbol{g}^j \tag{2.4.1}$$

（上式中 $\boldsymbol{g}_i$ 是初始坐标系的基矢量），必定存在一组**正交标准化基** $\boldsymbol{e}_1,\boldsymbol{e}_2,\boldsymbol{e}_3$，在这组基中，$\boldsymbol{N}$ 化为对角型标准形

$$\boldsymbol{N} = N_1\boldsymbol{e}_1\boldsymbol{e}_1 + N_2\boldsymbol{e}_2\boldsymbol{e}_2 + N_3\boldsymbol{e}_3\boldsymbol{e}_3 \tag{2.4.2a}$$

其对应的矩阵是对角型的，即

$$\boldsymbol{N} = \begin{bmatrix} N_1 & 0 & 0 \\ 0 & N_2 & 0 \\ 0 & 0 & N_3 \end{bmatrix} \tag{2.4.2b}$$

称 N_1,N_2,N_3 为张量 $\boldsymbol{N}$ 的**主分量**，**正交标准化基** $\boldsymbol{e}_1,\boldsymbol{e}_2,\boldsymbol{e}_3$ 的方向为张量 $\boldsymbol{N}$ 的**主轴方向**（或**主方向**），对应的笛卡儿坐标系称为张量 $\boldsymbol{N}$ 的**主坐标系**。

今后我们需证明：(1) 对称二阶张量必定存在实的主分量；(2) 主方向互相正交。

2.4.1.2 对称二阶张量的特征方程

本小节将给出 $\boldsymbol{N}$ 的主分量是它所对应的特征方程的根，而主方向则是相应的特征矢量方向。

设矢量 $\boldsymbol{a}$ 的方向是 $\boldsymbol{N}$ 的一个主方向，则根据(2.4.1)式及主方向的定义，$\boldsymbol{N}$ 将 $\boldsymbol{a}$ 映射为与其自身平行的矢量，并加以放大（或缩小），设倍数为 λ，按照定义，λ 是 $\boldsymbol{a}$ 所对应的主分量，即

$$\boldsymbol{N}\cdot\boldsymbol{a} = \lambda\boldsymbol{a} \tag{2.4.3a}$$

上式的分量形式为

$$N^{i}_{\cdot j}a^j = \lambda a^i \qquad (i=1,2,3) \tag{2.4.3b}$$

上式中 $N^{i}_{\cdot j}$ 是(2.4.1)式中初始坐标系中的分量。(2.4.3b)式还可以写作

$$(\lambda\delta^{i}_{j} - N^{i}_{\cdot j})a^j = 0 \qquad (i=1,2,3) \tag{2.4.3c}$$

其展开式为

$$\begin{cases} (\lambda - N^{1}_{\cdot 1})a^1 - N^{1}_{\cdot 2}a^2 - N^{1}_{\cdot 3}a^3 = 0 \\ -N^{2}_{\cdot 1}a^1 + (\lambda - N^{2}_{\cdot 2})a^2 - N^{2}_{\cdot 3}a^3 = 0 \\ -N^{3}_{\cdot 1}a^1 - N^{3}_{\cdot 2}a^2 + (\lambda - N^{3}_{\cdot 3})a^3 = 0 \end{cases} \tag{2.4.3d}$$

这是 $a^j(j=1,2,3)$ 的一组齐次线性代数方程组，对其求解可以得到 $a^j(j=1,2,3)$ 的比值，即矢量 $\boldsymbol{a}$ 的方向。(2.4.3)式存在非零解的条件是其系数行列式值为零，即

$$\Delta(\lambda) = \det(\lambda\delta^{i}_{j} - N^{i}_{\cdot j}) = 0 \tag{2.4.4}$$

由(2.4.3d)式和(2.3.5)式易知：(2.4.4)式中 λ 的系数就是 $\boldsymbol{N}$ 的 3 个主不变量 $\mathscr{J}_1^{(N)},\mathscr{J}_2^{(N)},\mathscr{J}_3^{(N)}$，可证得

$$\Delta(\lambda) = \lambda^3 - \mathscr{J}_1^{(N)}\lambda^2 + \mathscr{J}_2^{(N)}\lambda - \mathscr{J}_3^{(N)} \tag{2.4.5}$$

(2.4.4)式称为张量 $\boldsymbol{N}$ 的**特征方程**，行列式(2.4.5)称为张量 $\boldsymbol{N}$ 的**特征多项式**。$\boldsymbol{N}$ 的特征方程是三次代数方程，有三个根 λ，称为**特征根**，也就是张量 $\boldsymbol{N}$ 的主分量。当三个特征根为非重根时，分别对应有方程组(2.4.3d)的三组 $a^j(j=1,2,3)$ 的非零解，各自构成不同的矢量方向，称为**特征矢量**，也就是与主分量相对应的 $\boldsymbol{N}$ 的三个主方向。

2.4.1.3　实对称二阶张量的特征根必为实根

实对称二阶张量的特征方程必定具有 3 个实根,其证明如下。

设特征方程(2.4.4)有一个复根 λ,由于其系数全为实数,故 λ 的共轭复数 $\bar{\lambda}$ 也必定是特征方程的另一个根。如果 λ 对应的特征矢量是 $\boldsymbol{a}$(其分量也涉及复数),$\bar{\lambda}$ 对应的特征矢量就应是 $\bar{\boldsymbol{a}}$(其各分量是 $\boldsymbol{a}$ 的对应分量的共轭复数)。

由

$$\boldsymbol{N}\cdot\boldsymbol{a}=\lambda\boldsymbol{a},\qquad \boldsymbol{N}\cdot\bar{\boldsymbol{a}}=\bar{\lambda}\bar{\boldsymbol{a}}$$

可得

$$\bar{\boldsymbol{a}}\cdot\boldsymbol{N}\cdot\boldsymbol{a}=\lambda\bar{\boldsymbol{a}}\cdot\boldsymbol{a},\quad \boldsymbol{a}\cdot\boldsymbol{N}\cdot\bar{\boldsymbol{a}}=\bar{\lambda}\boldsymbol{a}\cdot\bar{\boldsymbol{a}}$$

但因 $\boldsymbol{N}$ 对称,以上两式的左端相等,$\bar{\boldsymbol{a}}\cdot\boldsymbol{N}\cdot\boldsymbol{a}=\boldsymbol{a}\cdot\boldsymbol{N}\cdot\bar{\boldsymbol{a}}$,故其右端也相等,即 $(\lambda-\bar{\lambda})\boldsymbol{a}\cdot\bar{\boldsymbol{a}}=0$。注意到 $\boldsymbol{a}\cdot\bar{\boldsymbol{a}}\neq0$,故 $\lambda-\bar{\lambda}=0$,λ 是实数。

2.4.1.4　实对称二阶张量主方向的正交性

当对称二阶张量具有 3 个不等的实根 $\lambda_1,\lambda_2,\lambda_3$ 时,设 $\lambda_1>\lambda_2>\lambda_3$,所对应的三个主轴方向 $\boldsymbol{a}_1,\boldsymbol{a}_2,\boldsymbol{a}_3$ 是唯一的且互相正交。其证明方法与前一小节类似,读者可作为习题自证,见习题 2.5。

当实对称二阶张量有重根时,主轴方向将不是唯一的。此时将重根代入方程(2.4.3d)时,其系数矩阵的秩将小于 2。当对称二阶张量的特征方程具有 2 个相等的实根时,设 $\lambda_1=\lambda_2\neq\lambda_3$,与 λ_3 对应的主方向 $\boldsymbol{a}_3$ 是一个确定的主方向,与 $\boldsymbol{a}_3$ 垂直的平面内任意方向均是主方向,可任取其中 2 个互相正交的方向 $\boldsymbol{a}_1,\boldsymbol{a}_2$ 为主方向。当对称二阶张量 $\boldsymbol{N}$ 的特征方程具有 3 重实根时,在空间任一组正交标准化基中 $\boldsymbol{N}$ 都化为对角标准形,称这种张量为**球形张量**,记作 $\boldsymbol{P}$。球形张量的主分量为

$$P_1=P_2=P_3=\frac{1}{3}\mathscr{J}_1 \tag{2.4.6a}$$

$$\boldsymbol{P}=\frac{1}{3}\mathscr{J}_1\boldsymbol{G} \tag{2.4.6b}$$

综上所述,无论实对称二阶张量的特征方程是否有重根,总可以选择一组笛卡儿坐标系为其主坐标,坐标轴方向为其主方向。

2.4.1.5　实对称二阶张量所对应的线性变换

由(2.4.2a)式、(2.4.3a)式可知,实对称二阶张量 $\boldsymbol{N}$ 所对应的线性变换是将 $\boldsymbol{N}$ 的三个主方向上的矢量 $\boldsymbol{a}_1,\boldsymbol{a}_2,\boldsymbol{a}_3$ 映射为平行于其自身的方向(同向或反向)的矢量,且各自放大 N_1,N_2,N_3 倍,如图 2.1 所示。即

$$\begin{aligned}\boldsymbol{N}\cdot\boldsymbol{a}_1&=N_1\boldsymbol{a}_1\\ \boldsymbol{N}\cdot\boldsymbol{a}_2&=N_2\boldsymbol{a}_2\\ \boldsymbol{N}\cdot\boldsymbol{a}_3&=N_3\boldsymbol{a}_3\end{aligned} \tag{2.4.7}$$

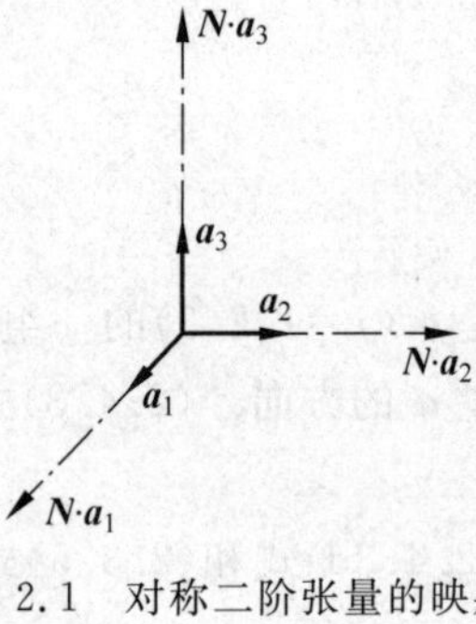

图 2.1　对称二阶张量的映射

$\boldsymbol{N}$ 可以写成如(2.4.2a)式的标准形

$$\boldsymbol{N}=\frac{N_1}{(\boldsymbol{a}_1)^2}\boldsymbol{a}_1\boldsymbol{a}_1+\frac{N_2}{(\boldsymbol{a}_2)^2}\boldsymbol{a}_2\boldsymbol{a}_2+\frac{N_3}{(\boldsymbol{a}_3)^2}\boldsymbol{a}_3\boldsymbol{a}_3 \tag{2.4.8}$$

2.4.1.6　主分量是当坐标转换时 N 的混合分量对角元素之驻值

证明此命题涉及当 $N^i_{\cdot j}$ 为已知时,求函数 $N^{1'}_{\cdot 1'}=\beta^{1'}_i\beta^j_{1'}N^i_{\cdot j}$、$N^{2'}_{\cdot 2'}=\beta^{2'}_i\beta^j_{2'}N^i_{\cdot j}$、

$N^{3'}_{\cdot 3'}=\beta^{3'}_{i}\beta^{j}_{3'}N^{i}_{\cdot j}$的条件极值问题，其条件是：当进行坐标转换时，转换系数（函数的自变量）应满足

$$\beta^{1'}_{i}\beta^{i}_{1'}=1,\quad \beta^{2'}_{i}\beta^{i}_{2'}=1,\quad \beta^{3'}_{i}\beta^{i}_{3'}=1 \tag{2.4.9}$$

(2.4.9)式可写作：

$$\beta^{1'}_{i}\beta^{j}_{1'}\delta^{i}_{j}-1=0,\quad \beta^{2'}_{i}\beta^{j}_{2'}\delta^{i}_{j}-1=0,\quad \beta^{3'}_{i}\beta^{j}_{3'}\delta^{i}_{j}-1=0$$

以 $N^{1'}_{\cdot 1'}$ 为例，证明当进行坐标转换时，使 $N^{1'}_{\cdot 1'}$ 取驻值的条件就是与(2.4.3c)式相同的求齐次线性代数方程组的特征值与特征矢量问题。若引入拉格朗日乘子 λ，则问题化为求下列函数 φ 的无条件极值问题

$$\varphi=\beta^{1'}_{i}\beta^{j}_{1'}N^{i}_{\cdot j}-\lambda(\beta^{1'}_{i}\beta^{j}_{1'}\delta^{i}_{j}-1) \tag{2.4.10}$$

使函数 φ 取极值的条件为 $\mathrm{d}\varphi=0$，即

$$0=\mathrm{d}\varphi=(\beta^{1'}_{i}N^{i}_{\cdot j}-\lambda\delta^{i}_{j}\beta^{1'}_{i})\mathrm{d}\beta^{j}_{1'}+(\beta^{j}_{1'}N^{i}_{\cdot j}-\lambda\delta^{i}_{j}\beta^{j}_{1'})\mathrm{d}\beta^{1'}_{i} \tag{2.4.11}$$

由于 $\mathrm{d}\beta^{j}_{1'}$，$\mathrm{d}\beta^{1'}_{i}$ 的任意性，使(2.4.11)式得到满足的条件是

$$(N^{i}_{\cdot j}-\lambda\delta^{i}_{j})\beta^{1'}_{i}=0\quad(j=1,2,3),\qquad 以及\qquad (N^{i}_{\cdot j}-\lambda\delta^{i}_{j})\beta^{j}_{1'}=0\quad(i=1,2,3)$$

同理，将上式中的 $1'$ 推广为 $i'=1',2',3'$，可得

$$(N^{i}_{\cdot j}-\lambda\delta^{i}_{j})\beta^{i'}_{i}=0,\quad 以及\quad (N^{i}_{\cdot j}-\lambda\delta^{i}_{j})\beta^{j}_{i'}=0 \tag{2.4.12}$$

由(2.4.12)式，使转换系数 $\beta^{i'}_{i}(i=1,2,3;i'=1,2,3)$ 有非零解的条件是 $\Delta(\lambda)=\det(\lambda\delta^{i}_{j}-N^{i}_{\cdot j})=0$，此式就是 $\boldsymbol{N}$ 的特征方程(2.4.4)式。解得拉格朗日乘子 λ 的 3 个根，便可求得对应的转换系数 $\beta^{i'}_{i}$ 及相应的坐标 $x^{i'}$ 的方向，这就是使 $N^{1'}_{\cdot 1'}$，$N^{2'}_{\cdot 2'}$，$N^{3'}_{\cdot 3'}$ 取驻值的方向，显然它与 $\boldsymbol{N}$ 的主方向是完全一致的。将(2.4.12)第 1 式给出的 $\beta^{i'}_{i}$ 代入张量分量的坐标转换关系还可以得到①

$$N^{i'}_{\cdot j'}=N^{i}_{\cdot j}\beta^{i'}_{i}\beta^{j}_{j'}=\lambda\delta^{i}_{j}\beta^{i'}_{i}\beta^{j}_{j'}=\lambda\delta^{i'}_{j'}\qquad(i',j'=1',2',3') \tag{2.4.13}$$

上式说明在 $x^{i'}$ 坐标系中 $\boldsymbol{N}$ 的矩阵的非对角元素均为零，而对角元素为拉格朗日乘子 λ，也就是 $\boldsymbol{N}$ 的特征方程的根。

结合 2.2.2 节可知：正则的对称二阶张量之主分量必定都不为零。

2.4.1.7　对称二阶张量标准形的应用

例 2.1　连续介质力学中最常用的应力张量 $\boldsymbol{\sigma}$、应变张量 $\boldsymbol{\varepsilon}$ 等都是对称二阶张量。从本节的分析可知，对于三维空间中任意的应变（或应力）状态，必定都（至少）存在三个互相正交的主方向，在此方向上，只有正应变（应力），没有剪应变（应力），称为主应变（应力）。三个沿主方向的线元受到应变张量 $\boldsymbol{\varepsilon}$ 的作用后，只有伸缩变形，没有角变形。当坐标轴旋转时，正应变（应力）的驻值为 3 个主应变（应力）。

例 2.2　例 1.10 已证明惯性矩张量 $\boldsymbol{I}$ 是对称二阶张量。任取一组 3 个正交标准化基，$\boldsymbol{I}$ 的 6 个分量（惯性矩与惯性积）随坐标轴旋转而变化，必定存在 3 个使惯性矩取驻值的方向，称为惯性主轴方向，刚体对于此 3 轴的惯性积为零。

例 2.3　比例张量与相似张量：在塑性力学中描述比例加载时需用到比例加载的概念，其定义如下：若有两个二阶张量 $\boldsymbol{T}$ 与 $\boldsymbol{T}'$，在同一坐标系中，其 9 个分量均一一对应地成比

① 类似地，从(2.4.12)第 2 式可得到

$$N^{j'}_{\cdot i'}=N^{i}_{\cdot j}\beta^{j}_{i'}\beta^{j'}_{i}=\lambda\delta^{i}_{j}\beta^{j}_{i'}\beta^{j'}_{i}=\lambda\delta^{j'}_{i'}\qquad(i',j'=1',2',3')$$

(2.4.13)式下面的结论不变。

例,则称这两个张量是比例张量。

由于对称二阶张量必定具有3个互相正交的主方向,所以对于对称二阶张量 $\boldsymbol{N}$ 与 $\boldsymbol{N}'$,如果它们的主方向相同,且其对应的主分量成比例,即

$$\frac{N_1}{N_1'}=\frac{N_2}{N_2'}=\frac{N_3}{N_3'} \tag{2.4.14}$$

则此两个对称二阶张量就是比例张量。如果两个张量只满足(2.4.14)式而主轴方向不一定相同,则称两张量相似。

2.4.2 非对称二阶张量的标准形

对非对称二阶张量 $\boldsymbol{T}$,也需讨论通过坐标转换化为某种形式的标准形的问题,以便对其本质有更深入的了解。让我们参照讨论对称二阶张量的办法建立它的特征方程。设存在某个方向的矢量 $\boldsymbol{a}$,任意实二阶张量 $\boldsymbol{T}$ 将 $\boldsymbol{a}$ 映射为平行于其自身的矢量并放大 λ 倍。即

$$\boldsymbol{T}\cdot\boldsymbol{a}=\lambda\boldsymbol{a} \tag{2.4.15a}$$

其分量形式为

$$(\lambda\delta^i_j-T^i_{\cdot j})a^j=0 \qquad (i=1,2,3) \tag{2.4.15b}$$

与对称二阶张量的(2.4.4)式、(2.4.5)式类似,非对称二阶张量 $\boldsymbol{T}$ 的特征方程为

$$\Delta(\lambda)=\lambda^3-\mathscr{J}_1^{(T)}\lambda^2+\mathscr{J}_2^{(T)}\lambda-\mathscr{J}_3^{(T)}=0 \tag{2.4.16}$$

与实对称二阶张量不同,对上述特征方程不一定能找到3个实根,对应3个主方向,使张量 $\boldsymbol{T}$ 在由这3个方向构成的坐标系中化为对角标准形。

由于张量 $\boldsymbol{T}$ 的分量、从而其不变量是实数,故特征方程(2.4.16)是一个实系数方程,它必定有一个实根,记作 λ_3。设 λ_3 对应的特征矢量为 $\boldsymbol{g}_3$,取其作为一个基矢量,则

$$\boldsymbol{T}\cdot\boldsymbol{g}_3=\lambda_3\boldsymbol{g}_3 \tag{2.4.17a}$$

任选与 $\boldsymbol{g}_3$ 线性无关的矢量 $\boldsymbol{g}_1,\boldsymbol{g}_2$,与 $\boldsymbol{g}_3$ 构成一组基矢量,则根据(2.4.17a)式,张量 $\boldsymbol{T}$ 对于这组基矢量的并矢展开式与相应的矩阵分别为

$$\boldsymbol{T}=T^1_{\cdot 1}\boldsymbol{g}_1\boldsymbol{g}^1+T^1_{\cdot 2}\boldsymbol{g}_1\boldsymbol{g}^2+T^2_{\cdot 1}\boldsymbol{g}_2\boldsymbol{g}^1+T^2_{\cdot 2}\boldsymbol{g}_2\boldsymbol{g}^2+T^3_{\cdot 1}\boldsymbol{g}_3\boldsymbol{g}^1+T^3_{\cdot 2}\boldsymbol{g}_3\boldsymbol{g}^2+\lambda_3\boldsymbol{g}_3\boldsymbol{g}^3$$

$$[T^i_{\cdot j}]=\begin{bmatrix}T^1_{\cdot 1} & T^1_{\cdot 2} & 0\\ T^2_{\cdot 1} & T^2_{\cdot 2} & 0\\ T^3_{\cdot 1} & T^3_{\cdot 2} & \lambda_3\end{bmatrix} \tag{2.4.18}$$

是否能进一步选择 $\boldsymbol{g}_1,\boldsymbol{g}_2$,使上述张量的矩阵化为某种形式的标准形(不一定是对角标准形)呢?这取决于特征方程(2.4.16)有什么性质的根。下面按照特征方程有重根和无重根两种情况分别进行讨论。

2.4.2.1 特征方程无重根的情况

特征方程(2.4.16)无重根,$\lambda_1\neq\lambda_2\neq\lambda_3$ 时有两种可能:

(1) 特征方程具有3个不等的实根——λ_1,λ_2 为实根。此时 $\lambda_1,\lambda_2,\lambda_3$ 分别对应3个不同的特征矢量 $\boldsymbol{g}_1,\boldsymbol{g}_2,\boldsymbol{g}_3$。可证它们必定线性无关,故此3个特征矢量可以构成一组基矢量。现用反证法证明之。

设 $\boldsymbol{g}_1,\boldsymbol{g}_2,\boldsymbol{g}_3$ 线性相关,即存在一组非零的系数 c_1,c_2,c_3,使得

$$c_1\boldsymbol{g}_1+c_2\boldsymbol{g}_2+c_3\boldsymbol{g}_3=\boldsymbol{0} \tag{2.4.19a}$$

用 $\boldsymbol{T}$ 点积上式，注意到(2.4.17a)式以及

$$\boldsymbol{T}\cdot\boldsymbol{g}_1=\lambda_1\boldsymbol{g}_1,\qquad \boldsymbol{T}\cdot\boldsymbol{g}_2=\lambda_2\boldsymbol{g}_2 \tag{2.4.17b,c}$$

则

$$\lambda_1c_1\boldsymbol{g}_1+\lambda_2c_2\boldsymbol{g}_2+\lambda_3c_3\boldsymbol{g}_3=\boldsymbol{0} \tag{2.4.19b}$$

再用 $\boldsymbol{T}$ 点积(2.4.19b)式，得到

$$\lambda_1^2c_1\boldsymbol{g}_1+\lambda_2^2c_2\boldsymbol{g}_2+\lambda_3^2c_3\boldsymbol{g}_3=\boldsymbol{0} \tag{2.4.19c}$$

以 $c_1\boldsymbol{g}_1,c_2\boldsymbol{g}_2,c_3\boldsymbol{g}_3$ 为未知量的齐次线性方程组(2.4.19a,b,c)的系数行列式为

$$\begin{vmatrix}1 & 1 & 1\\ \lambda_1 & \lambda_2 & \lambda_3\\ (\lambda_1)^2 & (\lambda_2)^2 & (\lambda_3)^2\end{vmatrix}=(\lambda_1-\lambda_2)(\lambda_2-\lambda_3)(\lambda_3-\lambda_1)$$

由于已假设 $\lambda_1\neq\lambda_2\neq\lambda_3$，故上述系数行列式值不为零，即方程组(2.4.19a,b,c)没有非零解，只有 $c_1=c_2=c_3=0$。故 $\boldsymbol{g}_1,\boldsymbol{g}_2,\boldsymbol{g}_3$ 必线性无关。

于是，可以取 $\boldsymbol{g}_1,\boldsymbol{g}_2,\boldsymbol{g}_3$ 作为一组基矢量(一般不正交)。在此坐标系中，非对称二阶张量 $\boldsymbol{T}$ 可化为对角标准形

$$\boldsymbol{T}=\lambda_1\boldsymbol{g}_1\boldsymbol{g}^1+\lambda_2\boldsymbol{g}_2\boldsymbol{g}^2+\lambda_3\boldsymbol{g}_3\boldsymbol{g}^3 \tag{2.4.20a}$$

$$[T^{i}_{\cdot j}]=\begin{bmatrix}\lambda_1 & 0 & 0\\ 0 & \lambda_2 & 0\\ 0 & 0 & \lambda_3\end{bmatrix} \tag{2.4.20b}$$

此时，$\boldsymbol{T}$ 对应着这样的线性变换：将沿特征矢量 $\boldsymbol{g}_1,\boldsymbol{g}_2,\boldsymbol{g}_3$ 方向的矢量映射为平行于其自身的矢量且分别放大 $\lambda_1,\lambda_2,\lambda_3$ 倍，如图 2.2 所示。

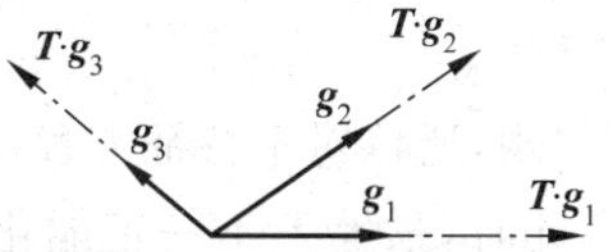

图 2.2　特征方程具有 3 个不等实根的非对称二阶张量对应的线性变换

(2) 特征方程具有 1 个实根与一对共轭复根——λ_1,λ_2 为一对共轭复根。设

$$\lambda_1=\lambda+\mathrm{i}\mu,\qquad \lambda_2=\lambda-\mathrm{i}\mu \tag{2.4.21}$$

此时，(2.4.17a,b,c)式仍适用，如仍将 $\boldsymbol{T}$ 表示成如 (2.4.20) 式的对角标准形，则 λ_1,λ_2 对应的特征矢量 $\boldsymbol{g}_1,\boldsymbol{g}_2$ 也必然涉及复数，且其在初始坐标系中的分量一一对应地互相共轭，但这样就丧失了在三维实数空间中的直观意义。

为了将 $\boldsymbol{T}$ 表示成某种实数形式的标准形(不一定是对角标准形)，可令

$$\begin{cases}\boldsymbol{g}_1'=\boldsymbol{g}_1+\boldsymbol{g}_2\\ \boldsymbol{g}_2'=\mathrm{i}(\boldsymbol{g}_1-\boldsymbol{g}_2)\\ \boldsymbol{g}_3'=\boldsymbol{g}_3\end{cases} \tag{2.4.22}$$

故

$$\boldsymbol{g}_1=\frac{1}{2}(\boldsymbol{g}_1'-\mathrm{i}\boldsymbol{g}_2'),\qquad \boldsymbol{g}_2=\frac{1}{2}(\boldsymbol{g}_1'+\mathrm{i}\boldsymbol{g}_2'),\qquad \boldsymbol{g}_3=\boldsymbol{g}_3'$$

此时 $\boldsymbol{T}$ 在实数基矢量 $\boldsymbol{g}_1',\boldsymbol{g}_2',\boldsymbol{g}_3'$ 所构成的坐标系中分解的分量必定是实数。由(2.4.17a,b,c)式、(2.4.22)式和(2.4.21)式可知 $\boldsymbol{g}_1',\boldsymbol{g}_2'$ 经 $\boldsymbol{T}$ 作用后映射为

$$\begin{cases} \boldsymbol{T}\cdot\boldsymbol{g}_1' = \lambda\boldsymbol{g}_1' + \mu\boldsymbol{g}_2' \\ \boldsymbol{T}\cdot\boldsymbol{g}_2' = -\mu\boldsymbol{g}_1' + \lambda\boldsymbol{g}_2' \\ \boldsymbol{T}\cdot\boldsymbol{g}_3' = \lambda_3\boldsymbol{g}_3' \end{cases} \tag{2.4.23}$$

故 $\boldsymbol{T}$ 可以化为下列实数形式的标准形：

$$\boldsymbol{T} = (\lambda\boldsymbol{g}_1' + \mu\boldsymbol{g}_2')\boldsymbol{g}^{1'} + (-\mu\boldsymbol{g}_1' + \lambda\boldsymbol{g}_2')\boldsymbol{g}^{2'} + \lambda_3\boldsymbol{g}_3'\boldsymbol{g}^{3'} \tag{2.4.24a}$$

$$[T^{i}_{\cdot j}] = \begin{bmatrix} \lambda & -\mu & 0 \\ \mu & \lambda & 0 \\ 0 & 0 & \lambda_3 \end{bmatrix} \tag{2.4.24b}$$

上式中 λ,μ 分别为共轭复根 λ_1,λ_2 的实部与虚部，$\boldsymbol{g}_1',\boldsymbol{g}_2',\boldsymbol{g}_3'$ 是与复数特征矢量 $\boldsymbol{g}_1,\boldsymbol{g}_2,\boldsymbol{g}_3$ 间满足(2.4.22)式的基矢量，$\boldsymbol{g}^{1'},\boldsymbol{g}^{2'},\boldsymbol{g}^{3'}$ 分别是 $\boldsymbol{g}_1',\boldsymbol{g}_2',\boldsymbol{g}_3'$ 的对偶基。

特征方程具有一对复根及一个实根的非对称二阶张量 $\boldsymbol{T}$ 对应着这样的线性变换：将矢量 $\boldsymbol{g}_3'$ 放大 λ_3 倍，方向不变。矢量 $\boldsymbol{g}_1',\boldsymbol{g}_2'$ 经线性变换后，不再沿原来的方向，即不仅有伸缩变形，还有偏转(见图 2.3)。

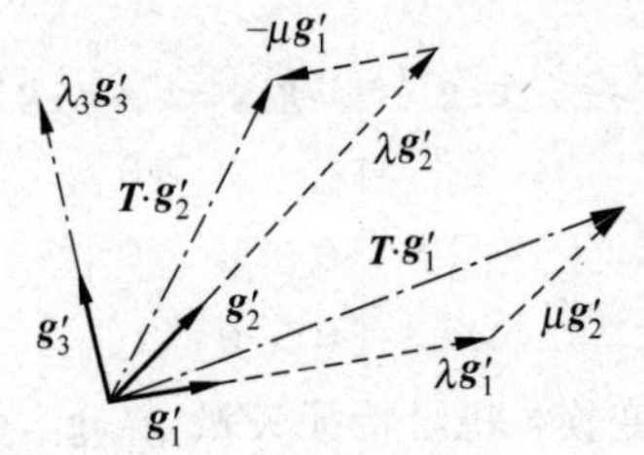

图 2.3 特征方程具有一对共轭复根的非对称二阶张量对应的线性变换

2.4.2.2 特征方程有重根的情况

实系数方程的复根必须成对出现，所以对于特征方程(2.4.16)有重根的情况，无论有二重根或三重根，它们都应是实根。此时，张量 $\boldsymbol{T}$ 不一定能化为对角型标准形，一般来说是化为约当(Jordan)标准形，这由张量 $\boldsymbol{T}$ 的特征矩阵

$$\boldsymbol{\Sigma}(\lambda) = [\lambda\delta^{i}_{j} - T^{i}_{\cdot j}] \tag{2.4.25}$$

的初等因子(其定义见 62 页末注)决定。当矩阵 $\boldsymbol{\Sigma}(\lambda)$ 的初等因子都是简单的(即一次的)时，$\boldsymbol{\Sigma}(\lambda)$ 经过初等变换①可以化为对角标准形；当矩阵 $\boldsymbol{\Sigma}(\lambda)$ 的初等因子不全是简单的(即有高于一次的初等因子)时，$\boldsymbol{\Sigma}(\lambda)$ 化为几个约当块按对角排列构成的标准形。

无论哪一种情况，当特征方程有重根时，特征方向都不唯一。

1. 特征方程具有二重实根($\lambda_1=\lambda_2\neq\lambda_3$)

(1) 特征矩阵的初等因子全为简单的，即 $\boldsymbol{\Sigma}(\lambda)$ 经过初等变换，可以化为

$$\boldsymbol{\Sigma}(\lambda) = \begin{bmatrix} (\lambda-\lambda_1) & 0 & 0 \\ 0 & (\lambda-\lambda_1) & 0 \\ 0 & 0 & (\lambda-\lambda_3) \end{bmatrix} \tag{2.4.26}$$

此时 $\boldsymbol{T}$ 可以化为对角标准形

---

① 代数学中 λ 矩阵(其元素为 λ 的多项式的矩阵称为 λ 矩阵)的初等变换是指下列三种变换：(1)矩阵的行(列)互换位置；(2)矩阵的某一行(列)乘以非零的常数；(3)矩阵的某一行(列)加另一行(列)的 $\varphi(\lambda)$ 倍，$\varphi(\lambda)$ 是 λ 的多项式。

$$\boldsymbol{T}=\lambda_1\boldsymbol{g}_1\boldsymbol{g}^1+\lambda_1\boldsymbol{g}_2\boldsymbol{g}^2+\lambda_3\boldsymbol{g}_3\boldsymbol{g}^3 \tag{2.4.27a}$$

$$[T^{i}_{\cdot j}]=\begin{bmatrix}\lambda_1 & 0 & 0\\ 0 & \lambda_1 & 0\\ 0 & 0 & \lambda_3\end{bmatrix} \tag{2.4.27b}$$

非对称二阶张量的特征矢量不正交。它所对应的线性变换是将 $\boldsymbol{g}_1,\boldsymbol{g}_2$ 构成的平面上的任意矢量均放大 λ_1 倍，将 $\boldsymbol{g}_3$ 方向的矢量伸长 λ_3 倍。如图 2.4 所示。

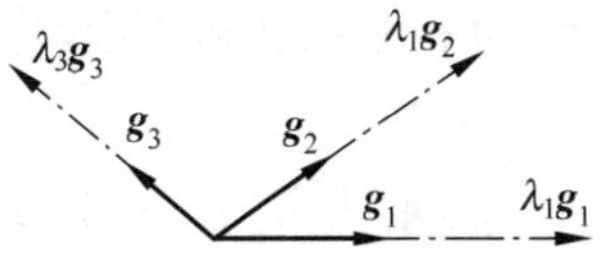

图 2.4　特征方程具有重根、初等因子全简单的非对称二阶张量对应的线性变换

(2) 特征矩阵具有 2 次的初等因子 $(\lambda-\lambda_1)^2$ 以及$(\lambda-\lambda_3)$：$\boldsymbol{\Sigma}(\lambda)$经过初等变换，可以化为

$$\boldsymbol{\Sigma}(\lambda)=\begin{bmatrix}J_2(\lambda_1) & 0\\ 0 & J_1(\lambda_3)\end{bmatrix}=\left[\begin{array}{cc:c}(\lambda-\lambda_1) & -1 & 0\\ 0 & (\lambda-\lambda_1) & 0\\ \hdashline 0 & 0 & (\lambda-\lambda_3)\end{array}\right] \tag{2.4.28}$$

式中 $J_n(\lambda_i)$称为 n 阶对应于特征根 λ_i 的约当块。$\boldsymbol{T}$ 可以化为约当标准形

$$\boldsymbol{T}=\lambda_1\boldsymbol{g}_1\boldsymbol{g}^1+\lambda_1\boldsymbol{g}_2\boldsymbol{g}^2+\boldsymbol{g}_1\boldsymbol{g}^2+\lambda_3\boldsymbol{g}_3\boldsymbol{g}^3 \tag{2.4.29a}$$

$$[T^{i}_{\cdot j}]=\begin{bmatrix}\lambda_1 & 1 & 0\\ 0 & \lambda_1 & 0\\ 0 & 0 & \lambda_3\end{bmatrix} \tag{2.4.29b}$$

此时 $\boldsymbol{T}$ 所对应的线性变换是将 $\boldsymbol{g}_1,\boldsymbol{g}_3$ 各放大 λ_1,λ_3 倍，而将 $\boldsymbol{g}_2$ 映射为$(\lambda_1\boldsymbol{g}_2+\boldsymbol{g}_1)$，其大小、方向均改变，如图 2.5 所示。

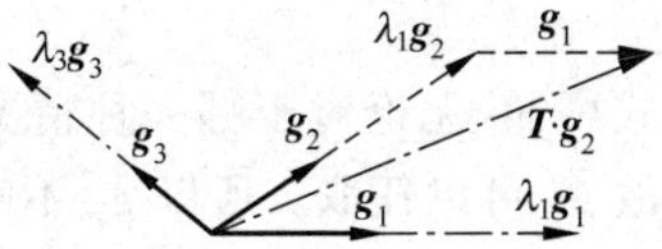

图 2.5　特征方程具有二重根、初等因子非全简单的非对称二阶张量对应的线性变换

上述两种具有二重根的情况，其特征矢量组都不唯一。寻求方法如下：将 λ_1,λ_3 分别代入方程组(2.4.15b)式可唯一地确定特征矢量 $\boldsymbol{g}_1,\boldsymbol{g}_3$，它们分别满足

$$\boldsymbol{T}\cdot\boldsymbol{g}_1=\lambda_1\boldsymbol{g}_1 \tag{2.4.30a}$$

$$\boldsymbol{T}\cdot\boldsymbol{g}_3=\lambda_3\boldsymbol{g}_3 \tag{2.4.30b}$$

另一与 $\boldsymbol{g}_1,\boldsymbol{g}_3$ 非共面的 $\boldsymbol{g}_2$ 可以利用(2.4.27a)式或者(2.4.29a)式与已知的特征方程寻找。选择一组基矢量 $\boldsymbol{g}_1',\boldsymbol{g}_2',\boldsymbol{g}_3'$，使

$$\begin{aligned}\boldsymbol{g}_1'&=\boldsymbol{g}_1\\ \boldsymbol{g}_3'&=\boldsymbol{g}_3\end{aligned} \tag{2.4.31a}$$

根据(2.4.30a,b)式以及有二重根时 $\boldsymbol{T}$ 的特征方程(它不随坐标变换而改变)，在这组坐标

系中 $\boldsymbol{T}$ 的矩阵及并矢式应为

$$[T^{i}_{\cdot j}]=\begin{bmatrix}\lambda_1 & T^{1'}_{\cdot 2'} & 0\\ 0 & \lambda_1 & 0\\ 0 & T^{3'}_{\cdot 2'} & \lambda_3\end{bmatrix}$$

$$\boldsymbol{T}=\lambda_1\boldsymbol{g}_{1'}\boldsymbol{g}^{1'}+(T^{1'}_{\cdot 2'}\boldsymbol{g}_{1'}+\lambda_1\boldsymbol{g}_{2'}+T^{3'}_{\cdot 2'}\boldsymbol{g}_{3'})\boldsymbol{g}^{2'}+\lambda_3\boldsymbol{g}_{3'}\boldsymbol{g}^{3'} \tag{2.4.31b}$$

显然,对于选定的基矢量 $\boldsymbol{g}_1'$,$\boldsymbol{g}_2'$和 $\boldsymbol{g}_3'$,$\boldsymbol{T}$ 的分量 $T^{1'}_{\cdot 2'}$,$T^{3'}_{\cdot 2'}$都是已知的。

然后,从基矢量 $\boldsymbol{g}_1'$,$\boldsymbol{g}_2'$,$\boldsymbol{g}_3'$ 出发,进行坐标转换,寻找能将 $\boldsymbol{T}$ 表达为并矢式(2.4.27a)或(2.4.29a)的基矢量 $\boldsymbol{g}_2$。设

$$\boldsymbol{g}_2=\beta_2^{1'}\boldsymbol{g}_{1'}+\beta_2^{2'}\boldsymbol{g}_{2'}+\beta_2^{3'}\boldsymbol{g}_{3'} \tag{2.4.32}$$

问题化为寻求 $\beta_2^{1'}$,$\beta_2^{2'}$,$\beta_2^{3'}$。由于 $\boldsymbol{g}_2$ 与 $\boldsymbol{g}_1$,$\boldsymbol{g}_3$ 非共面,故上式中 $\beta_2^{2'}$必不为零。$\boldsymbol{g}_2$ 的选择应满足

$$\boldsymbol{T}\cdot\boldsymbol{g}_2=\begin{cases}\lambda_1\boldsymbol{g}_2 & (\text{初等因子全简单})\\ \lambda_1\boldsymbol{g}_2+\boldsymbol{g}_1 & (\text{初等因子非全简单})\end{cases} \tag{2.4.33}$$

将(2.4.29a)式、(2.4.31b)式代入(2.4.33)式左端,并利用(2.4.31a)式和(2.4.32)式,可得

$$\begin{aligned}\boldsymbol{T}\cdot\boldsymbol{g}_2&=\beta_2^{2'}T^{1'}_{\cdot 2'}\boldsymbol{g}_1+(\beta_2^{2'}T^{3'}_{\cdot 2'}+\beta_2^{3'}\lambda_3)\boldsymbol{g}_3+\lambda_1(\beta_2^{1'}\boldsymbol{g}_{1'}+\beta_2^{2'}\boldsymbol{g}_{2'})\\ &=\beta_2^{2'}T^{1'}_{\cdot 2'}\boldsymbol{g}_1+\lambda_1\boldsymbol{g}_2+[\beta_2^{2'}T^{3'}_{\cdot 2'}+\beta_2^{3'}(\lambda_3-\lambda_1)]\boldsymbol{g}_3\end{aligned} \tag{2.4.34a}$$

为使(2.4.33)式得到满足,(2.4.34a)式中对 $\boldsymbol{g}_3$ 的分量必须为零;因 $\lambda_3-\lambda_1\neq 0$,故可选择 $\beta_2^{3'}$,使

$$\beta_2^{2'}T^{3'}_{\cdot 2'}+\beta_2^{3'}(\lambda_3-\lambda_1)=0 \tag{2.4.34b}$$

至于(2.4.34a)式中对 $\boldsymbol{g}_2$ 与 $\boldsymbol{g}_1$ 的分量,可分为两种情况:

(i) 对于初等因子全简单的情况,必有 $T^{1'}_{\cdot 2'}=0$,从而 $\beta_2^{2'}$ 可以任选。

(ii) 对于初等因子非全简单的情况,必有 $T^{1'}_{\cdot 2'}\neq 0$,可选

$$\beta_2^{2'}=\frac{1}{T^{1'}_{\cdot 2'}} \tag{2.4.34c}$$

结合(2.4.31a,b)式、(2.4.34a)式可知,无论对于哪一种情况,(2.4.33)式能否被满足都与(2.4.32)式中 $\beta_2^{1'}$ 的取值无关。故 $\beta_2^{1'}$ 可以任取。所以 $\boldsymbol{g}_2$ 不唯一。

2. 特征方程具有三重实根($\lambda_1=\lambda_2=\lambda_3$)

特征矩阵 $\boldsymbol{\Sigma}(\lambda)$的性质可分为 3 种:

情况 a:具有 3 个全为 1 次的初等因子 $(\lambda-\lambda_1)$;

情况 b:具有初等因子 $(\lambda-\lambda_1)^2$,$(\lambda-\lambda_1)$;

情况 c:具有 3 次的初等因子 $(\lambda-\lambda_1)^3$。

经过初等变换,$\boldsymbol{\Sigma}(\lambda)$可以分别化为

情况 a:
$$\boldsymbol{\Sigma}(\lambda)=\begin{bmatrix}(\lambda-\lambda_1) & 0 & 0\\ 0 & (\lambda-\lambda_1) & 0\\ 0 & 0 & (\lambda-\lambda_1)\end{bmatrix}$$

情况 b:
$$\boldsymbol{\Sigma}(\lambda)=\begin{bmatrix}(\lambda-\lambda_1) & -1 & 0\\ 0 & (\lambda-\lambda_1) & 0\\ 0 & 0 & (\lambda-\lambda_1)\end{bmatrix}$$

情况 c：
$$\boldsymbol{\Sigma}(\lambda)=\begin{bmatrix}(\lambda-\lambda_1) & -1 & 0\\ 0 & (\lambda-\lambda_1) & -1\\ 0 & 0 & (\lambda-\lambda_1)\end{bmatrix}$$

三种情况下，$\boldsymbol{T}$ 分别化为下列形式的标准形。

情况 a：对角型标准形

$$\boldsymbol{T}=\lambda_1\boldsymbol{g}_1\boldsymbol{g}^1+\lambda_1\boldsymbol{g}_2\boldsymbol{g}^2+\lambda_1\boldsymbol{g}_3\boldsymbol{g}^3=\lambda_1\boldsymbol{G} \tag{2.4.35a}$$

$$[T^{i}_{\cdot j}]=\begin{bmatrix}\lambda_1 & 0 & 0\\ 0 & \lambda_1 & 0\\ 0 & 0 & \lambda_1\end{bmatrix} \tag{2.4.35b}$$

$\boldsymbol{T}$ 只能是对称二阶张量并且是球形张量，它所代表的线性变换是将三维空间中任意方向的矢量放大 λ_1 倍。

情况 b：约当型标准形

$$\boldsymbol{T}=\lambda_1\boldsymbol{g}_1\boldsymbol{g}^1+(\boldsymbol{g}_1+\lambda_1\boldsymbol{g}_2)\boldsymbol{g}^2+\lambda_1\boldsymbol{g}_3\boldsymbol{g}^3 \tag{2.4.36a}$$

$$[T^{i}_{\cdot j}]=\begin{bmatrix}\lambda_1 & 1 & 0\\ 0 & \lambda_1 & 0\\ 0 & 0 & \lambda_1\end{bmatrix} \tag{2.4.36b}$$

它所代表的线性变换是

$$\boldsymbol{T}\cdot\boldsymbol{g}_1=\lambda_1\boldsymbol{g}_1 \tag{2.4.37a}$$

$$\boldsymbol{T}\cdot\boldsymbol{g}_2=\lambda_1\boldsymbol{g}_2+\boldsymbol{g}_1 \tag{2.4.37b}$$

$$\boldsymbol{T}\cdot\boldsymbol{g}_3=\lambda_1\boldsymbol{g}_3 \tag{2.4.37c}$$

情况 c：约当型标准形

$$\boldsymbol{T}=\lambda_1\boldsymbol{g}_1\boldsymbol{g}^1+(\boldsymbol{g}_1+\lambda_1\boldsymbol{g}_2)\boldsymbol{g}^2+(\boldsymbol{g}_2+\lambda_1\boldsymbol{g}_3)\boldsymbol{g}^3 \tag{2.4.38a}$$

$$[T^{i}_{\cdot j}]=\begin{bmatrix}\lambda_1 & 1 & 0\\ 0 & \lambda_1 & 1\\ 0 & 0 & \lambda_1\end{bmatrix} \tag{2.4.38b}$$

它所代表的线性变换是

$$\boldsymbol{T}\cdot\boldsymbol{g}_1=\lambda_1\boldsymbol{g}_1 \tag{2.4.39a}$$

$$\boldsymbol{T}\cdot\boldsymbol{g}_2=\lambda_1\boldsymbol{g}_2+\boldsymbol{g}_1 \tag{2.4.39b}$$

$$\boldsymbol{T}\cdot\boldsymbol{g}_3=\lambda_1\boldsymbol{g}_3+\boldsymbol{g}_2 \tag{2.4.39c}$$

情况 b，c 所代表的线性变换都使线元不仅有伸缩变形，还有旋转。其中情况 c 如图 2.6 所示。

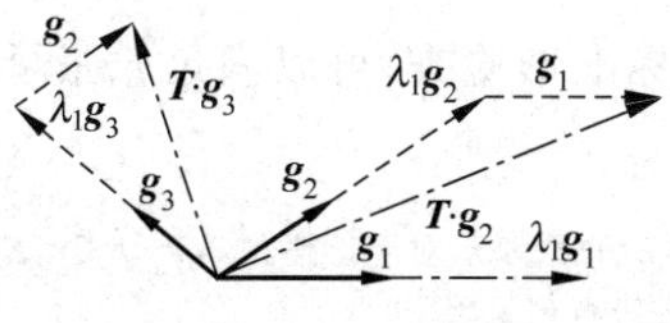

图 2.6　特征方程具有三重根、初等因子为 3 次的非对称二阶张量对应的线性变换

至于特征方程有三重根时的基矢量，对于情况 a，$\boldsymbol{T}$ 为球形张量时，可以选择空间任一组正交标准化基为基矢量。对于情况 b,c，$\boldsymbol{T}$ 为约当型标准形时，可以选择 λ_1 所对应的特征矢量为一个基矢量 $\boldsymbol{g}_1$，其余两个基矢量分别根据(2.4.37a,b,c)式或(2.4.39a,b,c)式确定。无论哪一种情况，特征方向都不唯一。

例 2.4 将非对称二阶张量 $\boldsymbol{T}=2\boldsymbol{e}_1\boldsymbol{e}_1+\boldsymbol{e}_1\boldsymbol{e}_3+2\boldsymbol{e}_2\boldsymbol{e}_2+4\boldsymbol{e}_3\boldsymbol{e}_3$ 化为标准形。

解 $\boldsymbol{T}$ 对应的特征矩阵与特征方程为

$$\boldsymbol{\Sigma}(\lambda)=\begin{bmatrix}(\lambda-2) & 0 & -1\\ 0 & (\lambda-2) & 0\\ 0 & 0 & (\lambda-4)\end{bmatrix}$$

$$\Delta(\lambda)=(\lambda-2)^2(\lambda-4)=0$$

具有二重根： $\lambda_1=2,\quad \lambda_2=2,\quad \lambda_3=4$

$\boldsymbol{\Sigma}(\lambda)$的行列式因子①：

规定 $D_0(\lambda)=1, D_1(\lambda)=1, D_2(\lambda)=\lambda-2, D_3(\lambda)=(\lambda-2)^2(\lambda-4)$

求不变因子② $E_i=\dfrac{D_i(\lambda)}{D_{i-1}(\lambda)}$：$E_1(\lambda)=1, E_2(\lambda)=\lambda-2, E_3(\lambda)=(\lambda-2)(\lambda-4)$

初等因子③：$(\lambda-2)$，$(\lambda-2)$，$(\lambda-4)$；全简单。

$\boldsymbol{T}$ 化为对角型标准形：

$$\boldsymbol{T}=2\boldsymbol{g}_1\boldsymbol{g}^1+2\boldsymbol{g}_2\boldsymbol{g}^2+4\boldsymbol{g}_3\boldsymbol{g}^3$$

$$[T^{i}_{\cdot j}]=\begin{bmatrix}2 & 0 & 0\\ 0 & 2 & 0\\ 0 & 0 & 4\end{bmatrix}$$

寻找特征矢量 $\boldsymbol{g}_1,\boldsymbol{g}_2,\boldsymbol{g}_3$：

将 $\lambda_1=2$，$\lambda_3=4$ 分别代入方程组(2.4.30a)式与(2.4.30b)式④，可以求得对应的特征矢量(见图 2.7)。

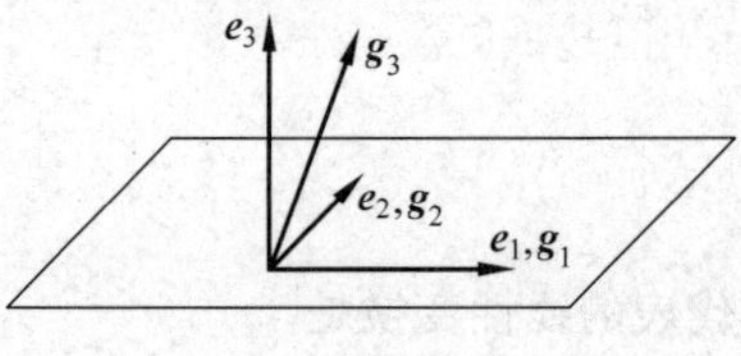

图 2.7 例 2.4 对应的特征矢量

$$\boldsymbol{g}_3=\frac{1}{\sqrt{5}}\boldsymbol{e}_1+\frac{2}{\sqrt{5}}\boldsymbol{e}_3$$

$\boldsymbol{g}_1$ 的方向余弦 $\nu_3^{(1)}=0$，$\nu_2^{(1)}$ $\nu_1^{(1)}$ 任意，故可以取垂直于 $\boldsymbol{e}_3$ 的平面内任意一个矢量作为基矢量，例如取 $\boldsymbol{g}_1=\boldsymbol{e}_1$。

此外，假设在垂直于 $\boldsymbol{e}_3$ 的平面内另一个与 $\boldsymbol{g}_1$ 正交的矢量 $\boldsymbol{e}_2=\boldsymbol{g}_2$。此时可求得

$$\boldsymbol{g}^1=\boldsymbol{e}_1-\frac{1}{2}\boldsymbol{e}_3,\qquad \boldsymbol{g}^2=\boldsymbol{e}_2,\qquad \boldsymbol{g}^3=\frac{\sqrt{5}}{2}\boldsymbol{e}_3$$

将 $\boldsymbol{g}_i,\boldsymbol{g}^i(i=1,2,3)$代入对角型标准形检查，可以满足原张量的要求。

---

① 行列式因子的定义为：设矩阵 $\boldsymbol{\Sigma}(\lambda)$的秩为 r，对于正整数 k，$1\leqslant k\leqslant r$，$\boldsymbol{\Sigma}(\lambda)$中必有非零的 k 级子式，$\boldsymbol{\Sigma}(\lambda)$中全部 k 级子式的最大公因式 $D_k(\lambda)$称为 $\boldsymbol{\Sigma}(\lambda)$的 k 级行列式因子。

② 标准形主对角线上非零元素称为 $\boldsymbol{\Sigma}(\lambda)$的不变因子。

③ 将矩阵 $\boldsymbol{\Sigma}(\lambda)$的每个次数大于零的不变因子分解成互不相同的一次因式方幂的乘积，所有这些一次因式方幂(相同的必须按出现的次数计算)称为矩阵 $\boldsymbol{\Sigma}(\lambda)$的初等因子。

④ 它们各为一个矢量等式，每个矢量式包含一组 3 个齐次线性方程。

本算例还说明，虽然 $\boldsymbol{T}$ 在特征矢量 $\boldsymbol{g}_1,\boldsymbol{g}_2,\boldsymbol{g}_3$ 中的矩阵 $[T^i_{\cdot j}]$ 是对称矩阵，但基矢量 $\boldsymbol{g}_1$，$\boldsymbol{g}_2,\boldsymbol{g}_3$ 不正交，$\boldsymbol{T}$ 不是对称张量。

例 2.5　将非对称二阶张量 $\boldsymbol{T}=2\boldsymbol{e}_1\boldsymbol{e}_1+\boldsymbol{e}_1\boldsymbol{e}_2+\boldsymbol{e}_1\boldsymbol{e}_3+2\boldsymbol{e}_2\boldsymbol{e}_2+\boldsymbol{e}_2\boldsymbol{e}_3+4\boldsymbol{e}_3\boldsymbol{e}_3$ 化为标准形。

解　$\boldsymbol{T}$ 对应的特征矩阵与特征方程为

$$\boldsymbol{\Sigma}(\lambda)=\begin{bmatrix}(\lambda-2) & -1 & -1\\ 0 & (\lambda-2) & -1\\ 0 & 0 & (\lambda-4)\end{bmatrix}$$

$$\Delta(\lambda)=(\lambda-2)^2(\lambda-4)=0$$

特征方程与例 2.4 完全相同。

$\boldsymbol{\Sigma}(\lambda)$ 的行列式因子：

规定　　$D_0(\lambda)=1,D_1(\lambda)=1,D_2(\lambda)=1,D_3(\lambda)=(\lambda-2)^2(\lambda-4)$

求不变因子 $E_i=\dfrac{D_i(\lambda)}{D_{i-1}(\lambda)}$：$E_1(\lambda)=1,E_2(\lambda)=1,E_3(\lambda)=(\lambda-2)^2(\lambda-4)$

初等因子：$(\lambda-2)^2$，$(\lambda-4)$；非全简单，与例 2.4 不同。

$\boldsymbol{T}$ 化为约当标准形：

$$\boldsymbol{T}=2\boldsymbol{g}_1\boldsymbol{g}^1+(\boldsymbol{g}_1+2\boldsymbol{g}_2)\boldsymbol{g}^2+4\boldsymbol{g}_3\boldsymbol{g}^3,\qquad [T^i_{\cdot j}]=\begin{bmatrix}2&1&0\\0&2&0\\0&0&4\end{bmatrix}$$

特征矢量 $\boldsymbol{g}_1,\boldsymbol{g}_2,\boldsymbol{g}_3$ 可以用与例 2.4 类似的方法寻找。

2.5　几种特殊的二阶张量

本节对几种特殊的二阶张量及其主要特性汇总列出，以便查阅。

2.5.1　零二阶张量 $\boldsymbol{O}$

零二阶张量对应的矩阵为

$$[\boldsymbol{O}]=\begin{bmatrix}0&0&0\\0&0&0\\0&0&0\end{bmatrix}\tag{2.5.1}$$

零二阶张量将任意矢量映射为零矢量，它是一种特殊的退化二阶张量。

$$\boldsymbol{O}\cdot\boldsymbol{u}=\boldsymbol{0}\tag{2.5.2}$$

式中左端的 $\boldsymbol{O}$ 是零二阶张量，右端的 $\boldsymbol{0}$ 为零矢量。

2.5.2　度量张量 $\boldsymbol{G}$

$$\boldsymbol{G}=g_{ij}\boldsymbol{g}^i\boldsymbol{g}^j=\delta^i_{\ j}\boldsymbol{g}_i\boldsymbol{g}^j=\delta_i^{\ j}\boldsymbol{g}^i\boldsymbol{g}_j=g^{ij}\boldsymbol{g}_i\boldsymbol{g}_j\tag{2.5.3a}$$

$$[\boldsymbol{G}]=\begin{bmatrix}1&0&0\\0&1&0\\0&0&1\end{bmatrix}\tag{2.5.3b}$$

度量张量将任意矢量映射为原矢量，称为恒同线性变换，即

$$\boldsymbol{G} \cdot \boldsymbol{u} = \boldsymbol{u} \tag{2.5.4}$$

度量张量与任意二阶张量的点积仍为该张量自身,并容易证明度量张量与任意阶张量 $\boldsymbol{T}$ 的点积也是该张量自身。即

$$\boldsymbol{G} \cdot \boldsymbol{T} = \boldsymbol{T} = \boldsymbol{T} \cdot \boldsymbol{G} \tag{2.5.5}$$

因此,有些书中将度量张量记作 $\boldsymbol{I}$ 或 $\mathbf{1}$。

2.5.3 二阶张量的幂

2.5.3.1 二阶张量的正整数次幂

定义 n 个 $\boldsymbol{T}$ 的连续点积为 $\boldsymbol{T}$ 的 $\boldsymbol{n}$ 次幂

$$\begin{aligned} \boldsymbol{T}^2 &= \boldsymbol{T} \cdot \boldsymbol{T} \\ \boldsymbol{T}^3 &= \boldsymbol{T} \cdot \boldsymbol{T} \cdot \boldsymbol{T} \\ &\vdots \\ \boldsymbol{T}^n &= \underbrace{\boldsymbol{T} \cdot \boldsymbol{T} \cdot \cdots \cdot \boldsymbol{T}}_{n\text{个}\boldsymbol{T}} \end{aligned} \tag{2.5.6}$$

$\boldsymbol{T}$ 本身当然可以写成 $\boldsymbol{T}^1$。$\boldsymbol{T}$ 的幂之间进行点积显然有

$$\boldsymbol{T}^m \cdot \boldsymbol{T}^n = \boldsymbol{T}^{m+n} \tag{2.5.7}$$

易证对称二阶张量的幂也是对称二阶张量,幂与原张量具有相同的主方向且其主分量为原张量对应的主分量之幂。

2.5.3.2 二阶张量的零次幂

由于

$$\boldsymbol{G} \cdot \boldsymbol{T}^n = \boldsymbol{T}^n = \boldsymbol{T}^n \cdot \boldsymbol{G}$$

故可以定义任意二阶张量的零次幂是度量张量,即

$$\boldsymbol{T}^0 = \boldsymbol{G} \tag{2.5.8}$$

这样(2.5.7)式可适用于幂指数为零的情况。

2.5.3.3 二阶张量的负整数次幂

(2.2.4)式已定义了正则的二阶张量的逆。显然,由(2.2.4)式和(2.5.8)式可知,(2.5.7)式也适用于幂指数为-1的情况。进一步可定义

$$\begin{aligned} \boldsymbol{T}^{-2} &= \boldsymbol{T}^{-1} \cdot \boldsymbol{T}^{-1} \\ &\vdots \\ \boldsymbol{T}^{-n} &= \underbrace{\boldsymbol{T}^{-1} \cdot \boldsymbol{T}^{-1} \cdot \cdots \cdot \boldsymbol{T}^{-1}}_{n\text{个}\boldsymbol{T}^{-1}} \end{aligned} \tag{2.5.9}$$

由此,(2.5.7)式也可适用于负整数幂的情况。

可证对称二阶张量的逆也是对称二阶张量,且其主方向与原张量的主方向相同,主分量为原张量对应的主分量之倒数。

2.5.4 正张量、非负张量及其方根、对数

正张量、非负张量都属于对称二阶张量 $\boldsymbol{N}$。(2.1.21b)式指出对称二阶张量 $\boldsymbol{N}$ 对应着一个二次型 $\boldsymbol{u} \cdot \boldsymbol{N} \cdot \boldsymbol{u}$,如果这个二次型是正定的,则称 $\boldsymbol{N}$ 是**正张量**,记作 $\boldsymbol{N} > \boldsymbol{O}$;如果这个二

次型是非负定的，则称 $\boldsymbol{N}$ 是**非负张量**，记作 $\boldsymbol{N}\geqslant\boldsymbol{O}$。即

定义　**正张量** $\boldsymbol{N}>\boldsymbol{O}$ 满足 $\boldsymbol{u}\cdot\boldsymbol{N}\cdot\boldsymbol{u}=\boldsymbol{N}:\boldsymbol{uu}>0$，　对于任意 $\boldsymbol{u}\neq\boldsymbol{0}$　(2.5.10)

非负张量 $\boldsymbol{N}\geqslant\boldsymbol{O}$ 满足 $\boldsymbol{u}\cdot\boldsymbol{N}\cdot\boldsymbol{u}=\boldsymbol{N}:\boldsymbol{uu}\geqslant 0$，　对于任意 $\boldsymbol{u}\neq\boldsymbol{0}$　(2.5.11)

对称二阶张量 $\boldsymbol{N}$ 必定可在一组正交标准化基中化为对角标准形

$$\boldsymbol{N}=N_1\boldsymbol{e}_1\boldsymbol{e}_1+N_2\boldsymbol{e}_2\boldsymbol{e}_2+N_3\boldsymbol{e}_3\boldsymbol{e}_3 \tag{2.5.12}$$

$\boldsymbol{N}$ 为正张量的必要且充分条件是

$$N_1>0,\qquad N_2>0,\qquad N_3>0 \tag{2.5.13a}$$

$\boldsymbol{N}$ 为非负张量的必要且充分条件是

$$N_1\geqslant 0,\qquad N_2\geqslant 0,\qquad N_3\geqslant 0 \tag{2.5.13b}$$

对于非负张量，上一节所述张量的幂的定义可以扩展到**方根**。可以证明，对于非负张量 $\boldsymbol{N}\geqslant\boldsymbol{O}$，存在唯一的非负张量 $\boldsymbol{M}\geqslant\boldsymbol{O}$，使

$$\boldsymbol{M}^2=\boldsymbol{N} \tag{2.5.14a}$$

定义 $\boldsymbol{M}$ 为 $\boldsymbol{N}$ 的方根，记作

$$\boldsymbol{M}=\boldsymbol{N}^{1/2} \tag{2.5.14b}$$

习题 2.25 证明：$\boldsymbol{M}$ 与 $\boldsymbol{N}$ 具有相同的主方向

$$\boldsymbol{M}=M_1\boldsymbol{e}_1\boldsymbol{e}_1+M_2\boldsymbol{e}_2\boldsymbol{e}_2+M_3\boldsymbol{e}_3\boldsymbol{e}_3 \tag{2.5.15a}$$

且其主分量为

$$M_1=\sqrt{N_1},\qquad M_2=\sqrt{N_2},\qquad M_3=\sqrt{N_3} \tag{2.5.15b}$$

当然也可以将上述讨论扩展到任意方次的根，如 $\boldsymbol{N}\geqslant\boldsymbol{O}$，$p$ 为正整数，则存在唯一的 $\boldsymbol{S}=\boldsymbol{N}^{1/p}\geqslant\boldsymbol{O}$

$$\boldsymbol{S}=N_1^{1/p}\boldsymbol{e}_1\boldsymbol{e}_1+N_2^{1/p}\boldsymbol{e}_2\boldsymbol{e}_2+N_3^{1/p}\boldsymbol{e}_3\boldsymbol{e}_3 \tag{2.5.16}$$

还可以将上述讨论扩展到正张量 $\boldsymbol{N}>\boldsymbol{O}$ 的对数 $\ln\boldsymbol{N}$：

$$\ln\boldsymbol{N}=(\ln N_1)\boldsymbol{e}_1\boldsymbol{e}_1+(\ln N_2)\boldsymbol{e}_2\boldsymbol{e}_2+(\ln N_3)\boldsymbol{e}_3\boldsymbol{e}_3 \tag{2.5.17}$$

习题 2.14 中证明，利用任意一个非对称二阶张量 $\boldsymbol{T}$ 可以构造两个非负张量：

$$\begin{aligned}\boldsymbol{X}&=\boldsymbol{T}\cdot\boldsymbol{T}^{\mathrm{T}}\geqslant\boldsymbol{O}\\ \boldsymbol{Y}&=\boldsymbol{T}^{\mathrm{T}}\cdot\boldsymbol{T}\geqslant\boldsymbol{O}\end{aligned} \tag{2.5.18}$$

如果 $\boldsymbol{T}$ 是正则的，则 $\boldsymbol{X}$，$\boldsymbol{Y}$ 是正张量：

$$\begin{aligned}\boldsymbol{X}&=\boldsymbol{T}\cdot\boldsymbol{T}^{\mathrm{T}}>\boldsymbol{O}\\ \boldsymbol{Y}&=\boldsymbol{T}^{\mathrm{T}}\cdot\boldsymbol{T}>\boldsymbol{O}\end{aligned} \tag{2.5.19}$$

一般来说，$\boldsymbol{X}$，$\boldsymbol{Y}$ 是两个不同的二阶张量，但是可以证明①，它们具有相同的主分量，只是主轴方向不同而已。

例 2.6　对称二阶张量 $\boldsymbol{N}$ 的法分量与剪分量：设 $\boldsymbol{n}$，$\boldsymbol{t}$ 为三维空间中一对互相正交的单位矢量，则 $\boldsymbol{N}:\boldsymbol{nn}$ 称为 $\boldsymbol{N}$ 在 $\boldsymbol{n}$ 方向的法分量，

$$\boldsymbol{n}\cdot\boldsymbol{N}\cdot\boldsymbol{n}=\boldsymbol{N}:\boldsymbol{nn}=N_{ij}n^in^j \tag{a}$$

$\boldsymbol{N}:\boldsymbol{nt}$ 称为 $\boldsymbol{N}$ 在 $\boldsymbol{n}$，$\boldsymbol{t}$ 方向的剪分量

$$\boldsymbol{n}\cdot\boldsymbol{N}\cdot\boldsymbol{t}=\boldsymbol{N}:\boldsymbol{nt}=N_{ij}n^it^j \tag{b}$$

以 $\boldsymbol{N}$ 是应力张量 $\boldsymbol{\sigma}$ 为例，则 $\boldsymbol{\sigma}:\boldsymbol{nn}$ 是法向为 $\boldsymbol{n}$ 截面上的正应力，而 $\boldsymbol{\sigma}:\boldsymbol{nt}$ 为该截面上 $\boldsymbol{t}$ 方向

---

①　见习题 2.9、习题 2.19。

的剪应力。正张量在任一截面上的法分量恒正,如果物体中作用的应力张量$\boldsymbol{\sigma}$是正张量,则在物体中任一截面上作用的正应力都是拉应力。

2.5.5 二阶张量的值

矢量 $\boldsymbol{u}$ 的值(模)$|\boldsymbol{u}|$ 即其长度,可通过矢量自身的点积 $\sqrt{\boldsymbol{u}\cdot\boldsymbol{u}}$求得,值(模)是矢量空间的一种范数,它满足范数公理的三个条件,即非负性、对称性与三角不等式。类似地,可以定义二阶张量的**值** $|\boldsymbol{A}|$,它通过二阶张量自身的双点积求得。

$$\boldsymbol{A}:\boldsymbol{A}=A^{i}_{\cdot j}A_{i}^{\cdot j}=A_{ij}A^{ij}=\mathrm{tr}(\boldsymbol{A}\cdot\boldsymbol{A}^{\mathrm{T}}) \tag{2.5.20}$$

根据(2.5.18)式,(2.5.20)式给出二阶张量 $\boldsymbol{A}$ 的一个非负的标量不变量 ,可定义

$$|\boldsymbol{A}|=\sqrt{A^{i}_{\cdot j}A_{i}^{\cdot j}}=\sqrt{\boldsymbol{A}:\boldsymbol{A}}=\sqrt{\mathrm{tr}(\boldsymbol{A}\cdot\boldsymbol{A}^{\mathrm{T}})} \tag{2.5.21}$$

易证二阶张量的值也满足范数公理的三条件,故可作为二阶张量空间的一种范数。

本节与上两节实际上是给出了一些简单的二阶张量的张量函数。关于张量函数的一般讨论,将放在下一章中。下两节将讨论两种特殊的非对称二阶张量。

2.5.6 反对称二阶张量

2.5.6.1 定义

满足 $\boldsymbol{\Omega}=-\boldsymbol{\Omega}^{\mathrm{T}}$ 的张量称为反对称张量。在任一笛卡儿坐标系中,其矩阵为反对称:

$$[\boldsymbol{\Omega}]=[\Omega^{i}_{\cdot j}]=\begin{bmatrix}0 & \Omega^{1}_{\cdot 2} & \Omega^{1}_{\cdot 3}\\ -\Omega^{1}_{\cdot 2} & 0 & \Omega^{2}_{\cdot 3}\\ -\Omega^{1}_{\cdot 3} & -\Omega^{2}_{\cdot 3} & 0\end{bmatrix} \tag{2.5.22}$$

故反对称二阶张量只有 3 个独立的非零分量。但在任意坐标系中,$[\Omega^{i}_{\cdot j}]$不一定是反对称矩阵①。

$\boldsymbol{\Omega}$ 所对应的线性变换满足

$$\boldsymbol{\Omega}\cdot\boldsymbol{u}=-\boldsymbol{u}\cdot\boldsymbol{\Omega} \tag{2.5.23a}$$

换言之,反对称二阶张量对于空间任一方向 $\boldsymbol{n}$ 的法分量都为零:

$$\boldsymbol{\Omega}:\boldsymbol{n}\boldsymbol{n}=0 \tag{2.5.23b}$$

2.5.6.2 反对称二阶张量的主不变量

$$\mathscr{J}_1^{(\Omega)}=0,\qquad \mathscr{J}_3^{(\Omega)}=0$$

$$\mathscr{J}_2^{(\Omega)}=(\Omega^{1}_{\cdot 2})^2+(\Omega^{2}_{\cdot 3})^2+(\Omega^{1}_{\cdot 3})^2=\varphi^2 \tag{2.5.24}$$

上式中 $\mathscr{J}_2^{(\Omega)}$ 恒大于零,故可用一个正实数 $\varphi>0$ 的平方表示。上式显示二阶反对称张量是退化的二阶张量,它只有一个独立的主不变量。

2.5.6.3 反对称二阶张量的标准形

$\boldsymbol{\Omega}$ 的特征方程为

$$\lambda^3+\mathscr{J}_2^{(\Omega)}\lambda=0 \tag{2.5.25}$$

---

① 在任意坐标系中,$\Omega^{i}_{\cdot j}=-\Omega_{j}^{\cdot i}$。

$\boldsymbol{\Omega}$ 的特征方程具有一个实根 λ_3 与一对共轭虚根 λ_1,λ_2，即

$$\lambda_3^{(\Omega)} = 0, \quad \lambda_1^{(\Omega)} = \mathrm{i}\varphi, \quad \lambda_2^{(\Omega)} = -\mathrm{i}\varphi \tag{2.5.26}$$

$\lambda_3^{(\Omega)}$ 所对应的特征方向的单位矢量为 $\boldsymbol{e}_3$，$\boldsymbol{e}_3$ 满足

$$\boldsymbol{\Omega}\cdot\boldsymbol{e}_3 = \boldsymbol{0} \tag{2.5.27}$$

$\boldsymbol{e}_3$ 称为反对称张量的**轴**。反对称张量的一个重要性质是将其轴方向的矢量映射为零矢量，所以 $\boldsymbol{e}_3$ 方向也称为反对称张量的**零向**。设 λ_1,λ_2 对应的特征矢量(复数基)是 $\boldsymbol{g}_1,\boldsymbol{g}_2$，在 $\boldsymbol{g}_1,\boldsymbol{g}_2$ 与 $\boldsymbol{e}_3$ 中，$\boldsymbol{\Omega}$ 可化为对角型标准形：

$$[\boldsymbol{\Omega}] = \begin{bmatrix} \mathrm{i}\varphi & 0 & 0 \\ 0 & -\mathrm{i}\varphi & 0 \\ 0 & 0 & 0 \end{bmatrix} \tag{2.5.28a}$$

上式还可以按照 2.4.2.1 节中给出的一般方法由复数形式的对角标准形求实数形式的标准形。但对于反对称张量，只需在垂直于轴方向 $\boldsymbol{e}_3$ 的平面内任选一组正交标准化基矢量 $\boldsymbol{e}_1$ 和 $\boldsymbol{e}_2$，$\boldsymbol{\Omega}$ 在 $\boldsymbol{e}_1,\boldsymbol{e}_2,\boldsymbol{e}_3$ 这组基中就可以化为以下实数形式的标准形：

$$[\boldsymbol{\Omega}] = \begin{bmatrix} 0 & -\varphi & 0 \\ \varphi & 0 & 0 \\ 0 & 0 & 0 \end{bmatrix} \tag{2.5.28b}$$

$$\boldsymbol{\Omega} = -\varphi\boldsymbol{e}_1\boldsymbol{e}_2 + \varphi\boldsymbol{e}_2\boldsymbol{e}_1 \tag{2.5.28c}$$

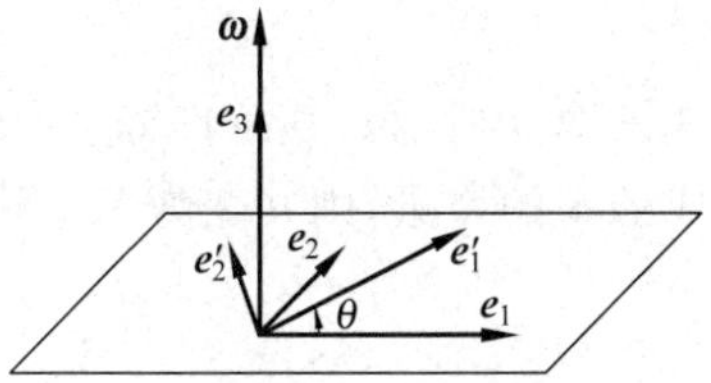

图 2.8　反对称张量 $\boldsymbol{\Omega}$ 对应的特征矢量与反偶矢量

(2.5.28b)式是 2.4.2.1 节(2.4.24b)式当 $\lambda=0$，$\mu=\varphi$，$\lambda_3=0$ 时的特例。(2.5.28c)式的标准形对于垂直于 $\boldsymbol{e}_3$ 的平面内任意一组正交标准化基矢量都是不变的。可以令 $\boldsymbol{e}_1,\boldsymbol{e}_2$ 在该平面内绕 $\boldsymbol{e}_3$ 旋转 θ 角变为 $\boldsymbol{e}_1',\boldsymbol{e}_2'$(见图 2.8)而证明之：

$$-\varphi\boldsymbol{e}_1\boldsymbol{e}_2 + \varphi\boldsymbol{e}_2\boldsymbol{e}_1 = -\varphi\boldsymbol{e}_1'\boldsymbol{e}_2' + \varphi\boldsymbol{e}_2'\boldsymbol{e}_1'$$

2.5.6.4　反对称二阶张量的反偶矢量

定义　矢量 $\boldsymbol{\omega}$ 与 $\boldsymbol{\Omega}$ 之间满足

$$\boldsymbol{\omega} = -\frac{1}{2}\boldsymbol{\epsilon} : \boldsymbol{\Omega} \tag{2.5.29}$$

则称 $\boldsymbol{\omega}$ 为反对称二阶张量 $\boldsymbol{\Omega}$ 的**反偶矢量**。而称 $-\boldsymbol{\omega}$ 与 $\boldsymbol{\Omega}$ 互为**对偶**。反对称二阶张量也可以用其反偶矢量表示

$$\boldsymbol{\Omega} = -\boldsymbol{\epsilon}\cdot\boldsymbol{\omega} \tag{2.5.30}$$

其证明见习题 1.49。

可以将 $\boldsymbol{\Omega}$ 对任一矢量 $\boldsymbol{u}$ 所做的线性变换化为 $\boldsymbol{\Omega}$ 的反偶矢量 $\boldsymbol{\omega}$ 与 $\boldsymbol{u}$ 的叉积：[①]

$$\boldsymbol{\Omega}\cdot\boldsymbol{u} = \boldsymbol{\omega}\times\boldsymbol{u} \tag{2.5.31}$$

实际上，将(2.5.28c)式代入(2.5.29)式，易证 $\boldsymbol{\Omega}$ 的反偶矢量就是 $\boldsymbol{\Omega}$ 的轴方向的矢量，其模为 $\varphi=\sqrt{\mathscr{J}_2^{(\Omega)}}$。

$$\boldsymbol{\omega} = \varphi\boldsymbol{e}_3 \tag{2.5.32}$$

---

① 证明见习题 1.48。

如前述,反对称二阶张量 $\boldsymbol{\Omega}$ 只有三个独立的非零分量,所以用一个矢量 $\boldsymbol{\omega}$ 就可以给出 $\boldsymbol{\Omega}$ 的全部信息。

2.5.6.5 反对称二阶张量 $\boldsymbol{\Omega}$ 所对应的线性变换

反对称二阶张量 $\boldsymbol{\Omega}$ 所代表的线性变换如图 2.9 所示,它将轴方向的矢量映射为零矢量,将垂直于轴方向平面内的任一矢量绕 $\boldsymbol{e}_3$ 旋转 $\pi/2$ 并放大 φ 倍,如图 2.9 所示。即

$$\begin{cases}\boldsymbol{\Omega}\cdot\boldsymbol{e}_1=\varphi\boldsymbol{e}_2\\ \boldsymbol{\Omega}\cdot\boldsymbol{e}_2=-\varphi\boldsymbol{e}_1\\ \boldsymbol{\Omega}\cdot\boldsymbol{e}_3=\boldsymbol{0}\end{cases}\tag{2.5.33a}$$

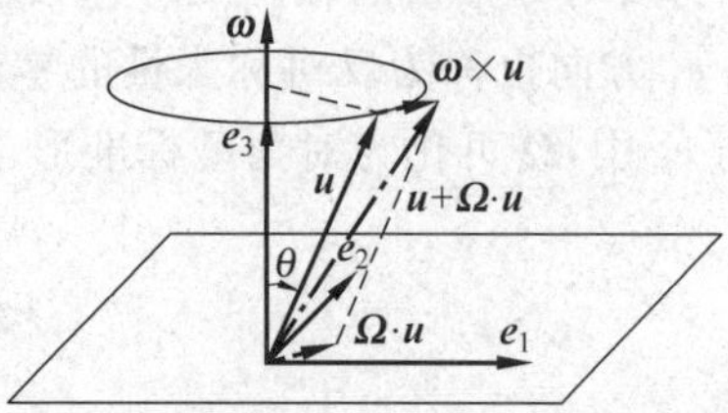

图 2.9 反对称张量 Ω 对于矢量 $\boldsymbol{u}$ 所做的线性变换

对于空间任一矢量 $\boldsymbol{u}=u_1\boldsymbol{e}_1+u_2\boldsymbol{e}_2+u_3\boldsymbol{e}_3$,$\boldsymbol{\Omega}$ 所做的线性变换是[①]

$$\boldsymbol{\Omega}\cdot\boldsymbol{u}=\boldsymbol{\omega}\times\boldsymbol{u}=\varphi(u_1\boldsymbol{e}_2-u_2\boldsymbol{e}_1)\tag{2.5.33b}$$

在连续介质力学中,$\boldsymbol{\Omega}$ 在某种情况下代表了小转动,如图 2.9 所示。其条件如下:矢量 $\boldsymbol{u}$ 经 $\boldsymbol{\Omega}$ 作用,变为 $\boldsymbol{\Omega}\cdot\boldsymbol{u}=\boldsymbol{\omega}\times\boldsymbol{u}$,如果理解为这是 $\boldsymbol{\Omega}$ 所造成的 $\boldsymbol{u}$ 的增量,则 $\boldsymbol{u}$ 变为

$$\boldsymbol{u}+\boldsymbol{\Omega}\cdot\boldsymbol{u}=(\boldsymbol{G}+\boldsymbol{\Omega})\cdot\boldsymbol{u}$$

该矢量的模为

$$\begin{aligned}[(\boldsymbol{G}+\boldsymbol{\Omega})\cdot\boldsymbol{u}]^2&=(\boldsymbol{u}+\boldsymbol{\omega}\times\boldsymbol{u})^2=\boldsymbol{u}^2\left[1+\varphi^2\left(1-\frac{(\boldsymbol{e}_3\cdot\boldsymbol{u})^2}{\boldsymbol{u}^2}\right)\right]\\&=(u_1^2+u_2^2+u_3^2)+\varphi^2(u_1^2+u_2^2)\end{aligned}$$

所以,当 $\varphi\ll1$ 时,$\boldsymbol{\Omega}$ 代表了小转动,$\boldsymbol{\omega}$ 是小转动矢量。

2.5.7 正交张量

2.5.7.1 定义

一个正则二阶张量,其逆与其转置张量相等,则称该正则二阶张量为**正交张量**,用 $\boldsymbol{Q}$ 表示。即

$$\boldsymbol{Q}^{-1}=\boldsymbol{Q}^{\mathrm{T}}\tag{2.5.34a}$$

$$\boldsymbol{Q}\cdot\boldsymbol{Q}^{\mathrm{T}}=\boldsymbol{Q}^{\mathrm{T}}\cdot\boldsymbol{Q}=\boldsymbol{G}\tag{2.5.34b}$$

正交张量的矩阵:由(2.5.34a)式以及(2.2.5)式可知

$$[\boldsymbol{Q}^{\mathrm{T}}]=[\boldsymbol{Q}^{-1}]=[\boldsymbol{Q}]^{-1}\tag{2.5.35a}$$

$$[\boldsymbol{Q}^{\mathrm{T}}][\boldsymbol{Q}]=[\boldsymbol{Q}][\boldsymbol{Q}^{\mathrm{T}}]=[\boldsymbol{G}]\tag{2.5.35b}$$

应注意在一般的斜坐标系中,转置张量的矩阵与原张量的矩阵并不互为转置,$[\boldsymbol{Q}^{\mathrm{T}}]\neq[\boldsymbol{Q}]^{\mathrm{T}}$,所以在斜坐标系中正交张量的矩阵不是正交矩阵。只有在笛卡儿坐标系中,才有

$$[\boldsymbol{Q}]^{\mathrm{T}}=[\boldsymbol{Q}]^{-1},\qquad[\boldsymbol{Q}]^{\mathrm{T}}[\boldsymbol{Q}]=[\boldsymbol{Q}][\boldsymbol{Q}]^{\mathrm{T}}=[\delta_j^i]\tag{2.5.36}$$

此时正交张量的矩阵是正交矩阵,即每行、每列各自的平方和为 1,每二行(或列)的同列(或行)元素的乘积之和为零。

---

① 此式的证明见习题 1.48。

2.5.7.2　正交变换的“保内积”性质

正交张量所对应的线性变换，称为正交变换，它具有以下“保内积”性质。

定理　任意矢量 $\boldsymbol{u}$,$\boldsymbol{v}$ 用同一个正交张量进行映射后，其内积不变，即

$$(\boldsymbol{Q}\cdot\boldsymbol{u})\cdot(\boldsymbol{Q}\cdot\boldsymbol{v}) = \boldsymbol{u}\cdot\boldsymbol{v} \tag{2.5.37}$$

利用(2.1.18)式、(2.5.34a)式可证明上式。反之，上述定理的逆定理也成立。

逆定理　若一个二阶张量对于任意两个矢量 $\boldsymbol{u}$,$\boldsymbol{v}$ 进行线性变换后，仍保持此二矢量的内积不变，则此二阶张量必定是正交张量 $\boldsymbol{Q}$。读者可由(2.5.37)式自行证明。①

(2.5.37)式表示的“保内积”性质，其几何意义是指正交变换只能将空间一组基矢量进行刚性旋转(可能加镜面反射)，不能改变它们的长度与夹角。今后将经过正交变换的矢量用添加上符号“～”表示。例如：$\boldsymbol{Q}\cdot\boldsymbol{u}=\tilde{\boldsymbol{u}}$。

2.5.7.3　正交张量的并矢表达式

正交张量的并矢式用其混变分量可表达为

$$\boldsymbol{Q} = Q^{i}_{\cdot k}\boldsymbol{g}_i\boldsymbol{g}^k = Q_{i}^{\cdot k}\boldsymbol{g}^i\boldsymbol{g}_k \tag{2.5.38}$$

利用正交变换后的基矢量表达为

$$\boldsymbol{Q}\cdot\boldsymbol{g}_k = \tilde{\boldsymbol{g}}_k = Q^{i}_{\cdot k}\boldsymbol{g}_i \tag{2.5.39a}$$

$$\boldsymbol{Q}\cdot\boldsymbol{g}^k = \tilde{\boldsymbol{g}}^k = Q_{i}^{\cdot k}\boldsymbol{g}^i \tag{2.5.39b}$$

可以将正交张量表示为用该张量进行正交变换前后的基矢量并矢之和，即

$$\boldsymbol{Q} = \tilde{\boldsymbol{g}}_k\boldsymbol{g}^k = \tilde{\boldsymbol{g}}^k\boldsymbol{g}_k \tag{2.5.40}$$

注意此时前矢量是正交变换后的基矢量，后矢量是变换前的基矢量。

如果采用正交标准化基 $\boldsymbol{e}_i(i=1,2,3)$，则

$$\boldsymbol{Q} = \tilde{\boldsymbol{e}}_1\boldsymbol{e}_1 + \tilde{\boldsymbol{e}}_2\boldsymbol{e}_2 + \tilde{\boldsymbol{e}}_3\boldsymbol{e}_3 \tag{2.5.41}$$

此时

$$\cos(\boldsymbol{e}_i,\tilde{\boldsymbol{e}}_j) = \boldsymbol{e}^i\cdot\tilde{\boldsymbol{e}}_j = \boldsymbol{e}^i\cdot Q^{k}_{\cdot j}\boldsymbol{e}_k = Q^{i}_{\cdot j} \tag{2.5.42}$$

所以，在正交标准化基中，正交张量的分量 $Q^{i}_{\cdot j}$ 就是基矢量 $\boldsymbol{e}_i$ 与经该正交张量变换后的基矢量 $\tilde{\boldsymbol{e}}_j$ 之间的夹角方向余弦。

2.5.7.4　正交张量的标准形

由(2.5.34b)及(2.1.13)式可知，正交张量的行列式值 $\det\boldsymbol{Q}=\mathscr{J}_3^{(Q)}$ 应满足

$$\det\boldsymbol{Q}\,\det\boldsymbol{Q}^{\mathrm{T}} = (\det\boldsymbol{Q})^2 = 1$$

因此 $\det\boldsymbol{Q}=\mathscr{J}_3^{(Q)}$ 只可能有两种情况

$$\det\boldsymbol{Q} = \mathscr{J}_3^{(Q)} = 1 \tag{2.5.43a}$$

$$\det\boldsymbol{Q} = \mathscr{J}_3^{(Q)} = -1 \tag{2.5.43b}$$

称行列式值为 1 的正交张量为**正常正交张量**，记作 $\boldsymbol{R}$；行列式值为 −1 的正交张量为**反常正交张量**，记作 $\bar{\boldsymbol{R}}$。由(2.2.3)式可知，任一组基矢量的混合积在正交变换前后满足

$$[\tilde{\boldsymbol{g}}_1\quad\tilde{\boldsymbol{g}}_2\quad\tilde{\boldsymbol{g}}_3] = \det\boldsymbol{Q}[\boldsymbol{g}_1\quad\boldsymbol{g}_2\quad\boldsymbol{g}_3] \tag{2.5.44}$$

此式说明正常正交变换使基矢量只产生整体的刚性转动，右手系的基矢量仍变为右手系；反

① 见习题 2.16。

常正交变换使基矢量不仅有刚性转动,还进行了一次镜面反射。

为研究正交张量的标准形,需研究其特征方程的特征根与特征矢量。设其 3 个特征根分别为 $\lambda_1^{(Q)}$,$\lambda_2^{(Q)}$,$\lambda_3^{(Q)}$,其中必有一个是实根,设为 $\lambda_3^{(Q)}$,且由正交变换"保内积"的性质,实根的模只能等于 1。由于 $\mathscr{I}_3^{(Q)}=\lambda_1^{(Q)}\lambda_2^{(Q)}\lambda_3^{(Q)}=\pm 1$,故可假设

$$\lambda_1^{(Q)}\lambda_2^{(Q)}=1,\quad \lambda_3^{(Q)}=\begin{cases}1, & \text{对于正常正交张量 } \boldsymbol{R}\\ -1, & \text{对于反常正交张量 } \bar{\boldsymbol{R}}\end{cases} \tag{2.5.45}$$

假设 $\lambda_3^{(Q)}$ 所对应的特征方向上的单位矢量为 $\boldsymbol{e}_3$,称为**正交张量的轴**。正常正交变换将不改变 $\boldsymbol{e}_3$ 方向矢量的大小与方向;反常正交变换对 $\boldsymbol{e}_3$ 方向矢量作镜面反射。

至于 $\lambda_1^{(Q)}$ 与 $\lambda_2^{(Q)}$,一般情况可假设为一对共轭复根

$$\begin{aligned}\lambda_1^{(Q)}&=\mathrm{e}^{\mathrm{i}\varphi}=\cos\varphi+\mathrm{i}\sin\varphi\\ \lambda_2^{(Q)}&=\mathrm{e}^{-\mathrm{i}\varphi}=\cos\varphi-\mathrm{i}\sin\varphi\end{aligned} \tag{2.5.46}$$

当 $\varphi=0,\pi$ 时为两个特例,$\lambda_1^{(Q)}$ 与 $\lambda_2^{(Q)}$ 都是实数,分别为 1,1;或者 −1,−1。

正常(或反常)正交张量的复数形式对角型标准形为

$$[\boldsymbol{R}]=\begin{bmatrix}\mathrm{e}^{\mathrm{i}\varphi} & 0 & 0\\ 0 & \mathrm{e}^{-\mathrm{i}\varphi} & 0\\ 0 & 0 & 1\end{bmatrix},\quad [\bar{\boldsymbol{R}}]=\begin{bmatrix}\mathrm{e}^{\mathrm{i}\varphi} & 0 & 0\\ 0 & \mathrm{e}^{-\mathrm{i}\varphi} & 0\\ 0 & 0 & -1\end{bmatrix} \tag{2.5.47}$$

仿照 2.4.2.1 节中处理共轭复根(2.4.21)式的办法,化为实数形式的标准形为

$$[\boldsymbol{R}]=\begin{bmatrix}\cos\varphi & -\sin\varphi & 0\\ \sin\varphi & \cos\varphi & 0\\ 0 & 0 & 1\end{bmatrix} \tag{2.5.48a}$$

或

$$[\bar{\boldsymbol{R}}]=\begin{bmatrix}\cos\varphi & -\sin\varphi & 0\\ \sin\varphi & \cos\varphi & 0\\ 0 & 0 & -1\end{bmatrix} \tag{2.5.48b}$$

(2.5.48a)式与(2.5.48b)式是 2.4.2.1 节中(2.4.24b)式的两个特例,即 $\lambda=\cos\varphi,\mu=\sin\varphi$,$\lambda_3=1$ 与 −1。

此时,在垂直于 $\boldsymbol{e}_3$ 的平面内任意一对正交标准化基 $\boldsymbol{e}_1,\boldsymbol{e}_2$,都可作为对应的特征矢量,如图 2.10 所示。在这组正交标准化基中,正常正交张量的并矢式为

$$\boldsymbol{R}=\cos\varphi(\boldsymbol{e}_1\boldsymbol{e}_1+\boldsymbol{e}_2\boldsymbol{e}_2)+\sin\varphi(\boldsymbol{e}_2\boldsymbol{e}_1-\boldsymbol{e}_1\boldsymbol{e}_2)+\boldsymbol{e}_3\boldsymbol{e}_3 \tag{2.5.48c}$$

正常正交张量对其特征矢量所做的线性变换为

$$\begin{cases}\tilde{\boldsymbol{e}}_1=\boldsymbol{R}\cdot\boldsymbol{e}_1=\cos\varphi\,\boldsymbol{e}_1+\sin\varphi\,\boldsymbol{e}_2\\ \tilde{\boldsymbol{e}}_2=\boldsymbol{R}\cdot\boldsymbol{e}_2=-\sin\varphi\,\boldsymbol{e}_1+\cos\varphi\,\boldsymbol{e}_2\\ \tilde{\boldsymbol{e}}_3=\boldsymbol{R}\cdot\boldsymbol{e}_3=\boldsymbol{e}_3\end{cases} \tag{2.5.49}$$

例 2.7 反常正交张量对任意矢量 $\boldsymbol{u}$ 的映射 反常正交张量对于任意矢量 $\boldsymbol{u}$ 所做的线性变换 $\bar{\boldsymbol{R}}\cdot\boldsymbol{u}$,是将 $\boldsymbol{u}$ 绕 $\boldsymbol{e}_3$ 旋转 φ 角,再对于 $\boldsymbol{e}_1,\boldsymbol{e}_2$ 所在平面做一镜面反射,如图 2.11 所示。读者可根据(2.5.49)式自行写出其表达式并证明之。故对于任意矢量 $\boldsymbol{u}$,满足:

$$|\boldsymbol{Q}\cdot\boldsymbol{u}|=|\boldsymbol{u}| \tag{2.5.50}$$

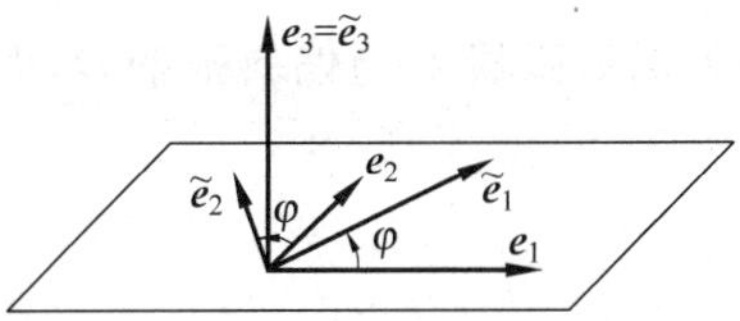

图 2.10　正交张量对应的特征矢量与正常正交变换

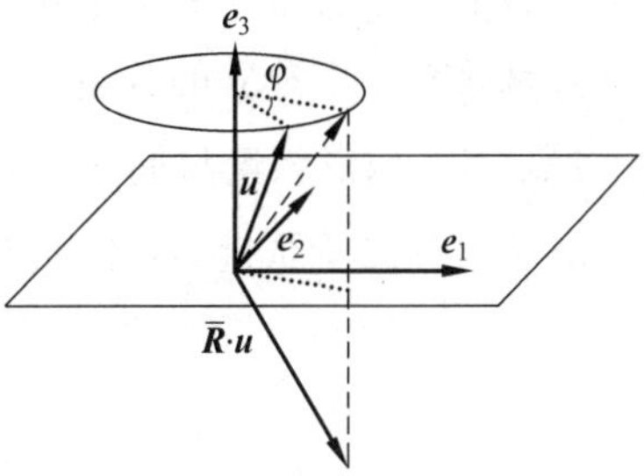

图 2.11　反常正交变换

在习题 3.8 中将证明正常正交张量 $\boldsymbol{R}$ 与反对称二阶张量$\boldsymbol{\Omega}$ 之间有以下函数关系：

$$\boldsymbol{R}=\mathrm{e}^{\Omega}=\boldsymbol{G}+\frac{\sin\varphi}{\varphi}\boldsymbol{\Omega}+\frac{2\sin^2\frac{\varphi}{2}}{\varphi^2}\boldsymbol{\Omega}^2 \tag{2.5.51}$$

$$\boldsymbol{\Omega}=\ln\boldsymbol{R}=\frac{\varphi}{2\sin\varphi}(\boldsymbol{R}-\boldsymbol{G})\cdot[(1+2\cos\varphi)\boldsymbol{G}-\boldsymbol{R}] \tag{2.5.52}$$

其中$\boldsymbol{\Omega}$ 与 $\boldsymbol{R}$ 具有相同的轴方向 $\boldsymbol{e}_3$，其特征根分别为

$$\lambda_1^{(\boldsymbol{\Omega})}=\mathrm{i}\varphi,\quad \lambda_2^{(\boldsymbol{\Omega})}=-\mathrm{i}\varphi,\quad \lambda_3^{(\boldsymbol{\Omega})}=0$$

$$\lambda_1^{(R)}=\mathrm{e}^{\mathrm{i}\varphi},\quad \lambda_2^{(R)}=\mathrm{e}^{-\mathrm{i}\varphi},\quad \lambda_3^{(R)}=1$$

2.6　二阶张量的分解

2.6.1　二阶张量的加法分解

对于任意二阶张量 $\boldsymbol{T}=T_{ij}\boldsymbol{g}^i\boldsymbol{g}^j=T_i^{\cdot j}\boldsymbol{g}^i\boldsymbol{g}_j=T^i_{\cdot j}\boldsymbol{g}_i\boldsymbol{g}^j=T^{ij}\boldsymbol{g}_i\boldsymbol{g}_j$，可以进行对称化与反对称化运算，即由 $\boldsymbol{T}$ 与 $\boldsymbol{T}^{\mathrm{T}}$ 分别构造下式：

$$\boldsymbol{N}=\frac{1}{2}(\boldsymbol{T}+\boldsymbol{T}^{\mathrm{T}}) \tag{2.6.1a}$$

$$\boldsymbol{\Omega}=\frac{1}{2}(\boldsymbol{T}-\boldsymbol{T}^{\mathrm{T}}) \tag{2.6.2a}$$

上两式的分量表达式为

$$\begin{cases} N_{ij}=\dfrac{1}{2}(T_{ij}+T_{ji}), & N_i^{\cdot j}=\dfrac{1}{2}(T_i^{\cdot j}+T^j_{\cdot i}) \\ N^i_{\cdot j}=\dfrac{1}{2}(T^i_{\cdot j}+T_j^{\cdot i}), & N^{ij}=\dfrac{1}{2}(T^{ij}+T^{ji}) \end{cases} \tag{2.6.1b}$$

$$\begin{cases} \Omega_{ij}=\dfrac{1}{2}(T_{ij}-T_{ji}), & \Omega_i^{\cdot j}=\dfrac{1}{2}(T_i^{\cdot j}-T^j_{\cdot i}) \\ \Omega^i_{\cdot j}=\dfrac{1}{2}(T^i_{\cdot j}-T_j^{\cdot i}), & \Omega^{ij}=\dfrac{1}{2}(T^{ij}-T^{ji}) \end{cases} \tag{2.6.2b}$$

由对称二阶张量与反对称二阶张量的性质易证，任意二阶张量 $\boldsymbol{T}$ 都可以分解为一个对称二阶张量$\boldsymbol{N}$ 与一个反对称二阶张量$\boldsymbol{\Omega}$ ，(2.6.1)和(2.6.2)两式唯一地确定了 $\boldsymbol{N}$ 与$\boldsymbol{\Omega}$ ，故张量的加法分解是唯一的。

一般的二阶张量 $\boldsymbol{T}$ 具有 9 个独立的分量，而二阶对称张量具有 6 个独立的分量，二阶反对称张量具有 3 个独立的分量。

2.6.1.1 球形张量与偏斜张量

对于对称二阶张量 $\boldsymbol{N}$，还可以进一步唯一地分解为**球形张量 $\boldsymbol{P}$ 与偏斜张量 $\boldsymbol{D}$**，即

$$\boldsymbol{N}=\boldsymbol{P}+\boldsymbol{D} \tag{2.6.3}$$

或

$$\boldsymbol{T}=\boldsymbol{N}+\boldsymbol{\Omega}=\boldsymbol{P}+\boldsymbol{D}+\boldsymbol{\Omega} \tag{2.6.4}$$

其中，球形张量为

$$\boldsymbol{P}=P^{i}_{\cdot j}\boldsymbol{g}_i\boldsymbol{g}^j=\frac{1}{3}\mathscr{J}_1^{(T)}\boldsymbol{G}=\frac{1}{3}\mathscr{J}_1^{(T)}\ \delta^i_j\boldsymbol{g}_i\boldsymbol{g}^j \tag{2.6.5a}$$

球形张量只有一个独立的分量

$$P^{i}_{\cdot j}=\frac{1}{3}\mathscr{J}_1^{(T)}\ \delta^i_j=\frac{1}{3}\mathscr{J}_1^{(N)}\ \delta^i_j=\begin{cases}\dfrac{1}{3}(N^{1}_{\cdot 1}+N^{2}_{\cdot 2}+N^{3}_{\cdot 3}), & i=j\\ 0, & i\neq j\end{cases} \tag{2.6.5b}$$

球形张量的三个主不变量为

$$\mathscr{J}_1^{(P)}=\mathscr{J}_1^{(T)}=\mathscr{J}_1^{(N)},\qquad \mathscr{J}_2^{(P)}=\frac{1}{3}(\mathscr{J}_1^{(N)})^2,\qquad \mathscr{J}_3^{(P)}=\frac{1}{27}(\mathscr{J}_1^{(N)})^3 \tag{2.6.6}$$

显然，球形张量 $\boldsymbol{P}$ 只有一个独立的不变量，且其第一主不变量 $\mathscr{J}_1^{(P)}$ 就是对应的对称张量 $\boldsymbol{N}$ 或二阶张量 $\boldsymbol{T}$ 的第一主不变量。球形张量的 3 个主分量均相等，空间任一组正交标准化基都是球形张量的特征矢量。

$$P_1=P_2=P_3=\frac{1}{3}\mathscr{J}_1^{(N)}=\frac{1}{3}(N^{1}_{\cdot 1}+N^{2}_{\cdot 2}+N^{3}_{\cdot 3}) \tag{2.6.7}$$

因而，任意两组球形张量都是比例张量。

偏斜张量 $\boldsymbol{D}$ 为

$$\boldsymbol{D}=\boldsymbol{N}-\boldsymbol{P}=D^{i}_{\cdot j}\boldsymbol{g}_i\boldsymbol{g}^j=(N^{i}_{\cdot j}-P^{i}_{\cdot j})\boldsymbol{g}_i\boldsymbol{g}^j \tag{2.6.8a}$$

$$\begin{aligned}D^{i}_{\cdot j}&=N^{i}_{\cdot j}-\frac{1}{3}\mathscr{J}_1^{(N)}\ \delta^i_j\\ &=\begin{cases}N^{i}_{\cdot j}-\dfrac{1}{3}(N^{1}_{\cdot 1}+N^{2}_{\cdot 2}+N^{3}_{\cdot 3}), & i=j\\ N^{i}_{\cdot j}, & i\neq j\end{cases}\end{aligned} \tag{2.6.8b}$$

偏斜张量的 9 个分量除满足对称条件外，还应满足其第一主不变量为零的条件，故只有 5 个独立的分量。其 3 个主不变量为①

$$\mathscr{J}_1^{(D)}=0 \tag{2.6.9a}$$

$$\mathscr{J}_2^{(D)}=\mathscr{J}_2^{(N)}-\frac{1}{3}(\mathscr{J}_1^{(N)})^2 \tag{2.6.9b}$$

$$\mathscr{J}_3^{(D)}=\mathscr{J}_3^{(N)}-\frac{1}{3}\mathscr{J}_1^{(N)}\ \mathscr{J}_2^{(N)}+\frac{2}{27}(\mathscr{J}_1^{(N)})^3 \tag{2.6.9c}$$

显然，偏斜张量 $\boldsymbol{D}$ 只有 2 个独立的不变量。可以证明，对于偏斜张量，按(2.3.5b)式计算所

① 证明见习题 2.20。

得的 $\mathscr{J}_2^{(D)}$ 恒为负。偏斜张量的特征方程为

$$\lambda^3 + \mathscr{J}_2^{(D)} \lambda - \mathscr{J}_3^{(D)} = 0 \tag{2.6.10}$$

由偏斜张量的定义式(2.6.8)易证，偏斜张量 $\boldsymbol{D}$ 的主方向就是它所对应的对称张量 $\boldsymbol{N}$ 的主方向，这也可以从球形张量的主方向为任意去理解。

2.6.1.2　利用偏斜张量求对称二阶张量的主分量与主方向

一般来说，求对称二阶张量 $\boldsymbol{N}$ 的 3 个主分量需要求解其特征方程(2.4.4)式，当特征多项式(2.4.5)不能做因式分解时是比较麻烦的。偏斜张量 $\boldsymbol{D}$ 只有 2 个独立的主分量，由于其第三个主分量 D_3 与前 2 个主分量之间满足

$$-(D_1 + D_2) = D_3 \tag{2.6.11a}$$

且有

$$D_1 D_3 + D_1 D_2 + D_2 D_3 = \mathscr{J}_2^{(D)} < 0 \tag{2.6.11b}$$

$$D_1 D_2 D_3 = \mathscr{J}_3^{(D)} \tag{2.6.11c}$$

上两式可以视作三次代数方程(2.6.10)的根与系数的关系式。利用三角函数和差化积公式，如令

$$D_1 = \frac{2}{\sqrt{3}} \sqrt{|\mathscr{J}_2^{(D)}|} \cos\left(\omega - \frac{\pi}{3}\right) \tag{2.6.12a}$$

$$D_2 = \frac{2}{\sqrt{3}} \sqrt{|\mathscr{J}_2^{(D)}|} \cos\left(\omega + \frac{\pi}{3}\right) \tag{2.6.12b}$$

$$D_3 = -\frac{2}{\sqrt{3}} \sqrt{|\mathscr{J}_2^{(D)}|} \cos\omega \tag{2.6.12c}$$

就可以满足(2.6.11)的三式。利用(2.6.11c)式可证

$$\cos 3\omega = -\frac{\sqrt{27}\mathscr{J}_3^{(D)}}{2|\mathscr{J}_2^{(D)}|^{3/2}} \tag{2.6.13}$$

不失一般性，可设 $D_1 \geqslant D_2 \geqslant D_3$，因此必有 $D_1 \geqslant 0, D_3 \leqslant 0$，从而

$$0 \leqslant \omega \leqslant \frac{\pi}{3} \tag{2.6.14}$$

如果采用 $\psi = \frac{\pi}{6} - \omega$，相应地(2.6.12)式可写作

$$D_1 = \frac{2}{\sqrt{3}} \sqrt{|\mathscr{J}_2^{(D)}|} \sin\left(\psi + \frac{2\pi}{3}\right) \tag{2.6.15a}$$

$$D_2 = \frac{2}{\sqrt{3}} \sqrt{|\mathscr{J}_2^{(D)}|} \sin\psi \tag{2.6.15b}$$

$$D_3 = \frac{2}{\sqrt{3}} \sqrt{|\mathscr{J}_2^{(D)}|} \sin\left(\psi + \frac{4\pi}{3}\right) \tag{2.6.15c}$$

其中

$$\sin 3\psi = -\frac{\sqrt{27}\mathscr{J}_3^{(D)}}{2|\mathscr{J}_2^{(D)}|^{3/2}}, \qquad -\frac{\pi}{6} \leqslant \psi \leqslant \frac{\pi}{6} \tag{2.6.16}$$

(2.6.12)式～(2.6.14)式或(2.6.15)式～(2.6.16)式给出了偏斜张量主分量的简单算式，进一步还可以得到偏斜张量的主方向。然后利用下式

$$N^{i}_{\cdot j} = D^{i}_{\cdot j} + \frac{1}{3}\mathscr{J}_1^{(N)}\delta^{i}_{j}, \qquad N_j = D_i + \frac{1}{3}\mathscr{J}_1^{(N)} \tag{2.6.17}$$

就可以得到相应的对称二阶张量的主分量,而其主方向就是偏斜张量的主方向。

从(2.6.12)式或(2.6.15)式关于偏斜张量的三式可以看到,偏斜张量 3 个分量的模只取决于 $|\mathscr{J}_2^{(D)}|$,即其第二主不变量,而它们之间的比例只取决于 ω(或 ψ)。

可以这样来解释 ω 的物理意义:设对称二阶张量 $\boldsymbol{N}$(从而对应的偏斜张量 $\boldsymbol{D}$)的三个互相正交的主方向分别为 $\boldsymbol{i}_1$,$\boldsymbol{i}_2$ 和 $\boldsymbol{i}_3$,对应的主分量为 N_1,N_2 和 N_3。与这三个主方向等倾的斜面称为八面体等斜面①,其法向单位矢量为 $\boldsymbol{n}=\frac{1}{\sqrt{3}}(\boldsymbol{i}_1+\boldsymbol{i}_2+\boldsymbol{i}_3)$,如图 2.12 所示。$\boldsymbol{N}$ 在八面体等斜面上作用的矢量分量为

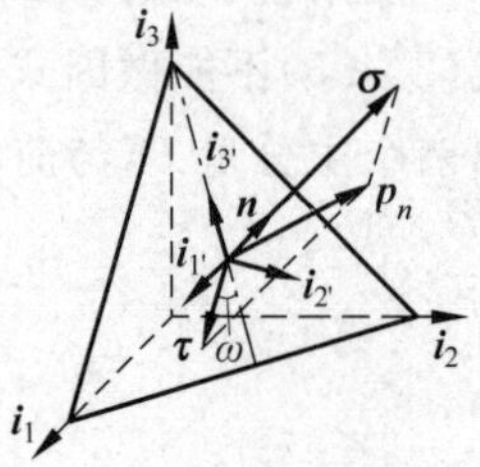

图 2.12 八面体等斜面

$$\boldsymbol{p}_n = \boldsymbol{N}\cdot\boldsymbol{n} = \frac{1}{\sqrt{3}}(N_1\boldsymbol{i}_1 + N_2\boldsymbol{i}_2 + N_3\boldsymbol{i}_3)$$

其法向分矢量为

$$\boldsymbol{\sigma} = (\boldsymbol{N} : \boldsymbol{n}\boldsymbol{n})\boldsymbol{n} = \frac{1}{3}(N_1 + N_2 + N_3)\boldsymbol{n} = \frac{1}{3}\mathscr{J}_1^{(N)}\boldsymbol{n}$$

只与 $\boldsymbol{N}$ 对应的球形张量有关;而其切向分矢量为

$$\begin{aligned}\boldsymbol{\tau} &= \boldsymbol{p}_n - \frac{1}{3}\mathscr{J}_1^{(N)}\boldsymbol{n} = \frac{1}{\sqrt{3}}\left[\left(N_1 - \frac{1}{3}\mathscr{J}_1^{(N)}\right)\boldsymbol{i}_1 + \left(N_2 - \frac{1}{3}\mathscr{J}_1^{(N)}\right)\boldsymbol{i}_2 + \left(N_3 - \frac{1}{3}\mathscr{J}_1^{(N)}\right)\boldsymbol{i}_3\right] \\ &= \frac{1}{\sqrt{3}}(D_1\boldsymbol{i}_1 + D_2\boldsymbol{i}_2 + D_3\boldsymbol{i}_3)\end{aligned}$$

$\boldsymbol{\tau}$ 只与 $\boldsymbol{N}$ 对应的偏斜张量有关,或者说,只与 $\boldsymbol{D}$ 有关。容易计算 $|\boldsymbol{\tau}|=\sqrt{\frac{2}{3}}\sqrt{|\mathscr{J}_2^{(D)}|}$。$\boldsymbol{i}_1$,$\boldsymbol{i}_2$ 和 $\boldsymbol{i}_3$ 在八面体等斜面上的投影构成该平面上互相之间夹角为 120°的三个方向,设沿此三个方向的单位矢量分别为 $\boldsymbol{i}_{1'}$,$\boldsymbol{i}_{2'}$ 与 $\boldsymbol{i}_{3'}$,从几何关系可以导出

$$\boldsymbol{i}_{1'} = \sqrt{\frac{2}{3}}\boldsymbol{i}_1 - \sqrt{\frac{1}{6}}\boldsymbol{i}_2 - \sqrt{\frac{1}{6}}\boldsymbol{i}_3$$

$$\boldsymbol{i}_{2'} = -\sqrt{\frac{1}{6}}\boldsymbol{i}_1 + \sqrt{\frac{2}{3}}\boldsymbol{i}_2 - \sqrt{\frac{1}{6}}\boldsymbol{i}_3$$

$$\boldsymbol{i}_{3'} = -\sqrt{\frac{1}{6}}\boldsymbol{i}_1 - \sqrt{\frac{1}{6}}\boldsymbol{i}_2 + \sqrt{\frac{2}{3}}\boldsymbol{i}_3$$

由上式并考虑到 $D_1+D_2+D_3=0$,八面体等斜面上切向分矢量 $\boldsymbol{\tau}$ 沿此三个方向的分量分别为

$$\boldsymbol{\tau}\cdot\boldsymbol{i}_{1'} = \frac{D_1}{\sqrt{2}} = \sqrt{\frac{2}{3}}\sqrt{|\mathscr{J}_2^{(D)}|}\cos\left(\omega - \frac{\pi}{3}\right)$$

$$\boldsymbol{\tau}\cdot\boldsymbol{i}_{2'} = \frac{D_2}{\sqrt{2}} = \sqrt{\frac{2}{3}}\sqrt{|\mathscr{J}_2^{(D)}|}\cos\left(\omega + \frac{\pi}{3}\right)$$

---

① 在任何一个物质点,这样的等斜面有八个,它们围成一个八面体,故称八面体等斜面。

$$\boldsymbol{\tau}\cdot\boldsymbol{i}_{3'}=\frac{D_3}{\sqrt{2}}=-\sqrt{\frac{2}{3}}\sqrt{|\mathscr{J}_2^{(D)}|}\cos\omega$$

由上述三式可知，ω 表示八面体等斜面上的切向分量 $\boldsymbol{\tau}$ 与 $-\boldsymbol{i}_{3'}$ 的夹角，见图 2.12。

例 2.8　加法分解在塑性力学中的应用。在小变形的连续介质力学中，加法分解的物理意义十分明显。例如可以把位移梯度张量分解为应变张量 $\boldsymbol{\varepsilon}$ 与旋转张量 $\boldsymbol{\Omega}$ 两部分。其中应变张量 $\boldsymbol{\varepsilon}$ 是对称张量，由 2.4 节例 2.1 知，它所对应的线性变换是沿主轴方向的伸长（或缩短），因此应变张量表示线元的纯变形；而旋转张量 $\boldsymbol{\Omega}$ 是反对称张量，若其反偶矢量为 $\boldsymbol{\omega}$，则对于任意矢量 $\boldsymbol{u}$，$\boldsymbol{\Omega}$ 所做的线性变换为

$$\boldsymbol{\Omega}\cdot\boldsymbol{u}=\boldsymbol{\omega}\times\boldsymbol{u}$$

在小变形情况下，上式表示线元绕 $\boldsymbol{\Omega}$ 的轴方向的刚体转动，转动矢量为 $\boldsymbol{\Omega}$ 的反偶矢量 $\boldsymbol{\omega}$①。因此，在小变形问题中，位移梯度张量通过加法分解为一个反映纯变形的张量和一个反映刚体转动的张量。

在塑性力学小变形理论中，通常进一步将应变张量分解为球形张量 $\varepsilon_0\boldsymbol{G}$ 与偏斜张量 $\boldsymbol{e}$ 两部分，其中球形张量代表了所研究微元体的体积变形 θ，它只与应变张量的第一主不变量有关

$$\theta=(\varepsilon_1+\varepsilon_2+\varepsilon_3)=\mathscr{J}_1^{(\varepsilon)}=3\varepsilon_0$$

而偏斜张量 $\boldsymbol{e}$ 表示微元体形状的变化。对于绝大部分金属材料，塑性变形不包含体积变形，只与偏斜张量 $\boldsymbol{e}$ 有关。

塑性力学中常常遇到比例加载的概念。对于偏斜张量而言，由于它只有 2 个独立的主分量，所以如果两个偏斜张量 $\boldsymbol{e}$ 与 $\boldsymbol{e}'$ 具有相同的主方向，其主分量满足

$$\frac{e_1}{e_1'}=\frac{e_2}{e_2'}\qquad\text{或}\qquad\frac{e_1}{e_2}=\frac{e_1'}{e_2'}\tag{2.6.18}$$

它们之间就互为比例张量。从(2.6.12)式或(2.6.15)式还可看到，当主方向保持不变时，一系列的偏斜张量是否成为比例张量只取决于它们的 ω(或 ψ)在加载过程中是否改变。塑性力学中还常常用 Lode 参数 μ 来表示 ω(或 ψ)

$$\mu=\sqrt{3}\cot(\omega+\pi/3)=\sqrt{3}\tan\psi=\frac{(D_2-D_1)+(D_2-D_3)}{D_1-D_3}\tag{2.6.19}$$

显然，比例加载应使加载过程中应变偏量的主方向不变，Lode 参数 μ 不变，只改变 $\mathscr{J}_2^{(\varepsilon)}$。

应当引起注意的是，正如 2.5.6.5 节末所指出，在连续介质力学中，对于大变形的几何分析，这种基于线性叠加规则的加法分解已无意义，而且此时反对称二阶张量也已不能表示纯转动，必须采用下一小节所介绍的乘法分解。

2.6.1.3　二阶张量标量不变量的进一步分析

任意二阶张量 $\boldsymbol{T}$ 的加法分解见(2.6.4)式：

$$\boldsymbol{T}=\boldsymbol{N}+\boldsymbol{\Omega}\tag{2.6.4}$$

将其中的对称张量 $\boldsymbol{N}$ 在其主轴方向，即正交标准化基 $\boldsymbol{e}_1,\boldsymbol{e}_2,\boldsymbol{e}_3$ 中化为对角型标准形，对应的矩阵为

---

① 见 2.5.6.5 节和图 2.9。

$$[\boldsymbol{N}] = \begin{bmatrix} N_1 & 0 & 0 \\ 0 & N_2 & 0 \\ 0 & 0 & N_3 \end{bmatrix} \tag{2.4.2b}$$

因此,对称二阶张量 $\boldsymbol{N}$ 的任意非零的标量不变量都可以通过 N_1, N_2, N_3 这三个参数表达,其独立的不变量数为3个。反对称张量 $\boldsymbol{\Omega}$ 在 $\boldsymbol{N}$ 的主轴方向的矩阵必定可表示为以下形式:

$$[\boldsymbol{\Omega}] = \begin{bmatrix} 0 & \Omega^1_{\cdot 2} & \Omega^1_{\cdot 3} \\ \Omega^2_{\cdot 1} & 0 & \Omega^2_{\cdot 3} \\ \Omega^3_{\cdot 1} & \Omega^3_{\cdot 2} & 0 \end{bmatrix} = \begin{bmatrix} 0 & -\omega_3 & \omega_2 \\ \omega_3 & 0 & -\omega_1 \\ -\omega_2 & \omega_1 & 0 \end{bmatrix}$$

式中 $\boldsymbol{\omega}$ 为 $\boldsymbol{\Omega}$ 的反偶矢量,由(2.5.29)式定义。因此任意二阶张量 $\boldsymbol{T}$ 在 $\boldsymbol{N}$ 的主坐标系中的分量依赖于6个参数 $N_1, N_2, N_3, \omega_1, \omega_2, \omega_3$。$\boldsymbol{T}$ 的任意非零的标量不变量都可以通过这6个参数表示。例如:

$$\mathrm{tr}\boldsymbol{N} = N_1 + N_2 + N_3$$

$$\mathrm{tr}(\boldsymbol{N}^2) = \mathrm{tr}(\boldsymbol{N}\cdot\boldsymbol{N}) = (N_1)^2 + (N_2)^2 + (N_3)^2$$

$$\mathrm{tr}(\boldsymbol{N}^3) = \mathrm{tr}(\boldsymbol{N}\cdot\boldsymbol{N}\cdot\boldsymbol{N}) = (N_1)^3 + (N_2)^3 + (N_3)^3$$

以上3式类似于(2.3.8a,b,c)式。此外还有

$$\mathrm{tr}\boldsymbol{\Omega} = 0, \quad \mathrm{tr}(\boldsymbol{\Omega}^2) = -2[(\omega_1)^2 + (\omega_2)^2 + (\omega_3)^2], \quad \mathrm{tr}(\boldsymbol{\Omega}^3) = 0$$

以及

$$\mathrm{tr}(\boldsymbol{N}\cdot\boldsymbol{\Omega}) = \mathrm{tr}(\boldsymbol{\Omega}\cdot\boldsymbol{N}) = 0,$$

$$\mathrm{tr}(\boldsymbol{N}\cdot\boldsymbol{\Omega}^2) = -[N_1(\omega_2^2 + \omega_3^2) + N_2(\omega_3^2 + \omega_1^2) + N_3(\omega_1^2 + \omega_2^2)]$$

$$\mathrm{tr}(\boldsymbol{N}^2\cdot\boldsymbol{\Omega}) = 0$$

$$\begin{aligned}\mathrm{tr}(\boldsymbol{N}^2\cdot\boldsymbol{\Omega}^2) &= \mathrm{tr}(\boldsymbol{N}\cdot\boldsymbol{\Omega}^2\cdot\boldsymbol{N}) = \mathrm{tr}(\boldsymbol{\Omega}^2\cdot\boldsymbol{N}^2) = \mathrm{tr}(\boldsymbol{\Omega}\cdot\boldsymbol{N}^2\cdot\boldsymbol{\Omega}) \\ &= -[N_1^2(\omega_2^2 + \omega_3^2) + N_2^2(\omega_3^2 + \omega_1^2) + N_3^2(\omega_1^2 + \omega_2^2)]\end{aligned}$$

$$\mathrm{tr}(\boldsymbol{N}^3\cdot\boldsymbol{\Omega}) = \mathrm{tr}(\boldsymbol{N}^2\cdot\boldsymbol{\Omega}\cdot\boldsymbol{N}) = \mathrm{tr}(\boldsymbol{N}\cdot\boldsymbol{\Omega}\cdot\boldsymbol{N}^2) = \mathrm{tr}(\boldsymbol{\Omega}\cdot\boldsymbol{N}^3) = 0$$

$$\mathrm{tr}(\boldsymbol{N}\cdot\boldsymbol{\Omega}^3) = \mathrm{tr}(\boldsymbol{\Omega}^3\cdot\boldsymbol{N}) = \mathrm{tr}(\boldsymbol{\Omega}^2\cdot\boldsymbol{N}\cdot\boldsymbol{\Omega}) = \mathrm{tr}(\boldsymbol{\Omega}\cdot\boldsymbol{N}\cdot\boldsymbol{\Omega}^2) = 0$$

$$\mathrm{tr}(\boldsymbol{N}\cdot\boldsymbol{\Omega}\cdot\boldsymbol{N}\cdot\boldsymbol{\Omega}) = \mathrm{tr}(\boldsymbol{\Omega}\cdot\boldsymbol{N}\cdot\boldsymbol{\Omega}\cdot\boldsymbol{N}) = -2[N_2N_3(\omega_1)^2 + N_1N_3(\omega_2)^2 + N_1N_2(\omega_3)^2]$$

$$\begin{aligned}\mathrm{tr}(\boldsymbol{N}^3\cdot\boldsymbol{\Omega}^2) &= \mathrm{tr}(\boldsymbol{N}^2\cdot\boldsymbol{\Omega}^2\cdot\boldsymbol{N}) = \mathrm{tr}(\boldsymbol{N}\cdot\boldsymbol{\Omega}^2\cdot\boldsymbol{N}^2) = \mathrm{tr}(\boldsymbol{\Omega}^2\cdot\boldsymbol{N}^3) = \mathrm{tr}(\boldsymbol{\Omega}\cdot\boldsymbol{N}^3\cdot\boldsymbol{\Omega}) \\ &= -[N_1^3(\omega_2^2 + \omega_3^2) + N_2^3(\omega_3^2 + \omega_1^2) + N_3^3(\omega_1^2 + \omega_2^2)]\end{aligned}$$

$$\mathrm{tr}(\boldsymbol{N}^3\cdot\boldsymbol{\Omega}^3) = \cdots = 0$$

$$\begin{aligned}\mathrm{tr}(\boldsymbol{N}^2\cdot\boldsymbol{\Omega}^2\cdot\boldsymbol{N}\cdot\boldsymbol{\Omega}) &= \cdots = -(N_1 - N_2)(N_2 - N_3)(N_3 - N_1)\omega_1\omega_2\omega_3 \\ &= -\mathrm{tr}(\boldsymbol{\Omega}^2\cdot\boldsymbol{N}^2\cdot\boldsymbol{\Omega}\cdot\boldsymbol{N}) = \cdots\end{aligned}$$

以及其他许多标量不变量。上面以"…"表示按照(2.3.12)式所示保持循环顺序不变的原则衍生出来的迹不变量。

还可以利用组成非对称二阶张量 $\boldsymbol{T}$ 的对称二阶张量 $\boldsymbol{N}$ 与反对称二阶张量 $\boldsymbol{\Omega}$ 的三个反偶矢量分量共计6个量组成的6个独立的标量不变量来表示 $\boldsymbol{T}$ 的三个主不变量。

在 $\boldsymbol{N}$ 的主坐标系 $\boldsymbol{e}_1, \boldsymbol{e}_2, \boldsymbol{e}_3$ 中,$\boldsymbol{T}$ 的矩阵为

$$[\boldsymbol{T}] = \begin{bmatrix} N_1 & -\omega_3 & \omega_2 \\ \omega_3 & N_2 & -\omega_1 \\ -\omega_2 & \omega_1 & N_3 \end{bmatrix}$$

由此式可以求得以 $\boldsymbol{N}$ 的主值与$\boldsymbol{\Omega}$ 的反偶矢量表示的 $\boldsymbol{T}$ 的三个主不变量

$$\mathscr{I}_1^{(T)} = N_1 + N_2 + N_3 = \mathrm{tr}\boldsymbol{N} = \mathscr{I}_1^{(N)}$$

$$\mathscr{I}_2^{(T)} = N_1N_2 + N_2N_3 + N_3N_1 + \omega_1^2 + \omega_2^2 + \omega_3^2 = \mathscr{I}_2^{(N)} + \mathscr{I}_2^{(\Omega)}$$

$$\mathscr{I}_3^{(T)} = N_1N_2N_3 + N_1\omega_1^2 + N_2\omega_2^2 + N_3\omega_3^2 = \mathscr{I}_3^{(N)} + N_1\omega_1^2 + N_2\omega_2^2 + N_3\omega_3^2$$

$$= \mathscr{I}_3^{(N)} - \frac{1}{2}\mathscr{I}_1^{(N)}\mathrm{tr}(\boldsymbol{\Omega}^2) + \mathrm{tr}(N\cdot\boldsymbol{\Omega}^2)$$

可见，非对称二阶张量包含了 6 个独立的标量不变量。

Boehler① 证明非对称二阶张量 $\boldsymbol{T}$ 的任意标量不变量均为上述形式的迹不变量中 7 个不变量(我们称为“基本”不变量)的函数，它们是

$$\mathrm{tr}\boldsymbol{N},\mathrm{tr}(\boldsymbol{N}^2),\mathrm{tr}(\boldsymbol{N}^3),\mathrm{tr}(\boldsymbol{\Omega}^2),\mathrm{tr}(\boldsymbol{N}\cdot\boldsymbol{\Omega}^2),\mathrm{tr}(\boldsymbol{N}^2\cdot\boldsymbol{\Omega}^2),\mathrm{tr}(\boldsymbol{N}^2\cdot\boldsymbol{\Omega}^2\cdot\boldsymbol{N}\cdot\boldsymbol{\Omega})$$

Pennisi 与 Trovato② 举了许多例子，证明这 7 个基本不变量中的任一个都不能表示为其他 6 个的单值函数。例如，其中一个例子如下：

$$[\boldsymbol{N}] = \begin{bmatrix} 0 & 0 & 0 \\ 0 & -1 & 0 \\ 0 & 0 & 1 \end{bmatrix},\quad \text{即}\quad N_1 = 0,\quad N_2 = -1,\quad N_3 = 1$$

情况(1)

$$[\boldsymbol{\Omega}] = [\boldsymbol{\Omega}_{(1)}] = \begin{bmatrix} 0 & 1 & 1 \\ -1 & 0 & 1 \\ -1 & -1 & 0 \end{bmatrix},\quad \text{即}\quad \omega_1 = -1,\quad \omega_2 = 1,\quad \omega_3 = -1$$

或情况(2)

$$[\boldsymbol{\Omega}] = [\boldsymbol{\Omega}_{(2)}] = \begin{bmatrix} 0 & -1 & 1 \\ 1 & 0 & 1 \\ -1 & -1 & 0 \end{bmatrix},\quad \text{即}\quad \omega_1 = -1,\quad \omega_2 = 1,\quad \omega_3 = 1$$

两种情况(1)与(2)对应的上述 7 个基本不变量中前 6 个不变量值相同，而第 7 个不变量的值却不相同。这一例子说明第 7 个不变量不能表示为前 6 个基本不变量的单值函数。

但是，这 7 个基本不变量是都可以由 6 个参量 $N_1,N_2,N_3,\omega_1,\omega_2,\omega_3$ 来表示的，因此这 7 个基本不变量之间必定存在某种关系，应该认为这 7 个基本不变量之中只有 6 个是独立的，即非对称二阶张量独立的不变量数为 6 个。在 7 个基本不变量所构成的七维空间，它们的取值并不能全部充满；只有与 6 个参量 $N_1,N_2,N_3,\omega_1,\omega_2,\omega_3$ 所对应的六维子空间是 7 个基本不变量的取值范围。我们可以用一个简单的例子来说明这个事实。例如函数 $f(\alpha,\beta)$ 是自变量 α 与 β 的函数，其中 $\alpha=\sin\theta,\beta=\cos\theta$。两个自变量 α 与 β 中任一个都不是另一个的单值函数，因此不能用它们中的任一个代替另外一个。但是这两个自变量 α 与 β 之间满足关系 $\alpha^2+\beta^2=1$，所以 α 与 β 的变化域并不是(α,β)全平面，而只是其中半径为 1 的圆周线，因此应当认为独立的自变量只有一个(即 θ)。

---

① Boehler J P. ZAMM **57**, 1977: 323-327.

② Pennisi S, Trovato M. On the irreducibility of Professor G. F. Smiths' representations for isotropic functions, Int. J. Engng Sci, 1987, **25**: 1059-1065.

2.6.2 二阶张量的乘法分解(极分解)

在连续介质力学中进行大变形的几何分析时,通常需要对变形梯度张量进行乘法分解。

定理① 正则的二阶张量 $\boldsymbol{S}$ 必定可以分解为一个正交张量 $\boldsymbol{R}$(或 $\boldsymbol{R}_1$)与一个正张量 $\boldsymbol{U}$(或 $\boldsymbol{V}$)的点积

$$\boldsymbol{S} = \boldsymbol{R} \cdot \boldsymbol{U} \tag{2.6.20a}$$

$$\boldsymbol{S} = \boldsymbol{V} \cdot \boldsymbol{R}_1 \tag{2.6.20b}$$

(2.6.20a)式称为**右极分解**,(2.6.20b)式称为**左极分解**,可以证明,左、右极分解都是唯一的。

证明 (1) 对于正则的二阶张量 $\boldsymbol{S}$ 存在唯一的正张量 $\boldsymbol{U}$ 与 $\boldsymbol{V}$

若(2.6.20)式的两种极分解成立,则

$$\boldsymbol{S}^{\mathrm{T}} = (\boldsymbol{R} \cdot \boldsymbol{U})^{\mathrm{T}} = \boldsymbol{U}^{\mathrm{T}} \cdot \boldsymbol{R}^{\mathrm{T}} = \boldsymbol{U} \cdot \boldsymbol{R}^{\mathrm{T}}$$

$$\boldsymbol{S}^{\mathrm{T}} = (\boldsymbol{V} \cdot \boldsymbol{R}_1)^{\mathrm{T}} = \boldsymbol{R}_1^{\mathrm{T}} \cdot \boldsymbol{V}^{\mathrm{T}} = \boldsymbol{R}_1^{\mathrm{T}} \cdot \boldsymbol{V}$$

$$\boldsymbol{S}^{\mathrm{T}} \cdot \boldsymbol{S} = \boldsymbol{U}^{\mathrm{T}} \cdot \boldsymbol{R}^{\mathrm{T}} \cdot \boldsymbol{R} \cdot \boldsymbol{U} = \boldsymbol{U}^2 \tag{2.6.21a}$$

$$\boldsymbol{S} \cdot \boldsymbol{S}^{\mathrm{T}} = \boldsymbol{V} \cdot \boldsymbol{R}_1 \cdot \boldsymbol{R}_1^{\mathrm{T}} \cdot \boldsymbol{V} = (\boldsymbol{V})^2 \tag{2.6.21b}$$

上式指出了由正则的二阶张量构作满足(2.6.20)两式的正张量 $\boldsymbol{U}$ 与 $\boldsymbol{V}$ 的方法,2.5.4节中业已证明(2.5.19)式 $\boldsymbol{S}^{\mathrm{T}} \cdot \boldsymbol{S} > \boldsymbol{O}$ 和 $\boldsymbol{S} \cdot \boldsymbol{S}^{\mathrm{T}} > \boldsymbol{O}$,所以它们存在方根,且其方根也是正张量,即

$$\boldsymbol{U} = \sqrt{\boldsymbol{S}^{\mathrm{T}} \cdot \boldsymbol{S}} > \boldsymbol{O} \tag{2.6.22a}$$

$$\boldsymbol{V} = \sqrt{\boldsymbol{S} \cdot \boldsymbol{S}^{\mathrm{T}}} > \boldsymbol{O} \tag{2.6.22b}$$

习题2.9与习题2.19还证明了 $\boldsymbol{S}^{\mathrm{T}} \cdot \boldsymbol{S}$ 和 $\boldsymbol{S} \cdot \boldsymbol{S}^{\mathrm{T}}$,从而 $\boldsymbol{U}$ 与 $\boldsymbol{V}$ 具有相同的主分量,但其主方向之间差一个刚性转动。

(2) 由 $\boldsymbol{S}$ 与 $\boldsymbol{U}$(或 $\boldsymbol{V}$)唯一地确定正交张量 $\boldsymbol{R}$ 与 $\boldsymbol{R}_1$

正张量 $\boldsymbol{U}$ 与 $\boldsymbol{V}$ 的逆必定存在,故可唯一地构作

$$\boldsymbol{R} = \boldsymbol{S} \cdot \boldsymbol{U}^{-1} \tag{2.6.23a}$$

$$\boldsymbol{R}_1 = (\boldsymbol{V})^{-1} \cdot \boldsymbol{S} \tag{2.6.23b}$$

下面证明按(2.6.23)的两式构作所得到的是正交张量

$$\boldsymbol{R}^{\mathrm{T}} = (\boldsymbol{S} \cdot \boldsymbol{U}^{-1})^{\mathrm{T}} = (\boldsymbol{U}^{-1})^{\mathrm{T}} \cdot \boldsymbol{S}^{\mathrm{T}} = (\boldsymbol{U}^{\mathrm{T}})^{-1} \cdot \boldsymbol{S}^{\mathrm{T}} = \boldsymbol{U}^{-1} \cdot \boldsymbol{S}^{\mathrm{T}}$$

$$\boldsymbol{R}_1^{\mathrm{T}} = (\boldsymbol{V}^{-1} \cdot \boldsymbol{S})^{\mathrm{T}} = \boldsymbol{S}^{\mathrm{T}} \cdot \boldsymbol{V}^{-1}$$

$$\boldsymbol{R}^{\mathrm{T}} \cdot \boldsymbol{R} = \boldsymbol{U}^{-1} \cdot \boldsymbol{S}^{\mathrm{T}} \cdot \boldsymbol{S} \cdot \boldsymbol{U}^{-1} = \boldsymbol{U}^{-1} \cdot \boldsymbol{U}^2 \cdot \boldsymbol{U}^{-1} = \boldsymbol{G} \cdot \boldsymbol{G} = \boldsymbol{G}$$

$$\boldsymbol{R}_1 \cdot \boldsymbol{R}_1^{\mathrm{T}} = \boldsymbol{V}^{-1} \cdot \boldsymbol{S} \cdot \boldsymbol{S}^{\mathrm{T}} \cdot \boldsymbol{V}^{-1} = \boldsymbol{V}^{-1} \cdot \boldsymbol{V}^2 \cdot \boldsymbol{V}^{-1} = \boldsymbol{G} \cdot \boldsymbol{G} = \boldsymbol{G}$$

上两式证明了按照(2.6.23a,b)两式可以唯一地构作两个正交张量。

同一张量左、右极分解的关系为

$$\boldsymbol{R} = \boldsymbol{R}_1 \tag{2.6.24}$$

$$\boldsymbol{U} = \boldsymbol{R}^{\mathrm{T}} \cdot \boldsymbol{V} \cdot \boldsymbol{R}, \qquad \text{即} \qquad \boldsymbol{V} = \boldsymbol{R} \cdot \boldsymbol{U} \cdot \boldsymbol{R}^{\mathrm{T}} \tag{2.6.25a}$$

证明上两式的方法是将左极分解的(2.6.20b)式化为右极分解的(2.6.20a)式的形式:

---

① 这个定理的正交张量 $\boldsymbol{Q}$ 本来不限于正常正交张量 $\boldsymbol{R}$,也可以是反常正交张量 $\bar{\boldsymbol{R}}$,但在连续介质力学中只用在 $\boldsymbol{Q}$ 为正常正交张量 $\boldsymbol{R}$ 的情况。

$$S = V \cdot R_1 = R_1 \cdot R_1^{\mathrm{T}} \cdot V \cdot R_1$$

然后证明 $R_1^{\mathrm{T}} \cdot V \cdot R_1$ 是一个正张量。再利用左、右极分解的唯一性，对比上式与(2.6.20a)式可证明左、右极分解所对应的正交张量相等，即(2.6.24)式；还可证明左、右极分解对应的正张量 U 与 V 的关系(2.6.25a)式，正张量 U 与 V 的主分量相同，只是二组基矢量之间有一个刚性转动①。即

若

$$U = \sum_{i=1}^{3} \lambda_i e_i e_i, \qquad 则 \qquad V = \sum_{i=1}^{3} \lambda_i \tilde{e}_i \tilde{e}_i \tag{2.6.25b}$$

式中

$$\tilde{e}_i = R \cdot e_i \qquad (i = 1,2,3)$$

2.7　正交相似张量

如前述，同一张量 T 经左、右极分解后得到的正张量 V 与 U 之间满足(2.6.25a)式，称 U 与 V 互为**正交相似张量**。

定义　若有两个二阶张量 A,B 之间满足

$$B = Q \cdot A \cdot Q^{\mathrm{T}}, \qquad 即 \qquad A = Q^{\mathrm{T}} \cdot B \cdot Q \tag{2.7.1}$$

式中 Q 为正交张量，则称 A 与 B 互为**正交相似张量**。

下面的定理给出了对称二阶张量满足正交相似的充分且必要条件。

定理　对称二阶张量 N 与 M 互为正交相似的充分且必要条件是它们的 3 个主不变量相等。

$$\mathscr{J}_i^{(N)} = \mathscr{J}_i^{(M)} \qquad (i = 1,2,3) \tag{2.7.2}$$

证明方法如下。

(1) 必要性：即已知 $M = Q \cdot N \cdot Q^{\mathrm{T}}$，求证 $\mathscr{J}_i^{(N)} = \mathscr{J}_i^{(M)}$　$(i=1,2,3)$。

为此只需证明 M 与 N 的特征行列式相同。证明如下(下面第二行利用了 2.5.7.4 节第 1 式)：

$$\begin{aligned}\det(\lambda\delta^i_{\ j} - M^i_{\cdot j}) &= \det(\lambda G - M) = \det(\lambda G - Q \cdot N \cdot Q^{\mathrm{T}}) = \det(Q \cdot (\lambda G - N) \cdot Q^{\mathrm{T}}) \\ &= (\det Q)[\det(\lambda G - N)](\det Q^{\mathrm{T}}) = \det(\lambda G - N) = \det(\lambda\delta^i_{\ j} - N^i_{\cdot j})\end{aligned}$$

故 M 与 N 的主不变量相等。

(2) 充分性：即已知 $\mathscr{J}_i^{(N)} = \mathscr{J}_i^{(M)}$ $(i=1,2,3)$，求证 M 与 N 正交相似。

因为 M 与 N 为对称二阶张量，且 $\mathscr{J}_i^{(N)} = \mathscr{J}_i^{(M)}$ $(i=1,2,3)$，所以

(i) $\lambda_i^{(N)} = \lambda_i^{(M)} = \lambda_i$　$(i=1,2,3)$

(ii) 由 2.4.1.4 节 M 与 N 的特征矢量 $e_i^{(M)}$ 与 $e_i^{(N)}$ $(i=1,2,3)$ 都是正交标准化基，这两组基矢量的内积必然相等，即

$$e_i^{(M)} \cdot e_j^{(M)} = \delta_{ij} = e_i^{(N)} \cdot e_j^{(N)} \qquad (i,j = 1,2,3)$$

因为由 2.5.7.2 节的逆定理保内积的变换必定是正交变换，所以必定存在一个正交张量 Q，使

---

① 见习题 2.24。

$$e_i^{(M)} = Q \cdot e_i^{(N)} = \tilde{e}_i^{(N)}$$

若记 $N = \sum_{i=1}^{3} \lambda_i e_i e_i$,则 $M = \sum_{i=1}^{3} \lambda_i \tilde{e}_i \tilde{e}_i$, $M = Q \cdot N \cdot Q^T$。

上述定理必要性的证明(1)也适用于非对称二阶张量,但充分性的证明(2)却不适用于非对称二阶张量。即:若非对称二阶张量正交相似,则它们的 3 个主不变量相等。但是主不变量相等的两个非对称二阶张量 A,B 却不一定是正交相似的。此时,只有当 A 与 B 可以在各自的基 g_i 与 g_i' 中化为同一种标准形时,即

$$A = A^i_{.j} g_i g^j, \qquad B = B^{i'}_{.j'} g_{i'} g^{j'}, \qquad B^{i'}_{.j'} = A^i_{.j} \qquad (i' = i,\ j' = j) \tag{2.7.3}$$

A 与 B 是相似张量。

相似张量的定义如下:设 S 表示从 g_i 到 g_i' 的线性变换张量(S 为正则的二阶张量,但一般不是正交张量)

$$g_i' = S \cdot g_i \tag{2.7.4a}$$

则可以证明

$$g^{i'} = g^i \cdot S^{-1} \tag{2.7.4b}$$

故 A,B 之间满足

$$B = S \cdot A \cdot S^{-1} \tag{2.7.5a}$$

$$A = S^{-1} \cdot B \cdot S \tag{2.7.5b}$$

(2.7.5)式正是张量 A 与 B 互为相似张量的定义。

而对于 A 与 B 不能化为同一种标准形的情况,即使它们具有相同的不变量,也非相似张量,更非正交相似张量。

习　题

2.1　求证二阶张量的主不变量 $\mathscr{J}_1$,$\mathscr{J}_2$,$\mathscr{J}_3$(由(2.3.5)式定义)与矩 $\mathscr{J}_1^*$,$\mathscr{J}_2^*$,$\mathscr{J}_3^*$(由(2.3.9)式定义)的关系式为

$$\mathscr{J}_1 = \mathscr{J}_1^*, \qquad \mathscr{J}_2 = \frac{1}{2}[(\mathscr{J}_1^*)^2 - \mathscr{J}_2^*], \qquad \mathscr{J}_3 = \frac{1}{6}(\mathscr{J}_1^*)^3 - \frac{1}{2}\mathscr{J}_1^*\mathscr{J}_2^* + \frac{1}{3}\mathscr{J}_3^*$$

以及

$$\mathscr{J}_1^* = \mathscr{J}_1, \qquad \mathscr{J}_2^* = (\mathscr{J}_1)^2 - 2\mathscr{J}_2, \qquad \mathscr{J}_3^* = (\mathscr{J}_1)^3 - 3\mathscr{J}_1\mathscr{J}_2 + 3\mathscr{J}_3$$

2.2　已知:二阶张量 A 与 A^T 互为转置($(A^T)_{ij} = A_{ji}$)。

求证:A 与 A^T 具有相同的主不变量。

(提示:可先证它们具有相同的矩。)

2.3　已知:任意二阶张量 A,B,且

$$T = A \cdot B, \qquad S = B \cdot A$$

求证:T 与 S 具有相同的主不变量。

(提示:可先证它们具有相同的矩)

2.4　已知:任意二阶张量 T,任意线性无关的矢量组 u,v,w 和 a,b,c。求证:

(1) $[T \cdot u \quad v \quad w] + [u \quad T \cdot v \quad w] + [u \quad v \quad T \cdot w] = \mathscr{J}_1^{(T)}[u \quad v \quad w]$;

(2) $[T \cdot a \quad T \cdot b \quad c] + [a \quad T \cdot b \quad T \cdot c] + [T \cdot a \quad b \quad T \cdot c] = \mathscr{J}_2^{(T)}[a \quad b \quad c]$。

2.5　已知：实对称张量 $\boldsymbol{N}$，其特征方程具有 3 个不等的实根。

求证：$\boldsymbol{N}$ 所对应的 3 个主轴方向 $\boldsymbol{a}_1,\boldsymbol{a}_2,\boldsymbol{a}_3$ 是唯一的且互相正交。

2.6　已知：$\boldsymbol{N}=\boldsymbol{e}_1\boldsymbol{e}_1+2\boldsymbol{e}_2\boldsymbol{e}_2-2(\boldsymbol{e}_1\boldsymbol{e}_2+\boldsymbol{e}_2\boldsymbol{e}_1)-2(\boldsymbol{e}_1\boldsymbol{e}_3+\boldsymbol{e}_3\boldsymbol{e}_1)$

$$[N^{i}_{\cdot j}]=\begin{bmatrix}1 & -2 & -2\\ -2 & 2 & 0\\ -2 & 0 & 0\end{bmatrix}$$

求：(1) 主分量(从大到小排列)；

(2) 主方向对应的正交标准化基 $\boldsymbol{e}_1',\boldsymbol{e}_2',\boldsymbol{e}_3'$(右手系)。

2.7　已知：$\boldsymbol{N}=10\boldsymbol{e}_1\boldsymbol{e}_1+4(\boldsymbol{e}_1\boldsymbol{e}_2+\boldsymbol{e}_2\boldsymbol{e}_1)+5\boldsymbol{e}_2\boldsymbol{e}_2-2(\boldsymbol{e}_1\boldsymbol{e}_3+\boldsymbol{e}_3\boldsymbol{e}_1)+3(\boldsymbol{e}_2\boldsymbol{e}_3+\boldsymbol{e}_3\boldsymbol{e}_2)-\boldsymbol{e}_3\boldsymbol{e}_3$

$$[N^{i}_{\cdot j}]=\begin{bmatrix}10 & 4 & -2\\ 4 & 5 & 3\\ -2 & 3 & -1\end{bmatrix}$$

求：(1) 主分量(从大到小排列)；

(2) 主方向对应的正交标准化基 $\boldsymbol{e}_1',\boldsymbol{e}_2',\boldsymbol{e}_3'$(右手系)。

2.8　求证对于任意二阶张量 $\boldsymbol{T}$，有

$$\Delta(\lambda)=\det(\lambda\delta^{i}_{j}-T^{i}_{\cdot j})=\det(\lambda\delta^{j}_{i}-T_{i}^{\cdot j})$$

2.9　已知：任意二阶张量 $\boldsymbol{T}$ 及其转置张量 $\boldsymbol{T}^{\mathrm{T}}$，又

$$\boldsymbol{X}=\boldsymbol{T}\cdot\boldsymbol{T}^{\mathrm{T}},\qquad \boldsymbol{Y}=\boldsymbol{T}^{\mathrm{T}}\cdot\boldsymbol{T}$$

求证：$\boldsymbol{X},\boldsymbol{Y}$ 均为对称张量，且

$$\Delta(\lambda)=\det(\lambda\delta^{i}_{j}-X^{i}_{\cdot j})=\det(\lambda\delta^{i}_{j}-Y^{i}_{\cdot j})$$

(两张量的主分量相等，但对应主分量的基矢量并不相等。)

2.10　已知：$\boldsymbol{T}$ 为正则的二阶张量，$\boldsymbol{u}$ 为一矢量，$\boldsymbol{T}\cdot\boldsymbol{u}=\boldsymbol{0}$。

求证：$\boldsymbol{u}=\boldsymbol{0}$。

2.11　已知：$\boldsymbol{T}$ 为正则的二阶张量。

求证：其逆张量 $\boldsymbol{T}^{-1}$ 的矩阵等于 $\boldsymbol{T}$ 的逆矩阵，即 $[\boldsymbol{T}^{-1}]=[\boldsymbol{T}]^{-1}$。

2.12　求证：$(\boldsymbol{T}^{\mathrm{T}})^{-1}=(\boldsymbol{T}^{-1})^{\mathrm{T}}$ ($\boldsymbol{T}$ 为正则的二阶张量)。

2.13　已知：$\boldsymbol{A},\boldsymbol{B}$ 为正则的二阶张量。

求证：$(\boldsymbol{A}\cdot\boldsymbol{B})^{-1}=\boldsymbol{B}^{-1}\cdot\boldsymbol{A}^{-1}$。

2.14　(1) 已知：$\boldsymbol{T}$ 为任意二阶张量。

求证：$\boldsymbol{T}\cdot\boldsymbol{T}^{\mathrm{T}}\geqslant\boldsymbol{O},\boldsymbol{T}^{\mathrm{T}}\cdot\boldsymbol{T}\geqslant\boldsymbol{O}$，均为非负张量。

(2) 已知：$\boldsymbol{T}$ 为正则的二阶张量。

求证：$\boldsymbol{T}\cdot\boldsymbol{T}^{\mathrm{T}}>\boldsymbol{O},\boldsymbol{T}^{\mathrm{T}}\cdot\boldsymbol{T}>\boldsymbol{O}$，均为正张量。

2.15　已知：正交张量 $\boldsymbol{Q}$。

求证：$\boldsymbol{Q}^{\mathrm{T}}=\boldsymbol{Q}^{-1}$ 亦为正交张量。

2.16　已知：对于任意矢量 $\boldsymbol{u},\boldsymbol{v}$，均成立 $(\boldsymbol{Q}\cdot\boldsymbol{u})\cdot(\boldsymbol{Q}\cdot\boldsymbol{v})=\boldsymbol{u}\cdot\boldsymbol{v}$。

求证：$\boldsymbol{Q}^{\mathrm{T}}=\boldsymbol{Q}^{-1}$，$\boldsymbol{Q}$ 为正交张量。

2.17　已知：矢量 $\boldsymbol{w},\boldsymbol{v}$，正交张量 $\boldsymbol{Q}$。

求证：$(\boldsymbol{Q}\cdot\boldsymbol{v})\times(\boldsymbol{Q}\cdot\boldsymbol{w})=(\det\boldsymbol{Q})\boldsymbol{Q}\cdot(\boldsymbol{v}\times\boldsymbol{w})$。

2.18　已知：矢量 $\boldsymbol{w},\boldsymbol{v}$，正则的二阶张量 $\boldsymbol{B}$。

求证：$(\boldsymbol{B}\cdot\boldsymbol{v})\times(\boldsymbol{B}\cdot\boldsymbol{w})=(\det\boldsymbol{B})(\boldsymbol{B}^{-1})^{\mathrm{T}}\cdot(\boldsymbol{v}\times\boldsymbol{w})$。

2.19 求证2.9题与2.14题中 $\boldsymbol{X}=\boldsymbol{T}\cdot\boldsymbol{T}^{\mathrm{T}}$ 与 $\boldsymbol{Y}=\boldsymbol{T}^{\mathrm{T}}\cdot\boldsymbol{T}$ 之间互为正交相似张量。即，存在正交张量 $\boldsymbol{R}$，使 $\boldsymbol{X}=\boldsymbol{R}\cdot\boldsymbol{Y}\cdot\boldsymbol{R}^{\mathrm{T}}$。

2.20 已知：$\boldsymbol{D}$ 为二阶对称张量 $\boldsymbol{N}$ 的偏斜分量。

求证：$\mathscr{J}_1^{(D)}=0$，$\mathscr{J}_2^{(D)}=\mathscr{J}_2^{(N)}-\dfrac{1}{3}(\mathscr{J}_1^{(N)})^2$

$$\mathscr{J}_3^{(D)}=\mathscr{J}_3^{(N)}-\frac{1}{3}\mathscr{J}_1^{(N)}\mathscr{J}_2^{(N)}+\frac{2}{27}(\mathscr{J}_1^{(N)})$$

$$\mathscr{J}_2^{(D)}=-\frac{1}{6}\{(N^{1}_{\cdot 1}-N^{2}_{\cdot 2})^2+(N^{2}_{\cdot 2}-N^{3}_{\cdot 3})^2+(N^{3}_{\cdot 3}-N^{1}_{\cdot 1})^2+6(N^{1}_{\cdot 2}N^{2}_{\cdot 1}+N^{2}_{\cdot 3}N^{3}_{\cdot 2}+N^{3}_{\cdot 1}N^{1}_{\cdot 3})\}$$

2.21 求证：偏斜张量 $\boldsymbol{D}$ 与它对应的对称二阶张量 $\boldsymbol{N}$ 具有相同的主方向，其主分量满足

$$D_i=N_i-\frac{1}{3}\mathscr{J}_1^{(N)}\qquad(i=1,2,3)$$

2.22 已知：二阶张量

$$\boldsymbol{T}=-\frac{1}{2}\boldsymbol{e}_1\boldsymbol{e}_1-\frac{\sqrt{3}}{2}\boldsymbol{e}_1\boldsymbol{e}_2+\sqrt{3}\boldsymbol{e}_2\boldsymbol{e}_1-\boldsymbol{e}_2\boldsymbol{e}_2+3\boldsymbol{e}_3\boldsymbol{e}_3$$

求：(1) 进行加法分解；

(2) 进行乘法分解。

2.23 对于以下三种应力状态的应力张量 $\boldsymbol{\sigma}$，将其分解为球形张量与偏斜张量 $\boldsymbol{S}$。求 $\mathscr{J}_1^{(\sigma)}$，$\mathscr{J}_2^{(S)}$ 与 $\mathscr{J}_3^{(S)}$，以及偏斜张量 $\boldsymbol{S}$ 的 ω 角。

(1) 单向拉伸：$\sigma_1=\sigma_0>0,\sigma_2=\sigma_3=0$；

(2) 单向压缩：$\sigma_1=\sigma_2=0,\sigma_3=-\sigma_0<0$；

(3) 纯剪切：$\sigma_1=\tau>0,\sigma_2=0,\sigma_3=-\tau$。

2.24 已知：任意二阶张量 $\boldsymbol{T}$，其正交相似张量为 $\tilde{\boldsymbol{T}}$，$\tilde{\boldsymbol{T}}=\boldsymbol{Q}\cdot\boldsymbol{T}\cdot\boldsymbol{Q}^{\mathrm{T}}$，$\boldsymbol{Q}$ 为一正交张量。若 $\boldsymbol{T}$ 的特征值为 λ，特征矢量为 $\boldsymbol{a}$；$\tilde{\boldsymbol{T}}$ 的特征值为 $\tilde{\lambda}$，特征矢量为 $\bar{\boldsymbol{a}}$。

求证：$\lambda=\tilde{\lambda}$，$\bar{\boldsymbol{a}}=\boldsymbol{Q}\cdot\boldsymbol{a}$。

2.25 已知：对称二阶张量 $\boldsymbol{M}$ 与 $\boldsymbol{N}$ 之间满足：$\boldsymbol{M}^2=\boldsymbol{N}$。

求证：$\boldsymbol{M}$ 与 $\boldsymbol{N}$ 具有相同的主方向。

2.26 已知：$\boldsymbol{A}$ 为二阶张量，$\boldsymbol{Q}$ 为任意正交张量，对于一切 $\boldsymbol{Q}$，均有 $\boldsymbol{Q}\cdot\boldsymbol{A}\cdot\boldsymbol{Q}^{\mathrm{T}}=\boldsymbol{A}$。

求证：$\boldsymbol{A}$ 为球形张量。

2.27 将任一二阶张量的3个主矩 $\mathscr{J}_1^*$，$\mathscr{J}_2^*$，$\mathscr{J}_3^*$（见(2.3.8a,b,c)式）表示为 $N_1,N_2,N_3,\omega_1,\omega_2,\omega_3$（见2.6.1.3节）的函数。

第 3 章　张量函数及其导数

在自然界中，各种物理状态常常用一系列物理量来描述，而其中不少物理量又是张量。如温度、密度、压力、能量等是标量；位移、速度、力、力矩、热流密度、电矩以及第 4 章将要阐述的温度梯度、压力梯度等是矢量；应力、应变、位移梯度、变形梯度、惯性矩、应变率等是二阶张量；等等。描述某种物理状态的各张量相互之间常常是互相关联的。例如，根据胡克定律，在受力的线弹性材料中应力与应变成比例，它们之间的关系是材料本身的客观力学性质；又如，描述固体受热状态的傅里叶热传导定律指出，固体材料中的热流密度与温度梯度成正比，它们之间的关系取决于固体的导热性质。但是，除标量外，这些物理量都是一些可以随坐标转换而改变的数的集合。这里提出了两个问题：(1)如何表达这些物理量之间的相互关系，才能正确表示客观的物理规律；(2)用什么方法来定量地表达一个物理量随另一个(或一些)物理量变化的“变化率”？这就涉及张量函数导数的概念。本章将阐述这两个问题。

还应说明的是，本章仅限于讨论不同张量之间的函数关系，不涉及各个张量随空间点位(坐标)的变化。当需要讨论张量的分量时，也完全不涉及在同一个坐标系中基矢量随空间点位的变化。在本章中涉及的张量分量随坐标转换而变化，指的是当基矢量转换时，该张量分量之转换。

3.1　张量函数、各向同性张量函数的定义和例

3.1.1　什么是张量函数

在代数学中，矩阵可以作为某些函数的元。例如 n 阶方阵的 k 次幂即该矩阵自乘 $k-1$ 次，它仍是一个 n 阶方阵：

$$[\boldsymbol{T}]^2 = [\boldsymbol{T}][\boldsymbol{T}]$$

$$\vdots$$

$$[\boldsymbol{T}]^k = \underbrace{[\boldsymbol{T}][\boldsymbol{T}]\cdots[\boldsymbol{T}]}_{k\text{ 个}[\boldsymbol{T}]}$$

构作矩阵$[\boldsymbol{T}]$的 k 次多项式，它仍是一个 n 阶方阵，记作$[\boldsymbol{H}]$，定义矩阵$[\boldsymbol{H}]$是矩阵$[\boldsymbol{T}]$的函数

$$[\boldsymbol{H}] = f([\boldsymbol{T}]) = c_0[\boldsymbol{1}] + c_1[\boldsymbol{T}] + c_2[\boldsymbol{T}]^2 + \cdots + c_k[\boldsymbol{T}]^k \tag{3.1.1a}$$

上式实际上反映了矩阵$[\boldsymbol{H}]$与矩阵$[\boldsymbol{T}]$的各元素之间有函数关系：

$$H^{i}_{\cdot j} = c_0\delta^i_j + c_1 T^{i}_{\cdot j} + c_2 T^{i}_{\cdot l}T^{l}_{\cdot j} + \cdots + c_k T^{i}_{\cdot l_1} T^{l_1}_{\cdot l_2}\cdots T^{l_{k-1}}_{\cdot j} \tag{3.1.1b}$$

在2.5.3节中我们已经定义过二阶张量的幂，当然也可以类似地定义二阶张量 $\boldsymbol{H}$ 是以二阶张量 $\boldsymbol{T}$ 为自变量的函数：

$$\boldsymbol{H}=f(\boldsymbol{T})=c_0\boldsymbol{G}+c_1\boldsymbol{T}+c_2\boldsymbol{T}^2+\cdots+c_k\boldsymbol{T}^k \tag{3.1.1c}$$

此式的分量式也是(3.1.1b)式。

上面所列举的函数形式是**多项式**。一般来说，若一个张量 $\boldsymbol{H}$(标量、矢量、张量)依赖于 n 个张量 $\boldsymbol{T}_1,\boldsymbol{T}_2,\cdots,\boldsymbol{T}_n$(矢量、张量)而变化，即当 $\boldsymbol{T}_1,\boldsymbol{T}_2,\cdots,\boldsymbol{T}_n$ 给定时，$\boldsymbol{H}$ 可以对应地确定(或者说，在任一坐标系中，$\boldsymbol{H}$ 的每个分量都是 $\boldsymbol{T}_1,\boldsymbol{T}_2,\cdots,\boldsymbol{T}_n$ 的一切分量的函数)，则称 $\boldsymbol{H}$ 是张量 $\boldsymbol{T}_1,\boldsymbol{T}_2,\cdots,\boldsymbol{T}_n$ 的**张量函数**。记作

$$\boldsymbol{H}=\boldsymbol{F}(\boldsymbol{T}_1,\boldsymbol{T}_2,\cdots,\boldsymbol{T}_n) \tag{3.1.2}$$

3.1.2 张量函数举例

本小节举出一些张量函数的例子以帮助读者理解。

例 3.1 矢量 $\boldsymbol{u}$ 的标量函数 φ：标量 φ 是矢量 $\boldsymbol{u}$ 在某一特定坐标系中的分量 u^1,u^2 之和：

$$\varphi=f(\boldsymbol{u})=u^1+u^2 \tag{3.1.3}$$

例 3.2 矢量 $\boldsymbol{v}$ 的标量函数 φ：质点的质量为 ρ，速度为 $\boldsymbol{v}$，其动能

$$\varphi=f(\boldsymbol{v})=\frac{1}{2}\rho|\boldsymbol{v}|^2 \tag{3.1.4}$$

例 3.3 矢量 $\boldsymbol{F},\boldsymbol{u}$ 的标量函数 φ：$\boldsymbol{F}$ 为作用于质点的力，$\boldsymbol{u}$ 为质点的位移，力所做的功

$$\varphi=f(\boldsymbol{F},\boldsymbol{u})=\boldsymbol{F}\cdot\boldsymbol{u} \tag{3.1.5}$$

例 3.4 矢量 $\boldsymbol{a}$ 的矢量函数 $\boldsymbol{F}$：$\boldsymbol{a}$ 为质量为 m 的质点运动的加速度矢量，$\boldsymbol{F}$ 为作用于质点的力矢量，根据牛顿第二定律：

$$\boldsymbol{F}=\boldsymbol{F}(\boldsymbol{a})=m\boldsymbol{a} \tag{3.1.6}$$

例 3.5 矢量 $\boldsymbol{v}$ 的矢量函数 $\boldsymbol{u}$：设 k 为给定常数

$$\boldsymbol{u}=\boldsymbol{F}(\boldsymbol{v})=-k\boldsymbol{v} \tag{3.1.7}$$

例 3.6 矢量 $\boldsymbol{v}$ 的矢量函数 $\boldsymbol{u}$：设 $\boldsymbol{K}$ 为给定对称二阶常张量

$$\boldsymbol{u}=\boldsymbol{F}(\boldsymbol{v})=-\boldsymbol{K}\cdot\boldsymbol{v} \tag{3.1.8}$$

例 3.7 矢量 $\boldsymbol{E},\boldsymbol{v},\boldsymbol{B}$ 的矢量函数 $\boldsymbol{F}$：在电动力学里，洛伦兹力 $\boldsymbol{F}$(Lorentz force)是在电磁场中运动的电荷量为 q，速度为 v 的带电粒子所受的力。根据洛伦兹方程：

$$\boldsymbol{F}=\boldsymbol{F}(\boldsymbol{E},\boldsymbol{v},\boldsymbol{B})=q(\boldsymbol{E}+\boldsymbol{v}\times\boldsymbol{B}) \tag{3.1.9a}$$

$$F^i=q(E^i+\epsilon^{ijk}v_jB_k) \tag{3.1.9b}$$

其中 $\boldsymbol{E},\boldsymbol{B}$ 分别为电场强度矢量和磁感应强度矢量。此例为多个自变矢量的矢量函数。

例 3.8 二阶张量 $\boldsymbol{T}$ 的标量函数 φ 等于 $\boldsymbol{T}$ 在某一特定坐标系中的第一个分量：

$$\varphi=f(\boldsymbol{T})=T^1_{\cdot 1} \tag{3.1.10}$$

例 3.9 对称二阶张量 $\boldsymbol{\varepsilon}$ 的标量函数 θ：体积变形 θ 等于 $\boldsymbol{\varepsilon}$ 在某一坐标系中的三个正应变之和：

$$\theta=f(\boldsymbol{\varepsilon})=\varepsilon^1_{\cdot 1}+\varepsilon^2_{\cdot 2}+\varepsilon^3_{\cdot 3} \tag{3.1.11}$$

例 3.10 二阶张量 $\boldsymbol{T}$ 的标量函数 φ：φ 为 $\boldsymbol{T}$ 的矩

$$\varphi = f(\boldsymbol{T}) = \boldsymbol{T} \cdot\cdot \boldsymbol{T} = \mathrm{tr}(\boldsymbol{T} \cdot \boldsymbol{T}) = T^{i}_{\cdot j} T^{j}_{\cdot i} = \mathscr{J}_2^{*(T)} \tag{3.1.12}$$

例 3.11　对称二阶张量 $\boldsymbol{\varepsilon}$ 的对称二阶张量函数 $\boldsymbol{\sigma}$；$\boldsymbol{\varepsilon}$，$\boldsymbol{\sigma}$ 分别为应变张量与应力张量，设 $\boldsymbol{D}$ 为给定四阶常张量，称为弹性张量。应力与应变的关系为

$$\boldsymbol{\sigma} = \boldsymbol{F}(\boldsymbol{\varepsilon}) = \boldsymbol{D} : \boldsymbol{\varepsilon} \tag{3.1.13a}$$

上式的分量形式为

$$\sigma^{ij} = D^{ijkl} \varepsilon_{kl} \tag{3.1.13b}$$

关于 D^{ijkl} 可见例 1.9 所给，弹性张量满足 Voigt 对称性：

$$D^{ijkl} = D^{jikl} = D^{ijlk} = D^{klij} \tag{3.1.13c}$$

例 3.12　对称二阶张量 $\boldsymbol{\varepsilon}$ 的对称二阶张量函数 $\boldsymbol{\sigma}$；$\boldsymbol{\varepsilon}$，$\boldsymbol{\sigma}$ 分别为应变张量与应力张量，设 λ 与 μ 为材料的弹性常数(λ 为 Lamé 参数，μ 为剪切模量)，各向同性材料的广义胡克定律为

$$\boldsymbol{\sigma} = \boldsymbol{F}(\boldsymbol{\varepsilon}) = \lambda \mathscr{J}_1^{(\varepsilon)} \boldsymbol{G} + 2\mu \boldsymbol{\varepsilon} \tag{3.1.14}$$

例 3.13　非对称二阶张量 $\boldsymbol{T} = \boldsymbol{N} + \boldsymbol{\Omega}$ 的标量函数 $\varphi(\boldsymbol{T})$：

$$\varphi(\boldsymbol{T}) = -\mathrm{tr}(\boldsymbol{N} \cdot \boldsymbol{\Omega}^2) = N_1(\omega_2^2 + \omega_3^2) + N_2(\omega_3^2 + \omega_1^2) + N_3(\omega_1^2 + \omega_2^2) \tag{3.1.15}$$

式中 N_1, N_2, N_3 为对称二阶张量 $\boldsymbol{N}$ 的三个主分量，$\omega_1, \omega_2, \omega_3$ 为反对称二阶张量 $\boldsymbol{\Omega}$ 的反偶矢量 $\boldsymbol{\omega}$ 在 $\boldsymbol{N}$ 的主方向上之三个分量。

例 3.14　二阶张量 $\boldsymbol{T}$ 的二阶张量函数 $\boldsymbol{H}$：

$$\boldsymbol{H} = \boldsymbol{F}(\boldsymbol{T}) = \boldsymbol{T}^2 \tag{3.1.16}$$

例 3.15　二阶张量 $\boldsymbol{T}$ 的二阶张量函数 $\boldsymbol{H}$，下式中 $a_0, a_1, \cdots, a_n$ 为标量函数：

$$\boldsymbol{H} = \boldsymbol{F}(\boldsymbol{T}) = a_0(\mathscr{J}_1^{(T)}, \mathscr{J}_2^{(T)}, \mathscr{J}_3^{(T)})\boldsymbol{G} + a_1(\mathscr{J}_1^{(T)}, \mathscr{J}_2^{(T)}, \mathscr{J}_3^{(T)})\boldsymbol{T} + \cdots + a_n(\mathscr{J}_1^{(T)}, \mathscr{J}_2^{(T)}, \mathscr{J}_3^{(T)})\boldsymbol{T}^n \tag{3.1.17}$$

例 3.16　多种自变量的二阶张量函数 $\boldsymbol{\sigma}$：对于压电材料，函数 $\boldsymbol{\sigma}$ 为应力张量；自变量为 $\boldsymbol{\varepsilon}$，$\boldsymbol{E}$，T；其中，应变张量 $\boldsymbol{\varepsilon}$ 为二阶张量，电场强度 $\boldsymbol{E}$ 为矢量，温度 T 为标量。设 $\boldsymbol{D}$ 为给定四阶常张量，称为弹性张量，$\boldsymbol{B}$ 为给定三阶常张量，称为压电张量，$\boldsymbol{A}$ 为给定二阶常张量，称为热张量。压电材料的本构关系为

$$\boldsymbol{\sigma} = \boldsymbol{F}(\boldsymbol{\varepsilon}, \boldsymbol{E}, T) = \boldsymbol{D} : \boldsymbol{\varepsilon} + \boldsymbol{B} \cdot \boldsymbol{E} + \boldsymbol{A}T \tag{3.1.18a}$$

上式的分量形式为

$$\sigma^{ij} = D^{ijkl}\varepsilon_{kl} + B^{ijk}E_k + A^{ij}T \tag{3.1.18b}$$

3.1.3　各向同性张量函数

由于张量的分量一般是因坐标转换而变化的①，因此在描述张量与张量之间的函数关系时，同一个函数在不同坐标系中将具有不同的形式。如在例 3.1 中标量 φ 是矢量 $\boldsymbol{u}$ 在某一特定坐标系 $\mathscr{R}$(例如，图 3.1 所示 x^1，x^2 笛卡儿坐标系)中的分量 u^1，u^2 之和：

$$\varphi = f_{(\mathscr{R})}(\boldsymbol{u}) = f_{(\mathscr{R})}(u^1, u^2) = u^1 + u^2 \tag{3.1.3}$$

当坐标系由 x^1，x^2 顺时针旋转 θ 角转换为另一笛卡儿坐标系 $x^{1'}$，$x^{2'}$ 以后，由于矢量分量满足坐标转换关系

$$u^1 = u^{1'}\cos\theta + u^{2'}\sin\theta$$
$$u^2 = -u^{1'}\sin\theta + u^{2'}\cos\theta$$

① 标量不随坐标转换而变化。

例 3.1 的函数在笛卡儿坐标系 $\mathscr{R}'(x^{1'},\ x^{2'})$ 中应采取的形式为

$$\varphi = f_{(\mathscr{R}')}(\boldsymbol{u}) = f_{(\mathscr{R}')}(u^{1'}, u^{2'}) = u^{1'}(\cos\theta - \sin\theta) + u^{2'}(\sin\theta + \cos\theta) \tag{3.1.3a}$$

(3.1.3)式与(3.1.3a)式表示同一个标量函数在不同坐标系中的表示形式;其左端是同一个不因坐标转换而变化的标量值,而其右端,一般来说,同一个函数在不同的坐标系中,$f_{(\mathscr{R})}(u^1, u^2, u^3)$ 与 $f_{(\mathscr{R}')}(u^{1'}, u^{2'}, u^{3'})$ 的形式是不相同的。

$$\varphi = f_{(\mathscr{R})}(u^1, u^2, u^3) = f_{(\mathscr{R}')}(u^{1'}, u^{2'}, u^{3'})$$

这里用函数符号 f 的下标($\mathscr{R}$)与($\mathscr{R}'$)来区别不同坐标系中不同的函数形式。我们有时特别感兴趣的是这样一类标量函数,它们的表示形式不因坐标系(因而基矢量)的刚性旋转而改变,这样的标量函数称为**各向同性标量函数**。即定义满足下式:

$$f(u^{1'}, u^{2'}, u^{3'}) = f(u^1, u^2, u^3) \tag{3.1.19a}$$

或者,对于自变量为二阶张量的情况,满足

$$f(T^{i'j'}) = f(T^{ij}) \tag{3.1.19b}$$

的标量函数为各向同性标量函数。这里去掉了用以区别坐标系的下标,例如($\mathscr{R}$)或($\mathscr{R}'$),因为函数形式不依赖于坐标系的转换;换言之,$f_{(\mathscr{R})}$ 与 $f_{(\mathscr{R}')}$ 是同一个函数,记作 f ①。

如例 3.2、例 3.3、例 3.4 所表示的是矢量的各向同性标量函数,例 3.9,例 3.10 是二阶张量的各向同性标量函数。读者可以令坐标旋转,矢量分量变化,而检查等式右端项函数形式是否不变。

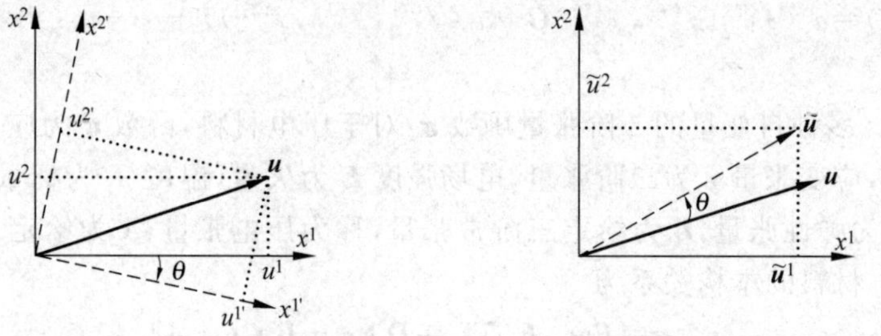

(a) 例3.1的笛卡儿坐标系及其顺时针旋转　　(b) 例3.1中矢量 $\boldsymbol{u}$ 逆时针旋转

图　3.1

为了便于在数学上表达,往往想象坐标系(因而基矢量)不变,而作为自变量的矢量做反向的刚性旋转变为 $\tilde{\boldsymbol{u}}$,如图 3.1(b) 示。比较图 3.1(a) 中矢量 $\boldsymbol{u}$ 在顺时针旋转后的坐标系 $x^{1'}$, $x^{2'}$ 中的分量 $u^{1'}$, $u^{2'}$ 与图 3.1(b) 中逆时针旋转后的矢量 $\tilde{\boldsymbol{u}}$ 在原坐标系 x^1, x^2 中的分量 $\tilde{u}^1$, $\tilde{u}^2$,可知

$$\tilde{u}^1 = u^{1'}, \qquad \tilde{u}^2 = u^{2'}$$

因而,不管此函数是否各向同性,就函数的表达形式而言,将作为自变量的矢量旋转与将坐标系向反方向旋转而矢量不变是等价的:

$$f_{(\mathscr{R})}(\tilde{u}^1, \tilde{u}^2) = f_{(\mathscr{R}')}(u^{1'}, u^{2'}) \tag{3.1.20}$$

---

① 当采用曲线坐标时,在函数 f 中可能出现度量张量。例如 $f = |\boldsymbol{u}|^2 = \boldsymbol{u}^2 = u^i u_i$;当只用逆变分量表示时,$f = g_{ij}u^i u^j$,后一表达式中出现 g_{ij}。

而对于矢量的各向同性标量函数，当作为自变量的矢量旋转后，函数的形式不变，即

$$\varphi = f_{(\mathscr{R})}(\tilde{u}^1, \tilde{u}^2) = f_{(\mathscr{R})}(u^1, u^2) \tag{3.1.21}$$

定义　矢量的标量函数 $\varphi = f(\boldsymbol{u})$，如将自变量 $\boldsymbol{u}$ 改为 $\tilde{\boldsymbol{u}} = \boldsymbol{Q} \cdot \boldsymbol{u}$（$\boldsymbol{Q}$ 为任意正交张量），函数值保持不变，则称此标量函数为**各向同性标量函数**。

将此定义方法推广至各种张量函数，定义张量 X 的**旋转量** $\widetilde{X}$：

（1）若 $X = \varphi$ 为标量，则

$$\widetilde{X} = \tilde{\varphi} = \varphi \tag{3.1.22}$$

（2）若 $X = \boldsymbol{u}$ 为矢量，则

$$\widetilde{X} = \tilde{\boldsymbol{u}} = \boldsymbol{Q} \cdot \boldsymbol{u} = \boldsymbol{u} \cdot \boldsymbol{Q}^{\mathrm{T}} \tag{3.1.23}$$

（3）若 $X = \boldsymbol{T}$ 为二阶张量，则 $\widetilde{X} = \widetilde{\boldsymbol{T}}$ 为 $\boldsymbol{T}$ 的正交相似张量

$$\widetilde{X} = \widetilde{\boldsymbol{T}} = \boldsymbol{Q} \cdot \boldsymbol{T} \cdot \boldsymbol{Q}^{\mathrm{T}} \tag{3.1.24}$$

上面各式中 $\boldsymbol{Q}$ 为任一正交张量（可表示旋转或旋转加镜面反射）。各向同性张量函数可定义如下。

定义　一函数 $\chi = f(X_1, \cdots, X_n)$，当将自变量 $X_1, \cdots, X_n$ 改为其旋转量 $\widetilde{X}_1, \cdots, \widetilde{X}_n$ 时，函数值 χ 必相应地变为其旋转量 $\tilde{\chi}$，即

$$\chi = f(X_1, \cdots, X_n) \quad \Rightarrow \quad \tilde{\chi} = f(\widetilde{X}_1, \cdots, \widetilde{X}_n) \text{ 对于任意的 } \boldsymbol{Q} \tag{3.1.25}$$

则称此函数为**各向同性函数**。其中，旋转量的定义见(3.1.22)式～(3.1.24)式。完全不需涉及坐标系是此种定义方法((3.1.25)式)的优点。

按照以上的定义，读者可以判断，3.1.2 节中除例 3.1、例 3.6、例 3.8、例 3.11 和例 3.16 外，其余各例都是各向同性张量函数。其中，以矢量的矢量函数 $\boldsymbol{u} = \boldsymbol{F}(\boldsymbol{v})$ 为例，如果该函数关系所表示的是温度梯度 $\boldsymbol{v}$ 与热流密度 $\boldsymbol{u}$ 之间关系的傅里叶热传导定律，例 3.5 是各向同性材料的傅里叶热传导定律，而例 3.6 是各向异性材料的傅里叶热传导定律①。例 3.11 是一般线弹性材料的应力应变关系②，而例 3.12 是各向同性线弹性材料的应力应变关系。

例 3.17　求证例 3.7 的函数 $\boldsymbol{F} = \boldsymbol{F}(\boldsymbol{E}, \boldsymbol{v}, \boldsymbol{B}) = q(\boldsymbol{E} + \boldsymbol{v} \times \boldsymbol{B})$ 是各向同性矢量函数。

证明　$q(\widetilde{\boldsymbol{E}} + \tilde{\boldsymbol{v}} \times \widetilde{\boldsymbol{B}}) = q[\boldsymbol{R} \cdot \boldsymbol{E} + (\boldsymbol{R} \cdot \boldsymbol{v}) \times (\boldsymbol{R} \cdot \boldsymbol{B})]$

$$\xlongequal{\text{(由(2.17)题已证)}} q[\boldsymbol{R} \cdot \boldsymbol{E} + (\det\boldsymbol{R})\boldsymbol{R} \cdot (\boldsymbol{v} \times \boldsymbol{B})] = \boldsymbol{R} \cdot [q(\boldsymbol{E} + \boldsymbol{v} \times \boldsymbol{B})] \text{（注意：}\det\boldsymbol{R} = +1\text{）}$$

（此处因为根据 1.1.3 节，要求洛仑兹力的方向按右手定则垂直于速度矢量和磁感应强度矢量所构成的平面，原坐标系为右手系，在经过 $\boldsymbol{R}$ 所表示的旋转后仍在右手系内，所以应当进行正则正交变换。）

3.2　矢量的标量函数

本节的讨论适用于 n 维空间。

Cauchy 基本表示定理　矢量 $\boldsymbol{v}_1, \boldsymbol{v}_2, \cdots, \boldsymbol{v}_m$ 的标量函数 $f(\boldsymbol{v}_1, \boldsymbol{v}_2, \cdots, \boldsymbol{v}_m)$ 为各向同性

---

① 要求热传导张量 $\boldsymbol{K}$ 是对称二阶张量，以使热耗散率恒为负。

② 要求弹性张量 $\boldsymbol{D}$ 是满足 Voigt 对称性的四阶张量。

的必要且充分条件为 f 可表示为内积 $\boldsymbol{v}_i \cdot \boldsymbol{v}_j(i,j=1,2,\cdots,m)$ 的函数。

证明方法如下:首先证明充分性。若 f 可表示为内积 $\boldsymbol{v}_i \cdot \boldsymbol{v}_j$ 的函数,则因

$$\begin{aligned}\tilde{\boldsymbol{v}}_i \cdot \tilde{\boldsymbol{v}}_j &= (\boldsymbol{Q} \cdot \boldsymbol{v}_i) \cdot (\boldsymbol{Q} \cdot \boldsymbol{v}_j) = \boldsymbol{v}_i \cdot \boldsymbol{Q}^{\mathrm{T}} \cdot \boldsymbol{Q} \cdot \boldsymbol{v}_j \\ &= \boldsymbol{v}_i \cdot \boldsymbol{G} \cdot \boldsymbol{v}_j = \boldsymbol{v}_i \cdot \boldsymbol{v}_j \end{aligned} \tag{3.2.1}$$

所以经过以 $\boldsymbol{Q}$ 表示的正交变换(以 $\boldsymbol{R}$ 表示的转动或以 $\bar{\boldsymbol{R}}$ 表示的转动加镜面反射)以后,$\boldsymbol{v}_i \cdot \boldsymbol{v}_j$ 保持不变,从而函数 f 的值也保持不变,故定理的充分性得证。

关于定理的必要性,只需证明以下命题:若 $f(\boldsymbol{v}_1,\boldsymbol{v}_2,\cdots,\boldsymbol{v}_m)$ 为各向同性函数,设有两组自变量 $\boldsymbol{v}_1,\boldsymbol{v}_2,\cdots,\boldsymbol{v}_m;\boldsymbol{u}_1,\boldsymbol{u}_2,\cdots,\boldsymbol{u}_m$;且满足

$$\boldsymbol{v}_i \cdot \boldsymbol{v}_j = \boldsymbol{u}_i \cdot \boldsymbol{u}_j \qquad (i,j=1,2,\cdots,m) \tag{3.2.2a}$$

求证

$$f(\boldsymbol{v}_1,\boldsymbol{v}_2,\cdots,\boldsymbol{v}_m) = f(\boldsymbol{u}_1,\boldsymbol{u}_2,\cdots,\boldsymbol{u}_m) \tag{3.2.2b}$$

以下证明需用到代数学中有关矢量空间的一些知识。对于仅着重于应用张量知识且对有关代数知识不熟悉的读者可以略去这一证明,而仅承认上述结论。

设在 n 维空间中由自变量 $\boldsymbol{v}_1,\boldsymbol{v}_2,\cdots,\boldsymbol{v}_m$ 生成的子空间为 $\mathscr{V}$,它也可由 $\boldsymbol{v}_1,\boldsymbol{v}_2,\cdots,\boldsymbol{v}_m$ 中的 p 个线性无关的矢量(不妨设为 $\boldsymbol{v}_1,\boldsymbol{v}_2,\cdots,\boldsymbol{v}_p$)来生成,显然 $p \leqslant m, p \leqslant n$。因为

$$\det[\boldsymbol{v}_i \cdot \boldsymbol{v}_j]_{i,j=1,\cdots,p} \neq 0$$

是 $\boldsymbol{v}_1,\boldsymbol{v}_2,\cdots,\boldsymbol{v}_p$ 线性无关的必要且充分条件,而由(3.2.2a)式可知 $\boldsymbol{u}_1,\boldsymbol{u}_2,\cdots,\boldsymbol{u}_m$ 具有与 $\boldsymbol{v}_1,\boldsymbol{v}_2,\cdots,\boldsymbol{v}_p$ 同样的线性无关性质,故 $\boldsymbol{u}_1,\boldsymbol{u}_2,\cdots,\boldsymbol{u}_m$ 生成的子空间也可由与 $\boldsymbol{v}_1,\boldsymbol{v}_2,\cdots,\boldsymbol{v}_p$ 对应的 p 个线性无关的 $\boldsymbol{u}_1,\boldsymbol{u}_2,\cdots,\boldsymbol{u}_p$ 来生成。假设 $\boldsymbol{u}_1,\boldsymbol{u}_2,\cdots,\boldsymbol{u}_m$ 生成的子空间为 $\mathscr{U}$,显然可以有 $\mathscr{U}=\mathscr{V}$ 和 $\mathscr{U}\neq\mathscr{V}$ 两种情况,下面将证明对这两种情况只需满足(3.2.2a)式,总可以找到正交张量 $\boldsymbol{Q}$,使

$$\boldsymbol{u}_i = \boldsymbol{Q} \cdot \boldsymbol{v}_i \qquad (i=1,\ 2,\cdots,m) \tag{3.2.3}$$

分两种情况讨论:

1. 如果 $\mathscr{U}=\mathscr{V}$,可以设一线性变换 $\boldsymbol{Q}$,使

$$\left.\begin{aligned} &\boldsymbol{Q} \cdot \boldsymbol{v}_i = \boldsymbol{u}_i \qquad (i=1,2,\cdots,p) \\ \text{且}\quad &\boldsymbol{Q} \cdot \boldsymbol{v} = \boldsymbol{v} \qquad \text{当}\ \boldsymbol{v} \in \mathscr{V}_{\perp} \end{aligned}\right\} \tag{3.2.4}$$

式中 $\mathscr{V}_{\perp}$ 为 n 维空间中 p 维子空间 $\mathscr{V}$ 的直交补,$\mathscr{V}+\mathscr{V}_{\perp}=n$ 维空间,且 $\mathscr{V}_{\perp}$ 中的任意矢量均与 $\mathscr{V}$ 中的任意矢量正交。不难证明(3.2.4)式所示线性变换是存在且唯一的,也就是说这样的张量 $\boldsymbol{Q}$ 是存在且唯一的。还可证明这个 $\boldsymbol{Q}$ 是正交张量。

n 维空间中的任一矢量 $\boldsymbol{x}$,必可分解为属于 $\mathscr{V}$ 及 $\mathscr{V}_{\perp}$ 的两部分分量之和,即

$$\boldsymbol{x} = \sum_{i=1}^{p} x(i)\ \boldsymbol{v}_i + \boldsymbol{x}_{\perp} \tag{3.2.5a}$$

该矢量用张量 $\boldsymbol{Q}$ 作线性变换得到矢量 $\boldsymbol{y}$,根据(3.2.4)式可以写出

$$\boldsymbol{y} = \boldsymbol{Q} \cdot \boldsymbol{x} = \boldsymbol{Q} \cdot \sum_{i=1}^{p} x(i)\ \boldsymbol{v}_i + \boldsymbol{Q} \cdot \boldsymbol{x}_{\perp} = \sum_{i=1}^{p} x(i) \boldsymbol{u}_i + \boldsymbol{x}_{\perp} \tag{3.2.5b}$$

对于 n 维空间中任意两个矢量 $\overset{1}{\boldsymbol{x}},\overset{2}{\boldsymbol{x}}$,线性变换后将变为 $\overset{1}{\boldsymbol{y}},\overset{2}{\boldsymbol{y}}$,其内积为

$$\overset{1}{\boldsymbol{y}} \cdot \overset{2}{\boldsymbol{y}} = \left(\sum_{i=1}^{p} \overset{1}{x}(i) \boldsymbol{u}_i + \overset{1}{\boldsymbol{x}}_{\perp} \right) \cdot \left(\sum_{j=1}^{p} \overset{2}{x}\ (j) \boldsymbol{u}_j + \overset{2}{\boldsymbol{x}}_{\perp} \right)$$

$$= \sum_{i,j=1}^{p} \overset{1}{x}(i)\overset{2}{x}(j)(\boldsymbol{u}_i \cdot \boldsymbol{u}_j) + \overset{1}{\boldsymbol{x}}_{\perp} \cdot \overset{2}{\boldsymbol{x}}_{\perp}$$

$$= \sum_{i,j=1}^{p} \overset{1}{x}(i)\overset{2}{x}(j)(\boldsymbol{v}_i \cdot \boldsymbol{v}_j) + \overset{1}{\boldsymbol{x}}_{\perp} \cdot \overset{2}{\boldsymbol{x}}_{\perp} = \overset{1}{\boldsymbol{x}} \cdot \overset{2}{\boldsymbol{x}} \tag{3.2.5c}$$

其中利用了(3.2.2a)式的条件。上式说明 $\boldsymbol{Q}$ 的线性变换对于任意的矢量 $\overset{1}{\boldsymbol{x}},\overset{2}{\boldsymbol{x}}$ 是保持内积不变的,故 $\boldsymbol{Q}$ 必为正交张量(利用 2.16 题)。而 $\boldsymbol{u}_i$ 就是$\boldsymbol{v}_i$($i=1,2,\cdots,m$)在空间作相同旋转(或加反射)所得 $\tilde{\boldsymbol{v}}_i$。于是根据各向同性函数的定义即可导出(3.2.2b)式,定理的必要性得证。

2. 如果 $\mathscr{U}\neq\mathscr{V}$,这时显然 $p<n$,$\mathscr{U}$ 与 $\mathscr{V}$ 的垂直补 $\mathscr{U}_{\perp}$,$\mathscr{V}_{\perp}$ 是 $n-p$ 维的子空间。若在 $\mathscr{V}_{\perp}$ 内取任一组正交标准化基 $\underset{\perp}{\boldsymbol{v}}_{p+1},\cdots,\underset{\perp}{\boldsymbol{v}}_{n}$,这时总可以定义一个线性变换,使

$$\begin{aligned} \boldsymbol{Q} \cdot \boldsymbol{v}_i &= \boldsymbol{u}_i, \qquad i = 1,2,\cdots,p \\ \boldsymbol{Q} \cdot \underset{\perp}{\boldsymbol{v}}_i &= \underset{\perp}{\boldsymbol{u}}_i, \qquad i = p+1,\cdots,n \end{aligned} \tag{3.2.6}$$

对于 n 维空间中任一矢量 $\boldsymbol{x}$ 均可表示为

$$\boldsymbol{x} = \sum_{i=1}^{p} x(i)\boldsymbol{v}_i + \sum_{i=p+1}^{n} x_{\perp}(i)\underset{\perp}{\boldsymbol{v}}_i \tag{3.2.7a}$$

经线性变换后变为 $\boldsymbol{y}$

$$\boldsymbol{y} = \boldsymbol{Q} \cdot \boldsymbol{x} = \sum_{i=1}^{p} x(i)\boldsymbol{u}_i + \sum_{i=p+1}^{n} x_{\perp}(i)\underset{\perp}{\boldsymbol{u}}_i \tag{3.2.7b}$$

与(3.2.5c)式类似,任意两矢量变换后的内积

$$\begin{aligned} \overset{1}{\boldsymbol{y}} \cdot \overset{2}{\boldsymbol{y}} &= \left(\sum_{i=1}^{p} \overset{1}{x}(i)\boldsymbol{u}_i + \sum_{i=p+1}^{n} \overset{1}{x}_{\perp}(i)\underset{\perp}{\boldsymbol{u}}_i\right) \cdot \left(\sum_{j=1}^{p} \overset{2}{x}(j)\boldsymbol{u}_j + \sum_{j=p+1}^{n} \overset{2}{x}_{\perp}(j)\underset{\perp}{\boldsymbol{u}}_j\right) \\ &= \sum_{i,j=1}^{p} \overset{1}{x}(i)\overset{2}{x}(j)(\boldsymbol{u}_i \cdot \boldsymbol{u}_j) + \sum_{i,j=p+1}^{n} \overset{1}{x}_{\perp}(i)\overset{2}{x}_{\perp}(j)\underset{\perp}{\boldsymbol{u}}_i \cdot \underset{\perp}{\boldsymbol{u}}_j \\ &= \sum_{i,j=1}^{p} \overset{1}{x}(i)\overset{2}{x}(j)(\boldsymbol{v}_i \cdot \boldsymbol{v}_j) + \sum_{i,j=p+1}^{n} \overset{1}{x}_{\perp}(i)\overset{2}{x}_{\perp}(j)\underset{\perp}{\boldsymbol{v}}_i \cdot \underset{\perp}{\boldsymbol{v}}_j = \overset{1}{\boldsymbol{x}} \cdot \overset{2}{\boldsymbol{x}} \end{aligned} \tag{3.2.7c}$$

由此,同样可证明 $\boldsymbol{Q}$ 是正交张量。故对于此种情况,(3.2.2b)式,即定理的必要性同样得证。

由 Cauchy 基本表示定理可证前述例 3.3 是各向同性张量函数。

如果矢量的标量函数 φ 仅仅是一个自变量$\boldsymbol{v}$ 的函数,则在 Cauchy 基本表示定理的基础上可进一步给出 $\varphi=f(\boldsymbol{v})$为各向同性函数的条件。

定理 1　矢量$\boldsymbol{v}$ 的标量函数 $\varphi=f(\boldsymbol{v})$为各向同性的必要且充分条件为

$$\varphi = f(|\boldsymbol{v}|) \tag{3.2.8}$$

只要令 Cauchy 基本表示定理中 $m=1$,则定理 1 便可得到证明。由定理 1 可知前述例 3.2 是各向同性函数。

3.3　二阶张量的标量函数

定理 2　二阶张量 $\boldsymbol{T}$ 的标量函数 $\varphi=f(\boldsymbol{T})$ 为各向同性的必要且充分条件为 φ 是仅由 $\boldsymbol{T}$ 与度量张量 $\boldsymbol{G}$ 的分量所决定的标量不变量。

$$\varphi = f(T^{ij}, g_{kl}) = f(T^{i'j'}, g_{k'l'}) \tag{3.3.1}$$

按照定义,张量的各向同性标量函数应是当张量 $\boldsymbol{T}$ 旋转为 $\widetilde{\boldsymbol{T}}$ 时其数值 φ 不变的函数;保持坐标系不变、$\boldsymbol{T}$ 旋转为 $\widetilde{\boldsymbol{T}}$ 与保持张量不转、反向转动坐标系(或基矢量)是相等价的,因此,2.3 节所叙述的以张量 $\boldsymbol{T}$ 的分量表示的标量不变量就是 $\boldsymbol{T}$ 的各向同性函数。

推论 二阶张量 $\boldsymbol{T}$ 的标量函数 $\varphi=f(\boldsymbol{T})$ 为各向同性的必要且充分条件为在正交标准化基中,φ 是仅由 $\boldsymbol{T}$ 的分量 T^{ij} 所决定的标量不变量,与直角坐标选择的方向无关。

$$\varphi = f(T^{ij}) = f(T^{i'j'}) \qquad \text{在正交标准化基中} \tag{3.3.2}$$

由定理 2 可知,前述例 3.9,例 3.10 是各向同性标量函数,而例 3.8 不是标量不变量,所以不是各向同性标量函数。

定理 3 对称二阶张量 $\boldsymbol{N}$ 的标量函数 $\varphi=f(\boldsymbol{N})$ 为各向同性的必要且充分条件为 φ 是仅由 $\boldsymbol{N}$ 的主不变量 $\mathscr{J}_1^{(N)}\mathscr{J}_2^{(N)}\mathscr{J}_3^{(N)}$ 所决定的标量函数。

$$\varphi = f(\boldsymbol{N}) = f(\mathscr{J}_1^{(N)}, \mathscr{J}_2^{(N)}, \mathscr{J}_3^{(N)}) \tag{3.3.3}$$

该定理的证明需利用 2.7 节中的定理。

1. 充分性:假定(3.3.3)式成立,由 2.7 节定理,两个正交相似张量 $\boldsymbol{N}$ 与 $\widetilde{\boldsymbol{N}}=\boldsymbol{Q}\cdot\boldsymbol{N}\cdot\boldsymbol{Q}^{\mathrm{T}}$ 具有相同的主不变量:

$$\mathscr{J}_i^{(\widetilde{N})} = \mathscr{J}_i^{(N)} \qquad (i=1,\ 2,\ 3)$$

故由(3.3.3)式

$$\varphi = f(\boldsymbol{N}) = f(\mathscr{J}_1^{(N)}, \mathscr{J}_2^{(N)}, \mathscr{J}_3^{(N)}) = f(\mathscr{J}_1^{(\widetilde{N})}, \mathscr{J}_2^{(\widetilde{N})}, \mathscr{J}_3^{(\widetilde{N})}) = f(\widetilde{\boldsymbol{N}})$$

因此,$\varphi=f(\boldsymbol{N})$为各向同性函数。

2. 必要性:假定 $\varphi=f(\boldsymbol{N})$为各向同性函数,即 $f(\boldsymbol{N})=f(\widetilde{\boldsymbol{N}})$,要求证明函数 $f(\boldsymbol{N})$与 $\boldsymbol{N}$ 的关系只能通过 $\boldsymbol{N}$ 的不变量来表示。换言之,要求证明:设有另一对称二阶张量 $\boldsymbol{M}$,满足

$$\mathscr{J}_i^{(M)} = \mathscr{J}_i^{(N)} \qquad (i=1,2,3) \tag{3.3.4a}$$

则必有

$$f(\boldsymbol{M}) = f(\boldsymbol{N}) \tag{3.3.4b}$$

根据 2.7 节中的定理,满足(3.3.4a)式的对称张量 $\boldsymbol{M}$ 与 $\boldsymbol{N}$ 必定是正交相似张量

$$\boldsymbol{M} = \boldsymbol{Q}\cdot\boldsymbol{N}\cdot\boldsymbol{Q}^{\mathrm{T}} = \widetilde{\boldsymbol{N}}$$

而已假定 $f(\boldsymbol{N})$是各向同性函数,显然

$$f(\boldsymbol{M}) = f(\widetilde{\boldsymbol{N}}) = f(\boldsymbol{N})$$

故(3.3.4b)式得证。于是定理的必要性、充分性均得证。

2.7 节中还指出,如非对称二阶张量 $\boldsymbol{T}$ 与 $\widetilde{\boldsymbol{T}}$ 互为正交相似张量,即 $\widetilde{\boldsymbol{T}}=\boldsymbol{Q}\cdot\boldsymbol{T}\cdot\boldsymbol{Q}^{\mathrm{T}}$,则它们的主不变量相等,即

$$\mathscr{J}_i^{(\widetilde{T})} = \mathscr{J}_i^{(T)} \qquad (i=1,2,3) \tag{3.3.5}$$

但其逆命题不一定成立。故若非对称二阶张量的标量函数可表达为其三个主不变量的函数

$$\varphi = f(\boldsymbol{T}) = f(\mathscr{J}_1^{(T)}, \mathscr{J}_2^{(T)}, \mathscr{J}_3^{(T)}) = f(\mathscr{J}_1^{(\widetilde{T})}, \mathscr{J}_2^{(\widetilde{T})}, \mathscr{J}_3^{(\widetilde{T})}) \tag{3.3.6}$$

则此函数也一定是 $\boldsymbol{T}$ 的各向同性标量函数。反之,$\boldsymbol{T}$ 的各向同性标量函数不一定都能表达为 $\boldsymbol{T}$ 的三个主不变量的函数。或者说(3.3.6)式是 $\varphi=f(\boldsymbol{T})$ 为各向同性的充分而非必要条件。因此例 3.9 和例 3.10 是对称二阶张量的各向同性标量函数。而例 3.13 是非对称二阶张量 $\boldsymbol{T}$ 的各向同性标量函数,但并不是 $\boldsymbol{T}$ 的三个主不变量的函数。

3.4　二阶张量的二阶张量函数

3.4.1　二阶张量的解析函数

本小节先给出一类重要的二阶张量的各向同性二阶张量函数，即解析函数。

在复变函数中，人们由复变量 z 的幂级数来定义解析函数。例如复变量 z 的指数函数定义为

$$\mathrm{e}^{z}=1+\frac{z}{1!}+\frac{z^{2}}{2!}+\frac{z^{3}}{3!}+\cdots+\frac{z^{n}}{n!}+\cdots$$

在(3.1.1c)式中已经定义过二阶张量的多项式，故不难推广到幂级数，从而将复变函数中定义解析函数的方法推广到矩阵及张量。如定义二阶张量 $\boldsymbol{T}$ 的指数函数

$$\mathrm{e}^{\boldsymbol{T}}=\boldsymbol{G}+\frac{\boldsymbol{T}}{1!}+\frac{\boldsymbol{T}^{2}}{2!}+\frac{\boldsymbol{T}^{3}}{3!}+\cdots+\frac{\boldsymbol{T}^{n}}{n!}+\cdots \tag{3.4.1}$$

这个级数对于任何有限的 $T^{i}_{\cdot j}$ 值都是收敛的。

由指数函数的定义(3.4.1)式还可以引出一些结论。若 $\boldsymbol{H}=\mathrm{e}^{\boldsymbol{T}}$，则根据 $\boldsymbol{T}^{m}\cdot\boldsymbol{T}^{n}=\boldsymbol{T}^{n}\cdot\boldsymbol{T}^{m}$，有

$$\boldsymbol{H}^{2}=\boldsymbol{H}\cdot\boldsymbol{H}=\mathrm{e}^{\boldsymbol{T}}\cdot\mathrm{e}^{\boldsymbol{T}}=\mathrm{e}^{2\boldsymbol{T}} \tag{3.4.2a}$$

但对于任意两个不等的二阶张量 $\boldsymbol{T}_1\neq\boldsymbol{T}_2$，则不成立类似的关系

$$\mathrm{e}^{\boldsymbol{T}_1}\cdot\mathrm{e}^{\boldsymbol{T}_2}\neq\mathrm{e}^{\boldsymbol{T}_1+\boldsymbol{T}_2}\qquad(\boldsymbol{T}_1\neq\boldsymbol{T}_2) \tag{3.4.2b}$$

其原因在于

$$\boldsymbol{T}_1\cdot\boldsymbol{T}_2\neq\boldsymbol{T}_2\cdot\boldsymbol{T}_1$$

因此，虽然我们按解析函数来定义张量函数，但就解析函数的各种关系式而言，并非都可以简单地类比到张量函数。

仿照一般的解析函数的定义

$$\varphi(z)=a_0+a_1z+a_2z^2+\cdots+a_nz^n+\cdots$$

可定义相应的张量函数

$$\boldsymbol{H}=\varphi(\boldsymbol{T})=a_0\boldsymbol{G}+a_1\boldsymbol{T}+a_2\boldsymbol{T}^{2}+\cdots+a_n\boldsymbol{T}^{n}+\cdots \tag{3.4.3}$$

上式中 $a_0,a_1,a_2,\cdots,a_n,\cdots$，都是常数。由定义易证 $\boldsymbol{T}$ 的幂函数都是 $\boldsymbol{T}$ 的各向同性张量函数①，所以在其收敛域内②，$\boldsymbol{T}$ 的解析函数也是 $\boldsymbol{T}$ 的各向同性张量函数。

(3.4.3)式还可以推广。设 $a_0,a_1,a_2,\cdots,a_n,\cdots$ 均为 $\boldsymbol{T}$ 的主不变量 $\mathscr{J}_1^{(T)},\mathscr{J}_2^{(T)},\mathscr{J}_3^{(T)}$ 的标量函数(从而也是 $\boldsymbol{T}$ 的各向同性标量函数)，即

$$\begin{aligned}\boldsymbol{H}&=\varphi(\mathscr{J}_1^{(T)},\mathscr{J}_2^{(T)},\mathscr{J}_3^{(T)},\boldsymbol{T})\\&=a_0(\mathscr{J}_1^{(T)},\mathscr{J}_2^{(T)},\mathscr{J}_3^{(T)})\boldsymbol{G}+a_1(\mathscr{J}_1^{(T)},\mathscr{J}_2^{(T)},\mathscr{J}_3^{(T)})\boldsymbol{T}+\cdots+a_n(\mathscr{J}_1^{(T)},\mathscr{J}_2^{(T)},\mathscr{J}_3^{(T)})\boldsymbol{T}^{n}+\cdots\end{aligned} \tag{3.4.4}$$

(3.4.4)式也是 $\boldsymbol{T}$ 的各向同性张量函数。

二阶张量 $\boldsymbol{T}$ 的各向同性二阶张量函数 $\boldsymbol{H}$ 的重要特征是函数 $\boldsymbol{H}$ 与自变量 $\boldsymbol{T}$ 在同一组基

---

① 见习题 3.3。

② 如果 $\boldsymbol{T}$ 的所有分量 $T^{i}_{\cdot j}$ 都在对应的解析函数的收敛域内，则二阶张量 $\boldsymbol{T}$ 的解析函数也收敛。

矢量中化为对角型标准形。下面对此进行论述。如果张量 $\boldsymbol{T}$ 在某一组基矢量 $\boldsymbol{g}_1, \boldsymbol{g}_2, \boldsymbol{g}_3$ 中能化为对角型标准形[①]

$$\boldsymbol{T} = \lambda_1 \boldsymbol{g}_1 \boldsymbol{g}^1 + \lambda_2 \boldsymbol{g}_2 \boldsymbol{g}^2 + \lambda_3 \boldsymbol{g}_3 \boldsymbol{g}^3 \tag{3.4.5a}$$

$$[T^i{}_{\cdot j}] = \begin{bmatrix} \lambda_1 & 0 & 0 \\ 0 & \lambda_2 & 0 \\ 0 & 0 & \lambda_3 \end{bmatrix} \tag{3.4.5b}$$

则由(2.4.17a,b,c)式

$$\boldsymbol{T}^2 = (\lambda_1)^2 \boldsymbol{g}_1 \boldsymbol{g}^1 + (\lambda_2)^2 \boldsymbol{g}_2 \boldsymbol{g}^2 + (\lambda_3)^2 \boldsymbol{g}_3 \boldsymbol{g}^3$$
$$\vdots$$
$$\boldsymbol{T}^n = (\lambda_1)^n \boldsymbol{g}_1 \boldsymbol{g}^1 + (\lambda_2)^n \boldsymbol{g}_2 \boldsymbol{g}^2 + (\lambda_3)^n \boldsymbol{g}_3 \boldsymbol{g}^3$$

由(3.4.4)式可知

$$\boldsymbol{H} = \varphi(\mathscr{J}_1^{(T)}, \mathscr{J}_2^{(T)}, \mathscr{J}_3^{(T)}, \boldsymbol{T}) = \varphi(\mathscr{J}_1^{(T)}, \mathscr{J}_2^{(T)}, \mathscr{J}_3^{(T)}, \lambda_1) \boldsymbol{g}_1 \boldsymbol{g}^1 + \varphi(\mathscr{J}_1^{(T)}, \mathscr{J}_2^{(T)}, \mathscr{J}_3^{(T)}, \lambda_2) \boldsymbol{g}_2 \boldsymbol{g}^2$$
$$+ \varphi(\mathscr{J}_1^{(T)}, \mathscr{J}_2^{(T)}, \mathscr{J}_3^{(T)}, \lambda_3) \boldsymbol{g}_3 \boldsymbol{g}^3 \tag{3.4.6a}$$

$$[H^i{}_{\cdot j}] = \begin{bmatrix} \varphi(\mathscr{J}_1^{(T)}, \mathscr{J}_2^{(T)}, \mathscr{J}_3^{(T)}, \lambda_1) & 0 & 0 \\ 0 & \varphi(\mathscr{J}_1^{(T)}, \mathscr{J}_2^{(T)}, \mathscr{J}_3^{(T)}, \lambda_2) & 0 \\ 0 & 0 & \varphi(\mathscr{J}_1^{(T)}, \mathscr{J}_2^{(T)}, \mathscr{J}_3^{(T)}, \lambda_3) \end{bmatrix} \tag{3.4.6b}$$

上式表明 $\varphi(\mathscr{J}_1^{(T)}, \mathscr{J}_2^{(T)}, \mathscr{J}_3^{(T)}, \lambda_1), \varphi(\mathscr{J}_1^{(T)}, \mathscr{J}_2^{(T)}, \mathscr{J}_3^{(T)}, \lambda_2), \varphi(\mathscr{J}_1^{(T)}, \mathscr{J}_2^{(T)}, \mathscr{J}_3^{(T)}, \lambda_3)$ 就是 $\boldsymbol{H}$ 的特征值,而且 $\boldsymbol{H} = \varphi(\mathscr{J}_1^{(T)}, \mathscr{J}_2^{(T)}, \mathscr{J}_3^{(T)}, \boldsymbol{T})$ 与 $\boldsymbol{T}$ 在同一组基矢量 $\boldsymbol{g}_1, \boldsymbol{g}_2, \boldsymbol{g}_3$ 中化为对角型标准形。

如果作为自变量的二阶张量的定义域仅限于对称二阶张量 $\boldsymbol{N}$,则以(3.4.4)式定义的二阶张量函数 $\boldsymbol{H} = \varphi(\mathscr{J}_1^{(N)}, \mathscr{J}_2^{(N)}, \mathscr{J}_3^{(N)}, \boldsymbol{N})$ 与 $\boldsymbol{N}$ 在同一组正交标准化基中化为对角型标准形。所以,$\boldsymbol{H}$ 也是对称二阶张量且与 $\boldsymbol{N}$ 的主轴重合。

由(3.4.6)式可知,若特征根 $\lambda_1, \lambda_2, \lambda_3$ 均在解析函数 $\varphi(z)$ 的收敛圆以内,则 $\boldsymbol{H}$ 的幂级数(3.4.3)式的 9 个分量都收敛(因为它们的对角型标准形的主分量收敛)。

3.4.2 Hamilton-Cayley 等式

在矩阵理论中有个 Hamilton-Cayley 等式,利用该等式可将矩阵的高次幂用低次幂来表示。本节将介绍对于二阶张量的 Hamilton-Cayley 等式,根据此等式最终可将张量函数的幂级数定义式化为张量的二次多项式。

(2.4.16)式给出过二阶张量 $\boldsymbol{T}$ 的特征多项式

$$\Delta(\lambda) = \lambda^3 - \mathscr{J}_1^{(T)} \lambda^2 + \mathscr{J}_2^{(T)} \lambda - \mathscr{J}_3^{(T)} \tag{3.4.7}$$

当 λ 取该张量的特征值 $\lambda_1, \lambda_2, \lambda_3$ 时 $\Delta(\lambda)$ 为零。构作 $\boldsymbol{T}$ 的二阶张量函数 $\Delta(\boldsymbol{T})$,则可证明以下张量等式

$$\Delta(\boldsymbol{T}) = \boldsymbol{T}^3 - \mathscr{J}_1^{(T)} \boldsymbol{T}^2 + \mathscr{J}_2^{(T)} \boldsymbol{T} - \mathscr{J}_3^{(T)} \boldsymbol{G} = \boldsymbol{O} \tag{3.4.8}$$

此式即二阶张量的 Hamilton-Cayley 等式。

当 $\boldsymbol{T}$ 的特征方程 $\Delta(\lambda) = 0$ 无重根时,或特征方程虽有重根但初等因子全为简单的情况,总可以在某一组基矢量中将 $\boldsymbol{T}$ 化为对角型标准形。根据(3.4.6)式可以在同一组基中

[①] 属于这种情况的有:一切对称二阶张量,非对称二阶张量中特征方程无重根,或特征方程虽有重根但初等因子全为简单的情况。(3.4.5)式与(3.4.6)式可能涉及复数。

将其二阶张量函数$\boldsymbol{\Delta}(\boldsymbol{T})$化为对角型标准形：

$$\boldsymbol{\Delta}(\boldsymbol{T}) = \boldsymbol{\Delta}(\mathscr{I}_1^{(T)}, \mathscr{I}_2^{(T)}, \mathscr{I}_3^{(T)}, \boldsymbol{T})$$
$$= \Delta(\mathscr{I}_1^{(T)}, \mathscr{I}_2^{(T)}, \mathscr{I}_3^{(T)}, \lambda_1)\boldsymbol{g}_1\boldsymbol{g}^1 + \Delta(\mathscr{I}_1^{(T)}, \mathscr{I}_2^{(T)}, \mathscr{I}_3^{(T)}, \lambda_2)\boldsymbol{g}_2\boldsymbol{g}^2 + \Delta(\mathscr{I}_1^{(T)}, \mathscr{I}_2^{(T)}, \mathscr{I}_3^{(T)}, \lambda_3)\boldsymbol{g}_3\boldsymbol{g}^3$$

而

$$\Delta(\lambda_i) = 0 \qquad (i = 1,2,3) \tag{3.4.9}$$

故$\boldsymbol{\Delta}(\boldsymbol{T})$的特征值全为零，$\boldsymbol{\Delta}(\boldsymbol{T})$是零二阶张量。

当$\boldsymbol{T}$的特征方程有重根且初等因子非全简单时，Hamilton-Cayley等式(3.4.8)式仍成立。此时，应当注意到$\boldsymbol{T}$的特征值$\lambda_1,\lambda_2,\lambda_3$不仅满足(3.4.9)式，还满足更低阶的方程如下：

(1) $\lambda_1=\lambda_2\neq\lambda_3$：　$\mathscr{I}_1^{(T)}=2\lambda_1+\lambda_3$，　$\mathscr{I}_2^{(T)}=(\lambda_1)^2+2\lambda_1\lambda_3$，　$\mathscr{I}_3^{(T)}=(\lambda_1)^2\lambda_3$　(3.4.10a)

并有　$(\lambda-\lambda_1)(\lambda-\lambda_3)=\lambda^2-(\lambda_1+\lambda_3)\lambda+\lambda_1\lambda_3=0$　(3.4.10b)

(2) $\lambda_1=\lambda_2=\lambda_3$：　$\mathscr{I}_1^{(T)}=3\lambda_1$，　$\mathscr{I}_2^{(T)}=3(\lambda_1)^2$，　$\mathscr{I}_3^{(T)}=(\lambda_1)^3$　(3.4.11a)

并有　$(\lambda-\lambda_1)=0$　(3.4.11b)

利用(3.4.10a)式可以证明，当$\boldsymbol{T}$的特征方程有二重根且初等因子非全简单时，Hamilton-Cayley 等式(3.4.8)式仍成立。证明如下：此时$\boldsymbol{T}$可以在某一组基矢量$\boldsymbol{g}_1,\boldsymbol{g}_2,\boldsymbol{g}_3$中化为约当型标准形，即

$$\boldsymbol{T} = \lambda_1\boldsymbol{g}_1\boldsymbol{g}^1 + \lambda_1\boldsymbol{g}_2\boldsymbol{g}^2 + \boldsymbol{g}_1\boldsymbol{g}^2 + \lambda_3\boldsymbol{g}_3\boldsymbol{g}^3$$

$$[\boldsymbol{T}] = [T^i_{\cdot j}] = \begin{bmatrix} \lambda_1 & 1 & 0 \\ 0 & \lambda_1 & 0 \\ 0 & 0 & \lambda_3 \end{bmatrix}$$

在该组基矢量中，张量函数$\boldsymbol{\Delta}(\boldsymbol{T})$的矩阵化为

$$[\boldsymbol{\Delta}(\boldsymbol{T})] = \begin{bmatrix} (\lambda_1^3-\mathscr{I}_1^{(T)}\lambda_1^2+\mathscr{I}_2^{(T)}\lambda_1-\mathscr{I}_3^{(T)}) & (3\lambda_1^2-2\mathscr{I}_1^{(T)}\lambda_1+\mathscr{I}_2^{(T)}) & 0 \\ 0 & (\lambda_1^3-\mathscr{I}_1^{(T)}\lambda_1^2+\mathscr{I}_2^{(T)}\lambda_1-\mathscr{I}_3^{(T)}) & 0 \\ 0 & 0 & (\lambda_3^3-\mathscr{I}_1^{(T)}\lambda_3^2+\mathscr{I}_2^{(T)}\lambda_3-\mathscr{I}_3^{(T)}) \end{bmatrix}$$

将(3.4.9)式、(3.4.10a)式代入上式，可以发现矩阵的每一个元素都为零，因此$\boldsymbol{\Delta}(\boldsymbol{T})=\boldsymbol{O}$。用同样的方法还可以利用(3.4.11a)式证明当$\boldsymbol{T}$的特征方程有三重根且初等因子非全简单时，Hamilton-Cayley 等式(3.4.8)式也成立。

当$\boldsymbol{T}$的特征方程有二重根且初等因子全简单时，$\boldsymbol{T}$可以化为对角型标准形，此时，除(3.4.8)式仍成立外，由(3.4.10b)式还可证明

$$\boldsymbol{T}^2-(\lambda_1+\lambda_3)\boldsymbol{T}+\lambda_1\lambda_3\boldsymbol{G}=\boldsymbol{O} \tag{3.4.12}$$

当$\boldsymbol{T}$的特征方程有三重根且初等因子全简单时，$\boldsymbol{T}$必定是球形张量，可以在空间任一组正交标准化基中化为对角型标准形，显然还应满足

$$\boldsymbol{T}-\lambda_1\boldsymbol{G}=\boldsymbol{O} \tag{3.4.13}$$

综上所述，Hamilton-Cayley 等式(3.4.8)对于任一二阶张量$\boldsymbol{T}$都成立。对于$\boldsymbol{T}$的特征方程有二重根且初等因子全简单时，还有(3.4.12)式成立。对于球形张量，还有(3.4.13)式成立。

Hamilton-Cayley 等式的推论　二阶张量$\boldsymbol{T}$的任何$n(\geqslant3)$次多项式均可表示成$\boldsymbol{T}$的二次多项式，其系数可以是该张量的主不变量的函数。如果$\boldsymbol{T}$的特征方程有二重根且初等因子全简单，还可以表示成$\boldsymbol{T}$的一次式。而球形张量的任何次多项式，甚至按(3.4.4)式定义

的张量函数也都可以表示成度量张量 $\boldsymbol{G}$ 与标量或标量函数之积。

因此,任意二阶张量 $\boldsymbol{T}$ 的解析函数,任意按(3.4.4)式定义的张量函数都可以表示成二阶张量 $\boldsymbol{T}$ 的二次式。

3.4.3 同时化为对角型标准形的函数

在本小节中,我们将所研究二阶张量的二阶张量函数范围扩大至一类同时化为对角型标准形的函数 $\boldsymbol{H}=f(\boldsymbol{T})$,此类函数当自变量 $\boldsymbol{T}$ 在某一组基矢量中化为对角型标准形时,张量函数 $\boldsymbol{H}$ 在同一组基矢量中也化为对角型标准形①。前一小节所定义的解析函数是这类函数中的特例。应说明的是,这类函数并非全是、只在一定条件下是各向同性二阶张量函数。

设函数 $\boldsymbol{H}=f(\boldsymbol{T})$ 为与自变量 $\boldsymbol{T}$ 同时化为对角型标准形的二阶张量函数,且有 $\boldsymbol{H}$ 的特征根 $\mu_i(i=1,2,3)$ 为 $\boldsymbol{T}$ 的特征根 $\lambda_i(i=1,2,3)$ 的函数,而与 $\boldsymbol{T}$ 的其他性质无关(例如,与 $\boldsymbol{T}$ 的除三个主不变量以外的另三个不变量无关,参考 2.6.1.3 节),即

$$\mu_i=\mu_i(\lambda_j)=\mu_i(\lambda_1,\lambda_2,\lambda_3)\qquad(i=1,2,3)\tag{3.4.14}$$

则 $\boldsymbol{H}$ 可化为二次多项式

$$\boldsymbol{H}=f(\boldsymbol{T})=k_0\boldsymbol{G}+k_1\boldsymbol{T}+k_2\boldsymbol{T}^2\tag{3.4.15}$$

式中 k_0,k_1,k_2 为 $\boldsymbol{T}$ 的特征根 $\lambda_j(j=1,2,3)$ 或主不变量 $\mathscr{J}_1^{(T)},\mathscr{J}_2^{(T)},\mathscr{J}_3^{(T)}$ 的函数。

应当指出,$\boldsymbol{T}$ 可化为对角型标准形包括 $\boldsymbol{T}$ 的特征方程无重根,以及特征方程有重根(二重根或三重根)而初等因子全简单两种情况;对于后者,欲使(3.4.15)式成立除应满足上述条件外,还应满足一些附加的条件。现分别予以证明。

1. $\boldsymbol{T}$ 的特征方程无重根 $\lambda_1\neq\lambda_2\neq\lambda_3$

设张量函数 $\boldsymbol{H}=f(\boldsymbol{T})$ 可化为 $\boldsymbol{T}$ 的二次多项式(3.4.15),则问题归结为欲求其中的系数 k_0,k_1,k_2,使得由(3.4.15)式计算得到的 $\boldsymbol{H}$ 的特征值 μ_i 满足(3.4.14)式。因已知 $\boldsymbol{T}$ 与 $\boldsymbol{H}$ 可同时化为对角型标准形,即

$$\begin{aligned}\boldsymbol{T}&=\lambda_1\boldsymbol{g}_1\boldsymbol{g}^1+\lambda_2\boldsymbol{g}_2\boldsymbol{g}^2+\lambda_3\boldsymbol{g}_3\boldsymbol{g}^3\\ \boldsymbol{H}&=[k_0+k_1\lambda_1+k_2(\lambda_1)^2]\boldsymbol{g}_1\boldsymbol{g}^1+[k_0+k_1\lambda_2+k_2(\lambda_2)^2]\boldsymbol{g}_2\boldsymbol{g}^2\\ &\quad+[k_0+k_1\lambda_3+k_2(\lambda_3)^2]\boldsymbol{g}_3\boldsymbol{g}^3\\ &=\mu_1\boldsymbol{g}_1\boldsymbol{g}^1+\mu_2\boldsymbol{g}_2\boldsymbol{g}^2+\mu_3\boldsymbol{g}_3\boldsymbol{g}^3\end{aligned}$$

换言之,k_0,k_1,k_2 的选择应满足

$$\begin{aligned}k_0+k_1\lambda_1+k_2(\lambda_1)^2&=\mu_1(\lambda_1,\lambda_2,\lambda_3)\\ k_0+k_1\lambda_2+k_2(\lambda_2)^2&=\mu_2(\lambda_1,\lambda_2,\lambda_3)\\ k_0+k_1\lambda_3+k_2(\lambda_3)^2&=\mu_3(\lambda_1,\lambda_2,\lambda_3)\end{aligned}$$

上述方程有解的条件是其特征行列式(Vandermonde 多项式)不为零,即

$$\begin{vmatrix}1&\lambda_1&(\lambda_1)^2\\1&\lambda_2&(\lambda_2)^2\\1&\lambda_3&(\lambda_3)^2\end{vmatrix}=(\lambda_1-\lambda_2)(\lambda_2-\lambda_3)(\lambda_3-\lambda_1)\neq 0\tag{3.4.15a}$$

当 $\lambda_1\neq\lambda_2\neq\lambda_3$ 时,上式恒满足,故一定可以找到 k_0,k_1,k_2,使张量函数 $\boldsymbol{H}=f(\boldsymbol{T})$ 化为 $\boldsymbol{T}$ 的二

① 由于张量 $\boldsymbol{T}$ 非对称,所以其特征根和特征矢量均可能涉及复数,即使不涉及复数,特征矢量也未必正交。

次多项式。

$$
\left\{
\begin{aligned}
k_0 &= \frac{1}{(\lambda_1-\lambda_2)(\lambda_2-\lambda_3)(\lambda_3-\lambda_1)}\begin{vmatrix} \mu_1 & \lambda_1 & (\lambda_1)^2 \\ \mu_2 & \lambda_2 & (\lambda_2)^2 \\ \mu_3 & \lambda_3 & (\lambda_3)^2 \end{vmatrix} \\
k_1 &= \frac{1}{(\lambda_1-\lambda_2)(\lambda_2-\lambda_3)(\lambda_3-\lambda_1)}\begin{vmatrix} 1 & \mu_1 & (\lambda_1)^2 \\ 1 & \mu_2 & (\lambda_2)^2 \\ 1 & \mu_3 & (\lambda_3)^2 \end{vmatrix} \\
k_2 &= \frac{1}{(\lambda_1-\lambda_2)(\lambda_2-\lambda_3)(\lambda_3-\lambda_1)}\begin{vmatrix} 1 & \lambda_1 & \mu_1 \\ 1 & \lambda_2 & \mu_2 \\ 1 & \lambda_3 & \mu_3 \end{vmatrix}
\end{aligned}
\right. \tag{3.4.16}
$$

将上式代入(3.4.15)式，可得到

$$
\begin{aligned}
\boldsymbol{H} &= f(\boldsymbol{T}) \\
&= \frac{1}{(\lambda_1-\lambda_2)(\lambda_2-\lambda_3)(\lambda_3-\lambda_1)}\left\{\mu_1\left[\begin{vmatrix} \lambda_2 & (\lambda_2)^2 \\ \lambda_3 & (\lambda_3)^2 \end{vmatrix}\boldsymbol{G} - \begin{vmatrix} 1 & (\lambda_2)^2 \\ 1 & (\lambda_3)^2 \end{vmatrix}\boldsymbol{T}\right.\right. \\
&\quad \left. + \begin{vmatrix} 1 & \lambda_2 \\ 1 & \lambda_3 \end{vmatrix}\boldsymbol{T}^2\right] + \mu_2\left[-\begin{vmatrix} \lambda_1 & (\lambda_1)^2 \\ \lambda_3 & (\lambda_3)^2 \end{vmatrix}\boldsymbol{G} + \begin{vmatrix} 1 & (\lambda_1)^2 \\ 1 & (\lambda_3)^2 \end{vmatrix}\boldsymbol{T} - \begin{vmatrix} 1 & \lambda_1 \\ 1 & \lambda_3 \end{vmatrix}\boldsymbol{T}^2\right] \\
&\quad \left. + \mu_3\left[\begin{vmatrix} \lambda_1 & (\lambda_1)^2 \\ \lambda_2 & (\lambda_2)^2 \end{vmatrix}\boldsymbol{G} - \begin{vmatrix} 1 & (\lambda_1)^2 \\ 1 & (\lambda_2)^2 \end{vmatrix}\boldsymbol{T} + \begin{vmatrix} 1 & \lambda_1 \\ 1 & \lambda_2 \end{vmatrix}\boldsymbol{T}^2\right]\right\} \\
&= \frac{\mu_1}{(\lambda_1-\lambda_2)(\lambda_1-\lambda_3)}(\boldsymbol{T}-\lambda_2\boldsymbol{G})\cdot(\boldsymbol{T}-\lambda_3\boldsymbol{G}) \\
&\quad + \frac{\mu_2}{(\lambda_2-\lambda_3)(\lambda_2-\lambda_1)}(\boldsymbol{T}-\lambda_3\boldsymbol{G})\cdot(\boldsymbol{T}-\lambda_1\boldsymbol{G}) \\
&\quad + \frac{\mu_3}{(\lambda_3-\lambda_1)(\lambda_3-\lambda_2)}(\boldsymbol{T}-\lambda_1\boldsymbol{G})\cdot(\boldsymbol{T}-\lambda_2\boldsymbol{G})
\end{aligned} \tag{3.4.17}
$$

上式即系数为 $\lambda_1,\lambda_2,\lambda_3$ 的函数形式的 $\boldsymbol{T}$ 的二次多项式，称为 Lagrange-Sylvester 公式。

设(3.4.16)式中 $\mu_1(\lambda_1,\lambda_2,\lambda_3)$，$\mu_2(\lambda_1,\lambda_2,\lambda_3)$，$\mu_3(\lambda_1,\lambda_2,\lambda_3)$ 关于指标 1,2,3 具有对称性①，则二次多项式(3.4.15)中的系数 k_0,k_1,k_2 的表达式(3.4.16)为特征根 $\lambda_1,\lambda_2,\lambda_3$ 的对称函数，即 k_0,k_1,k_2 的值只取决于三个特征值的集合，与特征值的排序无关。特征值的集合取决于特征方程(2.4.16)的系数 $\mathscr{J}_1^{(T)}$，$\mathscr{J}_2^{(T)}$，$\mathscr{J}_3^{(T)}$，因此 k_0,k_1,k_2 是主不变量 $\mathscr{J}_1^{(T)}$，$\mathscr{J}_2^{(T)}$，$\mathscr{J}_3^{(T)}$ 的函数，从而由(3.4.4)式和(3.4.15)式可知，$\boldsymbol{H}$ 是 $\boldsymbol{T}$ 的各向同性函数。

2. $\boldsymbol{T}$ 的特征方程具有二重根 $\lambda_1=\lambda_2\neq\lambda_3$

为求得 $\boldsymbol{H}$ 的表达式，可设想 λ_1,λ_2 不相等，令 $\lambda_2\to\lambda_1$ 的极限情况，考察当 $\lambda_2\to\lambda_1$ 时(3.4.17)式的极限是否存在及存在的条件。

$$
\begin{aligned}
\lim_{\lambda_2\to\lambda_1} f(\boldsymbol{T}) = \lim_{\lambda_2\to\lambda_1}&\left\{\frac{(\boldsymbol{T}-\lambda_3\boldsymbol{G})}{\lambda_1-\lambda_2}\cdot\left[\frac{\mu_1}{\lambda_1-\lambda_3}(\boldsymbol{T}-\lambda_2\boldsymbol{G}) - \frac{\mu_2}{\lambda_2-\lambda_3}(\boldsymbol{T}-\lambda_1\boldsymbol{G})\right]\right. \\
&\left. + \frac{\mu_3}{(\lambda_3-\lambda_1)(\lambda_3-\lambda_2)}(\boldsymbol{T}-\lambda_1\boldsymbol{G})\cdot(\boldsymbol{T}-\lambda_2\boldsymbol{G})\right\}
\end{aligned}
$$

---

① 即 $\mu_1=g(\lambda_1,\lambda_2,\lambda_3)$，$\mu_2=g(\lambda_2,\lambda_3,\lambda_1)$，$\mu_3=g(\lambda_3,\lambda_1,\lambda_2)$，式中函数 g 关于其后两个变量对称。

$$=\frac{(\boldsymbol{T}-\lambda_3\boldsymbol{G})\cdot(\boldsymbol{T}-\lambda_1\boldsymbol{G})}{\lambda_1-\lambda_3}\lim_{\lambda_2\to\lambda_1}\frac{\mu_1-\mu_2}{\lambda_1-\lambda_2}+\frac{1}{(\lambda_1-\lambda_3)^2}[\mu_3(\boldsymbol{T}-\lambda_1\boldsymbol{G})^2] \tag{3.4.18}$$
[①]

上式存在极限的条件是：

(1) 当 $\boldsymbol{T}$ 的特征根 $\lambda_1=\lambda_2$ 时，$\boldsymbol{H}$ 的特征根 $\mu_1=\mu_2$。

(2) 极限 $\lim\limits_{\lambda_2\to\lambda_1}\dfrac{\mu_1-\mu_2}{\lambda_1-\lambda_2}$ 存在，因而(3.4.16)式的 k_0,k_1,k_2 也接近于相应极限。

3. $\boldsymbol{T}$ 的特征方程具有三重根 $\lambda_1=\lambda_2=\lambda_3$

具有三重根的能化为对角型标准形的张量只能是球形张量，故 $\boldsymbol{T}$ 为球形张量，考虑 $\lambda_3\to\lambda_1$，$\lambda_2\to\lambda_1$ 的极限过程，研究此时(3.4.17)式的极限存在的条件是：

(1) 当 $\lambda_1=\lambda_2=\lambda_3$ 时 $\mu_1=\mu_2=\mu_3$，故 $\boldsymbol{H}=f(\boldsymbol{T})$ 也必须是球形张量。

(2) (3.4.16)式的 k_0,k_1,k_2 有极限存在。

由本小节的叙述可知，当 $\boldsymbol{T}$ 为对称张量时，与其同时化为对角型标准形的张量函数 $\boldsymbol{H}$ 必定也是对称张量。但应注意，当 $\boldsymbol{T}$ 为反对称张量时，与其同时化为对角型标准形的函数 $\boldsymbol{H}$ 一般不一定是反对称的。

上述讨论还可推广到 n 维空间的二阶张量，此时 $\boldsymbol{H}$ 可表示为 $\boldsymbol{T}$ 的 $(n-1)$ 次多项式，此处不再详述。

3.4.4 对称张量的对称张量函数

定理 4 对称张量 $\boldsymbol{N}$ 的对称张量函数 $\boldsymbol{H}=f(\boldsymbol{N})$ 为各向同性的必要且充分条件为

$$\boldsymbol{H}=f(\boldsymbol{N})=k_0\boldsymbol{G}+k_1\boldsymbol{N}+k_2\boldsymbol{N}^2 \tag{3.4.19a}$$

式中

$$k_i=k_i(\mathscr{J}_1^{(N)},\mathscr{J}_2^{(N)},\mathscr{J}_3^{(N)})\qquad(i=0,1,2) \tag{3.4.19b}$$

此定理的充分性早在前面给出张量的解析函数(3.4.4)式时已予说明。事实上，即使对于非对称张量 $\boldsymbol{T}$，满足(3.4.19)式的张量函数也是各向同性函数，问题是定理的必要性的证明。

关于必要性的证明即假设 $\boldsymbol{H}=f(\boldsymbol{N})$ 为各向同性，证明(3.4.19)式成立。证明可分三步进行，首先证明 $\boldsymbol{H}$ 与 $\boldsymbol{N}$ 具有相同的特征矢量，即 $\boldsymbol{H}$ 与 $\boldsymbol{N}$ 同时化为对角型标准形；其次证明 $\boldsymbol{H}$ 与 $\boldsymbol{N}$ 的关系可以表达为(3.4.19)式；最后证明(3.4.19)式中的系数 k_0,k_1,k_2 可表示成 $\boldsymbol{N}$ 的三个不变量的函数。

(1) 证明 $\boldsymbol{H}$ 与 $\boldsymbol{N}$ 具有相同的特征矢量

若 $\boldsymbol{e}_1,\boldsymbol{e}_2,\boldsymbol{e}_3$ 是对称张量 $\boldsymbol{N}$ 的特征矢量，构成正交标准化基(见 2.4.1 节)，即

---

① (3.4.18)式的证明如下：设 λ_1 固定，令 $\lambda_2=\lambda_1+\Delta\lambda$，$\mu_2=\mu_1+\Delta\mu$，$\Delta\lambda\to0$，$\Delta\mu\to0$，代入(3.4.17)式，并考虑到 $\dfrac{1}{\lambda_1-\lambda_3+\Delta\lambda}=\dfrac{1}{\lambda_1-\lambda_3}-\dfrac{\Delta\lambda}{(\lambda_1-\lambda_3)^2}+$高阶小项，则

$$\begin{aligned}\boldsymbol{H}=f(\boldsymbol{T})=&\frac{1}{-\Delta\lambda(\lambda_1-\lambda_3)}[\mu_1(\boldsymbol{T}-\lambda_1\boldsymbol{G})\cdot(\boldsymbol{T}-\lambda_3\boldsymbol{G})-\mu_1\Delta\lambda\boldsymbol{G}\cdot(\boldsymbol{T}-\lambda_3\boldsymbol{G})]+\frac{1}{\Delta\lambda(\lambda_1-\lambda_3)}[\mu_1(\boldsymbol{T}-\lambda_3\boldsymbol{G})\cdot(\boldsymbol{T}-\lambda_1\boldsymbol{G})\\&+\Delta\mu(\boldsymbol{T}-\lambda_3\boldsymbol{G})\cdot(\boldsymbol{T}-\lambda_1\boldsymbol{G})-\mu_1\Delta\lambda(\boldsymbol{T}-\lambda_3\boldsymbol{G})\cdot(\boldsymbol{T}-\lambda_1\boldsymbol{G})/(\lambda_1-\lambda_3)+\Delta\lambda\text{ 的高次项}]\\&+\frac{\mu_3}{(\lambda_3-\lambda_1)}[(\boldsymbol{T}-\lambda_1\boldsymbol{G})\cdot(\boldsymbol{T}-\lambda_1\boldsymbol{G})/(\lambda_3-\lambda_1)+\Delta\lambda\text{ 的一次项}]\end{aligned}$$

当 $\Delta\lambda\to0$ 时，得到(3.4.18)式。

$$\boldsymbol{N}\cdot\boldsymbol{e}_i=\lambda_i^{(N)}\boldsymbol{e}_i\quad(i=1,2,3\ 不求和) \tag{3.4.20}$$

作一正交变换(以 $\boldsymbol{e}_3$ 为轴,旋转 180°),使

$$\boldsymbol{Q}\cdot\boldsymbol{e}_1=-\boldsymbol{e}_1,\qquad \boldsymbol{Q}\cdot\boldsymbol{e}_2=-\boldsymbol{e}_2,\qquad \boldsymbol{Q}\cdot\boldsymbol{e}_3=\boldsymbol{e}_3 \tag{3.4.21}$$

由于 $\boldsymbol{e}_1,\boldsymbol{e}_2,\boldsymbol{e}_3$ 是一组正交标准化基,故该正交张量 $\boldsymbol{Q}$ 应为

$$\boldsymbol{Q}=-\boldsymbol{e}_1\boldsymbol{e}_1-\boldsymbol{e}_2\boldsymbol{e}_2+\boldsymbol{e}_3\boldsymbol{e}_3 \tag{3.4.22}$$

且

$$\boldsymbol{Q}^{\mathrm{T}}=\boldsymbol{Q}^{-1}=-\boldsymbol{e}_1\boldsymbol{e}_1-\boldsymbol{e}_2\boldsymbol{e}_2+\boldsymbol{e}_3\boldsymbol{e}_3 \tag{3.4.23}$$

在正交标准化基 $\boldsymbol{e}_i$ 中,对称张量 $\boldsymbol{N}$ 的标准形为

$$\boldsymbol{N}=\lambda_1^{(N)}\boldsymbol{e}_1\boldsymbol{e}_1+\lambda_2^{(N)}\boldsymbol{e}_2\boldsymbol{e}_2+\lambda_3^{(N)}\boldsymbol{e}_3\boldsymbol{e}_3 \tag{3.4.24}$$

其正交相似张量 $\widetilde{\boldsymbol{N}}$ 为

$$\widetilde{\boldsymbol{N}}=\boldsymbol{Q}\cdot\boldsymbol{N}\cdot\boldsymbol{Q}^{\mathrm{T}}=\lambda_1^{(N)}\boldsymbol{e}_1\boldsymbol{e}_1+\lambda_2^{(N)}\boldsymbol{e}_2\boldsymbol{e}_2+\lambda_3^{(N)}\boldsymbol{e}_3\boldsymbol{e}_3=\boldsymbol{N} \tag{3.4.25a}$$

而已设 $\boldsymbol{H}=f(\boldsymbol{N})$ 是各向同性函数,$\boldsymbol{H}$ 的正交相似张量

$$\boldsymbol{Q}\cdot\boldsymbol{H}\cdot\boldsymbol{Q}^{\mathrm{T}}=f(\boldsymbol{Q}\cdot\boldsymbol{N}\cdot\boldsymbol{Q}^{\mathrm{T}})=f(\widetilde{\boldsymbol{N}})=f(\boldsymbol{N})=\boldsymbol{H} \tag{3.4.25b}$$

由上式知

$$\boldsymbol{Q}\cdot\boldsymbol{H}=\boldsymbol{H}\cdot\boldsymbol{Q} \tag{3.4.26a}$$

故

$$\begin{aligned}\boldsymbol{Q}\cdot\boldsymbol{H}\cdot\boldsymbol{e}_1&=\boldsymbol{H}\cdot\boldsymbol{Q}\cdot\boldsymbol{e}_1=-\boldsymbol{H}\cdot\boldsymbol{e}_1\\ \boldsymbol{Q}\cdot\boldsymbol{H}\cdot\boldsymbol{e}_2&=\boldsymbol{H}\cdot\boldsymbol{Q}\cdot\boldsymbol{e}_2=-\boldsymbol{H}\cdot\boldsymbol{e}_2\\ \boldsymbol{Q}\cdot\boldsymbol{H}\cdot\boldsymbol{e}_3&=\boldsymbol{H}\cdot\boldsymbol{Q}\cdot\boldsymbol{e}_3=\boldsymbol{H}\cdot\boldsymbol{e}_3\end{aligned} \tag{3.4.26b}$$

将(3.4.22)式的 $\boldsymbol{Q}$ 代入(3.4.26b)之三式,可知 $\boldsymbol{H}\cdot\boldsymbol{e}_i$ 的方向必与 $\boldsymbol{e}_i$ 方向平行,即

$$\boldsymbol{H}\cdot\boldsymbol{e}_3=\lambda_3^{(H)}\boldsymbol{e}_3 \tag{3.4.27a}$$

$$\boldsymbol{H}\cdot\boldsymbol{e}_1=\lambda_1^{(H)}\boldsymbol{e}_1 \tag{3.4.27b}$$

$$\boldsymbol{H}\cdot\boldsymbol{e}_2=\lambda_2^{(H)}\boldsymbol{e}_2 \tag{3.4.27c}$$

对比(3.4.20)式与(3.4.27)式可知,$\boldsymbol{H}$ 与 $\boldsymbol{N}$ 具有相同的特征矢量。$\boldsymbol{H}$ 的标准形为

$$\boldsymbol{H}=\lambda_1^{(H)}\boldsymbol{e}_1\boldsymbol{e}_1+\lambda_2^{(H)}\boldsymbol{e}_2\boldsymbol{e}_2+\lambda_3^{(H)}\boldsymbol{e}_3\boldsymbol{e}_3 \tag{3.4.28}$$

由于 $\boldsymbol{H}=f(\boldsymbol{N})$,故 $\lambda_i^{(H)}\,(i=1,2,3)$ 必定是 $\lambda_j^{(N)}\,(j=1,2,3)$ 的函数。

(2) 由前面一小节所述,$\boldsymbol{H}$ 与 $\boldsymbol{N}$ 的函数关系可化为二次多项式

$$\boldsymbol{H}=f(\boldsymbol{N})=k_0\boldsymbol{G}+k_1\boldsymbol{N}+k_2\boldsymbol{N}^2 \tag{3.4.29a}$$

k_0,k_1,k_2 应满足

$$k_0+k_1\lambda_i^{(N)}+k_2(\lambda_i^{(N)})^2=\lambda_i^{(H)}\quad(i=1,2,3) \tag{3.4.29b}$$

根据(3.4.15)式,对于 $\boldsymbol{N}$ 的特征根无重根时,上述代数方程必有解,解的形式如(3.4.16)式。对于 $\boldsymbol{N}$ 的特征方程有重根的情况,仍可想象一个从无重根趋近于有重根的极限过程,(3.4.29a)式仍成立①。因此,总可以解得 k_0,k_1,k_2,它是 $\boldsymbol{N}$ 的特征根 λ_i^N 的函数。

(3) 证明 k_0,k_1,k_2 是三个不变量的函数。即只需证明 k_0,k_1,k_2 是 $\boldsymbol{N}$ 的各向同性标量函数。

---

① 这里和上一小节(3.4.17)式取极限过程的情况相比较,上一小节中 k_0,k_1,k_2 的表达式中分母趋近于零,极限的存在是有条件的。而本小节中由于 $\boldsymbol{N}$ 为对称张量,利用定理 3 将证明 k_0,k_1,k_2 是三个不变量 $\mathscr{J}_1^{(N)},\mathscr{J}_2^{(N)},\mathscr{J}_3^{(N)}$ 的函数,故当 $\boldsymbol{N}$ 的三个特征根趋近于相等时,极限的存在是必然的,不需再附加上一小节中提出的那些条件。

$\boldsymbol{H}$ 的正交相似张量为

$$\widetilde{\boldsymbol{H}} = f(\widetilde{\boldsymbol{N}}) = \tilde{k}_0\boldsymbol{G} + \tilde{k}_1\widetilde{\boldsymbol{N}} + \tilde{k}_2\widetilde{\boldsymbol{N}}^2$$

将 $\widetilde{\boldsymbol{H}}=\boldsymbol{Q}\cdot\boldsymbol{H}\cdot\boldsymbol{Q}^{\mathrm{T}}$, $\widetilde{\boldsymbol{N}}=\boldsymbol{Q}\cdot\boldsymbol{N}\cdot\boldsymbol{Q}^{\mathrm{T}}$ 代入上式,则

$$\begin{aligned}\boldsymbol{Q}\cdot\boldsymbol{H}\cdot\boldsymbol{Q}^{\mathrm{T}} &= \tilde{k}_0\boldsymbol{G} + \tilde{k}_1\boldsymbol{Q}\cdot\boldsymbol{N}\cdot\boldsymbol{Q}^{\mathrm{T}} + \tilde{k}_2(\boldsymbol{Q}\cdot\boldsymbol{N}\cdot\boldsymbol{Q}^{\mathrm{T}})^2 \\ &= \boldsymbol{Q}\cdot[\tilde{k}_0\boldsymbol{G} + \tilde{k}_1\boldsymbol{N} + \tilde{k}_2\boldsymbol{N}^2]\cdot\boldsymbol{Q}^{\mathrm{T}}\end{aligned}$$

故

$$\boldsymbol{H} = \tilde{k}_0\boldsymbol{G} + \tilde{k}_1\boldsymbol{N} + \tilde{k}_2\boldsymbol{N}^2$$

将该式与(3.4.29a)式相比较,可知

$$k_0\boldsymbol{G} + k_1\boldsymbol{N} + k_2\boldsymbol{N}^2 = \tilde{k}_0\boldsymbol{G} + \tilde{k}_1\boldsymbol{N} + \tilde{k}_2\boldsymbol{N}^2$$

该式是一个张量等式,等号两边在主坐标系中的各个分量当然也相等,故利用(3.4.16)式,可证

$$k_0 = \tilde{k}_0, \qquad k_1 = \tilde{k}_1, \qquad k_2 = \tilde{k}_2$$

故 k_0, k_1, k_2 都是张量的各向同性标量函数。根据3.3节定理3,它们必定可表示为 $\boldsymbol{N}$ 的三个不变量 $\mathscr{I}_i^{(N)}(i=1,2,3)$ 的函数。于是[①],定理4证毕。

在特殊情况下,$\boldsymbol{N}$ 只限于其特征方程具有二重根或三重根的对称张量,则除(3.4.19)式仍满足外,各向同性函数 $\boldsymbol{H}$ 还可以表示成 $\boldsymbol{N}$ 的低于二次的多项式。

(1) 设 $\boldsymbol{N}$ 只限于其特征方程有二重根的对称张量。假定二重根为 $\lambda_1^{(N)}=\lambda_2^{(N)}$,由(3.4.19)式可知 $\boldsymbol{H}$ 也必有二重根 $\lambda_1^{(H)}=\lambda_2^{(H)}$,令

$$\lambda_i^{(H)} = k_0 + k_1\lambda_i^{(N)} \qquad (i=1,2,3) \tag{3.4.30}$$

设 $\lambda_1^{(N)}\neq\lambda_3^{(N)}$,则可由上式求解 k_0 与 k_1,并可证

$$\boldsymbol{H} = k_0\boldsymbol{G} + k_1\boldsymbol{N} \tag{3.4.31}$$

假定 $\lambda_3^{(N)}$ 与 $\lambda_1^{(N)}$ 趋近相等(即接近于三重根)时,k_0 与 k_1 有极限存在,(3.4.31)式仍成立。

(2) 设 $\boldsymbol{N}$ 只限于球形张量(特征根为三重根)。则显然 $\boldsymbol{H}$ 亦为球形张量,它们之间满足

$$\boldsymbol{H} = k_0\boldsymbol{G} \tag{3.4.32}$$

式中 k_0 依赖于 $\boldsymbol{N}$ 的第一不变量 $\mathscr{I}_1^{(N)}$。

以上是定理4及其证明。应注意定理4只适用于对称张量 $\boldsymbol{N}$,非对称张量 $\boldsymbol{T}$ 的各向同性张量函数不一定能写成(3.4.19)式的形式(非对称张量 $\boldsymbol{T}$ 具有6个独立的不变量)。

例 3.18 在有限变形问题中,常用**对数应变张量**如下:

$$\boldsymbol{H} = \ln\boldsymbol{V}$$

其中 $\boldsymbol{V}$ 为左伸长张量,由变形梯度张量(其定义见(6.6.6)式)进行左极分解得到:

$$\boldsymbol{V} = \sqrt{\boldsymbol{F}\cdot\boldsymbol{F}^{\mathrm{T}}}$$

由2.6.2节可知,$\boldsymbol{V}$ 必定是正张量,可化为对角形标准型

$$\boldsymbol{V} = \lambda_1^{(V)}\boldsymbol{e}_1\boldsymbol{e}_1 + \lambda_2^{(V)}\boldsymbol{e}_2\boldsymbol{e}_2 + \lambda_3^{(V)}\boldsymbol{e}_3\boldsymbol{e}_3$$

其中 $\lambda_1^{(V)}, \lambda_2^{(V)}, \lambda_3^{(V)}$ 均为正值,故对数应变 $\boldsymbol{H}$ 可以定义,且

$$\boldsymbol{H} = (\ln\lambda_1^{(V)})\boldsymbol{e}_1\boldsymbol{e}_1 + (\ln\lambda_2^{(V)})\boldsymbol{e}_2\boldsymbol{e}_2 + (\ln\lambda_3^{(V)})\boldsymbol{e}_3\boldsymbol{e}_3$$

例 3.19 试将对称张量 $\boldsymbol{N}$ 的对称张量函数 $\boldsymbol{H}=\mathrm{e}^{\boldsymbol{N}}$ 化为 $\boldsymbol{N}$ 的二次多项式 $\boldsymbol{H}=k_0+k_1\boldsymbol{N}+$

---

① 以上的证明只适用于 $\boldsymbol{N}$ 的特征方程无重根的情况。作为极限情况,结果对 $\boldsymbol{N}$ 的特征方程有重根的情况也成立。

$k_2\boldsymbol{N}^2$，并将 k_0,k_1,k_2 均表达为 $\mathscr{J}_i^{(N)}(i=1,2,3)$ 的级数形式。

解　设 $\boldsymbol{N}$ 的特征根为 $\lambda_1,\lambda_2,\lambda_3$。由于 $\boldsymbol{H}$ 是对称张量 $\boldsymbol{N}$ 的解析函数，故 $\boldsymbol{H}$ 与 $\boldsymbol{N}$ 在同一组正交标准化基中化为对角型标准形，$\boldsymbol{H}$ 是 $\boldsymbol{N}$ 的各向同性函数，且

$$\lambda_1^{(H)}=\mathrm{e}^{\lambda_1}=1+\frac{\lambda_1}{1!}+\frac{(\lambda_1)^2}{2!}+\frac{(\lambda_1)^3}{3!}+\cdots$$

$$\lambda_2^{(H)}=\mathrm{e}^{\lambda_2}=1+\frac{\lambda_2}{1!}+\frac{(\lambda_2)^2}{2!}+\frac{(\lambda_2)^3}{3!}+\cdots$$

$$\lambda_3^{(H)}=\mathrm{e}^{\lambda_3}=1+\frac{\lambda_3}{1!}+\frac{(\lambda_3)^2}{2!}+\frac{(\lambda_3)^3}{3!}+\cdots$$

由定理 4 可知，$\boldsymbol{H}$ 必定能化为 $\boldsymbol{N}$ 的二次多项式，且其三个系数 k_0,k_1,k_2 可以表示成 $\mathscr{J}_i^{(N)}(i=1,2,3)$ 的函数。

注意到 $\boldsymbol{N}$ 的主不变量 $\mathscr{J}_1,\mathscr{J}_2,\mathscr{J}_3$ 为

$$\mathscr{J}_1=\lambda_1+\lambda_2+\lambda_3$$
$$\mathscr{J}_2=\lambda_1\lambda_2+\lambda_2\lambda_3+\lambda_1\lambda_3$$
$$\mathscr{J}_3=\lambda_1\lambda_2\lambda_3$$

因而

$$\mathscr{J}_1\mathscr{J}_2=\lambda_1(\lambda_2)^2+(\lambda_1)^2\lambda_2+\lambda_2(\lambda_3)^2+(\lambda_2)^2\lambda_3+\lambda_3(\lambda_1)^2+(\lambda_3)^2\lambda_1+3\lambda_1\lambda_2\lambda_3$$

$$\begin{aligned}(\mathscr{J}_1)^3=&(\lambda_1)^3+(\lambda_2)^3+(\lambda_3)^3\\&+3[\lambda_1(\lambda_2)^2+(\lambda_1)^2\lambda_2+\lambda_2(\lambda_3)^2+(\lambda_2)^2\lambda_3+\lambda_3(\lambda_1)^2+(\lambda_3)^2\lambda_1]+6\lambda_1\lambda_2\lambda_3\end{aligned}$$

$$(\mathscr{J}_2)^2=(\lambda_1\lambda_2)^2+(\lambda_2\lambda_3)^2+(\lambda_3\lambda_1)^2+2[(\lambda_1)^2\lambda_2\lambda_3+(\lambda_2)^2\lambda_1\lambda_3+(\lambda_3)^2\lambda_1\lambda_2]$$

$$\begin{aligned}(\mathscr{J}_1)^2\mathscr{J}_2=&(\lambda_1)^3\lambda_2+(\lambda_1)^3\lambda_3+(\lambda_2)^3\lambda_1+(\lambda_2)^3\lambda_3+(\lambda_3)^3\lambda_1+(\lambda_3)^3\lambda_2\\&+5[(\lambda_1)^2\lambda_2\lambda_3+(\lambda_2)^2\lambda_1\lambda_3+(\lambda_3)^2\lambda_1\lambda_2]+2[(\lambda_1\lambda_2)^2+(\lambda_2\lambda_3)^2+(\lambda_1\lambda_3)^2]\end{aligned}$$

故

$$\begin{vmatrix}1&\lambda_1&(\lambda_1)^2\\1&\lambda_2&(\lambda_2)^2\\1&\lambda_3&(\lambda_3)^2\end{vmatrix}=(\lambda_1-\lambda_2)(\lambda_2-\lambda_3)(\lambda_3-\lambda_1)$$

$$\begin{vmatrix}1&\lambda_1&(\lambda_1)^3\\1&\lambda_2&(\lambda_2)^3\\1&\lambda_3&(\lambda_3)^3\end{vmatrix}=(\lambda_1-\lambda_2)(\lambda_2-\lambda_3)(\lambda_3-\lambda_1)\mathscr{J}_1$$

$$\begin{vmatrix}1&\lambda_1&(\lambda_1)^4\\1&\lambda_2&(\lambda_2)^4\\1&\lambda_3&(\lambda_3)^4\end{vmatrix}=(\lambda_1-\lambda_2)(\lambda_2-\lambda_3)(\lambda_3-\lambda_1)[(\mathscr{J}_1)^2-\mathscr{J}_2]$$

$$\begin{vmatrix}1&\lambda_1&(\lambda_1)^5\\1&\lambda_2&(\lambda_2)^5\\1&\lambda_3&(\lambda_3)^5\end{vmatrix}=(\lambda_1-\lambda_2)(\lambda_2-\lambda_3)(\lambda_3-\lambda_1)[(\mathscr{J}_1)^3-2\mathscr{J}_1\mathscr{J}_2+\mathscr{J}_3]$$

$$\begin{vmatrix}1&(\lambda_1)^2&(\lambda_1)^3\\1&(\lambda_2)^2&(\lambda_2)^3\\1&(\lambda_3)^2&(\lambda_3)^3\end{vmatrix}=+(\lambda_1-\lambda_2)(\lambda_2-\lambda_3)(\lambda_3-\lambda_1)\mathscr{J}_2$$

$$\begin{vmatrix} 1 & (\lambda_1)^2 & (\lambda_1)^4 \\ 1 & (\lambda_2)^2 & (\lambda_2)^4 \\ 1 & (\lambda_3)^2 & (\lambda_3)^4 \end{vmatrix} = +(\lambda_1-\lambda_2)(\lambda_2-\lambda_3)(\lambda_3-\lambda_1)[\mathscr{J}_1\mathscr{J}_2-\mathscr{J}_3]$$

$$\begin{vmatrix} 1 & (\lambda_1)^2 & (\lambda_1)^5 \\ 1 & (\lambda_2)^2 & (\lambda_2)^5 \\ 1 & (\lambda_3)^2 & (\lambda_3)^5 \end{vmatrix} = +(\lambda_1-\lambda_2)(\lambda_2-\lambda_3)(\lambda_3-\lambda_1)[(\mathscr{J}_1)^2\mathscr{J}_2-(\mathscr{J}_2)^2-\mathscr{J}_1\mathscr{J}_3]$$

于是,由(3.4.16)式可以求得

$$k_0 = \frac{1}{(\lambda_1-\lambda_2)(\lambda_2-\lambda_3)(\lambda_3-\lambda_1)}\begin{vmatrix} e^{\lambda_1} & \lambda_1 & (\lambda_1)^2 \\ e^{\lambda_2} & \lambda_2 & (\lambda_2)^2 \\ e^{\lambda_3} & \lambda_3 & (\lambda_3)^2 \end{vmatrix}$$

$$= 1 + \frac{1}{3!}\mathscr{J}_3 + \frac{1}{4!}\mathscr{J}_3\mathscr{J}_1 + \frac{1}{5!}\mathscr{J}_3[(\mathscr{J}_1)^2-\mathscr{J}_2] + \cdots$$

$$k_1 = \frac{1}{(\lambda_1-\lambda_2)(\lambda_2-\lambda_3)(\lambda_3-\lambda_1)}\begin{vmatrix} 1 & e^{\lambda_1} & (\lambda_1)^2 \\ 1 & e^{\lambda_2} & (\lambda_2)^2 \\ 1 & e^{\lambda_3} & (\lambda_3)^2 \end{vmatrix}$$

$$= 1 - \frac{1}{3!}\mathscr{J}_2 - \frac{1}{4!}(\mathscr{J}_1\mathscr{J}_2-\mathscr{J}_3) - \frac{1}{5!}[(\mathscr{J}_1)^2\mathscr{J}_2-(\mathscr{J}_2)^2-\mathscr{J}_1\mathscr{J}_3] - \cdots$$

$$k_2 = \frac{1}{(\lambda_1-\lambda_2)(\lambda_2-\lambda_3)(\lambda_3-\lambda_1)}\begin{vmatrix} 1 & \lambda_1 & e^{\lambda_1} \\ 1 & \lambda_2 & e^{\lambda_2} \\ 1 & \lambda_3 & e^{\lambda_3} \end{vmatrix}$$

$$= \frac{1}{2} + \frac{1}{3!}\mathscr{J}_1 + \frac{1}{4!}[(\mathscr{J}_1)^2-\mathscr{J}_2] + \frac{1}{5!}[(\mathscr{J}_1)^3-2\mathscr{J}_1\mathscr{J}_2+\mathscr{J}_3] + \cdots$$

或写作

$$\begin{aligned} \boldsymbol{H} = & \left(\boldsymbol{G}+\boldsymbol{N}+\frac{1}{2}\boldsymbol{N}^2\right) + \frac{1}{3!}(\mathscr{J}_3\boldsymbol{G}-\mathscr{J}_2\boldsymbol{N}+\mathscr{J}_1\boldsymbol{N}^2) \\ & + \frac{1}{4!}\{\mathscr{J}_3\mathscr{J}_1\boldsymbol{G}-(\mathscr{J}_1\mathscr{J}_2-\mathscr{J}_3)\boldsymbol{N}+[(\mathscr{J}_1)^2-\mathscr{J}_2]\boldsymbol{N}^2\} \\ & + \frac{1}{5!}\{\mathscr{J}_3[(\mathscr{J}_1)^2-\mathscr{J}_2]\boldsymbol{G}-[(\mathscr{J}_1)^2\mathscr{J}_2-(\mathscr{J}_2)^2-\mathscr{J}_1\mathscr{J}_3]\boldsymbol{N} \\ & + [(\mathscr{J}_1)^3-2\mathscr{J}_1\mathscr{J}_2+\mathscr{J}_3]\boldsymbol{N}^2\} + \cdots \end{aligned}$$

在连续介质力学中,应力张量与应变张量都是对称二阶张量,对于正确描述各向同性材料的应力应变之间的本构关系,定理4给出了一般的原则,是一个十分重要的定理。现举一实例。

例3.20 各向同性线弹性材料仅有2个独立的弹性常数 将一块各向同性材料(例如大多数金属材料)沿某个方向切割成拉伸试件进行实验,所得到的载荷-伸长曲线与沿任何其他方向切割试件所得结果相同。描述各向同性材料应力 $\boldsymbol{\sigma}$ 与应变 $\boldsymbol{\varepsilon}$ 之间的本构关系需要的独立弹性常数可以利用定理4来判断。即

$$\boldsymbol{\sigma} = k_0\boldsymbol{G} + k_1\boldsymbol{\varepsilon} + k_2\boldsymbol{\varepsilon}^2 \tag{3.4.33}$$

其中

$$k_i = k_i(\mathscr{J}_1^{(\varepsilon)}, \mathscr{J}_2^{(\varepsilon)}, \mathscr{J}_3^{(\varepsilon)}) \qquad (i = 0,1,2) \tag{3.4.33a}$$

是应变张量的三个主不变量的各向同性标量函数。而 $\mathscr{J}_1^{(\varepsilon)}, \mathscr{J}_2^{(\varepsilon)}, \mathscr{J}_3^{(\varepsilon)}$ 分别为应变分量的一次、二次与三次式。人们可以根据材料的不同特性，需要用几次多项式足以描述其应力应变关系，从(3.4.33)式出发来决定独立的弹性常数的个数。

如果已知材料为线弹性，在本构关系中最高只能出现应变分量的一次式。由(3.4.33)式可判定：

$$k_0 = \alpha + \lambda \mathscr{J}_1^{(\varepsilon)}, \qquad k_1 = 2\mu, \qquad k_2 = 0$$

其中 α, λ 和 μ 是与应变无关的标量。如果材料中无初应变，即当应变为零张量时应力也是零张量，则

$$\alpha = 0$$

线弹性材料的本构关系应为

$$\boldsymbol{\sigma} = \lambda \mathscr{J}_1^{(\varepsilon)} \boldsymbol{G} + 2\mu \boldsymbol{\varepsilon} \tag{3.4.34a}$$

其分量表达式为

$$\sigma^{i}_{\cdot j} = \lambda \varepsilon^{k}_{\cdot k} \delta^{i}_{j} + 2\mu\, \varepsilon^{i}_{\cdot j} \qquad (i,j = 1,2,3) \tag{3.4.34b}$$

这就是我们所熟知的各向同性线弹性材料的胡克定律，其中仅含 2 个独立的弹性常数 λ 与 μ，在弹性力学中称为 Lamé 常数。由(3.4.34b)式升降指标还可以得到其他各种分量形式，读者可自行写出。

3.5　张量函数导数的定义，链规则

3.5.1　有限微分、导数与微分

张量函数的导数刻画了张量函数对于其自变量(另一个张量)的变化率。在下面研究张量的变化时，若需将张量对基张量分解，则仅限于在直线坐标系(直角或斜角)中讨论，即**认为基矢量 $\boldsymbol{g}_1, \boldsymbol{g}_2, \boldsymbol{g}_3$ 是不变的**。以后还假设所研究的函数都是连续和连续可微的。

如何定义函数

$$\boldsymbol{B} = \boldsymbol{F}(\boldsymbol{A})$$

的导数呢？其中 $\boldsymbol{A}$, $\boldsymbol{B}$ 均可能是标量、矢量或张量。当自变量 $\boldsymbol{A}$ 为标量 x 时，不论函数 $\boldsymbol{B}$ 是什么量，总可以定义函数 $\boldsymbol{F}(x)$ 的导数为

$$\boldsymbol{F}'(x) = \lim_{\xi \to 0} \frac{1}{\xi} [\boldsymbol{F}(x + \xi) - \boldsymbol{F}(x)] \tag{3.5.1}$$

或，等价地

$$\boldsymbol{F}(x + \xi) = \boldsymbol{F}(x) + \xi \boldsymbol{F}'(x) + \boldsymbol{o}(\xi) \tag{3.5.2}$$

上式中，$\boldsymbol{o}(\xi)$ 是其值(模)的量级小于 ξ 的无穷小量，即

$$\lim_{\xi \to 0} \frac{|\,\boldsymbol{o}(\xi)\,|}{\xi} = 0 \tag{3.5.3}$$

从(3.5.2)式、(3.5.3)式可知，$\xi \boldsymbol{F}'(x)$ 是函数的增量 $\boldsymbol{F}(x+\xi) - \boldsymbol{F}(x)$ 的主要部分，它线性地依赖于自变量的增量 ξ。

但此定义对于自变量 $\boldsymbol{A}$ 为矢量 $\boldsymbol{v}$ (或张量)的情况不能成立，因为按上式将写出

$$\lim_{\boldsymbol{u}\to 0}\frac{1}{\boldsymbol{u}}[\boldsymbol{F}(\boldsymbol{v}+\boldsymbol{u})-\boldsymbol{F}(\boldsymbol{v})]$$

其中包含了矢量(或张量)为除数的运算,这种运算是没有定义过的。如果将(3.5.1)式略加改变,定义标量 x 的函数 $\boldsymbol{F}(x)$ 对于增量 z 的**有限微分** $\boldsymbol{F}'(x;z)$ 为

$$\boldsymbol{F}'(x;z)=\lim_{h\to 0}\frac{1}{h}[\boldsymbol{F}(x+hz)-\boldsymbol{F}(x)] \tag{3.5.4}$$

式中 z 是自变量 x 的有限量值的增量,与 x 的量纲相同,h 是一个无量纲的无穷小量。对比(3.5.1)式与(3.5.4)式可知,当 $z=1$ 时,有

$$\boldsymbol{F}'(x;1)=\boldsymbol{F}'(x)$$

所以可认为导数 $\boldsymbol{F}'(x)$ 是函数 $\boldsymbol{F}(x)$ 对于增量1的有限微分。进一步可以证明,不管 $\boldsymbol{F}(x)$ 是 x 的任何类型(线性或非线性)的函数,它的有限微分 $\boldsymbol{F}'(x;z)$ 对于增量 z 总是线性函数,而导数 $\boldsymbol{F}'(x)$ 总是有限微分 $\boldsymbol{F}'(x;z)$ 对 z 的系数。证明如下:

根据导数的定义(3.5.1)式及有限微分的定义(3.5.4)式

$$\begin{aligned}\frac{\mathrm{d}}{\mathrm{d}h}\boldsymbol{F}(x+hz)\Big|_{h=0}&=\lim_{\Delta h\to 0}\frac{1}{\Delta h}[\boldsymbol{F}(x+(h+\Delta h)z)-\boldsymbol{F}(x+hz)]\Big|_{h=0}\\&=\lim_{\Delta h\to 0}\frac{1}{\Delta h}[\boldsymbol{F}(x+\Delta hz)-\boldsymbol{F}(x)]=\boldsymbol{F}'(x;z)\end{aligned}$$

而根据复合函数求导规则

$$\frac{\mathrm{d}}{\mathrm{d}h}\boldsymbol{F}(x+hz)\Big|_{h=0}=z\boldsymbol{F}'(x+hz)\big|_{h=0}=\boldsymbol{F}'(x)z$$

由上两式证得

$$\boldsymbol{F}'(x;z)=\boldsymbol{F}'(x)z \tag{3.5.5}$$

对比(3.5.5)式、(3.5.4)式和(3.5.2)式,我们可以理解,有限微分 $\boldsymbol{F}'(x;z)$ 的物理意义是当自变量每增加有限量值的小量 z 时,函数增量的主要部分。

以上是自变量为标量的情况。对于自变量为矢量或张量的函数,可以类似地定义其有限微分与导数。

下面研究以矢量 $\boldsymbol{v}$ 为自变量的矢量函数 $\boldsymbol{w}$,即

$$\boldsymbol{w}=\boldsymbol{F}(\boldsymbol{v}) \tag{3.5.6}$$

定义矢量 $\boldsymbol{v}$ 的矢量函数 $\boldsymbol{F}(\boldsymbol{v})$ 对于增量 $\boldsymbol{u}$ 的有限微分为自变量 $\boldsymbol{v}$ 每增加 $\boldsymbol{u}$ 时,函数 $\boldsymbol{F}$ 的增量,即

$$\boldsymbol{F}'(\boldsymbol{v};\boldsymbol{u})=\lim_{h\to 0}\frac{1}{h}[\boldsymbol{F}(\boldsymbol{v}+h\boldsymbol{u})-\boldsymbol{F}(\boldsymbol{v})] \tag{3.5.7}$$

矢量函数 $\boldsymbol{F}(\boldsymbol{v})$ 对于增量 $\boldsymbol{u}$ 的有限微分 $\boldsymbol{F}'(\boldsymbol{v};\boldsymbol{u})$ 也是矢量,可以证明 $\boldsymbol{F}'(\boldsymbol{v};\boldsymbol{u})$ 对于增量 $\boldsymbol{u}$ 为线性函数。证明如下。

$$\boldsymbol{F}'(\boldsymbol{v};a\boldsymbol{u})=\lim_{h\to 0}\frac{1}{h}[\boldsymbol{F}(\boldsymbol{v}+ha\boldsymbol{u})-\boldsymbol{F}(\boldsymbol{v})]$$

若令上式中

$$h=\frac{k}{a}$$

则

$$\boldsymbol{F}'(\boldsymbol{v};a\boldsymbol{u})=a\lim_{k\to 0}\frac{1}{k}[\boldsymbol{F}(\boldsymbol{v}+k\boldsymbol{u})-\boldsymbol{F}(\boldsymbol{v})]=a\boldsymbol{F}'(\boldsymbol{v};\boldsymbol{u}) \tag{3.5.8a}$$

又

$$\begin{aligned}\boldsymbol{F}'(\boldsymbol{v};\boldsymbol{u}+\boldsymbol{t}) &= \lim_{h\to 0}\frac{1}{h}[\boldsymbol{F}(\boldsymbol{v}+h\boldsymbol{u}+h\boldsymbol{t})-\boldsymbol{F}(\boldsymbol{v})]\\ &= \lim_{h\to 0}\frac{1}{h}\{[\boldsymbol{F}(\boldsymbol{v}+h\boldsymbol{u}+h\boldsymbol{t})-\boldsymbol{F}(\boldsymbol{v}+h\boldsymbol{t})]+[\boldsymbol{F}(\boldsymbol{v}+h\boldsymbol{t})-\boldsymbol{F}(\boldsymbol{v})]\}\\ &= \boldsymbol{F}'(\boldsymbol{v};\boldsymbol{u})+\boldsymbol{F}'(\boldsymbol{v};\boldsymbol{t})\end{aligned} \tag{3.5.8b}$$

由(3.5.8a,b)两式可知

$$\boldsymbol{F}'(\boldsymbol{v};a\boldsymbol{u}+b\boldsymbol{t}) = a\boldsymbol{F}'(\boldsymbol{v};\boldsymbol{u})+b\boldsymbol{F}'(\boldsymbol{v};\boldsymbol{t}) \tag{3.5.9a}$$

由上式 $\boldsymbol{F}'(\boldsymbol{v};\boldsymbol{u})$ 对于增量 $\boldsymbol{u}$ 的线性性质可以进一步得到

$$\boldsymbol{F}'(\boldsymbol{v};\boldsymbol{u}) = \boldsymbol{F}'(\boldsymbol{v};u^i\boldsymbol{g}_i) = u^i\boldsymbol{F}'(\boldsymbol{v};\boldsymbol{g}_i) \tag{3.5.9b}$$

该式说明有限微分 $\boldsymbol{F}'(\boldsymbol{v};\boldsymbol{u})$ 是增量 $\boldsymbol{u}$ 的分量的线性组合，即矢量 $\boldsymbol{u}$ 可以通过线性变换映射为矢量 $\boldsymbol{F}'(\boldsymbol{v};\boldsymbol{u})$。根据商法则(1.7.27)式，这个线性变换(即从 $\boldsymbol{u}$ 到 $\boldsymbol{F}'(\boldsymbol{v};\boldsymbol{u})$ 的变换)是通过一个二阶张量实现的，可以按照(2.1.15a)式将此变换写作

$$\boldsymbol{F}'(\boldsymbol{v};\boldsymbol{u}) = \boldsymbol{F}'(\boldsymbol{v})\cdot\boldsymbol{u} \tag{3.5.10}$$

此式中 $\boldsymbol{F}'(\boldsymbol{v})$ 是一个二阶张量，称为**函数 $\boldsymbol{F}(\boldsymbol{v})$ 的导数**，或写作 $\dfrac{\mathrm{d}\boldsymbol{F}(\boldsymbol{v})}{\mathrm{d}\boldsymbol{v}}$。(3.5.7)式还可以写作

$$\boldsymbol{F}(\boldsymbol{v}+h\boldsymbol{u})-\boldsymbol{F}(\boldsymbol{v}) = h\boldsymbol{F}'(\boldsymbol{v};\boldsymbol{u})+\boldsymbol{o}(h) = h\boldsymbol{F}'(\boldsymbol{v})\cdot\boldsymbol{u}+\boldsymbol{o}(h) \tag{3.5.11}$$

式中 $\boldsymbol{o}(h)$ 的定义见(3.5.3)式。令

$$\mathrm{d}\boldsymbol{v} = h\boldsymbol{u}$$

取(3.5.11)式的主部，称为矢量函数 $\boldsymbol{F}(\boldsymbol{v})$ 的微分，它是当自变量 $\boldsymbol{v}$ 有微小的增量 $\mathrm{d}\boldsymbol{v}$ 时，函数 $\boldsymbol{F}$ 的微小增量，记作 $\mathrm{d}\boldsymbol{F}$，它与导数 $\boldsymbol{F}'(\boldsymbol{v})$ 之间满足

$$\mathrm{d}\boldsymbol{F} = \boldsymbol{F}'(\boldsymbol{v})\cdot\mathrm{d}\boldsymbol{v} = \mathrm{d}\boldsymbol{v}\cdot[\boldsymbol{F}'(\boldsymbol{v})]^{\mathrm{T}} \tag{3.5.12}$$

式中 $[\boldsymbol{F}'(\boldsymbol{v})]^{\mathrm{T}}$ 为二阶张量 $\boldsymbol{F}'(\boldsymbol{v})$ 的转置。

下面给出 n 阶张量 $\boldsymbol{A}$ 的 m 阶张量函数 $\boldsymbol{T}(\boldsymbol{A})$ 的导数的一般定义。仍先定义函数 $\boldsymbol{T}(\boldsymbol{A})$ 对于增量 $\boldsymbol{C}$ 的有限微分是自变量每增加 $\boldsymbol{C}$ 时，函数 $\boldsymbol{T}(\boldsymbol{A})$ 的增量

$$\boldsymbol{T}'(\boldsymbol{A};\boldsymbol{C}) = \lim_{h\to 0}\frac{1}{h}[\boldsymbol{T}(\boldsymbol{A}+h\boldsymbol{C})-\boldsymbol{T}(\boldsymbol{A})] \tag{3.5.13}$$

式中增量 $\boldsymbol{C}$ 是与自变量 $\boldsymbol{A}$ 同阶的 n 阶张量，而有限微分 $\boldsymbol{T}'(\boldsymbol{A};\boldsymbol{C})$ 是与函数 $\boldsymbol{T}(\boldsymbol{A})$ 同阶的 m 阶张量。与(3.5.9a)式类似地可以证明，不论 $\boldsymbol{T}(\boldsymbol{A})$ 是怎样的函数(线性或非线性)，其有限微分 $\boldsymbol{T}'(\boldsymbol{A};\boldsymbol{C})$ 与增量 $\boldsymbol{C}$ 之间总满足线性关系，即类似于(3.5.9b)式有

$$\boldsymbol{T}'(\boldsymbol{A};\boldsymbol{C}) = \boldsymbol{T}'(\boldsymbol{A};c^{ij\cdots}\boldsymbol{g}_i\boldsymbol{g}_j\cdots) = c^{ij\cdots}\boldsymbol{T}'(\boldsymbol{A};\boldsymbol{g}_i\boldsymbol{g}_j\cdots) \tag{3.5.14}$$

上式中 $i,j,\cdots$ 共计 n 个哑指标，表示有 3^n 项求和，此式表示 $\boldsymbol{T}(\boldsymbol{A})$ 对于增量 $\boldsymbol{C}$ 的有限微分是 $\boldsymbol{C}$ 的诸分量 $c^{ij\cdots}$ 的线性组合；而由于 $\boldsymbol{T}'(\boldsymbol{A};\boldsymbol{C})$ 是 m 阶张量，故(3.5.14)式相应地可以有 3^m 个分量表达式；即，$\boldsymbol{T}'(\boldsymbol{A};\boldsymbol{C})$ 的 3^m 个分量是 $\boldsymbol{C}$ 的 3^n 个分量的线性组合，组合系数共计应有 3^{m+n} 个，根据商法则，这 3^{m+n} 个系数的集合必定构成一个 $(m+n)$ 阶张量，称为张量函数 $\boldsymbol{T}(\boldsymbol{A})$ 的导数，记作

$$\frac{\mathrm{d}\boldsymbol{T}(\boldsymbol{A})}{\mathrm{d}\boldsymbol{A}} = \boldsymbol{T}'(\boldsymbol{A})$$

于是(3.5.14)式可以写作

$$\boldsymbol{T}'(\boldsymbol{A};\boldsymbol{C}) = \boldsymbol{T}'(\boldsymbol{A})\overset{*}{_n}\boldsymbol{C} \tag{3.5.15}$$

式中“$\overset{*}{_n}$”号表示 n 重点积。

与(3.5.12)式类似地,若设

$$\mathrm{d}\boldsymbol{A} = h\boldsymbol{C}$$

将(3.5.13)式写作

$$\boldsymbol{T}(\boldsymbol{A}+h\boldsymbol{C}) - \boldsymbol{T}(\boldsymbol{A}) = h\boldsymbol{T}'(\boldsymbol{A};\boldsymbol{C}) + \boldsymbol{o}(h) \tag{3.5.16}$$

定义 $\boldsymbol{T}(\boldsymbol{A}+h\boldsymbol{C})-\boldsymbol{T}(\boldsymbol{A})$ 的主部为 $\boldsymbol{T}$ 的微分 $\mathrm{d}\boldsymbol{T}$,利用(3.5.15)式,$\mathrm{d}\boldsymbol{T}$ 与其导数 $\boldsymbol{T}'(\boldsymbol{A})$ 之间满足

$$\mathrm{d}\boldsymbol{T} = \boldsymbol{T}'(\boldsymbol{A})\overset{*}{_n}\mathrm{d}\boldsymbol{A} \tag{3.5.17}$$

(3.5.13)、(3.5.15)、(3.5.17)三式是张量函数的有限微分、导数与微分的一般定义式。下面列举各种张量函数的导数说明之。

1. 矢量 $\boldsymbol{v}$ 的标量函数 $\varphi=f(\boldsymbol{v})$

$f(\boldsymbol{v})$ 对于增量 $\boldsymbol{u}$ 的有限微分为

$$f'(\boldsymbol{v};\boldsymbol{u}) = f'(\boldsymbol{v})\cdot\boldsymbol{u} \tag{3.5.18}$$

式中导数

$$f'(\boldsymbol{v}) = \frac{\mathrm{d}f}{\mathrm{d}\boldsymbol{v}}$$

是一个矢量,而 $f(\boldsymbol{v})$ 的微分为

$$\mathrm{d}f = f'(\boldsymbol{v})\cdot\mathrm{d}\boldsymbol{v} = \frac{\mathrm{d}f}{\mathrm{d}\boldsymbol{v}}\cdot\mathrm{d}\boldsymbol{v} \tag{3.5.19}$$

2. 矢量 $\boldsymbol{v}$ 的矢量函数 $\boldsymbol{w}=\boldsymbol{F}(\boldsymbol{v})$

$\boldsymbol{F}(\boldsymbol{v})$ 对于增量 $\boldsymbol{u}$ 的有限微分为

$$\boldsymbol{F}'(\boldsymbol{v};\boldsymbol{u}) = \boldsymbol{F}'(\boldsymbol{v})\cdot\boldsymbol{u} \tag{3.5.20}$$

式中导数

$$\boldsymbol{F}'(\boldsymbol{v}) = \frac{\mathrm{d}\boldsymbol{F}}{\mathrm{d}\boldsymbol{v}}$$

是一个二阶张量,而 $\boldsymbol{F}(\boldsymbol{v})$ 的微分为

$$\mathrm{d}\boldsymbol{F} = \boldsymbol{F}'(\boldsymbol{v})\cdot\mathrm{d}\boldsymbol{v} = \frac{\mathrm{d}\boldsymbol{F}}{\mathrm{d}\boldsymbol{v}}\cdot\mathrm{d}\boldsymbol{v} \tag{3.5.21}$$

3. 矢量 $\boldsymbol{v}$ 的二阶张量函数 $\boldsymbol{H}=\boldsymbol{T}(\boldsymbol{v})$

$\boldsymbol{T}(\boldsymbol{v})$ 对于增量 $\boldsymbol{u}$ 的有限微分为

$$\boldsymbol{T}'(\boldsymbol{v};\boldsymbol{u}) = \boldsymbol{T}'(\boldsymbol{v})\cdot\boldsymbol{u} \tag{3.5.22}$$

式中导数

$$\boldsymbol{T}'(\boldsymbol{v}) = \frac{\mathrm{d}\boldsymbol{T}}{\mathrm{d}\boldsymbol{v}}$$

是一个三阶张量,而 $\boldsymbol{T}(\boldsymbol{v})$ 的微分为

$$\mathrm{d}\boldsymbol{T} = \boldsymbol{T}'(\boldsymbol{v})\cdot\mathrm{d}\boldsymbol{v} = \frac{\mathrm{d}\boldsymbol{T}}{\mathrm{d}\boldsymbol{v}}\cdot\mathrm{d}\boldsymbol{v} \tag{3.5.23}$$

4. 二阶张量的标量函数 $\varphi=f(\boldsymbol{S})$

$f(\boldsymbol{S})$ 对于增量 $\boldsymbol{C}$ 的有限微分为

$$f'(\boldsymbol{S};\boldsymbol{C}) = f'(\boldsymbol{S}):\boldsymbol{C} \tag{3.5.24}$$

式中导数

$$f'(\boldsymbol{S}) = \frac{\mathrm{d}f}{\mathrm{d}\boldsymbol{S}}$$

是一个二阶张量，而 $f(\boldsymbol{S})$的微分为

$$\mathrm{d}f = f'(\boldsymbol{S}):\mathrm{d}\boldsymbol{S} = \frac{\mathrm{d}f}{\mathrm{d}\boldsymbol{S}}:\mathrm{d}\boldsymbol{S} \tag{3.5.25}$$

5. 二阶张量 $\boldsymbol{T}$ 的二阶张量函数 $\boldsymbol{H}=\boldsymbol{T}(\boldsymbol{S})$

$\boldsymbol{T}(\boldsymbol{S})$ 对于增量 $\boldsymbol{C}$ 的有限微分为

$$\boldsymbol{T}'(\boldsymbol{S};\boldsymbol{C}) = \boldsymbol{T}'(\boldsymbol{S}):\boldsymbol{C} \tag{3.5.26}$$

式中导数

$$\boldsymbol{T}'(\boldsymbol{S}) = \frac{\mathrm{d}\boldsymbol{T}}{\mathrm{d}\boldsymbol{S}}$$

是一个四阶张量，而 $\boldsymbol{T}(\boldsymbol{S})$的微分为

$$\mathrm{d}\boldsymbol{T} = \boldsymbol{T}'(\boldsymbol{S}):\mathrm{d}\boldsymbol{S} = \frac{\mathrm{d}\boldsymbol{T}}{\mathrm{d}\boldsymbol{S}}:\mathrm{d}\boldsymbol{S} \tag{3.5.27}$$

3.5.2　张量函数导数的链规则

对于复合张量函数

$$\boldsymbol{H}(\boldsymbol{T}) = \boldsymbol{G}(\boldsymbol{F}(\boldsymbol{T})) \tag{3.5.28}$$

式中自变量 $\boldsymbol{T}$ 是 n 阶张量，$\boldsymbol{F}$ 是 m 阶张量函数，$\boldsymbol{H}$ 与 $\boldsymbol{G}$ 是 p 阶张量函数，则存在**链规则**

$$\boldsymbol{H}'(\boldsymbol{T}) = \boldsymbol{G}'(\boldsymbol{F}) \overset{*}{_m} \boldsymbol{F}'(\boldsymbol{T}) \tag{3.5.29}$$

式中 $\boldsymbol{H}'(\boldsymbol{T})$是$(p+n)$阶张量，$\boldsymbol{G}'(\boldsymbol{F})$是$(p+m)$阶张量，$\boldsymbol{F}'(\boldsymbol{T})$是$(m+n)$阶张量，“$\overset{*}{_m}$”表示 m 重点积。

链规则可以直接利用有限微分与导数的关系式证明。由(3.5.15)、(3.5.16)两式，有

$$\boldsymbol{F}(\boldsymbol{T}+h\boldsymbol{C}) = \boldsymbol{F}(\boldsymbol{T}) + \boldsymbol{F}'(\boldsymbol{T}) \overset{*}{_n} h\boldsymbol{C} + \boldsymbol{o}(h)$$

式中“$\overset{*}{_n}$”表示 n 重点积。应用此式，并注意到 $\boldsymbol{G}(\boldsymbol{F})$为有限，得到

$$\begin{aligned}
\boldsymbol{G}(\boldsymbol{F}(\boldsymbol{T}+h\boldsymbol{C})) &= \boldsymbol{G}(\boldsymbol{F}(\boldsymbol{T}) + \boldsymbol{F}'(\boldsymbol{T}) \overset{*}{_n} h\boldsymbol{C} + \boldsymbol{o}(h)) \\
&= \boldsymbol{G}\{\boldsymbol{F}(\boldsymbol{T}) + h[\boldsymbol{F}'(\boldsymbol{T}) \overset{*}{_n} \boldsymbol{C} + \boldsymbol{o}(1)]\} \\
&= \boldsymbol{G}(\boldsymbol{F}(\boldsymbol{T})) + \boldsymbol{G}'(\boldsymbol{F}) \overset{*}{_m} h[\boldsymbol{F}'(\boldsymbol{T}) \overset{*}{_n} \boldsymbol{C} + \boldsymbol{o}(1)] + \boldsymbol{o}(h) \\
&= \boldsymbol{G}(\boldsymbol{F}(\boldsymbol{T})) + \boldsymbol{G}'(\boldsymbol{F}) \overset{*}{_m} \boldsymbol{F}'(\boldsymbol{T}) \overset{*}{_n} h\boldsymbol{C} + \boldsymbol{o}(h)
\end{aligned}$$

但是，按照(3.5.15)式、(3.5.16)式，对于 $\boldsymbol{T}$ 的函数 $\boldsymbol{H}(\boldsymbol{T})$，当自变量 $\boldsymbol{T}$ 有增量 $h\boldsymbol{C}$ 时，又有

$$\begin{aligned}
\boldsymbol{G}(\boldsymbol{F}(\boldsymbol{T}+h\boldsymbol{C})) &= \boldsymbol{H}(\boldsymbol{T}+h\boldsymbol{C}) \\
&= \boldsymbol{G}(\boldsymbol{F}(\boldsymbol{T})) + \boldsymbol{H}'(\boldsymbol{T}) \overset{*}{_n} h\boldsymbol{C} + \boldsymbol{o}(h)
\end{aligned}$$

比较此两式，由于增量 $\boldsymbol{C}$ 的任意性，可证得

$$\boldsymbol{H}'(\boldsymbol{T}) = \boldsymbol{G}'(\boldsymbol{F}) \overset{*}{_m} \boldsymbol{F}'(\boldsymbol{T})$$

自变量为时间变量 t，并以“ $\dot{}$ ”表示$\frac{\mathrm{d}}{\mathrm{d}t}$，则以 t 为自变量的复合函数 $\boldsymbol{F}(\boldsymbol{v}(t))$（例如，设 $\boldsymbol{v}(t)$为矢量）对时间 t 的导数有

$$\dot{\boldsymbol{F}}(\boldsymbol{v}(t)) = \frac{\mathrm{d}}{\mathrm{d}t}\boldsymbol{F}(\boldsymbol{v}(t)) = \boldsymbol{F}'(\boldsymbol{v}) \cdot \frac{\mathrm{d}}{\mathrm{d}t}\boldsymbol{v}(t) = \boldsymbol{F}'(\boldsymbol{v}) \cdot \dot{\boldsymbol{v}} \tag{3.5.30}$$

例 3.21 例 3.2 中质点的动能 φ 是速度$\boldsymbol{v}$ 的函数,而速度随时间 t 变化;求动能对于时间的变化率。

解

$$\varphi = \frac{1}{2}\rho\boldsymbol{v}(t) \cdot \boldsymbol{v}(t)$$

$$\dot{\varphi} = \varphi'(\boldsymbol{v}) \cdot \dot{\boldsymbol{v}}$$

求 $\varphi'(\boldsymbol{v})$,可利用定义做,先求 $\varphi(\boldsymbol{v})$ 对于$\boldsymbol{v}$ 的增量 $\boldsymbol{u}$ 的有限微分

$$\varphi'(\boldsymbol{v};\boldsymbol{u}) = \lim_{h\to 0}\frac{1}{h}\frac{\rho}{2}[(\boldsymbol{v}+h\boldsymbol{u}) \cdot (\boldsymbol{v}+h\boldsymbol{u}) - \boldsymbol{v} \cdot \boldsymbol{v}] = \rho\boldsymbol{v} \cdot \boldsymbol{u} = \varphi'(\boldsymbol{v}) \cdot \boldsymbol{u}$$

因为增量 $\boldsymbol{u}$ 任意,故必有

$$\varphi'(\boldsymbol{v}) = \rho\boldsymbol{v}, \qquad \dot{\varphi} = \rho\boldsymbol{v} \cdot \dot{\boldsymbol{v}}$$

所以运动质点在某一时刻动能的变化率取决于质点在该时刻的速度与加速度。

在以上的计算中,先求出 $\varphi(\boldsymbol{v})$对于$\boldsymbol{v}$ 的增量 $\boldsymbol{u}$ 的有限微分,然后定出 φ 的导数$\dfrac{\mathrm{d}\varphi}{\mathrm{d}\boldsymbol{v}} = \varphi'(\boldsymbol{v})$,最后由此导数计算 φ 对时间的变化率 $\dot{\varphi} = \varphi'(\boldsymbol{v}) \cdot \dot{\boldsymbol{v}}$,或 φ 的微分 $\mathrm{d}\varphi = \varphi'(\boldsymbol{v}) \cdot \mathrm{d}\boldsymbol{v}$。但是在实际运算中,因为求微分最为方便,人们往往先求微分,然后由微分确定导数。例如在例 3.21 中,先求 φ 的微分:

$$\mathrm{d}\varphi = \frac{1}{2}\rho[\boldsymbol{v} \cdot \mathrm{d}\boldsymbol{v} + \mathrm{d}\boldsymbol{v} \cdot \boldsymbol{v}] = \rho\boldsymbol{v} \cdot \mathrm{d}\boldsymbol{v} = \varphi'(\boldsymbol{v}) \cdot \mathrm{d}\boldsymbol{v}$$

因此

$$\varphi'(\boldsymbol{v}) = \rho\boldsymbol{v}, \quad \frac{\mathrm{d}\varphi}{\mathrm{d}t} = \rho\boldsymbol{v} \cdot \frac{\mathrm{d}\boldsymbol{v}}{\mathrm{d}t}$$

3.5.3 两个张量函数乘积的导数

在各种实际问题中常需要研究两个同一自变量的张量函数的各种乘积(并乘、点积、叉积等,统一地用符号⊗表示)的导数,但它们不一定都能给出显式表达式。现举二阶张量 $\boldsymbol{T}$ 的两个二阶张量函数 $\boldsymbol{U}(\boldsymbol{T})$,$\boldsymbol{V}(\boldsymbol{T})$为例进行研究。

设 $\boldsymbol{H}(\boldsymbol{T}) = \boldsymbol{U}(\boldsymbol{T}) \otimes \boldsymbol{V}(\boldsymbol{T})$,已知 $\boldsymbol{H}'(\boldsymbol{T})$由式 $\boldsymbol{H}'(\boldsymbol{T};\boldsymbol{C}) = \boldsymbol{H}'(\boldsymbol{T}) : \boldsymbol{C}$ 定义。

$$\begin{aligned}
\boldsymbol{H}'(\boldsymbol{T};\boldsymbol{C}) &= \lim_{h\to 0}\frac{1}{h}[\boldsymbol{H}(\boldsymbol{T}+h\boldsymbol{C}) - \boldsymbol{H}(\boldsymbol{T})] \\
&= \lim_{h\to 0}\frac{1}{h}\{\boldsymbol{U}(\boldsymbol{T}+h\boldsymbol{C}) \otimes [\boldsymbol{V}(\boldsymbol{T}+h\boldsymbol{C}) - \boldsymbol{V}(\boldsymbol{T})] + [\boldsymbol{U}(\boldsymbol{T}+h\boldsymbol{C}) - \boldsymbol{U}(\boldsymbol{T})] \otimes \boldsymbol{V}(\boldsymbol{T})\} \\
&= \boldsymbol{U}(\boldsymbol{T}) \otimes \boldsymbol{V}'(\boldsymbol{T};\boldsymbol{C}) + \boldsymbol{U}'(\boldsymbol{T};\boldsymbol{C}) \otimes \boldsymbol{V}(\boldsymbol{T}) \\
&= \boldsymbol{U}(\boldsymbol{T}) \otimes \boldsymbol{V}'(\boldsymbol{T}) : \boldsymbol{C} + [\boldsymbol{U}'(\boldsymbol{T}) : \boldsymbol{C}] \otimes \boldsymbol{V}(\boldsymbol{T})
\end{aligned}$$

从以上 $\boldsymbol{H}'(\boldsymbol{T};\boldsymbol{C})$的表达式无法得到一般的 $\boldsymbol{H}'(\boldsymbol{T})$的显式表达式,但可以得到

$$\mathrm{d}\boldsymbol{H}(\boldsymbol{T}) = \boldsymbol{U}(\boldsymbol{T}) \otimes \boldsymbol{V}'(\boldsymbol{T}) : \mathrm{d}\boldsymbol{T} + [\boldsymbol{U}'(\boldsymbol{T}) : \mathrm{d}\boldsymbol{T}] \otimes \boldsymbol{V}(\boldsymbol{T}) \tag{3.5.31}$$

利用定义可以证明以下张量函数乘积的导数表达式,下式中 f,φ、ψ 表示标量,$\boldsymbol{u},\boldsymbol{v},\boldsymbol{w}$ 表示矢量,$\boldsymbol{T},\boldsymbol{S},\boldsymbol{U},\boldsymbol{V}$ 表示二阶张量。

$$f(\boldsymbol{T}) = \varphi(\boldsymbol{T})\,\psi(\boldsymbol{T}), \qquad f'(\boldsymbol{T}) = \psi(\boldsymbol{T})\varphi'(\boldsymbol{T}) + \varphi(\boldsymbol{T})\psi'(\boldsymbol{T}) \tag{3.5.32}$$

$$\varphi(\boldsymbol{v}) = \boldsymbol{u}(\boldsymbol{v}) \cdot \boldsymbol{w}(\boldsymbol{v}), \qquad \varphi'(\boldsymbol{v}) = \boldsymbol{w}(\boldsymbol{v}) \cdot \boldsymbol{u}'(\boldsymbol{v}) + \boldsymbol{u}(\boldsymbol{v}) \cdot \boldsymbol{w}'(\boldsymbol{v}) \tag{3.5.33}$$

$$\boldsymbol{w}(\boldsymbol{v}) = \varphi(\boldsymbol{v})\boldsymbol{u}(\boldsymbol{v}), \qquad \boldsymbol{w}'(\boldsymbol{v}) = \boldsymbol{u}(\boldsymbol{v})\varphi'(\boldsymbol{v}) + \varphi(\boldsymbol{v})\boldsymbol{u}'(\boldsymbol{v}) \tag{3.5.34}$$

$$f(\boldsymbol{T})=\boldsymbol{U}(\boldsymbol{T}):\boldsymbol{V}(\boldsymbol{T}),\qquad f'(\boldsymbol{T})=\boldsymbol{V}(\boldsymbol{T}):\boldsymbol{U}'(\boldsymbol{T})+\boldsymbol{U}(\boldsymbol{T}):\boldsymbol{V}'(\boldsymbol{T}) \tag{3.5.35}$$

与以上各式对应的微分公式为

$$\mathrm{d}f(\boldsymbol{T})=\mathrm{d}\varphi(\boldsymbol{T})\psi(\boldsymbol{T})+\varphi(\boldsymbol{T})\mathrm{d}\psi(\boldsymbol{T}) \tag{3.5.32a}$$

$$\mathrm{d}\varphi(\boldsymbol{v})=\mathrm{d}\boldsymbol{u}(\boldsymbol{v})\cdot\boldsymbol{w}(\boldsymbol{v})+\boldsymbol{u}(\boldsymbol{v})\cdot\mathrm{d}\boldsymbol{w}(\boldsymbol{v}) \tag{3.5.33a}$$

$$\mathrm{d}\boldsymbol{w}(\boldsymbol{v})=\mathrm{d}\varphi(\boldsymbol{v})\boldsymbol{u}(\boldsymbol{v})+\varphi(\boldsymbol{v})\mathrm{d}\boldsymbol{u}(\boldsymbol{v}) \tag{3.5.34a}$$

$$\mathrm{d}f(\boldsymbol{T})=\mathrm{d}\boldsymbol{U}(\boldsymbol{T}):\boldsymbol{V}(\boldsymbol{T})+\boldsymbol{U}(\boldsymbol{T}):\mathrm{d}\boldsymbol{V}(\boldsymbol{T}) \tag{3.5.35a}$$

以上各式作为习题由读者自证。

3.6　矢量的函数之导数

3.5 节给出了张量函数导数的定义，本节与下一节将分别给出矢量、二阶张量的各种函数之导数的分量表达式。

3.6.1　矢量的标量函数

矢量$\boldsymbol{v}$的标量函数 $\varphi=f(\boldsymbol{v})$ 对于增量 $\boldsymbol{u}$ 的有限微分与其导数之间的关系（见(3.5.18)式）为

$$f'(\boldsymbol{v};\boldsymbol{u})=f'(\boldsymbol{v})\cdot\boldsymbol{u} \tag{3.6.1}$$

式中导数 $f'(\boldsymbol{v})$为矢量。下面给出其分量表达式。设基矢量为 $\boldsymbol{g}_k$（常矢量），自变量$\boldsymbol{v}$与增量 $\boldsymbol{u}$ 的分解式为

$$\boldsymbol{v}=v^l\boldsymbol{g}_l,\qquad \boldsymbol{u}=u^k\boldsymbol{g}_k \tag{3.6.2}$$

因为基矢量是常量，故函数 $\varphi=f(\boldsymbol{v})$仅为$\boldsymbol{v}$的三个分量的三元函数，记作 $f(v^l)$。

$$\varphi=f(\boldsymbol{v})=f(v^l) \tag{3.6.3}$$

本节和以后用来表达函数的自变量的括号中的指标，如上式中的 $l=1,2,3$，既非哑指标，又非自由指标，仅表示 l 取值范围内的三个自变量 v^1,v^2,v^3。

先研究 $f(\boldsymbol{v})$对于增量为基矢量 $\boldsymbol{g}_k$ 时的有限微分

$$\begin{aligned}f'(\boldsymbol{v};\boldsymbol{g}_k)&=\lim_{h\to0}\frac{1}{h}[f(\boldsymbol{v}+h\boldsymbol{g}_k)-f(\boldsymbol{v})]=\lim_{h\to0}\frac{1}{h}[f(v^l\boldsymbol{g}_l+h\delta_k^l\boldsymbol{g}_l)-f(v^l\boldsymbol{g}_l)]\\&=\lim_{h\to0}\frac{1}{h}[f(v^l+h\delta_k^l)-f(v^l)]\end{aligned}$$

上式中$(v^l+h\delta_k^l)$表示各自变量 $v^l(l=1,2,3)$中，只有 v^k（k 是某一确定的指标）有增量 h，其余均不变，故根据偏导数的定义，有

$$f'(\boldsymbol{v};\boldsymbol{g}_k)=\frac{\partial f(v^l)}{\partial v^k}=\frac{\partial f(\boldsymbol{v})}{\partial v^k} \tag{3.6.4}$$

此式表明当自变量的增量为常基矢量时，标量函数的有限微分是函数对于该基矢量所对应的那个分量的偏导数。

根据有限微分对于增量为线性的性质及(3.6.2)式、(3.6.4)式，则

$$\begin{aligned}f'(\boldsymbol{v};\boldsymbol{u})&=f'(\boldsymbol{v};u^k\boldsymbol{g}_k)=u^kf'(\boldsymbol{v};\boldsymbol{g}_k)=u^k\frac{\partial f(\boldsymbol{v})}{\partial v^k}\\&=\frac{\partial f(v^l)}{\partial v^i}\boldsymbol{g}^i\cdot\boldsymbol{u}\end{aligned} \tag{3.6.5}$$

对比(3.6.5)式与(3.6.1)式,由于增量 $\boldsymbol{u}$ 的任意性,得到

$$f'(\boldsymbol{v}) = \frac{\mathrm{d}f(\boldsymbol{v})}{\mathrm{d}\boldsymbol{v}} = \frac{\partial f(v^l)}{\partial v^i}\boldsymbol{g}^i \tag{3.6.6a}$$

矢量 $f'(\boldsymbol{v})$ 的分量 f'_i 为

$$f'_i = \frac{\partial f(\boldsymbol{v})}{\partial v^i} = \frac{\partial f(v^l)}{\partial v^i} \quad (i = 1,2,3) \tag{3.6.6b}$$

f'_i 因坐标转换而变化,它满足矢量分量的坐标转换关系,可利用复合函数求导规则,对 $f(v^i(v^{j'}))$ 求导以证明之。

$$\frac{\partial f}{\partial v^{j'}} = \frac{\partial f}{\partial v^i}\frac{\partial v^i}{\partial v^{j'}} = \frac{\partial f}{\partial v^i}\frac{\partial(\beta^i_{k'}v^{k'})}{\partial v^{j'}} = \frac{\partial f}{\partial v^i}\beta^i_{k'}\delta^{k'}_{j'} = \beta^i_{j'}\frac{\partial f}{\partial v^i} \tag{3.6.7a}$$

上式从另一方面再次证明了 $f'(\boldsymbol{v})=\dfrac{\mathrm{d}f(\boldsymbol{v})}{\mathrm{d}\,\boldsymbol{v}}$是矢量,其分量$\dfrac{\partial f}{\partial v^i}$符合矢量的协变分量的转换关系,而$\dfrac{\partial f}{\partial v^i}\boldsymbol{g}^i$ 具有对于坐标的不变性

$$\begin{aligned} f'(\boldsymbol{v}) &= \frac{\partial f}{\partial v^i}\boldsymbol{g}^i = \frac{\partial f}{\partial v_i}\boldsymbol{g}_i \\ &= \frac{\partial f}{\partial v^{j'}}\boldsymbol{g}^{j'} = \frac{\partial f}{\partial v_{i'}}\boldsymbol{g}_{i'} \end{aligned} \tag{3.6.7b}$$

在本章关于张量函数及其导数的讨论中假设张量和基矢量都不随空间点位变化,但对同一个问题允许采用不同的基矢量来描述,因此可以有不同的分量。在(3.6.7a)式中 $\beta^i_{j'}=\dfrac{\partial v^i}{\partial v^{j'}}$表示同一个矢量 $\boldsymbol{v}$ 对于不同的基矢量分解时,新、老逆变分量之间的微分关系,区别于1.4节(1.4.7)式中的 $\beta^i_{j'}=\dfrac{\partial x^i}{\partial x^{j'}}$,但(1.4.6)式的 $\beta^i_{j'}=\boldsymbol{g}^i\cdot\boldsymbol{g}_{j'}$ 仍成立;与此相类似地,关于新老协变分量转换关系,$\beta^{j'}_i=\dfrac{\partial v^{j'}}{\partial v^i}$不同于(1.4.8)式中的 $\beta^{j'}_i=\dfrac{\partial x^{j'}}{\partial x^i}$,但(1.4.5)式的 $\beta^{j'}_i=\boldsymbol{g}^{j'}\cdot\boldsymbol{g}_i$ 仍成立。基矢量和张量逐点变化的问题将在本书第4章中讨论。

3.6.2 矢量的矢量函数

(3.5.20)式已给出矢量$\boldsymbol{v}$ 的矢量函数 $\boldsymbol{w}=\boldsymbol{F}(\boldsymbol{v})$ 的导数 $\boldsymbol{F}'(\boldsymbol{v})$ 与有限微分 $\boldsymbol{F}'(\boldsymbol{v};\boldsymbol{u})$ 的关系,现求 $\boldsymbol{F}'(\boldsymbol{v})$的分量。同上一小节,自变量$\boldsymbol{v}$ 可写作$\boldsymbol{v}=v^l\boldsymbol{g}_l$,因 $\boldsymbol{g}_l$ 为常量,$\boldsymbol{v}$ 的函数 $\boldsymbol{F}(\boldsymbol{v})$ 仅取决于分量 $v^l(l=1,2,3)$,可以写作

$$\boldsymbol{w} = \boldsymbol{F}(\boldsymbol{v}) = \boldsymbol{F}(v^l)$$

此矢量函数可以对基矢量分解,写作

$$\boldsymbol{F}(\boldsymbol{v}) = F^i(v^l)\boldsymbol{g}_i \tag{3.6.8}$$

式中 $F^i(v^l)$是 $\boldsymbol{F}(v^l)$的分量。当$\boldsymbol{v}$ 的增量为基矢量 $\boldsymbol{g}_k$ 时,根据(3.5.7)式及上式,矢量函数 $\boldsymbol{F}(\boldsymbol{v})$ 的有限微分为

$$\begin{aligned} \boldsymbol{F}'(\boldsymbol{v};\boldsymbol{g}_k) &= \lim_{h\to 0}\frac{1}{h}[\boldsymbol{F}(\boldsymbol{v}+h\boldsymbol{g}_k) - \boldsymbol{F}(\boldsymbol{v})] \\ &= \lim_{h\to 0}\frac{1}{h}[F^i(v^l\boldsymbol{g}_l + h\delta^l_k\boldsymbol{g}_l)\boldsymbol{g}_i - F^i(v^l\boldsymbol{g}_l)\boldsymbol{g}_i] \end{aligned}$$

$$=\lim_{h\to 0}\frac{1}{h}[F^i(v^l+h\delta_k^l)-F(v^l)]\boldsymbol{g}_i=\frac{\partial F^i(v^l)}{\partial v^k}\boldsymbol{g}_i \tag{3.6.9}$$

一般地，当自变量$\boldsymbol{v}$有任意增量$\boldsymbol{u}=u^k\boldsymbol{g}_k$时，根据有限微分关于增量的线性性质

$$\boldsymbol{F}'(\boldsymbol{v};\boldsymbol{u})=u^k\boldsymbol{F}'(\boldsymbol{v};\boldsymbol{g}_k)=u^k\frac{\partial F^i(v^l)}{\partial v^k}\boldsymbol{g}_i=\frac{\partial F^i(v^l)}{\partial v^j}\boldsymbol{g}_i\boldsymbol{g}^j\cdot\boldsymbol{u} \tag{3.6.10}$$

式中 $\boldsymbol{g}^i$ 为一组与 $\boldsymbol{g}_i$ 相对偶的基矢量，$\boldsymbol{u}=u^k\boldsymbol{g}_k=u_k\boldsymbol{g}^k$。对比(3.5.20)式，由于 $\boldsymbol{u}$ 的任意性，得到

$$\boldsymbol{F}'(\boldsymbol{v})=\frac{\partial F^i(v^l)}{\partial v^j}\boldsymbol{g}_i\boldsymbol{g}^j \tag{3.6.11a}$$

前已证，上式是一个二阶张量等式，可进行指标的升降，其 4 种分量形式应为

$$F'_{ij}=\frac{\partial F_i(v^l)}{\partial v^j},\qquad F'^{i}_{\cdot j}=\frac{\partial F^i(v^l)}{\partial v^j},\qquad F'^{\cdot j}_{i}=\frac{\partial F_i(v_l)}{\partial v_j},\qquad F'^{ij}=\frac{\partial F^i(v_l)}{\partial v_j} \tag{3.6.11b}$$

当基矢量转换时，上式满足二阶张量分量的转换关系，类似于(3.6.7a)式可证：

$$F'_{i'j'}=\frac{\partial F_{i'}}{\partial v^{j'}}=\frac{\partial(\beta^k_{i'}F_k)}{\partial v^{j'}}=\beta^k_{i'}\frac{\partial[F_k(v^s)]}{\partial v^{j'}}=\beta^k_{i'}\frac{\partial[F_k(v^s)]}{\partial v^l}\frac{\partial v^l}{\partial v^{j'}}=\beta^k_{i'}\beta^l_{j'}F'_{kl}$$

$$F'^{i'}_{\cdot j'}=\beta^{i'}_k\beta^l_{j'}F'^k_{\cdot l},\quad F'^{\cdot j'}_{i'}=\beta^k_{i'}\beta^{j'}_lF'^{\cdot l}_{k},\quad F'^{i'j'}=\beta^{i'}_k\beta^{j'}_lF'^{kl} \tag{3.6.12}$$

因为 $\boldsymbol{g}_i$ 为常矢量，因而 $\boldsymbol{g}^{j'}$ 也是常矢量，以上三式还可以写成下列并矢形式：

$$\boldsymbol{F}'(\boldsymbol{v})=\frac{\partial\boldsymbol{F}(\boldsymbol{v})}{\partial v^j}\boldsymbol{g}^j=\frac{\partial\boldsymbol{F}(\boldsymbol{v})}{\partial v_j}\boldsymbol{g}_j=\frac{\partial\boldsymbol{F}(\boldsymbol{v})}{\partial v^{j'}}\boldsymbol{g}^{j'}=\frac{\partial\boldsymbol{F}(\boldsymbol{v})}{\partial v_{j'}}\boldsymbol{g}_{j'} \tag{3.6.13}$$

3.6.3 矢量的二阶张量函数

(3.5.22)式已给出矢量$\boldsymbol{v}$ 的二阶张量函数 $\boldsymbol{H}=\boldsymbol{T}(\boldsymbol{v})$的有限微分与导数的关系

$$\boldsymbol{T}'(\boldsymbol{v};\boldsymbol{u})=\boldsymbol{T}'(\boldsymbol{v})\cdot\boldsymbol{u}$$

若张量函数 $\boldsymbol{T}$ 与自变量$\boldsymbol{v}$ 的并矢式为

$$\boldsymbol{T}=T^{ij}\boldsymbol{g}_i\boldsymbol{g}_j=T_{ij}\boldsymbol{g}^i\boldsymbol{g}^j=T^i_{\cdot j}\boldsymbol{g}_i\boldsymbol{g}^j=T_i^{\cdot j}\boldsymbol{g}^i\boldsymbol{g}_j \tag{3.6.14}$$

$$\boldsymbol{v}=v^k\boldsymbol{g}_k=v_k\boldsymbol{g}^k \tag{3.6.15}$$

则上式中 $\boldsymbol{T}$ 的四种分量都是$\boldsymbol{v}$ 的分量 v^l(或 v_l)($l=1,2,3$)的函数。

与前相类似地，导数 $\boldsymbol{T}'(\boldsymbol{v})$是一个三阶张量，其并矢式为

$$\boldsymbol{T}'(\boldsymbol{v})=\frac{\mathrm{d}\boldsymbol{T}}{\mathrm{d}\boldsymbol{v}}=\frac{\partial T^{ij}(v^l)}{\partial v^k}\boldsymbol{g}_i\boldsymbol{g}_j\boldsymbol{g}^k=\frac{\partial T^{ij}(v_l)}{\partial v_k}\boldsymbol{g}_i\boldsymbol{g}_j\boldsymbol{g}_k$$

$$=\frac{\partial T_{ij}(v^l)}{\partial v^k}\boldsymbol{g}^i\boldsymbol{g}^j\boldsymbol{g}^k=\frac{\partial T_{ij}(v_l)}{\partial v_k}\boldsymbol{g}^i\boldsymbol{g}^j\boldsymbol{g}_k=\frac{\partial T^i_{\cdot j}(v^l)}{\partial v^k}\boldsymbol{g}_i\boldsymbol{g}^j\boldsymbol{g}^k=\cdots \tag{3.6.16a}$$

这里，假定基矢量不变，v^k和 v_k分别为矢量 $\boldsymbol{v}$ 的逆变和协变分量，它们可作为自变量，所以，导数 $\boldsymbol{T}'(\boldsymbol{v})$共有 8 种分量，它们是

$$T'^{ijk}=\frac{\partial T^{ij}(v_l)}{\partial v_k},\qquad T'^{ij}_{\cdot\cdot k}=\frac{\partial T^{ij}(v^l)}{\partial v^k},\qquad\cdots\quad,T_{ijk}=\frac{\partial T_{ij}(v^l)}{\partial v^k} \tag{3.6.16b}$$

由于 $\boldsymbol{g}_i$ 为常矢量，上式也可以写作并矢式

$$\boldsymbol{T}'(\boldsymbol{v})=\frac{\partial\boldsymbol{T}(\boldsymbol{v})}{\partial v^k}\boldsymbol{g}^k=\frac{\partial\boldsymbol{T}(\boldsymbol{v})}{\partial v_k}\boldsymbol{g}_k \tag{3.6.17}$$

3.6.4 张量函数的梯度、散度和旋度

对于自变量为矢量的张量函数，可以定义其梯度、散度与旋度，但读者在学习到第 4 章

时,应注意将本章中所定义的张量函数的梯度、散度和旋度与下一章所定义的场函数的梯度、散度与旋度的概念区别开,在3.6节中自变量是矢量,基矢量为常矢量;而在1.4节与第4章中自变量为坐标 x^i,基矢量随着空间点位而变化,不要混淆。

3.6.4.1 张量函数的梯度

(3.6.7b)、(3.6.13)和(3.6.17)三式分别给出了矢量的标量、矢量和张量函数的导数的表达式,由此三式可以看出,可定义一个矢量算子∇(nabla)

$$\nabla = \frac{\partial}{\partial v^i}\boldsymbol{g}^i \tag{3.6.18}$$

∇ 称为**导数算子**。若∇ 作用于写在其前的标量函数 f,则 $f\nabla$ 成为矢量;若∇ 作用于写在其前的矢量函数 $\boldsymbol{F}$,则 $\boldsymbol{F}\nabla$ 成为二阶张量;若∇ 作用于写在其前的 n 阶张量函数 $\boldsymbol{T}$,则 $\boldsymbol{T}\nabla$ 成为 $(n+1)$ 阶张量。$f\nabla$,$\boldsymbol{F}\nabla$ 和 $\boldsymbol{T}\nabla$ 分别称为标量、矢量和 n 阶张量函数的**梯度**。

$$f\nabla = \frac{\partial f}{\partial v^i}\boldsymbol{g}^i \tag{3.6.19a}$$

$$\boldsymbol{F}\nabla = \frac{\partial \boldsymbol{F}}{\partial v^i}\boldsymbol{g}^i \tag{3.6.20a}$$

$$\boldsymbol{T}\nabla = \frac{\partial \boldsymbol{T}}{\partial v^i}\boldsymbol{g}^i \tag{3.6.21a}$$

还可以定义∇ 作用于写在其后的张量函数为张量函数的梯度,但要注意与上两式具有不同的含义:

$$\nabla f = \boldsymbol{g}^i\,\frac{\partial f}{\partial v^i} = f\nabla \tag{3.6.19b}$$

$$\nabla \boldsymbol{F} = \boldsymbol{g}^i\,\frac{\partial \boldsymbol{F}}{\partial v^i} = (\boldsymbol{F}\nabla)^{\mathrm{T}} \tag{3.6.20b}$$

$$\nabla \boldsymbol{T} = \boldsymbol{g}^i\,\frac{\partial \boldsymbol{T}}{\partial v^i} = \boldsymbol{g}^i\,\frac{\partial T^{jk}}{\partial v^i}\boldsymbol{g}_j\boldsymbol{g}_k = \frac{\partial T^{jk}}{\partial v^i}\boldsymbol{g}^i\boldsymbol{g}_j\boldsymbol{g}_k \tag{3.6.21b}$$

$\nabla\boldsymbol{T}$ 与 $\boldsymbol{T}\nabla$ 之间不是简单的转置关系。

张量函数的微分与梯度之间有以下简明的关系:

$$\mathrm{d}f = (f\nabla)\cdot\mathrm{d}\boldsymbol{v} = \mathrm{d}\boldsymbol{v}\cdot(\nabla f) \tag{3.6.22}$$

$$\mathrm{d}\boldsymbol{F} = (\boldsymbol{F}\nabla)\cdot\mathrm{d}\boldsymbol{v} = \mathrm{d}\boldsymbol{v}\cdot(\nabla \boldsymbol{F}) \tag{3.6.23}$$

$$\mathrm{d}\boldsymbol{T} = (\boldsymbol{T}\nabla)\cdot\mathrm{d}\boldsymbol{v} = \mathrm{d}\boldsymbol{v}\cdot(\nabla \boldsymbol{T}) \tag{3.6.24}$$

3.6.4.2 张量函数的散度

当算符∇ 作用于矢量的矢量函数或者张量函数时,可以定义**散度**

$$\nabla\cdot\boldsymbol{T} = \boldsymbol{g}^i\cdot\frac{\partial \boldsymbol{T}}{\partial v^i} \quad 与 \quad \boldsymbol{T}\cdot\nabla = \frac{\partial \boldsymbol{T}}{\partial v^i}\cdot\boldsymbol{g}^i \tag{3.6.25}$$

二者是不相等的,第一个式子中的 $\boldsymbol{g}^i$ 与$\partial\boldsymbol{T}/\partial v^i$ 的前矢量相点积,而第二个式子中的 $\boldsymbol{g}^i$ 与$\partial\boldsymbol{T}/\partial \boldsymbol{v}^i$ 的后矢量相点积。但对于矢量的矢量函数 $\boldsymbol{F}(\boldsymbol{v})$,散度

$$\nabla\cdot\boldsymbol{F} = \boldsymbol{g}^i\cdot\frac{\partial \boldsymbol{F}}{\partial v^i} = \frac{\partial F^i}{\partial v^i} = \frac{\partial \boldsymbol{F}}{\partial v^i}\cdot\boldsymbol{g}^i = \boldsymbol{F}\cdot\nabla$$

记作

$$\mathrm{div}\boldsymbol{F} = \nabla\cdot\boldsymbol{F} = \mathrm{tr}\left(\frac{\mathrm{d}\boldsymbol{F}}{\mathrm{d}\,\boldsymbol{v}}\right) = \frac{\partial F^i}{\partial v^i} = \boldsymbol{F}\cdot\nabla \tag{3.6.26}$$

3.6.4.3　张量函数的旋度

当算符∇作用于矢量的矢量函数或者张量函数时，还可以定义**旋度**

$$\nabla\times\boldsymbol{T}=\boldsymbol{g}^i\times\frac{\partial\boldsymbol{T}}{\partial v^i}=\boldsymbol{\epsilon}:(\nabla\boldsymbol{T})\quad 与\quad \boldsymbol{T}\times\nabla=\frac{\partial\boldsymbol{T}}{\partial v^i}\times\boldsymbol{g}^i=(\boldsymbol{T}\nabla):\boldsymbol{\epsilon}\tag{3.6.27}$$

当$\boldsymbol{T}$为二阶张量或更高阶张量时，二者是不相等的。但对于矢量的矢量函数$\boldsymbol{F}(\boldsymbol{v})$，旋度

$$\begin{aligned}\mathrm{curl}\boldsymbol{F}&=(\nabla\times\boldsymbol{F})=\boldsymbol{g}^i\times\frac{\partial\boldsymbol{F}}{\partial v^i}=\boldsymbol{\epsilon}:(\nabla\boldsymbol{F})=-\boldsymbol{\epsilon}:(\boldsymbol{F}\nabla)=-\frac{\partial\boldsymbol{F}}{\partial v^i}\times\boldsymbol{g}^i\\&=-(\boldsymbol{F}\times\nabla)\end{aligned}\tag{3.6.28}$$

3.7　二阶张量的函数之导数

本节给出二阶张量的标量函数、二阶张量函数之导数的分量表达式。

3.7.1　二阶张量的标量函数之导数

二阶张量$\boldsymbol{S}$的标量函数$\varphi=f(\boldsymbol{S})$的导数$f'(\boldsymbol{S})$是一个二阶张量，它的分量仍可利用它与有限微分的关系式(3.5.24)求得。$f(\boldsymbol{S})$对于$\boldsymbol{S}$的增量$\boldsymbol{C}$的有限微分为

$$f'(\boldsymbol{S};\boldsymbol{C})=\lim_{h\to 0}\frac{1}{h}[f(\boldsymbol{S}+h\boldsymbol{C})-f(\boldsymbol{S})]\tag{3.7.1}$$

该式中自变量$\boldsymbol{S}$与增量$\boldsymbol{C}$均可分解为

$$\boldsymbol{S}=S^{ij}\boldsymbol{g}_i\boldsymbol{g}_j,\qquad \boldsymbol{C}=C^{kl}\boldsymbol{g}_k\boldsymbol{g}_l\tag{3.7.2}$$

由于基张量$\boldsymbol{g}_i\boldsymbol{g}_j$为常量，函数$f(\boldsymbol{S})$只是$\boldsymbol{S}$的分量的函数

$$\varphi=f(S^{ij})\tag{3.7.3}$$

由此式及有限微分的定义可知，当增量为基张量时，标量函数的有限微分为

$$\begin{aligned}f'(\boldsymbol{S};\boldsymbol{g}_k\boldsymbol{g}_l)&=\lim_{h\to 0}\frac{1}{h}[f(\boldsymbol{S}+h\boldsymbol{g}_k\boldsymbol{g}_l)-f(\boldsymbol{S})]\\&=\lim_{h\to 0}\frac{1}{h}[f(S^{ij}\boldsymbol{g}_i\boldsymbol{g}_j+h\delta^i_k\delta^j_l\boldsymbol{g}_i\boldsymbol{g}_j)-f(S^{ij}\boldsymbol{g}_i\boldsymbol{g}_j)]\\&=\lim_{h\to 0}\frac{1}{h}[f(S^{ij}+h\delta^i_k\delta^j_l)-f(S^{ij})]=\frac{\partial f(S^{ij})}{\partial S^{kl}}\end{aligned}\tag{3.7.4}$$

所以，$f(\boldsymbol{S})$对于$\boldsymbol{S}$的任意增量$\boldsymbol{C}$的有限微分为

$$f'(\boldsymbol{S};\boldsymbol{C})=f'(\boldsymbol{S};C^{kl}\boldsymbol{g}_k\boldsymbol{g}_l)=C^{kl}\frac{\partial f(S^{ij})}{\partial S^{kl}}=\frac{\partial f(S^{ij})}{\partial S^{kl}}\boldsymbol{g}^k\boldsymbol{g}^l:\boldsymbol{C}\tag{3.7.5}$$

根据导数的定义式(3.5.25)，注意到$f'(\boldsymbol{S})$是二阶张量，得到其并矢式的 4 种形式

$$f'(\boldsymbol{S})=\frac{\mathrm{d}f}{\mathrm{d}\boldsymbol{S}}=\frac{\partial f}{\partial S^{ij}}\boldsymbol{g}^i\boldsymbol{g}^j=\frac{\partial f}{\partial S_{ij}}\boldsymbol{g}_i\boldsymbol{g}_j=\frac{\partial f}{\partial S^{i}_{\cdot j}}\boldsymbol{g}^i\boldsymbol{g}_j=\frac{\partial f}{\partial S_i^{\cdot j}}\boldsymbol{g}_i\boldsymbol{g}^j\tag{3.7.6a}$$

$f'(\boldsymbol{S})$的 4 种分量分别为

$$f'_{ij}=\frac{\partial f}{\partial S^{ij}},\qquad f'^{ij}=\frac{\partial f}{\partial S_{ij}},\qquad f'^{\cdot j}_{i}=\frac{\partial f}{\partial S^{i}_{\cdot j}},\qquad f'^{i}_{\cdot j}=\frac{\partial f}{\partial S_i^{\cdot j}}\tag{3.7.6b}$$

当基矢量按照转换系数$\beta^{j}_{i'}$，$\beta^{i'}_{j}$与(1.4.1)式、(1.4.2)式转换时，(3.7.6b)式中 4 种$f'(\boldsymbol{S})$的分量也按二阶张量分量的公式(1.6.12)进行转换，例如：

$$f'^{i'j'}=\beta^{i'}_r\beta^{j'}_s f'^{rs},\cdots\tag{3.7.7}$$

在以上的推导中，$f'(\boldsymbol{S})=\mathrm{d}f/\mathrm{d}\boldsymbol{S}$ 是通过它与 f 的有限微分 $f'(\boldsymbol{S};\boldsymbol{C})$ 的关系式(3.5.24)而求得的。另一种更为便利的推导方法是通过 $f'(\boldsymbol{S})$ 与 f 的微分 $\mathrm{d}f$ 的关系式(3.5.25)：$\mathrm{d}f=f'(\boldsymbol{S}):\mathrm{d}\boldsymbol{S}$ 而直接求得。由(3.7.3)式：

$$\mathrm{d}\varphi=\mathrm{d}f(S^{ij})=\frac{\partial f}{\partial S^{ij}}\mathrm{d}S^{ij} \tag{3.7.8}$$

由于基张量 $\boldsymbol{g}_i\boldsymbol{g}_j$ 为常量，$\boldsymbol{S}$ 的微分为 $\mathrm{d}\boldsymbol{S}=\mathrm{d}S^{kl}\boldsymbol{g}_k\boldsymbol{g}_l$，因此(3.7.8)式可写作：

$$\mathrm{d}\varphi=\mathrm{d}f(S^{ij})=\left(\frac{\partial f}{\partial S^{ij}}\boldsymbol{g}^i\boldsymbol{g}^j\right):(\mathrm{d}S^{kl}\boldsymbol{g}_k\boldsymbol{g}_l)=\left(\frac{\partial f}{\partial S^{ij}}\boldsymbol{g}^i\boldsymbol{g}^j\right):\mathrm{d}\boldsymbol{S} \tag{3.7.9}$$

将上式与(3.5.25)式对比，由于 $\mathrm{d}\boldsymbol{S}$ 为任意，故必有

$$f'(\boldsymbol{S})=\frac{\mathrm{d}f}{\mathrm{d}\boldsymbol{S}}=\left(\frac{\partial f}{\partial S^{ij}}\boldsymbol{g}^i\boldsymbol{g}^j\right)$$

此即(3.7.6a)之第1式，其他各式亦可类似地得到。

如果自变量是对称二阶张量 $\boldsymbol{S}$，即 $S^{ij}=S^{ji}$，则 $\boldsymbol{S}$ 的9个分量中只有6个独立分量，在数学分析中，(3.7.6b)式中出现的 $\dfrac{\partial f}{\partial S^{ij}}$ 等偏导数失去意义。一种处理方法是将自变量数目减为6个[①]，但是这样做使有关张量分量的许多关系式表达很不方便。我们采用另一种处理方法。由(3.7.8)式、(3.7.9)式

$$\mathrm{d}f(S^{ij})=\frac{\partial f}{\partial S^{ij}}\mathrm{d}S^{ij}=f'(\boldsymbol{S}):\mathrm{d}\boldsymbol{S} \tag{3.7.10}$$

因为 $\mathrm{d}\boldsymbol{S}$ 是对称二阶张量，所以有了 f 的微分 $\mathrm{d}f$，不能唯一确定 $f'(\boldsymbol{S})$；因为任意一个反对称张量$\boldsymbol{\Omega}$与 $\mathrm{d}\boldsymbol{S}$ 的双点积都等于零，即 $\boldsymbol{\Omega}:\mathrm{d}\boldsymbol{S}=0$。但如规定二阶张量 $f'(\boldsymbol{S})$也是对称的，则由(3.7.10)式可以唯一地确定 $f'(\boldsymbol{S})$。相当于在数学分析中，当因为 $S^{ij}=S^{ji}$、自变量的9个分量不独立而使$\partial f/\partial S^{ij}$ 失去意义时，可以规定$\partial f/\partial S^{ij}$ 关于 i,j 为对称，从而使$\partial f/\partial S^{ij}$有明确的定义。现举例说明：

$$\varphi=f(S^{ij})=a_{ij}S^{ij}$$

式中 a_{ij} 为常张量。对上式求微分，可得

$$\mathrm{d}\varphi=\mathrm{d}f(S^{ij})=a_{ij}\mathrm{d}S^{ij}=\boldsymbol{a}:\mathrm{d}\boldsymbol{S}=f'(\boldsymbol{S}):\mathrm{d}\boldsymbol{S} \tag{3.7.11}$$

检查上式的最后一个等式两端，由于 $\mathrm{d}\boldsymbol{S}$ 非任意而必须服从对称条件($\mathrm{d}\boldsymbol{S}=\mathrm{d}\boldsymbol{S}^{\mathrm{T}}$，即 $S^{ij}=S^{ji}$)，因此不能得到 $f'(\boldsymbol{S})=\boldsymbol{a}$ 的结论，这是因为 $f'(\boldsymbol{S})$与 $\boldsymbol{a}$ 之间还可能相差一个任意的反对称二阶张量；而只能得出它们的对称部分相等的结论：

$$f'(\boldsymbol{S})+[f'(\boldsymbol{S})]^{\mathrm{T}}=\boldsymbol{a}+\boldsymbol{a}^{\mathrm{T}},\qquad \partial f/\partial S^{ij}+\partial f/\partial S^{ji}=a^{ij}+a^{ji}$$

若规定 $f'(\boldsymbol{S})$为对称二阶张量，则由上式可得

$$f'(\boldsymbol{S})=(\boldsymbol{a}+\boldsymbol{a}^{\mathrm{T}})/2,\qquad \partial f/\partial S^{ij}=\partial f/\partial S^{ji}=(a^{ij}+a^{ji})/2 \tag{3.7.12}$$

还有一种做法是：由于 $f(\boldsymbol{S})=f(\boldsymbol{S}^{\mathrm{T}})$ 只能是 $\boldsymbol{S}$ 的6个独立分量的函数，或者是具有下列形式的9个分量的函数：

$$f\left(\frac{1}{2}(S_{ij}+S_{ji})\right) \tag{3.7.13}$$

---

① 例如，有的弹性力学教科书中，对应变张量定义 $\gamma_{12}=2\varepsilon_{12}=2\varepsilon_{21}$，$\gamma_{23}=2\varepsilon_{23}=2\varepsilon_{32}$，$\gamma_{31}=2\varepsilon_{31}=2\varepsilon_{13}$ 来代替6个剪应变分量 ε_{12}，ε_{21}，ε_{23}，ε_{32}，ε_{31} 和 ε_{13}。

也就是可以在函数 $f(S_{ij})$ 中用 $\frac{1}{2}(S_{ij}+S_{ji})$ 代替所有的 S_{ij} 的结果。由于 $f'(\boldsymbol{S})$ 是对称二阶张量，求导数时必须对形式如(3.7.13)式的分量函数求导。

3.7.2　二阶张量的不变量的导数

二阶张量的主不变量和矩是最重要的二阶张量的标量函数，本节先给出矩的导数，再由矩与主不变量的关系(2.3.10)式和(3.5.32)式求主不变量的导数。由(2.3.8)式，k 阶矩的表达式为

$$\mathscr{J}_k^* = \mathrm{tr}(\boldsymbol{T}^k) \tag{3.7.14}$$

按照张量的标量函数之有限微分与导数关系的定义式

$$\mathscr{J}_k^*(\boldsymbol{T};\boldsymbol{C}) = \lim_{h\to 0}\frac{1}{h}[\mathscr{J}_k^*(\boldsymbol{T}+h\boldsymbol{C}) - \mathscr{J}_k^*(\boldsymbol{T})] = (\mathrm{d}\mathscr{J}_k^*/\mathrm{d}\boldsymbol{T}):\boldsymbol{C} \tag{3.7.15}$$

可以给出 $\mathrm{d}\mathscr{J}_k^*/\mathrm{d}\boldsymbol{T}$ 的一般表达式。在求解时注意到以下的等式

$$\mathrm{tr}(\boldsymbol{A}+\boldsymbol{B}) = A^{i}_{\cdot i} + B^{i}_{\cdot i} = \mathrm{tr}(\boldsymbol{A}) + \mathrm{tr}(\boldsymbol{B}) \tag{3.7.16}$$

$$\mathrm{tr}(\boldsymbol{A}\cdot\boldsymbol{B}\cdot\boldsymbol{C}) = A^{i}_{\cdot j}B^{j}_{\cdot k}C^{k}_{\cdot i} = \mathrm{tr}(\boldsymbol{B}\cdot\boldsymbol{C}\cdot\boldsymbol{A}) = \mathrm{tr}(\boldsymbol{C}\cdot\boldsymbol{A}\cdot\boldsymbol{B}) \tag{3.7.17}$$

$$\mathrm{tr}(\boldsymbol{A}\cdot\boldsymbol{B}) = \boldsymbol{A}:\boldsymbol{B}^{\mathrm{T}} = \boldsymbol{A}^{\mathrm{T}}:\boldsymbol{B}$$

$$\begin{aligned}\mathscr{J}_k^*(\boldsymbol{T}+h\boldsymbol{C}) &= \mathrm{tr}(\boldsymbol{T}+h\boldsymbol{C})^k \\ &= \mathrm{tr}\,[\boldsymbol{T}^k + h(\boldsymbol{C}\cdot\boldsymbol{T}^{k-1} + \boldsymbol{T}\cdot\boldsymbol{C}\cdot\boldsymbol{T}^{k-2} + \cdots + \boldsymbol{T}^{k-1}\cdot\boldsymbol{C}) + o(h^2)] \\ &= \mathrm{tr}\,(\boldsymbol{T}^k) + hk\ \mathrm{tr}(\boldsymbol{T}^{k-1}\cdot\boldsymbol{C}) + o(h^2)\end{aligned}$$

将上式代入有限微分的定义式

$$\mathscr{J}_k^*(\boldsymbol{T};\boldsymbol{C}) = k\ \mathrm{tr}(\boldsymbol{T}^{k-1}\cdot\boldsymbol{C}) = k\,(\boldsymbol{T}^{k-1})^{i}_{\cdot j}C^{j}_{\cdot i} = k(\boldsymbol{T}^{k-1})^{\mathrm{T}}:\boldsymbol{C}$$

由导数的定义可知

$$\mathrm{d}\mathscr{J}_k^*/\mathrm{d}\boldsymbol{T} = k\,(\boldsymbol{T}^{k-1})^{\mathrm{T}} \tag{3.7.18}$$

利用 $\mathscr{J}_1^*$，$\mathscr{J}_2^*$，$\mathscr{J}_3^*$ 的分量表达式直接求导也可以得到上式，求导时注意到

$$\frac{\partial T^{i}_{\cdot j}}{\partial T^{r}_{\cdot s}} = \delta^{i}_{r}\delta^{s}_{j},\qquad \frac{\partial T^{ij}}{\partial T^{rs}} = \delta^{i}_{r}\delta^{j}_{s},\qquad \frac{\partial T^{ij}}{\partial T_{rs}} = g^{ir}g^{js},\qquad \frac{\partial T^{i}_{\cdot j}}{\partial T_{r}^{\cdot s}} = g^{ir}g_{js},\ \cdots \tag{3.7.19}$$

例如

$$\begin{aligned}\mathrm{d}\mathscr{J}_2^*/\mathrm{d}\boldsymbol{T} &= \frac{\partial(T^{i}_{\cdot j}T^{j}_{\cdot i})}{\partial T^{r}_{\cdot s}}\boldsymbol{g}^{r}\boldsymbol{g}_{s} = (\delta^{i}_{r}\delta^{s}_{j}T^{j}_{\cdot i} + \delta^{j}_{r}\delta^{s}_{i}T^{i}_{\cdot j})\boldsymbol{g}^{r}\boldsymbol{g}_{s} \\ &= 2T^{s}_{\cdot r}\boldsymbol{g}^{r}\boldsymbol{g}_{s} = 2\boldsymbol{T}^{\mathrm{T}}\end{aligned}$$

由矩与主不变量的关系式(2.3.10)，将主不变量视作二阶张量的各种标量函数的乘积之和，考虑到(3.5.32)式，将(3.7.18)式代入其中，得到主不变量的导数，它们的实体形式与分量形式分别为

(1)

$$\mathrm{d}\mathscr{J}_1/\mathrm{d}\boldsymbol{T} = \mathrm{d}\mathscr{J}_1^*/\mathrm{d}\boldsymbol{T} = \boldsymbol{G} \tag{3.7.20a}$$

$$\frac{\partial\mathscr{J}_1}{\partial T^{i}_{\cdot j}} = \delta^{j}_{i} \tag{3.7.20b}$$

(2)

$$\mathrm{d}\mathscr{J}_2/\mathrm{d}\boldsymbol{T} = \frac{1}{2}\mathrm{d}[(\mathscr{J}_1^*)^2 - \mathscr{J}_2^*]/\mathrm{d}\boldsymbol{T} = \mathscr{J}_1\boldsymbol{G} - \boldsymbol{T}^{\mathrm{T}} \tag{3.7.21a}$$

$$\frac{\partial\mathscr{J}_2}{\partial T^{i}_{\cdot j}} = \mathscr{J}_1\delta^{j}_{i} - T^{j}_{\cdot i} \tag{3.7.21b}$$

(3) $$\mathrm{d}\mathscr{J}_3/\mathrm{d}\boldsymbol{T} = \mathrm{d}\left[\frac{1}{6}(\mathscr{J}_1^*)^3 - \frac{1}{2}\mathscr{J}_1^*\mathscr{J}_2^* + \frac{1}{3}\mathscr{J}_3^*\right]/\mathrm{d}\boldsymbol{T}$$
$$= \mathscr{J}_2\boldsymbol{G} - \mathscr{J}_1\boldsymbol{T}^{\mathrm{T}} + (\boldsymbol{T}^2)^{\mathrm{T}} = (\mathscr{J}_2\boldsymbol{G} - \mathscr{J}_1\boldsymbol{T} + \boldsymbol{T}^2)^{\mathrm{T}} \tag{3.7.22a}$$
$$\frac{\partial\mathscr{J}_3}{\partial T^{i}_{\cdot j}} = \mathscr{J}_2\delta^j_i - \mathscr{J}_1 T^{j}_{\cdot i} + T^{j}_{\cdot k}T^{k}_{\cdot i} \tag{3.7.22b}$$
利用第 2 章所给的 Hamilton-Cayley 等式可以将(3.7.22a)式进一步表示成
$$\mathrm{d}\mathscr{J}_3/\mathrm{d}\boldsymbol{T} = \mathscr{J}_3(\boldsymbol{T}^{-1})^{\mathrm{T}} \tag{3.7.22c}$$
证明方法如下:二阶张量及其主不变量满足 Hamilton-Cayley 等式
$$\boldsymbol{T}^3 - \mathscr{J}_1\boldsymbol{T}^2 + \mathscr{J}_2\boldsymbol{T} - \mathscr{J}_3\boldsymbol{G} = \boldsymbol{O} \tag{3.7.23}$$
设 $\boldsymbol{T}$ 有逆 $\boldsymbol{T}^{-1}$,上式点积 $\boldsymbol{T}^{-1}$ 后移项得
$$\mathscr{J}_2\boldsymbol{G} - \mathscr{J}_1\boldsymbol{T} + \boldsymbol{T}^2 = \mathscr{J}_3\boldsymbol{T}^{-1} \tag{3.7.24}$$
将上式代入(3.7.22a)式可证得(3.7.22c)式。

(3.7.22c)式还可以利用导数通过有限微分的定义式得到:
$$\mathscr{J}_3(\boldsymbol{T};\boldsymbol{C}) = \lim_{h\to 0}\frac{1}{h}[\mathscr{J}_3(\boldsymbol{T}+h\boldsymbol{C}) - \mathscr{J}_3(\boldsymbol{T})] = (\mathrm{d}\mathscr{J}_3/\mathrm{d}\boldsymbol{T}) : \boldsymbol{C} \tag{3.7.25}$$
上式中
$$\mathscr{J}_3(\boldsymbol{T}+h\boldsymbol{C}) = \det(\boldsymbol{T}+h\boldsymbol{C}) = \det\left(h\boldsymbol{T}\cdot\left(\frac{\boldsymbol{G}}{h} + \boldsymbol{T}^{-1}\cdot\boldsymbol{C}\right)\right)$$
$$= \det(h\boldsymbol{T})\det\left(\frac{\boldsymbol{G}}{h} + \boldsymbol{T}^{-1}\cdot\boldsymbol{C}\right)$$
设上式中 $(-\boldsymbol{T}^{-1}\cdot\boldsymbol{C}) = \boldsymbol{A}$,它显然是一个二阶张量,仿照第 2 章中二阶张量的特征行列式 $\Delta(\lambda) = \det(\lambda\boldsymbol{G} - \boldsymbol{T}) = \lambda^3 - \mathscr{J}_1^{(T)}\lambda^2 + \mathscr{J}_2^{(T)}\lambda - \mathscr{J}_3^{(T)}$ 的计算方法
$$\det\left(\frac{\boldsymbol{G}}{h} + \boldsymbol{T}^{-1}\cdot\boldsymbol{C}\right) = \det\left(\frac{1}{h}\boldsymbol{G} - \boldsymbol{A}\right) = \left(\frac{1}{h}\right)^3 - \mathscr{J}_1^{(A)}\left(\frac{1}{h}\right)^2 + \mathscr{J}_2^{(A)}\left(\frac{1}{h}\right) - \mathscr{J}_3^{(A)}$$
代入前式,得到
$$\mathscr{J}_3(\boldsymbol{T}+h\boldsymbol{C}) = h^3(\det\boldsymbol{T})\left(\left(\frac{1}{h}\right)^3 - \mathscr{J}_1^{(A)}\left(\frac{1}{h}\right)^2 + \mathscr{J}_2^{(A)}\left(\frac{1}{h}\right) - \mathscr{J}_3^{(A)}\right)$$
$$= (\det\boldsymbol{T})(1 - h\mathscr{J}_1^{(A)} + h^2\mathscr{J}_2^{(A)} - h^3\mathscr{J}_3^{(A)})$$
$$\lim_{h\to 0}\frac{1}{h}[\mathscr{J}_3(\boldsymbol{T}+h\boldsymbol{C}) - \mathscr{J}_3(\boldsymbol{T})] = -\mathscr{J}_1^{(A)}(\det\boldsymbol{T}) = \mathscr{J}_3^{(T)}\,\mathrm{tr}(\boldsymbol{T}^{-1}\cdot\boldsymbol{C})$$
$$= \mathscr{J}_3^{(T)}(\boldsymbol{T}^{-1})^{i}_{\cdot j}C^{j}_{\cdot i} = \mathscr{J}_3(\boldsymbol{T}^{-1})^{\mathrm{T}} : \boldsymbol{C} \tag{3.7.26}$$
对比(3.7.25)式的定义,(3.7.22c)式再次得证。事实上,$\mathscr{J}_3^{(T)} = \det(T^{i}_{\cdot j})$ 对于其中某一元素 $T^{k}_{\cdot l}$ 的偏导数应当是行列式 $\det(T^{i}_{\cdot j})$ 中元素 $T^{k}_{\cdot l}$ 的代数余子式,而每个元素的代数余子式除以行列式 $\det(T^{i}_{\cdot j})$ 就是逆矩阵 $([T^{k}_{\cdot l}]^{-1})^{\mathrm{T}}$ 中相应的元素。

附带说明,如果按(3.7.26)式的方法由有限微分与导数的关系推导得到
$$(\mathrm{d}\mathscr{J}_3/\mathrm{d}\boldsymbol{T}) = \mathscr{J}_3(\boldsymbol{T}^{-1})^{\mathrm{T}}$$
再按(3.7.22a)式的方法由主不变量与矩的关系式对复合的标量函数求导得到
$$(\mathrm{d}\mathscr{J}_3/\mathrm{d}\boldsymbol{T}) = (\mathscr{J}_2\boldsymbol{G} - \mathscr{J}_1\boldsymbol{T} + \boldsymbol{T}^2)^{\mathrm{T}}$$
然后由二式的相等,就可以从另一途径导出 Hamilton-Cayley 等式。

3.7.3 二阶张量的张量函数之导数

(3.5.26)式给出二阶张量 $\boldsymbol{S}$ 的二阶张量函数 $\boldsymbol{H} = \boldsymbol{T}(\boldsymbol{S})$ 对于增量 $\boldsymbol{C}$ 的有限微分

$\boldsymbol{T}'(\boldsymbol{S};\boldsymbol{C})$与导数$\boldsymbol{T}'(\boldsymbol{S})$之间满足

$$\boldsymbol{T}'(\boldsymbol{S};\boldsymbol{C}) = \boldsymbol{T}'(\boldsymbol{S}):\boldsymbol{C} \tag{3.7.27}$$

导数$\boldsymbol{T}'(\boldsymbol{S})$是一个四阶张量，现求其分量表达式。若

$$\boldsymbol{T} = T^{ij}\boldsymbol{g}_i\boldsymbol{g}_j = T_{ij}\boldsymbol{g}^i\boldsymbol{g}^j = T^i_{\cdot j}\boldsymbol{g}_i\boldsymbol{g}^j = T_i^{\cdot j}\boldsymbol{g}^i\boldsymbol{g}_j$$

$$\boldsymbol{S} = S^{kl}\boldsymbol{g}_k\boldsymbol{g}_l = S_{kl}\boldsymbol{g}^k\boldsymbol{g}^l = S^k_{\cdot l}\boldsymbol{g}_k\boldsymbol{g}^l = S_k^{\cdot l}\boldsymbol{g}^k\boldsymbol{g}_l$$

则

$$\begin{aligned}\boldsymbol{T}'(\boldsymbol{S}) &= \frac{\mathrm{d}\boldsymbol{T}}{\mathrm{d}\boldsymbol{S}} = \frac{\partial T^{ij}}{\partial S_{kl}}\boldsymbol{g}_i\boldsymbol{g}_j\boldsymbol{g}_k\boldsymbol{g}_l = \frac{\partial T^{ij}}{\partial S^{kl}}\boldsymbol{g}_i\boldsymbol{g}_j\boldsymbol{g}^k\boldsymbol{g}^l = \frac{\partial T^i_{\cdot j}}{\partial S^k_{\cdot l}}\boldsymbol{g}_i\boldsymbol{g}^j\boldsymbol{g}^k\boldsymbol{g}_l \\ &= \frac{\partial T_{ij}}{\partial S^{kl}}\boldsymbol{g}^i\boldsymbol{g}^j\boldsymbol{g}^k\boldsymbol{g}^l = \cdots\end{aligned} \tag{3.7.28a}$$

$\boldsymbol{T}'(\boldsymbol{S})$的分量为

$$T'^{ijkl} = \frac{\partial T^{ij}}{\partial S_{kl}},\qquad T'^{ij}_{\cdot\cdot kl} = \frac{\partial T^{ij}}{\partial S^{kl}},\qquad T'^{i\cdot\cdot l}_{\cdot jk} = \frac{\partial T^i_{\cdot j}}{\partial S^k_{\cdot l}},\qquad T'_{ijkl} = \frac{\partial T_{ij}}{\partial S^{kl}},\quad \cdots \tag{3.7.28b}$$

例 3.22　设线弹性材料的应变能密度表达式为

$$w = \frac{1}{2}[a_0(\mathscr{J}_1^*)^2 + a_1\mathscr{J}_2^*]$$

式中$\mathscr{J}_1^*$，$\mathscr{J}_2^*$ 分别为应变张量$\boldsymbol{\varepsilon}$的一阶与二阶矩。

(1) 利用 Green 公式$\boldsymbol{\sigma}=\dfrac{\mathrm{d}w}{\mathrm{d}\boldsymbol{\varepsilon}}$求应力张量与应变张量的关系，写出其实体表达式以及协变分量表达式；

(2) 求切线模量$\boldsymbol{D}=\dfrac{\mathrm{d}\sigma}{\mathrm{d}\boldsymbol{\varepsilon}}$，写出其并矢表达式以及协变分量$D_{ijkl}$。

解　(1) $\boldsymbol{\sigma}=\dfrac{\mathrm{d}w}{\mathrm{d}\boldsymbol{\varepsilon}}=\dfrac{1}{2}[2a_0\mathscr{J}_1^*(\mathrm{d}\mathscr{J}_1^*/\mathrm{d}\boldsymbol{\varepsilon})+a_1\mathrm{d}\mathscr{J}_2^*/\mathrm{d}\boldsymbol{\varepsilon}]=a_0\mathscr{J}_1\boldsymbol{G}+a_1\boldsymbol{\varepsilon}^{\mathrm{T}}=a_0\mathscr{J}_1\boldsymbol{G}+a_1\boldsymbol{\varepsilon}$

$$\sigma_{ij} = a_0 g_{ij}\varepsilon^k_{\cdot k} + a_1\varepsilon_{ij} \tag{a}$$

(2) 应力张量与应变张量都是对称二阶张量，应当利用应变张量的对称性，将(a)式改写为对称的形式

$$\boldsymbol{\sigma} = a_0\mathscr{J}_1\boldsymbol{G} + \frac{1}{2}a_1(\boldsymbol{\varepsilon}^{\mathrm{T}} + \boldsymbol{\varepsilon}) \tag{b}$$

$$\begin{aligned}\boldsymbol{D} &= \frac{\mathrm{d}\boldsymbol{\sigma}}{\mathrm{d}\boldsymbol{\varepsilon}} = a_0\frac{\partial\varepsilon^i_{\cdot i}}{\partial\varepsilon^k_{\cdot l}}\boldsymbol{g}_j\boldsymbol{g}^j\boldsymbol{g}^k\boldsymbol{g}_l + \frac{1}{2}a_1\frac{\partial}{\partial\varepsilon^k_{\cdot l}}(\varepsilon^i_{\cdot j}\boldsymbol{g}_i\boldsymbol{g}^j + \varepsilon^i_{\cdot j}\boldsymbol{g}^j\boldsymbol{g}_i)\boldsymbol{g}^k\boldsymbol{g}_l \\ &= a_0\delta^i_k\delta^l_i\boldsymbol{g}_j\boldsymbol{g}^j\boldsymbol{g}^k\boldsymbol{g}_l + \frac{1}{2}a_1(\delta^i_k\delta^l_j\boldsymbol{g}_i\boldsymbol{g}^j + \delta^i_k\delta^{\ l}_j\boldsymbol{g}^j\boldsymbol{g}_i)\boldsymbol{g}^k\boldsymbol{g}_l \\ &= a_0\boldsymbol{g}_j\boldsymbol{g}^j\boldsymbol{g}^k\boldsymbol{g}_k + \frac{1}{2}a_1(\boldsymbol{g}_k\boldsymbol{g}^j\boldsymbol{g}^k\boldsymbol{g}_j + \boldsymbol{g}^l\boldsymbol{g}_k\boldsymbol{g}^k\boldsymbol{g}_l) \\ &= \left[a_0 g_{ij}g_{kl} + \frac{1}{2}a_1(g_{ik}g_{jl} + g_{il}g_{jk})\right]\boldsymbol{g}^i\boldsymbol{g}^j\boldsymbol{g}^k\boldsymbol{g}^l\end{aligned} \tag{c}$$

$$D_{ijkl} = a_0 g_{ij}g_{kl} + \frac{1}{2}a_1(g_{ik}g_{jl} + g_{il}g_{jk}) \tag{d}$$

在弹性力学教科书中将a_0，a_1记作λ，μ，称为 Lamé 参数。记$\overset{4}{\boldsymbol{I}}$为四阶“等同张量”：

$$\overset{④}{\boldsymbol{I}} = \frac{1}{2}(g_{ik}g_{jl} + g_{il}g_{jk})\boldsymbol{g}^i\boldsymbol{g}^j\boldsymbol{g}^k\boldsymbol{g}^l \tag{e}$$

$\overset{④}{\boldsymbol{I}}$ 具有 Voigt 对称性及如下的性质：

(1) 设 $\boldsymbol{S}$ 为任意二阶张量，则

$$\overset{④}{\boldsymbol{I}} : \boldsymbol{S} = \mathrm{Sym}\boldsymbol{S} = \frac{1}{2}(\boldsymbol{S} + \boldsymbol{S}^{\mathrm{T}}) \tag{f}$$

式中 Sym$\boldsymbol{S}$ 为 $\boldsymbol{S}$ 的对称部分，即

$$I_{ijkl}S^{kl} = \frac{1}{2}(S_{ij} + S_{ji}) \tag{g}$$

(2) $\overset{④}{\boldsymbol{I}} : \overset{④}{\boldsymbol{I}} = \overset{④}{\boldsymbol{I}}$

将(a)式写作

$$\boldsymbol{\sigma} = (a_0\boldsymbol{GG} + a_1\overset{④}{\boldsymbol{I}}) : \boldsymbol{\varepsilon} \tag{h}$$

$$\sigma^{ij} = (a_0 g^{ij} g^{kl} + a_1 I^{ijkl})\varepsilon_{kl}$$

求(h)式的微分

$$\mathrm{d}\boldsymbol{\sigma} = (a_0\boldsymbol{GG} + a_1\overset{④}{\boldsymbol{I}}) : \mathrm{d}\boldsymbol{\varepsilon}$$

因此

$$\boldsymbol{D} = \mathrm{d}\boldsymbol{\sigma}/\mathrm{d}\boldsymbol{\varepsilon} = \mathrm{Sym}(a_0\boldsymbol{GG} + a_1\overset{④}{\boldsymbol{I}}) = (a_0\boldsymbol{GG} + a_1\overset{④}{\boldsymbol{I}})$$

即(d)式。

式中 Sym 表示对第 3,4 指标进行对称化。

习　题

3.1　已知：$\boldsymbol{v}$ 为矢量。

求：$f = \mathrm{e}^{\boldsymbol{v}^2}$ 是否为 $\boldsymbol{v}$ 的各向同性函数，并说明理由。

3.2　已知：$\boldsymbol{T}$ 为二阶张量。

求：下列函数是否为 $\boldsymbol{T}$ 各向同性标量函数，并说明理由。

(1) 在某一特定的笛卡儿坐标系中

$$f = \sum_{i=1}^{3}\sum_{j=1}^{3}(T_{ij})^2$$

(2) $f = \boldsymbol{T}^{\mathrm{T}} : \boldsymbol{T}$。

3.3　求证：$\boldsymbol{H} = \boldsymbol{T}^n$ 是二阶张量 $\boldsymbol{T}$ 的各向同性二阶张量函数。

3.4　已知：二阶张量 $\boldsymbol{T}$。

求：下列张量函数是否为 $\boldsymbol{T}$ 的各向同性张量函数，并说明理由。

(1) $\boldsymbol{H} = \boldsymbol{T}^{\mathrm{T}}$；

(2) $\boldsymbol{H} = \boldsymbol{T} \cdot \boldsymbol{A} \cdot \boldsymbol{T}$($\boldsymbol{A}$ 为任意二阶常张量)。

3.5　已知：二阶张量 $\boldsymbol{T}$ 的张量函数 $\boldsymbol{H} = \boldsymbol{A} \cdot \boldsymbol{T}$($\boldsymbol{A}$ 为二阶常张量)。

求：$\boldsymbol{A}$ 满足什么条件时，$\boldsymbol{H}$ 是 $\boldsymbol{T}$ 的各向同性张量函数。

3.6　已知：二阶张量 $\boldsymbol{S}$ 的张量函数

$$\boldsymbol{H}=k_0\boldsymbol{G}+k_1\boldsymbol{S}+k_2\boldsymbol{S}^2$$

$\boldsymbol{S}$ 可分解为球形张量 $\boldsymbol{P}^{(S)}$，偏斜张量 $\boldsymbol{D}^{(S)}$，反对称张量 $\boldsymbol{\Omega}^{(S)}$，即

$$\boldsymbol{S}=\boldsymbol{P}^{(S)}+\boldsymbol{D}^{(S)}+\boldsymbol{\Omega}^{(S)}$$

求证：$\boldsymbol{H}$ 可分解为球形张量 $\boldsymbol{P}^{(H)}$，偏斜张量 $\boldsymbol{D}^{(H)}$，反对称张量 $\boldsymbol{\Omega}^{(H)}$，即

$$\boldsymbol{H}=\boldsymbol{P}^{(H)}+\boldsymbol{D}^{(H)}+\boldsymbol{\Omega}^{(H)}$$

其中：

$$\boldsymbol{P}^{(H)}=\left\{k_0+\frac{1}{3}k_1\mathscr{J}_1^{(S)}+\frac{1}{3}k_2[(\mathscr{J}_1^{(S)})^2-2\mathscr{J}_2^{(S)}]\right\}\boldsymbol{G}$$

$$\boldsymbol{D}^{(H)}=k_1\boldsymbol{D}^{(S)}+k_2\left\{2\boldsymbol{P}^{(S)}\cdot\boldsymbol{D}^{(S)}+(\boldsymbol{P}^{(S)})^2+(\boldsymbol{D}^{(S)})^2+(\boldsymbol{\Omega}^{(S)})^2-\frac{1}{3}[(\mathscr{J}_1^{(S)})^2-2\mathscr{J}_2^{(S)}]\boldsymbol{G}\right\}$$

$$\boldsymbol{\Omega}^{(H)}=k_1\boldsymbol{\Omega}^{(S)}+k_2[\boldsymbol{D}^{(S)}\cdot\boldsymbol{\Omega}^{(S)}+\boldsymbol{\Omega}^{(S)}\cdot\boldsymbol{D}^{(S)}+2\boldsymbol{P}^{(S)}\cdot\boldsymbol{\Omega}^{(S)}]$$

（当 $k_2=0$ 时，$\boldsymbol{D}^{(H)}$ 与 $\boldsymbol{D}^{(S)}$ 相似，即不但可同时化为标准型，且分量成比例，这时 $\boldsymbol{H}$ 与 $\boldsymbol{S}$ 为准线性关系，也就是说 $\boldsymbol{H}$ 可表示为 $\boldsymbol{S}$ 的一次式，但 k_1 可以是 $\mathscr{J}_1^{(S)}$，$\mathscr{J}_2^{(S)}$，$\mathscr{J}_3^{(S)}$ 的函数，这种情况也就是塑性力学中 Lode 参数相等的情况。若试验所得 Lode 参数不等，则不能表示为准线性关系，也就是必须使 $k_2\neq0$。）

3.7　设反对称张量 $\boldsymbol{\Omega}$ 的轴方向为 $\boldsymbol{e}_3$，在正交标准化基 $\boldsymbol{e}_1,\boldsymbol{e}_2,\boldsymbol{e}_3$ 中

$$[\boldsymbol{\Omega}]=\begin{bmatrix}0&-\varphi&0\\\varphi&0&0\\0&0&0\end{bmatrix}$$

主不变量为 $\mathscr{J}_1^{(\Omega)}=0$，$\mathscr{J}_2^{(\Omega)}=\varphi^2$，$\mathscr{J}_3^{(\Omega)}=0$。

已知：张量函数

$$\boldsymbol{R}=\mathrm{e}^{\boldsymbol{\Omega}}=\boldsymbol{G}+\frac{1}{1!}\boldsymbol{\Omega}+\frac{1}{2!}\boldsymbol{\Omega}+\cdots\qquad\text{（设级数收敛）}$$

求证：

$$[\boldsymbol{R}]=\begin{bmatrix}\cos\varphi&-\sin\varphi&0\\\sin\varphi&\cos\varphi&0\\0&0&1\end{bmatrix}$$

$\boldsymbol{R}$ 是正交张量，其主不变量为 $\mathscr{J}_1^{(R)}=1+2\cos\varphi$，$\mathscr{J}_2^{(R)}=1+2\cos\varphi$，$\mathscr{J}_3^{(R)}=1$。

$$\left(\text{提示：}[\boldsymbol{\Omega}^{2n}]=(-1)^n\varphi^{2n}\begin{bmatrix}1&0&0\\0&1&0\\0&0&0\end{bmatrix},\quad[\boldsymbol{\Omega}^{2n+1}]=(-1)^n\varphi^{2n+1}\begin{bmatrix}0&-1&0\\1&0&0\\0&0&0\end{bmatrix}\text{。}\right)$$

3.8　求证：前题中

(1) $\boldsymbol{R}=\mathrm{e}^{\boldsymbol{\Omega}}=\boldsymbol{G}+\dfrac{\sin\varphi}{\varphi}\boldsymbol{\Omega}+\dfrac{2\sin^2(\varphi/2)}{\varphi^2}\boldsymbol{\Omega}^2$；

(2) $\boldsymbol{\Omega}=\ln\boldsymbol{R}=\dfrac{\varphi}{2\sin\varphi}(\boldsymbol{R}-\boldsymbol{G})\cdot[(1+2\cos\varphi)\boldsymbol{G}-\boldsymbol{R}]$。

（提示：利用(3.4.17)式，并注意 $\boldsymbol{\Omega}$ 的特征根为

$\lambda_1^{(\Omega)}=\mathrm{i}\varphi$，$\lambda_2^{(\Omega)}=-\mathrm{i}\varphi$，$\lambda_3^{(\Omega)}=0$；$\boldsymbol{R}$ 的特征根为 $\lambda_1^{(R)}=\mathrm{e}^{\mathrm{i}\varphi}$，$\lambda_2^{(R)}=\mathrm{e}^{-\mathrm{i}\varphi}$，$\lambda_3^{(R)}=1$。）

3.9　已知：任一反对称二阶张量 $\boldsymbol{\Omega}=-\varphi(\boldsymbol{e}_1\boldsymbol{e}_2-\boldsymbol{e}_2\boldsymbol{e}_1)$。

求证：$\boldsymbol{\Omega}^3+\varphi^2\boldsymbol{\Omega}=\boldsymbol{O}$。

3.10　已知：二阶反对称张量$\boldsymbol{\Omega}$的轴方向单位矢量为$\boldsymbol{e}_3$，与$\boldsymbol{e}_3$为反偶的张量$\boldsymbol{L}$(定义见(2.5.30)式)为

$$\boldsymbol{L}=-\boldsymbol{\epsilon}\cdot\boldsymbol{e}_3=\frac{1}{\varphi}\boldsymbol{\Omega}$$

求证：(1) $\boldsymbol{L}^2=\boldsymbol{e}_3\boldsymbol{e}_3-\boldsymbol{G}$；

(2) 3.8题中$\boldsymbol{R}$又可写作

$$\boldsymbol{R}=\boldsymbol{G}+\sin\varphi\boldsymbol{L}+2\sin^2\frac{\varphi}{2}(\boldsymbol{e}_3\boldsymbol{e}_3-\boldsymbol{G})$$

3.11　已知：矢量$\boldsymbol{v}$的标量函数$\varphi=\boldsymbol{v}^2$，用定义求$\varphi'(\boldsymbol{v})$。

3.12　已知：$f(\boldsymbol{T})=\varphi(\boldsymbol{T})\psi(\boldsymbol{T})$，其中$\boldsymbol{T}$为二阶张量，$f,\varphi,\psi$均为标量函数。用定义求$f'(\boldsymbol{T})$，要求用$\varphi(\boldsymbol{T}),\psi(\boldsymbol{T})$及其导数表示。

3.13　已知：正交二阶张量$\boldsymbol{Q}(t)$。

求证：$\boldsymbol{Q}(t)\cdot\dot{\boldsymbol{Q}}^{\mathrm{T}}(t)$关于一切时间$t$均为反对称二阶张量。

3.14　已知：$\boldsymbol{v}$是矢量，$\boldsymbol{W}(\boldsymbol{v})$和$\boldsymbol{U}(\boldsymbol{v})$是矢量函数，$\varphi(\boldsymbol{v})=\boldsymbol{W}(\boldsymbol{v})\cdot\boldsymbol{U}(\boldsymbol{v})$。

求：$\varphi'(\boldsymbol{v})$，要求用$\boldsymbol{W}(\boldsymbol{v})$，$\boldsymbol{U}(\boldsymbol{v})$及其导数表示。

3.15　求证二阶张量$\boldsymbol{T}$的各向同性标量函数$\varphi=f(\boldsymbol{T})$的导数$f'(\boldsymbol{T})$为各向同性二阶张量函数。

3.16　求证矢量$\boldsymbol{v}$的各向同性矢量函数$\boldsymbol{w}=\boldsymbol{F}(\boldsymbol{v})$的导数$\boldsymbol{F}'(\boldsymbol{v})$为各向同性二阶张量函数。

3.17　试用直接对(2.3.4a～c)式求导的方法求$\dfrac{\mathrm{d}\mathscr{J}_k}{\mathrm{d}\boldsymbol{T}}$及其分量。

3.18　求$\det(\boldsymbol{T}^m)$的导数($\boldsymbol{T}$为二阶张量)。

3.19　求$\dfrac{\mathrm{d}\boldsymbol{T}^{\mathrm{T}}}{\mathrm{d}\boldsymbol{T}}$($\boldsymbol{T}^{\mathrm{T}}$为二阶张量$\boldsymbol{T}$的转置张量)。

3.20　求$\dfrac{\mathrm{d}[(\boldsymbol{T}^{\mathrm{T}})^2]}{\mathrm{d}\boldsymbol{T}}$($\boldsymbol{T}^{\mathrm{T}}$为二阶张量$\boldsymbol{T}$的转置张量)。

3.21　求$\det(\lambda\boldsymbol{G}-\boldsymbol{T})$对$\lambda$及对$\boldsymbol{T}$的一阶、二阶导数($\boldsymbol{T}$为二阶张量)。

3.22　已知：矢量$\boldsymbol{v}$的标量函数$\varphi=\mathrm{e}^{\boldsymbol{v}^2}$。

求：(1) $\dfrac{\mathrm{d}\varphi}{\mathrm{d}\boldsymbol{v}}$；

(2) $\dfrac{\mathrm{d}\varphi}{\mathrm{d}\boldsymbol{v}}$是否为各向同性函数，并说明理由。

3.23　已知：线弹性材料的应变能密度$w(\boldsymbol{\varepsilon})=\dfrac{1}{2}[a_0(\mathscr{J}_1^{*(\varepsilon)})^2+a_1(\mathscr{J}_2^{*(\varepsilon)})]$。

求：(1) 利用格林公式$\boldsymbol{\sigma}=\dfrac{\mathrm{d}w}{\mathrm{d}\boldsymbol{\varepsilon}}$，求$\boldsymbol{\sigma}$与$\boldsymbol{\varepsilon}$的关系；

(2) 弹性常数D_{ijkl}，要求满足Voigt对称性。

3.24　已知：某种各向同性非线性材料，应变能密度为

$$\varphi(\boldsymbol{\varepsilon})=\frac{1}{2}a_0(\mathscr{J}_1^{(\varepsilon)})^3-a_0\mathscr{J}_1^{(\varepsilon)}\mathscr{J}_2^{(\varepsilon)}$$

求：(1) $\boldsymbol{\sigma}$与$\boldsymbol{\varepsilon}$的关系；

(2) 切线模量 $\boldsymbol{D}=\dfrac{\mathrm{d}\boldsymbol{\sigma}}{\mathrm{d}\boldsymbol{\varepsilon}}$，写出 D_{ijkl} 的表达式，要求满足 Voigt 对称性。

3.25　已知：某种高分子材料为各向同性材料，应力和应变的关系可简化为二次式描述。

求：(1) 写出材料应力应变关系的张量表达式，最多有多少独立的弹性常数；

(2) 由 $\boldsymbol{C}=\dfrac{\mathrm{d}\boldsymbol{\varepsilon}}{\mathrm{d}\boldsymbol{\sigma}}$ 求材料的切线模量 C_{ijkl}，利用它应满足 Voigt 对称性，确定有多少独立的弹性常数；

(3) 如何测量这些弹性常数。

3.26　已知：应力偏量 $\boldsymbol{\sigma}'=\boldsymbol{\sigma}-\dfrac{1}{3}\mathscr{J}_1^{(\sigma)}\boldsymbol{G}$，等效应力 $\boldsymbol{\sigma}_{\mathrm{eq}}=\left(\dfrac{2}{3}\boldsymbol{\sigma}':\boldsymbol{\sigma}'\right)^{1/2}$。

求：$\mathrm{d}\boldsymbol{\sigma}_{\mathrm{eq}}/\mathrm{d}\boldsymbol{\sigma}$（规定 $\mathrm{d}\boldsymbol{\sigma}_{\mathrm{eq}}/\mathrm{d}\boldsymbol{\sigma}$ 为对称二阶偏斜张量）。

第 4 章　曲线坐标张量分析

本章研究任意曲线坐标系中张量(标量、矢量、任意阶张量)及其分量随空间点变化的规律。

本章所研究的对象与前一章有以下两点主要区别：

(1) 在前一章所阐述的张量函数中，函数是标量、矢量或张量，自变量是任意矢量或张量。本章研究**张量场函数**，其函数也是标量、矢量或任意阶张量，但自变量是域内各点的矢径 $\boldsymbol{r}$，而 $\boldsymbol{r}$ 是随域内各点的坐标 x^1, x^2, x^3 变化的。

定义　张量场函数　若空间某个域内每点(矢径为 $\boldsymbol{r}$)定义有同型的张量

$$\boldsymbol{T}(\boldsymbol{r}) = T^{i\cdots j}_{\cdots\cdots k\cdots l}\boldsymbol{g}_i\cdots\boldsymbol{g}_j\boldsymbol{g}^k\cdots\boldsymbol{g}^l$$

则称 $\boldsymbol{T}(\boldsymbol{r})$ 为在该域内定义的**张量场函数**。

(2) 前一章限于在直线坐标系中讨论问题，基矢量不随点的位置变化而变化；而本章将在任意曲线坐标系(图 4.1)中研究问题。此时，由于矢径 $\boldsymbol{r}$ 不是坐标 x^1, x^2, x^3 的线性函数，协变基矢量

$$\boldsymbol{g}_i = \frac{\partial \boldsymbol{r}}{\partial x^i}$$

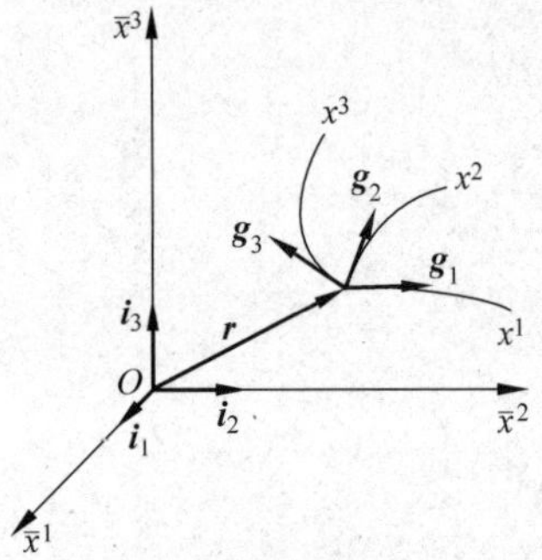

图 4.1　曲线坐标系

以及与其对偶的逆变基矢量将是随点变化的局部基矢量。对于场函数定义域内每一点处定义的张量，其分量应在该点的局部基矢量上就地分解；从而，即使是常张量，在不同的点对当地的基矢量分解，也将得到不同的分量，故张量分量 $T^{i\cdots j}_{\cdots\cdots k\cdots l}$ 总是点的位置 $\boldsymbol{r}(x^1, x^2, x^3)$ 的函数。

定义　张量场函数的连续　若张量场函数 $\boldsymbol{T}$ 的分量 $T^{i\cdots j}_{\cdots\cdots k\cdots l}$ 是 x^1, x^2, x^3 的实函数，在其定义域内处处连续，则称该张量场函数是**连续函数**。

定义　C^N 阶光滑的张量场函数　张量场函数 $\boldsymbol{T}$ 的分量 $T^{i\cdots j}_{\cdots\cdots k\cdots l}$ 是 x^1, x^2, x^3 的实函数，若在其定义域内 $T^{i\cdots j}_{\cdots\cdots k\cdots l}(x^1, x^2, x^3)$ 关于 $x^l(l=1,2,3)$ N 次连续可微，则称 $\boldsymbol{T}$ 是关于 x^l 的 **C^N 阶光滑的张量场函数**。

仅满足连续性的张量场函数称为 C^0 **阶光滑的张量场函数**。

4.1　基矢量的导数、Christoffel 符号

首先给出曲线坐标系中基矢量 $\boldsymbol{g}_k$ 或 $\boldsymbol{g}^k$ 与笛卡儿坐标系 $\bar{x}^i(i=1,2,3)$ 中基矢量 $\boldsymbol{i}_k(=\boldsymbol{i}^k)$ 间的关系(见图 4.1)。设曲线坐标 x^k 与笛卡儿坐标 $\bar{x}^m(=\bar{x}_m)$ 间的函数关系为

$$x^k = x^k(\bar{x}^m)$$

或
$$\bar{x}^m = \bar{x}^m(x^k) \tag{4.1.1}$$

根据第 1 章中基矢量的转换关系，曲线坐标系中的基矢量可用笛卡儿坐标系中的基矢量（正交单位矢量）表示为

$$\boldsymbol{g}_k = \frac{\partial \bar{x}^p}{\partial x^k}\boldsymbol{i}_p \tag{4.1.2a}$$

$$\boldsymbol{g}^l = \frac{\partial x^l}{\partial \bar{x}^q}\boldsymbol{i}^q \tag{4.1.2b}$$

因而度量张量的表达式为

$$g_{kl} = \boldsymbol{g}_k \cdot \boldsymbol{g}_l = \frac{\partial \bar{x}^p}{\partial x^k}\frac{\partial \bar{x}^p}{\partial x^l} \tag{4.1.3a}$$

$$g^{kl} = \boldsymbol{g}^k \cdot \boldsymbol{g}^l = \frac{\partial x^k}{\partial \bar{x}^p}\frac{\partial x^l}{\partial \bar{x}^p} \tag{4.1.3b}$$

注意到在笛卡儿坐标系中，协变分量与逆变分量无差别，即指标可以自由升降，所以上两式及本章今后的运算式中，对笛卡儿坐标（带“－”者）同一项中成对出现的相同指标（无论上下，如(4.1.3)式中为 p）均表示求和。

为了研究矢径为 $\boldsymbol{r}$ 的点的邻域内场函数的变化规律，首先研究该点邻域内基矢量的变化，即基矢量对坐标的导数。

4.1.1　协变基矢量的导数及第二类 Christoffel 符号

因$\frac{\partial \boldsymbol{g}_j}{\partial x^i}$为矢量①，故可令

$$\frac{\partial \boldsymbol{g}_j}{\partial x^i} = \Gamma_{ij}^k \boldsymbol{g}_k \qquad (i,\ j = 1,2,3) \tag{4.1.4}$$

上述协变基矢量对坐标的导数对协变基的分解式中，系数 Γ_{ij}^k 称为**第二类 Christoffel** 符号。i,j,k 各称为第一、二、三指标。(4.1.4)式共包括 9 式，每式右端有三项，故系数 Γ_{ij}^k 共有 27 个。

由于基矢量本身是矢径对于坐标的导数

$$\frac{\partial \boldsymbol{g}_j}{\partial x^i} = \frac{\partial^2 \boldsymbol{r}}{\partial x^i \partial x^j} = \frac{\partial^2 \boldsymbol{r}}{\partial x^j \partial x^i} = \frac{\partial \boldsymbol{g}_i}{\partial x^j} \tag{4.1.5a}$$

故
$$\Gamma_{ij}^k = \Gamma_{ji}^k \tag{4.1.5b}$$

即 Γ_{ij}^k 对于 i,j 为对称，所以独立的 Γ_{ij}^k 共有 18 个。

容易证明，第二类 Christoffel 符号 Γ_{ij}^k 不是张量的分量。注意到若在某一坐标系中，一个张量的所有分量均为零，则在任意坐标系中该张量的分量也均应为零。但 Christoffel 符号却不具有这种特性。在直线坐标系中，$\boldsymbol{g}_i$ 保持不变，故

$$\Gamma_{ij}^k = 0$$

而在曲线坐标系中

---

① 按照 1.6 节所述，矢量是指不随坐标转换而改变的实体（见(1.6.2)式），这里的$\frac{\partial \boldsymbol{g}_j}{\partial x^i}$是随坐标而改变的，为简单起见也称为矢量。同样，基矢量 $\boldsymbol{g}_j$，$\boldsymbol{g}^i$ 也随坐标转换而改变。

$$\Gamma_{ij}^{k} \neq 0$$

显然 Γ_{ij}^{k} 不是张量的分量。

任意曲线坐标系的 Christoffel 符号均可由该坐标系与笛卡儿坐标系间的函数关系式(4.1.1)式求得。将(4.1.4)式点乘 $\boldsymbol{g}^l$，得

$$\Gamma_{ij}^{l} = \frac{\partial \boldsymbol{g}_j}{\partial x^i} \cdot \boldsymbol{g}^l \tag{4.1.6}$$

上式也可以作为第二类 Christoffel 符号的定义式。应用(4.1.2a)式对 x^i 求导，得

$$\frac{\partial \boldsymbol{g}_j}{\partial x^i} = \frac{\partial}{\partial x^i}\left(\frac{\partial \bar{x}^p}{\partial x^j}\boldsymbol{i}_p\right) = \frac{\partial^2 \bar{x}^p}{\partial x^i \partial x^j}\boldsymbol{i}_p \tag{4.1.7}$$

将上式及(4.1.2b)式代入(4.1.6)式，并注意到 $\boldsymbol{i}_p \cdot \boldsymbol{i}^q = \delta_p^q$，可求得

$$\Gamma_{ij}^{l} = \frac{\partial^2 \bar{x}^p}{\partial x^i \partial x^j}\frac{\partial x^l}{\partial \bar{x}^p} \tag{4.1.8}$$

4.1.2 第一类 Christoffel 符号

若将协变基矢量 $\boldsymbol{g}_j$ 对坐标的导数 $\frac{\partial \boldsymbol{g}_j}{\partial x^i}$ 对逆变基分解，则(4.1.4)式成为

$$\frac{\partial \boldsymbol{g}_j}{\partial x^i} = \Gamma_{ij}^{l} g_{kl} \boldsymbol{g}^k$$

定义上式中 $\boldsymbol{g}^k$ 的系数为**第一类 Christoffel 符号**，记作

$$\Gamma_{ij,k} = g_{kl}\Gamma_{ij}^{l} \tag{4.1.9}$$

i,j,k 各称为第一、二、三指标，它相当于将第二类 Christoffel 符号的第三个指标下降得到。故

$$\frac{\partial \boldsymbol{g}_j}{\partial x^i} = \Gamma_{ij,l}\,\boldsymbol{g}^l = \Gamma_{ij}^{k}\boldsymbol{g}_k \tag{4.1.10}$$

$$\Gamma_{ij,l} = \frac{\partial \boldsymbol{g}_j}{\partial x^i} \cdot \boldsymbol{g}_l \tag{4.1.11}$$

(4.1.10)式、(4.1.11)式与(4.1.4)式、(4.1.6)式可作为第一类与第二类 Christoffel 符号的定义式，它们是协变基矢量之导数公式中的系数。

第一类 Christoffel 符号也可以利用曲线坐标与笛卡儿坐标的关系求得。将(4.1.3a)式及(4.1.8)式代入(4.1.9)式，并注意到 $\frac{\partial \bar{x}^q}{\partial x^l}\frac{\partial x^l}{\partial \bar{x}^p} = \delta_p^q$，得

$$\begin{aligned}\Gamma_{ij,k} &= \frac{\partial \bar{x}^q}{\partial x^k}\frac{\partial \bar{x}^q}{\partial x^l}\frac{\partial x^l}{\partial \bar{x}^p}\frac{\partial^2 \bar{x}^p}{\partial x^i \partial x^j} = \frac{\partial \bar{x}^q}{\partial x^k}\delta_p^q\frac{\partial^2 \bar{x}^p}{\partial x^i \partial x^j} \\ &= \frac{\partial \bar{x}^p}{\partial x^k}\frac{\partial^2 \bar{x}^p}{\partial x^i \partial x^j}\end{aligned} \tag{4.1.12}$$

显然，$\Gamma_{ij,k}$ 关于指标 i,j 亦对称，即

$$\Gamma_{ij,k} = \Gamma_{ji,k} \tag{4.1.13}$$

还可以用度量张量协变分量 g_{ij} 对坐标的导数表示第一类 Christoffel 符号 $\Gamma_{ij,k}$。先由(4.1.3a)式及(4.1.12)式得

$$\frac{\partial g_{ij}}{\partial x^k} = \frac{\partial^2 \bar{x}^p}{\partial x^i \partial x^k}\frac{\partial \bar{x}^p}{\partial x^j} + \frac{\partial \bar{x}^p}{\partial x^i}\frac{\partial^2 \bar{x}^p}{\partial x^j \partial x^k} = \Gamma_{ik,j} + \Gamma_{jk,i} \tag{4.1.14}$$

由上式及(4.1.13)式可得

$$\frac{\partial g_{jk}}{\partial x^i} = \Gamma_{ij,k} + \Gamma_{ik,j} \tag{4.1.14a}$$

$$\frac{\partial g_{ik}}{\partial x^j} = \Gamma_{ij,k} + \Gamma_{jk,i}$$

两式相加，再减去(4.1.14)式，得

$$\Gamma_{ij,k} = \frac{1}{2}\left(\frac{\partial g_{ik}}{\partial x^j} + \frac{\partial g_{jk}}{\partial x^i} - \frac{\partial g_{ij}}{\partial x^k}\right) \tag{4.1.15}$$

若不借助于笛卡儿坐标 $\bar{x}^i$，上式也可以这样证明：度量张量协变分量的导数为

$$\frac{\partial g_{js}}{\partial x^i} = \frac{\partial(\boldsymbol{g}_j \cdot \boldsymbol{g}_s)}{\partial x^i} = \frac{\partial \boldsymbol{g}_j}{\partial x^i} \cdot \boldsymbol{g}_s + \boldsymbol{g}_j \cdot \frac{\partial \boldsymbol{g}_s}{\partial x^i}$$

将(4.1.11)式代入上式，得

$$\frac{\partial g_{js}}{\partial x^i} - \boldsymbol{g}_j \cdot \frac{\partial \boldsymbol{g}_s}{\partial x^i} = \Gamma_{ij,s}$$

将上式中 i 与 j 互换，并应用(4.1.13)式，得

$$\frac{\partial g_{is}}{\partial x^j} - \boldsymbol{g}_i \cdot \frac{\partial \boldsymbol{g}_s}{\partial x^j} = \Gamma_{ij,s}$$

将上两式相加，得

$$\Gamma_{ij,s} = \frac{1}{2}\left[\frac{\partial g_{is}}{\partial x^j} + \frac{\partial g_{js}}{\partial x^i} - \left(\boldsymbol{g}_i \cdot \frac{\partial \boldsymbol{g}_s}{\partial x^j} + \boldsymbol{g}_j \cdot \frac{\partial \boldsymbol{g}_s}{\partial x^i}\right)\right] \tag{4.1.16}$$

由(4.1.5a)式可知，上式中

$$\boldsymbol{g}_i \cdot \frac{\partial \boldsymbol{g}_s}{\partial x^j} + \boldsymbol{g}_j \cdot \frac{\partial \boldsymbol{g}_s}{\partial x^i} = \boldsymbol{g}_i \cdot \frac{\partial \boldsymbol{g}_j}{\partial x^s} + \boldsymbol{g}_j \cdot \frac{\partial \boldsymbol{g}_i}{\partial x^s} = \frac{\partial g_{ij}}{\partial x^s}$$

代入(4.1.16)式，则(4.1.15)式得证。

也可以将第二类 Christoffel 符号用度量张量来表示。将(4.1.9)式两边乘 g^{kp}，应用 $g^{kp}g_{kl} = \delta_l^p$，得

$$\Gamma_{ij}^p = g^{kp}\Gamma_{ij,k} \tag{4.1.17}$$

将(4.1.15)式代入上式，得到

$$\Gamma_{ij}^p = \frac{1}{2}g^{kp}\left(\frac{\partial g_{ik}}{\partial x^j} + \frac{\partial g_{jk}}{\partial x^i} - \frac{\partial g_{ij}}{\partial x^k}\right) \tag{4.1.18}$$

4.1.3　逆变基矢量的导数

逆变基矢量是根据对偶条件由协变基矢量派生的，即

$$\boldsymbol{g}^i \cdot \boldsymbol{g}_p = \delta_p^i$$

上式对 x^j 求导，并应用第二类 Christoffel 符号的定义(4.1.6)式，得

$$\frac{\partial \boldsymbol{g}^i}{\partial x^j} \cdot \boldsymbol{g}_p = -\boldsymbol{g}^i \cdot \frac{\partial \boldsymbol{g}_p}{\partial x^j} = -\Gamma_{jp}^i$$

上式左边是逆变基矢量对坐标导数的协变分量，它等于负的第二类 Christoffel 符号。由此求得

$$\frac{\partial \boldsymbol{g}^i}{\partial x^j} = -\Gamma_{jp}^i \boldsymbol{g}^p \tag{4.1.19}$$

类似于(4.1.10)式,第二类 Christoffel 符号也是逆变基矢量导数公式中的系数(但注意指标的上下位置和相差一负号)。

4.1.4 $\sqrt{g}$对坐标的导数,Γ^j_{ji}的计算公式

由(1.2.24)式,以三个基矢量为棱边构成平行六面体的体积是

$$\sqrt{g}=[\boldsymbol{g}_1\quad \boldsymbol{g}_2\quad \boldsymbol{g}_3]=(\boldsymbol{g}_1\times\boldsymbol{g}_2)\cdot\boldsymbol{g}_3 \tag{4.1.20}$$

它对于坐标的导数是

$$\begin{aligned}\frac{\partial\sqrt{g}}{\partial x^i}&=\left(\frac{\partial \boldsymbol{g}_1}{\partial x^i}\times\boldsymbol{g}_2\right)\cdot\boldsymbol{g}_3+\left(\boldsymbol{g}_1\times\frac{\partial \boldsymbol{g}_2}{\partial x^i}\right)\cdot\boldsymbol{g}_3+(\boldsymbol{g}_1\times\boldsymbol{g}_2)\cdot\frac{\partial \boldsymbol{g}_3}{\partial x^i}\\&=(\Gamma^k_{1i}\boldsymbol{g}_k\times\boldsymbol{g}_2)\cdot\boldsymbol{g}_3+(\boldsymbol{g}_1\times\Gamma^k_{2i}\boldsymbol{g}_k)\cdot\boldsymbol{g}_3+(\boldsymbol{g}_1\times\boldsymbol{g}_2)\cdot\Gamma^k_{3i}\boldsymbol{g}_k\\&=(\Gamma^1_{1i}\boldsymbol{g}_1\times\boldsymbol{g}_2)\cdot\boldsymbol{g}_3+(\boldsymbol{g}_1\times\Gamma^2_{2i}\boldsymbol{g}_2)\cdot\boldsymbol{g}_3+(\boldsymbol{g}_1\times\boldsymbol{g}_2)\cdot\Gamma^3_{3i}\boldsymbol{g}_3\\&=\Gamma^j_{ji}[(\boldsymbol{g}_1\times\boldsymbol{g}_2)\cdot\boldsymbol{g}_3]=\Gamma^j_{ji}\sqrt{g}\end{aligned} \tag{4.1.21}$$

从而

$$\Gamma^j_{ji}=\Gamma^j_{ij}=\frac{1}{\sqrt{g}}\frac{\partial\sqrt{g}}{\partial x^i}=\frac{\partial(\ln\sqrt{g})}{\partial x^i}=\frac{1}{2}\frac{\partial(\ln g)}{\partial x^i} \tag{4.1.22}$$

4.1.5 坐标转换时 Christoffel 符号的转换公式

当坐标 x^i 转换为 $x^{j\prime}$时,第二类 Christoffel 符号转换为 $\Gamma^{l'}_{i'j'}$,根据(4.1.6)式及基矢量转换公式得

$$\begin{aligned}\Gamma^{l'}_{i'j'}&=\frac{\partial \boldsymbol{g}_{i'}}{\partial x^{j'}}\cdot\boldsymbol{g}^{l'}=\frac{\partial}{\partial x^{j'}}\left(\frac{\partial x^p}{\partial x^{i'}}\boldsymbol{g}_p\right)\cdot\frac{\partial x^{l'}}{\partial x^r}\boldsymbol{g}^r=\left[\frac{\partial^2 x^p}{\partial x^{i'}\partial x^{j'}}\boldsymbol{g}_p+\frac{\partial x^p}{\partial x^{i'}}\left(\frac{\partial \boldsymbol{g}_p}{\partial x^q}\frac{\partial x^q}{\partial x^{j'}}\right)\right]\cdot\frac{\partial x^{l'}}{\partial x^r}\boldsymbol{g}^r\\&=\frac{\partial^2 x^p}{\partial x^{i'}\partial x^{j'}}\delta^r_p\frac{\partial x^{l'}}{\partial x^r}+\frac{\partial x^p}{\partial x^{i'}}\frac{\partial x^q}{\partial x^{j'}}\frac{\partial x^{l'}}{\partial x^r}\Gamma^r_{pq}=\frac{\partial^2 x^p}{\partial x^{i'}\partial x^{j'}}\frac{\partial x^{l'}}{\partial x^p}+\beta^p_{i'}\beta^q_{j'}\beta^{l'}_r\Gamma^r_{pq}\end{aligned} \tag{4.1.23}$$

其中$\beta^p_{i'}$,$\beta^q_{j'}$,$\beta^{l'}_r$为坐标转换系数。因为对于一般曲线坐标$\dfrac{\partial^2 x^p}{\partial x^{i'}\partial x^{j'}}$不为零,所以由上式可见,$\Gamma^l_{ij}$不服从张量分量的转换关系,即 Γ^l_{ij}不是张量分量。只有在直线坐标系中,新老坐标之间的关系是线性关系,$\dfrac{\partial^2 x^p}{\partial x^{i'}\partial x^{j'}}=0$,$\Gamma^{l'}_{i'j'}$与 Γ^r_{pq}之间才满足类似于张量分量的转换关系。但在直线坐标系中

$$\Gamma^{l'}_{i'j'}\equiv\Gamma^r_{pq}\equiv 0$$

与(4.1.23)式相类似地还有

$$\Gamma^k_{ij}=\beta^{i'}_i\beta^{j'}_j\beta^k_{k'}\Gamma^{k'}_{i'j'}+\frac{\partial^2 x^{l'}}{\partial x^i\partial x^j}\frac{\partial x^k}{\partial x^{l'}} \tag{4.1.24}$$

4.2 张量场函数对矢径的导数、梯度

以下的研究方法适用于三维空间中任意阶(n 阶)张量场函数,即

$$\boldsymbol{T}=\boldsymbol{T}(\boldsymbol{r}) \tag{4.2.1a}$$

其并矢表达式为

$$\boldsymbol{T}(\boldsymbol{r})=T^{ij\cdots}_{\cdots kl}\boldsymbol{g}_i\boldsymbol{g}_j\cdots\boldsymbol{g}^k\boldsymbol{g}^l \tag{4.2.1b}$$

式中，无论分量或是基矢量都是矢径 $\boldsymbol{r}$（从而也是空间曲线坐标 x^l）的函数。为研究其随点变化的规律，需研究 n 阶张量 $\boldsymbol{T}$ 对矢径 $\boldsymbol{r}$ 的导数。在以下研究中，均假定场函数 $\boldsymbol{T}$ 对坐标 x^l 的偏导数存在且连续。

4.2.1　有限微分、导数与微分

定义　n 阶张量场函数 $\boldsymbol{T}(\boldsymbol{r})$ 对于 $\boldsymbol{r}$ 的增量 $\boldsymbol{u}$ 的有限微分为

$$\boldsymbol{T}'(\boldsymbol{r};\boldsymbol{u}) = \lim_{h\to 0}\frac{1}{h}[\boldsymbol{T}(\boldsymbol{r}+h\boldsymbol{u})-\boldsymbol{T}(\boldsymbol{r})] \tag{4.2.2}$$

可以证明，有限微分对于矢径的增量 $\boldsymbol{u}$ 是线性的，故记作

$$\boldsymbol{T}'(\boldsymbol{r};\boldsymbol{u}) = \boldsymbol{T}'(\boldsymbol{r})\cdot\boldsymbol{u} \tag{4.2.3}$$

式中 $\boldsymbol{T}'(\boldsymbol{r})=\dfrac{\mathrm{d}\boldsymbol{T}}{\mathrm{d}\boldsymbol{r}}$称为 n 阶张量场函数 $\boldsymbol{T}(\boldsymbol{r})$对矢径 $\boldsymbol{r}$ 的导数，根据商规则，它是 $n+1$ 阶张量。

应注意到，和前一章不同，本章所阐述的是张量场函数，自变量是矢径 $\boldsymbol{r}$，$\boldsymbol{r}$ 是曲线坐标 $x^l(l=1,2,3)$的函数

$$\boldsymbol{r}=\boldsymbol{r}(x^l) \tag{4.2.4}$$

从而张量场函数（张量的分量与基矢量）也是坐标的函数，但是坐标 x^l 并非矢径 $\boldsymbol{r}$ 的分量。而第 3 章中自变量则是张量，基矢量（或基张量）是常量，函数分量依赖于自变量（张量）的分量而变化。

在任一曲线坐标系 x^l 中，矢径 $\boldsymbol{r}$ 的增量 $\boldsymbol{u}$ 可以对该点处的基矢量分解为

$$\boldsymbol{u}=u^i\boldsymbol{g}_i \tag{4.2.5}$$

为了进一步求得在该坐标系中场函数对矢径的导数 $\boldsymbol{T}'(\boldsymbol{r})$的各个分量，首先研究当增量为基矢量 $\boldsymbol{g}_i$时，场函数 $\boldsymbol{T}(\boldsymbol{r})$的有限微分

$$\boldsymbol{T}'(\boldsymbol{r};\boldsymbol{g}_i) = \lim_{h\to 0}\frac{1}{h}[\boldsymbol{T}(\boldsymbol{r}+h\boldsymbol{g}_i)-\boldsymbol{T}(\boldsymbol{r})] \tag{4.2.6}$$

如图 4.2 所示，矢径 $\boldsymbol{r}$ 有增量 $h\boldsymbol{g}_i$，相当于定义场函数的点由 P(矢径 $\boldsymbol{r}$)移至坐标线 x^i 在**该处切线**上的点 P'(矢径 $\boldsymbol{r}'$)

$$\boldsymbol{r}'=\boldsymbol{r}+h\boldsymbol{g}_i$$

而它所对应的场函数 $\boldsymbol{T}(\boldsymbol{r})$ 实际上通过 (4.2.4)式而成为坐标 $x^l(l=1,2,3)$的复合函数：

$$\boldsymbol{T}=\boldsymbol{T}(\boldsymbol{r}(x^l))$$

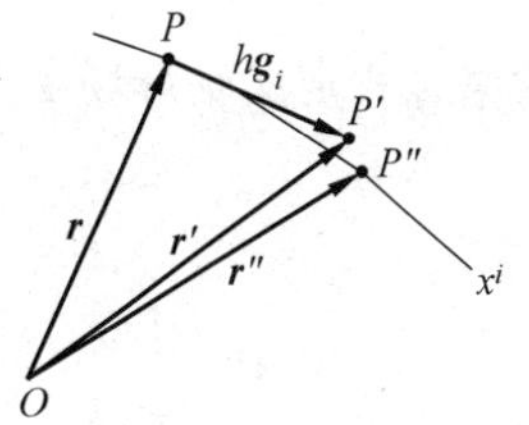

图 4.2　场函数定义域中矢径的变化

回顾多元函数偏导数的定义

$$\frac{\partial\boldsymbol{T}}{\partial x^i} = \lim_{h\to 0}\frac{1}{h}[\boldsymbol{T}(\boldsymbol{r}(x^l+h\delta_i^l))-\boldsymbol{T}(\boldsymbol{r}(x^l))] \quad (i=1,2,3) \tag{4.2.7}$$

上式中 l 既非自由指标，也非哑指标，仅表示 $\boldsymbol{T}$ 是 x^1,x^2,x^3 的函数，i 是对其求偏导数的那个确定的坐标的指标，$i=1,2,3$ 分别对应三个式子。矢径 $\boldsymbol{r}(x^l)$ 变化至 $\boldsymbol{r}''=\boldsymbol{r}(x^l+h\delta_i^l)$，相当于图 4.2 中定义函数的点由 P **沿坐标线** x^i移至 P''点。对比(4.2.6)式与(4.2.7)式，注意到由于 P''点处的矢径可以展成 Taylor 级数

$$\boldsymbol{r}(x^l+h\delta_i^l)=\boldsymbol{r}(x^l)+\frac{\partial\boldsymbol{r}}{\partial x^i}h+\boldsymbol{o}(h)=\boldsymbol{r}(x^l)+h\boldsymbol{g}_i+\boldsymbol{o}(h)$$

h 为一小量，故矢径 $\boldsymbol{r}'$与 $\boldsymbol{r}''$的差别只是一个高阶无穷小量，因而该二点处函数值的差别也是

一个高阶无穷小量,则(4.2.6)式与(4.2.7)式右端极限必相等,即

$$\boldsymbol{T}'(\boldsymbol{r};\boldsymbol{g}_i)=\frac{\partial \boldsymbol{T}}{\partial x^i} \tag{4.2.8}$$

根据有限微分对于增量为线性的性质及(4.2.5)式、(4.2.8)式

$$\boldsymbol{T}'(\boldsymbol{r};\boldsymbol{u})=\boldsymbol{T}'(\boldsymbol{r};u^i\boldsymbol{g}_i)=u^i\frac{\partial \boldsymbol{T}}{\partial x^i}=\left(\frac{\partial \boldsymbol{T}}{\partial x^i}\boldsymbol{g}^i\right)\cdot\boldsymbol{u}$$

对比上式与(4.2.3)式,由于增量是任给的,故

$$\boldsymbol{T}'(\boldsymbol{r})=\frac{\mathrm{d}\boldsymbol{T}}{\mathrm{d}\boldsymbol{r}}=\frac{\partial \boldsymbol{T}}{\partial x^i}\boldsymbol{g}^i \tag{4.2.9}$$

由有限微分与导数的定义(4.2.2)式、(4.2.3)式知

$$T(\boldsymbol{r}+h\boldsymbol{u})-T(\boldsymbol{r})=\boldsymbol{T}'(\boldsymbol{r})\cdot h\boldsymbol{u}+\boldsymbol{o}(h) \tag{4.2.10}$$

如果令

$$\mathrm{d}\boldsymbol{r}=h\boldsymbol{u}$$

则(4.2.10)式的主部称为**张量场函数的微分**,记作 $\mathrm{d}\boldsymbol{T}$,它与导数间满足

$$\mathrm{d}\boldsymbol{T}=\boldsymbol{T}'(\boldsymbol{r})\cdot\mathrm{d}\boldsymbol{r} \tag{4.2.11}$$

4.2.2 梯度

将场函数对矢径的导数定义为场函数的**右梯度**,记作

$$\boldsymbol{T}\nabla=\boldsymbol{T}'(\boldsymbol{r})=\frac{\partial \boldsymbol{T}}{\partial x^i}\boldsymbol{g}^i \tag{4.2.12}$$

则(4.2.11)式可写作

$$\mathrm{d}\boldsymbol{T}=(\boldsymbol{T}\nabla)\cdot\mathrm{d}\boldsymbol{r} \tag{4.2.13}$$

(4.2.12)式中引入了 Hamilton 微分算子∇

$$()\nabla=\frac{\partial()}{\partial x^i}\boldsymbol{g}^i,\qquad \nabla()=\boldsymbol{g}^i\frac{\partial()}{\partial x^i} \tag{4.2.14}$$

上面的第二式定义张量场 $\boldsymbol{T}$ 的**左梯度**

$$\nabla\boldsymbol{T}=\boldsymbol{g}^i\frac{\partial \boldsymbol{T}}{\partial x^i} \tag{4.2.15}$$

并有

$$\mathrm{d}\boldsymbol{T}=\mathrm{d}\boldsymbol{r}\cdot(\nabla\boldsymbol{T}) \tag{4.2.16}$$

根据商法则,n 阶张量场 $\boldsymbol{T}$ 的右梯度与左梯度都是$(n+1)$阶张量。但一般来说 $\boldsymbol{T}\nabla$ 与$\nabla\boldsymbol{T}$ 是不同的张量。只是对于标量(零阶张量)场函数 φ,才有

$$\varphi\nabla=\nabla\varphi \tag{4.2.17a}$$

此时梯度是沿着 φ 的等值面的法线方向的矢量。对于矢量(一阶张量)场函数 $\boldsymbol{u}$,其梯度是二阶张量场,且

$$\boldsymbol{u}\nabla=(\nabla\boldsymbol{u})^{\mathrm{T}} \tag{4.2.17b}$$

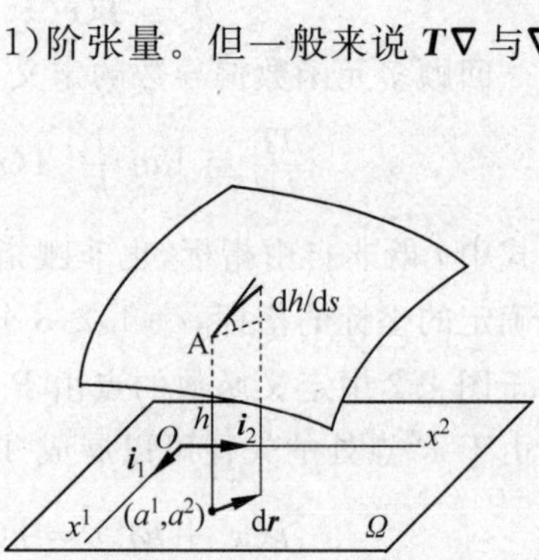

图 4.3 曲面的斜率

例 4.1 已知:一个曲面可以用二维标量场函数 $h(x^1,x^2)(x^1,x^2\in\Omega)$表示,其中 h 表示曲面上每一点到基准平面的高度(见图 4.3)。

求:在曲面上过曲面上某一点 $\mathrm{A}(a^1,a^2)$的任一线

元的斜率$\frac{\mathrm{d}h}{\mathrm{d}s}$，斜率最大的方向以及对应的该点处最大斜率。

解　$$\begin{aligned}\mathrm{d}h &= \frac{\partial h}{\partial x^1}\mathrm{d}x^1 + \frac{\partial h}{\partial x^2}\mathrm{d}x^2 \\ &= (\mathrm{d}\boldsymbol{r}\cdot(\nabla h))_{x^1=a^1,x^2=a^2}\end{aligned}$$

式中
$$\mathrm{d}\boldsymbol{r} = \mathrm{d}x^\alpha \boldsymbol{g}_\alpha$$
$$\nabla h = \boldsymbol{g}^\beta \frac{\partial h}{\partial x^\beta}$$

$\frac{\mathrm{d}h}{\mathrm{d}s} = \frac{\mathrm{d}\boldsymbol{r}}{|\mathrm{d}\boldsymbol{r}|}\cdot\nabla h$。斜率最大的方向为平行于梯度矢量$\nabla h = \boldsymbol{g}^\beta \frac{\partial h}{\partial x^\beta}\Big|_{x^1=a^1,x^2=a^2}$的方向，最大斜率为$|\nabla h|$。

例 4.2　傅里叶(Fourier)热传导定律　物体的温度场$T(\boldsymbol{r}(x^1, x^2, x^3))$是一个标量场，两相邻点之间温度的增量

$$\mathrm{d}T = \frac{\partial T}{\partial x^i}\mathrm{d}x^i = \mathrm{d}x^j\boldsymbol{g}_j\cdot\boldsymbol{g}^i\frac{\partial T}{\partial x^i} = \mathrm{d}\boldsymbol{r}\cdot\nabla T$$

如果在物体中以等温面表示温度场，则温度梯度是垂直于等温面的矢量场。物体中的热流矢量场$\boldsymbol{q}(\boldsymbol{r}(x^1, x^2, x^3))$与温度场之间满足傅里叶热传导定律，即热流矢量与温度梯度$\nabla T = \boldsymbol{g}^i\frac{\partial T}{\partial x^i}$成正比。

$$\boldsymbol{q} = -\boldsymbol{K}\cdot\nabla T$$

式中$\boldsymbol{K}$表示材料的导热系数，由张量的商法则可知：它是一个二阶张量。对于各向同性材料，材料(例如大多数金属材料)在各个方向的导热系数都是λ，$\boldsymbol{K}$是一个球形张量：

$$\boldsymbol{K} = \lambda\boldsymbol{G}$$

如果材料是具有三个互相正交对称面的正交各向异性材料，$\boldsymbol{K}$是一个对称二阶张量，在材料的三个主轴方向，导热系数分别为$\lambda_1,\lambda_2,\lambda_3$，$\boldsymbol{K}$可以化为对角形标准型：

$$\boldsymbol{K} = \lambda_1\boldsymbol{e}_1\boldsymbol{e}_1 + \lambda_2\boldsymbol{e}_2\boldsymbol{e}_2 + \lambda_3\boldsymbol{e}_3\boldsymbol{e}_3$$

例 4.3　物体中线元AB可以用矢径的微分$\mathrm{d}\boldsymbol{r}$表示，当物体发生变形时，物体中各点有位移场$\boldsymbol{u}(\boldsymbol{r}(x^1, x^2, x^3))$，设$A$点坐标为$(x^1, x^2, x^3)$，$B$点坐标为$(x^1+\mathrm{d}x^1, x^2+\mathrm{d}x^2, x^3+\mathrm{d}x^3)$。求$AB$两点的位移差$\mathrm{d}\boldsymbol{u}$。

解　$$\begin{aligned}\mathrm{d}\boldsymbol{u} &= \frac{\partial\boldsymbol{u}}{\partial x^1}\mathrm{d}x^1 + \frac{\partial\boldsymbol{u}}{\partial x^2}\mathrm{d}x^2 + \frac{\partial\boldsymbol{u}}{\partial x^3}\mathrm{d}x^3 = \frac{\partial\boldsymbol{u}}{\partial x^i}\mathrm{d}x^i = \mathrm{d}\boldsymbol{r}\cdot\boldsymbol{g}^i\frac{\partial\boldsymbol{u}}{\partial x^i} \\ &= \mathrm{d}\boldsymbol{r}\cdot(\nabla\boldsymbol{u}) = (\boldsymbol{u}\nabla)\cdot\mathrm{d}\boldsymbol{r}\end{aligned}$$

4.3　张量分量对坐标的协变导数

4.2 节已阐明n阶张量场函数对矢径的导数(梯度)是$n+1$阶的张量场，本节将给出其分量表达式。由(4.2.9)式，张量场函数对矢径的导数为

$$\boldsymbol{T}'(\boldsymbol{r}) = \boldsymbol{T}\nabla = \frac{\partial\boldsymbol{T}}{\partial x^s}\boldsymbol{g}^s \tag{4.3.1}$$

在将n阶张量场$\boldsymbol{T}$对坐标x^s求导时，应注意到

$$\boldsymbol{T} = T^{ij\cdots}_{\cdots kl}\boldsymbol{g}_i\boldsymbol{g}_j\cdots\boldsymbol{g}^k\boldsymbol{g}^l \tag{4.3.2}$$

式中张量分量 $T^{ij\cdots}_{\cdots kl}$ 与基张量 $\boldsymbol{g}_i\boldsymbol{g}_j\cdots\boldsymbol{g}^k\boldsymbol{g}^l$ 都是坐标 x^s 的函数,因此 $\frac{\partial \boldsymbol{T}}{\partial x^s}$ 的表达式中,不仅包含分量对坐标的偏导数,还应包含基张量对坐标的偏导数。

从本节以下的分析中,读者将会理解张量场函数梯度的分量不是该张量分量对坐标的普通偏导数,而是对坐标的另一种导数,即所谓协变导数。

4.3.1 矢量场函数的分量对坐标的协变导数

矢量场函数 $\boldsymbol{F}(\boldsymbol{r})$ 在曲线坐标系中对协变基矢量的分解式为

$$\boldsymbol{F} = F^i\boldsymbol{g}_i$$

它对坐标 x^j 的偏导数是

$$\frac{\partial \boldsymbol{F}}{\partial x^j} = \frac{\partial F^i}{\partial x^j}\boldsymbol{g}_i + F^i\frac{\partial \boldsymbol{g}_i}{\partial x^j} \qquad (j = 1,2,3)$$

利用第二类 Christoffel 符号的定义(4.1.4)式,并更换一次哑指标,上式可写作

$$\frac{\partial \boldsymbol{F}}{\partial x^j} = \frac{\partial F^i}{\partial x^j}\boldsymbol{g}_i + F^i\Gamma^k_{ij}\boldsymbol{g}_k = \left(\frac{\partial F^i}{\partial x^j} + F^m\Gamma^i_{jm}\right)\boldsymbol{g}_i = F^i_{;j}\boldsymbol{g}_i \tag{4.3.3}$$

上式中记

$$F^i_{;j} = \frac{\partial F^i}{\partial x^j} + F^m\Gamma^i_{jm} \qquad (i,\ j = 1,2,3) \tag{4.3.4}$$

称为矢量 $\boldsymbol{F}$ 的逆变分量 F^i 对坐标 x^j 的协变导数,以分号“;”及其后面的下标 j 表示。矢量分量的协变导数分为两部分,第一部分是该分量对坐标 x^j 的普通偏导数,以逗号“,”及其后面的下标 j 表示,记作

$$F^i_{,j} = \partial_j F^i = \frac{\partial F^i}{\partial x^j} \qquad (i,\ j = 1,2,3) \tag{4.3.5}$$

第二部分 $F^m\Gamma^i_{jm}$ 则反映了基矢量随坐标 x^j 的变化,它由三项构成(哑指标 $m = 1,2,3$)。即,在曲线坐标系中分量 F^i 对坐标 x^j 的协变导数不仅与该分量有关,还与另两个分量有关。只有在直线坐标系中

$$\Gamma^i_{jm} = 0$$

此时协变导数与普通偏导数的差别才消失:

$$F^i_{;j} = F^i_{,j}$$

若将矢量场函数 $\boldsymbol{F}(\boldsymbol{r})$ 在曲线坐标系中对逆变基矢量分解

$$\boldsymbol{F} = F_i\boldsymbol{g}^i$$

注意到逆变基矢量对坐标的导数(4.1.19),上式对坐标的导数应为

$$\frac{\partial \boldsymbol{F}}{\partial x^j} = \frac{\partial F_i}{\partial x^j}\boldsymbol{g}^i - F_i\Gamma^i_{jk}\boldsymbol{g}^k = \left(\frac{\partial F_i}{\partial x^j} - F_m\Gamma^m_{ji}\right)\boldsymbol{g}^i = F_{i;j}\boldsymbol{g}^j \qquad (j = 1,2,3) \tag{4.3.6}$$

上式中记

$$F_{i;j} = \frac{\partial F_i}{\partial x^j} - F_m\Gamma^m_{ji} \qquad (i,\ j = 1,2,3) \tag{4.3.7}$$

称为矢量 $\boldsymbol{F}$ 的协变分量 F_i 对坐标 x^j 的协变导数。而式中第一部分为矢量 $\boldsymbol{F}$ 的协变分量 F_i 对坐标 x^j 的普通偏导数,记作

$$F_{i,j} = \partial_j F_i = \frac{\partial F_i}{\partial x^j} \qquad (i,\ j = 1,2,3) \tag{4.3.8}$$

以后，在记忆协变导数的定义式(4.3.4)式、(4.3.7)式时，应注意有 Christoffel 符号的第二项中哑指标 m 一上一下，而自由指标与其他项在同一水平上，同时还应注意第二项的符号。

可以证明，同一个矢量的协变与逆变分量的协变导数之间仍满足指标升降关系。由(4.3.3)式

$$\frac{\partial \boldsymbol{F}}{\partial x^j} = F^i_{;j}\boldsymbol{g}_i = F^i_{;j}g_{ik}\boldsymbol{g}^k = F^k_{;j}g_{ki}\boldsymbol{g}^i \tag{4.3.9}$$

将上式与(4.3.6)式比较

$$F_{i;j} = g_{ik}F^k_{;j} \tag{4.3.10}$$

而矢量的逆变分量与协变分量之间本应满足指标升降关系

$$F_{i;j} = (g_{ik}F^k)_{;j}$$

比较上式与(4.3.10)式，知

$$(g_{ik}F^k)_{;j} = F_{i;j} = g_{ik}F^k_{;j} \tag{4.3.11}$$

上式意味着度量张量分量在求协变导数的运算中，可以没有变化地移出(入)协变导数的运算括号之外(内)。

(4.3.9)式中 $\dfrac{\partial \boldsymbol{F}}{\partial x^j}$ 不具有对坐标的不变性，但它与基矢量的并矢、即(4.2.12)式、(4.2.15)式所表示的矢量场函数的右梯度与左梯度都是二阶张量，具有对于坐标的不变性，其并矢展开式为

$$\boldsymbol{F}\boldsymbol{\nabla} = \frac{\partial \boldsymbol{F}}{\partial x^j}\boldsymbol{g}^j = F^i_{;j}\boldsymbol{g}_i\boldsymbol{g}^j = F_{i;j}\boldsymbol{g}^i g^j \tag{4.3.12a}$$

$$\boldsymbol{\nabla}\boldsymbol{F} = \boldsymbol{g}^j\frac{\partial \boldsymbol{F}}{\partial x^j} = F^i_{;j}\boldsymbol{g}^j\boldsymbol{g}_i = F_{i;j}\boldsymbol{g}^j\boldsymbol{g}^i \tag{4.3.12b}$$

引入符号 $\nabla_j(\ ) = (\ )_{;j}$，作为表示张量分量协变导数的另一种符号，上式可记作

$$\boldsymbol{\nabla}\boldsymbol{F} = \boldsymbol{g}^j\frac{\partial \boldsymbol{F}}{\partial x^j} = \nabla_j F^i\boldsymbol{g}^j\boldsymbol{g}_i = \nabla_j F_i\boldsymbol{g}^j\boldsymbol{g}^i \tag{4.3.12c}$$

在(4.3.12c)式中哑指标在分量中出现的先后次序与对应的基矢量先后次序相同，j 为第 1、i 为第 2 指标①。因此，矢量分量的协变导数是二阶张量(矢量的梯度)的分量；或者说，求协变导数的运算是一种张量运算。这一点还可以从矢量分量的协变导数满足二阶张量分量的坐标转换关系来证明，证明方法如下：当坐标由 x^i 转换为 $x^{i'}$ 时，矢量分量 F^i 转换为 $F^{i'}$，即

$$F^{i'} = F^i\frac{\partial x^{i'}}{\partial x^i}$$

$F^{i'}$ 对坐标 $x^{j'}$ 的普通偏导数为

$$F^{i'}_{,j'} = \frac{\partial x^j}{\partial x^{j'}}\frac{\partial}{\partial x^j}\left(F^i\frac{\partial x^{i'}}{\partial x^i}\right) = F^i_{,j}\beta^{i'}_i\beta^j_{j'} + F^i\frac{\partial^2 x^{i'}}{\partial x^i\partial x^j}\frac{\partial x^j}{\partial x^{j'}} \tag{4.3.13}$$

对于一般的曲线坐标系，上式中第二项不为零，故矢量分量的普通偏导数 $F^i_{,j'}$ 不是二阶张量的分量。只有在直线坐标系中，$F^{i'}_{,j'}$ 才服从类似于张量分量的坐标转换关系。(4.3.13)式的第二项可以计算如下：由(4.1.24)式

$$\Gamma^k_{ij} = \beta^{i'}_i\beta^{j'}_j\beta^k_{k'}\Gamma^{k'}_{i'j'} + \frac{\partial^2 x^{l'}}{\partial x^i\partial x^j}\frac{\partial x^k}{\partial x^{l'}}$$

---

① j，i 也可互换，则 i 成为第 1、j 成为第 2 指标。总之，排序以基矢量出现的先后为准。

将上式乘以$\dfrac{\partial x^{i'}}{\partial x^k}=\beta^{i'}_k$,对 $k=1,2,3$ 求和,并移项,注意到$\dfrac{\partial^2 x^{l'}}{\partial x^i\partial x^j}\dfrac{\partial x^k}{\partial x^{l'}}\dfrac{\partial x^{i'}}{\partial x^k}=\dfrac{\partial^2 x^{l'}}{\partial x^i\partial x^j}\delta^{i'}_{l'}=\dfrac{\partial^2 x^{i'}}{\partial x^i\partial x^j}$则

$$\frac{\partial^2 x^{i'}}{\partial x^i\partial x^j}=\beta^{i'}_k\Gamma^k_{ij}-\beta^{l'}_i\beta^{j'}_j\Gamma^{i'}_{l'j'}=\beta^{i'}_k\Gamma^k_{ij}-\beta^{l'}_i\beta^{k'}_j\Gamma^{i'}_{l'k'}$$

将上式代回(4.3.13)式,得

$$\begin{aligned}F^{i'}_{,j'}&=F^i_{,j}\beta^{i'}_i\beta^j_{j'}+F^i\beta^j_{j'}\beta^{i'}_k\Gamma^k_{ij}-F^i\beta^j_{j'}\beta^{l'}_i\beta^{k'}_j\Gamma^{i'}_{l'k'}\\&=F^i_{,j}\beta^{i'}_i\beta^j_{j'}+F^i\beta^j_{j'}\beta^{i'}_k\Gamma^k_{ij}-F^{l'}\Gamma^{i'}_{l'j'}\end{aligned}$$

将上式移项,得

$$F^{i'}_{,j'}+F^{l'}\Gamma^{i'}_{l'j'}=\beta^{i'}_i\beta^j_{j'}(F^i_{,j}+F^k\Gamma^i_{kj})$$

回忆协变导数的定义(4.3.4)式,上式可进一步写作

$$F^{i'}_{;j'}=\beta^{i'}_i\beta^j_{j'}F^i_{;j} \tag{4.3.14}$$

这样,就进一步证明了矢量分量对坐标的协变导数是二阶张量的分量,从而进一步证明了梯度 $\boldsymbol{F}\nabla$ 和$\nabla\boldsymbol{F}$ 都是二阶张量。

协变导数的指标既然都是张量指标,就可以用度量张量进行升降指标,(4.3.12)式可写作

$$\boldsymbol{F}\boldsymbol{\nabla}=F^i_{;j}\boldsymbol{g}_i\boldsymbol{g}^j=F_{i;j}\boldsymbol{g}^i\boldsymbol{g}^j=F^{i;j}\boldsymbol{g}_i\boldsymbol{g}_j=F_i^{;j}\boldsymbol{g}^i\boldsymbol{g}_j \tag{4.3.15}$$

$$\boldsymbol{\nabla}\boldsymbol{F}=\nabla_iF^j\boldsymbol{g}^i\boldsymbol{g}_j=\nabla_iF_j\boldsymbol{g}^i\boldsymbol{g}^j=\nabla^iF^j\boldsymbol{g}_i\boldsymbol{g}_j=\nabla^iF_j\boldsymbol{g}_i\boldsymbol{g}^j \tag{4.3.16}$$

上式中 $F^{i;j}$(或∇^jF^i),$F_i^{;j}$(或∇^jF_i)分别称为矢量的逆变分量 F^i 与协变分量 F_i 的逆变导数。它们是由协变导数升指标得到的:

$$F^{i;j}=\nabla^jF^i=g^{jk}F^i_{;k}=g^{jk}\nabla_kF^i \tag{4.3.17a}$$

$$F_i^{;j}=\nabla^jF_i=g^{jk}F_{i;k}=g^{jk}\nabla_kF_i \tag{4.3.17b}$$

(4.3.15)式以下标"$;j$"表示矢量分量对坐标 x^j 的协变导数,j 为第二指标;(4.3.16)式改用"∇_i",是因为对坐标求协变导数的指标 i 是先于其他指标出现的第一指标。

例 4.4 证明矢径 $\boldsymbol{r}$ 的梯度就是度量张量 $\boldsymbol{G}$。

证明 矢径 $\boldsymbol{r}$ 及其分量 r^i 都是坐标 x^j 的函数:

$$\boldsymbol{r}(x^j)=r^i(x^j)\boldsymbol{g}_i(x^j)$$

而根据基矢量及协变导数的定义

$$\boldsymbol{g}_j=\frac{\partial\boldsymbol{r}}{\partial x^j}=r^i_{;j}\boldsymbol{g}_i$$

又因

$$\boldsymbol{g}_j=\delta^i_j\boldsymbol{g}_i$$

故

$$r^i_{;j}=\delta^i_j$$

根据梯度的定义

$$\boldsymbol{r}\boldsymbol{\nabla}=\frac{\partial\boldsymbol{r}}{\partial x^j}\boldsymbol{g}^j=r^i_{;j}\boldsymbol{g}_i\boldsymbol{g}^j=\delta^i_j\boldsymbol{g}_i\boldsymbol{g}^j=\boldsymbol{G} \tag{4.3.18}$$

另一种更直接证明(4.3.18)式的方法①是由(4.2.13)式、(4.2.16)式或由例 4.2,改变 $\boldsymbol{u}$ 的含义,令 $\boldsymbol{u}=\boldsymbol{r}$,则有

---

① 在曲线坐标中矢径 $\boldsymbol{r}$ 不是矢量,但其微分 $\mathrm{d}\boldsymbol{r}$ 是矢量。因为算子∇的运算涉及微分(见(4.2.14)式),所以对 $\boldsymbol{T}$ 的(4.2.13)式、(4.2.16)式也可用于 $\boldsymbol{r}$。

$$\mathrm{d}\boldsymbol{r} = \mathrm{d}\boldsymbol{r} \cdot (\nabla \boldsymbol{r}) = (\boldsymbol{r}\nabla) \cdot \mathrm{d}\boldsymbol{r}$$

只有度量张量 $\boldsymbol{G}$ 与任意矢量 $\mathrm{d}\boldsymbol{r}$ 的点积仍为 $\mathrm{d}\boldsymbol{r}$ 自身，因此

$$\nabla \boldsymbol{r} = \boldsymbol{r}\nabla = \boldsymbol{G}$$

4.3.2 张量场函数的分量对坐标的协变导数

以三阶张量 $\boldsymbol{T}(\boldsymbol{r})$ 为例，在任意曲线坐标系中其并矢表达式为

$$\boldsymbol{T} = T^{ij}_{\cdot\cdot k}\boldsymbol{g}_i\boldsymbol{g}_j\boldsymbol{g}^k = T_{i\cdot\cdot}^{\cdot jk}\boldsymbol{g}^i\boldsymbol{g}_j\boldsymbol{g}_k = \cdots \tag{4.3.19}$$

将张量场函数 $\boldsymbol{T}$ 对坐标 x^l 求导时，注意到分量与基矢量都是 x^l 的函数，利用(4.1.4)式与(4.1.19)式，得到

$$\begin{aligned}\frac{\partial \boldsymbol{T}}{\partial x^l} &= \frac{\partial}{\partial x^l}(T^{ij}_{\cdot\cdot k}\boldsymbol{g}_i\boldsymbol{g}_j\boldsymbol{g}^k)\\ &= \frac{\partial T^{ij}_{\cdot\cdot k}}{\partial x^l}\boldsymbol{g}_i\boldsymbol{g}_j\boldsymbol{g}^k + T^{ij}_{\cdot\cdot k}\Gamma^m_{il}\boldsymbol{g}_m\boldsymbol{g}_j\boldsymbol{g}^k + T^{ij}_{\cdot\cdot k}\boldsymbol{g}_i\Gamma^m_{jl}\boldsymbol{g}_m\boldsymbol{g}^k - T^{ij}_{\cdot\cdot k}\boldsymbol{g}_i\boldsymbol{g}_j\Gamma^k_{ml}\boldsymbol{g}^m\\ &= \left(\frac{\partial T^{ij}_{\cdot\cdot k}}{\partial x^l} + T^{mj}_{\cdot\cdot k}\Gamma^i_{ml} + T^{im}_{\cdot\cdot k}\Gamma^j_{ml} - T^{ij}_{\cdot\cdot m}\Gamma^m_{kl}\right)\boldsymbol{g}_i\boldsymbol{g}_j\boldsymbol{g}^k\end{aligned} \tag{4.3.20a}$$

在导出最后一个等式时，从第二项起逐项更换了哑指标，例如，在第二项中，将哑指标 m 更换为 i，哑指标 i 更换为 m。定义张量 $\boldsymbol{T}$ 的分量 $T^{ij}_{\cdot\cdot k}$ 对坐标的协变导数为

$$T^{ij}_{\cdot\cdot k;l} = \frac{\partial T^{ij}_{\cdot\cdot k}}{\partial x^l} + T^{mj}_{\cdot\cdot k}\Gamma^i_{ml} + T^{im}_{\cdot\cdot k}\Gamma^j_{ml} - T^{ij}_{\cdot\cdot m}\Gamma^m_{kl} \tag{4.3.21}$$

上式中后面三项反映了张量并矢表达式中三个基矢量对坐标的导数，每一项都由张量分量与第二类 Christoffel 符号的乘积构成，确定其指标的规则如下：

(1) 张量的分量指标 i, j, k 按项依次用哑指标 m 取代，如果被取代的是协变指标，则该项变为负号，如被取代的是逆变指标，则该项不需变号。

(2) 每项中 Christoffel 符号的指标是先写与张量分量的哑指标 m 成对出现的另一个哑指标 m（如张量分量的哑指标是上标，则 Christoffel 符号的哑指标是下标；或反之），而另两个指标是自由指标：一是被哑指标 m 取代的那个指标(i, j 或 k)，另一个是所求导的坐标的指标 l，其上下位置的确定应符合自由指标的规则。

(4.3.19)式中三阶张量其他形式分量的协变导数可以按照上述规则写出，例如：

$$T_{i\cdot\cdot;l}^{\cdot jk} = \frac{\partial T_{i\cdot\cdot}^{\cdot jk}}{\partial x^l} - T_{m\cdot\cdot}^{\cdot jk}\Gamma^m_{il} + T_{i\cdot\cdot}^{\cdot mk}\Gamma^j_{ml} + T_{i\cdot\cdot}^{\cdot jm}\Gamma^k_{ml} \tag{4.3.22}$$

于是，(4.3.20a)式中的 $\dfrac{\partial \boldsymbol{T}}{\partial x^l}$ 又可以表示为

$$\frac{\partial \boldsymbol{T}}{\partial x^l} = T^{ij}_{\cdot\cdot k;l}\boldsymbol{g}_i\boldsymbol{g}_j\boldsymbol{g}^k = T_{i\cdot\cdot;l}^{\cdot jk}\boldsymbol{g}^i\boldsymbol{g}_j\boldsymbol{g}_k = \cdots \tag{4.3.20b}$$

由(4.3.1)式定义的张量场函数的梯度(l 为最末指标)

$$\boldsymbol{T}\nabla = \frac{\partial \boldsymbol{T}}{\partial x^l}\boldsymbol{g}^l = T^{ij}_{\cdot\cdot k;l}\boldsymbol{g}_i\boldsymbol{g}_j\boldsymbol{g}^k\boldsymbol{g}^l = T_{i\cdot\cdot;l}^{\cdot jk}\boldsymbol{g}^i\boldsymbol{g}_j\boldsymbol{g}_k\boldsymbol{g}^l = \cdots \tag{4.3.23}$$

或者(l 为第一指标)

$$\nabla\boldsymbol{T} = \boldsymbol{g}^l\frac{\partial \boldsymbol{T}}{\partial x^l} = \nabla_l T^{ij}_{\cdot\cdot k}\boldsymbol{g}^l\boldsymbol{g}_i\boldsymbol{g}_j\boldsymbol{g}^k = \nabla_l T_{i\cdot\cdot}^{\cdot jk}\boldsymbol{g}^l\boldsymbol{g}^i\boldsymbol{g}_j\boldsymbol{g}_k = \cdots \tag{4.3.24}$$

上式显示 n 阶张量的各种分量的协变导数是该张量的梯度($n+1$ 阶张量)的各种分量，它们

之间应满足指标升降关系：

$$T_{i\cdots;l}^{\cdot jk} = g_{im}g^{kn}T_{\cdots n;l}^{mj}$$

或者写成

$$(g_{im}g^{kn}T_{\cdots n}^{mj})_{;l} = g_{im}g^{kn}T_{\cdots n;l}^{mj} \tag{4.3.25}$$

上式再一次说明度量张量分量在求协变导数的运算中，可以没有变化地移出(入)协变导数的运算括号之外(内)。

由(4.3.23)、(4.3.24)两式可知：对于一个任意阶张量场 $\boldsymbol{T}$，$\boldsymbol{T}\nabla$ 与 $\nabla\boldsymbol{T}$ 一般不是简单地互为转置的关系，而是两个不同的张量。它们的差别就在于 $\boldsymbol{T}\nabla$ 把求导坐标 x^l 的指标 l 作为最末指标，而 $\nabla\boldsymbol{T}$ 则把 l 作为第一指标。矢量场函数 $\boldsymbol{F}$ 可以看成是一阶张量场函数，只在此时，$\boldsymbol{F}\nabla$ 与 $\nabla\boldsymbol{F}$ 互为转置。对于标量场函数 φ，$\varphi\nabla=\nabla\varphi$，此时 φ 对坐标的普通偏导数与协变导数的差别也就消失了。

如矢量一样，在任意曲线坐标系中，张量分量的普通偏导数不是张量的分量，只有其协变导数才满足张量分量的坐标转换规则。在直线坐标系中，Christoffel 符号恒为零，普通偏导数与协变导数的差别消失了。可以经常利用这个性质，在直线坐标系中推导张量场方程，然后根据张量场方程对于坐标的不变性，把普通偏导数换作协变导数，就可直接写出曲线坐标系中张量分量满足的方程式。

4.3.3 协变导数的一些性质

1. 度量张量 $\boldsymbol{G}$ 的任何分量(协变、逆变、混变)的协变导数恒为零(Ricci 引理)。

$$\nabla_i g_{jk}=0,\qquad \nabla_i\delta_k^j=0,\qquad \nabla_i g^{jk}=0 \tag{4.3.26}$$

上式可以用以下三种方法证明。

证明 (1) 在 Euclidean 空间中，可先选择笛卡儿坐标系，此时

$$g_{jk}=\text{const}=\begin{cases}0, & j\neq k\\ 1, & j=k\end{cases}$$

故

$$\nabla_i g_{jk}=\frac{\partial g_{jk}}{\partial x^i}-g_{mk}\Gamma_{ij}^m-g_{jm}\Gamma_{ik}^m=0 \tag{4.3.26a}$$

而 $\nabla_i g_{jk}$ 是三阶张量 $\nabla\boldsymbol{G}$ 的分量，既然 $\nabla\boldsymbol{G}$ 在笛卡儿坐标系中为零。则在 Euclidean 空间其他任何坐标系中均为零。(4.3.26a)式即前述(4.1.14a)式。

(2) 在 Euclidean 空间中，取笛卡儿坐标系基矢量 $\boldsymbol{i}_1,\boldsymbol{i}_2,\boldsymbol{i}_3$，则

$$\begin{aligned}\boldsymbol{G}&=g_{jk}\boldsymbol{g}^j\boldsymbol{g}^k=\delta_k^j\boldsymbol{g}_j\boldsymbol{g}^k=g^{jk}\boldsymbol{g}_j\boldsymbol{g}_k\\&=\boldsymbol{i}_1\boldsymbol{i}_1+\boldsymbol{i}_2\boldsymbol{i}_2+\boldsymbol{i}_3\boldsymbol{i}_3\end{aligned}$$

在空间的每一个点，选择不同的坐标系，度量张量 $\boldsymbol{G}$ 的分量可能改变，但张量实体是不变的。而在笛卡儿坐标系中，度量张量的分量及基矢量，从而张量实体 $\boldsymbol{G}$ 均不随空间各点的位置(即坐标值)而变化，为常张量，对于任意矢径 $\boldsymbol{r}$ 的增量 $\mathrm{d}\boldsymbol{r}$，$\boldsymbol{G}$ 的增量均为零，则由(4.2.16)式，即

$$\mathrm{d}\boldsymbol{G}=\mathrm{d}\boldsymbol{r}\cdot(\nabla\boldsymbol{G})=\boldsymbol{O}$$

由于 $\mathrm{d}\boldsymbol{r}$ 是任意的，故梯度 $\nabla\boldsymbol{G}$ 是零张量，即

$$\nabla\boldsymbol{G}=\boldsymbol{O}$$

而在任意曲线坐标系中，度量张量 $\boldsymbol{G}$ 的梯度的并矢式为

$$\nabla\boldsymbol{G} = \nabla_i g_{jk}\boldsymbol{g}^i\boldsymbol{g}^j\boldsymbol{g}^k = \nabla_i\delta^j_k\boldsymbol{g}^i\boldsymbol{g}_j\boldsymbol{g}^k = \nabla_i g^{jk}\boldsymbol{g}^i\boldsymbol{g}_j\boldsymbol{g}_k$$

零张量在任意坐标系中的分量均应为零，故

$$\nabla_i g_{jk} = \nabla_i\delta^j_k = \nabla_i g^{jk} = 0$$

(3) 若所研究的问题在非 Euclidean 空间(如三维空间中的球面属二维空间)，则不能运用全空间内 g_{jk} 为常量的笛卡儿系，而对于任意曲线坐标系，由(4.1.9)式及(4.1.14a)式得

$$\begin{aligned}\nabla_i g_{jk} &= \frac{\partial g_{jk}}{\partial x^i} - g_{mk}\Gamma^m_{ij} - g_{jm}\Gamma^m_{ik}\\ &= \frac{\partial g_{jk}}{\partial x^i} - \Gamma_{ij,k} - \Gamma_{ik,j} = 0\end{aligned}$$

同理可得

$$\nabla_i\delta^j_k = \frac{\partial\delta^j_k}{\partial x^i} + \delta^m_k\Gamma^j_{im} - \delta^j_m\Gamma^m_{ik} = 0 + \Gamma^j_{ik} - \Gamma^j_{ik} = 0$$

由此可见，在曲线坐标系中，度量张量的分量不是常数，其普通偏导数不为零，但其协变导数为零。换言之，不管对于 Euclidean 空间还是非 Euclidean 空间，度量张量 $\boldsymbol{G}$ 的梯度 $\nabla\boldsymbol{G}$ 恒为零，对于二维曲面，在第 5 章中也有类似的结果，见(5.2.12)式。这个性质说明了对于求协变导数的运算，度量张量的分量能如常数一样无变化地移入(出)协变导数运算括号内(外)的原因。

2. 置换张量 $\boldsymbol{\epsilon}$ 的分量的协变导数恒为零。

$$\nabla_l\epsilon^{ijk} = 0, \qquad \nabla_l\epsilon_{ijk} = 0 \tag{4.3.27}$$

上式对于 Euclidean 空间与非 Euclidean 空间可分别证明如下。

证明　(1) 在 Euclidean 空间中，可取笛卡儿坐标系，此时 $\epsilon^{ijk}=0$ 或 ±1，故 $\nabla_l\epsilon^{ijk}=0$，又因 $\nabla_l\epsilon^{ijk}$ 是张量 $\nabla\boldsymbol{\epsilon}$ 的分量，所以对于任意坐标系 $\nabla_l\epsilon^{ijk}=0$。

(2) 对于非 Euclidean 空间，利用(1.8.13)、(4.1.4)和(4.1.10)等式

$$\begin{aligned}\nabla\boldsymbol{\epsilon} &= \boldsymbol{g}^l\frac{\partial\boldsymbol{\epsilon}}{\partial x^l} = \boldsymbol{g}^l\frac{\partial}{\partial x^l}(\epsilon^{ijk}\boldsymbol{g}_i\boldsymbol{g}_j\boldsymbol{g}_k)\\
&= \boldsymbol{g}^l\frac{\partial}{\partial x^l}([\boldsymbol{g}^i\quad\boldsymbol{g}^j\quad\boldsymbol{g}^k]\boldsymbol{g}_i\boldsymbol{g}_j\boldsymbol{g}_k)\\
&= \boldsymbol{g}^l\left\{\left(\left[\frac{\partial\boldsymbol{g}^i}{\partial x^l}\quad\boldsymbol{g}^j\quad\boldsymbol{g}^k\right]+\left[\boldsymbol{g}^i\quad\frac{\partial\boldsymbol{g}^j}{\partial x^l}\quad\boldsymbol{g}^k\right]+\left[\boldsymbol{g}^i\quad\boldsymbol{g}^j\quad\frac{\partial\boldsymbol{g}^k}{\partial x^l}\right]\right)\boldsymbol{g}_i\boldsymbol{g}_j\boldsymbol{g}_k\right.\\
&\quad\left.+[\boldsymbol{g}^i\quad\boldsymbol{g}^j\quad\boldsymbol{g}^k]\left(\frac{\partial\boldsymbol{g}_i}{\partial x^l}\boldsymbol{g}_j\boldsymbol{g}_k+\boldsymbol{g}_i\frac{\partial\boldsymbol{g}_j}{\partial x^l}\boldsymbol{g}_k+\boldsymbol{g}_i\boldsymbol{g}_j\frac{\partial\boldsymbol{g}_k}{\partial x^l}\right)\right\}\\
&= \boldsymbol{g}^l\{([-\Gamma^i_{lm}\boldsymbol{g}^m\quad\boldsymbol{g}^j\quad\boldsymbol{g}^k]-[\boldsymbol{g}^i\quad\Gamma^j_{lm}\boldsymbol{g}^m\quad\boldsymbol{g}^k]-[\boldsymbol{g}^i\quad\boldsymbol{g}^j\quad\Gamma^k_{lm}\boldsymbol{g}^m])\boldsymbol{g}_i\boldsymbol{g}_j\boldsymbol{g}_k\\
&\quad+[\boldsymbol{g}^i\quad\boldsymbol{g}^j\quad\boldsymbol{g}^k](\Gamma^m_{li}\boldsymbol{g}_m\boldsymbol{g}_j\boldsymbol{g}_k+\Gamma^m_{lj}\boldsymbol{g}_i\boldsymbol{g}_m\boldsymbol{g}_k+\Gamma^m_{lk}\boldsymbol{g}_i\boldsymbol{g}_j\boldsymbol{g}_m)\}\\
&= \boldsymbol{g}^l\{(-\Gamma^i_{lm}[\boldsymbol{g}^m\quad\boldsymbol{g}^j\quad\boldsymbol{g}^k]-\Gamma^j_{lm}[\boldsymbol{g}^i\quad\boldsymbol{g}^m\quad\boldsymbol{g}^k]-\Gamma^k_{lm}[\boldsymbol{g}^i\quad\boldsymbol{g}^j\quad\boldsymbol{g}^m])\boldsymbol{g}_i\boldsymbol{g}_j\boldsymbol{g}_k\\
&\quad+([\boldsymbol{g}^m\quad\boldsymbol{g}^j\quad\boldsymbol{g}^k]\Gamma^i_{lm}+[\boldsymbol{g}^i\quad\boldsymbol{g}^m\quad\boldsymbol{g}^k]\Gamma^j_{lm}+[\boldsymbol{g}^i\quad\boldsymbol{g}^j\quad\boldsymbol{g}^m]\Gamma^k_{lm})\boldsymbol{g}_i\boldsymbol{g}_j\boldsymbol{g}_k\}\\
&= \boldsymbol{O}\end{aligned}$$

3. 对张量分量缩并与求协变导数的次序可以调换(Leibnitz 法则)。

以三阶张量的分量 $T^{ij}_{\cdot\cdot k}$ 为例，其协变导数

$$\nabla_l T^{ij}_{\cdot\cdot k} = \partial_l T^{ij}_{\cdot\cdot k} + T^{mj}_{\cdot\cdot k}\Gamma^i_{lm} + T^{im}_{\cdot\cdot k}\Gamma^j_{lm} - T^{ij}_{\cdot\cdot m}\Gamma^m_{lk}$$

是四阶张量的分量。然后将其 i,k 指标进行一次缩并，得到

$$\nabla_l T^{ij}_{\cdot\cdot i} = \partial_l T^{ij}_{\cdot\cdot i} + T^{mj}_{\cdot\cdot i}\Gamma^i_{lm} + T^{im}_{\cdot\cdot i}\Gamma^j_{lm} - T^{ij}_{\cdot\cdot m}\Gamma^m_{li}$$
$$= \partial_l T^{ij}_{\cdot\cdot i} + T^{ij}_{\cdot\cdot m}\Gamma^m_{li} + T^{im}_{\cdot\cdot i}\Gamma^j_{lm} - T^{ij}_{\cdot\cdot m}\Gamma^m_{li} = \partial_l T^{ij}_{\cdot\cdot i} + T^{im}_{\cdot\cdot i}\Gamma^j_{lm}$$

若颠倒运算次序，将 $T^{ij}_{\cdot\cdot k}$ 的指标 i,k 先进行一次缩并，得到一阶张量(矢量)的分量 $D^j = T^{ij}_{\cdot\cdot i}$，然后对 D^j 求协变导数，得到

$$\nabla_l D^j = \partial_l T^{ij}_{\cdot\cdot i} + T^{im}_{\cdot\cdot i}\Gamma^j_{lm}$$

故两种先后次序的运算得到相同的结果，即

$$\nabla_l T^{ij}_{\cdot\cdot i} = \nabla_l D^j$$

4. 两个张量分量乘积的协变导数服从函数乘积的普通偏导数的运算规则。例如，设 $\boldsymbol{A}$ 为三阶张量、$\boldsymbol{B}$ 为二阶张量：

$$\nabla_s (A^{ij}_{\cdot\cdot k} B^l_{\cdot m}) = (\nabla_s A^{ij}_{\cdot\cdot k}) B^l_{\cdot m} + A^{ij}_{\cdot\cdot k}(\nabla_s B^l_{\cdot m}) \tag{4.3.28a}$$

或

$$(A^{ij}_{\cdot\cdot k} B^l_{\cdot m})_{;s} = (A^{ij}_{\cdot\cdot k})_{;s} B^l_{\cdot m} + A^{ij}_{\cdot\cdot k}(B^l_{\cdot m})_{;s} \tag{4.3.28b}$$

上式的证明方法如下。设

$$C^{ij\cdot l}_{\cdot\cdot k\cdot m} = A^{ij}_{\cdot\cdot k} B^l_{\cdot m} \tag{4.3.29a}$$

此式的抽象记法为

$$\boldsymbol{C} = \boldsymbol{AB} \tag{4.3.29b}$$

则

$$\nabla_s C^{ij\cdot l}_{\cdot\cdot k\cdot m} = C^{ij\cdot l}_{\cdot\cdot k\cdot m,s} + C^{pj\cdot l}_{\cdot\cdot k\cdot m}\Gamma^i_{ps} + C^{ip\cdot l}_{\cdot\cdot k\cdot m}\Gamma^j_{ps} - C^{ij\cdot l}_{\cdot\cdot p\cdot m}\Gamma^p_{ks} + C^{ij\cdot p}_{\cdot\cdot k\cdot m}\Gamma^l_{ps} - C^{ij\cdot l}_{\cdot\cdot k\cdot p}\Gamma^p_{ms}$$

而

$$\nabla_s A^{ij}_{\cdot\cdot k} = A^{ij}_{\cdot\cdot k,s} + A^{pj}_{\cdot\cdot k}\Gamma^i_{ps} + A^{ip}_{\cdot\cdot k}\Gamma^j_{ps} - A^{ij}_{\cdot\cdot p}\Gamma^p_{ks}$$
$$\nabla_s B^l_{\cdot m} = B^l_{\cdot m,s} + B^p_{\cdot m}\Gamma^l_{ps} - B^l_{\cdot p}\Gamma^p_{ms}$$

利用(4.3.29a)式和上三式，则(4.3.28)式得证。也可用另一种证明方法，将抽象记法的(4.3.29b)式对 x^s 求偏导数，然后利用(4.3.20b)式，取分量形式即为(4.3.28)式。

但应特别注意，由(4.3.28)式与(4.3.29b)式绝不能导致

$$\boldsymbol{\nabla}(\boldsymbol{AB}) = (\boldsymbol{\nabla A})\boldsymbol{B} + \boldsymbol{A}(\boldsymbol{\nabla B})$$

上式对于任意阶张量 $\boldsymbol{A},\boldsymbol{B}$ 不能成立。这是因为上式的两端，即

$$\text{左端} = \boldsymbol{\nabla}(\boldsymbol{AB}) = \boldsymbol{g}^i \frac{\partial}{\partial x^i}(\boldsymbol{AB}) = \boldsymbol{g}^i \frac{\partial \boldsymbol{A}}{\partial x^i}\boldsymbol{B} + \boldsymbol{g}^i\boldsymbol{A}\frac{\partial \boldsymbol{B}}{\partial x^i}$$

与

$$\text{右端} = (\boldsymbol{\nabla A})\boldsymbol{B} + \boldsymbol{A}(\boldsymbol{\nabla B}) = \boldsymbol{g}^i \frac{\partial \boldsymbol{A}}{\partial x^i}\boldsymbol{B} + \boldsymbol{A}\boldsymbol{g}^i\frac{\partial \boldsymbol{B}}{\partial x^i}$$

一般来说并不相等。只有当 $\boldsymbol{A}$ 为标量 φ，$\boldsymbol{B}$ 为矢量 $\boldsymbol{v}$ 时，才有

$$\boldsymbol{\nabla}(\varphi\boldsymbol{v}) = (\boldsymbol{\nabla}\varphi)\boldsymbol{v} + \varphi(\boldsymbol{\nabla v}) \tag{4.3.30}$$

还可以相应地证明

$$\nabla_s (A^{ij}_{\cdot\cdot k} B^k_{\cdot l}) = (\nabla_s A^{ij}_{\cdot\cdot k}) B^k_{\cdot l} + A^{ij}_{\cdot\cdot k}(\nabla_s B^k_{\cdot l}) \tag{4.3.31}$$

同样地

$$\boldsymbol{\nabla}(\boldsymbol{A}\cdot\boldsymbol{B}) \neq (\boldsymbol{\nabla A})\cdot\boldsymbol{B} + \boldsymbol{A}\cdot(\boldsymbol{\nabla B})$$

因为上式中

$$\text{左端} = \boldsymbol{\nabla}(\boldsymbol{A}\cdot\boldsymbol{B}) = \boldsymbol{g}^i \frac{\partial}{\partial x^i}(\boldsymbol{A}\cdot\boldsymbol{B}) = \boldsymbol{g}^i \frac{\partial \boldsymbol{A}}{\partial x^i}\cdot\boldsymbol{B} + \boldsymbol{g}^i\boldsymbol{A}\cdot\frac{\partial \boldsymbol{B}}{\partial x^i}$$

$$\text{右端}=(\nabla\boldsymbol{A})\cdot\boldsymbol{B}+\boldsymbol{A}\cdot(\nabla\boldsymbol{B})=\boldsymbol{g}^i\frac{\partial\boldsymbol{A}}{\partial x^i}\cdot\boldsymbol{B}+\boldsymbol{A}\cdot\boldsymbol{g}^i\frac{\partial\boldsymbol{B}}{\partial x^i}$$

一般来说二者也是不相等的。当 $\boldsymbol{A},\boldsymbol{B}$ 分别为矢量 $\boldsymbol{u},\boldsymbol{v}$ 时，应有

$$\begin{aligned}\nabla(\boldsymbol{u}\cdot\boldsymbol{v})&=\boldsymbol{g}^i\frac{\partial}{\partial x^i}(\boldsymbol{u}\cdot\boldsymbol{v})=\boldsymbol{g}^i\frac{\partial\boldsymbol{u}}{\partial x^i}\cdot\boldsymbol{v}+\boldsymbol{g}^i\boldsymbol{u}\cdot\frac{\partial\boldsymbol{v}}{\partial x^i}\\&=\boldsymbol{g}^i\frac{\partial\boldsymbol{u}}{\partial x^i}\cdot\boldsymbol{v}+\boldsymbol{g}^i\frac{\partial\boldsymbol{v}}{\partial x^i}\cdot\boldsymbol{u}=(\nabla\boldsymbol{u})\cdot\boldsymbol{v}+(\nabla\boldsymbol{v})\cdot\boldsymbol{u}\end{aligned}\tag{4.3.32}$$

当 $\boldsymbol{A}$ 为二阶张量 $\boldsymbol{T}$，$\boldsymbol{B}$ 为矢量 $\boldsymbol{v}$ 时，有

$$\begin{aligned}\nabla(\boldsymbol{T}\cdot\boldsymbol{v})&=\boldsymbol{g}^s\frac{\partial}{\partial x^s}(\boldsymbol{T}\cdot\boldsymbol{v})=\boldsymbol{g}^s\frac{\partial\boldsymbol{T}}{\partial x^s}\cdot\boldsymbol{v}+\boldsymbol{g}^s\boldsymbol{T}\cdot\frac{\partial\boldsymbol{v}}{\partial x^s}\\&=\boldsymbol{g}^s\frac{\partial\boldsymbol{T}}{\partial x^s}\cdot\boldsymbol{v}+\boldsymbol{g}^s\frac{\partial\boldsymbol{v}}{\partial x^s}\cdot\boldsymbol{T}^{\mathrm{T}}=(\nabla\boldsymbol{T})\cdot\boldsymbol{v}+(\nabla\boldsymbol{v})\cdot\boldsymbol{T}^{\mathrm{T}}\\&=(\nabla\boldsymbol{T})\cdot\boldsymbol{v}+[\boldsymbol{T}\cdot(\boldsymbol{v}\nabla)]^{\mathrm{T}}\end{aligned}\tag{4.3.33}$$

4.4　张量场函数的散度与旋度

对于阶数等于或高于 1 阶的张量场函数，可以定义张量场的散度和旋度。

设任意阶张量场函数的并矢式为

$$\boldsymbol{T}=T_{i\cdots\cdots l}^{\cdot j\cdots kl}\boldsymbol{g}^i\boldsymbol{g}_j\cdots\boldsymbol{g}_k\boldsymbol{g}_l=T^{ij\cdots k}_{\cdots\cdots l}\boldsymbol{g}_i\boldsymbol{g}_j\cdots\boldsymbol{g}_k\boldsymbol{g}^l=\cdots\tag{4.4.1}$$

定义 $\boldsymbol{T}$ 的散度为

$$\begin{aligned}\boldsymbol{T}\cdot\nabla&=\frac{\partial\boldsymbol{T}}{\partial x^s}\cdot\boldsymbol{g}^s=T_{i\cdots\cdots;s}^{\cdot j\cdots kl}\boldsymbol{g}^i\boldsymbol{g}_j\cdots\boldsymbol{g}_k\boldsymbol{g}_l\cdot\boldsymbol{g}^s\\&=T_{i\cdots\cdots;l}^{\cdot j\cdots kl}\boldsymbol{g}^i\boldsymbol{g}_j\cdots\boldsymbol{g}_k\end{aligned}\tag{4.4.2}$$

或

$$\begin{aligned}\nabla\cdot\boldsymbol{T}&=\boldsymbol{g}^s\cdot\frac{\partial\boldsymbol{T}}{\partial x^s}=\nabla_sT^{ij\cdots k}_{\cdots\cdots l}\boldsymbol{g}^s\cdot\boldsymbol{g}_i\boldsymbol{g}_j\cdots\boldsymbol{g}_k\boldsymbol{g}^l\\&=\nabla_iT^{ij\cdots k}_{\cdots\cdots l}\boldsymbol{g}_j\cdots\boldsymbol{g}_k\boldsymbol{g}^l\end{aligned}\tag{4.4.3}$$

显然，张量场函数 $\boldsymbol{T}$ 的散度是一个比 $\boldsymbol{T}$ 低一阶的张量场，且一般说来

$$\boldsymbol{T}\cdot\nabla\neq\nabla\cdot\boldsymbol{T}$$

例如，对于二阶张量场函数 $\boldsymbol{S}$

$$\boldsymbol{S}\cdot\nabla=\frac{\partial\boldsymbol{S}}{\partial x^l}\cdot\boldsymbol{g}^l=S^{ij}_{\ ;j}\boldsymbol{g}_i$$

$$\nabla\cdot\boldsymbol{S}=\boldsymbol{g}^l\cdot\frac{\partial\boldsymbol{S}}{\partial x^l}=\nabla_iS^{ij}\boldsymbol{g}_j$$

当 $\boldsymbol{S}$ 为二阶对称张量场函数时，由于

$$S^{ij}=S^{ji}$$

此时

$$\boldsymbol{S}\cdot\nabla=\nabla\cdot\boldsymbol{S}$$

对于矢量场函数 $\boldsymbol{F}$，其散度记作

$$\mathrm{div}\boldsymbol{F}=\boldsymbol{F}\cdot\nabla=\frac{\partial\boldsymbol{F}}{\partial x^j}\cdot\boldsymbol{g}^j=F^i_{;i}\tag{4.4.3a}$$

也可以写作

$$\mathrm{div}\boldsymbol{F} = \boldsymbol{\nabla} \cdot \boldsymbol{F} = \nabla_i F^i \tag{4.4.3b}$$

显然,对于矢量场 $\boldsymbol{F}$

$$\mathrm{div}\boldsymbol{F} = \boldsymbol{F} \cdot \boldsymbol{\nabla} = \boldsymbol{\nabla} \cdot \boldsymbol{F} \tag{4.4.3c}$$

利用(4.1.22)式,可以得到计算 $\mathrm{div}\boldsymbol{F}$ 的公式

$$\begin{aligned}\mathrm{div}\boldsymbol{F} &= \nabla_i F^i = \frac{\partial F^i}{\partial x^i} + F^m \Gamma^i_{im} \\ &= \frac{\partial F^i}{\partial x^i} + F^m \frac{1}{\sqrt{g}} \frac{\partial \sqrt{g}}{\partial x^m} = \frac{1}{\sqrt{g}} \frac{\partial (\sqrt{g} F^m)}{\partial x^m}\end{aligned} \tag{4.4.4}$$

利用上式和下文 4.5 节中关于(4.5.2)式的物理解释①,可以进一步说明散度 $\mathrm{div}\boldsymbol{F}$ 的物理意义:若 $\boldsymbol{F}$ 是流体的速度场,则散度 $\mathrm{div}\boldsymbol{F}$ 就是每单位体积流出的流量(每单位时间),$\mathrm{div}(\rho \boldsymbol{F})$ 为每单位时间内每单位体积流出的质量(ρ 为流体的质量密度)。

在直线坐标系中,张量分量的协变导数等于普通偏导数,此时

$$\boldsymbol{T} \cdot \boldsymbol{\nabla} = T_{i\cdots\cdots l}^{\cdot j\cdots kl}\boldsymbol{g}^i \boldsymbol{g}_j \cdots \boldsymbol{g}_k \tag{4.4.5a}$$

$$\boldsymbol{\nabla} \cdot \boldsymbol{T} = \partial_i T^{ij\cdots k}_{\cdots\cdots l} \boldsymbol{g}_j \cdots \boldsymbol{g}_k \boldsymbol{g}^l \tag{4.4.5b}$$

定义任意阶张量场函数 $\boldsymbol{T}$ 的**旋度**

$$\begin{aligned}\boldsymbol{\nabla} \times \boldsymbol{T} &= \boldsymbol{g}^s \times \frac{\partial \boldsymbol{T}}{\partial x^s} = \boldsymbol{g}^s \times (\nabla_s T_{i\cdots\cdots}^{\cdot j\cdots kl} \boldsymbol{g}^i \boldsymbol{g}_j \cdots \boldsymbol{g}_k \boldsymbol{g}_l) \\ &= \epsilon^{sim} (\nabla_s T_{i\cdots\cdots}^{\cdot j\cdots kl} \boldsymbol{g}_m \boldsymbol{g}_j \cdots \boldsymbol{g}_k \boldsymbol{g}_l)\end{aligned} \tag{4.4.6a}$$

或者

$$\begin{aligned}\boldsymbol{T} \times \boldsymbol{\nabla} &= \frac{\partial \boldsymbol{T}}{\partial x^s} \times \boldsymbol{g}^s = T^{ij\cdots k}_{\cdots\cdots l;s} \boldsymbol{g}_i \boldsymbol{g}_j \cdots \boldsymbol{g}_k \boldsymbol{g}^l \times \boldsymbol{g}^s \\ &= T^{ij\cdots k}_{\cdots\cdots l;s}\, \epsilon^{lsm} \boldsymbol{g}_i \boldsymbol{g}_j \cdots \boldsymbol{g}_k \boldsymbol{g}_m\end{aligned} \tag{4.4.6b}$$

上两式也可以分别写作

$$\boldsymbol{\nabla} \times \boldsymbol{T} = \boldsymbol{\epsilon} : (\boldsymbol{\nabla T}) \tag{4.4.7a}$$

$$\boldsymbol{T} \times \boldsymbol{\nabla} = (\boldsymbol{T \nabla}) : \boldsymbol{\epsilon} \tag{4.4.7b}$$

对于矢量场函数 $\boldsymbol{F}$,其旋度

$$\begin{aligned}\mathrm{curl}\boldsymbol{F} &= \boldsymbol{\nabla} \times \boldsymbol{F} = \boldsymbol{g}^i \times \frac{\partial \boldsymbol{F}}{\partial x^i} = \boldsymbol{g}^i \times (\nabla_i F_j \boldsymbol{g}^j) = \nabla_i F_j \boldsymbol{g}^i \times \boldsymbol{g}^j = \epsilon^{ijk}\, \nabla_i F_j \boldsymbol{g}_k \\ &= \frac{1}{\sqrt{g}} \begin{vmatrix} \boldsymbol{g}_1 & \boldsymbol{g}_2 & \boldsymbol{g}_3 \\ \nabla_1 & \nabla_2 & \nabla_3 \\ F_1 & F_2 & F_3 \end{vmatrix}\end{aligned} \tag{4.4.8}$$

上式的分量可以进一步简化如下

$$\epsilon^{ijk}\, \nabla_i F_j = \epsilon^{ijk} (\partial_i F_j - F_m \Gamma^m_{ij}) = \epsilon^{ijk} \partial_i F_j - F_m \epsilon^{ijk}\, \Gamma^m_{ij}$$

由于 ϵ^{ijk} 关于指标 i,j 反对称,Γ^m_{ij} 关于指标 i,j 对称,故上式中第二项应为零,则

① 考虑图 4.5 所示的曲面微元体的三对表面净流出的流量总和,(4.4.3a)式右端得到$[\partial(\sqrt{g}\, \boldsymbol{F} \cdot \boldsymbol{g}^m)/\partial x^m]\mathrm{d}x^1 \mathrm{d}x^2 \mathrm{d}x^3$,除以图 4.5 所示曲面微元体体积 $\sqrt{g}\mathrm{d}x^1 \mathrm{d}x^2 \mathrm{d}x^3$,即为(4.4.4)式右端。

$$\mathrm{curl}\boldsymbol{F} = \epsilon^{ijk}\partial_i F_j \boldsymbol{g}_k = \frac{1}{\sqrt{g}}\begin{vmatrix} \boldsymbol{g}_1 & \boldsymbol{g}_2 & \boldsymbol{g}_3 \\ \partial_1 & \partial_2 & \partial_3 \\ F_1 & F_2 & F_3 \end{vmatrix} \tag{4.4.9}$$

此外，还可以定义 Laplace **算子**

$$\begin{aligned}\boldsymbol{\nabla}^2\boldsymbol{T} &= \boldsymbol{\nabla}\cdot(\boldsymbol{\nabla T}) = \boldsymbol{g}^r\cdot\frac{\partial}{\partial x^r}\left(\boldsymbol{g}^s\frac{\partial}{\partial x^s}\boldsymbol{T}\right) = \boldsymbol{g}^r\cdot\frac{\partial}{\partial x^r}(\nabla_s T^{ij\cdots k}_{\cdots\cdots l}\boldsymbol{g}^s\boldsymbol{g}_i\boldsymbol{g}_j\cdots\boldsymbol{g}_k\boldsymbol{g}^l) \\ &= \boldsymbol{g}^r\cdot(\nabla_r\nabla_s T^{ij\cdots k}_{\cdots\cdots l}\boldsymbol{g}^s\boldsymbol{g}_i\boldsymbol{g}_j\cdots\boldsymbol{g}_k\boldsymbol{g}^l) = g^{rs}\,\nabla_r\nabla_s T^{ij\cdots k}_{\cdots\cdots l}\boldsymbol{g}_i\boldsymbol{g}_j\cdots\boldsymbol{g}_k\boldsymbol{g}^l \\ &= \nabla^r\nabla_r T^{ij\cdots k}_{\cdots\cdots l}\boldsymbol{g}_i\boldsymbol{g}_j\cdots\boldsymbol{g}_k\boldsymbol{g}^l = g^{rs}T^{ij\cdots k}_{\cdots\cdots l;sr}\boldsymbol{g}_i\boldsymbol{g}_j\cdots\boldsymbol{g}_k\boldsymbol{g}^l\end{aligned} \tag{4.4.10}$$

式中

$$\nabla_r\nabla_s T^{ij\cdots k}_{\cdots\cdots l} = (T^{ij\cdots k}_{\cdots\cdots l;s})_{;r} = T^{ij\cdots k}_{\cdots\cdots l;sr} \tag{4.4.11}$$

称为张量分量 $T^{ij\cdots k}_{\cdots\cdots l}$的二阶协变导数。

4.5　积分定理

4.5.1　预备知识

1. 若用矢量 d$\boldsymbol{a}$ 来表示封闭曲面 a 的面素，|d$\boldsymbol{a}$|等于该面素的面积，而 d$\boldsymbol{a}$ 的方向为面素的外法线方向，则沿此封闭曲面 d$\boldsymbol{a}$ 的积分①为零。

$$\oint_a \mathrm{d}\boldsymbol{a} = \boldsymbol{0} \tag{4.5.1}$$

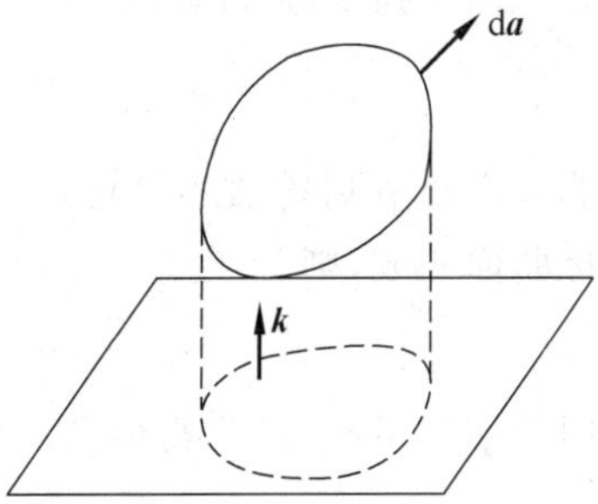

图 4.4　封闭曲面的面元矢量

上式可以这样证明：任取一个平面如图 4.4 所示，其法线方向的单位矢量为 $\boldsymbol{k}$，面素 d$\boldsymbol{a}$ 在平面上的投影为 $\boldsymbol{k}\cdot\mathrm{d}\boldsymbol{a}$，显然，此投影沿整个封闭曲面的总和（代数和）应为零，即

$$\oint_a \boldsymbol{k}\cdot\mathrm{d}\boldsymbol{a} = 0$$

而 $\boldsymbol{k}$ 是常矢量，故

$$\oint_a \boldsymbol{k}\cdot\mathrm{d}\boldsymbol{a} = \boldsymbol{k}\cdot\oint_a \mathrm{d}\boldsymbol{a} = 0$$

由于 $\boldsymbol{k}$ 的任意性，则 (4.5.1) 式得证。

2. $\dfrac{\partial}{\partial x^l}(\sqrt{g}\boldsymbol{g}^l) = (\sqrt{g}\boldsymbol{g}^l)_{,l} = \boldsymbol{0}$　　(4.5.2)

上式可以这样证明：应用(4.1.19)式及(4.1.22)式，得

$$\begin{aligned}\frac{\partial}{\partial x^l}(\sqrt{g}\boldsymbol{g}^l) &= \frac{\partial\sqrt{g}}{\partial x^l}\boldsymbol{g}^l + \sqrt{g}\frac{\partial\boldsymbol{g}^l}{\partial x^l} = \frac{\partial\sqrt{g}}{\partial x^l}\boldsymbol{g}^l - \sqrt{g}\Gamma^l_{lk}\boldsymbol{g}^k \\ &= \frac{\partial\sqrt{g}}{\partial x^l}\boldsymbol{g}^l - \frac{\partial\sqrt{g}}{\partial x^k}\boldsymbol{g}^k = \boldsymbol{0}\end{aligned}$$

---

① 在本书中，v，a，f 分别表示体域、面域和线域，但面域上的面元和线域上的线元都是矢量，分别表示为 d$\boldsymbol{a}$ 和 d$\boldsymbol{f}$。闭合曲面或曲线积分用积分号$\oint_a \mathrm{d}\boldsymbol{a}$ 和$\oint_f \mathrm{d}\boldsymbol{f}$ 表示。

(4.5.2)式的几何意义可解释如下：考虑一表面为 Δa 的曲面微元体 Δv，Δa 由坐标差异分别为 $\mathrm{d}x^l(l=1,2,3)$ 的三对坐标曲面构成，如图 4.5 所示，将左侧面的大小方位用矢量 $\mathrm{d}\boldsymbol{a}_{左}$ 表示，$\mathrm{d}\boldsymbol{a}_{左}$ 的方向沿左侧面的外法线，而大小正比于左侧面面积，同样用 $\mathrm{d}\boldsymbol{a}_{右}$ 表示右侧面，则由(1.2.17)式可得

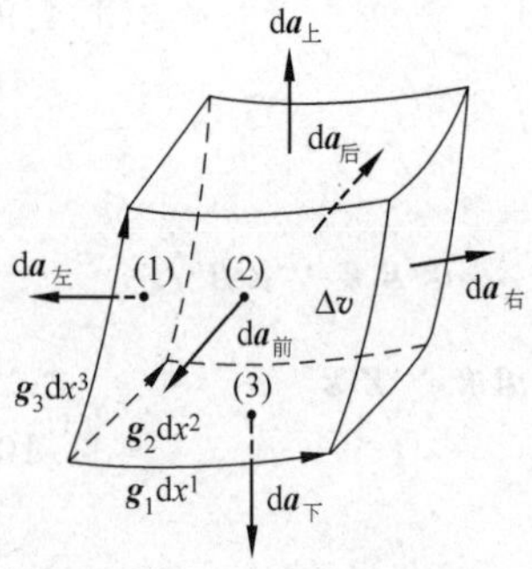

图 4.5 曲面微元体

$$\mathrm{d}\boldsymbol{a}_{左}=-\boldsymbol{g}_2\mathrm{d}x^2\times\boldsymbol{g}_3\mathrm{d}x^3=-\sqrt{g}\boldsymbol{g}^1\mathrm{d}x^2\mathrm{d}x^3$$

$$\mathrm{d}\boldsymbol{a}_{右}=\left[\sqrt{g}\boldsymbol{g}^1+\frac{\partial}{\partial x^1}(\sqrt{g}\boldsymbol{g}^1)\mathrm{d}x^1\right]\mathrm{d}x^2\mathrm{d}x^3$$

类似地可写出 $\mathrm{d}\boldsymbol{a}_{上}$，$\mathrm{d}\boldsymbol{a}_{下}$，$\mathrm{d}\boldsymbol{a}_{前}$，$\mathrm{d}\boldsymbol{a}_{后}$，故此曲面微元体的六个面素 $\mathrm{d}\boldsymbol{a}$ 之和就相当于(4.5.2)式的左端。

$$\begin{aligned}\sum_{\Delta a}\mathrm{d}\boldsymbol{a}&=\left[\frac{\partial}{\partial x^1}(\sqrt{g}\boldsymbol{g}^1)+\frac{\partial}{\partial x^2}(\sqrt{g}\boldsymbol{g}^2)+\frac{\partial}{\partial x^3}(\sqrt{g}\boldsymbol{g}^3)\right]\mathrm{d}x^1\mathrm{d}x^2\mathrm{d}x^3\\&=\frac{\partial}{\partial x^l}(\sqrt{g}\boldsymbol{g}^l)\mathrm{d}x^1\mathrm{d}x^2\mathrm{d}x^3\end{aligned}\tag{4.5.3}$$

而(4.5.1)式已证明 $\sum\mathrm{d}\boldsymbol{a}=\boldsymbol{0}$，于是得到(4.5.2)式。该式的几何意义实质上与(4.5.1)式是相同的，即封闭区域的面积矢量之和为零。

也可以这样理解(4.5.1)式与(4.5.2)式的物理意义，设一个表面为 a 的封闭容器受均匀分布的内压强 p，则该容器所受的力的主矢量必为零，故

$$\oint_a p\,\mathrm{d}\boldsymbol{a}=\boldsymbol{0}$$

消去非零常数 p 后得(4.5.1)式。若此容器的表面由三对坐标差异分别为 $\mathrm{d}x^l(l=1,2,3)$ 的坐标曲面构成，则

$$p\sum\mathrm{d}\boldsymbol{a}=\boldsymbol{0}$$

消去因子 $p\mathrm{d}x^1\mathrm{d}x^2\mathrm{d}x^3$ 后得(4.5.2)式。

4.5.2 Green 变换公式

Green 变换公式给出了张量函数的体积分与封闭域的面积分的变换公式。

若在三维空间的体域 v 上定义有连续且可微的 n 阶张量场函数 $\boldsymbol{\varphi}$(n 为任意正整数或零)，体域的外表面为 a，若 $\mathrm{d}v$ 为体域上的微单元体积，$\mathrm{d}\boldsymbol{a}$ 为微单元表面积矢量(见图 4.6)，则

$$\int_v \mathrm{d}v\,\boldsymbol{\nabla}\boldsymbol{\varphi}=\oint_a \mathrm{d}\boldsymbol{a}\,\boldsymbol{\varphi}\tag{4.5.4}$$

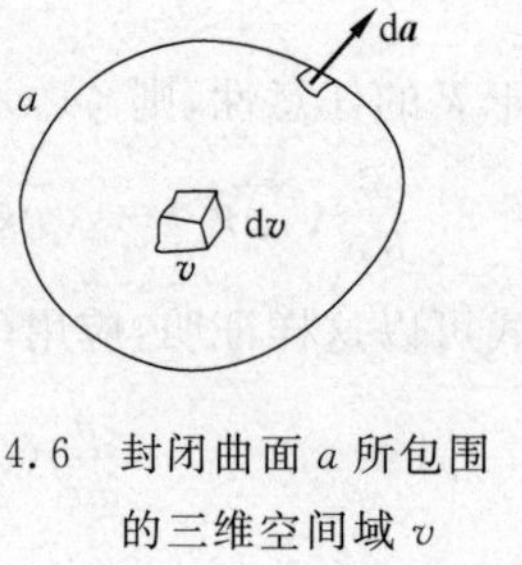

图 4.6 封闭曲面 a 所包围的三维空间域 v

Green 变换公式的证明方法如下：以无数坐标曲面分割体域 v，将 v 分割为两类体积微元，一类如图 4.5 所示的"完整"体积元 Δv，其表面为 Δa(即完全由三对坐标曲面所包围的体积元)；另一类是在三维体域边界处如图 4.7 所示的各种"残缺"体积元 Δv_1，其表面为 Δa_1(即由几个坐标曲面和边界曲面包围的体积元)。根据体积域积分的定义，(4.5.4)式的左端为

$$\int_v \mathrm{d}v\,\boldsymbol{\nabla}\boldsymbol{\varphi}=\lim_{\Delta v\to 0}\sum\int_{\Delta v}\mathrm{d}v\,\boldsymbol{\nabla}\boldsymbol{\varphi}\tag{4.5.5a}$$

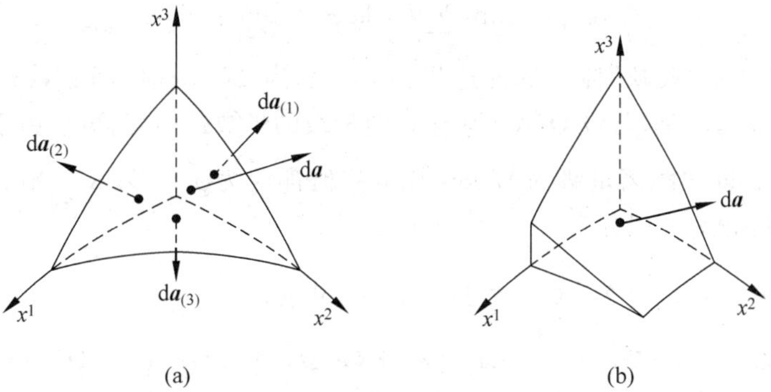

图 4.7 表面为 Δa_1 的"残缺"体积微元 Δv_1

而对于每个"完整"的体积微元，可证明

$$\int_{\Delta v} \mathrm{d}v\, \boldsymbol{\nabla}\boldsymbol{\varphi} = \oint_{\Delta a} \mathrm{d}\boldsymbol{a}\,\boldsymbol{\varphi} \tag{4.5.5b}$$

这是由于当 Δv 趋于无限小时，有

$$\int_{\Delta v} \mathrm{d}v\, \boldsymbol{\nabla}\boldsymbol{\varphi} = \mathrm{d}v\boldsymbol{\nabla}\boldsymbol{\varphi} = \sqrt{g}\,\mathrm{d}x^1\mathrm{d}x^2\mathrm{d}x^3\,\boldsymbol{g}^l\,\frac{\partial\boldsymbol{\varphi}}{\partial x^l}$$

利用证明(4.5.3)式相类似的方法可证

$$\begin{aligned}\oint_{\Delta a}\mathrm{d}a\boldsymbol{\varphi} &= \left[\sqrt{g}\boldsymbol{g}^1\,\boldsymbol{\varphi}_{(1)} + \frac{\partial}{\partial x^1}(\sqrt{g}\boldsymbol{g}^1\,\boldsymbol{\varphi})\mathrm{d}x^1\right]\mathrm{d}x^2\mathrm{d}x^3 - \sqrt{g}\boldsymbol{g}^1\,\boldsymbol{\varphi}_{(1)}\mathrm{d}x^2\mathrm{d}x^3\\ &\quad + \left[\sqrt{g}\boldsymbol{g}^2\,\boldsymbol{\varphi}_{(2)} + \frac{\partial}{\partial x^2}(\sqrt{g}\boldsymbol{g}^2\,\boldsymbol{\varphi})\mathrm{d}x^2\right]\mathrm{d}x^1\mathrm{d}x^3 - \sqrt{g}\boldsymbol{g}^2\,\boldsymbol{\varphi}_{(2)}\mathrm{d}x^1\mathrm{d}x^3\\ &\quad + \left[\sqrt{g}\boldsymbol{g}^3\,\boldsymbol{\varphi}_{(3)} + \frac{\partial}{\partial x^3}(\sqrt{g}\boldsymbol{g}^3\,\boldsymbol{\varphi})\mathrm{d}x^3\right]\mathrm{d}x^1\mathrm{d}x^2 - \sqrt{g}\boldsymbol{g}^3\,\boldsymbol{\varphi}_{(3)}\mathrm{d}x^1\mathrm{d}x^2\\ &= \frac{\partial}{\partial x^l}(\sqrt{g}\boldsymbol{g}^l\boldsymbol{\varphi})\mathrm{d}x^1\mathrm{d}x^2\mathrm{d}x^3 = \left[\frac{\partial(\sqrt{g}\boldsymbol{g}^l)}{\partial x^l}\boldsymbol{\varphi} + \sqrt{g}\boldsymbol{g}^l\,\frac{\partial\boldsymbol{\varphi}}{\partial x^l}\right]\mathrm{d}x^1\mathrm{d}x^2\mathrm{d}x^3\end{aligned}$$

上式中 $\boldsymbol{\varphi}_{(1)}, \boldsymbol{\varphi}_{(2)}, \boldsymbol{\varphi}_{(3)}$ 分别为张量场函数 $\boldsymbol{\varphi}$ 在如图 4.5 所示的坐标面 $\mathrm{d}\boldsymbol{a}_{左}, \mathrm{d}\boldsymbol{a}_{前}, \mathrm{d}\boldsymbol{a}_{下}$ 上的值。而由(4.5.2)式，上式中的第一项为零，第二项就是 $\int_{\Delta v}\mathrm{d}v\,\boldsymbol{\nabla}\boldsymbol{\varphi}$，故(4.5.5b)式得证。将(4.5.5b)式对所有"完整"体积元取和，得

$$\sum\int_{\Delta v}\mathrm{d}v\,\boldsymbol{\nabla}\boldsymbol{\varphi} = \sum\oint_{\Delta a}\mathrm{d}\boldsymbol{a}\,\boldsymbol{\varphi} \tag{4.5.5c}$$

以 Δl 表示坐标曲面间距离的量级，将上式取极限，$\Delta l \to 0$，按照(4.5.5a)式，上式的左端项就是(4.5.4)式的左端项。

由于相邻两个"完整"体积元的公共表面具有方向相反的面积矢量，(4.5.5c)式右端 $\sum\oint_{\Delta a}\mathrm{d}\boldsymbol{a}\boldsymbol{\varphi}$ 是沿接近于体域表面 a 的由无数坐标面构成的曲面 $a' = \sum\Delta a$ 的积分，图 4.8 所示为该域的一个剖面。比较(4.5.4)式与(4.5.5c)式的右端项，我们需要证明上式右端也趋于(4.5.4)式的右端，即

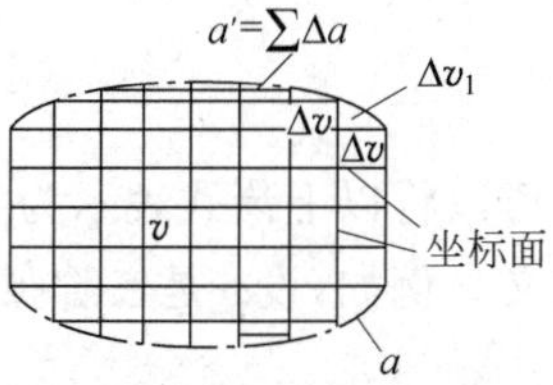

图 4.8 边界为 a 的体域 v 划分为"完整"体积微元 Δv 与"残缺"体积微元 Δv_1

$$\oint_a \mathrm{d}\boldsymbol{a}\,\boldsymbol{\varphi} = \lim_{\Delta l\to 0}\sum\oint_{\Delta a}\mathrm{d}\boldsymbol{a}\,\boldsymbol{\varphi} = \lim_{\Delta l\to 0}\oint_{a'}\mathrm{d}\boldsymbol{a}\,\boldsymbol{\varphi} \tag{4.5.5d}$$

设在图4.7所示"残缺"体元的外边界面 $\mathrm{d}\boldsymbol{a}$ 上，当 $\Delta l\to 0$ 时，场函数 $\boldsymbol{\varphi}(\boldsymbol{r})$ 的值趋近于 $\boldsymbol{\varphi}_a$，即 $\lim\limits_{\Delta l\to 0}\boldsymbol{\varphi}(\boldsymbol{r})=\boldsymbol{\varphi}_a$，于是，若设 $\mathbf{O}(\Delta l)$ 为与 Δl 同量级的函数 $\boldsymbol{\varphi}_a$ 的变化值，由于场函数 $\boldsymbol{\varphi}(\boldsymbol{r})$ 在 v 域上连续，在与 $\mathrm{d}\boldsymbol{a}$ 之距离量级为 Δl 处，其函数值都应为 $\boldsymbol{\varphi}_a+\mathbf{O}(\Delta l)$，沿如图4.7所示的"残缺"体元的表面 Δa_1 的积分为

$$\oint_{\Delta a_1}\mathrm{d}\boldsymbol{a}\boldsymbol{\varphi} = \mathrm{d}\boldsymbol{a}_{(1)}\boldsymbol{\varphi}_{(1)}+\mathrm{d}\boldsymbol{a}_{(2)}\boldsymbol{\varphi}_{(2)}+\mathrm{d}\boldsymbol{a}_{(3)}\boldsymbol{\varphi}_{(3)}+\mathrm{d}\boldsymbol{a}\boldsymbol{\varphi}_a \tag{4.5.5e}$$ [①]

$$\begin{aligned}&= \mathrm{d}\boldsymbol{a}_{(1)}[\boldsymbol{\varphi}_a+\mathbf{O}(\Delta l)]+\mathrm{d}\boldsymbol{a}_{(2)}[\boldsymbol{\varphi}_a+\mathbf{O}(\Delta l)]+\mathrm{d}\boldsymbol{a}_{(3)}[\boldsymbol{\varphi}_a+\mathbf{O}(\Delta l)]+\mathrm{d}\boldsymbol{a}\boldsymbol{\varphi}_a\\ &= [\mathrm{d}\boldsymbol{a}_{(1)}+\mathrm{d}\boldsymbol{a}_{(2)}+\mathrm{d}\boldsymbol{a}_{(3)}+\mathrm{d}\boldsymbol{a}]\boldsymbol{\varphi}_a+\mathrm{d}\boldsymbol{a}_{(1)}\mathbf{O}(\Delta l)+\mathrm{d}\boldsymbol{a}_{(2)}\mathbf{O}(\Delta l)+\mathrm{d}\boldsymbol{a}_{(3)}\mathbf{O}(\Delta l)\end{aligned}$$

注意封闭曲面 Δa_1 的积分为零，见(4.5.1)式：$\oint_{\Delta a_1}\mathrm{d}\boldsymbol{a}=\mathrm{d}\boldsymbol{a}_{(1)}+\mathrm{d}\boldsymbol{a}_{(2)}+\mathrm{d}\boldsymbol{a}_{(3)}+\mathrm{d}\boldsymbol{a}=\mathbf{0}$，故

$$\oint_{\Delta a_1}\mathrm{d}\boldsymbol{a}\boldsymbol{\varphi} = \mathrm{d}\boldsymbol{a}_{(1)}\mathbf{O}(\Delta l)+\mathrm{d}\boldsymbol{a}_{(2)}\mathbf{O}(\Delta l)+\mathrm{d}\boldsymbol{a}_{(3)}\mathbf{O}(\Delta l)\sim\mathbf{O}((\Delta l)^3) \tag{4.5.5f}$$

(4.5.5d)式右端沿 a' 曲面的积分与(4.5.4)式右端沿体域表面 a 的积分二者的差异就是沿全部"残缺"体积元所构成的体域表面上的积分，利用(4.5.5f)式可证

$$\oint_a\mathrm{d}\boldsymbol{a}\boldsymbol{\varphi}-\lim_{\Delta l\to 0}\oint_{a'}\mathrm{d}\boldsymbol{a}\boldsymbol{\varphi} = \lim_{\Delta l\to 0}\sum_{\text{全部残元}}\oint_{\Delta a_1}\mathrm{d}\boldsymbol{a}\boldsymbol{\varphi} = \lim_{\Delta l\to 0}\sum_{\text{全部残元}}\mathbf{O}[(\Delta l)^3]=\boldsymbol{O} \tag{4.5.5g}$$

上式中第一个等式已考虑到"完整"体积微元 Δv 的面元矢量与"残缺"体积微元 Δv_1 的面元矢量在界面处方向相反，沿界面两侧的积分差一个符号，故

$$\oint_a\mathrm{d}\boldsymbol{a}\boldsymbol{\varphi} = \lim_{\Delta l\to 0}\oint_{a'}\mathrm{d}\boldsymbol{a}\boldsymbol{\varphi}$$

于是(4.5.5d)式得证。由(4.5.5a,c,d)三式，(4.5.4)式得证。

同理还可证得，当 $\boldsymbol{\varphi}$ 的阶数为任意正整数或零时，有

$$\int_v\mathrm{d}v\,\boldsymbol{\varphi}\boldsymbol{\nabla} = \oint_a\boldsymbol{\varphi}\,\mathrm{d}\boldsymbol{a} \tag{4.5.6}$$

当 $\boldsymbol{\varphi}$ 的阶数为任意正整数时，有

$$\int_v\mathrm{d}v\,\boldsymbol{\nabla}\cdot\boldsymbol{\varphi} = \oint_a\mathrm{d}\boldsymbol{a}\cdot\boldsymbol{\varphi} \tag{4.5.7}$$

$$\int_v\mathrm{d}v\,\boldsymbol{\varphi}\cdot\boldsymbol{\nabla} = \oint_a\boldsymbol{\varphi}\cdot\mathrm{d}\boldsymbol{a} \tag{4.5.8}$$

$$\int_v\mathrm{d}v\,\boldsymbol{\nabla}\times\boldsymbol{\varphi} = \oint_a\mathrm{d}\boldsymbol{a}\times\boldsymbol{\varphi} \tag{4.5.9}$$

$$\int_v\mathrm{d}v\,\boldsymbol{\varphi}\times\boldsymbol{\nabla} = \oint_a\boldsymbol{\varphi}\times\mathrm{d}\boldsymbol{a} \tag{4.5.10}$$

可以将以上诸式表示为分量式，但仅在直线坐标系中，基矢量是不变的，分量表示式才有意义。例如，设 $\boldsymbol{\varphi}$ 是三阶张量，则

$$\boldsymbol{\varphi}=\varphi^{ij}{}_{\cdot\cdot k}\boldsymbol{g}_i\boldsymbol{g}_j\boldsymbol{g}^k$$
$$\boldsymbol{\nabla}\boldsymbol{\varphi}=\nabla_l\varphi^{ij}{}_{\cdot\cdot k}\boldsymbol{g}^l\boldsymbol{g}_i\boldsymbol{g}_j\boldsymbol{g}^k$$

---

① (4.5.5e,f,g)式中的 $\mathbf{O}(\Delta l)$ 表示量级为 Δl 的张量，此处 $\mathbf{O}$ 是量级的意思，而(4.5.5g)式中的 $\boldsymbol{O}$ 表示零张量。

$$\nabla\cdot\boldsymbol{\varphi}=\nabla_l\varphi^{lj}_{\cdot\cdot k}\boldsymbol{g}_j\boldsymbol{g}^k$$

$$\nabla\times\boldsymbol{\varphi}=\epsilon^{pl}_{\cdot\cdot i}\ \nabla_l\varphi^{ij}_{\cdot\cdot k}\boldsymbol{g}_p\boldsymbol{g}_j\boldsymbol{g}^k$$

$$\mathrm{d}\boldsymbol{a}=(\mathrm{d}a)n^l\boldsymbol{g}_l=(\mathrm{d}a)n_l\boldsymbol{g}^l=\mathrm{d}a_l\boldsymbol{g}^l$$

上式中 $\mathrm{d}a_l$ 是面积元矢量 $\mathrm{d}\boldsymbol{a}$ 的协变分量。则上述(4.5.4)式、(4.5.7)式、(4.5.9)式的分量形式分别为(注意到在直线坐标系中，$\nabla_l=\partial_l$)

$$\int_v \mathrm{d}v\partial_l\varphi^{ij}_{\cdot\cdot k}=\oint_a \mathrm{d}a_l\varphi^{ij}_{\cdot\cdot k} \tag{4.5.4a}$$

$$\int_v \mathrm{d}v\partial_l\varphi^{lj}_{\cdot\cdot k}=\oint_a \mathrm{d}a_l\varphi^{lj}_{\cdot\cdot k} \tag{4.5.7a}$$

$$\int_v \mathrm{d}v\epsilon^{pl}_{\cdot\cdot i}\partial_l\varphi^{ij}_{\cdot\cdot k}=\oint_a \epsilon^{pl}_{\cdot\cdot i}\mathrm{d}a_l\varphi^{ij}_{\cdot\cdot k} \tag{4.5.9a}$$

4.5.3 Stokes 变换公式

Stokes 变换公式给出了张量场函数面积分与它沿曲面闭合周界的线积分的变换公式。若在开口曲面 a 上定义有连续且可微的 n 阶张量场函数(n 为任意正整数)，曲面的周界为 f，$\mathrm{d}\boldsymbol{f}$ 是微单元周界线矢量，它的正方向与面元矢量 $\mathrm{d}\boldsymbol{a}$ 的正方向符合右手螺旋规则，如图 4.9 所示。则

$$\int_a \mathrm{d}\boldsymbol{a}\cdot(\nabla\times\boldsymbol{\varphi})=\oint_f \mathrm{d}\boldsymbol{f}\cdot\boldsymbol{\varphi} \tag{4.5.11}$$

$$\int_a (\boldsymbol{\varphi}\times\nabla)\cdot\mathrm{d}\boldsymbol{a}=-\oint_f \boldsymbol{\varphi}\cdot\mathrm{d}\boldsymbol{f} \tag{4.5.12}$$

上式的证明方法如下：将 a 分成很多微小三角片单元如图 4.10 所示，三角片的第一边为 $\mathrm{d}\boldsymbol{s}$，第三边为 $\mathrm{d}\boldsymbol{t}$，第二边为 $\mathrm{d}\boldsymbol{t}-\mathrm{d}\boldsymbol{s}$，此三边构成了三角片的周界 Δf。三边的中点分别为(1)、(3)、(2)。由于三角片很小，故对于每个三角片，沿其边界的积分近似为

$$\begin{aligned}\sum_{(1)+(2)+(3)}\mathrm{d}\boldsymbol{f}\cdot\boldsymbol{\varphi}&=\mathrm{d}\boldsymbol{s}\cdot\boldsymbol{\varphi}_{(1)}+(\mathrm{d}\boldsymbol{t}-\mathrm{d}\boldsymbol{s})\cdot\boldsymbol{\varphi}_{(2)}-\mathrm{d}\boldsymbol{t}\cdot\boldsymbol{\varphi}_{(3)}\\&=\mathrm{d}\boldsymbol{s}\cdot\left(\boldsymbol{\varphi}+\frac{1}{2}\mathrm{d}\boldsymbol{s}\cdot\nabla\boldsymbol{\varphi}\right)+(\mathrm{d}\boldsymbol{t}-\mathrm{d}\boldsymbol{s})\cdot\left[\boldsymbol{\varphi}+\frac{1}{2}(\mathrm{d}\boldsymbol{s}+\mathrm{d}\boldsymbol{t})\cdot\nabla\boldsymbol{\varphi}\right]-\mathrm{d}\boldsymbol{t}\cdot\left(\boldsymbol{\varphi}+\frac{1}{2}\mathrm{d}\boldsymbol{t}\cdot\nabla\boldsymbol{\varphi}\right)\\&=\frac{1}{2}\mathrm{d}\boldsymbol{t}\cdot(\mathrm{d}\boldsymbol{s}\cdot\nabla\boldsymbol{\varphi})-\frac{1}{2}\mathrm{d}\boldsymbol{s}\cdot(\mathrm{d}\boldsymbol{t}\cdot\nabla\boldsymbol{\varphi})\\&=\frac{1}{2}(\mathrm{d}\boldsymbol{s}\mathrm{d}\boldsymbol{t}):\nabla\boldsymbol{\varphi}-\frac{1}{2}(\mathrm{d}\boldsymbol{t}\mathrm{d}\boldsymbol{s}):\nabla\boldsymbol{\varphi}=\boldsymbol{\Omega}:\nabla\boldsymbol{\varphi}\end{aligned}$$

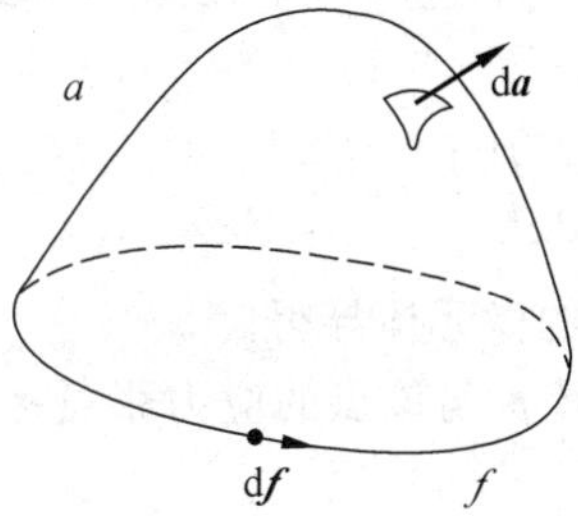

图 4.9　闭合曲线 f 上所张的开口曲面 a

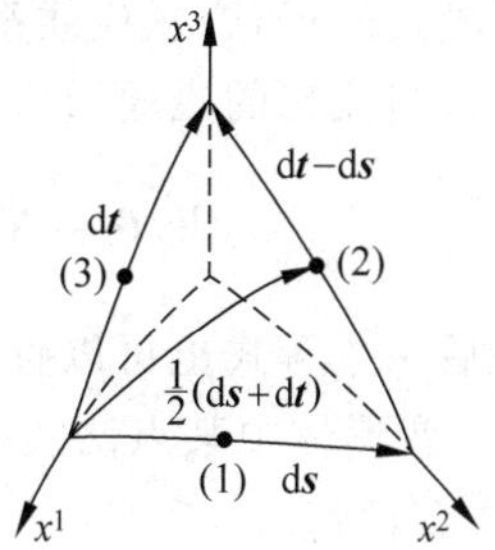

图 4.10　曲面分割为微小三角片单元

其中$\boldsymbol{\Omega}$为二阶反对称张量,表示为

$$\boldsymbol{\Omega}=\frac{1}{2}(\mathrm{d}\boldsymbol{s}\mathrm{d}\boldsymbol{t}-\mathrm{d}\boldsymbol{t}\mathrm{d}\boldsymbol{s})$$

根据(2.5.29)式,对于二阶反对称张量$\boldsymbol{\Omega}$引入反偶矢量$\boldsymbol{\omega}$,即

$$\begin{aligned}\boldsymbol{\omega}&=-\frac{1}{2}\boldsymbol{\epsilon}:\boldsymbol{\Omega}=-\frac{1}{4}\boldsymbol{\epsilon}:(\mathrm{d}\boldsymbol{s}\mathrm{d}\boldsymbol{t}-\mathrm{d}\boldsymbol{t}\mathrm{d}\boldsymbol{s})\\&=-\frac{1}{4}(\mathrm{d}\boldsymbol{s}\times\mathrm{d}\boldsymbol{t}-\mathrm{d}\boldsymbol{t}\times\mathrm{d}\boldsymbol{s})=-\frac{1}{2}(\mathrm{d}\boldsymbol{s}\times\mathrm{d}\boldsymbol{t})=-\mathrm{d}\boldsymbol{a}\end{aligned}$$

而由(2.5.30)式

$$\boldsymbol{\Omega}=-\boldsymbol{\epsilon}\cdot\boldsymbol{\omega}=\boldsymbol{\epsilon}\cdot\mathrm{d}\boldsymbol{a}=-\boldsymbol{\omega}\cdot\boldsymbol{\epsilon}=\mathrm{d}\boldsymbol{a}\cdot\boldsymbol{\epsilon}$$

代回前式,并利用(4.4.7a)式,则

$$\sum_{(1)+(2)+(3)}\mathrm{d}\boldsymbol{f}\cdot\boldsymbol{\varphi}=\boldsymbol{\Omega}:\nabla\boldsymbol{\varphi}=\mathrm{d}\boldsymbol{a}\cdot\boldsymbol{\epsilon}:\nabla\boldsymbol{\varphi}=\mathrm{d}\boldsymbol{a}\cdot(\nabla\times\boldsymbol{\varphi})$$

上述等式两边对所有微单元求和,式左端的积分路线去除往返互相抵消者外,只剩下图 4.9 所示的闭合曲线 f,故得

$$\oint_f\mathrm{d}\boldsymbol{f}\cdot\boldsymbol{\varphi}=\int_a\mathrm{d}\boldsymbol{a}\cdot(\nabla\times\boldsymbol{\varphi})$$

故(4.5.11)式得证,同理可证(4.5.12)式[①]。

在直线坐标系中,(4.5.11)式可以表达为分量形式。若$\boldsymbol{\varphi}$是三阶张量

$$\boldsymbol{\varphi}=\varphi^{ij}_{\cdot\cdot k}\boldsymbol{g}_i\boldsymbol{g}_j\boldsymbol{g}^k,\qquad\mathrm{d}\boldsymbol{f}=\mathrm{d}f^i\boldsymbol{g}_i=\mathrm{d}f_i\boldsymbol{g}^i$$

则

$$\int_a\mathrm{d}a_p\,\epsilon^{pl}_{\cdot\cdot i}\,\nabla_l\varphi^{ij}_{\cdot\cdot k}=\oint_f\mathrm{d}f_i\varphi^{ij}_{\cdot\cdot k}\tag{4.5.11a}$$

$$\int_a\varphi^{ij}_{\cdot\cdot k;l}\,\epsilon^{klp}\mathrm{d}a_p=-\oint_f\varphi^{ij}_{\cdot\cdot k}\mathrm{d}f^k\tag{4.5.12a}$$

例 4.5 利用散度的物理意义建立流体力学中的连续性方程。设流体的密度为ρ,速度为$\boldsymbol{v}$,图 4.5 所示曲面微元体所包围的流体微团应满足质量守恒定律。单位时间流出该微元体的流体质量为 $\mathrm{div}(\rho\boldsymbol{v})\mathrm{d}x^1\mathrm{d}x^2\mathrm{d}x^3$,流体质量的变化率为 $\frac{\partial\rho}{\partial t}\mathrm{d}x^1\mathrm{d}x^2\mathrm{d}x^3$,根据质量守恒定律:

$$\frac{\partial\rho}{\partial t}+\mathrm{div}(\rho\boldsymbol{v})=0$$

运用积分定理可以推导连续介质力学中的许多张量方程。例如,可运用 Green 公式推导运动方程(张量形式)。

例 4.6 电磁学中磁感应强度(磁通量密度)矢量场 $\boldsymbol{B}$ 的散度为零。

由电流激发磁场,磁感应线都是闭合曲线,因此在磁场中包围一个任意小的曲面,由每单位面积流入与流出的磁通量应相等。故

$$\mathrm{div}\boldsymbol{B}=\boldsymbol{\nabla}\cdot\boldsymbol{B}=\nabla_iB^i=\frac{1}{\sqrt{g}}\frac{\partial(\sqrt{g}B^i)}{\partial x^i}=0$$

上式右端最后一个等式也可以直接用一个曲线坐标系中的微元体导得。

例 4.7 变形体中某点法线为 $\boldsymbol{n}$ 的截面上的应力矢量 $\boldsymbol{p}$ 与该点的应力张量$\boldsymbol{\sigma}$之间的关

---

① 见习题 4.21。

系满足 Cauchy 公式：

$$\boldsymbol{p}(\boldsymbol{n}) = \boldsymbol{\sigma} \cdot \boldsymbol{n}$$

在所研究的物体内任取一体积域 v，其表面为 a，作用于单位质量的体积力为 $\boldsymbol{f}$，加速度为 $\boldsymbol{w}$，密度为 ρ，则运动方程为(注意到 $\boldsymbol{n}\mathrm{d}a=\mathrm{d}\boldsymbol{a}$)

$$\int_a \boldsymbol{\sigma} \cdot \mathrm{d}\boldsymbol{a} + \int_v \rho \boldsymbol{f}\,\mathrm{d}v = \int_v \rho \boldsymbol{w}\,\mathrm{d}v$$

应用(4.5.8)式，将 $\int_a \boldsymbol{\sigma} \cdot \mathrm{d}\boldsymbol{a}$ 变换为 $\int_v \mathrm{d}v\,\boldsymbol{\sigma} \cdot \nabla$，考虑到 v 为任取，得到运动方程为

$$\boldsymbol{\sigma} \cdot \nabla + \rho \boldsymbol{f} = \rho \boldsymbol{w}$$

上式的分量形式为

$$\sigma_{i\;\,;j}^{\cdot j} + \rho f_i = \rho w_i$$

例 4.8　流体运动的旋度 $\boldsymbol{\omega} = \dfrac{1}{2}\nabla \times \boldsymbol{v}$ 构成一个矢量场($\boldsymbol{v}$ 为速度矢量场)，旋度的切线方向构成的曲线称为涡线，一束涡线构成涡管。以 $\boldsymbol{a}_b$、$\boldsymbol{a}_f$ 表示涡管横截面，a_r 表示涡管侧面，如图 4.11 所示。

求证沿同一涡管的每个截面的涡通量保持不变。

证明　由 Green 公式，有

$$\oiint_a \mathrm{d}\boldsymbol{a} \cdot \boldsymbol{\omega} = -\iint_{a_b} \mathrm{d}\boldsymbol{a} \cdot \boldsymbol{\omega} + \iint_{a_f} \mathrm{d}\boldsymbol{a} \cdot \boldsymbol{\omega} + \iint_{a_r} \mathrm{d}\boldsymbol{a} \cdot \boldsymbol{\omega} = \iiint_v \mathrm{d}v\,\nabla \cdot \boldsymbol{\omega} = 0$$

因为

$$\iint_{a_r} \mathrm{d}\boldsymbol{a} \cdot \boldsymbol{\omega} = 0$$

所以

$$\iint_{a_b} \mathrm{d}\boldsymbol{a} \cdot \boldsymbol{\omega} = \iint_{a_f} \mathrm{d}\boldsymbol{a} \cdot \boldsymbol{\omega}$$

在证明上式时，用到了在 Euclidean 空间中 $\nabla \cdot \boldsymbol{\omega} = \nabla \cdot (\nabla \times \boldsymbol{v}) = 0$

例 4.9　求证对于保守力矢量场 $\boldsymbol{F}$，必定存在势函数 φ，使 $\boldsymbol{F} = \nabla\varphi$。

证明　按照保守力场的定义，质点在 $\boldsymbol{F}$ 力作用下运动时，力所做的功只与质点的起点 A 与终点 B 位置有关，与质点运动的路径无关。如图 4.12 所示，沿过 A，B 点的任意闭合回路 l，满足

$$\oint_l \mathrm{d}\boldsymbol{l} \cdot \boldsymbol{F} = 0$$

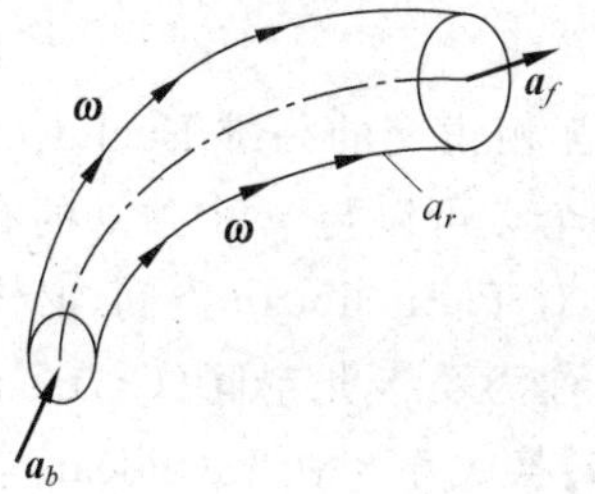

图 4.11　涡管中涡通量保持不变

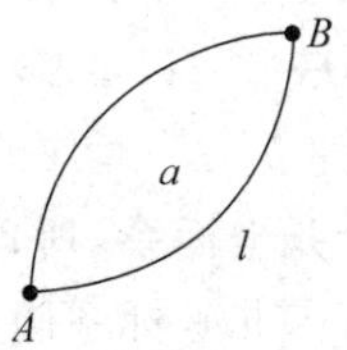

图 4.12　质点在保守力场中运动

由 Stokes 公式，在这个力场中，有

$$\iint_a \mathrm{d}\boldsymbol{a} \cdot (\boldsymbol{\nabla} \times \boldsymbol{F}) = \oint_l \mathrm{d}\boldsymbol{l} \cdot \boldsymbol{F} = 0$$

由于路径 l 是任取的，所以在这个力场中，处处有

$$\boldsymbol{\nabla} \times \boldsymbol{F} = \boldsymbol{0}$$

所以，保守力场 $\boldsymbol{F}$ 是无旋的。

进一步可证明，对于无旋场 $\boldsymbol{F}$，必定存在势函数 φ，使 $\boldsymbol{F} = \boldsymbol{\nabla}\varphi$。证明如下：利用(4.4.7a)式与(4.3.7)式，注意到 Γ_{ji}^{m} 关于 i,j 对称，则

$$\boldsymbol{\nabla} \times \boldsymbol{F} = \epsilon^{ijk} \nabla_i F_j \boldsymbol{g}_k = \epsilon^{ijk} \partial_i F_j \boldsymbol{g}_k = \boldsymbol{0}$$

$$\epsilon^{ijk} \partial_i F_j = 0, \qquad k = 1,2,3$$

即对应有

$$\partial_1 F_2 - \partial_2 F_1 = 0, \qquad \partial_3 F_1 - \partial_1 F_3 = 0, \qquad \partial_2 F_3 - \partial_3 F_2 = 0$$

这是 $F_i \mathrm{d}x^i$ 存在全微分的条件。在单连通域内，存在单值的 φ，使

$$\mathrm{d}\varphi = F_i \mathrm{d}x^i = \frac{\partial \varphi}{\partial x^i}\mathrm{d}x^i, \qquad F_i = \frac{\partial \varphi}{\partial x^i}$$

$$\boldsymbol{F} = F_i \boldsymbol{g}^i = \frac{\partial \varphi}{\partial x^i}\boldsymbol{g}^i = \boldsymbol{\nabla}\varphi$$

例 4.10 静电场(库仑电场)中电荷所受的静电力场是保守力场，单位电荷所受的静电力称为电场强度矢量 $\boldsymbol{E}$，存在标量电位势函数 φ，满足：

$$\boldsymbol{E} = -\boldsymbol{\nabla}\varphi$$

4.6 Riemann-Christoffel 张量(曲率张量)

4.6.1 Euclidean 空间与 Riemann 空间

Euclidean 空间是指 Euclidean 几何学能够成立的空间。Euclidean 几何学是建立在一些公理的基础上的，这些公理如：两点之间只能连一根直线；由平行公理导出的三角形三内角之和等于 180°，等等。例如，平面是二维的 Euclidean 空间。如果将平面进行弯曲，弯曲过程中仍保持平面上的线段长度不变，于是，平面变换成了**可展曲面**，如圆柱面、圆锥面；这种变换称为**等距变换**。等距变换后的二维空间仍旧保持了平面的内在性质，Euclidean 几何学仍能适用，这类空间称为 Euclidean 空间。与平面不同，像球面这样的二维空间中 Euclidean 几何学不能适用，平面也无法通过等距变换变为球面；所以，球面不是二维的 Euclidean 空间。

一维的 Euclidean 空间 E^1 是一根实数直线，n 个互相正交的一维 Euclidean 空间构成 n 维 Euclidean 空间 E^n，所以 n 维 Euclidean 空间的每个点可以与 n 个独立的有序的实变数 $x^i(i=1,2,\cdots,n)$ 建立一一对应的关系(称为坐标)。对于 Euclidean 空间，必定存在一个适用于全空间的笛卡儿坐标系，所以 Euclidean 空间也称为笛卡儿空间(Cartesian space)，其他的坐标系与此笛卡儿坐标系满足一一对应的坐标转换关系。在 Euclidean 空间中可以定义两个矢量的点积：

$$\boldsymbol{u} \cdot \boldsymbol{v} = u^i v_i = g_{ij} u^i v^j$$

两点之间的距离用连接两点的矢量 $\boldsymbol{u}$ 的模定义：

$$|\boldsymbol{u}|^2 = u^i u_i = g_{ij} u^i u^j = \boldsymbol{u}^2$$

两点之间的距离与坐标系的选择无关，$\boldsymbol{u}^2$ 是标量。g_{ij} 称为度量张量的协变分量，g_{ij} 对应的二阶张量实体 $\boldsymbol{G}=g_{ij}\boldsymbol{g}^i\boldsymbol{g}^j$ 是常张量，但一般 g_{ij} 是随点变化的。只有在全空间采用直线坐标系时，在空间每个点处 $g_{ij}=\text{const.}$。

第二类 Christoffel 符号 Γ_{ij}^k 共 27 个，但因对 i,j 对称，独立的只有 18 个，由(4.1.18)式，它们可以由度量张量及其对坐标的导数求得：

$$\Gamma_{ij}^k = \frac{1}{2} g^{ks} \left(\frac{\partial g_{is}}{\partial x^j} + \frac{\partial g_{js}}{\partial x^i} - \frac{\partial g_{ij}}{\partial x^s} \right) \tag{4.1.18}$$

通常，在曲线坐标系中 $\Gamma_{ij}^k \neq 0$，只有采用直线坐标系时，由于在空间每个点处 $g_{jk}=\text{const.}$，则根据上式，$\Gamma_{ij}^k \equiv 0$。可以证明，这两个条件互为必要充分条件，即若已知 $\Gamma_{ij}^k=0$，由于在任何空间 $\nabla_i g_{jk}\equiv 0$，故根据(4.3.26a)式，$g_{jk,i}\equiv 0$，则 $g_{jk}\equiv\text{const.}$。笛卡儿坐标系是直线坐标系的一个特例，此时 $g_{jk}=\delta_{jk}$。对于 Euclidean 空间，存在着适用于全空间的笛卡儿坐标系，使 $g_{jk}\equiv\text{const.}$，即 $\Gamma_{ij}^k\equiv 0$。

从 n 维 Euclidean 空间中取出一个子空间，例如从三维 Euclidean 空间中取出一个二维曲面。在除柱面、锥面外的一般曲面上，Euclidean 几何学一般不能适用，例如球面上三角形三内角之和大于 180°；在地球表面，南北极之间可通过无数的大圆，等等。工程实际中，有许多非 Euclidean 空间的问题需要研究，例如薄壳结构分析，进行复杂曲面的机械加工时加工方法的设计等。

Riemann 仿照 Euclidean 几何的方式在曲面上建立了 Riemann 几何学。将曲面看成是三维 Euclidean 空间的子空间，曲面上的点可以用三维 Euclidean 空间中的坐标(x^1,x^2,x^3)的参数方程表达为

$$x^i = x^i(\xi^1,\xi^2) \qquad (i=1,2,3)$$

$\xi^\alpha(\alpha=1,2)$ 的选择应使 $x^i(i=1,2,3)$为 $\xi^\alpha(\alpha=1,2)$的单值函数。曲面上每个点可以用参数 $\xi^\alpha(\alpha=1,2)$表示，(ξ^1,ξ^2)称为 Gauss 坐标。

如图 4.13 所示曲面上一点 $P(\xi^1,\xi^2)$处有切平面 Π，曲面上过点 P 的任意曲线的切线都在切平面内。从点 $P(\xi^1,\xi^2)$ 出发，沿曲面有无限小位移至 Q 点时，Gauss 坐标变为$(\xi^1+\mathrm{d}\xi^1,\xi^2+\mathrm{d}\xi^2)$，$PQ$ 之间的线元为 $\mathrm{d}s$，它与它在切平面 Π 上的投影矢量 $\mathrm{d}\boldsymbol{\rho}$ 之间的差别只是一个高阶无穷小量。曲面上相邻两点 $P(\xi^1,\xi^2)$与 $Q(\xi^1+\mathrm{d}\xi^1,\xi^2+\mathrm{d}\xi^2)$之间的距离可以用其切平面上相应的微小矢量 $\mathrm{d}\boldsymbol{\rho}$ 定义：

$$\mathrm{d}s^2 = |\mathrm{d}\boldsymbol{\rho}\cdot\mathrm{d}\boldsymbol{\rho}| \tag{4.6.1}$$

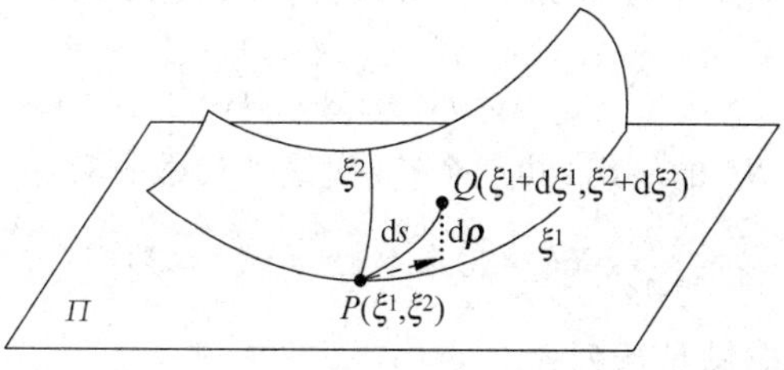

图 4.13　二维 Riemann 空间

如果度量曲面上相邻两点之间的距离时,勾股定理仍能成立,即

$$ds^2 = a_{\alpha\beta}\mathrm{d}\xi^\alpha \mathrm{d}\xi^\beta \tag{4.6.2}$$

式中 ds^2 是与坐标无关的标量,$a_{\alpha\beta}$ 是一个正定的二次型,称为曲面的第一基本型系数。对于这种距离的平方 ds^2 由一个正定二次型决定的空间,定义为 **Riemann 空间**。Euclidean 空间本身也是一种特殊的 Riemann 空间。

可将上述关于二维 Riemann 空间的定义推广到高维,对于一个 m 维的 Riemann 空间,必定有一个 $n=\frac{1}{2}m(m+1)$ 维的 Euclidean 空间包容它,使 m 维的 Riemann 空间是嵌入 n 维 Euclidean 空间的一个子空间。例如三维 Riemann 空间是六维 Euclidean 空间的子空间。

在 Riemann 空间中,一般来说找不到一个适用于全空间的笛卡儿坐标系(即其度量张量 g_{ij} 不一定能通过一种线性变换变为 $g_{k'l'}\equiv\text{const.}$,除非该 Riemann 空间是 Euclidean 空间),即找不到一个坐标系使 $\Gamma_{ij}^k\equiv 0$。平面是二维的 Euclidean 空间,任意二维的可展曲面(锥面、柱面等)都是二维的 Euclidean 空间;而球面则是二维的 Riemann 空间。

4.6.2 Euclidean 空间应满足的条件

Euclidean 空间与 Riemann 空间都存在着度量张量,它们的区别是 Riemann-Christoffel 张量是否为零。下面将对此给予证明。

给定一组曲线坐标系,从而得到它的度量张量 g_{jk} 及全部(共 18 个)Γ_{ij}^k,问在什么条件下可以找到一组新坐标系 $y^{i'}$,使在全部空间满足 $\Gamma_{i'j'}^{l'}\equiv 0$。显然此条件就是保证该 Riemann 空间为 Euclidean 空间的条件。根据(4.1.23)式给出的 Christoffel 符号的坐标转换关系

$$\Gamma_{i'j'}^{l'} = \frac{\partial^2 x^p}{\partial y^{i'}\partial y^{j'}}\frac{\partial y^{l'}}{\partial x^p} + \frac{\partial x^p}{\partial y^{i'}}\frac{\partial x^q}{\partial y^{j'}}\frac{\partial y^{l'}}{\partial x^r}\Gamma_{pq}^r = \left(\frac{\partial^2 x^p}{\partial y^{i'}\partial y^{j'}} + \frac{\partial x^r}{\partial y^{i'}}\frac{\partial x^q}{\partial y^{j'}}\Gamma_{rq}^p\right)\frac{\partial y^{l'}}{\partial x^p} \tag{4.1.23}$$

寻找

$$y^{l'} = y^{l'}(x^i) \qquad \text{或} \qquad x^i = x^i(y^{l'}) \tag{4.6.3}$$

使满足

$$\left(\frac{\partial^2 x^p}{\partial y^{i'}\partial y^{j'}} + \frac{\partial x^r}{\partial y^{i'}}\frac{\partial x^q}{\partial y^{j'}}\Gamma_{rq}^p\right)\frac{\partial y^{l'}}{\partial x^p} \equiv 0 \tag{4.6.4}$$

上式中 p,r,q 是哑指标,l',i',j' 是自由指标,共有 27 式,由于上式对于 i',j' 对称,故其中实际上是 18 个微分方程,而寻求的函数关系式(4.6.3)却只有三个。一般来说方程(4.6.4)是不可积的,方程(4.6.4)的可积性条件就是空间是否为 Euclidean 空间的条件,下面寻求此条件。如在(4.6.4)式中固定 i',j',考察 $l'=1,2,3$ 三个方程,令

$$X^p = \frac{\partial^2 x^p}{\partial y^{i'}\partial y^{j'}} + \frac{\partial x^r}{\partial y^{i'}}\frac{\partial x^q}{\partial y^{j'}}\Gamma_{rq}^p$$

则(4.6.4)式可以看作是 X^p 的一组(共三个)齐次线性代数方程组

$$\frac{\partial y^{l'}}{\partial x^p}X^p = 0 \qquad (l'=1,2,3)$$

新老坐标系一一对应,故应满足行列式

$$\det\left(\frac{\partial y^{l'}}{\partial x^p}\right) \neq 0$$

则

$$X^p=\frac{\partial^2 x^p}{\partial y^{i'}\partial y^{j'}}+\frac{\partial x^r}{\partial y^{i'}}\frac{\partial x^q}{\partial y^{j'}}\Gamma^p_{rq}=0\qquad(p,i',j'=1,2,3)\tag{4.6.5}$$

上式中 Γ^p_{rq} 是坐标 $x^p(y^{i'})$ 的函数，故表示了一组 18 个 x^p 对于 $y^{i'}$ 的非线性微分方程组。这组方程的可积性条件是 x^p 对 $y^{i'}$ 混合偏导数与求导次序无关，此时这 18 个方程彼此是协调的。由(4.6.5)式

$$\frac{\partial}{\partial y^{k'}}\left(\frac{\partial^2 x^p}{\partial y^{i'}\partial y^{j'}}+\frac{\partial x^r}{\partial y^{i'}}\frac{\partial x^q}{\partial y^{j'}}\Gamma^p_{rq}\right)=\frac{\partial}{\partial y^{j'}}\left(\frac{\partial^2 x^p}{\partial y^{i'}\partial y^{k'}}+\frac{\partial x^r}{\partial y^{i'}}\frac{\partial x^q}{\partial y^{k'}}\Gamma^p_{rq}\right)$$

因此可积性条件可以写作

$$\frac{\partial}{\partial y^{k'}}\left(\frac{\partial x^r}{\partial y^{i'}}\frac{\partial x^q}{\partial y^{j'}}\Gamma^p_{rq}\right)=\frac{\partial}{\partial y^{j'}}\left(\frac{\partial x^r}{\partial y^{i'}}\frac{\partial x^q}{\partial y^{k'}}\Gamma^p_{rq}\right)\tag{4.6.6}$$

由(4.6.5)式

$$\frac{\partial^2 x^t}{\partial y^{j'}\partial y^{k'}}=-\frac{\partial x^q}{\partial y^{j'}}\frac{\partial x^s}{\partial y^{k'}}\Gamma^t_{qs},\qquad \frac{\partial^2 x^t}{\partial y^{i'}\partial y^{k'}}=-\frac{\partial x^r}{\partial y^{i'}}\frac{\partial x^s}{\partial y^{k'}}\Gamma^t_{rs}\tag{4.6.7}$$

(4.6.6)式左端展开后，将(4.6.7)式代入，得到

$$\begin{aligned}&\frac{\partial}{\partial y^{k'}}\left(\frac{\partial x^r}{\partial y^{i'}}\frac{\partial x^q}{\partial y^{j'}}\Gamma^p_{rq}\right)\\&=\frac{\partial^2 x^r}{\partial y^{i'}\partial y^{k'}}\frac{\partial x^q}{\partial y^{j'}}\Gamma^p_{rq}+\frac{\partial x^r}{\partial y^{i'}}\frac{\partial^2 x^q}{\partial y^{j'}\partial y^{k'}}\Gamma^p_{rq}+\frac{\partial x^r}{\partial y^{i'}}\frac{\partial x^q}{\partial y^{j'}}\frac{\partial \Gamma^p_{rq}}{\partial x^s}\frac{\partial x^s}{\partial y^{k'}}\\&=\frac{\partial x^r}{\partial y^{i'}}\frac{\partial x^q}{\partial y^{j'}}\frac{\partial x^s}{\partial y^{k'}}\frac{\partial \Gamma^p_{rq}}{\partial x^s}+\frac{\partial^2 x^t}{\partial y^{i'}\partial y^{k'}}\frac{\partial x^q}{\partial y^{j'}}\Gamma^p_{tq}+\frac{\partial^2 x^t}{\partial y^{j'}\partial y^{k'}}\frac{\partial x^r}{\partial y^{i'}}\Gamma^p_{rt}\\&=\frac{\partial x^r}{\partial y^{i'}}\frac{\partial x^q}{\partial y^{j'}}\frac{\partial x^s}{\partial y^{k'}}\left(\frac{\partial \Gamma^p_{rq}}{\partial x^s}-\Gamma^t_{rs}\Gamma^p_{tq}-\Gamma^t_{qs}\Gamma^p_{rt}\right)\end{aligned}$$

同理，(4.6.6)式右端可由上式通过互换 j' 与 k' 指标而得。若同时将哑指标 q 与 s 互换后，得

$$\frac{\partial}{\partial y^{j'}}\left(\frac{\partial x^r}{\partial y^{i'}}\frac{\partial x^q}{\partial y^{k'}}\Gamma^p_{rq}\right)=\frac{\partial x^r}{\partial y^{i'}}\frac{\partial x^q}{\partial y^{j'}}\frac{\partial x^s}{\partial y^{k'}}\left(\frac{\partial \Gamma^p_{rs}}{\partial x^q}-\Gamma^t_{rq}\Gamma^p_{ts}-\Gamma^t_{sq}\Gamma^p_{rt}\right)$$

将上两式代入(4.6.6)式，移项，得

$$\frac{\partial x^r}{\partial y^{i'}}\frac{\partial x^q}{\partial y^{j'}}\frac{\partial x^s}{\partial y^{k'}}\left(\frac{\partial \Gamma^p_{rq}}{\partial x^s}-\frac{\partial \Gamma^p_{rs}}{\partial x^q}+\Gamma^t_{rq}\Gamma^p_{ts}-\Gamma^t_{rs}\Gamma^p_{tq}\right)=0\tag{4.6.8}$$

$$(i',j',k',p=1,2,3)$$

采用由(4.6.4)式证明(4.6.5)式的同样方法(运用三次)，可以由(4.6.8)式求证得(4.6.4)式可积分的条件是

$$\frac{\partial \Gamma^p_{rq}}{\partial x^s}-\frac{\partial \Gamma^p_{rs}}{\partial x^q}+\Gamma^t_{rq}\Gamma^p_{ts}-\Gamma^t_{rs}\Gamma^p_{tq}=0\qquad(p,q,r,s=1,2,3)\tag{4.6.9}$$

定义

$$R^p_{\cdot rsq}=\frac{\partial \Gamma^p_{rq}}{\partial x^s}-\frac{\partial \Gamma^p_{rs}}{\partial x^q}+\Gamma^t_{rq}\Gamma^p_{ts}-\Gamma^t_{rs}\Gamma^p_{tq}\tag{4.6.10}$$

称为 **Riemann-Christoffel 张量(曲率张量)**，故 $R^p_{\cdot rsq}=0$ 是 Euclidean 空间任一曲线坐标系都应满足的条件。对于二维曲面，(4.6.9)式是检验该曲面是否为可展曲面的条件。对于一个变形的固体，在变形前属于 Euclidean 空间，满足(4.6.9)式，变形后仍应满足此式，

(4.6.9)式是固体变形的协调条件。

4.6.3 证明 $R^{p}_{\cdot rsq}$ 是张量分量

在(4.6.10)式中已经不加证明地定义 $R^{p}_{\cdot rsq}$ 是张量分量，以下将利用商法则证明 $R^{p}_{\cdot rsq}$ 是一个四阶张量的分量。

设 $\boldsymbol{a}$ 是任意矢量函数

$$\boldsymbol{a} = a^i \boldsymbol{g}_i = a_i \boldsymbol{g}^i \tag{4.6.11}$$

设 $\boldsymbol{a}$ 的梯度为 $\boldsymbol{T}$，是一个二阶张量

$$\boldsymbol{T} = \boldsymbol{a}\,\nabla = \frac{\partial \boldsymbol{a}}{\partial x^j}\boldsymbol{g}^j = a_{i;j}\boldsymbol{g}^i\boldsymbol{g}^j = T_{ij}\boldsymbol{g}^i\boldsymbol{g}^j \tag{4.6.12a}$$

$a_{i;j}$ 是张量 $\boldsymbol{T}$ 的分量

$$T_{ij} = a_{i;j} \tag{4.6.12b}$$

设 $\boldsymbol{S}$ 是张量 $\boldsymbol{T}$ 的梯度，是一个三阶张量

$$\boldsymbol{S} = \boldsymbol{T}\,\nabla = \left(\frac{\partial \boldsymbol{T}}{\partial x^k}\right)\boldsymbol{g}^k = (\boldsymbol{a}\,\nabla)\,\nabla = \frac{\partial}{\partial x^k}\left[\left(\frac{\partial \boldsymbol{a}}{\partial x^j}\right)\boldsymbol{g}^j\right]g^k = T_{ij;k}\boldsymbol{g}^i\boldsymbol{g}^j\boldsymbol{g}^k \tag{4.6.13a}$$

$$= (a_{i;j})_{;k}\boldsymbol{g}^i\,\boldsymbol{g}^j\,\boldsymbol{g}^k = a_{i;jk}\,\boldsymbol{g}^i\,\boldsymbol{g}^j\,\boldsymbol{g}^k = S_{ijk}\boldsymbol{g}^i\boldsymbol{g}^j\boldsymbol{g}^k$$

$$S_{ijk} = a_{i;jk} \tag{4.6.13b}$$

若改变求协变导数的先后次序，定义

$$S_{ikj} = a_{i;kj} = (a_{i;k})_{;j} \tag{4.6.14a}$$

$$\boldsymbol{S}^{\mathrm{T}} = S_{ikj}\boldsymbol{g}^i\boldsymbol{g}^j\boldsymbol{g}^k \tag{4.6.14b}$$

这里转置符号“T”专指张量 $\boldsymbol{S}$ 的第二指标与第三指标互换。则一般来说

$$\boldsymbol{S} \neq \boldsymbol{S}^{\mathrm{T}}, \qquad S_{ijk} \neq S_{ikj}$$

$$\begin{aligned} S_{ijk} &= (a_{i;j})_{;k} = (a_{i;j})_{,k} - a_{r;j}\Gamma^r_{ik} - a_{i;r}\Gamma^r_{jk} \\ &= (a_{i,j} - a_s\Gamma^s_{ij})_{,k} - (a_{r,j} - a_s\Gamma^s_{rj})\Gamma^r_{ik} - (a_{i,r} - a_s\Gamma^s_{ir})\Gamma^r_{jk} \\ &= a_{i,jk} - a_{r,j}\Gamma^r_{ik} - a_{i,r}\Gamma^r_{jk} - a_{r,k}\Gamma^r_{ij} - a_s\left(\frac{\partial \Gamma^s_{ij}}{\partial x^k} - \Gamma^s_{rj}\Gamma^r_{ik} - \Gamma^s_{ir}\Gamma^r_{jk}\right) \end{aligned}$$

将上式中的指标 j,k 互换，即

$$S_{ikj} = a_{i,kj} - a_{r,k}\Gamma^r_{ij} - a_{i,r}\Gamma^r_{kj} - a_{r,j}\Gamma^r_{ik} - a_s\left(\frac{\partial \Gamma^s_{ik}}{\partial x^j} - \Gamma^r_{ij}\Gamma^s_{rk} - \Gamma^s_{ir}\Gamma^r_{kj}\right)$$

将以上两式相减，则

$$\begin{aligned} (S_{ijk} - S_{ikj})\boldsymbol{g}^i\boldsymbol{g}^j\boldsymbol{g}^k &= a_s\left(\frac{\partial \Gamma^s_{ik}}{\partial x^j} - \frac{\partial \Gamma^s_{ij}}{\partial x^k} + \Gamma^s_{rj}\Gamma^r_{ik} - \Gamma^r_{ij}\Gamma^s_{rk}\right)\boldsymbol{g}^i\boldsymbol{g}^j\boldsymbol{g}^k \\ &= (a_s\boldsymbol{g}^s)\cdot\left(\frac{\partial \Gamma^l_{ik}}{\partial x^j} - \frac{\partial \Gamma^l_{ij}}{\partial x^k} + \Gamma^l_{rj}\Gamma^r_{ik} - \Gamma^r_{ij}\Gamma^l_{rk}\right)\boldsymbol{g}_l\boldsymbol{g}^i\boldsymbol{g}^j\boldsymbol{g}^k \end{aligned}$$

故

$$\boldsymbol{S} - \boldsymbol{S}^{\mathrm{T}} = \boldsymbol{a}\cdot\boldsymbol{R} \tag{4.6.15}$$

其中

$$\boldsymbol{R} = R^{l}_{\cdot ijk}\boldsymbol{g}_l\boldsymbol{g}^i\boldsymbol{g}^j\boldsymbol{g}^k \tag{4.6.16a}$$

$$R^{l}_{\cdot ijk} = \frac{\partial \Gamma^l_{ik}}{\partial x^j} - \frac{\partial \Gamma^l_{ij}}{\partial x^k} + \Gamma^l_{rj}\Gamma^r_{ik} - \Gamma^r_{ij}\Gamma^l_{rk} \tag{4.6.16b}$$

(4.6.15)式中，$\boldsymbol{S}-\boldsymbol{S}^{\mathrm{T}}$ 是三阶张量，$\boldsymbol{a}$ 是任意矢量，根据商法则，$\boldsymbol{R}$ 是三维空间中的四阶张量。

由(4.6.15)式可知，在三维 Euclidean 空间，$\boldsymbol{R}=\boldsymbol{O},\boldsymbol{S}=\boldsymbol{S}^{\mathrm{T}}$，则

$$a_{i;jk}=a_{i;kj}$$

改变求矢量的协变导数顺序后，其协变导数值不变。而在三维 Riemann 空间则一般不能任意改变求协变导数的顺序。由(4.6.15)式可知，对于三维 Riemann 空间中的矢量 $\boldsymbol{a}$ 的分量，其二阶协变导数满足

$$a_{i;jk}-a_{i;kj}=a_l R^{l}_{\cdot ijk}\qquad (i\text{ 或 }j\text{ 或 }k=1,2,3)\tag{4.6.17a}$$

现在我们回答任意矢量函数 $\boldsymbol{a}$ 对坐标的求导顺序是否可以调换的问题，即

$$\frac{\partial}{\partial x^k}\left(\frac{\partial \boldsymbol{a}}{\partial x^j}\right)\overset{?}{=}\frac{\partial}{\partial x^j}\left(\frac{\partial \boldsymbol{a}}{\partial x^k}\right)$$

利用(4.6.13a)式 $\boldsymbol{S}$ 的表达式和逆变基矢量求导公式(4.1.19)，并更换其中哑指标，可得

$$\boldsymbol{S}=\frac{\partial}{\partial x^k}\left[\left(\frac{\partial \boldsymbol{a}}{\partial x^j}\right)\boldsymbol{g}^j\right]\boldsymbol{g}^k=\left[\frac{\partial}{\partial x^k}\left(\frac{\partial \boldsymbol{a}}{\partial x^j}\right)-\frac{\partial \boldsymbol{a}}{\partial x^l}\Gamma^l_{kj}\right]\boldsymbol{g}^j\boldsymbol{g}^k$$

因此(4.6.14b)$\boldsymbol{S}^{\mathrm{T}}$的表达式可以由上式将分量指标 j,k 互换得到，即

$$\boldsymbol{S}^{\mathrm{T}}=\left[\frac{\partial}{\partial x^j}\left(\frac{\partial \boldsymbol{a}}{\partial x^k}\right)-\frac{\partial \boldsymbol{a}}{\partial x^l}\Gamma^l_{jk}\right]\boldsymbol{g}^j\boldsymbol{g}^k$$

将以上两式相减，得

$$\boldsymbol{S}-\boldsymbol{S}^{\mathrm{T}}=\left[\frac{\partial}{\partial x^k}\left(\frac{\partial \boldsymbol{a}}{\partial x^j}\right)-\frac{\partial}{\partial x^j}\left(\frac{\partial \boldsymbol{a}}{\partial x^k}\right)\right]\boldsymbol{g}^j\boldsymbol{g}^k$$

故

$$\frac{\partial}{\partial x^k}\left(\frac{\partial \boldsymbol{a}}{\partial x^j}\right)-\frac{\partial}{\partial x^j}\left(\frac{\partial \boldsymbol{a}}{\partial x^k}\right)=(\boldsymbol{S}-\boldsymbol{S}^{\mathrm{T}}):\boldsymbol{g}_j\boldsymbol{g}_k$$

利用(4.6.15)式

$$\frac{\partial}{\partial x^k}\left(\frac{\partial \boldsymbol{a}}{\partial x^j}\right)-\frac{\partial}{\partial x^j}\left(\frac{\partial \boldsymbol{a}}{\partial x^k}\right)=\boldsymbol{a}\cdot\boldsymbol{R}:\boldsymbol{g}_j\boldsymbol{g}_k=a_l R^{l}_{\cdot ijk}\boldsymbol{g}^i=a^l R_{lijk}\boldsymbol{g}^i\qquad (j\text{ 或 }k=1,2,3)\tag{4.6.17b}$$

因此只在三维 Euclidean 空间中，矢量(张量也类似)对坐标的求导顺序可以调换，在三维 Riemann 空间中求导顺序不可调换。

4.6.4 Riemann-Christoffel 张量的性质

Riemann-Christoffel 张量是一个四阶张量，应有 81 个(三维空间)或 16 个(二维空间)分量，分析表明，由于它具有以下性质，这些分量并不是完全独立的。

若将 $R^{i}_{\cdot jkl}$ 的第一指标下降

$$R_{ijkl}=g_{ir}R^{r}_{\cdot jkl}$$

将(4.6.16b)式代入上式，得 R_{ijkl} 的表达式如下：

$$R_{ijkl}=g_{ir}\left(\frac{\partial \Gamma^r_{jl}}{\partial x^k}-\frac{\partial \Gamma^r_{jk}}{\partial x^l}+\Gamma^r_{sk}\Gamma^s_{jl}-\Gamma^s_{jk}\Gamma^r_{sl}\right)\tag{4.6.18}$$

考虑到(利用(4.1.14a)式)

$$g_{ir}\frac{\partial \Gamma^r_{jl}}{\partial x^k}=\frac{\partial}{\partial x^k}(g_{ir}\Gamma^r_{jl})-\Gamma^r_{jl}g_{ir,k}=\frac{\partial \Gamma_{jl,i}}{\partial x^k}-\Gamma^r_{jl}(\Gamma_{ik,r}+\Gamma_{rk,i})$$

$$g_{ir}\frac{\partial \Gamma_{jk}^{r}}{\partial x^{l}}=\frac{\partial \Gamma_{jk,i}}{\partial x^{l}}-\Gamma_{jk}^{r}(\Gamma_{il,r}+\Gamma_{rl,i})$$

代入(4.6.18)式,得到

$$R_{ijkl}=\frac{\partial \Gamma_{jl,i}}{\partial x^{k}}-\frac{\partial \Gamma_{jk,i}}{\partial x^{l}}+\Gamma_{jk}^{r}\Gamma_{il,r}-\Gamma_{jl}^{r}\Gamma_{ik,r} \tag{4.6.19}$$

上式中前二项可以利用(4.1.15)式用度量张量的二阶导数表示

$$R_{ijkl}=\frac{1}{2}(g_{il,jk}+g_{jk,il}-g_{ik,jl}-g_{jl,ik})+g^{rs}(\Gamma_{il,r}\Gamma_{jk,s}-\Gamma_{ik,r}\Gamma_{jl,s}) \tag{4.6.20}$$

上式表明,Riemann-Christoffel 张量 $\boldsymbol{R}$ 可以通过度量张量及其导数表示,这些分量不全是互相独立的。张量 $\boldsymbol{R}$ 具有以下性质。

1. 张量 $\boldsymbol{R}$ 的分量 R_{ijkl} 对于其前两个指标反对称

$$R_{ijkl}=-R_{jikl}\ (i\neq j)\qquad R_{ijkl}=0\qquad (i=j)\qquad (i,k,l=1,2,3) \tag{4.6.21}$$

即 81 个分量中,有 27 个分量($i=j$ 时)为零,其余 54 个分量中,只有 27 个可能是独立的分量($i\neq j$),它们的 i,j 指标可能的组合只有三种,即(1,2),(2,3),(3,1)。

2. R_{ijkl} 对于其第三、四指标反对称

$$\begin{aligned}&R_{ijkl}=-R_{ijlk}\qquad (l\neq k)\\&R_{ijkl}=0\qquad (l=k)\qquad (i,j,k=1,2,3)\end{aligned} \tag{4.6.22}$$

即上述 $i\neq j$ 的 27 个可能的独立分量中,还有 9 个分量($k=l=1,2,3$,而 i,j 有三种组合)为零。其余 18 个分量中,只有 9 个是可能的独立分量($k\neq l$),k,l 指标可能的组合也只有三种。

由以上两个性质以及置换张量的性质,可以构造二阶张量

$$L_{mn}=\epsilon^{mij}\epsilon^{nkl}R_{ijkl}\qquad (m=1,2,3;n=1,2,3) \tag{4.6.23}$$

以表示 R_{ijkl} 的独立分量。

3. R_{ijkl} 的第一、二指标与三、四指标可以对换,其值不变

$$R_{ijkl}=R_{klij} \tag{4.6.24}$$

即上述 9 个 $i\neq j,k\neq l$ 的分量中,真正独立的分量只有 6 个;或者说,L_{mn} 是关于 m,n 的对称二阶张量。

4. 由以上三个性质,对 i,j,k,l 的所有可能关系进行考察,可得

$$R_{ijkl}+R_{jkil}+R_{kijl}=0 \tag{4.6.25a}$$

利用(4.6.22)式与(4.6.24)式,上式还可以写成

$$R^{l}_{\cdot ijk}+R^{l}_{\cdot jki}+R^{l}_{\cdot kij}=0 \tag{4.6.25b}$$

此性质可以利用(4.6.22)式~(4.6.24)式证明如下:对于 i,j,k,l 这四个指标,其变化范围都是从 1 至 3,这四个指标中至少有一个是相等的数,因此只需分别考察(4.6.25a)式的以下情况,并利用前面三个性质。

(1) $i=j,R_{iikl}+R_{ikil}+R_{kiil}=R_{ikil}-R_{ikil}=0$

(2) $i=k,R_{ijil}+R_{jiil}+R_{iijl}=R_{ijil}-R_{ijil}=0$

(3) $i=l,R_{ijki}+R_{jkii}+R_{kiji}=-R_{jiki}+R_{kiji}=0$

上式中相同的指标 i 不求和。(4.6.25a)式得证。

根据这些性质,在三维 Riemann 空间中,张量 $\boldsymbol{R}$ 的 81 个分量 R_{ijkl} 中只有 6 个独立的非

零分量，即

$$R_{1212}, R_{2323}, R_{3131} \qquad (\text{此三个分量 } i = k, j = l)$$

$$R_{1223}, R_{1231}, R_{2331} \qquad (\text{此三个分量 } i \neq k, j \neq l)$$

二维空间中 Riemann-Christoffel 张量 $\boldsymbol{R}$ 具有更直观的几何含义。二维空间中张量 $\boldsymbol{R}$ 共有 16 个分量，根据(4.6.21)式～(4.6.23)式给出的性质，独立的非零分量只有 R_{1212}。

在曲面微分几何中利用 Gauss 方程可以证明：

$$R_{1212} = [g_{11}g_{22} - g_{12}{}^2]K = gK \tag{4.6.26}$$

其中 K 是曲面的 Gauss 曲率，是曲面两个主曲率 $\frac{1}{R_1}$ 与 $\frac{1}{R_2}$ 的乘积，即

$$K = \frac{1}{R_1}\frac{1}{R_2} = \frac{R_{1212}}{g} \tag{4.6.27}$$

曲面的度量张量 $g_{\alpha\beta}$ 决定了曲面上弧线的长度与夹角，即曲面的内部性质，属于曲面的内禀(intrinsic)几何量；而曲面的曲率反映了曲面的弯曲程度，是曲面的外部几何性质。但(4.6.26)式及(4.6.20)式却说明：曲面的两个主曲率的乘积——Gauss 曲率仅仅取决于曲面的度量张量 $g_{\alpha\beta}$ 及其导数，即只取决于曲面的内禀几何量。

对于平面，显然存在着适用于全空间的直线坐标系，张量 $\boldsymbol{R}$ 为零。如果将平面弯曲而不改变它上面所有曲线的弧长，则得到可展曲面(如柱面、锥面)。可展曲面的一些方向的法截面曲率显然不为零，但由于将平面弯曲为可展曲面时，其度量张量没有改变，故 Gauss 曲率仍为零。对于 Gauss 曲率为零的二维 Euclidean 空间，微分几何学中称为平坦(flat)空间。而 Gauss 曲率不为零的曲面(正 Gauss 曲率曲面或负 Gauss 曲率曲面)则是二维的 Riemann 空间，它不是可展曲面，不能由平面“弯曲”而得到。

例 4.11　求球面的 Riemann-Christoffel 张量 R_{1212}。

设球面的 Gauss 坐标为(θ,φ)，如图 4.14 所示。利用几何法可以求得其度量张量。球面上的线元

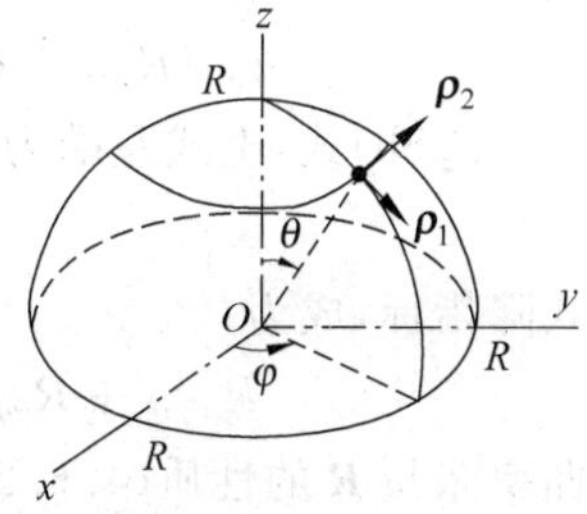

图 4.14　球面上的曲线坐标系

$$ds^2 = R^2 d\theta^2 + R^2 \sin^2\theta d\varphi^2$$

故

$$g_{11} = R^2, \qquad g_{22} = R^2 \sin^2\theta$$

$$g^{11} = 1/R^2, \qquad g^{22} = 1/(R^2 \sin^2\theta)$$

$$\Gamma^1_{11} = \Gamma^2_{11} = \Gamma^1_{12} = \Gamma^2_{22} = 0$$

$$\Gamma^2_{12} = \cot\theta, \qquad \Gamma^1_{22} = -\frac{1}{2}\sin 2\theta$$

$$R^1{}_{\cdot 212} = \Gamma^1_{22}\Gamma^1_{11} + \Gamma^2_{22}\Gamma^1_{21} - \Gamma^1_{12}\Gamma^1_{12} - \Gamma^2_{12}\Gamma^1_{22} + \frac{\partial \Gamma^1_{22}}{\partial\theta} - \frac{\partial \Gamma^1_{12}}{\partial\varphi} = \sin^2\theta$$

$$R_{1212} = g_{11}R^1{}_{\cdot 212} = R^2\sin^2\theta$$

4.6.5　关于张量分量二阶协变导数的 Ricci 公式、Bianchi 恒等式

张量分量求二阶协变导数时，如果交换求导顺序，则满足以下恒等式，称为 Ricci 公式。

对于标量场函数 φ，利用(4.3.7)式可证：

$$\nabla_k\nabla_j\varphi - \nabla_j\nabla_k\varphi = \varphi_{;jk} - \varphi_{;kj} = 0 \tag{4.6.28}$$

对于矢量场函数的协变分量 a_j 与逆变分量 a^i，由(4.6.17)式，并利用(4.6.21)式可证：

$$\nabla_l\nabla_k a_j - \nabla_k\nabla_l a_j = a_{j;kl} - a_{j;lk} = a_r R^r{}_{\cdot jkl} \tag{4.6.29a}$$

$$\nabla_l \nabla_k a^i - \nabla_k \nabla_l a^i = a^i_{;kl} - a^i_{;lk} = -a^r R^{i}_{\cdot rkl} \tag{4.6.29b}$$

对于任意阶张量场函数,以三阶张量 $\boldsymbol{T} = T^{ij}_{\cdot\cdot k}\boldsymbol{g}_i\boldsymbol{g}_j\boldsymbol{g}^k = T_{i\cdot\cdot}^{\cdot jk}\boldsymbol{g}^i\boldsymbol{g}_j\boldsymbol{g}_k$ 为例:

$$\nabla_q \nabla_p T^{ij}_{\cdot\cdot k} - \nabla_p \nabla_q T^{ij}_{\cdot\cdot k} = T^{ij}_{\cdot\cdot k;pq} - T^{ij}_{\cdot\cdot k;qp}$$

$$= -T^{rj}_{\cdot\cdot k}R^{i}_{\cdot rpq} - T^{ir}_{\cdot\cdot k}R^{j}_{\cdot rpq} + T^{ij}_{\cdot\cdot r}R^{r}_{\cdot kpq} \tag{4.6.30a}$$

$$\nabla_q \nabla_p T_{i\cdot\cdot}^{\cdot jk} - \nabla_p \nabla_q T_{i\cdot\cdot}^{\cdot jk} = T_{i\cdot\cdot;pq}^{\cdot jk} - T_{i\cdot\cdot;qp}^{\cdot jk}$$

$$= T_{r\cdot\cdot}^{\cdot jk}R^{r}_{\cdot ipq} - T_{i\cdot\cdot}^{\cdot rk}R^{j}_{\cdot rpq} - T_{i\cdot\cdot}^{\cdot jr}R^{k}_{\cdot rpq} \tag{4.6.30b}$$

利用上述 Ricci 公式还可证明三维空间中 Riemann-Christoffel 张量 R_{ijkl} 的 6 个分量互不独立,它们之间进一步满足 3 个 Bianchi 恒等式:

$$(\epsilon^{mij}\epsilon^{nkl}R_{ijkl})_{;n} = 0, \qquad 即 \qquad L^{mn}_{\quad ;n} = 0 \qquad (m = 1,2,3) \tag{4.6.31}$$

其证明过程如下。若将矢量分量的一阶协变导数 $a_{p;i}$ 视作二阶张量分量,则再求二阶协变导数并交换求导次序,根据 Ricci 公式有

$$a_{p;ijk} - a_{p;ikj} = a_{l;i}R^{l}_{\cdot pjk} + a_{p;l}R^{l}_{\cdot ijk} \tag{a}$$

$$a_{p;jki} - a_{p;jik} = a_{l;j}R^{l}_{\cdot pki} + a_{p;l}R^{l}_{\cdot jki} \tag{b}$$

$$a_{p;kij} - a_{p;kji} = a_{l;k}R^{l}_{\cdot pij} + a_{p;l}R^{l}_{\cdot kij} \tag{c}$$

再从(4.6.29a)式出发

$$a_{p;ij} - a_{p;ji} = a_l R^{l}_{\cdot pij}$$

再对 x^k 求一次协变导数,利用张量分量乘积求协变导数的性质可以得到:

$$a_{p;ijk} - a_{p;jik} = a_{l;k}R^{l}_{\cdot pij} + a_l R^{l}_{\cdot pij;k} \tag{d}$$

$$a_{p;jki} - a_{p;kji} = a_{l;i}R^{l}_{\cdot pjk} + a_l R^{l}_{\cdot pjk;i} \tag{e}$$

$$a_{p;kij} - a_{p;ikj} = a_{l;j}R^{l}_{\cdot pki} + a_l R^{l}_{\cdot pki;j} \tag{f}$$

因为式(a)+(b)+(c)=(d)+(e)+(f),所以

$$a_{p;l}(R^{l}_{\cdot ijk} + R^{l}_{\cdot jki} + R^{l}_{\cdot kij}) = a_l(R^{l}_{\cdot pij;k} + R^{l}_{\cdot pjk;i} + R^{l}_{\cdot pki;j})$$

根据(4.6.25b)式,上式左端为0,故

$$R^{l}_{\cdot pij;k} + R^{l}_{\cdot pjk;i} + R^{l}_{\cdot pki;j} = 0 \tag{4.6.32a}$$

将上式降指标,成为

$$R_{lpij;k} + R_{lpjk;i} + R_{lpki;j} = 0 \qquad (l,p,i,j,k = 1,2,3) \tag{4.6.32b}$$

利用曲率张量 $\boldsymbol{R}$ 的性质(4.6.21)式,上式关于指标 l,p 为反对称,故可改写为

$$\epsilon^{mlp}(R_{lpij;k} + R_{lpjk;i} + R_{lpki;j}) = 0 \qquad (m,i,j,k = 1,2,3) \tag{4.6.32c}$$

根据曲率张量 $\boldsymbol{R}$ 的性质(4.6.22)式,只有当上式中三项的后三个指标互不相等时才有意义,对于其中任意两个指标相等的情况,都相当于 0=0 的恒等式,即独立的等式应当是:$i \neq j \neq k$。换言之,对于(4.6.32)式,(i,j,k) 只能有三种独立的取法:(1,2,3),(2,3,1)和(3,1,2)(对于(4.6.32)式,(i,j,k)逆序排列的效果与顺序排列是完全相同的)。因此,(4.6.32c)式括号中的三项又可进一步用置换张量写成一项,(4.6.32c)式改写为

$$\epsilon^{mlp}\epsilon^{nij}R_{lpij;n} = (\epsilon^{mlp}\epsilon^{nij}R_{lpij})_{;n} = L^{mn}_{\quad ;n} = 0 \qquad (m,n = 1,2,3)$$

上式即(4.6.31)式,在推导过程中用到了置换张量分量的协变导数为零的性质。

例 4.12 变形协调方程 在连续介质小变形问题中,位移矢量场 u_i 确定了唯一的应变二阶张量场 ε_{ij}:

$$\varepsilon_{ij} = \frac{1}{2}(u_{i;j} + u_{j;i})$$

但任意给定的对称二阶张量场一般不能对应一个连续的位移场，只有满足协调方程的二阶张量场 ε_{ij}，才能对应于某个连续的位移场。利用 Euclidean 空间中 Riemann-Christoffel 张量为零可以容易地导出协调方程。

采用 Lagrange 描述，变形前的连续体属于 Euclidean 空间，在其上建立笛卡儿坐标系：

$$g_{ij} \equiv \text{const.}, \qquad \Gamma_{ij}^{k} \equiv 0, \qquad R_{ijkl} = 0$$

变形后该 Lagrange 坐标系的度量张量变为 $\hat{g}_{ij}$，Christoffel 符号变为 $\hat{\Gamma}_{ij}^{k}$，Riemann-Christoffel 张量变为 $\hat{R}_{ijkl}$，有

$$\hat{g}_{ij} = g_{ij} + 2\varepsilon_{ij}$$

由(4.6.20)式，变形后

$$\begin{aligned}\hat{R}_{ijkl} &= \frac{1}{2}(\hat{g}_{il,jk} + \hat{g}_{jk,il} - \hat{g}_{ik,jl} - \hat{g}_{jl,ik}) + (\hat{\Gamma}_{il}^{s}\hat{\Gamma}_{jk,s} - \hat{\Gamma}_{ik}^{s}\hat{\Gamma}_{jl,s}) \\ &= (\varepsilon_{il,jk} + \varepsilon_{jk,il} - \varepsilon_{ik,jl} - \varepsilon_{jl,ik}) + (\hat{\Gamma}_{il}^{s}\hat{\Gamma}_{jk,s} - \hat{\Gamma}_{il}^{s}\hat{\Gamma}_{jl,s})\end{aligned}$$

其中

$$\hat{\Gamma}_{jl,s} = \frac{1}{2}[\hat{g}_{js,l} + \hat{g}_{ls,j} - \hat{g}_{jl,s}] = \varepsilon_{js,l} + \varepsilon_{ls,j} - \varepsilon_{jl,s}$$

对于小变形问题，$(\hat{\Gamma}_{il}^{s}\hat{\Gamma}_{jk,s} - \hat{\Gamma}_{il}^{s}\hat{\Gamma}_{jl,s})$ 是应变的高阶小量，可以略去。变形后空间的 Riemann-Christoffel 张量

$$\hat{R}_{ijkl} = (\varepsilon_{il,jk} + \varepsilon_{jk,il} - \varepsilon_{ik,jl} - \varepsilon_{jl,ik}) \tag{4.6.33a}$$

变形后空间仍为 Euclidean 空间，即变形不使连续体发生裂缝或重叠。因此 Riemann-Christoffel 张量仍为零。故

$$(\varepsilon_{il,jk} + \varepsilon_{jk,il} - \varepsilon_{ik,jl} - \varepsilon_{jl,ik}) = 0 \tag{4.6.33b}$$

上式是笛卡儿坐标系中的表达式。在任意曲线坐标系中，变形协调方程应改为

$$(\varepsilon_{il;jk} + \varepsilon_{jk;il} - \varepsilon_{ik;jl} - \varepsilon_{jl;ik}) = 0 \qquad (i,j,k,l = 1,2,3) \tag{4.6.33c}$$

显然，上式也具有关于 i,j 指标的反对称性，关于 k,l 指标的反对称性，关于 i,j 与 k,l 指标的对称性，可以写作

$$\epsilon^{mij}\epsilon^{nkl}\varepsilon_{ik;jl} = 0 \qquad (m,n = 1,2,3,\ \text{关于}\ m,n\ \text{对称}) \tag{4.6.34a}$$

将上式写成实体形式为

$$(\nabla \times \boldsymbol{\varepsilon}) \times \nabla = \boldsymbol{O} \tag{4.6.34b}$$

其证明如下。

$$\nabla \times \boldsymbol{\varepsilon} = \epsilon^{jim}\nabla_{j}\varepsilon_{ik}\boldsymbol{g}_{m}\boldsymbol{g}^{k} = -\epsilon^{mij}\varepsilon_{ik;j}\boldsymbol{g}_{m}\boldsymbol{g}^{k}$$

$$(\nabla \times \boldsymbol{\varepsilon}) \times \nabla = -\epsilon^{kln}\epsilon^{mij}\varepsilon_{ik;jl}\boldsymbol{g}_{m}\boldsymbol{g}_{n} = -\epsilon^{nkl}\epsilon^{mij}\varepsilon_{ik;jl}\boldsymbol{g}_{m}\boldsymbol{g}_{n}$$

(4.6.34a)式的 6 式不独立，由(4.6.31)式、(4.6.33a)式和(4.6.34a)式知，它们之间还满足 3 个 Bianchi 恒等式：

$$L^{mn}_{\ \ ;n} = (\epsilon^{mij}\epsilon^{nkl}\hat{R}_{ijkl})_{;n} = (\epsilon^{mij}\epsilon^{nkl}\varepsilon_{ik;jl})_{;n} = 0 \qquad (m = 1,2,3) \tag{4.6.35}$$

4.7 张量方程的曲线坐标分量表示方法

具有张量属性的物理量，它们所满足的客观物理规律是不因描述它所采用的坐标系转换而变化的，也就是说，它们满足各种张量方程。为解决具体物理问题的方便，往往需要选择各种不同的坐标系，但在不同坐标系中，张量分量所满足的方程具有不同的形式。如何由

笛卡儿坐标系中相对简单的张量分量方程得到任意曲线坐标系中的张量分量方程呢？这就需要应用张量分析的方法。前一节例 4.12 中由笛卡儿坐标系中的(4.6.33a)式转换为任意曲线坐标系中的(4.6.33b)式就是一例。现再举一实例说明用物理量在曲线坐标系中的分量来表示张量方程的步骤：

步骤	示例
1. 按照笛卡儿坐标系列出方程。	1. 动力学方程 $\dfrac{\partial\sigma_{xx}}{\partial x}+\dfrac{\partial\sigma_{xy}}{\partial y}+\dfrac{\partial\sigma_{xz}}{\partial z}+\rho f_x=\rho w_x$ $\dfrac{\partial\sigma_{yx}}{\partial x}+\dfrac{\partial\sigma_{yy}}{\partial y}+\dfrac{\partial\sigma_{yz}}{\partial z}+\rho f_y=\rho w_y$ $\dfrac{\partial\sigma_{zx}}{\partial x}+\dfrac{\partial\sigma_{zy}}{\partial y}+\dfrac{\partial\sigma_{zz}}{\partial z}+\rho f_z=\rho w_z$
2. 应用求和约定将上述方程写成指标形式。	2. $\dfrac{\partial\sigma_{ij}}{\partial x^j}+\rho f_i=\rho w_i \qquad (i=1,2,3)$
3. 上升和降低指标，使哑指标一上一下，自由指标在相同位置。	3. $\dfrac{\partial\sigma_i^{\cdot j}}{\partial x^j}+\rho f_i=\rho w_i$ 或 $\dfrac{\partial\sigma^{ij}}{\partial x^j}+\rho f^i=\rho w^i \qquad (i=1,2,3)$
4. 将笛卡儿坐标系改为曲线坐标系时采用： $\delta_{ij}\rightarrow g_{ij}\qquad \delta^{ij}\rightarrow g^{ij}$ $e_{ijk}\rightarrow\epsilon_{ijk}\qquad e^{ijk}\rightarrow\epsilon^{ijk}$ 偏导数→协变导数 $(\ )_{,i}\rightarrow(\ )_{;i}$ 或 $\partial_i(\ )\rightarrow\nabla_i(\ )$	4. $\sigma_i^{\cdot j}{}_{;j}+\rho f_i=\rho w_i$ 或 $\sigma^{ij}{}_{;j}+\rho f^i=\rho w^i \qquad (i=1,2,3)$

上述做法的理由是张量方程在笛卡儿坐标系中成立，则在任意其他坐标系中也成立。

4.8 非完整系与物理分量

具有一定物理意义的张量，在任意曲线坐标系中的分量并不一定具有原来物理量的量纲，因而给直接的物理解释带来不便。本节的任务是把这种张量分量转换成便于在分析物理问题时使用的物理分量，并给出它们的运算规则。

4.8.1 非完整系

在前述各章中张量都是对协变基矢量或逆变基矢量分解的。根据定义，协变基矢量 $\boldsymbol{g}_i$ 由矢径 $\boldsymbol{r}$ 对坐标 x^i 的偏导数唯一确定，即

$$\boldsymbol{g}_i=\frac{\partial\boldsymbol{r}}{\partial x^i} \tag{4.8.1}$$

逆变基矢量 $\boldsymbol{g}^j$ 则由对偶关系唯一确定，即

$$\boldsymbol{g}_i \cdot \boldsymbol{g}^j = \delta_i^j \tag{4.8.2}$$

按(4.8.1)式由坐标确定的基矢量称为**自然基矢量**，它们构成了**完整系**。在完整系中，张量的许多运算规则都可以看作是通常数量运算规则的某种推广，所以它是张量分析中最基本的参考系。但在应用中，它也有不便之处。

由定义(4.8.1)可以看到，矢径 $\boldsymbol{r}$ 具有长度量纲，而分母中的任意曲线坐标 x^i 不一定具有长度量纲，且 $|\boldsymbol{g}_i| = \left|\dfrac{\partial \boldsymbol{r}}{\partial x^i}\right|$ 不一定等于 1，所以自然基矢量 $\boldsymbol{g}_i$ 不一定是无量纲的单位矢量。如果把具有物理意义的矢量或张量对自然基矢量分解，则所得分量不一定具有原物理量纲。以圆柱坐标系为例，坐标 $x^1=r$ 和 $x^3=z$ 为长度量纲，且模 $|\boldsymbol{g}_1|=|\boldsymbol{g}_3|=1$，因而 $\boldsymbol{g}_1$，$\boldsymbol{g}_3$ 是无量纲单位矢量；但坐标 $x^2=\theta$ 是无量纲的，且 $|\boldsymbol{g}_2|=r$，因而 $\boldsymbol{g}_2$ 具有长度量纲，且大小随点而异。如果把力矢量 $\boldsymbol{P}$ 对 $\boldsymbol{g}_1$，$\boldsymbol{g}_2$，$\boldsymbol{g}_3$ 分解，分量的量纲将等于原物理量纲除以相应基矢量的量纲，所以分量 P^1，P^3 仍具有力的量纲$[F]$；但分量 P^2 的量纲为$[F/L]$（$[L]$表示长度量纲），且 P^2 的大小要比力 $\boldsymbol{P}$ 在 $\boldsymbol{g}_2$ 方向上的物理分量缩小 r 倍。

显然量纲不统一对分析物理问题是很不方便的，为此引进另一组协变基矢量 $\boldsymbol{g}_{(i)}$，只要求它们满足如下两个条件：

(1) $\boldsymbol{g}(i)(i=1,2,3)$三者不共面。

(2) 与自然基矢量 $\boldsymbol{g}_j$ 具有线性变换关系

$$\boldsymbol{g}_{(i)} = \beta^j_{(i)} \boldsymbol{g}_j \tag{4.8.3}$$

在保证(1)的前提下，上式中的 9 个转换系数 $\beta^j_{(i)}$ 可以根据物理分析更为方便的原则任意选择。

相应地，由对偶关系

$$\boldsymbol{g}_{(i)} \cdot \boldsymbol{g}^{(j)} = \delta_i^j \tag{4.8.4}$$

再引进一组逆变基矢量 $\boldsymbol{g}^{(j)}$。它和完整系逆变基矢量的转换关系是

$$\boldsymbol{g}^{(i)} = \beta_j^{(i)} \boldsymbol{g}^j \tag{4.8.5}$$

和(1.4.3)式、(1.4.6)式相似，可以证明转换系数 $\beta^j_{(i)}$ 和 $\beta_j^{(i)}$ 之间满足如下互逆关系：

$$\beta^j_{(i)}\beta_j^{(k)} = \delta_i^k, \qquad \beta_i^{(k)}\beta^j_{(k)} = \delta_i^j \tag{4.8.6}$$

一般地，按(4.8.3)式引进的基矢量 $\boldsymbol{g}_{(i)}$ 并不是自然基矢量，即并不存在能按(4.8.1)式唯一确定 $\boldsymbol{g}_{(i)}$ 的新曲线坐标 $x^{(i)}$。因为第 1 章 1.4 节中曾指出：新、老两组自然基矢量 $\boldsymbol{g}_{i'}$ 和 $\boldsymbol{g}_i$ 之间的转换系数应按如下两式来计算：

$$\beta^j_{i'} = \frac{\partial x^j}{\partial x^{i'}} \tag{1.4.7}$$

$$\beta^{i'}_j = \frac{\partial x^{i'}}{\partial x^j} \tag{1.4.8}$$

这里每式都包含 9 个方程。当老坐标 x^j 选定后，转换系数 $\beta^j_{i'}$ 或 $\beta^{i'}_j$ 就不能再任意选择，否则仅靠调整三个新坐标 $x^{i'}$ 使同时满足 9 个独立方程是不可能的。假设 x^j 是对应于自然基矢量 $\boldsymbol{g}_j$（见(4.8.1)式）的坐标，由方程(1.4.8)求解 $x^{i'}$ 的可积条件是

$$\beta^{i'}_{j,k} = \frac{\partial}{\partial x^k}\left(\frac{\partial x^{i'}}{\partial x^j}\right) = \frac{\partial}{\partial x^j}\left(\frac{\partial x^{i'}}{\partial x^k}\right) = \beta^{i'}_{k,j} \tag{4.8.7}$$

如果不满足这个条件，新坐标 $x^{i'}$ 就不存在。但是现在(4.8.3)式或(4.8.5)式中的转换系数

$\beta^{i}_{(i)}$或$\beta_{j}^{(i)}$是以方便为原则任意选取的,并不一定满足可积条件,所以一般说并不存在能导出$\boldsymbol{g}_{(i)}$的新曲线坐标$x^{(i)}$,这种只有基矢量而不存在相应曲线坐标的参考系称为**非完整系**。基矢量$\boldsymbol{g}_{(i)}$和$\boldsymbol{g}^{(j)}$分别称为非完整系的协变基矢量和逆变基矢量。为了区别于完整系,相应于非完整系的指标一律加圆括号。

与第1章相似,存在如下一系列关系式。

完整系基矢量用非完整系基矢量表示的转换关系为

$$\begin{aligned}\boldsymbol{g}^{k} &= \beta^{k}_{(i)}\boldsymbol{g}^{(j)}\\ \boldsymbol{g}_{k} &= \beta_{k}^{(i)}\boldsymbol{g}_{(i)}\end{aligned}\tag{4.8.8}$$

非完整系度量张量协、逆变分量的定义为

$$g_{(i)(j)} = \boldsymbol{g}_{(i)}\cdot\boldsymbol{g}_{(j)},\qquad g^{(i)(j)} = \boldsymbol{g}^{(i)}\cdot\boldsymbol{g}^{(j)}\tag{4.8.9}$$

相应度量张量协变分量的行列式为

$$g_{()} = \begin{vmatrix} g_{(1)(1)} & g_{(1)(2)} & g_{(1)(3)}\\ g_{(2)(1)} & g_{(2)(2)} & g_{(2)(3)}\\ g_{(3)(1)} & g_{(3)(2)} & g_{(3)(3)}\end{vmatrix} = [\boldsymbol{g}_{(1)}\quad \boldsymbol{g}_{(2)}\quad \boldsymbol{g}_{(3)}]^{2}\tag{4.8.10}$$

利用度量张量可对基矢量进行指标升降,即

$$\begin{aligned}\boldsymbol{g}^{(i)} &= g^{(i)(j)}\boldsymbol{g}_{(j)}\\ \boldsymbol{g}_{(k)} &= g_{(k)(i)}\boldsymbol{g}^{(i)}\end{aligned}\tag{4.8.11}$$

非完整系与完整系度量张量分量的转换关系为

$$\begin{aligned}g_{(i)(j)} &= \beta^{k}_{(i)}\beta^{l}_{(j)}g_{kl}\\ g^{(i)(j)} &= \beta_{k}^{(i)}\beta_{l}^{(j)}g^{kl}\end{aligned}\tag{4.8.12}$$

度量张量的并矢形式仍保持对于坐标的不变性,即

$$\begin{aligned}\boldsymbol{G} &= g_{ij}\boldsymbol{g}^{i}\boldsymbol{g}^{j} = g^{ij}\boldsymbol{g}_{i}\boldsymbol{g}_{j} = g_{(i)(j)}\boldsymbol{g}^{(i)}\boldsymbol{g}^{(j)}\\ &= g^{(i)(j)}\boldsymbol{g}_{(i)}\boldsymbol{g}_{(j)}\end{aligned}\tag{4.8.13}$$

利用转换关系(4.8.3)式、(4.8.5)式和(4.8.8)式以及基矢量的指标升降关系(4.8.11)式可以得到矢量$\boldsymbol{v}$的分解式为

$$\boldsymbol{v} = v^{i}\boldsymbol{g}_{i} = v_{i}\boldsymbol{g}^{i} = v^{(i)}\boldsymbol{g}_{(i)} = v_{(i)}\boldsymbol{g}^{(i)}\tag{4.8.14}$$

$\boldsymbol{v}$的分量的指标升降关系为

$$\begin{aligned}v_{(i)} &= g_{(i)(j)}v^{(j)}\\ v^{(i)} &= g^{(i)(j)}v_{(j)}\end{aligned}\tag{4.8.15}$$

完整系与非完整系中分量的转换关系为

$$\begin{cases}v^{(i)} = \beta_{j}^{(i)}v^{j}\\ v_{(i)} = \beta^{j}_{(i)}v_{j}\\ v^{i} = \beta^{i}_{(j)}v^{(j)}\\ v_{i} = \beta_{i}^{(j)}v_{(j)}\end{cases}\tag{4.8.16}$$

张量$\boldsymbol{T}$的并矢表达式为

$$\begin{aligned}\boldsymbol{T} &= T^{ij}_{\cdot\cdot kl}\boldsymbol{g}_{i}\boldsymbol{g}_{j}\boldsymbol{g}^{k}\boldsymbol{g}^{l} = \cdots\\ &= T^{(a)(b)}_{\cdot\ \cdot\ (c)(d)}\boldsymbol{g}_{(a)}\boldsymbol{g}_{(b)}\boldsymbol{g}^{(c)}\boldsymbol{g}^{(d)} = \cdots\end{aligned}\tag{4.8.17}$$

完整系与非完整系中分量的转换关系为

$$\begin{cases} T^{(a)(b)}_{\cdot\ \cdot\ (c)(d)} = \beta^{(a)}_i \beta^{(b)}_j \beta^k_{(c)} \beta^l_{(d)} T^{ij}_{\cdot\cdot kl} \\ T^{ij}_{\cdot\cdot kl} = \beta^i_{(a)} \beta^j_{(b)} \beta^{(c)}_k \beta^{(d)}_l T^{(a)(b)}_{\cdot\ \cdot\ (c)(d)} \\ \cdots \end{cases} \tag{4.8.18}$$

应该指出，矢径的微分 $\mathrm{d}\boldsymbol{r}$ 是一个矢量。按(4.8.14)式，它的并矢式为

$$\mathrm{d}\boldsymbol{r} = \mathrm{d}x^k \boldsymbol{g}_k = \mathrm{d}x^{(a)} \boldsymbol{g}_{(a)} \tag{4.8.19}$$

但这时并不存在坐标 $x^{(a)}$，所以 $\mathrm{d}x^{(a)}$ 并不表示坐标 $x^{(a)}$ 的微分。它只是由如下转换关系定义的、完整系坐标微分 $\mathrm{d}x^k$ 的一种线性组合。

$$\begin{cases} \mathrm{d}x^{(a)} = \beta^{(a)}_k \mathrm{d}x^k \\ \mathrm{d}x^k = \beta^k_{(a)} \mathrm{d}x^{(a)} \end{cases} \tag{4.8.20}$$

4.8.2 物理分量

4.8.2.1 非完整系基矢量的选择

设已知一组任意曲线坐标 x^i 导出的自然基矢量 $\boldsymbol{g}_i = \dfrac{\partial \boldsymbol{r}}{\partial x^i}$。一般说，它们并不是无量纲的单位矢量，也不一定相互正交。为了便于对物理问题进行分析，通常引进另一组非完整系协变基矢量 $\boldsymbol{g}_{(i)}$，它们是和自然基矢量 $\boldsymbol{g}_i$ 同方向的无量纲单位矢量。即令

$$\boldsymbol{g}_{(i)} = \frac{\boldsymbol{g}_i}{\sqrt{g_{\underline{ii}}}} = \beta^j_{(i)} \boldsymbol{g}_j \qquad (\text{对 } i \text{ 不求和}) \tag{4.8.21}$$

$$\beta^j_{(i)} = \begin{cases} 0, & j \neq i \\ 1/\sqrt{g_{\underline{ii}}}, & j = i \end{cases} \tag{4.8.22}$$

其中 $\sqrt{g_{\underline{ii}}} = \sqrt{\boldsymbol{g}_{\underline{i}} \cdot \boldsymbol{g}_{\underline{i}}}$ 是自然基矢量 $\boldsymbol{g}_i$ 的模。今后，在两个相同指标下加一横表示不必按求和约定取和。例如，$g_{\underline{ii}}$ 表示度量张量的第 i 个协变对角分量，而不是三个对角分量之和。

与 $\boldsymbol{g}_{(i)}$ 对偶的逆变基矢量 $\boldsymbol{g}^{(i)}$ 可由对偶关系

$$\boldsymbol{g}_{(i)} \cdot \boldsymbol{g}^{(j)} = \delta^j_i \tag{4.8.23}$$

得到。由(4.8.22)式和(4.8.23)式知

$$\boldsymbol{g}^{(i)} = \sqrt{g_{\underline{ii}}}\, \boldsymbol{g}^i = \beta^{(i)}_j \boldsymbol{g}^j \qquad (\text{对 } i \text{ 不取和}) \tag{4.8.24}$$

$$\beta^{(i)}_j = \begin{cases} 0, & j \neq i \\ \sqrt{g_{\underline{ii}}}, & j = i \end{cases} \tag{4.8.25}$$

对于任意曲线坐标系，一般说按上述方法选择的非完整系的协变基矢量 $\boldsymbol{g}_{(i)}$ 是一组互不正交的无量纲单位矢量。逆变基矢量 $\boldsymbol{g}^{(i)}$ 也是无量纲的，但既不正交也不是单位矢量。如图 4.15 所示，设 $\boldsymbol{g}^{(i)}$ 与 $\boldsymbol{g}_{(i)}$ 的夹角为 α_i，则由 $\boldsymbol{g}_{(\underline{i})} \cdot \boldsymbol{g}^{(\underline{i})} = 1$，$|\boldsymbol{g}_{(i)}| = 1$，得

$$|\boldsymbol{g}^{(i)}| = \frac{1}{\cos\alpha_i} \tag{4.8.26}$$

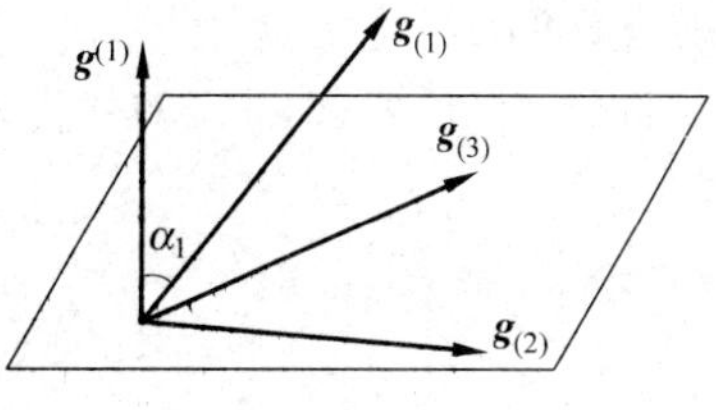

图 4.15　非完整系中逆变基矢量与协变基矢量的关系

4.8.2.2 矢量的物理分量

任意矢量 $\boldsymbol{v}$ 在完整系中的分解式为

$$\boldsymbol{v} = v^i \boldsymbol{g}_i = v_i \boldsymbol{g}^i \tag{4.8.27}$$

其中分量 v^i 或 v_i 一般不具有该物理量原来的量纲。但

如果该矢量对上述非完整系分解

$$\boldsymbol{v}=v^{(i)}\boldsymbol{g}_{(i)}=v_{(i)}\boldsymbol{g}^{(i)} \tag{4.8.28}$$

则由于 $\boldsymbol{g}_{(i)}$ 和 $\boldsymbol{g}^{(i)}$ 都是无量纲的，分量 $v^{(i)}$ 和 $v_{(i)}$ 均具有矢量 $\boldsymbol{v}$ 原来的物理量纲。如果按物理学中的平行四边形法则，把矢量 $\boldsymbol{v}$ 沿非完整系基矢量 $\boldsymbol{g}_{(i)}$ 和 $\boldsymbol{g}^{(i)}$ 方向分解，则 $\boldsymbol{g}_{(i)}$ 方向分量的大小就等于逆变分量 $v^{(i)}$。而 $\boldsymbol{g}^{(i)}$ 方向分量的大小并不等于协变分量 $v_{(i)}$，因为 $\boldsymbol{g}^{(i)}$ 不是单位矢量。故通常把非完整系逆变分量 $v^{(i)}$ 选作矢量 $\boldsymbol{v}$ 的**物理分量**。将(4.8.25)式代入(4.8.16)式，得到物理分量 $v^{(i)}$ 和完整系分量 v^i 间的转换关系：

$$\begin{aligned}v^{(i)}&=\sqrt{g_{\underline{ii}}}\,v^i=\sqrt{g_{\underline{ii}}}\,g^{ij}v_j\\ v^i&=\frac{1}{\sqrt{g_{\underline{ii}}}}v^{(i)}\end{aligned}\quad(\text{对 } i \text{ 不取和}) \tag{4.8.29}$$

4.8.2.3 二阶张量的物理分量

二阶张量 $\boldsymbol{T}$ 在完整系中可以分解为

$$\boldsymbol{T}=T^{kl}\boldsymbol{g}_k\boldsymbol{g}_l=T_{kl}\boldsymbol{g}^k\boldsymbol{g}^l=T^{k}_{\cdot l}\boldsymbol{g}_k\boldsymbol{g}^l=T_{k}^{\cdot l}\boldsymbol{g}^k\boldsymbol{g}_l \tag{4.8.30}$$

一般说来上述完整系分量并不具有原物理量纲。如果把同一个张量实体对非完整系分解

$$\boldsymbol{T}=T^{(a)(b)}\boldsymbol{g}_{(a)}\boldsymbol{g}_{(b)}=T_{(a)(b)}\boldsymbol{g}^{(a)}\boldsymbol{g}^{(b)}=T^{(a)}_{\cdot(b)}\boldsymbol{g}_{(a)}\boldsymbol{g}^{(b)}=T_{(a)}^{\cdot(b)}\boldsymbol{g}^{(a)}\boldsymbol{g}_{(b)} \tag{4.8.31}$$

则上述四种非完整系逆变、协变和混合分量都具有原来的物理量纲。选哪种分量作为物理分量应根据具体物理问题来定。

以应力张量 $\boldsymbol{\sigma}$ 为例。由例1.5知，在变形体内任意点处，作用在外法线矢量为 $\boldsymbol{n}$ 的斜截面上的应力矢量 $\boldsymbol{p}$ 与应力张量 $\boldsymbol{\sigma}$ 之间满足张量方程

$$\boldsymbol{p}=\boldsymbol{\sigma}\cdot\boldsymbol{n} \tag{4.8.32}$$

前面已选定矢量的物理分量为其逆变分量，即

$$\boldsymbol{p}=p^{(a)}\boldsymbol{g}_{(a)} \tag{4.8.33a}$$

$$\boldsymbol{n}=n^{(c)}\boldsymbol{g}_{(c)} \tag{4.8.33b}$$

如果相应地把张量 $\boldsymbol{\sigma}$ 分解成

$$\boldsymbol{\sigma}=\sigma^{(a)}_{\cdot(b)}\boldsymbol{g}_{(a)}\boldsymbol{g}^{(b)} \tag{4.8.33c}$$

并代入(4.8.32)式

$$p^{(a)}\boldsymbol{g}_{(a)}=\sigma^{(a)}_{\cdot(b)}\boldsymbol{g}_{(a)}\boldsymbol{g}^{(b)}\cdot n^{(c)}\boldsymbol{g}_{(c)}=\sigma^{(a)}_{\cdot(b)}n^{(c)}\delta^{b}_{c}\boldsymbol{g}_{(a)}=\sigma^{(a)}_{\cdot(b)}n^{(b)}\boldsymbol{g}_{(a)}$$

则得如下物理分量间的关系：

$$p^{(a)}=\sigma^{(a)}_{\cdot(b)}n^{(b)} \tag{4.8.34}$$

它与完整系中的关系式

$$p^k=\sigma^{k}_{\cdot l}n^l \tag{4.8.35}$$

完全相似。所以当二阶张量与右边某矢量相点积时，选取混合分量 $T^{(a)}_{\cdot(b)}$ 作为物理分量是比较合理的。

将(4.8.22)式、(4.8.25)式代入(4.8.18)式，得物理分量与完整系分量之间的转换关系为

$$T^{(k)}_{\cdot(l)}=\sqrt{\frac{g_{\underline{kk}}}{g_{\underline{ll}}}}T^{k}_{\cdot l} \tag{4.8.36a}$$

对 k,l 不取和

$$T^{k}_{\cdot l}=\sqrt{\frac{g_{\underline{ll}}}{g_{\underline{kk}}}}T^{(k)}_{\cdot(l)} \tag{4.8.36b}$$

对上式求迹(缩并),可得

$$T^{\cdot(k)}_{\cdot(k)} = T^{\cdot k}_{\cdot k} = \mathscr{J}_1 \tag{4.8.37}$$

即在完整系和非完整系的相互转换过程中,二阶张量的第一不变量保持不变。

C. Truesdell 曾建议把二阶张量物理分量一律选为混合分量 $T^{\cdot(a)}_{\cdot(b)}$。但实际上,针对不同的物理问题选择不同的物理分量比较合适。例如,若二阶张量 $\boldsymbol{T}$ 与左边的某矢量 $\boldsymbol{n}$ 相点积

$$\boldsymbol{p} = \boldsymbol{n} \cdot \boldsymbol{T} \tag{4.8.38}$$

相应的分量式为

$$p^{(c)} = n^{(a)} T_{(a)}^{\cdot(c)} \tag{4.8.39}$$

这时选 $T_{(a)}^{\cdot(c)}$ 物理分量更为方便。为了区别,通常称 $T^{\cdot(a)}_{\cdot(b)}$ 为**右物理分量**,$T_{(a)}^{\cdot(c)}$ 为**左物理分量**。左、右物理分量间满足指标升降关系:

$$T^{\cdot(a)}_{\cdot(b)} = g^{(a)(c)} g_{(b)(d)} T_{(c)}^{\cdot(d)} \tag{4.8.40}$$

再如,设变形后线元的长度为 $\mathrm{d}s$,则

$$\mathrm{d}s^2 = C_{kl}\,\mathrm{d}x^k \mathrm{d}x^l = \mathrm{d}\boldsymbol{r} \cdot \boldsymbol{C} \cdot \mathrm{d}\boldsymbol{r} \tag{4.8.41}$$

其中 C_{kl} 称为 **Green 变形张量**。由于矢量 $\mathrm{d}\boldsymbol{r}$ 的物理分量为 $\mathrm{d}x^{(a)}$,即

$$\mathrm{d}\boldsymbol{r} = \mathrm{d}x^{(a)} \boldsymbol{g}_{(a)} \tag{4.8.42}$$

故

$$\mathrm{d}s^2 = C_{(m)(n)}\,\mathrm{d}x^{(m)}\,\mathrm{d}x^{(n)} \tag{4.8.43}$$

与完整系的(4.8.41)式相似,应选 $C_{(m)(n)}$ 为张量 $\boldsymbol{C}$ 的物理分量,即

$$\boldsymbol{C} = C_{(m)(n)} \boldsymbol{g}^{(m)} \boldsymbol{g}^{(n)} \tag{4.8.44}$$

高阶张量的物理分量也应根据具体物理问题来选择。一般说,由于矢量的物理分量已选为逆变分量,所以在张量的物理分量中,凡与矢量点积(缩并)的指标都应选为下(协变)指标。

4.9 正交曲线坐标系中的物理分量

在对许多物理、力学问题进行研究时常采用正交曲线坐标系,此时前面各节所述公式可以大为简化。

4.9.1 正交标准化基、度量张量与物理分量

正交系中,三个协变基矢量 $\boldsymbol{g}_i$ 互相正交,但不一定是单位矢量。由(1.3.13)式知,其长度为

$$|\boldsymbol{g}_i| = A_i \qquad (i = 1,2,3) \tag{4.9.1}$$

式中 $A_i(i=1,2,3)$ 是 **Lamé 常数**。

度量张量的协变分量为

$$g_{ij} = \begin{cases} 0, & i \neq j \\ (A_i)^2, & i = j \end{cases} \qquad (i,j = 1,2,3) \tag{4.9.2}$$

三个逆变基矢量 $\boldsymbol{g}^i$ 与相应的协变基矢量 $\boldsymbol{g}_i$ 方向相同。由对偶关系知

$$\boldsymbol{g}^i = \frac{\boldsymbol{g}_i}{(A_i)^2} \qquad (i\ \text{不求和}, i = 1,2,3) \tag{4.9.3}$$

度量张量的逆变分量为

$$g^{ij}=\begin{cases}0, & i\neq j\\ 1/(A_i)^2, & i=j\end{cases}\quad (i,j=1,2,3) \tag{4.9.4}$$

为了便于对物理问题进行分析,引入非完整正交系。非完整系协变基矢量 $\boldsymbol{g}_{(i)}$ 成为一组正交标准化基 $\boldsymbol{e}_i(i=1,2,3)$:

$$\boldsymbol{e}_i=\frac{\boldsymbol{g}_i}{A_i}\quad 或\quad \boldsymbol{g}_i=A_i\boldsymbol{e}_i\quad (i\text{ 不求和},i=1,2,3) \tag{4.9.5}$$

而逆变基矢量也是一组相同的正交标准化基

$$\boldsymbol{e}^i=A_i\boldsymbol{g}^i\quad 或\quad \boldsymbol{g}^i=\frac{\boldsymbol{e}^i}{A_i}\quad (i\text{ 不求和},i=1,2,3) \tag{4.9.6}$$

在非完整系的正交标准化基中,协变、逆变的差别消失了,指标不需再区分上下。基矢量 $\boldsymbol{e}_i=\boldsymbol{e}^i=\boldsymbol{e}\langle i\rangle$ 是一组沿着正交坐标曲线的切线方向、随点只改变方向而不改变大小的正交单位矢量,也称为**笛卡儿坐标架**。在非完整正交系中,度量张量的分量

$$g\langle i,j\rangle=\delta_{ij}=\begin{cases}0, & i\neq j\\ 1, & i=j\end{cases} \tag{4.9.7}$$

这组正交标准化基也可以构成非完整系中的各阶基张量,矢量或张量对其分解,得到各阶张量的物理分量。显然,此时也不需要再区分协、逆变分量。如

$$\boldsymbol{v}=v^i\boldsymbol{g}_i=v_i\boldsymbol{g}^i=v\langle i\rangle\boldsymbol{g}\langle i\rangle \tag{4.9.8}$$

$$\boldsymbol{T}=T^{ij}_{\cdot\cdot kl}\boldsymbol{g}_i\boldsymbol{g}_j\boldsymbol{g}^k\boldsymbol{g}^l=T\langle ijkl\rangle\boldsymbol{e}\langle i\rangle\boldsymbol{e}\langle j\rangle\boldsymbol{e}\langle k\rangle\boldsymbol{e}\langle l\rangle \tag{4.9.9}$$

由上两式与(4.9.5)式、(4.9.6)式可知物理分量与完整系中张量分量的关系为

$$v^i=\frac{v\langle i\rangle}{A_i},\quad v_i=A_iv\langle i\rangle\quad (i\text{ 不求和},i=1,2,3) \tag{4.9.10}$$

$$T^{ij}_{\cdot\cdot kl}=\frac{A_kA_l}{A_iA_j}T\langle ijkl\rangle\quad (i,j,k,l\text{ 不求和},i,j,k,l=1,2,3) \tag{4.9.11}$$

4.9.2 基矢量对坐标的导数

(本小节中以下各式取消求和约定)

在完整系中,通过 Christoffel 符号来表示基矢量对坐标的导数。利用第一、二类 Christoffel 符号与度量张量的关系(4.1.15)式、(4.1.18)式及正交曲线坐标系中度量张量的特点可以算得,在正交系中,有

$$\begin{cases}\Gamma_{ij,k}=0, & \Gamma^k_{ij}=0 & (i\neq j\neq k)\\ \Gamma_{ij,i}=A_i\dfrac{\partial A_i}{\partial x^j}, & \Gamma^i_{ij}=\dfrac{1}{A_i}\dfrac{\partial A_i}{\partial x^j} & (i\neq j\text{ 或 }i=j)\\ \Gamma_{ii,j}=-A_i\dfrac{\partial A_i}{\partial x^j}, & \Gamma^j_{ii}=-\dfrac{A_i}{A_j^2}\dfrac{\partial A_i}{\partial x^j} & (i\neq j)\end{cases} \tag{4.9.12}$$

在非完整系的张量运算中,最常用到的是正交标准化基 $\boldsymbol{e}\langle i\rangle$ 对坐标的求导公式,由(4.9.5)式、(4.9.12)式可知:

$$\begin{aligned}\frac{\partial\boldsymbol{e}\langle i\rangle}{\partial x^i}&=\frac{\partial}{\partial x^i}\left(\frac{\boldsymbol{g}_i}{A_i}\right)=-\frac{1}{A_i^2}\frac{\partial A_i}{\partial x^i}\boldsymbol{g}_i+\sum_{m=1}^{3}\frac{1}{A_i}\Gamma_{ii,m}\boldsymbol{g}^m\\ &=-\frac{1}{A_j}\frac{\partial A_i}{\partial x^j}\boldsymbol{e}\langle j\rangle-\frac{1}{A_k}\frac{\partial A_i}{\partial x^k}\boldsymbol{e}\langle k\rangle\quad (i\neq j\neq k)\end{aligned} \tag{4.9.13}$$

$$\frac{\partial \boldsymbol{e}\langle i\rangle}{\partial x^j}=\frac{\partial}{\partial x^j}\left(\frac{\boldsymbol{g}_i}{A_i}\right)=-\frac{1}{A_i^2}\frac{\partial A_i}{\partial x^j}\boldsymbol{g}_i+\sum_{m=1}^{3}\frac{1}{A_i}\Gamma_{ij,m}\boldsymbol{g}^m$$

$$=-\frac{1}{A_i}\frac{\partial A_i}{\partial x^j}\boldsymbol{e}\langle i\rangle+\frac{\partial A_i}{\partial x^j}\boldsymbol{g}^i+\frac{A_j\partial A_j}{A_i\partial x^i}\boldsymbol{g}^j=\frac{1}{A_i}\frac{\partial A_j}{\partial x^i}\boldsymbol{e}\langle j\rangle \quad (i\neq j) \tag{4.9.14}$$

上述两式可以写成

$$\frac{\partial \boldsymbol{e}\langle 1\rangle}{\partial x^1}=-\frac{\partial A_1}{A_2\partial x^2}\boldsymbol{e}\langle 2\rangle-\frac{\partial A_1}{A_3\partial x^3}\boldsymbol{e}\langle 3\rangle,\quad \frac{\partial \boldsymbol{e}\langle 1\rangle}{\partial x^2}=\frac{\partial A_2}{A_1\partial x^1}\boldsymbol{e}\langle 2\rangle,\quad \frac{\partial \boldsymbol{e}\langle 1\rangle}{\partial x^3}=\frac{\partial A_3}{A_1\partial x^1}\boldsymbol{e}\langle 3\rangle$$

$$\frac{\partial \boldsymbol{e}\langle 2\rangle}{\partial x^1}=\frac{\partial A_1}{A_2\partial x^2}\boldsymbol{e}\langle 1\rangle,\quad \frac{\partial \boldsymbol{e}\langle 2\rangle}{\partial x^2}=-\frac{\partial A_2}{A_1\partial x^1}\boldsymbol{e}\langle 1\rangle-\frac{\partial A_2}{A_3\partial x^3}\boldsymbol{e}\langle 3\rangle,\quad \frac{\partial \boldsymbol{e}\langle 2\rangle}{\partial x^3}=\frac{\partial A_3}{A_2\partial x^2}\boldsymbol{e}\langle 3\rangle$$

$$\frac{\partial \boldsymbol{e}\langle 3\rangle}{\partial x^1}=\frac{\partial A_1}{A_3\partial x^3}\boldsymbol{e}\langle 1\rangle,\quad \frac{\partial \boldsymbol{e}\langle 3\rangle}{\partial x^2}=\frac{\partial A_2}{A_3\partial x^3}\boldsymbol{e}\langle 2\rangle,\quad \frac{\partial \boldsymbol{e}\langle 3\rangle}{\partial x^3}=-\frac{\partial A_3}{A_1\partial x^1}\boldsymbol{e}\langle 1\rangle-\frac{\partial A_3}{A_2\partial x^2}\boldsymbol{e}\langle 2\rangle \tag{4.9.15}$$

对于常用的坐标系,例如圆柱坐标系和球坐标系,可以无需记忆上述公式,而直接根据几何直观地写出正交标准化基 $\boldsymbol{e}\langle i\rangle$ 的求导公式。

圆柱坐标系(r,θ,z)中正交标准化基矢量的求导公式如下:

$$\frac{\partial \boldsymbol{e}_r}{\partial r}=\boldsymbol{0}\ \text{(a)},\quad \frac{\partial \boldsymbol{e}_r}{\partial \theta}=\boldsymbol{e}_\theta\ \text{(b)},\quad \frac{\partial \boldsymbol{e}_r}{\partial z}=\boldsymbol{0}\ \text{(c)}$$

$$\frac{\partial \boldsymbol{e}_\theta}{\partial r}=\boldsymbol{0}\ \text{(d)},\quad \frac{\partial \boldsymbol{e}_\theta}{\partial \theta}=-\boldsymbol{e}_r\ \text{(e)},\quad \frac{\partial \boldsymbol{e}_\theta}{\partial z}=\boldsymbol{0}\ \text{(f)}$$

$$\frac{\partial \boldsymbol{e}_z}{\partial r}=\boldsymbol{0}\ \text{(g)},\quad \frac{\partial \boldsymbol{e}_z}{\partial \theta}=\boldsymbol{0}\ \text{(h)},\quad \frac{\partial \boldsymbol{e}_z}{\partial z}=\boldsymbol{0}\ \text{(i)}$$

其中(b)、(e)式的解释分别见图 4.16(a)、(b)所示。

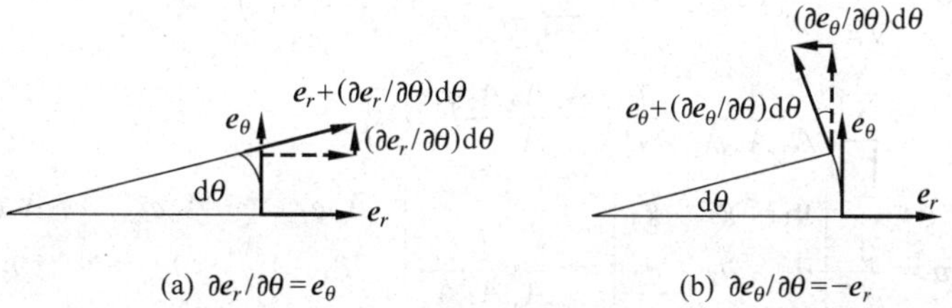

图 4.16　圆柱坐标系中正交标准化基矢量对 θ 导数的几何解释

图 4.17 和图 4.18 所示球坐标系(r,θ,φ)中正交标准化基矢量的求导公式如下:

$$\frac{\partial \boldsymbol{e}_r}{\partial r}=\boldsymbol{0}\ \text{(a)},\quad \frac{\partial \boldsymbol{e}_r}{\partial \theta}=\boldsymbol{e}_\theta\ \text{(b)},\quad \frac{\partial \boldsymbol{e}_r}{\partial \varphi}=\boldsymbol{e}_\varphi\sin\theta\ \text{(c)}$$

$$\frac{\partial \boldsymbol{e}_\theta}{\partial r}=\boldsymbol{0}\ \text{(d)},\quad \frac{\partial \boldsymbol{e}_\theta}{\partial \theta}=-\boldsymbol{e}_r\ \text{(e)},\quad \frac{\partial \boldsymbol{e}_\theta}{\partial \varphi}=\boldsymbol{e}_\varphi\cos\theta\ \text{(f)}$$

$$\frac{\partial \boldsymbol{e}_\varphi}{\partial r}=\boldsymbol{0}\ \text{(g)},\quad \frac{\partial \boldsymbol{e}_\varphi}{\partial \theta}=\boldsymbol{0}\ \text{(h)},\quad \frac{\partial \boldsymbol{e}_\varphi}{\partial \varphi}=-\boldsymbol{e}_r\sin\theta-\boldsymbol{e}_\theta\cos\theta\ \text{(i)}$$

其中(c)、(f)、(i)式的解释如图 4.17 所示。

4.9.3　正交系中张量表达式的物理分量形式

各种张量表达式在正交系中的物理分量形式可以用两种方法得到:一种是先得到张量分量形式(注意化简),再利用(4.9.10)式～(4.9.12)式化为物理分量。另一种是从非完整

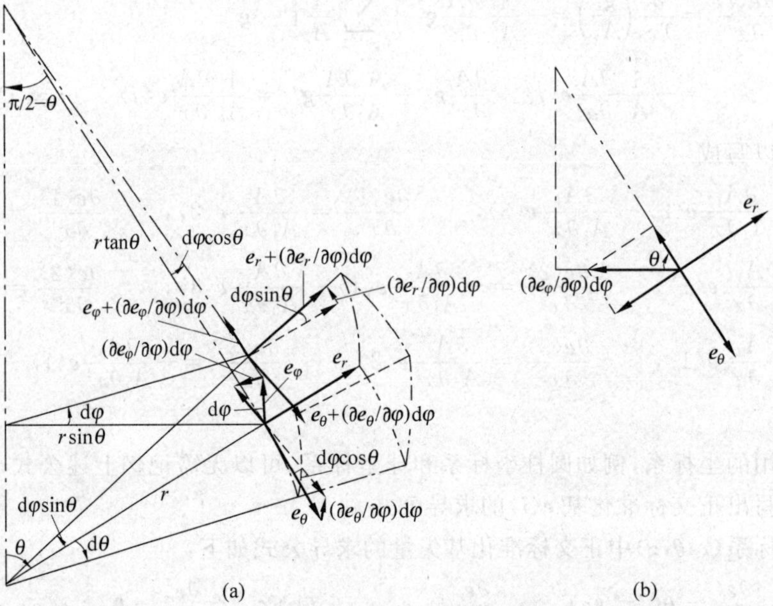

图 4.17 球坐标系中正交标准化基矢量对 φ 导数的几何解释

系中的并矢式(4.9.8)、(4.9.9)出发,利用正交标准化基的求导公式直接得到。

1. 第一种方法

例 4.13 已知矢量场函数 $\boldsymbol{v}$,求 div$\boldsymbol{v}$ 与 curl$\boldsymbol{v}$。利用(4.4.4)式与(4.4.9)式,有

$$\operatorname{div}\boldsymbol{v}=\frac{1}{\sqrt{g}}\frac{\partial}{\partial x^i}(\sqrt{g}F^i)=\sum_{i=1}^{3}\frac{1}{\sqrt{g}}\frac{\partial}{\partial x^i}\left(\frac{\sqrt{g}}{A_i}F\langle i\rangle\right)$$

$$=\sum_{i=1}^{3}\frac{1}{A_1A_2A_3}\frac{\partial}{\partial x^i}\left(\frac{A_1A_2A_3}{A_i}F\langle i\rangle\right)\tag{4.9.16}$$

$$\operatorname{curl}\boldsymbol{v}=\frac{1}{\sqrt{g}}\begin{vmatrix}\boldsymbol{g}_1 & \boldsymbol{g}_2 & \boldsymbol{g}_3\\ \partial_1 & \partial_2 & \partial_3\\ v_1 & v_2 & v_3\end{vmatrix}=\frac{1}{A_1A_2A_3}\begin{vmatrix}A_1\boldsymbol{e}_1 & A_2\boldsymbol{e}_2 & A_3\boldsymbol{e}_3\\ \partial_1 & \partial_2 & \partial_3\\ A_1v\langle 1\rangle & A_2v\langle 2\rangle & A_3v\langle 3\rangle\end{vmatrix}\tag{4.9.17}$$

如果将标量场函数的梯度$\nabla\varphi$看作矢量$\boldsymbol{v}$,则由(4.9.16)式还可得到

$$\nabla^2\varphi=\nabla\cdot\nabla\varphi=\frac{1}{\sqrt{g}}\frac{\partial}{\partial x^i}\left(\sqrt{g}g^{ij}\frac{\partial\varphi}{\partial x^j}\right)=\frac{1}{A_1A_2A_3}\sum_{i=1}^{3}\frac{\partial}{\partial x^i}\left(\frac{A_1A_2A_3}{A_i^{\,2}}\frac{\partial\varphi}{\partial x^i}\right)\tag{4.9.18}$$

例 4.14 推导正交曲线坐标系中的动力学方程。从完整系中的张量分量形式出发,在完整系中仍采用求和约定,非完整系中取消求和约定。

$$\sigma_{i;j}^{\cdot j}+\rho f_i=\rho w_i\qquad(i=1,2,3)\tag{4.9.19}$$

其中

$$\sigma_{i\,;j}^{\cdot j}=\sigma_{i\,,j}^{\cdot j}-\sigma_m^{\cdot j}\Gamma_{ij}^m+\sigma_i^{\cdot m}\Gamma_{mj}^j=\frac{\partial(\sqrt{g}\sigma_i^{\cdot j})}{\sqrt{g}\partial x^j}-\sigma_m^{\cdot j}\Gamma_{ij}^m\text{(以下取消求和约定)}$$

$$=\sum_{j=1}^{3}\frac{1}{A_1A_2A_3}\frac{\partial}{\partial x^j}\left(\frac{A_1A_2A_3A_i}{A_j}\sigma\langle ij\rangle\right)-\sum_{m,j=1}^{3}\frac{A_m}{A_j}\sigma\langle mj\rangle\Gamma_{ij}^m$$

将(4.9.12)式代入上式,再将上式代回(4.9.19)式,并在等式左右两边都将对 $\boldsymbol{g}^i$ 分解的协

变分量改为对 e^i 分解的物理分量。得到

$$\frac{1}{A_1A_2A_3}\sum_{j=1}^{3}\frac{\partial}{\partial x^j}\left(\frac{A_1A_2A_3}{A_j}\sigma\langle ij\rangle\right)+\sum_{j\neq i,j=1}^{3}\frac{1}{A_iA_j}\frac{\partial A_i}{\partial x^j}\sigma\langle ij\rangle - \sum_{j\neq i,j=1}^{3}\frac{1}{A_iA_j}\frac{\partial A_j}{\partial x^i}\sigma\langle jj\rangle+\rho f\langle i\rangle=\rho w\langle i\rangle \qquad (i=1,2,3) \tag{4.9.20}$$

2. 第二种方法

例 4.15　推导正交曲线坐标系中小应变张量的物理分量与位移矢量的物理分量的几何关系。从实体形式出发，则

$$\begin{aligned}\boldsymbol{\varepsilon}&=\sum_{i,j=1}^{3}\varepsilon\langle i,j\rangle \boldsymbol{e}_i\boldsymbol{e}_j=\frac{1}{2}(\boldsymbol{u}\nabla+\nabla\boldsymbol{u})=\sum_{i,j=1}^{3}\frac{1}{2}\left[\boldsymbol{g}^i\frac{\partial \boldsymbol{u}}{\partial x^i}+\frac{\partial \boldsymbol{u}}{\partial x^j}\boldsymbol{g}^j\right]\\&=\frac{1}{2}\sum_{i,j=1}^{3}\left[\frac{\boldsymbol{e}_i}{A_i}\frac{\partial}{\partial x^i}(u\langle j\rangle \boldsymbol{e}\langle j\rangle)+\frac{\partial}{\partial x^j}(u\langle i\rangle \boldsymbol{e}\langle i\rangle)\frac{\boldsymbol{e}_j}{A_j}\right]\\&=\frac{1}{2}\sum_{i,j=1}^{3}\left[\left(\frac{1}{A_i}\frac{\partial u\langle j\rangle}{\partial x^i}+\frac{1}{A_j}\frac{\partial u\langle i\rangle}{\partial x^j}\right)\boldsymbol{e}_i\boldsymbol{e}_j+\frac{u\langle j\rangle}{A_i}\boldsymbol{e}_i\frac{\partial \boldsymbol{e}_j}{\partial x^j}+\frac{u\langle i\rangle}{A_j}\frac{\partial \boldsymbol{e}_i}{\partial x^j}\boldsymbol{e}_j\right]\end{aligned} \tag{4.9.21}$$

将(4.9.15)式代入上式，并且分别取 $\varepsilon\langle ij\rangle(i=1,2,3;j=1,2,3)$ 的各分量，得到正交曲线坐标系中物理分量表达的几何关系如下：

$$\left\{\begin{aligned}\varepsilon\langle 11\rangle&=\frac{1}{A_1}\frac{\partial u\langle 1\rangle}{\partial x^1}+\frac{1}{A_1A_2}\frac{\partial A_1}{\partial x^2}u\langle 2\rangle+\frac{1}{A_1A_3}\frac{\partial A_1}{\partial x^3}u\langle 3\rangle\\ \varepsilon\langle 22\rangle&=\frac{1}{A_1}\frac{\partial u\langle 2\rangle}{\partial x^2}+\frac{1}{A_2A_1}\frac{\partial A_2}{\partial x^1}u\langle 1\rangle+\frac{1}{A_2A_3}\frac{\partial A_2}{\partial x^3}u\langle 3\rangle\\ \varepsilon\langle 33\rangle&=\frac{1}{A_3}\frac{\partial u\langle 3\rangle}{\partial x^3}+\frac{1}{A_3A_1}\frac{\partial A_3}{\partial x^1}u\langle 1\rangle+\frac{1}{A_3A_2}\frac{\partial A_3}{\partial x^2}u\langle 2\rangle\\ \varepsilon\langle 12\rangle&=\frac{1}{2}\left\{\frac{1}{A_1}\frac{\partial u\langle 2\rangle}{\partial x^1}+\frac{1}{A_2}\frac{\partial u\langle 1\rangle}{\partial x^2}-\frac{u\langle 1\rangle}{A_1A_2}\frac{\partial A_1}{\partial x^2}-\frac{u\langle 2\rangle}{A_2A_1}\frac{\partial A_2}{\partial x^1}\right\}\\ \varepsilon\langle 23\rangle&=\frac{1}{2}\left\{\frac{1}{A_2}\frac{\partial u\langle 3\rangle}{\partial x^2}+\frac{1}{A_3}\frac{\partial u\langle 2\rangle}{\partial x^3}-\frac{u\langle 2\rangle}{A_2A_3}\frac{\partial A_2}{\partial x^3}-\frac{u\langle 3\rangle}{A_3A_2}\frac{\partial A_3}{\partial x^2}\right\}\\ \varepsilon\langle 31\rangle&=\frac{1}{2}\left\{\frac{1}{A_1}\frac{\partial u\langle 3\rangle}{\partial x^1}+\frac{1}{A_3}\frac{\partial u\langle 1\rangle}{\partial x^3}-\frac{u\langle 1\rangle}{A_1A_3}\frac{\partial A_1}{\partial x^3}-\frac{u\langle 3\rangle}{A_3A_1}\frac{\partial A_3}{\partial x^1}\right\}\end{aligned}\right. \tag{4.9.22}$$

习　题

4.1　已知：标量函数 a。

求证：$a_{;jk}=a_{;kj}=\dfrac{\partial^2 a}{\partial x^j\partial x^k}-\dfrac{\partial a}{\partial x^r}\Gamma_{jk}^r$。

4.2　从 $F_i=g_{ik}F^k$ 出发，求证：$F_{i;j}=g_{ik}F^k{}_{;j}$。

4.3　求证：$\dfrac{\partial g^{jl}}{\partial x^i}=-(g^{mj}\Gamma_{im}^l+g^{ml}\Gamma_{im}^j)$。

4.4　用度量张量的分量表示正交曲线坐标系中的 Γ_{ij}^k 与 $\Gamma_{ij,k}$。

4.5　已知：φ 为标量场函数，$\boldsymbol{v}$ 为矢量场函数。

求证：$\nabla(\varphi\boldsymbol{v})=\varphi(\nabla\boldsymbol{v})+(\nabla\varphi)\boldsymbol{v}$。

4.6　已知：$\boldsymbol{v}$，$\boldsymbol{w}$ 均为矢量场函数。

求证：$\nabla(\boldsymbol{v}\cdot\boldsymbol{w})=(\nabla\boldsymbol{w})\cdot\boldsymbol{v}+(\nabla\boldsymbol{v})\cdot\boldsymbol{w}$。

4.7 已知：$\boldsymbol{v}$ 为矢量场函数，$\boldsymbol{a}$ 为任意矢量。

求证：$(\mathrm{curl}\boldsymbol{v})\times\boldsymbol{a}=[\boldsymbol{v}\nabla-\nabla\boldsymbol{v}]\cdot\boldsymbol{a}$。

4.8 已知：$\boldsymbol{u},\boldsymbol{v}$ 为矢量场函数。

求证：$\nabla(\boldsymbol{u}\cdot\boldsymbol{v})=\boldsymbol{u}\times(\nabla\times\boldsymbol{v})+\boldsymbol{v}\times(\nabla\times\boldsymbol{u})+\boldsymbol{u}\cdot(\nabla\boldsymbol{v})+\boldsymbol{v}\cdot(\nabla\boldsymbol{u})$。

4.9 已知：$\boldsymbol{u},\boldsymbol{v}$ 为矢量场函数。

求证：$\nabla\times(\boldsymbol{u}\times\boldsymbol{v})=\boldsymbol{v}\cdot(\nabla\boldsymbol{u})-\boldsymbol{v}(\nabla\cdot\boldsymbol{u})+\boldsymbol{u}(\nabla\cdot\boldsymbol{v})-\boldsymbol{u}\cdot(\nabla\boldsymbol{v})$。

4.10 求证：$\nabla\cdot(\varphi\boldsymbol{T})=\boldsymbol{T}^{\mathrm{T}}\cdot\nabla\varphi+\varphi(\nabla\cdot\boldsymbol{T})$。

其中 φ 为标量场函数，$\boldsymbol{T}$ 为二阶张量场函数。

4.11 求证：$\nabla\times(\varphi\boldsymbol{v})=(\nabla\varphi)\times\boldsymbol{v}+\varphi(\nabla\times\boldsymbol{v})$，其中 φ 为标量场函数，$\boldsymbol{v}$ 为矢量场函数。

4.12 求证：$\nabla\times\nabla\varphi=\boldsymbol{0}$，其中 φ 为标量场函数。

(此题为例 4.9 的逆命题，即势函数的梯度为无旋场)

4.13 求证：$\nabla\cdot(\nabla\times\boldsymbol{u})=0$，其中 $\boldsymbol{u}$ 为矢量场函数。

4.14 已知：某矢量场函数 $\boldsymbol{u}$，$\mathrm{curl}\boldsymbol{u}=\boldsymbol{0}$，$\mathrm{div}\boldsymbol{u}=0$。

求证：$\boldsymbol{u}$ 是调和函数，即 $\nabla\cdot\nabla\boldsymbol{u}=\boldsymbol{0}$。

(提示：可先证 $\nabla\times(\nabla\times\boldsymbol{u})=\nabla(\nabla\cdot\boldsymbol{u})-\nabla\cdot(\nabla\boldsymbol{u})$。)

4.15 已知：标量场函数 ϕ，矢量场函数 $\boldsymbol{F}=F^{(k)}\boldsymbol{e}_k$，其中 $\boldsymbol{e}_k=\dfrac{\boldsymbol{g}_k}{\sqrt{g_{\underline{kk}}}}$($k$ 不求和)。

求：正交曲线坐标系中 $\mathrm{grad}\phi$，$\mathrm{div}\boldsymbol{F}$，$\mathrm{curl}\boldsymbol{F}$ 及 $\nabla^2\phi=\nabla\cdot\nabla\phi=\mathrm{div\ grad}\phi$(要求按 $\boldsymbol{e}_k$ 展开的表达式)。

4.16 已知：圆柱坐标系中矢量场函数 $\boldsymbol{F}$ 可表达为 $\boldsymbol{F}=F_r\boldsymbol{e}_r+F_\theta\boldsymbol{e}_\theta+F_z\boldsymbol{e}_z$($\boldsymbol{e}_r,\boldsymbol{e}_\theta,\boldsymbol{e}_z$ 是 r,θ,z 方向的单位矢量)；标量场函数 ϕ。

求：Christoffel 符号与 $\boldsymbol{e}_r,\boldsymbol{e}_\theta,\boldsymbol{e}_z$ 对坐标的导数；用两种方法求 $\mathrm{grad}\phi$，$\mathrm{div}\boldsymbol{F}$，$\mathrm{curl}\boldsymbol{F}$ 及 $\nabla^2\phi$。

4.17 已知：球坐标系中矢量场函数 $\boldsymbol{F}$ 可表达为 $\boldsymbol{F}=F_r\boldsymbol{e}_r+F_\theta\boldsymbol{e}_\theta+F_\varphi\boldsymbol{e}_\varphi$($\boldsymbol{e}_r,\boldsymbol{e}_\theta,\boldsymbol{e}_\varphi$ 是 r,θ,φ 方向的单位矢量，见图 4.18)；标量场函数 ϕ。

求：Christoffel 符号与 $\boldsymbol{e}_r,\boldsymbol{e}_\theta,\boldsymbol{e}_\varphi$ 对坐标的导数；用两种方法求 $\mathrm{grad}\phi$，$\mathrm{div}\boldsymbol{F}$，$\mathrm{curl}\boldsymbol{F}$ 及 $\nabla^2\phi$。

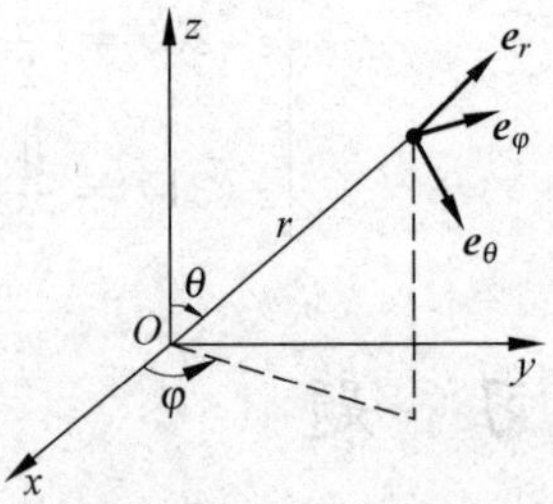

图 4.18 球坐标系

4.18 已知：二维空间中 (n,s) 坐标系如图 4.19 所示。其中 s 是沿某一物体表面的曲线边界弧长(选择物体表面某一确定点为起始点)，n 为沿物体表面外法线的长度(从物体表面起算)，则物体外部域内每一点的坐标均可用 n,s ($x^1=n,x^2=s$)描述($n\geqslant 0$)。物体表面每点处的曲率半径及其对 s 的各阶导数均为已知。

求：用 $R(s)$ 及其导数、坐标 n,s 表示以下各量：

(1) Lamè 参数 A,B。

(2) 用 (n,s) 坐标线单位切向矢量 $\boldsymbol{e}_n,\boldsymbol{e}_s$ 表示基矢量 $\boldsymbol{g}_\alpha,\boldsymbol{g}^\beta$。

(3) 用矢量的物理分量 $u\langle\alpha\rangle=u_n,u_s$ 表示其张量分量 u^α,u_α。

(4) Christoffel 符号 $\Gamma_{\alpha\beta}^{\gamma}$。

(5) 若 f 为标量场，$\boldsymbol{u}=u_n\boldsymbol{e}_n+u_s\boldsymbol{e}_s$ 为矢量场，求 $\nabla f,\nabla\cdot\boldsymbol{u},\nabla\times\boldsymbol{u},\nabla^2 f$ 的表达式($\nabla^2 f=\nabla\cdot\nabla f$)。

4.19　已知：z^k 为直角坐标，x^k 为抛物柱面坐标如图 4.20 所示，它们之间满足关系：

$$z^1=a(x^1-x^2)$$
$$z^2=2a\sqrt{x^1x^2}$$
$$z^3=x^3$$

其中 a=常数>0。

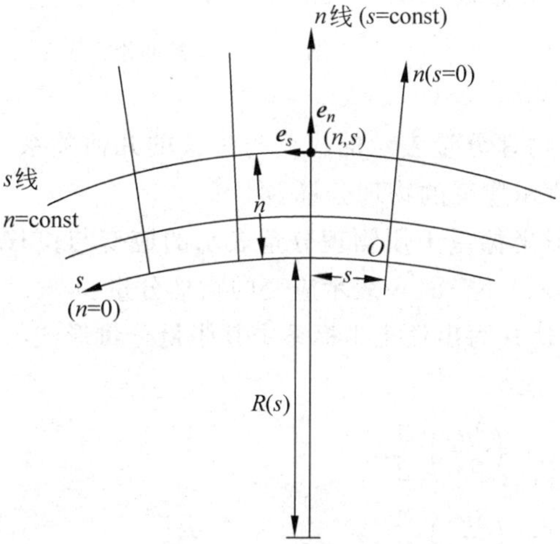

图 4.19　(n,s)坐标系

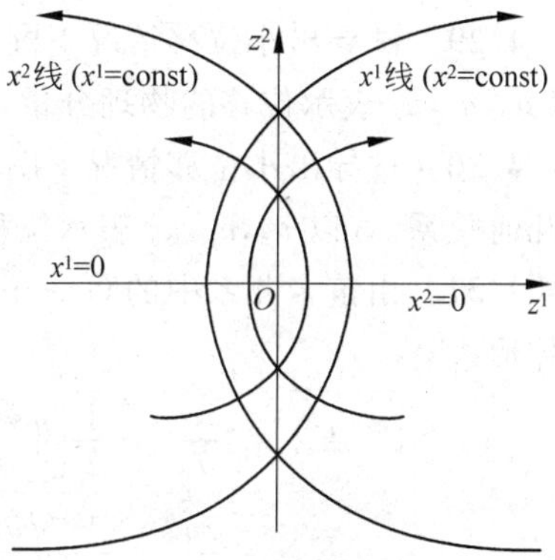

图 4.20　抛物柱面坐标系

求：对于 x^k 坐标系(只研究上半平面)

(1) 基矢量、度量张量。

(2) 用矢量的物理分量来表示矢量的张量分量。

(3) Christoffel 符号 Γ_{ij}^{k}。

(4) f 为标量场函数，$\boldsymbol{u}=u^i\boldsymbol{g}_i$ 为矢量场函数，求$\nabla f,\nabla\cdot\boldsymbol{u},\nabla\times\boldsymbol{u},\nabla^2 f$ 的表达式。

4.20　利用 Green 公式证明理想流体动力学方程：

$$\rho\boldsymbol{w}=\rho\boldsymbol{f}-\nabla p$$

(其中 p 为压力场，ρ 为密度，$\boldsymbol{w}$ 为加速度，$\boldsymbol{f}$ 为体力。)

4.21　求证 Stokes 公式：$\int_a(\boldsymbol{\varphi}\times\nabla)\cdot\mathrm{d}\boldsymbol{a}=-\oint_f\boldsymbol{\varphi}\cdot\mathrm{d}\boldsymbol{f}$。

4.22　利用 Green 公式证明定义于体域 v(边界为闭合曲面 a)上的 2 个标量场函数 φ 和 ψ 满足：$\int_v[\varphi(\nabla^2\psi)-\psi(\nabla^2\varphi)]\mathrm{d}v=\oint_a[\varphi(\nabla\psi)-\psi(\nabla\varphi)]\cdot\mathrm{d}\boldsymbol{a}$。

4.23　参考图 4.9，求证：定义于以闭合曲线 f 为边界的曲面 a 上的标量函数 φ 满足：$\oint_f(\nabla\varphi)\cdot\mathrm{d}\boldsymbol{f}=0$。

4.24　已知：圆锥面如图 4.21 所示，用(z,θ)表示圆锥面坐标系。

求：g_{11}，g_{22}，$\Gamma^{\gamma}_{\alpha\beta}(\alpha,\beta,\gamma=1,2)$，$R^{1}_{\cdot 212}$。

4.25 求证 $\boldsymbol{g}_{(i)}$ 为完整系的必要条件(对于单连通域也是充分条件)为

$$\beta^{(i)}_{j,k}=\beta^{(i)}_{k,j}$$

4.26 试利用完整系与非完整系的转换关系，由完整系中任意正交曲线坐标的平衡方程导出圆柱坐标系(r,θ,z)中用物理分量表示的平衡方程(应力的物理分量记为 p_{rr}，$p_{\theta\theta}$，…)。

4.27 同上题，试导出图4.18的球坐标系(r,θ,φ)中用物理分量表示的平衡方程(应力的物理分量记为 p_{rr}，$p_{r\varphi}$，…)。

4.28 试导出任意正交曲线坐标系中用物理分量表示的平衡方程。设

$$A_1=\sqrt{g_{11}},\qquad A_2=\sqrt{g_{22}},\qquad A_3=\sqrt{g_{33}}$$

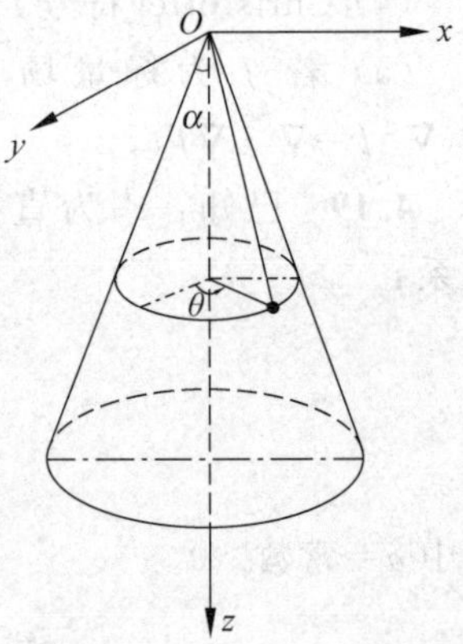

图4.21 圆锥面坐标系

4.29 试导出小位移情况下圆柱坐标系中用物理分量表示的应变与位移的几何关系。(以 u_r，u_θ，u_z 表示位移的物理分量，ε_{rr}，…，$\varepsilon_{r\theta}$，…表示应变的物理分量。)

4.30 试导出小位移情况下图4.18所示的球坐标系中用物理分量表示的应变与位移的几何关系。(以 u_r，u_θ，u_φ 表示位移的物理分量，ε_{rr}，…，$\varepsilon_{\theta\varphi}$，…表示应变的物理分量。)

4.31 由笛卡儿系中的 Green 应变分量的表达式写出任意坐标系中其张量分量形式与实体形式。

$$E_{xx}=\frac{\partial u_x}{\partial x}+\frac{1}{2}\left[\left(\frac{\partial u_x}{\partial x}\right)^2+\left(\frac{\partial u_y}{\partial x}\right)^2+\left(\frac{\partial u_z}{\partial x}\right)^2\right]$$

$$E_{yy}=\frac{\partial u_y}{\partial y}+\frac{1}{2}\left[\left(\frac{\partial u_x}{\partial y}\right)^2+\left(\frac{\partial u_y}{\partial y}\right)^2+\left(\frac{\partial u_z}{\partial y}\right)^2\right]$$

$$E_{zz}=\frac{\partial u_z}{\partial z}+\frac{1}{2}\left[\left(\frac{\partial u_x}{\partial z}\right)^2+\left(\frac{\partial u_y}{\partial z}\right)^2+\left(\frac{\partial u_z}{\partial z}\right)^2\right]$$

$$E_{xy}=E_{yx}=\frac{1}{2}\left[\frac{\partial u_x}{\partial y}+\frac{\partial u_y}{\partial x}+\frac{\partial u_x}{\partial x}\frac{\partial u_x}{\partial y}+\frac{\partial u_y}{\partial x}\frac{\partial u_y}{\partial y}+\frac{\partial u_z}{\partial x}\frac{\partial u_z}{\partial y}\right]$$

$$E_{yz}=E_{zy}=\frac{1}{2}\left[\frac{\partial u_y}{\partial z}+\frac{\partial u_z}{\partial y}+\frac{\partial u_x}{\partial y}\frac{\partial u_x}{\partial z}+\frac{\partial u_y}{\partial y}\frac{\partial u_y}{\partial z}+\frac{\partial u_z}{\partial y}\frac{\partial u_z}{\partial z}\right]$$

$$E_{xz}=E_{zx}=\frac{1}{2}\left[\frac{\partial u_x}{\partial z}+\frac{\partial u_z}{\partial x}+\frac{\partial u_x}{\partial x}\frac{\partial u_x}{\partial z}+\frac{\partial u_y}{\partial x}\frac{\partial u_y}{\partial z}+\frac{\partial u_z}{\partial x}\frac{\partial u_z}{\partial z}\right]$$

4.32 从笛卡儿坐标系中的 Lame-Navier 方程出发，写出任意坐标系中该方程的张量分量形式与实体形式。

$$\frac{\partial^2 u_x}{\partial x^2}+\frac{\partial^2 u_x}{\partial y^2}+\frac{\partial^2 u_x}{\partial z^2}+\frac{1}{1-2\nu}\frac{\partial}{\partial x}\left(\frac{\partial u_x}{\partial x}+\frac{\partial u_y}{\partial y}+\frac{\partial u_z}{\partial z}\right)+\frac{f_x}{G}=0$$

$$\frac{\partial^2 u_y}{\partial x^2}+\frac{\partial^2 u_y}{\partial y^2}+\frac{\partial^2 u_y}{\partial z^2}+\frac{1}{1-2\nu}\frac{\partial}{\partial y}\left(\frac{\partial u_x}{\partial x}+\frac{\partial u_y}{\partial y}+\frac{\partial u_z}{\partial z}\right)+\frac{f_y}{G}=0$$

$$\frac{\partial^2 u_z}{\partial x^2}+\frac{\partial^2 u_z}{\partial y^2}+\frac{\partial^2 u_z}{\partial z^2}+\frac{1}{1-2\nu}\frac{\partial}{\partial z}\left(\frac{\partial u_x}{\partial x}+\frac{\partial u_y}{\partial y}+\frac{\partial u_z}{\partial z}\right)+\frac{f_z}{G}=0$$

4.33 从笛卡儿坐标系的 Navier-Stokes 公式出发，写出任意曲线坐标系中该方程的张量分量形式。进一步写出圆柱坐标系中的物理分量形式。

$$\frac{\partial v_x}{\partial t}+v_x\frac{\partial v_x}{\partial x}+v_y\frac{\partial v_x}{\partial y}+v_z\frac{\partial v_x}{\partial z}$$
$$=F_x-\frac{1}{\rho}\frac{\partial p}{\partial x}+\frac{\mu}{\rho}\left(\frac{\partial^2 v_x}{\partial x^2}+\frac{\partial^2 v_x}{\partial y^2}+\frac{\partial^2 v_x}{\partial z^2}\right)+\frac{\mu}{3\rho}\frac{\partial}{\partial x}\left(\frac{\partial v_x}{\partial x}+\frac{\partial v_y}{\partial y}+\frac{\partial v_z}{\partial z}\right)$$
$$\frac{\partial v_y}{\partial t}+v_x\frac{\partial v_y}{\partial x}+v_y\frac{\partial v_y}{\partial y}+v_z\frac{\partial v_y}{\partial z}$$
$$=F_y-\frac{1}{\rho}\frac{\partial p}{\partial y}+\frac{\mu}{\rho}\left(\frac{\partial^2 v_y}{\partial x^2}+\frac{\partial^2 v_y}{\partial y^2}+\frac{\partial^2 v_y}{\partial z^2}\right)+\frac{\mu}{3\rho}\frac{\partial}{\partial y}\left(\frac{\partial v_x}{\partial x}+\frac{\partial v_y}{\partial y}+\frac{\partial v_z}{\partial z}\right)$$
$$\frac{\partial v_z}{\partial t}+v_x\frac{\partial v_z}{\partial x}+v_y\frac{\partial v_z}{\partial y}+v_z\frac{\partial v_z}{\partial z}$$
$$=F_z-\frac{1}{\rho}\frac{\partial p}{\partial z}+\frac{\mu}{\rho}\left(\frac{\partial^2 v_z}{\partial x^2}+\frac{\partial^2 v_z}{\partial y^2}+\frac{\partial^2 v_z}{\partial z^2}\right)+\frac{\mu}{3\rho}\frac{\partial}{\partial z}\left(\frac{\partial v_x}{\partial x}+\frac{\partial v_y}{\partial y}+\frac{\partial v_z}{\partial z}\right)$$

4.34　平面双曲线-椭圆坐标系（x^1，x^2）如图 4.22 所示，与笛卡儿坐标系（z^1，z^2）之间满足：

$$z^1=a\mathrm{ch}x^1\cos x^2$$
$$z^2=a\mathrm{sh}x^1\sin x^2$$

求：(1) 度量张量的分量 $g_{\alpha\beta}$；

(2) Christoffel 符号 $\Gamma^{\gamma}_{\alpha\beta}$。

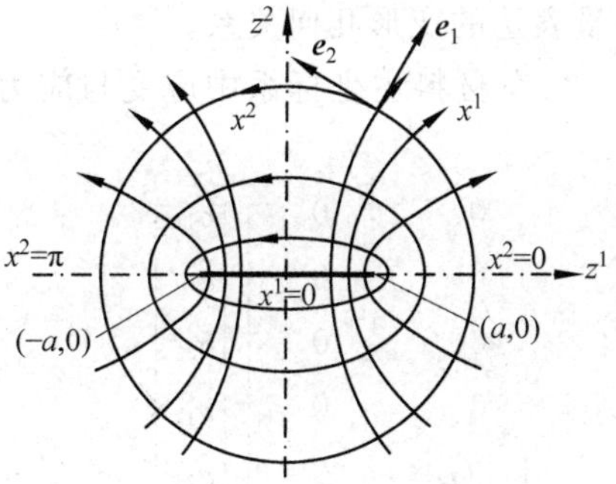

图 4.22　平面双曲线-椭圆坐标系

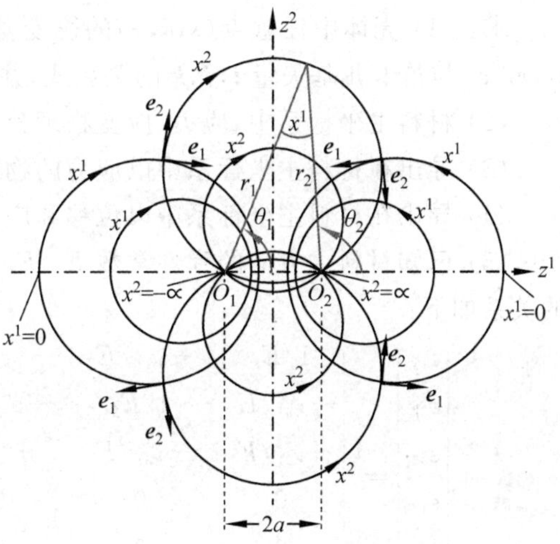

图 4.23　平面双极坐标系

4.35　电磁场问题经常用到平面双极坐标系 x^1，x^2 如图 4.23 所示，其中两个心点的距离为 $2a$，设它与笛卡儿坐标系 z^1，z^2 之间满足坐标转换关系：

$$z^1=\frac{a\mathrm{sh}x^2}{\mathrm{ch}x^2-\cos x^1}$$
$$z^2=\frac{a\sin x^1}{\mathrm{ch}x^2-\cos x^1}$$

求：(1) 度量张量的分量 $g_{\alpha\beta}$；

(2) Christoffel 符号 $\Gamma^{\gamma}_{\alpha\beta}$。

提示：$(\mathrm{ch}x)'=\mathrm{sh}x$，$(\mathrm{sh}x)'=\mathrm{ch}x$，

要求利用 $\mathrm{ch}^2 x - \mathrm{sh}^2 x = 1$ 和三角函数公式将 $g_{\alpha\beta}$ 的表达式化至最简。

(注：$x^1 = \theta_2 - \theta_1$，$x^2 = \ln(r_1/r_2)$。)

4.36 综合练习题

已知：正交各向异性材料的圆锥壳，壳中每一点的坐标以(s,θ,z)标记如图 4.24 所示，对应的正交标准化基 $\boldsymbol{e}_1,\boldsymbol{e}_2,\boldsymbol{e}_3$ 方向分别为材料的三个主方向。

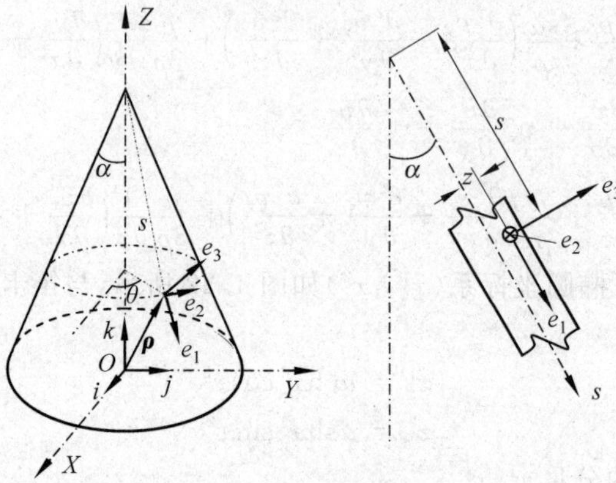

图 4.24 圆锥壳

求：(1) 壳体中任意点(s,θ,z)的协变基矢量 $\boldsymbol{g}_i\ (i=1,2,3)$以及对应的正交标准化基 $\boldsymbol{e}_1,\boldsymbol{e}_2,\boldsymbol{e}_3$ 与笛卡儿基矢量 $\boldsymbol{i},\boldsymbol{j},\boldsymbol{k}$ 的关系式，并求 Lamé 常数 A_i，Christoffel 符号 Γ_{ij}^k。

(2) 材料主坐标系中，应力、应变物理分量与笛卡儿坐标系中张量分量的转换关系。

(3) 导出在材料主坐标系中以应力的物理分量表达的平衡方程。

(4) 导出在材料主坐标系中以位移和应变的物理分量表达的变形几何关系。

(5) 已知材料主方向的弹性常数 $E_1,E_2,E_3,\nu_{12},\nu_{23},\nu_{31}$，在材料主坐标系中应变与应力的关系如下：

$$\begin{bmatrix}\varepsilon_{11}\\ \varepsilon_{22}\\ \varepsilon_{33}\\ \varepsilon_{12}\\ \varepsilon_{23}\\ \varepsilon_{31}\end{bmatrix}=\begin{bmatrix}1/E_1 & -\nu_{12}/E_2 & -\nu_{13}/E_3 & 0 & 0 & 0\\ -\nu_{21}/E_1 & 1/E_2 & -\nu_{23}/E_3 & 0 & 0 & 0\\ -\nu_{31}/E_1 & -\nu_{31}/E_2 & 1/E_3 & 0 & 0 & 0\\ 0 & 0 & 0 & 1/2G_{12} & 0 & 0\\ 0 & 0 & 0 & 0 & 1/2G_{23} & 0\\ 0 & 0 & 0 & 0 & 0 & 1/2G_{31}\end{bmatrix}\begin{bmatrix}\sigma_{11}\\ \sigma_{22}\\ \sigma_{33}\\ \sigma_{12}\\ \sigma_{23}\\ \sigma_{31}\end{bmatrix}$$

设$\{\boldsymbol{\sigma}\}=[\boldsymbol{D}]\{\boldsymbol{\varepsilon}\}$，求材料刚度矩阵$[\boldsymbol{D}]$的各元素。

第 5 章　曲面上的张量分析

物理学和力学中的许多张量是定义在某个空间曲面上的，例如，薄壳中的应力、应变场，沿曲面流动的流体边界层中质点运动的速度、加速度和压力等。本章介绍三维 Euclidean 空间中二维曲面的基本知识，曲面论的基本定理，曲面上张量场函数微分学。

5.1　曲面的基本知识

5.1.1　曲面的参数方程与 Gauss 坐标

曲面是嵌于三维 Euclidean 空间中的一个二维的子空间。图 5.1 中曲面 Σ 上任一点 P 的矢径为 $\boldsymbol{\rho}(x,y,z)$，其中，x,y,z 是三维 Euclidean 空间中的笛卡儿坐标。而曲面是满足参数方程(5.1.1)式的三维空间中点的集合：

$$\begin{cases} x = x(\xi^1,\xi^2) \\ y = y(\xi^1,\xi^2) \\ z = z(\xi^1,\xi^2) \end{cases} \tag{5.1.1}$$

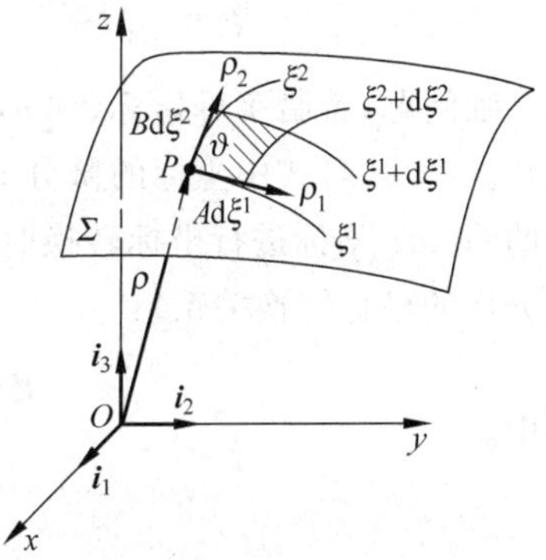

图 5.1　曲面上的 Gauss 坐标

上式中参数 (ξ^1,ξ^2) 称为曲面的 Gauss 坐标，它应当满足以下条件：

(1) x,y,z 是 (ξ^1,ξ^2) 的单值、连续、可微的函数。

(2) (ξ^1,ξ^2) 在二维实数域中定义，应限制 (ξ^1,ξ^2) 的取值范围，使对应曲面上的点对于 (ξ^1,ξ^2) 有一一对应的关系。

(3)矩阵 $\begin{bmatrix} \dfrac{\partial x}{\partial \xi^1} & \dfrac{\partial y}{\partial \xi^1} & \dfrac{\partial z}{\partial \xi^1} \\ \dfrac{\partial x}{\partial \xi^2} & \dfrac{\partial y}{\partial \xi^2} & \dfrac{\partial z}{\partial \xi^2} \end{bmatrix}$ 的秩(rank)处处为 2。

曲面上每一个点的矢径 $\boldsymbol{\rho}$ 可以表示为

$$\boldsymbol{\rho} = x\boldsymbol{i}_1 + y\boldsymbol{i}_2 + z\boldsymbol{i}_3 = \boldsymbol{\rho}(\xi^1,\xi^2) = \boldsymbol{\rho}(\xi^\alpha) \tag{5.1.2}$$

式中 $\boldsymbol{i}_1,\boldsymbol{i}_2,\boldsymbol{i}_3$ 为笛卡儿坐标系中的正交标准化基。曲面上 ξ^2 固定、只改变 ξ^1 值的点的集合构成一族 ξ^1 线，ξ^1 固定、只改变 ξ^2 值的点的集合构成一族 ξ^2 线；ξ^1,ξ^2 两族曲线组成了曲面上的坐标线。(5.1.2)式表示曲面上每一个点都是一条 ξ^1 线与一条 ξ^2 线的交点。通常，对于每一个曲面，可以选择无数种曲线坐标，两族坐标线不一定互相正交，ξ^1 与 ξ^2 也不一定具有长度的量纲。当然,人们总应选择对解决某个具体问题最方便的坐标系。

5.1.2 曲面的基本矢量

在曲面上的任一点 $P(\xi^1,\xi^2)$ 处,可以定义**协变基矢量**

$$\boldsymbol{\rho}_\alpha = \frac{\partial \boldsymbol{\rho}}{\partial \xi^\alpha} \quad (\alpha = 1,2) \tag{5.1.3}$$

协变基矢量 $\boldsymbol{\rho}_1$,$\boldsymbol{\rho}_2$ 分别沿着 ξ^1,ξ^2 坐标线的切线方向,确定了一个在 P 点处与曲面 Σ 相切的平面 Π,如图 5.2 所示。$\boldsymbol{\rho}_1$ 与 $\boldsymbol{\rho}_2$ 应满足

$$\boldsymbol{\rho}_1 \times \boldsymbol{\rho}_2 \neq \mathbf{0}$$

协变基矢量总是与所讨论的曲面上的点相联系的,是随点变化的局部基矢量。$\boldsymbol{\rho}_1$,$\boldsymbol{\rho}_2$ 一般不是正交单位矢量。曲面上经过 P 点的任一条曲线的切线都在过该点的切平面内。

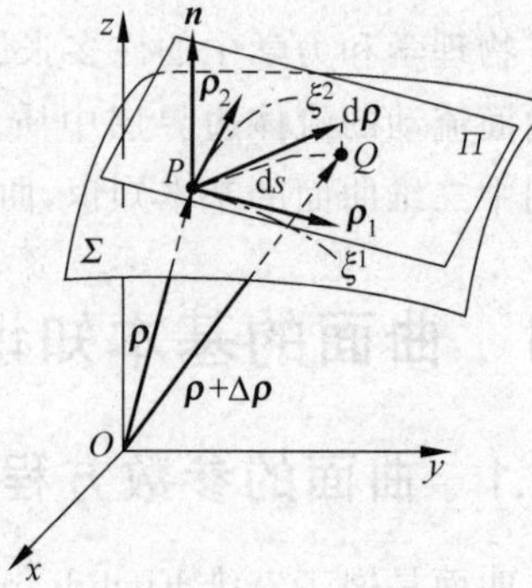

图 5.2 曲面的基本矢量

当点 P 沿着曲面上某一曲线 $\mathrm{d}s$ 移动至其邻域内另一点 Q 时,作为其主部,可以用曲面 Σ 在 P 点处的切平面 Π 内的矢量 $\mathrm{d}\boldsymbol{\rho}$ 来表示矢径的增量 $\Delta\boldsymbol{\rho}$,由(5.1.2)式、(5.1.3)式,有

$$\mathrm{d}\boldsymbol{\rho} = \frac{\partial \boldsymbol{\rho}}{\partial \xi^\alpha}\mathrm{d}\xi^\alpha = \mathrm{d}\xi^\alpha \boldsymbol{\rho}_\alpha \tag{5.1.4}$$

对二维问题,希腊字母指标(如 α,β 等)取值范围为 1~2,重复出现的一对哑指标取值 1 与 2 之和。(5.1.4)式中坐标的微分 $\mathrm{d}\xi^\alpha$ 可以看作是矢径的微分 $\mathrm{d}\boldsymbol{\rho}$ 对于 $\boldsymbol{\rho}_\alpha$ 分解的分量。当曲面上的 Gauss 坐标进行坐标转换时,由(5.1.4)式可知,协变基矢量满足协变转换关系(即协变分量的坐标转换关系):

$$\boldsymbol{\rho}_{\beta'} = \eta^{\alpha}_{\beta'}\boldsymbol{\rho}_\alpha, \qquad \boldsymbol{\rho}_\alpha = \eta^{\beta'}_{\alpha}\boldsymbol{\rho}_{\beta'} \tag{5.1.5a}$$

式中

$$\eta^{\alpha}_{\beta'} = \frac{\partial \xi^\alpha}{\partial \xi^{\beta'}}, \qquad \eta^{\beta'}_{\alpha} = \frac{\partial \xi^{\beta'}}{\partial \xi^\alpha} \tag{5.1.5b}$$

作切平面 Π 的法线,它将平行于曲面在 P 点处的法线。定义曲面上一点处的**单位法向矢量 $\boldsymbol{n}$** 为

$$\boldsymbol{n} = \frac{\boldsymbol{\rho}_1 \times \boldsymbol{\rho}_2}{|\boldsymbol{\rho}_1 \times \boldsymbol{\rho}_2|} \tag{5.1.6}$$

即规定 $\boldsymbol{n}$ 与 $\boldsymbol{\rho}_1$,$\boldsymbol{\rho}_2$ 构成右手系,且

$$\boldsymbol{n} \cdot \boldsymbol{\rho}_\alpha = 0 \tag{5.1.7}$$

曲面的定向是可以选择的,本章规定按(5.1.6)式取曲面的法向矢量,若按 $-\dfrac{\boldsymbol{\rho}_1 \times \boldsymbol{\rho}_2}{|\boldsymbol{\rho}_1 \times \boldsymbol{\rho}_2|}$ 取曲面的法向矢量,则 $\boldsymbol{n}$ 方向相反,本书不采用。

两个线性无关的协变基矢量 $\boldsymbol{\rho}_1$,$\boldsymbol{\rho}_2$ 与相应的法向矢量 $\boldsymbol{n}$ 共同构成了曲面上每点的坐标架或**基本矢量**,当然,它们是随点(坐标 ξ^1,ξ^2)变化的。

还可以定义曲面在 P 点处切平面内的另一组参考矢量 $\boldsymbol{\rho}^1$,$\boldsymbol{\rho}^2$,它们与协变基矢量 $\boldsymbol{\rho}_1$,$\boldsymbol{\rho}_2$ 之间满足对偶关系:

$$\boldsymbol{\rho}_\alpha \cdot \boldsymbol{\rho}^\beta = \delta^\beta_\alpha \tag{5.1.8}$$

式中 δ_α^β 表示二维 Kronecker delta，$\boldsymbol{\rho}^1$，$\boldsymbol{\rho}^2$ 称为**逆变基矢量**。当所取曲面的 Gauss 坐标系变化时，逆变基矢量应满足矢量的逆变转换关系：

$$\boldsymbol{\rho}^{\beta'} = \eta_\alpha^{\beta'}\boldsymbol{\rho}^\alpha; \qquad \boldsymbol{\rho}^\alpha = \eta_{\beta'}^{\alpha'}\boldsymbol{\rho}^{\beta'} \tag{5.1.9}$$

一般来说，协变基矢量 $\boldsymbol{\rho}_1$，$\boldsymbol{\rho}_2$ 可以不是单位矢量，并且不一定互相正交，如图 5.3 所示。记

$$|\boldsymbol{\rho}_1| = A \tag{5.1.10a}$$

$$|\boldsymbol{\rho}_2| = B \tag{5.1.10b}$$

且它们之间的夹角为 ϑ。由(5.1.7)式得

$$|\boldsymbol{\rho}^1| = 1/(A\sin\vartheta) \tag{5.1.11a}$$

$$|\boldsymbol{\rho}^2| = 1/(B\sin\vartheta) \tag{5.1.11b}$$

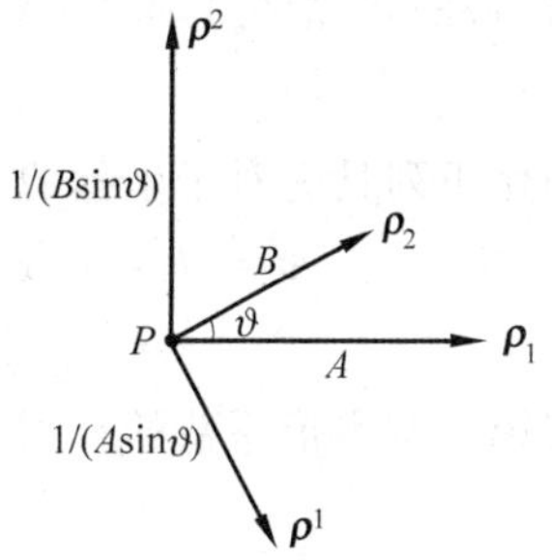

图 5.3　曲面上的基矢量
（均在切平面内）

5.1.3　曲面的第一基本张量

曲面上 P 点至相邻的 Q 点之间的**距离**（图 5.2 中 PQ 曲线线元长度 ds）用该点处切平面内相应的切向矢量 $d\boldsymbol{\rho}$ 定义①：

$$ds^2 = d\boldsymbol{\rho}\cdot d\boldsymbol{\rho} = \boldsymbol{\rho}_\alpha\cdot\boldsymbol{\rho}_\beta d\xi^\alpha d\xi^\beta \tag{5.1.12}$$

定义**曲面的第一基本形系数** $a_{\alpha\beta}$ 为

$$a_{\alpha\beta} = \boldsymbol{\rho}_\alpha\cdot\boldsymbol{\rho}_\beta \tag{5.1.13}$$

由(5.1.8)式、(5.1.9)式可以定义**曲面的第一基本形**

$$\text{I} = ds^2 = a_{\alpha\beta}d\xi^\alpha d\xi^\beta \tag{5.1.14}$$

由(5.1.13)式知 $a_{\alpha\beta}$ 对于指标 α，β 为对称，即

$$a_{\alpha\beta} = a_{\beta\alpha} \tag{5.1.15a}$$

由对偶关系(5.1.8)式和(5.1.13)式易证 $a_{\alpha\beta}$ 也是将协变基矢量对逆变基矢量分解式的系数：

$$\boldsymbol{\rho}_\alpha = a_{\alpha\beta}\boldsymbol{\rho}^\beta \tag{5.1.15b}$$

由 $a_{\alpha\beta}$ 的定义(5.1.13)式与(5.1.5)式易证当坐标转换时 $a_{\alpha\beta}$ 满足二阶张量分量的协变转换关系，所以 $a_{\alpha\beta}$ 是二阶张量的协变分量。且有

$$a_{11} = A^2 \tag{5.1.16a}$$

$$a_{22} = B^2 \tag{5.1.16b}$$

$$a_{12} = a_{21} = AB\cos\vartheta \tag{5.1.16c}$$

显然 $a_{\alpha\beta}$ 是反映曲线坐标系基矢量的长度与夹角的最基本的几何量。上式中 A，B 称为 Lamé 参数，它们是曲面上的点沿坐标 ξ^1，ξ^2 线有每单位坐标增量时移动的弧长，如图 5.1 所示。

将逆变基矢量对协变基矢量分解，有

$$\boldsymbol{\rho}^\alpha = a^{\alpha\beta}\boldsymbol{\rho}_\beta \tag{5.1.17a}$$

将上式左右两端点积另一逆变基矢量，利用对偶关系可证：

$$a^{\alpha\beta} = \boldsymbol{\rho}^\alpha\cdot\boldsymbol{\rho}^\beta \tag{5.1.17b}$$

且有

① 严格说来，ds^2 代表 PQ 曲线线元长度平方的主部。

$$a^{\alpha\beta} = a^{\beta\alpha} \tag{5.1.17c}$$

由(5.1.17b)式和(5.1.9a)式易证 $a^{\alpha\beta}$ 是二阶张量的逆变分量,$a^{\alpha\beta}$ 与 $a_{\alpha\beta}$ 之间满足:

$$a_{\alpha\gamma}a^{\gamma\beta} = \delta_{\alpha}^{\beta} \tag{5.1.18a}$$

构作下列具有对于坐标的不变性的二阶张量实体 $\boldsymbol{a}$(也可记作 $\boldsymbol{I}$),定义为**第一基本张量**

$$\begin{aligned}\boldsymbol{a} = \boldsymbol{I} &= a_{\alpha\beta}\,\boldsymbol{\rho}^{\alpha}\boldsymbol{\rho}^{\beta} = a^{\alpha\beta}\,\boldsymbol{\rho}_{\alpha}\boldsymbol{\rho}_{\beta} = \delta_{\alpha}^{\beta}\boldsymbol{\rho}^{\alpha}\boldsymbol{\rho}_{\beta} = \delta_{\beta}^{\alpha}\boldsymbol{\rho}_{\alpha}\boldsymbol{\rho}^{\beta} \\ &= a_{\alpha'\beta'}\,\boldsymbol{\rho}^{\alpha'}\boldsymbol{\rho}^{\beta'} = a^{\alpha'\beta'}\,\boldsymbol{\rho}_{\alpha'}\boldsymbol{\rho}_{\beta'} = \delta_{\alpha'}^{\beta'}\boldsymbol{\rho}^{\alpha'}\boldsymbol{\rho}_{\beta'} = \delta_{\beta'}^{\alpha'}\boldsymbol{\rho}_{\alpha'}\boldsymbol{\rho}^{\beta'}\end{aligned} \tag{5.1.19}$$

将第一基本形系数的行列式值记作 a,则

$$a = \det(a_{\alpha\beta}) = \begin{vmatrix} a_{11} & a_{12} \\ a_{21} & a_{22} \end{vmatrix} = a_{11}a_{22} - a_{12}a_{21} = A^2B^2\sin^2\vartheta \tag{5.1.20a}$$

显然

$$\det(a^{\alpha\beta}) = 1/a \tag{5.1.20b}$$

并有

$$a^{11} = \frac{a_{22}}{a}, \qquad a^{12} = a^{21} = -\frac{a_{12}}{a}, \qquad a^{22} = \frac{a_{11}}{a} \tag{5.1.18b}$$

a 是与曲面的面元素相联系的几何量。如图 5.1 所示,由两对坐标线 $\xi^1, \xi^1 + \mathrm{d}\xi^1$ 与 $\xi^2, \xi^2 + \mathrm{d}\xi^2$ 所围成的曲边四边形面元,其面积为

$$|\boldsymbol{\rho}_1\mathrm{d}\xi^1 \times \boldsymbol{\rho}_2\mathrm{d}\xi^2| = AB\sin\vartheta\mathrm{d}\xi^1\mathrm{d}\xi^2 = \sqrt{a}\mathrm{d}\xi^1\mathrm{d}\xi^2$$

今后,用矢量 $\mathrm{d}\boldsymbol{A}$ 来表示面元,其方向为面元的法线方向,大小等于面元的面积,即

$$\mathrm{d}\boldsymbol{A} = \boldsymbol{\rho}_1\mathrm{d}\xi^1 \times \boldsymbol{\rho}_2\mathrm{d}\xi^2 = \boldsymbol{n}\sqrt{a}\mathrm{d}\xi^1\mathrm{d}\xi^2 \tag{5.1.21}$$

而由(5.1.6)式表示的曲面的单位法向矢量为

$$\boldsymbol{n} = \frac{\boldsymbol{\rho}_1 \times \boldsymbol{\rho}_2}{\sqrt{a}} \tag{5.1.6a}$$

且

$$\boldsymbol{\rho}_1 \times \boldsymbol{\rho}_2 = \sqrt{a}\boldsymbol{n} \tag{5.1.22}$$

若曲面上某点处定义有该点切平面内的任意矢量 $\boldsymbol{S}$,可以将该点处的基矢量分解为

$$\boldsymbol{S} = S^{\alpha}\boldsymbol{\rho}_{\alpha} = S_{\beta}\boldsymbol{\rho}^{\beta} \tag{5.1.23}$$

容易证明,$\boldsymbol{S}$ 的逆变分量与协变分量用第一基本形系数升降指标:

$$S_{\alpha} = a_{\alpha\beta}S^{\beta}, \qquad S^{\beta} = a^{\alpha\beta}S_{\alpha} \tag{5.1.24}$$

且

$$\boldsymbol{a}\cdot\boldsymbol{S} = \boldsymbol{S}\cdot\boldsymbol{a} = \boldsymbol{S} \tag{5.1.25}$$

所以,第一基本张量 $\boldsymbol{a}$ 也就是曲面的度量张量,是切平面上的单位张量。它起的作用类似于三维空间的 $\boldsymbol{G}$。

5.1.4 曲面的第二基本张量

为了解曲面 Σ 在 P 点处的弯曲程度,需要研究曲面上 P 点(矢径为 $\boldsymbol{\rho}$)邻域内的点 Q(矢径为 $\boldsymbol{\rho} + \Delta\boldsymbol{\rho}$)至 P 点处曲面的切平面 Π 的有向距离 δ,如图 5.4 所示:

$$\delta = \boldsymbol{n}\cdot\Delta\boldsymbol{\rho}$$

式中 $\Delta\boldsymbol{\rho}$ 可以从$\boldsymbol{\rho}(\xi^1,\xi^2)$的泰勒级数展开得到：

$$\Delta\boldsymbol{\rho}=\frac{\partial\boldsymbol{\rho}}{\partial\xi^\alpha}\mathrm{d}\xi^\alpha+\frac{1}{2!}\frac{\partial^2\boldsymbol{\rho}}{\partial\xi^\alpha\partial\xi^\beta}\mathrm{d}\xi^\alpha\mathrm{d}\xi^\beta+\cdots$$

$$=\boldsymbol{\rho}_\alpha\mathrm{d}\xi^\alpha+\frac{1}{2}\frac{\partial^2\boldsymbol{\rho}}{\partial\xi^\alpha\partial\xi^\beta}\mathrm{d}\xi^\alpha\mathrm{d}\xi^\beta+\cdots$$

上式中被略去部分是 $\mathrm{d}\xi^\alpha$ 的三次及三次以上的小量。考虑到 P 点处的法线与该点处的协变基矢量互相垂直，即

$$\boldsymbol{n}\cdot\frac{\partial\boldsymbol{\rho}}{\partial\xi^\alpha}=\boldsymbol{n}\cdot\boldsymbol{\rho}_\alpha=0 \tag{5.1.26}$$

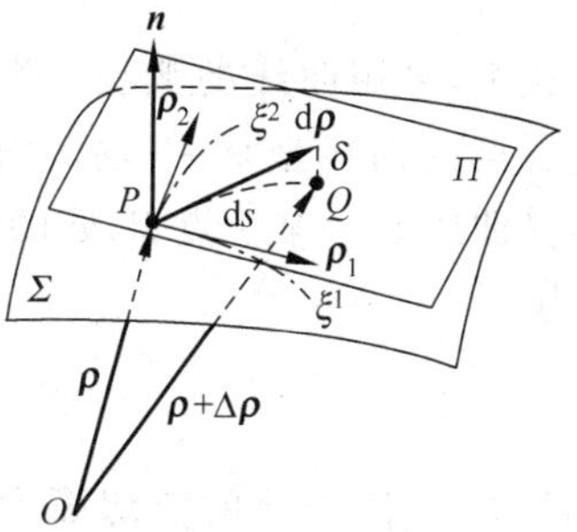

图 5.4　曲面的第二基本形

故

$$2\delta=2\boldsymbol{n}\cdot\Delta\boldsymbol{\rho}=\boldsymbol{n}\cdot\frac{\partial^2\boldsymbol{\rho}}{\partial\xi^\alpha\partial\xi^\beta}\mathrm{d}\xi^\alpha\mathrm{d}\xi^\beta+\cdots$$

定义 2δ 的主部为**曲面的第二基本形**

$$\mathrm{II}=\boldsymbol{n}\cdot\frac{\partial^2\boldsymbol{\rho}}{\partial\xi^\alpha\partial\xi^\beta}\mathrm{d}\xi^\alpha\mathrm{d}\xi^\beta=b_{\alpha\beta}\mathrm{d}\xi^\alpha\mathrm{d}\xi^\beta \tag{5.1.27}$$

上式中 $b_{\alpha\beta}$ 称为**曲面的第二基本形系数**。将(5.1.26)式左右端对 ξ^β 再求一次导数，并将所得到的 $\boldsymbol{n}\cdot\frac{\partial^2\boldsymbol{\rho}}{\partial\xi^\alpha\partial\xi^\beta}$值代入(5.1.27)式，可知

$$b_{\alpha\beta}=\boldsymbol{n}\cdot\frac{\partial^2\boldsymbol{\rho}}{\partial\xi^\alpha\partial\xi^\beta}=\boldsymbol{n}\cdot\frac{\partial\boldsymbol{\rho}_\alpha}{\partial\xi^\beta}=-\frac{\partial\boldsymbol{n}}{\partial\xi^\beta}\cdot\boldsymbol{\rho}_\alpha \tag{5.1.28a}$$

由上式可知，$b_{\alpha\beta}$ 满足二阶张量协变分量的坐标转换关系，且有

$$b_{\alpha\beta}=b_{\beta\alpha} \tag{5.1.28b}$$

$b_{\alpha\beta}$ 是对称二阶张量的协变分量。可以利用第一基本张量分量对其升降指标：

$$b_\alpha^{\cdot\beta}=a^{\gamma\beta}b_{\alpha\gamma},\quad b_{\cdot\beta}^\alpha=a^{\alpha\gamma}b_{\gamma\beta},\quad b^{\alpha\beta}=a^{\alpha\gamma}a^{\beta\lambda}b_{\gamma\lambda} \tag{5.1.29a}$$

构作其并矢表达式，记作 $\boldsymbol{b}$

$$\boldsymbol{b}=b_{\alpha\beta}\boldsymbol{\rho}^\alpha\boldsymbol{\rho}^\beta=b_\alpha^{\cdot\beta}\boldsymbol{\rho}^\alpha\boldsymbol{\rho}_\beta=b_{\cdot\beta}^\alpha\boldsymbol{\rho}_\alpha\boldsymbol{\rho}^\beta=b^{\alpha\beta}\boldsymbol{\rho}_\alpha\boldsymbol{\rho}_\beta \tag{5.1.29b}$$

定义 $\boldsymbol{b}$ 为**曲面的第二基本张量**。第二基本形系数 $b_{\alpha\beta}$ 的行列式值记作 b：

$$b=\det(b_{\alpha\beta})=\begin{vmatrix}b_{11}&b_{12}\\b_{21}&b_{22}\end{vmatrix}=b_{11}b_{22}-b_{12}b_{21} \tag{5.1.30}$$

由(5.1.27)式可知：当曲面的法线 $\boldsymbol{n}$ 与 $\Delta\boldsymbol{\rho}$ 夹角为锐角时，第二基本形为正，如二者的夹角为钝角，则第二基本形为负。

第一、第二基本形都是反映曲面几何性质的基本几何量，第一基本张量反映了曲面上线元及其夹角的度量，并且反映了曲面的面积，是曲面的内禀几何量；而第二基本张量反映了曲面的弯曲程度，即曲面的外部几何特性。在微分几何学中证明，曲面的几何形状将完全由其第一、第二基本形确定。

5.1.5　曲面上曲线的曲率，曲面的法截面曲率、主曲率、平均曲率与 Gauss 曲率

5.1.5.1　曲面上曲线的曲率、Frenet 公式

设曲面上有某曲线 C，C 上各点的矢径为$\boldsymbol{\rho}(\xi^1,\xi^2)$，则曲线 C 的参数方程为

$$\boldsymbol{\rho}=\boldsymbol{\rho}(\xi^1(s),\xi^2(s))=\boldsymbol{\rho}(s) \tag{5.1.31}$$

上式中,采用曲线的弧长 s 为自然参数①。即 C 上各点的曲线坐标 ξ^1,ξ^2 均为弧长 s 的函数。定义曲线 C 上某一点 P_0 处的切线方向单位矢量 $\boldsymbol{t}$ 为

$$\boldsymbol{t}=\frac{\mathrm{d}\boldsymbol{\rho}}{\mathrm{d}s} \tag{5.1.32}$$

曲线 C 上 P_0 点处的**密切面**为:P_0 点在曲线 C 上的邻域内的 P 点与 P_0 处 C 的切线 $\boldsymbol{t}$ 构成一个平面,当 P 无限趋近于 P_0 时,该平面的极限位置称为曲线 C 在 P_0 点处的密切面,如图 5.5 所示。当 C 为平面曲线时,密切面就是 C 所在的平面。

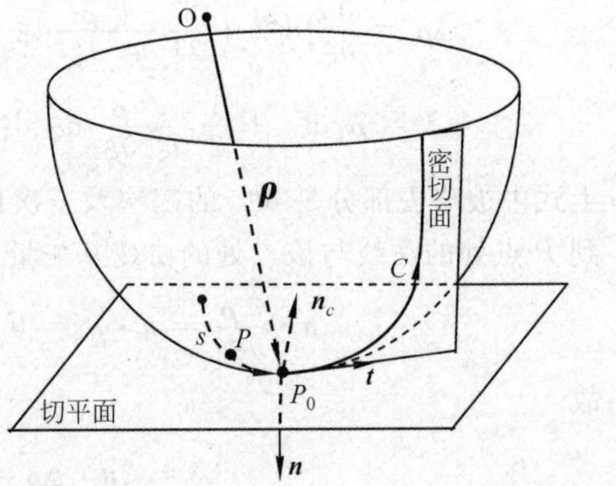

图 5.5 曲面上的曲线

在 P_0 点处,垂直于曲线 C 的切线 $\boldsymbol{t}$ 作一个平面,平面内所有直线都垂直于 $\boldsymbol{t}$,称为 C 在 P_0 处的法线。其中在密切面内的法线称为 C 在 P_0 点的**主法线**,主法线方向的单位矢量用 $\boldsymbol{n}_c$ 表示。在微分几何学中,著名的 Frenet 公式给出了单位矢量 $\boldsymbol{t}$ 与 $\boldsymbol{n}_c$ 之间的关系:

$$\frac{\mathrm{d}\boldsymbol{t}}{\mathrm{d}s}=\kappa_c\boldsymbol{n}_c \tag{5.1.33}$$

定义 κ_c 为曲线 C 的曲率。此处可以任意规定 $\boldsymbol{n}_c$ 的正方向,当 $\boldsymbol{n}_c$ 指向曲线的曲率中心时,κ_c 为正;而当 $\boldsymbol{n}_c$ 背向曲率中心时,κ_c 为负。将(5.1.32)式代入(5.1.33)式,得

$$\frac{\mathrm{d}^2\boldsymbol{\rho}}{\mathrm{d}s^2}=\kappa_c\boldsymbol{n}_c \tag{5.1.34}$$

下面进一步给出曲面上曲线的曲率与曲面的第一、第二基本形系数的关系。设曲面在 P_0 点处的法线方向单位矢量为 $\boldsymbol{n}$,$\boldsymbol{n}$ 与曲线 C 的主法线 $\boldsymbol{n}_c$ 的夹角为 ψ,将(5.1.34)式等号左右同时与 $\boldsymbol{n}$ 进行点积,得

$$\frac{\mathrm{d}^2\boldsymbol{\rho}}{\mathrm{d}s^2}\cdot\boldsymbol{n}=\kappa_c\boldsymbol{n}_c\cdot\boldsymbol{n}=\kappa_c\cos\psi \tag{5.1.35}$$

上式左端可以进一步用曲面的第一、第二基本形系数表示。

$$\frac{\mathrm{d}\boldsymbol{\rho}}{\mathrm{d}s}=\frac{\partial\boldsymbol{\rho}}{\partial\xi^\alpha}\frac{\mathrm{d}\xi^\alpha}{\mathrm{d}s}=\boldsymbol{\rho}_\alpha\frac{\mathrm{d}\xi^\alpha}{\mathrm{d}s}$$

得到

$$\frac{\mathrm{d}^2\boldsymbol{\rho}}{\mathrm{d}s^2}=\frac{\mathrm{d}\boldsymbol{\rho}_\alpha}{\mathrm{d}s}\frac{\mathrm{d}\xi^\alpha}{\mathrm{d}s}+\boldsymbol{\rho}_\alpha\frac{\mathrm{d}^2\xi^\alpha}{\mathrm{d}s^2}$$

将上式代入(5.1.35)式左端,并考虑到 $\boldsymbol{n}$ 与 $\boldsymbol{\rho}_\alpha$ 正交,则

$$\frac{\mathrm{d}^2\boldsymbol{\rho}}{\mathrm{d}s^2}\cdot\boldsymbol{n}=\frac{\mathrm{d}\boldsymbol{\rho}_\alpha}{\mathrm{d}s}\cdot\boldsymbol{n}\frac{\mathrm{d}\xi^\alpha}{\mathrm{d}s}=\frac{\mathrm{d}\xi^\alpha}{\mathrm{d}s}\frac{\mathrm{d}\xi^\beta}{\mathrm{d}s}\frac{\partial\boldsymbol{\rho}_\alpha}{\partial\xi^\beta}\cdot\boldsymbol{n}=\frac{\mathrm{d}\xi^\alpha}{\mathrm{d}s}\frac{\mathrm{d}\xi^\beta}{\mathrm{d}s}\frac{\partial^2\boldsymbol{\rho}}{\partial\xi^\alpha\partial\xi^\beta}\cdot\boldsymbol{n}$$

将第一、第二基本形的定义(5.1.14)式、(5.1.27)式代入上式,则(5.1.35)式可以表示为

---

① 参数 s 具有指向性,沿曲线 C 的一侧 s 渐增,沿相反方向则渐减,s 值可正可负。曲线 C 是有指向的,指向朝着 s 增加的方向。

$$\kappa_c \cos\psi = \frac{\mathrm{d}^2 \boldsymbol{\rho}}{\mathrm{d}s^2} \cdot \boldsymbol{n} = \frac{\mathrm{II}}{\mathrm{I}} = \frac{b_{\alpha\beta}\mathrm{d}\xi^{\alpha}\mathrm{d}\xi^{\beta}}{a_{\lambda\mu}\mathrm{d}\xi^{\lambda}\mathrm{d}\xi^{\mu}} \tag{5.1.36}$$

上式说明曲面上曲线 C 的曲率不仅与该曲面的基本特性有关，还与曲线的密切面的方向（ψ 角）有关。如果曲线 C 是一条其密切面所包含的平面曲线，曲面在 P_0 点的法线 $\boldsymbol{n}$ 与密切面在同一平面内，则在 P_0 点 C 的主法线 $\boldsymbol{n}_c$ 的方向必与曲面法线 $\boldsymbol{n}$ 方向平行，$\psi=0$ 或 π。如果过 P_0 点的切平面与曲面本身有通过 P_0 点的交线（如图 5.10 所示负 Gauss 曲率曲面），记为 C，则主法线 $\boldsymbol{n}_c$ 的方向与曲面法线 $\boldsymbol{n}$ 正交，$\psi=\pi/2$。

5.1.5.2　曲面的法截面曲率

通过曲面的法线 $\boldsymbol{n}$ 所作的截面称为**法截面**，如图 5.6 所示。法截面与曲面相交的曲线称为**法截面曲线**；其曲率 κ 称为曲面的**法截面曲率**。令（5.1.36）式中 $\psi=\pi$，即规定 $\boldsymbol{n}_c$ 的方向与 $\boldsymbol{n}$ 的方向相反，得

$$\kappa = -\frac{\mathrm{II}}{\mathrm{I}} = -\frac{b_{\alpha\beta}\mathrm{d}\xi^{\alpha}\mathrm{d}\xi^{\beta}}{a_{\lambda\mu}\mathrm{d}\xi^{\lambda}\mathrm{d}\xi^{\mu}} = -b_{\alpha\beta}\frac{\mathrm{d}\xi^{\alpha}}{\mathrm{d}s}\frac{\mathrm{d}\xi^{\beta}}{\mathrm{d}s} \tag{5.1.37}$$

法截面曲率的正负号是这样决定的：图 5.6 所示为当曲面的法线 $\boldsymbol{n}$（其正方向为 $\boldsymbol{\rho}_1\times\boldsymbol{\rho}_2$ 的方向）背向法截面曲线的曲率中心时，按（5.1.27）式第二基本形为负值，此时法截面曲率 κ 为正；反之，当曲面的法线 $\boldsymbol{n}$ 指向法截面曲线的曲率中心时，则 κ 为负。（5.1.37）式可以给予十分明了的几何解释：图 5.7 所示曲面 Σ 上 P 点处法截面曲率半径为 R，其邻域内 Q 点至 P 点处切平面 Π 的距离之主部为 $-\mathrm{II}/2$，PQ 的弧长为 $\mathrm{d}s$，则

$$\begin{aligned} -\mathrm{II}/2 &\approx R(1-\cos\varphi) \\ &= 2R\sin^2\left(\frac{\varphi}{2}\right) \approx R\frac{\varphi^2}{2} \\ &= \frac{1}{2}\frac{(\mathrm{d}s)^2}{R} \end{aligned}$$

故曲面的法截面曲率

$$\kappa = \frac{1}{R} = -\frac{\mathrm{II}}{(\mathrm{d}s)^2}$$

此即（5.1.37）式。

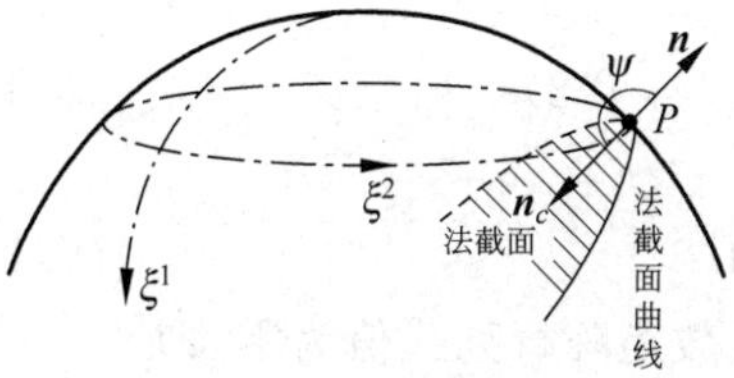

图 5.6　曲面的法截面与法截面曲线

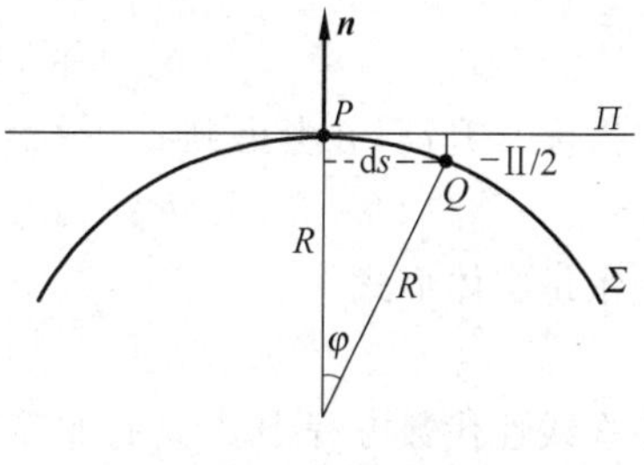

图 5.7　曲面的法截面曲率与第一、第二基本形的几何关系

在曲面上每一点处可以作出无数法截面，不同方向的法截面具有不同的 $\mathrm{d}\xi^1$ 与 $\mathrm{d}\xi^2$ 的比值，由（5.1.36）式可以计算任意方向的法截面曲率。记沿 ξ^1 方向（此时 $\mathrm{d}\xi^1:\mathrm{d}\xi^2=1:0$）的法截面曲率为 $1/R'_1$；沿 ξ^2 方向（此时 $\mathrm{d}\xi^1:\mathrm{d}\xi^2=0:1$）的法截面曲率为 $1/R'_2$，则由（5.1.36）式知：

$$\frac{1}{R'_1}=-\frac{b_{11}}{a_{11}} \tag{5.1.38a}$$

$$\frac{1}{R'_2}=-\frac{b_{22}}{a_{22}} \tag{5.1.38b}$$

式中法截面曲率的倒数 R'_1, R'_2 称为曲率半径。注意勿将沿坐标线方向的法截面曲率与坐标线本身的曲率相混淆。沿坐标线方向的法截面曲线一般不是坐标线,法截面曲线必定是平面曲线,而坐标线不一定是平面曲线,即使是平面曲线也不一定在法截面中,图5.6给出其几何表示。例如旋转曲面的纬线(平行圆)可以是一族 ξ^2 坐标线,但它显然不是法截面曲线。

5.1.5.3 曲面的主曲率、平均曲率、Gauss 曲率

通常,曲面上某确定点 P 的法截面曲率随着法截面的方向(即 $\mathrm{d}\xi^1:\mathrm{d}\xi^2$ 的值)而变化,现在来研究在什么方向的法截面曲率取极大值与极小值。设 P 点处法截面曲线的切线方向单位矢量为 $\boldsymbol{t}$,由(5.1.32)式

$$\boldsymbol{t}=\frac{\mathrm{d}\boldsymbol{\rho}}{\mathrm{d}s}=\boldsymbol{\rho}_\alpha\frac{\mathrm{d}\xi^\alpha}{\mathrm{d}s}=t^\alpha\boldsymbol{\rho}_\alpha \tag{5.1.39a}$$

其中 $\boldsymbol{t}$ 的逆变分量为

$$t^\alpha=\frac{\mathrm{d}\xi^\alpha}{\mathrm{d}s} \tag{5.1.39b}$$

由于 $\boldsymbol{t}$ 总是单位矢量,故 $\boldsymbol{t}$ 满足

$$\boldsymbol{t}\cdot\boldsymbol{a}\cdot\boldsymbol{t}=a_{\alpha\beta}t^\alpha t^\beta=1 \tag{5.1.40}$$

而由(5.1.37)式与(5.1.39b)式,沿 $\boldsymbol{t}$ 方向的法截面曲率 κ 与 $\boldsymbol{t}$ 的关系为

$$\kappa=-b_{\alpha\beta}t^\alpha t^\beta=-\boldsymbol{t}\cdot\boldsymbol{b}\cdot\boldsymbol{t} \tag{5.1.41}$$

于是问题归结为在约束条件(5.1.40)下求(5.1.41)式的条件极值问题。可以采用 Lagrange 乘子法求解,即化为求解下列方程组的问题:

$$\frac{\partial}{\partial t^\omega}\left[-b_{\alpha\beta}t^\alpha t^\beta+\lambda(a_{\alpha\beta}t^\alpha t^\beta-1)\right]=0 \qquad (\omega=1,2)$$

式中 λ 是 Lagrange 乘子。考虑到 $\dfrac{\partial t^\alpha}{\partial t^\omega}=\delta^\alpha_\omega$ 及 $a_{\alpha\beta}, b_{\alpha\beta}$ 的对称性,上式可化为

$$-b_{\omega\alpha}t^\alpha+\lambda a_{\omega\alpha}t^\alpha=0 \qquad (\omega=1,2)$$

将上式指标 ω 升高,并考虑到 $a^{\omega}_{\cdot\alpha}=\delta^\omega_\alpha$,则

$$(b^{\omega}_{\cdot\alpha}-\lambda\delta^\omega_\alpha)t^\alpha=0 \qquad (\omega=1,2) \tag{5.1.42a}$$

或记作张量实体形式

$$(\boldsymbol{b}-\lambda\boldsymbol{a})\cdot\boldsymbol{t}=\boldsymbol{0} \tag{5.1.42b}$$

上述齐次线性代数方程中 t^α 具有非零解的条件是其系数矩阵行列式值为零,即

$$\left|b^{\omega}_{\cdot\alpha}-\lambda\delta^\omega_\alpha\right|=0 \tag{5.1.43a}$$

或写作

$$\lambda^2-(b^1_{\cdot1}+b^2_{\cdot2})\lambda+(b^1_{\cdot1}b^2_{\cdot2}-b^1_{\cdot2}b^2_{\cdot1})=0 \tag{5.1.43b}$$

(5.1.43)式实际上就是第二基本张量 $\boldsymbol{b}$ 的特征方程,其系数分别是 $\boldsymbol{b}$ 的二个主不变量,记作

$$b^{\alpha}_{\cdot\alpha}=b^1_{\cdot1}+b^2_{\cdot2}=\lambda_{(1)}+\lambda_{(2)} \tag{5.1.44}$$

$$\det\boldsymbol{b}=b^1_{\cdot1}b^2_{\cdot2}-b^1_{\cdot2}b^2_{\cdot1}=\lambda_{(1)}\lambda_{(2)} \tag{5.1.45}$$

因此方程(5.1.43)的两个特征根 $\lambda_{(1)}$，$\lambda_{(2)}$ 也是 $\boldsymbol{b}$ 的标量不变量，与所选择的坐标系无关。

在第 2 章中已经证明，对称二阶张量(此处为 $\boldsymbol{b}$)的特征值 $\lambda_{(1)}$，$\lambda_{(2)}$ 必为实数。若 $\lambda_{(1)} \neq \lambda_{(2)}$，所对应的特征方向必定正交；若 $\lambda_{(1)} = \lambda_{(2)}$，则二维空间中(此处指所讨论的曲面上点的切平面上)任一方向都是其特征方向，将 $\lambda_{(1)}$，$\lambda_{(2)}$ 代入(5.1.42a)式解得的特征方向称为曲面在该点的**主方向**。不论何种情况，可以取曲面上所讨论点的主方向上一对正交标准化基矢量 $\boldsymbol{t}_{(1)}$，$\boldsymbol{t}_{(2)}$ 作为基矢量，在这组基中，不仅是曲面的第一基本张量，而且其第二基本张量可以同时化为对角形标准型。即

$$\boldsymbol{a} = \boldsymbol{t}_{(1)}\boldsymbol{t}_{(1)} + \boldsymbol{t}_{(2)}\boldsymbol{t}_{(2)} \tag{5.1.46}$$

$$\boldsymbol{b} = \lambda_{(1)}\boldsymbol{t}_{(1)}\boldsymbol{t}_{(1)} + \lambda_{(2)}\boldsymbol{t}_{(2)}\boldsymbol{t}_{(2)} \tag{5.1.47}$$

且有

$$\boldsymbol{b} \cdot \boldsymbol{t}_{(\alpha)} = \lambda_{(\alpha)}\boldsymbol{t}_{(\alpha)}, \qquad \alpha \text{ 不求和}, \alpha = 1,2 \tag{5.1.48}$$

在两个主方向上曲面的法截面曲率称为曲面在该点的主曲率，分别用 $1/R_1$，$1/R_2$ 表示。令(5.1.41)式中 $\boldsymbol{t}$ 分别为 $\boldsymbol{t}_{(1)}$，$\boldsymbol{t}_{(2)}$，将(5.1.47)式代入(5.1.41)式，可知

$$\frac{1}{R_1} = -\lambda_{(1)}, \quad \frac{1}{R_2} = -\lambda_{(2)} \tag{5.1.48a}$$

上式表明曲面的第一、第二主曲率在数值上分别等于第二基本张量的两个特征值，但符号相反，这是由于曲面的法截面曲率与第二基本形各自正负号的规定所致(见图 5.6 与图 5.7)。

欲求曲面上任一点处任意方向 $\boldsymbol{t}$ 的法截面曲率 $1/R$，可将(5.1.47)式代入(5.1.41)式，用该点处两个主曲率以及 $\boldsymbol{t}$ 与第一主方向 $\boldsymbol{t}_{(1)}$ 的夹角 θ 表示

$$\frac{1}{R} = \kappa = \frac{1}{R_1}\cos^2\theta + \frac{1}{R_2}\sin^2\theta \tag{5.1.49}$$

定义曲面在所研究点的**平均曲率** H 为该点的两个主曲率之和①，当坐标架旋转时，它保持不变，即

$$H = \frac{1}{R_1} + \frac{1}{R_2} = -b^{\alpha}_{\cdot\alpha} = -(\lambda_{(1)} + \lambda_{(2)}) = \frac{1}{R'_1} + \frac{1}{R'_2} \tag{5.1.50}$$

式中 $\frac{1}{R'_1}$ 与 $\frac{1}{R'_2}$ 表示所研究点任意两个互相正交的 $\xi^{1'}$ 与 $\xi^{2'}$ 方向之法截面曲率。

而曲面在一点处两个主曲率的乘积称为曲面在对应点处的 Gauss 曲率 K：

$$\begin{aligned} K &= \frac{1}{R_1}\frac{1}{R_2} = \lambda_{(1)}\lambda_{(2)} = \det b^{\alpha}_{\cdot\beta} = \det(a^{\alpha\omega}b_{\omega\beta}) \\ &= (\det a^{\alpha\omega})(\det b_{\omega\beta}) = \frac{b}{a} \end{aligned} \tag{5.1.51}$$

式中 a，b 分别为第一、第二基本形系数的行列式值，其表达式分别见(5.1.20a)式与(5.1.30)式。

如果 $\boldsymbol{b}$ 的特征方程(5.1.43)式具有两个相等的实根，$\lambda_{(1)} = \lambda_{(2)}$，则曲面在该点处任一方向的法截面曲率均相同，在该点附近是一个球面，任一方向均可作为其主方向，该点称为曲面的**脐点**。在脐点处，第二基本张量是球形张量：

---

① 关于平均曲率的定义，本书采用微分几何学权威 Eisenhart L P 在他的两部经典名著中的定义。见：Eisenhart L P. A treatise on the differential geometry of curves and surfaces[M]. Boston：Ginn Princeton. Company，1909：123. Eisenhart L P. Riemannian geometry[M]. Princeton：Princeton University Press，1925：168.

$$\boldsymbol{b}=\lambda_{(1)}\boldsymbol{a} \tag{5.1.52a}$$

$$\frac{b_{11}}{a_{11}}=\frac{b_{22}}{a_{22}}=\lambda_{(1)} \tag{5.1.52b}$$

如果曲面上处处的第二基本张量都是相等的球形张量,则这个曲面是球面。

5.1.6 曲率线、主坐标、渐近线

设曲面上的一条曲线 C 上每一点 P 处的切线正好都是该曲面在 P 点的主方向,则称曲线 C 是该曲面的**曲率线**。除脐点外,曲面上每一点都有唯一确定的两个互相正交的主方向,所以有唯一确定的两组互相正交的曲率线,曲率线在整个曲面上构成两族互相正交的曲线网。

由(5.1.42a)式、(5.1.39b)式,每族曲率线应满足方程组:

$$\begin{cases} b^{1}_{\cdot\alpha}\mathrm{d}\xi^{\alpha}-\lambda\mathrm{d}\xi^{1}=0 \\ b^{2}_{\cdot\alpha}\mathrm{d}\xi^{\alpha}-\lambda\mathrm{d}\xi^{2}=0 \end{cases} \tag{5.1.53}$$

将第一、第二主曲率 $\lambda_{(1)}=-1/R_1$,$\lambda_{(2)}=-1/R_2$ 分别代入上式,并逐一解此微分方程组[①],就可以求得二族曲率线。也可以从方程组(5.1.53)直接消去 λ,得

$$-b^{2}_{\cdot 1}(\mathrm{d}\xi^{1})^{2}+(b^{1}_{\cdot 1}-b^{2}_{\cdot 2})\mathrm{d}\xi^{1}\mathrm{d}\xi^{2}+b^{1}_{\cdot 2}(\mathrm{d}\xi^{2})^{2}=0$$

利用第一基本张量的逆变分量 $a^{\omega\beta}$ 将上式中的 $b^{\omega}_{\cdot\alpha}$ 写成协变分量 $b_{\beta\alpha}$ 的形式,并利用(5.1.18b)式表示 $a^{\omega\beta}$,在等式两端消去 $1/a$,得到

$$(b_{11}a_{12}-b_{12}a_{11})(\mathrm{d}\xi^{1})^{2}+(b_{11}a_{22}-b_{22}a_{11})\mathrm{d}\xi^{1}\mathrm{d}\xi^{2}+(b_{12}a_{22}-b_{22}a_{12})(\mathrm{d}\xi^{2})^{2}=0 \tag{5.1.54}$$

二次方程(5.1.54)也可作为曲率线的方程,它可以分解为两个因式,每个因式均为 $\mathrm{d}\xi^1$,$\mathrm{d}\xi^2$ 的线性组合,从而得到确定曲率线的两个微分方程。

如果将曲率线选作坐标曲线,并称为**主坐标线**,这样确定的坐标系称为**主坐标**。显然,主坐标系必定是正交坐标系。在主坐标系中,由于当 $\mathrm{d}\xi^2/\mathrm{d}\xi^1=0$,$\xi^1$ 线就是曲率线,为满足曲率线方程(5.1.54),必有

$$b_{11}a_{12}-b_{12}a_{11}=0 \tag{5.1.55a}$$

同理,当 $\mathrm{d}\xi^1/\mathrm{d}\xi^2=0$,$\xi^2$ 线也满足方程(5.1.54),有

$$b_{12}a_{22}-b_{22}a_{12}=0 \tag{5.1.55b}$$

由主坐标线的正交性可知,(5.1.55a,b)式中 $a_{12}=0$,故必有 $b_{12}=0$,因此,在主坐标系中曲面的第一、第二基本张量的分量 $a_{\alpha\beta}$ 与 $b_{\alpha\beta}$ 同时化为对角形标准型。即

$$\boldsymbol{a}=a_{11}\boldsymbol{\rho}^{1}\boldsymbol{\rho}^{1}+a_{22}\boldsymbol{\rho}^{2}\boldsymbol{\rho}^{2},\qquad \mathrm{d}s^{2}=a_{11}(\mathrm{d}\xi^{1})^{2}+a_{22}(\mathrm{d}\xi^{2})^{2} \tag{5.1.56}$$

$$\boldsymbol{b}=b_{11}\boldsymbol{\rho}^{1}\boldsymbol{\rho}^{1}+b_{22}\boldsymbol{\rho}^{2}\boldsymbol{\rho}^{2},\qquad \mathrm{II}=b_{11}(\mathrm{d}\xi^{1})^{2}+b_{22}(\mathrm{d}\xi^{2})^{2} \tag{5.1.57}$$

最后介绍曲面的渐近方向与渐近线的概念。在曲面上某点处,若存在使曲面的第二基本形Ⅱ为零的方向,则称该方向为曲面的**渐近方向**。渐近方向($\mathrm{d}\xi^1:\mathrm{d}\xi^2$)应满足方程:

$$\mathrm{II}=b_{\alpha\beta}\mathrm{d}\xi^{\alpha}\mathrm{d}\xi^{\beta}=b_{11}(\mathrm{d}\xi^{1})^{2}+2b_{12}\mathrm{d}\xi^{1}\mathrm{d}\xi^{2}+b_{22}(\mathrm{d}\xi^{2})^{2}=0 \tag{5.1.58}$$

上述微分方程可以分为以下三种情况:

(1) $b_{11}b_{22}-(b_{12})^{2}>0$,即正 Gauss 曲率情况,此时方程(5.1.58)无实根,曲面不存在渐

---

① 事实上,由于 $\lambda_{(1)}$,$\lambda_{(2)}$ 是特征方程(5.1.43b)的根,所以方程组(5.1.53)的两式中只有一式是独立的。

近方向。

(2) $b_{11}b_{22}-(b_{12})^2=0$，即零 Gauss 曲率情况，方程(5.1.58)有一对重根，曲面的两个渐近方向互相重合。

(3) $b_{11}b_{22}-(b_{12})^2<0$，即负 Gauss 曲率情况，方程(5.1.58)有两个不等的实根，曲面存在两个渐近方向。

如果曲面上一条曲线的每个点的切向矢量都沿着曲面的渐近方向，则称这条曲线为曲面的**渐近线**。如前述，对于图 5.8 所示正 Gauss 曲率曲面，有

$$K=\frac{b_{11}b_{22}-(b_{12})^2}{a}=\frac{1}{R_1R_2}>0$$

不存在渐近线，任意方向的法截面曲线都向切面的同一侧弯曲，主曲率 $1/R_1$ 与 $1/R_2$ 同号。

对于图 5.9 所示零 Gauss 曲率曲面(如柱面、锥面)，有

$$K=\frac{b_{11}b_{22}-(b_{12})^2}{a}=\frac{1}{R_1R_2}=0$$

存在着一族渐近线。这时必定有一族曲率线(由(5.1.36)式其曲率 κ_c 为零，是直线，设为 ξ^1 线)与这族渐近线相重合，而另一族曲率线与渐近线正交。在主坐标系中

$$b_{11}=b_{12}=0$$

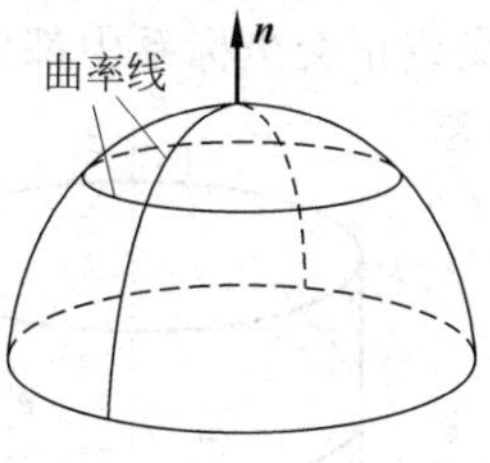

图 5.8　正 Gauss 曲率曲面

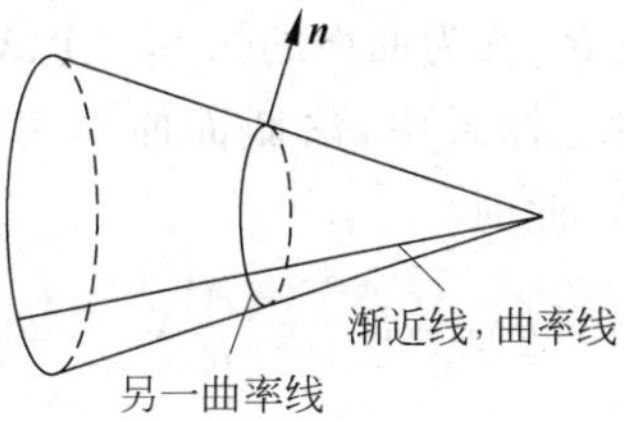

图 5.9　零 Gauss 曲率曲面

对于图 5.10 所示负 Gauss 曲率曲面，有

$$K=\frac{b_{11}b_{22}-(b_{12})^2}{a}=\frac{1}{R_1R_2}<0$$

两个主曲率 $1/R_1$ 与 $1/R_2$ 异号，存在着二族渐近线。由渐近线的定义及法截面曲率与第二基本形的关系(5.1.37)式可知，沿渐近线的法截面曲率为零。设在该曲面上某一点 P 处，渐近线与第一主曲率的曲率线夹角为 θ，则由(5.1.49)式：

$$\frac{1}{R_1}\cos^2\theta+\frac{1}{R_2}\sin^2\theta=0$$

即

$$\tan\theta=\pm\sqrt{-\frac{R_2}{R_1}}$$

两个渐近方向与主方向的夹角应相等。两条渐近线将曲面分为四个区域，对顶的两个区域各自具有正的(或负的)法截面曲率，而以渐近线为分界，法截面曲率变号。

在一些不用张量表示的微分几何或者薄壳理论的教科书中，与曲面的第二基本形有关的几何参数用另一些符号表示，现给出以下的对应关系。

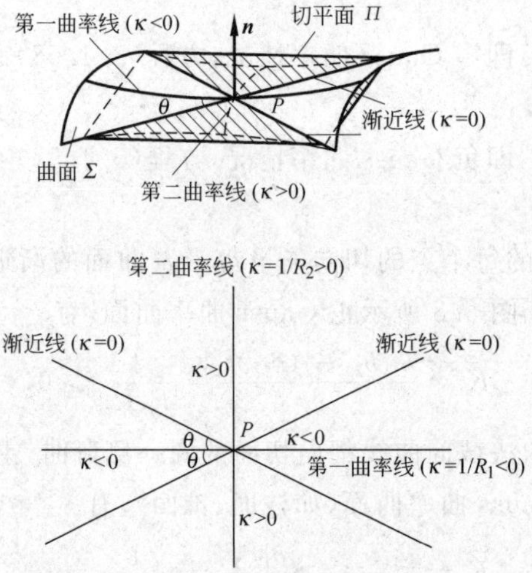

图 5.10　负 Gauss 曲率曲面与切平面

在任意坐标系中：

$$b_{11}=L=-\frac{A^2}{R'_1},\qquad b_{12}=b_{21}=M=\frac{AB}{R_{12}},\qquad b_{22}=N=-\frac{B^2}{R'_2}\tag{5.1.59}$$

上式中 $1/R_{12}$ 称为曲面的扭率。上式对于非主坐标系的斜交或正交坐标系中都成立。

在主坐标系中，法截面曲率为主曲率，扭率 $1/R_{12}$ 为零($M=0$)。此时

$$b_{11}=L=-\frac{A^2}{R_1},\qquad b_{12}=b_{21}=0,$$

$$b_{22}=N=-\frac{B^2}{R_2}\tag{5.1.60}$$

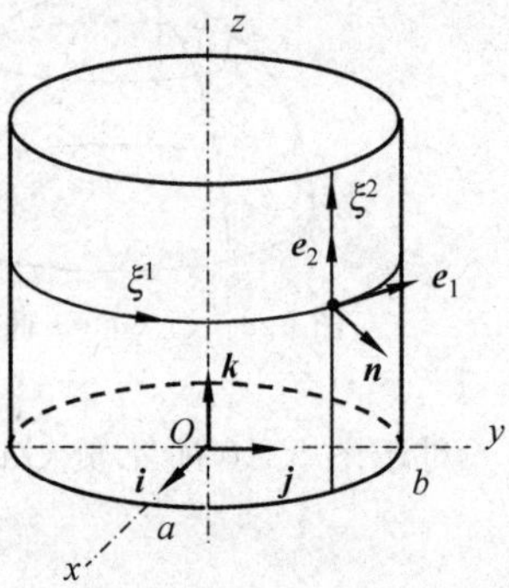

图 5.11　椭圆柱面

例 5.1　二维空间为一椭圆柱面如图 5.11 所示，曲面的参数方程为 $x=a\cos\xi^1$，$y=b\sin\xi^1$，$z=\xi^2$(式中 a，b 为常数)。

求：(1) 协、逆变基矢量 $\boldsymbol{\rho}_\alpha$，$\boldsymbol{\rho}^\alpha$ 与 $\boldsymbol{n}$，第一基本形系数 $a_{\alpha\beta}$；

(2) 曲面的第二基本形系数 $b_{\alpha\beta}$，主曲率 $1/R_1$、$1/R_2$，高斯曲率，平均曲率与 $\mathring{R}_{1212}$。

解　$\boldsymbol{\rho}_1=\dfrac{\partial\boldsymbol{\rho}}{\partial\xi^1}=-a\sin\xi^1\boldsymbol{i}+b\cos\xi^1\boldsymbol{j}$，　$\boldsymbol{\rho}_2=\dfrac{\partial\boldsymbol{\rho}}{\partial\xi^2}=\boldsymbol{k}$，

$$\boldsymbol{n}=\frac{\boldsymbol{\rho}_1\times\boldsymbol{\rho}_2}{\sqrt{a}}=\frac{b\cos\xi^1\boldsymbol{i}+a\sin\xi^1\boldsymbol{j}}{\sqrt{a^2\sin^2\xi^1+b^2\cos^2\xi^1}},\qquad \boldsymbol{\rho}^1=\frac{-a\sin\xi^1\boldsymbol{i}+b\cos\xi^1\boldsymbol{j}}{a^2\sin^2\xi^1+b^2\cos^2\xi^1},\qquad \boldsymbol{\rho}^2=\boldsymbol{k}$$

$$a_{11}=a^2\sin^2\xi^1+b^2\cos^2\xi^1=a,\qquad a_{22}=1,\qquad a_{12}=a_{21}=0,$$

$$b_{11}=\boldsymbol{n}\cdot\frac{\partial\boldsymbol{\rho}_1}{\partial\xi^1}=\frac{b\cos\xi^1\boldsymbol{i}+a\sin\xi^1\boldsymbol{j}}{\sqrt{a^2\sin^2\xi^1+b^2\cos^2\xi^1}}\cdot(-a\cos\xi^1\boldsymbol{i}-b\sin\xi^1\boldsymbol{j})=\frac{-ab}{\sqrt{a^2\sin^2\xi^1+b^2\cos^2\xi^1}}$$

$$b_{22}=\boldsymbol{n}\cdot\frac{\partial\boldsymbol{\rho}_2}{\partial\xi^2}=0,\qquad b_{12}=b_{21}=\boldsymbol{n}\cdot\frac{\partial\boldsymbol{\rho}_1}{\partial\xi^2}=0,\qquad b=b_{11}b_{22}-b_{12}b_{21}=0$$

$$\frac{1}{R_1}=-\frac{b_{11}}{a_{11}}=\frac{ab}{(a^2\sin^2\xi^1+b^2\cos^2\xi^1)^{3/2}}=H,\qquad \frac{1}{R_2}=-\frac{b_{22}}{a_{22}}=0,\qquad K=0,\qquad \mathring{R}_{1212}=0$$

椭圆柱面为零高斯曲率(可展)曲面。

例 5.2　二维空间旋转抛物面坐标系($\xi^1=\theta$,ξ^2)如图 5.12 所示,与笛卡儿坐标系间满足

$$x = c\xi^2\cos\xi^1,\quad y = c\xi^2\sin\xi^1,\quad z = \frac{c}{2}(\xi^2)^2$$

式中 c 为常数(量纲:长度)。

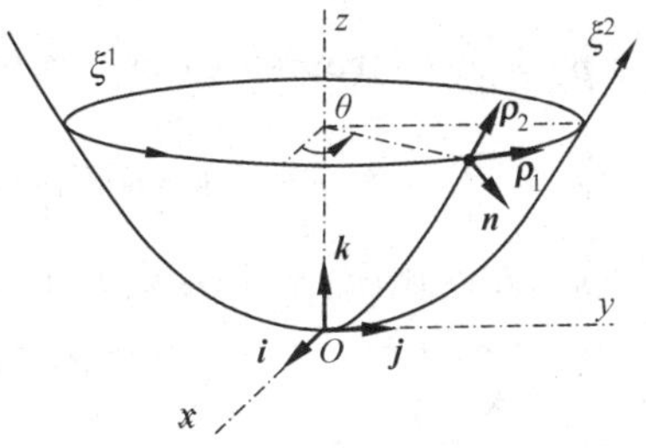

图 5.12　旋转抛物面

求:(1) 协、逆变基矢量$\boldsymbol{\rho}_\alpha$,$\boldsymbol{\rho}^\alpha$与 $\boldsymbol{n}$,第一基本形系数 $a_{\alpha\beta}$;

(2) 曲面的第二基本形系数 $b_{\alpha\beta}$,主曲率 $1/R_1$、$1/R_2$,高斯曲率,平均曲率与$\mathring{R}_{1212}$。

解　$\boldsymbol{\rho} = c[\xi^2\cos\xi^1\boldsymbol{i} + \xi^2\sin\xi^1\boldsymbol{j} + \frac{1}{2}(\xi^2)^2\boldsymbol{k}]$

$$\boldsymbol{\rho}_1 = c\xi^2(-\sin\xi^1\boldsymbol{i} + \cos\xi^1\boldsymbol{j}),\qquad \boldsymbol{\rho}_2 = c[\cos\xi^1\boldsymbol{i} + \sin\xi^1\boldsymbol{j} + \xi^2\boldsymbol{k}]$$

$$a_{11} = c^2(\xi^2)^2,\quad a_{22} = c^2[1+(\xi^2)^2],\quad a_{12} = a_{21} = 0,\quad a = c^4(\xi^2)^2[1+(\xi^2)^2]$$

$$\boldsymbol{n} = \frac{\boldsymbol{\rho}_1\times\boldsymbol{\rho}_2}{\sqrt{a}} = \frac{\xi^2(\cos\xi^1\boldsymbol{i} + \sin\xi^1\boldsymbol{j}) - \boldsymbol{k}}{\sqrt{1+(\xi^2)^2}}$$

$$\boldsymbol{\rho}^1 = (-\sin\xi^1\boldsymbol{i} + \cos\xi^1\boldsymbol{j})/c\xi^2,\qquad \boldsymbol{\rho}^2 = (\cos\xi^1\boldsymbol{i} + \sin\xi^1\boldsymbol{j} + \xi^2\boldsymbol{k})/c[1+(\xi^2)^2]$$

$$b_{11} = \boldsymbol{n}\cdot\frac{\partial\boldsymbol{\rho}_1}{\partial\xi^1} = -\frac{c(\xi^2)^2}{\sqrt{1+(\xi^2)^2}},\quad b_{22} = \boldsymbol{n}\cdot\frac{\partial\boldsymbol{\rho}_2}{\partial\xi^2} = -\frac{c}{\sqrt{1+(\xi^2)^2}},\quad b_{12} = b_{21} = \boldsymbol{n}\cdot\frac{\partial\boldsymbol{\rho}_2}{\partial\xi^1} = 0$$

$$\frac{1}{R_1} = -\frac{b_{11}}{a_{11}} = \frac{1}{c\sqrt{1+(\xi^2)^2}},\qquad \frac{1}{R_2} = -\frac{b_{22}}{a_{22}} = \frac{1}{c[1+(\xi^2)^2]^{3/2}}$$

$$H = \frac{2+(\xi^2)^2}{c[1+(\xi^2)^2]^{3/2}},\qquad K = \frac{1}{c^2[1+(\xi^2)^2]^2}$$

$$\mathring{R}_{1212} = b = b_{11}b_{22} - b_{12}b_{21} = \frac{c^2(\xi^2)^2}{[1+(\xi^2)^2]}$$

旋转抛物面为正高斯曲率曲面。

例 5.3　求图 5.13 所示闭合圆环曲面的基矢量,第一、第二基本形系数,主曲率,Gauss 曲率,平均曲率。曲面的 Gauss 坐标选为(θ,φ)。

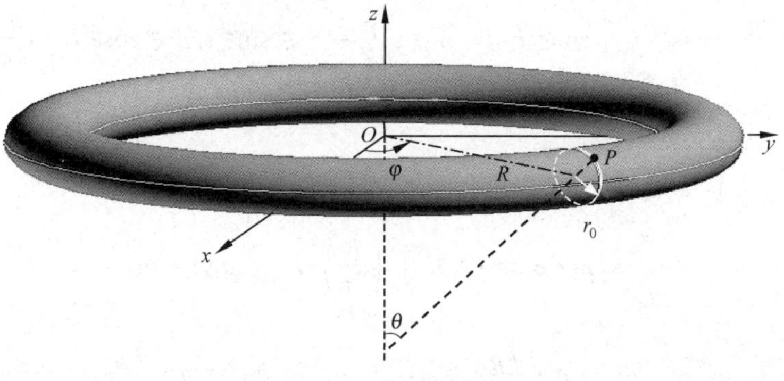

图 5.13　闭合圆环曲面

解　设笛卡儿系中的基矢量为 $\boldsymbol{i}_1,\boldsymbol{i}_2,\boldsymbol{i}_3$,圆环曲面上任一点的矢径为

$\boldsymbol{\rho} = (R + r_0\sin\theta)\cos\varphi\boldsymbol{i}_1 + (R + r_0\sin\theta)\sin\varphi\boldsymbol{i}_2 + r_0\cos\theta\boldsymbol{i}_3$

$$\boldsymbol{\rho}_1=\frac{\partial\rho}{\partial\theta}=r_0\cos\theta\cos\varphi\boldsymbol{i}_1+r_0\cos\theta\sin\varphi\boldsymbol{i}_2-r_0\sin\theta\boldsymbol{i}_3$$

$$\boldsymbol{\rho}_2=\frac{\partial\rho}{\partial\varphi}=-(R+r_0\sin\theta)\sin\varphi\boldsymbol{i}_1+(R+r_0\sin\theta)\cos\varphi\boldsymbol{i}_2$$

$$\boldsymbol{n}=\sin\theta\cos\varphi\boldsymbol{i}_1+\sin\theta\sin\varphi\boldsymbol{i}_2+\cos\theta\boldsymbol{i}_3$$

$$a_{11}=\boldsymbol{\rho}_1\cdot\boldsymbol{\rho}_1=r_0{}^2,\quad a_{22}=\boldsymbol{\rho}_2\cdot\boldsymbol{\rho}_2=(R+r_0\sin\theta)^2,\quad a_{12}=a_{21}=0,\quad a=r_0{}^2(R+r_0\sin\theta)^2$$

$$b_{11}=-\frac{\partial\boldsymbol{n}}{\partial\theta}\cdot\boldsymbol{\rho}_1=-r_0,\quad b_{22}=-\frac{\partial\boldsymbol{n}}{\partial\varphi}\cdot\boldsymbol{\rho}_2=-(R+r_0\sin\theta)\sin\theta,\quad b_{12}=b_{21}=0$$

$$\frac{1}{R_1}=-\frac{b_{11}}{a_{11}}=\frac{1}{r_0},\quad \frac{1}{R_2}=-\frac{b_{22}}{a_{22}}=\frac{\sin\theta}{R+r_0\sin\theta},\quad b=b_{11}b_{22}=r_0(R+r_0\sin\theta)\sin\theta$$

$$H=-b^i{}_{\cdot i}=\frac{1}{r_0}+\frac{\sin\theta}{R+r_0\sin\theta},\quad K=\frac{b}{a}=\frac{\sin\theta}{r_0(R+r_0\sin\theta)}$$

上述 Gauss 曲率的表达式说明,闭合圆环曲面由两部分构成:

当 $0<\theta<\pi$ 时:$K>0$,为正 Gauss 曲率曲面;

当 $\pi<\theta<2\pi$ 时:$K<0$,为负 Gauss 曲率曲面。

这两部分区域被 $\theta=0,\pi$ 这两根闭合曲线所划分,在这两根曲线上的各点处,Gauss 曲率为零,这两根闭合曲线是圆环曲面的渐近线。

例 5.4 图 5.14 所示为正螺旋曲面,它是圆柱螺线的主法线的轨迹所形成的曲面。设笛卡儿系中的基矢量为 $\boldsymbol{i}_1,\boldsymbol{i}_2,\boldsymbol{i}_3$,圆柱螺线上任一点的矢径为

$$\boldsymbol{\rho}=R\cos\theta\boldsymbol{i}_1+R\sin\theta\boldsymbol{i}_2+\frac{h\theta}{2\pi}\boldsymbol{i}_3$$

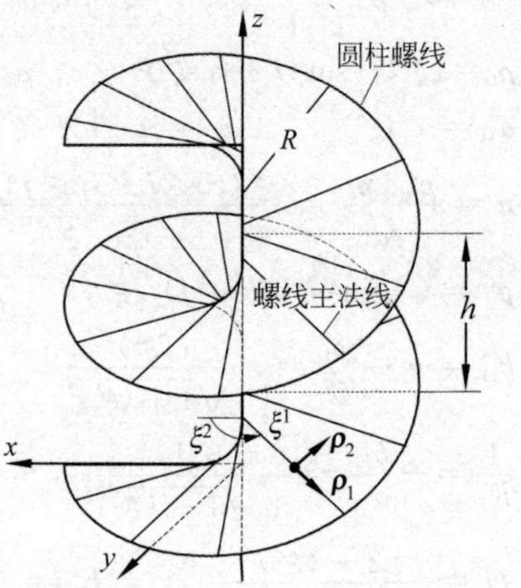

图 5.14 正螺旋曲面

其中 R 为圆柱半径,h 为螺距。设正螺旋曲面的高斯坐标:沿螺旋的主法线方向坐标为 ξ^1,$\xi^2=\theta$,曲面上任一点的矢径为

$$\boldsymbol{\rho}=\xi^1\cos\xi^2\,\boldsymbol{i}_1+\xi^1\sin\xi^2\,\boldsymbol{i}_2+\frac{h}{2\pi}\xi^2\,\boldsymbol{i}_3$$

求:正螺旋曲面的第一、第二基本形系数,主曲率,高斯曲率,平均曲率。

解 $\boldsymbol{\rho}_1=\dfrac{\partial\boldsymbol{\rho}}{\partial\xi^1}=\cos\xi^2\,\boldsymbol{i}_1+\sin\xi^2\,\boldsymbol{i}_2,\quad \boldsymbol{\rho}_2=\dfrac{\partial\boldsymbol{\rho}}{\partial\xi^2}=-\xi^1\sin\xi^2\boldsymbol{i}_1+\xi^1\cos\xi^2\boldsymbol{i}_2+\dfrac{h}{2\pi}\boldsymbol{i}_3$

$$\boldsymbol{n}=\frac{\frac{h}{2\pi}(\sin\xi^2\,\boldsymbol{i}_1-\cos\xi^2\,\boldsymbol{i}_2)+\xi^1\,\boldsymbol{i}_3}{\sqrt{\left(\frac{h}{2\pi}\right)^2+(\xi^1)^2}}$$

$$a_{11}=\boldsymbol{\rho}_1\cdot\boldsymbol{\rho}_1=1,\qquad a_{22}=\boldsymbol{\rho}_2\cdot\boldsymbol{\rho}_2=(\xi^1)^2+\left(\frac{h}{2\pi}\right)^2,\qquad a_{12}=a_{21}=0$$

$$b_{11}=\boldsymbol{n}\cdot\frac{\partial\boldsymbol{\rho}_1}{\partial\xi^1}=0,\qquad b_{22}=\boldsymbol{n}\cdot\frac{\partial\boldsymbol{\rho}_2}{\partial\xi^2}=0,\qquad b_{12}=b_{21}=\boldsymbol{n}\cdot\frac{\partial\boldsymbol{\rho}_1}{\partial\xi^2}=\frac{-\frac{h}{2\pi}}{\sqrt{(\xi^1)^2+\left(\frac{h}{2\pi}\right)^2}}$$

$$H=0,\qquad K=-\left(\frac{h}{2\pi}\right)^2$$

正螺旋曲面为负高斯曲率曲面，ξ^1，ξ^2 线为二族渐近线。

5.1.7　旋转张量

5.1.3 节已定义了曲面的基本矢量$\boldsymbol{\rho}_1$，$\boldsymbol{\rho}_2$与 $\boldsymbol{n}$，今后，为了表示曲面的切平面中矢量的旋转与两个矢量的矢积，我们引入旋转张量 $\boldsymbol{c}$。

5.1.3 节中的(5.1.6a)式已经给出法向单位矢量 $\boldsymbol{n}$ 与$\boldsymbol{\rho}_1$，$\boldsymbol{\rho}_2$的关系，还可以证明 $\boldsymbol{n}$ 与逆变基矢量$\boldsymbol{\rho}^1$，$\boldsymbol{\rho}^2$的关系：

$$\boldsymbol{n}=\frac{\boldsymbol{\rho}_1\times\boldsymbol{\rho}_2}{\sqrt{a}}=\sqrt{a}(\boldsymbol{\rho}^1\times\boldsymbol{\rho}^2) \tag{5.1.61}$$

由上式得到

$$\sqrt{a}=[\boldsymbol{\rho}_1\quad\boldsymbol{\rho}_2\quad\boldsymbol{n}] \tag{5.1.62a}$$

$$\sqrt{\frac{1}{a}}=[\boldsymbol{\rho}^1\quad\boldsymbol{\rho}^2\quad\boldsymbol{n}] \tag{5.1.62b}$$

由(5.1.8)式及上两式可分别得到

$$\boldsymbol{\rho}^1=\frac{\boldsymbol{\rho}_2\times\boldsymbol{n}}{\sqrt{a}},\qquad \boldsymbol{\rho}^2=\frac{\boldsymbol{n}\times\boldsymbol{\rho}_1}{\sqrt{a}} \tag{5.1.63}$$

$$\boldsymbol{\rho}_1=\sqrt{a}(\boldsymbol{\rho}^2\times\boldsymbol{n}),\qquad \boldsymbol{\rho}_2=\sqrt{a}(\boldsymbol{n}\times\boldsymbol{\rho}^1) \tag{5.1.64}$$

由(5.1.62)的两式，若定义

$$c_{\alpha\beta}=[\boldsymbol{\rho}_\alpha\quad\boldsymbol{\rho}_\beta\quad\boldsymbol{n}],\qquad c^{\alpha\beta}=[\boldsymbol{\rho}^\alpha\quad\boldsymbol{\rho}^\beta\quad\boldsymbol{n}] \tag{5.1.65}$$

则显然可证，当坐标转换时它们分别满足二重协变及逆变转换关系，是一个二阶张量的协变与逆变分量。从而可以给出其并矢表达式

$$\boldsymbol{c}=c_{\alpha\beta}\boldsymbol{\rho}^\alpha\boldsymbol{\rho}^\beta=c^{\alpha\beta}\boldsymbol{\rho}_\alpha\boldsymbol{\rho}_\beta=c^{\alpha}_{\cdot\beta}\boldsymbol{\rho}_\alpha\boldsymbol{\rho}^\beta=c_{\alpha}^{\cdot\beta}\boldsymbol{\rho}^\alpha\boldsymbol{\rho}_\beta \tag{5.1.66}$$

$\boldsymbol{c}$ 称为**旋转张量**。由其定义可证，$\boldsymbol{c}$ 是一个反对称二阶张量。即

$$c_{12}=-c_{21}=\sqrt{a},\qquad c_{11}=c_{22}=0$$

$$c^{12}=-c^{21}=\frac{1}{\sqrt{a}},\qquad c^{11}=c^{22}=0$$

由(5.1.65)式与(5.1.66)式还可以证得，$\boldsymbol{c}$ 的混合分量为

$$c^{\alpha}_{\cdot\beta}=[\boldsymbol{\rho}^\alpha\quad\boldsymbol{\rho}_\beta\quad\boldsymbol{n}],\qquad c_{\alpha}^{\cdot\beta}=[\boldsymbol{\rho}_\alpha\quad\boldsymbol{\rho}^\beta\quad\boldsymbol{n}] \tag{5.1.67}$$

由(5.1.65)式、(5.1.67)式可证：

$$\begin{aligned}\boldsymbol{\rho}_\alpha\times\boldsymbol{\rho}_\beta&=c_{\alpha\beta}\boldsymbol{n},\qquad \boldsymbol{\rho}^\alpha\times\boldsymbol{\rho}^\beta=c^{\alpha\beta}\boldsymbol{n}\\ \boldsymbol{\rho}^\alpha\times\boldsymbol{\rho}_\beta&=c^{\alpha}_{\cdot\beta}\boldsymbol{n},\qquad \boldsymbol{\rho}_\alpha\times\boldsymbol{\rho}^\beta=c_{\alpha}^{\cdot\beta}\boldsymbol{n}\end{aligned} \tag{5.1.68}$$

切平面中任意矢量$\boldsymbol{v}$ 向前旋转(由$\boldsymbol{\rho}_1$转向$\boldsymbol{\rho}_2$的方向)$\pi/2$或向后旋转(由$\boldsymbol{\rho}_2$转向$\boldsymbol{\rho}_1$的方向)$\pi/2$，可以分别用 $\boldsymbol{n}\times\boldsymbol{v}$ 或 $\boldsymbol{v}\times\boldsymbol{n}$ 来表示，如图 5.15 所示。而由(5.1.65)式，这种旋转又可进一步用旋转张量表示。基矢量向前旋转 $\pi/2$ 或向后旋转 $\pi/2$ 可以分别表示为

$$\boldsymbol{n}\times\boldsymbol{\rho}_\alpha=c_{\alpha\beta}\boldsymbol{\rho}^\beta=\boldsymbol{\rho}_\alpha\cdot\boldsymbol{c},\qquad \boldsymbol{\rho}_\beta\times\boldsymbol{n}=c_{\alpha\beta}\boldsymbol{\rho}^\alpha=\boldsymbol{c}\cdot\boldsymbol{\rho}_\beta \tag{5.1.69}$$

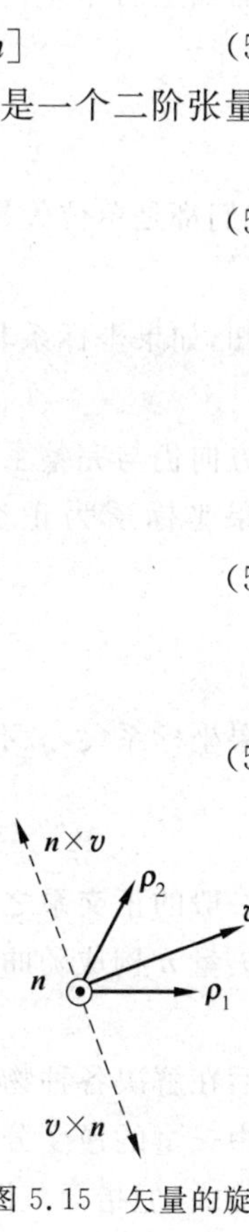

图 5.15　矢量的旋转

而切平面中任意矢量$\boldsymbol{v}$的旋转为

$$\boldsymbol{n}\times\boldsymbol{v}=\boldsymbol{v}\cdot\boldsymbol{c},\qquad \boldsymbol{v}\times\boldsymbol{n}=\boldsymbol{c}\cdot\boldsymbol{v} \tag{5.1.70}$$

切平面中任意矢量$\boldsymbol{v}=v^\alpha\boldsymbol{\rho}_\alpha$,$\boldsymbol{w}=w^\beta\boldsymbol{\rho}_\beta$的矢积也可以用旋转张量$\boldsymbol{c}$表示

$$\boldsymbol{v}\times\boldsymbol{w}=c_{\alpha\beta}v^\alpha w^\beta\boldsymbol{n}=(\boldsymbol{v}\cdot\boldsymbol{c}\cdot\boldsymbol{w})\boldsymbol{n}=(\boldsymbol{v}\boldsymbol{w}:\boldsymbol{c})\boldsymbol{n} \tag{5.1.71}$$

利用(5.1.65)式可以证明c-δ等式

$$c_{\alpha\beta}c^{\gamma\nu}=(\boldsymbol{\rho}_\alpha\times\boldsymbol{\rho}_\beta)\cdot(\boldsymbol{\rho}^\gamma\times\boldsymbol{\rho}^\nu)=\delta^\gamma_\alpha\delta^\nu_\beta-\delta^\nu_\alpha\delta^\gamma_\beta \tag{5.1.72}$$

将上式降指标,得到

$$c_{\alpha\beta}c_{\gamma\nu}=a_{\alpha\gamma}a_{\beta\nu}-a_{\alpha\nu}a_{\beta\gamma} \tag{5.1.73}$$

由(5.1.72)式进一步可得到

$$c_{\alpha\gamma}c^{\beta\gamma}=c_{\gamma\alpha}c^{\gamma\beta}=\delta^\beta_\alpha \tag{5.1.74}$$

$$c_{\alpha\beta}c^{\alpha\beta}=2 \tag{5.1.75}$$

5.1.8 非完整系与物理分量

以上各节所选择的坐标是任意曲线坐标ξ^1,ξ^2,它们不一定具有长度的量纲,基矢量是由(5.1.3)式决定的自然基矢量$\boldsymbol{\rho}_\alpha(\alpha=1,2)$,它们不一定是单位矢量,且不一定互相正交。今后,为了便于推导公式,我们仍将采用这种张量记法。但是,在解决某一具体问题时,需要将各种张量分量最终化为有明确物理意义的物理分量。

在曲面上的非完整系(ξ,η)中(Lamé 常数分别为A,B,坐标线夹角为ϑ),协变基矢量取作:

$$\boldsymbol{\rho}_{(1)}=\frac{\boldsymbol{\rho}_1}{A},\quad \boldsymbol{\rho}_{(2)}=\frac{\boldsymbol{\rho}_2}{B} \tag{5.1.76}$$

显然,它们都是单位矢量,但不一定正交。逆变基矢量$\boldsymbol{\rho}^{(\alpha)}$与协变基矢量仍满足对偶关系:

$$\boldsymbol{\rho}^{(\alpha)}\cdot\boldsymbol{\rho}_{(\beta)}=\delta^\alpha_\beta \tag{5.1.77}$$

由上式知,如果坐标系非正交,逆变基矢量$\boldsymbol{\rho}^{(\alpha)}$不是单位矢量,它们的模为

$$|\boldsymbol{\rho}^{(1)}|=1/\sin\vartheta,\qquad |\boldsymbol{\rho}^{(2)}|=1/\sin\vartheta \tag{5.1.78}$$

它们的方向仍与完整系中的逆变基矢量相同,如图5.3所示。

如果坐标系为正交,则基矢量在曲面上构成正交标准化基,不需区别协变与逆变基:

$$\boldsymbol{e}_\xi=\frac{\boldsymbol{\rho}_1}{A}=A\boldsymbol{\rho}^1,\qquad \boldsymbol{e}_\eta=\frac{\boldsymbol{\rho}_2}{B}=B\boldsymbol{\rho}^2 \tag{5.1.79a}$$

如果坐标系(ξ,η)不仅正交,而且是该曲面的主坐标系,此组正交标准化基表示为

$$\boldsymbol{e}_1=\frac{\boldsymbol{\rho}_1}{A}=A\boldsymbol{\rho}^1,\quad \boldsymbol{e}_2=\frac{\boldsymbol{\rho}_2}{B}=B\boldsymbol{\rho}^2 \tag{5.1.79b}$$

以示与一般的正交系之区别。此时非完整的正交系中的基矢量$\boldsymbol{e}_\xi$,$\boldsymbol{e}_\eta$(或$\boldsymbol{e}_1$,$\boldsymbol{e}_2$)与曲面的法向单位矢量$\boldsymbol{n}$构成随曲面各点变化的一组正交标准化基。且

$$\boldsymbol{n}=\boldsymbol{e}_\xi\times\boldsymbol{e}_\eta \tag{5.1.80}$$

今后在解决各种物理问题时,常常需要将张量分量最终化为物理分量。例如,通常取非完整系中矢量的逆变分量$v^{(\alpha)}(\alpha=1,2)$作为物理分量,它与张量分量v^β,v_β的关系类似于(4.8.29)式(但指标范围为1,2);在正交系中,其表达式类似于(4.9.10)式。

如 5.1.3 节、5.1.6 节所示，曲面的基本几何参数（第一基本形系数、第二基本形系数等）在一些不用张量表示的微分几何或薄壳理论教科书中常常用其他符号表示。如 A,B,ϑ 与第一基本形系数 $a_{\alpha\beta}$ 的关系见（5.1.16）式；L,M,N，曲率、扭率与 $b_{\alpha\beta}$ 的关系见（5.1.59）式。为便于读者查阅，现将它们之间的对照关系给出在表 5.1 中。

表 5.1　曲面基本几何参数的各种表示方式对照表

	张量记法	其他记法		
		斜坐标系	正交坐标系	主坐标系
坐标	ξ^1,ξ^2	ξ,η	ξ,η	ξ,η
基矢量	$\boldsymbol{\rho}_1,\boldsymbol{\rho}_2$	$\dfrac{\boldsymbol{\rho}_1}{A},\dfrac{\boldsymbol{\rho}_2}{B}$	$\boldsymbol{e}_\xi=\dfrac{\boldsymbol{\rho}_1}{A},\boldsymbol{e}_\eta=\dfrac{\boldsymbol{\rho}_2}{B}$	$\boldsymbol{e}_1=\dfrac{\boldsymbol{\rho}_1}{A},\boldsymbol{e}_2=\dfrac{\boldsymbol{\rho}_2}{B}$
$a_{\alpha\beta}$	a_{11}	$a_{11}=A^2$	$a_{11}=A^2$	$a_{11}=A^2$
	$a_{12}=a_{21}$	$a_{12}=AB\cos\theta$	$a_{12}=0$	$a_{12}=0$
	a_{22}	$a_{22}=B^2$	$a_{22}=B^2$	$a_{22}=B^2$
a	$a_{11}a_{22}-a_{12}^2$	$A^2B^2\sin^2\theta$	A^2B^2	A^2B^2
$b_{\alpha\beta}$	b_{11}	$b_{11}=L=-\dfrac{A^2}{R'_1}$	$b_{11}=L=-\dfrac{A^2}{R'_1}$	$b_{11}=L=-\dfrac{A^2}{R_1}$
	$b_{12}=b_{21}$	$b_{12}=M=\dfrac{AB}{R_{12}}$	$b_{12}=M=\dfrac{AB}{R_{12}}$	$b_{12}=0$
	b_{22}	$b_{22}=N=-\dfrac{B^2}{R'_2}$	$b_{22}=N=-\dfrac{B^2}{R'_2}$	$b_{22}=N=-\dfrac{B^2}{R_2}$
b	$b_{11}b_{22}-b_{12}^2$	$LN-M^2$	$LN-M^2$	LN
平均曲率 H	$H=-(b^1_{\cdot 1}+b^2_{\cdot 2})=-\dfrac{1}{a}(a_{22}b_{11}-2a_{12}b_{12}+a_{11}b_{22})$	$-\dfrac{LB^2-2MAB\cos\vartheta+NA^2}{A^2B^2\sin^2\vartheta}=\dfrac{1}{\sin^2\vartheta}\left(\dfrac{1}{R'_1}+2\dfrac{\cos\vartheta}{R_{12}}+\dfrac{1}{R'_2}\right)$	$H=-\dfrac{LB^2+NA^2}{A^2B^2}=\dfrac{1}{R'_1}+\dfrac{1}{R'_2}$	$H=-\dfrac{LB^2+NA^2}{A^2B^2}=\dfrac{1}{R_1}+\dfrac{1}{R_2}$
Gauss 曲率 K	$K=\dfrac{b}{a}=\dfrac{b_{11}b_{22}-b_{12}^2}{a_{11}a_{22}-a_{12}^2}$	$K=\dfrac{LN-M^2}{A^2B^2\sin^2\vartheta}=\dfrac{1}{\sin^2\vartheta}\left(\dfrac{1}{R'_1R'_2}-\dfrac{1}{(R_{12})^2}\right)$	$K=\dfrac{LN-M^2}{A^2B^2}=\dfrac{1}{R'_1R'_2}-\dfrac{1}{(R_{12})^2}$	$K=\dfrac{LN}{A^2B^2}=\dfrac{1}{R_1R_2}$

5.2　曲面上基本矢量的求导公式

如前所述曲面上各点处的基本矢量（$\boldsymbol{\rho}_1,\boldsymbol{\rho}_2$ 与 $\boldsymbol{n}$）是随点（坐标 ξ^1,ξ^2）变化的。本节将给出曲面的基本矢量及第一基本形系数对坐标的导数公式。

5.2.1　法向矢量对坐标的导数（Weingarten 公式）

设 P 点（ξ^1,ξ^2）处有法向矢量 $\boldsymbol{n}$，当坐标 $\xi^\alpha(\alpha=1,2)$ 有增量 $\mathrm{d}\xi^\alpha$ 时，法向单位矢量 $\boldsymbol{n}$ 的方向将发生变化，其改变量为 $\dfrac{\partial\boldsymbol{n}}{\partial\xi^1}\mathrm{d}\xi^1$ 或 $\dfrac{\partial\boldsymbol{n}}{\partial\xi^2}\mathrm{d}\xi^2$。由于 $\boldsymbol{n}$ 总是单位矢量，其导数 $\dfrac{\partial\boldsymbol{n}}{\partial\xi^\alpha}$ 只能与 $\boldsymbol{n}$

自身正交,即只有切向分量。

由第二基本张量分量 $b_{\alpha\beta}$ 的定义式(5.1.28),容易证明:

$$\frac{\partial \boldsymbol{n}}{\partial \xi^{\alpha}}=-b_{\alpha\beta}\boldsymbol{\rho}^{\beta}=-b_{\alpha}^{\cdot\beta}\boldsymbol{\rho}_{\beta}=-b_{\beta\alpha}\boldsymbol{\rho}^{\beta}=-b_{\cdot\alpha}^{\beta}\boldsymbol{\rho}_{\beta} \tag{5.2.1}$$

此式称为 Weingarten 公式。

5.2.2 基矢量对坐标的导数(Gauss 求导公式),曲面上的 Christoffel 符号

当坐标变化时,曲面上 $P(\xi^1,\xi^2)$ 点处的协变基矢量 $\boldsymbol{\rho}_{\alpha}$ 的大小和方向都将发生变化。其导数对于 P 点处的三个基本矢量($\boldsymbol{\rho}_1,\boldsymbol{\rho}_2$ 与 $\boldsymbol{n}$)的分解式为

$$\frac{\partial \boldsymbol{\rho}_{\alpha}}{\partial \xi^{\beta}}=\frac{\partial \boldsymbol{\rho}_{\beta}}{\partial \xi^{\alpha}}=\frac{\partial^2 \boldsymbol{\rho}}{\partial \xi^{\alpha}\partial \xi^{\beta}}=\mathring{\Gamma}_{\alpha\beta}^{\gamma}\boldsymbol{\rho}_{\gamma}+k_{\alpha\beta}\boldsymbol{n} \tag{5.2.2a}$$

式(5.2.2a)中 $\mathring{\Gamma}_{\alpha\beta}^{\gamma}$ 是曲面(二维 Reimann 空间)上的第二类 Christoffel 符号,共有 8 个。我们用 $\mathring{\Gamma}_{\alpha\beta}^{\gamma}$ 表示,以区别于三维空间中的第二类 Christoffel 符号 Γ_{ij}^{k}。本章中以下各节均以符号"°"表示曲面上的运算符号,以区别于三维空间中的运算符号。显然由于上式关于指标 α,β 对称,故

$$k_{\alpha\beta}=k_{\beta\alpha},\qquad \mathring{\Gamma}_{\alpha\beta}^{\gamma}=\mathring{\Gamma}_{\beta\alpha}^{\gamma} \tag{5.2.3}$$

将(5.2.2a)式最后一个等号左右各点积法向矢量 $\boldsymbol{n}$,则根据 $b_{\alpha\beta}$ 的定义式(5.1.28)及 $\boldsymbol{\rho}_{\gamma}$ 与 $\boldsymbol{n}$ 的正交性可知

$$k_{\alpha\beta}=b_{\alpha\beta}$$

故(5.2.2a)式可写作

$$\frac{\partial \boldsymbol{\rho}_{\alpha}}{\partial \xi^{\beta}}=\frac{\partial \boldsymbol{\rho}_{\beta}}{\partial \xi^{\alpha}}=\frac{\partial^2 \boldsymbol{\rho}}{\partial \xi^{\alpha}\partial \xi^{\beta}}=\mathring{\Gamma}_{\alpha\beta}^{\gamma}\boldsymbol{\rho}_{\gamma}+b_{\alpha\beta}\boldsymbol{n} \tag{5.2.2}$$

此式称为 Gauss 求导公式。由上式第二类 Christoffel 符号 $\mathring{\Gamma}_{\alpha\beta}^{\gamma}$ 可以表示为

$$\mathring{\Gamma}_{\alpha\beta}^{\gamma}=\frac{\partial \boldsymbol{\rho}_{\alpha}}{\partial \xi^{\beta}}\cdot\boldsymbol{\rho}^{\gamma}=\frac{\partial \boldsymbol{\rho}_{\beta}}{\partial \xi^{\alpha}}\cdot\boldsymbol{\rho}^{\gamma} \tag{5.2.4}$$

若将 $\frac{\partial \boldsymbol{\rho}_{\alpha}}{\partial \xi^{\beta}}$ 对于逆变基矢量 $\boldsymbol{\rho}^{\lambda}$ 和 $\boldsymbol{n}$ 分解,则

$$\frac{\partial \boldsymbol{\rho}_{\alpha}}{\partial \xi^{\beta}}=\frac{\partial \boldsymbol{\rho}_{\beta}}{\partial \xi^{\alpha}}=\mathring{\Gamma}_{\alpha\beta,\lambda}\boldsymbol{\rho}^{\lambda}+b_{\alpha\beta}\boldsymbol{n} \tag{5.2.5}$$

定义 $\mathring{\Gamma}_{\alpha\beta,\lambda}$ 为第一类 Christoffel 符号。显然

$$\mathring{\Gamma}_{\alpha\beta,\lambda}=\mathring{\Gamma}_{\alpha\beta}^{\gamma}a_{\gamma\lambda},\qquad \mathring{\Gamma}_{\alpha\beta}^{\gamma}=\mathring{\Gamma}_{\alpha\beta,\lambda}a^{\lambda\gamma} \tag{5.2.6}$$

并有

$$\mathring{\Gamma}_{\alpha\beta,\lambda}=\frac{\partial \boldsymbol{\rho}_{\alpha}}{\partial \xi^{\beta}}\cdot\boldsymbol{\rho}_{\lambda}=\frac{\partial \boldsymbol{\rho}_{\beta}}{\partial \xi^{\alpha}}\cdot\boldsymbol{\rho}_{\lambda} \tag{5.2.7}$$

曲面的第一类 Christoffel 符号可以由曲面的第一基本形系数求得。由于

$$\frac{\partial a_{\alpha\lambda}}{\partial \xi^{\beta}}=\frac{\partial}{\partial \xi^{\beta}}(\boldsymbol{\rho}_{\alpha}\cdot\boldsymbol{\rho}_{\lambda})=\frac{\partial \boldsymbol{\rho}_{\alpha}}{\partial \xi^{\beta}}\cdot\boldsymbol{\rho}_{\lambda}+\boldsymbol{\rho}_{\alpha}\cdot\frac{\partial \boldsymbol{\rho}_{\lambda}}{\partial \xi^{\beta}}$$

将(5.2.7)式代入上式,得

$$\frac{\partial a_{\alpha\lambda}}{\partial \xi^{\beta}} = \mathring{\Gamma}_{\alpha\beta,\lambda} + \mathring{\Gamma}_{\lambda\beta,\alpha}$$

同理，有

$$\frac{\partial a_{\beta\lambda}}{\partial \xi^{\alpha}} = \mathring{\Gamma}_{\alpha\beta,\lambda} + \mathring{\Gamma}_{\lambda\alpha,\beta}$$

$$\frac{\partial a_{\alpha\beta}}{\partial \xi^{\lambda}} = \mathring{\Gamma}_{\lambda\alpha,\beta} + \mathring{\Gamma}_{\lambda\beta,\alpha} \tag{5.2.8}$$

由以上三式知

$$\mathring{\Gamma}_{\alpha\beta,\lambda} = \frac{1}{2}\left(\frac{\partial a_{\alpha\lambda}}{\partial \xi^{\beta}} + \frac{\partial a_{\beta\lambda}}{\partial \xi^{\alpha}} - \frac{\partial a_{\alpha\beta}}{\partial \xi^{\lambda}}\right) \tag{5.2.9a}$$

以及

$$\mathring{\Gamma}^{\gamma}_{\alpha\beta} = \frac{1}{2}a^{\gamma\lambda}\left(\frac{\partial a_{\alpha\lambda}}{\partial \xi^{\beta}} + \frac{\partial a_{\beta\lambda}}{\partial \xi^{\alpha}} - \frac{\partial a_{\alpha\beta}}{\partial \xi^{\lambda}}\right) \tag{5.2.9b}$$

至于逆变基矢量对坐标的导数，可以对下面诸式

$$\boldsymbol{\rho}^{\alpha} \cdot \boldsymbol{\rho}_{\gamma} = \delta^{\alpha}_{\gamma}, \qquad \boldsymbol{\rho}^{\alpha} \cdot \boldsymbol{n} = 0$$

求导，并利用(5.2.2)式、(5.2.1)式求得

$$\frac{\partial \boldsymbol{\rho}^{\alpha}}{\partial \xi^{\beta}} = -\mathring{\Gamma}^{\alpha}_{\beta\gamma}\boldsymbol{\rho}^{\gamma} + b^{\alpha}_{\cdot\beta}\boldsymbol{n} \tag{5.2.10}$$

5.2.3　第一基本张量分量的导数与协变导数

(5.2.8)式已给出第一基本形系数 $a_{\alpha\beta}$ 的导数。对(5.1.18a)式求导，并利用(5.2.8)式可以求得第一基本张量逆变分量的导数[①]

$$\frac{\partial a^{\alpha\beta}}{\partial \xi^{\lambda}} = -a^{\alpha\mu}\mathring{\Gamma}^{\beta}_{\lambda\mu} - a^{\mu\beta}\mathring{\Gamma}^{\alpha}_{\lambda\mu} \tag{5.2.11}$$

若记第一基本张量 $\boldsymbol{a}$ 的协变分量 $a_{\alpha\beta}$、逆变分量 $a^{\alpha\beta}$ 的协变导数(关于曲面上张量分量的协变导数的定义将在 5.5 节中详述)为

$$\mathring{\nabla}_{\lambda}a_{\alpha\beta} = a_{\alpha\beta;\lambda} = \frac{\partial a_{\alpha\beta}}{\partial \xi^{\lambda}} - a_{\alpha\mu}\mathring{\Gamma}^{\mu}_{\lambda\beta} - a_{\mu\beta}\mathring{\Gamma}^{\mu}_{\lambda\alpha} = \frac{\partial a_{\alpha\beta}}{\partial \xi^{\lambda}} - \mathring{\Gamma}_{\lambda\alpha,\beta} - \mathring{\Gamma}_{\lambda\beta,\alpha}$$

$$\mathring{\nabla}_{\lambda}a^{\alpha\beta} = a^{\alpha\beta}_{;\lambda} = \frac{\partial a^{\alpha\beta}}{\partial \xi^{\lambda}} + a^{\alpha\mu}\mathring{\Gamma}^{\beta}_{\lambda\mu} + a^{\mu\beta}\mathring{\Gamma}^{\alpha}_{\lambda\mu}$$

由(5.2.8)式、(5.2.11)式及上两式可知，与三维 Euclidean 空间的度量张量分量相同，在曲面上其度量张量分量(即第一基本张量分量)的协变导数也处处为零，即

$$\mathring{\nabla}_{\lambda}a_{\alpha\beta} = 0, \qquad \mathring{\nabla}_{\lambda}a^{\alpha\beta} = 0 \tag{5.2.12}$$

(5.1.21)式定义了曲面上的面元矢量，其中面元的大小 $\sqrt{a}$ 也是随曲面上点的位置变化而变化

$$\sqrt{a} = (\boldsymbol{\rho}_1 \times \boldsymbol{\rho}_2) \cdot \boldsymbol{n} \tag{5.2.13}$$

将上式对坐标求导，并利用(5.2.2)式、(5.2.1)式及上式[②]，得到

---

① 证明过程见习题 5.4，读者自证。

② 证明过程见习题 5.5，读者自证。

$$\frac{\partial \sqrt{a}}{\partial \xi^{\alpha}} = (\mathring{\Gamma}^{1}_{1\alpha} + \mathring{\Gamma}^{2}_{2\alpha})(\boldsymbol{\rho}_1 \times \boldsymbol{\rho}_2 \cdot \boldsymbol{n}) = \mathring{\Gamma}^{\beta}_{\alpha\beta}\sqrt{a} \tag{5.2.14a}$$

上式还可以写作

$$\mathring{\Gamma}^{\beta}_{\alpha\beta} = \frac{\partial \sqrt{a}}{\sqrt{a}\,\partial \xi^{\alpha}} = \frac{\partial(\ln\sqrt{a})}{\partial \xi^{\alpha}} = \frac{\partial(\ln a)}{2\partial \xi^{\alpha}} \tag{5.2.14b}$$

5.2.4 单位矢量的求导公式

5.1.8 节已给出非完整系中基矢量的表达式,本节进一步给出它们对坐标的导数。利用(5.2.2)式、(5.2.10)式、(5.2.8)式可以证得[①]:

$$\frac{\partial}{\partial \xi^{\alpha}}\left(\frac{\boldsymbol{\rho}_1}{\sqrt{a_{11}}}\right) = \frac{1}{\sqrt{a_{11}}}\left(\frac{1}{a^{22}}\mathring{\Gamma}^{2}_{1\alpha}\boldsymbol{\rho}^2 + b_{1\alpha}\boldsymbol{n}\right) \tag{5.2.15a}$$

$$\frac{\partial}{\partial \xi^{\alpha}}\left(\frac{\boldsymbol{\rho}_2}{\sqrt{a_{22}}}\right) = \frac{1}{\sqrt{a_{22}}}\left(\frac{1}{a^{11}}\mathring{\Gamma}^{1}_{2\alpha}\boldsymbol{\rho}^1 + b_{2\alpha}\boldsymbol{n}\right) \tag{5.2.15b}$$

$$\frac{\partial}{\partial \xi^{\alpha}}\left(\frac{\boldsymbol{\rho}^1}{\sqrt{a^{11}}}\right) = \frac{1}{\sqrt{a^{11}}}\left(-\frac{1}{a_{22}}\mathring{\Gamma}^{1}_{2\alpha}\boldsymbol{\rho}_2 + b^{1}_{\cdot\alpha}\boldsymbol{n}\right) \tag{5.2.16a}$$

$$\frac{\partial}{\partial \xi^{\alpha}}\left(\frac{\boldsymbol{\rho}^2}{\sqrt{a^{22}}}\right) = \frac{1}{\sqrt{a^{22}}}\left(-\frac{1}{a_{11}}\mathring{\Gamma}^{2}_{1\alpha}\boldsymbol{\rho}_1 + b^{2}_{\cdot\alpha}\boldsymbol{n}\right) \tag{5.2.16b}$$

上式中第二类 Christoffel 符号 $\mathring{\Gamma}^{\gamma}_{\alpha\beta}$ 可以利用(5.2.9b)式和表 5.1 的对照关系,用 Lamé 常数 A,B 和坐标线夹角 ϑ 表示,如表 5.2 所示。

表 5.2 曲面上的第二类 Christoffel 符号

	斜坐标系	正交坐标系
$\mathring{\Gamma}^{1}_{11}$	$\frac{1}{AB\sin^2\vartheta}\left[B\frac{\partial A}{\partial \xi} + A\cos\vartheta\frac{\partial A}{\partial \eta} - \cos\vartheta\frac{\partial}{\partial \xi}(AB\cos\vartheta)\right]$	$\frac{1}{A}\frac{\partial A}{\partial \xi}$
$\mathring{\Gamma}^{2}_{11}$	$\frac{A}{B^2\sin^2\vartheta}\left[\frac{\partial}{\partial \xi}(B\cos\vartheta) - \frac{\partial A}{\partial \eta}\right]$	$-\frac{A}{B^2}\frac{\partial A}{\partial \eta}$
$\mathring{\Gamma}^{1}_{12}$	$\frac{1}{A\sin^2\vartheta}\left[\frac{\partial A}{\partial \eta} - \cos\vartheta\frac{\partial B}{\partial \xi}\right]$	$\frac{1}{A}\frac{\partial A}{\partial \eta}$
$\mathring{\Gamma}^{2}_{12}$	$\frac{1}{B\sin^2\vartheta}\left[\frac{\partial B}{\partial \xi} - \cos\vartheta\frac{\partial A}{\partial \eta}\right]$	$\frac{1}{B}\frac{\partial B}{\partial \xi}$
$\mathring{\Gamma}^{1}_{22}$	$\frac{B}{A^2\sin^2\vartheta}\left[\frac{\partial}{\partial \eta}(A\cos\vartheta) - \frac{\partial B}{\partial \xi}\right]$	$-\frac{B}{A^2}\frac{\partial B}{\partial \xi}$
$\mathring{\Gamma}^{2}_{22}$	$\frac{1}{AB\sin^2\vartheta}\left[A\frac{\partial B}{\partial \eta} + B\cos\vartheta\frac{\partial B}{\partial \xi} - \cos\vartheta\frac{\partial}{\partial \eta}(AB\cos\vartheta)\right]$	$\frac{1}{B}\frac{\partial B}{\partial \eta}$

对于正交坐标系,可以利用 Weingarten 公式(5.2.1)和 Gauss 求导公式(5.2.2)、并参照表 5.1 和表 5.2 的对照关系,得到用曲面的 Lamé 参数 A,B(坐标线夹角 $\vartheta=\pi/2$)表示的

① 证明过程见习题 5.6,读者自证。

正交标准化基 $\boldsymbol{e}_\xi, \boldsymbol{e}_\eta$ 和 $\boldsymbol{n}$ 对坐标的偏导数①：

$$\begin{cases}\dfrac{\partial \boldsymbol{e}_\xi}{\partial \xi}=-\dfrac{1}{B}\dfrac{\partial A}{\partial \eta}\boldsymbol{e}_\eta-\dfrac{A}{R'_1}\boldsymbol{n}, & \dfrac{\partial \boldsymbol{e}_\xi}{\partial \eta}=\dfrac{1}{A}\dfrac{\partial B}{\partial \xi}\boldsymbol{e}_\eta+\dfrac{B}{R_{12}}\boldsymbol{n}\\ \dfrac{\partial \boldsymbol{e}_\eta}{\partial \xi}=\dfrac{1}{B}\dfrac{\partial A}{\partial \eta}\boldsymbol{e}_\xi+\dfrac{A}{R_{12}}\boldsymbol{n}, & \dfrac{\partial \boldsymbol{e}_\eta}{\partial \eta}=-\dfrac{1}{A}\dfrac{\partial B}{\partial \xi}\boldsymbol{e}_\xi-\dfrac{B}{R'_2}\boldsymbol{n}\\ \dfrac{\partial \boldsymbol{n}}{\partial \xi}=\dfrac{A}{R'_1}\boldsymbol{e}_\xi-\dfrac{A}{R_{12}}\boldsymbol{e}_\eta, & \dfrac{\partial \boldsymbol{n}}{\partial \eta}=-\dfrac{B}{R_{12}}\boldsymbol{e}_\xi+\dfrac{B}{R'_2}\boldsymbol{e}_\eta\end{cases} \tag{5.2.17}$$

在主坐标系中，基矢量为 $\boldsymbol{e}_1, \boldsymbol{e}_2$ 和 $\boldsymbol{n}$，曲率 $1/R'_1, 1/R'_2$ 为主曲率 $1/R_1, 1/R_2$，扭率 $1/R_{12}$ 为零。上式可进一步化为

$$\begin{cases}\dfrac{\partial \boldsymbol{e}_1}{\partial \xi}=-\dfrac{1}{B}\dfrac{\partial A}{\partial \eta}\boldsymbol{e}_2-\dfrac{A}{R_1}\boldsymbol{n}, & \dfrac{\partial \boldsymbol{e}_1}{\partial \eta}=\dfrac{1}{A}\dfrac{\partial B}{\partial \xi}\boldsymbol{e}_2\\ \dfrac{\partial \boldsymbol{e}_2}{\partial \xi}=\dfrac{1}{B}\dfrac{\partial A}{\partial \eta}\boldsymbol{e}_1, & \dfrac{\partial \boldsymbol{e}_2}{\partial \eta}=-\dfrac{1}{A}\dfrac{\partial B}{\partial \xi}\boldsymbol{e}_1-\dfrac{B}{R_2}\boldsymbol{n}\\ \dfrac{\partial \boldsymbol{n}}{\partial \xi}=\dfrac{A}{R_1}\boldsymbol{e}_1, & \dfrac{\partial \boldsymbol{n}}{\partial \eta}=\dfrac{B}{R_2}\boldsymbol{e}_2\end{cases} \tag{5.2.18}$$

5.3 曲面的基本方程，Riemann-Christoffel 张量

5.3.1 Codazzi 方程与 Gauss 方程

曲面的第一、第二基本形系数完全决定了一个曲面的几何形状，是曲面的基本几何量。但这两组几何量是不能任意指定的，它们之间必须满足 Codazzi 方程与 Gauss 方程，这两组方程统称为**曲面的基本方程**②。

Codazzi 方程与 Gauss 方程源于：对于曲面上各点处的一组基矢量 $\boldsymbol{\rho}_\alpha$ $(\alpha=1,2)$，应满足③

$$\frac{\partial}{\partial \xi^\gamma}\left(\frac{\partial \boldsymbol{\rho}_\alpha}{\partial \xi^\beta}\right)=\frac{\partial}{\partial \xi^\beta}\left(\frac{\partial \boldsymbol{\rho}_\alpha}{\partial \xi^\gamma}\right)\qquad(\alpha,\beta,\gamma=1,2) \tag{5.3.1}$$

将(5.2.2)式、(5.2.1)式代入上式两端，分别得到

$$\frac{\partial}{\partial \xi^\gamma}\left(\frac{\partial \boldsymbol{\rho}_\alpha}{\partial \xi^\beta}\right)=\frac{\partial}{\partial \xi^\gamma}(\mathring{\Gamma}^\lambda_{\alpha\beta}\boldsymbol{\rho}_\lambda+b_{\alpha\beta}\boldsymbol{n})=\left(\frac{\partial \mathring{\Gamma}^\lambda_{\alpha\beta}}{\partial \xi^\gamma}+\mathring{\Gamma}^\mu_{\alpha\beta}\mathring{\Gamma}^\lambda_{\mu\gamma}-b_{\alpha\beta}b^\lambda_{\cdot\gamma}\right)\boldsymbol{\rho}_\lambda+\left(\frac{\partial b_{\alpha\beta}}{\partial \xi^\gamma}+\mathring{\Gamma}^\mu_{\alpha\beta}b_{\mu\gamma}\right)\boldsymbol{n}$$

$$\frac{\partial}{\partial \xi^\beta}\left(\frac{\partial \boldsymbol{\rho}_\alpha}{\partial \xi^\gamma}\right)=\left(\frac{\partial \mathring{\Gamma}^\lambda_{\alpha\gamma}}{\partial \xi^\beta}+\mathring{\Gamma}^\mu_{\alpha\gamma}\mathring{\Gamma}^\lambda_{\mu\beta}-b_{\alpha\gamma}b^\lambda_{\cdot\beta}\right)\boldsymbol{\rho}_\lambda+\left(\frac{\partial b_{\alpha\gamma}}{\partial \xi^\beta}+\mathring{\Gamma}^\mu_{\alpha\gamma}b_{\mu\beta}\right)\boldsymbol{n}$$

(5.3.1)式是一个矢量等式，其成立的条件是等式两端各个分量均应相等。即

$$\frac{\partial b_{\alpha\beta}}{\partial \xi^\gamma}+\mathring{\Gamma}^\mu_{\alpha\beta}b_{\mu\gamma}=\frac{\partial b_{\alpha\gamma}}{\partial \xi^\beta}+\mathring{\Gamma}^\mu_{\alpha\gamma}b_{\mu\beta}\qquad(\alpha,\beta,\gamma=1,2) \tag{5.3.2a}$$

$$\frac{\partial \mathring{\Gamma}^\lambda_{\alpha\beta}}{\partial \xi^\gamma}+\mathring{\Gamma}^\mu_{\alpha\beta}\mathring{\Gamma}^\lambda_{\mu\gamma}-b_{\alpha\beta}b^\lambda_{\cdot\gamma}=\frac{\partial \mathring{\Gamma}^\lambda_{\alpha\gamma}}{\partial \xi^\beta}+\mathring{\Gamma}^\mu_{\alpha\gamma}\mathring{\Gamma}^\lambda_{\mu\beta}-b_{\alpha\gamma}b^\lambda_{\cdot\beta}\quad(\alpha,\beta,\gamma,\lambda=1,2) \tag{5.3.2b}$$

---

① 证明过程见习题 5.6，读者自证。

② 见：苏步青，等. 微分几何[M]. 北京：人民教育出版社，1979：126.

③ 在 4.6.3 节中，我们证明了在 Riemann 空间中矢量对坐标的求导顺序不可调换，见(4.6.17b)式，但这里的(5.3.1)式是将曲面看作三维 Euclidean 空间中的一个曲面(曲面通常是不可展的，因而是二维 Riemann 空间)来讨论。其实我们已默认了 5.5 节的等距曲面坐标(ξ^1, ξ^2, z)，讨论的是三维 Euclidean 空间中的几何问题，$z=0$ 即为所研究的曲面。

Codazzi 方程：(5.3.2a)式可以进一步写作

$$\frac{\partial b_{\alpha\beta}}{\partial \xi^{\gamma}} - b_{\mu\beta}\mathring{\Gamma}^{\mu}_{\alpha\gamma} - b_{\alpha\mu}\mathring{\Gamma}^{\mu}_{\beta\gamma} = \frac{\partial b_{\alpha\gamma}}{\partial \xi^{\beta}} - b_{\mu\gamma}\mathring{\Gamma}^{\mu}_{\alpha\beta} - b_{\alpha\mu}\mathring{\Gamma}^{\mu}_{\beta\gamma} \quad (\alpha,\beta,\gamma = 1,2)$$

类似于三维空间中张量分量协变导数的定义式(4.3.21)，上式也可以采用张量分量对曲面(二维空间)的Gauss坐标的协变导数符号$\mathring{\nabla}_{\gamma}(\ )$表示：

$$\mathring{\nabla}_{\gamma} b_{\alpha\beta} = \mathring{\nabla}_{\beta} b_{\alpha\gamma} \quad (\alpha,\beta,\gamma = 1,2) \tag{5.3.3}$$

上式称为Codazzi方程。它指出曲面的第二基本张量的协变导数$\mathring{\nabla}_{\gamma} b_{\alpha\beta}$关于其三个下标中任意两个均应对称。考虑到$b_{\alpha\beta}$的对称性，(5.3.3)式只有两个独立的方程：

$$\mathring{\nabla}_2 b_{11} = \mathring{\nabla}_1 b_{12}, \quad \mathring{\nabla}_1 b_{22} = \mathring{\nabla}_2 b_{21} \tag{5.3.4}$$

Codazzi方程表明一个曲面的三个第二基本形系数不独立。

Gauss 方程：在(5.3.2b)式中，定义

$$\mathring{R}^{\lambda}_{\cdot\alpha\gamma\beta} = \frac{\partial \mathring{\Gamma}^{\lambda}_{\alpha\beta}}{\partial \xi^{\gamma}} - \frac{\partial \mathring{\Gamma}^{\lambda}_{\alpha\gamma}}{\partial \xi^{\beta}} + \mathring{\Gamma}^{\mu}_{\alpha\beta}\mathring{\Gamma}^{\lambda}_{\mu\gamma} - \mathring{\Gamma}^{\mu}_{\alpha\gamma}\mathring{\Gamma}^{\lambda}_{\mu\beta} \quad (\alpha,\beta,\gamma,\lambda = 1,2) \tag{5.3.5}$$

$\mathring{R}^{\lambda}_{\cdot\alpha\gamma\beta}$是一个四指标的量，如4.6.2节在三维空间中所证，尽管Christoffel符号不是张量分量，但由(4.6.16b)式(此处，在二维空间中由(5.3.5)式)所定义的$\mathring{R}^{\lambda}_{\cdot\alpha\gamma\beta}$却是四阶张量的分量，称为 **Riemann-Christoffel 张量**，也称为**曲率张量**。由(5.3.5)式、(5.2.9b)式知，它将完全由第一基本形系数决定。

由(5.3.5)式、(5.3.2b)式得到

$$\mathring{R}^{\lambda}_{\cdot\alpha\gamma\beta} = b_{\alpha\beta} b^{\lambda}_{\cdot\gamma} - b_{\alpha\gamma} b^{\lambda}_{\cdot\beta} \quad (\alpha,\beta,\gamma,\lambda = 1,2) \tag{5.3.6}$$

上式称为Gauss方程。它给出了曲面的第一基本形系数与第二基本形系数的关系。

5.3.2 Riemann-Christoffel 张量

4.6.3节已经利用商法则证明过Riemann-Christoffel张量是四阶张量，本节进一步应用坐标转换时Christoffel符号所满足的转换式(4.1.23)，证明(5.3.5)式所定义的Riemann-Christoffel张量满足四阶张量分量的坐标转换关系。

$$\mathring{\Gamma}^{\lambda'}_{\mu'\nu'} = \frac{\partial \xi^{\alpha}}{\partial \xi^{\mu'}}\frac{\partial \xi^{\beta}}{\partial \xi^{\nu'}}\frac{\partial \xi^{\lambda'}}{\partial \xi^{\sigma}}\mathring{\Gamma}^{\sigma}_{\alpha\beta} + \frac{\partial^2 \xi^{\alpha}}{\partial \xi^{\mu'}\partial \xi^{\nu'}}\frac{\partial \xi^{\lambda'}}{\partial \xi^{\alpha}} \quad (\mu',\nu',\lambda' = 1,2) \tag{5.3.7}$$

两端乘以$\partial \xi^{\gamma}/\partial \xi^{\lambda'}$并对哑指标$\lambda'$求和后，上式可写作

$$\frac{\partial \xi^{\gamma}}{\partial \xi^{\lambda'}}\mathring{\Gamma}^{\lambda'}_{\mu'\nu'} = \frac{\partial \xi^{\alpha}}{\partial \xi^{\mu'}}\frac{\partial \xi^{\beta}}{\partial \xi^{\nu'}}\mathring{\Gamma}^{\gamma}_{\alpha\beta} + \frac{\partial^2 \xi^{\gamma}}{\partial \xi^{\mu'}\partial \xi^{\nu'}} \quad (\mu',\nu',\gamma = 1,2) \tag{5.3.7a}$$

将上式左右两端各对$\xi^{\delta'}$求导，得到

$$\frac{\partial \xi^{\gamma}}{\partial \xi^{\lambda'}}\frac{\partial \mathring{\Gamma}^{\lambda'}_{\mu'\nu'}}{\partial \xi^{\delta'}} + \mathring{\Gamma}^{\lambda'}_{\mu'\nu'}\frac{\partial^2 \xi^{\gamma}}{\partial \xi^{\lambda'}\partial \xi^{\delta'}} = \frac{\partial \xi^{\alpha}}{\partial \xi^{\mu'}}\frac{\partial \xi^{\beta}}{\partial \xi^{\nu'}}\frac{\partial \xi^{\theta}}{\partial \xi^{\delta'}}\frac{\partial \mathring{\Gamma}^{\gamma}_{\alpha\beta}}{\partial \xi^{\theta}}$$
$$+ \mathring{\Gamma}^{\gamma}_{\alpha\beta}\left(\frac{\partial^2 \xi^{\alpha}}{\partial \xi^{\mu'}\partial \xi^{\delta'}}\frac{\partial \xi^{\beta}}{\partial \xi^{\nu'}} + \frac{\partial^2 \xi^{\beta}}{\partial \xi^{\nu'}\partial \xi^{\delta'}}\frac{\partial \xi^{\alpha}}{\partial \xi^{\mu'}}\right) + \frac{\partial}{\partial \xi^{\delta'}}\left(\frac{\partial^2 \xi^{\gamma}}{\partial \xi^{\mu'}\partial \xi^{\nu'}}\right)$$

将上式中指标ν'与δ'互换，得到

$$\frac{\partial \xi^{\gamma}}{\partial \xi^{\lambda'}}\frac{\partial \mathring{\Gamma}^{\lambda'}_{\mu'\delta'}}{\partial \xi^{\nu'}} + \mathring{\Gamma}^{\lambda'}_{\mu'\delta'}\frac{\partial^2 \xi^{\gamma}}{\partial \xi^{\lambda'}\partial \xi^{\nu'}}$$

$$= \frac{\partial \xi^{\alpha}}{\partial \xi^{\mu'}} \frac{\partial \xi^{\beta}}{\partial \xi^{\delta'}} \frac{\partial \xi^{\theta}}{\partial \xi^{\nu'}} \frac{\partial \mathring{\Gamma}^{\gamma}_{\alpha\beta}}{\partial \xi^{\theta}} + \mathring{\Gamma}^{\gamma}_{\alpha\beta}\left(\frac{\partial^2 \xi^{\alpha}}{\partial \xi^{\mu'}\partial \xi^{\nu'}} \frac{\partial \xi^{\beta}}{\partial \xi^{\delta'}} + \frac{\partial^2 \xi^{\beta}}{\partial \xi^{\nu'}\partial \xi^{\delta'}} \frac{\partial \xi^{\alpha}}{\partial \xi^{\mu'}}\right) + \frac{\partial}{\partial \xi^{\delta'}}\left(\frac{\partial^2 \xi^{\gamma}}{\partial \xi^{\mu'}\partial \xi^{\nu'}}\right)$$

将上述两式相减，得到

$$\frac{\partial \xi^{\gamma}}{\partial \xi^{\lambda'}}\left(\frac{\partial \mathring{\Gamma}^{\lambda'}_{\mu'\nu'}}{\partial \xi^{\delta'}} - \frac{\partial \mathring{\Gamma}^{\lambda'}_{\mu'\delta'}}{\partial \xi^{\nu'}}\right) + \mathring{\Gamma}^{\lambda'}_{\mu'\nu'} \frac{\partial^2 \xi^{\gamma}}{\partial \xi^{\lambda'}\partial \xi^{\delta'}} - \mathring{\Gamma}^{\lambda'}_{\mu'\delta'} \frac{\partial^2 \xi^{\gamma}}{\partial \xi^{\lambda'}\partial \xi^{\nu'}}$$

$$= \frac{\partial \xi^{\alpha}}{\partial \xi^{\mu'}} \frac{\partial \xi^{\beta}}{\partial \xi^{\nu'}} \frac{\partial \xi^{\theta}}{\partial \xi^{\delta'}}\left(\frac{\partial \mathring{\Gamma}^{\gamma}_{\alpha\beta}}{\partial \xi^{\theta}} - \frac{\partial \mathring{\Gamma}^{\gamma}_{\alpha\theta}}{\partial \xi^{\beta}}\right) + \mathring{\Gamma}^{\gamma}_{\alpha\beta}\left(\frac{\partial^2 \xi^{\alpha}}{\partial \xi^{\mu'}\partial \xi^{\delta'}} \frac{\partial \xi^{\beta}}{\partial \xi^{\nu'}} - \frac{\partial^2 \xi^{\alpha}}{\partial \xi^{\mu'}\partial \xi^{\nu'}} \frac{\partial \xi^{\beta}}{\partial \xi^{\delta'}}\right) \quad (5.3.8)$$

利用(5.3.7a)式求得上式左端第二、三项为

$$\mathring{\Gamma}^{\lambda'}_{\mu'\nu'} \frac{\partial^2 \xi^{\gamma}}{\partial \xi^{\lambda'}\partial \xi^{\delta'}} - \mathring{\Gamma}^{\lambda'}_{\mu'\delta'} \frac{\partial^2 \xi^{\gamma}}{\partial \xi^{\lambda'}\partial \xi^{\nu'}}$$

$$= \mathring{\Gamma}^{\lambda'}_{\mu'\nu'}\left(\frac{\partial \xi^{\gamma}}{\partial \xi^{\omega'}}\mathring{\Gamma}^{\omega'}_{\lambda'\delta'} - \frac{\partial \xi^{\alpha}}{\partial \xi^{\lambda'}} \frac{\partial \xi^{\beta}}{\partial \xi^{\delta'}}\mathring{\Gamma}^{\gamma}_{\alpha\beta}\right) - \mathring{\Gamma}^{\lambda'}_{\mu'\delta'}\left(\frac{\partial \xi^{\gamma}}{\partial \xi^{\omega'}}\mathring{\Gamma}^{\omega'}_{\lambda'\nu'} - \frac{\partial \xi^{\alpha}}{\partial \xi^{\lambda'}} \frac{\partial \xi^{\beta}}{\partial \xi^{\nu'}}\mathring{\Gamma}^{\gamma}_{\alpha\beta}\right)$$

$$= \frac{\partial \xi^{\gamma}}{\partial \xi^{\lambda'}}(\mathring{\Gamma}^{\omega'}_{\mu'\nu'}\mathring{\Gamma}^{\lambda'}_{\omega'\delta'} - \mathring{\Gamma}^{\omega'}_{\mu'\delta'}\mathring{\Gamma}^{\lambda'}_{\omega'\nu'}) - \frac{\partial \xi^{\alpha}}{\partial \xi^{\lambda'}} \frac{\partial \xi^{\beta}}{\partial \xi^{\delta'}}\mathring{\Gamma}^{\lambda'}_{\mu'\nu'}\mathring{\Gamma}^{\gamma}_{\alpha\beta} + \frac{\partial \xi^{\alpha}}{\partial \xi^{\lambda'}} \frac{\partial \xi^{\beta}}{\partial \xi^{\nu'}}\mathring{\Gamma}^{\lambda'}_{\mu'\delta'}\mathring{\Gamma}^{\gamma}_{\alpha\beta}$$

(5.3.8)式右端第二项为

$$\mathring{\Gamma}^{\gamma}_{\alpha\beta}\left(\frac{\partial^2 \xi^{\alpha}}{\partial \xi^{\mu'}\partial \xi^{\delta'}} \frac{\partial \xi^{\beta}}{\partial \xi^{\nu'}} - \frac{\partial^2 \xi^{\alpha}}{\partial \xi^{\mu'}\partial \xi^{\nu'}} \frac{\partial \xi^{\beta}}{\partial \xi^{\delta'}}\right)$$

$$= \mathring{\Gamma}^{\gamma}_{\alpha\beta}\left(\frac{\partial \xi^{\alpha}}{\partial \xi^{\lambda'}}\mathring{\Gamma}^{\lambda'}_{\mu'\delta'} \frac{\partial \xi^{\beta}}{\partial \xi^{\nu'}} - \frac{\partial \xi^{\omega}}{\partial \xi^{\mu'}} \frac{\partial \xi^{\beta}}{\partial \xi^{\nu'}} \frac{\partial \xi^{\theta}}{\partial \xi^{\delta'}}\mathring{\Gamma}^{\alpha}_{\theta\omega}\right) - \mathring{\Gamma}^{\gamma}_{\alpha\beta}\left(\frac{\partial \xi^{\alpha}}{\partial \xi^{\lambda'}}\mathring{\Gamma}^{\lambda'}_{\mu'\nu'} \frac{\partial \xi^{\beta}}{\partial \xi^{\delta'}} - \frac{\partial \xi^{\omega}}{\partial \xi^{\mu'}} \frac{\partial \xi^{\beta}}{\partial \xi^{\delta'}} \frac{\partial \xi^{\theta}}{\partial \xi^{\nu'}}\mathring{\Gamma}^{\alpha}_{\theta\omega}\right)$$

$$= \frac{\partial \xi^{\alpha}}{\partial \xi^{\lambda'}} \frac{\partial \xi^{\beta}}{\partial \xi^{\nu'}}\mathring{\Gamma}^{\lambda'}_{\mu'\delta'}\mathring{\Gamma}^{\gamma}_{\alpha\beta} - \frac{\partial \xi^{\alpha}}{\partial \xi^{\lambda'}} \frac{\partial \xi^{\beta}}{\partial \xi^{\delta'}}\mathring{\Gamma}^{\lambda'}_{\mu'\nu'}\mathring{\Gamma}^{\gamma}_{\alpha\beta} + \frac{\partial \xi^{\alpha}}{\partial \xi^{\mu'}} \frac{\partial \xi^{\beta}}{\partial \xi^{\nu'}} \frac{\partial \xi^{\theta}}{\partial \xi^{\delta'}}(\mathring{\Gamma}^{\omega}_{\alpha\beta}\mathring{\Gamma}^{\gamma}_{\omega\theta} - \mathring{\Gamma}^{\omega}_{\alpha\theta}\mathring{\Gamma}^{\gamma}_{\omega\beta})$$

将以上两式代入(5.3.8)式并消去等式两端相同的项，得到

$$\frac{\partial \xi^{\gamma}}{\partial \xi^{\lambda'}}\left(\frac{\partial \mathring{\Gamma}^{\lambda'}_{\mu'\nu'}}{\partial \xi^{\delta'}} - \frac{\partial \mathring{\Gamma}^{\lambda'}_{\mu'\delta'}}{\partial \xi^{\nu'}} + \mathring{\Gamma}^{\omega'}_{\mu'\nu'}\mathring{\Gamma}^{\lambda'}_{\omega'\delta'} - \mathring{\Gamma}^{\omega'}_{\mu'\delta'}\mathring{\Gamma}^{\lambda'}_{\omega'\nu'}\right)$$

$$= \frac{\partial \xi^{\alpha}}{\partial \xi^{\mu'}} \frac{\partial \xi^{\beta}}{\partial \xi^{\nu'}} \frac{\partial \xi^{\theta}}{\partial \xi^{\delta'}}\left(\frac{\partial \mathring{\Gamma}^{\gamma}_{\alpha\beta}}{\partial \xi^{\theta}} - \frac{\partial \mathring{\Gamma}^{\gamma}_{\alpha\theta}}{\partial \xi^{\beta}} + \mathring{\Gamma}^{\omega}_{\alpha\beta}\mathring{\Gamma}^{\gamma}_{\omega\theta} - \mathring{\Gamma}^{\omega}_{\alpha\theta}\mathring{\Gamma}^{\gamma}_{\omega\beta}\right)$$

两端再乘$\partial \xi^{\pi'}/\partial \xi^{\gamma}$，并将$\mathring{R}^{\gamma}_{\cdot\alpha\theta\beta}$的定义(5.3.5)式代入，得到

$$\mathring{R}^{\pi'}_{\cdot\mu'\delta'\nu'} = \frac{\partial \xi^{\pi'}}{\partial \xi^{\gamma}} \frac{\partial \xi^{\alpha}}{\partial \xi^{\mu'}} \frac{\partial \xi^{\beta}}{\partial \xi^{\nu'}} \frac{\partial \xi^{\theta}}{\partial \xi^{\delta'}}\mathring{R}^{\gamma}_{\cdot\alpha\theta\beta} \qquad (\pi', \mu', \delta', \nu' = 1, 2) \quad (5.3.9)$$

再一次证得$\mathring{R}^{\gamma}_{\cdot\alpha\theta\beta}$是四阶张量。

将(5.3.5)式降指标，并利用(5.2.6)式、(5.2.8)式，仿照 4.6.4 节(4.6.19)式的推导，得到

$$\mathring{R}_{\alpha\beta\gamma\nu} = a_{\alpha\lambda}\mathring{R}^{\lambda}_{\cdot\beta\gamma\nu} = \frac{\partial \mathring{\Gamma}_{\beta\nu,\alpha}}{\partial \xi^{\gamma}} - \frac{\partial \mathring{\Gamma}_{\beta\gamma,\alpha}}{\partial \xi^{\nu}} + \mathring{\Gamma}^{\omega}_{\beta\gamma}\mathring{\Gamma}_{\alpha\nu,\omega} - \mathring{\Gamma}^{\omega}_{\beta\nu}\mathring{\Gamma}_{\alpha\gamma,\omega} \quad (\alpha, \beta, \gamma, \nu = 1, 2) \quad (5.3.10)$$

若将(5.2.9)式代入上式，仿照 4.6.4 节(4.6.20)式的推导，可求得

$$\mathring{R}_{\alpha\beta\gamma\nu} = \frac{1}{2}(a_{\alpha\nu,\beta\gamma} + a_{\beta\gamma,\alpha\nu} - a_{\alpha\gamma,\beta\nu} - a_{\beta\nu,\alpha\gamma}) + a^{\lambda\omega}(\mathring{\Gamma}_{\alpha\nu,\omega}\mathring{\Gamma}_{\beta\gamma,\lambda} - \mathring{\Gamma}_{\alpha\gamma,\omega}\mathring{\Gamma}_{\beta\nu,\lambda}) \qquad (\alpha, \beta, \gamma, \nu = 1, 2) \quad (5.3.11)$$

上式说明曲率张量 $\overset{\circ}{R}_{\alpha\beta\gamma\nu}$ 完全由曲面的第一基本形系数及其导数决定,即只取决于曲面的内禀几何量。

$\overset{\circ}{R}_{\alpha\beta\gamma\nu}$ 共有16个分量,但如同4.6.4节所证,它们满足以下对称与反对称性:

$$\overset{\circ}{R}_{\alpha\beta\gamma\nu}=-\overset{\circ}{R}_{\beta\alpha\gamma\nu}=-\overset{\circ}{R}_{\alpha\beta\nu\gamma}=\overset{\circ}{R}_{\gamma\nu\alpha\beta}\qquad(\alpha,\beta,\gamma,\nu=1,2)\tag{5.3.12}$$

所以,其中非零分量只有4个,独立的分量只有1个:

$$\overset{\circ}{R}_{1212}=\overset{\circ}{R}_{2121}=-\overset{\circ}{R}_{1221}=-\overset{\circ}{R}_{2112}\tag{5.3.13}$$

5.3.3 可展曲面与不可展曲面

将Gauss方程(5.3.6)式降指标,得到

$$\overset{\circ}{R}_{\alpha\beta\gamma\nu}=b_{\alpha\gamma}b_{\beta\nu}-b_{\alpha\nu}b_{\beta\gamma}\qquad(\alpha,\beta,\gamma,\nu=1,2)\tag{5.3.14}$$

而上式只有一个独立的方程

$$\overset{\circ}{R}_{1212}=b_{11}b_{22}-b_{12}b_{21}=b\tag{5.3.15}$$

这是Gauss方程最早的、也是最有用的形式。

由上式及(5.1.51)式,可以证明一个极为重要的定理:

$$K=\frac{1}{R_1R_2}=\frac{b}{a}=\frac{\overset{\circ}{R}_{1212}}{a}\tag{5.3.16}$$

定理(Gauss定理) 曲面的Gauss曲率 K 仅由曲面的第一基本形系数决定。

(5.3.16)式的右端项只与曲面的第一基本形有关,而其左端为曲面的两个主曲率之积。所以Gauss方程揭示了曲面的外部性质与其内禀几何量之间的关系。

在4.6节中已经证明曲率张量是否为零是确定空间属于Euclidean空间或非Euclidean空间的必要充分条件。对于Euclidean空间,能够找到一组适用于全空间的笛卡儿坐标系,使在整个空间上 $\overset{\circ}{\Gamma}{}^{\gamma}_{\alpha\beta}\equiv 0$。平面显然是二维的Euclidean空间。而对于曲面,根据Gauss(C. F. Gauss,1777—1855)对微分几何学的著名研究①,他指出"如果一个弯曲的曲面可以展开到任何另外的曲面上去,则每点的曲率②是保持不变的"。所以只有Gauss曲率为零的可展曲面,才是二维的Euclidean空间。这一点可以从几何上这样直观地理解:如果将平面"弯曲"③而不改变它上面所有曲线的弧长和夹角(即不改变其第一基本形系数)则得到可展曲面(如柱面、锥面)。可展曲面的一些方向的法截面曲率虽不为零,但由于其度量张量分量在弯曲过程中没有改变,故其Gauss曲率仍为零。而Gauss曲率不为零的曲面(正Gauss曲率曲面或负Gauss曲率曲面)则是二维的Riemann空间,它们不能由平面"弯曲"得到。

5.3.4 Gauss方程的其他形式

L. Bieberbach④ 给出Gauss方程的另一形式:

---

① 见1827年Gauss的著名论文:《弯曲曲面的一般研究》。

② 此处曲率指我们所称的Gauss曲率。

③ 这里"弯曲"是"无应变的弯曲"之简称。

④ 见Bieberbach L. Differetialgeometrie,1932(10):80。

$$b=\mathring{R}_{1212}=\sqrt{a}\left[\frac{\partial}{\partial\xi^2}\left(\frac{\sqrt{a}}{a_{11}}\mathring{\Gamma}^2_{11}\right)-\frac{\partial}{\partial\xi^1}\left(\frac{\sqrt{a}}{a_{11}}\mathring{\Gamma}^2_{12}\right)\right]\tag{5.3.17}$$

以及

$$b=\mathring{R}_{1212}=\sqrt{a}\left[\frac{\partial}{\partial\xi^1}\left(\frac{\sqrt{a}}{a_{22}}\mathring{\Gamma}^1_{22}\right)-\frac{\partial}{\partial\xi^2}\left(\frac{\sqrt{a}}{a_{22}}\mathring{\Gamma}^1_{12}\right)\right]\tag{5.3.18}$$

上式可以如下证明。将 $\mathring{R}_{1212}$ 升指标：

$$\mathring{R}^{2}_{\cdot 121}=a^{2\alpha}\mathring{R}_{\alpha 121}=a^{22}\mathring{R}_{2121}=\frac{a_{11}}{a}\mathring{R}_{1212}$$

$$\mathring{R}^{1}_{\cdot 212}=a^{1\alpha}\mathring{R}_{\alpha 212}=a^{11}\mathring{R}_{1212}=\frac{a_{22}}{a}\mathring{R}_{1212}$$

即

$$\mathring{R}_{1212}=\frac{a}{a_{11}}\mathring{R}^{2}_{\cdot 121},\qquad \mathring{R}_{1212}=\frac{a}{a_{22}}\mathring{R}^{1}_{\cdot 212}\tag{5.3.19a,b}$$

利用(5.3.5)式及(5.2.14b)式，可求得

$$\mathring{R}^{2}_{\cdot 121}=\frac{1}{\sqrt{a}}\frac{\partial}{\partial\xi^2}(\sqrt{a}\,\mathring{\Gamma}^2_{11})-\frac{1}{\sqrt{a}}\frac{\partial}{\partial\xi^1}(\sqrt{a}\,\mathring{\Gamma}^2_{12})+2(\mathring{\Gamma}^1_{11}\mathring{\Gamma}^2_{12}-\mathring{\Gamma}^1_{12}\mathring{\Gamma}^2_{11})$$

将上式乘以$\dfrac{\sqrt{a}}{a_{11}}$，化得

$$\frac{\sqrt{a}}{a_{11}}\mathring{R}^{2}_{\cdot 121}=\left[\frac{\partial}{\partial\xi^2}\left(\frac{\sqrt{a}}{a_{11}}\mathring{\Gamma}^2_{11}\right)-\frac{\partial}{\partial\xi^1}\left(\frac{\sqrt{a}}{a_{11}}\mathring{\Gamma}^2_{12}\right)\right]+\frac{\sqrt{a}}{(a_{11})^2}\left[\frac{\partial(a_{11})}{\partial\xi^2}\mathring{\Gamma}^2_{11}-\frac{\partial(a_{11})}{\partial\xi^1}\mathring{\Gamma}^2_{12}\right]$$
$$+2\frac{\sqrt{a}}{a_{11}}(\mathring{\Gamma}^1_{11}\mathring{\Gamma}^2_{12}-\mathring{\Gamma}^1_{12}\mathring{\Gamma}^2_{11})\tag{5.3.20}$$

利用$\dfrac{\partial(a_{11})}{\partial\xi^\lambda}=2\mathring{\Gamma}_{1\lambda,1}=2\mathring{\Gamma}^{\omega}_{1\lambda}a_{1\omega}(\lambda=1,2)$，代入(5.3.20)式第二项，可证明

$$\frac{\sqrt{a}}{(a_{11})^2}\left[\frac{\partial(a_{11})}{\partial\xi^2}\mathring{\Gamma}^2_{11}-\frac{\partial(a_{11})}{\partial\xi^1}\mathring{\Gamma}^2_{12}\right]=2\frac{\sqrt{a}}{a_{11}}(\mathring{\Gamma}^1_{12}\mathring{\Gamma}^2_{11}-\mathring{\Gamma}^1_{11}\mathring{\Gamma}^2_{12})$$

故

$$\frac{\sqrt{a}}{a_{11}}\mathring{R}^{2}_{\cdot 121}=\left[\frac{\partial}{\partial\xi^2}\left(\frac{\sqrt{a}}{a_{11}}\mathring{\Gamma}^2_{11}\right)-\frac{\partial}{\partial\xi^1}\left(\frac{\sqrt{a}}{a_{11}}\mathring{\Gamma}^2_{12}\right)\right]$$

由(5.3.19a)式，将上式乘$\sqrt{a}$，可证(5.3.17)式；同样由(5.3.19b)式可证(5.3.18)式。

Frobenius 公式是 Gauss 方程的又一形式：

$$b=-\frac{1}{4a}\begin{vmatrix}a_{11} & a_{11,1} & a_{11,2}\\ a_{12} & a_{12,1} & a_{12,2}\\ a_{22} & a_{22,1} & a_{22,2}\end{vmatrix}-\frac{\sqrt{a}}{2}\left[\left(\frac{a_{11,2}-a_{12,1}}{\sqrt{a}}\right)_{,2}-\left(\frac{a_{12,2}-a_{22,1}}{\sqrt{a}}\right)_{,1}\right]\tag{5.3.21}$$

上式的证明可参见 W. Blaschke：Vorlesungen über differential geometrie，Bd. I。

5.3.5　以物理分量表达的 Codazzi 方程与 Gauss 方程

将表 5.1、表 5.2 中的对照关系代入(5.3.4)式、(5.3.16)式，可以得到正交曲线坐标系中以 Lamé 参数与曲面的曲率、扭率表达的 Codazzi 方程为

$$\frac{\partial}{\partial\eta}\left(\frac{A}{R'_1}\right)+\frac{1}{B}\frac{\partial}{\partial\xi}\left(\frac{B^2}{R_{12}}\right)=\frac{\partial A}{\partial\eta}\frac{1}{R'_2} \tag{5.3.22a}$$

$$\frac{\partial}{\partial\xi}\left(\frac{B}{R'_2}\right)+\frac{1}{A}\frac{\partial}{\partial\eta}\left(\frac{A^2}{R_{12}}\right)=\frac{\partial B}{\partial\xi}\frac{1}{R'_1} \tag{5.3.22b}$$

以及 Gauss 方程

$$\frac{AB}{R'_1R'_2}-\frac{AB}{(R_{12})^2}=-\frac{\partial}{\partial\xi}\left(\frac{1}{A}\frac{\partial B}{\partial\xi}\right)-\frac{\partial}{\partial\eta}\left(\frac{1}{B}\frac{\partial A}{\partial\eta}\right) \tag{5.3.23}$$

在主坐标系中,上述方程分别表达为

$$\frac{\partial}{\partial\eta}\left(\frac{A}{R_1}\right)=\frac{\partial A}{\partial\eta}\frac{1}{R_2} \tag{5.3.24a}$$

$$\frac{\partial}{\partial\xi}\left(\frac{B}{R_2}\right)=\frac{\partial B}{\partial\xi}\frac{1}{R_1} \tag{5.3.24b}$$

$$\frac{AB}{R_1R_2}=-\frac{\partial}{\partial\xi}\left(\frac{1}{A}\frac{\partial B}{\partial\xi}\right)-\frac{\partial}{\partial\eta}\left(\frac{1}{B}\frac{\partial A}{\partial\eta}\right) \tag{5.3.25}$$

利用(5.3.17)式或者(5.3.18)式,还可以给出在任意曲线坐标系中根据 A,B 和 θ 直接计算 Gauss 曲率的公式:

$$K=\frac{\mathring{R}_{1212}}{a}=-\frac{1}{AB\sin\vartheta}\left\{\frac{\partial^2\vartheta}{\partial\xi\partial\eta}+\frac{\partial}{\partial\eta}\left[\left(\frac{\partial A}{\partial\eta}-\frac{\partial B}{\partial\xi}\cos\vartheta\right)\Big/(B\sin\vartheta)\right]\right.$$
$$\left.+\frac{\partial}{\partial\xi}\left[\left(\frac{\partial B}{\partial\xi}-\frac{\partial A}{\partial\eta}\cos\vartheta\right)\Big/(A\sin\vartheta)\right]\right\} \tag{5.3.26}$$

在正交曲线坐标系中为

$$K=-\frac{1}{AB}\left[\frac{\partial}{\partial\eta}\left(\frac{\partial A}{B\partial\eta}\right)+\frac{\partial}{\partial\xi}\left(\frac{\partial B}{A\partial\xi}\right)\right] \tag{5.3.27}$$

5.4 曲面上场函数的导数

若曲面上定义有随点变化的场函数 $\boldsymbol{F}$,$\boldsymbol{F}$ 可以是标量、矢量或者张量场。显然,$\boldsymbol{F}$ 是曲面上点的矢径 $\boldsymbol{\rho}(\xi^1,\xi^2)$ 从而是各点曲线坐标 ξ^1,ξ^2 的函数,即

$$\boldsymbol{F}(\boldsymbol{\rho}(\xi^1,\xi^2))=\boldsymbol{F}(\xi^1,\xi^2) \tag{5.4.1}$$

为了研究张量场函数在曲面上的变化规律,本节中将给出其梯度、微分、散度、旋度的概念与计算公式。逐一讨论标量、矢量与张量场函数。

5.4.1 曲面上的标量场函数

在曲面 Σ 上定义有标量场函数 $f(\xi^1,\xi^2)$,当曲面上的点的矢径 $\boldsymbol{\rho}$ 有微小的增量 $\mathrm{d}\boldsymbol{\rho}$ 时(如图5.16所示),点的坐标由 (ξ^1,ξ^2) 变为 $(\xi^1+\mathrm{d}\xi^1,\xi^2+\mathrm{d}\xi^2)$,标量场函数将有微小的增量 $\mathrm{d}f$,称为标量场函数 f 的**微分**,即

$$\mathrm{d}f=\frac{\partial f}{\partial\xi^\alpha}\mathrm{d}\xi^\alpha \tag{5.4.2}$$

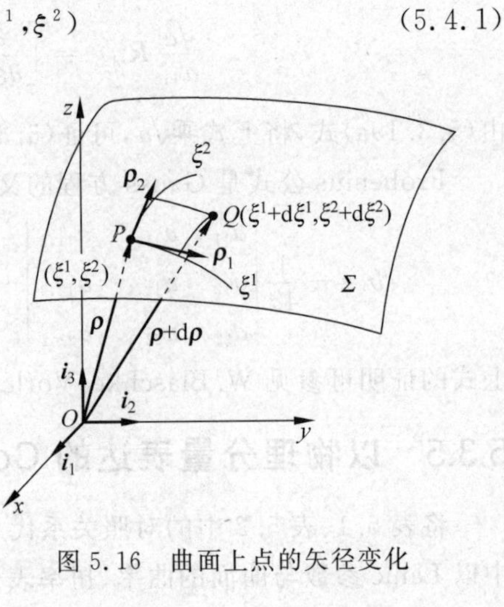

图 5.16 曲面上点的矢径变化

若定义曲面上标量场函数的**梯度**为

$$\mathring{\nabla} f = f\mathring{\nabla} = \frac{\partial f}{\partial \xi^\alpha}\boldsymbol{\rho}^\alpha \tag{5.4.3}$$

则(5.4.2)式中 f 的微分 $\mathrm{d}f$ 可以表示作 f 的梯度与矢径的微分 $\mathrm{d}\boldsymbol{\rho}$ 之点积，即

$$\mathrm{d}f = \mathrm{d}\hat{\boldsymbol{\rho}}\cdot(\mathring{\nabla} f) = (f\mathring{\nabla})\cdot \mathrm{d}\boldsymbol{\rho} \tag{5.4.4}$$

曲面上每一点处标量场函数的梯度是矢量，它总在曲面在该点处的切平面中。用下列符号表示为

$$\mathring{\nabla} = \boldsymbol{\rho}^\alpha \frac{\partial}{\partial \xi^\alpha} \quad (\alpha = 1,2\ \text{求和}) \tag{5.4.5}$$

$\mathring{\nabla}$ 只是与曲面上的曲线坐标有关的二维矢量微分算子，以区别于下文三维空间中的矢量微分算子∇：

$$\nabla = \boldsymbol{g}^i \frac{\partial}{\partial x^i} \quad (i = 1,2,3\ \text{求和}) \tag{5.4.6}$$

若曲线 S 为曲面上标量场函数 f 的一根等值线，如图 5.17 所示，它的方程应为

$$\frac{\partial f}{\partial \xi^\alpha}\mathrm{d}\xi^\alpha = 0 \tag{5.4.7}$$

上式中 $\mathrm{d}\xi^\alpha$ 表示沿 f 的等值线上各点的坐标增量；而等值线的单位切向矢量 $\boldsymbol{t}$ 为

$$\boldsymbol{t} = t^\beta \boldsymbol{\rho}_\beta = \frac{\mathrm{d}\boldsymbol{\rho}}{\mathrm{d}s} = \frac{\partial \boldsymbol{\rho}}{\partial \xi^\beta}\frac{\mathrm{d}\xi^\beta}{\mathrm{d}s} = \frac{\mathrm{d}\xi^\beta}{\mathrm{d}s}\boldsymbol{\rho}_\beta$$

则由上式、(5.4.3)式和(5.4.7)式可以证明

$$(\mathring{\nabla} f)\cdot \boldsymbol{t} = \frac{\partial f}{\partial \xi^\alpha}\boldsymbol{\rho}^\alpha \cdot \frac{\mathrm{d}\xi^\beta}{\mathrm{d}s}\boldsymbol{\rho}_\beta = \frac{\partial f}{\partial \xi^\alpha}\frac{\mathrm{d}\xi^\alpha}{\mathrm{d}s} = 0 \tag{5.4.8}$$

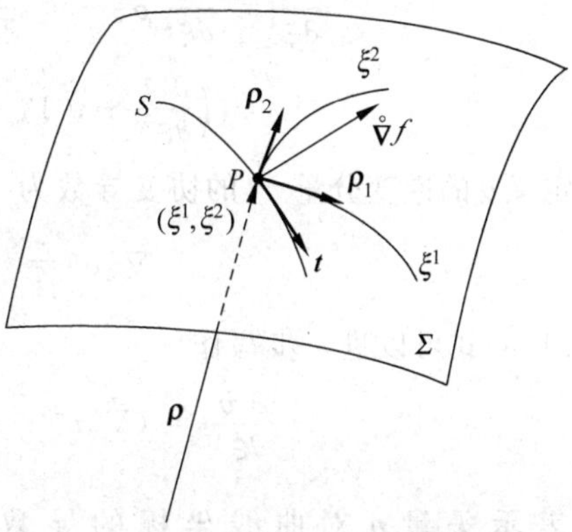

图 5.17 曲面上标量场函数的等值线与梯度

也就是说，标量场函数 f 的梯度$\mathring{\nabla} f$ 总是垂直于 f 的等值线的方向，即沿着 f 的变化率最大的方向。而梯度矢量的大小应为

$$|\mathring{\nabla} f| = \sqrt{(\mathring{\nabla} f)\cdot(\mathring{\nabla} f)} = \sqrt{a^{\alpha\beta}\frac{\partial f}{\partial \xi^\alpha}\frac{\partial f}{\partial \xi^\beta}}$$

5.4.2 曲面上的矢量场函数

5.4.2.1 曲面上矢量场函数的微分与梯度

曲面上每一点(矢径为$\boldsymbol{\rho}(\xi^1,\xi^2)$)定义有随点变化的三维空间的矢量场函数

$$\boldsymbol{v}(\xi^1,\xi^2) = v^\alpha \boldsymbol{\rho}_\alpha + v^3\boldsymbol{n} = v_\alpha \boldsymbol{\rho}^\alpha + v_3\boldsymbol{n} \tag{5.4.9}$$

上式中，$\boldsymbol{n}$ 为单位矢量，故

$$v^3 = v_3$$

切面内分量 v^α(或 v_α)和法向分量 v_3、基矢量$\boldsymbol{\rho}_\alpha$(或$\boldsymbol{\rho}^\alpha$)和 $\boldsymbol{n}$ 都是点的坐标(ξ^1,ξ^2)的函数。

当点沿着曲面在其邻域内移动时,即其坐标由(ξ^1,ξ^2)变为$(\xi^1+\mathrm{d}\xi^1,\xi^2+\mathrm{d}\xi^2)$时,矢量场函数$\boldsymbol{v}$应有增量为

$$\mathrm{d}\boldsymbol{v}=\frac{\partial \boldsymbol{v}}{\partial \xi^\alpha}\mathrm{d}\xi^\alpha \tag{5.4.10}$$

称为$\boldsymbol{v}$的微分。若定义矢量场函数的梯度为

$$\mathring{\nabla}\boldsymbol{v}=\boldsymbol{\rho}^\alpha\frac{\partial \boldsymbol{v}}{\partial \xi^\alpha} \tag{5.4.11a}$$

或

$$\boldsymbol{v}\,\mathring{\nabla}=(\mathring{\nabla}\boldsymbol{v})^{\mathrm{T}}=\frac{\partial \boldsymbol{v}}{\partial \xi^\alpha}\boldsymbol{\rho}^\alpha \tag{5.4.11b}$$

由(5.1.4)式、(5.4.10)式及上两式可知,矢量场函数的微分$\mathrm{d}\boldsymbol{v}$是梯度与矢径的微分$\mathrm{d}\boldsymbol{\rho}$之点积

$$\mathrm{d}\boldsymbol{v}=\mathrm{d}\boldsymbol{\rho}\cdot(\mathring{\nabla}\boldsymbol{v})=(\boldsymbol{v}\,\mathring{\nabla})\cdot\mathrm{d}\boldsymbol{\rho}=\frac{\partial \boldsymbol{v}}{\partial \xi^\lambda}\boldsymbol{\rho}^\lambda\cdot\mathrm{d}\boldsymbol{\rho}=\frac{\partial \boldsymbol{v}}{\partial \xi^\lambda}\mathrm{d}\xi^\lambda \tag{5.4.12}$$

5.4.2.2 曲面上矢量场函数的梯度之分量表达式

利用Gauss求导公式(5.2.2)与Weingarten公式(5.2.1),对(5.4.9)式中的各项逐项求导,可以求得梯度$\mathring{\nabla}\boldsymbol{v}$(或$\boldsymbol{v}\mathring{\nabla}$)的分量表达式

$$\begin{aligned}\frac{\partial \boldsymbol{v}}{\partial \xi^\lambda}&=\frac{\partial v^\alpha}{\partial \xi^\lambda}\boldsymbol{\rho}_\alpha+v^\omega\frac{\partial \boldsymbol{\rho}_\omega}{\partial \xi^\lambda}+\frac{\partial v^3}{\partial \xi^\lambda}\boldsymbol{n}+v^3\frac{\partial \boldsymbol{n}}{\partial \xi^\lambda}\\&=\left(\frac{\partial v^\alpha}{\partial \xi^\lambda}+v^\omega\mathring{\Gamma}^\alpha_{\lambda\omega}-v^3b_\lambda^{\cdot\alpha}\right)\boldsymbol{\rho}_\alpha+\left(\frac{\partial v^3}{\partial \xi^\lambda}+v^\omega b_{\omega\lambda}\right)\boldsymbol{n}\end{aligned} \tag{5.4.13a}$$

定义$\boldsymbol{v}$的逆变分量v^α的协变导数为

$$\mathring{\nabla}_\lambda v^\alpha=v^\alpha_{;\lambda}=\frac{\partial v^\alpha}{\partial \xi^\lambda}+v^\omega\mathring{\Gamma}^\alpha_{\lambda\omega} \tag{5.4.14}$$

(5.4.13a)式可以进一步写作

$$\frac{\partial \boldsymbol{v}}{\partial \xi^\lambda}=(\mathring{\nabla}_\lambda v^\alpha-v^3b_\lambda^{\cdot\alpha})\boldsymbol{\rho}_\alpha+\left(\frac{\partial v^3}{\partial \xi^\lambda}+v^\omega b_{\omega\lambda}\right)\boldsymbol{n} \tag{5.4.13}$$

上式表示矢量$\boldsymbol{v}$对曲线坐标的导数包括切面内分量$(\mathring{\nabla}_\lambda v^\alpha-v^3b_\lambda^{\cdot\alpha})$与法向分量$\left(\frac{\partial v^3}{\partial \xi^\lambda}+v^\omega b_{\omega\lambda}\right)$。由于曲面的弯曲性质,其法向矢量与切面内基矢量的方向均随点变化,故(5.4.13)式中$\frac{\partial \boldsymbol{v}}{\partial \xi^\lambda}$的切面内分量不仅包含矢量分量的协变导数$\mathring{\nabla}_\lambda v^\alpha$,还包含其法向分量$v^3$的影响,这种影响与曲面的第二基本形系数,即曲面的曲率有关;而$\frac{\partial \boldsymbol{v}}{\partial \xi^\lambda}$的法向分量不仅包含$v^3$对坐标的导数,还包含矢量的切面内分量$v^\beta$的影响,这种影响显然也与曲面的曲率有关。

将$\boldsymbol{v}$对逆变基矢量分解后求导,可得

$$\frac{\partial \boldsymbol{v}}{\partial \xi^\lambda}=(\mathring{\nabla}_\lambda v_\alpha-v^3b_{\lambda\alpha})\boldsymbol{\rho}^\alpha+\left(\frac{\partial v_3}{\partial \xi^\lambda}+v_\omega b_\lambda^{\cdot\omega}\right)\boldsymbol{n} \tag{5.4.15}$$

其中$\mathring{\nabla}_\lambda v_\alpha$称为$\boldsymbol{v}$的协变分量的协变导数

$$\mathring{\nabla}_\lambda v_\alpha=v_{\alpha;\lambda}=\frac{\partial v_\alpha}{\partial \xi^\lambda}-v_\omega\mathring{\Gamma}^\omega_{\lambda\alpha} \tag{5.4.16}$$

将(5.4.13)式、(5.4.15)式代入梯度的定义(5.4.11)的两式,得到

$$\mathring{\nabla}\boldsymbol{v}=(\mathring{\nabla}_{\lambda}v^{\alpha}-v^{3}b_{\lambda}^{\cdot\alpha})\boldsymbol{\rho}^{\lambda}\boldsymbol{\rho}_{\alpha}+\left(\frac{\partial v^{3}}{\partial\xi^{\lambda}}+v^{\omega}b_{\omega\lambda}\right)\boldsymbol{\rho}^{\lambda}\boldsymbol{n}\tag{5.4.17a}$$

或

$$\mathring{\nabla}\boldsymbol{v}=(\mathring{\nabla}_{\lambda}v_{\alpha}-v_{3}b_{\lambda\alpha})\boldsymbol{\rho}^{\lambda}\boldsymbol{\rho}^{\alpha}+\left(\frac{\partial v_{3}}{\partial\xi^{\lambda}}+v_{\omega}b_{\lambda}^{\cdot\omega}\right)\boldsymbol{\rho}^{\lambda}\boldsymbol{n}\tag{5.4.17b}$$

以及

$$\boldsymbol{v}\mathring{\nabla}=(\mathring{\nabla}_{\lambda}v^{\alpha}-v^{3}b_{\lambda}^{\cdot\alpha})\boldsymbol{\rho}_{\alpha}\boldsymbol{\rho}^{\lambda}+\left(\frac{\partial v^{3}}{\partial\xi^{\lambda}}+v^{\omega}b_{\omega\lambda}\right)\boldsymbol{n}\boldsymbol{\rho}^{\lambda}\tag{5.4.18a}$$

$$\boldsymbol{v}\mathring{\nabla}=(\mathring{\nabla}_{\lambda}v_{\alpha}-v_{3}b_{\lambda\alpha})\boldsymbol{\rho}^{\alpha}\boldsymbol{\rho}^{\lambda}+\left(\frac{\partial v_{3}}{\partial\xi^{\lambda}}+v_{\omega}b_{\lambda}^{\cdot\omega}\right)\boldsymbol{n}\boldsymbol{\rho}^{\lambda}\tag{5.4.18b}$$

上述(5.4.17)式和(5.4.18)式的(a)、(b)两式分别是同一并矢式的两种不同表示方式。每一式中均包含两部分:第一部分

$$(\mathring{\nabla}_{\lambda}v^{\alpha}-v^{3}b_{\lambda}^{\cdot\alpha})\boldsymbol{\rho}^{\lambda}\boldsymbol{\rho}_{\alpha}=(\mathring{\nabla}_{\lambda}v_{\alpha}-v_{3}b_{\lambda\alpha})\boldsymbol{\rho}^{\lambda}\boldsymbol{\rho}^{\alpha}$$

或

$$(\mathring{\nabla}_{\lambda}v^{\alpha}-v^{3}b_{\lambda}^{\cdot\alpha})\boldsymbol{\rho}_{\alpha}\boldsymbol{\rho}^{\lambda}=(\mathring{\nabla}_{\lambda}v_{\alpha}-v_{3}b_{\lambda\alpha})\boldsymbol{\rho}^{\alpha}\boldsymbol{\rho}^{\lambda}$$

是一个曲面的切面内二阶张量场,服从二维空间中二阶张量的转换关系,称为**切面张量场**。其中第一项的分量是矢量的切面内分量之协变导数,可以证明它也是二阶张量的分量。还可以由(5.2.12)式证明$\mathring{\nabla}_{\lambda}v^{\alpha}$与$\mathring{\nabla}_{\lambda}v_{\alpha}$是同一个二阶张量的不同分量:

$$\mathring{\nabla}_{\lambda}v_{\alpha}=\mathring{\nabla}_{\lambda}(a_{\alpha\beta}v^{\beta})=a_{\alpha\beta}(\mathring{\nabla}_{\lambda}v^{\beta})\tag{5.4.19a}$$

$$\mathring{\nabla}_{\lambda}v^{\alpha}=\mathring{\nabla}_{\lambda}(a^{\alpha\beta}v_{\beta})=a^{\alpha\beta}(\mathring{\nabla}_{\lambda}v_{\beta})\tag{5.4.19b}$$

并矢$\boldsymbol{\rho}_{\alpha}\boldsymbol{\rho}^{\lambda}$(或$\boldsymbol{\rho}^{\alpha}\boldsymbol{\rho}^{\lambda}$)称为切平面内的基张量。(5.4.17)式、(5.4.18)式的第二部分:

$$\left(\frac{\partial v^{3}}{\partial\xi^{\lambda}}+v^{\omega}b_{\omega\lambda}\right)\boldsymbol{\rho}^{\lambda}\boldsymbol{n}=\left(\frac{\partial v_{3}}{\partial\xi^{\lambda}}+v_{\omega}b_{\lambda}^{\cdot\omega}\right)\boldsymbol{\rho}^{\lambda}\boldsymbol{n}$$

或

$$\left(\frac{\partial v^{3}}{\partial\xi^{\lambda}}+v^{\omega}b_{\omega\lambda}\right)\boldsymbol{n}\boldsymbol{\rho}^{\lambda}=\left(\frac{\partial v_{3}}{\partial\xi^{\lambda}}+v_{\omega}b_{\lambda}^{\cdot\omega}\right)\boldsymbol{n}\boldsymbol{\rho}^{\lambda}$$

虽是一个二阶并矢式,但其中法向矢量 $\boldsymbol{n}$ 是不随曲面的曲线坐标选择而变化的,故当坐标转换时,上式中的分量服从矢量分量的坐标转换关系。

对于那些只具有切面内分量的**切面矢量场**$\mathring{\boldsymbol{v}}$,即分量 $v_3=0$,则

$$\mathring{\boldsymbol{v}}=v^{\alpha}\boldsymbol{\rho}_{\alpha}=v_{\alpha}\boldsymbol{\rho}^{\alpha}$$

其梯度为

$$\mathring{\nabla}\mathring{\boldsymbol{v}}=\mathring{\nabla}_{\lambda}v^{\alpha}\boldsymbol{\rho}^{\lambda}\boldsymbol{\rho}_{\alpha}+v^{\omega}b_{\omega\lambda}\boldsymbol{\rho}^{\lambda}\boldsymbol{n}=\mathring{\nabla}_{\lambda}v_{\alpha}\boldsymbol{\rho}^{\lambda}\boldsymbol{\rho}^{\alpha}+v_{\omega}b_{\lambda}^{\cdot\omega}\boldsymbol{\rho}^{\lambda}\boldsymbol{n}\tag{5.4.20}$$

以及

$$\mathring{\boldsymbol{v}}\mathring{\nabla}=\mathring{\nabla}_{\lambda}v^{\alpha}\boldsymbol{\rho}_{\alpha}\boldsymbol{\rho}^{\lambda}+v^{\omega}b_{\omega\lambda}\boldsymbol{n}\boldsymbol{\rho}^{\lambda}=\mathring{\nabla}_{\lambda}v_{\alpha}\boldsymbol{\rho}^{\alpha}\boldsymbol{\rho}^{\lambda}+v_{\omega}b_{\lambda}^{\cdot\omega}\boldsymbol{n}\boldsymbol{\rho}^{\lambda}\tag{5.4.21}$$

上两式说明,切面矢量场的梯度并非二阶切面张量场,其中非切面张量的部分显然取决于曲面的弯曲性质。

当曲面上的点由 $P(\xi^1,\xi^2)$移至其邻域内的点 $Q(\xi^1+\mathrm{d}\xi^1,\xi^2+\mathrm{d}\xi^2)$时,相应地矢量场函数的微分 $\mathrm{d}\boldsymbol{v}$ 可利用(5.4.12)式和(5.4.17)式或(5.4.18)式求出

$$\mathrm{d}\boldsymbol{v} = (\mathring{\nabla}_{\lambda} v^{\alpha} - v^3 b_{\lambda}^{\cdot\alpha}) \mathrm{d}\xi^{\lambda} \boldsymbol{\rho}_{\alpha} + \left(\frac{\partial v^3}{\partial \xi^{\lambda}} + v^{\omega} b_{\omega\lambda}\right) \mathrm{d}\xi^{\lambda} \boldsymbol{n}$$

$$= (\mathring{\nabla}_{\lambda} v_{\alpha} - v_3 b_{\lambda\alpha}) \mathrm{d}\xi^{\lambda} \boldsymbol{\rho}^{\alpha} + \left(\frac{\partial v_3}{\partial \xi^{\lambda}} + v_{\omega} b_{\lambda}^{\cdot\omega}\right) \mathrm{d}\xi^{\lambda} \boldsymbol{n} \tag{5.4.22}$$

而切面矢量场$\mathring{\boldsymbol{v}}$的微分为

$$\mathrm{d}\mathring{\boldsymbol{v}} = \mathring{\nabla}_{\lambda} v^{\alpha} \mathrm{d}\xi^{\lambda} \boldsymbol{\rho}_{\alpha} + v^{\omega} b_{\omega\lambda} \mathrm{d}\xi^{\lambda} \boldsymbol{n} = \mathring{\nabla}_{\lambda} v_{\alpha} \mathrm{d}\xi^{\lambda} \boldsymbol{\rho}^{\alpha} + v_{\omega} b_{\lambda}^{\cdot\omega} \mathrm{d}\xi^{\lambda} \boldsymbol{n} \tag{5.4.23}$$

其中包含了沿曲面法向的分量。

例 5.5 利用梯度的定义(5.4.11)式,可以证明曲面上各点矢径$\boldsymbol{\rho}$的梯度就是曲面的第一基本张量。

证明 $\mathring{\boldsymbol{\nabla}} \boldsymbol{\rho} = \boldsymbol{\rho}^{\alpha} \dfrac{\partial \boldsymbol{\rho}}{\partial \xi^{\alpha}} = \boldsymbol{\rho}^{\alpha} \boldsymbol{\rho}_{\alpha} = a_{\alpha\beta} \boldsymbol{\rho}^{\alpha} \boldsymbol{\rho}^{\beta} = \boldsymbol{I}$ (5.4.24)

5.4.2.3 曲面上矢量场函数的散度与旋度

定义曲面上矢量场函数的散度为

$$\operatorname{div} \boldsymbol{v} = \mathring{\boldsymbol{\nabla}} \cdot \boldsymbol{v} = \boldsymbol{v} \cdot \mathring{\boldsymbol{\nabla}} = \boldsymbol{\rho}^{\alpha} \cdot \frac{\partial \boldsymbol{v}}{\partial \xi^{\alpha}} = \mathring{\nabla}_{\alpha} v^{\alpha} - v^3 b_{\alpha}^{\cdot\alpha} \tag{5.4.25}$$

曲面上切面矢量场函数$\mathring{\boldsymbol{v}}$的散度为

$$\operatorname{div} \mathring{\boldsymbol{v}} = \mathring{\boldsymbol{\nabla}} \cdot \mathring{\boldsymbol{v}} = \mathring{\boldsymbol{v}} \cdot \mathring{\boldsymbol{\nabla}} = \mathring{\nabla}_{\alpha} v^{\alpha} = v^{\alpha}_{;\alpha} \tag{5.4.26a}$$

利用(5.2.14b)式,(5.2.14a)式还可以写作

$$\operatorname{div} \mathring{\boldsymbol{v}} = \frac{\partial v^{\alpha}}{\partial \xi^{\alpha}} + \mathring{\Gamma}^{\alpha}_{\alpha\beta} v^{\beta} = \frac{\partial v^{\alpha}}{\partial \xi^{\alpha}} + \frac{\partial(\sqrt{a})}{\sqrt{a}\partial \xi^{\beta}} v^{\beta} = \frac{\partial(\sqrt{a} v^{\alpha})}{\sqrt{a}\partial \xi^{\alpha}} \tag{5.4.26b}$$

定义矢量场函数的旋度为

$$\operatorname{curl} \boldsymbol{v} = \mathring{\boldsymbol{\nabla}} \times \boldsymbol{v} = \boldsymbol{\rho}^{\alpha} \times \frac{\partial \boldsymbol{v}}{\partial \xi^{\alpha}} \tag{5.4.27}$$

利用(5.4.17)式、(5.1.68)式和(5.1.69)式,上式可表示为

$$\operatorname{curl} \boldsymbol{v} = (\mathring{\nabla}_{\alpha} v_{\beta} - v_3 b_{\alpha\beta}) \boldsymbol{\rho}^{\alpha} \times \boldsymbol{\rho}^{\beta} + \left(\frac{\partial v_3}{\partial \xi^{\alpha}} + v_{\omega} b_{\alpha}^{\cdot\omega}\right) \boldsymbol{\rho}^{\alpha} \times \boldsymbol{n}$$

$$= c^{\alpha\beta} \mathring{\nabla}_{\alpha} v_{\beta} \boldsymbol{n} - c^{\alpha\beta} \left(\frac{\partial v_3}{\partial \xi^{\alpha}} + v_{\omega} b_{\alpha}^{\cdot\omega}\right) \boldsymbol{\rho}_{\beta} \tag{5.4.28}$$

切面矢量场函数$\mathring{\boldsymbol{v}}$的旋度为

$$\operatorname{curl} \mathring{\boldsymbol{v}} = c^{\alpha\beta} \mathring{\nabla}_{\alpha} v_{\beta} \boldsymbol{n} - c^{\alpha\beta} v_{\omega} b_{\alpha}^{\cdot\omega} \boldsymbol{\rho}_{\beta} \tag{5.4.29}$$

5.4.3 曲面上的切面张量场函数

曲面上任意阶(以三阶为例)切面张量场函数

$$\mathring{\boldsymbol{T}} = T^{\alpha\beta}_{\cdot\cdot\gamma} \boldsymbol{\rho}_{\alpha} \boldsymbol{\rho}_{\beta} \boldsymbol{\rho}^{\gamma}$$

对坐标的导数为

$$\frac{\partial \mathring{\boldsymbol{T}}}{\partial \xi^{\lambda}} = \frac{\partial T^{\alpha\beta}_{\cdot\cdot\gamma}}{\partial \xi^{\lambda}} \boldsymbol{\rho}_{\alpha} \boldsymbol{\rho}_{\beta} \boldsymbol{\rho}^{\gamma} + T^{\omega\beta}_{\cdot\cdot\gamma} (\mathring{\Gamma}^{\alpha}_{\lambda\omega} \boldsymbol{\rho}_{\alpha} + b_{\lambda\omega} \boldsymbol{n}) \boldsymbol{\rho}_{\beta} \boldsymbol{\rho}^{\gamma}$$

$$+ T^{\alpha\omega}_{\cdot\cdot\gamma} \boldsymbol{\rho}_{\alpha} (\mathring{\Gamma}^{\beta}_{\lambda\omega} \boldsymbol{\rho}_{\beta} + b_{\lambda\omega} \boldsymbol{n}) \boldsymbol{\rho}^{\gamma} + T^{\alpha\beta}_{\cdot\cdot\omega} \boldsymbol{\rho}_{\alpha} \boldsymbol{\rho}_{\beta} (-\mathring{\Gamma}^{\omega}_{\lambda\gamma} \boldsymbol{\rho}^{\gamma} + b_{\lambda}^{\cdot\omega} \boldsymbol{n})$$

若定义张量分量的协变导数为

$$\mathring{\nabla}_{\lambda} T^{\alpha\beta}_{\cdot\cdot\gamma} = \frac{\partial T^{\alpha\beta}_{\cdot\cdot\gamma}}{\partial \xi^{\lambda}} + T^{\omega\beta}_{\cdot\cdot\gamma} \mathring{\Gamma}^{\alpha}_{\lambda\omega} + T^{\alpha\omega}_{\cdot\cdot\gamma} \mathring{\Gamma}^{\beta}_{\lambda\omega} - T^{\alpha\beta}_{\cdot\cdot\omega} \mathring{\Gamma}^{\omega}_{\lambda\gamma} \tag{5.4.30}$$

则

$$\frac{\partial \mathring{\boldsymbol{T}}}{\partial \xi^{\lambda}} = \mathring{\nabla}_{\lambda} T^{\alpha\beta}_{\cdot\cdot\gamma} \boldsymbol{\rho}_{\alpha}\boldsymbol{\rho}_{\beta}\boldsymbol{\rho}^{\gamma} + T^{\omega\beta}_{\cdot\cdot\gamma} b_{\lambda\omega} \boldsymbol{n}\boldsymbol{\rho}_{\beta}\boldsymbol{\rho}^{\gamma} + T^{\alpha\omega}_{\cdot\cdot\gamma} b_{\lambda\omega} \boldsymbol{\rho}_{\alpha}\boldsymbol{n}\boldsymbol{\rho}^{\gamma} + T^{\alpha\beta}_{\cdot\cdot\omega} b_{\lambda}^{\cdot\omega} \boldsymbol{\rho}_{\alpha}\boldsymbol{\rho}_{\beta}\boldsymbol{n} \tag{5.4.31}$$

定义 n 阶切面张量场函数的梯度为

$$\mathring{\nabla}\ \mathring{\boldsymbol{T}} = \boldsymbol{\rho}^{\lambda} \frac{\partial \mathring{\boldsymbol{T}}}{\partial \xi^{\lambda}} \tag{5.4.32a}$$

$$\mathring{\boldsymbol{T}}\ \mathring{\nabla} = \frac{\partial \mathring{\boldsymbol{T}}}{\partial \xi^{\lambda}} \boldsymbol{\rho}^{\lambda} \tag{5.4.32b}$$

其并矢展开式为

$$\begin{aligned}\mathring{\nabla}\ \mathring{\boldsymbol{T}} = {} & \mathring{\nabla}_{\lambda} T^{\alpha\beta}_{\cdot\cdot\gamma} \boldsymbol{\rho}^{\lambda}\boldsymbol{\rho}_{\alpha}\boldsymbol{\rho}_{\beta}\boldsymbol{\rho}^{\gamma} + T^{\omega\beta}_{\cdot\cdot\gamma} b_{\lambda\omega} \boldsymbol{\rho}^{\lambda}\boldsymbol{n}\boldsymbol{\rho}_{\beta}\boldsymbol{\rho}^{\gamma} + T^{\alpha\omega}_{\cdot\cdot\gamma} b_{\lambda\omega} \boldsymbol{\rho}^{\lambda}\boldsymbol{\rho}_{\alpha}\boldsymbol{n}\boldsymbol{\rho}^{\gamma} \\ & + T^{\alpha\beta}_{\cdot\cdot\omega} b_{\lambda}^{\cdot\omega} \boldsymbol{\rho}^{\lambda}\boldsymbol{\rho}_{\alpha}\boldsymbol{\rho}_{\beta}\boldsymbol{n}\end{aligned} \tag{5.4.33a}$$

$$\begin{aligned}\mathring{\boldsymbol{T}}\ \mathring{\nabla} = {} & T^{\alpha\beta}_{\cdot\cdot\gamma;\lambda} \boldsymbol{\rho}_{\alpha}\boldsymbol{\rho}_{\beta}\boldsymbol{\rho}^{\gamma}\boldsymbol{\rho}^{\lambda} + T^{\omega\beta}_{\cdot\cdot\gamma} b_{\lambda\omega} \boldsymbol{n}\boldsymbol{\rho}_{\beta}\boldsymbol{\rho}^{\gamma}\boldsymbol{\rho}^{\lambda} + T^{\alpha\omega}_{\cdot\cdot\gamma} b_{\lambda\omega} \boldsymbol{\rho}_{\alpha}\boldsymbol{n}\boldsymbol{\rho}^{\gamma}\boldsymbol{\rho}^{\lambda} \\ & + T^{\alpha\beta}_{\cdot\cdot\omega} b_{\lambda}^{\cdot\omega} \boldsymbol{\rho}_{\alpha}\boldsymbol{\rho}_{\beta}\boldsymbol{n}\boldsymbol{\rho}^{\lambda}\end{aligned} \tag{5.4.33b}$$

这是一个 $n+1$ 阶的并矢式，其中第一部分是一个 $n+1$ 阶的切面张量场，而以后各项的基张量均包含法向矢量 $\boldsymbol{n}$，对应的分量只有 n 个指标，其分量在坐标转换时服从 n 阶张量分量的坐标转换关系。

与矢量相类似地，可定义曲面上张量场函数的微分为

$$\mathrm{d}\,\mathring{\boldsymbol{T}} = \frac{\partial \mathring{\boldsymbol{T}}}{\partial \xi^{\lambda}} \mathrm{d}\xi^{\lambda} \tag{5.4.34}$$

并由(5.4.32)的两式知

$$\mathrm{d}\,\mathring{\boldsymbol{T}} = \mathrm{d}\boldsymbol{\rho} \cdot (\mathring{\nabla}\ \mathring{\boldsymbol{T}}) = (\mathring{\boldsymbol{T}}\mathring{\nabla}) \cdot \mathrm{d}\boldsymbol{\rho} \tag{5.4.35}$$

由(5.4.33)式还可以求得

$$\begin{aligned}\mathrm{d}\,\mathring{\boldsymbol{T}} = {} & [\mathring{\nabla}_{\lambda} T^{\alpha\beta}_{\cdot\cdot\gamma} \boldsymbol{\rho}_{\alpha}\boldsymbol{\rho}_{\beta}\boldsymbol{\rho}^{\gamma} + T^{\omega\beta}_{\cdot\cdot\gamma} b_{\lambda\omega} \boldsymbol{n}\boldsymbol{\rho}_{\beta}\boldsymbol{\rho}^{\gamma} + T^{\alpha\omega}_{\cdot\cdot\gamma} b_{\lambda\omega} \boldsymbol{\rho}_{\alpha}\boldsymbol{n}\boldsymbol{\rho}^{\gamma} \\ & + T^{\alpha\beta}_{\cdot\cdot\omega} b_{\lambda}^{\cdot\omega} \boldsymbol{\rho}_{\alpha}\boldsymbol{\rho}_{\beta}\boldsymbol{n}]\mathrm{d}\xi^{\lambda}\end{aligned} \tag{5.4.36}$$

例 5.6　曲面第一基本张量 $\boldsymbol{a} = a_{\alpha\beta}\boldsymbol{\rho}^{\alpha}\boldsymbol{\rho}^{\beta}$ 的梯度 $\mathring{\nabla}\boldsymbol{a}$ 不为零。

证明　$\mathring{\nabla}\boldsymbol{a} = \mathring{\nabla}_{\lambda} a_{\alpha\beta}\boldsymbol{\rho}^{\lambda}\boldsymbol{\rho}^{\alpha}\boldsymbol{\rho}^{\beta} + b_{\lambda}^{\cdot\omega} a_{\omega\beta}\boldsymbol{\rho}^{\lambda}\boldsymbol{n}\boldsymbol{\rho}^{\beta} + b_{\lambda}^{\cdot\omega} a_{\alpha\omega}\boldsymbol{\rho}^{\lambda}\boldsymbol{\rho}^{\alpha}\boldsymbol{n}$

$= \mathring{\nabla}_{\lambda} a_{\alpha\beta}\boldsymbol{\rho}^{\lambda}\boldsymbol{\rho}^{\alpha}\boldsymbol{\rho}^{\beta} + b_{\lambda\beta}\boldsymbol{\rho}^{\lambda}\boldsymbol{n}\boldsymbol{\rho}^{\beta} + b_{\lambda\alpha}\boldsymbol{\rho}^{\lambda}\boldsymbol{\rho}^{\alpha}\boldsymbol{n}$

前已证明，第一基本形系数的协变导数为零，故第一基本张量的梯度不包括切面张量场。上式进一步写作

$$\mathring{\nabla}\boldsymbol{a} = b_{\alpha\beta}(\boldsymbol{\rho}^{\alpha}\boldsymbol{n}\boldsymbol{\rho}^{\beta} + \boldsymbol{\rho}^{\alpha}\boldsymbol{\rho}^{\beta}\boldsymbol{n}) \tag{5.4.37a}$$

$$\boldsymbol{a}\mathring{\nabla} = b_{\alpha\beta}(\boldsymbol{n}\boldsymbol{\rho}^{\alpha}\boldsymbol{\rho}^{\beta} + \boldsymbol{\rho}^{\alpha}\boldsymbol{n}\boldsymbol{\rho}^{\beta}) \tag{5.4.37b}$$

前已证明，三维或二维 Euclidean 空间中度量张量的梯度恒为零；而曲面的第一基本张量是二维非 Euclidean 空间的度量张量，其梯度的切面张量部分虽然为零，但还包含非切面部

分,这部分具有二阶张量的特性,取决于曲面的弯曲程度。

习题5.10中证明,对于旋转张量 $\boldsymbol{c}=c_{\alpha\beta}\boldsymbol{\rho}^{\alpha}\boldsymbol{\rho}^{\beta}$,其分量的协变导数为零:

$$\mathring{\nabla}_{\lambda}c_{\alpha\beta}=\mathring{\nabla}_{\lambda}c^{\alpha\beta}=0 \tag{5.4.38}$$

而其梯度 $\mathring{\nabla}\boldsymbol{c}$ 不是零张量,利用基矢量的导数公式(5.2.10)及更换哑指标,可证:

$$\mathring{\nabla}\boldsymbol{c}=b_{\lambda}^{\cdot\omega}c_{\alpha\omega}(\boldsymbol{\rho}^{\lambda}\boldsymbol{\rho}^{\alpha}\boldsymbol{n}-\boldsymbol{\rho}^{\lambda}\boldsymbol{n}\boldsymbol{\rho}^{\alpha}) \tag{5.4.39}$$

5.5 等距曲面(平行曲面)

图5.18所示曲面 Σ 上任一点 P 的矢径为 $\boldsymbol{\rho}$,Σ 的参数方程为

$$\boldsymbol{\rho}=\boldsymbol{\rho}(\xi^1,\xi^2) \tag{5.5.1}$$

过 P 点作曲面的法线,沿法线与 P 点相距为 z 的点 P_z 的矢径为

$$\boldsymbol{r}=\boldsymbol{\rho}(\xi^1,\xi^2)+z\boldsymbol{n}(\xi^1,\xi^2) \tag{5.5.2}$$

当 P 点沿曲面 Σ 移动时,P_z 点的轨迹所构成的曲面称为**等距曲面** Σ_z,而曲面 Σ 称为**参考曲面**。对于每一个等距曲面 Σ_z 上的点,方程(5.5.2)中的 z 是常数;$\boldsymbol{n}$ 是参考曲面的单位法向矢量,对于确定的参考曲面,其法线方向仅取决于点 P 的坐标(ξ^1,ξ^2),故(ξ^1,ξ^2)也一一对应地确定了等距曲面 Σ_z 上的点 P_z。我们对曲面 Σ 和 Σ_z 采用相同的Gauss坐标,(5.5.1)式是曲面 Σ 的参数方程,而方程(5.5.2)是等距曲面 Σ_z 的参数方程。(ξ^1,ξ^2)既是参考曲面上点 P 的Gauss坐标,也是等距曲面上与点 P 的相对应的 P_z 点的坐标。图5.18表示了等距曲面上 ξ^1,ξ^2 线的几何意义,当 P 点沿参考曲面上的 ξ^1,ξ^2 线移动时,P_z 点在等距曲面 Σ_z 上所形成的轨迹就是 Σ_z 上的 ξ^1,ξ^2 线。

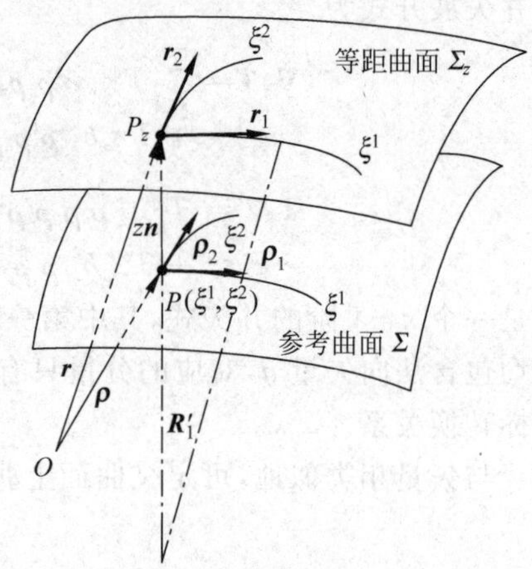

图5.18 等距曲面

事实上,(5.5.2)式也可以看作是一种**映射**,它将点 P 的集合 Σ 曲面映射为点 P_z 的集合 Σ_z 曲面。本节将讨论等距曲面与参考曲面上的基矢量,第一、第二基本张量之间的变换关系。

5.5.1 等距曲面的基矢量

与(5.1.3)式相类似地可定义

$$\boldsymbol{r}_{\tilde{\alpha}}=\frac{\partial\boldsymbol{r}}{\partial\xi^{\alpha}}=\boldsymbol{\rho}_{\alpha}+z\frac{\partial\boldsymbol{n}}{\partial\xi^{\alpha}}=\boldsymbol{\rho}_{\alpha}+z\boldsymbol{n}_{,\alpha}\quad(\tilde{\alpha}=\alpha=1,2) \tag{5.5.3}$$

由Weingarten公式(5.2.1)可知,$\boldsymbol{n}_{,\alpha}$ 是 $\boldsymbol{\rho}_{\alpha}$ 的线性组合,故等距曲面的协变基矢量 $\boldsymbol{r}_{\tilde{\alpha}}$ 与参考曲面上相应的协变基矢量 $\boldsymbol{\rho}_{\alpha}$ 之间应满足线性**变换关系**:

$$\boldsymbol{r}_{\tilde{\alpha}}=f_{\tilde{\alpha}}^{\omega}\boldsymbol{\rho}_{\omega}\quad(\tilde{\alpha}=1,2) \tag{5.5.4}$$

其中变换系数 $f_{\tilde{\alpha}}^{\omega}$ 可由(5.2.1)式代入(5.5.3)式求得

$$f_{\tilde{\alpha}}^{\omega}=\delta_{\alpha}^{\omega}-zb_{\alpha}^{\cdot\omega}\quad(\tilde{\alpha}=\alpha=1,2) \tag{5.5.5a}$$

上述诸式中,我们在 $\boldsymbol{r}_{\tilde{\alpha}}$,$f_{\tilde{\alpha}}^{\omega}$ 的下标 α 上加了"~"号,是为了表示该指标所标记的量是属

于等距曲面的。事实上，(5.5.3)式与(5.5.5a)式左右两端的 α 与 $\tilde{\alpha}$ 指标，分别标记等距曲面与参考曲面的量，但数值上 $\tilde{\alpha}=\alpha$。上式证明过程如下：将 $\boldsymbol{\rho}^{\omega}$ 分别点积(5.5.4)式左右两端，得到

$$f_{\tilde{\alpha}}^{\omega}=\boldsymbol{r}_{\tilde{\alpha}}\cdot\boldsymbol{\rho}^{\omega}=\delta_{\alpha}^{\omega}-zb_{\alpha}^{\cdot\omega}\qquad(\omega,\tilde{\alpha}=\alpha=1,2)\tag{5.5.5}$$

(5.5.4)式与(5.5.5)式说明参考曲面上的 P 点与等距曲面上对应的 P_z 点处具有相同的法线，即 P 点与 P_z 点处的切平面互相平行，因而等距曲面 Σ_z 也称参考曲面 Σ 的**平行曲面**。

用等距曲面的协变基矢量也可以表示参考曲面的协变基矢量，有**逆变换关系**：

$$\boldsymbol{\rho}_{\lambda}=f_{\lambda}^{\tilde{\beta}}\boldsymbol{r}_{\tilde{\beta}}\qquad(\lambda=1,2)\tag{5.5.6}$$

还可以定义等距曲面的逆变基矢量 $\boldsymbol{r}^{\tilde{\beta}}$，它与协变基矢量之间满足对偶关系：

$$\boldsymbol{r}_{\tilde{\alpha}}\cdot\boldsymbol{r}^{\tilde{\beta}}=\delta_{\tilde{\alpha}}^{\tilde{\beta}}\qquad(\tilde{\alpha},\tilde{\beta}=1,2)\tag{5.5.7}$$

将(5.5.6)式左右点积 $\boldsymbol{r}^{\tilde{\beta}}$，利用(5.5.7)式，得到

$$f_{\lambda}^{\tilde{\beta}}=\boldsymbol{\rho}_{\lambda}\cdot\boldsymbol{r}^{\tilde{\beta}}\qquad(\lambda,\tilde{\beta}=1,2)\tag{5.5.8}$$

等距曲面与参考曲面的逆变基矢量 $\boldsymbol{r}^{\tilde{\beta}}$ 与 $\boldsymbol{\rho}^{\lambda}$ 之间也服从线性变换关系，且利用(5.5.8)式可以证明，逆变基矢量的变换系数就是协变基矢量的逆变换关系(5.5.6)式中的系数 $f_{\lambda}^{\tilde{\beta}}$，即

$$\boldsymbol{r}^{\tilde{\beta}}=f_{\lambda}^{\tilde{\beta}}\boldsymbol{\rho}^{\lambda}\qquad(\tilde{\beta}=1,2)\tag{5.5.9}$$

类似地，还有逆变基矢量的逆变换关系

$$\boldsymbol{\rho}^{\omega}=f_{\tilde{\alpha}}^{\omega}\boldsymbol{r}^{\tilde{\alpha}}\qquad(\omega=1,2)\tag{5.5.10}$$

其中变换系数 $f_{\tilde{\alpha}}^{\omega}$ 就是协变基矢量的变换关系式(5.5.4)中的变换系数，即满足(5.5.5)式。

利用对偶关系(5.5.7)式易证

$$f_{\tilde{\alpha}}^{\lambda}f_{\lambda}^{\tilde{\beta}}=\delta_{\tilde{\alpha}}^{\tilde{\beta}}\qquad(\tilde{\alpha},\tilde{\beta}=1,2)\tag{5.5.11}$$

即它们所构成的矩阵互逆，从而

$$[f_{\lambda}^{\tilde{\beta}}]=[f_{\tilde{\alpha}}^{\lambda}]^{-1}=[\delta_{\alpha}^{\lambda}-zb_{\alpha}^{\cdot\lambda}]^{-1}\tag{5.5.12}$$

应注意的是，上述变换系数 $f_{\tilde{\alpha}}^{\omega}$，$f_{\lambda}^{\tilde{\beta}}$ 并非同一空间两组不同坐标系中基矢量的变换系数。参考曲面与等距曲面采用的是相同的坐标 ξ^{α}，而 $f_{\tilde{\alpha}}^{\omega}$，$f_{\lambda}^{\tilde{\beta}}$ 是两个不同的曲面(二维空间)上基矢量的变换(映射)关系。

变换系数 $f_{\tilde{\alpha}}^{\omega}$ 取决于曲面的第二基本形系数 $b_{\alpha}^{\cdot\omega}$，换言之，即取决于曲面的弯曲程度。在正交坐标系中，由表 5.1 及(5.5.5)式可以直接以参考曲面的曲率、扭率表示如下：

$$[f_{\tilde{\alpha}}^{\omega}]=\begin{bmatrix}1+\dfrac{z}{R_1'} & -\dfrac{A}{BR_{12}}z\\ -\dfrac{A}{BR_{12}}z & 1+\dfrac{z}{R_2'}\end{bmatrix}\tag{5.5.13}$$

在主坐标系中，上式变为

$$[f_{\tilde{\alpha}}^{\omega}]=\begin{bmatrix}1+\dfrac{z}{R_1} & 0\\ 0 & 1+\dfrac{z}{R_2}\end{bmatrix}\tag{5.5.14}$$

5.5.2 等距曲面的第一基本形

若等距曲面上线元 $\mathrm{d}\tilde{\boldsymbol{r}}$ 的弧长为 $\mathrm{d}\tilde{s}$，则

$$(\mathrm{d}\tilde{s})^2 = \mathrm{d}\tilde{\boldsymbol{r}} \cdot \mathrm{d}\tilde{\boldsymbol{r}} = \boldsymbol{r}_{\tilde{\alpha}} \mathrm{d}\xi^{\alpha} \cdot \boldsymbol{r}_{\tilde{\beta}} \mathrm{d}\xi^{\beta}$$

定义

$$g_{\tilde{\alpha}\tilde{\beta}} = \boldsymbol{r}_{\tilde{\alpha}} \cdot \boldsymbol{r}_{\tilde{\beta}} \tag{5.5.15}$$

称

$$\tilde{\mathrm{I}} = (\mathrm{d}\tilde{s})^2 = g_{\tilde{\alpha}\tilde{\beta}} \mathrm{d}\xi^{\alpha} \mathrm{d}\xi^{\beta} \tag{5.5.16}$$

为等距曲面的第一基本形，$g_{\tilde{\alpha}\tilde{\beta}}$ 为等距曲面的第一基本形系数。

类似地还可以定义

$$g^{\tilde{\alpha}\tilde{\beta}} = \boldsymbol{r}^{\tilde{\alpha}} \cdot \boldsymbol{r}^{\tilde{\beta}} \tag{5.5.17}$$

等距曲面的第一基本张量为[①]

$$\boldsymbol{g} = g_{\tilde{\alpha}\tilde{\beta}} \boldsymbol{r}^{\tilde{\alpha}} \boldsymbol{r}^{\tilde{\beta}} = g^{\tilde{\alpha}\tilde{\beta}} \boldsymbol{r}_{\tilde{\alpha}} \boldsymbol{r}_{\tilde{\beta}} = \delta_{\tilde{\alpha}}^{\tilde{\beta}} \boldsymbol{r}^{\tilde{\alpha}} \boldsymbol{r}_{\tilde{\beta}} = \delta_{\tilde{\beta}}^{\tilde{\alpha}} \boldsymbol{r}_{\tilde{\alpha}} \boldsymbol{r}^{\tilde{\beta}} \tag{5.5.18}$$

利用(5.5.4)式、(5.5.6)式、(5.5.9)式、(5.5.10)式、(5.5.15)式和(5.5.17)式，可以求得等距曲面与参考曲面的第一基本形系数间的变换关系为

$$g_{\tilde{\alpha}\tilde{\beta}} = f_{\tilde{\alpha}}^{\omega} f_{\tilde{\beta}}^{\lambda} a_{\omega\lambda} \tag{5.5.19a}$$

$$g^{\tilde{\alpha}\tilde{\beta}} = f_{\cdot\omega}^{\tilde{\alpha}} f_{\cdot\lambda}^{\tilde{\beta}} a^{\omega\lambda} \tag{5.5.19b}$$

$$a_{\omega\lambda} = f_{\cdot\omega}^{\tilde{\alpha}} f_{\cdot\lambda}^{\tilde{\beta}} g_{\tilde{\alpha}\tilde{\beta}} \tag{5.5.19c}$$

$$a^{\omega\lambda} = f_{\tilde{\alpha}}^{\omega} f_{\tilde{\beta}}^{\lambda} g^{\tilde{\alpha}\tilde{\beta}} \tag{5.5.19d}$$

将等距曲面与参考曲面基矢量的变换关系(5.5.9)式、第一基本形系数间的变换关系(5.5.19)式，以及变换系数间所服从的(5.5.11)式代入(5.5.18)式，我们发现，等距曲面与参考曲面互相对应的点 P_z 与 P 处虽具有不同的第一基本形系数，但却具有相同的第一基本张量实体：

$$\boldsymbol{g} = g_{\tilde{\alpha}\tilde{\beta}} \boldsymbol{r}^{\tilde{\alpha}} \boldsymbol{r}^{\tilde{\beta}} = a_{\alpha\beta} \boldsymbol{\rho}^{\alpha} \boldsymbol{\rho}^{\beta} = \boldsymbol{a} \tag{5.5.20}$$

$\boldsymbol{g}$ 与 $\boldsymbol{a}$ 都是曲面切平面上的单位二阶张量。

5.5.3 参考曲面的第三基本形

根据(5.5.5)式和(5.5.19)诸式，可以由参考曲面的第一、第二基本形系数求得等距曲面的第一基本形系数

$$\begin{aligned} g_{\tilde{\alpha}\tilde{\beta}} &= (\delta_{\alpha}^{\omega} - z b_{\alpha}^{\cdot\omega})(\delta_{\beta}^{\lambda} - z b_{\beta}^{\cdot\lambda}) a_{\omega\lambda} \\ &= a_{\alpha\beta} - 2z b_{\alpha\beta} + z^2 \nu_{\alpha\beta} \quad (\tilde{\alpha} = \alpha, \tilde{\beta} = \beta = 1,2) \end{aligned} \tag{5.5.21}$$

当 $z=0$ 时，$g_{\tilde{\alpha}\tilde{\beta}}$ 就是参考曲面的第一基本形系数 $a_{\alpha\beta}$。上式中

$$\nu_{\alpha\beta} = b_{\alpha}^{\cdot\omega} b_{\beta}^{\cdot\lambda} a_{\omega\lambda} = b_{\alpha\omega} b_{\beta\lambda} a^{\omega\lambda} = b_{\alpha}^{\cdot\lambda} b_{\beta\lambda} \quad (\alpha, \beta = 1,2) \tag{5.5.22}$$

称为**参考曲面的第三基本形系数**。

参考曲面的第三基本形系数与其第一、第二基本形系数之间有以下关系：

$$\nu_{\alpha\beta} = -b_{\alpha\beta} H - a_{\alpha\beta} K \tag{5.5.23}$$

式中 H 为曲面的平均曲率，K 为曲面的 Gauss 曲率。上式可以这样证明：将(5.5.22)式，(5.1.50)式和(5.3.14)式依次代入下式左端，得到

---

① 为了区别于参考曲面的第一基本张量 $\boldsymbol{a}$，等距曲面的第一基本张量改用字母 $\boldsymbol{g}$。

$$\nu_{\alpha\beta}+b_{\alpha\beta}H=(b_{\alpha\omega}b_{\beta\lambda}-b_{\alpha\beta}b_{\omega\lambda})a^{\omega\lambda}=\mathring{R}_{\alpha\lambda\omega\beta}a^{\omega\lambda}$$

由 Riemann-Christoffel 张量的对称与反对称性(5.3.12)诸式及旋转张量的反对称性,可证

$$\mathring{R}_{\alpha\lambda\omega\beta}=Kc_{\alpha\lambda}c_{\omega\beta}\qquad(\alpha,\beta,\lambda,\omega=1,2)\tag{5.5.24}$$

故

$$\nu_{\alpha\beta}+b_{\alpha\beta}H=Kc_{\alpha\lambda}c_{\omega\beta}a^{\omega\lambda}$$

将 c-δ 等式(5.1.73)代入上式,得到

$$\nu_{\alpha\beta}+b_{\alpha\beta}H=K(a_{\alpha\omega}a_{\lambda\beta}-a_{\alpha\beta}a_{\lambda\omega})a^{\omega\lambda}=K(a_{\alpha\beta}-2a_{\alpha\beta})=-a_{\alpha\beta}K$$

故(5.5.23)式得证。

由(5.5.21)式、(5.5.23)式可以看出,若在参考曲面上 ξ^1,ξ^2 线互相正交但非主坐标,即 $a_{12}=0,b_{12}\neq 0$,则在等距曲面上 ξ^1 与 ξ^2 线不正交,$g_{\bar{1}\bar{2}}\neq 0$。只有当 ξ^1,ξ^2 是参考曲面的主坐标时,它同时又是等距曲面的正交坐标。

定义**曲面的第三基本形**为

$$\mathrm{III}=\nu_{\alpha\beta}\mathrm{d}\xi^{\alpha}\mathrm{d}\xi^{\beta}\tag{5.5.25}$$

第三基本形的几何意义可以这样理解:将(5.5.3)式代入(5.5.15)式,则

$$g_{\bar{\alpha}\bar{\beta}}=(\rho_{\alpha}+z\boldsymbol{n}_{,\alpha})\cdot(\rho_{\beta}+z\boldsymbol{n}_{,\beta})$$

比较上式与(5.5.21)式的 z^2 项,知

$$\nu_{\alpha\beta}=\boldsymbol{n}_{,\alpha}\cdot\boldsymbol{n}_{,\beta}\tag{5.5.26a}$$

故

$$\nu_{\alpha\beta}\mathrm{d}\xi^{\alpha}\mathrm{d}\xi^{\beta}=(\boldsymbol{n}_{,\alpha}\mathrm{d}\xi^{\alpha})\cdot(\boldsymbol{n}_{,\beta}\mathrm{d}\xi^{\beta})=(\mathrm{d}\boldsymbol{n})\cdot(\mathrm{d}\boldsymbol{n})=(\mathrm{d}\boldsymbol{n})^2\tag{5.5.26b}$$

上式的几何意义如图 5.19 所示。

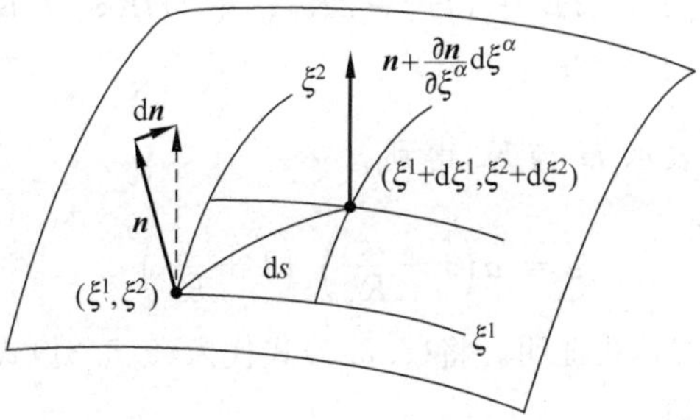

图 5.19　第三基本形的几何意义

将(5.5.23)式及第一、第二基本形的定义式代入(5.5.25)式,得曲面的第三基本形与第一、第二基本形的关系

$$\mathrm{III}=-H\,\mathrm{II}-K\,\mathrm{I}\tag{5.5.27}$$

还可以定义 $\nu_{\alpha\beta}\boldsymbol{\rho}^{\alpha}\boldsymbol{\rho}^{\beta}$ 为曲面的第三基本张量,由(5.5.22)式:

$$\nu_{\alpha\beta}\boldsymbol{\rho}^{\alpha}\boldsymbol{\rho}^{\beta}=b_{\alpha\omega}b_{\beta\lambda}a^{\omega\lambda}\boldsymbol{\rho}^{\alpha}\boldsymbol{\rho}^{\beta}=b_{\alpha}^{\cdot\lambda}b_{\beta\lambda}\boldsymbol{\rho}^{\alpha}\boldsymbol{\rho}^{\beta}=\boldsymbol{b}^2\tag{5.5.28}$$

由(5.5.23)式知,曲面的第三基本张量与第一、第二基本张量之间满足:

$$\boldsymbol{b}^2=-H\boldsymbol{b}-K\boldsymbol{a}\tag{5.5.29}$$

式(5.5.29)可以写作

$$\boldsymbol{b}^2+H\boldsymbol{b}+K\boldsymbol{a}=\boldsymbol{O}\tag{5.5.29a}$$

回顾5.1节中第二基本张量 $\boldsymbol{b}$ 的特征方程(5.1.43)式和平均曲率 H、Gauss曲率 K 的定义(5.1.50)式与(5.1.51)式,$\boldsymbol{b}$ 的特征方程(5.1.43)式也可写作

$$\lambda^2 + H\lambda + K = 0 \tag{5.5.30}$$

H,K 分别为 $\boldsymbol{b}$ 的第一、第二主不变量。可见(5.5.29a)式就是二阶张量 $\boldsymbol{b}$ 的Cayley-Hamilton等式。

5.5.4 等距曲面上面元的面积

与参考曲面的(5.1.21)式相类似,等距曲面上由两对坐标线 $\xi^1,\xi^1+\mathrm{d}\xi^1,\xi^2,\xi^2+\mathrm{d}\xi^2$ 所围成的曲边四边形面元为

$$\mathrm{d}\widetilde{\boldsymbol{A}} = \boldsymbol{r}_{\tilde{1}} \times \boldsymbol{r}_{\tilde{2}}\, \mathrm{d}\xi^1 \mathrm{d}\xi^2 = \boldsymbol{n}\sqrt{g}\,\mathrm{d}\xi^1\mathrm{d}\xi^2 \tag{5.5.31}$$

上式中

$$\begin{aligned} g &= \det(g_{\tilde{\alpha}\tilde{\beta}}) = \det(a_{\alpha\beta} - 2zb_{\alpha\beta} + z^2\nu_{\alpha\beta}) \\ &= a - 2z(a_{11}b_{22} + a_{22}b_{11} - 2a_{12}b_{12}) \\ &\quad + z^2[4(b_{11}b_{22} - b_{12}b_{21}) + (a_{11}\nu_{22} + a_{22}\nu_{11} - 2a_{12}\nu_{12})] \\ &\quad + 2z^3(b_{11}v_{22} + b_{22}v_{11} - 2b_{12}\nu_{12}) + z^4\det(\nu_{\alpha\beta}) \end{aligned} \tag{5.5.32}$$

将(5.1.20a)式、(5.1.50)式、(5.1.51)式与(5.5.23)式代入上式,注意到

$$-aH = ab^{\cdot\alpha}_{\cdot\,\alpha} = aa^{\alpha\beta}b_{\alpha\beta} = (a_{11}b_{22} + a_{22}b_{11} - 2a_{12}b_{12})$$

$$(a_{11}\nu_{22} + a_{22}\nu_{11} - 2a_{12}\nu_{12}) = aa^{\alpha\beta}\nu_{\alpha\beta} = a\nu^{\cdot\alpha}_{\cdot\,\alpha} = -b^{\cdot\alpha}_{\cdot\,\alpha}H - a^{\cdot\alpha}_{\cdot\,\alpha}K = H^2 - 2K$$

$$(b_{11}\nu_{22} + b_{22}\nu_{11} - 2b_{12}\nu_{12}) = bH + aHK = 2aHK$$

将上述各式代入(5.5.32)式,得到

$$\begin{aligned} g &= a[1 + 2Hz + (H^2 + 2K)z^2 + 2HKz^3 + K^2z^4] \\ &= a(1 + Hz + Kz^2)^2 \end{aligned} \tag{5.5.33a}$$

或用曲面的主曲率 $\dfrac{1}{R_1},\dfrac{1}{R_2}$ 表示 H 与 K,得到

$$g = a\left(1 + \frac{z}{R_1}\right)^2\left(1 + \frac{z}{R_2}\right)^2 \tag{5.5.33b}$$

上式也可以利用(5.5.31)式证明。将(5.5.3)式代入(5.5.31)式并展开,利用(5.2.1)式、(5.1.50)式及(5.1.51)式,则

$$\begin{aligned} \sqrt{g}\boldsymbol{n} &= \boldsymbol{r}_{\tilde{1}} \times \boldsymbol{r}_{\tilde{2}} = (\boldsymbol{\rho}_1 + z\boldsymbol{n}_{,1}) \times (\boldsymbol{\rho}_2 + z\boldsymbol{n}_{,2}) \\ &= \boldsymbol{\rho}_1 \times \boldsymbol{\rho}_2 + z(\boldsymbol{\rho}_1 \times \boldsymbol{n}_{,2} + \boldsymbol{n}_{,1} \times \boldsymbol{\rho}_2) + z^2(\boldsymbol{n}_{,1} \times \boldsymbol{n}_{,2}) \\ &= [1 - z(b^{\cdot 1}_{\cdot 1} + b^{\cdot 2}_{\cdot 2}) + z^2(b^{\cdot 1}_{\cdot 1}b^{\cdot 2}_{\cdot 2} - b^{\cdot 2}_{\cdot 1}b^{\cdot 1}_{\cdot 2})](\boldsymbol{\rho}_1 \times \boldsymbol{\rho}_2) \\ &= (1 + zH + z^2K)\sqrt{a}\boldsymbol{n} \end{aligned}$$

故

$$\sqrt{g} = (1 + zH + z^2K)\sqrt{a} = \left(1 + \frac{z}{R_1}\right)\left(1 + \frac{z}{R_2}\right)\sqrt{a} \tag{5.5.34}$$

5.5.5 等距曲面的第二基本形

与参考曲面的(5.1.28)式相类似,可定义等距曲面的第二基本形系数 $d_{\tilde{\alpha}\tilde{\beta}}$,利用

(5.1.28a)式、(5.5.3)式和(5.5.22)式，可将等距曲面的第二基本形系数用参考曲面的第二、第三基本形系数表示如下：

$$\begin{aligned} d_{\tilde{\alpha}\tilde{\beta}} &= -\boldsymbol{r}_{\tilde{\alpha}} \cdot \boldsymbol{n}_{,\beta} = -(\delta_{\alpha}^{\omega} - z b_{\alpha}^{\cdot\omega}) \boldsymbol{\rho}_{\omega} \cdot \boldsymbol{n}_{,\beta} = (\delta_{\alpha}^{\omega} - z b_{\alpha}^{\cdot\omega}) b_{\omega\beta} \\ &= b_{\alpha\beta} - z \nu_{\alpha\beta} \end{aligned} \tag{5.5.35}$$

将(5.5.23)式代入上式，则等距曲面的第二基本形系数还可以进一步用参考曲面的第一、第二基本形系数及其平均曲率 H、Gauss 曲率 K 表示为

$$d_{\tilde{\alpha}\tilde{\beta}} = b_{\alpha\beta}(1 + zH) + zK a_{\alpha\beta} \tag{5.5.36}$$

由上式可知，当坐标 ξ^1, ξ^2 采用参考曲面的主坐标时，它也是等距曲面的主坐标。换言之，当 $a_{12} = b_{12} = 0$ 时，$g_{\tilde{1}\tilde{2}} = d_{\tilde{1}\tilde{2}} = 0$。所以对于解决许多有关薄壳的问题，采用主坐标系将是方便的。

5.5.6　主坐标系中等距曲面的几何参数

在主坐标系中，可以用 Lamé 参数 A, B 及主曲率 $\dfrac{1}{R_1}, \dfrac{1}{R_2}$ 表示参考曲面的第一、第二基本形系数，如表 5.1 所示。参考曲面的第三基本形系数为

$$\nu_{11} = \frac{A^2}{(R_1)^2}, \qquad \nu_{12} = 0, \quad \nu_{22} = \frac{B^2}{(R_2)^2} \tag{5.5.37}$$

由(5.5.21)式和(5.5.35)式，可将等距曲面的第一、第二基本形系数用上述参考曲面的几何参数表示。

$$g_{\tilde{1}\tilde{1}} = A^2\left(1 + \frac{z}{R_1}\right)^2, \quad g_{\tilde{1}\tilde{2}} = 0, \quad g_{\tilde{2}\tilde{2}} = B^2\left(1 + \frac{z}{R_2}\right)^2 \tag{5.5.38}$$

$$\widetilde{\mathrm{I}} = A^2\left(1 + \frac{z}{R_1}\right)^2 \mathrm{d}\xi^2 + B^2\left(1 + \frac{z}{R_2}\right)^2 \mathrm{d}\eta^2 \tag{5.5.39}$$

$$\begin{aligned} d_{\tilde{1}\tilde{1}} &= -\frac{A^2}{R_1}\left(1 + \frac{z}{R_1}\right) \\ d_{\tilde{1}\tilde{2}} &= 0 \\ d_{\tilde{2}\tilde{2}} &= -\frac{B^2}{R_2}\left(1 + \frac{z}{R_2}\right) \end{aligned} \tag{5.5.40}$$

$$\widetilde{\mathrm{II}} = -\frac{A^2}{R_1}\left(1 + \frac{z}{R_1}\right)\mathrm{d}\xi^2 - \frac{B^2}{R_2}\left(1 + \frac{z}{R_2}\right)\mathrm{d}\eta^2 \tag{5.5.41}$$

从而，等距曲面的主曲率为

$$\begin{cases} \dfrac{1}{\widetilde{R}_1} = -\dfrac{d_{\tilde{1}\tilde{1}}}{g_{\tilde{1}\tilde{1}}} = \dfrac{1}{R_1 + z} \\ \dfrac{1}{\widetilde{R}_2} = -\dfrac{d_{\tilde{2}\tilde{2}}}{g_{\tilde{2}\tilde{2}}} = \dfrac{1}{R_2 + z} \end{cases} \tag{5.5.42}$$

上述(5.5.38)式、(5.5.42)式具有十分明显的几何意义，如图 5.20 所示。

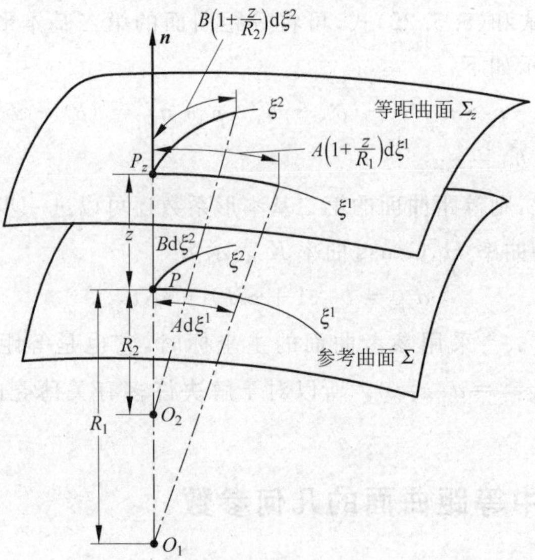

图 5.20 主坐标系中的参考曲面与等距曲面

5.6 曲面理论的一个应用实例[①]

碳纳米管是已知刚度最高的材料之一,实验研究发现碳纳米管的弹性模量可达1.0TPa到1.5TPa,是钢弹性模量的6倍以上。碳纳米管还具有优良的本征特性,如耐热、耐腐蚀、耐热冲击、传热和导电性能好、强度高、有自润滑性等一系列综合性能。单壁碳纳米管如图5.21(a)所示,在圆柱面上碳原子按六角形排列,在六角形的角点处都有一个碳原子。单壁碳纳米管的直径在纳米量级,多壁碳纳米管由几层到几十层的同心管套叠而成,直径可达数十纳米。碳纳米管的长度可达几微米,长的甚至达数毫米,其长径比一般在1000以上。

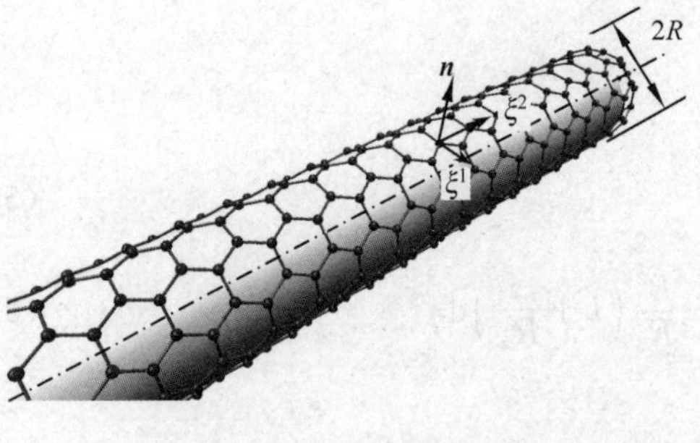

(a) 单壁碳纳米管

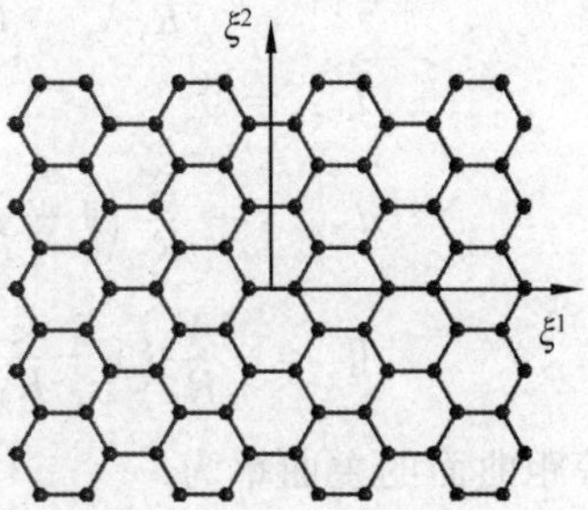

(b) 石墨烯

图 5.21 结构示意图

碳纳米管在纳米尺度的变形和物理性能分析主要采用分子动力学方法,它可以比较精确地模拟碳纳米管各种复杂行为,但受到纳秒时间尺度和纳米空间尺度的制约。当碳纳米管的尺寸较大时,尤其是为了满足工程需要达到几百微米甚至毫米量级时,分子动力学方法

① 本节由清华大学吴坚博士撰写。

的模拟已经很难满足需求，此时若碳纳米管的局部变形较为平缓时，即变形的特征尺寸 L（一般为碳纳米管的环向周长）远大于原子键长 Δ，连续介质力学方法特别是基于原子势的壳体理论可以用于碳纳米管的力学问题研究中。

碳纳米管可以由图 5.21(b)中的石墨烯片变形而得到。原子间的相互作用可以通过原子势函数表示，它描述了相邻原子形成的原子键能，通常被较多采用的是 Brenner 原子势①，见 5.6 节最后的附录；它是一种多体势，碳碳共价键的势能不仅与键长有关还与邻近原子所形成键的夹角有关。多体势函数的形式一般可表示为

$$V = V(r_{ij}\ ;\ \theta_{ijk}, k \neq i, j) \tag{5.6.1}$$

其中 r_{ij} 是相邻的第 i 个和 j 个原子之间的距离，即键长，θ_{ijk} 是键 $i-j$ 和键 $i-k$ 的夹角。

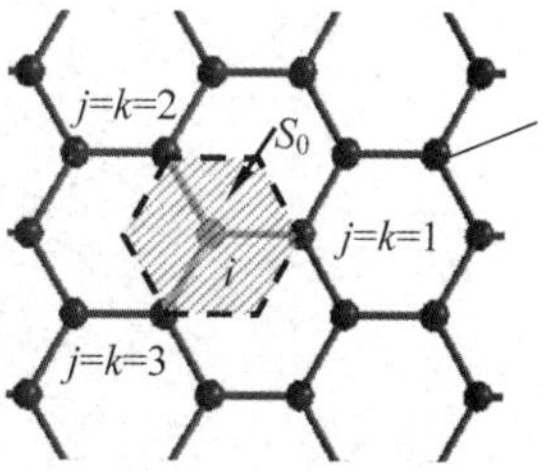

图 5.22　碳纳米曲面的特征单元

如图 5.21 所示，石墨烯和碳纳米管都是规则排列的周期性结构，若碳纳米曲面在变形过程中没有缺陷产生，可在碳纳米曲面上以一个(令编号 i)碳原子为中心，取一特征单元建立碳纳米曲面结构的本构关系，如图 5.22 所示。特征单元包含碳原子 i 与另三个相邻碳原子($j=k=1,2,3$)之间的三个碳碳键，所构成的初始面积为 S_0。该特征单元中，势能 Φ 为各个键的势能之和，即

$$\Phi = \sum_{1 \leqslant j \leqslant 3} V(r_{ij}\ ;\ \theta_{ijk}, k \neq i, j) \tag{5.6.2}$$

在特征单元内将势能平均化可得应变能密度为

$$W = \frac{\Phi}{S_0} \tag{5.6.3}$$

以下通过应变张量和曲率张量描述变形过程中的键长和键夹角，就可得到变形过程中的应变能密度，进而应用第 3 章张量函数及其导数的理论导出碳纳米管的本构关系，得到碳纳米管在工程应用中所需的基本力学性能参数。

5.6.1　碳纳米曲面的描述②

碳纳米曲面可描述为碳原子按一定的规律分布在空间一个连续的曲面上，取(ξ^1, ξ^2)为曲面的高斯坐标，如图 5.23 所示。碳纳米曲面 $\mathring{\Sigma}$ 表示为$\mathring{\boldsymbol{\rho}}(\xi^1, \xi^2)$，曲面上两个原子 i, j 之间从 i 到 j 的空间矢量 $\Delta_{ij}\mathring{\boldsymbol{\rho}}$ 为 $\Delta_{ij}\mathring{\boldsymbol{\rho}} = \mathring{\boldsymbol{\rho}}(\xi^\alpha + \Delta_{ij}\xi^\alpha) - \mathring{\boldsymbol{\rho}}(\xi^\alpha)$，其中 $\Delta_{ij}\xi^\alpha$ 表示 i, j 两个原子之间的坐标差。在下文的推导中，英文下标 i, j, k 等既非自由指标，也非哑指标，不适用张量分量指标符号的规则，而希腊字母 α, β, γ 等是张量分量的指标。空间矢量 $\Delta_{ij}\mathring{\boldsymbol{\rho}}$ 在 ξ^α 处的

① Brenner D W. Empirical potential for hydrocarbons for use in simulating the chemical vapor deposition of diamond films[J]. Physical Review B, 1990, 42: 9458-9471.

Brenner D W, et al. A second-generation reactive empirical bond order (REBO) potential energy expression for hydrocarbons[J]. Journal of Physics-Condensed Matter, 2002, 14(4): 783-802.

② Wu J, Hwang K C, Huang Y. An atomistic-based finite-deformation shell theory for single-wall carbon nanotubes[J]. Journal of the Mechanics and Physics of Solids, 56, 279-292, 2008.

Wu J, Hwang K C, Huang Y. A shell theory for carbon nanotubes based on the interatomic potential and atomic structure[J]. Advances in Applied Mechanics, 43, 1-68, 2009.

Taylor 级数展开式为

$$\Delta_{ij}\mathring{\boldsymbol{\rho}} = \frac{\partial\mathring{\boldsymbol{\rho}}}{\partial\xi^{\alpha}}\Delta_{ij}\xi^{\alpha} + \frac{1}{2!}\frac{\partial^{2}\mathring{\boldsymbol{\rho}}}{\partial\xi^{\alpha}\partial\xi^{\beta}}\Delta_{ij}\xi^{\alpha}\Delta_{ij}\xi^{\beta} + \frac{1}{3!}\frac{\partial^{3}\mathring{\boldsymbol{\rho}}}{\partial\xi^{\alpha}\partial\xi^{\beta}\partial\xi^{\gamma}}\Delta_{ij}\xi^{\alpha}\Delta_{ij}\xi^{\beta}\Delta_{ij}\xi^{\gamma} + O(\Delta_{ij}\xi)^{4} \tag{5.6.4}$$

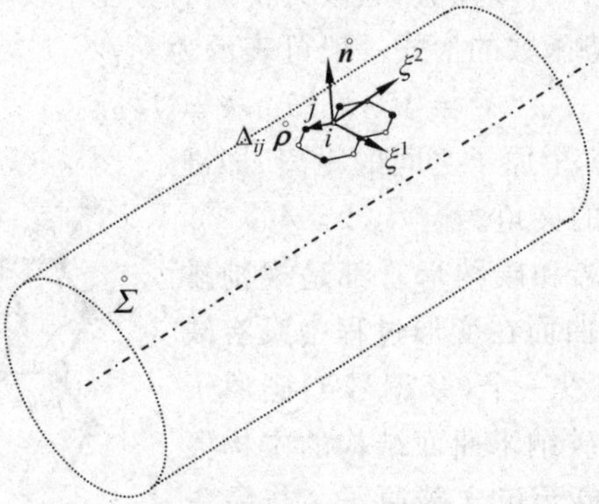

图 5.23　变形前的碳纳米管曲面坐标系

式中 $O(\Delta_{ij}\xi)^4$ 表示 $\Delta_{ij}\xi$ 四次及更高阶项。等号右端的各项可由 5.1 节和 5.2 节中曲面理论基本公式求得,第一项由(5.1.3)式求得,第二项由 Gauss 求导公式(5.2.2)求得,继续利用 Gauss 公式(5.2.2)、Weingarten 公式(5.2.1)和(5.1.28a)式对第二项求导就可得到第三项,则(5.6.4)式化简为

$$\Delta_{ij}\mathring{\boldsymbol{\rho}} = (\Delta_{ij}\mathring{\boldsymbol{\rho}})^{\alpha}\mathring{\boldsymbol{\rho}}_{\alpha} + (\Delta_{ij}\mathring{\boldsymbol{\rho}})^{n}\mathring{\boldsymbol{n}} + O(\Delta_{ij}\xi)^{4} \tag{5.6.5}$$

其中,$(\Delta_{ij}\mathring{\boldsymbol{\rho}})^{\alpha}$ 为矢量 $\Delta_{ij}\mathring{\boldsymbol{\rho}}$ 的切面内分量,$(\Delta_{ij}\mathring{\boldsymbol{\rho}})^{n}$ 为其法向分量:

$$\begin{aligned}(\Delta_{ij}\mathring{\boldsymbol{\rho}})^{\alpha} = {} & \Delta_{ij}\xi^{\alpha} + \frac{1}{2}\mathring{\Gamma}^{\alpha}_{\beta\gamma}\Delta_{ij}\xi^{\beta}\Delta_{ij}\xi^{\gamma} + \frac{1}{6}\frac{\partial\mathring{\Gamma}^{\alpha}_{\beta\lambda}}{\partial\xi^{\gamma}}\Delta_{ij}\xi^{\beta}\Delta_{ij}\xi^{\gamma}\Delta_{ij}\xi^{\lambda} \\ & + \frac{1}{6}\mathring{\Gamma}^{\nu}_{\beta\lambda}\mathring{\Gamma}^{\alpha}_{\nu\gamma}\Delta_{ij}\xi^{\beta}\Delta_{ij}\xi^{\gamma}\Delta_{ij}\xi^{\lambda} - \frac{1}{6}\mathring{b}_{\beta\lambda}\mathring{b}_{\gamma\mu}a^{\mu\alpha}\Delta_{ij}\xi^{\beta}\Delta_{ij}\xi^{\gamma}\Delta_{ij}\xi^{\lambda}\end{aligned} \tag{5.6.6}$$

$$\begin{aligned}(\Delta_{ij}\mathring{\boldsymbol{\rho}})^{n} = {} & \frac{1}{2}\mathring{b}_{\alpha\beta}\Delta_{ij}\xi^{\alpha}\Delta_{ij}\xi^{\beta} + \frac{1}{6}\mathring{\Gamma}^{\nu}_{\alpha\beta}\mathring{b}_{\nu\gamma}\Delta_{ij}\xi^{\alpha}\Delta_{ij}\xi^{\beta}\Delta_{ij}\xi^{\gamma} \\ & + \frac{1}{6}\frac{\partial\mathring{b}_{\alpha\beta}}{\partial\xi^{\gamma}}\Delta_{ij}\xi^{\alpha}\Delta_{ij}\xi^{\beta}\Delta_{ij}\xi^{\gamma}\end{aligned} \tag{5.6.7}$$

设纳米曲面变形的特征尺寸 L 的量级为$[L]$[①②],原子间距的量级为$[\Delta]$。碳纳米曲面为圆柱面时,称为碳纳米管,此时高斯坐标(ξ^1,ξ^2)取为圆柱面上的笛卡儿坐标,其对应的几

① L 的引入是经典壳体理论的误差分析的重要工具。经典壳体理论奠基人 Koiter 称 L 为"变形模式的最小波长"(the smallest wave length of the deformation pattern on the middle surface),并证明 Love 理论的弹性薄壳本构关系所对应的应变能的表达式具有 h^2/L^2 与 h/R(h-壳厚,R-中面曲率半径)量级的误差,这就是通常所称 Kirchhoff-Love 假设的误差。见 Koiter W T. A consistent first approximation in the general theory of thin elastic shell, IUTAM Proceedings of the Symposium on The Theory of Thin Elastic Shell. (Delft, 24-28 August, 1959), pp. 12-33, North-Holland Publishing Campany-Amsterdan, 1960.

② 在本例中,以方括号$[\psi]$表示物理量或几何量 ψ 的数量级,勿与本书其他各节中的混合积符号相混淆。

何参数见习题 5.1(b)所示。(5.6.4)式～(5.6.7)式中相邻原子间的坐标差 $\Delta_{ij}\xi^{\alpha}$ 的量级 $[\Delta_{ij}\xi^{\alpha}]$为原子间距的量级$[\Delta]$，即$[\Delta_{ij}\xi^{\alpha}]\sim\Delta$。第一基本形系数$\mathring{a}_{\alpha\beta}$的量级为$[1]$，曲面曲率半径的量级为$[R]$，则$\mathring{\boldsymbol{\rho}}_{\alpha}$的量级为$[1]$，$\mathring{a}^{\alpha\beta}$的量级为$[1]$，$\mathring{b}_{\alpha\beta}$的量级为$[1/R]$，记作 $1/[R]$，即$[\mathring{a}^{\alpha\beta}]\sim[1]$，$[\mathring{b}_{\alpha\beta}]\sim1/[R]$。当纳米曲面变形的特征尺寸中含有多个原子，则$[\Delta]/[L]\ll1$，如图 5.24 所示，此时可对(5.6.6)式与(5.6.7)式中的各项进行量级分析，并略去$[\Delta]/[L]$量级及更高阶的小量。曲面上任何一个物理量或几何量 ψ 对坐标 ξ^{α} 导数的量级记作$[\partial\psi/\partial\xi]$，根据特征尺寸的定义，得

$$\left[\frac{\partial\psi}{\partial\xi}\right]\sim\frac{[\psi]}{[L]}\tag{5.6.8}$$

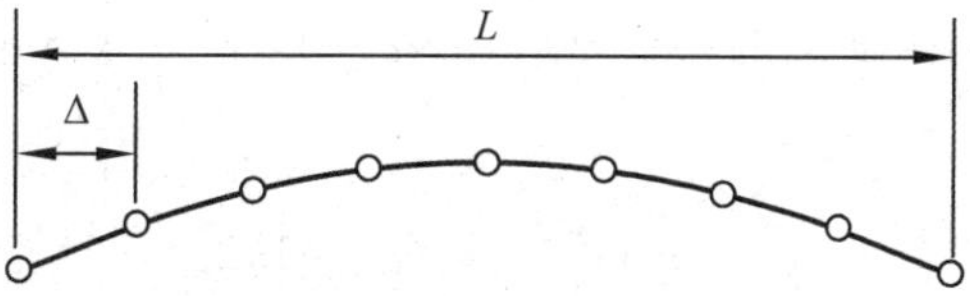

图 5.24　场变化的特征尺寸 L 和原子间距Δ关系的示意图

物理量 ψ 在相邻原子间的差$\dfrac{\partial\psi}{\partial\xi^{\alpha}}\Delta_{ij}\xi^{\alpha}$（即跨越一个原子间距 Δ 时 ψ 的增量）的量级为

$$[\Delta_{ij}\xi]\left[\frac{\partial\psi}{\partial\xi}\right]\sim\frac{[\Delta]}{[L]}[\psi]\tag{5.6.9}$$

由前述圆柱坐标系(ξ^1,ξ^2)的性质与(5.2.9b)式，分别令 ψ 为$\mathring{a}_{\alpha\beta}$，$\mathring{\Gamma}^{\alpha}_{\beta\gamma}$以及$\mathring{b}_{\alpha\beta}$可得

$$[\mathring{\Gamma}^{\alpha}_{\beta\gamma}]\sim\frac{1}{[L]},\ \left[\frac{\partial\mathring{\Gamma}^{\alpha}_{\beta\gamma}}{\partial\xi^{\gamma}}\right]\sim\frac{1}{[L]^2},\ \left[\frac{\partial\mathring{b}_{\alpha\beta}}{\partial\xi^{\gamma}}\right]\sim\frac{1}{[L][R]}\tag{5.6.10}$$

将(5.6.10)式中的量级代入到(5.6.6)式和(5.6.7)式中的各项，可得

$$[(\Delta_{ij}\mathring{\boldsymbol{\rho}})^{\alpha}]\sim[\Delta]\left\{1+\frac{[\Delta]}{[L]}+\frac{[\Delta]}{[L]}\frac{[\Delta]}{[L]}\right\}+[\Delta]\frac{[\Delta]}{[R]}\frac{[\Delta]}{[R]}\tag{5.6.11}$$

$$[(\Delta_{ij}\mathring{\boldsymbol{\rho}})^{n}]\sim[\Delta]\frac{[\Delta]}{[R]}\left\{1+\frac{[\Delta]}{[L]}\right\}\tag{5.6.12}$$

由$[\Delta]/[L]\ll1$，省略(5.6.11)式与(5.6.12)式中$[\Delta]/[L]$的一次和二次项得

$$[(\Delta_{ij}\mathring{\boldsymbol{\rho}})^{\alpha}]\sim[\Delta]+[\Delta]\frac{[\Delta]}{[R]}\frac{[\Delta]}{[R]}\tag{5.6.13}$$

$$[(\Delta_{ij}\mathring{\boldsymbol{\rho}})^{n}]\sim[\Delta]\frac{[\Delta]}{[R]}\tag{5.6.14}$$

按(5.6.13)式、(5.6.14)式的量级，保留(5.6.6)式中的第 1 项和最末项与(5.6.7)式中的第 1 项，并省略 $O(\Delta_{ij}\xi)^4$，(5.6.5)式的 $\Delta_{ij}\mathring{\boldsymbol{\rho}}$ 可简化为

$$\Delta_{ij}\mathring{\boldsymbol{\rho}}=\left(\Delta_{ij}\xi^{\alpha}-\frac{1}{6}\mathring{b}_{\beta\lambda}\mathring{b}_{\gamma\mu}\mathring{a}^{\mu\alpha}\Delta_{ij}\xi^{\beta}\Delta_{ij}\xi^{\gamma}\Delta_{ij}\xi^{\lambda}\right)\mathring{\boldsymbol{\rho}}_{\alpha}+\frac{1}{2}\mathring{b}_{\alpha\beta}\Delta_{ij}\xi^{\alpha}\Delta_{ij}\xi^{\beta}\mathring{\boldsymbol{n}}\tag{5.6.15}$$

5.6.2　碳纳米曲面变形的描述

碳纳米曲面上任意原子的矢径$\mathring{\boldsymbol{\rho}}(\xi^1,\xi^2)$在外载荷作用下变位至$\hat{\boldsymbol{\rho}}(\xi^1,\xi^2)$，变形后的曲

面 $\hat{\Sigma}$ 采用与变形前曲面 $\mathring{\Sigma}$ 相同的Gauss坐标(ξ^1,ξ^2)，即(ξ^1,ξ^2)为Lagrange随体坐标。变形后曲面具有与变形前曲面对应的基本参数，这些参数上都加上了“^”，例如分别用$\hat{\boldsymbol{\rho}}_\alpha$，$\hat{\boldsymbol{n}}$，$\hat{a}_{\alpha\beta}$，$\hat{b}_{\alpha\beta}$表示变形后曲面的协变基矢量、法向单位矢量以及第一、二基本形系数。

碳纳米曲面上 P 点变位至 $\hat{P}$ 点，曲面 $\mathring{\Sigma}$ 上的 P 点附近的矢量微元 $\mathrm{d}\mathring{\boldsymbol{\rho}}=\mathrm{d}\xi^\alpha\mathring{\boldsymbol{\rho}}_\alpha$ 变形到曲面 $\hat{\Sigma}$ 上的 $\hat{P}$ 点附近的矢量微元 $\mathrm{d}\hat{\boldsymbol{\rho}}=\mathrm{d}\boldsymbol{\xi}^\alpha\hat{\boldsymbol{\rho}}_\alpha$，$\mathrm{d}\hat{\boldsymbol{\rho}}$ 与 $\mathrm{d}\mathring{\boldsymbol{\rho}}$ 间的变形可表示为

$$\mathrm{d}\hat{\boldsymbol{\rho}}=\boldsymbol{F}\cdot\mathrm{d}\mathring{\boldsymbol{\rho}} \tag{5.6.16}$$

其中 $\boldsymbol{F}$ 是变形梯度张量①，根据商规则，它是一个二阶张量。由于 ξ^α 是曲面的随体坐标，变形过程中每个原子的坐标值 $\xi^\alpha(\alpha=1,2)$ 不变，而曲面 $\mathring{\Sigma}$ 上 P 点处切平面上的协变基 $\mathring{\boldsymbol{\rho}}_\alpha$ 变形后成为曲面 $\hat{\Sigma}$ 上 $\hat{P}$ 点处切平面上的协变基 $\hat{\boldsymbol{\rho}}_\alpha$，$\hat{\boldsymbol{\rho}}_\alpha(\alpha=1,2)$ 一般不再是正交标准化基矢量。$\hat{\boldsymbol{\rho}}_\alpha$ 与 $\mathring{\boldsymbol{\rho}}_\alpha$ 之间满足：

$$\hat{\boldsymbol{\rho}}_\alpha=\boldsymbol{F}\cdot\mathring{\boldsymbol{\rho}}_\alpha \quad (\alpha=1,2) \tag{5.6.17}$$

变形后曲面 $\hat{\Sigma}$ 上与协变基矢量 $\hat{\boldsymbol{\rho}}_\alpha$ 相对偶的有逆变基矢量 $\hat{\boldsymbol{\rho}}^\beta$，它们之间满足对偶关系：

$$\hat{\boldsymbol{\rho}}_\alpha\cdot\hat{\boldsymbol{\rho}}^\beta=\delta_\alpha^\beta \quad (\alpha,\beta=1,2) \tag{5.6.18}$$

变形后曲面 $\hat{\Sigma}$ 的法向单位矢量为

$$\hat{\boldsymbol{n}}=\frac{\hat{\boldsymbol{\rho}}_1\times\hat{\boldsymbol{\rho}}_2}{|\hat{\boldsymbol{\rho}}_1\times\hat{\boldsymbol{\rho}}_2|} \tag{5.6.19}$$

由于 P 点变位至 $\hat{P}$ 点不仅有曲面 $\mathring{\Sigma}$ 的切面内位移，还有法向位移；即 $\mathrm{d}\mathring{\boldsymbol{\rho}}$ 变形至 $\mathrm{d}\hat{\boldsymbol{\rho}}$ 有法向分量，所以变形梯度 $\boldsymbol{F}$ 及其逆 $\boldsymbol{F}^{-1}$ 为三维空间中的二阶张量，可写成并矢形式如下：

$$\boldsymbol{F}=\hat{\boldsymbol{\rho}}_\alpha\mathring{\boldsymbol{\rho}}^\alpha+\hat{\boldsymbol{n}}\mathring{\boldsymbol{n}},\quad \boldsymbol{F}^{-1}=\mathring{\boldsymbol{\rho}}_\alpha\hat{\boldsymbol{\rho}}^\alpha+\mathring{\boldsymbol{n}}\hat{\boldsymbol{n}} \tag{5.6.20}$$

根据Born和Huang的理论②，对于不具有中心对称结构的材料仅有变形梯度 $\boldsymbol{F}$ 不足以表示微元的变形，(5.6.16)式需修正为

$$\mathrm{d}\hat{\boldsymbol{\rho}}=\boldsymbol{F}\cdot\mathrm{d}\bar{\boldsymbol{\rho}} \tag{5.6.21}$$

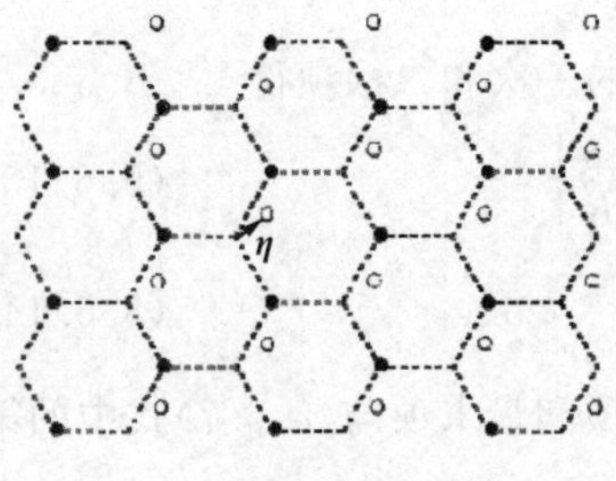

图5.25 碳纳米曲面变形中内位移的示意图

其中 $\mathrm{d}\bar{\boldsymbol{\rho}}=\mathrm{d}\mathring{\boldsymbol{\rho}}+\boldsymbol{\eta}$，$\boldsymbol{\eta}$ 称为内位移，如图5.25所示，将非中心对称的原子结构的原子分为两簇，一个是以实心小圆“•”表示的簇，另一是以空心小圆“◦”表示的簇，每一簇原子自身都是中心对称的，每个原子键的两端、即相邻的两个原子总是属于不同的簇。内位移 $\boldsymbol{\eta}$ 表示在变形过程中两簇原子间的相对位移，即每个空心小圆“◦”都相对于原位置有 $\boldsymbol{\eta}$ 的位移。

变形前曲面上相邻原子 i，j 之间的空间矢量 $\Delta_{ij}\mathring{\boldsymbol{\rho}}$，在变形后曲面上变为空间矢量 $\Delta_{ij}\hat{\boldsymbol{\rho}}$，考虑到原子键两端的原

① 见1.5.1节，变形梯度张量由变形后基矢量与变形前其矢量的并矢构成。

② Born M, Huang K. Dynamical Theory of Crystal Lattices[M]. Oxford University Press, 1959.

子属于不同簇，根据 Born 和 Huang 的理论，变形后的空间矢量 $\Delta_{ij}\hat{\boldsymbol{\rho}}$ 在$\hat{\boldsymbol{\rho}}\ (\boldsymbol{\xi}^\alpha)$点 Taylor 展开后可得与(5.6.15)式相似的关系：

$$\Delta_{ij}\hat{\boldsymbol{\rho}}=\left(\Delta_{ij}\bar{\xi}^\alpha-\frac{1}{6}\hat{b}_{\beta\lambda}\hat{b}_{\gamma\mu}\hat{a}^{\mu\alpha}\Delta_{ij}\bar{\xi}^\beta\Delta_{ij}\bar{\xi}^\gamma\Delta_{ij}\bar{\xi}^\lambda\right)\hat{\boldsymbol{\rho}}_\alpha+\frac{1}{2}\hat{b}_{\alpha\beta}\Delta_{ij}\bar{\xi}^\alpha\Delta_{ij}\bar{\xi}^\beta\hat{\boldsymbol{n}} \tag{5.6.22}$$

式中 $\Delta_{ij}\bar{\xi}^\alpha=\Delta_{ij}\xi^\alpha+\eta^\alpha$，$\eta^\alpha$ 为内位移矢量$\boldsymbol{\eta}$ 在坐标 ξ^α 中的分量，即 $\boldsymbol{\eta}=\eta^\alpha\mathring{\boldsymbol{\rho}}_\alpha$。在导出(5.6.22)式时，已考虑了碳纳米管变形后原子键长 Δ 仍然满足 $\Delta/L\ll 1$，前述多个物理量的量级分析仍然成立。

在变形后的碳纳米曲面 $\hat{\Sigma}$ 上，考虑到 $\hat{a}_{\alpha\beta}=\hat{\boldsymbol{\rho}}_\alpha\cdot\hat{\boldsymbol{\rho}}_\beta$，　$\hat{a}_{\alpha\beta}\hat{a}^{\mu\alpha}=\delta^\mu_\beta$，　$\hat{\boldsymbol{\rho}}_\alpha\cdot\hat{\boldsymbol{n}}=0$，　$\hat{\boldsymbol{n}}\cdot\hat{\boldsymbol{n}}=1$，曲面 $\hat{\Sigma}$ 上相邻原子 i 与 j 间的碳碳共价键长 r_{ij} 由(5.6.22)式自相点积并略去高阶小量可得

$$r_{ij}^2=\Delta_{ij}\hat{\boldsymbol{\rho}}\cdot\Delta_{ij}\hat{\boldsymbol{\rho}}=\hat{a}_{\alpha\beta}\Delta_{ij}\bar{\xi}^\alpha\Delta_{ij}\bar{\xi}^\beta-\frac{1}{12}(\hat{b}_{\alpha\beta}\Delta_{ij}\bar{\xi}^\alpha\Delta_{ij}\bar{\xi}^\beta)^2 \tag{5.6.23}$$

键矢 $\Delta_{ij}\hat{\boldsymbol{\rho}}$ 与 $\Delta_{ik}\hat{\boldsymbol{\rho}}$ 的夹角 θ_{ijk} 的余弦为

$$\cos\theta_{ijk}=\frac{\Delta_{ij}\hat{\boldsymbol{\rho}}\cdot\Delta_{ik}\hat{\boldsymbol{\rho}}}{r_{ij}r_{ik}} \tag{5.6.24}$$

其中

$$\begin{aligned}\Delta_{ij}\hat{\boldsymbol{\rho}}\cdot\Delta_{ik}\hat{\boldsymbol{\rho}}=&\hat{a}_{\alpha\beta}\Delta_{ij}\bar{\xi}^\alpha\Delta_{ik}\bar{\xi}^\beta\\&+\frac{1}{12}\hat{b}_{\alpha\beta}\hat{b}_{\gamma\lambda}\Delta_{ij}\bar{\xi}^\alpha\Delta_{ik}\bar{\xi}^\lambda(3\Delta_{ij}\bar{\xi}^\beta\Delta_{ik}\bar{\xi}^\gamma-2\Delta_{ij}\bar{\xi}^\beta\Delta_{ij}\bar{\xi}^\gamma-2\Delta_{ik}\bar{\xi}^\beta\Delta_{ik}\bar{\xi}^\gamma)\end{aligned} \tag{5.6.25}$$

(5.6.23)式与(5.6.25)式中 $\Delta_{ij}\bar{\xi}^\alpha=\Delta_{ij}\xi^\alpha+\eta^\alpha$，$\Delta_{ik}\bar{\xi}^\alpha=\Delta_{ik}\xi^\alpha+\eta^\alpha$。

由 Green 应变张量$\mathring{\boldsymbol{e}}$的定义可得

$$\mathring{\boldsymbol{e}}=\mathring{e}_{\alpha\beta}\mathring{\boldsymbol{\rho}}^\alpha\mathring{\boldsymbol{\rho}}^\beta=\frac{1}{2}(\boldsymbol{F}^{\mathrm{T}}\cdot\boldsymbol{F}-\boldsymbol{1})=\frac{1}{2}(\hat{a}_{\alpha\beta}-\mathring{a}_{\alpha\beta})\mathring{\boldsymbol{\rho}}^\alpha\mathring{\boldsymbol{\rho}}^\beta \tag{5.6.26}$$

定义曲率变形张量$\mathring{\boldsymbol{\kappa}}$ 为

$$\mathring{\boldsymbol{\kappa}}=\mathring{\kappa}_{\alpha\beta}\mathring{\boldsymbol{\rho}}^\alpha\mathring{\boldsymbol{\rho}}^\beta=(\hat{b}_{\alpha\beta}-\mathring{b}_{\alpha\beta})\mathring{\boldsymbol{\rho}}^\alpha\mathring{\boldsymbol{\rho}}^\beta \tag{5.6.27}$$

则(5.6.23)式的键长与(5.6.24)式的键夹角可表示为 $\mathring{\boldsymbol{e}},\mathring{\boldsymbol{\kappa}},\boldsymbol{\eta}$ 的函数，即

$$r_{ij}=r_{ij}(\mathring{\boldsymbol{e}},\mathring{\boldsymbol{\kappa}},\boldsymbol{\eta})=r_{ij}(\mathring{e}_{\alpha\beta},\mathring{\kappa}_{\alpha\beta},\eta^\lambda) \tag{5.6.28}$$

$$\theta_{ijk}=\theta_{ijk}(\mathring{\boldsymbol{e}},\mathring{\boldsymbol{\kappa}},\boldsymbol{\eta})=\theta_{ijk}(\mathring{e}_{\alpha\beta},\mathring{\kappa}_{\alpha\beta},\eta^\lambda) \tag{5.6.29}$$

将(5.6.28)式和(5.6.29)式代入到(5.6.3)式可得应变能密度为 Green 应变张量、曲率变形张量以及内位移的函数，即

$$W=\frac{\Phi(\mathring{\boldsymbol{e}},\mathring{\boldsymbol{\kappa}},\boldsymbol{\eta})}{S_0}=W(\mathring{\boldsymbol{e}},\mathring{\boldsymbol{\kappa}},\boldsymbol{\eta}) \tag{5.6.30}$$

内位移 $\boldsymbol{\eta}$ 使得应变能密度取极小值，即

$$\left.\frac{\partial W}{\partial\boldsymbol{\eta}}\right|_{\mathring{\boldsymbol{e}},\mathring{\boldsymbol{\kappa}}}=\boldsymbol{0} \tag{5.6.31}$$

由上式可确定 Green 应变张量、曲率变形张量与内位移之间的关系：

$$\boldsymbol{\eta}=\boldsymbol{\eta}(\mathring{\boldsymbol{e}},\mathring{\boldsymbol{\kappa}}) \tag{5.6.32}$$

将其代入(5.6.30)式可得

$$W(\mathring{\boldsymbol{e}},\mathring{\boldsymbol{\kappa}},\boldsymbol{\eta})=W[\mathring{\boldsymbol{e}},\mathring{\boldsymbol{\kappa}},\boldsymbol{\eta}(\mathring{\boldsymbol{e}},\mathring{\boldsymbol{\kappa}})]=\mathring{W}(\mathring{\boldsymbol{e}},\mathring{\boldsymbol{\kappa}}) \tag{5.6.33}$$

其中 W 为 $\mathring{\boldsymbol{e}},\mathring{\boldsymbol{\kappa}},\boldsymbol{\eta}$ 的函数,$\mathring{W}$ 为 $\mathring{\boldsymbol{e}},\mathring{\boldsymbol{\kappa}}$ 的函数。

由(5.6.31)式恒成立,(5.6.31)式分别对 $\mathring{\boldsymbol{e}},\mathring{\boldsymbol{\kappa}}$ 求导可得

$$\frac{\partial \boldsymbol{\eta}}{\partial \mathring{\boldsymbol{e}}}=-\left(\frac{\partial^2 W}{\partial \boldsymbol{\eta}\partial \boldsymbol{\eta}}\right)^{-1}\cdot\frac{\partial^2 W}{\partial \boldsymbol{\eta}\partial \mathring{\boldsymbol{e}}},\qquad \frac{\partial \boldsymbol{\eta}}{\partial \mathring{\boldsymbol{\kappa}}}=-\left(\frac{\partial^2 W}{\partial \boldsymbol{\eta}\partial \boldsymbol{\eta}}\right)^{-1}\cdot\frac{\partial^2 W}{\partial \boldsymbol{\eta}\partial \mathring{\boldsymbol{\kappa}}}\tag{5.6.34}$$

5.6.3 碳纳米曲面的本构关系

由碳纳米曲面的应变能密度表达式 $\mathring{W}(\mathring{\boldsymbol{e}},\mathring{\boldsymbol{\kappa}})$ 就可得到碳纳米曲面的本构关系。与 Green 应变张量 $\mathring{\boldsymbol{e}}$ 功共轭的是第二类 P-K 内力 $\mathring{\boldsymbol{t}}=\mathring{t}^{\alpha\beta}\mathring{\boldsymbol{\rho}}_\alpha\mathring{\boldsymbol{\rho}}_\beta$,与曲率变形张量 $\mathring{\boldsymbol{\kappa}}$ 功共轭的是第二类 P-K 内力矩 $\mathring{\boldsymbol{m}}=\mathring{m}^{\alpha\beta}\mathring{\boldsymbol{\rho}}_\alpha\mathring{\boldsymbol{\rho}}_\beta$。由(5.6.31)式和(5.6.33)式可得

$$\mathring{\boldsymbol{t}}=\left.\frac{\partial \mathring{W}}{\partial \mathring{\boldsymbol{e}}}\right|_{\mathring{\boldsymbol{\kappa}}}=\left.\frac{\partial W}{\partial \mathring{\boldsymbol{e}}}\right|_{\mathring{\boldsymbol{\kappa}},\boldsymbol{\eta}},\qquad \mathring{\boldsymbol{m}}=\left.\frac{\partial \mathring{W}}{\partial \mathring{\boldsymbol{\kappa}}}\right|_{\mathring{\boldsymbol{e}}}=\left.\frac{\partial W}{\partial \mathring{\boldsymbol{\kappa}}}\right|_{\mathring{\boldsymbol{e}},\boldsymbol{\eta}}\tag{5.6.35}$$

$\mathring{W}(\mathring{\boldsymbol{e}},\mathring{\boldsymbol{\kappa}})$是变形前单位面积上的应变能,因此内力 $\mathring{\boldsymbol{t}}$ 与内力矩 $\mathring{\boldsymbol{m}}$ 为单位长度(变形前单位长度)上的力和力矩。

(5.6.35)式给出了碳纳米曲面非线性超弹性的本构关系,由变形状态 $\mathring{\boldsymbol{e}},\mathring{\boldsymbol{\kappa}}$ 可确定内力(矩)$\mathring{\boldsymbol{t}},\mathring{\boldsymbol{m}}$,其率形式的本构关系为

$$(\mathring{\boldsymbol{t}})^{\boldsymbol{\cdot}}=\mathring{\boldsymbol{L}}:(\mathring{\boldsymbol{e}})^{\boldsymbol{\cdot}}+\mathring{\boldsymbol{H}}:(\mathring{\boldsymbol{\kappa}})^{\boldsymbol{\cdot}},\qquad (\mathring{\boldsymbol{m}})^{\boldsymbol{\cdot}}=\mathring{\boldsymbol{H}}^{\mathrm{T}}:(\mathring{\boldsymbol{e}})^{\boldsymbol{\cdot}}+\mathring{\boldsymbol{S}}:(\mathring{\boldsymbol{\kappa}})^{\boldsymbol{\cdot}}\tag{5.6.36}$$

其中$(\ )^{\boldsymbol{\cdot}}$表示物理量或几何量$(\ )$的物质导数(其定义见 6.1.2 节),刚度张量由(5.6.35)式的关系可得

$$\mathring{\boldsymbol{L}}=\frac{\partial^2 \mathring{W}}{\partial \mathring{\boldsymbol{e}}\partial \mathring{\boldsymbol{e}}}=\frac{\partial^2 W}{\partial \mathring{\boldsymbol{e}}\partial \mathring{\boldsymbol{e}}}-\frac{\partial^2 W}{\partial \mathring{\boldsymbol{e}}\partial \boldsymbol{\eta}}\cdot\left(\frac{\partial^2 W}{\partial \boldsymbol{\eta}\partial \boldsymbol{\eta}}\right)^{-1}\cdot\frac{\partial^2 W}{\partial \boldsymbol{\eta}\partial \mathring{\boldsymbol{e}}}=\mathring{L}^{\alpha\beta\gamma\delta}\mathring{\boldsymbol{\rho}}_\alpha\mathring{\boldsymbol{\rho}}_\beta\mathring{\boldsymbol{\rho}}_\gamma\mathring{\boldsymbol{\rho}}_\delta\tag{5.6.37}$$

$$\mathring{\boldsymbol{S}}=\frac{\partial^2 \mathring{W}}{\partial \mathring{\boldsymbol{\kappa}}\partial \mathring{\boldsymbol{\kappa}}}=\frac{\partial^2 W}{\partial \mathring{\boldsymbol{\kappa}}\partial \mathring{\boldsymbol{\kappa}}}-\frac{\partial^2 W}{\partial \mathring{\boldsymbol{\kappa}}\partial \boldsymbol{\eta}}\cdot\left(\frac{\partial^2 W}{\partial \boldsymbol{\eta}\partial \boldsymbol{\eta}}\right)^{-1}\cdot\frac{\partial^2 W}{\partial \boldsymbol{\eta}\partial \mathring{\boldsymbol{\kappa}}}=\mathring{S}^{\alpha\beta\gamma\delta}\mathring{\boldsymbol{\rho}}_\alpha\mathring{\boldsymbol{\rho}}_\beta\mathring{\boldsymbol{\rho}}_\gamma\mathring{\boldsymbol{\rho}}_\delta\tag{5.6.38}$$

$$\mathring{\boldsymbol{H}}=\frac{\partial^2 \mathring{W}}{\partial \mathring{\boldsymbol{e}}\partial \mathring{\boldsymbol{\kappa}}}=\frac{\partial^2 W}{\partial \mathring{\boldsymbol{e}}\partial \mathring{\boldsymbol{\kappa}}}-\frac{\partial^2 W}{\partial \mathring{\boldsymbol{e}}\partial \boldsymbol{\eta}}\cdot\left(\frac{\partial^2 W}{\partial \boldsymbol{\eta}\partial \boldsymbol{\eta}}\right)^{-1}\cdot\frac{\partial^2 W}{\partial \boldsymbol{\eta}\partial \mathring{\boldsymbol{\kappa}}}=\mathring{H}^{\alpha\beta\gamma\delta}\mathring{\boldsymbol{\rho}}_\alpha\mathring{\boldsymbol{\rho}}_\beta\mathring{\boldsymbol{\rho}}_\gamma\mathring{\boldsymbol{\rho}}_\delta\tag{5.6.39}$$

$$\mathring{\boldsymbol{H}}^{\mathrm{T}}=\frac{\partial^2 \mathring{W}}{\partial \mathring{\boldsymbol{\kappa}}\partial \mathring{\boldsymbol{e}}}=\frac{\partial^2 W}{\partial \mathring{\boldsymbol{\kappa}}\partial \mathring{\boldsymbol{e}}}-\frac{\partial^2 W}{\partial \mathring{\boldsymbol{\kappa}}\partial \boldsymbol{\eta}}\cdot\left(\frac{\partial^2 W}{\partial \boldsymbol{\eta}\partial \boldsymbol{\eta}}\right)^{-1}\cdot\frac{\partial^2 W}{\partial \boldsymbol{\eta}\partial \mathring{\boldsymbol{e}}}=\mathring{H}^{\gamma\delta\alpha\beta}\mathring{\boldsymbol{\rho}}_\alpha\mathring{\boldsymbol{\rho}}_\beta\mathring{\boldsymbol{\rho}}_\gamma\mathring{\boldsymbol{\rho}}_\delta\tag{5.6.40}$$

其中 $\mathring{\boldsymbol{L}}$, $\mathring{\boldsymbol{S}}$ 分别为碳纳米管壁的拉伸和弯曲刚度张量,满足 Voigt 对称性;$\mathring{\boldsymbol{H}}$, $\mathring{\boldsymbol{H}}^{\mathrm{T}}$ 为碳纳米管壁的拉伸弯曲耦合刚度张量,它们都是曲面 $\mathring{\boldsymbol{\rho}}(\xi^1,\xi^2)$ 切平面上的四阶张量。

5.6.4 石墨烯片刚度①

在 5.6.3 节中给出了碳纳曲面的本构关系,当$\mathring{b}_{\alpha\beta}=0$ 时表示的是石墨烯的本构关系。

---

① 本节是作为(5.6.35)式～(5.6.38)式的特例,取石墨烯的初始状态参数 $\mathring{b}_{\alpha\beta}=0$,求得拉伸刚度、弯曲刚度和耦合刚度,初始石墨烯的耦合刚度为零。初始石墨烯的刚度同样可由文献 Huang Y, Wu J, Hwang K C. Thickness of graphene and single-wall carbon nanotubes[J]. Physical Review B, 74, 245413, 2006. 直接采用石墨烯的小变形的方法求得。

石墨烯的初始状态键长和键夹角分别为 r_0 和 120°，初始石墨烯特征单元的面积为 $S_0=3\sqrt{3}r_0^2/2$。采用附录中的 Brenner 原子势函数 V，可求得初始石墨烯的拉伸刚度$\mathring{\boldsymbol{L}}_0$、弯曲刚度$\mathring{\boldsymbol{S}}_0$ 和耦合刚度 $\mathring{\boldsymbol{H}}_0$ 分别为（采用初始石墨烯平面上的笛卡儿坐标系 ξ^1,ξ^2）

$$\mathring{\boldsymbol{L}}_0=\frac{\sqrt{3}}{6}\left[\left(\frac{\partial^2 V}{\partial {r_{ij}}^2}\right)_0-2\sqrt{3}A\right]\mathring{\boldsymbol{a}}\,\mathring{\boldsymbol{a}}+A\,\mathring{\boldsymbol{I}} \tag{5.6.41}$$

$$\mathring{\boldsymbol{S}}_0=\frac{\sqrt{3}}{4}\left(\frac{\partial V}{\partial\cos\theta_{ijk}}\right)_0\mathring{\boldsymbol{a}}\,\mathring{\boldsymbol{a}} \tag{5.6.42}$$

$$\mathring{\boldsymbol{H}}_0=\mathring{\boldsymbol{H}}_0^{\mathrm{T}}=0 \tag{5.6.43}$$

其中$\mathring{\boldsymbol{a}}=\mathring{\boldsymbol{\rho}}_1\,\mathring{\boldsymbol{\rho}}_1+\mathring{\boldsymbol{\rho}}_2\,\mathring{\boldsymbol{\rho}}_2$ 为二维单位张量，$\mathring{\boldsymbol{I}}=\frac{1}{2}(\delta_{\alpha\gamma}\delta_{\beta\delta}+\delta_{\alpha\delta}\delta_{\beta\gamma})\mathring{\boldsymbol{\rho}}^{\alpha}\,\mathring{\boldsymbol{\rho}}^{\beta}\,\mathring{\boldsymbol{\rho}}^{\gamma}\,\mathring{\boldsymbol{\rho}}^{\delta}$ 为二维空间中的四阶等同张量，常数 A 为

$$A=2\sqrt{3}\,\frac{D_2[4D_1+3(2D_4-D_5)]-3(D_3 l_0)^2}{12D_1+4D_2 l_0^2+12D_3 l_0+9(2D_4-D_5)} \tag{5.6.44}$$

其中 $D_1=\left(\frac{\partial V}{\partial\cos\theta_{ijk}}\right)_0$，$D_2=\left(\frac{\partial^2 V}{\partial {r_{ij}}^2}\right)_0$，$D_3=\left(\frac{\partial^2 V}{\partial r_{ij}\partial\cos\theta_{ijk}}\right)_0$，$D_4=\left(\frac{\partial^2 V}{\partial\cos\theta_{ijk}\partial\cos\theta_{ijk}}\right)_0$，

$D_5=\left(\frac{\partial^2 V}{\partial\cos\theta_{ijk}\partial\cos\theta_{ijl}}\right)_{0,k\neq l}$。

下标“0”表示初始石墨烯的状态，即 $r_{ij}=r_0$，$\theta_{ijk}=\theta_{ijl}=120°$，初始石墨烯的耦合刚度为零，率形式的本构关系为

$$\begin{gathered}[(\mathring{t}^{11})^{\cdot}+(\mathring{t}^{22})^{\cdot}]=\frac{\sqrt{3}}{3}\left(\frac{\partial^2 V}{\partial r_{ij}^2}\right)_0[(\mathring{e}_{11})^{\cdot}+(\mathring{e}_{22})^{\cdot}]\\ \left\{\begin{matrix}(\mathring{t}^{11})^{\cdot}-(\mathring{t}^{22})^{\cdot}\\(\mathring{t}^{12})^{\cdot}\end{matrix}\right\}=A\left\{\begin{matrix}(\mathring{e}_{11})^{\cdot}-(\mathring{e}_{22})^{\cdot}\\(\mathring{e}_{12})^{\cdot}\end{matrix}\right\}\end{gathered} \tag{5.6.45}$$

$$\begin{gathered}[(\mathring{m}^{11})^{\cdot}+(\mathring{m}^{22})^{\cdot}]=\frac{\sqrt{3}}{2}\left(\frac{\partial V}{\partial\cos\theta_{ijk}}\right)_0[(\mathring{\kappa}_{11})^{\cdot}+(\mathring{\kappa}_{22})^{\cdot}]\\ \left\{\begin{matrix}(\mathring{m}^{11})^{\cdot}-(\mathring{m}^{22})^{\cdot}\\(\mathring{m}^{12})^{\cdot}\end{matrix}\right\}=0\end{gathered} \tag{5.6.46}$$

(5.6.46)式显示石墨烯的扭转刚度为零，这不同于传统的板壳。内力矩与曲率的关系仅与$(\partial V/\partial\cos\theta_{ijk})_0$ 相关，石墨烯两个正交方向的弯矩增量相等，即$(\mathring{m}^{11})^{\cdot}=(\mathring{m}^{22})^{\cdot}$，同时内力矩增量仅与主曲率增量之和（即 Gauss 曲率增量）$(\mathring{\kappa}_{11})^{\cdot}+(\mathring{\kappa}_{22})^{\cdot}$ 相关，若曲率增量满足$(\mathring{\kappa}_{11})^{\cdot}=-(\mathring{\kappa}_{22})^{\cdot}$，则内力矩增量为零。

(5.6.45)式、(5.6.46)式已经给出了石墨烯的初始本构关系，无需引入石墨烯的厚度和弹性模量等参数。采用其他连续介质方法研究石墨烯常需给出石墨烯的等效厚度和弹性模量，等效厚度是通过将石墨烯等效为经典平板而得到，将本构关系(5.6.45)式、(5.6.46)式与经典壳体理论的本构关系相比较，可得到初始石墨烯的等效厚度，其值与变形模式有关

$$h=3\sqrt{\frac{2\left(\frac{\partial V}{\partial\cos\theta_{ijk}}\right)_0}{\left(\frac{\partial^2 V}{\partial r_{ij}^2}\right)_0+\sqrt{3}A\,\frac{1-\lambda}{1+\lambda}}} \tag{5.6.47}$$

其中 $\lambda=(\mathring{e}_{11})^{\bullet}/(\mathring{e}_{22})^{\bullet}=(\mathring{\kappa}_{11})^{\bullet}/(\mathring{\kappa}_{22})^{\bullet}$ 表示石墨烯的变形模式：单向伸长($\lambda=0$)条件下的等效厚度为 $h_{\text{uniaxial strecthing}}=3\sqrt{2\left(\dfrac{\partial V}{\partial\cos\theta_{ijk}}\right)_0\Big/\left[\left(\dfrac{\partial^2 V}{\partial {r_{ij}}^2}\right)_0+\sqrt{3}A\right]}$，双轴拉伸($\lambda=1$)条件下的等效厚度为 $h_{\text{equibiaxial stretching}}=3\sqrt{2\left(\dfrac{\partial V}{\partial\cos\theta_{ijk}}\right)_0\Big/\left(\dfrac{\partial^2 V}{\partial {r_{ij}}^2}\right)_0}$。

用本文方法给出了初始石墨烯片在不同加载方式下的等效厚度，在图5.26中以曲线表示等效厚度与 λ 的关系，并与分子动力学的模拟结果进行了比较①，图中单向伸长对应于 $\lambda=0$，$\lambda=-1$ 对应于等轴伸长/压缩，此时石墨烯的弯曲刚度为零，石墨烯的等效厚度为零。图中的"单向拉伸"点表示 $(\mathring{t}^{11})^{\bullet}\neq0$，$(\mathring{t}^{22})^{\bullet}=(\mathring{t}^{12})^{\bullet}=0$ 的加载模式。图5.26中阴影区域是注①所列各种文献给出的等效厚度分布区域。

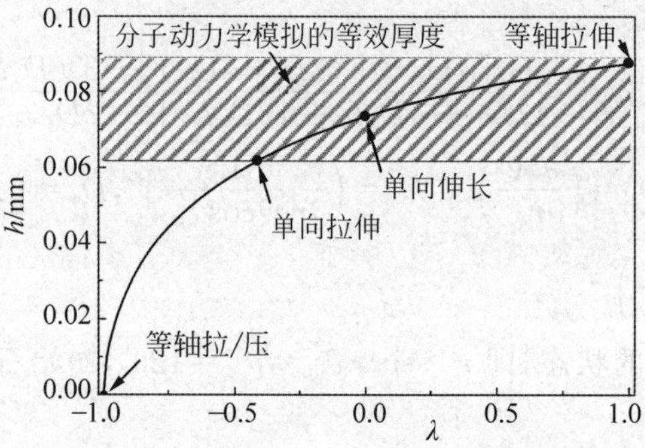

图5.26 初始石墨烯片的等效厚度

5.6.5 石墨烯卷曲成单壁碳纳米管

如图5.27所示，在初始石墨烯上建立笛卡儿坐标(ξ^1，ξ^2)，ξ^1 的坐标轴与碳纳米管的环向相对应，ξ^2 的坐标轴垂直于 ξ^1 的坐标轴，初始石墨烯与卷曲而成的锯齿型和扶手椅型单壁碳纳米管的关系可表示为②

---

① 图5.26中分子动力学模拟结果引自以下文献：1. Yakobson B I, Brabec C J, Bernholc J. Nanomechanics of carbon tubes: Instabilities beyond linear response[J]. Physical Review Letters, 1996, 76(14): 2511-2514. 2. Zhou X, Zhou J J, Ou-Yang Z C. Strain energy and Young's modulus of single-wall carbon nanotubes calculated from electronic energy-band theory[J]. Physical Review B, 2000, 62: 13692. 3. Kudin K N, Scuseria G E, Yakobson B I. C2F, BN, and C nanoshell elasticity from ab initio computations[J]. Physical Review B, 2001, 64: 235406. 4. Wang L, Zheng Q, Liu J Z, Jiang Q. Size dependence of the thin-shell model for carbon nanotubes[J]. Physical Review Letters, 2005, 95: 105501. 5. Tu Z, Ou-Yang Z C. Single-walled and multiwalled carbon nanotubes viewed as elastic tubes with the effective Young's moduli dependent on layer number[J]. Physical Review B, 2002, 65: 233407. 6. Vodenitcharova T, Zhang L C. Effective wall thickness of a single-walled carbon nanotube[J]. Physical Review B, 2003, 68: 165401. 7. Pantano A, Parks D M, Boyce C M. Mechanics of deformation of single-and multi-wall carbon nanotubes[J]. J. of the Mechanics and Physics of Solids, 2004, 52: 789-821. 8. Goupalov S V. Continuum model for long- wavelength phonons in two-dimensional graphite and carbon nanotubes[J]. Physical Review B, 2005, 71: 085420.

② 环向坐标 ξ^1 与任一原子键垂直时，此时石墨烯的边缘呈现锯齿的形状，卷曲而成的是锯齿型碳纳米管；环向坐标 ξ^1 与任一原子键平行时，此时石墨烯的边缘为扶手椅形的图案，卷曲而成的是扶手椅型碳纳米管。

$$\begin{cases} R = \dfrac{(1+\varepsilon_1)C_H}{2\pi} \\ \Theta = \dfrac{(1+\varepsilon_1)\xi^1}{R} \\ Z = (1+\varepsilon_2)\xi^2 \end{cases} \tag{5.6.48}$$

其中，R 为碳纳米管半径，ε_1 为碳纳米管环向的伸长比（相对于石墨烯），C_H 为卷成碳纳米管的环向周长 $2\pi R$ 在石墨烯上对应的原来长度，ε_2 为碳纳米管的轴向伸长比（相对于石墨烯）。

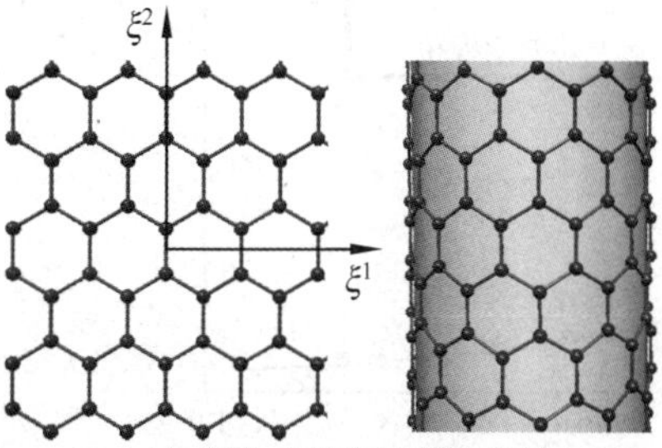

(a) 卷曲成锯齿型碳纳米管

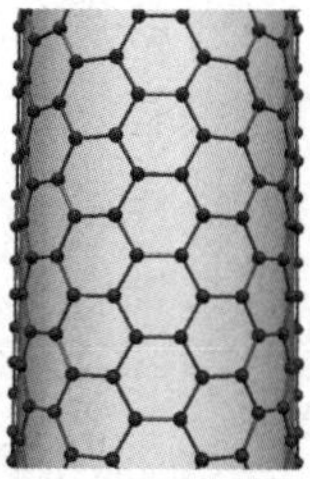
(b) 卷曲成扶手椅型碳纳米管

图 5.27　卷曲成单壁纳米碳管的石墨烯片

初始石墨烯平面卷曲成的碳纳米管曲面可表示为

$$\hat{\boldsymbol{\rho}} = R\boldsymbol{e}_R + Z\boldsymbol{e}_Z = R\boldsymbol{e}_R + (1+\varepsilon_2)\xi^2\boldsymbol{e}_Z \tag{5.6.49}$$

其中$\boldsymbol{e}_R$，$\boldsymbol{e}_\Theta$，$\boldsymbol{e}_Z$ 为沿圆柱坐标 R，Θ，Z 方向的单位矢量。碳纳米管在 Lagrange 坐标 (ξ^1, ξ^2) 中的基矢量为

$$\hat{\boldsymbol{\rho}}_1 = \frac{\partial\hat{\boldsymbol{\rho}}}{\partial\xi^1} = (1+\varepsilon_1)\boldsymbol{e}_\Theta, \qquad \hat{\boldsymbol{\rho}}_2 = \frac{\partial\hat{\boldsymbol{\rho}}}{\partial\xi^2} = (1+\varepsilon_2)\boldsymbol{e}_Z \tag{5.6.50}$$

则碳纳米管的第一基本形和第二基本形系数为

$$\hat{a}_{11} = (1+\varepsilon_1)^2, \qquad \hat{a}_{12} = \hat{a}_{21} = 0, \qquad \hat{a}_{22} = (1+\varepsilon_2)^2 \tag{5.6.51}$$

$$\hat{b}_{11} = -\frac{2\pi(1+\varepsilon_1)}{C_H}, \qquad \hat{b}_{12} = \hat{b}_{21} = 0, \qquad \hat{b}_{22} = 0 \tag{5.6.52}$$

将(5.6.51)式、(5.6.52)式、(5.6.26)式、(5.6.27)式代入到(5.6.28)式、(5.6.29)式可得原子键长 r_{ij} 以及原子键的夹角 θ_{ijk}，则应变能密度(5.6.33)式可表示为 ε_1，ε_2，η^1，η^2 的函数，即

$$W = W[\overset{\circ}{e}_{\alpha\beta}(\varepsilon_1, \varepsilon_2), \overset{\circ}{\kappa}_{\alpha\beta}(\varepsilon_1, \varepsilon_2), \eta^1, \eta^2] = \widetilde{W}(\varepsilon_1, \varepsilon_2, \eta^1, \eta^2) \tag{5.6.53}$$

$\varepsilon_1, \varepsilon_2$，$\eta^1$，$\eta^2$ 的取值使得应变能密度极小，则

$$\frac{\partial\widetilde{W}}{\partial\varepsilon_1} = 0, \quad \frac{\partial\widetilde{W}}{\partial\varepsilon_2} = 0, \quad \frac{\partial\widetilde{W}}{\partial\eta^1} = 0, \quad \frac{\partial\widetilde{W}}{\partial\eta^2} = 0 \tag{5.6.54}$$

由(5.6.54)式可得石墨烯卷曲成的单壁碳纳米管的状态，图 5.28 给出了采用 1990 年 Brenner 势函数得到原子势能的增量，即应变能，从图中可看出，采用连续介质力学方法得到的结果与 Robertson 等人分子动力学模拟的结果①很接近。图 5.29 是采用 1990 年的 Brenner 原子势得到石墨烯卷曲成的单壁碳纳米管变形状态，半径大于 1nm 的碳纳米管相

① Robertson D H，Brenner D W，Mintmire J W. Engergetices of nanoscale gaphitic tubles[J]. Physical Review B，1992，45:12593-12595.

对于石墨烯片的变形非常小,碳纳米管的力学性能与石墨烯很接近。与分子动力学的结果相比较,卷曲成的碳纳米管半径大于 0.5nm 时,连续介质力学方法的结果与分子动力学结果比较接近,而对半径在 0.2nm 左右的碳纳米管,连续介质力学方法与分子动力学结果相差比较大,此时连续介质力学方法已经不适用于分析碳纳米管的力学问题。

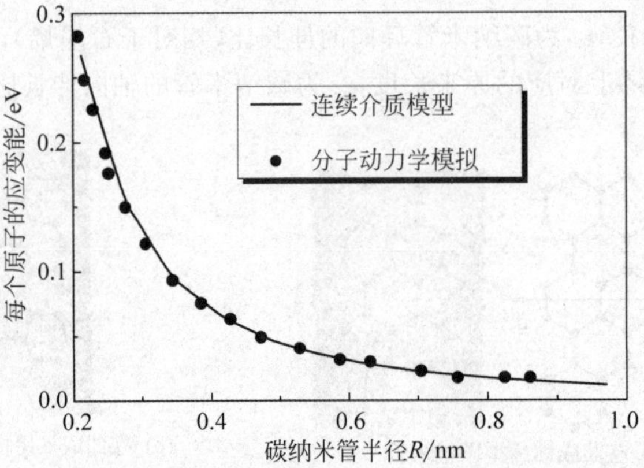

图 5.28 连续介质方法和分子动力学模拟得到的碳纳米管上每个原子的应变能

由石墨烯卷曲而成的单壁碳纳米管,将碳纳米管的初始状态参数,如环向和轴向伸长等代入(5.6.37)式~(5.6.40)式就可求得单壁碳纳米管的本构关系。采用此本构关系可研究碳纳米管的有限变形和稳定性问题。例如采用本节中的碳纳米管本构关系研究扶手椅型((7,7)型,半径 0.49nm)碳纳米管的轴向压缩失稳问题,临界载荷为压缩应变 6%,这与由分子动力学得到的临界失稳载荷 5%很接近①。单壁碳纳米管的本构关系可嵌入到有限元商业软件中,可分析碳纳米管更复杂的力学行为。

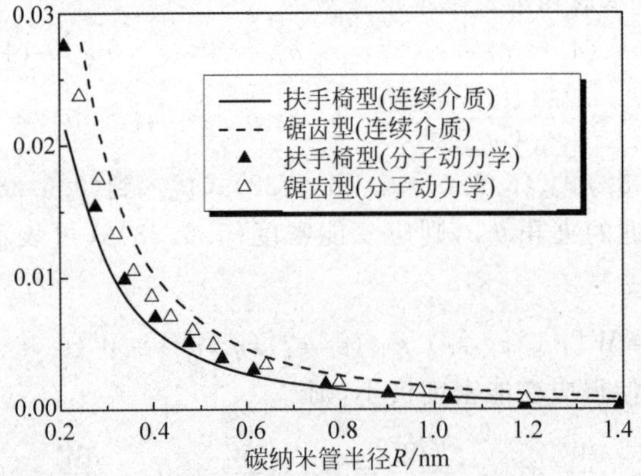

图 5.29 石墨烯卷曲得到的碳纳米管的环向伸长

附录:

原子势函数描述了原子间的势能,Brenner 原子势是目前在描述碳碳键能中使用较多

---

① Wu J, Hwang K C, Huang Y, Song J. A finite-deformation shell theory for carbon nanotubes based on the interatomic potential part II: instability analysis[J]. Journal of Applied Mechanics-Transactions of the ASME, 75, 061007, 2008.

的原子势。Brenner 势是一个多体势，两个原子间的碳碳共价键的势能不仅与键长有关还与邻近原子所形成键的夹角有关。Brenner 势有 1990 年和 2002 年两种形式。

1990 年 Brenner 原子势的表达式为

$$V = V_R(r_{ij}) - B_{ij} V_A(r_{ij}) \tag{5.6.55}$$

其中 r_{ij} 是两个原子 i，j 之间的距离，即键长，$V_R(r_{ij})$，$V_A(r_{ij})$ 分别是原子势中原子互斥和吸引部分，互斥部分表达式为

$$V_R(r) = \frac{D^{(e)}}{S-1} \mathrm{e}^{-\sqrt{2S}\beta(r-R^{(e)})} f_c(r) \tag{5.6.56}$$

吸引部分表达式为

$$V_A(r) = \frac{D^{(e)} S}{S-1} \mathrm{e}^{-\sqrt{2/S}\beta(r-R^{(e)})} f_c(r) \tag{5.6.57}$$

其中 $f_c(r)$ 是一个分段函数，

$$f_c(r) = \begin{cases} 1, & r < R^{(1)} \\ \dfrac{1}{2}\left\{1 + \cos\left[\dfrac{\pi(r-R^{(1)})}{R^{(2)}-R^{(1)}}\right]\right\}, & R^{(1)} \leqslant r \leqslant R^{(2)}, \\ 0, & r > R^{(2)} \end{cases} \tag{5.6.58}$$

其中 $R^{(2)} = 0.2\text{nm}$，$R^{(1)} = 0.17\text{nm}$。

(5.6.55)式中的 B_{ij} 表示了邻近原子对键能的影响，其表达式为

$$B_{ij} = \left[1 + \sum_{k(\neq i,j)} G(\theta_{ijk}) f_c(r_{ik})\right]^{-\delta} \tag{5.6.59}$$

其中 θ_{ijk} 是键 $i-j$ 和键 $i-k$ 的夹角。$G(\theta_{ijk})$ 的表达式为

$$G(\theta_{ijk}) = a_0\left[1 + \frac{c_0^2}{d_0^2} - \frac{c_0^2}{d_0^2 + (1+\cos\theta_{ijk})^2}\right] \tag{5.6.60}$$

为了对称，i，j 之间的影响通常采用 B_{ij} 和 B_{ji} 的平均值，即

$$\bar{B}_{ij} = \frac{1}{2}(B_{ij} + B_{ji}) \tag{5.6.61}$$

碳原子势函数中的相关参数为

$$D^{(e)} = 6.00\text{eV}, \quad S = 1.22, \quad \beta = 21\text{nm}^{-1}, \quad R^{(e)} = 0.1390\text{nm}$$
$$a_0 = 0.000\,208\,13, \quad c_0 = 330, \quad d_0 = 3.5, \quad \delta = 0.500\,00$$

Brenner 等人在 2002 年又将其在 1990 年的势函数做了改进，2002 年 Brenner 原子势的表达形式还是(5.6.55)式，但互斥部分的表达为

$$V_R(r) = \left(1 + \frac{Q}{r}\right) A e^{-\alpha r} f_c(r) \tag{5.6.62}$$

吸引部分的表达式为

$$V_A(r) = \sum_{n=1}^{3} B_n e^{-\beta_n r} f_c(r) \tag{5.6.63}$$

其中 $f_c(r)$ 的表达式与(5.6.58)式相同。B_{ij} 为

$$B_{ij} = \left[1 + \sum_{k(\neq i,j)} G(\cos\theta_{ijk}) f_c(r_{ik})\right]^{-\frac{1}{2}} \tag{5.6.64}$$

其中

$0° < \theta < 109.47°$:

$$G(\cos\theta) = 0.271\,856 + 0.489\,217\,061\,25\cos\theta - 0.432\,855\,291\,25\cos^2\theta - 0.561\,398\,928\,75\cos^3\theta + 1.271\,111\,906\,25\cos^4\theta - 0.037\,930\,747\,5\cos^5\theta$$

$109.47° < \theta < 120°$:

$$G(\cos\theta) = 0.69669 + 5.5444\cos\theta + 23.432\cos^2\theta + 55.9476\cos^3\theta + 69.876\cos^4\theta + 35.31168\cos^5\theta \tag{5.6.65}$$

$120° < \theta < 180°$:

$$G(\cos\theta) = 0.0026 - 1.098\cos\theta - 4.346\cos^2\theta - 6.83\cos^3\theta - 4.928\cos^4\theta - 1.3424\cos^5\theta$$

其余参数为

$B_1 = 12\,388.791\,977\,98\text{eV}$, $B_2 = 17.567\,406\,465\,09\text{eV}$, $B_3 = 30.714\,932\,080\,65\text{eV}$,
$\beta_1 = 47.204\,523\,127\text{nm}^{-1}$, $\beta_2 = 14.332\,132\,499\text{nm}^{-1}$, $\beta_3 = 13.826\,912\,506\text{nm}^{-1}$,
$A = 10\,953.544\,162\,170\text{eV}$, $\alpha = 47.465\,390\,606\,595\text{nm}^{-1}$, $Q = 0.031\,346\,029\,608\,33\text{nm}$

习 题

5.1 已知：圆柱面如图5.30所示，取曲面上两种Gauss坐标系如图(a)与图(b)：

(a) $\xi^1 = \xi = x/R$, $\xi^2 = \varphi$;

(b) $\xi^1 = R\varphi$, $\xi^2 = x$。

求：两种坐标系中的 $a_{\alpha\beta}$, $b_{\alpha\beta}$，主曲率 $1/R_1$, $1/R_2$，平均曲率，Gauss曲率。

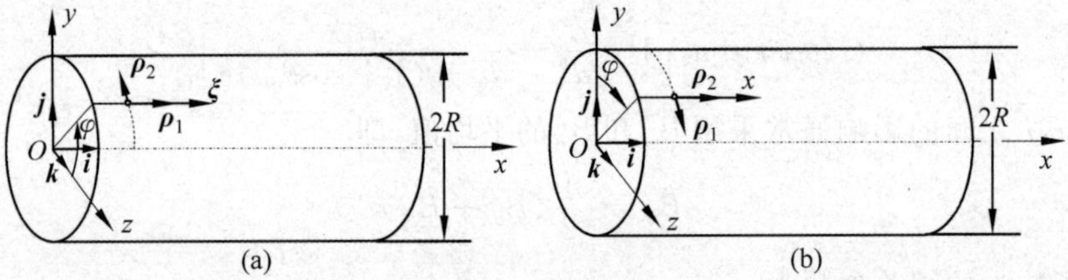

图5.30 圆柱面

5.2 已知：旋转曲面上的Gauss坐标为(θ, z)，见图5.31，曲面上点的矢径

$$\boldsymbol{\rho} = f(z)\cos\theta\boldsymbol{i} + f(z)\sin\theta\boldsymbol{j} + z\boldsymbol{k}$$

求：$a_{\alpha\beta}$, $b_{\alpha\beta}$，主曲率 $\frac{1}{R_1}$, $\frac{1}{R_2}$，平均曲率，Gauss曲率。

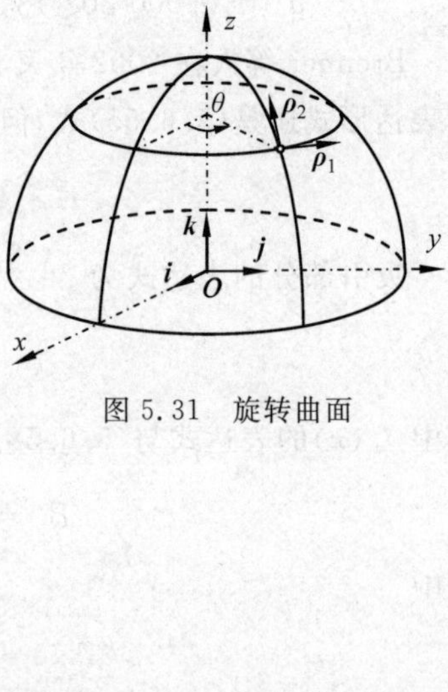

图5.31 旋转曲面

5.3 1.14题图1.19中的斜圆锥面上，已求得(θ, z)坐标系中

$$a_{\alpha\beta} = \frac{1}{h^2}\begin{bmatrix} R^2z^2 & -RCz\sin\theta \\ -RCz\sin\theta & (h^2 + R^2 + C^2 + 2RC\cos\theta) \end{bmatrix}$$

求：$b_{\alpha\beta}$，主曲率 $1/R_1$, $1/R_2$，平均曲率 H，Gauss曲率 K。

5.4　已知$\dfrac{\partial a_{\alpha\beta}}{\partial \xi^{\lambda}}$如(5.2.8)式。求证：$\dfrac{\partial a^{\alpha\beta}}{\partial \xi^{\lambda}}=-a^{\alpha\omega}\mathring{\Gamma}^{\beta}_{\lambda\omega}-a^{\omega\beta}\mathring{\Gamma}^{\alpha}_{\omega\lambda}$。

5.5　由(5.2.13)的$\sqrt{a}$式。求证：$\mathring{\Gamma}^{\beta}_{\alpha\beta}=\dfrac{1}{\sqrt{a}}\dfrac{\partial\sqrt{a}}{\partial \xi^{\alpha}}$。

5.6　求证：单位矢量的求导公式(5.2.15a,b)，并进一步求证正交系中的单位矢量求导公式(5.2.17)。

5.7　求题 5.1 中圆柱面上(ξ,φ)坐标系中的 $\mathring{\Gamma}^{\gamma}_{\alpha\beta}$。

设 $\boldsymbol{e}_1=\boldsymbol{\rho}_1/A_1$，$\boldsymbol{e}_2=\boldsymbol{\rho}_2/A_2$，求：$\dfrac{\partial \boldsymbol{e}_\alpha}{\partial \xi^{\beta}}$，$\dfrac{\partial \boldsymbol{n}}{\partial \xi^{\beta}}(\alpha,\beta,\gamma=1,2)$。

5.8　求例 5.3 中的圆环曲面上(θ,φ)坐标系中的 $\mathring{\Gamma}^{\gamma}_{\alpha\beta}$，$\mathring{R}_{1212}$。

设 $\boldsymbol{e}_1=\boldsymbol{\rho}_1/A_1$，$\boldsymbol{e}_2=\boldsymbol{\rho}_2/A_2$，求：$\dfrac{\partial \boldsymbol{e}_\alpha}{\partial \xi^{\beta}}$，$\dfrac{\partial \boldsymbol{n}}{\partial \xi^{\beta}}(\alpha,\beta,\gamma=1,2)$。

5.9　对于圆环曲面，验证 Codazzi 方程与 Gauss 方程。

5.10　已知：旋转张量 $\boldsymbol{c}=c_{\alpha\beta}\boldsymbol{\rho}^{\alpha}\boldsymbol{\rho}^{\beta}$。

求：$\mathring{\nabla}_{\lambda}c_{\alpha\beta}$，$\mathring{\boldsymbol{\nabla}}\boldsymbol{c}$。

5.11　已知：若采用图 5.30(a)的 Gauss 坐标系，题 5.1 中的圆柱曲面有位移场 $\boldsymbol{u}=u^{\alpha}\boldsymbol{\rho}_{\alpha}+u^{3}\boldsymbol{n}=u_{\xi}\boldsymbol{e}_1+u_{\eta}\boldsymbol{e}_2+u_3\boldsymbol{n}$。

求：圆柱曲面的位移梯度 $\boldsymbol{u}\mathring{\boldsymbol{\nabla}}$。切面内应变分量 $\varepsilon_{\alpha\beta}$(为 $\boldsymbol{u}\mathring{\boldsymbol{\nabla}}$ 的对称部分)，$\varepsilon_{\alpha\beta}$的物理分量 ε_{ξ}，ε_{φ}，$\varepsilon_{\xi\varphi}$($\mathring{\boldsymbol{\varepsilon}}=\varepsilon_{\alpha\beta}\boldsymbol{\rho}^{\alpha}\boldsymbol{\rho}^{\beta}=\varepsilon_{\xi}\boldsymbol{e}_1\boldsymbol{e}_1+\varepsilon_{\varphi}\boldsymbol{e}_2\boldsymbol{e}_2+\varepsilon_{\xi\varphi}(\boldsymbol{e}_1\boldsymbol{e}_2+\boldsymbol{e}_2\boldsymbol{e}_1)$)。

其转动矢量分量 γ_{α}，δ(取决于 $\boldsymbol{u}\mathring{\boldsymbol{\nabla}}$ 的反对称部分 $\delta c_{\alpha\beta}\boldsymbol{\rho}^{\alpha}\boldsymbol{\rho}^{\beta}$加非切面部分 $\gamma_{\alpha}\boldsymbol{n}\boldsymbol{\rho}^{\alpha}$)；
γ_{α} 对应的物理分量 $\gamma\langle 1\rangle$，$\gamma\langle 2\rangle$($\boldsymbol{\omega}=\gamma_{\alpha}\boldsymbol{\rho}^{\alpha}+\delta\boldsymbol{n}=\gamma\langle 1\rangle\boldsymbol{e}_1+\gamma\langle 2\rangle\boldsymbol{e}_2+\delta\boldsymbol{n}$)。

5.12　已知：圆柱壳中的内力素可表示为并矢式：

$\boldsymbol{T}=T^{\alpha\beta}\boldsymbol{\rho}_{\alpha}\boldsymbol{\rho}_{\beta}-N^{\beta}\boldsymbol{n}\boldsymbol{\rho}_{\beta}=T_{\xi}\boldsymbol{e}_1\boldsymbol{e}_1+T_{\varphi}\boldsymbol{e}_2\boldsymbol{e}_2+T_{\xi\varphi}(\boldsymbol{e}_1\boldsymbol{e}_2+\boldsymbol{e}_2\boldsymbol{e}_1)-(N_{\xi}\boldsymbol{n}\boldsymbol{e}_1+N_{\varphi}\boldsymbol{n}\boldsymbol{e}_2)$，其中 $T_{\alpha\beta}$为切面内力，N^{β} 为横剪力。

所受单位面积分布外力为 $\boldsymbol{q}=q^{\alpha}\boldsymbol{\rho}_{\alpha}-q^{3}\boldsymbol{n}=q_{\xi}\boldsymbol{e}_1+q_{\varphi}\boldsymbol{e}_2-q_{n}\boldsymbol{n}$。

试列出分别以 $\boldsymbol{T}$ 的张量分量和物理分量表示的圆柱壳平衡方程 $\boldsymbol{T}\cdot\mathring{\boldsymbol{\nabla}}+\boldsymbol{q}=\boldsymbol{0}$。

5.13　求例 5.1 中的圆环曲面上(θ,φ)坐标系中的第三基本形系数 $\nu_{\alpha\beta}$，距离参考曲面为 z 的等距曲面的第一基本形系数 $g_{\tilde{\alpha}\tilde{\beta}}$，主曲率$\dfrac{1}{\tilde{R}_1}$，$\dfrac{1}{\tilde{R}_2}$。

第6章　张量场函数对参数的导数

以前各章所研究的张量场均只是空间位置(坐标)的函数,而与其他参数无关。在连续介质力学的许多领域中,张量场往往还随坐标以外的某些参数而变化。例如在动力学和流体力学问题中,张量场随时间 t 而变化;在变形固体静力学问题中,当超出线弹性范围后(例如塑性和黏弹性问题),就必须考虑变形历史的影响。为此需引入一个描述变形进程的参数(例如可取时间、载荷大小或塑性区尺寸等)。物体内的应力场和位移场都将同时是这个参数和坐标的函数。下面一律用 t 来表示参数。

本章讨论张量随参数 t 变化时对 t 的导数。这是研究连续介质力学问题时必须具备的数学知识。

6.1　质点运动

物体是由质点组成的。在任何时刻,只要组成物体的各质点的位置已知,则物体的形状也就确定了。另一方面,许多物理量,例如位移、速度、加速度、力、密度等也都是定义在质点上的。所以在研究整个物体以前,本节先讨论单个质点的运动以及定义在质点上的矢量的变化。在本节中参数 t 被理解为时间。

6.1.1　质点的运动速度

前面已指出,任意空间点的位置可以用矢径

$$\boldsymbol{r} = \boldsymbol{r}(x^1, x^2, x^3) = \boldsymbol{r}(x^i) \tag{6.1.1}$$

来表示。相邻两空间点的矢径差为

$$\mathrm{d}\boldsymbol{r} = \frac{\partial \boldsymbol{r}}{\partial x^i}\mathrm{d}x^i = \mathrm{d}x^i \boldsymbol{g}_i \tag{6.1.2}$$

其中

$$\boldsymbol{g}_i = \frac{\partial \boldsymbol{r}}{\partial x^i} = \boldsymbol{g}_i(x^k) \tag{6.1.3}$$

为协变基矢量,它也是空间点位的函数。

现在研究某个在空间中运动着的质点,该质点在不同时刻占有不同的空间点位,例如在 t 时刻占有位置 P,而在 $t+\mathrm{d}t$ 时刻占有位置 P'(见图6.1)。如果选用固定在空间的参考坐标,则运动质点的坐标值 x^i,因而矢径 $\boldsymbol{r}$,将是时间参数 t 的函数,即

$$\boldsymbol{r} = \boldsymbol{r}(x^i(t)) \tag{6.1.1a}$$

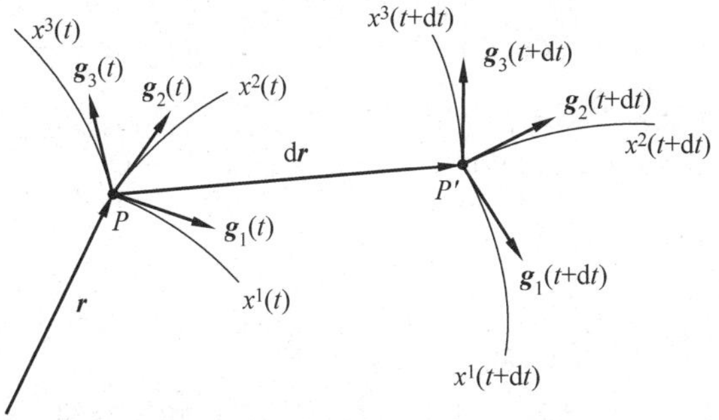

图 6.1　质点的运动

当参数 t 变化 $\mathrm{d}t$ 时，按复合函数求导规则得矢径 $\boldsymbol{r}$ 对 t 的导数为①

$$\frac{\mathrm{d}\boldsymbol{r}}{\mathrm{d}t} = \frac{\partial \boldsymbol{r}}{\partial x^i}\frac{\mathrm{d}x^i}{\mathrm{d}t} = \frac{\mathrm{d}x^i}{\mathrm{d}t}\boldsymbol{g}_i \tag{6.1.4a}$$

应该指出，这里的 $\boldsymbol{g}_i$ 是运动质点该时刻所在位置处的**瞬时基矢量**。本来按(6.1.3)式定义的 $\boldsymbol{g}_i$ 是固定坐标系的基矢量，它仅是空间点位的函数，与参数 t 无关。但由于质点在运动，不同时刻占有不同的空间位置，所以瞬时基矢量是间接地与参数 t 有关的，即

$$\boldsymbol{g}_i = \boldsymbol{g}_i(x^k(t)) \tag{6.1.3a}$$

质点的运动速度 $\boldsymbol{v}$ 等于该质点的矢径对参数 t 的导数。把它对质点的瞬时基矢量分解

$$\boldsymbol{v} = \frac{\mathrm{d}\boldsymbol{r}}{\mathrm{d}t} = v^i\boldsymbol{g}_i \tag{6.1.4b}$$

和(6.1.4a)式相比得

$$v^i = \frac{\mathrm{d}x^i}{\mathrm{d}t} = v^i(t) \tag{6.1.5}$$

即质点速度的逆变分量等于质点坐标对参数 t 的导数，显然它仍是参数 t 的函数。所以在(6.1.4b)速度 $\boldsymbol{v}$ 的分解式中，分量 v^i 与基矢量 $\boldsymbol{g}_i$ 都是随参数 t 而变化的。

6.1.2　任意矢量对参数的导数

把定义在质点上的任意矢量 $\boldsymbol{u}(t)$（例如质点的速度、加速度等）对瞬时的协变基或逆变基分解，得

$$\boldsymbol{u}(t) = u^i(t)\boldsymbol{g}_i(x^k(t)) = u_i(t)\boldsymbol{g}^i(x^k(t)) \tag{6.1.6}$$

当把矢量 $\boldsymbol{u}$ 对 t 求导时，应同时考虑分量和基矢量的变化。以按协变基分解式为例，则

$$\frac{\mathrm{d}\boldsymbol{u}(t)}{\mathrm{d}t} = \frac{\mathrm{d}u^i(t)}{\mathrm{d}t}\boldsymbol{g}_i + u^m\frac{\mathrm{d}\boldsymbol{g}_m(x^k(t))}{\mathrm{d}t}$$

为了方便，将右端第二项中的哑指标改名为 m。利用复合函数求导规则和协变基矢量对坐

① (6.1.2)式 $\mathrm{d}\boldsymbol{r}$ 表示空间两相邻点位的矢径差，(6.1.4a)式中 $\mathrm{d}\boldsymbol{r}$ 表示同一质点在 $\mathrm{d}t$ 时间间隔内矢径 $\boldsymbol{r}$ 的变化（即位移）。

标的导数公式(4.1.4),有

$$\frac{\mathrm{d}\boldsymbol{g}_m}{\mathrm{d}t}=\frac{\partial \boldsymbol{g}_m}{\partial x^k}\frac{\mathrm{d}x^k}{\mathrm{d}t}=\Gamma_{km}^i\frac{\mathrm{d}x^k}{\mathrm{d}t}\boldsymbol{g}_i$$

代入前式,并利用(6.1.5)式,则

$$\frac{\mathrm{d}\boldsymbol{u}(t)}{\mathrm{d}t}=\left(\frac{\mathrm{d}u^i(t)}{\mathrm{d}t}+u^m v^k\Gamma_{km}^i\right)\boldsymbol{g}_i=\frac{\mathrm{D}u^i}{\mathrm{D}t}\boldsymbol{g}_i \tag{6.1.7}$$

其中

$$\frac{\mathrm{D}u^i}{\mathrm{D}t}=\frac{\mathrm{d}u^i}{\mathrm{d}t}+u^m v^k\Gamma_{km}^i \tag{6.1.8}$$

称为矢量分量 u^i 对参数 t 的**全导数**。其中右端第一项反映了分量 u^i 随参数 t 的变化,第二项反映了因质点运动引起点位变化而导致的瞬时基矢量的变化。可以看到,如果质点无运动($v^k=0$)或参考坐标系的基矢量与点位无关($\Gamma_{km}^i=0$,例如在笛卡儿坐标系中),则第二项为零,全导数就等于分量导数:

$$\frac{\mathrm{D}u^i}{\mathrm{D}t}=\frac{\mathrm{d}u^i}{\mathrm{d}t} \tag{6.1.8a}$$

同理,由(6.1.6)式中对逆变基的分解式并利用逆变基矢量对坐标的导数公式(4.1.19)可得

$$\frac{\mathrm{d}\boldsymbol{u}}{\mathrm{d}t}=\frac{\mathrm{D}u_i}{\mathrm{D}t}\boldsymbol{g}^i \tag{6.1.9}$$

其中

$$\frac{\mathrm{D}u_i}{\mathrm{D}t}=\frac{\mathrm{d}u_i}{\mathrm{d}t}-u_m v^k\Gamma_{ki}^m \tag{6.1.10}$$

应该指出:矢量 $\boldsymbol{u}$ 和参数 t 都是与坐标选择无关的物理量,所以$\frac{\mathrm{d}\boldsymbol{u}}{\mathrm{d}t}$也是与坐标选择无关的矢量。由(6.1.7)式和(6.1.9)式可知,全导数$\frac{\mathrm{D}u^i}{\mathrm{D}t}$和$\frac{\mathrm{D}u_i}{\mathrm{D}t}$分别是矢量$\frac{\mathrm{d}\boldsymbol{u}}{\mathrm{d}t}$的逆变和协变分量,它们满足如下指标升降关系:

$$\frac{\mathrm{D}u_i}{\mathrm{D}t}=g_{ij}\frac{\mathrm{D}u^j}{\mathrm{D}t},\quad \frac{\mathrm{D}u^i}{\mathrm{D}t}=g^{ij}\frac{\mathrm{D}u_j}{\mathrm{D}t} \tag{6.1.11a}$$

$$\dot{\boldsymbol{u}}=\frac{\mathrm{D}u_i}{\mathrm{D}t}\boldsymbol{g}^i=\frac{\mathrm{D}u^i}{\mathrm{D}t}\boldsymbol{g}_i \tag{6.1.11b}$$

对一定的质点,某物理量(张量、矢量或标量)对参数 t(代表时间)的全导数,也称为**物质导数**,习惯用物理量上面加一点表示,见(6.1.11b)式。但是分量导数$\frac{\mathrm{d}u^i}{\mathrm{d}t}$和$\frac{\mathrm{d}u_i}{\mathrm{d}t}$之间并不存在指标升降关系①。因为(6.1.8)式和(6.1.10)式表明,全导数是由两项组成的,其中第二项包含 Christoffel 符号,它并不是张量,因而第一项分量导数也不可能是矢量的分量,所以不存在指标升降关系,而两项相加构成全导数是矢量分量,即(6.1.11)式。

---

① 张量(矢量)对参数 t 求物质导数,需要考虑基矢量的变化,分量的全导数用 D( )/Dt 符号表示,而按习惯分量上面加一点只表示分量本身对 t 的导数,不表示全导数。为了防止混淆,最好尽量避免在分量上面加一点,而采用 d( )/dt 的符号。

如果把任意矢量 $\boldsymbol{u}$ 取为质点速度 $\boldsymbol{v}$，则 $\frac{\mathrm{d}\boldsymbol{v}}{\mathrm{d}t}$ 就是质点的加速度 $\boldsymbol{a}$。由以上讨论可知，$\boldsymbol{a}$ 对瞬时协、逆变基的分解式为

$$\boldsymbol{a} = a^i \boldsymbol{g}_i = a_i \boldsymbol{g}^i \tag{6.1.12a}$$

$$a^i = \frac{\mathrm{D}v^i}{\mathrm{D}t} = \frac{\mathrm{d}v^i}{\mathrm{d}t} + v^m v^k \Gamma^i_{km} \tag{6.1.12b}$$

$$a_i = \frac{\mathrm{D}v_i}{\mathrm{D}t} = \frac{\mathrm{d}v_i}{\mathrm{d}t} - v_m v^k \Gamma^m_{ki} \tag{6.1.12c}$$

当质点在某个曲面上运动，定义在该质点上的任意矢量函数 $\boldsymbol{u}(t)$ 仅为曲面域内的二维矢量时，求其物质导数时必须考虑曲面的弯曲特性。将 $\boldsymbol{u}(t)$ 在曲面上对瞬时基矢量分解①：

$$\boldsymbol{u}(t) = u^\alpha(t)\boldsymbol{\rho}_\alpha(\zeta^\lambda(t)) = u_\alpha(t)\boldsymbol{\rho}^\alpha(\zeta^\lambda(t)) \tag{6.1.13}$$

利用(5.2.2)式和(5.2.10)式，可知曲面上基矢量的物质导数：

$$\frac{\mathrm{d}\boldsymbol{\rho}_\alpha}{\mathrm{d}t} = \frac{\partial \boldsymbol{\rho}_\alpha}{\partial \zeta^\beta}\frac{\mathrm{d}\zeta^\beta}{\mathrm{d}t} = (\mathring{\Gamma}^\gamma_{\alpha\beta}\boldsymbol{\rho}_\gamma + b_{\alpha\beta}\boldsymbol{n})v^\beta \tag{6.1.14a}$$

$$\frac{\mathrm{d}\boldsymbol{\rho}^\alpha}{\mathrm{d}t} = \frac{\partial \boldsymbol{\rho}^\alpha}{\partial \zeta^\beta}\frac{\mathrm{d}\zeta^\beta}{\mathrm{d}t} = (-\mathring{\Gamma}^\alpha_{\beta\gamma}\boldsymbol{\rho}^\gamma + b^\alpha_{\cdot\beta}\boldsymbol{n})v^\beta \tag{6.1.14b}$$

此时，矢量函数 $\boldsymbol{u}(t)$ 的物质导数中包含了反映曲面弯曲程度的第二基本形系数：

$$\frac{\mathrm{d}\boldsymbol{u}(t)}{\mathrm{d}t} = \left[\frac{\mathrm{d}u^\alpha(t)}{\mathrm{d}t} + u^\gamma v^\beta \mathring{\Gamma}^\alpha_{\gamma\beta}\right]\boldsymbol{\rho}_\alpha + u^\alpha v^\beta b_{\alpha\beta}\boldsymbol{n} = \left[\frac{\mathrm{d}u_\alpha(t)}{\mathrm{d}t} - u_\gamma v^\beta \mathring{\Gamma}^\gamma_{\alpha\beta}\right]\boldsymbol{\rho}^\alpha + u_\alpha v^\beta b^\alpha_{\cdot\beta}\boldsymbol{n} \tag{6.1.15}$$

上式说明，曲面域内的二维矢量函数对参数 t 的物质导数会产生垂直于曲面的矢量分量。

如果该矢量函数就是曲面上物质质点运动的速度矢量 $\boldsymbol{v}(t)$ 时，其物质导数就是质点的加速度矢量 $\mathscr{A}(t)$ ②：

$$\mathscr{A}(t) = \left[\frac{\mathrm{d}v^\alpha(t)}{\mathrm{d}t} + v^\gamma v^\beta \mathring{\Gamma}^\alpha_{\gamma\beta}\right]\boldsymbol{\rho}_\alpha + v^\alpha v^\beta b_{\alpha\beta}\boldsymbol{n} = \left[\frac{\mathrm{d}v_\alpha(t)}{\mathrm{d}t} - v_\gamma v^\beta \mathring{\Gamma}^\gamma_{\alpha\beta}\right]\boldsymbol{\rho}^\alpha + v_\alpha v^\beta b^\alpha_{\cdot\beta}\boldsymbol{n} \tag{6.1.16}$$

(6.1.16)式最后一项说明，质点在曲面上运动时还会产生离面方向的加速度。

6.1.3　举例

利用上述矢量对参数的导数公式，可以计算各种曲线坐标中质点速度和加速度的张量分量和物理分量。举例如下。

例 6.1　在笛卡儿坐标系中，张量分量和物理分量无区别，即

$$v_x = \frac{\mathrm{d}x}{\mathrm{d}t},\quad v_y = \frac{\mathrm{d}y}{\mathrm{d}t},\quad v_z = \frac{\mathrm{d}z}{\mathrm{d}t}$$

$$a_x = \frac{\mathrm{d}v_x}{\mathrm{d}t},\quad a_y = \frac{\mathrm{d}v_y}{\mathrm{d}t},\quad a_z = \frac{\mathrm{d}v_z}{\mathrm{d}t}$$

---

①　在第 6 章中，为与 Lagrange 坐标所采用的符号 ξ^i 相区别，二维曲面上的 Euler 坐标不再采用第 5 章的希文字母 ξ^α 表示，而以 ζ^α 表示，希文指标取值范围为 1,2。

②　为避免与曲面的第一基本张量 $\boldsymbol{a}$ 混淆，第 6 章中涉及曲面时改用字母 $\mathscr{A}$ 表示加速度矢量。

在圆柱坐标系中为

$$x^1 = r,\quad x^2 = \theta,\quad x^3 = z$$

$$g_{11} = 1,\quad g_{22} = r^2,\quad g_{33} = 1 \quad \text{(其余分量为零)}$$

$$\Gamma_{12}^2 = \Gamma_{21}^2 = \frac{1}{r},\quad \Gamma_{22}^1 = -r \quad \text{(其余分量为零)}$$

速度$\boldsymbol{v}$的张量分量为

$$v^1 = \frac{\mathrm{d}r}{\mathrm{d}t} = \dot{r},\quad v^2 = \frac{\mathrm{d}\theta}{\mathrm{d}t} = \dot{\theta},\quad v^3 = \frac{\mathrm{d}z}{\mathrm{d}t} = \dot{z} \tag{6.1.17}$$

式中以及后文中,用"·"表示坐标对时间的导数,$\dot{()} = \mathrm{d}()/\mathrm{d}t$。物理分量为

$$v\langle 1\rangle = \frac{\mathrm{d}r}{\mathrm{d}t},\quad v\langle 2\rangle = \frac{r\mathrm{d}\theta}{\mathrm{d}t},\quad v\langle 3\rangle = \frac{\mathrm{d}z}{\mathrm{d}t} \tag{6.1.18}$$

加速度$\mathscr{A}$的张量分量为

$$\begin{cases} \mathscr{A}^1 = \dfrac{\mathrm{D}v^1}{\mathrm{D}t} = \dfrac{\mathrm{d}v^1}{\mathrm{d}t} + v^m v^k \Gamma_{km}^1 = \ddot{r} - r\dot{\theta}^2 \\ \mathscr{A}^2 = \dfrac{\mathrm{D}v^2}{\mathrm{D}t} = \dfrac{\mathrm{d}v^2}{\mathrm{d}t} + v^m v^k \Gamma_{km}^2 = \ddot{\theta} + \dfrac{2}{r}\dot{r}\dot{\theta} \\ \mathscr{A}^3 = \dfrac{\mathrm{D}v^3}{\mathrm{D}t} = \dfrac{\mathrm{d}v^3}{\mathrm{d}t} + v^m v^k \Gamma_{km}^3 = \ddot{z} \end{cases} \tag{6.1.19}$$

物理分量为

$$\begin{cases} \mathscr{A}\langle 1\rangle = \ddot{r} - r\dot{\theta}^2 \\ \mathscr{A}\langle 2\rangle = r\ddot{\theta} + 2\dot{r}\dot{\theta} \\ \mathscr{A}\langle 3\rangle = \ddot{z} \end{cases} \tag{6.1.20}$$

考虑图6.2所示作平面圆周运动的管子,管内流体沿管轴方向流动,则以上三式给出了流体质点的运动学关系式。可以看到,径向加速度$a\langle 1\rangle$由两部分组成,一部分是流体对管壁的相对加速度$\ddot{r}$,另一部分是由管子作圆周运动所引起的牵连加速度$-r\dot{\theta}^2$。同样,切向加速度$a\langle 2\rangle$也由两部分组成,一部分是由管子作圆周运动所引起的牵连加速度$r\ddot{\theta}$,另一部分则是科氏加速度$2\dot{r}\dot{\theta}$。

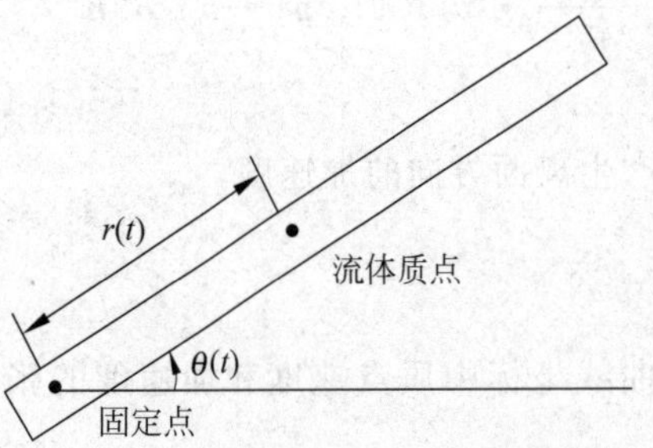

图6.2 流体质点在作平面圆周运动的管子中流动

对于常用的坐标系,可以直接用正交标准化基矢量的求导公式求得质点速度与加速度在曲线坐标系中的表达式。例如在圆柱坐标系中,设正交标准化基为$\boldsymbol{e}_r,\boldsymbol{e}_\theta,\boldsymbol{e}_z$,其中$\boldsymbol{e}_r,\boldsymbol{e}_\theta,\boldsymbol{e}_z$各为沿坐标$r,\theta,z$变化的方向的单位矢量。$\boldsymbol{e}_r,\boldsymbol{e}_\theta,\boldsymbol{e}_z$随点位而变化,因此它们都是坐标$r,\theta,z$的函数。当质点运动时,质点位置处的单位矢量$\boldsymbol{e}_r,\boldsymbol{e}_\theta,\boldsymbol{e}_z$方向通过$r,\theta,z$的变化而随时间$t$不断变化。由复合函数求导公式,有

$$\begin{cases}\dot{\boldsymbol{e}}_r = \dfrac{\partial \boldsymbol{e}_r}{\partial r}\dot{r} + \dfrac{\partial \boldsymbol{e}_r}{\partial \theta}\dot{\theta} + \dfrac{\partial \boldsymbol{e}_r}{\partial z}\dot{z} \\ \dot{\boldsymbol{e}}_\theta = \dfrac{\partial \boldsymbol{e}_\theta}{\partial r}\dot{r} + \dfrac{\partial \boldsymbol{e}_\theta}{\partial \theta}\dot{\theta} + \dfrac{\partial \boldsymbol{e}_\theta}{\partial z}\dot{z} \\ \dot{\boldsymbol{e}}_z = \dfrac{\partial \boldsymbol{e}_z}{\partial r}\dot{r} + \dfrac{\partial \boldsymbol{e}_z}{\partial \theta}\dot{\theta} + \dfrac{\partial \boldsymbol{e}_z}{\partial z}\dot{z}\end{cases} \tag{6.1.21}$$

将圆柱坐标系中单位基矢量 $\boldsymbol{e}_r,\boldsymbol{e}_\theta,\boldsymbol{e}_z$ 对坐标 r,θ,z 的导数公式(4.9.16)(见 4.9.2 节)代入上式，得

$$\dot{\boldsymbol{e}}_r = \dot{\theta}\boldsymbol{e}_\theta, \qquad \dot{\boldsymbol{e}}_\theta = -\dot{\theta}\boldsymbol{e}_r, \qquad \dot{\boldsymbol{e}}_z = 0 \tag{6.1.22}$$

其实，(6.1.22)式很容易直观写出，无需上述推导。

设质点矢径 $\boldsymbol{r}$，速度 $\boldsymbol{v}$，加速度 $\mathscr{A}$ 的表达式各为

$$\begin{cases}\boldsymbol{r} = r\boldsymbol{e}_r \\ \boldsymbol{v} = v_r\boldsymbol{e}_r + v_\theta\boldsymbol{e}_\theta + v_z\boldsymbol{e}_z \\ \mathscr{A} = \mathscr{A}_r\boldsymbol{e}_r + \mathscr{A}_\theta\boldsymbol{e}_\theta + \mathscr{A}_z\boldsymbol{e}_z\end{cases} \tag{6.1.23}$$

式中 v_r,v_θ,v_z 为速度的物理分量，即 $v\langle 1\rangle,v\langle 2\rangle,v\langle 3\rangle$，$a_r,a_\theta,a_z$ 为加速度的物理分量，即 $\mathscr{A}\langle 1\rangle,\mathscr{A}\langle 2\rangle,\mathscr{A}\langle 3\rangle$。利用矢径 $\boldsymbol{r}$，速度 $\boldsymbol{v}$ 与加速度 $\boldsymbol{a}$ 的关系有

$$\boldsymbol{v} = \frac{\mathrm{d}\boldsymbol{r}}{\mathrm{d}t} = \dot{\boldsymbol{r}}, \qquad \mathscr{A} = \frac{\mathrm{d}\,\boldsymbol{v}}{\mathrm{d}t} = \dot{\boldsymbol{v}} \tag{6.1.24}$$

将(6.1.23)式代入(6.1.24)式，并利用(6.1.22)式，可得

$$v_r = \frac{\mathrm{d}r}{\mathrm{d}t} = \dot{r}, \quad v_\theta = r\dot{\theta}, \quad v_z = \dot{z} \tag{6.1.25}$$

$$\begin{cases}\mathscr{A}_r = \dot{v}_r - v_\theta\dot{\theta} = \ddot{r} - r\dot{\theta}^2 \\ \mathscr{A}_\theta = v_r\dot{\theta} + \dot{v}_\theta = r\ddot{\theta} + 2\dot{r}\dot{\theta} \\ \mathscr{A}_z = \dot{v}_z = \ddot{z}\end{cases} \tag{6.1.26}$$

(6.1.25)式就是(6.1.18)式，(6.1.26)式就是(6.1.20)式。读者应该学会在常用的坐标系中，不用任何书中的公式，直接地用直观迅速导出以上及类似的公式。

例 6.2　一内半径为 R 的圆筒内接一个光滑的正螺旋曲面如图 6.3 所示。初始 $t=0$ 时刻在其最上方 $r=R$，$\theta=0°$ 处有一质量为 m 的静止小球，在自重作用下小球开始沿边缘的圆柱螺线下落。

求：小球运动的加速度，圆筒和正螺旋曲面对小球的约束力 f_r,f_n。

解　设 $\zeta^1=r,\zeta^2=\theta$；例 5.4 已给正螺旋面几何参数：

$$\boldsymbol{\rho}_1 = \cos\zeta^2\boldsymbol{i}_1 + \sin\zeta^2\boldsymbol{i}_2$$

$$\boldsymbol{\rho}_2 = -\zeta^1\sin\zeta^2\,\boldsymbol{i}_1 + \zeta^1\cos\zeta^2\,\boldsymbol{i}_2 + \frac{h}{2\pi}\boldsymbol{i}_3$$

$$a_{11} = 1, \quad a_{22} = a = (\zeta^1)^2 + \left(\frac{h}{2\pi}\right)^2$$

$$b_{11} = b_{22} = 0, \quad b_{12} = b_{21} = -\frac{h}{2\pi\sqrt{a}}$$

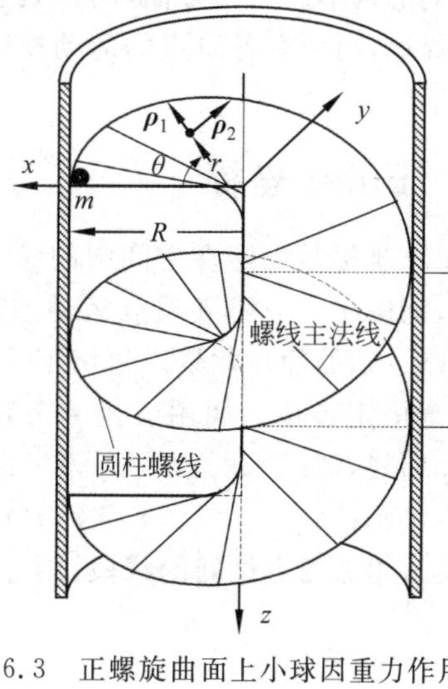

图 6.3　正螺旋曲面上小球因重力作用下落

$$\boldsymbol{n} = \left[\frac{h}{2\pi}(\sin\zeta^2 \boldsymbol{i}_1 - \cos\zeta^2 \boldsymbol{i}_2) + \zeta^1 \boldsymbol{i}_3\right] / \sqrt{a}$$

计算得到：$\mathring{\Gamma}^1_{22} = -\zeta^1$， $\mathring{\Gamma}^2_{12} = \zeta^1 / a$，其余为零。

设小球运动速度 $\boldsymbol{v} = v^{\alpha}\boldsymbol{\rho}_{\alpha}$，且 $\zeta^1 = R$，$v^1 = \dot{v}^1 = 0$；由(6.1.16)式，得加速度

$$\mathscr{A} = \frac{\mathrm{d}\boldsymbol{v}}{\mathrm{d}t} = [\ddot{\zeta}^1 - \zeta^1(\ddot{\zeta}^2)^2]\boldsymbol{\rho}_1 + [\ddot{\zeta}^2 + 2\zeta^1\dot{\zeta}^1\dot{\zeta}^2/a]\boldsymbol{\rho}_2 - \dot{\zeta}^1\dot{\zeta}^2\frac{h}{2\pi\sqrt{a}}\boldsymbol{n} = \mathscr{A}^1\boldsymbol{\rho}_1 + \mathscr{A}^2\boldsymbol{\rho}_2 + \mathscr{A}^3\boldsymbol{n}$$

代入：$\dot{\zeta}^1 = \ddot{\zeta}^1 = 0$，$\zeta^1 = R$，$\zeta^2 = \theta$，$a = R^2 + \left(\frac{h}{2\pi}\right)^2$，得物理分量 $\mathscr{A}_r = \mathscr{A}^1$，$\mathscr{A}_\theta = \mathscr{A}^2\sqrt{a}$；所以

$$\mathscr{A}_r = -R\ddot{\theta}, \quad \mathscr{A}_\theta = \sqrt{a}\ddot{\theta}, \quad \mathscr{A}_n = 0$$

作用于小球上的外力 $\boldsymbol{F}$ 为重力 $\boldsymbol{W} = mg\boldsymbol{i}_3$ 加约束反力 $\boldsymbol{f} = f_r\boldsymbol{\rho}_1 + f_n\boldsymbol{n}$。设

$$\boldsymbol{F} = F^1\boldsymbol{\rho}_1 + F^1\boldsymbol{\rho}_2 + F^3\boldsymbol{n}, \qquad F_r = F^1 = \boldsymbol{W}\cdot\boldsymbol{\rho}^1 + f_r = f_r$$

$$F_\theta = \sqrt{a}F^2 = \sqrt{a}\boldsymbol{W}\cdot\boldsymbol{\rho}^2 = \frac{h}{2\pi\sqrt{a}}mg, \qquad F_n = F^3 = \boldsymbol{W}\cdot\boldsymbol{n} + f_n = \frac{R}{\sqrt{a}}mg + f_n$$

由牛顿第二定律：$F_n = m\mathscr{A}_n = 0$，得 $f_n = -\frac{R}{\sqrt{a}}mg$；因为

$$\frac{h}{2\pi\sqrt{a}}mg = F_\theta = m\mathscr{A}_\theta = m\sqrt{a}\ddot{\theta}$$

所以

$$\ddot{\theta} = \frac{hg}{2\pi a}$$

$$f_r = F_r = m\mathscr{A}_r = -mR\ddot{\theta} = -\frac{Rh}{2\pi a}mg$$

6.2 Euler 坐标与 Lagrange 坐标

下面来研究由许多质点组成的连续介质。在连续介质中，不同质点在同一时刻占有不同的空间点位，这描述了在该时刻连续介质各质点所在的位置，或者说，这描述了连续介质在该时刻的构形。另一方面，同一质点在不同时刻也占有不同的空间点位，这说明了该质点的运动规律，而所有各质点的运动规律也就构成了连续介质的运动规律。有两种描述连续介质运动的方法。

6.2.1 Euler 坐标

Euler 坐标是固定在空间中的参考坐标，又称**空间坐标**或**固定坐标**，记做 x^i。它不随质点运动或时间参数 t 而变化，是一种描述物体运动的静止背景。每组 Euler 坐标值 $x^i (i = 1,2,3)$ 定义了一个固定点位。如用矢径 $\boldsymbol{r}$ 来表示空间点位，见图 6.4，则如(6.1.1)式，即

$$\boldsymbol{r} = \boldsymbol{r}(x^i) \tag{6.2.1}$$

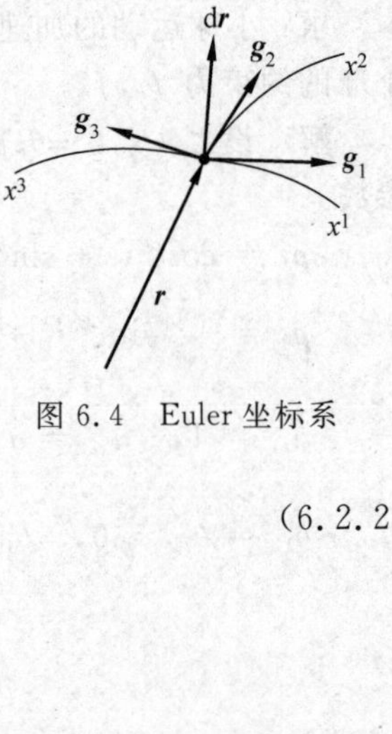

图 6.4 Euler 坐标系

以 $\mathrm{d}\boldsymbol{r}$ 表示相邻两点位间的线段，则

$$\mathrm{d}\boldsymbol{r} = \mathrm{d}x^i\boldsymbol{g}_i \tag{6.2.2}$$

其中，协变基矢量

$$\boldsymbol{g}_i = \frac{\partial \boldsymbol{r}}{\partial x^i} = \boldsymbol{g}_i(x^k) \tag{6.2.3}$$

是随空间点位而变化的。在以前各章中，所讨论的都是固定在空间的 Euler 坐标。利用前面知识可直接写出度量张量

$$\boldsymbol{G} = g_{ij}\boldsymbol{g}^i\boldsymbol{g}^j, \qquad g_{ij} = \boldsymbol{g}_i \cdot \boldsymbol{g}_j \tag{6.2.4}$$

和 Christoffel 符号的计算公式，见(4.1.15)式与(4.1.18)式。它们都是与参数 t 无关的。

质点的运动在 Euler 坐标系中表现为：同一质点在不同时刻占有不同的空间点位，因而质点的 Euler 坐标值是随参数 t 而变化的，如(6.1.1a)式，即

$$\boldsymbol{r} = \boldsymbol{r}(x^i_{(\xi)}(t)) \tag{6.2.1a}$$

于是，和质点瞬时位置相关的基矢量、度量张量和 Christoffel 符号等也都因质点而异，不同的质点有不同的运动规律，$x^i_{(\xi)}(t)$，因此也有不同的(6.2.1a)式，以下标"(ξ)"对不同的质点加以区别。

6.2.2 Lagrange 坐标

Lagrange 坐标是嵌在物体质点上、随物体一起运动和变形的坐标，又称**随体坐标**或**嵌入坐标**，记作 ξ^i。无论物体怎样运动和变形，每个质点变到什么位置，同一质点的 Lagrange 坐标值是始终保持不变的。所以每组 Lagrange 坐标值 $\xi^i(i=1,2,3)$ 定义了一个运动着的质点。我们有时就用 ξ^i 表示质点，就好像用姓名表示一个人一样，无论这个人走到哪里，他的姓名不变。

Lagrange 坐标的这一特性可以用图 6.5 来说明。考虑变形前在 ξ^1 坐标线上的三个质点 O,A,B，它们的 ξ^2 和 ξ^3 坐标值均为零。由于 Lagrange 坐标是嵌在质点上的，所以变形后三个质点的新位置 O',A',B' 仍在同一条 ξ^1 坐标线上，且新坐标值 ξ^2 和 ξ^3 仍均为零。虽然弧段 $\overset{\frown}{O'A'}$ 和 $\overset{\frown}{A'B'}$ 可以比原长 $\overset{\frown}{OA}$ 和 $\overset{\frown}{AB}$ 更长(或短)，但由于度量的尺子(坐标系)也发生了完全相同的伸长(或缩短)，所以读数(O',A',B' 各点的新 ξ^1 坐标值)仍保持不变。OAB 是变形前的 ξ^1 坐标线，$O'A'B'$ 是变形后的 ξ^1 坐标线，它们是由相同的一些质点组成的。对于其他质点也可作完全类似的解释。

在变形前 $t=0$ 时刻物体的初始形态中，矢径

$$\boldsymbol{r} = \mathring{\boldsymbol{r}}(\xi^i) \qquad (t=0) \tag{6.2.5}$$

是随质点(即 Lagrange 坐标值 ξ^i)而异的。相邻两质点间的线段为

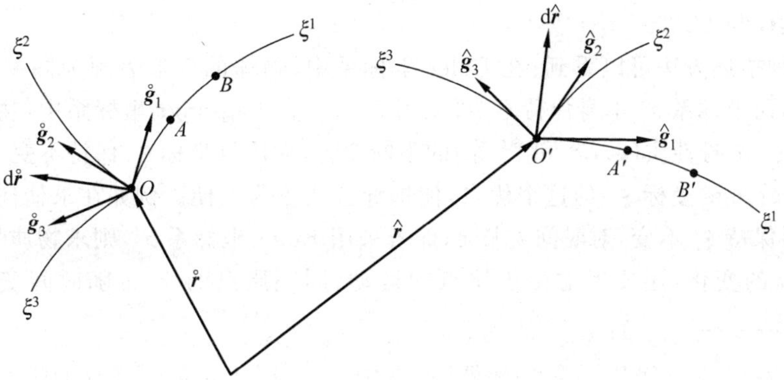

图 6.5　Lagrange 坐标系

$$\mathrm{d}\mathring{\boldsymbol{r}} = \mathrm{d}\xi^i \mathring{\boldsymbol{g}}_i \qquad (t=0) \tag{6.2.6}$$

其中

$$\mathring{\boldsymbol{g}}_i = \frac{\partial \mathring{\boldsymbol{r}}}{\partial \xi^i} = \mathring{\boldsymbol{g}}_i(\xi^k) \qquad (t=0) \tag{6.2.7}$$

是 $t=0$ 时刻 Lagrange 坐标系的协变基矢量,它也是随质点而异的。由此可求得初始构形中(即 $t=0$ 时)的度量张量

$$\mathring{\boldsymbol{G}} = \mathring{g}_{ij}\mathring{\boldsymbol{g}}^i\mathring{\boldsymbol{g}}^j, \qquad \mathring{g}_{ij} = \mathring{\boldsymbol{g}}_i \cdot \mathring{\boldsymbol{g}}_j \qquad (t=0) \tag{6.2.8}$$

并进一步由(4.1.15)式与(4.1.18)式求得相应的 Christoffel 符号 $\mathring{\Gamma}_{ij,k}$ 和 $\mathring{\Gamma}_{ij}^k$。这里用每个量上面的小圆圈"∘"表示 $t=0$ 时刻的值。

下面来研究物体变形后的构形。如图 6.5 所示,变形使组成物体的各个质点运动到新的空间位置。相应地,矢径 $\boldsymbol{r}$ 由初始位置 $\mathring{\boldsymbol{r}}$ 变为

$$\boldsymbol{r} = \hat{\boldsymbol{r}}(\xi^i, t) \tag{6.2.9}$$

这里 $\hat{\boldsymbol{r}}$ 是坐标 ξ^i 和参数 t 的函数①。但坐标 ξ^i 本身与 t 无关,因为无论物体怎样变形,同一质点的 Lagrange 坐标始终保持不变。对此,我们说 Lagrange 坐标是随物体一起变形的,或称"随体"的。质点坐标和时间参数能各自独立变化,这是 Lagrange 描述法的主要优点。

现在把 t 固定,即考虑变形过程中 t 时刻物体的构形,则连接相邻两质点的线段为

$$\mathrm{d}\hat{\boldsymbol{r}} = \frac{\partial \hat{\boldsymbol{r}}}{\partial \xi^i}\mathrm{d}\xi^i = \mathrm{d}\xi^i \hat{\boldsymbol{g}}_i \tag{6.2.10}$$

其中,求偏导数 $\frac{\partial \hat{\boldsymbol{r}}}{\partial \xi^i}$ 时,参数 t 应看作常数。为明确起见,有时也记为 $\left(\frac{\partial \hat{\boldsymbol{r}}}{\partial \xi^i}\right)_t$。而

$$\hat{\boldsymbol{g}}_i = \frac{\partial \hat{\boldsymbol{r}}}{\partial \xi^i} = \hat{\boldsymbol{g}}_i(\xi^k, t) \tag{6.2.11}$$

是 t 时刻 Lagrange 坐标系的协变基矢量,它是随点而异的。由于 Lagrange 坐标系是随物体一起变形的,由(6.2.9)式,同一质点在不同时刻 t,矢径 $\hat{\boldsymbol{r}}$ 和坐标 ξ^i 的函数关系也不相同,所以就整个变形过程来说,基矢量 $\hat{\boldsymbol{g}}_i$ 又是参数 t 的函数。由 $\hat{\boldsymbol{g}}_i$ 可以求得各瞬时 Lagrange 坐标系的度量张量

$$\hat{\boldsymbol{G}} = \hat{g}_{ij}\hat{\boldsymbol{g}}^i\hat{\boldsymbol{g}}^j, \qquad \hat{g}_{ij} = \hat{\boldsymbol{g}}_i \cdot \hat{\boldsymbol{g}}_j \tag{6.2.12}$$

以及相应的 Christoffel 符号 $\hat{\Gamma}_{ij}^k$。它们也都是随参数 t 而变化的。当 $t=0$ 时,$\hat{\boldsymbol{g}}_i$,$\hat{\boldsymbol{G}}$ 和 $\hat{\Gamma}_{ij}^k$ 等就各化为 $\mathring{\boldsymbol{g}}_i$,$\mathring{\boldsymbol{G}}$ 和 $\mathring{\Gamma}_{ij}^k$ 等。

比较两种描述方法可以看到:在 Euler 坐标系中,物体的变形表现为同一质点坐标 x^i 的不断变化,而坐标系 x^i 本身保持不变(见图 6.4)。在 Lagrange 坐标系中,物体的变形表现为坐标系 ξ^i 本身性质($\hat{\boldsymbol{g}}_i$,$\hat{g}_{ij}$ 和 $\hat{\Gamma}_{ij}^k$ 等)的不断变化,而质点坐标 ξ^i 保持不变。

由于 Lagrange 坐标 ξ^i 的这个优点,使推导公式更为方便。例如在求任何量的物质导数时,只需要保持 ξ^i 不变,对时间 t 求导;而若采用 Euler 坐标系 x^i,则求物质导数时,不但要考虑时间 t 的变化,还要考虑由于质点的运动,同一质点的 x^i 也随时间变化。但采用

---

① (6.2.9)式与(6.2.1a)式都表示矢径 $\boldsymbol{r}$ 依赖于 ξ^i 与 t。(6.2.9)式中 ξ^i 作为自变量,而(6.2.1a)式则用下标"(ξ)"表示对 ξ^i 的依赖性。(6.2.9)式以 ξ^i 作为 $\boldsymbol{r}$ 的自变量,就可以进行分析演算。

Lagrange 坐标系的缺点是它只能是曲线坐标系。即使在变形前 $t=0$ 时刻 ξ^i 为笛卡儿直角坐标，三族坐标线（$\xi^i=\text{const.}$）都是相互正交的直线，但在变形后 t 时刻这些坐标线随着物体质点的变位都变成曲线。Euler 坐标 x^i 的优点是坐标只与空间的点位有关，如果我们采用笛卡儿直角坐标，三族坐标线（$x^i=\text{const.}$）不管物体如何运动，始终保持是不随时间变化的直线。因此最方便的做法是用 Lagrange 坐标系推导公式，然后转换到 Euler 坐标系（可采用笛卡儿直角坐标系）中进行计算。

6.2.3　两种坐标系的转换关系

上面引进了两种坐标系来描述同一个物理现象——物体的运动和变形，显然它们之间必存在某种转换关系。由(6.2.1)式与(6.2.9)式物体的 Euler 坐标 x^i 是因质点而异的，每个质点的 Euler 坐标又是随时间而变化的，所以 Euler 坐标 x^i 是质点和时间的函数。在 Lagrange 坐标系中，质点和时间分别用坐标 ξ^j 和参数 t 来表示，于是(6.2.9)式可表示成

$$x^i = x^i(\xi^j, t) \qquad (i=1,2,3) \tag{6.2.13}$$

该式给出了两种坐标的转换关系。这个转换关系(6.2.13)式是随参数 t 而变化的。对于确定的时刻 t，上式化为该瞬时两个"静止"坐标之间的转换关系。1.4 节中导出的转换系数公式和基矢量以及任意张量分量的转换公式现在都同样适用（只要把 ξ^i 看作 $x^{i'}$，$\hat{\boldsymbol{g}}_i$ 看作 $\boldsymbol{g}_{i'}$，$\hat{\boldsymbol{g}}^i$ 看作 $\boldsymbol{g}^{i'}$）。例如，基矢量的转换关系为

$$\begin{cases} \hat{\boldsymbol{g}}_i = \boldsymbol{g}_j \dfrac{\partial x^j}{\partial \xi^i}, & \boldsymbol{g}_i = \hat{\boldsymbol{g}}_j \dfrac{\partial \xi^j}{\partial x^i} \\[2ex] \hat{\boldsymbol{g}}^i = \boldsymbol{g}^j \dfrac{\partial \xi^i}{\partial x^j}, & \boldsymbol{g}^i = \hat{\boldsymbol{g}}^j \dfrac{\partial x^i}{\partial \xi^j} \end{cases} \tag{6.2.14}$$

x^i 与 ξ^j 互求导时参数 t 应看作常数。

6.2.4　质点速度和物质导数

物理和力学问题中的研究对象绝大多数（尤其是固体力学）都是定义在连续介质各质点上（而不是空间点上）的标量场、矢量场和张量场。作为基本例子，6.1 节中已讨论过单个质点的运动速度，即矢径 $\boldsymbol{r}$ 对时间 t 的导数

$$\boldsymbol{v} = \frac{\mathrm{d}\boldsymbol{r}}{\mathrm{d}t} \tag{6.2.15}$$

对于由许多质点组成的连续介质，矢径 $\boldsymbol{r}$ 同时与质点和时间有关，即（或以(6.2.13)式代入(6.1.1)式）

$$\boldsymbol{r} = \boldsymbol{r}(x^i(\xi^j, t)) \tag{6.2.16}$$

为了求介质中以 Lagrange 坐标值 ξ^j 为标志的那个质点的速度，可以令 ξ^j 保持不变（即观察同一个质点）而对 t 求偏导数

$$\boldsymbol{v} = \left(\frac{\partial \boldsymbol{r}}{\partial t}\right)_{\xi^j} = \frac{\partial \boldsymbol{r}}{\partial x^i}\left(\frac{\partial x^i}{\partial t}\right)_{\xi^j} = \boldsymbol{g}_i v^i \tag{6.2.17}$$

这是速度 $\boldsymbol{v}$ 对 Euler 坐标系协变基矢量 $\boldsymbol{g}_i$ 的分解式。通常把保持质点坐标 ξ^j 不变、对时间 t 的偏导数称为**物质导数**（其定义见 6.1.2 节），并记作

$$\left(\frac{\partial}{\partial t}\right)_{\xi^j} = \frac{\mathrm{d}}{\mathrm{d}t} \tag{6.2.18}$$

它表示定义在质点上、跟随质点运动的物理量对参数 t 的导数。于是由前式得

$$v^i = \left(\frac{\partial x^i}{\partial t}\right)_{\xi^j} = \frac{\mathrm{d}x^i}{\mathrm{d}t} = v^i(\xi^j, t) \tag{6.2.17a}$$

这在形式上和(6.1.5)式相同,但现在 v^i 不仅是 t,而且还是 ξ^j 的函数,当 ξ^j 取其他值时,表示其他质点的运动速度。对张量(矢量)实体求物质导数,必须考虑基矢量随参数 t 的变化(见6.1.2节及(6.1.11b)式)。

速度矢量 $\boldsymbol{v}$ 既可对 Euler 基矢量 $\boldsymbol{g}_i, \boldsymbol{g}^i$,也可对 Lagrange 基矢量 $\hat{\boldsymbol{g}}_i, \hat{\boldsymbol{g}}^i$ 分解①

$$\begin{cases} \boldsymbol{v} = \hat{\boldsymbol{v}} \\ \boldsymbol{v} = v^i \boldsymbol{g}_i = v_i \boldsymbol{g}^i \\ \hat{\boldsymbol{v}} = \hat{v}^i \hat{\boldsymbol{g}}_i = \hat{v}_i \hat{\boldsymbol{g}}^i \end{cases} \tag{6.2.19}$$

其中,同一坐标系中的协变、逆变分量满足指标升降关系

$$\begin{cases} v^i = g^{ij} v_j, & v_i = g_{ij} v^j \\ \hat{v}^i = \hat{g}^{ij} \hat{v}_j, & \hat{v}_i = \hat{g}_{ij} \hat{v}^j \end{cases} \tag{6.2.20}$$

不同坐标系中的分量满足如下转换关系

$$\begin{cases} \hat{v}^i = v^j \dfrac{\partial \xi^i}{\partial x^j}, & v^i = \hat{v}^j \dfrac{\partial x^i}{\partial \xi^j} \\ \hat{v}_i = v_j \dfrac{\partial x^j}{\partial \xi^i}, & v_i = \hat{v}_j \dfrac{\partial \xi^j}{\partial x^i} \end{cases} \tag{6.2.21}$$

6.3 基矢量的物质导数

今后,定义在质点上的物理量都将对各瞬时该质点所在位置处的基矢量分解。为此首先要研究基矢量的物质导数。

6.3.1 Lagrange 基矢量的物质导数

在 Lagrange 坐标系中,矢径为

$$\hat{\boldsymbol{r}} = \hat{\boldsymbol{r}}(\xi^i, t)$$

把 t 固定,对 ξ^i 求偏导数得 t 时刻的 Lagrange 协变基矢量 $\hat{\boldsymbol{g}}_i(\xi^j, t)$,又称随体协变基矢量。再把 ξ^j 固定,对 t 求偏导数就得 $\hat{\boldsymbol{g}}_i$ 的物质导数(见定义(6.2.18)式)

$$\frac{\mathrm{d}\hat{\boldsymbol{g}}_i}{\mathrm{d}t} = \left[\frac{\partial}{\partial t}\left(\frac{\partial \hat{\boldsymbol{r}}}{\partial \xi^i}\right)_t\right]_{\xi^j}$$

注意到,Lagrange 坐标系中带$\hat{()}$的量都是 ξ^i 和 t 的函数,而 ξ^i 和 t 又是相互独立的自变量,求偏导数 $\partial/\partial t$ 本身已隐含着“其他独立自变量保持不变”的意思,所以

---

① (6.2.19)两式表达的是同一个质点的速度 $\boldsymbol{v}$,只是沿不同的坐标系的基矢量分解时有不同的分量。但是作为一个矢量,两式是相等的,表达同一个矢量。所以,除非我们要强调对 Lagrange 基矢量分解,记号 $\hat{\boldsymbol{v}}$ 可以不用,而一律用 $\boldsymbol{v}$。但是分量 $\hat{v}^i$ 与 v^i,$\hat{v}_i$ 与 v_i 是不同的。

$$\frac{\partial}{\partial t}\hat{()} = \left(\frac{\partial}{\partial t}\hat{()}\right)_{\xi^i} = \frac{\mathrm{d}}{\mathrm{d}t}\hat{()} \qquad (\text{下标 } \xi^i \text{ 表示 } \xi^i \text{ 不变}, i = 1,2,3)$$

$$\frac{\partial}{\partial \xi^i}\hat{()} = \left(\frac{\partial}{\partial \xi^i}\hat{()}\right)_t \qquad (\text{下标 } t \text{ 表示 } t \text{ 不变}) \tag{6.3.1}$$

再注意到因设 $\hat{\boldsymbol{r}}$ 是 ξ^i 和 t 的连续可微函数，其高阶导数与求导顺序无关，则

$$\frac{\mathrm{d}\hat{\boldsymbol{g}}_i}{\mathrm{d}t} = \frac{\partial}{\partial t}\left(\frac{\partial \hat{\boldsymbol{r}}}{\partial \xi^i}\right) = \frac{\partial}{\partial \xi^i}\left(\frac{\partial \hat{\boldsymbol{r}}}{\partial t}\right) = \frac{\partial}{\partial \xi^i}\left(\frac{\mathrm{d}\hat{\boldsymbol{r}}}{\mathrm{d}t}\right)$$

其中$\frac{\mathrm{d}\hat{\boldsymbol{r}}}{\mathrm{d}t}$就是质点 ξ^i 的运动速度$\boldsymbol{v}$，把它对随体协变基矢量 $\hat{\boldsymbol{g}}_k$ 分解得

$$\frac{\mathrm{d}\hat{\boldsymbol{g}}_i}{\mathrm{d}t} = \frac{\partial \boldsymbol{v}}{\partial \xi^i} = \frac{\partial}{\partial \xi^i}(\hat{v}^k \hat{\boldsymbol{g}}_k) = \hat{v}^k{}_{;i}\hat{\boldsymbol{g}}_k = (\hat{\nabla}_i \hat{v}^k)\hat{\boldsymbol{g}}_k \tag{6.3.2}$$

符号$\hat{\nabla}_i$ 为 t 时刻 Lagrange 坐标系中对 ξ^i 的协变导数（见(4.3.12c)式）。上式第三个等式利用了(4.3.3)式。

t 时刻速度矢量$\boldsymbol{v}$ 的梯度在 Lagrange 坐标系中的分解式为

$$\hat{\boldsymbol{\nabla}}\boldsymbol{v} = \hat{\nabla}_i \hat{v}^k \hat{\boldsymbol{g}}^i \hat{\boldsymbol{g}}_k \tag{6.3.3a}$$

或

$$\boldsymbol{v}\hat{\boldsymbol{\nabla}} = \hat{v}^k{}_{;i}\hat{\boldsymbol{g}}_k \hat{\boldsymbol{g}}^i = \hat{\nabla}_i \hat{v}^k \hat{\boldsymbol{g}}_k \hat{\boldsymbol{g}}^i \tag{6.3.3b}$$

其中，$\hat{\boldsymbol{\nabla}}$ 表示在 Lagrange 坐标系中的 Hamilton 算子（见(4.2.14)式）。于是，(6.3.2)式可写成

$$\frac{\mathrm{d}\hat{\boldsymbol{g}}_i}{\mathrm{d}t} = \hat{\boldsymbol{g}}_i \cdot (\hat{\boldsymbol{\nabla}}\boldsymbol{v}) = (\boldsymbol{v}\hat{\boldsymbol{\nabla}}) \cdot \hat{\boldsymbol{g}}_i \tag{6.3.4}$$

即随体基矢量的物质导数等于介质速度场的梯度与随体基矢量的点积。从物理上看，$\frac{\mathrm{d}\hat{\boldsymbol{g}}_i}{\mathrm{d}t}$反映了物体的变形和转动的率。(6.3.4)式表明，物体的变形和转动是由同一时刻各质点间的速度梯度引起的。若各质点的速度相同（作刚体平移），则$\boldsymbol{v}$ 为均匀矢量场，梯度$\hat{\boldsymbol{\nabla}}\boldsymbol{v}$ 为零张量，因而$\frac{\mathrm{d}\hat{\boldsymbol{g}}_i}{\mathrm{d}t}=\boldsymbol{0}$，物体的变形和转动的率为零。

由对偶关系 $\hat{\boldsymbol{g}}^i \cdot \hat{\boldsymbol{g}}_j = \delta^i_j$ 对 t 求导

$$\frac{\mathrm{d}}{\mathrm{d}t}(\hat{\boldsymbol{g}}^i \cdot \hat{\boldsymbol{g}}_j) = 0$$

可求得 Lagrange 逆变基矢量 $\hat{\boldsymbol{g}}^i$的物质导数，即

$$\frac{\mathrm{d}\hat{\boldsymbol{g}}^i}{\mathrm{d}t} \cdot \hat{\boldsymbol{g}}_j = -\hat{\boldsymbol{g}}^i \cdot \frac{\mathrm{d}\hat{\boldsymbol{g}}_j}{\mathrm{d}t} = -\hat{\boldsymbol{g}}^i \cdot \hat{\nabla}_j \hat{v}^k \hat{\boldsymbol{g}}_k = -\hat{\nabla}_j \hat{v}^i$$

上式给出了$\frac{\mathrm{d}\hat{\boldsymbol{g}}^i}{\mathrm{d}t}$的协变 j 分量，配上相应的逆变基矢量 $\hat{\boldsymbol{g}}^j$就得到

$$\frac{\mathrm{d}\hat{\boldsymbol{g}}^i}{\mathrm{d}t} = -\hat{\nabla}_j \hat{v}^i \hat{\boldsymbol{g}}^j \tag{6.3.5}$$

或利用(6.3.3)式可写成

$$\frac{\mathrm{d}\hat{\boldsymbol{g}}^i}{\mathrm{d}t} = -(\hat{\boldsymbol{\nabla}}\boldsymbol{v}) \cdot \hat{\boldsymbol{g}}^i = -\hat{\boldsymbol{g}}^i \cdot (\boldsymbol{v}\hat{\boldsymbol{\nabla}}) \tag{6.3.6}$$

应该指出,Lagrange 逆变基矢量 $\hat{\boldsymbol{g}}^i$ 是由随体基矢量 $\hat{\boldsymbol{g}}_j$ 通过对偶关系派生出来的,它并不是随体变化的。当物体伸长时,逆变基 $\hat{\boldsymbol{g}}^i$ 可能反而缩短。例如考虑无转动的均匀伸长变形情况。这时随体基矢量(例如 $\hat{\boldsymbol{g}}_1$)将和物体一起伸长。为了保证对偶关系 $\hat{\boldsymbol{g}}^1\cdot\hat{\boldsymbol{g}}_1=1$,Lagrange 逆变基矢量 $\hat{\boldsymbol{g}}^1$ 必须相应地缩短。(6.3.6)式和(6.3.4)式右端的符号不同正说明当协变基随体伸长时,逆变基反而缩短。

6.3.2 度量张量的物质导数、应变率张量

通过随体基中度量张量的分量 $\hat{g}_{ij}$ 可以算出相邻两质点间的线元长度以及两线元间的夹角,所以 $\hat{g}_{ij}$ 对 t 的物质导数表征了物体变形(伸缩和畸变)的速率。由(6.3.2)式有

$$\begin{aligned}\frac{\mathrm{d}}{\mathrm{d}t}\hat{g}_{ij}&=\hat{\boldsymbol{g}}_i\cdot\frac{\mathrm{d}\hat{\boldsymbol{g}}_j}{\mathrm{d}t}+\frac{\mathrm{d}\hat{\boldsymbol{g}}_i}{\mathrm{d}t}\cdot\hat{\boldsymbol{g}}_j\\&=\hat{\boldsymbol{g}}_i\cdot(\hat{\nabla}_j\hat{v}^k\hat{\boldsymbol{g}}_k)+\hat{\nabla}_i\hat{v}^k\hat{\boldsymbol{g}}_k\cdot\hat{\boldsymbol{g}}_j\\&=(\hat{\nabla}_j\hat{v}^k)\hat{g}_{ik}+(\hat{\nabla}_i\hat{v}^k)\hat{g}_{kj}\end{aligned}\tag{6.3.7a}$$

由于度量张量 $\hat{g}_{ij}$ 的协变导数为零,上式可改写成

$$\frac{\mathrm{d}}{\mathrm{d}t}\hat{g}_{ij}=\hat{\nabla}_j(\hat{v}^k\hat{g}_{ik})+\hat{\nabla}_i(\hat{v}^k\hat{g}_{kj})=\hat{\nabla}_j\hat{v}_i+\hat{\nabla}_i\hat{v}_j\tag{6.3.7}$$

一般来说,速度分量的协变导数指标顺序不可更换,$\hat{\nabla}_i\hat{v}_j\neq\hat{\nabla}_j\hat{v}_i$,对指标 i 与 j 不对称,但它们的和对指标 i 与 j 是对称的。通常把 Lagrange 坐标系中度量张量协变分量的物质导数的一半定义为**应变率分量** $\hat{d}_{ij}(\xi^k,t)$,即

$$\hat{d}_{ij}=\frac{1}{2}\frac{\mathrm{d}}{\mathrm{d}t}\hat{g}_{ij}=\frac{1}{2}(\hat{\nabla}_j\hat{v}_i+\hat{\nabla}_i\hat{v}_j)\tag{6.3.8}$$

配上相应的逆变基矢量后,定义

$$\begin{aligned}\hat{\boldsymbol{d}}&=\frac{1}{2}\left(\frac{\mathrm{d}}{\mathrm{d}t}\hat{g}_{ij}\right)\hat{\boldsymbol{g}}^i\hat{\boldsymbol{g}}^j=\hat{d}_{ij}\hat{\boldsymbol{g}}^i\hat{\boldsymbol{g}}^j=\frac{1}{2}(\hat{\nabla}_j\hat{v}_i+\hat{\nabla}_i\hat{v}_j)\hat{\boldsymbol{g}}^i\hat{\boldsymbol{g}}^j\\&=\frac{1}{2}(\hat{\boldsymbol{v}}\ \hat{\boldsymbol{\nabla}}+\hat{\boldsymbol{\nabla}}\ \hat{\boldsymbol{v}})\end{aligned}\tag{6.3.9}$$

为**应变率张量**。$\hat{\boldsymbol{\nabla}}$ 表示在 Lagrange 坐标系 ξ^i 中的 Hamilton 算子。$\hat{\boldsymbol{d}}$ 是速度梯度(6.3.3)式对称化的结果,是质点坐标 ξ^k 和参数 t 的函数。和速度梯度一样,它也与坐标系的选择无关。对于确定的时刻 t,同一个应变率张量也可对 Euler 基矢量分解为

$$\boldsymbol{d}=d_{ij}\boldsymbol{g}^i\boldsymbol{g}^j=\frac{1}{2}(\nabla_jv_i+\nabla_iv_j)\boldsymbol{g}^i\boldsymbol{g}^j=\frac{1}{2}(\boldsymbol{v}\boldsymbol{\nabla}+\boldsymbol{\nabla}\boldsymbol{v})\tag{6.3.10}$$

这里 $\boldsymbol{\nabla}$ 表示在 Euler 坐标系 x^i 中的 Hamilton 算子,见(4.2.14)式。在(6.3.9)式中用 $\hat{\boldsymbol{v}}$ 表示(6.2.19)第二式的 $\boldsymbol{v}$,只是为了提示 $\boldsymbol{v}$ 应在 Lagrange 基矢量中进行分解,其实 $\boldsymbol{v}$ 与 $\hat{\boldsymbol{v}}$ 是同一个矢量,$\boldsymbol{v}=\hat{\boldsymbol{v}}$。事实上,Hamilton 算子具有坐标不变性,$\hat{\boldsymbol{\nabla}}=\boldsymbol{\nabla}$。我们只是为了表示(6.3.9)式与(6.3.10)式是在不同坐标系中的分量展开式,才分别用 $\hat{\boldsymbol{\nabla}}$ 与 $\boldsymbol{\nabla}$ 来表示同一个 Hamilton 算子。(6.3.10)式的 $\boldsymbol{d}$ 与(6.3.9)式的 $\hat{\boldsymbol{d}}$ 是同一个应变率张量,$\boldsymbol{d}$ 与 $\hat{\boldsymbol{d}}$ 符号可以通用。

在上述推导过程中,并没有对速度矢量 $\boldsymbol{v}$ 的大小进行限制。所以上述公式同时适用于小变形和大变形情况。

应该指出：在 Lagrange 坐标系中度量张量协变分量 $\hat{g}_{ij}$ 的物质导数反映了物体的变形速率，而度量张量 $\boldsymbol{G}$ 本身却与时间无关，即 $\boldsymbol{G}$ 的物质导数为零张量：

$$\frac{\mathrm{d}\boldsymbol{G}}{\mathrm{d}t}=\boldsymbol{O} \tag{6.3.11}$$

这是因为，如果物体的变形使协变基矢量 $\hat{\boldsymbol{g}}_i$ 伸长，造成 $\boldsymbol{G}$ 的协变分量 $\hat{g}_{ij}=\hat{\boldsymbol{g}}_i\cdot\hat{\boldsymbol{g}}_j$ 变大，则必同时导致与 $\hat{g}_{ij}$ 相配的逆变基矢量 $\hat{\boldsymbol{g}}^i$，$\hat{\boldsymbol{g}}^j$ 缩短，因而总的效果是 $\boldsymbol{G}$ 本身保持不变。利用(6.3.6)式与(6.3.9)式可以证明：

$$\begin{aligned}\frac{\mathrm{d}\boldsymbol{G}}{\mathrm{d}t}&=\frac{\mathrm{d}}{\mathrm{d}t}(\hat{g}_{ij})\hat{\boldsymbol{g}}^i\hat{\boldsymbol{g}}^j+\hat{g}_{ij}\left(\hat{\boldsymbol{g}}^i\frac{\mathrm{d}\hat{\boldsymbol{g}}^j}{\mathrm{d}t}+\frac{\mathrm{d}\hat{\boldsymbol{g}}^i}{\mathrm{d}t}\hat{\boldsymbol{g}}^j\right)\\&=2\boldsymbol{d}-\hat{g}_{ij}\{\hat{\boldsymbol{g}}^i[\hat{\boldsymbol{g}}^j\cdot(\boldsymbol{v}\hat{\boldsymbol{\nabla}})]+[(\hat{\boldsymbol{\nabla}}\boldsymbol{v})\cdot\hat{\boldsymbol{g}}^i]\hat{\boldsymbol{g}}^j\}\\&=2\boldsymbol{d}-\{\hat{\boldsymbol{g}}_j[\hat{\boldsymbol{g}}^j\cdot(\boldsymbol{v}\hat{\boldsymbol{\nabla}})]+[(\hat{\nabla}\boldsymbol{v})\cdot\hat{\boldsymbol{g}}^i]\hat{\boldsymbol{g}}_i\}\\&=(\boldsymbol{v}\hat{\boldsymbol{\nabla}}+\hat{\boldsymbol{\nabla}}\boldsymbol{v})-(\boldsymbol{v}\hat{\boldsymbol{\nabla}}+\hat{\boldsymbol{\nabla}}\boldsymbol{v})=\boldsymbol{O}\end{aligned}$$

所以应变率张量 $\boldsymbol{d}$ 与度量张量 $\boldsymbol{G}$ 的物质导数(为零)无关，仅它们的分量 $\hat{d}_{ij}$ 与 $\hat{g}_{ij}$ 应满足关系(6.3.8)式。

6.3.3　速度场的加法分解

在连续介质中相邻质点间的速度差，即速度梯度场 $\hat{\nabla}\boldsymbol{v}$，将同时导致介质微元的变形和刚体转动的率。其中刚体转动部分与应力无关，需要把它分离出去。为此对速度梯度场作加法分解，即

$$\hat{\boldsymbol{\nabla}}\boldsymbol{v}=\frac{1}{2}(\hat{\boldsymbol{v}}\hat{\boldsymbol{\nabla}}+\hat{\boldsymbol{\nabla}}\hat{\boldsymbol{v}})-\frac{1}{2}(\hat{\boldsymbol{v}}\hat{\boldsymbol{\nabla}}-\hat{\boldsymbol{\nabla}}\hat{\boldsymbol{v}}) \tag{6.3.12}$$

其中右端第一项就是上面定义的应变率张量 $\boldsymbol{d}$，它是速度梯度的对称部分。第二项称为**旋率张量**(或简称**旋率**)，并记为 $\boldsymbol{\Omega}$

$$\begin{gathered}\boldsymbol{\Omega}=\frac{1}{2}(\hat{\boldsymbol{v}}\hat{\boldsymbol{\nabla}}-\hat{\boldsymbol{\nabla}}\hat{\boldsymbol{v}})=\hat{\Omega}_{ij}\hat{\boldsymbol{g}}^i\hat{\boldsymbol{g}}^j\\\hat{\Omega}_{ij}=\frac{1}{2}(\hat{\nabla}_j\hat{v}_i-\hat{\nabla}_i\hat{v}_j)=\frac{1}{2}(\hat{v}_{i;j}-\hat{v}_{j;i})\end{gathered} \tag{6.3.13}$$

它是速度梯度进行反对称化的结果，表示介质微元的刚体转动速率。它在 Euler 坐标系中的并矢形式为①

$$\begin{gathered}\boldsymbol{\Omega}=\frac{1}{2}(\boldsymbol{v}\boldsymbol{\nabla}-\boldsymbol{\nabla}\boldsymbol{v})=\Omega_{ij}\boldsymbol{g}^i\boldsymbol{g}^j\\\Omega_{ij}=\frac{1}{2}(\nabla_j v_i-\nabla_i v_j)=\frac{1}{2}(v_{i;j}-v_{j;i})\end{gathered} \tag{6.3.14}$$

于是速度梯度的加法分解式(6.3.12)可写成

$$\boldsymbol{\nabla}\boldsymbol{v}=\hat{\boldsymbol{\nabla}}\boldsymbol{v}=\boldsymbol{d}-\boldsymbol{\Omega},\qquad \boldsymbol{v}\boldsymbol{\nabla}=\boldsymbol{v}\hat{\boldsymbol{\nabla}}=\boldsymbol{d}+\boldsymbol{\Omega} \tag{6.3.15}$$

---

① 注意(6.3.13)第二式 $\hat{v}_{i;j}$ 中的“;j”与(6.3.14)第二式 $v_{i;j}$ 中的“;j”含义不同，前者是 Lagrange 坐标系中对 ξ^j 的协变导数，后者是 Euler 坐标系中对 x^j 的协变导数。在协变导数公式(4.3.7)中用各自坐标系的 Christoffel 符号 $\hat{\Gamma}^m_{ij}$ 与 Γ^m_{ij}。

下面从速度增量的角度来进一步说明加法分解和旋率张量的物理意义。考虑连续介质中相邻两个质点 A 和 B。它们的矢径分别为 $\boldsymbol{r}$ 和 $\boldsymbol{r}+\mathrm{d}\boldsymbol{r}$,速度分别为 $\boldsymbol{v}$ 和 $\boldsymbol{v}+\mathrm{d}\boldsymbol{v}$,如图6.6(a)所示。把速度梯度的加法分解式(6.3.15)代入矢量函数的微分公式(4.2.13)与(4.2.16)式,则

$$\mathrm{d}\boldsymbol{v}=(\boldsymbol{v}\nabla)\cdot\mathrm{d}\boldsymbol{r}=\mathrm{d}\boldsymbol{r}\cdot(\nabla\boldsymbol{v})$$

得

$$\mathrm{d}\boldsymbol{v}=\mathrm{d}\boldsymbol{v}_{(d)}+\mathrm{d}\boldsymbol{v}_{(\Omega)}=\boldsymbol{d}\cdot\mathrm{d}\boldsymbol{r}+\boldsymbol{\Omega}\cdot\mathrm{d}\boldsymbol{r} \tag{6.3.16}$$

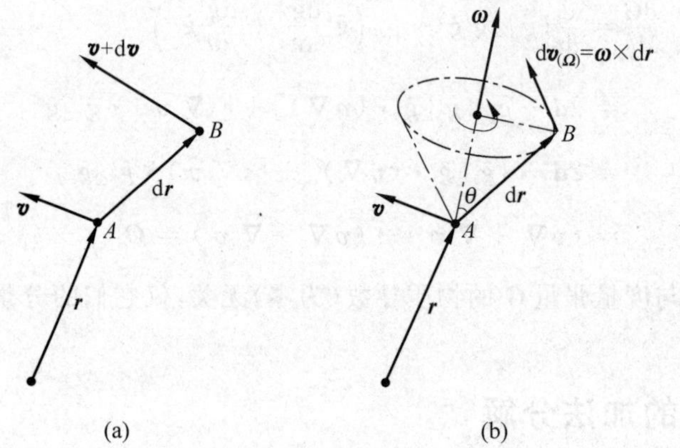

图6.6 相邻质点运动的速度差

其中第一项与应变率张量 $\boldsymbol{d}$ 有关,表示由质点 A 邻域内的介质变形所引起的质点 B 的速度增量①。为了说明第二项的意义,引入反对称张量 $\boldsymbol{\Omega}$ 的反偶矢量 $\boldsymbol{\omega}$(见(2.5.29)式、(2.5.30)式)

$$\boldsymbol{\omega}=-\frac{1}{2}\boldsymbol{\epsilon}:\boldsymbol{\Omega} \tag{6.3.17a}$$

$$\boldsymbol{\Omega}=-\boldsymbol{\epsilon}\cdot\boldsymbol{\omega}=-\boldsymbol{\omega}\cdot\boldsymbol{\epsilon} \tag{6.3.17b}$$

把(6.3.13)式代入(6.3.17a)式得

$$\boldsymbol{\omega}=-\frac{1}{2}\boldsymbol{\epsilon}:\frac{1}{2}(\boldsymbol{v}\hat{\nabla}-\hat{\nabla}\boldsymbol{v})=-\frac{1}{4}\boldsymbol{v}\times\hat{\nabla}+\frac{1}{4}\hat{\nabla}\times\boldsymbol{v}$$

$$=\frac{1}{2}\hat{\nabla}\times\boldsymbol{v}=\frac{1}{2}\operatorname{curl}\boldsymbol{v} \tag{6.3.18a}$$

可见矢量 $\boldsymbol{\omega}$ 与速度场的旋度有关,它表示介质微元绕 A 点的刚体转动速率,称为**角速度矢量**。而旋率张量 $\boldsymbol{\Omega}$ 与角速度矢量 $\boldsymbol{\omega}$ 有一一对应的反偶关系(6.3.17),所以它们都是介质微元刚体转动速率的不同表示形式。把(6.3.17b)式代入(6.3.16)式的右端第二项,有

$$\boldsymbol{\Omega}\cdot\mathrm{d}\boldsymbol{r}=-\mathrm{d}\boldsymbol{r}\cdot\boldsymbol{\Omega}=\mathrm{d}\boldsymbol{r}\cdot(\boldsymbol{\omega}\cdot\boldsymbol{\epsilon})=(\boldsymbol{\omega}\mathrm{d}\boldsymbol{r}):\boldsymbol{\epsilon}=\boldsymbol{\epsilon}:(\boldsymbol{\omega}\mathrm{d}\boldsymbol{r})$$

$$=\boldsymbol{\omega}\times\mathrm{d}\boldsymbol{r} \tag{6.3.18b}$$

由图6.6(b)可以看到:由 A 点转动角速度 $\boldsymbol{\omega}$ 所引起的邻近 B 点相对于 A 点的速度差 $\mathrm{d}\boldsymbol{v}_{(\Omega)}$ 垂直于由矢量 $\boldsymbol{\omega}$ 和 $\mathrm{d}\boldsymbol{r}$ 所构成的平面,且大小为 $|\mathrm{d}\boldsymbol{v}|=|\boldsymbol{\omega}||\mathrm{d}\boldsymbol{r}|\sin\theta$。若用矢积表示,就是上面的 $\boldsymbol{\omega}\times\mathrm{d}\boldsymbol{r}$。于是,速度差的加法分解式(6.3.16)可改写成

$$\mathrm{d}\boldsymbol{v}=\boldsymbol{d}\cdot\mathrm{d}\boldsymbol{r}+\boldsymbol{\omega}\times\mathrm{d}\boldsymbol{r} \tag{6.3.18}$$

其中第一项为微元变形引起的速度差 $\mathrm{d}\boldsymbol{v}_{(d)}$;若微元仅作刚体转动,则 $\boldsymbol{d}=\boldsymbol{O}$,$\mathrm{d}\boldsymbol{v}_{(d)}=\boldsymbol{0}$。第

① 此处"增量"表示在相邻两点 A,B 值之差,即对空间的增量。有时 d()表示对时间 t 的增量,注意不要混淆。

二项为微元转动引起的速度差 $\mathrm{d}\boldsymbol{v}_{(\boldsymbol{\Omega})}$；若微元为纯变形情况，则$\boldsymbol{\omega}=\mathbf{0}$，$\boldsymbol{\Omega}=\boldsymbol{O}$，$\mathrm{d}\boldsymbol{v}_{(\boldsymbol{\Omega})}=\mathbf{0}$。

对 Lagrange 基矢量的物质导数也可作相应的加法分解。把(6.3.15)式代入(6.3.4)式和(6.3.6)式得

$$\frac{\mathrm{d}\hat{\boldsymbol{g}}_i}{\mathrm{d}t}=\boldsymbol{d}\cdot\hat{\boldsymbol{g}}_i+\boldsymbol{\omega}\times\hat{\boldsymbol{g}}_i \tag{6.3.19}$$

$$\frac{\mathrm{d}\hat{\boldsymbol{g}}^i}{\mathrm{d}t}=-\boldsymbol{d}\cdot\hat{\boldsymbol{g}}^i+\boldsymbol{\omega}\times\hat{\boldsymbol{g}}^i \tag{6.3.20}$$

6.3.4 Euler 基矢量的物质导数

Euler 基矢量本来是固定在空间、与时间参数 t 无关的。但对运动质点(ξ^k)来说，在不同时刻 t，它将占有不同的空间点位(x^j)，由于不同点位处的 Euler 基矢量一般说是变化的(其变化规律可以用 Christoffel 符号来表示)，所以与运动质点各瞬时位置所对应的 Euler 基矢量是间接地与参数 t 有关的，即

$$\boldsymbol{g}_i=\boldsymbol{g}_i(x^j(\xi^k,t)) \tag{6.3.21}$$

物质导数是研究跟随质点(ξ^k 保持不变)时物理量的变化率。根据复合函数求导规则、基矢量对坐标求导公式(4.1.4)以及(6.1.5)式，可得

$$\frac{\mathrm{d}\boldsymbol{g}_i}{\mathrm{d}t}=\frac{\partial\boldsymbol{g}_i}{\partial x^j}\frac{\mathrm{d}x^j}{\mathrm{d}t}=v^j\Gamma_{ji}^k\boldsymbol{g}_k \tag{6.3.22}$$

利用基矢量对偶关系和上式，可进一步导出 Euler 逆变基矢量的物质导数：

$$\frac{\mathrm{d}\boldsymbol{g}^i}{\mathrm{d}t}\cdot\boldsymbol{g}_l=-\boldsymbol{g}^i\cdot\frac{\mathrm{d}\boldsymbol{g}_l}{\mathrm{d}t}=-v^j\Gamma_{jl}^k\boldsymbol{g}^i\cdot\boldsymbol{g}_k=-v^j\Gamma_{jl}^i$$

$$\frac{\mathrm{d}\boldsymbol{g}^i}{\mathrm{d}t}=-v^j\Gamma_{jl}^i\boldsymbol{g}^l \tag{6.3.23}$$

(6.3.22)式和(6.3.23)式说明：Euler 基矢量的物质导数与质点运动速度及 Christoffel 符号有关。对于直线坐标系($\Gamma_{ij}^k=0$)或当质点固定不动($v^i=0$)时，Euler 基矢量的物质导数为零。

与此对照，Lagrange 基矢量的物质导数(见(6.3.2)式、(6.3.5)式)却与速度梯度有关。对于同一个运动状态，这两种基矢量的物质导数是不同的。例如，物体作刚体平移时，速度梯度为零，所以 Lagrange 基矢量的物质导数为零。这是因为 Lagrange 协变基矢量 $\hat{\boldsymbol{g}}_i$ 是嵌入在物体上的，随物体一起变形和转动。当物体作刚体平移时，既无变形又无转动，$\hat{\boldsymbol{g}}_i$ 的大小与方向均不变。但是，速度本身并不为零，所以在 $\Gamma_{ij}^k\neq0$ 的任意曲线坐标系中，Euler 基矢量的物质导数不等于零。尽管物体只作刚体平移，无变形和无转动，但每个质点在空间中移动位置，仍然使得 Euler 基矢量发生变化(因为曲线坐标中基矢量随位置变化)。

6.4 矢量场函数的导数

本节研究矢量 $\boldsymbol{u}$ 随质点而异并随时间变化的情况，例如 $\boldsymbol{u}$ 可以是连续介质各质点的位移、速度或加速度矢量等。此时 $\boldsymbol{u}$ 称为矢量场，仍可简称为矢量。

6.4.1 Lagrange 坐标系中矢量场函数的物质导数

把矢量 $\boldsymbol{u}$ 沿 Lagrange 基矢量分解为

$$\boldsymbol{u}=\hat{u}^i(\xi^k,t)\hat{\boldsymbol{g}}_i(\xi^k,t)=\hat{u}_i(\xi^k,t)\hat{\boldsymbol{g}}^i(\xi^k,t) \tag{6.4.1}$$

对上式求物质导数,并利用(6.3.2)式得

$$\frac{\mathrm{d}\boldsymbol{u}}{\mathrm{d}t}=\frac{\mathrm{d}\hat{u}^i}{\mathrm{d}t}\hat{\boldsymbol{g}}_i+\hat{u}^m\frac{\mathrm{d}\hat{\boldsymbol{g}}_m}{\mathrm{d}t}=\left(\frac{\mathrm{d}\hat{u}^i}{\mathrm{d}t}+\hat{u}^m(\hat{\nabla}_m\hat{\boldsymbol{v}}^i)\right)\hat{\boldsymbol{g}}_i \tag{6.4.2}$$

或利用(6.3.4)式,按(6.3.15)式作加法分解,可得

$$\begin{aligned}\frac{\mathrm{d}\boldsymbol{u}}{\mathrm{d}t}&=\frac{\mathrm{d}\hat{u}^i}{\mathrm{d}t}\hat{\boldsymbol{g}}_i+\hat{u}^m\frac{\mathrm{d}\hat{\boldsymbol{g}}_m}{\mathrm{d}t}=\frac{\mathrm{d}\hat{u}^i}{\mathrm{d}t}\hat{\boldsymbol{g}}_i+(\boldsymbol{v}\,\hat{\boldsymbol{\nabla}})\cdot\boldsymbol{u}\\&=\frac{\mathrm{d}\hat{u}^i}{\mathrm{d}t}\hat{\boldsymbol{g}}_i+\boldsymbol{d}\cdot\boldsymbol{u}+\boldsymbol{\Omega}\cdot\boldsymbol{u}\\&=\frac{\mathrm{d}\hat{u}^i}{\mathrm{d}t}\hat{\boldsymbol{g}}_i+\hat{u}^m\hat{d}^i_{\cdot m}\hat{\boldsymbol{g}}_i+\hat{u}^m\hat{\Omega}^i_{\cdot m}\hat{\boldsymbol{g}}_i\end{aligned} \tag{6.4.3}$$

如果采用(6.4.1)的第二个等式,把 $\boldsymbol{u}$ 对逆变基矢量分解,则相应地由(6.3.5)式有

$$\frac{\mathrm{d}\boldsymbol{u}}{\mathrm{d}t}=\frac{\mathrm{d}\hat{u}_i}{\mathrm{d}t}\hat{\boldsymbol{g}}^i+\hat{u}_m\frac{\mathrm{d}\hat{\boldsymbol{g}}^m}{\mathrm{d}t}=\left(\frac{\mathrm{d}\hat{u}_i}{\mathrm{d}t}-\hat{u}_m(\hat{\nabla}_i\hat{v}^m)\right)\hat{\boldsymbol{g}}^i \tag{6.4.4}$$

$$\begin{aligned}\frac{\mathrm{d}\boldsymbol{u}}{\mathrm{d}t}&=\frac{\mathrm{d}\hat{u}_i}{\mathrm{d}t}\hat{\boldsymbol{g}}^i-\boldsymbol{u}\cdot(\boldsymbol{v}\,\hat{\boldsymbol{\nabla}})\\&=\frac{\mathrm{d}\hat{u}_i}{\mathrm{d}t}\hat{\boldsymbol{g}}^i-\boldsymbol{d}\cdot\boldsymbol{u}+\boldsymbol{\Omega}\cdot\boldsymbol{u}\\&=\left(\frac{\mathrm{d}\hat{u}_i}{\mathrm{d}t}-\hat{u}^m\hat{d}_{im}+\hat{u}^m\hat{\Omega}_{im}\right)\hat{\boldsymbol{g}}^i\end{aligned} \tag{6.4.5}$$

注意易证因为旋率 $\boldsymbol{\Omega}$ 是反对称张量,对任意矢量 $\boldsymbol{u}$ 都有类似于(6.3.18b)式的关系:

$$\boldsymbol{\Omega}\cdot\boldsymbol{u}=-\boldsymbol{u}\cdot\boldsymbol{\Omega}=\boldsymbol{\omega}\times\boldsymbol{u} \tag{6.4.6}$$

旋率张量 $\boldsymbol{\Omega}$ 与角速度矢量 $\boldsymbol{\omega}$ 的关系见(6.3.17)式。以后若出现在公式中,仍记作 $\boldsymbol{\Omega}\cdot\boldsymbol{u}$,但应理解为 $\boldsymbol{\omega}\times\boldsymbol{u}$。

(6.4.2)式和(6.4.4)式是同一个矢量 $\frac{\mathrm{d}\boldsymbol{u}}{\mathrm{d}t}$ 对不同基矢量的分解式,所以分量之间必满足指标升降关系

$$\begin{cases}\dfrac{\mathrm{d}\hat{u}^i}{\mathrm{d}t}+\hat{u}^m(\hat{\nabla}_m\hat{v}^i)=\hat{g}^{ij}\left(\dfrac{\mathrm{d}\hat{u}_j}{\mathrm{d}t}-\hat{u}_m(\hat{\nabla}_j\hat{v}^m)\right)\\[2ex]\dfrac{\mathrm{d}\hat{u}_i}{\mathrm{d}t}-\hat{u}_m(\hat{\nabla}_i\hat{v}^m)=\hat{g}_{ij}\left(\dfrac{\mathrm{d}\hat{u}^j}{\mathrm{d}t}+\hat{u}^m(\hat{\nabla}_m\hat{v}^j)\right)\end{cases} \tag{6.4.7}$$

下面直接证明一下该式。在证明时应注意,虽然

$$\hat{u}^i=\hat{g}^{ij}\hat{u}_j,\qquad \hat{u}_i=\hat{g}_{ij}\hat{u}^j$$

但是

$$\frac{\mathrm{d}\hat{u}^i}{\mathrm{d}t}\neq\hat{g}^{ij}\frac{\mathrm{d}\hat{u}_j}{\mathrm{d}t},\qquad \frac{\mathrm{d}\hat{u}_i}{\mathrm{d}t}\neq\hat{g}_{ij}\frac{\mathrm{d}\hat{u}^j}{\mathrm{d}t} \tag{6.4.7a}$$

因为在 Lagrange 坐标系中,度量张量的分量是随 t 变化的,$\frac{\mathrm{d}\hat{g}^{ij}}{\mathrm{d}t}\neq0$ 或 $\frac{\mathrm{d}\hat{g}_{ij}}{\mathrm{d}t}\neq0$,因此求导时出现两项,利用(6.3.7a)式,可得

$$\begin{aligned}\frac{\mathrm{d}\hat{u}_i}{\mathrm{d}t}&=\hat{g}_{ij}\frac{\mathrm{d}\hat{u}^j}{\mathrm{d}t}+\frac{\mathrm{d}\hat{g}_{ij}}{\mathrm{d}t}\hat{u}^j\\&=\hat{g}_{ij}\frac{\mathrm{d}\hat{u}^j}{\mathrm{d}t}+(\hat{\nabla}_j\hat{v}^k)\hat{g}_{ik}\hat{u}^j+(\hat{\nabla}_i\hat{v}^m)\hat{g}_{mj}\hat{u}^j\end{aligned}$$

$$= \hat{g}_{ij}\frac{\mathrm{d}\hat{u}^j}{\mathrm{d}t} + \hat{g}_{ij}\hat{u}^m(\hat{\nabla}_m\hat{v}^j) + \hat{u}_m(\hat{\nabla}_i\hat{v}^m)$$

将上式移项，便可证得(6.4.7)的第二式。类似地可证明(6.4.7)的第--式。

矢量场物质导数 $\mathrm{d}\boldsymbol{u}/\mathrm{d}t$(6.4.3)式和(6.4.5)式的右端各包含三项。其中第一项表示基矢量不变时，即不考虑所研究质点邻域内介质的变形和转动(但可以有刚体平移)时，矢量分量 u^i 或 u_i 的变化率；第二项表示由介质变形引起的矢量的变化率；第三项表示由介质微元作刚体转动所引起的矢量的变化率。两式左端是同一个矢量$\frac{\mathrm{d}\boldsymbol{u}}{\mathrm{d}t}$，右端的第三项也是同一个矢量$\boldsymbol{\omega}\times\boldsymbol{u}$，所以两式右端第一、第二项之和也应是同一个矢量，即

$$\frac{\mathrm{d}\hat{u}^i}{\mathrm{d}t}\hat{\boldsymbol{g}}_i + \boldsymbol{d}\cdot\boldsymbol{u} = \frac{\mathrm{d}\hat{u}_i}{\mathrm{d}t}\hat{\boldsymbol{g}}^i - \boldsymbol{d}\cdot\boldsymbol{u} \tag{6.4.8}$$

再注意到上式两边的第二项都是矢量，所以两边的第一项也是矢量①，但一般说并不相等。因为由上式可得

$$\frac{\mathrm{d}\hat{u}^i}{\mathrm{d}t}\hat{\boldsymbol{g}}_i + 2\boldsymbol{d}\cdot\boldsymbol{u} = \frac{\mathrm{d}\hat{u}_i}{\mathrm{d}t}\hat{\boldsymbol{g}}^i$$

当介质有变形时，$\boldsymbol{d}\neq\boldsymbol{O}$，(6.4.8)式等号左右两边的第一项就不可能相等。

其实，把(6.4.5)式的第一项改写一下，利用(6.4.7a)式也可证明这一点：

$$\frac{\mathrm{d}\hat{u}_i}{\mathrm{d}t}\hat{\boldsymbol{g}}^i = \frac{\mathrm{d}\hat{u}_j}{\mathrm{d}t}\hat{\boldsymbol{g}}^j = \hat{g}^{ij}\frac{\mathrm{d}\hat{u}_j}{\mathrm{d}t}\hat{\boldsymbol{g}}_i \neq \frac{\mathrm{d}\hat{u}^i}{\mathrm{d}t}\hat{\boldsymbol{g}}_i$$

可见这是两个不同的矢量，不能混淆。

6.4.2　Euler 坐标系中矢量场函数的物质导数、全导数

质点的 Euler 坐标是该质点的 Lagrange 坐标 ξ^i 和参数 t 的函数(见(6.2.13)式)，即

$$x^k = x^k(\xi^j, t)$$

故矢量 $\boldsymbol{u}$ 在 Euler 坐标系中的分解式为

$$\begin{aligned}\boldsymbol{u} &= u^i(x^k(\xi^j,t),t)\boldsymbol{g}_i(x^k(\xi^j,t))\\ &= u_i(x^k(\xi^j,t),t)\boldsymbol{g}^i(x^k(\xi^j,t))\end{aligned} \tag{6.4.9}$$

对(6.4.9)的第一式求物质导数，记作 $\dot{\boldsymbol{u}}$。利用(6.3.22)式得

$$\dot{\boldsymbol{u}} = \frac{\mathrm{d}\boldsymbol{u}}{\mathrm{d}t} = \frac{\mathrm{d}u^i}{\mathrm{d}t}\boldsymbol{g}_i + u^m\frac{\mathrm{d}\boldsymbol{g}_m}{\mathrm{d}t} = \left(\frac{\mathrm{d}u^i}{\mathrm{d}t} + u^m v^k\Gamma^i_{km}\right)\boldsymbol{g}_i \tag{6.4.10}$$

这和(6.1.7)式形式相同，区别仅在于(6.1.7)式研究的是一个质点上的矢量 $\boldsymbol{u}$，而这里研究的是连续介质中任何一个确定的质点上的矢量 $\boldsymbol{u}$，因此对于不同的质点这里的 ξ^j 可以取不同的值。如果把矢量 $\boldsymbol{u}$ 对 Euler 基矢量分解时所得的分量 u^i 简称为 Euler 分量，则和(6.1.8)式相似，可以定义

$$\frac{\mathrm{D}u^i}{\mathrm{D}t} = \frac{\mathrm{d}u^i}{\mathrm{d}t} + u^m v^k\Gamma^i_{km} \tag{6.4.11}$$

为矢量 Euler 分量 u^i 对参数 t 的**全导数**。于是(6.4.10)式成为

$$\frac{\mathrm{d}\boldsymbol{u}}{\mathrm{d}t} = \frac{\mathrm{D}u^i}{\mathrm{D}t}\boldsymbol{g}_i \tag{6.4.12}$$

---

① 这里所说的矢量，按 1.6.1 节的含义，具有对坐标的不变性，即不随坐标 ξ^i 的转换而改变的实体。

即矢量 Euler 分量的全导数$\dfrac{Du^i}{Dt}$等于矢量物质导数$\dfrac{d\boldsymbol{u}}{dt}$的 Euler 分量。

全导数(6.4.11)式的第一项 du^i/dt 是 $\boldsymbol{u}$ 的 Euler 分量 $u^i(\xi^j,t)$的物质导数,求导时质点 ξ^j 保持不变。也可以把 u^i 表示成 Euler 坐标 x^k 与 t 的函数,即 $u^i(x^k,t)$。应该指出,$u^i(x^k,t)$与 $u^i(\xi^j,t)$并不是同一个函数,它们之间可以利用坐标转换关系(6.2.13)式进行转换,即 $u^i(x^k,t)=u^i(x^k(\xi^j,t),t)$。将右端重新整理后,得到 u^i 是 ξ^j 与 t 的另一形式的函数 $f^i(\xi^j,t)$(有时为方便起见,也记作 $u^i(\xi^j,t)$)。对运动质点来说,其 Euler 坐标$x^k(\xi^j,t)$是随时间而变化的,如果先把 x^k 暂时固定,则总变化率$\dfrac{du^i}{dt}$应等于固定空间点位 x^k 处 u^i 的变化率和由于质点迁移到另一个相邻空间点位而引起的 u^i 的变化率之和,即(利用(6.2.17a)式)

$$\begin{aligned}\frac{du^i}{dt}&=\left(\frac{\partial u^i}{\partial t}\right)_{x^k}+\frac{\partial u^i}{\partial x^k}\left(\frac{\partial x^k}{\partial t}\right)_{\xi^j}\\&=\left(\frac{\partial u^i}{\partial t}\right)_{x^k}+v^k\,\frac{\partial u^i}{\partial x^k}\end{aligned}\tag{6.4.13a}$$

式中三个偏导数的含义是

$$\left(\frac{\partial u^i}{\partial t}\right)_{x^k}=\frac{\partial u^i(x^k,t)}{\partial t},\qquad \frac{\partial u^i}{\partial x^k}=\frac{\partial u^i(x^k,t)}{\partial x^k}$$

$$\left(\frac{\partial x^k}{\partial t}\right)_{\xi^j}=\frac{\partial x^k(\xi^j,t)}{\partial t}=v^k$$

把(6.4.13a)式代入(6.4.11)式,并利用协变导数定义(4.3.4)式,则全导数为

$$\begin{aligned}\frac{Du^i}{Dt}&=\left(\frac{\partial u^i}{\partial t}\right)_{x^k}+v^k\left(\frac{\partial u^i}{\partial x^k}+u^m\Gamma^i_{km}\right)\\&=\left(\frac{\partial u^i}{\partial t}\right)_{x^k}+v^k(\nabla_k u^i)\end{aligned}\tag{6.4.13}$$

其中第一项称为**局部导数**。它是观察者站在固定空间点位 x^k 处所观察到的矢量分量 u^i 的变化速率。引起这种变化的原因是由于介质在运动,不同时刻 t 通过同一空间点位 x^k 的物质质点是不同的,而矢量场 $\boldsymbol{u}$ 又是随质点而异的,所以观察者看到的是在不同时刻恰好路经 x^k 处不同质点上的不同矢量 $\boldsymbol{u}$;第二项称为**对流导数**或**迁移导数**,它反映了当运动质点迁移到相邻的另一空间点位时,矢量分量 u^i 的变化速率。

若对(6.4.9)的第二个等式求物质导数,利用(6.3.23)式,则与(6.4.10)式相对照,得到

$$\frac{d\boldsymbol{u}}{dt}=\left(\frac{du_i}{dt}-u_m v^k\Gamma^m_{k\,i}\right)\boldsymbol{g}^i\tag{6.4.14}$$

或写作

$$\frac{d\boldsymbol{u}}{dt}=\frac{Du_i}{Dt}\boldsymbol{g}^i\tag{6.4.15}$$

其中全导数

$$\frac{Du_i}{Dt}=\frac{du_i}{dt}-u_m v^k\Gamma^m_{k\,i}\tag{6.4.16}$$

或(利用(6.4.13a)式与协变导数定义(4.3.7)式)

$$\frac{Du_i}{Dt}=\left(\frac{\partial u_i}{\partial t}\right)_{x^k}+v^k(\nabla_k u_i)\tag{6.4.17}$$

其中第一项为**局部导数**，第二项为**对流导数**。由于$\frac{\mathrm{D}u_i}{\mathrm{D}t}$和$\frac{\mathrm{D}u^i}{\mathrm{D}t}$是同一矢量$\frac{\mathrm{d}\boldsymbol{u}}{\mathrm{d}t}$的协变、逆变分量，它们必满足指标升降关系：

$$\begin{cases}\dfrac{\mathrm{D}u^i}{\mathrm{D}t}=g^{ij}\ \dfrac{\mathrm{D}u_j}{\mathrm{D}t}\\[2ex]\dfrac{\mathrm{D}u_i}{\mathrm{D}t}=g_{ij}\ \dfrac{\mathrm{D}u^j}{\mathrm{D}t}\end{cases}\tag{6.4.18}$$

再看(6.4.17)式和(6.4.13)式，两式右端第二项(对流导数)是同一个矢量$\boldsymbol{v}\cdot(\nabla\boldsymbol{u})$的协变、逆变分量，它们必满足指标升降关系。由此可知，第一项(局部导数)也一定是同一个矢量。这一点也可这样来证明：矢量 $\boldsymbol{u}$ 的分量满足指标升降关系：

$$u^i=g^{ij}u_j$$

对空间点位 x^k 来说，Euler 坐标系的度量张量 g^{ij} 是与 t 无关的，所以把上式对 t 求导得

$$\left(\frac{\partial u^i}{\partial t}\right)_{x^k}=g^{ij}\left(\frac{\partial u_j}{\partial t}\right)_{x^k}$$

即两个第一项满足指标升降关系，(6.4.17)式和(6.4.13)式右端第一项(局部导数)也是同一个矢量$(\partial\boldsymbol{u}/\partial t)_{x^k}$ 的协变、逆变分量。以分量形式表示的(6.4.12)式、(6.4.13)式与(6.4.15)式，(6.4.17)式可以写成如下统一的矢量形式：

$$\frac{\mathrm{d}\boldsymbol{u}}{\mathrm{d}t}=\left(\frac{\partial\boldsymbol{u}}{\partial t}\right)_{x^k}+\boldsymbol{v}\cdot(\nabla\boldsymbol{u})=\left(\frac{\partial\boldsymbol{u}}{\partial t}\right)_{x^k}+(\boldsymbol{u}\nabla)\cdot\boldsymbol{v}\tag{6.4.19}$$

其中第一项为**局部导数**，第二项为**对流导数**。

应该指出，(6.4.10)式和(6.4.14)式右端的两项之和都等于同一个矢量$\frac{\mathrm{d}\boldsymbol{u}}{\mathrm{d}t}$，因此

$$\frac{\mathrm{d}u^i}{\mathrm{d}t}\boldsymbol{g}_i+u^m v^k\Gamma_{km}^i\boldsymbol{g}_i=\frac{\mathrm{d}u_i}{\mathrm{d}t}\boldsymbol{g}^i-u_m v^k\Gamma_{k\ i}^{m}\boldsymbol{g}^i\tag{6.4.20}$$

但上式中左端的第一项$\frac{\mathrm{d}u^i}{\mathrm{d}t}\boldsymbol{g}_i$ 与右端的第一项$\frac{\mathrm{d}u_i}{\mathrm{d}t}\boldsymbol{g}^i$ 都不是矢量(即对 Euler 坐标 x^k 的转换都不具有不变性)，而且互相也不相等，即

$$\frac{\mathrm{d}u^i}{\mathrm{d}t}\boldsymbol{g}_i\neq\frac{\mathrm{d}u_i}{\mathrm{d}t}\boldsymbol{g}^i$$

换言之，矢量 $\boldsymbol{u}$ 的 Euler 分量 u^i 与 u_i 的物质导数$\frac{\mathrm{d}u^i}{\mathrm{d}t}$与$\frac{\mathrm{d}u_i}{\mathrm{d}t}$不满足在 Euler 坐标系中的指标升降关系。可以这样来证明：求$\frac{\mathrm{d}u^i}{\mathrm{d}t}$与$\frac{\mathrm{d}u_i}{\mathrm{d}t}$时，Lagrange 坐标 ξ^i 保持不变，而 Euler 坐标 x^k 是变化的，因而度量张量 $g^{ij}(x^k)$与 t 有关，于是

$$\frac{\mathrm{d}u^i}{\mathrm{d}t}=\frac{\mathrm{d}}{\mathrm{d}t}(g^{ij}u_j)\neq g^{ij}\ \frac{\mathrm{d}u_j}{\mathrm{d}t}$$

既然(6.4.20)式中两端第一项不是矢量，也不相等，所以两端的第二项也不可能是矢量，而且也不相等。

综上所述，矢量 $\boldsymbol{u}$ 的物质导数$\frac{\mathrm{d}\boldsymbol{u}}{\mathrm{d}t}$是一个矢量；矢量 $\boldsymbol{u}$ 在 Euler 坐标系中的局部导数和对流导数也都是矢量。矢量 $\boldsymbol{u}$ 的 Lagrange 分量 $\hat{u}^i$ 和 $\hat{u}_i$ 的物质导数分别都是矢量，但不是同

一个矢量。而矢量的 Euler 分量 u^i 和 u_i 的物质导数不满足 Euler 坐标系中的指标升降关系，而且都不是矢量。

在上文中，$\boldsymbol{u}$ 可以代表任何矢量场。例如，如果 $\boldsymbol{u}$ 代表位移，则 $\mathrm{d}\boldsymbol{u}/\mathrm{d}t$ 表示速度；如果 $\boldsymbol{u}$ 代表速度，则 $\mathrm{d}\boldsymbol{u}/\mathrm{d}t$ 表示加速度。

前已指出，Lagrange 坐标 ξ^i 一般只能是曲线坐标。采用 Euler 坐标系 x^i 的好处是可以采用笛卡儿直角坐标系，免去曲线坐标系带来的许多麻烦。这里可以用(6.4.12)式与(6.4.13)式(或(6.4.15)式与(6.4.17)式)导出在 Euler 坐标系中的物质导数 $\mathrm{d}\boldsymbol{u}/\mathrm{d}t$ 的分量表达式(见习题 6.4)。

6.4.3 坐标转换关系

把矢量的物质导数对 Lagrange 基矢量和 Euler 基矢量分解，由(6.4.2)式、(6.4.4)式、(6.4.12)式和(6.4.15)式得

$$\frac{\mathrm{d}\boldsymbol{u}}{\mathrm{d}t}=\left(\frac{\mathrm{d}\hat{u}^i}{\mathrm{d}t}+\hat{u}^m\ (\hat{\nabla}_m\hat{v}^i)\right)\hat{\boldsymbol{g}}_i=\left(\frac{\mathrm{d}\hat{u}_i}{\mathrm{d}t}-\hat{u}_m\ (\hat{\nabla}_i\hat{v}^m)\right)\hat{\boldsymbol{g}}^i$$
$$=\frac{\mathrm{D}u^i}{\mathrm{D}t}\boldsymbol{g}_i=\frac{\mathrm{D}u_i}{\mathrm{D}t}\boldsymbol{g}^i \tag{6.4.21}$$

对于确定的时刻 t，可以认为 x^i 与 ξ^j 是一种坐标变换。(6.2.14)式给出了相应基矢量的转换关系。代入上式后可得相应分量的如下转换关系：

$$\begin{cases}\dfrac{\mathrm{d}\hat{u}^i}{\mathrm{d}t}+\hat{u}^m\ (\hat{\nabla}_m\hat{v}^i)=\dfrac{\partial\xi^i}{\partial x^j}\dfrac{\mathrm{D}u^j}{\mathrm{D}t}\\[2ex]\dfrac{\mathrm{d}\hat{u}_i}{\mathrm{d}t}-\hat{u}_m\ (\hat{\nabla}_i\hat{v}^m)=\dfrac{\partial x^j}{\partial\xi^i}\dfrac{\mathrm{D}u_j}{\mathrm{D}t}\end{cases} \tag{6.4.22a}$$

或反之

$$\begin{cases}\dfrac{\mathrm{D}u^i}{\mathrm{D}t}=\dfrac{\partial x^i}{\partial\xi^j}\left(\dfrac{\mathrm{d}\hat{u}^j}{\mathrm{d}t}+\hat{u}^m(\hat{\nabla}_m\hat{v}^j)\right)\\[2ex]\dfrac{\mathrm{D}u_i}{\mathrm{D}t}=\dfrac{\partial\xi^j}{\partial x^i}\left(\dfrac{\mathrm{d}\hat{u}_j}{\mathrm{d}t}-\hat{u}_m\ (\hat{\nabla}_j\hat{v}^m)\right)\end{cases} \tag{6.4.22b}$$

对于小位移和小速度问题，右端括号中的第二项可以略去，对于一般情况则应保留。

如果矢量 $\boldsymbol{u}$ 就是速度场 $\boldsymbol{v}$，则 $\dfrac{\mathrm{d}\boldsymbol{u}}{\mathrm{d}t}$ 就是介质的加速度 $\boldsymbol{a}$。只要把 u^i 和 u_i 改成 v^i 和 v_i，就可以用本节所给的公式计算加速度的各种分量值。

6.4.4 矢量场函数的相对导数

有两种观察物理现象的方式。一种是观察者位于静止的空间坐标系中，观察矢量 $\boldsymbol{u}$ 随参数 t 的变化速率，这称为**绝对导数**。另一种是观察者跟随活动坐标系一起运动和变形，观察矢量 $\boldsymbol{u}$ 随参数 t、相对于活动参考架的变化速率，这称为**相对导数**。

先以理论力学中大家熟悉的刚体运动为例。设 $\boldsymbol{i}, \boldsymbol{j}, \boldsymbol{k}$ 为固定在空间的静止笛卡儿坐标系；$\hat{\boldsymbol{i}}, \hat{\boldsymbol{j}}, \hat{\boldsymbol{k}}$ 为跟随刚体运动的活动笛卡儿坐标系。刚体(因而活动坐标系)在静止坐标系中的旋转角速度为 $\boldsymbol{\omega}$。

把矢量 $\boldsymbol{u}$ 对静止坐标系分解为

$$\boldsymbol{u}=u_x\boldsymbol{i}+u_y\boldsymbol{j}+u_z\boldsymbol{k}$$

注意到 $\boldsymbol{i}$, $\boldsymbol{j}$, $\boldsymbol{k}$ 是固定不变的,则 $\boldsymbol{u}$ 的绝对导数为

$$\frac{\mathrm{d}\boldsymbol{u}}{\mathrm{d}t}=\frac{\mathrm{d}u_x}{\mathrm{d}t}\boldsymbol{i}+\frac{\mathrm{d}u_y}{\mathrm{d}t}\boldsymbol{j}+\frac{\mathrm{d}u_z}{\mathrm{d}t}\boldsymbol{k}$$

把同一矢量 $\boldsymbol{u}$ 对活动坐标系(图 6.7)分解为

$$\boldsymbol{u}=\hat{u}_x\hat{\boldsymbol{i}}+\hat{u}_y\hat{\boldsymbol{j}}+\hat{u}_z\hat{\boldsymbol{k}}$$

注意到基矢量 $\hat{\boldsymbol{i}},\hat{\boldsymbol{j}},\hat{\boldsymbol{k}}$ 在变化(旋转),则 $\boldsymbol{u}$ 的绝对导数为

$$\frac{\mathrm{d}\boldsymbol{u}}{\mathrm{d}t}=\frac{\mathrm{d}\hat{u}_x}{\mathrm{d}t}\hat{\boldsymbol{i}}+\frac{\mathrm{d}\hat{u}_y}{\mathrm{d}t}\hat{\boldsymbol{j}}+\frac{\mathrm{d}\hat{u}_z}{\mathrm{d}t}\hat{\boldsymbol{k}}+\hat{u}_x\frac{\mathrm{d}\hat{\boldsymbol{i}}}{\mathrm{d}t}+\hat{u}_y\frac{\mathrm{d}\hat{\boldsymbol{j}}}{\mathrm{d}t}+\hat{u}_z\frac{\mathrm{d}\hat{\boldsymbol{k}}}{\mathrm{d}t} \tag{6.4.23a}$$

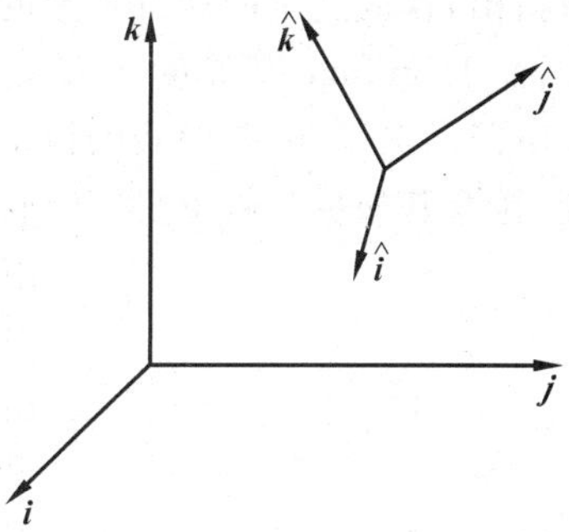

图 6.7　静止坐标架与旋转的活动坐标架

其中前三项不考虑基矢量的变化,是矢量 $\boldsymbol{u}$ 相对于由 $\hat{\boldsymbol{i}},\hat{\boldsymbol{j}},\hat{\boldsymbol{k}}$ 所组成的活动参考架的变化率,称为相对导数,并记为

$$\left(\frac{\mathrm{d}\boldsymbol{u}}{\mathrm{d}t}\right)_r=\frac{\mathrm{d}\hat{u}_x}{\mathrm{d}t}\hat{\boldsymbol{i}}+\frac{\mathrm{d}\hat{u}_y}{\mathrm{d}t}\hat{\boldsymbol{j}}+\frac{\mathrm{d}\hat{u}_z}{\mathrm{d}t}\hat{\boldsymbol{k}}$$

后三项来自基矢量的变化,利用

$$\frac{\mathrm{d}\hat{\boldsymbol{i}}}{\mathrm{d}t}=\boldsymbol{\omega}\times\hat{\boldsymbol{i}},\qquad\frac{\mathrm{d}\hat{\boldsymbol{j}}}{\mathrm{d}t}=\boldsymbol{\omega}\times\hat{\boldsymbol{j}},\qquad\frac{\mathrm{d}\hat{\boldsymbol{k}}}{\mathrm{d}t}=\boldsymbol{\omega}\times\hat{\boldsymbol{k}}$$

可改写成

$$\hat{u}_x\frac{\mathrm{d}\hat{\boldsymbol{i}}}{\mathrm{d}t}+\hat{u}_y\frac{\mathrm{d}\hat{\boldsymbol{j}}}{\mathrm{d}t}+\hat{u}_z\frac{\mathrm{d}\hat{\boldsymbol{k}}}{\mathrm{d}t}=\boldsymbol{\omega}\times(\hat{u}_x\hat{\boldsymbol{i}}+\hat{u}_y\hat{\boldsymbol{j}}+\hat{u}_z\hat{\boldsymbol{k}})=\boldsymbol{\omega}\times\boldsymbol{u}$$

它是观察者站在静止空间中观察到的、由于矢量 $\boldsymbol{u}$ 跟随活动参考架一起旋转而引起的、矢量 $\boldsymbol{u}$ 的变化率,称为**牵连导数**。当观察者和活动参考架一起旋转时,牵连导数是感觉不到的。按(6.4.23a)式,绝对导数就等于相对导数和牵连导数之和

$$\frac{\mathrm{d}\boldsymbol{u}}{\mathrm{d}t}=\left(\frac{\mathrm{d}\boldsymbol{u}}{\mathrm{d}t}\right)_r+\boldsymbol{\omega}\times\boldsymbol{u} \tag{6.4.23}$$

对可变形的连续介质来说,物体不仅作刚体平移和旋转,而且还发生变形。前面已讨论过矢量 $\boldsymbol{u}$ 的物质导数,它在 Lagrange 协变、逆变基中的分解式分别为(6.4.3)式和(6.4.5)式:

$$\dot{\boldsymbol{u}}=\frac{\mathrm{d}\boldsymbol{u}}{\mathrm{d}t}=\frac{\mathrm{d}\hat{u}^i}{\mathrm{d}t}\hat{\boldsymbol{g}}_i+\boldsymbol{d}\cdot\boldsymbol{u}+\boldsymbol{\Omega}\cdot\boldsymbol{u} \tag{6.4.24a}$$

$$=\frac{\mathrm{d}\hat{u}_i}{\mathrm{d}t}\hat{\boldsymbol{g}}^i-\boldsymbol{d}\cdot\boldsymbol{u}+\boldsymbol{\Omega}\cdot\boldsymbol{u} \tag{6.4.24b}$$

其中,$\boldsymbol{\Omega}\cdot\boldsymbol{u}=\boldsymbol{\omega}\times\boldsymbol{u}$。后两项考虑了 Lagrange 基矢量的变化而引起的全部影响,所以物质导数是静止空间中的观察者所看到的绝对导数。下面来讨论相对导数。

1. Jaumann 导数

如果观察者跟随 Lagrange 坐标系(或称 Lagrange 标架,也就是由 Lagrange 协变基 $\hat{\boldsymbol{g}}_i$ 所构成的参考架)一起旋转而不一起变形,则他只能观察到物质导数(6.4.24)两式中的前两项,而第三项是感觉不到的。通常把物质导数的前两项之和称为 Jaumann 导数,并记为 $\dot{\boldsymbol{u}}_{\mathrm{J}}$。它给出了矢量 $\boldsymbol{u}$ 相对于随介质微元一起旋转的刚性参考架的变化率,所以是一种相对导数。

应该指出，构成这个刚性参考架的基矢量不是 Lagrange 基矢量，因为它们并不和介质一起变形，而 Lagrange 基矢量 $\hat{\boldsymbol{g}}_i$ 是嵌入于物体中并与物体一起变形和旋转的。

由前面关于(6.4.8)式的讨论知道，Jaumann 导数 $\dot{\boldsymbol{u}}_{\mathrm{J}}$ 是一个矢量，把它分别对 Lagrange 协变、逆变基矢量分解得(见(6.4.3)式与(6.4.5)式)

$$\dot{\boldsymbol{u}}_{\mathrm{J}}=\frac{\mathrm{d}\hat{u}^i}{\mathrm{d}t}\hat{\boldsymbol{g}}_i+\boldsymbol{d}\cdot\boldsymbol{u}=\left(\frac{\mathrm{d}\hat{u}^i}{\mathrm{d}t}+\hat{u}^m\hat{d}^{i}_{\cdot m}\right)\hat{\boldsymbol{g}}_i$$

$$=\frac{\mathrm{d}\hat{u}_i}{\mathrm{d}t}\hat{\boldsymbol{g}}^i-\boldsymbol{d}\cdot\boldsymbol{u}=\left(\frac{\mathrm{d}\hat{u}_i}{\mathrm{d}t}-\hat{u}_m\hat{d}_{i}^{\cdot m}\right)\hat{\boldsymbol{g}}^i \tag{6.4.25}$$

或写成

$$\dot{\boldsymbol{u}}_{\mathrm{J}}=\hat{\dot{u}}^i_{\mathrm{J}}\hat{\boldsymbol{g}}_i=\hat{\dot{u}}_{\mathrm{J}i}\hat{\boldsymbol{g}}^i \tag{6.4.26}$$

其中①

$$\hat{\dot{u}}^i_{\mathrm{J}}=\frac{\mathrm{d}\hat{u}^i}{\mathrm{d}t}+\hat{u}^m\hat{d}^{i}_{\cdot m} \tag{6.4.27a}$$

$$\hat{\dot{u}}_{\mathrm{J}i}=\frac{\mathrm{d}\hat{u}_i}{\mathrm{d}t}-\hat{u}_m\hat{d}_{i}^{\cdot m} \tag{6.4.27b}$$

协变、逆变分量 $\hat{\dot{u}}_{\mathrm{J}i}$ 和 $\hat{\dot{u}}^i_{\mathrm{J}}$ 之间满足指标升降关系：

$$\hat{\dot{u}}^i_{\mathrm{J}}=\hat{g}^{ij}\hat{\dot{u}}_{\mathrm{J}j},\qquad \hat{\dot{u}}_{\mathrm{J}i}=\hat{g}_{ij}\hat{\dot{u}}^j_{\mathrm{J}} \tag{6.4.28}$$

将 Jaumann 导数写成物质导数(6.4.3)式或(6.4.5)式减去右端第三项，并对 Euler 协变、逆变基矢量分解并利用(6.4.12)式与(6.4.15)式，得

$$\dot{\boldsymbol{u}}_{\mathrm{J}}=\frac{\mathrm{d}\boldsymbol{u}}{\mathrm{d}t}-\boldsymbol{\Omega}\cdot\boldsymbol{u} \tag{6.4.25a}$$

$$=\left(\frac{\mathrm{D}u^i}{\mathrm{D}t}-u^m\Omega^{i}_{\cdot m}\right)\boldsymbol{g}_i=\left(\frac{\mathrm{D}u_i}{\mathrm{D}t}-u_m\Omega_{i}^{\cdot m}\right)\boldsymbol{g}^i \tag{6.4.29}$$

若把相应协变、逆变分量记为 $\dfrac{\mathscr{D}u_i}{\mathscr{D}t}$ 和 $\dfrac{\mathscr{D}u^i}{\mathscr{D}t}$，则

$$\dot{\boldsymbol{u}}_{\mathrm{J}}=\frac{\mathscr{D}u^i}{\mathscr{D}t}\boldsymbol{g}_i=\frac{\mathscr{D}u_i}{\mathscr{D}t}\boldsymbol{g}^i \tag{6.4.30}$$

其中

$$\frac{\mathscr{D}u^i}{\mathscr{D}t}=\frac{\mathrm{D}u^i}{\mathrm{D}t}-u^m\Omega^{i}_{\cdot m} \tag{6.4.31a}$$

$$\frac{\mathscr{D}u_i}{\mathscr{D}t}=\frac{\mathrm{D}u_i}{\mathrm{D}t}-u_m\Omega_{i}^{\cdot m} \tag{6.4.31b}$$

(6.4.31b)式左端和右端的每一项都是矢量，分别满足指标升降关系。如果把它们分别转入 Lagrange 坐标系，则有

$$\hat{\dot{u}}^i_{\mathrm{J}}=\frac{\partial\xi^i}{\partial x^j}\frac{\mathrm{D}u^j}{\mathrm{D}t}-\hat{u}^m\hat{\Omega}^{i}_{\cdot m} \tag{6.4.32a}$$

$$\hat{\dot{u}}_{\mathrm{J}i}=\frac{\partial x^j}{\partial\xi^i}\frac{\mathrm{D}u_j}{\mathrm{D}t}-\hat{u}_m\hat{\Omega}_{i}^{\cdot m} \tag{6.4.32b}$$

---

① 矢量 $\boldsymbol{u}$ 的物质导数 $\dot{\boldsymbol{u}}=\mathrm{d}\boldsymbol{u}/\mathrm{d}t$，一点“·”表示 $\mathrm{d}/\mathrm{d}t$。但是分量 $\hat{\dot{u}}^i_{\mathrm{J}}$ 中的一点“·”没有 $\mathrm{d}/\mathrm{d}t$ 的含意，只表示是 $\dot{\boldsymbol{u}}$ 的分量。“^”表示 Lagrange 分量，下标 J 表示 Jaumann 导数。

2. Oldroyd 导数和 Cotter-Rivlin 导数

如果观察者不仅跟随 Lagrange 标架一起旋转，而且还一起变形，则他只能观察到物质导数(6.4.24)式中的第一项，由 Lagrange 基矢量的变形和旋转所引起的后两项他是感觉不到的。关于(6.4.8)式的讨论曾指出，(6.4.24a)和(6.4.24b)两式中的右端第一项都是矢量，但并不相等。物质导数对 Lagrange 协变基分解的(6.4.24a)式第一项称为 **Oldroyd 导数**，记为 $\dot{\boldsymbol{u}}_{(1)}$，以下标(1)表示。它是矢量 $\boldsymbol{u}$ 相对于由 Lagrange 协变基矢量 $\hat{\boldsymbol{g}}_i$ 所组成的参考架的相对导数；而物质导数对 Lagrange 逆变基分解的(6.4.24b)式第一项称为 **Cotter-Rivlin 导数**，记为 $\dot{\boldsymbol{u}}_{(2)}$，以下标(2)表示。它是矢量 $\boldsymbol{u}$ 相对于由 Lagrange 逆变基矢量 $\hat{\boldsymbol{g}}^i$ 所组成的参考架的相对导数。应该指出，协变基 $\hat{\boldsymbol{g}}_i$ 是随体变形的，而逆变基 $\hat{\boldsymbol{g}}^i$ 是反向变形的。当物体伸长时，$\hat{\boldsymbol{g}}_i$ 一起伸长而 $\hat{\boldsymbol{g}}^i$ 反而缩短。

Oldroyd 导数对 Lagrange 协变基的分解式为

$$\dot{\boldsymbol{u}}_{(1)} = \frac{\mathrm{d}\hat{u}^i}{\mathrm{d}t}\hat{\boldsymbol{g}}_i \tag{6.4.33}$$

其中$\dfrac{\mathrm{d}\hat{u}^i}{\mathrm{d}t}$可由(6.4.22a)第一式导出为

$$\frac{\mathrm{d}\hat{u}^i}{\mathrm{d}t} = \frac{\partial \xi^i}{\partial x^j}\frac{\mathrm{D}u^j}{\mathrm{D}t} - \hat{u}^m(\hat{\nabla}_m\hat{v}^i) \tag{6.4.34}$$

若把 $\dot{\boldsymbol{u}}_{(1)}$ 的 Euler 逆变分量记为$\dfrac{\delta u^i}{\delta t}$，则 Oldroyd 导数对 Euler 协变基的分解式为

$$\dot{\boldsymbol{u}}_{(1)} = \frac{\delta u^i}{\delta t}\boldsymbol{g}_i \tag{6.4.35}$$

注意到(6.4.34)式中的各项都是矢量，把它们分别转到 Euler 坐标系中就能得到

$$\frac{\delta u^i}{\delta t} = \frac{\mathrm{D}u^i}{\mathrm{D}t} - u^m(\nabla_m v^i) \tag{6.4.36}$$

把(6.4.11)式代入上式并利用(4.3.4)式与(4.1.5b)式，可得$\dfrac{\delta u^i}{\delta t}$和矢量 Euler 逆变分量的物质导数$\dfrac{\mathrm{d}u^i}{\mathrm{d}t}$之间的关系为

$$\frac{\delta u^i}{\delta t} = \frac{\mathrm{d}u^i}{\mathrm{d}t} + u^m v^k \Gamma^i_{km} - u^m\left(\frac{\partial v^i}{\partial x^m} + v^k\Gamma^i_{mk}\right) = \frac{\mathrm{d}u^i}{\mathrm{d}t} - u^m\frac{\partial v^i}{\partial x^m} \tag{6.4.37}$$

比较(6.4.25)式 $\dot{u}_{\mathrm{J}}$ 与(6.4.33)式 $\dot{\boldsymbol{u}}_{(1)}$ 可知，Oldroyd 导数和 Jaumann 导数之间的关系是

$$\dot{\boldsymbol{u}}_{(1)} = \dot{\boldsymbol{u}}_{\mathrm{J}} - \boldsymbol{d}\cdot\boldsymbol{u} \tag{6.4.38}$$

其分量形式是

$$\frac{\delta u^i}{\delta t} = \frac{\mathscr{D}u^i}{\mathscr{D}t} - u^m d^i_{\cdot m} \tag{6.4.39}$$

Cotter-Rivilin 导数对 Lagrange 逆变基的分解式为

$$\dot{\boldsymbol{u}}_{(2)} = \frac{\mathrm{d}\hat{u}_i}{\mathrm{d}t}\hat{\boldsymbol{g}}^i \tag{6.4.40}$$

由(6.4.22a)第二式得

$$\frac{\mathrm{d}\hat{u}_i}{\mathrm{d}t} = \frac{\partial x^j}{\partial \xi^i}\frac{\mathrm{D}u_j}{\mathrm{D}t} + \hat{u}_m(\hat{\nabla}_i\hat{v}^m) \tag{6.4.41}$$

若把 $\dot{\boldsymbol{u}}_{(2)}$ 的 Euler 协变分量记为$\dfrac{\delta u_i}{\delta t}$，则 Cotter-Rivlin 导数对 Euler 逆变基的分解式为

$$\dot{\boldsymbol{u}}_{(2)} = \frac{\delta u_i}{\delta t}\boldsymbol{g}^i \tag{6.4.42}$$

(6.4.41)式中的各项也都是矢量,把它们分别转到 Euler 坐标系中来可得

$$\frac{\delta u_i}{\delta t} = \frac{\mathrm{D}u_i}{\mathrm{D}t} + u_m(\nabla_i v^m) \tag{6.4.43}$$

把(6.4.16)式代入上式并利用(4.3.4)与(4.1.5b)式,可得$\frac{\delta u_i}{\delta t}$和矢量 Euler 协变分量的物质导数$\frac{\mathrm{d}u_i}{\mathrm{d}t}$之间的关系为

$$\frac{\delta u_i}{\delta t} = \frac{\mathrm{d}u_i}{\mathrm{d}t} - u_m v^k \Gamma_{ki}^m + u_m\left(\frac{\partial v^m}{\partial x^i} + v^k\Gamma_{ik}^m\right) = \frac{\mathrm{d}u_i}{\mathrm{d}t} + u_m\frac{\partial v^m}{\partial x^i} \tag{6.4.44}$$

比较(6.4.25)式 $\dot{\boldsymbol{u}}_{\mathrm{J}}$ 与(6.4.40)式 $\dot{\boldsymbol{u}}_{(2)}$ 可知,Cotter-Rivlin 导数和 Jaumann 导数之间的关系是

$$\dot{\boldsymbol{u}}_{(2)} = \dot{\boldsymbol{u}}_{\mathrm{J}} + \boldsymbol{d}\cdot\boldsymbol{u} \tag{6.4.45}$$

其分量形式是

$$\frac{\delta u_i}{\delta t} = \frac{\mathscr{D}u_i}{\mathscr{D}t} + u_m d_i^{\cdot m} \tag{6.4.46}$$

应该指出,当介质的变形随时间变化时 $\boldsymbol{d}\neq 0$。比较(6.4.38)式和(6.4.45)式可见 $\dot{\boldsymbol{u}}_{(1)}\neq\dot{\boldsymbol{u}}_{(2)}\neq\dot{\boldsymbol{u}}_{\mathrm{J}}$。所以$\frac{\delta u_i}{\delta t}$和$\frac{\delta u^i}{\delta t}$并不是同一个矢量的协变、逆变分量,它们不满足指标升降关系,而且$\frac{\delta u_i}{\delta t}\neq\frac{\mathscr{D}u_i}{\mathscr{D}t}$,$\frac{\delta u^i}{\delta t}\neq\frac{\mathscr{D}u^i}{\mathscr{D}t}$。但当介质的变形不随时间变化时 $\boldsymbol{d}=0$,$\dot{\boldsymbol{u}}_{(1)}=\dot{\boldsymbol{u}}_{(2)}=\dot{\boldsymbol{u}}_{\mathrm{J}}$,三种导数的区别消失了。这时$\frac{\delta u_i}{\delta t}$和$\frac{\delta u^i}{\delta t}$满足指标升降关系,且$\frac{\delta u_i}{\delta t}=\frac{\mathscr{D}u_i}{\mathscr{D}t}$,$\frac{\delta u^i}{\delta t}=\frac{\mathscr{D}u^i}{\mathscr{D}t}$。

以上 Jaumann 导数 $\dot{\boldsymbol{u}}_{\mathrm{J}}$,Oldroyd 导数 $\dot{\boldsymbol{u}}_{(1)}$ 与 Cotter-Rivlin 导数 $\dot{\boldsymbol{u}}_{(2)}$ 在 Euler 坐标系中的表达式(6.4.30)、(6.4.35)与(6.4.42)都是利用它们在 Lagrange 坐标系中的表达式(6.4.26)、(6.4.33)与(6.4.40)推导而来。但是有了在 Euler 坐标系中的表达式,就可以采用 Euler 笛卡儿直角坐标。

6.4.5 各种导数间的关系

为便于记忆,将前面导出的各种导数间的关系归纳于表 6.1 和表 6.2 中。表中对角线部分给出了各种导数的定义,右上和左下部分分别是协变、逆变分量。

6.5 张量场函数的导数

6.5.1 任意阶张量函数的物质导数

为了讨论方便,下面以三阶张量 $\boldsymbol{T}$ 为例,读者不难把以下讨论推广到任意阶张量中去。

三阶张量 $\boldsymbol{T}$ 在 Lagrange 坐标系中的分解式为

$$\boldsymbol{T} = \hat{T}^{ijk}\hat{\boldsymbol{g}}_i\hat{\boldsymbol{g}}_j\hat{\boldsymbol{g}}_k = \hat{T}^{ij}_{\cdot\cdot k}\hat{\boldsymbol{g}}_i\hat{\boldsymbol{g}}_j\hat{\boldsymbol{g}}^k = \cdots = \hat{T}_{ijk}\hat{\boldsymbol{g}}^i\hat{\boldsymbol{g}}^j\hat{\boldsymbol{g}}^k \tag{6.5.1}$$

其中张量的 Lagrange 分量和 Lagrange 基矢量均为质点坐标 ξ^s 和时间 t 的函数,即

$$\hat{T}^{ijk} = \hat{T}^{ijk}(\xi^s, t),\quad \cdots,\quad \hat{\boldsymbol{g}}_i = \hat{\boldsymbol{g}}_i(\xi^s, t),\ \cdots$$

表 6.1　Lagrange 坐标系中矢量场各种导数分量的关系

<table>
<tr>
<td></td>
<td>$\frac{\partial x^j}{\partial \xi^i}\frac{\mathrm{D}u_j}{\mathrm{D}t}\overset{(6.4.22\mathrm{a})}{=}\frac{\mathrm{d}\hat{u}_i}{\mathrm{d}t}-\hat{u}_m(\hat{\nabla}_i\hat{v}^m)$ (6.4.4)</td>
<td rowspan="2">$\dot{\hat{u}}_{\mathrm{J}i}=\frac{\partial x^j}{\partial \xi^i}\frac{\mathrm{D}u_j}{\mathrm{D}t}-\hat{u}_m\hat{\Omega}_i^{\cdot m}$ (6.4.32b)
$=\frac{\mathrm{d}\hat{u}_i}{\mathrm{d}t}-\hat{u}_m\hat{d}_i^{\cdot m}$ (6.4.27b)</td>
<td rowspan="3">$\frac{\mathrm{d}\hat{u}_i}{\mathrm{d}t}=\frac{\partial x^j}{\partial \xi^i}\frac{\mathrm{D}u_j}{\mathrm{D}t}+\hat{u}_m(\hat{\nabla}_i\hat{v}^m)$ (6.4.41)
$=\dot{u}_{\mathrm{J}i}+u_m d_i^{\cdot m}$ (6.4.46)
$\left(\dot{\boldsymbol{u}}_{(2)}=\frac{\mathrm{d}\hat{u}_i}{\mathrm{d}t}\hat{\boldsymbol{g}}^i\right)$ (6.4.40)</td>
</tr>
<tr>
<td>$\frac{\partial \xi^i}{\partial x^j}\frac{\mathrm{D}u^j}{\mathrm{D}t}\overset{(6.4.22\mathrm{a})}{=}\frac{\mathrm{d}\hat{u}^i}{\mathrm{d}t}+\hat{u}^m(\hat{\nabla}_m\hat{v}^i)$ (6.4.2)</td>
<td>$\dot{\boldsymbol{u}}=\frac{\mathrm{d}\boldsymbol{u}}{\mathrm{d}t}=\frac{\mathrm{d}\hat{u}^i}{\mathrm{d}t}\hat{\boldsymbol{g}}_i+\boldsymbol{d}\cdot\boldsymbol{u}+\boldsymbol{\Omega}\cdot\boldsymbol{u}$ (6.4.24a)
$=\frac{\mathrm{d}\hat{u}_i}{\mathrm{d}t}\hat{\boldsymbol{g}}^i-\boldsymbol{d}\cdot\boldsymbol{u}+\boldsymbol{\Omega}\cdot\boldsymbol{u}$ (6.4.24b)</td>
</tr>
<tr>
<td colspan="2">$\dot{\hat{u}}^i_{\mathrm{J}}=\frac{\partial \xi^i}{\partial x^j}\frac{\mathrm{D}u^j}{\mathrm{D}t}-\hat{u}^m\hat{\Omega}^i_{\cdot m}$ (6.4.32a)
$=\frac{\mathrm{d}\hat{u}^i}{\mathrm{d}t}+\hat{u}^m\hat{d}^i_{\cdot m}$ (6.4.27a)</td>
<td>$\dot{\boldsymbol{u}}_{\mathrm{J}}=\dot{\boldsymbol{u}}-\boldsymbol{\Omega}\cdot\boldsymbol{u}$ (6.4.25a)
$=\dot{\boldsymbol{u}}_{(1)}+\boldsymbol{d}\cdot\boldsymbol{u}$ (6.4.38)
$=\dot{\boldsymbol{u}}_{(2)}-\boldsymbol{d}\cdot\boldsymbol{u}$ (6.4.45)</td>
</tr>
<tr>
<td>$\frac{\mathrm{d}\hat{u}^i}{\mathrm{d}t}=\frac{\partial \xi^i}{\partial x^j}\frac{\mathrm{D}u^j}{\mathrm{D}t}-\hat{u}^m(\hat{\nabla}_m\hat{v}^i)$ (6.4.34)
$=\hat{u}^i_{\mathrm{J}}-\hat{u}^m\hat{d}^i_{\cdot m}$ (6.4.39)</td>
<td colspan="2">$\left(\dot{\boldsymbol{u}}_{(1)}=\frac{\mathrm{d}\hat{u}^i}{\mathrm{d}t}\hat{\boldsymbol{g}}_i\right)$ (6.4.33)</td>
<td>$\dot{\boldsymbol{u}}_{(1)}=\dot{\boldsymbol{u}}-\boldsymbol{d}\cdot\boldsymbol{u}-\boldsymbol{\Omega}\cdot\boldsymbol{u}$
$=\dot{\boldsymbol{u}}_{\mathrm{J}}-\boldsymbol{d}\cdot\boldsymbol{u}$ (6.4.38)
$\dot{\boldsymbol{u}}_{(2)}=\dot{\boldsymbol{u}}+\boldsymbol{d}\cdot\boldsymbol{u}-\boldsymbol{\Omega}\cdot\boldsymbol{u}$
$=\dot{\boldsymbol{u}}_{\mathrm{J}}+\boldsymbol{d}\cdot\boldsymbol{u}$ (6.4.45)
$\dot{\boldsymbol{u}}_{(1)}\neq\dot{\boldsymbol{u}}_{(2)}$</td>
</tr>
</table>

表 6.2　Euler 坐标系中矢量场各种导数分量的关系

	$\frac{\mathrm{D}u_i}{\mathrm{D}t}=\frac{\mathrm{d}u_i}{\mathrm{d}t}-u_m v^k\Gamma_{ki}^m$ (6.4.16) $=\left(\frac{\partial u_i}{\partial t}\right)_{x^i}+v^k(\nabla_k u_i)$ (6.4.17)	$\frac{\mathscr{D}u^i}{\mathscr{D}t}=\frac{\mathrm{D}u_i}{\mathrm{D}t}-u_m\Omega_i^{\cdot m}$ (6.4.31b) $=\frac{\delta u_i}{\delta t}-u_m d_i^{\cdot m}$ (6.4.46)	$\frac{\delta u_i}{\delta t}=\frac{\mathrm{D}u_i}{\mathrm{D}t}+u_m(\nabla_i v^m)$ (6.4.43) $=\frac{\mathrm{d}u_i}{\mathrm{d}t}+u_m\frac{\partial v^m}{\partial x^i}$ (6.4.44) $=\frac{\mathscr{D}u_i}{\mathscr{D}t}+u_m d_i^{\cdot m}$ (6.4.46)
$\frac{\mathrm{D}u^i}{\mathrm{D}t}=\frac{\mathrm{d}u^i}{\mathrm{d}t}+u^m v^k\Gamma_{km}^i$ (6.4.11) $=\left(\frac{\partial u^i}{\partial t}\right)_{x^i}+v^k(\nabla_k u^i)$ (6.4.13)	$\dot{\boldsymbol{u}}=\frac{\mathrm{d}\boldsymbol{u}}{\mathrm{d}t}=\frac{\mathrm{D}u^i}{\mathrm{D}t}\boldsymbol{g}_i$ (6.4.12) $=\frac{\mathrm{D}u_i}{\mathrm{D}t}\boldsymbol{g}^i$ (6.4.15)		
$\frac{\mathscr{D}u^i}{\mathscr{D}t}=\frac{\mathrm{D}u^i}{\mathrm{D}t}-u^m\Omega^i_{\cdot m}$ (6.4.31a) $=\frac{\delta u^i}{\delta t}+u^m d^i_{\cdot m}$ (6.4.39)		$\dot{\boldsymbol{u}}_{\mathrm{J}}=\dot{\boldsymbol{u}}-\boldsymbol{\Omega}\cdot\boldsymbol{u}$ (6.4.25a) $=\dot{\boldsymbol{u}}_{(1)}+\boldsymbol{d}\cdot\boldsymbol{u}$ (6.4.38) $=\dot{\boldsymbol{u}}_{(2)}-\boldsymbol{d}\cdot\boldsymbol{u}$ (6.4.45) $=\frac{\mathscr{D}u^i}{\mathscr{D}t}\boldsymbol{g}_i=\frac{\mathscr{D}u_i}{\mathscr{D}t}\boldsymbol{g}^i$ (6.4.30)	$\left(\dot{\boldsymbol{u}}_{(2)}=\frac{\delta u_i}{\delta t}\boldsymbol{g}^i\right)$ (6.4.42)
$\frac{\delta u^i}{\delta t}=\frac{\mathrm{D}u^i}{\mathrm{D}t}-u^m(\nabla_m v^i)$ (6.4.36) $=\frac{\mathrm{d}u^i}{\mathrm{d}t}-u^m\frac{\partial v^i}{\partial x^m}$ (6.4.37)	$=\frac{\mathscr{D}u^i}{\mathscr{D}t}-u^m d^i_{\cdot m}$ (6.4.39) $\left(\dot{\boldsymbol{u}}_{(1)}=\frac{\delta u^i}{\delta t}\boldsymbol{g}_i\right)$ (6.4.35)		$\dot{\boldsymbol{u}}_{(1)}=\dot{\boldsymbol{u}}-\boldsymbol{d}\cdot\boldsymbol{u}-\boldsymbol{\Omega}\cdot\boldsymbol{u}$ $=\dot{\boldsymbol{u}}_{\mathrm{J}}-\boldsymbol{d}\cdot\boldsymbol{u}$ (6.4.38) $\dot{\boldsymbol{u}}_{(2)}=\dot{\boldsymbol{u}}+\boldsymbol{d}\cdot\boldsymbol{u}-\boldsymbol{\Omega}\cdot\boldsymbol{u}$ $=\dot{\boldsymbol{u}}_{\mathrm{J}}+\boldsymbol{d}\cdot\boldsymbol{u}$ (6.4.45) $\dot{\boldsymbol{u}}_{(1)}\neq\dot{\boldsymbol{u}}_{(2)}$

在 Euler 坐标系中 $\boldsymbol{T}$ 的分解式为

$$\boldsymbol{T}=T^{ijk}\boldsymbol{g}_i\boldsymbol{g}_j\boldsymbol{g}_k=T^{ij}_{\cdot\cdot k}\boldsymbol{g}_i\boldsymbol{g}_j\boldsymbol{g}^k=\cdots=T_{ijk}\boldsymbol{g}^i\boldsymbol{g}^j\boldsymbol{g}^k \tag{6.5.2}$$

由于质点在运动，张量的 Euler 分量和 Euler 基矢量均通过变化着的质点 Euler 坐标 x^r 直接或间接地与参数 t 有关，即

$$\hat{T}^{ijk}=\hat{T}^{ijk}(x^r(\xi^s,t),t),\quad\cdots,\quad\hat{\boldsymbol{g}}_i=\hat{\boldsymbol{g}}_i(x^r(\xi^s,t),t),\quad\cdots$$

对三阶张量来说，(6.5.1)式和(6.5.2)式中各有 8 种不同的协变、逆变分解形式。对任意 n 阶张量则有 2^n 种不同的分解形式。

在某个确定的时刻 t，同一张量的 Lagrange 分量和 Euler 分量间满足一定的转换关系。例如

$$\begin{cases}\hat{T}^{ab}_{\cdot\cdot c}=T^{ij}_{\cdot\cdot k}\dfrac{\partial\xi^a}{\partial x^i}\dfrac{\partial\xi^b}{\partial x^j}\dfrac{\partial x^k}{\partial\xi^c}\\[2ex] T^{ij}_{\cdot\cdot k}=\hat{T}^{ab}_{\cdot\cdot c}\dfrac{\partial x^i}{\partial\xi^a}\dfrac{\partial x^j}{\partial\xi^b}\dfrac{\partial\xi^c}{\partial x^k}\end{cases} \tag{6.5.3}$$

显然这些转换关系是随参数 t 而变化的，即不同时刻对应着不同的转换关系。

利用 Lagrange 基矢量的物质导数公式(6.3.2)与(6.3.6)，张量 $\boldsymbol{T}$ 的物质导数在 Lagrange 坐标系中的分解式为

$$\begin{aligned}\frac{\mathrm{d}\boldsymbol{T}}{\mathrm{d}t}&=\frac{\mathrm{d}}{\mathrm{d}t}(\hat{T}^{ijk}\hat{\boldsymbol{g}}_i\hat{\boldsymbol{g}}_j\hat{\boldsymbol{g}}_k)\\&=\frac{\mathrm{d}}{\mathrm{d}t}(\hat{T}^{ij}_{\cdot\cdot k}\hat{\boldsymbol{g}}_i\hat{\boldsymbol{g}}_j\hat{\boldsymbol{g}}^k)=\cdots=\frac{\mathrm{d}}{\mathrm{d}t}(\hat{T}_{ijk}\hat{\boldsymbol{g}}^i\hat{\boldsymbol{g}}^j\hat{\boldsymbol{g}}^k)\\&=\left(\frac{\mathrm{d}\hat{T}^{ijk}}{\mathrm{d}t}+\hat{T}^{mjk}\hat{\nabla}_m\hat{v}^i+\hat{T}^{imk}\hat{\nabla}_m\hat{v}^j+\hat{T}^{ijm}\hat{\nabla}_m\hat{v}^k\right)\hat{\boldsymbol{g}}_i\hat{\boldsymbol{g}}_j\hat{\boldsymbol{g}}_k\\&=\left(\frac{\mathrm{d}\hat{T}^{ij}_{\cdot\cdot k}}{\mathrm{d}t}+\hat{T}^{mj}_{\cdot\cdot k}\hat{\nabla}_m\hat{v}^i+\hat{T}^{im}_{\cdot\cdot k}\hat{\nabla}_m\hat{v}^j-\hat{T}^{ij}_{\cdot\cdot m}\hat{\nabla}_k\hat{v}^m\right)\hat{\boldsymbol{g}}_i\hat{\boldsymbol{g}}_j\hat{\boldsymbol{g}}^k=\cdots\\&=\left(\frac{\mathrm{d}\hat{T}_{ijk}}{\mathrm{d}t}-\hat{T}_{mjk}\hat{\nabla}_i\hat{v}^m-\hat{T}_{imk}\hat{\nabla}_j\hat{v}^m-\hat{T}_{ijm}\hat{\nabla}_k\hat{v}^m\right)\hat{\boldsymbol{g}}^i\hat{\boldsymbol{g}}^j\hat{\boldsymbol{g}}^k\end{aligned} \tag{6.5.4}$$

上式共有 8 种分解形式，每种分解所得到的分量都满足指标升降关系，例如：

$$\begin{aligned}&\frac{\mathrm{d}\hat{T}^{ij}_{\cdot\cdot k}}{\mathrm{d}t}+\hat{T}^{mj}_{\cdot\cdot k}\hat{\nabla}_m\hat{v}^i+\hat{T}^{im}_{\cdot\cdot k}\hat{\nabla}_m\hat{v}^j-\hat{T}^{ij}_{\cdot\cdot m}\hat{\nabla}_k\hat{v}^m\\&=\hat{g}^{ir}\hat{g}^{js}\left(\frac{\mathrm{d}\hat{T}_{rsk}}{\mathrm{d}t}-\hat{T}_{msk}\hat{\nabla}_r\hat{v}^m-\hat{T}_{rmk}\hat{\nabla}_s\hat{v}^m-\hat{T}_{rsm}\hat{\nabla}_k\hat{v}^m\right)\end{aligned} \tag{6.5.5}$$

但分量中所含 4 项的每一项并不满足指标升降关系(类似矢量情况的(6.4.7a)式)，例如：

$$\frac{\mathrm{d}\hat{T}^{ij}_{\cdot\cdot k}}{\mathrm{d}t}\neq\hat{g}^{ir}\hat{g}^{js}\frac{\mathrm{d}\hat{T}_{rsk}}{\mathrm{d}t} \tag{6.5.6}$$

类似于矢量场的全导数(6.4.12)式，张量 $\boldsymbol{T}$ 的物质导数在 Euler 坐标系中的分量称为张量分量的全导数。共有 8 种：

$$\frac{\mathrm{d}\boldsymbol{T}}{\mathrm{d}t}=\frac{\mathrm{D}T^{ijk}}{\mathrm{D}t}\boldsymbol{g}_i\boldsymbol{g}_j\boldsymbol{g}_k=\frac{\mathrm{D}T^{ij}_{\cdot\cdot k}}{\mathrm{D}t}\boldsymbol{g}_i\boldsymbol{g}_j\boldsymbol{g}^k=\cdots=\frac{\mathrm{D}T_{ijk}}{\mathrm{D}t}\boldsymbol{g}^i\boldsymbol{g}^j\boldsymbol{g}^k \tag{6.5.7}$$

其中，类似于矢量场的(6.4.11)式与(6.4.16)式，有

$$\begin{cases}\dfrac{\mathrm{D}T^{ijk}}{\mathrm{D}t}=\dfrac{\mathrm{d}T^{ijk}}{\mathrm{d}t}+T^{mjk}v^n\Gamma^i_{nm}+T^{imk}v^n\Gamma^j_{nm}+T^{ijm}v^n\Gamma^k_{nm}\\ \dfrac{\mathrm{D}T^{ij}_{\cdot\cdot k}}{\mathrm{D}t}=\dfrac{\mathrm{d}T^{ij}_{\cdot\cdot k}}{\mathrm{d}t}+T^{mj}_{\cdot\cdot k}v^n\Gamma^i_{nm}+T^{im}_{\cdot\cdot k}v^n\Gamma^j_{nm}-T^{ij}_{\cdot\cdot m}v^n\Gamma^m_{n\,k}\\ \dfrac{\mathrm{D}T_{ijk}}{\mathrm{D}t}=\dfrac{\mathrm{d}T_{ijk}}{\mathrm{d}t}-T_{mjk}v^n\Gamma^m_{n\,i}-T_{imk}v^n\Gamma^m_{n\,j}-T_{ijm}v^n\Gamma^m_{n\,k}\end{cases}\tag{6.5.8}$$

8 种全导数之间互相满足坐标升降关系，但在(6.5.8)式右端的 4 项中，各项分别都不是张量，都不满足指标升降关系。

把(6.5.8)式中的第一项按复合函数求导规则化为(以 $\mathrm{d}T^{ij}_{\cdot\cdot k}/\mathrm{d}t$ 为例)

$$\frac{\mathrm{d}T^{ij}_{\cdot\cdot k}}{\mathrm{d}t}=\left(\frac{\partial T^{ij}_{\cdot\cdot k}}{\partial t}\right)_{\xi}=\left(\frac{\partial T^{ij}_{\cdot\cdot k}}{\partial t}\right)_{x^m}+\frac{\partial T^{ij}_{\cdot\cdot k}}{\partial x^n}v^n$$

则类似于矢量场的(6.4.13)式与(6.4.17)式，全导数可写成

$$\begin{cases}\dfrac{\mathrm{D}T^{ijk}}{\mathrm{D}t}=\left(\dfrac{\partial T^{ijk}}{\partial t}\right)_{x^m}+v^n\nabla_nT^{ijk}=\left(\dfrac{\partial T^{ijk}}{\partial t}\right)_{x^m}+T^{ijk}{}_{;n}v^n\\ \dfrac{\mathrm{d}T^{ij}_{\cdot\cdot k}}{\mathrm{d}t}=\left(\dfrac{\partial T^{ij}_{\cdot\cdot k}}{\partial t}\right)_{x^m}+v^n\nabla_nT^{ij}_{\cdot\cdot k}=\left(\dfrac{\partial T^{ij}_{\cdot\cdot k}}{\partial t}\right)_{x^m}+T^{ij}_{\cdot\cdot k;n}v^n\\ \vdots\\ \dfrac{\mathrm{d}T_{ijk}}{\mathrm{d}t}=\left(\dfrac{\partial T_{ijk}}{\partial t}\right)_{x^m}+v^n\nabla_nT_{ijk}=\left(\dfrac{\partial T_{ijk}}{\partial t}\right)_{x^m}+T_{ijk;n}v^n\end{cases}\tag{6.5.9}$$

共有 8 个这样的式子。其中右端第一项称为局部导数，第二项称为对流导数。和矢量场一样，这两项分别都是张量，因而分别满足指标升降关系。类似于矢量场的(6.4.19)式，(6.5.7)式和(6.5.9)式可写成张量形式为

$$\frac{\mathrm{d}\boldsymbol{T}}{\mathrm{d}t}=\left(\frac{\partial\boldsymbol{T}}{\partial t}\right)_{x^m}+\boldsymbol{v}\cdot(\nabla\boldsymbol{T})=\left(\frac{\partial\boldsymbol{T}}{\partial t}\right)_{x^m}+(\boldsymbol{T}\nabla)\cdot\boldsymbol{v}\tag{6.5.10}$$

其中第一项为**局部导数，第二项为对流导数**。

类似于矢量场的(6.4.22a)式与(6.4.22b)式，在确定的时刻 t，张量物质导数 $\dfrac{\mathrm{d}\boldsymbol{T}}{\mathrm{d}t}$ 的 Lagrange 分量和 Euler 分量之间满足转换关系，例如：

$$\frac{\mathrm{d}\hat{T}^{ab}_{\cdot\cdot c}}{\mathrm{d}t}+\hat{T}^{mb}_{\cdot\cdot c}\,\hat{\nabla}_m\hat{v}^a+\hat{T}^{am}_{\cdot\cdot c}\,\hat{\nabla}_m\hat{v}^b-\hat{T}^{ab}_{\cdot\cdot m}\,\hat{\nabla}_c\hat{v}^m=\frac{\mathrm{D}T^{ij}_{\cdot\cdot k}}{\mathrm{D}t}\frac{\partial\xi^a}{\partial x^i}\frac{\partial\xi^b}{\partial x^j}\frac{\partial x^k}{\partial\xi^c}$$

$$\frac{\mathrm{D}T^{ij}_{\cdot\cdot k}}{\mathrm{D}t}=\left(\frac{\mathrm{d}\hat{T}^{ab}_{\cdot\cdot c}}{\mathrm{d}t}+\hat{T}^{mb}_{\cdot\cdot c}\,\hat{\nabla}_m\hat{v}^a+\hat{T}^{am}_{\cdot\cdot c}\,\hat{\nabla}_m\hat{v}^b-\hat{T}^{ab}_{\cdot\cdot m}\,\hat{\nabla}_c\hat{v}^m\right)\frac{\partial x^i}{\partial\xi^a}\frac{\partial x^j}{\partial\xi^b}\frac{\partial\xi^c}{\partial x^k}\tag{6.5.11}$$

应用这种转换关系的一个例子如下。设在某时刻 t，选 Lagrange 坐标和 Euler 坐标为同一个坐标(例如，在 $t=0$ 时刻，两个坐标系都采用笛卡儿坐标系)，则在该时刻 t 有

$$\xi^i=x^i,\qquad\hat{\boldsymbol{g}}_i=\boldsymbol{g}_i\tag{6.5.12a}$$

代入(6.5.3)式后得

$$\hat{T}^{ij}_{\cdot\cdot k}=T^{ij}_{\cdot\cdot k}\tag{6.5.12b}$$

即张量的两种分量在 t 时刻是相等的。当 t 增加到 $t+\mathrm{d}t$ 时，质点的 Lagrange 坐标值 ξ^i 保持不变，而其 Euler 坐标值 x^i 将因质点运动而变化；另一方面，Lagrange 基矢量 $\hat{\boldsymbol{g}}_i$ 将因物体的变形和旋转而发生变化，而 Euler 基矢量 $\boldsymbol{g}_i$ 将因另一个原因，即质点运动到另一个空

间位置，而发生变化。所以(6.5.12a)式在 $t+\mathrm{d}t$ 时刻已不再成立。代入(6.5.3)式后可知

$$\hat{T}^{ij}_{\cdot\cdot k}(t+\mathrm{d}t) \neq T^{ij}_{\cdot\cdot k}(t+\mathrm{d}t)$$

因而张量的两种分量在 t 时刻的变化率并不相等，即

$$\frac{\mathrm{d}\hat{T}^{ij}_{\cdot\cdot k}}{\mathrm{d}t} \neq \frac{\mathrm{d}T^{ij}_{\cdot\cdot k}}{\mathrm{d}t}$$

它们间的关系可由(6.5.10)式导出。在该 t 时刻由(6.5.12a)式，

$$\frac{\partial \xi^{a}}{\partial x^{i}} = \delta^{a}_{i}, \quad \frac{\partial x^{i}}{\partial \xi^{a}} = \delta^{i}_{a} \tag{6.5.13a}$$

且

$$\hat{\nabla}_{m}\hat{v}^{i} = \nabla_{m}v^{i} \tag{6.5.13b}$$

将此代入(6.5.11)式，移项，并利用(6.5.12)式得到在该 t 时刻

$$\frac{\mathrm{d}\hat{T}^{ij}_{\cdot\cdot k}}{\mathrm{d}t} = \frac{\mathrm{D}T^{ij}_{\cdot\cdot k}}{\mathrm{D}t} - T^{mj}_{\cdot\cdot k}\nabla_{m}v^{i} - T^{im}_{\cdot\cdot k}\nabla_{m}v^{j} + T^{ij}_{\cdot\cdot m}\nabla_{k}v^{m} \tag{6.5.14}$$

把(6.5.8)式代入，并注意到由(4.3.4)式，则

$$\nabla_{m}v^{i} = \frac{\partial v^{i}}{\partial x^{m}} + v^{n}\Gamma^{i}_{mn}, \qquad \nabla_{k}v^{m} = \frac{\partial v^{m}}{\partial x^{k}} + v^{n}\Gamma^{m}_{kn}$$

上式可进一步化为(利用(4.1.5b)式)

$$\frac{\mathrm{d}\hat{T}^{ij}_{\cdot\cdot k}}{\mathrm{d}t} = \frac{\mathrm{d}T^{ij}_{\cdot\cdot k}}{\mathrm{d}t} - T^{mj}_{\cdot\cdot k}\frac{\partial v^{i}}{\partial x^{m}} - T^{im}_{\cdot\cdot k}\frac{\partial v^{j}}{\partial x^{m}} + T^{ij}_{\cdot\cdot m}\frac{\partial v^{m}}{\partial x^{k}} \tag{6.5.15}$$

6.5.2　二阶张量场函数及其相对导数

下面对最常用的二阶张量场作进一步的讨论。二阶张量场 $\boldsymbol{H}$ 在 Lagrange 坐标系和 Euler 坐标系中的分解式分别为

$$\boldsymbol{H} = \hat{h}^{ij}\hat{\boldsymbol{g}}_{i}\hat{\boldsymbol{g}}_{j} = \hat{h}^{i}_{\cdot j}\hat{\boldsymbol{g}}_{i}\hat{\boldsymbol{g}}^{j} = \hat{h}_{i}^{\cdot j}\hat{\boldsymbol{g}}^{i}\hat{\boldsymbol{g}}_{j} = \hat{h}_{ij}\hat{\boldsymbol{g}}^{i}\hat{\boldsymbol{g}}^{j} \tag{6.5.16}$$

$$\boldsymbol{H} = h^{ij}\boldsymbol{g}_{i}\boldsymbol{g}_{j} = h^{i}_{\cdot j}\boldsymbol{g}_{i}\boldsymbol{g}^{j} = h_{i}^{\cdot j}\boldsymbol{g}^{i}\boldsymbol{g}_{j} = h_{ij}\boldsymbol{g}^{i}\boldsymbol{g}^{j} \tag{6.5.17}$$

把 $\boldsymbol{H}$ 的物质导数 $\frac{\mathrm{d}\boldsymbol{H}}{\mathrm{d}t}$ 记为 $\dot{\boldsymbol{H}}$，由(6.5.4)式，它在 Lagrange 坐标系中的分解式为

$$\begin{aligned}
\dot{\boldsymbol{H}} = \frac{\mathrm{d}\boldsymbol{H}}{\mathrm{d}t} &= \left(\frac{\mathrm{d}\hat{h}^{ij}}{\mathrm{d}t} + \hat{h}^{mj}\hat{\nabla}_{m}\hat{v}^{i} + \hat{h}^{im}\hat{\nabla}_{m}\hat{v}^{j}\right)\hat{\boldsymbol{g}}_{i}\hat{\boldsymbol{g}}_{j} \\
&= \left(\frac{\mathrm{d}\hat{h}^{i}_{\cdot j}}{\mathrm{d}t} + \hat{h}^{m}_{\cdot j}\hat{\nabla}_{m}\hat{v}^{i} - \hat{h}^{i}_{\cdot m}\hat{\nabla}_{j}\hat{v}^{m}\right)\hat{\boldsymbol{g}}_{i}\hat{\boldsymbol{g}}^{j} \\
&= \left(\frac{\mathrm{d}\hat{h}_{i}^{\cdot j}}{\mathrm{d}t} - \hat{h}_{m}^{\cdot j}\hat{\nabla}_{i}\hat{v}^{m} + \hat{h}_{i}^{\cdot m}\hat{\nabla}_{m}\hat{v}^{j}\right)\hat{\boldsymbol{g}}^{i}\hat{\boldsymbol{g}}_{j} \\
&= \left(\frac{\mathrm{d}\hat{h}_{ij}}{\mathrm{d}t} - \hat{h}_{mj}\hat{\nabla}_{i}\hat{v}^{m} - \hat{h}_{im}\hat{\nabla}_{j}\hat{v}^{m}\right)\hat{\boldsymbol{g}}^{i}\hat{\boldsymbol{g}}^{j}
\end{aligned} \tag{6.5.18}$$

如前(6.5.5)式所述，以上 4 种分量作为整体是满足指标升降关系的。但括号( )中的每个对应分项之间并不满足指标升降关系。由(6.5.7)式、(6.5.8)式与(6.5.9)式，物质导数 $\dot{\boldsymbol{H}}$

在 Euler 坐标系中的分量称为全导数,即

$$\dot{\boldsymbol{H}}=\frac{\mathrm{d}\boldsymbol{H}}{\mathrm{d}t}=\frac{\mathrm{D}h^{ij}}{\mathrm{D}t}\boldsymbol{g}_i\boldsymbol{g}_j=\frac{\mathrm{D}h^{i}_{\cdot j}}{\mathrm{D}t}\boldsymbol{g}_i\boldsymbol{g}^j=\frac{\mathrm{D}h_i^{\cdot j}}{\mathrm{D}t}\boldsymbol{g}^i\boldsymbol{g}_j=\frac{\mathrm{D}h_{ij}}{\mathrm{D}t}\boldsymbol{g}^i\boldsymbol{g}^j \tag{6.5.19}$$

其中

$$\begin{cases}\dfrac{\mathrm{D}h^{ij}}{\mathrm{D}t}=\left(\dfrac{\partial h^{ij}}{\partial t}\right)_{x^m}+v^n\nabla_n h^{ij}=\dfrac{\mathrm{d}h^{ij}}{\mathrm{d}t}+h^{mj}v^n\Gamma^i_{nm}+h^{im}v^n\Gamma^j_{nm}\\ \dfrac{\mathrm{D}h^{i}_{\cdot j}}{\mathrm{D}t}=\left(\dfrac{\partial h^{i}_{\cdot j}}{\partial t}\right)_{x^m}+v^n\nabla_n h^{i}_{\cdot j}=\dfrac{\mathrm{d}h^{i}_{\cdot j}}{\mathrm{d}t}+h^{m}_{\cdot j}v^n\Gamma^i_{nm}-h^{i}_{\cdot m}v^n\Gamma^m_{nj}\\ \dfrac{\mathrm{D}h_i^{\cdot j}}{\mathrm{D}t}=\left(\dfrac{\partial h_i^{\cdot j}}{\partial t}\right)_{x^m}+v^n\nabla_n h_i^{\cdot j}=\dfrac{\mathrm{d}h_i^{\cdot j}}{\mathrm{d}t}-h_m^{\cdot j}v^n\Gamma^m_{ni}+h_i^{\cdot m}v^n\Gamma^j_{nm}\\ \dfrac{\mathrm{D}h_{ij}}{\mathrm{D}t}=\left(\dfrac{\partial h_{ij}}{\partial t}\right)_{x^m}+v^n\nabla_n h_{ij}=\dfrac{\mathrm{d}h_{ij}}{\mathrm{d}t}-h_{mj}v^n\Gamma^m_{ni}-h_{im}v^n\Gamma^m_{nj}\end{cases} \tag{6.5.20}$$

上面四行的各式中每一行的左端为全导数,中间两项为局部导数和对流导数,都是张量。所以各项都分别满足指标升降关系;但是四行右端的三项只是总和之间满足指标升降关系,而逐项之间不满足指标升降关系。

物质导数是绝对导数,下面来讨论相对导数。把(6.5.18)式用实体记法表示成

$$\begin{aligned}\frac{\mathrm{d}\boldsymbol{H}}{\mathrm{d}t}&=\dot{\boldsymbol{H}}_{(1)}+(\boldsymbol{v}\,\nabla)\cdot\boldsymbol{H}+\boldsymbol{H}\cdot(\nabla\boldsymbol{v})\\&=\dot{\boldsymbol{H}}_{(2)}+(\boldsymbol{v}\,\nabla)\cdot\boldsymbol{H}-\boldsymbol{H}\cdot(\boldsymbol{v}\,\nabla)\\&=\dot{\boldsymbol{H}}_{(3)}-(\nabla\boldsymbol{v})\cdot\boldsymbol{H}+\boldsymbol{H}\cdot(\nabla\boldsymbol{v})\\&=\dot{\boldsymbol{H}}_{(4)}-(\nabla\boldsymbol{v})\cdot\boldsymbol{H}-\boldsymbol{H}\cdot(\boldsymbol{v}\,\nabla)\end{aligned} \tag{6.5.21}$$

其中

$$\begin{cases}\dot{\boldsymbol{H}}_{(1)}=\dfrac{\mathrm{d}\hat{h}^{ij}}{\mathrm{d}t}\hat{\boldsymbol{g}}_i\hat{\boldsymbol{g}}_j, & \dot{\boldsymbol{H}}_{(2)}=\dfrac{\mathrm{d}\hat{h}^{i}_{\cdot j}}{\mathrm{d}t}\hat{\boldsymbol{g}}_i\hat{\boldsymbol{g}}^j\\ \dot{\boldsymbol{H}}_{(3)}=\dfrac{\mathrm{d}\hat{h}_i^{\cdot j}}{\mathrm{d}t}\hat{\boldsymbol{g}}^i\hat{\boldsymbol{g}}_j, & \dot{\boldsymbol{H}}_{(4)}=\dfrac{\mathrm{d}\hat{h}_{ij}}{\mathrm{d}t}\hat{\boldsymbol{g}}^i\hat{\boldsymbol{g}}^j\end{cases} \tag{6.5.22}$$

(6.5.22)各式是 $\dot{\boldsymbol{H}}_{(1)}$,$\dot{\boldsymbol{H}}_{(2)}$,$\dot{\boldsymbol{H}}_{(3)}$,$\dot{\boldsymbol{H}}_{(4)}$ 的定义。它们表示当观察者在4种不同的参考架中所看到的、张量相对于参考架的变化率。它们的物理意义在下面6.6.6小节中还将进一步讨论。由于(6.5.22)的4式中与速度梯度有关的后两项都是张量,但又互不相同,所以相对导数 $\dot{\boldsymbol{H}}_{(1)}$,$\dot{\boldsymbol{H}}_{(2)}$,$\dot{\boldsymbol{H}}_{(3)}$ 和 $\dot{\boldsymbol{H}}_{(4)}$ 是4个不同的张量。其中 $\dot{\boldsymbol{H}}_{(1)}$ 称为 Oldroyd 导数,$\dot{\boldsymbol{H}}_{(4)}$ 称为 Cotter-Rivlin 导数。和矢量场(6.4.35)式与(6.4.42)式类似,这类相对导数在 Euler 坐标系中的分解式记为

$$\begin{cases}\dot{\boldsymbol{H}}_{(1)}=\dfrac{\delta h^{ij}}{\delta t}\boldsymbol{g}_i\boldsymbol{g}_j, & \dot{\boldsymbol{H}}_{(2)}=\dfrac{\delta h^{i}_{\cdot j}}{\delta t}\boldsymbol{g}_i\boldsymbol{g}^j\\ \dot{\boldsymbol{H}}_{(3)}=\dfrac{\delta h_i^{\cdot j}}{\delta t}\boldsymbol{g}^i\boldsymbol{g}_j, & \dot{\boldsymbol{H}}_{(4)}=\dfrac{\delta h_{ij}}{\delta t}\boldsymbol{g}^i\boldsymbol{g}^j\end{cases} \tag{6.5.23}$$

代入(6.5.21)式,并将该式中的各项($\boldsymbol{H}$ 的物质导数,及含速度梯度的项)也在 Euler 坐标系中分解,利用(6.5.19)式,移项后可得如下分量关系:

$$\begin{cases}\dfrac{\delta h^{ij}}{\delta t}=\dfrac{\mathrm{D}h^{ij}}{\mathrm{D}t}-v^i_{;m}h^{mj}-h^{im}(\nabla_m v^j)\\ \dfrac{\delta h^i_{\cdot j}}{\delta t}=\dfrac{\mathrm{D}h^i_{\cdot j}}{\mathrm{D}t}-v^i_{;m}h^m_{\cdot j}+h^i_{\cdot m}v^m_{;j}\\ \dfrac{\delta h_i^{\cdot j}}{\delta t}=\dfrac{\mathrm{D}h_i^{\cdot j}}{\mathrm{D}t}+(\nabla_i v^m)h_m^{\cdot j}-h_i^{\cdot m}(\nabla_m v^j)\\ \dfrac{\delta h_{ij}}{\delta t}=\dfrac{\mathrm{D}h_{ij}}{\mathrm{D}t}+(\nabla_i v^m)h_{mj}+h_{im}v^m_{\ ;j}\end{cases}\tag{6.5.24}$$

式中互为相等的两个记号$\nabla_k v^l$与$v^l_{\ ;k}$选用一个使得上式成对的哑指标紧紧相连。用(6.5.20)式全导数代入(6.5.24)式，还可得到

$$\begin{cases}\dfrac{\delta h^{ij}}{\delta t}=\dfrac{\mathrm{d}h^{ij}}{\mathrm{d}t}-\dfrac{\partial v^i}{\partial x^m}h^{mj}-h^{im}\dfrac{\partial v^j}{\partial x^m}\\ \dfrac{\delta h^i_{\cdot j}}{\delta t}=\dfrac{\mathrm{d}h^i_{\cdot j}}{\mathrm{d}t}-\dfrac{\partial v^i}{\partial x^m}h^m_{\cdot j}+h^i_{\cdot m}\dfrac{\partial v^m}{\partial x^j}\\ \dfrac{\delta h_i^{\cdot j}}{\delta t}=\dfrac{\mathrm{d}h_i^{\cdot j}}{\mathrm{d}t}+\dfrac{\partial v^m}{\partial x^i}h_m^{\cdot j}-h_i^{\cdot m}\dfrac{\partial v^j}{\partial x^m}\\ \dfrac{\delta h_{ij}}{\delta t}=\dfrac{\mathrm{d}h_{ij}}{\mathrm{d}t}+\dfrac{\partial v^m}{\partial x^i}h_{mj}+h_{im}\dfrac{\partial v^m}{\partial x^j}\end{cases}\tag{6.5.25}$$

利用(6.3.15)式对速度梯度进行加法分解，(6.5.21)式可写成

$$\begin{aligned}\dot{\boldsymbol{H}}=\frac{\mathrm{d}\boldsymbol{H}}{\mathrm{d}t}&=\dot{\boldsymbol{H}}_{(1)}+(\boldsymbol{d}\cdot\boldsymbol{H}+\boldsymbol{H}\cdot\boldsymbol{d})+(\boldsymbol{\Omega}\cdot\boldsymbol{H}-\boldsymbol{H}\cdot\boldsymbol{\Omega})\\ &=\dot{\boldsymbol{H}}_{(2)}+(\boldsymbol{d}\cdot\boldsymbol{H}-\boldsymbol{H}\cdot\boldsymbol{d})+(\boldsymbol{\Omega}\cdot\boldsymbol{H}-\boldsymbol{H}\cdot\boldsymbol{\Omega})\\ &=\dot{\boldsymbol{H}}_{(3)}-(\boldsymbol{d}\cdot\boldsymbol{H}-\boldsymbol{H}\cdot\boldsymbol{d})+(\boldsymbol{\Omega}\cdot\boldsymbol{H}-\boldsymbol{H}\cdot\boldsymbol{\Omega})\\ &=\dot{\boldsymbol{H}}_{(4)}-(\boldsymbol{d}\cdot\boldsymbol{H}+\boldsymbol{H}\cdot\boldsymbol{d})+(\boldsymbol{\Omega}\cdot\boldsymbol{H}-\boldsymbol{H}\cdot\boldsymbol{\Omega})\end{aligned}\tag{6.5.26}$$

可以看到，以上 4 式中与旋转有关的第三项是同一个张量，所以前两项之和也是 4 个互相相等的张量，称为 Jaumann 导数，记为$\dfrac{\mathscr{D}\boldsymbol{H}}{\mathscr{D}t}$或$\dot{\boldsymbol{H}}_{\mathrm{J}}$，即

$$\begin{aligned}\dot{\boldsymbol{H}}_{\mathrm{J}}=\frac{\mathscr{D}\boldsymbol{H}}{\mathscr{D}t}&=\dot{\boldsymbol{H}}_{(1)}+(\boldsymbol{d}\cdot\boldsymbol{H}+\boldsymbol{H}\cdot\boldsymbol{d})\\ &=\dot{\boldsymbol{H}}_{(2)}+(\boldsymbol{d}\cdot\boldsymbol{H}-\boldsymbol{H}\cdot\boldsymbol{d})\\ &=\dot{\boldsymbol{H}}_{(3)}-(\boldsymbol{d}\cdot\boldsymbol{H}-\boldsymbol{H}\cdot\boldsymbol{d})\\ &=\dot{\boldsymbol{H}}_{(4)}-(\boldsymbol{d}\cdot\boldsymbol{H}+\boldsymbol{H}\cdot\boldsymbol{d})\end{aligned}\tag{6.5.27}$$

或

$$\begin{aligned}\dot{\boldsymbol{H}}_{\mathrm{J}}=\frac{\mathscr{D}\boldsymbol{H}}{\mathscr{D}t}&=\frac{\mathrm{d}\boldsymbol{H}}{\mathrm{d}t}-\boldsymbol{\Omega}\cdot\boldsymbol{H}+\boldsymbol{H}\cdot\boldsymbol{\Omega}\\ &=\frac{\mathrm{d}\boldsymbol{H}}{\mathrm{d}t}-\boldsymbol{\omega}\times\boldsymbol{H}+\boldsymbol{H}\times\boldsymbol{\omega}\end{aligned}\tag{6.5.28}$$

它是当观察者跟随介质微元一起旋转但不一起变形时所看到的、张量 $\boldsymbol{H}$ 相对于以 $\boldsymbol{\Omega}$ 为旋率(即以 $\boldsymbol{\omega}$ 为角速度，见(6.3.18b)式)的刚性转动参考架的变化率，所以又称为物质共旋率。Jaumann 导数与坐标系旋转无关，是一种能反映张量客观性的导数，有较重要的应用。

把(6.5.27)式对 Lagrange 基分解，利用(6.5.22)式，可得 Jaumann 导数的 Lagrange

分量①：

$$
\begin{cases}
\hat{H}_{\mathrm{J}}^{ij} = \dfrac{\mathrm{d}\hat{h}^{ij}}{\mathrm{d}t} + \hat{d}^{i}_{\cdot m}\hat{h}^{mj} + \hat{h}^{im}\hat{d}_{m}^{\cdot j} \\
\hat{H}_{\mathrm{J}\cdot j}^{\ \ i} = \dfrac{\mathrm{d}\hat{h}^{i}_{\cdot j}}{\mathrm{d}t} + \hat{d}^{i}_{\cdot m}\hat{h}^{m}_{\cdot j} - \hat{h}^{i}_{\cdot m}\hat{d}^{m}_{\cdot j} \\
\hat{H}_{\mathrm{J}i}^{\ \cdot j} = \dfrac{\mathrm{d}\hat{h}_{i}^{\cdot j}}{\mathrm{d}t} - \hat{d}_{i}^{\cdot m}\hat{h}_{m}^{\cdot j} + \hat{h}_{i}^{\cdot m}\hat{d}_{m}^{\cdot j} \\
\hat{H}_{\mathrm{J}ij} = \dfrac{\mathrm{d}\hat{h}_{ij}}{\mathrm{d}t} - \hat{d}_{i}^{\cdot m}\hat{h}_{mj} - \hat{h}_{im}\hat{d}^{m}_{\cdot j}
\end{cases}
\tag{6.5.29}
$$

把(6.5.28)式对 Euler 基分解，利用(6.5.19)式得 Jaumann 导数的 Euler 分量：

$$
\begin{cases}
\dfrac{\mathscr{D}h^{ij}}{\mathscr{D}t} = \dfrac{\mathrm{D}h^{ij}}{\mathrm{D}t} - \Omega^{i}_{\cdot m}h^{mj} + h^{im}\Omega_{m}^{\cdot j} \\
\dfrac{\mathscr{D}h^{i}_{\cdot j}}{\mathscr{D}t} = \dfrac{\mathrm{D}h^{i}_{\cdot j}}{\mathrm{D}t} - \Omega^{i}_{\cdot m}h^{m}_{\cdot j} + h^{i}_{\cdot m}\Omega^{m}_{\cdot j} \\
\dfrac{\mathscr{D}h_{i}^{\cdot j}}{\mathscr{D}t} = \dfrac{\mathrm{D}h_{i}^{\cdot j}}{\mathrm{D}t} - \Omega_{i}^{\cdot m}h_{m}^{\cdot j} + h_{i}^{\cdot m}\Omega_{m}^{\cdot j} \\
\dfrac{\mathscr{D}h_{ij}}{\mathscr{D}t} = \dfrac{\mathrm{D}h_{ij}}{\mathrm{D}t} - \Omega_{i}^{\cdot m}h_{mj} + h_{im}\Omega^{m}_{\cdot j}
\end{cases}
\tag{6.5.30}
$$

把(6.5.27)式对 Euler 基分解，移项后可得 $\dot{\boldsymbol{H}}_{(1)}$，$\dot{\boldsymbol{H}}_{(2)}$，$\dot{\boldsymbol{H}}_{(3)}$，$\dot{\boldsymbol{H}}_{(4)}$ 的 Euler 分量：

$$
\begin{cases}
\dfrac{\delta h^{ij}}{\delta t} = \dfrac{\mathscr{D}h^{ij}}{\mathscr{D}t} - d^{i}_{\cdot m}h^{mj} - h^{im}d_{m}^{\cdot j} \\
\dfrac{\delta h^{i}_{\cdot j}}{\delta t} = \dfrac{\mathscr{D}h^{i}_{\cdot j}}{\mathscr{D}t} - d^{i}_{\cdot m}h^{m}_{\cdot j} + h^{i}_{\cdot m}d^{m}_{\cdot j} \\
\dfrac{\delta h_{i}^{\cdot j}}{\delta t} = \dfrac{\mathscr{D}h_{i}^{\cdot j}}{\mathscr{D}t} + d_{i}^{\cdot m}h_{m}^{\cdot j} - h_{i}^{\cdot m}d_{m}^{\cdot j} \\
\dfrac{\delta h_{ij}}{\delta t} = \dfrac{\mathscr{D}h_{ij}}{\mathscr{D}t} + d_{i}^{\cdot m}h_{mj} + h_{im}d^{m}_{\cdot j}
\end{cases}
\tag{6.5.31}
$$

由于 Jaumann 导数是张量，它的 4 个 Lagrange 分量(6.5.29)式或 4 个 Euler 分量(6.5.30)式都分别互相满足指标升降关系，且对于确定的时刻 t，它的 Lagrange 分量和 Euler 分量之间满足如下转换关系：

$$
\begin{cases}
\hat{\dot{H}}_{\mathrm{J}}^{ij} = \dfrac{\partial \xi^{i}}{\partial x^{m}}\dfrac{\partial \xi^{j}}{\partial x^{n}}\dfrac{\mathscr{D}h^{mn}}{\mathscr{D}t}, \quad \dfrac{\mathscr{D}h^{mn}}{\mathscr{D}t} = \dfrac{\partial x^{m}}{\partial \xi^{i}}\dfrac{\partial x^{n}}{\partial \xi^{j}}\hat{\dot{H}}_{\mathrm{J}}^{ij} \\
\hat{\dot{H}}_{\mathrm{J}\cdot j}^{\ \ i} = \dfrac{\partial \xi^{i}}{\partial x^{m}}\dfrac{\partial x^{n}}{\partial \xi^{j}}\dfrac{\mathscr{D}h^{m}_{\cdot n}}{\mathscr{D}t}, \quad \dfrac{\mathscr{D}h^{m}_{\cdot n}}{\mathscr{D}t} = \dfrac{\partial x^{m}}{\partial \xi^{i}}\dfrac{\partial \xi^{j}}{\partial x^{n}}\hat{\dot{H}}_{\mathrm{J}\cdot j}^{\ \ i} \\
\hat{\dot{H}}_{\mathrm{J}i}^{\ \cdot j} = \dfrac{\partial x^{m}}{\partial \xi^{i}}\dfrac{\partial \xi^{j}}{\partial x^{n}}\dfrac{\mathscr{D}h_{m}^{\cdot n}}{\mathscr{D}t}, \quad \dfrac{\mathscr{D}h_{m}^{\cdot n}}{\mathscr{D}t} = \dfrac{\partial \xi^{i}}{\partial x^{m}}\dfrac{\partial x^{n}}{\partial \xi^{j}}\hat{\dot{H}}_{\mathrm{J}i}^{\ \cdot j} \\
\hat{\dot{H}}_{\mathrm{J}ij} = \dfrac{\partial x^{m}}{\partial \xi^{i}}\dfrac{\partial x^{n}}{\partial \xi^{j}}\dfrac{\mathscr{D}h_{mn}}{\mathscr{D}t}, \quad \dfrac{\mathscr{D}h_{mn}}{\mathscr{D}t} = \dfrac{\partial \xi^{i}}{\partial x^{m}}\dfrac{\partial \xi^{j}}{\partial x^{n}}\hat{\dot{H}}_{\mathrm{J}ij}
\end{cases}
\tag{6.5.32}
$$

---

① 二阶张量 $\boldsymbol{H}$ 的物质导数 $\dot{\boldsymbol{H}} = \mathrm{d}\boldsymbol{H}/\mathrm{d}t$，一点“·”表示 d( )/d$t$，但是在这里分量 $\hat{\dot{H}}_{\mathrm{J}}^{ij}$ 中的一点“·”没有 d( )/dt 的含义，只表示是 $\dot{\boldsymbol{H}}_{\mathrm{J}}$ 的分量，“^”表示 Lagrange 分量，下标“J”表示 Jaumann 导数。

但(6.5.31)式中的$\dfrac{\delta h^{ij}}{\delta t}$，…，$\dfrac{\delta h_{ij}}{\delta t}$等并不是同一个张量的分量，所以不满足指标升降关系。

6.6 连续介质变形与运动的初步知识

本节介绍关于连续介质变形与运动的最基本知识①。这些知识是力学工作者所必须掌握的，也有助于我们对 6.4 节与 6.5 节矢量场与张量场各种导数有更深的理解。

6.6.1 变形梯度张量，线元、面元与体元的变换

采用 Lagrange 坐标 ξ^i。如图 6.5 所示，变形前($t=0$ 时刻)的相邻两质点间的线段(称为物质线元)$\mathrm{d}\mathring{\boldsymbol{r}}$(6.2.6)式，变形后在 t 时刻变成 $\mathrm{d}\hat{\boldsymbol{r}}$(6.2.10)式②：

$$\mathrm{d}\mathring{\boldsymbol{r}} \overset{(6.2.6)}{=} \mathrm{d}\xi^i\,\mathring{\boldsymbol{g}}_i \Rightarrow \mathrm{d}\hat{\boldsymbol{r}} \overset{(6.2.10)}{=} \mathrm{d}\xi^i\hat{\boldsymbol{g}}_i \tag{6.6.1}$$

注意线元 $\mathrm{d}\hat{\boldsymbol{r}}$ 与 $\mathrm{d}\mathring{\boldsymbol{r}}$ 是由相同的物质质点组成的。上式说明，由于线元的变换，保持逆变分量 $\mathrm{d}\xi^i$ 不变，只是协变基矢量$\mathring{\boldsymbol{g}}_i$变成$\hat{\boldsymbol{g}}_i$。证明如下：我们用张量 $\boldsymbol{F}$ 来表示从 $\mathrm{d}\mathring{\boldsymbol{r}}$ 到 $\mathrm{d}\hat{\boldsymbol{r}}$ 的线性变换(见(2.1.15a)式)：

$$\mathrm{d}\hat{\boldsymbol{r}} = \boldsymbol{F}\cdot\mathrm{d}\mathring{\boldsymbol{r}} \tag{6.6.2}$$

将(6.6.1)式的 $\mathrm{d}\mathring{\boldsymbol{r}}$ 与 $\mathrm{d}\hat{\boldsymbol{r}}$ 代入，得

$$\mathrm{d}\xi^i\hat{\boldsymbol{g}}_i = \mathrm{d}\xi^i(\boldsymbol{F}\cdot\mathring{\boldsymbol{g}}_i)$$

上式左右端各为 $i=1,2,3$ 三项之和。因 $\mathrm{d}\xi^i$ 为任意，故必有

$$\hat{\boldsymbol{g}}_i = \boldsymbol{F}\cdot\mathring{\boldsymbol{g}}_i \tag{6.6.3}$$

因此，Lagrange 协变基矢量的变换(6.6.3)与物质线元的变换(6.6.1)是等价的，所以称 Lagrange 协变基矢量是随体的。

$\boldsymbol{F}$ 称为变形梯度(deformation gradient)张量。(6.6.2)式与(6.6.3)式的逆为

$$\mathrm{d}\mathring{\boldsymbol{r}} = \boldsymbol{F}^{-1}\cdot\mathrm{d}\hat{\boldsymbol{r}},\qquad \mathring{\boldsymbol{g}}_i = \boldsymbol{F}^{-1}\cdot\hat{\boldsymbol{g}}_i \tag{6.6.4}$$

式中 $\boldsymbol{F}^{-1}$为 $\boldsymbol{F}$ 之逆，

$$\boldsymbol{F}^{-1}\cdot\boldsymbol{F} = \boldsymbol{F}\cdot\boldsymbol{F}^{-1} = \boldsymbol{1} \tag{6.6.5}$$

由(6.6.3)与(6.6.4)第二式，易写出 $\boldsymbol{F}$ 与 $\boldsymbol{F}^{-1}$的并矢表示式为

$$\begin{cases}\boldsymbol{F} = \hat{\boldsymbol{g}}_1\mathring{\boldsymbol{g}}^1 + \hat{\boldsymbol{g}}_2\mathring{\boldsymbol{g}}^2 + \hat{\boldsymbol{g}}_3\mathring{\boldsymbol{g}}^3 = \hat{\boldsymbol{g}}_i\mathring{\boldsymbol{g}}^i \\ \boldsymbol{F}^{-1} = \mathring{\boldsymbol{g}}_1\hat{\boldsymbol{g}}^1 + \mathring{\boldsymbol{g}}_2\hat{\boldsymbol{g}}^2 + \mathring{\boldsymbol{g}}_3\hat{\boldsymbol{g}}^3 = \mathring{\boldsymbol{g}}_i\hat{\boldsymbol{g}}^i\end{cases} \tag{6.6.6}$$

式中 $\mathring{\boldsymbol{g}}^i$ 为变形前($t=0$ 时刻)的逆变基，与$\mathring{\boldsymbol{g}}_i$互为对偶；$\hat{\boldsymbol{g}}^i$为变形后(在 t 时刻)的逆变基，与 $\hat{\boldsymbol{g}}_i$ 互为对偶。(6.6.6)式的转置为

---

① 连续介质力学的进一步知识可参考专著：
黄克智.非线性连续介质力学[M].北京：清华大学出版社，北京大学出版社.1989.
黄克智，黄永刚.固体本构关系[M].北京：清华大学出版社.1999.
黄克智，黄永刚. 高等固体力学(上册)[M]. 北京：清华大学出版社.2013.

② 这里我们在 $\mathrm{d}\boldsymbol{r}$ 上加了“^”符号，即 $\mathrm{d}\hat{\boldsymbol{r}}$，只是为了强调 $\mathrm{d}\boldsymbol{r}$ 沿 Lagrange 基矢量分解，即(6.2.10)式。

$$\begin{cases} \boldsymbol{F}^{\mathrm{T}} = \mathring{\boldsymbol{g}}^1\hat{\boldsymbol{g}}_1 + \mathring{\boldsymbol{g}}^2\hat{\boldsymbol{g}}_2 + \mathring{\boldsymbol{g}}^3\hat{\boldsymbol{g}}_3 = \mathring{\boldsymbol{g}}^i\hat{\boldsymbol{g}}_i \\ \boldsymbol{F}^{-\mathrm{T}} = (\boldsymbol{F}^{-1})^{\mathrm{T}} = (\boldsymbol{F}^{\mathrm{T}})^{-1} = \hat{\boldsymbol{g}}^1\mathring{\boldsymbol{g}}_1 + \hat{\boldsymbol{g}}^2\mathring{\boldsymbol{g}}_2 + \hat{\boldsymbol{g}}^3\mathring{\boldsymbol{g}}_3 = \hat{\boldsymbol{g}}^i\mathring{\boldsymbol{g}}_i \end{cases} \tag{6.6.7}$$

(6.6.6)式与(6.6.7)式的 4 个张量表达式,前后矢量有一个带顶标"∘",另一个带顶标"^"(顶标指正上方的标记),它们是在变形前($t=0$)与变形后(t 时刻)不同的构形中,所以文献中称这样的张量为"两点张量"(two-point tensor)。但是这并不妨碍它们作为二阶张量实体的一切运算。因为两个构形的基矢量之间存在一定的关系(取决于变形),必要时可以把"两点张量"化成同一个构形中的并矢表示。由(6.6.6)式与(6.6.7)式易得

$$\begin{cases} \boldsymbol{F}\cdot\mathring{\boldsymbol{g}}_i = \mathring{\boldsymbol{g}}_i\cdot\boldsymbol{F}^{\mathrm{T}} = \hat{\boldsymbol{g}}_i, \quad \boldsymbol{F}^{-1}\cdot\hat{\boldsymbol{g}}_i = \hat{\boldsymbol{g}}_i\cdot\boldsymbol{F}^{-\mathrm{T}} = \mathring{\boldsymbol{g}}_i \\ \boldsymbol{F}^{\mathrm{T}}\cdot\hat{\boldsymbol{g}}^i = \hat{\boldsymbol{g}}^i\cdot\boldsymbol{F} = \mathring{\boldsymbol{g}}^i, \quad \boldsymbol{F}^{-\mathrm{T}}\cdot\mathring{\boldsymbol{g}}^i = \mathring{\boldsymbol{g}}^i\cdot\boldsymbol{F}^{-1} = \hat{\boldsymbol{g}}^i \end{cases} \tag{6.6.8}$$

(6.6.2)式给出了变形前($t=0$)与变形后(t 时刻)物质线元的变换。物质体元与物质面元如何变换呢?

假设在变形前有三个物质线元 $\mathrm{d}\mathring{\boldsymbol{r}}_{(1)}, \mathrm{d}\mathring{\boldsymbol{r}}_{(2)}, \mathrm{d}\mathring{\boldsymbol{r}}_{(3)}$,它们构成一个平行六面体的体元(图 6.8),其体积为

$$\mathrm{d}\mathring{v} = [\mathrm{d}\mathring{\boldsymbol{r}}_{(1)} \quad \mathrm{d}\mathring{\boldsymbol{r}}_{(2)} \quad \mathrm{d}\mathring{\boldsymbol{r}}_{(3)}] \tag{6.6.9}$$

变形后三个线元变成 $\mathrm{d}\hat{\boldsymbol{r}}_{(1)}, \mathrm{d}\hat{\boldsymbol{r}}_{(2)}, \mathrm{d}\hat{\boldsymbol{r}}_{(3)}$,平行六面体的体积可利用线元变换公式(6.6.2)计算:

$$\mathrm{d}\hat{\boldsymbol{v}} = [\mathrm{d}\hat{\boldsymbol{r}}_{(1)} \quad \mathrm{d}\hat{\boldsymbol{r}}_{(2)} \quad \mathrm{d}\hat{\boldsymbol{r}}_{(3)}] = [\boldsymbol{F}\cdot\mathrm{d}\mathring{\boldsymbol{r}}_{(1)} \quad \boldsymbol{F}\cdot\mathrm{d}\mathring{\boldsymbol{r}}_{(2)} \quad \boldsymbol{F}\cdot\mathrm{d}\mathring{\boldsymbol{r}}_{(3)}] \tag{6.6.10}$$

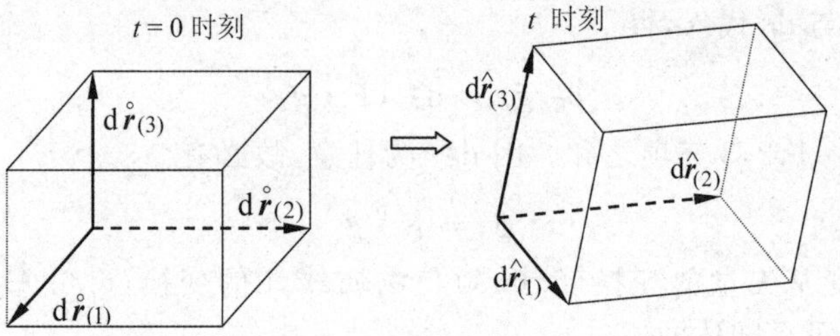

图 6.8 体元变换

利用矢量混合积的变换公式(2.3.6c),可证物质体元变换公式:

$$\mathrm{d}\hat{v} = \mathscr{J}\mathrm{d}\mathring{v} \tag{6.6.11}$$

式中 $\mathscr{J}$ 称为体积比,即当前构形与初始构形中物质体元体积之比,$\mathscr{J}$ 为张量 $\boldsymbol{F}$ 的第三不变量 $\mathscr{J}_3^{(F)}$,即

$$\mathscr{J} = \mathscr{J}_3^{(\boldsymbol{F})} \tag{6.6.12}$$

假设两个物质线元变形前($t=0$)构成一个平行四边形面元,用矢量 $\mathrm{d}\mathring{\boldsymbol{a}}$ 表示(图 6.9),变形后(t 时刻)变成 $\mathrm{d}\hat{\boldsymbol{a}}$,面元矢量均垂直于所在面,大小等于面元的面积[①]:

$$\mathrm{d}\mathring{\boldsymbol{a}} = \mathrm{d}\mathring{\boldsymbol{r}}_{(1)}\times\mathrm{d}\mathring{\boldsymbol{r}}_{(2)}, \qquad \mathrm{d}\hat{\boldsymbol{a}} = \mathrm{d}\hat{\boldsymbol{r}}_{(1)}\times\mathrm{d}\hat{\boldsymbol{r}}_{(2)} \tag{6.6.13}$$

由上式,利用物质线元的变换公式(6.6.2)与二阶张量的 Nanson 公式(2.3.7),可得物质面元变换公式,也称为 Nanson 公式:

$$\mathrm{d}\hat{\boldsymbol{a}} = \mathscr{J}\boldsymbol{F}^{-\mathrm{T}}\cdot\mathrm{d}\mathring{\boldsymbol{a}} \tag{6.6.14}$$

① 注意线元矢量 $\mathrm{d}\boldsymbol{r}$ 是物质的,但尽管面元本身是物质的(即矢量 $\mathrm{d}\mathring{\boldsymbol{a}}$ 与 $\mathrm{d}\hat{\boldsymbol{a}}$ 所代表的面元是由相同的物质质点组成的),面元矢量 $\mathrm{d}\boldsymbol{a}$ 是一个垂直于所表示的面积的矢量,不是物质的。

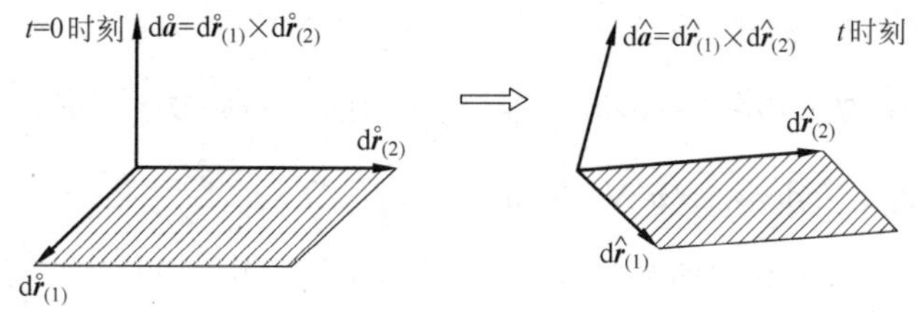

图 6.9　面元变换

设

$$\mathrm{d}\mathring{\boldsymbol{a}} = (\mathrm{d}\,\mathring{a}_i)\,\mathring{\boldsymbol{g}}^i, \qquad \mathrm{d}\hat{\boldsymbol{a}} = (\mathrm{d}\hat{a}_i)\,\hat{\boldsymbol{g}}^i \tag{6.6.15}$$

代入(6.6.14)式，并利用(6.6.8)第 4 式，可知

$$\mathrm{d}\hat{a}_i = \mathscr{J}\mathrm{d}\,\mathring{a}_i, \qquad 即 \qquad \frac{1}{\mathscr{J}}\mathrm{d}\hat{a}_i = \mathrm{d}\,\mathring{a}_i \tag{6.6.16}$$

因此，面元 $\mathrm{d}\mathring{\boldsymbol{a}}$ 与 $\mathrm{d}\hat{\boldsymbol{a}}/\mathscr{J}$ 具有相同的协变分量，只是它们的逆变基矢量 $\mathring{\boldsymbol{g}}^i$ 与 $\hat{\boldsymbol{g}}^i$ 不同。

所以，在 Lagrange 坐标中物质线元与物质面元（除以 $\mathscr{J}$）矢量在变形前（$t=0$）与变形后（t 时刻）之间的变换，前者保持逆变分量不变，后者保持协变分量不变。我们称保持逆变分量 $\mathrm{d}\xi^i$ 不变的两矢量 $\mathrm{d}\mathring{\boldsymbol{r}}$ 与 $\mathrm{d}\hat{\boldsymbol{r}}$ 是相互的"逆变转移"，$\mathrm{d}\hat{\boldsymbol{r}}$ 是 $\mathrm{d}\mathring{\boldsymbol{r}}$ 从初始构形（$t=0$）到当前构形（t 时刻）的"逆变前推"（或记作"♯前推"），反之 $\mathrm{d}\mathring{\boldsymbol{r}}$ 是 $\mathrm{d}\hat{\boldsymbol{r}}$ 从当前构形（t 时刻）到初始构形（$t=0$）的"逆变后拉"（或记作"♯后拉"）。$\mathrm{d}\mathring{\boldsymbol{r}}$ 与 $\mathrm{d}\hat{\boldsymbol{r}}$ 之间满足(6.6.2)式与(6.6.4)式的关系。同时，称保持协变分量(6.6.16)式不变的两矢量 $\mathrm{d}\mathring{\boldsymbol{a}}$ 与 $\mathrm{d}\hat{\boldsymbol{a}}/\mathscr{J}$ 是相互的"协变转移"，$\mathrm{d}\hat{\boldsymbol{a}}/\mathscr{J}$ 是 $\mathrm{d}\mathring{\boldsymbol{a}}$ 从初始构形（$t=0$）到当前构形（t 时刻）的"协变前推"（或记作"♭前推"），而 $\mathrm{d}\mathring{\boldsymbol{a}}$ 是 $\mathrm{d}\hat{\boldsymbol{a}}/\mathscr{J}$ 从当前构形（t 时刻）到初始构形（$t=0$）的"协变后拉"（或记作"♭后拉"）。我们在这里借用了音乐升半阶和降半阶的符号（♯ 与 ♭）来区别逆变与协变。

6.6.2　线元、面元与体元的物质导数①

(6.6.1)式物质线元 $\mathrm{d}\hat{\boldsymbol{r}}=\mathrm{d}\xi^i\hat{\boldsymbol{g}}_i$ 是随时间 t 变化的，因为虽然 $\mathrm{d}\xi^i$ 不随时间变化，但 Lagrange 协变基矢量 $\hat{\boldsymbol{g}}_i$ 是随时间 t 变化的。利用 $\hat{\boldsymbol{g}}_i$ 的物质导数公式(6.3.4)可计算线元 $\mathrm{d}\hat{\boldsymbol{r}}$ 的物质导数：

$$(\mathrm{d}\hat{\boldsymbol{r}})^{\bullet} = \mathrm{d}\xi^i\frac{\mathrm{d}\hat{\boldsymbol{g}}_i}{\mathrm{d}t} = \mathrm{d}\hat{\boldsymbol{r}}\cdot(\hat{\boldsymbol{\nabla}}\,\boldsymbol{v}) = (\boldsymbol{v}\,\hat{\boldsymbol{\nabla}})\cdot\mathrm{d}\hat{\boldsymbol{r}} \tag{6.6.17}$$

在(6.6.17)式中，当 $\boldsymbol{v}$ 与算子 $\hat{\boldsymbol{\nabla}}$ 作用时，应理解为 $\hat{\boldsymbol{v}}$，见(6.2.19)式，$\boldsymbol{v}=\hat{\boldsymbol{v}}$。

利用体元②的表达式(6.6.10)，$\mathrm{d}\hat{v}=[\mathrm{d}\hat{\boldsymbol{r}}_{(1)}\quad \mathrm{d}\hat{\boldsymbol{r}}_{(2)}\quad \mathrm{d}\hat{\boldsymbol{r}}_{(3)}]$，可计算其物质导数

$$\begin{aligned}(\mathrm{d}\hat{v})^{\bullet} &= [\mathrm{d}\hat{\boldsymbol{r}}_{(1)}\quad \mathrm{d}\hat{\boldsymbol{r}}_{(2)}\quad \mathrm{d}\hat{\boldsymbol{r}}_{(3)}]^{\bullet}\\ &= [(\mathrm{d}\hat{\boldsymbol{r}}_{(1)})^{\bullet}\quad \mathrm{d}\hat{\boldsymbol{r}}_{(2)}\quad \mathrm{d}\hat{\boldsymbol{r}}_{(3)}] + [\mathrm{d}\hat{\boldsymbol{r}}_{(1)}\quad (\mathrm{d}\hat{\boldsymbol{r}}_{(2)})^{\bullet}\quad \mathrm{d}\hat{\boldsymbol{r}}_{(3)}] + [\mathrm{d}\hat{\boldsymbol{r}}_{(1)}\quad \mathrm{d}\hat{\boldsymbol{r}}_{(2)}\quad (\mathrm{d}\hat{\boldsymbol{r}}_{(3)})^{\bullet}]\end{aligned} \tag{6.6.18}$$

---

① 这里我们指的是线元的矢量 $\mathrm{d}\hat{\boldsymbol{r}}$，面元的矢量 $\mathrm{d}\hat{\boldsymbol{a}}$ 与体元的体积 $\mathrm{d}\hat{v}$，线元、面元与体元都是由相同的质点组成的，表示它们的矢量（或标量）对时间 t 的导数称为物质导数。

② $\mathrm{d}\hat{v}$ 表示体元的体积，体积与坐标选取无关，也可记作 $\mathrm{d}v$，注意字母 v 勿与速度矢量 $\boldsymbol{v}$ 混淆。

将(6.6.17)式代入(6.6.18)式,得

$$(\mathrm{d}\hat{v})^{\bullet}=[(\boldsymbol{v}\hat{\nabla})\cdot\mathrm{d}\hat{\boldsymbol{r}}_{(1)}\quad \mathrm{d}\hat{\boldsymbol{r}}_{(2)}\quad \mathrm{d}\hat{\boldsymbol{r}}_{(3)}]+[\mathrm{d}\hat{\boldsymbol{r}}_{(1)}\quad(\boldsymbol{v}\hat{\nabla})\cdot\mathrm{d}\hat{\boldsymbol{r}}_{(2)}\quad \mathrm{d}\hat{\boldsymbol{r}}_{(3)}]+ [\mathrm{d}\hat{\boldsymbol{r}}_{(1)}\quad \mathrm{d}\hat{\boldsymbol{r}}_{(2)}\quad(\boldsymbol{v}\hat{\nabla})\cdot\mathrm{d}\hat{\boldsymbol{r}}_{(3)}] \tag{6.6.19}$$

利用公式(2.3.6a),将其中的矢量 $\boldsymbol{u},\boldsymbol{v},\boldsymbol{w}$ 改为 $\mathrm{d}\hat{r}_{(1)},\mathrm{d}\hat{r}_{(2)},\mathrm{d}\hat{r}_{(3)}$,二阶张量 $\boldsymbol{T}$ 改为$\boldsymbol{v}\hat{\nabla}$,因此其第一主不变量为

$$\mathscr{J}_1^{(\boldsymbol{T})}=\mathscr{J}_1^{(\boldsymbol{v}\hat{\nabla})}=\boldsymbol{v}\cdot\hat{\nabla}=\hat{\nabla}\cdot\boldsymbol{v}=\operatorname{div}\boldsymbol{v} \tag{6.6.20}$$

由(6.6.19)式可得体元物质导数公式为

$$(\mathrm{d}\hat{v})^{\bullet}=(\boldsymbol{v}\cdot\hat{\nabla})\mathrm{d}\hat{v} \tag{6.6.21}$$

将(6.6.11)式 $\mathrm{d}\hat{v}=\mathscr{J}\mathrm{d}\mathring{v}$,故$(\mathrm{d}\hat{v})^{\bullet}=\dot{\mathscr{J}}\,\mathrm{d}\mathring{v}$ 代入(6.6.21)式,可得体积比 $\mathscr{J}$ 的物质导数

$$\dot{\mathscr{J}}=(\boldsymbol{v}\cdot\hat{\nabla})\mathscr{J},\quad 即\quad \frac{\dot{\mathscr{J}}}{\mathscr{J}}=\boldsymbol{v}\cdot\hat{\nabla}=\boldsymbol{v}\cdot\nabla=\operatorname{div}\boldsymbol{v} \tag{6.6.22a}$$

因此速度场的散度表示当前构形每单位体积的体积变化率。

$$(\mathrm{d}v)^{\bullet}=(\operatorname{div}\boldsymbol{v})\mathrm{d}v \tag{6.6.22b}$$

为了求面元矢量的物质导数,需要以下预备知识。

预备知识 $\boldsymbol{a}$ 与 $\boldsymbol{b}$ 为任意两个矢量,$\boldsymbol{B}$ 为任意二阶张量,则必有

$$(\boldsymbol{B}\cdot\boldsymbol{a})\times\boldsymbol{b}+\boldsymbol{a}\times(\boldsymbol{B}\cdot\boldsymbol{b})=\mathscr{J}_1^{(\boldsymbol{B})}\boldsymbol{a}\times\boldsymbol{b}-\boldsymbol{B}^{\mathrm{T}}\cdot(\boldsymbol{a}\times\boldsymbol{b}) \tag{6.6.23}$$

证明 由(2.3.6a)式,将其中 $\boldsymbol{u},\boldsymbol{v},\boldsymbol{w}$ 改为 $\boldsymbol{a},\boldsymbol{b},\boldsymbol{c}$,并改写为

$$\{(\boldsymbol{B}\cdot\boldsymbol{a})\times\boldsymbol{b}+\boldsymbol{a}\times(\boldsymbol{B}\cdot\boldsymbol{b})+(\boldsymbol{a}\times\boldsymbol{b})\cdot\boldsymbol{B}\}\cdot\boldsymbol{c}=\mathscr{J}_1^{(\boldsymbol{B})}(\boldsymbol{a}\times\boldsymbol{b})\cdot\boldsymbol{c}$$

因为 $\boldsymbol{c}$ 为任意,故必有

$$(\boldsymbol{B}\cdot\boldsymbol{a})\times\boldsymbol{b}+\boldsymbol{a}\times(\boldsymbol{B}\cdot\boldsymbol{b})=\mathscr{J}_1^{(\boldsymbol{B})}\boldsymbol{a}\times\boldsymbol{b}-\boldsymbol{B}^{\mathrm{T}}\cdot(\boldsymbol{a}\times\boldsymbol{b})$$

故(6.6.23)式得证。

现在来取面元矢量 $\mathrm{d}\hat{a}$ 的物质导数,由(6.6.13)第二式 $\mathrm{d}\hat{a}=\mathrm{d}\hat{r}_{(1)}\times\mathrm{d}\hat{r}_{(2)}$,其物质导数为

$$(\mathrm{d}\hat{\boldsymbol{a}})^{\bullet}=(\mathrm{d}\hat{\boldsymbol{r}}_{(1)}\times\mathrm{d}\hat{\boldsymbol{r}}_{(2)})^{\bullet}=(\mathrm{d}\hat{\boldsymbol{r}}_{(1)})^{\bullet}\times\mathrm{d}\hat{\boldsymbol{r}}_{(2)}+\mathrm{d}\hat{\boldsymbol{r}}_{(1)}\times(\mathrm{d}\hat{\boldsymbol{r}}_{(2)})^{\bullet}$$

将线元物质导数公式(6.6.17)代入,则

$$(\mathrm{d}\hat{\boldsymbol{a}})^{\bullet}=[(\boldsymbol{v}\hat{\nabla})\cdot\mathrm{d}\hat{\boldsymbol{r}}_{(1)}]\times\mathrm{d}\hat{\boldsymbol{r}}_{(2)}+\mathrm{d}\hat{\boldsymbol{r}}_{(1)}\times[(\boldsymbol{v}\hat{\nabla})\cdot\mathrm{d}\hat{\boldsymbol{r}}_{(2)}]$$

利用(6.6.23)式,其中 $\boldsymbol{a},\boldsymbol{b}$ 改为 $\mathrm{d}\hat{r}_{(1)},\mathrm{d}\hat{r}_{(2)}$,$\boldsymbol{B}$ 改为$\boldsymbol{v}\hat{\nabla}$,可得面元矢量物质导数公式为

$$(\mathrm{d}\hat{\boldsymbol{a}})^{\bullet}=(\boldsymbol{v}\cdot\hat{\nabla})\mathrm{d}\hat{\boldsymbol{a}}-(\hat{\nabla}\boldsymbol{v})\cdot\mathrm{d}\hat{\boldsymbol{a}}=(\boldsymbol{v}\cdot\hat{\nabla})\mathrm{d}\hat{\boldsymbol{a}}-\mathrm{d}\hat{\boldsymbol{a}}\cdot(\boldsymbol{v}\hat{\nabla}) \tag{6.6.24}$$

所有的线元、面元、体元物质导数公式(6.6.17)、(6.6.24)、(6.6.21)表明它们都取决于速度梯度张量$\boldsymbol{v}\hat{\nabla}$。因为 Hamilton 算子具有坐标不变性(见(6.3.10)式后面的讨论),故速度梯度张量也可记作$\boldsymbol{v}\nabla$。

利用 Lagrange 协变基 $\hat{\boldsymbol{g}}_i$ 与逆变基 $\hat{\boldsymbol{g}}^i$ 的物质导数公式(6.3.4)与式(6.3.6),可以求得(6.6.6)式 $\boldsymbol{F}$ 和 $\boldsymbol{F}^{-1}$ 与(6.6.7)式 $\boldsymbol{F}^{\mathrm{T}}$ 和 $\boldsymbol{F}^{-\mathrm{T}}$ 的物质导数:

$$
\begin{cases}
\dot{\boldsymbol{F}} = \dfrac{\mathrm{d}\hat{\boldsymbol{g}}_i}{\mathrm{d}t}\overset{\circ}{\boldsymbol{g}}{}^i = (\boldsymbol{v}\ \hat{\nabla})\cdot\hat{\boldsymbol{g}}_i\overset{\circ}{\boldsymbol{g}}{}^i = (\boldsymbol{v}\ \hat{\nabla})\cdot\boldsymbol{F} \\
(\boldsymbol{F}^{-1})^{\bullet} = \overset{\circ}{\boldsymbol{g}}_i\dfrac{\mathrm{d}\hat{\boldsymbol{g}}^i}{\mathrm{d}t} = \overset{\circ}{\boldsymbol{g}}_i(-\hat{\boldsymbol{g}}^i\cdot(\boldsymbol{v}\ \hat{\nabla})) = -\boldsymbol{F}^{-1}\cdot(\boldsymbol{v}\ \hat{\nabla}) \\
(\boldsymbol{F}^{\mathrm{T}})^{\bullet} = \overset{\circ}{\boldsymbol{g}}{}^i\dfrac{\mathrm{d}\hat{\boldsymbol{g}}_i}{\mathrm{d}t} = \overset{\circ}{\boldsymbol{g}}{}^i(\hat{\boldsymbol{g}}_i\cdot(\hat{\nabla}\ \boldsymbol{v})) = \boldsymbol{F}^{\mathrm{T}}\cdot(\hat{\nabla}\ \boldsymbol{v}) = (\dot{\boldsymbol{F}})^{\mathrm{T}} \\
(\boldsymbol{F}^{-\mathrm{T}})^{\bullet} = \dfrac{\mathrm{d}\hat{\boldsymbol{g}}^i}{\mathrm{d}t}\overset{\circ}{\boldsymbol{g}}_i = -(\hat{\nabla}\ \boldsymbol{v})\cdot\hat{\boldsymbol{g}}^i\overset{\circ}{\boldsymbol{g}}_i = -(\hat{\nabla}\ \boldsymbol{v})\cdot\boldsymbol{F}^{-\mathrm{T}}
\end{cases}
\tag{6.6.25}
$$

6.6.3 变形梯度张量的极分解

作为描述连续介质变形的二阶张量，变形梯度张量 $\boldsymbol{F}$ 一定是正则的。由 2.6.2 节的极分解定理，$\boldsymbol{F}$ 可以分解为正交张量 $\boldsymbol{R}$ 与正张量 $\boldsymbol{U}$ 或 $\boldsymbol{V}$ 的点积：

$$\boldsymbol{F} = \boldsymbol{R}\cdot\boldsymbol{U} \quad \text{（右极分解）} \tag{6.6.26a}$$

$$= \boldsymbol{V}\cdot\boldsymbol{R} \quad \text{（左极分解）} \tag{6.6.26b}$$

(6.6.26a)式称为右极分解，表示介质（在所研究质点附近的邻域）先按照张量 $\boldsymbol{U}$（称为右伸长张量）变形，然后按照正交张量 $\boldsymbol{R}$ 进行转动，即

$$\boldsymbol{U} = \lambda_1\overset{\circ}{\boldsymbol{N}}_1\overset{\circ}{\boldsymbol{N}}_1 + \lambda_2\overset{\circ}{\boldsymbol{N}}_2\overset{\circ}{\boldsymbol{N}}_2 + \lambda_3\overset{\circ}{\boldsymbol{N}}_3\overset{\circ}{\boldsymbol{N}}_3 \tag{6.6.27a}$$

$$\boldsymbol{R} = \hat{\boldsymbol{n}}_1\overset{\circ}{\boldsymbol{N}}_1 + \hat{\boldsymbol{n}}_2\overset{\circ}{\boldsymbol{N}}_2 + \hat{\boldsymbol{n}}_3\overset{\circ}{\boldsymbol{N}}_3 \tag{6.6.27b}$$

$\overset{\circ}{\boldsymbol{N}}_1,\overset{\circ}{\boldsymbol{N}}_2,\overset{\circ}{\boldsymbol{N}}_3$ 是在初始构形（$t=0$）中的三个互相正交的主方向，沿这三个主方向的线元变形后各伸长 $\lambda_1,\lambda_2,\lambda_3$ 倍，然后从 $\overset{\circ}{\boldsymbol{N}}_1,\overset{\circ}{\boldsymbol{N}}_2,\overset{\circ}{\boldsymbol{N}}_3$ 方向转动到当前构形（t 时刻）的三个正交的主方向 $\hat{\boldsymbol{n}}_1,\hat{\boldsymbol{n}}_2,\hat{\boldsymbol{n}}_3$。(6.6.26b)式称为左极分解，表示介质（在所研究质点附近的邻域）先按照正交张量 $\boldsymbol{R}$ 进行转动，把 $\overset{\circ}{\boldsymbol{N}}_1,\overset{\circ}{\boldsymbol{N}}_2,\overset{\circ}{\boldsymbol{N}}_3$ 三个主方向的线元转动到 $\hat{\boldsymbol{n}}_1,\hat{\boldsymbol{n}}_2,\hat{\boldsymbol{n}}_3$ 方向，然后按照张量 $\boldsymbol{V}$（称为左伸长张量）变形，沿 $\hat{\boldsymbol{n}}_1,\hat{\boldsymbol{n}}_2,\hat{\boldsymbol{n}}_3$ 三个主方向各伸长 $\lambda_1,\lambda_2,\lambda_3$ 倍，即

$$\boldsymbol{V} = \lambda_1\hat{\boldsymbol{n}}_1\hat{\boldsymbol{n}}_1 + \lambda_2\hat{\boldsymbol{n}}_2\hat{\boldsymbol{n}}_2 + \lambda_3\hat{\boldsymbol{n}}_3\hat{\boldsymbol{n}}_3 \tag{6.6.27c}$$

$\lambda_1,\lambda_2,\lambda_3$ 称为主长度比。

6.6.4 Green 应变张量

在连续介质力学中引进了许多不同定义的应变张量。但其中最重要的是 Green 应变张量。采用 Lagrange 坐标 ξ^i，在变形前（$t=0$），即初始构形，设度量张量为

$$\overset{\circ}{\boldsymbol{G}} = \overset{\circ}{g}_{ij}\overset{\circ}{\boldsymbol{g}}{}^i\overset{\circ}{\boldsymbol{g}}{}^j \tag{6.6.28}$$

变形前线元 $\mathrm{d}\overset{\circ}{\boldsymbol{r}}$ 的逆变分量为 $\mathrm{d}\xi^i$，长度为 $\mathrm{d}\overset{\circ}{s}$，

$$(\mathrm{d}\overset{\circ}{s})^2 = \overset{\circ}{g}_{ij}\mathrm{d}\xi^i\mathrm{d}\xi^j \tag{6.6.29}$$

变形后（t 时刻），即当前构形，设度量张量为

$$\hat{\boldsymbol{G}} = \hat{g}_{ij}\hat{\boldsymbol{g}}^i\hat{\boldsymbol{g}}^j \tag{6.6.30}$$

由(6.6.1)式，变形后线元 $\mathrm{d}\hat{\boldsymbol{r}}$ 的逆变分量仍和变形前一样保持为 $\mathrm{d}\xi^i$，但线元长度变成 $\mathrm{d}\hat{s}$，则

$$(\mathrm{d}\hat{s})^2 = \hat{g}_{ij}\mathrm{d}\xi^i\mathrm{d}\xi^j \tag{6.6.31}$$

比较(6.6.29)式与(6.6.31)式，可见线元的长度变化是由于度量张量协变分量由 $\overset{\circ}{g}_{ij}$ 变成 $\hat{g}_{ij}$。但要注意，尽管一般 $\overset{\circ}{g}_{ij}\neq\hat{g}_{ij}$，但是度量张量 $\overset{\circ}{\boldsymbol{G}}$ 和 $\hat{\boldsymbol{G}}$ 作为实体却是相等的，它们都等于

单位二阶张量(见 1.6.3 节与 2.5.2 节)：

$$\hat{\boldsymbol{G}} = \mathring{\boldsymbol{G}} = \mathbf{1} \tag{6.6.32}$$

由(6.6.29)式与(6.6.31)式可计算线元长度平方的变化：

$$(\mathrm{d}\hat{s})^2 - (\mathrm{d}\mathring{s})^2 = (\hat{g}_{ij} - \mathring{g}_{ij})\mathrm{d}\xi^i \mathrm{d}\xi^j = 2E_{ij}\mathrm{d}\xi^i \mathrm{d}\xi^j \tag{6.6.33}$$

式中 E_{ij} 称为 Green 应变分量，其定义为

$$E_{ij} = \frac{1}{2}(\hat{g}_{ij} - \mathring{g}_{ij}) \tag{6.6.34}$$

把 E_{ij} 配上变形前($t = 0$)初始构形的基矢量$\mathring{\boldsymbol{g}}^i$，得到

$$\boldsymbol{E} = E_{ij}\,\mathring{\boldsymbol{g}}^i\,\mathring{\boldsymbol{g}}^j \tag{6.6.35}$$

$\boldsymbol{E}$ 称为 Green 应变张量。注意，也可以把 E_{ij} 配上变形后(t 时刻)当前构形的基矢量 $\hat{\boldsymbol{g}}^i$，则得到

$$\boldsymbol{e} = E_{ij}\hat{\boldsymbol{g}}^i\hat{\boldsymbol{g}}^j \tag{6.6.36}$$

$\boldsymbol{e}$ 称为 Almansi 应变张量。注意(6.6.35)式 Green 应变张量 $\boldsymbol{E}$ 与(6.6.36)式 Almansi 应变张量 $\boldsymbol{e}$ 虽然有相同的协变分量 E_{ij}，但 $\boldsymbol{E}$ 与 $\boldsymbol{e}$ 是两个不同的张量，有不同的用途。由(6.6.33)式，利用(6.6.1)式，可知

$$(\mathrm{d}\hat{s})^2 - (\mathrm{d}\mathring{s})^2 = 2\mathrm{d}\mathring{\boldsymbol{r}}\cdot\boldsymbol{E}\cdot\mathrm{d}\mathring{\boldsymbol{r}} = 2\mathrm{d}\hat{\boldsymbol{r}}\cdot\boldsymbol{e}\cdot\mathrm{d}\hat{\boldsymbol{r}} \tag{6.6.37}$$

若要计算线元长度平方的变化，如果已知线元在初始构形($t = 0$)中的矢量 $\mathrm{d}\mathring{\boldsymbol{r}}$，则应该用 Green 应变张量 $\boldsymbol{E}$ 双点 $\mathrm{d}\mathring{\boldsymbol{r}}$；但如果已知线元在当前构形($t$ 时刻)中的矢量 $\mathrm{d}\hat{\boldsymbol{r}}$，则应该用 Almansi 应变张量 $\boldsymbol{e}$ 双点 $\mathrm{d}\hat{\boldsymbol{r}}$。由基矢量 $\hat{\boldsymbol{g}}^i$与$\mathring{\boldsymbol{g}}^i$的关系(6.6.8)的第三式与第四式，可得 $\boldsymbol{E}$ 与 $\boldsymbol{e}$ 的关系式为

$$\begin{cases}\boldsymbol{e} = \boldsymbol{F}^{-\mathrm{T}}\cdot\boldsymbol{E}\cdot\boldsymbol{F}^{-1} = (\boldsymbol{F}^{-\mathrm{T}}\boldsymbol{F}^{-\mathrm{T}}) : \boldsymbol{E} \\ \boldsymbol{E} = \boldsymbol{F}^{\mathrm{T}}\cdot\boldsymbol{e}\cdot\boldsymbol{F} = (\boldsymbol{F}^{\mathrm{T}}\boldsymbol{F}^{\mathrm{T}}) : \boldsymbol{e}\end{cases} \tag{6.6.38}$$

式中记号 **:** 表示用左边( )中的前面一个二阶张量点乘后面二阶张量的前矢量，同时用( )中后面一个二阶张量点乘后面二阶张量的后矢量，例如

$$(\boldsymbol{F}^{-\mathrm{T}}\boldsymbol{F}^{-\mathrm{T}}) : \boldsymbol{E} = (\boldsymbol{F}^{-\mathrm{T}}\boldsymbol{F}^{-\mathrm{T}}) : (E_{ij}\,\mathring{\boldsymbol{g}}^i\,\mathring{\boldsymbol{g}}^j)$$

$$= E_{ij}(\boldsymbol{F}^{-\mathrm{T}}\cdot\mathring{\boldsymbol{g}}^i)(\boldsymbol{F}^{-\mathrm{T}}\cdot\mathring{\boldsymbol{g}}^j) = E_{ij}\hat{\boldsymbol{g}}^i\hat{\boldsymbol{g}}^j = \boldsymbol{e}$$

由于二阶张量 $\boldsymbol{E}$ 与 $\boldsymbol{e}$ 有相同的协变分量，我们称 $\boldsymbol{E}$ 与 $\boldsymbol{e}$ 是相互的“协变转移”。$\boldsymbol{e}$ 是 $\boldsymbol{E}$ 从初始构形($t = 0$)到当前构形(t 时刻)的“协变前推”(或记作“bb 前推”)，而 $\boldsymbol{E}$ 是 $\boldsymbol{e}$ 从当前构形(t 时刻)到初始构形($t = 0$)的“协变后拉”(或记作“bb 后拉”)。$\boldsymbol{E}$ 与 $\boldsymbol{e}$ 之间满足关系式(6.6.38)。

我们来研究 Green 应变张量 $\boldsymbol{E}$ 的率。(6.6.35)式对时间 t 求物质导数，注意对于一定的物质质点，$\mathring{\boldsymbol{g}}^i$是在初始构形($t = 0$)中的逆变基矢量，它是不随时间 t 而变化的，因此①，并利用(6.6.34)式，得

$$\dot{\boldsymbol{E}} = \frac{\mathrm{d}E_{ij}}{\mathrm{d}t}\mathring{\boldsymbol{g}}^i\,\mathring{\boldsymbol{g}}^j = \frac{1}{2}\frac{\mathrm{d}\hat{g}_{ij}}{\mathrm{d}t}\mathring{\boldsymbol{g}}^i\,\mathring{\boldsymbol{g}}^j \tag{6.6.39}$$

由(6.3.9)式，应变率张量 $\hat{\boldsymbol{d}}$(也可记作 $\boldsymbol{d}$，见(6.3.10)式下面的讨论)

---

① 如果我们求(6.6.36)式 Almansi 应变张量 $\boldsymbol{e}$ 的率，则不仅要考虑 E_{ij} 随时间 t 的变化，而且还要考虑基矢量 $\hat{\boldsymbol{g}}^i$ 随时间的变化(见(6.3.5)式)。见习题 6.10。

$$\boldsymbol{d} = \hat{d}_{ij}\hat{\boldsymbol{g}}^i\hat{\boldsymbol{g}}^j = \frac{1}{2}\frac{\mathrm{d}\hat{g}_{ij}}{\mathrm{d}t}\hat{\boldsymbol{g}}^i\hat{\boldsymbol{g}}^j \tag{6.6.40}$$

因此，$\dot{\boldsymbol{E}}$ 与 $\boldsymbol{d}$ 具有相同的协变分量，即(利用(6.3.8)式)

$$\dot{E}_{ij} = \frac{\mathrm{d}E_{ij}}{\mathrm{d}t} = \hat{d}_{ij} = \frac{1}{2}\frac{\mathrm{d}\hat{g}_{ij}}{\mathrm{d}t} = \frac{1}{2}(\hat{\nabla}_j\hat{v}_i + \hat{\nabla}_i\hat{v}_j) = \frac{1}{2}(\hat{v}_{i;j} + \hat{v}_{j;i}) \tag{6.6.41}$$

但是 $\dot{\boldsymbol{E}}$ 与 $\boldsymbol{d}$ 是两个不同的张量，因为它们的基矢量 $\mathring{\boldsymbol{g}}^i$ 与 $\hat{\boldsymbol{g}}^i$ 不同。我们称 $\dot{\boldsymbol{E}}$ 与 $\boldsymbol{d}$ 是相互的"协变转移"，$\boldsymbol{d}$ 是 $\dot{\boldsymbol{E}}$ 从初始构形($t=0$)到当前构形(t 时刻)的"协变前推"(或记作"bb 前推")，而 $\dot{\boldsymbol{E}}$ 是 $\boldsymbol{d}$ 从当前构形(t 时刻)到初始构形($t=0$)的"协变后拉"(或记作"bb 后拉")。$\dot{\boldsymbol{E}}$ 与 $\boldsymbol{d}$ 之间满足类似于(6.6.38)式的关系：

$$\begin{aligned}\boldsymbol{d} &= \boldsymbol{F}^{-\mathrm{T}}\cdot\dot{\boldsymbol{E}}\cdot\boldsymbol{F}^{-1} = (\boldsymbol{F}^{-\mathrm{T}}\boldsymbol{F}^{-\mathrm{T}}):\dot{\boldsymbol{E}}\\ \dot{\boldsymbol{E}} &= \boldsymbol{F}^{\mathrm{T}}\cdot\boldsymbol{d}\cdot\boldsymbol{F} = (\boldsymbol{F}^{\mathrm{T}}\boldsymbol{F}^{\mathrm{T}}):\boldsymbol{d}\end{aligned} \tag{6.6.42}$$

注意以下几点：

(1) $\dot{\boldsymbol{E}}$ 是 Green 应变张量的率。但是虽然 $\boldsymbol{d}$ 被称为应变率张量，$\boldsymbol{d}$ 并不是任何一个应变张量的率。

(2) 由(6.3.9)式与(6.3.10)式，应变率张量 $\boldsymbol{d}$ 与物质质点速度矢量 $\boldsymbol{v}$ 之间的关系为

$$\boldsymbol{d} = \frac{1}{2}(\boldsymbol{v}\,\nabla + \nabla\,\boldsymbol{v}) = \hat{\boldsymbol{d}} = \frac{1}{2}(\hat{\boldsymbol{v}}\,\hat{\nabla} + \hat{\nabla}\,\hat{\boldsymbol{v}}) \tag{6.6.43}$$

前面一个表达式(不带顶标"^")是对于 Euler 坐标 x^i 而写的，后面一个表达式(带顶标"^")是对于 Lagrange 坐标 ξ^i 而写的。(6.6.43)式完全相同于小变形情况下小应变张量通过位移矢量的表达式。如果采用 Euler 坐标为笛卡儿直角坐标 x^j，则

$$d_{ij} = \frac{1}{2}\left(\frac{\partial v_i}{\partial x^j} + \frac{\partial v_j}{\partial x^i}\right) \tag{6.6.44}$$

6.6.5 应力张量

小变形力学中的应力张量的概念借用到当前构形，就是 Cauchy 应力张量 $\boldsymbol{\sigma}$，在当前构形的面元 $\mathrm{d}\boldsymbol{a}$(即以 $\mathrm{d}\boldsymbol{a}$ 为面元矢量，面元所在面垂直于 $\mathrm{d}\boldsymbol{a}$，面积等于 $\mathrm{d}\boldsymbol{a}$ 的大小 $|\mathrm{d}\boldsymbol{a}|$)上的应力矢量为 $\boldsymbol{\sigma}\cdot\mathrm{d}\boldsymbol{a}$ (图 6.10)。也就是说，$\boldsymbol{\sigma}$ 是二阶张量，对应于从面元矢量 $\mathrm{d}\boldsymbol{a}$ 到面元上应力矢量 $\boldsymbol{\sigma}\cdot\mathrm{d}\boldsymbol{a}$ 的线元变换。在不考虑偶应力的介质(无极介质)中，$\boldsymbol{\sigma}$ 是二阶对称张量，$\boldsymbol{\sigma}^{\mathrm{T}}=\boldsymbol{\sigma}$。

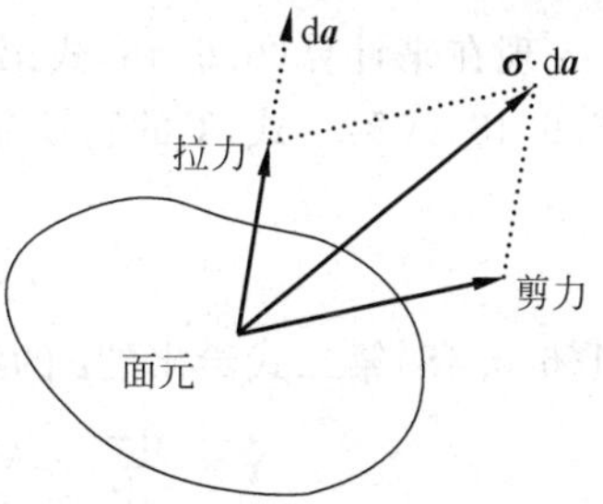

图 6.10　作用于当前构形面元上的应力矢量 $\boldsymbol{\sigma}\cdot\mathrm{d}\boldsymbol{a}$

借用小变形力学中的变形功率的概念，当前构形每单位体积中应力对应变所做的功率为 $\boldsymbol{\sigma}:\boldsymbol{d}$。但是"当前构形每单位体积"不是一个"物质的"概念，因为物体的体积是不断随时间 t 而变化的；当前 t 时刻单位体积的物质，在 t 时刻以前及以后都不是单位体积。因此应该规定在初始构形($t=0$)每单位体积，而在当前构形(t 时刻)体积已变成 $\mathscr{J}$ (见(6.6.11)式)的体元内，应力对应变的功率为 w，称为"比功率"，即

$$w = \mathscr{J}\boldsymbol{\sigma}:\boldsymbol{d} = \boldsymbol{\tau}:\boldsymbol{d} \tag{6.6.45}$$

式中 $\boldsymbol{\tau}=\mathscr{J}\boldsymbol{\sigma}$ 为 Cauchy 应力的 $\mathscr{J}$ 倍，称为 Kirchhoff 应力。用分量表示为

$$w = \hat{\tau}^{ij}\hat{d}_{ij} \tag{6.6.46}$$

$\hat{d}_{ij}$为$\boldsymbol{d}$在Lagrange坐标中的协变分量(见(6.6.40)式),$\hat{\tau}^{ij}$为$\boldsymbol{\tau}$在Lagrange坐标中的逆变分量,即

$$\boldsymbol{d} = \hat{d}_{ij}\hat{\boldsymbol{g}}^i\hat{\boldsymbol{g}}^j, \qquad \boldsymbol{\tau} = \hat{\tau}^{ij}\hat{\boldsymbol{g}}_i\hat{\boldsymbol{g}}_j = \mathscr{J}\hat{\sigma}^{ij}\hat{\boldsymbol{g}}_i\hat{\boldsymbol{g}}_j \tag{6.6.47}$$

如(6.6.41)式与(6.6.42)式所示,$\dot{\boldsymbol{E}}$是$\boldsymbol{d}$从当前构形(t时刻)到初始构形($t=0$)的"协变后拉",它们具有相同的协变分量$\dot{E}_{ij}=\hat{d}_{ij}$(见(6.6.41)式)。如果我们构造一个应力张量$\boldsymbol{T}$,它是Kirchhoff应力张量$\boldsymbol{\tau}$从当前构形(t时刻)到初始构形($t=0$)的"逆变后拉",$\boldsymbol{\tau}$与$\boldsymbol{T}$具有相同的逆变分量:

$$\boldsymbol{T} = \mathring{T}^{ij}\mathring{\boldsymbol{g}}_i\mathring{\boldsymbol{g}}_j, \qquad \boldsymbol{\tau} = \hat{\tau}^{ij}\hat{\boldsymbol{g}}_i\hat{\boldsymbol{g}}_j, \qquad \mathring{T}^{ij} = \hat{\tau}^{ij} \tag{6.6.48}$$

这里应注意,$\boldsymbol{T}$的基矢量$\mathring{\boldsymbol{g}}_i$是不随时间$t$而变化的,但是分量$\mathring{T}^{ij}$等于$\hat{\tau}^{ij}$却是随时间$t$而变化的。$\boldsymbol{T}$与$\boldsymbol{\tau}$的关系为(利用(6.6.8)式第一、二式)

$$\begin{cases}\mathscr{J}\boldsymbol{\sigma} = \boldsymbol{\tau} = \boldsymbol{F}\cdot\boldsymbol{T}\cdot\boldsymbol{F}^{\mathrm{T}} = (\boldsymbol{F}\boldsymbol{F}):\boldsymbol{T} \\ \boldsymbol{T} = \boldsymbol{F}^{-1}\cdot\boldsymbol{\tau}\cdot\boldsymbol{F}^{-\mathrm{T}} = (\boldsymbol{F}^{-1}\boldsymbol{F}^{-1}):\boldsymbol{\tau}\end{cases} \tag{6.6.49}$$

$\boldsymbol{T}$称为第二类P-K(Piola-Kirchhoff)应力张量。

必须注意,如图6.10所示,应力矢量$\boldsymbol{\sigma}\cdot\mathrm{d}\hat{\boldsymbol{a}}$是作用在当前构形($t$时刻)的面元(以法向矢量$\mathrm{d}\boldsymbol{a}$表示)上的,但是可以利用(6.6.14)与(6.6.49),通过$\boldsymbol{T}$与$\mathrm{d}\mathring{\boldsymbol{a}}$表示:

$$\boldsymbol{\sigma}\cdot\mathrm{d}\hat{\boldsymbol{a}} = \frac{1}{\mathscr{J}}\boldsymbol{\tau}\cdot\mathrm{d}\hat{\boldsymbol{a}} = \frac{1}{\mathscr{J}}(\boldsymbol{F}\cdot\boldsymbol{T}\cdot\boldsymbol{F}^{\mathrm{T}})\cdot\mathscr{J}\boldsymbol{F}^{-\mathrm{T}}\cdot\mathrm{d}\mathring{\boldsymbol{a}} = \boldsymbol{F}\cdot(\boldsymbol{T}\cdot\mathrm{d}\mathring{\boldsymbol{a}}) \tag{6.6.50}$$

所以,为了计算作用于在当前构形(t时刻)其矢量为$\mathrm{d}\hat{\boldsymbol{a}}$的面元上的应力矢量,可用第二类P-K应力$\boldsymbol{T}$点积初始构形($t=0$)的相应的面元矢量$\mathrm{d}\mathring{\boldsymbol{a}}$①,得到$\boldsymbol{T}\cdot\mathrm{d}\mathring{\boldsymbol{a}}$,然后再把这个矢量$\boldsymbol{T}\cdot\mathrm{d}\mathring{\boldsymbol{a}}$从初始构形($t=0$)"逆变前推"到当前构形($t$时刻),类似于线元矢量$\mathrm{d}\mathring{\boldsymbol{r}}$"逆变前推"为$\mathrm{d}\boldsymbol{r}$,见(6.6.2)式,从而得到$\boldsymbol{F}\cdot(\boldsymbol{T}\cdot\mathrm{d}\mathring{\boldsymbol{a}})$。

6.6.6 应力率

现在来计算(6.6.48)式第二类P-K应力$\boldsymbol{T}$和Kirchhoff应力$\boldsymbol{\tau}$对时间的物质导数。由(6.6.48)式第一式,$\boldsymbol{T}$的物质导数为

$$\dot{\boldsymbol{T}} = \frac{\mathrm{d}\boldsymbol{T}}{\mathrm{d}t} = \frac{\mathrm{d}\,\mathring{T}^{ij}}{\mathrm{d}t}\mathring{\boldsymbol{g}}_i\mathring{\boldsymbol{g}}_j \tag{6.6.51}$$

但(6.6.48)第二式给出的$\boldsymbol{\tau}$的物质导数为

$$\dot{\boldsymbol{\tau}} = \frac{\mathrm{d}\boldsymbol{\tau}}{\mathrm{d}t} = \frac{\mathrm{d}}{\mathrm{d}t}(\hat{\tau}^{ij}\hat{\boldsymbol{g}}_i\hat{\boldsymbol{g}}_j) = \frac{\mathrm{d}\hat{\tau}^{ij}}{\mathrm{d}t}\hat{\boldsymbol{g}}_i\hat{\boldsymbol{g}}_j + \hat{\tau}^{ij}\frac{\mathrm{d}\hat{\boldsymbol{g}}_i}{\mathrm{d}t}\hat{\boldsymbol{g}}_j + \hat{\tau}^{ij}\hat{\boldsymbol{g}}_i\frac{\mathrm{d}\hat{\boldsymbol{g}}_j}{\mathrm{d}t} \tag{6.6.52}$$

式中由于(6.6.48)第三式,右端第一项的分量恰好等于(6.6.51)式中$\dot{\boldsymbol{T}}$的分量

$$\frac{\mathrm{d}\hat{\tau}^{ij}}{\mathrm{d}t} = \frac{\mathrm{d}\,\mathring{T}^{ij}}{\mathrm{d}t} \tag{6.6.53}$$

---

① 注意应力矢量$\boldsymbol{\sigma}\cdot\mathrm{d}\hat{\boldsymbol{a}}$作用于当前构形的面元上(图6.10)。在初始构形($t=0$)可能还没有开始受力,没有应力矢量作用在面元上。

利用 Lagrange 协变基矢量 $\hat{\boldsymbol{g}}_i$ 对时间 t 的求导公式(6.3.4)，可将(6.6.52)式中$\dot{\boldsymbol{\tau}}$ 写作

$$\dot{\boldsymbol{\tau}} = \frac{\mathrm{d}\hat{\tau}^{ij}}{\mathrm{d}t}\hat{\boldsymbol{g}}_i\hat{\boldsymbol{g}}_j + (\boldsymbol{v}\ \nabla)\cdot\boldsymbol{\tau} + \boldsymbol{\tau}\cdot(\nabla\boldsymbol{v}) \tag{6.6.54}$$

上式右端的第二与第三项是由于 Lagrange 协变基矢量 $\hat{\boldsymbol{g}}_i$ 随时间变化而带来的。尽管$\boldsymbol{\tau}$ 是 $\boldsymbol{T}$ 的“逆变前推”，有(6.6.49)式的关系，但是$\dot{\boldsymbol{\tau}}$ 不是 $\dot{\boldsymbol{T}}$ 的“逆变前推”，$\dot{\boldsymbol{\tau}}$ 的(6.6.52)式或(6.6.54)式中只有右边第一项才是 $\dot{\boldsymbol{T}}$ 的“逆变前推”，而这第一项恰就是(6.5.21)第一式中所定义的$\boldsymbol{\tau}$ 的 Oldroyd 导数$\dot{\boldsymbol{\tau}}_{(1)}$：

$$\dot{\boldsymbol{\tau}}_{(1)} = \frac{\mathrm{d}\hat{\tau}^{ij}}{\mathrm{d}t}\hat{\boldsymbol{g}}_i\hat{\boldsymbol{g}}_j = \boldsymbol{F}\cdot\dot{\boldsymbol{T}}\cdot\boldsymbol{F}^{\mathrm{T}} = (\boldsymbol{FF}):\dot{\boldsymbol{T}} \tag{6.6.55}$$

现在我们来考虑一下是哪一个应力的率，$\dot{\boldsymbol{T}}$ 或者$\dot{\boldsymbol{\tau}}$，能刻画材料应力状态随时间的变化。设想有一个单向拉伸杆，初始构形如图 6.11(a)，在应力作用下当前构形如图 6.11(b)，Lagrange 协变基矢量$\mathring{\boldsymbol{g}}_1$，$\mathring{\boldsymbol{g}}_2$随物体一起变形成为 $\hat{\boldsymbol{g}}_1$，$\hat{\boldsymbol{g}}_2$(我们略去第 3 方向不画)。现在假设图(b)的杆和它所承受的拉伸应力一起在平面内作等速转动。虽然杆在作转动，但杆中的应力状态并无变化，即$\mathring{T}^{ij} = \hat{\tau}^{ij}$是不随时间变化的恒值。由(6.6.51)式计算出 $\dot{\boldsymbol{T}} = \boldsymbol{O}$。由(6.6.52)式或(6.6.54)式计算，$\dot{\boldsymbol{\tau}}$ 的第一项也为零，但由于 Lagrange 协变基 $\hat{\boldsymbol{g}}_i$ 的转动，引起第二项与第三项使$\dot{\boldsymbol{\tau}} \neq \boldsymbol{0}$。因此可以认为 $\dot{\boldsymbol{T}}$，或者$\dot{\boldsymbol{\tau}}$ 的第一项，即$\boldsymbol{\tau}$ 的 Oldroyd 导数$\dot{\boldsymbol{\tau}}_{(1)}$才能刻画材料应力状态的变化，而它们，即 $\dot{\boldsymbol{T}}$ 与$\dot{\boldsymbol{\tau}}_{(1)}$，两者之间是(6.6.55)式所示的“逆变转移”关系。

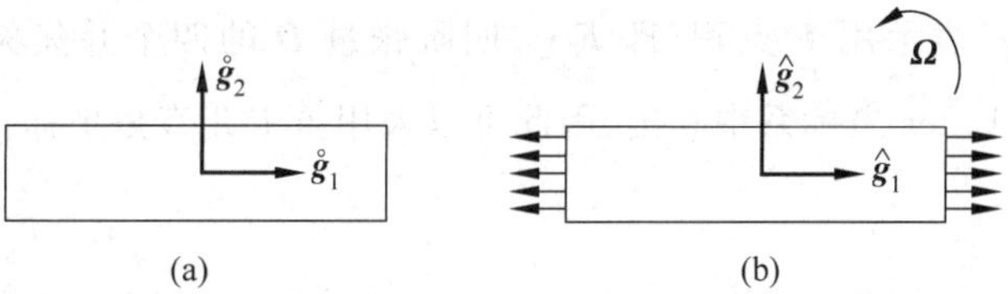

图 6.11　单向拉伸杆

想象一个观察者随着介质一起运动和变形，他作为“身在其中”的观察者，感受不出介质中随体的 Lagrange 协变基矢量的变化，所以他只能观察到物质导数$\dot{\boldsymbol{\tau}}$ 表达式(6.6.52)或(6.6.54)式中的第一项$\dot{\boldsymbol{\tau}}_{(1)}$(见(6.6.55)式)。第二与第三项由于他不能做到“旁观者清”而观察不到，因而必须从$\dot{\boldsymbol{\tau}}$ 中删去，才能得到对于此观察者的“相对导数”。由(6.5.22)式所定义的其他导数(用下标(2)、(3)、(4)表示)，也可做类似的理解。

至于由(6.5.28)式所定义的 Jaumann 导数，则表示对于另一个观察者的“相对导数”，这个观察者只随着介质一起作转动，旋率为 $\boldsymbol{\Omega}$(见(6.3.13)式)，而不随着介质一起变形，所以必须从物质导数中删去由于旋率 $\boldsymbol{\Omega}$ 引起的项。

6.6.7　弹性本构关系

对于在初始构形($t=0$)中每单位体积的体元，在当前构形应力对应变的功率，即“比功率”w((6.6.45)式与(6.6.46)式)，利用(6.6.48)第 3 式 $\mathring{T}^{ij} = \hat{\tau}^{ij}$ 与(6.6.41)式 $\dot{E}_{ij} = \frac{\mathrm{d}E_{ij}}{\mathrm{d}t} = \hat{d}_{ij}$，可改写为

$$w = \mathring{T}^{ij}\dot{E}_{ij} = \mathring{T}^{ij}\frac{\mathrm{d}E_{ij}}{\mathrm{d}t} = \mathring{T}^{ij}\mathring{\boldsymbol{g}}_i\mathring{\boldsymbol{g}}_j : \dot{E}_{kl}\mathring{\boldsymbol{g}}^k\mathring{\boldsymbol{g}}^l = \boldsymbol{T} : \dot{\boldsymbol{E}} = \hat{\tau}^{ij} : \hat{d}_{ij} \tag{6.6.56}$$

(6.6.56)式说明第二类PK应力张量 $\boldsymbol{T}$ 与Green应变张量 $\boldsymbol{E}$ 互为"功共轭"。在初始构形($t=0$)中每单位体积的体元,在当前构形(t 时刻)中的弹性变形能 W 为

$$W = \int_0^t w\mathrm{d}t = \int_0^t \boldsymbol{T} : \dot{\boldsymbol{E}}\mathrm{d}t = \int_0^t \boldsymbol{T} : \mathrm{d}\boldsymbol{E}$$

弹性体的变形能 W 只取决于Green应变张量 $\boldsymbol{E}$ 而与"变形路径"(即 $\boldsymbol{E}$ 依赖于时间参数 t 的函数形式 $\boldsymbol{E}(t)$)无关,故 $W=W(\boldsymbol{E})$。由上式可导出:

$$\boldsymbol{T} = \frac{\mathrm{d}W(\boldsymbol{E})}{\mathrm{d}\boldsymbol{E}} \tag{6.6.57}$$

写成率形式为

$$\dot{\boldsymbol{T}} = \boldsymbol{D} : \dot{\boldsymbol{E}} \tag{6.6.58}$$

式中 $\boldsymbol{D}$ 为一四阶张量,称为弹性张量:

$$\boldsymbol{D} = \frac{\mathrm{d}^2W(\boldsymbol{E})}{(\mathrm{d}\boldsymbol{E})^2} \tag{6.6.59}$$

把 $\dot{\boldsymbol{T}}$ 逆变前推为 $\dot{\boldsymbol{\tau}}_{(1)}$,$\dot{\boldsymbol{E}}$ 协变前推为 $\boldsymbol{d}$,则(6.6.58)式可写成

$$\dot{\boldsymbol{\tau}}_{(1)} = \mathscr{D} : \boldsymbol{d} \tag{6.6.60}$$

式中 $\mathscr{D}$ 为四阶张量,是将 $\boldsymbol{D}$ 逆变前推的结果:

$$\mathscr{D} = (\boldsymbol{FFFF}) \vdots \boldsymbol{D} \tag{6.6.61}$$

上式中右端符号"$\vdots$"表示用 $\boldsymbol{F}$ 点积(即 $\boldsymbol{F}\cdot$)四阶张量 $\boldsymbol{D}$ 的四个并矢矢量中每一个矢量。(6.6.60)式可以在Euler坐标系中写出,因此可以采用笛卡儿直角坐标。

6.6.8 举例

现在举一个简单例子(图6.12)。采用笛卡儿直角坐标为Euler坐标 x^i。设介质的运动方程(6.2.13)中 $x^i(\xi^j,t)$ 为

$$\begin{cases} x^1 = \xi^1 + \alpha\xi^2 t \\ x^2 = \xi^2 \\ x^3 = \xi^3 \end{cases} \tag{6.6.62}$$

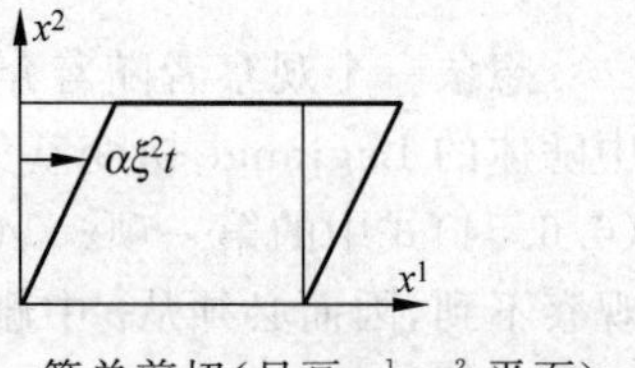

图6.12 简单剪切(只画 x^1,x^2 平面)

其反函数为

$$\begin{cases} \xi^1 = x^1 - \alpha x^2 t \\ \xi^2 = x^2 \\ \xi^3 = x^3 \end{cases} \tag{6.6.63}$$

当 $t=0$ 时,$x^1=\xi^1$,$x^2=\xi^2$,$x^3=\xi^3$,因此在初始构形每个质点的Euler坐标 x^i 就是该质点的Lagrange坐标 ξ^i 值,$\alpha\xi^2 t$ 表示质点沿 x^1 方向的位移,正比于 ξ^2 与时间 t,α 为常数。(6.6.62)式表示介质的简单剪切变形。开始运动以后,每个质点的位置(即Euler坐标(x^1,x^2,x^3))随时间 t 而变,但每个质点的Lagrange坐标(ξ^1,ξ^2,ξ^3)保持不变。

以 $\boldsymbol{e}_1$,$\boldsymbol{e}_2$,$\boldsymbol{e}_3$ 表示沿笛卡儿坐标 x^1,x^2,x^3 方向的单位矢量,故Euler基矢量为

$$\boldsymbol{g}_1 = \boldsymbol{g}^1 = \boldsymbol{e}_1, \qquad \boldsymbol{g}_2 = \boldsymbol{g}^2 = \boldsymbol{e}_2, \qquad \boldsymbol{g}_3 = \boldsymbol{g}^3 = \boldsymbol{e}_3$$

由(6.2.14)第一式,有

$$\hat{\boldsymbol{g}}_1 = \boldsymbol{g}_1 = \boldsymbol{e}_1, \quad \hat{\boldsymbol{g}}_2 = \alpha t \boldsymbol{g}_1 + \boldsymbol{g}_2 = \alpha t \boldsymbol{e}_1 + \boldsymbol{e}_2, \quad \hat{\boldsymbol{g}}_3 = \boldsymbol{g}_3 = \boldsymbol{e}_3$$

在初始构形($t = 0$)，$\hat{\boldsymbol{g}}_i$ 的值为

$$\mathring{\boldsymbol{g}}_1 = \boldsymbol{e}_1, \quad \mathring{\boldsymbol{g}}_2 = \boldsymbol{e}_2, \quad \mathring{\boldsymbol{g}}_3 = \boldsymbol{e}_3 \qquad (t = 0)$$

故

$$\mathring{\boldsymbol{g}}^1 = \boldsymbol{e}_1, \quad \mathring{\boldsymbol{g}}^2 = \boldsymbol{e}_2, \quad \mathring{\boldsymbol{g}}^3 = \boldsymbol{e}_3 \qquad (t = 0)$$

因此 Lagrange 协变基矢量 $\hat{\boldsymbol{g}}_2$ 随着介质的简单剪切而不断倾斜与伸长。$\hat{\boldsymbol{g}}_2$ 也可由简单的几何观察得到。由(6.2.14)第三式，或者由协变基 $\hat{\boldsymbol{g}}_i$ 利用对偶关系计算逆变基 $\hat{\boldsymbol{g}}^i$，则

$$\hat{\boldsymbol{g}}^1 = \boldsymbol{g}^1 - \alpha t\, \boldsymbol{g}^2 = \boldsymbol{e}_1 - \alpha t\, \boldsymbol{e}_2, \quad \hat{\boldsymbol{g}}^2 = \boldsymbol{g}^2 = \boldsymbol{e}_2, \quad \hat{\boldsymbol{g}}^3 = \boldsymbol{g}^3 = \boldsymbol{e}_3$$

由(6.6.6)式，有

$$\boldsymbol{F} = \boldsymbol{e}_1\boldsymbol{e}_1 + (\alpha t \boldsymbol{e}_1 + \boldsymbol{e}_2)\boldsymbol{e}_2 + \boldsymbol{e}_3\boldsymbol{e}_3 \xlongequal{\text{记作}} \begin{bmatrix} 1 & \alpha t & 0 \\ 0 & 1 & 0 \\ 0 & 0 & 1 \end{bmatrix} (\boldsymbol{e}_i\boldsymbol{e}_j)$$

$$\boldsymbol{F}^{-1} = \boldsymbol{e}_1(\boldsymbol{e}_1 - \alpha t \boldsymbol{e}_2) + \boldsymbol{e}_2\boldsymbol{e}_2 + \boldsymbol{e}_3\boldsymbol{e}_3 = \begin{bmatrix} 1 & -\alpha t & 0 \\ 0 & 1 & 0 \\ 0 & 0 & 1 \end{bmatrix} (\boldsymbol{e}_i\boldsymbol{e}_j)$$

因此

$$\boldsymbol{F}^{\mathrm{T}} \cdot \boldsymbol{F} = \begin{bmatrix} 1 & \alpha t & 0 \\ \alpha t & 1 + \alpha^2 t^2 & 0 \\ 0 & 0 & 1 \end{bmatrix} (\boldsymbol{e}_i\boldsymbol{e}_j)$$

$$\boldsymbol{F} \cdot \boldsymbol{F}^{\mathrm{T}} = \begin{bmatrix} 1 + \alpha^2 t^2 & \alpha t & 0 \\ \alpha t & 1 & 0 \\ 0 & 0 & 1 \end{bmatrix} (\boldsymbol{e}_i\boldsymbol{e}_j)$$

由(2.6.22a, b)式，$\boldsymbol{U} = \sqrt{\boldsymbol{F}^{\mathrm{T}} \cdot \boldsymbol{F}}$，$\boldsymbol{V} = \sqrt{\boldsymbol{F} \cdot \boldsymbol{F}^{\mathrm{T}}}$，经过较长的运算(读者也可验算 $\boldsymbol{U}^2 = \boldsymbol{F}^{\mathrm{T}} \cdot \boldsymbol{F}$，$\boldsymbol{V}^2 = \boldsymbol{F} \cdot \boldsymbol{F}^{\mathrm{T}}$)得到

$$\boldsymbol{U} = \begin{bmatrix} \cos\beta & \sin\beta & 0 \\ \sin\beta & \dfrac{1 + \sin^2\beta}{\cos\beta} & 0 \\ 0 & 0 & 1 \end{bmatrix} (\boldsymbol{e}_i\boldsymbol{e}_j)$$

$$\boldsymbol{V} = \begin{bmatrix} \dfrac{1 + \sin^2\beta}{\cos\beta} & \sin\beta & 0 \\ \sin\beta & \cos\beta & 0 \\ 0 & 0 & 1 \end{bmatrix} (\boldsymbol{e}_i\boldsymbol{e}_j)$$

式中

$$\beta = \arctan\left(\frac{\alpha t}{2}\right) \qquad \text{或} \qquad \alpha t = 2\tan\beta$$

由(6.6.26)式可得

$$\boldsymbol{R} = \boldsymbol{F} \cdot \boldsymbol{U}^{-1} = \boldsymbol{V}^{-1} \cdot \boldsymbol{F} = \begin{bmatrix} \cos\beta & \sin\beta & 0 \\ -\sin\beta & \cos\beta & 0 \\ 0 & 0 & 1 \end{bmatrix} (\boldsymbol{e}_i\boldsymbol{e}_j)$$

由(6.6.62)式，得速度矢量 $\boldsymbol{v}$ 为

$$\boldsymbol{v} = \alpha\xi^2\boldsymbol{e}_1 = \alpha x^2\boldsymbol{e}_1$$

因此,速度梯度张量为

$$\boldsymbol{v}\ \boldsymbol{\nabla} = \alpha\boldsymbol{e}_1\boldsymbol{e}_2$$

由(6.3.10)式与(6.3.14)式求变形率张量 $\boldsymbol{d}$ 与旋率 $\boldsymbol{\Omega}$:

$$\boldsymbol{d} = \frac{1}{2}\alpha(\boldsymbol{e}_1\boldsymbol{e}_2 + \boldsymbol{e}_2\boldsymbol{e}_1)$$

$$\boldsymbol{\Omega} = \frac{1}{2}\alpha(\boldsymbol{e}_1\boldsymbol{e}_2 - \boldsymbol{e}_2\boldsymbol{e}_1)$$

由 $\hat{\boldsymbol{g}}_1,\hat{\boldsymbol{g}}_2,\hat{\boldsymbol{g}}_3$ 可计算度量张量分量 $\hat{g}_{ij}$:

$$\hat{g}_{ij} = \hat{\boldsymbol{g}}_i \cdot \hat{\boldsymbol{g}}_j = \begin{bmatrix} 1 & \alpha t & 0 \\ \alpha t & 1+\alpha^2 t^2 & 0 \\ 0 & 0 & 1 \end{bmatrix}$$

由(6.6.39)式计算 $\dot{\boldsymbol{E}}$ 为

$$\dot{\boldsymbol{E}} = \frac{1}{2}\frac{\mathrm{d}\hat{g}_{ij}}{\mathrm{d}t}\mathring{\boldsymbol{g}}^i\mathring{\boldsymbol{g}}^j = \begin{bmatrix} 0 & \frac{1}{2}\alpha & 0 \\ \frac{1}{2}\alpha & \alpha^2 t & 0 \\ 0 & 0 & 0 \end{bmatrix}(\boldsymbol{e}_i\boldsymbol{e}_j)$$

由(6.6.40)式可得

$$\boldsymbol{d} = \frac{1}{2}\frac{\mathrm{d}\hat{g}_{ij}}{\mathrm{d}t}\hat{\boldsymbol{g}}^i\hat{\boldsymbol{g}}^j = \begin{bmatrix} 0 & \frac{1}{2}\alpha & 0 \\ \frac{1}{2}\alpha & \alpha^2 t & 0 \\ 0 & 0 & 0 \end{bmatrix}(\hat{\boldsymbol{g}}^i\hat{\boldsymbol{g}}^j)$$

$$= \frac{1}{2}\alpha(\hat{\boldsymbol{g}}^1\hat{\boldsymbol{g}}^2 + \hat{\boldsymbol{g}}^2\hat{\boldsymbol{g}}^1) + \alpha^2 t\hat{\boldsymbol{g}}^2\hat{\boldsymbol{g}}^2$$

将前面的 $\hat{\boldsymbol{g}}^1,\hat{\boldsymbol{g}}^2$ 代入,化简后,得

$$\boldsymbol{d} = \frac{1}{2}\alpha(\boldsymbol{e}_1\boldsymbol{e}_2 + \boldsymbol{e}_2\boldsymbol{e}_1)$$

与上面的结果相同。

6.6.9 张量场函数在域上积分的导数

在连续介质力学中经常会遇到某一物理量在一个有限域上的积分,这个物理量随时间而变化,同时积分域也是随时间而变化的,因此在域上的积分值也随时间而变化。要求计算这个积分对时间的导数。

6.6.9.1 张量场函数在物质体积域上的质量积分

研究物质积分

$$\boldsymbol{I}_\rho(t) = \int_{\mathscr{V}} \boldsymbol{\varphi}\rho\,\mathrm{d}v \tag{6.6.64}$$

这里,积分域是图6.13所示当前构形(t 时刻)中的域 $v(t)$,但在积分号下写的是初始构形($t=0$)中的 $\mathscr{V}$,目的是为了强调积分域是物质的,积分域 v 随时间不断变化,但都是由相同的质点组成的。所以(6.6.64)式的积分域 $v(t)$ 实际上是跟着它所包含的质点一起不断变

化的，这一点在对 t 求导时应特别予以注意——(6.6.64)式中的被积函数 $\boldsymbol{\varphi}$，ρ 与积分域 v 都是随时间 t 变化的。在(6.6.64)式中被积函数 $\boldsymbol{\varphi}$ 为任意阶张量场函数(标量为零阶张量，矢量为一阶张量)，ρ 为当前构形(t 时刻)的质量密度，即当前构形(t 时刻)每单位体积所包含的质量。以 $\mathrm{d}V$ 与 $\mathrm{d}v$ 表示在初始构形($t=0$)与当前构形(t 时刻)对应的体元，它们由相同的质点组成。以 ρ_0 表示初始构形($t=0$)每单位体积所包含的质量。由于质量守恒，体元的质量不变，即 $\rho\mathrm{d}v$ 不随时间变化，则

$$\rho\mathrm{d}v=\rho_0\mathrm{d}V \tag{6.6.65}$$

由(6.6.11)式与(6.6.65)式，可知

$$\frac{\rho}{\rho_0}=\frac{1}{\mathrm{d}v/\mathrm{d}V}=\frac{1}{\mathscr{J}} \tag{6.6.66}$$

故质量密度之比 ρ/ρ_0 为体积比 $\mathscr{J}$ 的倒数。由(6.6.66)式，利用(6.6.22)式可得 $\dot{\rho}$ 的公式为

$$\frac{\dot{\rho}}{\rho}=-\frac{\dot{\mathscr{J}}}{\mathscr{J}}=-\boldsymbol{v}\cdot\nabla=-\operatorname{div}\boldsymbol{v} \tag{6.6.67}$$

(6.6.65) ～ (6.6.67)每一式的物理意义都表示质量守恒。

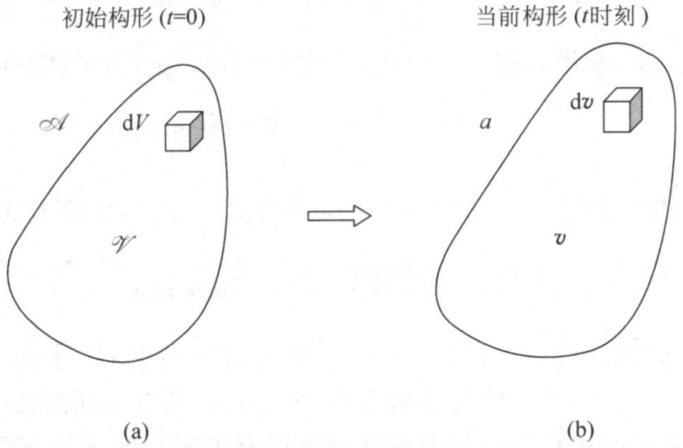

图 6.13　物质体积域

(6.6.64)式被积函数中含有质量密度 ρ，故积分 $\boldsymbol{I}_\rho(t)$ 称为质量积分，以下标 ρ 表示。求质量积分 $\boldsymbol{I}_\rho(t)$ 对 t 的导数时，只要注意(6.6.65)式，即 $\rho\mathrm{d}v$ 不随时间变化，就可得到

$$\frac{\mathrm{d}\boldsymbol{I}_\rho(t)}{\mathrm{d}t}=\int_{\mathscr{V}}\dot{\boldsymbol{\varphi}}\rho\mathrm{d}v \tag{6.6.68}$$

式中 $\dot{\boldsymbol{\varphi}}$ 为张量场 $\boldsymbol{\varphi}$ 的物质导数，其表达式见(6.5.7)或(6.5.10)式(将 $\boldsymbol{T}$ 改为 $\boldsymbol{\varphi}$)。

特例：若 φ 为标量，且 $\varphi=1$，则(6.6.64)式 $\boldsymbol{I}_\rho(t)$ 表示积分域的物质质量。由(6.6.68)式 $\boldsymbol{I}_\rho(t)$ 的物质导数为零，因为质量守恒。

6.6.9.2　张量场函数在物质体积域上的体积积分

研究物质积分

$$\boldsymbol{I}(t)=\int_{\mathscr{V}}\boldsymbol{\varphi}\,\mathrm{d}v \tag{6.6.69}$$

同样，这里积分域实际上是 v(图 6.13(b))，用 $\mathscr{V}$ 表示，只是为了强调积分域是物质的。求 $\boldsymbol{I}(t)$ 的物质导数，得

$$\frac{\mathrm{d}\boldsymbol{I}(t)}{\mathrm{d}t}=\int_{\mathscr{V}}[\dot{\boldsymbol{\varphi}}\,\mathrm{d}v+\boldsymbol{\varphi}\,(\mathrm{d}v)^{\boldsymbol{\cdot}}]$$

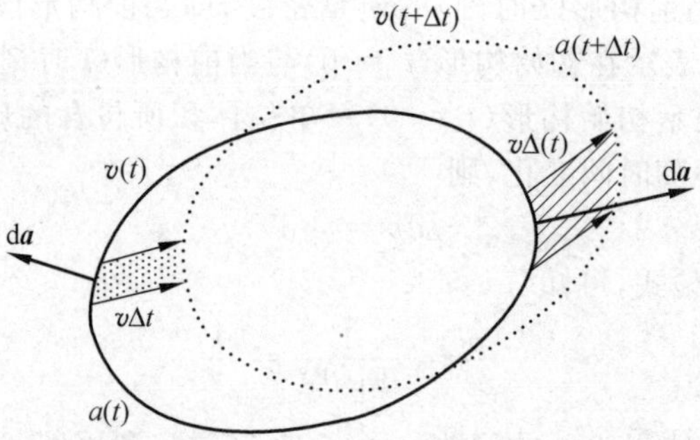

图 6.14 在物质体积域上的体积积分的导数

将体元物质导数$(\mathrm{d}v)^{\boldsymbol{\cdot}}$ 的公式(6.6.20)代入,得到

$$\frac{\mathrm{d}\boldsymbol{I}(t)}{\mathrm{d}t}=\int_{\mathscr{V}}[\dot{\boldsymbol{\varphi}}+(\mathrm{div}\,\boldsymbol{v})\,\boldsymbol{\varphi}]\mathrm{d}v \tag{6.6.70}$$

将(6.5.10)式($\boldsymbol{T}$ 改为$\boldsymbol{\varphi}$)$\dot{\boldsymbol{\varphi}}$ 代入(6.6.70)式,并注意$(\mathrm{div}\,\boldsymbol{v})\boldsymbol{\varphi}+\boldsymbol{v}\cdot(\nabla\boldsymbol{\varphi})=\nabla\cdot(\boldsymbol{v}\boldsymbol{\varphi})$,得

$$\frac{\mathrm{d}\boldsymbol{I}(t)}{\mathrm{d}t}=\int_{v}\left[\left(\frac{\partial\boldsymbol{\varphi}}{\partial t}\right)_{x^m}+\nabla\cdot(\dot{\boldsymbol{v}}\,\boldsymbol{\varphi})\right]\mathrm{d}v \tag{6.6.71}$$

式中第一项$\left(\frac{\partial\boldsymbol{\varphi}}{\partial t}\right)_{x^m}$ 为局部导数。利用 Green 变换公式(4.5.7)变换上式中第二项,得到

$$\frac{\mathrm{d}\boldsymbol{I}(t)}{\mathrm{d}t}=\int_{v}\left(\frac{\partial\boldsymbol{\varphi}}{\partial t}\right)_{x^m}\mathrm{d}v+\int_{a}\mathrm{d}\boldsymbol{a}\cdot\boldsymbol{v}\,\boldsymbol{\varphi} \tag{6.6.72}$$

式中第二项为沿当前构形(t 时刻)(图 6.13(b))积分域 v 的表面 a 的积分。在连续介质力学中(6.6.70)式或(6.6.72)式均称为输运定理,虽然它们具有不同的数学形式。

对(6.6.72)式右端的体积分项与面积分项可以有很明显的几何解释。实际上,这个几何解释在有些书中用作(6.6.72)的证明,我们以后称这个证明为"第二个证明"。图 6.14 所示在 t 时刻与 $t+\Delta t$ 时刻由同样的物质质点组成的 $v(t)$域与 $v(t+\Delta t)$域。(6.6.72)式右端的第一项,即局部导数的体积分项,表示假若不考虑积分域随时间 t 变化之结果。而右端的第二项,即面积分项,则表示由于体积域变化所带来的影响。在 Δt 时间间隔内,由于表面面元(矢量为 d$\boldsymbol{a}$)位置的变化,与 t 时刻的积分域 $v(t)$相比,$t+\Delta t$ 时刻积分域增加的体元为 $\mathrm{d}\boldsymbol{a}\cdot\boldsymbol{v}\,\Delta t$(如为正值,表示增加,见图中右侧用斜线表示的单元;如为负值,则表示减少,见图中左侧用许多点子表示的单元)。因此每单位时间积分域增加的体元为 $\mathrm{d}\boldsymbol{a}\cdot\boldsymbol{v}$,称为通过 d$\boldsymbol{a}$ 的体积通量。每单位时间增加的积分值 $\mathrm{d}\boldsymbol{a}\cdot\boldsymbol{v}\boldsymbol{\varphi}$,则称为通过 d$\boldsymbol{a}$ 的$\boldsymbol{\varphi}$ 通量。(6.6.72)式右端的面积分项就是通过表面 a 的$\boldsymbol{\varphi}$ 通量。

特例 若 φ 为标量,且 $\varphi=\rho$,则(6.6.69)式 $\boldsymbol{I}(t)$表示积分域的物质质量。由(6.6.70)式与(6.6.71)式,因为质量守恒,$\mathrm{d}\boldsymbol{I}(t)/\mathrm{d}t=0$,故必有

$$\dot{\rho}+(\mathrm{div}\,\boldsymbol{v})\rho=0,\qquad 即\qquad \left(\frac{\partial\rho}{\partial t}\right)_{x^m}+\nabla\cdot(\rho\boldsymbol{v})=0 \tag{6.6.73}$$

(6.6.73)式等同于(6.6.67)式,称为连续性方程。

如果我们在(6.6.64)式的 $\boldsymbol{I}_\rho(t)$表达式中令$\boldsymbol{\varphi}=\boldsymbol{v}$,或在(6.6.69)式的 $\boldsymbol{I}(t)$表达式中令$\boldsymbol{\varphi}=\rho\boldsymbol{v}$,就得到积分域上物质动量;利用动量定理(或称 Cauchy 第一运动律),就可以得到

连续介质力学中的积分形式的动量方程。如果在(6.6.64)式的 $\boldsymbol{I}_\rho(t)$ 表达式中令 $\boldsymbol{\varphi}=\boldsymbol{r}\times\boldsymbol{v}$ ($\boldsymbol{r}$ 为矢径)，或在(6.6.69)式的 $\boldsymbol{I}(t)$ 表达式中令 $\boldsymbol{\varphi}=\rho\boldsymbol{r}\times\boldsymbol{v}$，就得到积分域上物质的动量矩；利用动量矩定理(或称 Cauchy 第二运动律)，就可以得到连续介质力学中积分形式的动量矩方程。如果在(6.6.64)式的 $\boldsymbol{I}_\rho(t)$ 表达式中令 $\boldsymbol{\varphi}=\frac{1}{2}\boldsymbol{v}^2$，或在(6.6.69)式的 $\boldsymbol{I}(t)$ 表达式中令 $\boldsymbol{\varphi}=\frac{1}{2}\rho\boldsymbol{v}^2$，就得到积分域上物质的动能，利用 Cauchy 运动律，可以得到连续介质力学中积分形式的机械能平衡方程。如果在(6.6.64)式的 $\boldsymbol{I}_\rho(t)$ 表达式中令 $\boldsymbol{\varphi}=\frac{1}{2}\boldsymbol{v}^2+\boldsymbol{e}$($\boldsymbol{e}$ 为单位质量的内能，称为内能的质量密度)，或在(6.6.69)式的 $\boldsymbol{I}(t)$ 表达式中令 $\boldsymbol{\varphi}=\rho\left(\frac{1}{2}\boldsymbol{v}^2+\boldsymbol{e}\right)$，则可得到积分域上物质的总能量；利用热力学第一定律，可得到连续介质力学中积分形式的总能量平衡方程。由积分形式的方程都可以导出微分形式的方程。

6.6.9.3　张量通过物质开曲面的通量

研究开曲面 $a(t)$ 上的物质面积分

$$\boldsymbol{I}_a(t)=\int_{\mathscr{A}}\boldsymbol{\varphi}\cdot\mathrm{d}\boldsymbol{a} \tag{6.6.74}$$

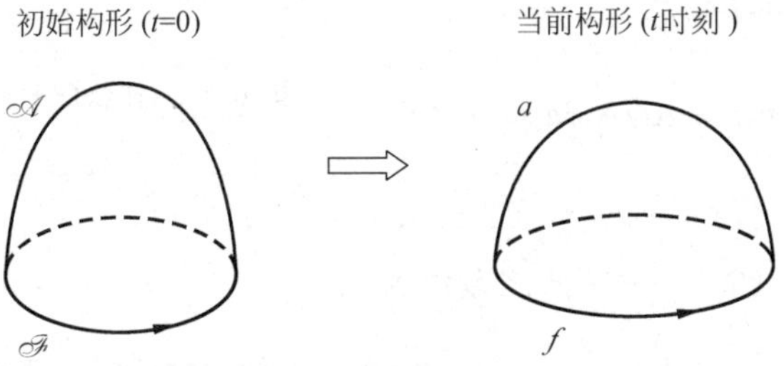

图 6.15　物质开曲面

这里，$\boldsymbol{\varphi}$ 为矢量或一阶以上张量场，积分域是图 6.15 当前构形(t 时刻)中的开曲面 $a(t)$，但我们在积分号下写的是初始构形($t=0$)中的 $\mathscr{A}$，目的是为了强调开曲面 $a(t)$ 是物质的，$a(t)$ 随时间不断变化，但都是由相同的质点组成的，是跟着它所包含的质点一起不断变化的。求 $\boldsymbol{I}_a(t)$ 的物质导数，得

$$\frac{\mathrm{d}\boldsymbol{I}_a(t)}{\mathrm{d}t}=\int_{\mathscr{A}}[\dot{\boldsymbol{\varphi}}\cdot\mathrm{d}\boldsymbol{a}+\boldsymbol{\varphi}\cdot(\mathrm{d}\boldsymbol{a})^{\bullet}]$$

将面元的物质导数 $(\mathrm{d}\boldsymbol{a})^{\bullet}$ 公式(6.6.24)代入，得

$$\frac{\mathrm{d}\boldsymbol{I}_a(t)}{\mathrm{d}t}=\int_a[\dot{\boldsymbol{\varphi}}+(\boldsymbol{v}\cdot\nabla)\boldsymbol{\varphi}-\boldsymbol{\varphi}\cdot(\nabla\boldsymbol{v})]\cdot\mathrm{d}\boldsymbol{a} \tag{6.6.75}$$

将(6.5.10)式($\boldsymbol{T}$ 改为 $\boldsymbol{\varphi}$) $\dot{\boldsymbol{\varphi}}$ 代入(6.6.75)式，得到

$$\frac{\mathrm{d}\boldsymbol{I}_a(t)}{\mathrm{d}t}=\int_a\left[\left(\frac{\partial\boldsymbol{\varphi}}{\partial t}\right)_{x^m}+\boldsymbol{v}\cdot(\nabla\boldsymbol{\varphi})+(\nabla\cdot\boldsymbol{v})\boldsymbol{\varphi}-\boldsymbol{\varphi}\cdot(\nabla\boldsymbol{v})\right]\cdot\mathrm{d}\boldsymbol{a} \tag{6.6.76}$$

其中，右端第一项 $\left(\frac{\partial\boldsymbol{\varphi}}{\partial t}\right)_{x^m}$ 为局部导数。注意(6.6.76)式中 $\boldsymbol{\varphi}$ 可以是任意矢量或一阶以上的张量。

特例　当 $\boldsymbol{\varphi}$ 为矢量(记为 $\boldsymbol{p}$)，例如质点速度或热流矢量，则(6.6.74)式 $\boldsymbol{I}_a(t)$ 表示通过开

曲面 a 的 $\boldsymbol{p}$ 通量(例如每单位时间流过 a 的流量或热量)。利用以下公式:

$$\nabla\times(\boldsymbol{p}\times\boldsymbol{v})=\boldsymbol{v}\cdot(\nabla\boldsymbol{p})-(\nabla\cdot\boldsymbol{p})\boldsymbol{v}+(\nabla\cdot\boldsymbol{v})\boldsymbol{p}-\boldsymbol{p}\cdot(\nabla\boldsymbol{v}) \tag{6.6.77}$$

可将(6.6.76)式改写为

$$\frac{\mathrm{d}\boldsymbol{I}_a(t)}{\mathrm{d}t}=\iint_a\left[\left(\frac{\partial\boldsymbol{p}}{\partial t}\right)_{x^m}+(\nabla\cdot\boldsymbol{p})\boldsymbol{v}+\nabla\times(\boldsymbol{p}\times\boldsymbol{v})\right]\cdot\mathrm{d}\boldsymbol{a}\quad(\boldsymbol{p}\text{ 为矢量场}) \tag{6.6.78}$$

如果 a 是封闭曲面,利用 Stokes 变换公式,可证上式右端第三项积分为零,故得

$$\frac{\mathrm{d}\boldsymbol{I}_a(t)}{\mathrm{d}t}=\oint_a\left[\left(\frac{\partial\boldsymbol{p}}{\partial t}\right)_{x^m}+(\nabla\cdot\boldsymbol{p})\boldsymbol{v}\right]\cdot\mathrm{d}\boldsymbol{a}\quad(\boldsymbol{p}\text{ 为矢量场},a\text{ 为封闭曲面}) \tag{6.6.79}$$

特例证毕。

现在回到$\boldsymbol{\varphi}$可以为矢量或一阶以上张量场的情况,我们对(6.6.76)式提供第二个证明。

图 6.16 所示在 t 时刻的积分曲面 $a(t)$ 及其边界曲线 $f(t)$ 与 $t+\Delta t$ 时刻的积分曲面 $a(t+\Delta t)$ 及其边界曲线 $f(t+\Delta t)$。曲面 $a(t+\Delta t)$ 与 $a(t)$ 由相同的质点组成,各质点在 Δt 时间间隔内的位移场为$\boldsymbol{v}\,\Delta t$。(6.6.74)式的面积分 $\boldsymbol{I}_a$ 在 t 与 $t+\Delta t$ 时刻的值各为

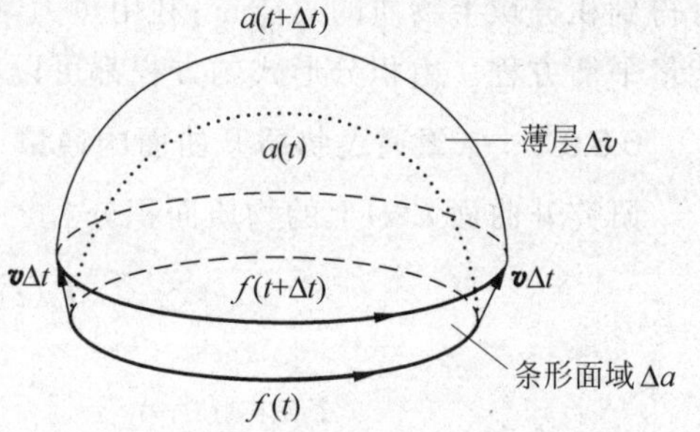

图 6.16 在物质开曲面上面积分的导数

$$\boldsymbol{I}_a(t)=\int_{a(t)}\boldsymbol{\varphi}(\boldsymbol{r},t)\cdot\mathrm{d}\boldsymbol{a}$$

$$\boldsymbol{I}_a(t+\Delta t)=\int_{a(t+\Delta t)}\varphi(\boldsymbol{r},t+\Delta t)\cdot\mathrm{d}\boldsymbol{a}\,(t+\Delta t) \tag{6.6.80}$$

其中 $\boldsymbol{r}$ 为质点的矢径。(6.6.80)两式之差值为

$$\boldsymbol{I}_a(t+\Delta t)-\boldsymbol{I}_a(t)=\int_{a(t+\Delta t)}[\boldsymbol{\varphi}(\boldsymbol{r},t+\Delta t)-\boldsymbol{\varphi}(\boldsymbol{r},t)]\cdot\mathrm{d}\boldsymbol{a}+\Delta \tag{6.6.81}$$

式中

$$\Delta=\int_{a(t+\Delta t)}\boldsymbol{\varphi}(\boldsymbol{r},t)\cdot\mathrm{d}\boldsymbol{a}-\int_{a(t)}\boldsymbol{\varphi}(\boldsymbol{r},t)\cdot\mathrm{d}\boldsymbol{a}$$

图 6.16 中两边界曲线 $f(t)$ 与 $f(t+\Delta t)$ 之间各点相差一位移矢量$\boldsymbol{v}\,\Delta t$,它们构成一个条形面域 Δa。以 $\mathrm{d}\boldsymbol{f}$ 表示沿边界曲线 $f(t)$ 之线元,则条形面域上的面元为 $\mathrm{d}\boldsymbol{f}\times\boldsymbol{v}\,\Delta t$。两开曲面 $a(t)$,$a(t+\Delta t)$ 与条形面域 Δa 之间形成一个薄层 Δv。对此薄层 Δv 应用 Green 变换公式(4.5.8),得到

$$\begin{aligned}\Delta+\oint_{f(t)}\boldsymbol{\varphi}(\boldsymbol{r},t)\cdot(\mathrm{d}\boldsymbol{f}\times\boldsymbol{v}\,\Delta t)&=\int_{\Delta v}(\boldsymbol{\varphi}(\boldsymbol{r},t)\cdot\nabla)\mathrm{d}v\\&=\int_{a(t)}(\boldsymbol{\varphi}(\boldsymbol{r},t)\cdot\nabla)\boldsymbol{v}\,\Delta t\cdot\mathrm{d}\boldsymbol{a}\end{aligned} \tag{6.6.82}$$

式中 $\oint_{f(t)}$ 表示沿封闭曲线 $f(t)$ 的线积分。由(6.6.82)式解出 Δ,代入(6.6.81)式,得到 $\boldsymbol{I}_a(t+\Delta t)-\boldsymbol{I}_a(t)$,可计算出以下的极限:

$$\frac{\mathrm{d}\boldsymbol{I}_a(t)}{\mathrm{d}t}=\lim_{\Delta t\to 0}\frac{\boldsymbol{I}_a(t+\Delta t)-\boldsymbol{I}_a(t)}{\Delta t}$$

$$= \int_{a(t)} \left[\left(\frac{\partial \boldsymbol{\varphi}}{\partial t} \right)_{x^m} + (\boldsymbol{\varphi} \cdot \nabla) \boldsymbol{v} \right] \cdot \mathrm{d}\boldsymbol{a} - \oint_{f(t)} \boldsymbol{\varphi} \cdot (\mathrm{d}\boldsymbol{f} \times \boldsymbol{v}) \tag{6.6.83}$$

当$\boldsymbol{\varphi}$为矢量(记为 $\boldsymbol{p}$),利用 Stokes 变换公式可证上述(6.6.83)式与(6.6.78)式一致。可以证明(见习题 6.15)上式最后一个线积分为

$$\oint_f \boldsymbol{\varphi} \cdot (\mathrm{d}\boldsymbol{f} \times \boldsymbol{v}) = \int_a [-\boldsymbol{v} \cdot (\nabla \boldsymbol{\varphi}) + (\boldsymbol{\varphi} \cdot \nabla) \boldsymbol{v} - (\nabla \cdot \boldsymbol{v}) \boldsymbol{\varphi} + \boldsymbol{\varphi} \cdot (\nabla \boldsymbol{v})] \cdot \mathrm{d}\boldsymbol{a} \tag{6.6.84}$$

将(6.6.84)式代入(6.6.83)式,得到

$$\frac{\mathrm{d}\boldsymbol{I}_a(t)}{\mathrm{d}t} = \int_{a(t)} \left[\left(\frac{\partial \boldsymbol{\varphi}}{\partial t} \right)_{x^m} + \boldsymbol{v} \cdot (\nabla \boldsymbol{\varphi}) + (\nabla \cdot \boldsymbol{v}) \boldsymbol{\varphi} - \boldsymbol{\varphi} \cdot (\nabla \boldsymbol{v}) \right] \cdot \mathrm{d}\boldsymbol{a} \tag{6.6.85}$$

(6.6.85)式与前面的(6.6.76)式完全相同。以上提供了对此式的第二个证明。

6.6.9.4　张量沿物质封闭曲线的环量

研究物质积分

$$\boldsymbol{I}_f(t) = \oint_{\mathscr{F}} \boldsymbol{\varphi} \cdot \mathrm{d}\boldsymbol{f} \tag{6.6.86}$$

这里,$\mathrm{d}\boldsymbol{f}$ 是封闭曲线的线元矢量,$\boldsymbol{\varphi}$ 为矢量或一阶以上张量场,积分域是图 6.17 当前构形(t 时刻)中封闭曲线 $f(t)$,但我们在积分号下写的初始构形($t=0$)中的封闭曲线 $\mathscr{F}$,目的是为了强调封闭曲线 $f(t)$是物质的,$f(t)$随时间不断变化,但都是由相同的质点组成的,是跟着它所包含的质点一起不断变化的。求 $\boldsymbol{I}_f(t)$的物质导数,得

$$\frac{\mathrm{d}\boldsymbol{I}_f(t)}{\mathrm{d}t} = \oint_{\mathscr{F}} [\dot{\boldsymbol{\varphi}} \cdot \mathrm{d}\boldsymbol{f} + \boldsymbol{\varphi} \cdot (\mathrm{d}\boldsymbol{f})^{\boldsymbol{\cdot}}] \tag{6.6.87}$$

将线元物质导数公式(6.6.17)($\mathrm{d}\hat{\boldsymbol{r}}$ 改为 $\mathrm{d}\boldsymbol{f}$)代入(6.6.87)式,再利用张量物质导数公式(6.5.10),得

$$\begin{aligned} \frac{\mathrm{d}\boldsymbol{I}_f(t)}{\mathrm{d}t} &= \oint_{f(t)} [\dot{\boldsymbol{\varphi}} + \boldsymbol{\varphi} \cdot (\boldsymbol{v}\, \nabla)] \cdot \mathrm{d}\boldsymbol{f} \\ &= \oint_{f(t)} \left[\left(\frac{\partial \boldsymbol{\varphi}}{\partial t} \right)_{x^m} + \boldsymbol{v} \cdot (\nabla \boldsymbol{\varphi}) + \boldsymbol{\varphi} \cdot (\boldsymbol{v}\, \nabla) \right] \cdot \mathrm{d}\boldsymbol{f} \end{aligned} \tag{6.6.88}$$

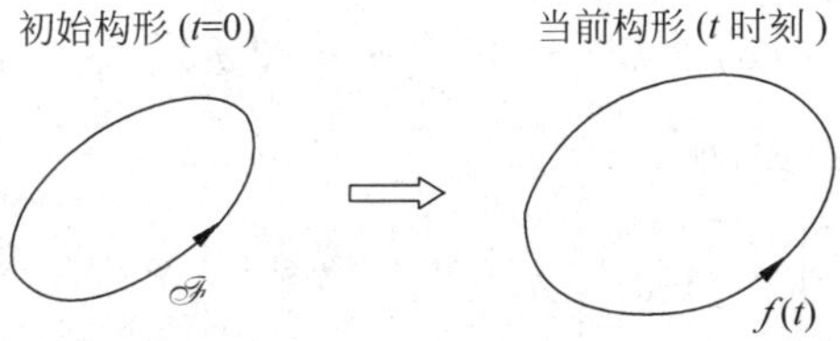

图 6.17　物质封闭曲线

特例　当$\boldsymbol{\varphi}$为矢量(记为 $\boldsymbol{p}$),由(6.6.88)式可得

$$\frac{\mathrm{d}\boldsymbol{I}_f(t)}{\mathrm{d}t} = \frac{\mathrm{d}}{\mathrm{d}t}\oint_{\mathscr{F}} \boldsymbol{p} \cdot \mathrm{d}\boldsymbol{f} = \oint_{f(t)} \left[\left(\frac{\partial \boldsymbol{p}}{\partial t} \right)_{x^m} + \boldsymbol{v} \cdot (\nabla \boldsymbol{p}) + \boldsymbol{p} \cdot (\boldsymbol{v}\, \nabla) \right] \cdot \mathrm{d}\boldsymbol{f}$$

$$(\boldsymbol{p}\ \text{为矢量场}) \tag{6.6.89}$$

现在回到$\boldsymbol{\varphi}$可以为矢量或一阶以上张量场的情况。我们对(6.6.88)式提供第二个

证明。

(6.6.86)式的封闭曲线积分 $\boldsymbol{I}_f$ 在 t 与 $t+\Delta t$ 时刻的值各为

$$\boldsymbol{I}_f(t)=\oint_{f(t)}\boldsymbol{\varphi}(\boldsymbol{r},t)\cdot \mathrm{d}\boldsymbol{f}$$

$$\boldsymbol{I}_f(t+\Delta t)=\oint_{f(t+\Delta t)}\boldsymbol{\varphi}(\boldsymbol{r},t+\Delta t)\cdot \mathrm{d}\boldsymbol{f}\,(\boldsymbol{r},t+\Delta t) \tag{6.6.90}$$

这里,$f(t)$ 与 $f(t+\Delta t)$ 是图 6.16 中在两个时刻 t 与 $t+\Delta t$ 的物质封闭曲线的位置。(6.6.90)两式之差值为

$$\boldsymbol{I}_f(t+\Delta t)-\boldsymbol{I}_f(t)=\oint_{f(t+\Delta t)}[\boldsymbol{\varphi}(\boldsymbol{r},t+\Delta t)-\boldsymbol{\varphi}(\boldsymbol{r},t)]\cdot \mathrm{d}\boldsymbol{f}+\Delta \tag{6.6.91}$$

式中

$$\Delta=\oint_{f(t+\Delta t)}\boldsymbol{\varphi}(\boldsymbol{r},t)\cdot \mathrm{d}\boldsymbol{f}-\oint_{f(t)}\boldsymbol{\varphi}(\boldsymbol{r},t)\cdot \mathrm{d}\boldsymbol{f}$$

对图 6.16 中的条形面域 Δa 应用 Stokes 变换公式(4.5.12),得到

$$\Delta=\int_{\Delta a}(\boldsymbol{\varphi}\times\nabla)\cdot(\mathrm{d}\boldsymbol{f}\times\boldsymbol{v}\Delta t)$$

将上式 Δ 代入(6.6.91)式,可以计算出以下极限:

$$\frac{\mathrm{d}\boldsymbol{I}_f(t)}{\mathrm{d}t}=\lim\frac{\boldsymbol{I}_f(t+\Delta t)-\boldsymbol{I}_f(t)}{\mathrm{d}t}$$
$$=\oint_{f(t)}\left(\frac{\partial\boldsymbol{\varphi}}{\partial t}\right)_{x^m}\cdot \mathrm{d}\boldsymbol{f}+\oint_{f(t)}(\boldsymbol{\varphi}\times\nabla)\cdot(\mathrm{d}\boldsymbol{f}\times\boldsymbol{v}) \tag{6.6.92}$$

可以证明(见习题 6.17)上式中最后一个线积分为

$$\oint_{f(t)}(\boldsymbol{\varphi}\times\nabla)\cdot(\mathrm{d}\boldsymbol{f}\times\boldsymbol{v})=\oint_{f(t)}[\boldsymbol{v}\cdot(\nabla\boldsymbol{\varphi})\cdot \mathrm{d}\boldsymbol{f}-\mathrm{d}\boldsymbol{f}\cdot(\nabla\boldsymbol{\varphi})\cdot\boldsymbol{v}] \tag{6.6.93}$$

利用关系式

$$\mathrm{d}\boldsymbol{f}\cdot(\nabla\boldsymbol{\varphi})\cdot\boldsymbol{v}+\boldsymbol{\varphi}\cdot(\boldsymbol{v}\,\nabla)\cdot \mathrm{d}\boldsymbol{f}=[(\boldsymbol{\varphi}\cdot\boldsymbol{v})\nabla]\cdot \mathrm{d}\boldsymbol{f}$$

由于

$$\oint_{f(t)}\mathrm{d}\boldsymbol{f}\cdot(\nabla\boldsymbol{\varphi})\cdot\boldsymbol{v}+\boldsymbol{\varphi}\cdot(\boldsymbol{v}\nabla)\cdot \mathrm{d}\boldsymbol{f}=\oint_{f(t)}[(\boldsymbol{\varphi}\cdot\boldsymbol{v})\nabla]\cdot \mathrm{d}\boldsymbol{f}=\boldsymbol{O}$$

可将(6.6.93)化为

$$\oint_{f(t)}(\boldsymbol{\varphi}\times\nabla)\cdot(\mathrm{d}\boldsymbol{f}\times\boldsymbol{v})=\oint_{f(t)}[\boldsymbol{v}\cdot(\nabla\boldsymbol{\varphi})+\boldsymbol{\varphi}\cdot(\boldsymbol{v}\,\nabla)]\cdot \mathrm{d}\boldsymbol{f} \tag{6.6.94}$$

将(6.6.94)式代入(6.6.92)式,得

$$\frac{\mathrm{d}\boldsymbol{I}_f(t)}{\mathrm{d}t}=\oint_{f(t)}\left[\left(\frac{\partial\boldsymbol{\varphi}}{\partial t}\right)_{x^m}+\boldsymbol{v}\cdot(\nabla\boldsymbol{\varphi})+\boldsymbol{\varphi}\cdot(\boldsymbol{v}\,\nabla)\right]\cdot \mathrm{d}\boldsymbol{f} \tag{6.6.95}$$

(6.6.95)式与前面的(6.6.88)式完全相同。以上提供了对此式的第二个证明。

6.6.9.5 张量场函数在非物质域上积分的导数

在以上四个小节 6.6.9.1 节~6.6.9.4 节中讨论的都是积分域是物质的情况,即作为积分域的体积域、面域或封闭曲线都是由相同的质点组成的,积分域随着其构成的质点一起运动。在连续介质力学中有时需要人为地指定随着时间按一定规律变化的积分域。例如当人们要推导“间断面”要满足的“间断条件”时,规定积分域是由紧贴着间断面两侧的双面所构成的域。因为间断面是随着时间变动,同时不是物质的(换句话说,间断面在连续介质

内部位置是变动的，因而在不同的时刻所包含的物质质点也不同)，所以积分域也不是物质的。

6.6.9.2 节至 6.6.9.4 节中体积域、面域及封闭曲线，作为积分域，都假设是物质的，所以求导公式(6.6.72)、(6.6.76)(即(6.6.85)式)、(6.6.88)（即(6.6.95)式)的证明过程都分别用了体元、面元与线元的**物质**求导公式。但是在这几小节中，我们都同时提供了求导公式的“第二个证明”(例如(6.6.85)式、(6.6.95)式的证明)，这第二个证明并不要求积分域是物质的。因此若积分域不是物质的，只要把公式中出现的质点速度矢量 $\boldsymbol{v}$ 改为我们规定的积分域上各点位置变动的速度 $\bar{\boldsymbol{v}}$，这几个公式仍然成立。例如，对于非物质体积域 $v(t)$ 上积分对时间 t 的导数公式，可借用(6.6.72)式得到

$$\boldsymbol{I}(t) = \int_{v(t)} \boldsymbol{\varphi}\,\mathrm{d}v \tag{6.6.96}$$

$$\frac{\partial \boldsymbol{I}(t)}{\partial t} = \int_{v(t)} \left(\frac{\partial \boldsymbol{\varphi}}{\partial t}\right)_{x^m} \mathrm{d}v + \int_a \mathrm{d}\boldsymbol{a} \cdot \bar{\boldsymbol{v}}\, \boldsymbol{\varphi} \tag{6.6.97}$$

区别于(6.6.69)式中积分域记作 $\mathscr{V}$，在(6.6.96)式中积分域记作 $v(t)$，以强调它是“非物质的”。(6.6.97)式中导数记作“$\partial/\partial t$”而不记作“$\mathrm{d}/\mathrm{d}t$”以暗示导数是“非物质的”。式中矢量 $\bar{\boldsymbol{v}}$ 为表面 $a(t)$(图 6.14)上各点至表面 $a(t+\Delta t)$ 上各点移动的速度。但是注意，这里 $a(t)$ 是表示一个随时间变化的几何图形，在不同时刻 t 与 $t+\Delta t$ 的曲面 $a(t)$ 与 $a(t+\Delta t)$ 不是由相同质点组成的，所以 $a(t)$ 上各点与 $a(t+\Delta t)$ 上各点没有一一对应的关系。那么 $\bar{\boldsymbol{v}}$ 表示从 $a(t)$ 上某一点位到 $a(t+\Delta t)$ 上哪一个点位的速度矢量呢？幸好我们不需要回答这个问题，因为在(6.6.97)式中需要的只是 $\mathrm{d}\boldsymbol{a} \cdot \bar{\boldsymbol{v}}$，即只需 $\bar{\boldsymbol{v}}$ 在面元矢量 $\mathrm{d}\boldsymbol{a}$ 方向，即面元单位法向矢量 $\boldsymbol{n}$ 方向的投影 $\bar{\boldsymbol{v}}_n = \bar{\boldsymbol{v}} \cdot \boldsymbol{n}$，可由以下方法求出(见(6.6.99)式)。

设已知积分域 $v(t)$ 的表面 $a(t)$ 的运动方程为

$$\psi(\boldsymbol{r}, t) = 0 \tag{6.6.98}$$

式中 $\boldsymbol{r}$ 表示表面 $a(t)$ 上各点的矢径。对应于每一时刻 t，(6.6.98)式给出曲面 $a(t)$ 在空间的方程，在 $\boldsymbol{r}$ 点沿表面 $a(t)$ 向外法线方向的单位矢量 $\boldsymbol{n}$ 为

$$\boldsymbol{n} = \pm \frac{\psi \boldsymbol{\nabla}}{|\psi \boldsymbol{\nabla}|}$$

式中当 $\boldsymbol{n}$ 与 $\psi\boldsymbol{\nabla}$ 指向相同时，右端取“+”号，否则取“−”号。将(6.6.98)式对时间取导数，得到

$$\frac{\partial \psi}{\partial t} + (\psi \boldsymbol{\nabla}) \cdot \bar{\boldsymbol{v}} = 0$$

因此

$$\bar{v}_n = \bar{\boldsymbol{v}} \cdot \boldsymbol{n} = \mp \frac{\partial \psi}{\partial t} \Big/ |\psi \boldsymbol{\nabla}| \tag{6.6.99}$$

假定“物质的”与“非物质的”体积分域在某 t 时刻是相同的，即表面 $a(t)$ 相同。把这一时刻“物质的”体积分对时间 t 的导数(6.6.72)式与“非物质的”体积分对时间的导数(6.6.97)式相减，得到它们的差值：

$$\frac{\mathrm{d}}{\mathrm{d}t}\int_{\mathscr{V}} \boldsymbol{\varphi}\,\mathrm{d}v - \frac{\partial}{\partial t}\int_{a(t)} \boldsymbol{\varphi}\,\mathrm{d}v = \int_{a(t)} \mathrm{d}\boldsymbol{a} \cdot (\boldsymbol{v} - \bar{\boldsymbol{v}})\, \boldsymbol{\varphi} = \int_{a(t)} \mathrm{d}a(v_n - \bar{v}_n)\, \boldsymbol{\varphi} \tag{6.6.100}$$

式中

$$v_n - \bar{v}_n = \boldsymbol{n} \cdot (\boldsymbol{v} - \bar{\boldsymbol{v}})$$

表示表面 $a(t)$ 上各物质质点沿外法线方向 $\boldsymbol{n}$ 相对于几何图形 $a(t)$ 的速度。

6.6.9 节的结果在连续介质力学甚至连续介质物理中有非常重要的应用。

习 题

6.1 类似于 6.1.3 节圆柱坐标系中直接用正交标准化基矢量的求导公式推导质点速度与加速度分量公式(6.1.25)与(6.1.26)的方法，请用球坐标系中正交标准化基矢量的求导公式(4.9.17)推导球坐标系中质点速度与加速度分量公式。

6.2 一端固定，长度为 l 的绳下端悬一质量为 m 的质点，以等角速度 $\dot{\varphi}$ 绕轴转动(见图 6.18)，绳索不可伸长，在运动过程中始终拉紧，即 $\dot{r} = \ddot{r} = 0$。

求：(1) 质点加速度 $\boldsymbol{a}$ 的逆变分量与物理分量(通过 $\dot{\varphi}$，$\dot{\theta}$ 与 $\ddot{\theta}$ 表达)。

(2) 当 θ 角增加至一定值时，$\dot{\theta} = \ddot{\theta} = 0$，问此时对应的 θ 角与 $\dot{\varphi}$ 的关系，及绳中张力 T。

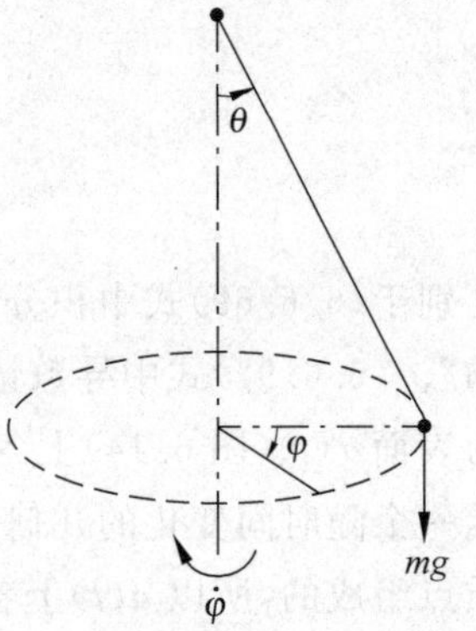

图 6.18 题 6.2 图

6.3 连续介质中某一点变形前在某一方向(单位矢量为 $\boldsymbol{n}$)的物质线元 $\boldsymbol{l}$，当物体以速度场 $\boldsymbol{v}$ 运动时，求该物质线元的伸长率 $\dfrac{1}{|\boldsymbol{l}|}\dfrac{\mathrm{d}|\boldsymbol{l}|}{\mathrm{d}t} = \dfrac{1}{|\boldsymbol{l}|}\dfrac{\mathrm{d}\sqrt{\boldsymbol{l}\cdot\boldsymbol{l}}}{\mathrm{d}t}$ 与该连续介质变形率 $\boldsymbol{d} = \dfrac{1}{2}(\boldsymbol{v}\nabla + \nabla\boldsymbol{v})$ 的关系。

6.4 设 x_1, x_2, x_3 为 Euler 笛卡儿直角坐标系，故指标不分上下。$\boldsymbol{e}_1, \boldsymbol{e}_2, \boldsymbol{e}_3$ 为坐标方向单位矢量。已知位移场为 $u_i(x_1, x_2, x_3, t)$，速度场为 $v_i(x_1, x_2, x_3, t)$。试用(6.4.12)式与(6.4.13)式(或(6.4.15)式与(6.4.17)式)写出矢量 $\boldsymbol{u}$ 对时间 t 的物质导数 $\mathrm{d}\boldsymbol{u}/\mathrm{d}t$ 的分量表示式。

6.5 试用(6.4.30)、(6.4.31)及(6.4.14)诸式写出题 6.4 在 Euler 笛卡儿直角坐标系中矢量场 $\boldsymbol{u}$ 对时间 t 的 Jaumann 导数 $\dot{\boldsymbol{u}}_{\mathrm{J}}$ 的分量表示式。

6.6 试用(6.4.35)、(6.4.36)及(6.4.13)诸式写出题 6.4 在 Euler 笛卡儿直角坐标系中矢量场 $\boldsymbol{u}$ 对时间 t 的 Oldroyd 导数 $\dot{\boldsymbol{u}}_{(1)}$ 的分量表示式。

6.7 试用(6.4.42)、(6.4.43)及(6.4.17)诸式写出题 6.4 在 Euler 笛卡儿直角坐标系中矢量场 $\boldsymbol{u}$ 对时间 t 的 Cotter-Rivlin 导数 $\dot{\boldsymbol{u}}_{(2)}$ 的分量表示式。

6.8 直接用正交标准化基矢量的求导公式，由(6.3.10)式 $\boldsymbol{d} = \dfrac{1}{2}(\boldsymbol{v}\nabla + \nabla\boldsymbol{v})$ 导出圆柱坐标系中应变率张量 $\boldsymbol{d}$ 的分量通过速度的物理分量的表达式。

6.9 将题 6.8 改为球坐标系，求 $\boldsymbol{d}$ 的分量通过速度的物理分量的表达式。

6.10 求 Almansi 应变张量 $\boldsymbol{e}$(见(6.6.36)式)对时间 t 的率。

6.11 已知连续介质均匀拉伸变形，Euler 笛卡儿坐标 x_1, x_2, x_3 与 Lagrange 笛卡儿坐标 ξ_1, ξ_2, ξ_3 坐标轴重合，物体的运动方程为

$$x_1 = \xi_1 + d_1 t, \qquad x_2 = \xi_2 + d_2 t, \qquad x_3 = \xi_3$$

求 6.6.8 节所举例题中所给出的所有关于变形与速度的矢量与张量。

6.12　设 Lagrange 坐标为直角坐标系 ξ_1, ξ_2, ξ_3，Euler 坐标系为圆柱坐标系 $x^1 = r$，$x^2 = \theta, x^3 = z$。物体的变形方程为

$$r = r_0 + \xi_1, \qquad \theta = \frac{\xi_2}{r_0}, \qquad z = \xi_3$$

在 ξ_1, ξ_2 平面内，物体为矩形：$-a \leqslant \xi_1 \leqslant a, -b \leqslant \xi_2 \leqslant b$。

求 $\hat{\boldsymbol{g}}_i, \hat{\boldsymbol{g}}^i, \boldsymbol{F}, \boldsymbol{F}^{-1}, \boldsymbol{F}^{\mathrm{T}}, \boldsymbol{F}^{-\mathrm{T}}, \boldsymbol{U}, \boldsymbol{V}, \boldsymbol{R}, \boldsymbol{E}, \boldsymbol{e}$。

6.13　利用变形梯度张量的物质导数公式(6.6.25)，由线元变换公式(6.6.2)导出线元物质导数公式(6.6.17)，由面元变换公式(6.6.14)导出面元物质导数公式(6.6.24)。

6.14　由物质体积域上体积积分的导数公式(6.6.72)，导出质量积分的导数公式(6.6.68)。

6.15　证明(6.6.84)式。

[提示：$\boldsymbol{\varphi}$ 为矢量或一阶以上张量。无失广泛性，可将 $\boldsymbol{\varphi}$ 写作 $\boldsymbol{\varphi} = \boldsymbol{\Phi}\boldsymbol{\psi}$ 的并矢①，其中 $\boldsymbol{\Phi}$ 为任意阶张量(含零阶的标量，一阶的矢量)，$\boldsymbol{\psi}$ 为矢量。]

6.16　利用(6.6.89)式，令 $\boldsymbol{p} = \boldsymbol{v}$，证明速度环量的物质导数公式

$$\frac{\mathrm{d}}{\mathrm{d}t}\oint_{\mathscr{F}} \boldsymbol{v} \cdot \mathrm{d}\boldsymbol{f} = \oint_{f(t)} \frac{\mathrm{d}\,\boldsymbol{v}}{\mathrm{d}t} \cdot \mathrm{d}\boldsymbol{f}$$

式中 $\frac{\mathrm{d}\,\boldsymbol{v}}{\mathrm{d}t}$ 为物质质点加速度。

6.17　证明(6.6.93)式。

(提示：见题 6.15 提示。)

6.18　试根据任一物质体积域上的质量守恒定理推导连续介质力学中的连续性方程。

6.19　试根据任一物质体积域上的动量守恒定理推导理想流体的运动方程，所受的 $\boldsymbol{f}$ 为单位质量体力，p 为压力。

① 一般情况下，$\boldsymbol{\varphi}$ 可以表示为若干个 $\boldsymbol{\Phi}\boldsymbol{\psi}$ 形式的项之和。

习题答案

第 1 章　矢量与张量

1.1　证明

证法 1　利用实体定义证明：

题图 1.1 所示矢量 $\boldsymbol{w},\boldsymbol{v}$ 所在平面的单位矢量 $\boldsymbol{n}$（垂直于纸面向上）为

$$\boldsymbol{n}=\frac{\boldsymbol{v}\times\boldsymbol{w}}{|\boldsymbol{v}\times\boldsymbol{w}|}$$

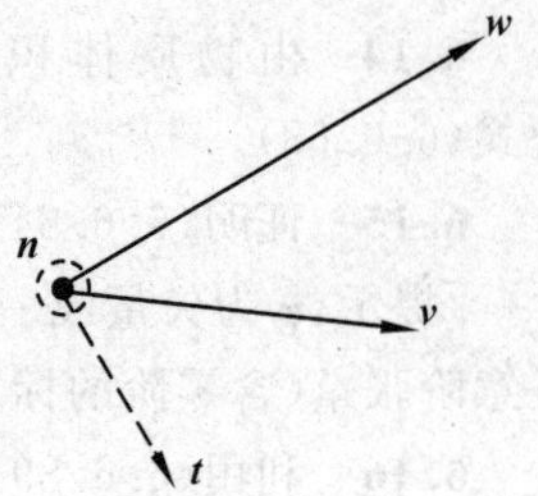

题 1.1 图

$\boldsymbol{u}\times(\boldsymbol{v}\times\boldsymbol{w})$ 必定正交于 $\boldsymbol{n}$，故应在 $\boldsymbol{w},\boldsymbol{v}$ 所在的平面内，可设

$$\boldsymbol{u}\times(\boldsymbol{v}\times\boldsymbol{w})=A\boldsymbol{v}+B\boldsymbol{w} \tag{a}$$

其中 A,B 为待定常数。设该平面内正交于 $\boldsymbol{w}$ 的单位矢量为 $\boldsymbol{t}$，故 $\boldsymbol{w}\cdot\boldsymbol{t}=0$。将(a)式点积 $\boldsymbol{t}$：

$$\boldsymbol{u}\times(\boldsymbol{v}\times\boldsymbol{w})\cdot\boldsymbol{t}=A\boldsymbol{v}\cdot\boldsymbol{t} \tag{b}$$

(b)式左端：

$$\boldsymbol{u}\times(\boldsymbol{v}\times\boldsymbol{w})\cdot\boldsymbol{t}=|\boldsymbol{v}\times\boldsymbol{w}|\boldsymbol{u}\times\boldsymbol{n}\cdot\boldsymbol{t}=|\boldsymbol{v}\times\boldsymbol{w}|\boldsymbol{u}\cdot(\boldsymbol{n}\times\boldsymbol{t})=|\boldsymbol{v}\times\boldsymbol{w}|\boldsymbol{u}\cdot\frac{\boldsymbol{w}}{|\boldsymbol{w}|} \tag{c}$$

(b)式右端：

$$A\boldsymbol{v}\cdot\boldsymbol{t}=A\boldsymbol{v}\cdot\left(\frac{\boldsymbol{w}}{|\boldsymbol{w}|}\times\boldsymbol{n}\right)=A\boldsymbol{n}\cdot\left(\boldsymbol{v}\times\frac{\boldsymbol{w}}{|\boldsymbol{w}|}\right)=A\frac{|\boldsymbol{v}\times\boldsymbol{w}|}{|\boldsymbol{w}|} \tag{d}$$

将(c)、(d)两式代入(b)式，求得

$$A=\boldsymbol{u}\cdot\boldsymbol{w}$$

同理可求得

$$B=-\boldsymbol{u}\cdot\boldsymbol{v}$$

$$\boldsymbol{u}\times(\boldsymbol{v}\times\boldsymbol{w})=(\boldsymbol{u}\cdot\boldsymbol{w})\boldsymbol{v}-(\boldsymbol{u}\cdot\boldsymbol{v})\boldsymbol{w}$$

得证。

以上证明可知：$\boldsymbol{u}\times(\boldsymbol{v}\times\boldsymbol{w})$ 在 $\boldsymbol{w},\boldsymbol{v}$ 所在的平面内，括号内点积正负号的规则可按“近负远正”的规则记忆。

证法 2　利用分量定义证明：

$$\boldsymbol{v}\times\boldsymbol{w}=(v_yw_z-v_zw_y)\boldsymbol{i}+(v_zw_x-v_xw_z)\boldsymbol{j}+(v_xw_y-v_yw_x)\boldsymbol{k}$$

$$\begin{aligned}\boldsymbol{u}\times(\boldsymbol{v}\times\boldsymbol{w})=&[u_y(v_xw_y-v_yw_x)-u_z(v_zw_x-v_xw_z)]\boldsymbol{i}\\&+[u_z(v_yw_z-v_zw_y)-u_x(v_xw_y-v_yw_x)]\boldsymbol{j}+[u_x(v_zw_x-v_xw_z)-u_y(v_yw_z-v_zw_y)]\boldsymbol{k}\\=&[(u_yw_y+u_zw_z)v_x\boldsymbol{i}-(u_yv_y+u_zv_z)w_x\boldsymbol{i}]+[(u_zw_z+u_xw_x)v_y\boldsymbol{j}-(u_zv_z+u_xv_x)w_y\boldsymbol{j}]\\&+[(u_xw_x+u_yw_y)v_z\boldsymbol{k}-(u_yv_y+u_xv_x)w_z\boldsymbol{k}]\end{aligned}$$

$$(\boldsymbol{u}\cdot\boldsymbol{w})\boldsymbol{v}-(\boldsymbol{u}\cdot\boldsymbol{v})\boldsymbol{w}=(u_xw_x+u_yw_y+u_zw_z)(v_x\boldsymbol{i}+v_y\boldsymbol{j}+v_z\boldsymbol{k}) -(u_xv_x+u_yv_y+u_zv_z)(w_x\boldsymbol{i}+w_y\boldsymbol{j}+w_z\boldsymbol{k})$$

证法 3　学习了 1.8 节后，利用置换张量证明：

$$\boldsymbol{u}\times(\boldsymbol{v}\times\boldsymbol{w})=u^lv_iw_j\,\epsilon^{ijk}\,\epsilon_{lkm}\boldsymbol{g}^m=u^lv_iw_j(\delta^i_m\delta^j_l-\delta^i_l\delta^j_m)\boldsymbol{g}^m$$

$$=u^jw_jv_m\,\boldsymbol{g}^m-u^iv_iw_m\,\boldsymbol{g}^m=(\boldsymbol{u}\cdot\boldsymbol{w})v-(\boldsymbol{u}\cdot\boldsymbol{v})\boldsymbol{w}$$

$$(\boldsymbol{u}\times\boldsymbol{v})\times\boldsymbol{w}=-\boldsymbol{w}\times(\boldsymbol{u}\times\boldsymbol{v})=(\boldsymbol{u}\cdot\boldsymbol{w})\boldsymbol{v}-(\boldsymbol{w}\cdot\boldsymbol{v})\boldsymbol{u}$$

1.2　证明　$(\boldsymbol{A}\times\boldsymbol{B})\times(\boldsymbol{C}\times\boldsymbol{D})=-(\boldsymbol{C}\times\boldsymbol{D})\times(\boldsymbol{A}\times\boldsymbol{B})=-[\boldsymbol{B}\cdot(\boldsymbol{C}\times\boldsymbol{D})]\boldsymbol{A}+\boldsymbol{B}[\boldsymbol{A}\cdot(\boldsymbol{C}\times\boldsymbol{D})]$

$(\boldsymbol{A}\times\boldsymbol{B})\times(\boldsymbol{C}\times\boldsymbol{D})=[(\boldsymbol{A}\times\boldsymbol{B})\cdot\boldsymbol{D}]\boldsymbol{C}-[(\boldsymbol{A}\times\boldsymbol{B})\cdot\boldsymbol{C}]\boldsymbol{D}=\boldsymbol{C}(\boldsymbol{A}\cdot\boldsymbol{B}\times\boldsymbol{D})-\boldsymbol{D}(\boldsymbol{A}\cdot\boldsymbol{B}\times\boldsymbol{C})$

1.3　证法 1　因为 $\boldsymbol{u}$ 为任意矢量，$\boldsymbol{u}\cdot\boldsymbol{v}=0$。

所以设 $\boldsymbol{u}=\boldsymbol{g}_1$，则 $\boldsymbol{u}\cdot\boldsymbol{v}=v_iu^i=v_1=0$；

设 $\boldsymbol{u}=\boldsymbol{g}_2$，则 $\boldsymbol{u}\cdot\boldsymbol{v}=v_iu^i=v_2=0$；

设 $\boldsymbol{u}=\boldsymbol{g}_3$，则 $\boldsymbol{u}\cdot\boldsymbol{v}=v_iu^i=v_3=0$。

所以 $\boldsymbol{v}=\boldsymbol{0}$。

证法 2　反证法：如果 $\boldsymbol{v}\neq\boldsymbol{0}$，选择 $\boldsymbol{u}\neq\boldsymbol{0}$ 且 $\boldsymbol{u}\parallel\boldsymbol{v}$，则 $\boldsymbol{u}\cdot\boldsymbol{v}\neq 0$，与所给条件矛盾。

1.4　可利用定义式(1.1.8)证明 $|\boldsymbol{u}\cdot\boldsymbol{v}|\leqslant|\boldsymbol{u}|\,|\boldsymbol{v}|$。

1.5　可利用定义式(1.1.15)证明两矢量共线。$\boldsymbol{a}\times\boldsymbol{b}=\boldsymbol{0}\iff\boldsymbol{a},\boldsymbol{b}$ 线性相关。

1.6　可利用定义式(1.1.19)证明三矢量共面。$[\boldsymbol{a}\ \boldsymbol{b}\ \boldsymbol{c}]=0\iff\boldsymbol{a},\boldsymbol{b},\boldsymbol{c}$ 线性相关。

1.7　$\boldsymbol{a}=\dfrac{1}{9}(13\boldsymbol{i}+20\boldsymbol{j}+23\boldsymbol{k})$，$m=-2/9$。

1.8　证明　利用(1.2.21)式证明 g_{kl} 对称；

$\mathrm{d}\boldsymbol{r}\cdot\mathrm{d}\boldsymbol{r}=g_{kl}\mathrm{d}x^k\mathrm{d}x^l=|\mathrm{d}\boldsymbol{r}|^2\geqslant 0$，且等式为 0 当且仅当 $\mathrm{d}\boldsymbol{r}=\boldsymbol{0}$，即 $\mathrm{d}x^k=(0,0,0)$；故二次型 $g_{kl}\mathrm{d}x^k\mathrm{d}x^l$ 正定。

1.9　证明

$\boldsymbol{g}_i$ 非共面，则$[\boldsymbol{g}_1\ \ \boldsymbol{g}_2\ \ \boldsymbol{g}_3]>0$，　$\det(g_{ik})=\det(\boldsymbol{g}_i\cdot\boldsymbol{g}_k)=[\boldsymbol{g}_1\ \ \boldsymbol{g}_2\ \ \boldsymbol{g}_3]^2>0$。

因为 $\delta^j_i=g^{jk}g_{ik}$，　$\det(g_{ik})>0$；　所以$[g^{jk}]$是$[g_{ik}]$的逆矩阵，且唯一。$\boldsymbol{g}^j=g^{jk}\boldsymbol{g}_k$ 唯一。

因为 $\boldsymbol{g}_i\cdot\boldsymbol{g}^j=\delta^j_i$，　$[\boldsymbol{g}^1\ \ \boldsymbol{g}^2\ \ \boldsymbol{g}^3]=\dfrac{1}{[\boldsymbol{g}_1\ \ \boldsymbol{g}_2\ \ \boldsymbol{g}_3]}>0$，　所以$\boldsymbol{g}^j$ 也是非共面的。

1.10　$\boldsymbol{g}^1=\dfrac{1}{2}(\boldsymbol{j}+\boldsymbol{k}-\boldsymbol{i})$，　$\boldsymbol{g}^2=\dfrac{1}{2}(\boldsymbol{i}-\boldsymbol{j}+\boldsymbol{k})$，　$\boldsymbol{g}^3=\dfrac{1}{2}(\boldsymbol{i}+\boldsymbol{j}-\boldsymbol{k})$，　$[g_{rs}]=\begin{bmatrix}2&1&1\\1&2&1\\1&1&2\end{bmatrix}$

1.11　根据上题结果验算公式 $\boldsymbol{g}_j=g_{ji}\boldsymbol{g}^i$。　答案略去。

1.12　(1) $\boldsymbol{u}\cdot\boldsymbol{v}=2$；　(2) $u_1=6$，　$u_2=7$，　$u_3=3$；　$v_1=2$，　$v_2=0$，　$v_3=2$。

1.13　(1) 圆柱坐标系中(题 1.13 图(a))：

$$\boldsymbol{g}_1=\cos\theta\boldsymbol{i}+\sin\theta\boldsymbol{j},\qquad \boldsymbol{g}_2=-r\sin\theta\boldsymbol{i}+r\cos\theta\boldsymbol{j},\qquad \boldsymbol{g}_3=\boldsymbol{k}$$

$$\boldsymbol{g}^1=\boldsymbol{g}_1,\qquad \boldsymbol{g}^2=\frac{1}{r^2}\boldsymbol{g}_2,\qquad \boldsymbol{g}^3=\boldsymbol{g}_3$$

$$[g_{ij}]=\begin{bmatrix}1&0&0\\0&r^2&0\\0&0&1\end{bmatrix},\qquad [g^{ij}]=\begin{bmatrix}1&0&0\\0&\dfrac{1}{r^2}&0\\0&0&1\end{bmatrix}$$

$$|\mathrm{d}\boldsymbol{r}|^2=(\mathrm{d}r)^2+(r\mathrm{d}\theta)^2+(\mathrm{d}z)^2$$

(2) 球坐标系中(题1.13图(b)):

$$\boldsymbol{g}_1 = \sin\theta\cos\varphi\boldsymbol{i} + \sin\theta\sin\varphi\boldsymbol{j} + \cos\theta\boldsymbol{k},$$

$$\boldsymbol{g}_2 = r\cos\theta\cos\varphi\boldsymbol{i} + r\cos\theta\sin\varphi\boldsymbol{j} - r\sin\theta\boldsymbol{k},$$

$$\boldsymbol{g}_3 = -r\sin\theta\sin\varphi\boldsymbol{i} + \sin\theta\cos\varphi\boldsymbol{j}$$

$$\boldsymbol{g}^1 = \boldsymbol{g}_1, \qquad \boldsymbol{g}^2 = \frac{1}{r^2}\boldsymbol{g}_2, \qquad \boldsymbol{g}^3 = \frac{1}{r^2\sin^2\theta}\boldsymbol{g}_3$$

$$[g_{ij}] = \begin{bmatrix} 1 & 0 & 0 \\ 0 & r^2 & 0 \\ 0 & 0 & r^2\sin^2\theta \end{bmatrix}, \qquad [g^{ij}] = \begin{bmatrix} 1 & 0 & 0 \\ 0 & \dfrac{1}{r^2} & 0 \\ 0 & 0 & \dfrac{1}{r^2\sin^2\theta} \end{bmatrix}$$

$$|\mathrm{d}\boldsymbol{r}|^2 = (\mathrm{d}r)^2 + (r\mathrm{d}\theta)^2 + (r\sin\theta\mathrm{d}\varphi)^2$$

由题1.13图,可得到圆柱坐标系与球坐标系中$|\mathrm{d}\boldsymbol{r}|^2$的几何表达,进一步得到$A_1, A_2, A_3$。

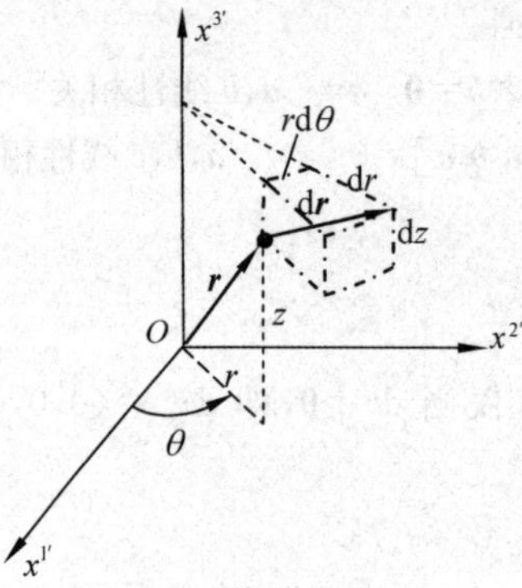

(a) 圆柱坐标系

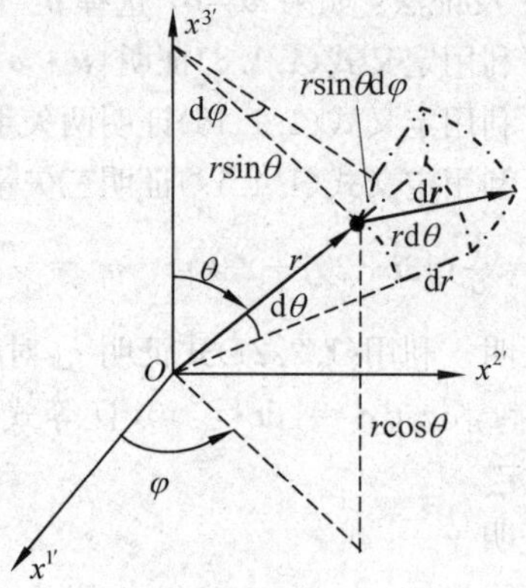

(b) 球坐标系

题1.13图

1.14 斜圆锥面(题1.14图):

$$\boldsymbol{g}_1 = \frac{R}{h}(-\sin\theta\boldsymbol{i} + \cos\theta\boldsymbol{j})z$$

$$\boldsymbol{g}_2 = \frac{1}{h}[(C + R\cos\theta)\boldsymbol{i} + R\sin\theta\boldsymbol{j}] + \boldsymbol{k}$$

$$g_{11} = \frac{R^2}{h^2}z^2, \qquad g_{12} = -\frac{RC}{h^2}z\sin\theta$$

$$g_{22} = \frac{1}{h^2}[(C + R\cos\theta)^2 + h^2]$$

$$g^{11} = \frac{h^2}{R^2}\frac{1}{z^2}$$

$$g^{12} = \frac{h^2 C\sin\theta}{R[(C + R\cos\theta)^2 + h^2]}\frac{1}{z}$$

$$g^{22} = \frac{h^2}{[(C + R\cos\theta)^2 + h^2]}$$

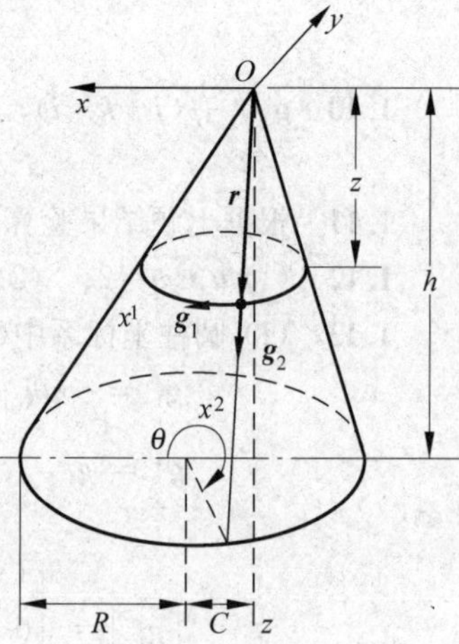

题1.14图

$$\boldsymbol{g}^1=\frac{h\{-\sin\theta(R^2+RC\cos\theta+h^2)\boldsymbol{i}+[(R^2+C^2+h^2)\cos\theta+RC(1+\cos^2\theta)\boldsymbol{j}]+hC\sin\theta\boldsymbol{k}\}}{R[h^2+(C+R\cos\theta)^2]}\frac{1}{z}$$

$$\boldsymbol{g}^2=\frac{h}{[h^2+(C+R\cos\theta)^2]}[(C+R\cos\theta)(\cos\boldsymbol{i}+\sin\theta\boldsymbol{j})+h\boldsymbol{k}]$$

1.15 二维空间为一个半径为 R 的半球面(题 1.15 图)：

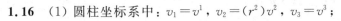

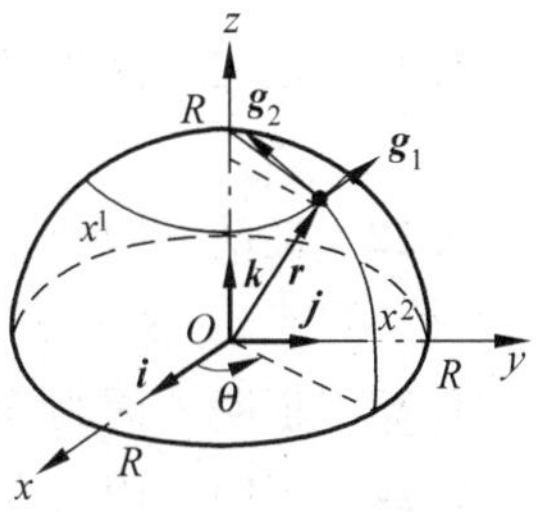

题 1.15 图

$$x^1=\theta,\quad x^2=z$$

$$\boldsymbol{g}_1=\sqrt{R^2-z^2}(-\sin\theta\boldsymbol{i}+\cos\theta\boldsymbol{j})+z\boldsymbol{k}$$

$$\boldsymbol{g}_2=\frac{-z}{\sqrt{R^2-z^2}}(\cos\theta\boldsymbol{i}+\sin\theta\boldsymbol{j})+\boldsymbol{k}$$

$$g_{11}=R^2-z^2,\qquad g_{22}=\frac{R^2}{R^2-z^2},\qquad g_{12}=g_{21}=0$$

$$g^{11}=\frac{1}{R^2-z^2},\qquad g^{22}=\frac{R^2-z^2}{R^2},\qquad g^{12}=g^{21}=0$$

$$\boldsymbol{g}^1=\frac{\boldsymbol{g}_1}{R^2-z^2},\qquad \boldsymbol{g}^2=\frac{R^2-z^2}{R^2}\boldsymbol{g}_2$$

1.16 (1) 圆柱坐标系中：$v_1=v^1$，$v_2=(r^2)v^2$，$v_3=v^3$；

(2) 球坐标系中：$v_1=v^1$，$v_2=(r^2)v^2$，$v_3=(r^2\sin^2\theta)v^3$。

1.17 (1) 圆柱坐标系中：

$$\begin{bmatrix}\beta^1_{1'} & \beta^2_{1'} & \beta^3_{1'}\\ \beta^1_{2'} & \beta^2_{2'} & \beta^3_{2'}\\ \beta^1_{3'} & \beta^2_{3'} & \beta^3_{3'}\end{bmatrix}=\begin{bmatrix}\cos\theta & -\frac{1}{r}\sin\theta & 0\\ \sin\theta & \frac{1}{r}\cos\theta & 0\\ 0 & 0 & 1\end{bmatrix},\quad \begin{bmatrix}\beta^{1'}_1 & \beta^{2'}_1 & \beta^{3'}_1\\ \beta^{1'}_2 & \beta^{2'}_2 & \beta^{3'}_2\\ \beta^{1'}_3 & \beta^{2'}_3 & \beta^{3'}_3\end{bmatrix}=\begin{bmatrix}\cos\theta & \sin\theta & 0\\ -r\sin\theta & r\cos\theta & 0\\ 0 & 0 & 1\end{bmatrix}$$

(2) 球坐标系中：

$$\begin{bmatrix}\beta^1_{1'} & \beta^2_{1'} & \beta^3_{1'}\\ \beta^1_{2'} & \beta^2_{2'} & \beta^3_{2'}\\ \beta^1_{3'} & \beta^2_{3'} & \beta^3_{3'}\end{bmatrix}=\begin{bmatrix}\sin\theta\cos\varphi & \frac{1}{r}\cos\theta\cos\varphi & -\frac{1}{r}\frac{\sin\varphi}{\sin\theta}\\ \sin\theta\sin\varphi & \frac{1}{r}\cos\theta\sin\varphi & \frac{1}{r}\frac{\cos\varphi}{\sin\theta}\\ \cos\theta & -\frac{1}{r}\sin\theta & 0\end{bmatrix}$$

$$\begin{bmatrix}\beta^{1'}_1 & \beta^{2'}_1 & \beta^{3'}_1\\ \beta^{1'}_2 & \beta^{2'}_2 & \beta^{3'}_2\\ \beta^{1'}_3 & \beta^{2'}_3 & \beta^{3'}_3\end{bmatrix}=\begin{bmatrix}\sin\theta\cos\varphi & \sin\theta\sin\varphi & \cos\theta\\ r\cos\theta\cos\varphi & r\cos\theta\sin\varphi & -r\sin\theta\\ -r\sin\theta\sin\varphi & r\sin\theta\cos\varphi & 0\end{bmatrix}$$

1.18 (1) 圆柱坐标系中：

$$v^1=\cos\theta v^{1'}+\sin\theta v^{2'},\qquad v^2=-\frac{1}{r}\sin\theta v^{1'}+\frac{1}{r}\cos\theta v^{2'},\qquad v^3=v^{3'}$$

(2) 球坐标系中：

$$v_1=\sin\theta\cos\varphi v_{1'}+\sin\theta\sin\varphi v_{2'}+\cos\theta v_{3'},\quad v_2=r\cos\theta\cos\varphi v_{1'}+r\cos\theta\sin\varphi v_{2'}-r\sin\theta v_{3'},$$

$$v_3 = -r\sin\theta\sin\varphi v_{1'} + r\sin\theta\cos\varphi v_{2'}$$

1.19 线元 $\mathrm{d}x^{\underline{k}}\boldsymbol{g}_{\underline{k}}$ 的长度 $\mathrm{d}s_k$，$\mathrm{d}s_k = \sqrt{g_{\underline{kk}}}\,\mathrm{d}x^{\underline{k}}$($k$ 不求和，$k=1,2,3$)。

1.20 线元 $\mathrm{d}x^{\underline{k}}\boldsymbol{g}_{\underline{k}}$ 与 $\mathrm{d}x^{\underline{l}}\boldsymbol{g}_{\underline{l}}$ 的夹角 $\theta_{kl} = \arccos\dfrac{g_{\underline{kl}}}{\sqrt{g_{\underline{kk}}g_{\underline{ll}}}}$($k,l=1,2,3$;不求和)。

1.21 证明 因为 $T^{k\cdots l}=0$ ($k,\cdots,l=1,2,3$),所以

$$T^{i'\cdots j'} = \beta_k^{i'}\cdots\beta_l^{j'}T^{k\cdots l} = 0 \quad (i',\ldots,j'=1,2,3)$$

1.22 证明 因为 $T^{k\cdots l}=\pm T^{l\cdots k}$ ($k,\cdots,l=1,2,3$),所以

$$T^{i'\cdots j'} = \beta_k^{i'}\cdots\beta_l^{j'}T^{k\cdots l} = \pm\beta_k^{i'}\cdots\beta_l^{j'}T^{l\cdots k} = \pm T^{j'\cdots i'} \quad (i',\ldots,j'=1,2,3)$$

1.23 证明 因为 $T^{ij\cdots}=\pm T^{ji\cdots}$，所以 $T_{ij\cdots}=g_{ik}g_{jl}T^{kl}{}_{\cdots}=\pm g_{ik}g_{jl}T^{lk}{}_{\cdots}=\pm T_{ji\cdots}$。

1.24 证明 因为 $T^{ij\cdots}=\pm T^{ji\cdots}$,所以 $T^{i}{}_{j}{}^{\cdots}=g_{jk}T^{ik\cdots}=\pm g_{jk}T^{ki\cdots}=\pm T_{j}{}^{i\cdots}$。

本题说明：**对称(或反对称)只能将分量的前后指标调换,不能将分量的上下指标调换。**

1.25 **如果 $\boldsymbol{A}$ 为任意二阶张量,$\boldsymbol{u}$ 为任意矢量,则：$\boldsymbol{A}\cdot\boldsymbol{u}=\boldsymbol{u}\cdot\boldsymbol{A}^{\mathrm{T}}$。**利用此原则,可证：

(1) $\boldsymbol{u}\cdot\boldsymbol{N}=\boldsymbol{N}^{\mathrm{T}}\cdot\boldsymbol{u}=\boldsymbol{N}\cdot\boldsymbol{u}$;

(2) $\boldsymbol{u}\cdot\boldsymbol{\Omega}=\boldsymbol{\Omega}^{\mathrm{T}}\cdot\boldsymbol{u}=-\boldsymbol{\Omega}\cdot\boldsymbol{u}$。

1.26 $[T^{i}{}_{\cdot j}]\begin{bmatrix}4 & 7 & 12\\ 8 & 14 & 20\\ 11 & 18 & 24\end{bmatrix}$，$[T_{i}{}^{\cdot j}]\begin{bmatrix}4 & 8 & 11\\ 7 & 14 & 18\\ 12 & 20 & 24\end{bmatrix}$

1.27 证明 $T^{ij}S_{ij}=T_{kl}g^{ik}g^{jl}S_{ij}=T_{kl}S^{kl}=T_{ij}S^{ij}$。

1.28 证明 $v^{j'}=\dfrac{\mathrm{d}x^{j'}}{\mathrm{d}t}=\dfrac{\partial x^{j'}}{\partial x^{i}}\dfrac{\mathrm{d}x^{i}}{\mathrm{d}t}=\beta_i^{j'}v^{i}$。本题说明：$\boldsymbol{v}=\dfrac{\mathrm{d}\boldsymbol{r}}{\mathrm{d}t}$是矢量,$v^i$ 是矢量分量。

注意：在一般情况下,如果坐标不是直线坐标系,$\boldsymbol{r}$ 不是矢量,$\mathrm{d}\boldsymbol{r}$ 才是矢量;坐标 x^i 不是矢量分量,$\mathrm{d}x^i$ 才是 $\mathrm{d}\boldsymbol{r}$ 的矢量分量。

1.29 证明 由已知等式 $S(ij)u^iv^j=S(k'l')u^{k'}v^{l'}$,知

其左端为 $S(i,j)u^iv^j=S(i,j)\beta^i_{k'}\beta^j_{l'}u^{k'}v^{l'}$,故$[S(k',l')-S(i,j)\beta^i_{k'}\beta^j_{l'}]u^{k'}v^{l'}=0$。

因为 $u^{k'}$ 与 $v^{l'}$ ($k',l'=1,2,3$)均为任意矢量分量,得 $S(k',l')-S(i,j)\beta^i_{k'}\beta^j_{l'}=0$ ($i,j=1,2,3$);故 $S(ij)$与 $S(k'l')$满足二阶张量协变分量的坐标转换关系,可记作 $S_{k'l'}=S_{ij}\beta^i_{k'}\beta^j_{l'}$，$S(i,j)$是二阶张量的协变分量。

1.30 证明 由已知等式 $S(ij)u^iu^j=S(k'l')u^{k'}u^{l'}$,知

其左端为 $S(i,j)u^iu^j=S(i,j)\beta^i_{k'}\beta^j_{l'}u^{k'}u^{l'}$,故$[S(k',l')-S(i,j)\beta^i_{k'}\beta^j_{l'}]u^{k'}u^{l'}=0$。

因为 $u^{k'}u^{l'}$ ($k',l'=1,2,3$)为任意对称二阶张量分量,得 $S(k',l')-S(i,j)\beta^i_{k'}\beta^j_{l'}$ 对于 k'，l'为反对称;

由题设 $S(i,j)$与 $S(k',l')$都是关于其指标对称的数组,故 $S(k',l')-S(i,j)\beta^i_{k'}\beta^j_{l'}$ 对于 k',l'为对称;

作为既是对称、又是反对称的数组,必有：$S(k',l')-S(i,j)\beta^i_{k'}\beta^j_{l'}=0$。

故对称数组 $S(ij)$与 $S(k'l')$满足二阶张量协变分量的坐标转换关系,S 是对称二阶张量。

注意：在题 1.29 与题 1.30 的证明中各用了以下引理：

引理一(题 1.29 用)：若数组 $A(k,l)$ 满足 $A(k,l)u^k v^l=0$，$u^k(k=1,2,3)$ 和 $v^l(l=1,2,3)$ 为任意，则必有：$A(k,l)=0$。

引理二(题 1.30 用)：若数组 $B(k,l)$ 满足 $B(k,l)u^k u^l=0$，$u^k(k=1,2,3)$ 为任意，则 $B(k,l)$ 关于 k,l 两个指标为反对称。

1.31 证明 设 $T(m,n)=\dfrac{\partial v_m}{\partial x^n}-\dfrac{\partial v_n}{\partial x^m}$；由矢量协变分量的坐标转换关系：

$$v_{i'}=\frac{\partial x^m}{\partial x^{i'}}v_m,\quad v_{j'}=\frac{\partial x^m}{\partial x^{j'}}v_m$$

$$\frac{\partial v_{i'}}{\partial x^{j'}}=\frac{\partial x^m}{\partial x^{i'}}\frac{\partial x^n}{\partial x^{j'}}\frac{\partial v^m}{\partial x^n}+v^m\frac{\partial^2 x^m}{\partial x^{i'}\partial x^{j'}},\qquad \frac{\partial v_{j'}}{\partial x^{i'}}=\frac{\partial x^m}{\partial x^{j'}}\frac{\partial x^n}{\partial x^{i'}}\frac{\partial v^m}{\partial x^n}+v^m\frac{\partial^2 x^m}{\partial x^{i'}\partial x^{j'}}$$

$$T(i',j')=\frac{\partial v_{i'}}{\partial x^{j'}}-\frac{\partial v_{j'}}{\partial x^{i'}}=\frac{\partial x^m}{\partial x^{i'}}\frac{\partial x^n}{\partial x^{j'}}\frac{\partial v^m}{\partial x^n}-\frac{\partial x^m}{\partial x^{j'}}\frac{\partial x^n}{\partial x^{i'}}\frac{\partial v^m}{\partial x^n}=\frac{\partial x^m}{\partial x^{i'}}\frac{\partial x^n}{\partial x^{j'}}\frac{\partial v^m}{\partial x^n}-\frac{\partial x^n}{\partial x^{j'}}\frac{\partial x^m}{\partial x^{i'}}\frac{\partial v^n}{\partial x^m}$$

$$=\frac{\partial x^m}{\partial x^{i'}}\frac{\partial x^n}{\partial x^{j'}}\left(\frac{\partial v_m}{\partial x^n}-\frac{\partial v_n}{\partial x^m}\right)=\beta_{i'}^m\beta_{j'}^n T(m,n)$$

所以 $T(m,n)=\dfrac{\partial v_m}{\partial x^n}-\dfrac{\partial v_n}{\partial x^m}$ 是二阶张量的协变分量。

又 $T(m,n)=\dfrac{\partial v_m}{\partial x^n}-\dfrac{\partial v_n}{\partial x^m}=-\left(\dfrac{\partial v_n}{\partial x^m}-\dfrac{\partial v_m}{\partial x^n}\right)=-T(n,m)$，所以$\dfrac{\partial v_m}{\partial x^n}-\dfrac{\partial v_n}{\partial x^m}$是反对称二阶张量的协变分量。

附注：学过本书第 4 章以后，可用(4.3.7)式和(4.1.13)式证明 $T(m,n)=v_{m;n}-v_{n;m}$ 为二阶张量的协变分量。

1.32 一般性原则：$\boldsymbol{T},\boldsymbol{S}$ 为任意二阶张量，$\boldsymbol{T}:\boldsymbol{S}=\boldsymbol{S}:\boldsymbol{T}=\boldsymbol{T}^{\mathrm{T}}:\boldsymbol{S}^{\mathrm{T}}=\boldsymbol{S}^{\mathrm{T}}:\boldsymbol{T}^{\mathrm{T}}$

证明 $\boldsymbol{N}:\boldsymbol{\Omega}=\boldsymbol{N}^{\mathrm{T}}:\boldsymbol{\Omega}^{\mathrm{T}}=-\boldsymbol{N}:\boldsymbol{\Omega}$，故 $\boldsymbol{N}:\boldsymbol{\Omega}=0$

1.33 证明 (1) $\boldsymbol{N}:\boldsymbol{ab}=\boldsymbol{ba}:\boldsymbol{N}^{\mathrm{T}}=\boldsymbol{ba}:\boldsymbol{N}$

(2) $\boldsymbol{\Omega}:\boldsymbol{ab}=\boldsymbol{ba}:\boldsymbol{\Omega}^{\mathrm{T}}=-\boldsymbol{ba}:\boldsymbol{\Omega}$

1.34 证明

$$\boldsymbol{G}\cdot\boldsymbol{u}=(g_{ij}\boldsymbol{g}^i\boldsymbol{g}^j)\cdot\boldsymbol{u}=g_{ij}u^j\boldsymbol{g}^i=u_i\boldsymbol{g}^i=\boldsymbol{u}$$

$$\boldsymbol{u}\cdot\boldsymbol{G}=\boldsymbol{u}\cdot(g_{ij}\boldsymbol{g}^i\boldsymbol{g}^j)=u^i g_{ij}\boldsymbol{g}^j=u_j\boldsymbol{g}^j=\boldsymbol{u}$$

$$\boldsymbol{G}\cdot\boldsymbol{T}=(g^{ij}\boldsymbol{g}_i\boldsymbol{g}_j)\cdot(T_{lk}\boldsymbol{g}^l\boldsymbol{g}^k)=g^{ij}T_{jk}\boldsymbol{g}_i\boldsymbol{g}^k=T^i_{\cdot k}\boldsymbol{g}_i\boldsymbol{g}^k=\boldsymbol{T}$$

$$\boldsymbol{T}\cdot\boldsymbol{G}=(T^{ij}\boldsymbol{g}_i\boldsymbol{g}_j)\cdot(g_{lk}\boldsymbol{g}^l\boldsymbol{g}^k)=T^{ij}g_{jk}\boldsymbol{g}_i\boldsymbol{g}^k=T^i_{\cdot k}\boldsymbol{g}_i\boldsymbol{g}^k=\boldsymbol{T}$$

1.35 证明 因为 $\boldsymbol{u}\cdot\boldsymbol{T}\cdot\boldsymbol{v}-\boldsymbol{u}\cdot\boldsymbol{S}\cdot\boldsymbol{v}=\boldsymbol{u}\cdot(\boldsymbol{T}-\boldsymbol{S})\cdot\boldsymbol{v}=0$，$\forall$ 任意 $\boldsymbol{u},\boldsymbol{v}$ 成立，所以

$$\boldsymbol{T}-\boldsymbol{S}=\boldsymbol{O},\quad \boldsymbol{T}=\boldsymbol{S}$$

或 $\boldsymbol{T}:\boldsymbol{uv}-\boldsymbol{S}:\boldsymbol{uv}=(\boldsymbol{T}-\boldsymbol{S}):\boldsymbol{uv}=0$，$\forall$ 任意 $\boldsymbol{u},\boldsymbol{v}$ 成立，所以

$$\boldsymbol{T}-\boldsymbol{S}=\boldsymbol{O},\quad \boldsymbol{T}=\boldsymbol{S}$$

附注：参考题 1.30 下面“注意”中的引理一。

1.36 证明 因为 $\boldsymbol{u}\cdot\boldsymbol{M}\cdot\boldsymbol{u}-\boldsymbol{u}\cdot\boldsymbol{N}\cdot\boldsymbol{u}=\boldsymbol{u}\cdot(\boldsymbol{M}-\boldsymbol{N})\cdot\boldsymbol{u}=0$ 或$(\boldsymbol{M}-\boldsymbol{N}):\boldsymbol{uu}=0$，$\forall$ 任意 $\boldsymbol{u}$ 成立，故 $\boldsymbol{M}-\boldsymbol{N}$ 为反对称，但题已设 $\boldsymbol{M}-\boldsymbol{N}$ 为对称，故

$$\boldsymbol{M}-\boldsymbol{N}=\boldsymbol{O},\qquad \text{即}\qquad \boldsymbol{M}=\boldsymbol{N}$$

附注：参考题1.30下面“注意”中的引理二。

1.37 (1) $\boldsymbol{\omega}=\omega_i\boldsymbol{e}^i$ 是矢量，$\boldsymbol{L}=L_i\boldsymbol{e}^i$ 是矢量，根据商规则：$\boldsymbol{L}=\boldsymbol{I}\cdot\boldsymbol{\omega}$，其中 $\boldsymbol{I}$ 为二阶张量。

(2) 在笛卡儿系中(题1.37图)：$I^{ij}=m(z^kz^l\delta_{kl}\delta^{ij}-z^iz^j)$。

(3) 在斜角直线坐标系中：$I^{ij}=m(r^kr^lg_{kl}g^{ij}-r^ir^j)$。

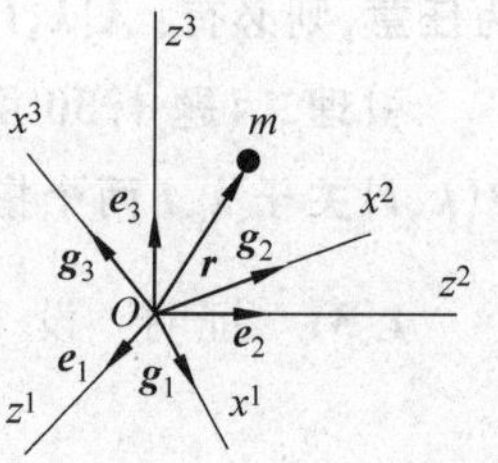

题1.37图

1.38 (1) $\boldsymbol{\varepsilon}=\varepsilon_{ij}\boldsymbol{g}^i\boldsymbol{g}^j$ 是对称二阶张量，$\boldsymbol{\sigma}=\sigma^{kl}\boldsymbol{g}_k\boldsymbol{g}_l$ 是任意对称二阶张量，根据商规则：$\boldsymbol{\varepsilon}=\boldsymbol{C}:\boldsymbol{\sigma}$，其中 $\boldsymbol{C}$ 为四阶张量。

(2) $\varepsilon_{ij}=\dfrac{1}{E}[(1+\nu)g_{ik}g_{jl}-\nu g_{ij}g_{kl}]\sigma^{kl}$

(3) $C_{ijkl}=\dfrac{1}{E}[(1+\nu)g_{ik}g_{jl}-\nu g_{ij}g_{kl}]$，　$\boldsymbol{C}=\dfrac{1}{E}[(1+\nu)g_{ik}g_{jl}-\nu g_{ij}g_{kl}]\boldsymbol{g}^i\boldsymbol{g}^j\boldsymbol{g}^k\boldsymbol{g}^l$

1.39 证明　因为

$$a=\det[A_{\cdot n}^{m}]=A_{\cdot i}^{1}A_{\cdot j}^{2}A_{\cdot k}^{3}e^{ijk},\quad b=\det[B_{\cdot n}^{m}]=B_{\cdot l}^{1}B_{\cdot m}^{2}B_{\cdot n}^{3}e^{lmn}$$

所以

$$c=\det[C_{\cdot t}^{s}]=\det[A_{\cdot r}^{s}B_{\cdot t}^{r}]=C_{\cdot l}^{1}C_{\cdot m}^{2}C_{\cdot n}^{3}e^{lmn}$$

$$=A_{\cdot r}^{1}B_{\cdot l}^{r}A_{\cdot s}^{2}B_{\cdot m}^{s}A_{\cdot t}^{3}B_{\cdot n}^{t}e^{lmn}=A_{\cdot r}^{1}A_{\cdot s}^{2}A_{\cdot t}^{3}(B_{\cdot l}^{r}B_{\cdot m}^{s}B_{\cdot n}^{t}e^{lmn})\xlongequal{(1.8.4a)}bA_{\cdot r}^{1}A_{\cdot s}^{2}A_{\cdot t}^{3}e^{rst}=ab$$

1.40 证明　$\det(a^i_{\cdot j})=a^i_{\cdot 1}a^j_{\cdot 2}a^k_{\cdot 3}e_{ijk}=ka^i_{\cdot 2}a^j_{\cdot 2}a^k_{\cdot 3}e_{ijk}=ka^j_{\cdot 2}a^i_{\cdot 2}a^k_{\cdot 3}e_{jik}$

已知条件　　更换哑标

$$=ka^i_{\cdot 2}a^j_{\cdot 2}a^k_{\cdot 3}e_{jik}=-ka^i_{\cdot 2}a^j_{\cdot 2}a^k_{\cdot 3}e_{ijk}=0$$

交换乘法次序　　e_{ijk} 性质

1.41 证明　$\boldsymbol{v}=\boldsymbol{\omega}\times\boldsymbol{r}=\omega^ir^j\epsilon_{ijk}\boldsymbol{g}^k$

$\boldsymbol{L}=m\boldsymbol{r}\times\boldsymbol{v}=m\boldsymbol{r}\times(\boldsymbol{\omega}\times\boldsymbol{r})=m[(\boldsymbol{r}\cdot\boldsymbol{r})\boldsymbol{\omega}-(\boldsymbol{r}\cdot\boldsymbol{\omega})\boldsymbol{r}]=m[(\boldsymbol{r}\cdot\boldsymbol{r})\boldsymbol{G}-\boldsymbol{rr}]\cdot\boldsymbol{\omega}$

所以可设 $\boldsymbol{L}=\boldsymbol{I}\cdot\boldsymbol{\omega}$，　其中惯性矩张量 $\boldsymbol{I}=m[(\boldsymbol{r}\cdot\boldsymbol{r})\boldsymbol{G}-\boldsymbol{rr}]=m(r^kr_kg^{ij}-r^ir^j)\boldsymbol{g}_i\boldsymbol{g}_j$。

1.42 $\mathrm{d}\boldsymbol{a}^1=r^2\sin\theta\mathrm{d}\theta\mathrm{d}\varphi\boldsymbol{e}_1$，　$\mathrm{d}\boldsymbol{a}^2=r\sin\theta\mathrm{d}r\mathrm{d}\varphi\boldsymbol{e}_2$，　$\mathrm{d}\boldsymbol{a}^3=r\mathrm{d}r\mathrm{d}\theta\boldsymbol{e}_3$

其中 $\boldsymbol{e}_1=\boldsymbol{g}_1$，$\boldsymbol{e}_2=\boldsymbol{g}_2/r$，$\boldsymbol{e}_3=\boldsymbol{g}_3/r\sin\theta$。

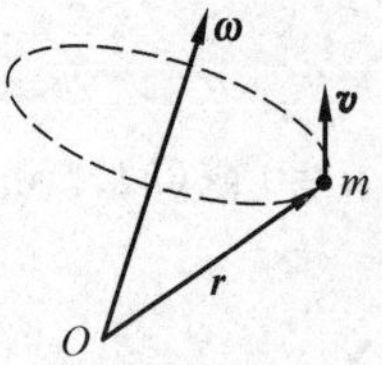

题1.41图

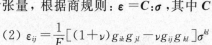

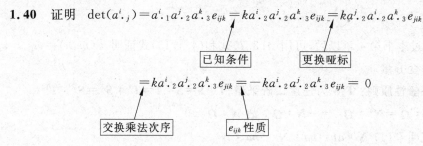

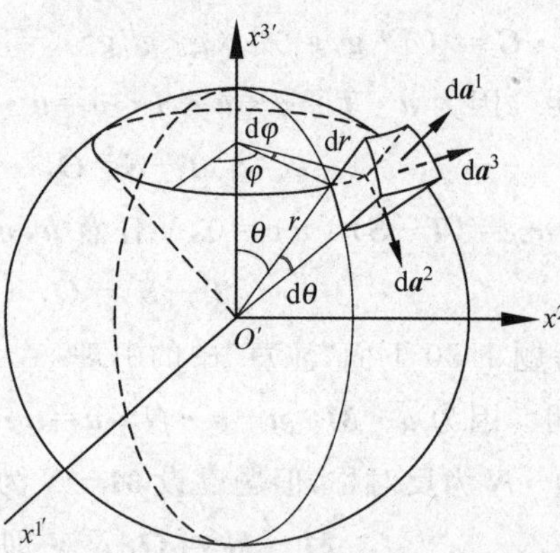

题1.42图

1.43 证明

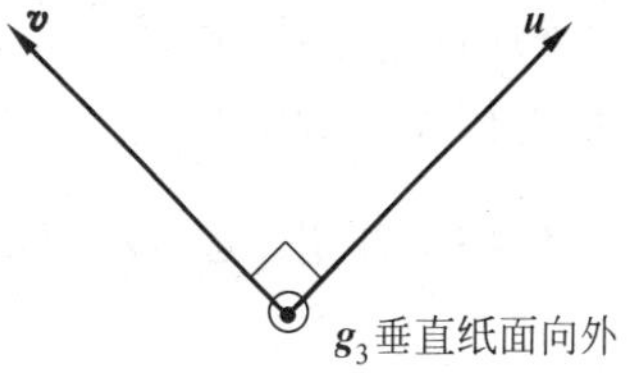

题 1.43 图

$$\boldsymbol{v}\cdot\boldsymbol{u}=\boldsymbol{u}\cdot\overset{(2)}{\boldsymbol{\epsilon}}\cdot\boldsymbol{u}=u_\alpha u_\beta\,\epsilon^{\alpha\beta}=-u_\alpha u_\beta\,\epsilon^{\beta\alpha}=0$$

因为$\boldsymbol{g}_3\times\boldsymbol{u}=\boldsymbol{\epsilon}:\boldsymbol{g}_3\boldsymbol{u}=\epsilon^{3\alpha\gamma}u_\alpha\boldsymbol{g}_\gamma=\epsilon^{\alpha\gamma}u_\alpha\boldsymbol{g}_\gamma$，$\boldsymbol{g}_3=\boldsymbol{e}_3$为单位矢量（题 1.43 图），所以

$$\boldsymbol{v}=\boldsymbol{u}\cdot\overset{(2)}{\boldsymbol{\epsilon}}=u_\alpha\boldsymbol{g}^\alpha\cdot\epsilon^{\beta\gamma}\boldsymbol{g}_\beta\boldsymbol{g}_\gamma=u_\alpha\,\epsilon^{\alpha\gamma}\boldsymbol{g}_\gamma=\boldsymbol{g}_3\times\boldsymbol{u}$$

所以

$$|\boldsymbol{v}|=|\boldsymbol{u}|$$

1.44 利用置换张量证明

$$(\boldsymbol{A}\times\boldsymbol{B})\cdot(\boldsymbol{C}\times\boldsymbol{D})=A^iB^j\,\epsilon_{ijk}\epsilon^{klm}C_lD_m=A^iB^jC_lD_m(\delta_i^l\delta_j^m-\delta_i^m\delta_j^l)=A^lB^mC_lD_m-A^mB^lC_lD_m$$

$$(\boldsymbol{A}\cdot\boldsymbol{C})(\boldsymbol{B}\cdot\boldsymbol{D})-(\boldsymbol{A}\cdot\boldsymbol{D})(\boldsymbol{B}\cdot\boldsymbol{C})=A^lB^mC_lD_m-A^mB^lC_lD_m$$

本题也可直接利用题 1.1 证明如下：

$$\begin{aligned}(\boldsymbol{A}\times\boldsymbol{B})\cdot(\boldsymbol{C}\times\boldsymbol{D})&=\boldsymbol{A}\cdot[\boldsymbol{B}\times(\boldsymbol{C}\times\boldsymbol{D})]=\boldsymbol{A}\cdot[(\boldsymbol{B}\cdot\boldsymbol{D})\boldsymbol{C}-(\boldsymbol{B}\cdot\boldsymbol{C})\boldsymbol{D}]\\&=(\boldsymbol{A}\cdot\boldsymbol{C})(\boldsymbol{B}\cdot\boldsymbol{D})-(\boldsymbol{A}\cdot\boldsymbol{D})(\boldsymbol{B}\cdot\boldsymbol{C})\end{aligned}$$

1.45 证明 $\boldsymbol{S}=\delta_{jq}^{ip}\boldsymbol{g}_i\boldsymbol{g}_p\boldsymbol{g}^j\boldsymbol{g}^q$

$$\frac{1}{2}\boldsymbol{S}:\boldsymbol{C}=\frac{1}{2}(\delta_j^i\delta_q^p-\delta_q^i\delta_j^p)C^{jq}\boldsymbol{g}_i\boldsymbol{g}_p=\frac{1}{2}(C^{ip}-C^{pi})\boldsymbol{g}_i\boldsymbol{g}_p=\frac{1}{2}(C_{rs}-C_{sr})\boldsymbol{g}^r\boldsymbol{g}^s$$

轮换张量$\boldsymbol{S}$将张量$\boldsymbol{C}$做了一次反对称化运算。

1.46 证明

$$\begin{aligned}\frac{1}{6}\boldsymbol{V}\,\vdots\,\boldsymbol{T}&=\frac{1}{6}\delta_{lmn}^{ijk}T^{lmn}_{\cdots pq}\boldsymbol{g}_i\boldsymbol{g}_j\boldsymbol{g}_k\boldsymbol{g}^p\boldsymbol{g}^q=\frac{1}{6}\epsilon^{ijk}\epsilon_{lmn}T^{lmn}_{\cdots pq}\boldsymbol{g}_i\boldsymbol{g}_j\boldsymbol{g}_k\boldsymbol{g}^p\boldsymbol{g}^q\\&=-\frac{1}{6}\epsilon^{jik}\epsilon_{lmn}T^{lmn}_{\cdots pq}\boldsymbol{g}_i\boldsymbol{g}_j\boldsymbol{g}_k\boldsymbol{g}^p\boldsymbol{g}^q\\&=-\frac{1}{6}\epsilon^{kji}\epsilon_{lmn}T^{lmn}_{\cdots pq}\boldsymbol{g}_i\boldsymbol{g}_j\boldsymbol{g}_k\boldsymbol{g}^p\boldsymbol{g}^q\\&=-\frac{1}{6}\epsilon^{ikj}\epsilon_{lmn}T^{lmn}_{\cdots pq}\boldsymbol{g}_i\boldsymbol{g}_j\boldsymbol{g}_k\boldsymbol{g}^p\boldsymbol{g}^q\end{aligned}$$

1.47 欲证 $\overset{*}{\boldsymbol{T}}=\boldsymbol{\epsilon}:\boldsymbol{T}$。

证明

$$\begin{aligned}\overset{*}{\boldsymbol{T}}&=\overset{*}{T}{}^{kp}_{\cdot\cdot q}\boldsymbol{g}_k\boldsymbol{g}_p\boldsymbol{g}^q=\epsilon^{klm}\boldsymbol{g}_k\boldsymbol{g}_l\boldsymbol{g}_m:T_{ij\cdot q}^{\cdot\cdot p}\boldsymbol{g}^j\boldsymbol{g}^i\boldsymbol{g}_p\boldsymbol{g}^q=\epsilon^{klm}T_{ij\cdot q}^{\cdot\cdot p}\delta_j^l\delta_m^i\boldsymbol{g}_k\boldsymbol{g}_p\boldsymbol{g}^q\\&=\epsilon^{klm}T_{ml\cdot q}^{\cdot\cdot p}\boldsymbol{g}_k\boldsymbol{g}_p\boldsymbol{g}^q\end{aligned}$$

$$\overset{*}{T}{}^{kp}_{\cdot\cdot q}=\epsilon^{klm}T_{lm\cdot q}^{\cdot\cdot p}=\frac{1}{\sqrt{g}}e^{kml}T_{ml\cdot q}^{\cdot\cdot p}=-\frac{1}{\sqrt{g}}e^{klm}T_{ml\cdot q}^{\cdot\cdot p}$$

当$k=1,2,3$时，符合所给定义。所以$\overset{*}{\boldsymbol{T}}=\boldsymbol{\epsilon}:\boldsymbol{T}$

$$\begin{aligned}\overset{*}{\boldsymbol{T}}&=\overset{*}{T}{}_k{}^{\cdot p}_{\cdot q}\boldsymbol{g}^k\boldsymbol{g}_p\boldsymbol{g}^q=\boldsymbol{\epsilon}:\boldsymbol{T}=\epsilon_{klm}\boldsymbol{g}^k\boldsymbol{g}^l\boldsymbol{g}^m:T^{ijp}_{\cdots q}\boldsymbol{g}_i\boldsymbol{g}_j\boldsymbol{g}_p\boldsymbol{g}^q=\epsilon_{klm}T^{ijp}_{\cdots q}\delta_i^l\delta_j^m\boldsymbol{g}^k\boldsymbol{g}_p\boldsymbol{g}^q\\&=\epsilon_{klm}T^{lmp}_{\cdots q}\boldsymbol{g}^k\boldsymbol{g}_p\boldsymbol{g}^q\end{aligned}$$

$$\overset{*}{T}{}_k{}^{\cdot p}_{\cdot q}=\epsilon_{klm}T^{lmp}_{\cdots q}=\sqrt{g}e_{klm}T^{lmp}_{\cdots q}$$

$k=1$：$\overset{*}{T}{}_1{}^{\cdot p}_{\cdot q}=\sqrt{g}T^{23p}_{\cdots q}=-\sqrt{g}T^{32p}_{\cdots q}$

$k=2$：$\overset{*}{T}{}_2{}^{\cdot p}_{\cdot q}=\sqrt{g}T^{31p}_{\cdots q}=-\sqrt{g}T^{13p}_{\cdots q}$

$k=3$：$\overset{*}{T}{}_3{}^{\cdot p}_{\cdot q}=\sqrt{g}T^{12p}_{\cdots q}=-\sqrt{g}T^{21p}_{\cdots q}$

利用(1.2.17)式、(1.2.27)式和(1.8.23c)式可以看出 $\overset{*}{\boldsymbol{T}}=\boldsymbol{\epsilon}:\boldsymbol{T}$ 是将 $\boldsymbol{T}$ 的第一与第二矢量进行叉积的结果。

1.48 证明 $\boldsymbol{\omega}\times\boldsymbol{u}=-\frac{1}{2}(\boldsymbol{\epsilon}:\boldsymbol{\Omega})\times\boldsymbol{u}=-\frac{1}{2}\epsilon^{kij}\Omega_{ij}\boldsymbol{g}_k\times u^l\boldsymbol{g}_l=-\frac{1}{2}\epsilon^{kij}\Omega_{ij}u^l\epsilon_{klm}\boldsymbol{g}^m$

$$=-\frac{1}{2}\Omega_{ij}u^l(\delta_l^i\delta_m^j-\delta_l^j\delta_m^i)\boldsymbol{g}^m=\frac{1}{2}(\Omega_{ml}-\Omega_{lm})u^l\boldsymbol{g}^m=\Omega_{ml}u^l\boldsymbol{g}^m=\boldsymbol{\Omega}\cdot\boldsymbol{u}$$

1.49 证明 $-\boldsymbol{\epsilon}\cdot\boldsymbol{\omega}=\frac{1}{2}\boldsymbol{\epsilon}\cdot(\boldsymbol{\epsilon}:\boldsymbol{\Omega})=\frac{1}{2}\epsilon_{ijk}\epsilon^{klm}\Omega_{lm}\boldsymbol{g}^i\boldsymbol{g}^j=\frac{1}{2}(\delta_i^l\delta_j^m-\delta_i^m\delta_j^l)\Omega_{lm}\boldsymbol{g}^i\boldsymbol{g}^j$

$$=\frac{1}{2}(\Omega_{ij}-\Omega_{ji})\boldsymbol{g}^i\boldsymbol{g}^j=\Omega_{ij}\boldsymbol{g}^i\boldsymbol{g}^j=\boldsymbol{\Omega}$$

$$-\boldsymbol{\epsilon}\cdot\boldsymbol{\omega}=-\epsilon_{ijk}\omega^k\boldsymbol{g}^i\boldsymbol{g}^j=-\omega^k\epsilon_{kij}\boldsymbol{g}^i\boldsymbol{g}^j=-\boldsymbol{\omega}\cdot\boldsymbol{\epsilon}$$

1.50 证明 $\boldsymbol{v}=k\boldsymbol{\omega}$

$$\boldsymbol{\Omega}\cdot\boldsymbol{v}=-(\boldsymbol{\epsilon}\cdot\boldsymbol{\omega})\cdot\boldsymbol{v}=-k(\boldsymbol{\epsilon}\cdot\boldsymbol{\omega})\cdot\boldsymbol{\omega}=-k\,\epsilon_{lij}\omega^i\omega^j\boldsymbol{g}^l=k\,\epsilon_{lji}\omega^i\omega^j\boldsymbol{g}^l=k\,\epsilon_{lij}\omega^i\omega^j\boldsymbol{g}^l$$

因为 $\omega^i\omega^j=\omega^j\omega^i$，$\epsilon_{lij}=-\epsilon_{lji}$，所以$\boldsymbol{\Omega}\cdot\boldsymbol{v}=\boldsymbol{0}$。

注意：1.50 题也可以用 1.48 题证明。

1.51 证明

$$\boldsymbol{\omega}_{①}\cdot\boldsymbol{\omega}_{②}=\frac{1}{4}(\boldsymbol{\epsilon}:\boldsymbol{\Omega}_{①})\cdot(\boldsymbol{\epsilon}:\boldsymbol{\Omega}_{②})=\frac{1}{4}\epsilon_{kij}\Omega_{①}^{ij}\epsilon^{klm}\Omega_{②lm}$$

$$=\frac{1}{4}(\delta_i^l\delta_j^m-\delta_i^m\delta_j^l)\Omega_{①}^{ij}\Omega_{②lm}=\frac{1}{2}\Omega_{①}^{lm}\Omega_{②lm}=\frac{1}{2}\boldsymbol{\Omega}_{①}:\boldsymbol{\Omega}_{②}$$

第2章 二阶张量

2.1 证明 $\mathscr{J}_1=T^i_{\cdot i}=\mathrm{tr}\boldsymbol{T}=\mathscr{J}_1^*$，$\mathscr{J}_2=\frac{1}{2}(T^i_{\cdot i}T^l_{\cdot l}-T^i_{\cdot l}T^l_{\cdot i})=\frac{1}{2}[(\mathscr{J}_1^*)^2-\mathscr{J}_2^*]$，

$$\mathscr{J}_3=\frac{1}{6}\delta_{lmn}^{ijk}T^l_{\cdot i}T^m_{\cdot j}T^n_{\cdot k}=\frac{1}{6}\begin{vmatrix}\delta_l^i & \delta_m^i & \delta_n^i\\ \delta_l^j & \delta_m^j & \delta_n^j\\ \delta_l^k & \delta_m^k & \delta_n^k\end{vmatrix}T^l_{\cdot i}T^m_{\cdot j}T^n_{\cdot k}$$

$$=\frac{1}{6}(\delta_l^i\delta_m^j\delta_n^k-\delta_l^i\delta_m^k\delta_n^j-\delta_l^j\delta_m^i\delta_n^k-\delta_l^k\delta_m^j\delta_n^i+\delta_l^j\delta_m^k\delta_n^i+\delta_l^k\delta_m^i\delta_n^j)T^l_{\cdot i}T^m_{\cdot j}T^n_{\cdot k}$$

$$=\frac{1}{6}[T^i_{\cdot i}T^j_{\cdot j}T^k_{\cdot k}-(T^i_{\cdot i}T^k_{\cdot j}T^j_{\cdot k}+T^k_{\cdot k}T^j_{\cdot i}T^i_{\cdot j}+T^j_{\cdot j}T^k_{\cdot i}T^i_{\cdot k})+(T^j_{\cdot i}T^k_{\cdot j}T^i_{\cdot k}+T^k_{\cdot i}T^j_{\cdot k}T^i_{\cdot j})]$$

$$=\frac{1}{6}(\mathscr{J}_1^*)^3-\frac{1}{2}\mathscr{J}_1^*\mathscr{J}_2^*+\frac{1}{3}\mathscr{J}_3^*$$

将此3式进行代数运算易证后3式，读者自证。

2.2 证明 $(\boldsymbol{A}^{\mathrm{T}})^i_{\cdot j}=A_j^{\cdot i}$，$\mathscr{J}_1^{*\,(\mathrm{A^T})}=(\mathrm{A}^{\mathrm{T}})^i_{\cdot i}=A_i^{\cdot i}=g_{il}g^{ik}A^l_{\cdot k}=\delta_l^kA^l_{\cdot k}=\mathscr{J}_1^{*\,(\mathrm{A})}$

$$\mathscr{J}_2^{*\,(\mathrm{A^T})}=(\boldsymbol{A}^{\mathrm{T}})^i_{\cdot j}(\boldsymbol{A}^{\mathrm{T}})^j_{\cdot i}=A_j^{\cdot i}A_i^{\cdot j}=g_{jl}g^{ik}A^l_{\cdot k}g_{im}g^{jn}A^m_{\cdot n}=\delta_l^nA^m_{\cdot n}\delta_m^kA^l_{\cdot k}=A^m_{\cdot l}A^l_{\cdot m}=\mathscr{J}_2^{*\,(\mathrm{A})}$$

$$\mathscr{J}_3^{*\,(\mathrm{A^T})}=(\boldsymbol{A}^{\mathrm{T}})^i_{\cdot j}(\boldsymbol{A}^{\mathrm{T}})^j_{\cdot k}(\boldsymbol{A}^{\mathrm{T}})^k_{\cdot i}=A_j^{\cdot i}A_k^{\cdot j}A_i^{\cdot k}=g_{jl}g^{im}A^l_{\cdot m}g_{kn}g^{jr}A^n_{\cdot r}g_{is}g^{kt}A^s_{\cdot t}$$

$$=\delta_l^rA^l_{\cdot m}\delta_n^tA^n_{\cdot r}\delta_s^mA^s_{\cdot t}=A^r_{\cdot m}A^t_{\cdot r}A^m_{\cdot t}=\mathscr{J}_3^{*\,(\mathrm{A})}$$

由 2.1 题结论，$\boldsymbol{A}$ 与 $\boldsymbol{A}^{\mathrm{T}}$ 具有相同的主不变量。

2.3 证明 因为 $T^{i}_{\cdot j}=A^{i}_{\cdot k}B^{k}_{\cdot j}$，$S^{i}_{\cdot j}=B^{i}_{\cdot k}A^{k}_{\cdot j}$，所以

$$\mathscr{J}_1^{*(T)}=A^{i}_{\cdot k}B^{k}_{\cdot i}=B^{k}_{\cdot i}A^{i}_{\cdot k}=B^{i}_{\cdot k}A^{k}_{\cdot i}=\mathscr{J}_1^{*(S)}$$

同理可证：$\mathscr{J}_2^{*(T)}=\mathscr{J}_2^{*(S)}$，$\mathscr{J}_3^{*(T)}=\mathscr{J}_3^{*(S)}$。所以由 2.1 题结论得

$$\mathscr{J}_1^{(T)}=\mathscr{J}_1^{(S)},\quad \mathscr{J}_2^{(T)}=\mathscr{J}_2^{(S)},\quad \mathscr{J}_3^{(T)}=\mathscr{J}_3^{(S)}$$

2.4 证明

(1) $[\boldsymbol{T}\cdot\boldsymbol{u}\quad \boldsymbol{v}\quad \boldsymbol{w}]+[\boldsymbol{u}\quad \boldsymbol{T}\cdot\boldsymbol{v}\quad \boldsymbol{w}]+[\boldsymbol{u}\quad \boldsymbol{v}\quad \boldsymbol{T}\cdot\boldsymbol{w}]$

$=\dfrac{1}{2}\{[\boldsymbol{T}\cdot\boldsymbol{u}\quad \boldsymbol{v}\quad \boldsymbol{w}]-[\boldsymbol{T}\cdot\boldsymbol{u}\quad \boldsymbol{w}\quad \boldsymbol{v}]+[\boldsymbol{T}\cdot\boldsymbol{v}\quad \boldsymbol{w}\quad \boldsymbol{u}]$

$\quad-[\boldsymbol{T}\cdot\boldsymbol{v}\quad \boldsymbol{u}\quad \boldsymbol{w}]+[\boldsymbol{T}\cdot\boldsymbol{w}\quad \boldsymbol{u}\quad \boldsymbol{v}]-[\boldsymbol{T}\cdot\boldsymbol{w}\quad \boldsymbol{v}\quad \boldsymbol{u}]\}$

$=\dfrac{1}{2}\epsilon_{ijk}T^{i}_{\cdot m}(u^m v^j w^k-u^m v^k w^j+u^k v^m w^j-u^j v^m w^k+u^j v^k w^m-u^k v^j w^m)$

$=\dfrac{1}{2}\epsilon_{ijk}T^{i}_{\cdot m}\dfrac{e^{mjk}}{\sqrt{g}}[\boldsymbol{u}\quad \boldsymbol{v}\quad \boldsymbol{w}]=\dfrac{1}{2}\epsilon_{ijk}T^{i}_{\cdot m}\epsilon^{mjk}[\boldsymbol{u}\quad \boldsymbol{v}\quad \boldsymbol{w}]=\delta_i^m T^{i}_{\cdot m}[\boldsymbol{u}\quad \boldsymbol{v}\quad \boldsymbol{w}]$

$=T^{i}_{\cdot i}[\boldsymbol{u}\quad \boldsymbol{v}\quad \boldsymbol{w}]=\mathscr{J}_1^{(T)}[\boldsymbol{u}\quad \boldsymbol{v}\quad \boldsymbol{w}]$

(2) $[\boldsymbol{T}\cdot\boldsymbol{a}\quad \boldsymbol{T}\cdot\boldsymbol{b}\quad \boldsymbol{c}]+[\boldsymbol{a}\quad \boldsymbol{T}\cdot\boldsymbol{b}\quad \boldsymbol{T}\cdot\boldsymbol{c}]+[\boldsymbol{T}\cdot\boldsymbol{a}\quad \boldsymbol{b}\quad \boldsymbol{T}\cdot\boldsymbol{c}]$

$=\dfrac{1}{2}\{[\boldsymbol{T}\cdot\boldsymbol{a}\quad \boldsymbol{T}\cdot\boldsymbol{b}\quad \boldsymbol{c}]-[\boldsymbol{T}\cdot\boldsymbol{b}\quad \boldsymbol{T}\cdot\boldsymbol{a}\quad \boldsymbol{c}]+[\boldsymbol{T}\cdot\boldsymbol{b}\quad \boldsymbol{T}\cdot\boldsymbol{c}\quad \boldsymbol{a}]$

$\quad-[\boldsymbol{T}\cdot\boldsymbol{c}\quad \boldsymbol{T}\cdot\boldsymbol{b}\quad \boldsymbol{a}]+[\boldsymbol{T}\cdot\boldsymbol{c}\quad \boldsymbol{T}\cdot\boldsymbol{a}\quad \boldsymbol{b}]-[\boldsymbol{T}\cdot\boldsymbol{a}\quad \boldsymbol{T}\cdot\boldsymbol{c}\quad \boldsymbol{b}]\}$

$=\dfrac{1}{2}\epsilon_{ijk}T^{i}_{\cdot l}T^{j}_{\cdot m}(a^l b^m c^k-a^m b^l c^k+a^k b^l c^m-a^k b^m c^l+a^m b^k c^l-a^l b^k c^m)$

$=\dfrac{1}{2}\epsilon_{ijk}\epsilon^{lmk}T^{i}_{\cdot l}T^{j}_{\cdot m}[\boldsymbol{a}\quad \boldsymbol{b}\quad \boldsymbol{c}]=\mathscr{J}_2^{(T)}[\boldsymbol{a}\quad \boldsymbol{b}\quad \boldsymbol{c}]$

2.5 证明 (1) 已知 $\lambda_i(i=1,2,3)$是三次特征方程 $\lambda^3-\mathscr{J}_1^{(N)}\lambda^2+\mathscr{J}_2^{(N)}\lambda-\mathscr{J}_3^{(N)}=0$ 的唯一的三个不等的实根，将其逐一代入以 $\boldsymbol{a}$ 的三个分量 $a^j(j=1,2,3)$为未知量的三元线性方程组(2.4.3d)式：

$$(\lambda-N^{1}_{\cdot 1})a^1-N^{1}_{\cdot 2}a^2-N^{1}_{\cdot 3}a^3=0$$
$$-N^{2}_{\cdot 1}a^1+(\lambda-N^{2}_{\cdot 2})a^2-N^{2}_{\cdot 3}a^3=0$$
$$-N^{3}_{\cdot 1}a^1-N^{3}_{\cdot 2}a^2+(\lambda-N^{3}_{\cdot 3})a^3=0$$

根据线代数方程理论，对应于每个 $\lambda_i(i=1,2,3)$，该线性方程组每次可唯一地得到 $\boldsymbol{a}_{(i)}$ 的一组三个分量 $a^j_{(i)}(j=1,2,3)$，故 $\boldsymbol{N}$ 所对应的 3 个主轴方向 $\boldsymbol{a}_1,\boldsymbol{a}_2,\boldsymbol{a}_3$ 是唯一的。

(2) $\boldsymbol{N}\cdot\boldsymbol{a}_1=\lambda_1\boldsymbol{a}_1$，$\boldsymbol{N}\cdot\boldsymbol{a}_2=\lambda_2\boldsymbol{a}_2$，$\boldsymbol{N}\cdot\boldsymbol{a}_3=\lambda_3\boldsymbol{a}_3$

$\boldsymbol{a}_2\cdot\boldsymbol{N}\cdot\boldsymbol{a}_1=\lambda_1\boldsymbol{a}_2\cdot\boldsymbol{a}_1$，$\boldsymbol{a}_1\cdot\boldsymbol{N}\cdot\boldsymbol{a}_2=\lambda_2\boldsymbol{a}_1\cdot\boldsymbol{a}_2$

因为 $\boldsymbol{N}$ 对称，所以

$$\boldsymbol{a}_2\cdot\boldsymbol{N}\cdot\boldsymbol{a}_1=\boldsymbol{a}_1\cdot\boldsymbol{N}\cdot\boldsymbol{a}_2,\quad (\lambda_1-\lambda_2)\boldsymbol{a}_1\cdot\boldsymbol{a}_2=0$$

因为 $\lambda_1\neq\lambda_2$，所以$\boldsymbol{a}_1\cdot\boldsymbol{a}_2=0$； 同理可证 $\boldsymbol{a}_1\cdot\boldsymbol{a}_3=0$，$\boldsymbol{a}_2\cdot\boldsymbol{a}_3=0$， 所以 $\boldsymbol{a}_1,\boldsymbol{a}_2,\boldsymbol{a}_3$ 互相正交。

2.6 $N_1=4$，$N_2=1$，$N_3=-2$

$$\boldsymbol{e}_1'=\frac{2\boldsymbol{e}_1}{3}-\frac{2\boldsymbol{e}_2}{3}-\frac{\boldsymbol{e}_3}{3},\quad \boldsymbol{e}_2'=\frac{\boldsymbol{e}_1}{3}+\frac{2\boldsymbol{e}_2}{3}-\frac{2\boldsymbol{e}_3}{3},\quad \boldsymbol{e}_3'=\frac{2\boldsymbol{e}_1}{3}+\frac{\boldsymbol{e}_2}{3}+\frac{2\boldsymbol{e}_3}{3}$$

2.7 $N_1=12.22$, $N_2=4.95$, $N_3=-3.17$

$\boldsymbol{e}_1'=0.879\boldsymbol{e}_1+0.476\boldsymbol{e}_2-0.0249\boldsymbol{e}_3$, $\boldsymbol{e}_2'=-0.397\boldsymbol{e}_1+0.759\boldsymbol{e}_2+0.516\boldsymbol{e}_3$

$\boldsymbol{e}_3'=0.265\boldsymbol{e}_1-0.444\boldsymbol{e}_2+0.856\,\boldsymbol{e}_3$

2.8 证明 $\Delta(\lambda)=\det(\lambda\delta_j^i-T^i_{\cdot j})=\lambda^3-\mathscr{J}_1\lambda^2+\mathscr{J}_2\lambda-\mathscr{J}_3$

$\Delta'(\lambda)=\det(\lambda\delta_i^j-T_i^{\cdot j})=\lambda^3-\mathscr{J}_1'\lambda^2+\mathscr{J}_2'\lambda-\mathscr{J}_3'$

因为$(\mathscr{J}_1^*)'=T_k^{\cdot k}=g_{ki}T^i_{\cdot j}g^{jk}=\delta_i^jT^i_{\cdot j}=T^i_{\cdot i}=\mathscr{J}_1^*$，读者自证：$(\mathscr{J}_2^*)'=\mathscr{J}_2^*$，$(\mathscr{J}_3^*)'=\mathscr{J}_3^*$。

由2.1题可知：$\mathscr{J}_1'=\mathscr{J}_1$，$\mathscr{J}_2'=\mathscr{J}_2$，$\mathscr{J}_3'=\mathscr{J}_3$，$\Delta(\lambda)=\Delta'(\lambda)$。

2.9 证明

(1) 按 $\boldsymbol{X}$ 的定义 $\boldsymbol{X}=\boldsymbol{T}\cdot\boldsymbol{T}^{\mathrm{T}}$，$\boldsymbol{X}^{\mathrm{T}}=(\boldsymbol{T}\cdot\boldsymbol{T}^{\mathrm{T}})^{\mathrm{T}}=\boldsymbol{T}\cdot\boldsymbol{T}^{\mathrm{T}}=\boldsymbol{X}$，故 $\boldsymbol{X}$ 为对称张量，读者可自证 $\boldsymbol{Y}$ 为对称张量。

(2) $\mathscr{J}_1^{*(X)}=\mathrm{tr}(\boldsymbol{T}\cdot\boldsymbol{T}^{\mathrm{T}})=\mathrm{tr}(\boldsymbol{T}^{\mathrm{T}}\cdot\boldsymbol{T})=\mathscr{J}_1^{*(Y)}$，读者可自证 $\mathscr{J}_2^{*(X)}=\mathscr{J}_2^{*(Y)}$，$\mathscr{J}_3^{*(X)}=\mathscr{J}_3^{*(Y)}$。

由2.1题可知：$\mathscr{J}_1^{(X)}=\mathscr{J}_1^{(Y)}$，$\mathscr{J}_2^{(X)}=\mathscr{J}_2^{(Y)}$，$\mathscr{J}_3^{(X)}=\mathscr{J}_3^{(Y)}$，$\Delta^X(\lambda)=\Delta^Y(\lambda)$。

2.10 证明 因为 $\boldsymbol{T}$ 正则，所以 $\boldsymbol{T}^{-1}$ 存在且不为 $\boldsymbol{O}$，$\boldsymbol{T}^{-1}\cdot\boldsymbol{T}\cdot\boldsymbol{u}=\boldsymbol{G}\cdot\boldsymbol{u}=\boldsymbol{u}=\boldsymbol{0}$。

2.11 证明 因为$\boldsymbol{T}^{-1}\cdot\boldsymbol{T}=\boldsymbol{G}$，分量形式：

$(\boldsymbol{T}^{-1})^i_{\cdot k}(\boldsymbol{T})^k_{\cdot j}=\delta^i_j$

$(\boldsymbol{T})^k_{\cdot j}$构成张量 $\boldsymbol{T}$ 的矩阵，上式即 $[\boldsymbol{T}^{-1}][\boldsymbol{T}]=[\boldsymbol{1}]$，其中$[\boldsymbol{1}]$表示单位矩阵。

由逆矩阵的定义：$[\boldsymbol{T}]^{-1}[\boldsymbol{T}]=[\boldsymbol{1}]$，所以$[\boldsymbol{T}^{-1}]=[\boldsymbol{T}]^{-1}$。

2.12 证明 因为已知逆张量定义$(\boldsymbol{T}^{\mathrm{T}})^{-1}\cdot\boldsymbol{T}^{\mathrm{T}}=\boldsymbol{G}$，

已证：$(\boldsymbol{T}^{-1})^{\mathrm{T}}\cdot\boldsymbol{T}^{\mathrm{T}}=(\boldsymbol{T}\cdot\boldsymbol{T}^{-1})^{\mathrm{T}}=\boldsymbol{G}^{\mathrm{T}}=\boldsymbol{G}$，所以由逆张量的定义：$(\boldsymbol{T}^{\mathrm{T}})^{-1}=(\boldsymbol{T}^{-1})^{\mathrm{T}}$。

2.13 证明 $(\boldsymbol{B}^{-1}\cdot\boldsymbol{A}^{-1})\cdot(\boldsymbol{A}\cdot\boldsymbol{B})=\boldsymbol{B}^{-1}\cdot(\boldsymbol{A}^{-1}\cdot\boldsymbol{A})\cdot\boldsymbol{B}=\boldsymbol{B}^{-1}\cdot\boldsymbol{G}\cdot\boldsymbol{B}=\boldsymbol{B}^{-1}\cdot\boldsymbol{B}=\boldsymbol{G}$

由$(\boldsymbol{A}\cdot\boldsymbol{B})^{-1}$的定义知：

$$(\boldsymbol{A}\cdot\boldsymbol{B})^{-1}=\boldsymbol{B}^{-1}\cdot\boldsymbol{A}^{-1}$$

2.14 证明 第(1)题读者可自证。

(2) $\boldsymbol{u}\cdot\boldsymbol{T}\cdot\boldsymbol{T}^{\mathrm{T}}\cdot\boldsymbol{u}=(\boldsymbol{u}\cdot\boldsymbol{T})\cdot(\boldsymbol{T}^{\mathrm{T}}\cdot\boldsymbol{u})=(\boldsymbol{u}\cdot\boldsymbol{T})\cdot(\boldsymbol{u}\cdot\boldsymbol{T})$

设$(\boldsymbol{u}\cdot\boldsymbol{T})=\boldsymbol{v}$，因为 $\boldsymbol{T}$ 正则，即 $\det\boldsymbol{T}\neq 0$，所以由2.2.2节之(1)定理，$\boldsymbol{u}\cdot\boldsymbol{T}$ 当且仅当 $\boldsymbol{u}=\boldsymbol{0}$ 时为零矢量。 所以 $\boldsymbol{u}\cdot\boldsymbol{T}\cdot\boldsymbol{T}^{\mathrm{T}}\cdot\boldsymbol{u}=\boldsymbol{v}\cdot\boldsymbol{v}=|\boldsymbol{v}|^2>0$。$\boldsymbol{T}\cdot\boldsymbol{T}^{\mathrm{T}}$ 为正张量。

2.15 证明 因为 $\boldsymbol{Q}$ 是正交张量，$(\boldsymbol{Q}^{\mathrm{T}})^{\mathrm{T}}\cdot\boldsymbol{Q}^{\mathrm{T}}=\boldsymbol{Q}\cdot\boldsymbol{Q}^{\mathrm{T}}=\boldsymbol{G}$，由$(\boldsymbol{Q}^{\mathrm{T}})^{-1}$的定义知：$(\boldsymbol{Q}^{\mathrm{T}})^{\mathrm{T}}=(\boldsymbol{Q}^{\mathrm{T}})^{-1}$，所以由定义(2.5.34a)式知$\boldsymbol{Q}^{\mathrm{T}}$ 是正交张量，$\boldsymbol{Q}^{-1}$也是正交张量。

2.16 证明 因为 $\boldsymbol{u}\cdot\boldsymbol{v}=(\boldsymbol{Q}\cdot\boldsymbol{u})\cdot(\boldsymbol{Q}\cdot\boldsymbol{v})=(\boldsymbol{u}\cdot\boldsymbol{Q}^{\mathrm{T}})\cdot(\boldsymbol{Q}\cdot\boldsymbol{v})=\boldsymbol{u}\cdot(\boldsymbol{Q}^{\mathrm{T}}\cdot\boldsymbol{Q})\cdot\boldsymbol{v}$ 对于任意矢量 $\boldsymbol{u},\boldsymbol{v}$ 均成立，

利用1.34题，$\boldsymbol{Q}^{\mathrm{T}}\cdot\boldsymbol{Q}=\boldsymbol{G}$，由逆张量和正交张量的定义知 $\boldsymbol{Q}^{\mathrm{T}}=\boldsymbol{Q}^{-1}$，$\boldsymbol{Q}$ 为正交张量。

2.17 证明 $(\boldsymbol{Q}\cdot\boldsymbol{v})\times(\boldsymbol{Q}\cdot\boldsymbol{w})=\epsilon_{ikm}Q^i_{\cdot j}v^jQ^k_{\cdot l}w^l\,\boldsymbol{g}^m$

$(\det\boldsymbol{Q})\boldsymbol{Q}\cdot(\boldsymbol{v}\times\boldsymbol{w})=(\det\boldsymbol{Q})Q_s^{\cdot t}\,\boldsymbol{g}^s\,\boldsymbol{g}_t\cdot\epsilon_{jln}v^jw^l\,\boldsymbol{g}^n=\epsilon_{jln}(\det\boldsymbol{Q})Q_s^{\cdot t}\delta^n_tv^jw^l\,\boldsymbol{g}^s$

$=e_{ikm}Q^i_{\cdot 1}Q^k_{\cdot 2}Q^m_{\cdot 3}Q_s^{\cdot n}\,\epsilon_{jln}v^jw^l\,\boldsymbol{g}^s=\epsilon_{ikm}Q^i_{\cdot j}Q^k_{\cdot l}Q^m_{\cdot n}Q_s^{\cdot n}v^jw^l\,\boldsymbol{g}^s$

因为 $\boldsymbol{Q}$ 为正交张量：$\boldsymbol{Q}\cdot\boldsymbol{Q}^{\mathrm{T}}=\boldsymbol{G}$，所以 $Q^m_{\cdot n}Q_s^{\cdot n}=\delta^m_s$。所以

$$(\det\boldsymbol{Q})\boldsymbol{Q}\cdot(\boldsymbol{v}\times\boldsymbol{w})=\epsilon_{ikm}Q^i_{\cdot j}Q^k_{\cdot l}\delta^m_sv^jw^l\,\boldsymbol{g}^s=\epsilon_{ikm}Q^i_{\cdot j}Q^k_{\cdot l}v^jw^l\,\boldsymbol{g}^m$$

2.18 证法 1 $(\boldsymbol{B}\cdot\boldsymbol{v})\times(\boldsymbol{B}\cdot\boldsymbol{w})=\epsilon_{ikm}B^{i}_{\cdot j}v^{j}B^{k}_{\cdot l}w^{l}\boldsymbol{g}^{m}$

$$
\begin{aligned}
(\det\boldsymbol{B})(\boldsymbol{B}^{-1})^{\mathrm{T}}\cdot(\boldsymbol{v}\times\boldsymbol{w})&=(\det\boldsymbol{B})(\boldsymbol{B}^{-1})^{\mathrm{T}}\cdot\epsilon_{jln}v^{j}w^{l}\boldsymbol{g}^{n}=\epsilon_{jln}(\det\boldsymbol{B})v^{j}w^{l}\boldsymbol{g}^{n}\cdot(\boldsymbol{B}^{-1})\\
&=e_{ikm}B^{i}_{\cdot 1}B^{k}_{\cdot 2}B^{m}_{\cdot 3}\boldsymbol{g}^{n}\cdot(B^{-1})_{s}^{\cdot t}\boldsymbol{g}^{s}\boldsymbol{g}_{t}\epsilon_{jln}v^{j}w^{l}\\
&=\epsilon_{ikm}B^{i}_{\cdot j}B^{k}_{\cdot l}B^{m}_{\cdot n}(B^{-1})^{nt}v^{j}w^{l}\boldsymbol{g}_{t}
\end{aligned}
$$

利用 $g^{mt}\boldsymbol{g}_{m}\boldsymbol{g}_{t}=\boldsymbol{G}=\boldsymbol{B}\cdot\boldsymbol{B}^{-1}=B^{m}_{\cdot n}\boldsymbol{g}_{m}\boldsymbol{g}^{n}\cdot(B^{-1})^{st}\boldsymbol{g}_{s}\boldsymbol{g}_{t}=B^{m}_{\cdot n}(B^{-1})^{nt}\boldsymbol{g}_{m}\boldsymbol{g}_{t}$。所以

$$
(\det\boldsymbol{B})(\boldsymbol{B}^{-1})^{\mathrm{T}}\cdot(\boldsymbol{v}\times\boldsymbol{w})=\epsilon_{ikm}B^{i}_{\cdot j}B^{k}_{\cdot l}g^{mt}v^{j}w^{l}\boldsymbol{g}_{t}=\epsilon_{ikm}B^{i}_{\cdot j}B^{k}_{\cdot l}v^{j}w^{l}\boldsymbol{g}^{m}
$$

证法 2 设 $\boldsymbol{v}\times\boldsymbol{w}=\boldsymbol{u}=u_{i}\boldsymbol{g}^{i}=(\boldsymbol{v}\times\boldsymbol{w})_{i}\boldsymbol{g}^{i}$， $(\boldsymbol{v}\times\boldsymbol{w})_{i}=(\boldsymbol{v}\times\boldsymbol{w})\cdot\boldsymbol{g}_{i}\quad(i=1,2,3)$
由(2.3.6c)式可知：$(\boldsymbol{B}\cdot\boldsymbol{g}_{i})\cdot(\boldsymbol{B}\cdot\boldsymbol{v})\times(\boldsymbol{B}\cdot\boldsymbol{w})=(\det\boldsymbol{B})\boldsymbol{g}_{i}\cdot(\boldsymbol{v}\times\boldsymbol{w})$，因为 $\boldsymbol{B}\cdot\boldsymbol{g}_{i}=\boldsymbol{g}_{i}\cdot\boldsymbol{B}^{\mathrm{T}}$，前式化为

$$
\begin{aligned}
\boldsymbol{g}_{i}\cdot\boldsymbol{B}^{\mathrm{T}}\cdot(\boldsymbol{B}\cdot\boldsymbol{v})\times(\boldsymbol{B}\cdot\boldsymbol{w})&=[\boldsymbol{B}^{\mathrm{T}}\cdot(\boldsymbol{B}\cdot\boldsymbol{v})\times(\boldsymbol{B}\cdot\boldsymbol{w})]\cdot\boldsymbol{g}_{i}\\
&=(\det\boldsymbol{B})(\boldsymbol{v}\times\boldsymbol{w})\cdot\boldsymbol{g}_{i}\quad(i=1,2,3)
\end{aligned}
$$

因为上式说明：矢量$[\boldsymbol{B}^{\mathrm{T}}\cdot(\boldsymbol{B}\cdot\boldsymbol{v})\times(\boldsymbol{B}\cdot\boldsymbol{w})]$与矢量$(\det\boldsymbol{B})(\boldsymbol{v}\times\boldsymbol{w})$的三个协变分量相等。所以

$$
\boldsymbol{B}^{\mathrm{T}}\cdot(\boldsymbol{B}\cdot\boldsymbol{v})\times(\boldsymbol{B}\cdot\boldsymbol{w})=(\det\boldsymbol{B})(\boldsymbol{v}\times\boldsymbol{w})
$$

将此式左右各自前点积$(\boldsymbol{B}^{\mathrm{T}})^{-1}=(\boldsymbol{B}^{-1})^{\mathrm{T}}$。所以

$$
(\boldsymbol{B}^{\mathrm{T}})^{-1}\cdot\boldsymbol{B}^{\mathrm{T}}\cdot(\boldsymbol{B}\cdot\boldsymbol{v})\times(\boldsymbol{B}\cdot\boldsymbol{w})=(\det\boldsymbol{B})(\boldsymbol{B}^{-1})^{\mathrm{T}}\cdot(\boldsymbol{v}\times\boldsymbol{w})
$$

即

$$
(\boldsymbol{B}\cdot\boldsymbol{v})\times(\boldsymbol{B}\cdot\boldsymbol{w})=(\det\boldsymbol{B})(\boldsymbol{B}^{-1})^{\mathrm{T}}\cdot(\boldsymbol{v}\times\boldsymbol{w})
$$

得证。

2.19 证明 2.9 题已证 $\boldsymbol{X}=\boldsymbol{T}\cdot\boldsymbol{T}^{\mathrm{T}}$ 与 $\boldsymbol{Y}=\boldsymbol{T}^{\mathrm{T}}\cdot\boldsymbol{T}$ 具有相同的主不变量，根据本书 2.7 节定理，二者必定是正交相似张量。

由(2.6.22)式可求对应的正张量 $\boldsymbol{U}=\sqrt{\boldsymbol{T}^{\mathrm{T}}\cdot\boldsymbol{T}}=\sqrt{\boldsymbol{T}\cdot\boldsymbol{T}^{\mathrm{T}}}$， 由(2.6.23)式可求对应的正交张量 $\boldsymbol{R}=\boldsymbol{T}\cdot\boldsymbol{U}^{-1}$。

2.20 证明 因为 $\boldsymbol{D}=\boldsymbol{N}-\frac{1}{3}\mathscr{J}_{1}^{(N)}G$，所以 $\mathscr{J}_{1}^{(D)}=\mathscr{J}_{1}^{*(D)}=\mathrm{tr}\boldsymbol{D}=0$。

$$
\begin{aligned}
\mathscr{J}_{2}^{*(D)}&=\mathrm{tr}(\boldsymbol{D}\cdot\boldsymbol{D})=\mathrm{tr}\left[\left(\boldsymbol{N}-\frac{1}{3}\mathscr{J}_{1}^{(N)}\boldsymbol{G}\right)\cdot\left(\boldsymbol{N}-\frac{1}{3}\mathscr{J}_{1}^{(N)}\boldsymbol{G}\right)\right]\\
&=\mathrm{tr}\left[(\boldsymbol{N}\cdot\boldsymbol{N})-\frac{2}{3}\mathscr{J}_{1}^{(N)}\boldsymbol{N}+\frac{1}{9}(\mathscr{J}_{1}^{(N)})^{2}\boldsymbol{G}\right]\\
&=\mathscr{J}_{2}^{*(N)}-\frac{2}{3}(\mathscr{J}_{1}^{*(N)})^{2}+\frac{1}{3}(\mathscr{J}_{1}^{*(N)})^{2}=\mathscr{J}_{2}^{*(N)}-\frac{1}{3}(\mathscr{J}_{1}^{*(N)})^{2}
\end{aligned}
$$

由(2.3.10b)式：

$$
\begin{aligned}
\mathscr{J}_{2}^{(D)}&=-\frac{1}{2}\mathscr{J}_{2}^{*(D)}=-\frac{1}{2}\mathscr{J}_{2}^{*(N)}+\frac{1}{6}(\mathscr{J}_{1}^{*(N)})^{2}\\
&=-\frac{1}{2}(\mathscr{J}_{1}^{(N)})^{2}+\mathscr{J}_{2}^{(N)}+\frac{1}{6}(\mathscr{J}_{1}^{(N)})^{2}\\
&=\mathscr{J}_{2}^{(N)}-\frac{1}{3}(\mathscr{J}_{1}^{(N)})^{2}
\end{aligned}
$$

读者自证 $\mathscr{J}_{2}^{(D)}$ 的分量表达式。

$$
\mathscr{J}_{3}^{*(D)}=\mathrm{tr}(\boldsymbol{D}\cdot\boldsymbol{D}\cdot\boldsymbol{D})=\mathrm{tr}\left[\left(\boldsymbol{N}-\frac{1}{3}\mathscr{J}_{1}^{(N)}\boldsymbol{G}\right)\cdot\left(\boldsymbol{N}-\frac{1}{3}\mathscr{J}_{1}^{(N)}\boldsymbol{G}\right)\cdot\left(\boldsymbol{N}-\frac{1}{3}\mathscr{J}_{1}^{(N)}\boldsymbol{G}\right)\right]
$$

$$=\mathrm{tr}\left[(\boldsymbol{N}\cdot\boldsymbol{N}\cdot\boldsymbol{N})-\mathscr{I}_1^{(N)}(\boldsymbol{N}\cdot\boldsymbol{N})+\frac{1}{3}(\mathscr{I}_1^{(N)})^2\boldsymbol{N}-\frac{1}{27}(\mathscr{I}_1^{(N)})^3\boldsymbol{G}\right]$$

$$=\mathscr{I}_3^{*(N)}-\mathscr{I}_1^{*(N)}\mathscr{I}_2^{*(N)}+\frac{1}{3}(\mathscr{I}_1^{(N)})^3-\frac{1}{9}(\mathscr{I}_1^{(N)})^3=\mathscr{I}_3^{*(N)}-\mathscr{I}_1^{*(N)}\mathscr{I}_2^{*(N)}+\frac{2}{9}(\mathscr{I}_1^{(N)})^3$$

由(2.3.10c)式：$\mathscr{I}_3^{(D)}=\frac{1}{3}\mathscr{I}_3^{*(D)}=\frac{1}{3}\mathscr{I}_3^{*(N)}-\frac{1}{3}\mathscr{I}_1^{*(N)}\mathscr{I}_2^{*(N)}+\frac{2}{27}(\mathscr{I}_1^{(N)})^3$，将(2.3.9a)式、(2.3.9b)式、(2.3.9c)式代入，可得

$$\mathscr{I}_3^{(D)}=\mathscr{I}_3^{(N)}-\frac{1}{3}\mathscr{I}_1^{(N)}\mathscr{I}_2^{(N)}+\frac{2}{27}(\mathscr{I}_1^{(N)})^3$$

2.21 证明 设 $\boldsymbol{N}$ 的主方向为 $\boldsymbol{e}_1,\boldsymbol{e}_2,\boldsymbol{e}_3$，满足 $\boldsymbol{N}\cdot\boldsymbol{e}_1=N_1\boldsymbol{e}_1$，$\boldsymbol{N}\cdot\boldsymbol{e}_2=N_2\boldsymbol{e}_2$，$\boldsymbol{N}\cdot\boldsymbol{e}_3=N_3\boldsymbol{e}_3$；$N_i(i=1,2,3)$分别为所对应的 $\boldsymbol{N}$ 的三个主分量。

因为 $\boldsymbol{D}=\boldsymbol{N}-\frac{1}{3}\mathscr{I}_1^{(N)}\boldsymbol{G}$，所以

$$\boldsymbol{D}\cdot\boldsymbol{e}_1=\boldsymbol{N}\cdot\boldsymbol{e}_1-\frac{1}{3}\mathscr{I}_1^{(N)}\boldsymbol{G}\cdot\boldsymbol{e}_1=\left(N_1-\frac{1}{3}\mathscr{I}_1^{(N)}\right)\boldsymbol{e}_1=D_1\boldsymbol{e}_1$$

读者可自证 $\boldsymbol{D}\cdot\boldsymbol{e}_2=\left(N_2-\frac{1}{3}\mathscr{I}_1^{(N)}\right)\boldsymbol{e}_2=D_2\boldsymbol{e}_2$，$\boldsymbol{D}\cdot\boldsymbol{e}_3=\left(N_3-\frac{1}{3}\mathscr{I}_1^{(N)}\right)\boldsymbol{e}_3=D_3\boldsymbol{e}_3$。

2.22 (1) 加法分解：$\boldsymbol{T}=\boldsymbol{P}+\boldsymbol{D}+\boldsymbol{\Omega}$，$\boldsymbol{P}=\frac{1}{2}(\boldsymbol{e}_1\boldsymbol{e}_1+\boldsymbol{e}_2\boldsymbol{e}_2+\boldsymbol{e}_3\boldsymbol{e}_3)$

$$\boldsymbol{D}=-\boldsymbol{e}_1\boldsymbol{e}_1+\frac{\sqrt{3}}{4}(\boldsymbol{e}_1\boldsymbol{e}_2+\boldsymbol{e}_2\boldsymbol{e}_1)-\frac{3}{2}\boldsymbol{e}_2\boldsymbol{e}_2+\frac{5}{2}\boldsymbol{e}_3\boldsymbol{e}_3,$$

$$\boldsymbol{\Omega}=-\frac{3\sqrt{3}}{4}\boldsymbol{e}_1\boldsymbol{e}_2+\frac{3\sqrt{3}}{4}\boldsymbol{e}_2\boldsymbol{e}_1$$

(2) 乘法分解：$\boldsymbol{T}=\boldsymbol{R}\cdot\boldsymbol{U}=\boldsymbol{V}\cdot\boldsymbol{R}_1$，$\boldsymbol{V}=\boldsymbol{e}_1\boldsymbol{e}_1+2\boldsymbol{e}_2\boldsymbol{e}_2+3\boldsymbol{e}_3\boldsymbol{e}_3$

$$\boldsymbol{R}_1=\boldsymbol{R}=-\frac{1}{2}\boldsymbol{e}_1\boldsymbol{e}_1+\frac{\sqrt{3}}{2}(-\boldsymbol{e}_1\boldsymbol{e}_2+\boldsymbol{e}_2\boldsymbol{e}_1)-\frac{1}{2}\boldsymbol{e}_2\boldsymbol{e}_2+\boldsymbol{e}_3\boldsymbol{e}_3$$

$$\boldsymbol{U}=\frac{7}{4}\boldsymbol{e}_1\boldsymbol{e}_1-\frac{\sqrt{3}}{4}(\boldsymbol{e}_1\boldsymbol{e}_2+\boldsymbol{e}_2\boldsymbol{e}_1)+\frac{5}{4}\boldsymbol{e}_2\boldsymbol{e}_2+3\boldsymbol{e}_3\boldsymbol{e}_3$$

2.23 (1) 单向拉伸：$\boldsymbol{P}=\frac{1}{3}\sigma_0(\boldsymbol{e}_1\boldsymbol{e}_1+\boldsymbol{e}_2\boldsymbol{e}_2+\boldsymbol{e}_3\boldsymbol{e}_3)$，$\boldsymbol{S}=\frac{1}{3}\sigma_0(2\boldsymbol{e}_1\boldsymbol{e}_1-\boldsymbol{e}_2\boldsymbol{e}_2-\boldsymbol{e}_3\boldsymbol{e}_3)$

$$\mathscr{I}_1^{(\sigma)}=\sigma_0,\quad \mathscr{I}_2^{(S)}=-\sigma_0^2/3,\quad \mathscr{I}_3^{(S)}=2\sigma_0^3/27,\quad \omega=\pi/3$$

(2) 单向压缩：$\boldsymbol{P}=-\frac{1}{3}\sigma_0(\boldsymbol{e}_1\boldsymbol{e}_1+\boldsymbol{e}_2\boldsymbol{e}_2+\boldsymbol{e}_3\boldsymbol{e}_3)$，$\boldsymbol{S}=\frac{1}{3}\sigma_0(\boldsymbol{e}_1\boldsymbol{e}_1+\boldsymbol{e}_2\boldsymbol{e}_2-2\boldsymbol{e}_3\boldsymbol{e}_3)$

$$\mathscr{I}_1^{(\sigma)}=-\sigma_0,\quad \mathscr{I}_2^{(S)}=-\frac{1}{3}\sigma_0^2,\quad \mathscr{I}_3^{(S)}=-\frac{2}{27}\sigma_0^3,\quad \omega=0$$

(3) 纯剪切：$\boldsymbol{P}=\boldsymbol{O}$，$\boldsymbol{S}=\tau(\boldsymbol{e}_1\boldsymbol{e}_1-\boldsymbol{e}_3\boldsymbol{e}_3)$，$\mathscr{I}_1^{(\sigma)}=0$，$\mathscr{I}_2^{(S)}=-\tau^2$，$\mathscr{I}_3^{(S)}=0$，$\omega=\pi/6$

2.24 证明 $\boldsymbol{T}\cdot\boldsymbol{a}=\lambda\boldsymbol{a}$，$\boldsymbol{Q}^{\mathrm{T}}\cdot\boldsymbol{Q}=\boldsymbol{G}$

$$\tilde{\boldsymbol{T}}\cdot\tilde{\boldsymbol{a}}=\boldsymbol{Q}\cdot\boldsymbol{T}\cdot\boldsymbol{Q}^{\mathrm{T}}\cdot\boldsymbol{Q}\cdot\boldsymbol{a}=\boldsymbol{Q}\cdot\boldsymbol{T}\cdot\boldsymbol{a}=\lambda\boldsymbol{Q}\cdot\boldsymbol{a}=\lambda\tilde{\boldsymbol{a}}$$

2.25 证明 可设 $\boldsymbol{N}=N_1\boldsymbol{e}_1\boldsymbol{e}_1+N_2\boldsymbol{e}_2\boldsymbol{e}_2+N_3\boldsymbol{e}_3\boldsymbol{e}_3$，则

$$\boldsymbol{M}^2=\boldsymbol{N}\cdot\boldsymbol{N}=N_1^2\boldsymbol{e}_1\boldsymbol{e}_1+N_2^2\boldsymbol{e}_2\boldsymbol{e}_2+N_3^2\boldsymbol{e}_3\boldsymbol{e}_3$$

2.26 证明 设二阶张量 $\boldsymbol{A}$ 在一组正交标准化基 $\boldsymbol{e}_1,\boldsymbol{e}_2,\boldsymbol{e}_3$ 中的并矢表达式为

$$\boldsymbol{A}=A_{11}\boldsymbol{e}_1\boldsymbol{e}_1+A_{12}\boldsymbol{e}_1\boldsymbol{e}_2+A_{13}\boldsymbol{e}_1\boldsymbol{e}_3+A_{21}\boldsymbol{e}_2\boldsymbol{e}_1+A_{22}\boldsymbol{e}_2\boldsymbol{e}_2+A_{23}\boldsymbol{e}_2\boldsymbol{e}_3+A_{31}\boldsymbol{e}_3\boldsymbol{e}_1+A_{32}\boldsymbol{e}_3\boldsymbol{e}_2+A_{33}\boldsymbol{e}_3\boldsymbol{e}_3$$

(1) 证明 $\boldsymbol{A}$ 为对称二阶张量：取正交张量 $\boldsymbol{Q}=-\boldsymbol{e}_1\boldsymbol{e}_1+\boldsymbol{e}_2\boldsymbol{e}_2+\boldsymbol{e}_3\boldsymbol{e}_3$(关于 x^2,x^3 平面的镜面反射),则

$$\boldsymbol{Q}\cdot\boldsymbol{A}\cdot\boldsymbol{Q}^{\mathrm{T}}=A_{11}\boldsymbol{e}_1\boldsymbol{e}_1-A_{12}\boldsymbol{e}_1\boldsymbol{e}_2-A_{13}\boldsymbol{e}_1\boldsymbol{e}_3-A_{21}\boldsymbol{e}_2\boldsymbol{e}_1+A_{22}\boldsymbol{e}_2\boldsymbol{e}_2+A_{23}\boldsymbol{e}_2\boldsymbol{e}_3-A_{31}\boldsymbol{e}_3\boldsymbol{e}_1+A_{32}\boldsymbol{e}_3\boldsymbol{e}_2+A_{33}\boldsymbol{e}_3\boldsymbol{e}_3$$

因为 $\boldsymbol{Q}\cdot\boldsymbol{A}\cdot\boldsymbol{Q}^{\mathrm{T}}=\boldsymbol{A}$，可证得

$$A_{12}=-A_{12}=0,\ A_{13}=-A_{13}=0,\ A_{21}=-A_{21}=0,\ A_{31}=-A_{31}=0$$

再取正交张量 $\boldsymbol{Q}=\boldsymbol{e}_1\boldsymbol{e}_1-\boldsymbol{e}_2\boldsymbol{e}_2+\boldsymbol{e}_3\boldsymbol{e}_3$(关于 x^1,x^3 平面的镜面反射),则同理可证得

$$A_{23}=-A_{23}=0,\ A_{32}=-A_{32}=0$$

所以 $\boldsymbol{A}=A_1\boldsymbol{e}_1\boldsymbol{e}_1+A_2\boldsymbol{e}_2\boldsymbol{e}_2+A_3\boldsymbol{e}_3\boldsymbol{e}_3$,为对称二阶张量。

(2) 证明对称二阶张量 $\boldsymbol{A}$ 为球形张量：

$$\boldsymbol{Q}=-\boldsymbol{e}_1\boldsymbol{e}_2+\boldsymbol{e}_2\boldsymbol{e}_1+\boldsymbol{e}_3\boldsymbol{e}_3\text{(绕}\boldsymbol{e}_3\text{ 轴旋转 }90^\circ)$$

$$\boldsymbol{Q}\cdot\boldsymbol{A}\cdot\boldsymbol{Q}^{\mathrm{T}}=A_2\boldsymbol{e}_1\boldsymbol{e}_1+A_1\boldsymbol{e}_2\boldsymbol{e}_2+A_3\boldsymbol{e}_3\boldsymbol{e}_3=A_1\boldsymbol{e}_1\boldsymbol{e}_1+A_2\boldsymbol{e}_2\boldsymbol{e}_2+A_3\boldsymbol{e}_3\boldsymbol{e}_3$$

所以 $A_1=A_2$；

再设 $\boldsymbol{Q}=-\boldsymbol{e}_3\boldsymbol{e}_1+\boldsymbol{e}_1\boldsymbol{e}_3+\boldsymbol{e}_2\boldsymbol{e}_2$,读者可自证 $A_3=A_1$； 所以 $\boldsymbol{A}$ 为球形张量。

2.27 证明 先证对于任意二阶张量 $\boldsymbol{A},\boldsymbol{B}$,有

$$\mathrm{tr}(\boldsymbol{A}+\boldsymbol{B})=\mathrm{tr}\boldsymbol{A}+\mathrm{tr}\boldsymbol{B}$$

$$\mathscr{J}_1^*=N_1+N_2+N_3,\quad \mathscr{J}_2^*=N_1^2+N_2^2+N_3^2-2(\omega_1^2+\omega_2^2+\omega_3^2)$$

$$\mathscr{J}_3^*=N_1^3+N_2^3+N_3^3-3[N_1(\omega_2^2+\omega_3^2)+N_2(\omega_3^2+\omega_1^2)+N_3(\omega_1^2+\omega_2^2)]$$

第 3 章　张量函数及其导数

3.1 $f(\tilde{\boldsymbol{v}})=\mathrm{e}^{(\boldsymbol{Q}\cdot\boldsymbol{v})\cdot(\boldsymbol{Q}\cdot\boldsymbol{v})}=\mathrm{e}^{(\boldsymbol{v}\cdot\boldsymbol{Q}^{\mathrm{T}})\cdot(\boldsymbol{Q}\cdot\boldsymbol{v})}=\mathrm{e}^{\boldsymbol{v}\cdot(\boldsymbol{Q}^{\mathrm{T}}\cdot\boldsymbol{Q})\cdot\boldsymbol{v}}=\mathrm{e}^{\boldsymbol{v}^2}=f(\boldsymbol{v})$，是 $\boldsymbol{v}$ 的各向同性标量函数。

3.2 (1) $f=\boldsymbol{T}:\boldsymbol{T}=\mathrm{tr}(\boldsymbol{T}\cdot\boldsymbol{T}^{\mathrm{T}})$,

$$\begin{aligned}\tilde{f}&=\mathrm{tr}[(\boldsymbol{Q}\cdot\boldsymbol{T}\cdot\boldsymbol{Q}^{\mathrm{T}})\cdot(\boldsymbol{Q}\cdot\boldsymbol{T}\cdot\boldsymbol{Q}^{\mathrm{T}})^{\mathrm{T}}]\\&=\mathrm{tr}(\boldsymbol{Q}\cdot\boldsymbol{T}\cdot\boldsymbol{Q}^{\mathrm{T}}\cdot\boldsymbol{Q}\cdot\boldsymbol{T}^{\mathrm{T}}\cdot\boldsymbol{Q}^{\mathrm{T}})\\&=\mathrm{tr}(\boldsymbol{Q}\cdot\boldsymbol{T}\cdot\boldsymbol{T}^{\mathrm{T}}\cdot\boldsymbol{Q}^{\mathrm{T}})=\mathrm{tr}(\boldsymbol{T}\cdot\boldsymbol{T}^{\mathrm{T}}\cdot\boldsymbol{Q}^{\mathrm{T}}\cdot\boldsymbol{Q})=\mathrm{tr}(\boldsymbol{T}\cdot\boldsymbol{T}^{\mathrm{T}})=f\end{aligned}$$

是 $\boldsymbol{T}$ 的各向同性标量函数；

(2) $f=\boldsymbol{T}^{\mathrm{T}}:\boldsymbol{T}=T^{i}{}_{\cdot j}\boldsymbol{g}^j\boldsymbol{g}_i:T^{k}{}_{\cdot l}\boldsymbol{g}_k\boldsymbol{g}^l=T^{i}{}_{\cdot j}T^{j}{}_{\cdot i}=\mathscr{J}_2^*$,是 $\boldsymbol{T}$ 的各向同性标量函数。

3.3 证明

$$\begin{aligned}\boldsymbol{H}(\tilde{\boldsymbol{T}})&=(\tilde{\boldsymbol{T}})^n\\&=(\boldsymbol{Q}\cdot\boldsymbol{T}\cdot\boldsymbol{Q}^{\mathrm{T}})\cdot(\boldsymbol{Q}\cdot\boldsymbol{T}\cdot\boldsymbol{Q}^{\mathrm{T}})\cdot(\boldsymbol{Q}\cdot\boldsymbol{T}\cdot\boldsymbol{Q}^{\mathrm{T}})\cdot\ldots\cdot(\boldsymbol{Q}\cdot\boldsymbol{T}\cdot\boldsymbol{Q}^{\mathrm{T}})\\&=\boldsymbol{Q}\cdot\boldsymbol{T}\cdot(\boldsymbol{Q}^{\mathrm{T}}\cdot\boldsymbol{Q})\cdot\boldsymbol{T}\cdot(\boldsymbol{Q}^{\mathrm{T}}\cdot\boldsymbol{Q})\cdot\boldsymbol{T}\cdot\ldots\cdot\boldsymbol{T}\cdot\boldsymbol{Q}^{\mathrm{T}}=\boldsymbol{Q}\cdot\boldsymbol{T}^n\cdot\boldsymbol{Q}^{\mathrm{T}}=\tilde{\boldsymbol{H}}\end{aligned}$$

$\boldsymbol{T}^n$ 是 $\boldsymbol{T}$ 的各向同性二阶张量函数。

3.4 (1) $\boldsymbol{H}(\tilde{\boldsymbol{T}})=(\boldsymbol{Q}\cdot\boldsymbol{T}\cdot\boldsymbol{Q}^{\mathrm{T}})^{\mathrm{T}}=\boldsymbol{Q}\cdot\boldsymbol{T}^{\mathrm{T}}\cdot\boldsymbol{Q}^{\mathrm{T}}=\boldsymbol{Q}\cdot\boldsymbol{H}\cdot\boldsymbol{Q}^{\mathrm{T}}=\tilde{\boldsymbol{H}}$，$\boldsymbol{H}$ 是 $\boldsymbol{T}$ 的各向同性二阶张量函数；

(2)
$$\begin{aligned}\boldsymbol{H}(\tilde{\boldsymbol{T}})&=\tilde{\boldsymbol{T}}\cdot\boldsymbol{A}\cdot\tilde{\boldsymbol{T}}=(\boldsymbol{Q}\cdot\boldsymbol{T}\cdot\boldsymbol{Q}^{\mathrm{T}})\cdot\boldsymbol{A}\cdot(\boldsymbol{Q}\cdot\boldsymbol{T}\cdot\boldsymbol{Q}^{\mathrm{T}})\\&=\boldsymbol{Q}\cdot\boldsymbol{T}\cdot(\boldsymbol{Q}^{\mathrm{T}}\cdot\boldsymbol{A}\cdot\boldsymbol{Q})\cdot\boldsymbol{T}\cdot\boldsymbol{Q}^{\mathrm{T}}\end{aligned}$$

$$\tilde{\boldsymbol{H}}=\boldsymbol{Q}\cdot\boldsymbol{H}\cdot\boldsymbol{Q}^{\mathrm{T}}=\boldsymbol{Q}\cdot\boldsymbol{T}\cdot\boldsymbol{A}\cdot\boldsymbol{T}\cdot\boldsymbol{Q}^{\mathrm{T}}$$

比较 $\boldsymbol{H}(\tilde{\boldsymbol{T}})$ 与 $\tilde{\boldsymbol{H}}$ 二式,因为一般 $\boldsymbol{Q}^{\mathrm{T}}\cdot\boldsymbol{A}\cdot\boldsymbol{Q}\neq\boldsymbol{A}$，所以 $\boldsymbol{H}(\tilde{\boldsymbol{T}})\neq\tilde{\boldsymbol{H}}$，$\boldsymbol{H}$ 不是 $\boldsymbol{T}$ 的各向同性二

阶张量函数。

3.5 $\boldsymbol{H}(\widetilde{\boldsymbol{T}})=\boldsymbol{A}\cdot\widetilde{\boldsymbol{T}}=\boldsymbol{A}\cdot\boldsymbol{Q}\cdot\boldsymbol{T}\cdot\boldsymbol{Q}^{\mathrm{T}}=(\boldsymbol{A}\cdot\boldsymbol{Q})\cdot(\boldsymbol{T}\cdot\boldsymbol{Q}^{\mathrm{T}})$

要求各向同性,即 $\widetilde{\boldsymbol{H}}=\boldsymbol{Q}\cdot\boldsymbol{H}\cdot\boldsymbol{Q}^{\mathrm{T}}=(\boldsymbol{Q}\cdot\boldsymbol{A})\cdot(\boldsymbol{T}\cdot\boldsymbol{Q}^{\mathrm{T}})$。

对于任意 $\boldsymbol{Q}$ 成立 $\boldsymbol{H}(\widetilde{\boldsymbol{T}})=\widetilde{\boldsymbol{H}}$,必须 $\boldsymbol{A}\cdot\boldsymbol{Q}=\boldsymbol{Q}\cdot\boldsymbol{A}$,根据2.26题,$\boldsymbol{A}$ 必须是球形张量。

3.6 证明 $\boldsymbol{H}^{\mathrm{T}}=k_0\boldsymbol{G}+k_1\boldsymbol{S}^{\mathrm{T}}+k_2(\boldsymbol{S}^2)^{\mathrm{T}}$,因为

$$(\boldsymbol{S}^{\mathrm{T}})^2=(\boldsymbol{S}^2)^{\mathrm{T}},\quad \mathrm{tr}(\boldsymbol{S}^2)=\mathrm{tr}[(\boldsymbol{S}^2)^{\mathrm{T}}]=\mathscr{J}_2^{*(S)}=(\mathscr{J}_1^{(S)})^2-2\mathscr{J}_2^{(S)}$$

$$\begin{aligned}\boldsymbol{\Omega}^{(H)}&=\frac{1}{2}k_1(\boldsymbol{S}-\boldsymbol{S}^{\mathrm{T}})+\frac{k_2}{2}[\boldsymbol{S}^2-(\boldsymbol{S}^2)^{\mathrm{T}}]=k_1\boldsymbol{\Omega}^{(S)}+\frac{k_2}{2}(\boldsymbol{S}\cdot\boldsymbol{S}-\boldsymbol{S}^{\mathrm{T}}\cdot\boldsymbol{S}^{\mathrm{T}})\\&=k_1\boldsymbol{\Omega}^{(S)}+\frac{1}{2}k_2[(\boldsymbol{P}^{(S)}+\boldsymbol{D}^{(S)}+\boldsymbol{\Omega}^{(S)})^2-(\boldsymbol{P}^{(S)}+\boldsymbol{D}^{(S)}-\boldsymbol{\Omega}^{(S)})^2]\\&=k_1\boldsymbol{\Omega}^{(S)}+k_2(2\boldsymbol{P}^{(S)}\cdot\boldsymbol{\Omega}^{(S)}+\boldsymbol{D}^{(S)}\cdot\boldsymbol{\Omega}^{(S)}+\boldsymbol{\Omega}^{(S)}\cdot\boldsymbol{D}^{(S)})\end{aligned}$$

$$\boldsymbol{N}^{(H)}=k_0\boldsymbol{G}+\frac{1}{2}k_1(\boldsymbol{S}+\boldsymbol{S}^{\mathrm{T}})+\frac{1}{2}k_2[\boldsymbol{S}^2+(\boldsymbol{S}^2)^{\mathrm{T}}]$$

$$\boldsymbol{P}^{(H)}=\left\{k_0+\frac{1}{3}k_1\mathscr{J}_1^{(S)}+\frac{1}{3}k_2[(\mathscr{J}_1^{(S)})^2-2\mathscr{J}_2^{(S)}]\right\}\boldsymbol{G}$$

$$\begin{aligned}\text{因为}\frac{1}{2}[\boldsymbol{S}^2+(\boldsymbol{S}^2)^{\mathrm{T}}]&=\frac{1}{2}[(\boldsymbol{P}^{(S)}+\boldsymbol{D}^{(S)}+\boldsymbol{\Omega}^{(S)})^2+(\boldsymbol{P}^{(S)}+\boldsymbol{D}^{(S)}-\boldsymbol{\Omega}^{(S)})^2]\\&=(\boldsymbol{P}^{(S)})^2+(\boldsymbol{D}^{(S)})^2+(\boldsymbol{\Omega}^{(S)})^2+2\boldsymbol{P}^{(S)}\cdot\boldsymbol{D}^{(S)}\end{aligned}$$

所以 $\boldsymbol{D}^{(H)}=k_1\boldsymbol{D}^{(S)}+k_2\left\{2\boldsymbol{P}^{(S)}\cdot\boldsymbol{D}^{(S)}+(\boldsymbol{P}^{(S)})^2+(\boldsymbol{D}^{(S)})^2+(\boldsymbol{\Omega}^{(S)})^2-\frac{1}{3}[(\mathscr{J}_1^{(S)})^2-2\mathscr{J}_2^{(S)}]\boldsymbol{G}\right\}$

3.7 证明 $\boldsymbol{R}=\mathrm{e}^{\boldsymbol{\Omega}}=\boldsymbol{G}+\frac{1}{1!}\boldsymbol{\Omega}+\frac{1}{2!}\boldsymbol{\Omega}^2+\cdots$

$$\begin{aligned}[\boldsymbol{R}]&=\begin{bmatrix}1&0&0\\0&1&0\\0&0&1\end{bmatrix}+\left(\varphi-\frac{\varphi^3}{3!}+\frac{\varphi^5}{5!}-\cdots\right)\begin{bmatrix}0&-1&0\\1&0&0\\0&0&0\end{bmatrix}+\left(-\frac{\varphi^2}{2!}+\frac{\varphi^4}{4!}-\cdots\right)\begin{bmatrix}1&0&0\\0&1&0\\0&0&0\end{bmatrix}\\&=\begin{bmatrix}\cos\varphi&-\sin\varphi&0\\\sin\varphi&\cos\varphi&0\\0&0&1\end{bmatrix}\end{aligned}$$

3.8 证明 $[\boldsymbol{\Omega}]=\begin{bmatrix}\mathrm{i}\varphi&0&0\\0&-\mathrm{i}\varphi&0\\0&0&0\end{bmatrix}$, $[\boldsymbol{R}]=\begin{bmatrix}\mathrm{e}^{\mathrm{i}\varphi}&0&0\\0&\mathrm{e}^{-\mathrm{i}\varphi}&0\\0&0&1\end{bmatrix}$

所以 $\lambda_1^{(\boldsymbol{\Omega})}=\mathrm{i}\varphi$, $\lambda_2^{(\boldsymbol{\Omega})}=-\mathrm{i}\varphi$, $\lambda_3^{(\boldsymbol{\Omega})}=0$; $\lambda_1^{(\boldsymbol{R})}=\mathrm{e}^{\mathrm{i}\varphi}$, $\lambda_2^{(\boldsymbol{R})}=\mathrm{e}^{-\mathrm{i}\varphi}$, $\lambda_3^{(\boldsymbol{R})}=1$

(1) $\boldsymbol{R}=\mathrm{e}^{\boldsymbol{\Omega}}=-\frac{\mathrm{e}^{\mathrm{i}\varphi}}{2\varphi^2}(\boldsymbol{\Omega}+\mathrm{i}\varphi\boldsymbol{G})\cdot\boldsymbol{\Omega}-\frac{\mathrm{e}^{-\mathrm{i}\varphi}}{2\varphi^2}\boldsymbol{\Omega}\cdot(\boldsymbol{\Omega}-\mathrm{i}\varphi\boldsymbol{G})+\frac{1}{\varphi^2}(\boldsymbol{\Omega}-\mathrm{i}\varphi\boldsymbol{G})\cdot(\boldsymbol{\Omega}+\mathrm{i}\varphi\boldsymbol{G})$

$$\begin{aligned}&=\boldsymbol{G}-\frac{\mathrm{i}(\mathrm{e}^{\mathrm{i}\varphi}-\mathrm{e}^{-\mathrm{i}\varphi})}{2\varphi}\boldsymbol{\Omega}+\frac{1-(\mathrm{e}^{\mathrm{i}\varphi}+\mathrm{e}^{-\mathrm{i}\varphi})/2}{\varphi^2}\boldsymbol{\Omega}^2=\boldsymbol{G}+\frac{\sin\varphi}{\varphi}\boldsymbol{\Omega}+\frac{1-\cos\varphi}{\varphi^2}\boldsymbol{\Omega}^2\\&=\boldsymbol{G}+\frac{\sin\varphi}{\varphi}\boldsymbol{\Omega}+\frac{2\sin^2\frac{\varphi}{2}}{\varphi^2}\boldsymbol{\Omega}^2\end{aligned}$$

(2) $\boldsymbol{\Omega}=\ln\boldsymbol{R}=\frac{\mathrm{i}\varphi}{(\mathrm{e}^{\mathrm{i}\varphi}-\mathrm{e}^{-\mathrm{i}\varphi})(\mathrm{e}^{\mathrm{i}\varphi}-1)}(\boldsymbol{R}-\mathrm{e}^{-\mathrm{i}\varphi}\boldsymbol{G})\cdot(\boldsymbol{R}-\boldsymbol{G})$

$$+\frac{\mathrm{i}\varphi}{(\mathrm{e}^{\mathrm{i}\varphi}-\mathrm{e}^{-\mathrm{i}\varphi})(\mathrm{e}^{-\mathrm{i}\varphi}-1)}(\boldsymbol{R}-\boldsymbol{G})\cdot(\boldsymbol{R}-\mathrm{e}^{\mathrm{i}\varphi}\boldsymbol{G})$$

$$=\frac{\varphi}{2\sin\varphi}(\boldsymbol{R}-\boldsymbol{G})\cdot\left[\frac{(\boldsymbol{R}-\mathrm{e}^{-\mathrm{i}\varphi}\boldsymbol{G})}{(\mathrm{e}^{\mathrm{i}\varphi}-1)}+\frac{(\boldsymbol{R}-\mathrm{e}^{\mathrm{i}\varphi}G)}{(\mathrm{e}^{-\mathrm{i}\varphi}-1)}\right]$$

$$=\frac{\varphi}{2\sin\varphi}(\boldsymbol{R}-\boldsymbol{G})\cdot\frac{-[2-(\mathrm{e}^{\mathrm{i}\varphi}+\mathrm{e}^{-\mathrm{i}\varphi})]\boldsymbol{R}+[(\mathrm{e}^{\mathrm{i}\varphi}+\mathrm{e}^{-\mathrm{i}\varphi})-(\mathrm{e}^{2\mathrm{i}\varphi}+\mathrm{e}^{-2\mathrm{i}\varphi})]\boldsymbol{G}}{2-(\mathrm{e}^{\mathrm{i}\varphi}+\mathrm{e}^{-\mathrm{i}\varphi})}$$

$$=\frac{\varphi}{2\sin\varphi}(\boldsymbol{R}-\boldsymbol{G})\cdot\left[-\boldsymbol{R}+\frac{\cos\varphi-\cos2\varphi}{1-\cos\varphi}\boldsymbol{G}\right]$$

$$=\frac{\varphi}{2\sin\varphi}(\boldsymbol{R}-\boldsymbol{G})\cdot\left[\frac{\cos\varphi-2\cos^2\varphi+1}{1-\cos\varphi}\boldsymbol{G}-\boldsymbol{R}\right]$$

$$=\frac{\varphi}{2\sin\varphi}(\boldsymbol{R}-\boldsymbol{G})\cdot[(1+2\cos\varphi)\boldsymbol{G}-\boldsymbol{R}]$$

3.9 证明 $\boldsymbol{\Omega}=-\varphi(\boldsymbol{e}_1\boldsymbol{e}_2-\boldsymbol{e}_2\boldsymbol{e}_1)$，$\boldsymbol{\Omega}^2=-\varphi^2(\boldsymbol{e}_1\boldsymbol{e}_1+\boldsymbol{e}_2\boldsymbol{e}_2)$，$\boldsymbol{\Omega}^2+\varphi^2\boldsymbol{G}=\varphi^2\boldsymbol{e}_3\boldsymbol{e}_3$

所以 $$\boldsymbol{\Omega}^3+\varphi^2\boldsymbol{\Omega}=\boldsymbol{\Omega}\cdot(\boldsymbol{\Omega}^2+\varphi^2\boldsymbol{G})=\boldsymbol{O}$$

3.10 证明 (1) $\boldsymbol{L}^2=\frac{1}{\varphi^2}\boldsymbol{\Omega}^2=-(\boldsymbol{e}_1\boldsymbol{e}_1+\boldsymbol{e}_2\boldsymbol{e}_2)=\boldsymbol{e}_3\boldsymbol{e}_3-\boldsymbol{G}$

(2) 利用上题结果：$\boldsymbol{R}=\boldsymbol{G}+\frac{\sin\varphi}{\varphi}\boldsymbol{\Omega}+\frac{2}{\varphi^2}\sin^2\frac{\varphi}{2}\boldsymbol{\Omega}^2=\boldsymbol{G}+\sin\varphi\boldsymbol{L}+2\sin^2\frac{\varphi}{2}(\boldsymbol{e}_3\boldsymbol{e}_3-\boldsymbol{G})$

3.11 $$\varphi'(\boldsymbol{v};\boldsymbol{u})=\lim_{h\to0}\frac{1}{h}[(\boldsymbol{v}+h\boldsymbol{u})\cdot(\boldsymbol{v}+h\boldsymbol{u})-\boldsymbol{v}\cdot\boldsymbol{v}]$$

$$=\lim_{h\to0}\frac{1}{h}[\boldsymbol{v}\cdot\boldsymbol{v}+2h\boldsymbol{v}\cdot\boldsymbol{u}+h^2\boldsymbol{u}^2-\boldsymbol{v}\cdot\boldsymbol{v}]=2\boldsymbol{v}\cdot\boldsymbol{u}$$

所以 $\varphi'(\boldsymbol{v})=2\boldsymbol{v}$。

另法：利用微分：

$$\varphi=\boldsymbol{v}^2,\quad \mathrm{d}\varphi=\mathrm{d}(\boldsymbol{v}^2)=\mathrm{d}(\boldsymbol{v}\cdot\boldsymbol{v})=\mathrm{d}\boldsymbol{v}\cdot\boldsymbol{v}+\boldsymbol{v}\cdot\mathrm{d}\boldsymbol{v}=2\boldsymbol{v}\cdot\mathrm{d}\boldsymbol{v}=\varphi'(\boldsymbol{v})\cdot\mathrm{d}\boldsymbol{v}$$

所以

$$\varphi'(\boldsymbol{v})=2\boldsymbol{v}$$

3.12 $$f'(\boldsymbol{T};\boldsymbol{C})=\lim_{h\to0}\frac{1}{h}\{\varphi(\boldsymbol{T}+h\boldsymbol{C})[\psi(\boldsymbol{T}+h\boldsymbol{C})-\psi(\boldsymbol{T})]+[\varphi(\boldsymbol{T}+h\boldsymbol{C})-\varphi(\boldsymbol{T})]\psi(\boldsymbol{T})\}$$

$$=\varphi(\boldsymbol{T})\psi'(\boldsymbol{T};\boldsymbol{C})+\varphi'(\boldsymbol{T};\boldsymbol{C})\psi(\boldsymbol{T})=\varphi(\boldsymbol{T})\psi'(\boldsymbol{T}):\boldsymbol{C}+[\varphi'(\boldsymbol{T}):\boldsymbol{C}]\psi(\boldsymbol{T})$$

$$=[\varphi(\boldsymbol{T})\psi'(\boldsymbol{T})+\psi(\boldsymbol{T})\varphi'(\boldsymbol{T})]:\boldsymbol{C}$$

所以 $$f'(\boldsymbol{T})=\varphi(\boldsymbol{T})\psi'(\boldsymbol{T})+\psi(\boldsymbol{T})\varphi'(\boldsymbol{T})$$

另法：利用微分：$\mathrm{d}f(\boldsymbol{T})=\mathrm{d}[\varphi(\boldsymbol{T})\psi(\boldsymbol{T})]=[\mathrm{d}\varphi(\boldsymbol{T})]\psi(\boldsymbol{T})+\varphi(\boldsymbol{T})\mathrm{d}[\psi(\boldsymbol{T})]$

$$=[\varphi'(\boldsymbol{T})\cdot\mathrm{d}\boldsymbol{T}]\psi(\boldsymbol{T})+\varphi(\boldsymbol{T})[\psi'(\boldsymbol{T})\cdot\mathrm{d}\boldsymbol{T}]=f'(\boldsymbol{T})\cdot\mathrm{d}\boldsymbol{T}$$

所以 $$f'(\boldsymbol{T})=\psi(\boldsymbol{T})\varphi'(\boldsymbol{T})+\varphi(\boldsymbol{T})\psi'(\boldsymbol{T})$$

3.13 证明 $$\frac{\mathrm{d}(\boldsymbol{Q}^{\mathrm{T}})}{\mathrm{d}t}\xlongequal{(2.5.40)\text{式}}\frac{\mathrm{d}}{\mathrm{d}t}[(\tilde{\boldsymbol{g}}^i\boldsymbol{g}_i)^{\mathrm{T}}]=\frac{\mathrm{d}}{\mathrm{d}t}(\boldsymbol{g}_i\tilde{\boldsymbol{g}}^i)=\frac{\mathrm{d}\boldsymbol{g}_i}{\mathrm{d}t}\tilde{\boldsymbol{g}}^i+\boldsymbol{g}_i\frac{\mathrm{d}\tilde{\boldsymbol{g}}^i}{\mathrm{d}t}$$

$$\left(\frac{\mathrm{d}\boldsymbol{Q}}{\mathrm{d}t}\right)^{\mathrm{T}}=\left[\frac{\mathrm{d}(\tilde{\boldsymbol{g}}^i\boldsymbol{g}_i)}{\mathrm{d}t}\right]^{\mathrm{T}}=\left[\frac{\mathrm{d}\tilde{\boldsymbol{g}}^i}{\mathrm{d}t}\boldsymbol{g}_i+\tilde{\boldsymbol{g}}^i\frac{\mathrm{d}\boldsymbol{g}_i}{\mathrm{d}t}\right]^{\mathrm{T}}=\boldsymbol{g}_i\frac{\mathrm{d}\tilde{\boldsymbol{g}}^i}{\mathrm{d}t}+\frac{\mathrm{d}\boldsymbol{g}_i}{\mathrm{d}t}\tilde{\boldsymbol{g}}^i,$$

所以 $$\frac{\mathrm{d}(\boldsymbol{Q}^{\mathrm{T}})}{\mathrm{d}t}=\left(\frac{\mathrm{d}\boldsymbol{Q}}{\mathrm{d}t}\right)^{\mathrm{T}}=(\dot{\boldsymbol{Q}})^{\mathrm{T}}\xlongequal{\text{记作}}\dot{\boldsymbol{Q}}^{\mathrm{T}}$$

因为 $\boldsymbol{Q}\cdot\boldsymbol{Q}^{\mathrm{T}}=\boldsymbol{G}$，$\frac{\mathrm{d}}{\mathrm{d}t}(\boldsymbol{Q}\cdot\boldsymbol{Q}^{\mathrm{T}})=\frac{\mathrm{d}\boldsymbol{Q}}{\mathrm{d}t}\cdot\boldsymbol{Q}^{\mathrm{T}}+\boldsymbol{Q}\cdot\frac{\mathrm{d}\boldsymbol{Q}^{\mathrm{T}}}{\mathrm{d}t}=\boldsymbol{O}$，$\forall$ 一切时间 t

所以 $$(\boldsymbol{Q}\cdot\dot{\boldsymbol{Q}}^{\mathrm{T}})^{\mathrm{T}}=\dot{\boldsymbol{Q}}\cdot\boldsymbol{Q}^{\mathrm{T}}=-\boldsymbol{Q}\cdot\dot{\boldsymbol{Q}}^{\mathrm{T}}$$

即 $\boldsymbol{Q}(t)\cdot\dot{\boldsymbol{Q}}(t)^{\mathrm{T}}$ 关于一切时间 t 为反对称张量。

3.14 可利用微分证明：

$$\begin{aligned}\mathrm{d}\varphi(\boldsymbol{v})&=\mathrm{d}[\boldsymbol{W}(\boldsymbol{v})\cdot\boldsymbol{U}(\boldsymbol{v})]\\&=[\mathrm{d}\boldsymbol{W}(\boldsymbol{v})]\cdot\boldsymbol{U}(\boldsymbol{v})+\boldsymbol{W}(\boldsymbol{v})\cdot[\mathrm{d}\boldsymbol{U}(\boldsymbol{v})]\\&=[\boldsymbol{W}'(\boldsymbol{v})\cdot\mathrm{d}\boldsymbol{v}]\cdot\boldsymbol{U}(\boldsymbol{v})+\boldsymbol{W}(\boldsymbol{v})\cdot[\boldsymbol{U}'(\boldsymbol{v})\cdot\mathrm{d}\boldsymbol{v}]\\&=[\boldsymbol{U}(\boldsymbol{v})\cdot\boldsymbol{W}'(\boldsymbol{v})+\boldsymbol{W}(\boldsymbol{v})\cdot\boldsymbol{U}'(\boldsymbol{v})]\cdot\mathrm{d}\boldsymbol{v}\\&=\varphi'(\boldsymbol{v})\cdot\mathrm{d}\boldsymbol{v}\end{aligned}$$

所以，$\varphi'(\boldsymbol{v})=\boldsymbol{W}(\boldsymbol{v})\cdot\boldsymbol{U}'(\boldsymbol{v})+\boldsymbol{U}(\boldsymbol{v})\cdot\boldsymbol{W}'(\boldsymbol{v})$。

3.15 证法1 设 $\boldsymbol{T}=T_{ij}\boldsymbol{g}^i\boldsymbol{g}^j=T^{ij}\boldsymbol{g}_i\boldsymbol{g}_j$，则

$$\boldsymbol{H}=f'(\boldsymbol{T})=\frac{\partial f}{\partial T_{ij}}\boldsymbol{g}_i\boldsymbol{g}_j,\quad \tilde{\boldsymbol{T}}=T_{ij}\tilde{\boldsymbol{g}}^i\tilde{\boldsymbol{g}}^j=T^{ij}\tilde{\boldsymbol{g}}_i\tilde{\boldsymbol{g}}_j$$

其中$\tilde{\boldsymbol{g}}_i=\boldsymbol{Q}\cdot\boldsymbol{g}_i$，$\tilde{\boldsymbol{g}}^i=\boldsymbol{Q}\cdot\boldsymbol{g}^i$，因为 $f(\tilde{\boldsymbol{T}})=f(\boldsymbol{T})$各向同性，即

$$\tilde{\varphi}=f(\tilde{\boldsymbol{T}})=f(T_{ij}\tilde{\boldsymbol{g}}^i\tilde{\boldsymbol{g}}^j)=f(T_{ij}\boldsymbol{g}^i\boldsymbol{g}^j)$$

所以

$$\begin{aligned}H(\tilde{T})=f'(\tilde{\boldsymbol{T}})&=\frac{\partial f}{\partial T_{ij}}\tilde{\boldsymbol{g}}_i\tilde{\boldsymbol{g}}_j=\frac{\partial f}{\partial T_{ij}}\boldsymbol{Q}\cdot\boldsymbol{g}_i\boldsymbol{g}_j\cdot\boldsymbol{Q}^{\mathrm{T}}=\boldsymbol{Q}\cdot\frac{\partial f}{\partial T_{ij}}\boldsymbol{g}_i\boldsymbol{g}_j\cdot\boldsymbol{Q}^{\mathrm{T}}\\&=\boldsymbol{Q}\cdot f'(\boldsymbol{T})\cdot\boldsymbol{Q}^{\mathrm{T}}=\boldsymbol{Q}\cdot\boldsymbol{H}\cdot\boldsymbol{Q}^{\mathrm{T}}\end{aligned}$$

证法2 $\tilde{\boldsymbol{T}}=\boldsymbol{Q}\cdot\boldsymbol{T}\cdot\boldsymbol{Q}^{\mathrm{T}}$，$\mathrm{d}\tilde{\boldsymbol{T}}=\boldsymbol{Q}\cdot\mathrm{d}\boldsymbol{T}\cdot\boldsymbol{Q}^{\mathrm{T}}$

因为 $\tilde{\varphi}=f(\tilde{\boldsymbol{T}})=f(\boldsymbol{T})=\varphi$ 为各向同性标量函数，所以利用微分公式：

$$\mathrm{d}\tilde{\varphi}=\frac{\mathrm{d}\tilde{\varphi}}{\mathrm{d}\tilde{\boldsymbol{T}}}:\mathrm{d}\tilde{\boldsymbol{T}}=\mathrm{d}\varphi=\frac{\mathrm{d}\varphi}{\mathrm{d}\boldsymbol{T}}:\mathrm{d}\boldsymbol{T}$$

$$\begin{aligned}\frac{\mathrm{d}\tilde{\varphi}}{\mathrm{d}\tilde{\boldsymbol{T}}}:\mathrm{d}\tilde{\boldsymbol{T}}&=\mathrm{tr}\left[\frac{\mathrm{d}\tilde{\varphi}}{\mathrm{d}\tilde{\boldsymbol{T}}}\cdot(\mathrm{d}\tilde{\boldsymbol{T}})^{\mathrm{T}}\right]=\mathrm{tr}\left[\frac{\mathrm{d}\tilde{\varphi}}{\mathrm{d}\tilde{\boldsymbol{T}}}\cdot\boldsymbol{Q}\cdot\mathrm{d}\boldsymbol{T}^{\mathrm{T}}\cdot\boldsymbol{Q}^{\mathrm{T}}\right]=\mathrm{tr}\left[\boldsymbol{Q}^{\mathrm{T}}\cdot\frac{\mathrm{d}\tilde{\varphi}}{\mathrm{d}\tilde{\boldsymbol{T}}}\cdot\boldsymbol{Q}\cdot\mathrm{d}\boldsymbol{T}^{\mathrm{T}}\right]\\&=\mathrm{tr}\left[\left(\boldsymbol{Q}^{\mathrm{T}}\cdot\frac{\mathrm{d}\tilde{\varphi}}{\mathrm{d}\tilde{\boldsymbol{T}}}\cdot\boldsymbol{Q}\right)\cdot\mathrm{d}\boldsymbol{T}^{\mathrm{T}}\right]=\left(\boldsymbol{Q}^{\mathrm{T}}\cdot\frac{\mathrm{d}\tilde{\varphi}}{\mathrm{d}\tilde{\boldsymbol{T}}}\cdot\boldsymbol{Q}\right):\mathrm{d}\boldsymbol{T}\end{aligned}$$

根据 $\mathrm{d}\boldsymbol{T}$ 的任意性，比较上述二式，得到：$\boldsymbol{Q}^{\mathrm{T}}\cdot\dfrac{\mathrm{d}\tilde{\varphi}}{\mathrm{d}\tilde{\boldsymbol{T}}}\cdot\boldsymbol{Q}=\dfrac{\mathrm{d}\varphi}{\mathrm{d}\boldsymbol{T}}$，所以$\dfrac{\mathrm{d}\tilde{\varphi}}{\mathrm{d}\tilde{\boldsymbol{T}}}=\boldsymbol{Q}\cdot\dfrac{\mathrm{d}\varphi}{\mathrm{d}\boldsymbol{T}}\cdot\boldsymbol{Q}^{\mathrm{T}}$ 为各向同性二阶张量函数。

3.16 证明 设$\boldsymbol{v}=v_i\boldsymbol{g}^i=v^i\boldsymbol{g}_i$，$\tilde{\boldsymbol{v}}=v_i\tilde{\boldsymbol{g}}^i=v^i\tilde{\boldsymbol{g}}_i$，其中$\tilde{\boldsymbol{g}}_i=\boldsymbol{Q}\cdot\boldsymbol{g}_i=\boldsymbol{g}_i\cdot\boldsymbol{Q}^{\mathrm{T}}$；

设 $\boldsymbol{H}=\boldsymbol{F}'(\boldsymbol{v})=\dfrac{\partial\boldsymbol{F}}{\partial v_i}\boldsymbol{g}_i$，因为 $\boldsymbol{F}(\tilde{\boldsymbol{v}})=\boldsymbol{Q}\cdot\boldsymbol{F}(\boldsymbol{v})$，所以

$$\boldsymbol{F}'(\tilde{\boldsymbol{v}})=\frac{\partial\boldsymbol{F}(\boldsymbol{Q}\cdot\boldsymbol{v})}{\partial v_i}\tilde{\boldsymbol{g}}_i=\boldsymbol{Q}\cdot\frac{\partial\boldsymbol{F}(\boldsymbol{v})}{\partial v_i}\boldsymbol{g}_i\cdot\boldsymbol{Q}^{\mathrm{T}}=\boldsymbol{Q}\cdot\boldsymbol{F}'(\boldsymbol{v})\cdot\boldsymbol{Q}^{\mathrm{T}}$$

$\boldsymbol{F}'(\boldsymbol{v})$为各向同性二阶张量函数。

3.17 证法1 $\mathscr{J}_1=T^{i}_{\cdot i}$，$\mathscr{J}_2=\dfrac{1}{2}(T^{i}_{\cdot i}T^{l}_{\cdot l}-T^{i}_{\cdot l}T^{l}_{\cdot i})$，$\mathscr{J}_3=\dfrac{1}{6}\delta^{ijk}_{lmn}T^{l}_{\cdot i}T^{m}_{\cdot j}T^{n}_{\cdot k}$

$$\frac{\mathrm{d}\mathscr{J}_1}{\mathrm{d}T}=\frac{\partial T^{i}_{\cdot i}}{\partial T^{m}_{\cdot n}}\boldsymbol{g}^m\boldsymbol{g}_n=\delta^i_m\delta^n_i\boldsymbol{g}_m\boldsymbol{g}^n=\delta^n_m\boldsymbol{g}^m\boldsymbol{g}_n=\boldsymbol{G}$$

$$\begin{aligned}\frac{\mathrm{d}\mathscr{J}_2}{\mathrm{d}\boldsymbol{T}}&=\frac{1}{2}\frac{\partial(T^{i}_{\cdot i}T^{l}_{\cdot l}-T^{i}_{\cdot l}T^{l}_{\cdot i})}{\partial T^{m}_{\cdot n}}\boldsymbol{g}^m\boldsymbol{g}_n=\delta^i_m\delta^n_iT^{l}_{\cdot l}-\frac{1}{2}(\delta^i_m\delta^n_lT^{l}_{\cdot i}+T^{i}_{\cdot l}\delta^l_m\delta^n_i)\boldsymbol{g}^m\boldsymbol{g}_n\\&=(\delta^n_mT^{l}_{\cdot l}-T^{n}_{\cdot m})\boldsymbol{g}^m\boldsymbol{g}_n=\mathscr{J}_1\boldsymbol{G}-\boldsymbol{T}^{\mathrm{T}}\end{aligned}$$

$$\frac{\mathrm{d}\mathscr{J}_3}{\mathrm{d}\boldsymbol{T}}=\frac{1}{6}\delta_{lmn}^{ijk}\ \frac{\partial(T_{\cdot i}^{l}T_{\cdot j}^{m}T_{\cdot k}^{n})}{\partial T_{\cdot t}^{s}}\ \boldsymbol{g}^s\ \boldsymbol{g}_t$$

$$=\frac{1}{6}(\delta_l^i\delta_m^j\delta_n^k+\delta_m^i\delta_n^j\delta_l^k+\delta_n^i\delta_l^j\delta_m^k-\delta_l^i\delta_n^j\delta_m^k-\delta_m^i\delta_l^j\delta_n^k-\delta_n^i\delta_m^j\delta_l^k)\cdot$$

$$(\delta_s^l\delta_i^t T_{\cdot j}^{m}T_{\cdot k}^{n}+T_{\cdot i}^{l}\delta_s^m\delta_j^t T_{\cdot k}^{n}+T_{\cdot i}^{l}T_{\cdot j}^{m}\delta_s^n\delta_k^t)\ \boldsymbol{g}^s\ \boldsymbol{g}_t$$

$$=\left[\frac{1}{2}(T_j^jT_k^k-T_{\cdot k}^{j}T_{\cdot j}^{k})\delta_s^t+T_{\cdot j}^{t}T_{\cdot s}^{j}-T_{\cdot s}^{t}T_{\cdot k}^{k}\right]\boldsymbol{g}^s\ \boldsymbol{g}_t=\mathscr{J}_2G-\mathscr{J}_1\ \boldsymbol{T}^{\mathrm{T}}+(\boldsymbol{T}^2)^{\mathrm{T}}$$

$$=(\mathscr{J}_2\boldsymbol{G}-\mathscr{J}_1\boldsymbol{T}+\boldsymbol{T}^2)^{\mathrm{T}}=\mathscr{J}_3\ (\boldsymbol{T}^{-1})^{\mathrm{T}}$$

证法 2　先求 $\mathrm{d}\mathscr{J}_i^*/\mathrm{d}\boldsymbol{T}(i=1,2,3)$，再利用(2.3.10a-c)式，由复合函数求导规则得到结果：

$$\mathscr{J}_1^*=\mathrm{tr}\boldsymbol{T}=T_{\cdot i}^{i}=\boldsymbol{G}:\boldsymbol{T},\quad \mathrm{d}\mathscr{J}_1^*=\boldsymbol{G}:\mathrm{d}\boldsymbol{T}=\frac{\partial\mathscr{J}_1^*}{\partial\boldsymbol{T}}:\mathrm{d}\boldsymbol{T}$$

因为 $\mathrm{d}\boldsymbol{T}$ 任意，所以$\dfrac{\partial\mathscr{J}_1^*}{\partial\boldsymbol{T}}=\boldsymbol{G}$。

$$\mathscr{J}_2^*=\mathrm{tr}(\boldsymbol{T}\cdot\boldsymbol{T}),\quad \mathrm{d}\mathscr{J}_2^*=\mathrm{tr}(\mathrm{d}\boldsymbol{T}\cdot\boldsymbol{T}+\boldsymbol{T}\cdot\mathrm{d}\boldsymbol{T})=\mathrm{tr}(2\boldsymbol{T}\cdot\mathrm{d}\boldsymbol{T})=2\boldsymbol{T}^{\mathrm{T}}:\mathrm{d}\boldsymbol{T}=\frac{\partial\mathscr{J}_2^*}{\partial\boldsymbol{T}}:\mathrm{d}T,$$

$$\frac{\partial\mathscr{J}_2^*}{\partial\boldsymbol{T}}=2\boldsymbol{T}^{\mathrm{T}}$$

$$\mathscr{J}_3^*=\mathrm{tr}(\boldsymbol{T}\cdot\boldsymbol{T}\cdot\boldsymbol{T}),\quad \mathrm{d}\mathscr{J}_3^*=\mathrm{tr}(\mathrm{d}\boldsymbol{T}\cdot\boldsymbol{T}\cdot\boldsymbol{T}+\boldsymbol{T}\cdot\mathrm{d}\boldsymbol{T}\cdot\boldsymbol{T}+\boldsymbol{T}\cdot\boldsymbol{T}\cdot\mathrm{d}\boldsymbol{T})=\mathrm{tr}(3\,\boldsymbol{T}^2\cdot\mathrm{d}\boldsymbol{T})$$

$$=3\,(\boldsymbol{T}^2)^{\mathrm{T}}:\mathrm{d}\boldsymbol{T}=\frac{\mathrm{d}\mathscr{J}_3^*}{\mathrm{d}\boldsymbol{T}}:\mathrm{d}\boldsymbol{T}$$

$$\frac{\mathrm{d}\mathscr{J}_3^*}{\mathrm{d}\boldsymbol{T}}=3\,(\boldsymbol{T}^2)^{\mathrm{T}}=3\,(\boldsymbol{T}^{\mathrm{T}})^2$$

$$\mathrm{d}\mathscr{J}_1/\mathrm{d}\boldsymbol{T}=\mathrm{d}\mathscr{J}_1^*/\mathrm{d}\boldsymbol{T}=\boldsymbol{G},\quad \mathrm{d}\mathscr{J}_2/\mathrm{d}\boldsymbol{T}=\mathscr{J}_1^*\,\mathrm{d}\mathscr{J}_1^*/\mathrm{d}\boldsymbol{T}-\mathrm{d}\mathscr{J}_2^*/2\mathrm{d}\boldsymbol{T}=\mathscr{J}_1\boldsymbol{G}-\boldsymbol{T}^{\mathrm{T}},$$

$$\mathrm{d}\mathscr{J}_3/\mathrm{d}\boldsymbol{T}=(\mathscr{J}_1^*)^2\mathrm{d}\mathscr{J}_1^*/2\mathrm{d}\boldsymbol{T}-\mathscr{J}_1^*\,\mathrm{d}\mathscr{J}_2^*/2\mathrm{d}\boldsymbol{T}-\mathscr{J}_2^*\,\mathrm{d}\mathscr{J}_1^*/2\mathrm{d}\boldsymbol{T}+\mathrm{d}\mathscr{J}_3^*/3\mathrm{d}\boldsymbol{T}$$

$$=[(\mathscr{J}_1^*)^2-\mathscr{J}_2^*]\boldsymbol{G}/2-\mathscr{J}_1\boldsymbol{T}^{\mathrm{T}}+(\boldsymbol{T}^{\mathrm{T}})^2=(\mathscr{J}_2\boldsymbol{G}-\mathscr{J}_1\boldsymbol{T}+\boldsymbol{T}^2)^{\mathrm{T}}=\mathscr{J}_3\,(\boldsymbol{T}^{-1})^{\mathrm{T}}$$

3.18　$m\,(\mathscr{J}_3^{(\mathrm{T})})^m\,(\boldsymbol{T}^{-1})^{\mathrm{T}}$

3.19　$\boldsymbol{C}=\mathrm{d}(\boldsymbol{T}^{\mathrm{T}})/\mathrm{d}\boldsymbol{T}=\delta_i^l\delta_k^j\ \boldsymbol{g}^i\ \boldsymbol{g}_j\ \boldsymbol{g}^k\ \boldsymbol{g}_l=g_{il}g_{jk}\boldsymbol{g}^i\ \boldsymbol{g}^j\ \boldsymbol{g}^k\ \boldsymbol{g}^l$

3.20　$\boldsymbol{C}=\mathrm{d}[(\boldsymbol{T}^{\mathrm{T}})^2]/\mathrm{d}\boldsymbol{T}=T_{\cdot j}^{i}(\boldsymbol{g}^s\ \boldsymbol{g}_i\ \boldsymbol{g}^j\ \boldsymbol{g}_s+\boldsymbol{g}^j\ \boldsymbol{g}_s\ \boldsymbol{g}^s\ \boldsymbol{g}_i)=(T_{jk}g_{il}+T_{li}g_{jk})\boldsymbol{g}^i\ \boldsymbol{g}^j\ \boldsymbol{g}^k\ \boldsymbol{g}^l$

3.21　$\dfrac{\mathrm{d}}{\mathrm{d}\lambda}[\det(\lambda\boldsymbol{G}-\boldsymbol{T})]=3\lambda^2-2\lambda\mathscr{J}_1^{(\mathrm{T})}+\mathscr{J}_2^{(\mathrm{T})}$，　$\dfrac{\mathrm{d}^2}{\mathrm{d}\lambda^2}[\det(\lambda\boldsymbol{G}-\boldsymbol{T})]=6\lambda-2\mathscr{J}_1^{(\mathrm{T})}$

$$\frac{\mathrm{d}}{\mathrm{d}\boldsymbol{T}}[\det(\lambda\boldsymbol{G}-\boldsymbol{T})]=(-\lambda^2+\lambda\mathscr{J}_1^{(\mathrm{T})}-\mathscr{J}_2^{(\mathrm{T})})\boldsymbol{G}+(\mathscr{J}_1^{(\mathrm{T})}-\lambda)\boldsymbol{T}^{\mathrm{T}}-(\boldsymbol{T}^2)^{\mathrm{T}}$$

$$=[(-\lambda^2+\lambda\mathscr{J}_1^{(\mathrm{T})}-\mathscr{J}_2^{(\mathrm{T})})g_{ij}+(\mathscr{J}_1^{(\mathrm{T})}-\lambda)T_{ji}-T_{jk}T_{li}g^{kl}]\boldsymbol{g}^i\ \boldsymbol{g}^j$$

$$\frac{\mathrm{d}^2}{\mathrm{d}\boldsymbol{T}^2}[\det(\lambda\boldsymbol{G}-\boldsymbol{T})]=(\lambda-\mathscr{J}_1^{(\mathrm{T})})\boldsymbol{G}\boldsymbol{G}+\boldsymbol{G}\boldsymbol{T}^{\mathrm{T}}+\boldsymbol{T}^{\mathrm{T}}\boldsymbol{G}+(\mathscr{J}_1^{(\mathrm{T})}-\lambda)\frac{\mathrm{d}\,\boldsymbol{T}^{\mathrm{T}}}{\mathrm{d}\boldsymbol{T}}-\frac{\mathrm{d}[(\boldsymbol{T}^2)^{\mathrm{T}}]}{\mathrm{d}\boldsymbol{T}}$$

$$=[(\mathscr{J}_1^{(\mathrm{T})}-\lambda)(g_{il}g_{jk}-g_{ij}g_{kl})+(g_{ij}T_{lk}+T_{ji}g_{kl}-T_{jk}g_{il}-T_{li}g_{jk})]\boldsymbol{g}^i\ \boldsymbol{g}^j\ \boldsymbol{g}^k\ \boldsymbol{g}^l$$

3.22　$2\boldsymbol{v}\mathrm{e}^{v^2}$，是各向同性函数。

3.23　$\boldsymbol{\sigma}=a_0\mathscr{J}_1^{*(\varepsilon)}\boldsymbol{G}+\dfrac{1}{2}a_1(\boldsymbol{\varepsilon}+\boldsymbol{\varepsilon}^{\mathrm{T}})$，　$\sigma_{ij}=a_0\varepsilon_{\cdot m}^{m}g_{ij}+\dfrac{1}{2}a_1(\varepsilon_{ij}+\varepsilon_{ji})$

$$D_{ijkl}=a_0g_{ij}g_{kl}+a_1(g_{ik}g_{jl}+g_{jk}g_{il})/2$$

3.24 $\boldsymbol{\sigma}=\dfrac{a_0}{2}[\mathscr{J}_2^{*(\varepsilon)}+\mathscr{J}_1^{(\varepsilon)}(\boldsymbol{\varepsilon}+\boldsymbol{\varepsilon}^{\mathrm{T}})]$， $\sigma_{ij}=\dfrac{a_0}{2}[\varepsilon^{l}_{\cdot m}\varepsilon^{m}_{\cdot l}g_{ij}+\varepsilon^{m}_{\cdot m}(\varepsilon_{ij}+\varepsilon_{ji})]$

$$D_{ijkl}=a_0\left[\varepsilon_{ij}g_{kl}+\varepsilon_{kl}g_{ij}+\frac{1}{2}\mathscr{J}_1^{(\varepsilon)}(g_{ik}g_{jl}+g_{jk}g_{il})\right]$$

3.25 $\boldsymbol{\varepsilon}=k_{01}\mathscr{J}_1^{(\sigma)}\boldsymbol{G}+k_{02}(\mathscr{J}_1^{(\sigma)})^2\boldsymbol{G}+k_{03}[\mathscr{J}_2^{*(\sigma)}\boldsymbol{G}+\mathscr{J}_1^{(\sigma)}\boldsymbol{\sigma}]+k_{10}\boldsymbol{\sigma}+k_{20}\boldsymbol{\sigma}^2$

$$C_{ijkl}=k_{01}g_{ij}g_{kl}+\frac{1}{2}k_{10}(g_{ik}g_{jl}+g_{il}g_{jk})+2k_{03}(\sigma_{ij}g_{kl}+g_{ij}\sigma_{kl})$$

$$+[k_{03}(g_{ik}g_{jl}+g_{il}g_{jk})+2k_{02}g_{ij}g_{kl}]\sigma^{m}_{\cdot m}+\frac{1}{2}k_{20}(g_{ik}\sigma_{jl}+g_{jl}\sigma_{ik}+g_{il}\sigma_{jk}+g_{jk}\sigma_{il})$$

可以用单向拉伸实验、薄壁圆管扭转实验和薄壁圆管内压实验来测定这5个弹性常数。

3.26 $\mathrm{d}\sigma_{eq}/\mathrm{d}\boldsymbol{\sigma}=\dfrac{2}{3}\dfrac{\boldsymbol{\sigma}'}{\sigma_{eq}}$

第4章　曲线坐标张量分析

4.1 证明　$a\,\boldsymbol{\nabla}=\dfrac{\partial a}{\partial x^j}\boldsymbol{g}^j=a_{;j}\boldsymbol{g}^j$，　$\dfrac{\partial \boldsymbol{g}^j}{\partial x^k}=-\Gamma^j_{kr}\boldsymbol{g}^r$

$a\,\boldsymbol{\nabla\nabla}=a_{;jk}\boldsymbol{g}^j\boldsymbol{g}^k=\left(\dfrac{\partial^2 a}{\partial x^k\partial x^j}\boldsymbol{g}^j-\dfrac{\partial a}{\partial x^j}\Gamma^j_{kr}\boldsymbol{g}^r\right)\boldsymbol{g}^k=\left(\dfrac{\partial^2 a}{\partial x^k\partial x^j}-\dfrac{\partial a}{\partial x^r}\Gamma^r_{kj}\right)\boldsymbol{g}^j\boldsymbol{g}^k$，　此式分量关于 k,j 对称。

4.2 证明　$F_{i;j}=\dfrac{\partial(g_{ik}F^k)}{\partial x^j}-g_{rk}F^k\Gamma^r_{ij}=F^k\dfrac{\partial g_{ik}}{\partial x^j}+g_{ik}\dfrac{\partial F^k}{\partial x^j}-F^k\Gamma_{ij,k}$

$$=F^k\Gamma_{ij,k}+F^k\Gamma_{jk,i}+g_{ik}\frac{\partial F^k}{\partial x^j}-F^k\Gamma_{ij,k}=g_{ik}\frac{\partial F^k}{\partial x^j}+g_{ik}F^m\Gamma^k_{jm}=g_{ik}F^k_{;j}$$

4.3 证明　$\dfrac{\partial g^{jl}}{\partial x^i}=\dfrac{\partial \boldsymbol{g}^j}{\partial x^i}\cdot\boldsymbol{g}^l+\dfrac{\partial \boldsymbol{g}^l}{\partial x^i}\cdot\boldsymbol{g}^j=-\Gamma^j_{im}\boldsymbol{g}^m\cdot\boldsymbol{g}^l-\Gamma^l_{im}\boldsymbol{g}^m\cdot\boldsymbol{g}^j=-(g^{mj}\Gamma^l_{im}+g^{ml}\Gamma^j_{im})$

4.4 见(4.1.15)式与(4.1.18)式。

4.5 证明　$\boldsymbol{\nabla}(\varphi\boldsymbol{v})=\boldsymbol{g}^i\dfrac{\partial(\varphi\boldsymbol{v})}{\partial x^i}=\left(\boldsymbol{g}^i\dfrac{\partial\varphi}{\partial x^i}\right)\boldsymbol{v}+\varphi\left(\boldsymbol{g}^i\dfrac{\partial\boldsymbol{v}}{\partial x^i}\right)=\varphi(\boldsymbol{\nabla v})+(\boldsymbol{\nabla}\varphi)\boldsymbol{v}$

4.6 证明　$\boldsymbol{\nabla}(\boldsymbol{v}\cdot\boldsymbol{w})=\boldsymbol{g}^i\dfrac{\partial\boldsymbol{v}}{\partial x^i}\cdot\boldsymbol{w}+\boldsymbol{g}^i\left(\boldsymbol{v}\cdot\dfrac{\partial\boldsymbol{w}}{\partial x^i}\right)=\left(\boldsymbol{g}^i\dfrac{\partial\boldsymbol{v}}{\partial x^i}\right)\cdot\boldsymbol{w}+\left(\boldsymbol{g}^i\dfrac{\partial\boldsymbol{w}}{\partial x^i}\right)\cdot\boldsymbol{v}$

$$=\boldsymbol{w}\cdot(\boldsymbol{v}\,\boldsymbol{\nabla})+(\boldsymbol{\nabla w})\cdot\boldsymbol{v}=\boldsymbol{w}\cdot(\boldsymbol{v}\,\boldsymbol{\nabla})+\boldsymbol{v}\cdot(\boldsymbol{w}\,\boldsymbol{\nabla})$$

$$=(\boldsymbol{\nabla w})\cdot\boldsymbol{v}+(\boldsymbol{\nabla v})\cdot\boldsymbol{w}$$

4.7 证明　$(\mathrm{curl}\boldsymbol{v})\times\boldsymbol{a}=\left(\boldsymbol{g}^i\times\dfrac{\partial\boldsymbol{v}}{\partial x^i}\right)\times\boldsymbol{a}=(\boldsymbol{a}\cdot\boldsymbol{g}^i)\dfrac{\partial\boldsymbol{v}}{\partial x^i}-\left(\boldsymbol{a}\cdot\dfrac{\partial\boldsymbol{v}}{\partial x^i}\right)\boldsymbol{g}^i$

$$=\boldsymbol{a}\cdot(\boldsymbol{\nabla v})-\boldsymbol{a}\cdot(\boldsymbol{v}\,\boldsymbol{\nabla})=\boldsymbol{a}\cdot(\boldsymbol{\nabla v}-\boldsymbol{v}\,\boldsymbol{\nabla})$$

$$=(\boldsymbol{v}\,\boldsymbol{\nabla})\cdot\boldsymbol{a}-(\boldsymbol{\nabla v})\cdot\boldsymbol{a}=[\boldsymbol{v}\,\boldsymbol{\nabla}-\boldsymbol{\nabla v}]\cdot\boldsymbol{a}$$

4.8 证明　左端$=\boldsymbol{\nabla}(\boldsymbol{u}\cdot\boldsymbol{v})=\boldsymbol{g}^i\dfrac{\partial}{\partial x^i}(\boldsymbol{u}\cdot\boldsymbol{v})=\boldsymbol{g}^i\dfrac{\partial\boldsymbol{u}}{\partial x^i}\cdot\boldsymbol{v}+\boldsymbol{g}^i\boldsymbol{u}\cdot\dfrac{\partial\boldsymbol{v}}{\partial x^i}$

$$=\boldsymbol{u}\cdot\frac{\partial\boldsymbol{v}}{\partial x^i}\boldsymbol{g}^i+\boldsymbol{v}\cdot\frac{\partial\boldsymbol{u}}{\partial x^i}\boldsymbol{g}^i$$

右端$=\boldsymbol{u}\times(\boldsymbol{\nabla}\times\boldsymbol{v})+\boldsymbol{v}\times(\boldsymbol{\nabla}\times\boldsymbol{u})+\boldsymbol{u}\cdot(\boldsymbol{\nabla v})+\boldsymbol{v}\cdot(\boldsymbol{\nabla u})$

$$=\boldsymbol{u}\times\left(\boldsymbol{g}^i\times\frac{\partial\boldsymbol{v}}{\partial x^i}\right)+\boldsymbol{v}\times\left(\boldsymbol{g}^i\times\frac{\partial\boldsymbol{u}}{\partial x^i}\right)+\boldsymbol{u}\cdot(\boldsymbol{\nabla v})+\boldsymbol{v}\cdot(\boldsymbol{\nabla u})$$

$$=\boldsymbol{u}\cdot\frac{\partial \boldsymbol{v}}{\partial x^i}\boldsymbol{g}^i-\boldsymbol{u}\cdot\boldsymbol{g}^i\frac{\partial \boldsymbol{v}}{\partial x^i}+\boldsymbol{v}\cdot\frac{\partial \boldsymbol{u}}{\partial x^i}\boldsymbol{g}^i-\boldsymbol{v}\cdot\boldsymbol{g}^i\frac{\partial \boldsymbol{u}}{\partial x^i}+\boldsymbol{u}\cdot(\nabla\boldsymbol{v})+\boldsymbol{v}\cdot(\nabla\boldsymbol{u})$$

$$=\boldsymbol{u}\cdot\frac{\partial \boldsymbol{v}}{\partial x^i}\boldsymbol{g}^i+\boldsymbol{v}\cdot\frac{\partial \boldsymbol{u}}{\partial x^i}\boldsymbol{g}^i$$

所以 $\nabla(\boldsymbol{u}\cdot\boldsymbol{v})=\boldsymbol{u}\times(\nabla\times\boldsymbol{v})+\boldsymbol{v}\times(\nabla\times\boldsymbol{u})+\boldsymbol{u}\cdot(\nabla\boldsymbol{v})+\boldsymbol{v}\cdot(\nabla\boldsymbol{u})$

4.9 证明 $\nabla\times(\boldsymbol{u}\times\boldsymbol{v})=\boldsymbol{g}^i\times\frac{\partial}{\partial x^i}(\boldsymbol{u}\times\boldsymbol{v})=\boldsymbol{g}^i\times\left(\frac{\partial \boldsymbol{u}}{\partial x^i}\times\boldsymbol{v}\right)+\boldsymbol{g}^i\times\left(\boldsymbol{u}\times\frac{\partial \boldsymbol{v}}{\partial x^i}\right)$

$$=(\boldsymbol{g}^i\cdot\boldsymbol{v})\frac{\partial \boldsymbol{u}}{\partial x^i}-\left(\boldsymbol{g}^i\cdot\frac{\partial \boldsymbol{u}}{\partial x^i}\right)\boldsymbol{v}+\left(\boldsymbol{g}^i\cdot\frac{\partial \boldsymbol{v}}{\partial x^i}\right)\boldsymbol{u}-(\boldsymbol{g}^i\cdot\boldsymbol{u})\frac{\partial \boldsymbol{v}}{\partial x^i}$$

$$=\boldsymbol{v}\cdot\left(\boldsymbol{g}^i\frac{\partial \boldsymbol{u}}{\partial x^i}\right)-\boldsymbol{v}\left(\boldsymbol{g}^i\cdot\frac{\partial \boldsymbol{u}}{\partial x^i}\right)+\boldsymbol{u}\left(\boldsymbol{g}^i\cdot\frac{\partial \boldsymbol{v}}{\partial x^i}\right)-\boldsymbol{u}\cdot\left(\boldsymbol{g}^i\frac{\partial \boldsymbol{v}}{\partial x^i}\right)$$

$$=\boldsymbol{v}\cdot(\nabla\boldsymbol{u})-\boldsymbol{v}(\nabla\cdot\boldsymbol{u})+\boldsymbol{u}(\nabla\cdot\boldsymbol{v})-\boldsymbol{u}\cdot(\nabla\boldsymbol{v})$$

4.10 证明 $\nabla\cdot(\varphi\boldsymbol{T})=\boldsymbol{g}^i\cdot\frac{\partial}{\partial x^i}(\varphi\boldsymbol{T})=\boldsymbol{g}^i\cdot\left(\frac{\partial\varphi}{\partial x^i}\boldsymbol{T}\right)+\varphi\left(\boldsymbol{g}^i\cdot\frac{\partial\boldsymbol{T}}{\partial x^i}\right)$

$$=\boldsymbol{T}^{\mathrm{T}}\cdot\boldsymbol{g}^i\frac{\partial\varphi}{\partial x^i}+\varphi\left(\boldsymbol{g}^i\cdot\frac{\partial\boldsymbol{T}}{\partial x^i}\right)=\boldsymbol{T}^{\mathrm{T}}\cdot\nabla\varphi+\varphi(\nabla\cdot\boldsymbol{T})$$

4.11 证法 1 $\nabla\times(\varphi\boldsymbol{v})=\epsilon^{ijk}\nabla_i(\varphi v_j)\boldsymbol{g}_k=\epsilon^{ijk}[(\nabla_i\varphi)v_j+\varphi(\nabla_i v_j)]\boldsymbol{g}_k$

$$=(\nabla\varphi)\times\boldsymbol{v}+\varphi(\nabla\times\boldsymbol{v})$$

证法 2 $\nabla\times(\varphi\boldsymbol{v})=\boldsymbol{g}^i\times\frac{\partial}{\partial x^i}(\varphi\boldsymbol{v})=\boldsymbol{g}^i\times\left(\frac{\partial\varphi}{\partial x^i}\boldsymbol{v}+\varphi\frac{\partial\boldsymbol{v}}{\partial x^i}\right)=\frac{\partial\varphi}{\partial x^i}\boldsymbol{g}^i\times\boldsymbol{v}+\varphi\boldsymbol{g}^i\times\frac{\partial\boldsymbol{v}}{\partial x^i}$

$$=(\varphi\nabla)\times\boldsymbol{v}+\varphi(\nabla\times\boldsymbol{v})=(\nabla\varphi)\times\boldsymbol{v}+\varphi(\nabla\times\boldsymbol{v})$$

4.12 证明 $\nabla\times\nabla\varphi=\boldsymbol{\epsilon}:\nabla(\nabla\varphi)=\epsilon^{ijk}\varphi_{;jk}\boldsymbol{g}_i=\boldsymbol{0}$

$\left(\text{因为}\epsilon^{ijk}=-\epsilon^{ikj},\ \varphi_{;jk}=\frac{\partial^2\varphi}{\partial x^j\partial x^k}-\frac{\partial\varphi}{\partial x^m}\Gamma^m_{jk}=\varphi_{;kj}\text{。}\right)$

4.13 证法 1 $\nabla\cdot(\nabla\times\boldsymbol{u})=\nabla_i(\epsilon^{ijk}\nabla_j u_k)=\nabla_i[\epsilon^{ijk}(\partial_j u_k-u_m\Gamma^m_{jk})]$

$$=\epsilon^{ijk}\left(\frac{\partial^2 u_k}{\partial x^i\partial x^j}-\frac{\partial u_m}{\partial x^j}\Gamma^m_{ik}-\frac{\partial u_k}{\partial x^m}\Gamma^m_{ij}\right)=0$$

$\left(\text{因为}\epsilon^{ijk}\text{关于任意两个指标反对称},\Gamma^m_{ik}\text{关于}i,k\text{对称},\Gamma^m_{ij}\text{关于}i,j\text{对称},\frac{\partial^2 u_k}{\partial x^i\partial x^j}\text{关于}i,j\right.$

$\left.\text{对称。}\right)$

证法 2 $\nabla\cdot(\nabla\times\boldsymbol{u})=\boldsymbol{g}^i\cdot\frac{\partial}{\partial x^i}\left(\boldsymbol{g}^j\times\frac{\partial\boldsymbol{u}}{\partial x^j}\right)=\boldsymbol{g}^i\cdot\left(-\Gamma^j_{ik}\boldsymbol{g}^k\times\frac{\partial\boldsymbol{u}}{\partial x^j}+\boldsymbol{g}^j\times\frac{\partial^2\boldsymbol{u}}{\partial x^i\partial x^j}\right)$

$$=-\Gamma^j_{ik}(\boldsymbol{g}^i\times\boldsymbol{g}^k)\cdot\frac{\partial\boldsymbol{u}}{\partial x^j}+\frac{\partial^2\boldsymbol{u}}{\partial x^i\partial x^j}\cdot(\boldsymbol{g}^i\times\boldsymbol{g}^j)=0+0=0$$

4.14 证明 左端 $=\nabla\times(\nabla\times\boldsymbol{u})=\boldsymbol{g}^i\times\frac{\partial}{\partial x^i}\left(\boldsymbol{g}^j\times\frac{\partial\boldsymbol{u}}{\partial x^j}\right)$

$$=\boldsymbol{g}^i\times\left(\frac{\partial\boldsymbol{g}^j}{\partial x^i}\times\frac{\partial\boldsymbol{u}}{\partial x^j}\right)+\boldsymbol{g}^i\times\left[\boldsymbol{g}^j\times\frac{\partial}{\partial x^i}\left(\frac{\partial\boldsymbol{u}}{\partial x^j}\right)\right]$$

$$=\frac{\partial\boldsymbol{g}^j}{\partial x^i}\left(\boldsymbol{g}^i\cdot\frac{\partial\boldsymbol{u}}{\partial x^j}\right)-\frac{\partial\boldsymbol{u}}{\partial x^j}\left(\boldsymbol{g}^i\cdot\frac{\partial\boldsymbol{g}^j}{\partial x^i}\right)+\boldsymbol{g}^j\left[\boldsymbol{g}^i\cdot\frac{\partial}{\partial x^i}\left(\frac{\partial\boldsymbol{u}}{\partial x^j}\right)\right]-\frac{\partial^2\boldsymbol{u}}{\partial x^i\partial x^j}(\boldsymbol{g}^i\cdot\boldsymbol{g}^j)$$

右端$=\nabla(\nabla\cdot\boldsymbol{u})-\nabla\cdot(\nabla\boldsymbol{u})=\boldsymbol{g}^i\ \dfrac{\partial}{\partial x^i}\left(\boldsymbol{g}^j\cdot\dfrac{\partial\boldsymbol{u}}{\partial x^j}\right)-\boldsymbol{g}^i\cdot\dfrac{\partial}{\partial x^i}\left(\boldsymbol{g}^j\ \dfrac{\partial\boldsymbol{u}}{\partial x^j}\right)$

$$=\boldsymbol{g}^i\left(\frac{\partial\boldsymbol{g}^j}{\partial x^i}\cdot\frac{\partial\boldsymbol{u}}{\partial x^j}\right)+\boldsymbol{g}^i\left[\boldsymbol{g}^j\cdot\frac{\partial}{\partial x^i}\left(\frac{\partial\boldsymbol{u}}{\partial x^j}\right)\right]-\frac{\partial\boldsymbol{u}}{\partial x^j}\left(\boldsymbol{g}^i\cdot\frac{\partial\boldsymbol{g}^j}{\partial x^i}\right)-(\boldsymbol{g}^i\cdot\boldsymbol{g}^j)\frac{\partial^2\boldsymbol{u}}{\partial x^i\partial x^j}$$

左端$-$右端$=\nabla\times(\nabla\times\boldsymbol{u})-[\nabla(\nabla\cdot\boldsymbol{u})-\nabla\cdot(\nabla\boldsymbol{u})]$

$$=\left\{\boldsymbol{g}^j\left[\boldsymbol{g}^i\cdot\frac{\partial}{\partial x^i}\left(\frac{\partial\boldsymbol{u}}{\partial x^j}\right)\right]-\boldsymbol{g}^i\left[\boldsymbol{g}^j\cdot\frac{\partial}{\partial x^i}\left(\frac{\partial\boldsymbol{u}}{\partial x^j}\right)\right]\right\}+\left\{\frac{\partial\boldsymbol{g}^j}{\partial x^i}\left(\boldsymbol{g}^i\cdot\frac{\partial\boldsymbol{u}}{\partial x^j}\right)-\boldsymbol{g}^i\left(\frac{\partial\boldsymbol{g}^j}{\partial x^i}\cdot\frac{\partial\boldsymbol{u}}{\partial x^j}\right)\right\}$$

$=$ ① $+$ ②

其中：② $=\dfrac{\partial\boldsymbol{g}^j}{\partial x^i}\left(\boldsymbol{g}^i\cdot\dfrac{\partial\boldsymbol{u}}{\partial x^j}\right)-\boldsymbol{g}^i\left(\dfrac{\partial\boldsymbol{g}^j}{\partial x^i}\cdot\dfrac{\partial\boldsymbol{u}}{\partial x^j}\right)=\dfrac{\partial\boldsymbol{u}}{\partial x^j}\times\left(\dfrac{\partial\boldsymbol{g}^j}{\partial x^i}\times\boldsymbol{g}^i\right)=-\dfrac{\partial\boldsymbol{u}}{\partial x^j}\times(\Gamma^j_{im}\boldsymbol{g}^m\times\boldsymbol{g}^i)$

$$=-\frac{\partial\boldsymbol{u}}{\partial x^j}\times(\Gamma^j_{im}\epsilon^{mik}\boldsymbol{g}_k)=\boldsymbol{0}$$

(因为 Γ^j_{im} 关于指标 i,m 对称，ϵ^{mik} 关于指标 i,m 反对称，$\Gamma^j_{im}\epsilon^{mik}\boldsymbol{g}_k=\boldsymbol{0}(j=1,2,3)$。)

分析①：$\boldsymbol{g}^j\left[\boldsymbol{g}^i\cdot\dfrac{\partial}{\partial x^i}\left(\dfrac{\partial\boldsymbol{u}}{\partial x^j}\right)\right]-\boldsymbol{g}^i\left[\boldsymbol{g}^j\cdot\dfrac{\partial}{\partial x^i}\left(\dfrac{\partial\boldsymbol{u}}{\partial x^j}\right)\right]$

因为 $\dfrac{\partial\boldsymbol{u}}{\partial x^j}=\boldsymbol{g}_j\cdot\nabla\boldsymbol{u}=\nabla_j u^k\boldsymbol{g}_k$，设 $\boldsymbol{S}=\nabla\boldsymbol{u}=\nabla_j u^k\ \boldsymbol{g}^j\ \boldsymbol{g}_k$，$\quad\dfrac{\partial\boldsymbol{u}}{\partial x^j}=\boldsymbol{g}_j\cdot\boldsymbol{S}$，所以

$$\frac{\partial}{\partial x^i}\left(\frac{\partial\boldsymbol{u}}{\partial x^j}\right)=\boldsymbol{g}_i\cdot(\boldsymbol{g}_j\cdot\nabla\boldsymbol{S})=\nabla_i\nabla_j u^k\boldsymbol{g}_k$$

$$\boldsymbol{g}^j\left[\boldsymbol{g}^i\cdot\frac{\partial}{\partial x^i}\left(\frac{\partial\boldsymbol{u}}{\partial x^j}\right)\right]=\nabla_i\nabla_j u^i\ \boldsymbol{g}^j,\qquad \boldsymbol{g}^i\left[\boldsymbol{g}^j\cdot\frac{\partial}{\partial x^i}\left(\frac{\partial\boldsymbol{u}}{\partial x^j}\right)\right]=\nabla_i\nabla_j u^j\ \boldsymbol{g}^i=\nabla_j\nabla_i u^i\ \boldsymbol{g}^j$$

仅当 $\nabla_i\nabla_j u^k-\nabla_j\nabla_i u^k=0$ 时(欧氏空间)，

① $=\boldsymbol{g}^j\left[\boldsymbol{g}^i\cdot\dfrac{\partial}{\partial x^i}\left(\dfrac{\partial\boldsymbol{u}}{\partial x^j}\right)\right]-\boldsymbol{g}^i\left[\boldsymbol{g}^j\cdot\dfrac{\partial}{\partial x^i}\left(\dfrac{\partial\boldsymbol{u}}{\partial x^j}\right)\right]=\boldsymbol{0}$

在欧氏空间：$\qquad\nabla\times(\nabla\times\boldsymbol{u})-[\nabla(\nabla\cdot\boldsymbol{u})-\nabla\cdot(\nabla\boldsymbol{u})]=\boldsymbol{0}$

若已知 $\nabla\times\boldsymbol{u}=\boldsymbol{0}$，$\nabla\cdot\boldsymbol{u}=0$，此时 $\nabla\cdot(\nabla\boldsymbol{u})=\boldsymbol{0}$，$\boldsymbol{u}$ 是调和函数。

4.15 $\quad\mathrm{grad}\phi=\displaystyle\sum_{i=1}^{3}\frac{1}{A_i}\frac{\partial\phi}{\partial x^i}\boldsymbol{e}_i$ (指标 i 不是哑指标，仅在最终按求和号 $\sum_{i=1}^{3}$ 求和。)

$\mathrm{div}\boldsymbol{F}=\dfrac{1}{A_1A_2A_3}\displaystyle\sum_{k=1}^{3}\frac{\partial}{\partial x^k}\left(\frac{A_1A_2A_3F^{(k)}}{A_k}\right)$ (指标 k 不是哑指标，仅在最终按求和号 $\sum_{k=1}^{3}$ 求和。)

$$\mathrm{curl}\boldsymbol{F}=\frac{\boldsymbol{e}_1}{A_2A_3}\left[\frac{\partial(A_3F^{(3)})}{\partial x^2}-\frac{\partial(A_2F^{(2)})}{\partial x^3}\right]+\frac{\boldsymbol{e}_2}{A_3A_1}\left[\frac{\partial(A_1F^{(1)})}{\partial x^3}-\frac{\partial(A_3F^{(3)})}{\partial x^1}\right]+\frac{\boldsymbol{e}_3}{A_1A_2}\left[\frac{\partial(A_2F^{(2)})}{\partial x^1}-\frac{\partial(A_1F^{(1)})}{\partial x^2}\right]$$

$$\nabla^2\phi=\frac{1}{A_1A_2A_3}\left[\frac{\partial}{\partial x^1}\left(\frac{A_2A_3\phi}{A_1}\right)+\frac{\partial}{\partial x^2}\left(\frac{A_3A_1\phi}{A_2}\right)+\frac{\partial}{\partial x^3}\left(\frac{A_1A_2\phi}{A_3}\right)\right]$$

4.16 $\quad\Gamma^\theta_{\theta r}=\Gamma^\theta_{r\theta}=\dfrac{1}{r}$，$\quad\Gamma^r_{\theta\theta}=-r$，其余为零

$$\mathrm{grad}\phi=\frac{\partial\phi}{\partial r}\boldsymbol{e}_r+\frac{\partial\phi}{r\partial\theta}\boldsymbol{e}_\theta+\frac{\partial\phi}{\partial z}\boldsymbol{e}_z$$

$$\operatorname{div}\boldsymbol{F}=\frac{1}{r}\frac{\partial(rF_r)}{\partial r}+\frac{1}{r}\frac{\partial F_\theta}{\partial\theta}+\frac{\partial F_z}{\partial z}$$

$$\operatorname{curl}\boldsymbol{F}=\left(\frac{\partial F_z}{r\partial\theta}-\frac{\partial F_\theta}{\partial z}\right)\boldsymbol{e}_r+\left(\frac{\partial F_r}{\partial z}-\frac{\partial F_z}{\partial r}\right)\boldsymbol{e}_\theta+\frac{1}{r}\left(\frac{\partial(rF_\theta)}{\partial r}-\frac{\partial F_r}{\partial\theta}\right)\boldsymbol{e}_z$$

$$\nabla^2\phi=\frac{\partial^2\phi}{\partial r^2}+\frac{\partial\phi}{r\partial r}+\frac{\partial^2\phi}{r^2\partial\theta^2}+\frac{\partial^2\phi}{\partial z^2}$$

4.17 $\Gamma^\theta_{\theta r}=\Gamma^\theta_{r\theta}=\dfrac{1}{r}$， $\Gamma^\varphi_{\varphi r}=\Gamma^\varphi_{r\varphi}=\dfrac{1}{r}$， $\Gamma^\varphi_{\varphi\theta}=\Gamma^\varphi_{\theta\varphi}=\cot\theta$

$\Gamma^r_{\theta\theta}=-r$， $\Gamma^r_{\varphi\varphi}=-r\sin^2\theta$， $\Gamma^\theta_{\varphi\varphi}=-\sin\theta\cos\theta$， 其余为零

$$\operatorname{grad}\phi=\frac{\partial\phi}{\partial r}\boldsymbol{e}_r+\frac{\partial\phi}{r\partial\theta}\boldsymbol{e}_\theta+\frac{1}{r\sin\theta}\frac{\partial\phi}{\partial\varphi}\boldsymbol{e}_\varphi$$

$$\operatorname{div}\boldsymbol{F}=\frac{1}{r^2}\frac{\partial(r^2F_r)}{\partial r}+\frac{1}{r\sin\theta}\frac{\partial(F_\theta\sin\theta)}{\partial\theta}+\frac{1}{r\sin\theta}\frac{\partial F_\varphi}{\partial\varphi}$$

$$\operatorname{curl}\boldsymbol{F}=\frac{1}{r\sin\theta}\left(\frac{\partial(F_\varphi\sin\theta)}{\partial\theta}-\frac{\partial F_\theta}{\partial\varphi}\right)\boldsymbol{e}_r+\left(\frac{1}{r\sin\theta}\frac{\partial F_r}{\partial\varphi}-\frac{\partial(rF_\varphi)}{r\partial r}\right)\boldsymbol{e}_\theta+\frac{1}{r}\left(\frac{\partial(rF_\theta)}{\partial r}-\frac{\partial F_r}{\partial\theta}\right)\boldsymbol{e}_\varphi$$

$$\nabla^2\phi=\frac{1}{r^2}\frac{\partial}{\partial r}\left(r^2\frac{\partial\phi}{\partial r}\right)+\frac{1}{r^2\sin\theta}\frac{\partial}{\partial\theta}\left(\frac{\partial\phi}{\partial\theta}\sin\theta\right)+\frac{1}{r^2\sin^2\theta}\frac{\partial^2\phi}{\partial\varphi^2}$$

4.18 (1) $A=1$， $B=1+\dfrac{n}{R(s)}$

(2) $\boldsymbol{g}_1=\boldsymbol{e}_n$， $\boldsymbol{g}_2=\left(1+\dfrac{n}{R(s)}\right)\boldsymbol{e}_s$， $\boldsymbol{g}^1=\boldsymbol{e}_n$，$\boldsymbol{g}^2=\dfrac{R(s)}{R(s)+n}\boldsymbol{e}_s$

(3) $u_1=u_n$， $u_2=\left(1+\dfrac{n}{R(s)}\right)u_s$， $u^1=u_n$， $u^2=\dfrac{R(s)}{R(s)+n}u_s$

(4) $\Gamma^2_{12}=\Gamma^2_{21}=\dfrac{1}{R(s)+n}$， $\Gamma^1_{22}=-\dfrac{R(s)+n}{R^2(s)}$， $\Gamma^2_{22}=-\dfrac{nR'(s)}{R(s)[R(s)+n]}$， 其余为零

(5) $\nabla f=\dfrac{\partial f}{\partial n}\boldsymbol{e}_n+\dfrac{R(s)}{R(s)+n}\dfrac{\partial f}{\partial s}\boldsymbol{e}_s$， $\nabla\cdot\boldsymbol{u}=\dfrac{\partial u_n}{\partial n}+\dfrac{u_n}{R(s)+n}+\dfrac{R(s)}{R(s)+n}\dfrac{\partial u_s}{\partial s}$

$$\nabla^2f=\frac{\partial^2f}{\partial n^2}+\frac{R^2(s)}{[R(s)+n]^2}\frac{\partial^2f}{\partial s^2}+\frac{1}{[R(s)+n]}\frac{\partial f}{\partial n}+\frac{nR(s)R'(s)}{[R(s)+n]^3}\frac{\partial f}{\partial s}$$

$\nabla\times\boldsymbol{u}=\left[\dfrac{\partial u_s}{\partial n}-\dfrac{R(s)}{R(s)+n}\dfrac{\partial u_n}{\partial s}+\dfrac{u_s}{R(s)+n}\right]\boldsymbol{g}_3$ （$\boldsymbol{g}_3$ 为垂直于平面的单位矢量）

4.19 (1) $\boldsymbol{g}_1=a\boldsymbol{i}+a\sqrt{\dfrac{x^2}{x^1}}\boldsymbol{j}$， $\boldsymbol{g}^1=\dfrac{1}{a(x^1+x^2)}(x^1\boldsymbol{i}+\sqrt{x^1x^2}\boldsymbol{j})$

$\boldsymbol{g}_2=-a\boldsymbol{i}+a\sqrt{\dfrac{x^1}{x^2}}\boldsymbol{j}$， $\boldsymbol{g}^2=\dfrac{1}{a(x^1+x^2)}(-x^2\boldsymbol{i}+\sqrt{x^1x^2}\boldsymbol{j})$， $\boldsymbol{g}_3=\boldsymbol{k}$， $\boldsymbol{g}^3=\boldsymbol{k}$

$g_{11}=1/g^{11}=\dfrac{(a)^2}{x^1}(x^1+x^2)$， $g_{22}=1/g^{22}=\dfrac{(a)^2}{x^2}(x^1+x^2)$， $g_{33}=1$

$$\sqrt{g}=\frac{(a)^2(x^1+x^2)}{\sqrt{x^1x^2}}$$

(2) $u_1=a\sqrt{1+\dfrac{x^2}{x^1}}u\langle1\rangle$， $u_2=a\sqrt{1+\dfrac{x^1}{x^2}}u\langle2\rangle$， $u_3=u^3=u\langle3\rangle$

$u^1=\dfrac{u\langle1\rangle}{a\sqrt{1+x^2/x^1}}$， $u^2=\dfrac{u\langle2\rangle}{a\sqrt{1+x^1/x^2}}$

(3) $\Gamma_{11}^{1}=-\dfrac{x^{2}}{2x^{1}(x^{1}+x^{2})}$, $\quad\Gamma_{11}^{2}=-\dfrac{x^{2}}{2x^{1}(x^{1}+x^{2})}$

$\Gamma_{22}^{1}=-\dfrac{x^{1}}{2x^{2}(x^{1}+x^{2})}$, $\quad\Gamma_{22}^{2}=-\dfrac{x^{1}}{2x^{2}(x^{1}+x^{2})}$

$\Gamma_{12}^{1}=\Gamma_{21}^{1}=\dfrac{1}{2(x^{1}+x^{2})}$, $\quad\Gamma_{12}^{2}=\Gamma_{21}^{2}=\dfrac{1}{2(x^{1}+x^{2})}$, 其余为零

(4) $\nabla f=\dfrac{1}{a(x^{1}+x^{2})}\left[\left(x^{1}\dfrac{\partial f}{\partial x^{1}}-x^{2}\dfrac{\partial f}{\partial x^{2}}\right)\boldsymbol{i}+\sqrt{x^{1}x^{2}}\left(\dfrac{\partial f}{\partial x^{1}}+\dfrac{\partial f}{\partial x^{2}}\right)\right]\boldsymbol{j}+\dfrac{\partial f}{\partial x^{3}}\boldsymbol{k}$

$$\nabla\cdot\boldsymbol{u}=\frac{\partial u^{1}}{\partial x^{1}}+\frac{\partial u^{2}}{\partial x^{2}}+\frac{\partial u^{3}}{\partial x^{3}}+u^{1}\frac{x^{1}-x^{2}}{2x^{1}(x^{1}+x^{2})}+u^{2}\frac{x^{2}-x^{1}}{2x^{2}(x^{1}+x^{2})}$$

$$\nabla\times\boldsymbol{u}=\frac{\sqrt{x^{1}x^{2}}}{a(x^{1}+x^{2})}\left\{\left[\frac{\partial u^{3}}{\partial x^{2}}-\frac{\partial u^{2}}{\partial x^{3}}-\frac{\partial u^{1}}{\partial x^{3}}+\frac{\partial u^{3}}{\partial x^{1}}\right]\boldsymbol{i}\right.$$

$$\left.+\left[\sqrt{\frac{x^{2}}{x^{1}}}\left(\frac{\partial u^{3}}{\partial x^{2}}-\frac{\partial u^{2}}{\partial x^{3}}\right)+\sqrt{\frac{x^{1}}{x^{2}}}\left(\frac{\partial u^{1}}{\partial x^{3}}-\frac{\partial u^{3}}{\partial x^{1}}\right)\right]\boldsymbol{j}+\frac{1}{a}\left(\frac{\partial u^{2}}{\partial x^{1}}-\frac{\partial u^{1}}{\partial x^{2}}\right)\boldsymbol{k}\right\}$$

$$\nabla^{2}f=\frac{1}{(a)^{2}(x^{1}+x^{2})}\left[x^{1}\frac{\partial^{2}f}{(\partial x^{1})^{2}}+x^{2}\frac{\partial^{2}f}{(\partial x^{2})^{2}}\right)+\frac{1}{2}\left(\frac{\partial f}{\partial x^{1}}+\frac{\partial f}{\partial x^{2}}\right)\right]+\frac{\partial^{2}f}{(\partial x^{3})^{2}}$$

4.20 证明 取任一闭合表面 a 所包围的微小体元 v,所受体力与面力之合力与该微元之加速度满足:

$$\int_{v}\rho\boldsymbol{f}\,\mathrm{d}v-\oint_{a}p\,\mathrm{d}\boldsymbol{a}=\int_{v}\rho\boldsymbol{w}\,\mathrm{d}v,\text{由 Green 公式}:\oint_{a}p\,\mathrm{d}\boldsymbol{a}=\int_{v}\nabla p\,\mathrm{d}v$$

所以 $\int_{v}(\rho\boldsymbol{f}-\nabla p)\mathrm{d}v=\int_{v}\rho\boldsymbol{w}\mathrm{d}v$,该微元 v 可取任意小,微分方程 $\rho\boldsymbol{w}=\rho\boldsymbol{f}-\nabla p$,得证。

4.21 读者按 4.5.3 节所给方法自行证明。

4.22 证明 因为

$$\begin{aligned}&\nabla\cdot[\varphi(\nabla\psi)]-\nabla\cdot[\psi(\nabla\varphi)]\\&=\boldsymbol{g}^{i}\cdot\frac{\partial}{\partial x^{i}}[\varphi(\nabla\psi)]-\boldsymbol{g}^{i}\cdot\frac{\partial}{\partial x^{i}}[\psi(\nabla\varphi)]\\&=\boldsymbol{g}^{i}\cdot\frac{\partial\varphi}{\partial x^{i}}(\nabla\psi)+\varphi\boldsymbol{g}^{i}\cdot\frac{\partial(\nabla\psi)}{\partial x^{i}}-\boldsymbol{g}^{i}\cdot\frac{\partial\psi}{\partial x^{i}}(\nabla\varphi)-\psi\boldsymbol{g}^{i}\cdot\frac{\partial(\nabla\varphi)}{\partial x^{i}}\\&=\frac{\partial\varphi}{\partial x^{i}}\boldsymbol{g}^{i}\cdot(\nabla\psi)-\frac{\partial\psi}{\partial x^{i}}\boldsymbol{g}^{i}\cdot(\nabla\varphi)+\varphi[\nabla\cdot(\nabla\psi)]-\psi[\nabla\cdot(\nabla\varphi)]\\&=(\nabla\varphi)\cdot(\nabla\psi)-(\nabla\psi)\cdot(\nabla\varphi)+\varphi(\nabla^{2}\psi)-\psi(\nabla^{2}\varphi)=\varphi(\nabla^{2}\psi)-\psi(\nabla^{2}\varphi)\end{aligned}$$

由 Green 公式:

$$\int_{v}\nabla\cdot\{[\varphi(\nabla\psi)]-[\psi(\nabla\varphi)]\}\mathrm{d}v=\oint_{a}\{[\varphi(\nabla\psi)]-[\psi(\nabla\varphi)]\}\cdot\mathrm{d}\boldsymbol{a}$$

所以

$$\int_{v}[\varphi(\nabla^{2}\psi)-\psi(\nabla^{2}\varphi)]\mathrm{d}v=\oint_{a}[\varphi(\nabla\psi)-\psi(\nabla\varphi)]\cdot\mathrm{d}\boldsymbol{a}$$

4.23 证明 利用 Stokes 公式和 4.12 题已证恒等式:

$$\oint_{f}(\nabla\varphi)\cdot\mathrm{d}\boldsymbol{f}=\iint_{a}[\nabla\times(\nabla\varphi)]\cdot\mathrm{d}\boldsymbol{a}=0$$

4.24 $\boldsymbol{\rho}=z\tan\alpha\sin\theta\boldsymbol{i}+z\tan\alpha\cos\theta\boldsymbol{j}+z\boldsymbol{k}$; $\quad g_{11}=\sec^{2}\alpha=\dfrac{1}{\cos^{2}\alpha}$, $\quad g_{22}=z^{2}\tan^{2}\alpha$

$\Gamma^2_{12}=\Gamma^2_{21}=1/z$， $\Gamma^1_{22}=-z\sin^2\alpha$， 其余为零；

$R^1{}_{\cdot 212}=0$

4.25 证明 (1)必要性：即已知$\boldsymbol{g}_{(i)}$为完整系，证明$\beta^{(i)}_{j},_k=\beta^{(i)}_{k},_j$：

$\boldsymbol{g}_{(i)}$为完整系则存在$x^{(i)}$，使$\boldsymbol{g}_{(i)}=\dfrac{\partial \boldsymbol{r}}{\partial x^{(i)}}$； $\boldsymbol{g}_{(i)}$与某一完整系中的基矢量$\boldsymbol{g}_j$有转换关系$\boldsymbol{g}_j=\beta^{(i)}_j\boldsymbol{g}_{(i)}$，其中：$\beta^{(i)}_j=\dfrac{\partial x^{(i)}}{\partial x^j}$，则

$$\frac{\partial\beta^{(i)}_j}{\partial x^k}=\frac{\partial^2x^{(i)}}{\partial x^k\partial x^j}=\frac{\partial^2x^{(i)}}{\partial x^j\partial x^k}=\frac{\partial\beta^{(i)}_k}{\partial x^j}$$

(2) 充分性：即已知$\beta^{(i)}_{j,k}=\beta^{(i)}_{k,j}$，证明存在曲线坐标系$x^{(i)}$，使$\beta^{(i)}_j=\dfrac{\partial x^{(i)}}{\partial x^j}$：

设$\mathrm{d}a^{(i)}=\beta^{(i)}_j\mathrm{d}x^j$，在单连通域：$a^{(i)}$为全微分的必要且充分条件为所给条件$\beta^{(i)}_{j},_k=\beta^{(i)}_{k},_j$，故$a^{(i)}=\displaystyle\int\beta^{(i)}_j\mathrm{d}x^j\,(i=1,2,3)$为$x^j\,(j=1,2,3)$的函数。

定义新坐标$x^{(i)}$，使$x^{(i)}=a^{(i)}$，必有：$\dfrac{\partial x^{(i)}}{\partial x^j}=\dfrac{\partial a^{(i)}}{\partial x^j}=\beta^{(i)}_j$。

4.26 圆柱坐标系(r,θ,z)中用物理分量表示的平衡方程：

$$\frac{\partial p_{rr}}{\partial r}+\frac{\partial p_{r\theta}}{r\partial\theta}+\frac{\partial p_{rz}}{\partial z}+\frac{1}{r}(p_{rr}-p_{\theta\theta})+\rho f_r=0$$

$$\frac{\partial p_{\theta r}}{\partial r}+\frac{\partial p_{\theta\theta}}{r\partial\theta}+\frac{\partial p_{\theta z}}{\partial z}+2\frac{p_{\theta r}}{r}+\rho f_\theta=0$$

$$\frac{\partial p_{zr}}{\partial r}+\frac{\partial p_{z\theta}}{r\partial\theta}+\frac{\partial p_{zz}}{\partial z}+\frac{p_{zr}}{r}+\rho f_z=0$$

4.27 球坐标系(r,θ,φ)中用物理分量表示的平衡方程：

$$\frac{\partial p_{rr}}{\partial r}+\frac{\partial p_{r\theta}}{r\partial\theta}+\frac{1}{r\sin\theta}\frac{\partial p_{r\varphi}}{\partial\varphi}+\frac{1}{r}(2p_{rr}-p_{\theta\theta}-p_{\varphi\varphi}+p_{r\theta}\cot\theta)+\rho f_r=0$$

$$\frac{\partial p_{\theta r}}{\partial r}+\frac{\partial p_{\theta\theta}}{r\partial\theta}+\frac{1}{r\sin\theta}\frac{\partial p_{\theta\varphi}}{\partial\varphi}+\frac{1}{r}[3p_{\theta r}+(p_{\theta\theta}-p_{\varphi\varphi})\cot\theta]+\rho f_\theta=0$$

$$\frac{\partial p_{\varphi r}}{\partial r}+\frac{\partial p_{\varphi\theta}}{r\partial\theta}+\frac{1}{r\sin\theta}\frac{\partial p_{\varphi\varphi}}{\partial\varphi}+\frac{1}{r}(3p_{\varphi r}+2p_{\varphi\theta}\cot\theta)+\rho f_\varphi=0$$

4.28 任意正交曲线坐标系中用物理分量表示的平衡方程：

$$\frac{1}{A_1A_2A_3}\left[\frac{\partial}{\partial x^1}(A_2A_3p\langle 11\rangle)+\frac{\partial}{\partial x^2}(A_3A_1p\langle 12\rangle)+\frac{\partial}{\partial x^3}(A_1A_2p\langle 13\rangle)+A_2\frac{\partial A_1}{\partial x^3}p\langle 31\rangle\right.$$
$$\left.+A_3\frac{\partial A_1}{\partial x^2}p\langle 21\rangle-A_3\frac{\partial A_2}{\partial x^1}p\langle 22\rangle-A_2\frac{\partial A_3}{\partial x^1}p\langle 33\rangle-\rho f\langle 1\rangle\right]=0$$

$$\frac{1}{A_1A_2A_3}\left[\frac{\partial}{\partial x^1}(A_2A_3p\langle 21\rangle)+\frac{\partial}{\partial x^2}(A_3A_1p\langle 22\rangle)+\frac{\partial}{\partial x^3}(A_1A_2p\langle 23\rangle)+A_3\frac{\partial A_2}{\partial x^1}p\langle 12\rangle\right.$$
$$\left.+A_1\frac{\partial A_2}{\partial x^3}p\langle 32\rangle-A_1\frac{\partial A_3}{\partial x^2}p\langle 33\rangle-A_3\frac{\partial A_1}{\partial x^2}p\langle 11\rangle-\rho f\langle 2\rangle\right]=0$$

$$\frac{1}{A_1A_2A_3}\left[\frac{\partial}{\partial x^1}(A_2A_3p\langle 31\rangle)+\frac{\partial}{\partial x^2}(A_3A_1p\langle 32\rangle)+\frac{\partial}{\partial x^3}(A_1A_2p\langle 33\rangle)+A_1\frac{\partial A_3}{\partial x^2}p\langle 23\rangle\right.$$
$$\left.+A_2\frac{\partial A_3}{\partial x^1}p\langle 13\rangle-A_2\frac{\partial A_1}{\partial x^3}p\langle 11\rangle-A_1\frac{\partial A_2}{\partial x^3}p\langle 22\rangle-\rho f\langle 3\rangle\right]=0$$

4.29 小位移情况下圆柱坐标系中用物理分量表示的应变与位移的几何关系:

$$\varepsilon_{rr}=\frac{\partial u_r}{\partial r},\quad \varepsilon_{\theta\theta}=\frac{\partial u_\theta}{r\partial\theta}+\frac{u_r}{r},\quad \varepsilon_{zz}=\frac{\partial u_z}{\partial z}$$

$$\varepsilon_{r\theta}=\varepsilon_{\theta r}=\frac{1}{2}\left(\frac{\partial u_r}{r\partial\theta}+\frac{\partial u_\theta}{\partial r}-\frac{u_\theta}{r}\right),\quad \varepsilon_{z\theta}=\varepsilon_{\theta z}=\frac{1}{2}\left(\frac{\partial u_\theta}{\partial z}+\frac{\partial u_z}{r\partial\theta}\right),\quad \varepsilon_{rz}=\varepsilon_{zr}=\frac{1}{2}\left(\frac{\partial u_r}{\partial z}+\frac{\partial u_z}{\partial r}\right)$$

4.30 小位移情况下球坐标系中用物理分量表示的应变与位移的几何关系:

$$\varepsilon_{rr}=\frac{\partial u_r}{\partial r},\qquad \varepsilon_{\theta\theta}=\frac{\partial u_\theta}{r\partial\theta}+\frac{u_r}{r},\qquad \varepsilon_{\varphi\varphi}=\frac{1}{r\sin\theta}\frac{\partial u_\varphi}{\partial\varphi}+\frac{u_r}{r}+\frac{u_\theta}{r}\cot\theta$$

$$\varepsilon_{r\theta}=\varepsilon_{\theta r}=\frac{1}{2}\left(\frac{\partial u_r}{r\partial\theta}+\frac{\partial u_\theta}{\partial r}-\frac{u_\theta}{r}\right),\quad \varepsilon_{\varphi\theta}=\varepsilon_{\theta\varphi}=\frac{1}{2}\left(\frac{1}{r\sin\theta}\frac{\partial u_\theta}{\partial\varphi}+\frac{\partial u_\varphi}{r\partial\theta}-\frac{u_\varphi}{r}\cot\theta\right)$$

$$\varepsilon_{r\varphi}=\varepsilon_{\varphi r}=\frac{1}{2}\left(\frac{1}{r\sin\varphi}\frac{\partial u_r}{\partial\varphi}+\frac{\partial u_\varphi}{\partial r}-\frac{u_\varphi}{r}\right)$$

4.31 Green 应变分量的张量分量形式与实体形式:

$$E_{ij}=\frac{1}{2}(u_{i;j}+u_{j;i}+u^l_{;i}u_{l;j}),\quad \boldsymbol{E}=\frac{1}{2}(\boldsymbol{u}\nabla+\nabla\boldsymbol{u}+\nabla\boldsymbol{u}\cdot\boldsymbol{u}\nabla)$$

4.32 Lame-Navier 方程的张量分量形式

$$\nabla\cdot\nabla u_i+\frac{1}{1-2\nu}(\nabla\cdot\boldsymbol{u})_{,i}+\frac{f_i}{G}=0\quad(i=1,2,3)$$

实体形式: $\nabla\cdot\nabla\boldsymbol{u}+\frac{1}{1-2\nu}\nabla(\nabla\cdot\boldsymbol{u})+\frac{\boldsymbol{f}}{G}=\boldsymbol{0}$

$$g^{jk}u_{i;jk}+\frac{1}{1-2\nu}u^k_{;ki}+\frac{f_i}{G}=0\quad(i=1,2,3)$$

4.33 Navier-Stokes 方程的张量分量形式:

$$\frac{\partial v_i}{\partial t}+v^k v_{i;k}=F_i-\frac{1}{\rho}p_{,i}+\frac{\mu}{\rho}g^{jk}v_{i;jk}+\frac{\mu}{3\rho}v^k_{;ki}\quad(i=1,2,3)$$

圆柱坐标系中 Navier-Stokes 方程的物理分量形式:

$$\frac{\partial v_r}{\partial t}+v_r\frac{\partial v_r}{\partial r}+\frac{v_\theta}{r}\frac{\partial v_r}{\partial\theta}+v_z\frac{\partial v_r}{\partial z}-\frac{v_\theta^2}{r}$$

$$=F_r-\frac{1}{\rho}\frac{\partial p}{\partial r}+\frac{\mu}{\rho}\left(\frac{\partial^2 v_r}{\partial r^2}+\frac{\partial^2 v_r}{r^2\partial\theta^2}+\frac{\partial^2 v_r}{\partial z^2}+\frac{\partial v_r}{r\partial r}-\frac{v_r}{r^2}-\frac{2\partial v_\theta}{r^2\partial\theta}\right)+\frac{\mu}{3\rho}\frac{\partial}{\partial r}\left(\frac{\partial v_r}{\partial r}+\frac{v_r}{r}+\frac{\partial v_\theta}{r\partial\theta}+\frac{\partial v_z}{\partial z}\right)$$

$$\frac{\partial v_\theta}{\partial t}+v_r\frac{\partial v_\theta}{\partial r}+\frac{v_\theta}{r}\frac{\partial v_\theta}{\partial\theta}+v_z\frac{\partial v_\theta}{\partial z}+\frac{v_r v_\theta}{r}$$

$$=F_\theta-\frac{1}{\rho}\frac{\partial p}{r\partial\theta}+\frac{\mu}{\rho}\left(\frac{\partial^2 v_\theta}{\partial r^2}+\frac{\partial^2 v_\theta}{r^2\partial\theta^2}+\frac{\partial^2 v_\theta}{\partial z^2}+\frac{\partial v_\theta}{r\partial r}-\frac{v_\theta}{r^2}+\frac{2\partial v_r}{r^2\partial\theta}\right)+\frac{\mu}{3\rho}\frac{\partial}{r\partial\theta}\left(\frac{\partial v_r}{\partial r}+\frac{v_r}{r}+\frac{\partial v_\theta}{r\partial\theta}+\frac{\partial v_z}{\partial z}\right)$$

$$\frac{\partial v_z}{\partial t}+v_r\frac{\partial v_z}{\partial r}+\frac{v_\theta}{r}\frac{\partial v_z}{\partial\theta}+v_z\frac{\partial v_z}{\partial z}$$

$$=F_z-\frac{1}{\rho}\frac{\partial p}{\partial z}+\frac{\mu}{\rho}\left(\frac{\partial^2 v_z}{\partial r^2}+\frac{\partial^2 v_z}{r^2\partial\theta^2}+\frac{\partial^2 v_z}{\partial z^2}+\frac{\partial v_z}{r\partial r}\right)+\frac{\mu}{3\rho}\frac{\partial}{\partial z}\left(\frac{\partial v_r}{\partial r}+\frac{v_r}{r}+\frac{\partial v_\theta}{r\partial\theta}+\frac{\partial v_z}{\partial z}\right)$$

4.34 平面双曲线-椭圆坐标系 x^1, x^2: $\boldsymbol{r}=a\mathrm{ch}x^1\cos x^2\boldsymbol{i}+a\mathrm{sh}x^1\sin x^2\boldsymbol{j}$

$$g_{11}=g_{22}=a^2(\mathrm{sh}^2x^1+\sin^2x^2),\qquad g_{12}=g_{21}=0$$

$$g^{11}=g^{22}=\frac{1}{a^2(\mathrm{sh}^2x^1+\sin^2x^2)},\qquad g^{12}=g^{21}=0$$

$$\Gamma_{11}^{1}=\Gamma_{12}^{2}=\Gamma_{21}^{2}=-\Gamma_{22}^{1}=\frac{\text{sh}x^1\text{ch}x^1}{(\text{sh}^2x^1+\sin^2x^2)}$$

$$\Gamma_{22}^{2}=\Gamma_{12}^{1}=\Gamma_{21}^{1}=-\Gamma_{11}^{2}=\frac{\sin x^2\cos x^2}{(\text{sh}^2x^1+\sin^2x^2)}$$

4.35 平面双极坐标系 x^1,x^2：$\boldsymbol{r}=\frac{a\,\text{sh}x^2}{\text{ch}x^2-\cos x^1}\boldsymbol{i}+\frac{a\sin x^2}{\text{ch}x^2-\cos x^1}\boldsymbol{j}$

$$g_{11}=g_{22}=\frac{a^2}{(\text{ch}x^2-\cos x^1)^2},\qquad g_{12}=g_{21}=0$$

$$g^{11}=g^{22}=\frac{1}{a^2}(\text{ch}x^2-\cos x^1)^2,\qquad g^{12}=g^{21}=0$$

$$\Gamma_{11}^{1}=\Gamma_{12}^{2}=\Gamma_{21}^{2}=-\Gamma_{22}^{1}=-\frac{\sin x^1}{\text{ch}x^2-\cos x^1}$$

$$\Gamma_{22}^{2}=\Gamma_{12}^{1}=\Gamma_{21}^{1}=-\Gamma_{11}^{2}=-\frac{\text{sh}x^2}{\text{ch}x^2-\cos x^1}$$

4.36 提示：

$\boldsymbol{r}=\boldsymbol{\rho}+z\boldsymbol{e}_3=(s\sin\alpha+z\cos\alpha)\cos\theta\boldsymbol{i}+(s\sin\alpha+z\cos\alpha)\sin\theta\boldsymbol{j}+(-s\cos\alpha+z\sin\alpha)\boldsymbol{k}$

$A_1=1,\qquad A_2=s\sin\alpha+z\cos\alpha,\qquad A_3=1$

$$\begin{Bmatrix}\boldsymbol{e}_1\\ \boldsymbol{e}_2\\ \boldsymbol{e}_3\end{Bmatrix}=\begin{bmatrix}\sin\alpha\cos\theta & \sin\alpha\sin\theta & -\cos\alpha\\ -\sin\theta & \cos\theta & 0\\ \cos\alpha\cos\theta & \cos\alpha\sin\theta & \sin\alpha\end{bmatrix}\begin{Bmatrix}\boldsymbol{i}\\ \boldsymbol{j}\\ \boldsymbol{k}\end{Bmatrix}$$

其余解答请读者自行导出。

第5章 曲面上的张量分析

5.1 (a) $\xi^1=x/R$，$\xi^2=\varphi$，$\boldsymbol{\rho}=R\xi^1\boldsymbol{i}+R\sin\xi^2\boldsymbol{j}+R\cos\xi^2\boldsymbol{k}$，$a_{11}=a_{22}=R^2$，$a_{12}=a_{21}=0$

$b_{11}=b_{12}=b_{21}=0$，$b_{22}=-R$，$\frac{1}{R_1}=0$，$\frac{1}{R_2}=\frac{1}{R}$，$H=\frac{1}{R}$，$K=0$

(b) $\xi^1=R\varphi$，$\xi^2=x$，$\boldsymbol{\rho}=\xi^2\boldsymbol{i}+\cos\xi^1\boldsymbol{j}+\sin\xi^1\boldsymbol{k}$，$\boldsymbol{\rho}_1=\boldsymbol{e}_1$，$\boldsymbol{\rho}_2=\boldsymbol{e}_2$，$a_{11}=a_{22}=1$

$a_{12}=a_{21}=0$，$b_{11}=-1/R$，$b_{12}=b_{21}=b_{22}=0$，$1/R_1=1/R$，$1/R_2=0$，$H=1/R$，$K=0$

5.2 设 $\xi^1=\theta,\ \xi^2=z$，$\boldsymbol{\rho}=f(z)\cos\theta\boldsymbol{i}+f(z)\sin\theta\boldsymbol{j}+z\boldsymbol{k}$

$$a_{11}=[f(z)]^2,\qquad a_{22}=1+[f'(z)]^2,\qquad a_{12}=a_{21}=0$$

$$b_{11}=-\frac{f(z)}{\sqrt{1+(f')^2}},\qquad b_{22}=\frac{f''(z)}{\sqrt{1+(f')^2}},\qquad b_{12}=b_{21}=0$$

$$\frac{1}{R_1}=\frac{1}{f(z)\sqrt{1+(f')^2}},\qquad \frac{1}{R_2}=\frac{-f''(z)}{[1+(f')^2]^{3/2}}$$

$$H=\left\{-\frac{1}{f(z)\sqrt{1+(f')^2}}+\frac{f''(z)}{[1+(f')^2]^{3/2}}\right\},\qquad K=\frac{-f''(z)}{f(z)\{1+[f'(z)]^2\}^2}$$

5.3 $b_{11}=\frac{Rz}{\sqrt{h^2+(R+C\cos\theta)^2}}$，$b_{12}=b_{21}=b_{22}=0$

$$\frac{1}{R_1}=-\frac{h^2(h^2+R^2+C^2+2RC\cos\theta)}{Rz[h^2+(R+C\cos\theta)^2]^{3/2}},\qquad \frac{1}{R_2}=0$$

$$H=-\frac{h^2(h^2+R^2+C^2+2RC\cos\theta)}{Rz[h^2+(R+C\cos\theta)^2]^{3/2}},\qquad K=0$$

5.4 证明 根据 $a^{\alpha\beta}a_{\beta\gamma}=\delta^{\alpha}_{\gamma}$， $0=\dfrac{\partial\delta^{\alpha}_{\gamma}}{\partial\xi^{\lambda}}=\dfrac{\partial a^{\alpha\mu}}{\partial\xi^{\lambda}}a_{\mu\gamma}+a^{\alpha\mu}\dfrac{\partial a_{\mu\gamma}}{\partial\xi^{\lambda}}$

$$\frac{\partial a^{\alpha\beta}}{\partial\xi^{\lambda}}=\frac{\partial a^{\alpha\mu}}{\partial\xi^{\lambda}}a_{\mu\gamma}a^{\gamma\beta}=-a^{\alpha\mu}\frac{\partial a_{\mu\gamma}}{\partial\xi^{\lambda}}a^{\gamma\beta}=-a^{\alpha\mu}a^{\gamma\beta}(a_{\delta\gamma}\mathring{\Gamma}^{\delta}_{\mu\lambda}+a_{\mu\delta}\mathring{\Gamma}^{\delta}_{\gamma\lambda})$$

$$=-a^{\alpha\mu}\mathring{\Gamma}^{\beta}_{\mu\lambda}-a^{\gamma\beta}\mathring{\Gamma}^{\alpha}_{\gamma\lambda}=-a^{\alpha\omega}\mathring{\Gamma}^{\beta}_{\lambda\omega}-a^{\omega\beta}\mathring{\Gamma}^{\alpha}_{\lambda\omega}$$

5.5 证明 因为$\sqrt{a}=(\boldsymbol{\rho}_1\times\boldsymbol{\rho}_2)\cdot\boldsymbol{n}$， 所以

$$\frac{\partial\sqrt{a}}{\partial\xi^{\alpha}}=\left(\frac{\partial\boldsymbol{\rho}_1}{\partial\xi^{\alpha}}\times\boldsymbol{\rho}_2\right)\cdot\boldsymbol{n}+\left(\boldsymbol{\rho}_1\times\frac{\partial\boldsymbol{\rho}_2}{\partial\xi^{\alpha}}\right)\cdot\boldsymbol{n}+(\boldsymbol{\rho}_1\times\boldsymbol{\rho}_2)\cdot\frac{\partial\boldsymbol{n}}{\partial\xi^{\alpha}}$$

$$=[(\mathring{\Gamma}^{\gamma}_{1\alpha}\boldsymbol{\rho}_{\gamma}+b_{1\alpha}\boldsymbol{n})\times\boldsymbol{\rho}_2]\cdot\boldsymbol{n}+[\boldsymbol{\rho}_1\times(\mathring{\Gamma}^{\gamma}_{2\alpha}\boldsymbol{\rho}_{\gamma}+b_{2\alpha}\boldsymbol{n})]\cdot\boldsymbol{n}+(\boldsymbol{\rho}_1\times\boldsymbol{\rho}_2)\cdot(-b^{\beta}_{\cdot\alpha}\boldsymbol{\rho}_{\beta})$$

$$=\mathring{\Gamma}^{1}_{1\alpha}(\boldsymbol{\rho}_1\times\boldsymbol{\rho}_2)\cdot\boldsymbol{n}+\mathring{\Gamma}^{2}_{2\alpha}(\boldsymbol{\rho}_1\times\boldsymbol{\rho}_2)\cdot\boldsymbol{n}=\mathring{\Gamma}^{\beta}_{\alpha\beta}\sqrt{a}$$

所以
$$\mathring{\Gamma}^{\beta}_{\alpha\beta}=\frac{1}{\sqrt{a}}\frac{\partial\sqrt{a}}{\partial\xi^{\alpha}}$$

5.6 证明 $\dfrac{\partial}{\partial\xi^{\alpha}}\left(\dfrac{\boldsymbol{\rho}_1}{\sqrt{a_{11}}}\right)=\dfrac{1}{\sqrt{a_{11}}}\dfrac{\partial\boldsymbol{\rho}_1}{\partial\xi^{\alpha}}-\dfrac{1}{2}(a_{11})^{-\frac{3}{2}}\dfrac{\partial a_{11}}{\partial\xi^{\alpha}}\boldsymbol{\rho}_1$

$$=\frac{1}{\sqrt{a_{11}}}\left(\mathring{\Gamma}^{\beta}_{1\alpha}\boldsymbol{\rho}_{\beta}+b_{1\alpha}\boldsymbol{n}-\frac{1}{a_{11}}\mathring{\Gamma}_{1\alpha,1}\boldsymbol{\rho}_1\right)$$

$$=\frac{1}{\sqrt{a_{11}}}(\mathring{\Gamma}^{2}_{1\alpha}\boldsymbol{\rho}_2+b_{1\alpha}\boldsymbol{n}),$$

(5.2.15b)式由读者自证。

将$\sqrt{a_{11}}=A$，$\sqrt{a_{22}}=B$，$\boldsymbol{e}_{\xi}=\dfrac{\boldsymbol{\rho}_1}{A}$，$\boldsymbol{e}_{\eta}=\dfrac{\boldsymbol{\rho}_2}{B}$ 及(5.2.9b)式、(5.1.59)式代入(5.2.15a,b)式,可证得(5.2.17)式,读者自证。

5.7 $\mathring{\Gamma}^{1}_{11}=\mathring{\Gamma}^{2}_{11}=\mathring{\Gamma}^{1}_{12}=\mathring{\Gamma}^{1}_{21}=\mathring{\Gamma}^{2}_{12}=\mathring{\Gamma}^{2}_{21}=\mathring{\Gamma}^{1}_{22}=\mathring{\Gamma}^{2}_{22}=0$

$$\frac{\partial\boldsymbol{e}_1}{\partial\xi^1}=\frac{\partial\boldsymbol{e}_1}{\partial\xi^2}=\frac{\partial\boldsymbol{e}_2}{\partial\xi^1}=\boldsymbol{0},\quad\frac{\partial\boldsymbol{e}_2}{\partial\xi^2}=-\boldsymbol{n},\quad\frac{\partial\boldsymbol{n}}{\partial\xi^1}=\boldsymbol{0},\quad\frac{\partial\boldsymbol{n}}{\partial\xi^2}=\boldsymbol{e}_2$$

5.8 $\mathring{\Gamma}^{1}_{22}=-\left(\dfrac{R}{r_0}+\sin\theta\right)\cos\theta$， $\mathring{\Gamma}^{2}_{12}=\mathring{\Gamma}^{2}_{21}=\dfrac{r_0\cos\theta}{R+r_0\sin\theta}$， 其余为零

$$\mathring{R}_{1212}=r_0(R+r_0\sin\theta)\sin\theta$$

$$\frac{\partial\boldsymbol{e}_1}{\partial\theta}=-\boldsymbol{n},\quad\frac{\partial\boldsymbol{e}_1}{\partial\varphi}=-\cos\theta\,\boldsymbol{e}_2,\quad\frac{\partial\boldsymbol{e}_2}{\partial\theta}=\boldsymbol{0},\quad\frac{\partial\boldsymbol{e}_2}{\partial\varphi}=-\cos\theta\,\boldsymbol{e}_1-\sin\theta\boldsymbol{n}$$

$$\frac{\partial\boldsymbol{n}}{\partial\theta}=\boldsymbol{e}_1,\quad\frac{\partial\boldsymbol{n}}{\partial\varphi}=\sin\theta\,\boldsymbol{e}_2$$

5.9 验证：Codazzi 方程：$\mathring{\nabla}_1 b_{22}=-R\cos\theta=\mathring{\nabla}_2 b_{11}$， $\mathring{\nabla}_2 b_{11}=0=\mathring{\nabla}_1 b_{12}$

Gauss 方程：$b=r_0(R+r_0\sin\theta)\sin\theta=\mathring{R}_{1212}$

5.10 $\mathring{\nabla}_{\lambda}c_{\alpha\beta}=0\quad(\alpha,\beta,\gamma=1,2)$， $\mathring{\nabla}\boldsymbol{c}=c_{\alpha\beta}(b^{\alpha}_{\cdot\lambda}\boldsymbol{\rho}^{\lambda}\boldsymbol{n}\boldsymbol{\rho}^{\beta}+b_{\lambda}^{\cdot\beta}\boldsymbol{\rho}^{\lambda}\boldsymbol{\rho}^{\alpha}\boldsymbol{n})$

5.11 若采用图 5.30(a)的 Gauss 坐标系，

$$\boldsymbol{u}\mathring{\nabla}=u_{\alpha,\beta}\boldsymbol{\rho}^{\alpha}\boldsymbol{\rho}^{\beta}+u_3R\boldsymbol{\rho}^2\boldsymbol{\rho}^2+u_{3,\beta}\boldsymbol{n}\boldsymbol{\rho}^{\beta}-(u_2/R)\boldsymbol{n}\boldsymbol{\rho}^2$$

$$\varepsilon_{\xi}=\frac{\partial u_{\xi}}{R\partial\xi},\quad\varepsilon_{\varphi}=\frac{\partial u_{\varphi}}{R\partial\varphi}+\frac{u_3}{R},\quad\varepsilon_{\xi\varphi}=\frac{1}{2R}\left(\frac{\partial u_{\xi}}{\partial\varphi}+\frac{\partial u_{\varphi}}{\partial\xi}\right)$$

$$\gamma\langle 1\rangle=\frac{\partial u_3}{R\partial\xi},\quad \gamma\langle 2\rangle=\frac{\partial u_3}{R\partial\varphi}-\frac{u_\varphi}{R},\quad \delta=\frac{1}{2R}\left(\frac{\partial u_\xi}{\partial\varphi}-\frac{\partial u_\varphi}{\partial\xi}\right)$$

5.12 $\boldsymbol{T}\cdot\mathring{\nabla}+\boldsymbol{q}=\nabla_\beta T^{\alpha\beta}\boldsymbol{\rho}_\alpha+T^{22}b_{22}\boldsymbol{n}-\nabla_\beta N^\beta\boldsymbol{n}+N_2b^{22}\boldsymbol{\rho}_2+q^\alpha\boldsymbol{\rho}_\alpha-q^3\boldsymbol{n}=\boldsymbol{0}$

$$\frac{\partial T_\xi}{\partial\xi}+\frac{\partial T_{\xi\varphi}}{\partial\varphi}+Rq_\xi=0$$

$$\frac{\partial T_{\xi\varphi}}{\partial\xi}+\frac{\partial T_\varphi}{\partial\varphi}-N_\varphi+Rq_\varphi=0$$

$$T_\varphi+\frac{\partial N_\xi}{\partial\xi}+\frac{\partial N_\varphi}{\partial\varphi}-Rq_n=0$$

5.13 $\nu_{11}=1$，$\nu_{12}=\nu_{21}=0$，$\nu_{22}=\sin^2\theta$

$g_{\tilde{1}\tilde{1}}=r_0^2+2zr_0+z^2\sin^2\theta,\quad g_{\tilde{1}\tilde{2}}=g_{\tilde{2}\tilde{1}}=0,\quad g_{\tilde{2}\tilde{2}}=[R+(r_0+z)\sin\theta]^2$

$\dfrac{1}{\tilde{R}_1}=\dfrac{1}{r_0+z},\quad \dfrac{1}{\tilde{R}_2}=\dfrac{\sin\theta}{R+(r_0+z)\sin\theta}$

第6章 张量场函数对参数的导数

6.1 $v_r=\dfrac{\mathrm{d}r}{\mathrm{d}t}=\dot{r}$，$v_\theta=\dfrac{r\mathrm{d}\theta}{\mathrm{d}t}=r\dot{\theta}$，$v_\varphi=\dfrac{r\sin\theta\mathrm{d}\varphi}{\mathrm{d}t}=r\sin\theta\dot{\varphi}$

$a_r=\ddot{r}-\dot{\theta}^2r-\dot{\varphi}^2r\sin^2\theta$，$a_\theta=\ddot{\theta}r+2\dot{r}\dot{\theta}-\dot{\varphi}^2r\sin\theta\cos\theta$

$a_\varphi=\ddot{\varphi}r\sin\theta+2\dot{r}\dot{\varphi}\sin\theta+2\dot{\theta}\dot{\varphi}r\cos\theta$

6.2 $a^1=-\dot{\theta}^2r-\dot{\varphi}^2r\sin^2\theta,\quad a^2=\ddot{\theta}-\dot{\varphi}^2\sin\theta\cos\theta,\quad a^3=2\dot{\theta}\dot{\varphi}\cot\theta$

$a_r=-\dot{\theta}^2r-\dot{\varphi}^2r\sin^2\theta,\quad a_\theta=\ddot{\theta}r-\dot{\varphi}^2r\sin\theta\cos\theta,\quad a_\varphi=2\dot{\theta}\dot{\varphi}r\cos\theta,$

$\cos\theta=g/\dot{\varphi}^2l,\quad T=\dot{\varphi}^2ml$

6.3 $\dfrac{1}{|\boldsymbol{l}|}\dfrac{\mathrm{d}|\boldsymbol{l}|}{\mathrm{d}t}=\boldsymbol{n}\cdot\boldsymbol{d}\cdot\boldsymbol{n}$

6.4 $\dfrac{\mathrm{d}\boldsymbol{u}}{\mathrm{d}t}=\dfrac{\mathrm{D}u^i}{\mathrm{D}t}\boldsymbol{g}_i$，$\dfrac{\mathrm{D}u^i}{\mathrm{D}t}=\left(\dfrac{\partial u^i}{\partial t}\right)_{x^k}+v^k(\nabla_k u^i)\overset{\text{直角}}{\underset{\text{系}}{=\!=}}\left(\dfrac{\partial u\langle i\rangle}{\partial t}\right)_{x^k}+v\langle k\rangle\dfrac{\partial u\langle i\rangle}{\partial x^k}\quad(i=1,2,3)$

(在笛卡儿系中分量指标不分上下,克里斯托弗符号为零)

6.5 $\dot{\boldsymbol{u}}_J=\dfrac{\mathscr{D}u^i}{\mathscr{D}t}\boldsymbol{g}_i$

$$\frac{\mathscr{D}u^i}{\mathscr{D}t}=\frac{\mathrm{D}u^i}{\mathrm{D}t}-u^m\Omega^{i}_{\cdot m}=\left(\frac{\partial u^i}{\partial t}\right)_{x^k}+v^k(\nabla_k u^i)-u^m\Omega^{i}_{\cdot m}$$

$$\overset{\text{直角}}{\underset{\text{系}}{=\!=}}\left(\frac{\partial u\langle i\rangle}{\partial t}\right)_{x^k}+v\langle k\rangle\frac{\partial u\langle i\rangle}{\partial x^k}-\frac{1}{2}u\langle m\rangle\left(\frac{\partial v\langle i\rangle}{\partial x^m}-\frac{\partial v\langle m\rangle}{\partial x^i}\right)\quad(i=1,2,3)$$

6.6 $\dot{\boldsymbol{u}}_{(1)}=\dfrac{\delta u^i}{\delta t}\boldsymbol{g}_i$

$$\frac{\delta u^i}{\delta t}=\left(\frac{\partial u^i}{\partial t}\right)_{x^k}+v^k(\nabla_k u^i)-u^m(\nabla_m v^i)=\left(\frac{\partial u^i}{\partial t}\right)_{x^k}+v^k\frac{\partial u^i}{\partial x^k}-u^m\frac{\partial v^i}{\partial x^m}\quad(i=1,2,3)$$

(笛卡儿系中分量指标不分上下,张量分量等于物理分量)

6.7 $\dot{\boldsymbol{u}}_{(2)}=\dfrac{\delta u_i}{\delta t}\boldsymbol{g}^i$

$$\frac{\delta u_i}{\delta t}=\left(\frac{\partial u_i}{\partial t}\right)_{x^k}+v^k(\nabla_k u_i)+u_m(\nabla_i v^m)=\left(\frac{\partial u_i}{\partial t}\right)_{x^k}+v^k\frac{\partial u_i}{\partial x^k}+u_m\frac{\partial v^m}{\partial x^i}\quad(i=1,2,3)$$

(笛卡儿系中分量指标不分上下，张量分量等于物理分量)

6.8 $d_{rr}=\dfrac{\partial v_r}{\partial r},\qquad d_{\theta\theta}=\dfrac{\partial v_\theta}{r\partial\theta}+\dfrac{v_r}{r},\qquad d_{zz}=\dfrac{\partial v_z}{\partial z}$

$$d_{r\theta}=\frac{1}{2}\left(\frac{\partial v_r}{r\partial\theta}+\frac{\partial v_\theta}{\partial r}\right)-\frac{v_\theta}{r},\quad d_{rz}=\frac{1}{2}\left(\frac{\partial v_r}{\partial z}+\frac{\partial v_z}{\partial r}\right),\quad d_{z\theta}=\frac{1}{2}\left(\frac{\partial v_z}{r\partial\theta}+\frac{\partial v_\theta}{\partial z}\right)$$

6.9 $d_{rr}=\dfrac{\partial v_r}{\partial r},\quad d_{\theta\theta}=\dfrac{\partial v_\theta}{r\partial\theta}+\dfrac{v_r}{r},\quad d_{\varphi\varphi}=\dfrac{1}{r\sin\theta}\dfrac{\partial v_\varphi}{\partial\varphi}+\dfrac{v_r}{r}+\dfrac{v_\theta}{r}\cot\theta$

$$d_{r\theta}=\frac{1}{2}\left(\frac{\partial v_r}{r\partial\theta}+\frac{\partial v_\theta}{\partial r}\right)-\frac{v_\theta}{r},\quad d_{r\varphi}=\frac{1}{2}\left(\frac{1}{r\sin\theta}\frac{\partial v_r}{\partial\varphi}+\frac{\partial v_\varphi}{\partial r}\right)-\frac{v_\varphi}{r}$$

$$d_{\theta\varphi}=\frac{1}{2}\left(\frac{1}{r\sin\theta}\frac{\partial v_\theta}{\partial\varphi}+\frac{\partial v_\varphi}{r\partial\theta}\right)-\frac{v_\varphi}{r}\cot\theta$$

6.10 $\dfrac{\mathrm{d}\boldsymbol{e}}{\mathrm{d}t}=\boldsymbol{d}-2\boldsymbol{e}\cdot(\hat{\boldsymbol{v}}\hat{\boldsymbol{\nabla}})=\dfrac{1}{2}(\hat{\boldsymbol{v}}\hat{\boldsymbol{\nabla}}+\hat{\boldsymbol{\nabla}}\hat{\boldsymbol{v}})-2(\hat{\boldsymbol{\nabla}}\hat{\boldsymbol{v}})\cdot\boldsymbol{e}$

6.11 $\boldsymbol{F}=\boldsymbol{F}^{\mathrm{T}}=\boldsymbol{U}=\boldsymbol{V}=d_1 t\,\boldsymbol{e}_1\,\boldsymbol{e}_1+d_2 t\,\boldsymbol{e}_2\,\boldsymbol{e}_2+\boldsymbol{e}_3\,\boldsymbol{e}_3,\quad \boldsymbol{R}=\boldsymbol{G},\quad \boldsymbol{v}=d_1\,\boldsymbol{e}_1+d_2\,\boldsymbol{e}_2$

6.12 $\hat{\boldsymbol{g}}_1=\cos\left(\dfrac{\xi_2}{r_0}\right)\boldsymbol{e}_1+\sin\left(\dfrac{\xi_2}{r_0}\right)\boldsymbol{e}_2,\quad \hat{\boldsymbol{g}}_2=\left(1+\dfrac{\xi_1}{r_0}\right)\left[-\sin\left(\dfrac{\xi_2}{r_0}\right)\boldsymbol{e}_1+\cos\left(\dfrac{\xi_2}{r_0}\right)\boldsymbol{e}_2\right],\quad \hat{\boldsymbol{g}}_3=\boldsymbol{e}_3$

$$\hat{\boldsymbol{g}}^1=\cos\left(\frac{\xi_2}{r_0}\right)\boldsymbol{e}_1+\sin\left(\frac{\xi_2}{r_0}\right)\boldsymbol{e}_2,\qquad \hat{\boldsymbol{g}}^2=\frac{1}{1+\dfrac{\xi_1}{r_0}}\left[-\sin\left(\frac{\xi_2}{r_0}\right)\boldsymbol{e}_1+\cos\left(\frac{\xi_2}{r_0}\right)\boldsymbol{e}_2\right],\qquad \hat{\boldsymbol{g}}^3=\boldsymbol{e}_3$$

$$\boldsymbol{F}=\begin{bmatrix}\cos\left(\dfrac{\xi_2}{r_0}\right) & -\left(1+\dfrac{\xi_1}{r_0}\right)\sin\left(\dfrac{\xi_2}{r_0}\right) & 0\\ \sin\left(\dfrac{\xi_2}{r_0}\right) & \left(1+\dfrac{\xi_1}{r_0}\right)\cos\left(\dfrac{\xi_2}{r_0}\right) & 0\\ 0 & 0 & 1\end{bmatrix}(\boldsymbol{e}_i\,\boldsymbol{e}_j)$$

$$\boldsymbol{F}^{-1}=\begin{bmatrix}\cos\left(\dfrac{\xi_2}{r_0}\right) & \sin\left(\dfrac{\xi_2}{r_0}\right) & 0\\ -\dfrac{\sin\left(\dfrac{\xi_2}{r_0}\right)}{\left(1+\dfrac{\xi_1}{r_0}\right)} & \dfrac{\cos\left(\dfrac{\xi_2}{r_0}\right)}{\left(1+\dfrac{\xi_1}{r_0}\right)} & 0\\ 0 & 0 & 1\end{bmatrix}(\boldsymbol{e}_i\,\boldsymbol{e}_j)$$

$$\boldsymbol{F}^{\mathrm{T}}=\begin{bmatrix}\cos\left(\dfrac{\xi_2}{r_0}\right) & \sin\left(\dfrac{\xi_2}{r_0}\right) & 0\\ -\left(1+\dfrac{\xi_1}{r_0}\right)\sin\left(\dfrac{\xi_2}{r_0}\right) & \left(1+\dfrac{\xi_1}{r_0}\right)\cos\left(\dfrac{\xi_2}{r_0}\right) & 0\\ 0 & 0 & 1\end{bmatrix}(\boldsymbol{e}_i\,\boldsymbol{e}_j)$$

$$\boldsymbol{F}^{-\mathrm{T}}=\begin{bmatrix}\cos\left(\dfrac{\xi_2}{r_0}\right) & -\dfrac{\sin\left(\dfrac{\xi_2}{r_0}\right)}{\left(1+\dfrac{\xi_1}{r_0}\right)} & 0\\ \sin\left(\dfrac{\xi_2}{r_0}\right) & \dfrac{\cos\left(\dfrac{\xi_2}{r_0}\right)}{\left(1+\dfrac{\xi_1}{r_0}\right)} & 0\\ 0 & 0 & 1\end{bmatrix}(\boldsymbol{e}_i\,\boldsymbol{e}_j)$$

$$\boldsymbol{U}=\begin{bmatrix}1 & 0 & 0\\ 0 & 1+\dfrac{\xi_1}{r_0} & 0\\ 0 & 0 & 1\end{bmatrix}(\boldsymbol{e}_i\,\boldsymbol{e}_j),\qquad \boldsymbol{E}=\frac{\xi_1}{r_0}\,\boldsymbol{e}_2\,\boldsymbol{e}_2,\qquad \boldsymbol{e}=\frac{\xi_1}{r_0}\,\hat{\boldsymbol{g}}^2\,\hat{\boldsymbol{g}}^2$$

$$\boldsymbol{V}=\begin{bmatrix}1+\dfrac{\xi_1}{r_0}\sin^2\left(\dfrac{\xi_2}{r_0}\right) & -\dfrac{\xi_1}{r_0}\sin\left(\dfrac{\xi_2}{r_0}\right)\cos\left(\dfrac{\xi_2}{r_0}\right) & 0\\ -\dfrac{\xi_1}{r_0}\sin\left(\dfrac{\xi_2}{r_0}\right)\cos\left(\dfrac{\xi_2}{r_0}\right) & 1+\dfrac{\xi_1}{r_0}\cos^2\left(\dfrac{\xi_2}{r_0}\right) & 0\\ 0 & 0 & 1\end{bmatrix}(\boldsymbol{e}_i\,\boldsymbol{e}_j)$$

$$\boldsymbol{R}=\begin{bmatrix}\cos\left(\dfrac{\xi_2}{r_0}\right) & -\sin\left(\dfrac{\xi_2}{r_0}\right) & 0\\ \sin\left(\dfrac{\xi_2}{r_0}\right) & \cos\left(\dfrac{\xi_2}{r_0}\right) & 0\\ 0 & 0 & 1\end{bmatrix}(\boldsymbol{e}_i\,\boldsymbol{e}_j)$$

6.13 (1) $(\mathrm{d}\hat{\boldsymbol{r}})^{\bullet}=\dot{\boldsymbol{F}}\cdot\mathrm{d}\mathring{\boldsymbol{r}}=(\boldsymbol{v}\,\hat{\boldsymbol{\nabla}})\cdot\boldsymbol{F}\cdot\mathrm{d}\mathring{\boldsymbol{r}}=(\boldsymbol{v}\,\hat{\boldsymbol{\nabla}})\cdot\mathrm{d}\hat{\boldsymbol{r}}=\mathrm{d}\hat{\boldsymbol{r}}\cdot(\hat{\boldsymbol{\nabla}}\boldsymbol{v})$

(2) $(\mathrm{d}\hat{\boldsymbol{a}})^{\bullet}=(\mathscr{J}\boldsymbol{F}^{-\mathrm{T}}\cdot\mathrm{d}\mathring{\boldsymbol{a}})^{\bullet}=\dot{\mathscr{J}}\boldsymbol{F}^{-\mathrm{T}}\cdot\mathrm{d}\mathring{\boldsymbol{a}}+\mathscr{J}(\boldsymbol{F}^{-\mathrm{T}})^{\bullet}\cdot\mathrm{d}\mathring{\boldsymbol{a}}$

$=(\boldsymbol{v}\cdot\hat{\boldsymbol{\nabla}})\boldsymbol{F}^{-\mathrm{T}}\cdot\mathrm{d}\mathring{\boldsymbol{a}}-\mathscr{J}\mathrm{d}\mathring{\boldsymbol{a}}\cdot\boldsymbol{F}^{-1}\cdot(\boldsymbol{v}\,\hat{\boldsymbol{\nabla}})=(\boldsymbol{v}\cdot\hat{\boldsymbol{\nabla}})\mathrm{d}\hat{\boldsymbol{a}}-\mathrm{d}\hat{\boldsymbol{a}}\cdot(\boldsymbol{v}\,\hat{\boldsymbol{\nabla}})$

6.14 由(6.6.72)式：$\dfrac{\mathrm{d}\,\boldsymbol{I}_\rho(t)}{\mathrm{d}t}=\displaystyle\int_v\left(\frac{\partial\boldsymbol{\varphi}}{\partial t}\right)_{x^m}\rho\mathrm{d}v+\oint_a\rho\mathrm{d}\boldsymbol{a}\cdot\boldsymbol{v}\boldsymbol{\varphi}$

上式中第 1 项，由(6.5.10)式：$\left(\dfrac{\partial\boldsymbol{\varphi}}{\partial t}\right)_{x^m}=\dfrac{\mathrm{d}\boldsymbol{\varphi}}{\mathrm{d}t}-\boldsymbol{v}\cdot\nabla\boldsymbol{\varphi}$；

第 2 项由 Green 变换公式将沿面域积分变为体域 v 上积分，得

$$\frac{\mathrm{d}\,\boldsymbol{I}_\rho(t)}{\mathrm{d}t}=\int_v\left(\frac{\partial\boldsymbol{\varphi}}{\partial t}\right)_{x^m}\rho\mathrm{d}v+\oint_a\rho\mathrm{d}\boldsymbol{a}\cdot\boldsymbol{v}\boldsymbol{\varphi}=\int_v\left(\frac{\mathrm{d}\boldsymbol{\varphi}}{\mathrm{d}t}-\boldsymbol{v}\cdot\nabla\boldsymbol{\varphi}\right)\rho\mathrm{d}v+\int_v\nabla\cdot(\boldsymbol{v}\boldsymbol{\varphi})\rho\mathrm{d}v$$

$$=\int_v\frac{\mathrm{d}\boldsymbol{\varphi}}{\mathrm{d}t}\rho\mathrm{d}v+\int_v\rho(\nabla\cdot\boldsymbol{v})\boldsymbol{\varphi}\mathrm{d}v$$

上式最后一个等式由合并第 1 个积分的被积函数第 2 项与第 2 个积分的被积函数得到，因为

$$\nabla\cdot(\boldsymbol{v}\boldsymbol{\varphi})=\boldsymbol{g}^i\cdot\frac{\partial(\boldsymbol{v}\boldsymbol{\varphi})}{\partial x^i}=\boldsymbol{g}^i\cdot\frac{\partial\boldsymbol{v}}{\partial x^i}\boldsymbol{\varphi}+\boldsymbol{g}^i\cdot\boldsymbol{v}\,\frac{\partial\boldsymbol{\varphi}}{\partial x^i}=(\nabla\cdot\boldsymbol{v})\boldsymbol{\varphi}+v^i\,\frac{\partial\boldsymbol{\varphi}}{\partial x^i}$$

$$=(\nabla\cdot\boldsymbol{v})\boldsymbol{\varphi}+\boldsymbol{v}\cdot(\nabla\boldsymbol{\varphi})$$

最后一项中$\nabla\cdot\boldsymbol{v}$ 为体积变化率，$\rho(\nabla\cdot\boldsymbol{v})$为体积域内各处的质量变化率，现所求为物质体积域 v 内积分对时间的导数，即各处的质量不变化，故反映质量变化的上式右端第 2 项

$$\int_v\rho(\nabla\cdot\boldsymbol{v})\boldsymbol{\varphi}\mathrm{d}v=\boldsymbol{O}$$

所以

$$\frac{\mathrm{d}\,\boldsymbol{I}_\rho(t)}{\mathrm{d}t}=\int_v\frac{\mathrm{d}\boldsymbol{\varphi}}{\mathrm{d}t}\rho\mathrm{d}v\qquad(6.6.68)$$

6.15 证明　设 $\boldsymbol{\varphi}=\boldsymbol{\Phi}\boldsymbol{\psi}$，$\boldsymbol{\Phi}$ 为任意阶(含零阶、一阶)张量，$\boldsymbol{\psi}$ 为矢量。

$$\int_f\boldsymbol{\varphi}\cdot(\mathrm{d}\boldsymbol{f}\times\boldsymbol{v})=-\int_f\boldsymbol{\varphi}\cdot(\boldsymbol{v}\times\mathrm{d}\boldsymbol{f})=-\int_f\boldsymbol{\Phi}\boldsymbol{\psi}\cdot(\boldsymbol{v}\times\mathrm{d}\boldsymbol{f})$$

$$=-\int_f(\boldsymbol{\Phi}\boldsymbol{\psi}\times\boldsymbol{v})\cdot\mathrm{d}\boldsymbol{f}=\int_a[(\boldsymbol{\Phi}\boldsymbol{\psi}\times\boldsymbol{v})\times\nabla]\cdot\mathrm{d}\boldsymbol{a}$$

被积函数：

$$(\boldsymbol{\Phi\psi}\times\boldsymbol{v})\times\nabla=\frac{\partial\boldsymbol{\Phi}}{\partial x^i}(\boldsymbol{\psi}\times\boldsymbol{v})\times\boldsymbol{g}^i+\boldsymbol{\Phi}\frac{\partial}{\partial x^i}(\boldsymbol{\psi}\times\boldsymbol{v})\times\boldsymbol{g}^i$$

$$=\frac{\partial\boldsymbol{\Phi}}{\partial x^i}\boldsymbol{g}^i\cdot\boldsymbol{\psi v}-\frac{\partial\boldsymbol{\Phi}}{\partial x^i}\boldsymbol{g}^i\cdot\boldsymbol{v\psi}+\boldsymbol{\Phi}[-\boldsymbol{v}\cdot(\nabla\boldsymbol{\psi})+(\nabla\cdot\boldsymbol{\psi})\boldsymbol{v}-\boldsymbol{\psi}(\nabla\cdot\boldsymbol{v})+\boldsymbol{\psi}\cdot(\nabla\boldsymbol{v})]$$

$$=\left[\left(\frac{\partial\boldsymbol{\Phi}}{\partial x^i}\boldsymbol{\psi}\cdot\boldsymbol{g}^i\right)\boldsymbol{v}+\left(\boldsymbol{\Phi}\frac{\partial\boldsymbol{\psi}}{\partial x^i}\cdot\boldsymbol{g}^i\right)\boldsymbol{v}\right]-\left[\frac{\partial\boldsymbol{\Phi}}{\partial x^i}\boldsymbol{\psi}\boldsymbol{g}^i\cdot\boldsymbol{v}+\boldsymbol{\Phi}\frac{\partial\boldsymbol{\psi}}{\partial x^i}\boldsymbol{g}^i\cdot\boldsymbol{v}\right]$$

$$-\boldsymbol{\Phi\psi}(\nabla\cdot\boldsymbol{v})+\boldsymbol{\Phi\psi}\cdot(\nabla\boldsymbol{v})$$

$$=-\boldsymbol{v}\cdot(\nabla\boldsymbol{\varphi})+(\nabla\cdot\boldsymbol{\varphi})\boldsymbol{v}-\boldsymbol{\varphi}(\nabla\cdot\boldsymbol{v})+\boldsymbol{\varphi}\cdot(\nabla\boldsymbol{v})$$

所以 $\displaystyle\int_f\boldsymbol{\varphi}\cdot(\mathrm{d}\boldsymbol{f}\times\boldsymbol{v})=\int_a[-\boldsymbol{v}\cdot(\nabla\boldsymbol{\varphi})+(\nabla\cdot\boldsymbol{\varphi})\boldsymbol{v}-\boldsymbol{\varphi}(\nabla\cdot\boldsymbol{v})+\boldsymbol{\varphi}\cdot(\nabla\boldsymbol{v})]\cdot\mathrm{d}\boldsymbol{a}$

注意：其中$(\boldsymbol{\psi}\times\boldsymbol{v})\times\nabla=-\nabla\times(\boldsymbol{\psi}\times\boldsymbol{v})=-\boldsymbol{g}^i\times\dfrac{\partial}{\partial x^i}(\boldsymbol{\psi}\times\boldsymbol{v})$

$$=-\boldsymbol{g}^i\times\left(\frac{\partial\boldsymbol{\psi}}{\partial x^i}\times\boldsymbol{v}\right)-\boldsymbol{g}^i\times\left(\boldsymbol{\psi}\times\frac{\partial\boldsymbol{v}}{\partial x^i}\right)$$

$$=-(\boldsymbol{g}^i\cdot\boldsymbol{v})\frac{\partial\boldsymbol{\psi}}{\partial x^i}+\left(\boldsymbol{g}^i\cdot\frac{\partial\boldsymbol{\psi}}{\partial x^i}\right)\boldsymbol{v}-\left(\boldsymbol{g}^i\cdot\frac{\partial\boldsymbol{v}}{\partial x^i}\right)\boldsymbol{\psi}+(\boldsymbol{g}^i\cdot\boldsymbol{\psi})\frac{\partial\boldsymbol{v}}{\partial x^i}$$

$$=-\boldsymbol{v}\cdot(\nabla\boldsymbol{\psi})+\boldsymbol{v}(\nabla\cdot\boldsymbol{\psi})-\boldsymbol{\psi}(\nabla\cdot\boldsymbol{v})+\boldsymbol{\psi}\cdot(\nabla\boldsymbol{v})$$

6.16　证明　由(6.6.89)式：令其中 $\boldsymbol{p}$ 等于速度矢量$\boldsymbol{v}$,得

$$\frac{\mathrm{d}\boldsymbol{I}_f(t)}{\mathrm{d}t}=\frac{\mathrm{d}}{\mathrm{d}t}\oint_{\mathscr{F}}\boldsymbol{v}\cdot\mathrm{d}\boldsymbol{f}=\oint_{f(t)}\left[\frac{\mathrm{d}\boldsymbol{v}}{\mathrm{d}t}+\boldsymbol{v}\cdot(\boldsymbol{v}\nabla)\right]\cdot\mathrm{d}\boldsymbol{f}$$

需证明：$\displaystyle\oint_{f(t)}[\boldsymbol{v}\cdot(\boldsymbol{v}\nabla)]\cdot\mathrm{d}\boldsymbol{f}=0$。证明如下：

$$\boldsymbol{v}\cdot(\boldsymbol{v}\nabla)=\boldsymbol{v}\cdot\left(\frac{\partial\boldsymbol{v}}{\partial x^i}\boldsymbol{g}^i\right)=\left(\boldsymbol{v}\cdot\frac{\partial\boldsymbol{v}}{\partial x^i}\right)\boldsymbol{g}^i=\frac{1}{2}\frac{\partial(\boldsymbol{v}\cdot\boldsymbol{v})}{\partial x^i}\boldsymbol{g}^i=\frac{1}{2}\nabla(\boldsymbol{v}^2)$$

此处$\boldsymbol{v}^2=|\boldsymbol{v}|^2$,是一个标量,根据4.23题已证明,标量场函数的梯度沿封闭曲面的积分为0。所以

$$\oint_{f(t)}[\boldsymbol{v}\cdot(\boldsymbol{v}\nabla)]\cdot\mathrm{d}\boldsymbol{f}=\frac{1}{2}\oint_{f(t)}(\boldsymbol{v}^2\nabla)\cdot\mathrm{d}\boldsymbol{f}=\frac{1}{2}\oint_{f(t)}\mathrm{d}(\boldsymbol{v}^2)=0$$

所以

$$\frac{\mathrm{d}}{\mathrm{d}t}\oint_{\mathscr{F}}\boldsymbol{v}\cdot\mathrm{d}\boldsymbol{f}=\oint_{f(t)}\frac{\mathrm{d}\boldsymbol{v}}{\mathrm{d}t}\cdot\mathrm{d}\boldsymbol{f}$$

6.17　证明　(6.6.93)式为

$$\oint_{f(t)}(\boldsymbol{\varphi}\times\nabla)\cdot(\mathrm{d}\boldsymbol{f}\times\boldsymbol{v})=\oint_{f(t)}[\boldsymbol{v}\cdot(\nabla\boldsymbol{\varphi})\cdot\mathrm{d}\boldsymbol{f}-\mathrm{d}\boldsymbol{f}\cdot(\nabla\boldsymbol{\varphi})\cdot\boldsymbol{v}]$$

设 $\boldsymbol{\varphi}=\boldsymbol{\Phi\psi}$,$\boldsymbol{\Phi}$ 为任意阶(含零阶、一阶)张量,$\boldsymbol{\psi}$ 为矢量。

左端$\displaystyle=\oint_{f(t)}(\boldsymbol{\varphi}\times\nabla)\cdot(\mathrm{d}\boldsymbol{f}\times\boldsymbol{v})=\oint_{f(t)}[(\boldsymbol{\Phi\psi})\times\nabla]\cdot(\mathrm{d}\boldsymbol{f}\times\boldsymbol{v})$

被积函数：$(\boldsymbol{\varphi}\times\nabla)\cdot(\mathrm{d}\boldsymbol{f}\times\boldsymbol{v})=-(\boldsymbol{\Phi}\nabla)\times\boldsymbol{\psi}\cdot(\mathrm{d}\boldsymbol{f}\times\boldsymbol{v})+\boldsymbol{\Phi}(\boldsymbol{\psi}\times\nabla)\cdot(\mathrm{d}\boldsymbol{f}\times\boldsymbol{v})$

上式第1项：

$$-(\boldsymbol{\Phi}\nabla)\times\boldsymbol{\psi}\cdot(\mathrm{d}\boldsymbol{f}\times\boldsymbol{v})=-\frac{\partial\boldsymbol{\Phi}}{\partial x^i}\boldsymbol{g}^i\times\boldsymbol{\psi}\cdot(\mathrm{d}\boldsymbol{f}\times\boldsymbol{v})=-\frac{\partial\boldsymbol{\Phi}}{\partial x^i}\boldsymbol{g}^i\cdot\boldsymbol{\psi}\times(\mathrm{d}\boldsymbol{f}\times\boldsymbol{v})$$

$$=-\frac{\partial\boldsymbol{\Phi}}{\partial x^i}\boldsymbol{g}^i\cdot[(\boldsymbol{\psi}\cdot\boldsymbol{v})\mathrm{d}\boldsymbol{f}-(\boldsymbol{\psi}\cdot\mathrm{d}\boldsymbol{f})\boldsymbol{v}]$$

$$=\boldsymbol{v}\cdot\boldsymbol{g}^i\frac{\partial\boldsymbol{\Phi}}{\partial x^i}\boldsymbol{\psi}\cdot\mathrm{d}\boldsymbol{f}-\mathrm{d}\boldsymbol{f}\cdot\boldsymbol{g}^i\frac{\partial\boldsymbol{\Phi}}{\partial x^i}\boldsymbol{\psi}\cdot\boldsymbol{v}$$

上式第 2 项：

$$\boldsymbol{\Phi}(\boldsymbol{\psi}\times\nabla)\cdot(\mathrm{d}\boldsymbol{f}\times\boldsymbol{v})=\boldsymbol{\Phi}\left\{\boldsymbol{v}\cdot\left[\left(\frac{\partial\boldsymbol{\Psi}}{\partial x^i}\times\boldsymbol{g}^i\right)\times\mathrm{d}\boldsymbol{f}\right]\right\}=\boldsymbol{\Phi}\boldsymbol{v}\cdot\left[(\mathrm{d}\boldsymbol{f}\cdot\frac{\partial\boldsymbol{\Psi}}{\partial x^i})\,\boldsymbol{g}^i-(\mathrm{d}\boldsymbol{f}\cdot\boldsymbol{g}^i)\,\frac{\partial\boldsymbol{\Psi}}{\partial x^i}\right]$$

$$=\boldsymbol{\Phi}\left[\boldsymbol{v}\cdot\left(\boldsymbol{g}^i\,\frac{\partial\boldsymbol{\Psi}}{\partial x^i}-\frac{\partial\boldsymbol{\Psi}}{\partial x^i}\,\boldsymbol{g}^i\right)\cdot\mathrm{d}\boldsymbol{f}\right]$$

$$=\boldsymbol{v}\cdot\boldsymbol{g}^i\left(\boldsymbol{\Phi}\,\frac{\partial\boldsymbol{\Psi}}{\partial x^i}\right)\cdot\mathrm{d}\boldsymbol{f}-\mathrm{d}\boldsymbol{f}\cdot\boldsymbol{g}^i\left(\boldsymbol{\Phi}\,\frac{\partial\boldsymbol{\Psi}}{\partial x^i}\right)\cdot\boldsymbol{v}$$

合并第 1、第 2 项被积函数：

$$\text{左端被积函数}=\boldsymbol{v}\cdot\boldsymbol{g}^i\left(\frac{\partial\boldsymbol{\Phi}}{\partial x^i}\boldsymbol{\psi}\right)\cdot\mathrm{d}\boldsymbol{f}-\mathrm{d}\boldsymbol{f}\cdot\boldsymbol{g}^i\left(\frac{\partial\boldsymbol{\Phi}}{\partial x^i}\boldsymbol{\psi}\right)\cdot\boldsymbol{v}+\boldsymbol{v}\cdot\boldsymbol{g}^i\left(\boldsymbol{\Phi}\,\frac{\partial\boldsymbol{\Psi}}{\partial x^i}\right)\cdot\mathrm{d}\boldsymbol{f}$$

$$-\mathrm{d}\boldsymbol{f}\cdot\boldsymbol{g}^i\left(\boldsymbol{\Phi}\,\frac{\partial\boldsymbol{\Psi}}{\partial x^i}\right)\cdot\boldsymbol{v}$$

$$=\boldsymbol{v}\cdot\boldsymbol{g}^i\left(\frac{\partial\boldsymbol{\Phi}}{\partial x^i}\boldsymbol{\psi}+\boldsymbol{\Phi}\,\frac{\partial\boldsymbol{\Psi}}{\partial x^i}\right)\cdot\mathrm{d}\boldsymbol{f}-\mathrm{d}\boldsymbol{f}\cdot\boldsymbol{g}^i\left(\frac{\partial\boldsymbol{\Phi}}{\partial x^i}\boldsymbol{\psi}+\boldsymbol{\Phi}\,\frac{\partial\boldsymbol{\Psi}}{\partial x^i}\right)\cdot\boldsymbol{v}$$

$$=\boldsymbol{v}\cdot\boldsymbol{g}^i\,\frac{\partial\boldsymbol{\varphi}}{\partial x^i}\cdot\mathrm{d}\boldsymbol{f}-\mathrm{d}\boldsymbol{f}\cdot\boldsymbol{g}^i\,\frac{\partial\boldsymbol{\varphi}}{\partial x^i}\cdot\boldsymbol{v}=\text{右端被积函数}$$

所以
$$\oint_{f(t)}(\boldsymbol{\varphi}\times\nabla)\cdot(\mathrm{d}\boldsymbol{f}\times\boldsymbol{v})=\oint_{f(t)}[\boldsymbol{v}\cdot(\nabla\boldsymbol{\varphi})\cdot\mathrm{d}\boldsymbol{f}-\mathrm{d}\boldsymbol{f}\cdot(\nabla\boldsymbol{\varphi})\cdot\boldsymbol{v}]$$

6.18 任一物质体积域上的质量守恒定理(积分形式的连续性方程)：

$$\frac{\mathrm{d}\,\boldsymbol{I}_\rho}{\mathrm{d}t}=\frac{\mathrm{d}}{\mathrm{d}t}\int_{\mathscr{V}}\rho\mathrm{d}v=\int_v\left[\frac{\mathrm{d}\rho}{\mathrm{d}t}\mathrm{d}v+\rho\,(\mathrm{d}v)^{\bullet}\right]=\int_v\left[\left(\frac{\partial\rho}{\partial t}\right)_{x^k}+\boldsymbol{v}\cdot(\nabla\rho)+(\nabla\cdot\boldsymbol{v})\rho\right]\mathrm{d}v=0$$

由物质体积域的任意性，得

$$\left(\frac{\partial\rho}{\partial t}\right)_{x^k}+\boldsymbol{v}\cdot(\nabla\rho)+(\nabla\cdot\boldsymbol{v})\rho=\left(\frac{\partial\rho}{\partial t}\right)_{x^k}+\nabla\cdot(\rho\boldsymbol{v})=0$$

6.19 任一物质体积域上的动量守恒定理：

$$\frac{\mathrm{d}}{\mathrm{d}t}\int_{\mathscr{V}}\rho\boldsymbol{v}\mathrm{d}v=\int_v\rho\boldsymbol{f}\,\mathrm{d}v-\oint_a p\,\mathrm{d}\boldsymbol{a}$$

$$\frac{\mathrm{d}}{\mathrm{d}t}\int_{\mathscr{V}}\rho\boldsymbol{v}\mathrm{d}v=\int_v\left[\frac{\mathrm{d}(\rho\boldsymbol{v})}{\mathrm{d}t}\mathrm{d}v+\rho\boldsymbol{v}\,(\mathrm{d}v)^{\bullet}\right]=\int_v\left\{\left[\frac{\partial(\rho\boldsymbol{v})}{\partial t}\right]_{x^k}+\boldsymbol{v}\cdot\nabla\,(\rho\boldsymbol{v})+\rho(\nabla\cdot\boldsymbol{v})\,\boldsymbol{v}\right\}\mathrm{d}v$$

其中
$$\nabla\,(\rho\boldsymbol{v})=(\nabla\,\rho)\,\boldsymbol{v}+\rho(\nabla\,\boldsymbol{v})$$

$$\int_{\mathscr{V}}\frac{\mathrm{d}(\rho\boldsymbol{v})}{\mathrm{d}t}\mathrm{d}v=\int_v\left\{\left[\left(\frac{\partial\rho}{\partial t}\right)_{x^k}\boldsymbol{v}+\boldsymbol{v}\cdot(\nabla\,\rho)\,\boldsymbol{v}+\rho(\nabla\cdot\boldsymbol{v})\,\boldsymbol{v}\right]+\rho\left(\frac{\partial\boldsymbol{v}}{\partial t}\right)_{x^k}+\rho\boldsymbol{v}\cdot(\nabla\,\boldsymbol{v})\right\}\mathrm{d}v$$

代入连续性方程，第 1 个方括号内被积函数为零，所以

$$\int_v\frac{\mathrm{d}(\rho\boldsymbol{v})}{\mathrm{d}t}\mathrm{d}v=\int_v\rho\left[\left(\frac{\partial\boldsymbol{v}}{\partial t}\right)_{x^k}+\boldsymbol{v}\cdot(\nabla\,\boldsymbol{v})\right]\mathrm{d}v$$

又因为
$$\oint_a p\,\mathrm{d}\boldsymbol{a}=\int_v(\nabla\,p)\,\mathrm{d}v$$

所以
$$\int_v\left[\left(\frac{\partial\boldsymbol{v}}{\partial t}\right)_{x^k}+\boldsymbol{v}\cdot(\nabla\,\boldsymbol{v})-\boldsymbol{f}+\frac{1}{\rho}(\nabla\,p)\right]\mathrm{d}v=\boldsymbol{0}$$

此为积分形式的理想流体运动方程。

由于所取物质体积域的任意性，得

$$\left(\frac{\partial\boldsymbol{v}}{\partial t}\right)_{x^k}+\boldsymbol{v}\cdot(\nabla\,\boldsymbol{v})=\boldsymbol{f}-\frac{1}{\rho}(\nabla\,p)$$

参考文献

[1] 郭仲衡.张量(理论和应用)[M].北京:科学出版社,1988.

[2] 郭仲衡.非线性弹性理论[M].北京:科学出版社,1980.

[3] 黄克智.非线性连续介质力学[M].北京:清华大学出版社,北京大学出版社,1989.

[4] 黄克智,黄永刚.固体本构关系[M].北京:清华大学出版社,1999.

[5] 周季生,张量初步[M].北京:高等教育出版社,1985.

[6] Eringen A C. Treatise on Continuum Physics (in 3 volumes), Vol. 1, Part Ⅰ, Tensor Analysis[M]. New York: Academic Press, 1972.

[7] Седов Л И. Введение в Механику Сплошной Среды [М]. Москва: Гос. Изд. Физ. -Мат. Лит., 1962.

[8] Leigh D C. Nonlinear Continuum Mechanics[M]. New York: McGraw-Hill, 1968.

[9] Truesdell C. Handbuch der Phsik, Bd. Ⅲ/3, The Non-Linear Field Theories of Mechanics, B. Tensor Functions[M]. Heidelberg: Springer, 1965.

[10] Truesdell C. A First Course in Rational Mechanics, Vol. 1, Appendix Ⅱ [M]. Heidelberg: Springer, 1977.

[11] Malvern Lawrence E. Introduction to the Mechanics of a Continuous Medium, Appendix Ⅰ, Ⅱ [M]. Englewood Cliffs, New Jersey: Prentice-Hall, Inc, 1969.

[12] Flügge W. Tensor Analysis and Continuum Mechanics[M]. Heidelberg: Springer-Verlag,1972.

[13] Leon Brillouin. Tensor in Mechanics and Elasticity[M]. New York: Academic Press, 1964.

[14] Danielson D A. Vectors and Tensors in Engineering and Physics[M]. Redwood City, California: Addison-Wesley Publishing Company, 1992.

[15] Papastavridis J G. Tensor Calculus and Analytical Dynamics[M]. Boca Raton, Florida: CRC Press LLC,1998.

[16] Marsden J E, Tromba A J, Santa U C. Vector Calculus[M]. 3rd ed. New York: W. H. Freeman and Company, 1988.

[17] James G. Simmonds. A Brief on Tensor Analysis[M]. 2nd ed. New York: Springer-Verlag, 1991.